# 鞅与随机微分方程
## （第二版）

王　力　考永贵　李龙锁　编著

科学出版社

北京

## 内 容 简 介

本书是随机微分方程与随机分析初学者的入门教材,系统地介绍了概率论、鞅和随机积分及随机微分方程的基础知识、基本理论和典型方法. 内容包括:测度与积分、独立性、Radon-Nikodym 定理和条件数学期望等概率论的基础知识;停时、离散鞅和连续鞅的基本内容;鞅和连续局部半鞅随机积分的一般理论及 Itô 型随机微分方程的初步内容.

本书可作为高等院校概率论和随机分析类课程的研究生教材,也可作为理科、工科、财经、师范院校相关专业的研究工作者和教师的参考书.

**图书在版编目(CIP)数据**

鞅与随机微分方程/王力,考永贵,李龙锁编著. —2 版. —北京:科学出版社, 2023.3

ISBN 978-7-03-074523-1

Ⅰ. ①鞅⋯  Ⅱ. ①王⋯ ②考⋯ ③李⋯  Ⅲ. ①鞅②随机微分方程
Ⅳ. ①O211.6

中国版本图书馆 CIP 数据核字(2022)第 252820 号

责任编辑:张中兴 梁 清 孙翠勤/责任校对:杨聪敏
责任印制:赵 博/封面设计:无极书装

**科学出版社** 出版

北京东黄城根北街 16 号
邮政编码:100717
http://www.sciencep.com

北京科印技术咨询服务有限公司数码印刷分部印刷
科学出版社发行 各地新华书店经销
*

2015 年 6 月第 一 版  开本:720 × 1000 1/16
2023 年 3 月第 二 版  印张:31 1/4
2025 年 1 月第八次印刷  字数:630 000

**定价:128.00 元**
(如有印装质量问题, 我社负责调换)

# P 前 言

## PREFACE

自从 2015 年《鞅与随机微分方程》出版以来, 作者一直在哈尔滨工业大学数学学院用本书作教材为硕士研究生开设随机微分方程课, 在讲课的过程中不断对课程的内容按实际教学需要进行了修改, 所以本书再版中所包含的一些内容上的增删正是这几年教学实践过程的反映.

本书此次再版基本保持了第一版的总体框架结构, 除改正了已发现的错误和修正了已发现的不妥之处以外, 主要对局部内容进行了如下增删和调整.

(1) 为更便于读者理解书中内容和某些证明的叙述方便, 补充了半代数及半代数到 $\sigma$ 代数上的测度扩张的结果和证明; 增添了 Radon-Nikodym 定理的证明以使读者更深刻地认识条件期望的本质.

(2) 为便于工科背景的读者看清书中某些证明的思想来源, 增加了某些基本结果的证明, 补充了 Doob 离散时间情形的有界停时可选样本定理的证明; 修正和完善了关于逆时间下鞅内容的编写, 给出了右连续类 (DL) 下鞅 Doob-Meyer 分解的架构和证明.

(3) 为强化本教材的主要特色, 本次修改直接给出了关于逆鞅的 Itô 公式的证明, 而把 Itô 积分意义下的 Itô 公式作为关于逆鞅的 Itô 公式的特殊情况来处理.

(4) 修正、完善了随机微分方程部分的一些内容.

本书的第一版出版以后, 得到了一些老师和使用者的指教和建议, 这次再版的一些修改也来源于此. 值此再版之际, 编者真诚地向他们表示感谢; 哈尔滨工业大学数学学院为编者提供机会讲授随机微分方程课, 推动编者进行本次改版, 编者也真诚地表示感谢; 编者还要感谢听过随机微分方程课的研究生们, 他们帮助编者发现了本书第一版中的一些问题.

在本书再版的编写过程中, 得到了哈尔滨工业大学数学学院吴勃英教授自始至终的关怀与鼓励, 在此谨致深深的谢意; 同时也要感谢邢宇明教授、田波平教授的帮助与支持.

参加本书此次再版编写工作的教师有王力、考永贵、李龙锁, 其中随机微分方程部分由考永贵教授执笔, 随机过程和鞅的定义部分由李龙锁教授执笔, 王力负责其余部分和全书统稿.

　　教材虽已修改, 但仍会有缺点和疏漏之处, 敬请使用本书的教师和读者批评指正.

编　者

2022 年 9 月于哈尔滨工业大学

# 第一版前言

## REFACE

近半个多世纪以来, 随机微分方程、扩散过程及随机分析有了迅速发展, 并广泛应用于金融系统、数量经济、控制系统、统计物理、系统生物学等各个方面. 有关这方面的专著虽然很多, 但往往由于它们的篇幅巨大、论题过多、起点要求较高, 需要读者花很长时间学习几门课程, 才有可能弄清几部分知识之间的系统关系, 再付诸运用, 而这对于仅两年或三年就要毕业的研究生来说是不可能做到的.

为了教学的实际需要, 作者选择一些专著中关于鞅、随机微分方程及随机分析方面的基础知识、概念、典型方法和一般理论, 加入作者自己的理解, 整理成此书, 以期能更便于读者理解掌握, 为有兴趣学习随机微分方程及随机分析的初学者提供一本入门的教科书.

本书分为四个部分: 概率论基础 (第 1~3 章)、鞅 (第 4 章和第 5 章)、随机积分 (第 6 章) 和 Itô 型随机微分方程理论 (第 7~9 章).

感谢哈尔滨工业大学研究生教育教学改革研究项目 (JCJS-201304) 的资助使本书得以正式出版. 在本书的编写过程中, 得到了王勇教授自始至终的关怀与鼓励, 在此谨致深深的谢意; 同时也要感谢李龙锁教授的帮助和支持.

由于编者的水平和经验有限, 书中不妥之处在所难免, 恳请广大教师和读者批评指正.

王 力

2014 年于哈尔滨工业大学

# 目 录

CONTENTS

## 第二篇　鞅

# 第三篇　随机积分

# 第四篇　随机微分方程理论

# S 全文符号

## SYMBOLS

| | |
|---|---|
| $\Omega$ | 一个抽象空间, 即一个非空集合, 必然事件 |
| $\mathscr{A}, \mathscr{B}, \mathscr{C}$ | 由 $\Omega$ 的某些子集构成的集类 |
| $\mathscr{P}(\Omega)$ | 由 $\Omega$ 的子集全体构成的集类 |
| $\mathscr{A}(\mathscr{C})$ | 集类 $\mathscr{C}$ 张成的代数 |
| $\varlimsup_{n\to\infty} A_n$ | 集合序列 $\{A_n : n \geqslant 1\}$ 的上极限或事件序列 $\{A_n : n \geqslant 1\}$ 的上限事件 |
| $\varliminf_{n\to\infty} A_n$ | 集合序列 $\{A_n : n \geqslant 1\}$ 的下极限或事件序列 $\{A_n : n \geqslant 1\}$ 的下限事件 |
| $\sigma_A(\mathscr{C} \cap A)$ | 将 $\mathscr{C} \cap A$ 看成 $\mathscr{P}(A)$ 的子类在 $A$ 上生成的 $\sigma$ 代数 |
| $\mathbb{R}$ | 数直线 $(-\infty, +\infty)$ |
| $\bar{\mathbb{R}}$ | 广义数直线 $[-\infty, +\infty]$ |
| $\mathscr{B}_{\mathbb{R}}$ 或 $\mathscr{B}$ | 数直线 $\mathbb{R}$ 上由开集全体生成的 $\sigma$ 代数, 即 $\mathbb{R}$ 上的 Borel 代数 |
| $\mathscr{B}_{\bar{\mathbb{R}}}$ | 广义数直线 $\bar{\mathbb{R}}$ 上由开集全体生成的 $\sigma$ 代数 |
| $\mathscr{B}_E$ | 拓扑空间 $E$ 的开集全体生成的 $\sigma$ 代数, 即 $E$ 上的 Borel 代数 |
| $\mathscr{M}(\mathscr{C})$ | 包含集类 $\mathscr{C}$ 的最小单调类, 即由 $\mathscr{C}$ 生成的单调类 |
| $\lambda(\mathscr{C})$ | 包含集类 $\mathscr{C}$ 的最小 $\lambda$ 类 |
| $\varnothing$ | 不可能事件 |
| $A \cup B$ 或 $\bigcup_n A_n$ | 集合或事件 $A, B$ 或序列 $\{A_n : n \geqslant 1\}$ 的并 |
| $A \cap B$ 或 $\bigcap_n A_n$ | 集合或事件 $A, B$ 或序列 $\{A_n : n \geqslant 1\}$ 的交 |
| $A^c$ | 集合 $A$ 的补集或事件 $A$ 的逆事件 |
| $\prod_{i=1}^{n} A_i$ | 集合 $A_1, A_2, \cdots, A_n$ 的乘积集 |
| $\Omega = \prod_{i=1}^{n} \Omega_i$ | 空间 $\Omega_1, \cdots, \Omega_n$ 的乘积空间 |

$\mathscr{F} = \prod\limits_{i=1}^{n} \mathscr{F}_i$ | $\sigma$ 代数 $\mathscr{F}_i$ 的乘积 $\sigma$ 代数, $i = 1, 2, \cdots, n$

$(\Omega, \mathscr{F}) = \prod\limits_{i=1}^{n} (\Omega_i, \mathscr{F}_i)$ | 可测空间 $(\Omega_i, \mathscr{F}_i)$ 的乘积可测空间, $i = 1, 2, \cdots, n$

$\mathscr{F} = \prod\limits_{\alpha \in J} \mathscr{F}_\alpha$ | $\sigma$ 代数族 $\{\mathscr{F}_\alpha : \alpha \in J\}$ 的乘积 $\sigma$ 代数

$(\Omega, \mathscr{F}) = \prod\limits_{\alpha \in J} (\Omega_\alpha, \mathscr{F}_\alpha)$ | 可测空间族 $\{\Omega_\alpha : \alpha \in J\}$ 的乘积可测空间

$\mathbb{R}^n$ | $n$ 维欧氏空间, 即数直线 $\mathbb{R}$ 的 $n$ 重乘积空间

$\mathscr{B}^n$ | $\mathbb{R}^n$ 中 Borel 点集全体

$f^{-1}(A_2) = \{\omega_1 \in \Omega_1 : f(\omega_1) \in A_2\}$ | 集合 $A_2$ 的原像

$f^{-1}(\mathscr{A}_2) = \{f^{-1}(A_2) : A_2 \in \mathscr{A}_2\}$ | 集类 $\mathscr{A}_2$ 的原像

$f \in \mathscr{F}_1/\mathscr{F}_2, f \in \mathscr{F}_1$ | $f$ 为 $(\Omega_1, \mathscr{F}_1)$ 到 $(\Omega_2, \mathscr{F}_2)$ 的可测映射

$\sigma(f) = \sigma_{\Omega_1}(f) = f^{-1}(\mathscr{F}_2)$ | 由可测映射 $f$ 生成的 $\sigma$ 代数

$f \circ g$ | 映射 $f$ 和 $g$ 的复合映射

$I_A$ | 集合 $A$ 的示性函数

$(\mathbb{R}^n, \mathscr{B}^n)$、$(\mathbb{R}^\infty, \mathscr{B}^\infty)$ | 可测空间 $(\mathbb{R}, \mathscr{B})$ 的有限、可列维乘积空间

$(\Omega, \mathscr{F}, \mu)$ | 测度空间

$(\Omega, \mathscr{F}, P)$ | 概率空间

$(\Omega, \overline{\mathscr{F}}, \overline{\mu})$ | $(\Omega, \mathscr{F}, \mu)$ 的完备化扩张

$EX, E[\cdot], \int X \mathrm{d}P$ | 随机变量 $X$ 的期望或数学期望

$\int_A X \mathrm{d}P$ | 随机变量 $X$ 的不定积分

$\alpha_k = EX^k$ | 随机变量 $X$ 的 $k$ 阶原点矩

$\beta_k = E|X|^k$ | 随机变量 $X$ 的 $k$ 阶绝对矩

$\mu_k = E(X - EX)^k$ | 随机变量 $X$ 的 $k$ 阶中心矩

$\nu_k = E|X - EX|^k$ | 随机变量 $X$ 的 $k$ 阶绝对中心矩

$\mathrm{Var}\, X$ | 随机变量 $X$ 的方差

$EX$ | 随机向量 $X = (X_1, X_2, \cdots, X_n)$ 的数学期望

$\sigma_{jk} = \mathrm{Cov}(X_j, X_k)$ | 随机变量 $X_j$ 与随机变量 $X_k$ 的协方差

矩阵 $\sum = (\sigma_{jk})_{n \times n}$ | 随机向量 $X = (X_1, X_2, \cdots, X_n)$ 的协方差矩阵

$\rho_{jk}$ | 随机变量 $X_j$ 与 $X_k$ 的相关系数

$X \sim Y, X = Y$ a.s. | $P(X \neq Y) = 0$

$\mathop{\mathrm{ess\,sup}}\limits_{i \in I} X_i$ 或 $\mathop{\mathrm{es\,up}}\limits_{i \in I} X_i$ | 随机变量族 $\{X_i : i \in I\}$ 的本性上确界

$\operatorname*{ess\,inf}\limits_{i\in I} X_i$ 随机变量族 $\{X_i : i \in I\}$ 的本性下确界

$A \subset B$ a.s. $A \backslash B$ 为可略集

$\mathscr{B}_{[0,1]}$ $[0,1]$ 上的 Borel 点集

$X_n \to X$ a.s. 随机变量序列 $\{X_n : n \geqslant 1\}$ 以概率 1 收敛于 $X$ 或几乎必然收敛于 $X$, 简称 $\{X_n : n \geqslant 1\}$ a.s. 收敛于 $X$

$X_n \xrightarrow{P} X$ 或 $\operatorname{pr} - \lim\limits_{n\to\infty} X_n = X$ 随机变量序列 $\{X_n : n \geqslant 1\}$ 依概率收敛于 $X$

$\lim\limits_{n,m\to\infty} P\left(|X_n - X_m| > \varepsilon\right) = 0, \forall \varepsilon > 0$ 随机变量序列 $\{X_n : n \geqslant 1\}$ 是依概率收敛意义下的一个 Cauchy 基本列

$F_n \xrightarrow{d} F$ 函数列 $\{F_n(x) : n \geqslant 1\}$ 弱收敛于函数 $F(x)$

$X_n \xrightarrow{d} X$ 随机变量列 $\{X_n : n \geqslant 1\}$ 依分布收敛于随机变量 $X$

$X_n \xrightarrow{L_p} X$ 随机变量序列 $\{X_n : n \geqslant 1\}$ $p$ 阶平均收敛于随机变量 $X$

$\mathscr{B}^* = \bigcap\limits_{n=1}^{\infty} \sigma(X_k, k \geqslant n)$ 随机变量序列 $X = \{X_n : n \geqslant 1\}$ 的尾 $\sigma$-域或尾事件域

$P = P_1 \times P_2$ 概率测度 $P_1$ 和 $P_2$ 的乘积测度

$(\Omega_1 \times \Omega_2, \mathscr{F}_1 \times \mathscr{F}_2, P_1 \times P_2)$ 概率空间 $(\Omega_1, \mathscr{F}_1, P_1)$ 和 $(\Omega_2, \mathscr{F}_2, P_2)$ 的乘积概率空间

$(\mathbb{R}^{\mathrm{T}}, \mathscr{B}^{\mathrm{T}}, P)$ 标准概率空间

$\mu^+, \mu^-$ 及 $|\mu| \triangleq \mu^+ + \mu^-$ 广义测度 $\mu$ 的正变差、负变差和全变差

$\nu \ll \mu$ 测度 $\nu$ 关于测度 $\mu$ 是绝对连续

$\nu \equiv \mu$ 或 $\nu \sim \mu$ 测度 $\mu, \nu$ 相互等价

$\mu \perp \nu$ 测度 $\mu, \nu$ 相互奇异

$f = \dfrac{d\nu}{\mathrm{d}P}$ 及 $\nu = f \cdot P$ 广义测度 $\nu$ 关于概率测度 $P$ 的 Radon-Nikodym 导数

$P_B(A) \triangleq P(A|B)$ 事件 $A$ 在事件 $B$ 发生条件下的条件概率

$E_B[X] = \int X(\omega) P_B(\mathrm{d}\omega)$ 随机变量 $X(\omega)$ 关于概率测度 $P_B(\cdot)$ 的期望

$L_\infty(\mathscr{G})$ 有界 $\mathscr{G}$ 可测随机变量全体

$E[X|\mathscr{G}]$ 随机变量 $X$ 关于 $\sigma$ 代数 $\mathscr{G}$ 的条件期望

$E[X|V]$ 随机变量 $X$ 关于随机变量 $V$ 的条件期望

$P(A|\mathscr{G})$ $A$ 关于 $\mathscr{F}$ 的一个子 $\sigma$ 代数 $\mathscr{G}$ 的条件概率

| | |
|---|---|
| $f_{12}(x_1\|x_2)$ | 当随机变量 $X_2 = x_2$ 时可积随机变量 $X_1$ 的条件概率密度 |
| $\mathbf{T}$ | 指标集或参数集, 广义实数集 $\bar{\mathbb{R}}$ 或它的某个子集 |
| $\boldsymbol{F} = \{\mathscr{F}_t : t \in \mathbf{T}\}$、$\boldsymbol{F}$、$\{\mathscr{F}_t\}$ 或 $\mathscr{F}_t$ | 概率空间 $(\Omega, \mathscr{F}, P)$ 上的一个 $\sigma$ 域流 |
| $(\Omega, \mathscr{F}, \{\mathscr{F}_t : t \in \mathbf{T}\}, P)$、$(\Omega, \mathscr{F}, \{\mathscr{F}_t\}, P)$ | 域流空间 |
| $\mathscr{F}_\infty = \bigvee_{t \geqslant 0} \mathscr{F}_t = \sigma\left(\bigcup_{t \geqslant 0} \mathscr{F}_s\right)$ | $\sigma$ 代数流 $\{\mathscr{F}_t : t \in \mathbf{T}\}$ 在 $\infty$ 处的 $\sigma$ 代数 |
| $\mathscr{F}_t^X = \sigma(X_s : s, t \in \mathbf{T}, s \leqslant t)$ | 随机过程 $X = \{X_t : t \in \mathbf{T}\}$ 生成的自然流 |
| $\mathscr{F}_\tau = \{A \in \mathscr{F}_\infty : A \cap \{\tau \leqslant t\} \in \mathscr{F}_t, \forall t \in \mathbb{R}_+\}$ | $\tau$ 前事件 $\sigma$ 代数或停时 $\sigma$ 代数 |
| $D_B(\omega) = \inf\{s \in \mathbb{R}_+ : X_s(\omega) \in B\}$ | 随机过程 $X = \{X_t : t \in \mathbb{R}_+\}$ 对应于 $\mathbb{R}$ 的子集 $B$ 的首中时 |
| $\{\mathscr{F}_{t_n} : n \in \mathbb{Z}_+\}$ | 概率空间 $(\Omega, \mathscr{F}, P)$ 的一个具离散时间的域流 |
| $(\Omega, \mathscr{F}, \{\mathscr{F}_{t_n} : n \in \mathbb{Z}_+\}, P)$、$(\Omega, \mathscr{F}, \{\mathscr{F}_{t_n}\}, P)$ | 一个具离散时间域流的域流空间 |
| $\mathscr{F}_{t_\infty}$, 其中 $t_\infty = \lim_{n \to \infty} t_n \uparrow \in \bar{\mathbb{R}}_+$ | $\sigma\left(\bigcup_{n \in \mathbb{Z}_+} \mathscr{F}_{t_n}\right)$ |
| $\mathscr{F}_\tau = \{A \in \mathscr{F}_{t_\infty} : A \cap \{\tau \leqslant t_n\} \in \mathscr{F}_{t_n}, \forall n \in \mathbb{Z}_+\}$ | $\tau$ 前 $\sigma$ 代数或停时 $\sigma$ 代数 |
| $X_\infty$ | 概率空间 $(\Omega, \mathscr{F}, P)$ 上的一个广义实值 $\mathscr{F}_\infty$ 或 $\mathscr{F}_{t_\infty}$ 可测随机变量 |
| $X_\tau(\omega)$ | 停时随机变量 |
| $X^\tau = \{X_{\tau \wedge t} : t \in \mathbb{R}_+\}$ | 适应过程 $X = \{X_t : t \in \mathbb{R}_+\}$ 关于停时 $\tau$ 的停时过程 |
| $X^\tau = \{X_{\tau \wedge t_n} : n \in \mathbb{Z}_+\}$ | 适应过程 $X = \{X_{t_n} : n \in \mathbb{Z}_+\}$ 关于停时 $\tau$ 的停时过程 |
| $X^{[\tau]}$ | 适应过程 $X = \{X_t : t \in \mathbb{R}_+\}$ 被停时 $\tau$ 的截断过程 |
| $L_p(\Omega, \mathscr{F}, P)$ | 概率空间 $(\Omega, \mathscr{F}, P)$ 上满足条件 $\|X\|_p \triangleq \left(\int_\Omega \|X\|^p \, \mathrm{d}P\right)^{1/p} < \infty$ 的广义实值随机变量的等价类的线性空间 |
| $L_\infty(\Omega, \mathscr{F}, P)$ | 概率空间 $(\Omega, \mathscr{F}, P)$ 上的基本有界的随机变量的等价类的线性空间 |
| $\|X\|_\infty$ | 基本有界的随机变量 $X$ 的所有基本界的下确界 |

| | |
|---|---|
| $X \vee Y$ | $X$ 和 $Y$ 的最大值 |
| $X \wedge Y$ | $X$ 和 $Y$ 的最小值 |
| $C \bullet X$ | 鞅、下鞅或上鞅 $X$ 关于可料过程 $C$ 的鞅变换或随机积分 |
| $C^{(\tau)} = \left\{ C_n^{(\tau)} : n \in \mathbb{Z}_+ \right\}$ | 来源于停时 $\tau$ 的停止过程 |
| $U_a^b(X, N)$ | 有限随机变量序列 $\{X_1, \cdots, X_N\}$ 上穿区间 $[a, b]$ 的次数 |
| $D_a^b(X, N)$ | 有限随机变量序列 $\{X_1, \cdots, X_N\}$ 下穿区间 $[a, b]$ 的次数 |
| $U_a^b(X)$ | 随机变量序列 $X = \{X_n : n \in \mathbb{Z}_+\}$ 完成上穿区间 $[a, b]$ 的次数 |
| $D_a^b(X)$ | 随机变量序列 $X = \{X_n : n \in \mathbb{Z}_+\}$ 完成下穿区间 $[a, b]$ 的次数 |
| $U_a^b(X, \tau) = U_a^b\left(X^{(\tau)}, N\right)$ | $X = \{X_t : t \in \mathbb{R}_+\}$ 相应于 $\tau$ 上穿 $[a, b]$ 的次数 |
| $D_a^b(X, \tau) = D_a^b\left(X^{(\tau)}, N\right)$ | $X = \{X_t : t \in \mathbb{R}_+\}$ 相应于 $\tau$ 下穿 $[a, b]$ 的次数 |
| $U_a^b(X, J \cap S)$ | $X = \{X_t : t \in \mathbb{R}_+\}$ 相应于 $J \cap S$ 上穿 $[a, b]$ 的次数 |
| $D_a^b(X, J \cap S)$ | $X = \{X_t : t \in \mathbb{R}_+\}$ 相应于 $J \cap S$ 下穿 $[a, b]$ 的次数 |
| $\mathbb{Q}$ | 所有有理数的集合 |
| $\langle \cdot, \cdot \rangle$ | 空间 $L_2(\Omega, \mathscr{F}, P)$ 上的一个内积 |
| $\mathscr{F}_{-\infty}$ | 域流 $\{\mathscr{F}_{-n} : n \in \mathbb{Z}_+\}$ 中 $\sigma$ 代数的交，即 $\bigcap_{n \in \mathbb{Z}_+} \mathscr{F}_{-n}$ |
| $\mathbf{J}$ | 域流空间 $(\Omega, \mathscr{F}, \{\mathscr{F}_t : t \in \mathbf{T}\}, P)$ 上的所有有界停时的集合 |
| $\mathbf{J}_a$ | $\mathbf{J}$ 中的所有以 $a$ 为界的停时组成集合 |
| $\mathbf{J}_\infty$ | 域流空间上的所有停时的集合 |
| $A_\infty(\omega) = \lim\limits_{t \to \infty} A_t(\omega)$ | 具有例外集 $\Lambda_A$ 的几乎必然增过程 $A = \{A_t : t \in \mathbb{R}_+\}$ 的极限 |
| $\mu_A(\cdot, \omega)$ | $(\mathbb{R}_+, \mathscr{B}_{\mathbb{R}_+})$ 上的由几乎必然增过程 $A = \{A_t : t \in \mathbb{R}_+\}$ 所确定的 Lebesgue-Stieltjes 测度族 |

$\int_{[0,t]} X\left(s,\omega\right) \mathrm{d}A\left(s,\omega\right)$
$= \int_{[0,t]} X\left(s,\omega\right) \mu_A\left(\mathrm{d}s,\omega\right)$

随机过程 $X = \{X_t : t \in \mathbb{R}_+\}$ 关于几乎必然增过程 $A$ 在 $[0,t]$ 的积分

$\mathbf{M}_2 = \mathbf{M}_2\left(\Omega, \mathscr{F}, \{\mathscr{F}_t : t \in \mathbb{R}_+\}, P\right)$

所有满足 $X_0 = 0$ a.s. 的右连续平方可积 (或 $L_2$) 鞅 $X = \{X_t : t \in \mathbb{R}_+\}$ 的等价类的线性空间

$\mathbf{M}_2^c = \mathbf{M}_2^c\left(\Omega, \mathscr{F}, \{\mathscr{F}_t : t \in \mathbb{R}_+\}, P\right)$

$\mathbf{M}_2$ 的包含所有几乎必然连续成员的线性子空间

$|X|_t = \left[E\left(X_t^2\right)\right]^{1/2}$

空间 $\mathbf{M}_2$ 中元素 $X = \{X_t : t \in \mathbb{R}_+\}$ 的一个半范数

$|X|_\infty = \sum_{m \in \mathbb{N}} 2^{-m}\left\{|X|_m \wedge 1\right\}$

空间 $\mathbf{M}_2$ 中元素 $X = \{X_t : t \in \mathbb{R}_+\}$ 的一个拟范数

$\mathbf{A}\left(\Omega, \mathscr{F}, \{\mathscr{F}_t\}, P\right)$

标准域流空间 $(\Omega, \mathscr{F}, \{\mathscr{F}_t\}, P)$ 上的所有几乎必然增过程的等价类的集合

$\mathbf{A}^c\left(\Omega, \mathscr{F}, \{\mathscr{F}_t\}, P\right)$

$\mathbf{A}\left(\Omega, \mathscr{F}, \{\mathscr{F}_t\}, P\right)$ 的包含所有连续成员的子集

$\mathbf{V}\left(\Omega, \mathscr{F}, \{\mathscr{F}_t\}, P\right)$

标准域流空间上的所有几乎必然局部有界变差过程的等价类的线性空间

$\mathbf{V}^c\left(\Omega, \mathscr{F}, \{\mathscr{F}_t\}, P\right)$

$\mathbf{V}\left(\Omega, \mathscr{F}, \{\mathscr{F}_t\}, P\right)$ 的包含所有连续成员的子集

$\mathbf{L}_{p,\infty}\left(\mathbb{R}_+ \times \Omega, \mu_A, P\right)$

对 $A \in \mathbf{A}\left(\Omega, \mathscr{F}, \{\mathscr{F}_t\}, P\right)$ 和 $p \in [0,\infty)$, 概率空间 $(\Omega, \mathscr{F}, P)$ 上所有满足对每一 $t \in \mathbb{R}_+$ 有 $E\left[\int_{[0,t]} |X\left(s\right)|^p \mathrm{d}A\left(s\right)\right] < \infty$ 的所有可测过程 $X = \{X_t : t \in \mathbb{R}_+\}$ 的等价类的线性空间

$\|X\|_{p,t}^{A,P} = \left\{E\left[\int_{[0,t]} |X\left(s\right)|^p \mathrm{d}A\left(s\right)\right]\right\}^{1/p}$

空间 $\mathbf{L}_{p,\infty}\left(\mathbb{R}_+ \times \Omega, \mu_A, P\right)$ 中元素 $X = \{X_t : t \in \mathbb{R}_+\}$ 的一个半范数

$\|X\|_{p,\infty}^{A,P} = \sum_{m \in \mathbb{N}} 2^{-m}\left\{\|X\|_{p,m}^{A,P} \wedge 1\right\}$

空间 $\mathbf{L}_{p,\infty}\left(\mathbb{R}_+ \times \Omega, \mu_A, P\right)$ 中元素 $X = \{X_t : t \in \mathbb{R}_+\}$ 的一个拟范数

$[M, M]$

$M \in \mathbf{M}_2\left(\Omega, \mathscr{F}, \{\mathscr{F}_t\}, P\right)$ 的二次变差过程

$[M, N]$

$M$ 和 $N$ 的二次协变差过程, $M, N \in \mathbf{M}_2(\Omega, \mathscr{F}, \{\mathscr{F}_t\}, P)$

$\mathbf{L}_0\left(\Omega, \mathscr{F}, \{\mathscr{F}_t\}, P\right)$

标准域流空间 $(\Omega, \mathscr{F}, \{\mathscr{F}_t\}, P)$ 上的所有有界左连续适应简单过程的集合

$\mathbf{L}_{2,\infty}\left(\mathbb{R}_+ \times \Omega, \mu_{[M,M]}, P\right)$

对 $M \in \mathbf{M}_2\left(\Omega, \mathscr{F}, \{\mathscr{F}_t\}, P\right)$, 概率空间 $(\Omega, \mathscr{F}, P)$ 上满足对每一 $t \in \mathbb{R}_+$ 有

$$E\left[\int_{[0,t]} |X\left(s\right)|^2 \mathrm{d}\left[M, M\right]\left(s\right)\right] < \infty$$

的所有可测过程 $X = \{X_t : t \in \mathbb{R}_+\}$ 的等价类的线性空间

| | |
|---|---|
| $X \bullet M$ | $X$ 关于 $M$ 的随机积分 |
| $\displaystyle\int_{[0,t]} X(s)\,\mathrm{d}M(s)$ | $X$ 关于 $M$ 在 $[0,t]$ 上的随机积分 |
| $N(\mu, \Sigma)$ | $d$ 维正态分布 |
| $|x|$ | $x \in \mathbb{R}^d$ 的 Euclidean 范数 |
| $\varphi_X(y) = E[\exp\{i\langle y, X\rangle\}]$ | 随机变量 $X$ 的特征函数 |
| $m_L$ | Lebesgue 测度 |
| $\mathbf{L}_{p,\infty}(\mathbb{R}_+ \times \Omega, m_L \times P)$ | 概率空间 $(\Omega, \mathscr{F}, P)$ 上所有满足对每一 $t \in \mathbb{R}_+$ 有 $\displaystyle\int_{[0,t]\times\Omega} |X(s,\omega)|^p (m_L \times P)(\mathrm{d}(s,\omega)) < \infty$ 的可测过程 $X = \{X_t \in \mathbb{R}_+\}$ 的等价类的线性子空间 |
| $\|X\|_{p,t}^{m_L \times P}$ | 空间 $\mathbf{L}_{p,\infty}(\mathbb{R}_+ \times \Omega, m_L \times P)$ 中元素 $X = \{X_t : t \in \mathbb{R}_+\}$ 的一个半范数 |
| $\|X\|_{p,\infty}^{m_L \times P} = \displaystyle\sum_{m \in \mathbb{N}} 2^{-m}\left\{\|X\|_{p,t}^{m_L \times P} \wedge 1\right\}$ | 空间 $\mathbf{L}_{p,\infty}(\mathbb{R}_+ \times \Omega, m_L \times P)$ 中元素 $X = \{X_t : t \in \mathbb{R}_+\}$ 的一个拟范数 |
| $\mathbf{M}_2^{loc} = \mathbf{M}_2^{loc}(\Omega, \mathscr{F}, \{\mathscr{F}_t\}, P)$ | 标准域流空间 $(\Omega, \mathscr{F}, \{\mathscr{F}_t : t \in \mathbb{R}_+\}, P)$ 上所有满足 $X_0 = 0$ a.s. 的右连续局部平方可积 $X = \{X_t : t \in \mathbb{R}_+\}$ 的等价类的集合 |
| $\mathbf{M}_2^{c,loc} = \mathbf{M}_2^{c,loc}(\Omega, \mathscr{F}, \{\mathscr{F}_t\}, P)$ | $\mathbf{M}_2^{loc}$ 的包含几乎必然连续成员的子集 |
| $\mathbf{A}^{loc}(\Omega, \mathscr{F}, \{\mathscr{F}_t\}, P)$ | 标准域流空间 $(\Omega, \mathscr{F}, \{\mathscr{F}_t : t \in \mathbb{R}_+\}, P)$ 上的满足 <br> (1) $A = \{A_t : t \in \mathbb{R}_+\}$ 是一个适应过程; <br> (2) 存在 $(\Omega, \mathscr{F}_\infty, P)$ 的一个零集 $\Lambda_A$, 使得对每一 $\omega \in \Lambda_A^c$, 有 $A(\cdot, \omega)$ 是 $\mathbb{R}_+$ 上的一个实值右连续单调增函数, 并且对每一 $\omega \in \Omega$ 有 $A(0, \omega) = 0$ 的所有过程 $A$ 的等价类的集合 |
| $\mathbf{V}^{loc}(\Omega, \mathscr{F}, \{\mathscr{F}_t\}, P)$ | 标准域流空间 $(\Omega, \mathscr{F}, \{\mathscr{F}_t : t \in \mathbb{R}_+\}, P)$ 上的满足 <br> (1) $V = \{V_t : t \in \mathbb{R}_+\}$ 是一个 $\{\mathscr{F}_t\}$ 适应过程; <br> (2) 存在 $(\Omega, \mathscr{F}, P)$ 的一个零集 $\Lambda_V$, 使得对每一 $\omega \in \Lambda_V^c$, 有 $V(\cdot, \omega)$ 是 $\mathbb{R}_+$ 上的一个右连续函数, 而且对每一 $t \in \mathbb{R}_+$, $V(\cdot, \omega)$ 是 $[0,t]$ 上的有界变差函数, $V(0, \omega) = 0$ 的所有过程 $V$ 的等价类的线性空间 |
| $\mathbf{A}^{c,loc}(\Omega, \mathscr{F}, \{\mathscr{F}_t\}, P)$ 和 $\mathbf{V}^{c,loc}(\Omega, \mathscr{F}, \{\mathscr{F}_t\}, P)$ | 包含 $\mathbf{A}^{loc}(\Omega, \mathscr{F}, \{\mathscr{F}_t\}, P)$ 和 $\mathbf{V}^{loc}(\Omega, \mathscr{F}, \{\mathscr{F}_t\}, P)$ 中的几乎必然连续成员的集合 |
| $[X, X]$ | 右连续局部鞅 $X$ 的二次变差过程 |

| | |
|---|---|
| $[X, Y]$ | 右连续局部鞅 $X$ 和 $Y$ 的二次变差过程 |
| $\mathbf{L}_{2,\infty}^{loc}(\mathbb{R}_+ \times \Omega, \mu_A, P)$ | 概率空间 $(\Omega, \mathscr{F}, P)$ 上的满足存在 $(\Omega, \mathscr{F}, P)$ 的一个零集 $\Lambda$, 使得对每一 $\omega \in \Lambda^c$, 对每一 $t \in \mathbb{R}_+$ 有 |

$$\int_{[0,t]} X^2(s,\omega)\,\mu_A(\mathrm{d}s,\omega) < \infty$$

的可测过程 $X = \{X_t : t \in \mathbb{R}_+\}$ 的等价类的线性空间

| | |
|---|---|
| $X \bullet M$ | 随机过程 $X = \{X_t : t \in \mathbb{R}_+\}$ 关于 $M \in \mathbf{M}_2(\Omega, \mathscr{F}, \{\mathscr{F}_t\}, P)$ 的随机积分 |
| $(X \bullet M)_t$ | $\displaystyle\int_{[0,t]} X(s)\,\mathrm{d}M(s)$ |
| $C^2(\mathbb{R})$ | $\mathbb{R}$ 上所有具有一、二阶连续导数的连续实值函数的集合 |
| $\mathbf{L}_{1,\infty}^{loc}(\mathbb{R}_+ \times \Omega, \mu_A, P)$ | 对 $A \in \mathbf{A}(\Omega, \mathscr{F}, \{\mathscr{F}_t\}, P)$, 满足 |

$$\int_{[0,t]} |\Phi(s,\omega)|\,\mu_A(\mathrm{d}s,\omega) < \infty$$

的可测过程 $\Phi = \{\Phi_t : t \in \mathbb{R}_+\}$ 等价类的线性空间

| | |
|---|---|
| $\mathbf{C}(\mathbb{R}_+ \times \Omega)$ | $\mathbb{R}_+$ 上的 a.s. 连续函数的等价类的线性空间 |
| $\mathbf{B}(\mathbb{R}_+ \times \Omega)$ | $\mathbb{R}_+$ 的在每一子区间 a.s. 有界的函数等价类的线性空间 |
| $\displaystyle\int_{[0,t]} \Phi(s)\,\mathrm{d}X(s) = \int_{[0,t]} \Phi(s)\,\mathrm{d}M_X(s)$ $\displaystyle\qquad\qquad + \int_{[0,t]} \Phi(s)\,\mathrm{d}V_X(s)$ | 可料过程 $\Phi$ 关于拟鞅 $X$ 的随机积分过程 $\left\{ \displaystyle\int_{[0,t]} \Phi(s)\,\mathrm{d}X(s) : t \in \mathbb{R}_+ \right\}$ |
| $\Phi \bullet X$, $\Phi \bullet M_X$ 和 $\Phi \bullet V_X$ | $\left\{ \displaystyle\int_{[0,t]} \Phi(s)\,\mathrm{d}M_X(s) : t \in \mathbb{R}_+ \right\}$ 和 $\left\{ \displaystyle\int_{[0,t]} \Phi(s)\,\mathrm{d}V_X(s) : t \in \mathbb{R}_+ \right\}$ |
| $M_{\Phi \bullet X}$ 和 $V_{\Phi \bullet X}$ | 拟鞅 $\Phi \bullet X$ 的鞅部和有界变差部分 |
| 记 $C^2(\mathbb{R}^d)$ | 为 $\mathbb{R}^d$ 上所有具有一、二阶连续偏导数的实值函数 $F$ 的集合 |
| $\mathrm{d}X$ | $X$ 的随机微分 |
| $\mathbf{Q}(\Omega, \mathscr{F}, \{\mathscr{F}_t\}, P)$ | 标准域流空间 $(\Omega, \mathscr{F}, \{\mathscr{F}_t\}, P)$ 上的所有拟鞅 $X$ 的集合 |
| $X \overset{q}{\to} Y$ | $X, Y \in \mathbf{Q}(\Omega, \mathscr{F}, \{\mathscr{F}_t\}, P)$ 是等价的拟鞅 |

| | |
|---|---|
| $\mathbf{dQ}$ | $\mathbf{Q}\left(\Omega, \mathscr{F}, \{\mathscr{F}_t\}, P\right)$ 关于等价关系 $\stackrel{\circ}{=}$ 的等价类的集合 |
| $\mathbf{dM}_2^{c,loc}$ | $\mathbf{dQ}$ 的包含 $dM$ 的子集 |
| $\mathbf{dV}^{c,loc}$ | $\mathbf{dQ}$ 的包含 $dV$ 的子集 |
| $dX + dY = d\left(X + Y\right)$ | $\mathbf{dQ}$ 中的加法 |
| $c\,dX = d\left(cX\right)$ | $\mathbf{dQ}$ 中的数乘 |
| $dX \cdot dY = d\left[M_X, M_Y\right], dX\,dY$ | $\mathbf{dQ}$ 中的乘法 |
| $\Phi \bullet dX = d\left(\Phi \bullet X\right), \Phi\,dX$ | $\Phi$ 对 $dX$ 的 $\bullet$ 乘运算 |
| 对 $p \geqslant 1$, $\mathcal{L}^p\left(\mathbb{R}_+; \mathbb{R}^d\right)$ | 所有满足 $$\int_0^T \left\|f\left(t\right)\right\|^p \mathrm{d}t < \infty \text{ a.s. 对每一 } T > 0$$ 的适应 $\mathbb{R}^d$ 值的 $\boldsymbol{F} = \{\mathscr{F}_t : t \in \mathbb{R}_+\}$ 可测的过程 $f = \{f\left(t\right)\}_{t\geqslant 0}$ 的族 |
| $\mathcal{M}^p\left(\mathbb{R}_+; \mathbb{R}^d\right)$ | 所有满足 $$E\int_0^T \left\|f\left(t\right)\right\|^p \mathrm{d}t < \infty, \text{ 对每一 } T > 0$$ 的 $f \in L^p\left(\mathbb{R}_+; \mathbb{R}^d\right)$ 的过程的族 |
| $\mathcal{L}^p\left(\mathbb{R}_+; \mathbb{R}^{d\times m}\right)$ | 可测 $d \times m$ 矩阵值 $\{\mathscr{F}_t\}$ 适应的满足 $$\int_0^T \left\|f\left(t\right)\right\|^p \mathrm{d}t < \infty \text{ a.s. 对每一 } T > 0$$ 的过程 $f = \left\{\left(f_{ij}\left(t\right)\right)_{d\times m}\right\}_{t\geqslant 0}$ 的族 |
| $\mathcal{M}^p\left(\mathbb{R}_+; \mathbb{R}^{d\times m}\right)$ | 所有满足 $$E\int_0^T \left\|f\left(t\right)\right\|^p \mathrm{d}t < \infty, \text{ 对每一 } T > 0$$ 的 $f \in L^p\left(\mathbb{R}_+; \mathbb{R}^{d\times m}\right)$ 的过程的族 |
| $\displaystyle\int_{[0,t]} g\left(s\right) \mathrm{d}B_s$ | $g$ 关于 $B = \{B_t\}_{t\geqslant 0}$ 的 Itô 积分, 也记作 $\displaystyle\int_0^t g\left(s\right) \mathrm{d}B_s$ |
| $x\left(t\right) = x\left(0\right) + \displaystyle\int_0^t f\left(s\right) \mathrm{d}s + \int_0^t g\left(s\right) \mathrm{d}B_s$ | 一维或 $d$ 维 Itô 过程 |
| $\mathrm{d}x\left(t\right) = f\left(t\right) \mathrm{d}t + g\left(t\right) \mathrm{d}B_t$ | 一维或 $d$ 维 Itô 过程的随机微分形式 |
| $C^{2,1}\left(\mathbb{R}^d \times \mathbb{R}_+; \mathbb{R}\right)$ | $\mathbb{R}^d \times \mathbb{R}_+$ 上的满足对 $x$ 连续二次可微而对 $t$ 一次可微的实值函数 $V\left(x, t\right)$ 的族 |
| $\Delta = \displaystyle\sum_{i=1}^m \frac{\partial^2}{\partial x_i^2}$ | Laplace 算子 |
| $V\left(x\right) = x^{\mathrm{T}} Q x$ | 二次函数, 其中 $Q$ 是一个 $d \times d$ 矩阵 |

$\mathcal{L}^p\left([a,b];\mathbb{R}^d\right)$      所有满足对 $a,b \in \mathbb{R}, a < b$ 有 $\int_a^b |f(t)|^p \, \mathrm{d}t < \infty$ a.s. 的 $\mathbb{R}^d$ 值的随机过程 $f = \{f(t),\ a \leqslant t \leqslant b\}$ 的族

$\mathcal{L}^p\left([a,b];\mathbb{R}^{d\times m}\right)$      所有满足对 $a,b \in \mathbb{R}, a < b$ 有 $\int_a^b |f(t)|^p \, \mathrm{d}t < \infty$ a.s. 的 $\mathbb{R}^{d\times m}$ 值的随机过程 $f = \{f(t),\ a \leqslant t \leqslant b\}$ 的族

$x(t;t_0,x_0)$      随机微分过程 (7.1.3) 的一个具初值 $x_0$ 的解或解过程

$\mathcal{M}^p\left([a,b];\mathbb{R}^{d\times m}\right)$      所有满足对 $a,b \in \mathbb{R},\ a < b$ 有 $E\int_a^b |f(t)|^p \, \mathrm{d}t < \infty$ 的随机过程 $f \in \mathcal{L}^p\left([a,b];\mathbb{R}^{d\times m}\right)$ 的族

$\limsup\limits_{t\to\infty} \dfrac{1}{t} \log |x(t)|$      $x(t)$ 的 Lyapunov 指数或轨道 Lyapunov 指数

$\limsup\limits_{t\to\infty} \dfrac{1}{t} \log(E|x(t)|^p)$      $x(t)$ 的 $p$ 阶矩 Lyapunov 指数

$|A| = \sqrt{\text{trace}(A^{\mathrm{T}}A)}$      矩阵的迹范数

$\|A\| = \sup\{|Ax : |x| = 1|\}$      矩阵的算子范数

$\text{trace}F(s)$      矩阵 $F(s)$ 的迹

$\Phi^{-1}(t)$      矩阵 $\Phi(t)$ 的逆矩阵

$\mathcal{K}$      $\mathbb{R}_+ \to \mathbb{R}_+$ 的所有连续非减的满足 $\mu(0) = 0$ 和当 $r > 0$ 时有 $\mu(r) > 0$ 成立的函数 $\mu$ 的集合

$S_h = \left\{x \in \mathbb{R}^d : |x| < h\right\}$      $\mathbb{R}^d$ 中以 $h > 0$ 为半径的球

$C^{1,1}\left(S_h \times [t_0,\infty);\mathbb{R}_+\right)$      所有的从 $S_h \times [t_0,\infty)$ 到 $\mathbb{R}_+$ 的对向量 $(x,t)$ 的分量 $x$ 和 $t$ 都具有连续的一阶偏导数的函数 $V(x,t)$ 的集合

$C^{2,1}(S_h \times \mathbb{R}_+;\mathbb{R}_+)$      $S_h \times \mathbb{R}_+$ 上的关于 $(x,t)$ 的 $x$ 具有连续二阶偏导数而关于 $t$ 具有连续一阶偏导数的非负函数 $V(x,t)$ 的集合

$\lambda_{\max}(A)$      表示矩阵 $A$ 的最大特征值

$C^{2,1}\left(\mathbb{R}^d \times [t_0,\infty);\mathbb{R}_+\right)$      $\mathbb{R}^d \times [t_0,\infty)$ 上的关于 $(x,t)$ 的 $x \in \mathbb{R}^d$ 具有连续二阶偏导数而关于 $t \in [t_0,\infty)$ 具有连续一阶偏导数的非负函数的集合

$\lambda_{\min}(Q)$ 和 $\lambda_{\max}(Q)$      $Q$ 的最小和最大特征值

$B \subset D$ a.s.      $P(B \cap D^c) = 0$

# 第一篇
# 概率论基础

# 第 1 章　可测空间与乘积可测空间

C HAPTER

## 1.1　$\sigma$ 代数理论

概率论是研究随机现象的统计规律的数学学科. 在概率论中, 事件和概率是最基本的两个概念. 从概率论本身发展的需要来看, 明确地规定事件和概率是必需的. 为了规定什么是事件, 一方面要考虑到对事件应允许进行必要的运算, 以满足分析随机现象的实际需要, 因而事件类不能太小, 至少对某些运算应该是封闭的; 另一方面为了能对每个事件给出概率, 并保证对概率有一定的要求, 例如非负性、单调性、可加性等, 所以事件类就不能太大, 否则就无法给出一个 "兼顾各方面要求" 的概率.

事件从其运算的特点来看, 与集合的运算是十分相近的. 如果把试验可能结果 $\omega$ 的全体记为 $\Omega$, 让事件 $\tilde{A}$ 与 "$\Omega$ 中某些 $\omega$ 在试验中出现" 对应, 即事件 $A = \{$属于 $\Omega$ 的子集 $A$ 的任一 $\omega$ 在试验中出现$\}$, 这样事件 $\tilde{A}$ 与 $\Omega$ 的子集 $A$ 就是一回事了. 在这种对应之下, 事件全体就是 $\Omega$ 的某些子集的集合, 概率就应该是定义在 $\Omega$ 的某些子集上的一个以集合为自变量的函数, 从而规定概率和事件所必须兼顾到的各种要求就变为了对集合类与集合函数应该满足的要求.

由于在概率论、随机过程论及随机微积分学中经常涉及 $\sigma$ 代数理论, 因此, 了解 $\sigma$ 代数的结构特征是很有必要的.

### 1.1.1　$\sigma$ 代数

设 $\Omega$ 是一个抽象空间, 即一个非空集合. 由 $\Omega$ 的某些子集构成的集合称为一个集类, 以后常用花体字母 $\mathscr{A}, \mathscr{B}, \mathscr{C}$ 等来表示. 特别地, 用 $\mathscr{P}(\Omega)$ 表示由 $\Omega$ 的子集 (包括空集 $\varnothing$ 和全集 $\Omega$) 全体构成的集类.

1. 代数

**定义 1.1.1**　称 $\Omega$ 的一个非空子集类或 $\mathscr{P}(\Omega)$ 的某个非空子集 $\mathscr{A}$ 为一个代数或域, 如果它满足

(1) 当 $A \in \mathscr{A}$ 时, 则 $A^c \in \mathscr{A}$;

(2) 当 $A \in \mathscr{A}, B \in A$ 时, 则 $A \cup B \in \mathscr{A}$.

实际上, 容易证明代数是一个包含 $\varnothing$ 和 $\Omega$, 并且对集合的余运算、差运算、对称差运算及有限并和有限交运算都封闭的集合类.

**例 1.1.2**　(1) $\mathscr{P}(\Omega)$ 是一个代数.

(2) $\mathscr{A} = \{\varnothing, \Omega\}$ 是一个代数, 称其为退化代数或平凡代数.

(3) 直线 $\mathbb{R}$ 上形为 $(a, b]$ $(a, b$ 可为无穷$)$ 的区间的有限并的全体为一个代数.
我们也可以从任何感兴趣的集合类出发得到一个代数.

**命题 1.1.3**　如果集类 $\mathscr{C} \subset \mathscr{P}(\Omega)$, 则必存在包含 $\mathscr{C}$ 的最小代数 $\mathscr{A}$, 即 $\mathscr{A}$ 是一个代数, $\mathscr{A} \supset \mathscr{C}$, 且对任意一个代数 $\mathscr{A}' \supset \mathscr{C}$, 必有 $\mathscr{A} \subset \mathscr{A}'$.

**证明**　首先记 $\mathscr{X}$ 为包含 $\mathscr{C}$ 的代数的全体构成的集类, 则因为 $\mathscr{P}(\Omega) \in \mathscr{X}$, 所以 $\mathscr{X}$ 是一个非空的集类. 又因为任意多个包含 $\mathscr{C}$ 的代数的交仍是一个包含 $\mathscr{C}$ 的代数 (可按代数的定义逐条验证), 所以如取 $\mathscr{A} = \bigcap\limits_{\mathscr{B} \in \mathscr{X}} \mathscr{B}$, 则 $\mathscr{A}$ 就是所要求的包含 $\mathscr{C}$ 的最小代数.

**定义 1.1.4**　对任意一个集类 $\mathscr{C}$, 称包含 $\mathscr{C}$ 的最小代数为由 $\mathscr{C}$ 张成的代数, 记为 $\mathscr{A}(\mathscr{C})$.

一般说来, 为了获得由集类 $\mathscr{C}$ 张成的代数 $\mathscr{A}(\mathscr{C})$, 可以采用下面的步骤.

(1) 取 $\mathscr{C}_1 = \big\{\varnothing, \Omega, A, A^c : A$ 或 $A^c \in \mathscr{C}\big\}$. 显然 $\mathscr{C}_1$ 对余集运算封闭, 且 $\mathscr{C} \subset \mathscr{C}_1$.

(2) 取 $\mathscr{C}_2 = \left\{\bigcap\limits_{i=1}^{n} A_i : A_i \in \mathscr{C}_1, n \geqslant 1\right\}$, 则 $\mathscr{C}_2$ 对有限交运算封闭, 但对余集运算不封闭.

(3) 取 $\mathscr{C}_3 = \left\{\bigcup\limits_{i=1}^{n} A_i : A_i \in \mathscr{C}_2, n \geqslant 1 \text{ 且 } A_i A_j = \varnothing, i \neq j, i, j = 1, 2, \cdots, n\right\}$, 容易证明 $\mathscr{C}_3$ 对余集运算封闭, 并且是由类 $\mathscr{C}$ 张成的代数 $\mathscr{A}(\mathscr{C})$.

在具体讨论中还常用到下面的概念.

**定义 1.1.5**　$\mathscr{P}(\Omega)$ 的非空子集类 $\mathscr{S}$ 称为一个半代数 (或半域), 如果它满足

(1) $\varnothing, \Omega \in \mathscr{S}$;

(2) 当 $A, B \in \mathscr{S}$, 则 $A \cap B \in \mathscr{S}$;

(3) 若 $A \in \mathscr{S}$, 则 $A^c$ 可表为 $\mathscr{S}$ 中两两互不相交集合的有限并.

易见, 代数必为半代数.

**例 1.1.6**　(1) 直线 $\mathbb{R}$ 上形为 $(a, b]$ $(a, b$ 可为无穷$)$ 的区间全体构成一个半代数.

(2) $n$ 维实空间 $\mathbb{R}^n$ 中, 开、闭及半开半闭矩形体的全体构成一个半代数

$$\{(x_1, x_2, \cdots, x_n) : a_i < (\leqslant) x_i < (\leqslant) b_i, 1 \leqslant i \leqslant n\}$$

的全体也构成一个半代数.

**命题 1.1.7** 如果 $\mathscr{S}$ 为一个半代数, 那么

$$\mathscr{A} = \left\{ A = \sum_{i \in I} S_i : \{S_i, i \in I\} \text{ 为 } \mathscr{S} \text{ 中两两互不相交的有限族} \right\}$$

是包含 $\mathscr{S}$ 的最小代数.

**证明** 首先证明 $\mathscr{A}$ 是一个代数.

$\mathscr{A}$ 对有限交封闭是显然的.

又如果 $A = \sum_{i=1}^{n} S_i \in \mathscr{A}$, 那么 $A^c = \bigcap_{i=1}^{n} S_i^c$. 按半代数的定义 $S_i^c = \sum_{j=1}^{J_i} S_{ij}$,

$S_{ij} \in \mathscr{S}$, 所以,

$$A^c = \bigcap_{i=1}^{n} S_i^c = \sum_{j_1=1}^{J_1} \cdots \sum_{j_n=1}^{J_n} \bigcap_{i=1}^{n} S_{ij_i} \in \mathscr{A}$$

由 De Morgan 公式, $\mathscr{A}$ 对有限并运算封闭, 即 $\mathscr{A}$ 是一个代数. 此外 $\mathscr{A} \supset \mathscr{S}$. 如果 $\mathscr{A}'$ 也是包含 $\mathscr{S}$ 的代数, 则对 $S_i \in \mathscr{S}$, 形为 $A = \sum_{i=1}^{n} S_i$ 的集合必属于 $\mathscr{A}'$, 所以 $\mathscr{A}' \supset \mathscr{A}$, 即 $\mathscr{A}$ 是最小的.

设 $\mathscr{C} \subset \mathscr{P}(\Omega)$ 取

$$\mathscr{C}_1 = \{\varnothing, \Omega, A : A \text{ 或 } A^c \in \mathscr{C}\}, \quad \mathscr{C}_2 = \left\{ \bigcap_{i=1}^{n} A_i : A_i \in \mathscr{C}_1, n \geqslant 1 \right\}$$

则 $\mathscr{C}_2$ 为包含 $\mathscr{C}$ 的半代数, 且 $\mathscr{A}(\mathscr{C}_2) = \mathscr{A}(\mathscr{C})$.

一般地, 由一个集类 $\mathscr{C}$ 生成一个代数时可先由上面的方法生成一个包含 $\mathscr{C}$ 的半代数 $\mathscr{S}$, 以后再由 $\mathscr{S}$ 按命题 1.1.7 的方法构造包含 $\mathscr{C}$ 的代数 $\mathscr{A}(\mathscr{S})$.

2. σ 代数

对有限运算封闭的集类不意味着对可数运算也封闭. 例如取 $\mathscr{C}$ 是实直线上的所有形如 $(x, \infty)$ 的区间 (其中 $x \in \mathbb{R}$) 全体所成的集类, 则 $\mathscr{C}$ 是一个对有限交运算封闭的集类. 但是因为

$$\bigcap_{n=1}^{\infty} \left( x - \frac{1}{n}, \infty \right) = [x, \infty) \notin \mathscr{C}$$

所以集类 $\mathscr{C}$ 对可数交运算不封闭.

**定义 1.1.8**　称 $\mathscr{P}(\Omega)$ 的一个非空子集类 $\mathscr{F}$ 为一个 $\sigma$ 代数或 $\sigma$ 域, 如果它满足

(1) 当 $A \in \mathscr{F}$ 时, 则 $A^c \in \mathscr{F}$;

(2) 对每个 $n \geqslant 1$, 当 $A_n \in \mathscr{F}$ 时, 则 $\bigcup\limits_{n=1}^{\infty} A_n \in \mathscr{F}$.

**命题 1.1.9**　如果 $\mathscr{F}$ 是一个 $\sigma$ 代数, 则 $\mathscr{F}$ 是一个代数, 且当 $n \geqslant 1, A_n \in \mathscr{F}$ 时, 必有

$$\bigcap\limits_{n \geqslant 1} A_n \in \mathscr{F}, \quad \varliminf_{n \to \infty} A_n \in \mathscr{F}, \quad \varlimsup_{n \to \infty} A_n \in \mathscr{F}$$

其中 $\varlimsup\limits_{n \to \infty} A_n = \bigcap\limits_{n=1}^{\infty} \bigcup\limits_{k=n}^{\infty} A_k, \varliminf\limits_{n \to \infty} A_n = \bigcup\limits_{n=1}^{\infty} \bigcap\limits_{k=n}^{\infty} A_k$.

由命题 1.1.9 可知, $\sigma$ 代数是包含 $\varnothing$ 和 $\Omega$, 并且对集合的余运算、差运算、对称差运算和可数并、可数交及上下极限运算都封闭的集合类.

**定义 1.1.10**　称包含集类 $\mathscr{C}$ 的所有 $\sigma$ 代数的交为由 $\mathscr{C}$ 生成的 $\sigma$ 代数, 记为 $\sigma(\mathscr{C})$.

为了从一个给定的集类 $\mathscr{C}$ 出发得到由它生成的 $\sigma$ 代数 $\sigma(\mathscr{C})$, 我们可以遵循在由集类 $\mathscr{C}$ 获得它张成的代数 $\mathscr{A}(\mathscr{C})$ 的过程中同样的步骤 (1) 至 (3), 除了在第二步中允许 $n$ 可以取为无穷大.

**命题 1.1.11**　对 $\Omega$ 的一个子集类 $\mathscr{C}$, 如果以 $\mathscr{C} \cap A$ 表示集类 $\{BA : B \in \mathscr{C}\}$, 那么 $\sigma_\Omega(\mathscr{C}) \cap A = \sigma_A(\mathscr{C} \cap A)$, 这里 $\sigma_A(\mathscr{C} \cap A)$ 表示将 $\mathscr{C} \cap A$ 看成 $\mathscr{P}(A)$ 的子类在 $A$ 上生成的 $\sigma$ 代数.

**证明**　首先 $\sigma_\Omega(\mathscr{C}) \cap A \supset \mathscr{C} \cap A$. 又 $\sigma_\Omega(\mathscr{C}) \cap A$ 是 $A$ 上的 $\sigma$ 代数 (可按 $\sigma$ 代数的定义逐条验证), 故 $\sigma_\Omega(\mathscr{C}) \cap A \supset \sigma_A(\mathscr{C} \cap A)$. 反之, 令

$$\mathscr{D} = \{B \in \mathscr{P}(\Omega) : B \cap A \in \sigma_A(\mathscr{C} \cap A)\}$$

则 $\mathscr{D} \supset \mathscr{C}$, $\mathscr{D}$ 也是 $\Omega$ 上的一个 $\sigma$ 代数 (可按 $\sigma$ 代数的定义逐条验证), 故 $\mathscr{D} \supset \sigma_\Omega(\mathscr{C})$, 即 $\sigma_\Omega(\mathscr{C}) \cap A \subset \sigma_A(\mathscr{C} \cap A)$. 由此命题成立.

**命题 1.1.12**　如果用 $\mathbb{R}$ 表示数直线 $(-\infty, +\infty)$, 则下列集类生成相同的 $\sigma$ 代数.

(1) $\{(a, b] : a, b \in \mathbb{R}\}$; (2) $\{(a, b) : a, b \in \mathbb{R}\}$; (3) $\{[a, b] : a, b \in \mathbb{R}\}$;

(4) $\{(-\infty, b] : a, b \in \mathbb{R}\}$; (5) $\{(r_1, r_2) : r_1, r_2 \text{ 为有理数}\}$;

(6) $\{G : G \text{ 为 } \mathbb{R} \text{ 中开集}\}$; (7) $\{F : F \text{ 为 } \mathbb{R} \text{ 中闭集}\}$.

**证明** 由于

$$(a,b] = \bigcap_n \left(a, b + \frac{1}{n}\right), (a,b) = \bigcup_n \left(a, b - \frac{1}{n}\right],$$

所以 (1)、(2) 中的集类生成相同的 σ 代数. 同样 (1)、(3) 中的集类也生成相同的 σ 代数. 此外, 由

$$(-\infty, b] = \bigcup_n (-n, b], \quad (a,b] = (-\infty, b]/(-\infty, a]$$

知 (1)、(4) 中的集类生成相同的 σ 代数. 由 $(a,b) = \bigcup\limits_{a < r_1 < r_2 < b} (r_1, r_2)$ 可知 (2)、(5) 中的集类生成相同的 σ 代数. 由于 $\mathbb{R}$ 中的任意开集可表示为至多可列个开区间的并, 故 (2)、(6) 中的集类生成相同的 σ 代数. 利用开集的余集为闭集, 可得 (6)、(7) 中的集类生成相同的 σ 代数.

**定义 1.1.13** 称数直线 $\mathbb{R}$ 或广义数直线 $\overline{\mathbb{R}}$ 上由开集全体生成的 σ 代数为数直线上的 Borel 代数, 记为 $\mathscr{B}_{\mathbb{R}}$ 或 $\mathscr{B}$. 称 $\mathscr{B}$ 中的元素为一维 Borel 集.

因此, Borel 代数 $\mathscr{B}$ 包含数直线 $\mathbb{R}$ 的所有形如

$$(-\infty, a), \quad (-\infty, a], \quad [a, +\infty), \quad (a,b), \quad (a,b], \quad [a,b)$$

的集合以及它们的余集、可数交和可数并, 但是它并不指数直线 $\mathbb{R}$ 的所有子集; 数直线 $\mathbb{R}$ 的子集不是 Borel 集的例子可以在测度论书中查到.

Borel 代数和 Borel 集在概率论的研究中有着很重要的作用.

一般地, 如果 $E$ 为一个拓扑空间, $\mathscr{B}_E$ 为 $E$ 中开集全体生成的 σ 代数, 称这一 σ 代数为 $E$ 上的 Borel 代数, 称 $\mathscr{B}_E$ 中的元素为 $E$ 的 Borel 集. $n$ 维欧氏空间 $\mathbb{R}^n$ 中的 Borel 点集又称为 $n$ 维 Borel 点集.

### 1.1.2 单调类定理

在 σ 代数的结构中, 单调性是重要的特征之一.

1. 单调类

**定义 1.1.14** 称集合 $\Omega$ 的一个非空子集类或 $\mathscr{P}(\Omega)$ 的一个非空子集 $\mathscr{M}$ 为一个单调类, 如果它对其中的任意的一个集合序列 $\{A_n : n \geq 1\}$: 当 $\{A_n : n \geq 1\}$ 递增, 即 $A_n \subset A_{n+1}$ 时, 有 $\bigcup\limits_{n=1}^{\infty} A_n \in \mathscr{M}$; 而当 $\{A_n : n \geq 1\}$ 递减, 即 $A_n \supset A_{n+1}$ 时, 有 $\bigcap\limits_{n=1}^{\infty} A_n \in \mathscr{M}$.

由单调类的定义可见, 单调类是对单调集合序列的极限运算封闭的集类.

**例 1.1.15**　(1) $\mathscr{P}(\Omega)$ 是一个单调类, 每个 $\sigma$ 代数也必是一个单调类.

(2) 如果 $\mathbb{R} = (-\infty, +\infty)$, 则 $\mathscr{M} = \{\varnothing, \mathbb{R}, (-\infty, a], (-\infty, a) : a \in \mathbb{R}\}$ 为一个单调类. 但因为 $\mathscr{M}$ 对集合的减法运算不封闭, 事实上, 如取 $A = (-\infty, a]$, $B = (-\infty, b), b > a$, 则 $B - A = (a, b) \notin \mathscr{M}$, 从而 $\mathscr{M}$ 不是一个代数, 当然它也不是 $\sigma$ 代数.

**命题 1.1.16**　如果一个集类 $\mathscr{C} \subset \mathscr{P}(\Omega)$ 非空, 则必存在包含 $\mathscr{C}$ 的最小单调类 $\mathscr{M}(\mathscr{C})$, 这个单调类也称为由 $\mathscr{C}$ 生成的单调类.

**命题 1.1.17**　集类 $\mathscr{F}$ 为一个 $\sigma$ 代数的充分必要条件是 $\mathscr{F}$ 既是一个代数又是一个单调类, 即 $\mathscr{F}$ 是一个单调代数.

**证明**　**必要性**　由命题 1.1.9 即得.

**充分性**　对 $\mathscr{F}$ 中的任意一个集合序列 $\{A_n : n \geqslant 1\}$, 因为集类 $\mathscr{F}$ 是一个代数, 所以 $B_n = \bigcup\limits_{k \leqslant n} A_k \in \mathscr{F}, n \geqslant 1$, 且因集合序列 $\{B_n : n \geqslant 1\}$ 为 $\mathscr{F}$ 中的递增序列, 又由集类 $\mathscr{F}$ 为一个单调类, 而 $\bigcup\limits_{k \geqslant 1} A_k = \bigcup\limits_{k \geqslant 1} B_k$, 所以集类 $\mathscr{F}$ 是一个 $\sigma$ 代数.

**定理 1.1.18** (单调类定理)　如果 $\mathscr{A}$ 是一个代数, 那么 $\sigma(\mathscr{A}) = \mathscr{M}(\mathscr{A})$.

**证明**　首先因 $\sigma(\mathscr{A}) \supset \mathscr{A}$, 而 $\sigma(\mathscr{A})$ 又是一个单调类, 所以

$$\sigma(\mathscr{A}) \supset \mathscr{M}(\mathscr{A}) \tag{1.1.1}$$

反之, 显然 $\mathscr{M}(\mathscr{A}) \supset \mathscr{A}$. 以下将证明 $\mathscr{M}(\mathscr{A})$ 是一个代数. 为此记

$$\mathscr{M}_1 = \{A \in \mathscr{M}(\mathscr{A}) : A^c \in \mathscr{M}(\mathscr{A}), A \cup B \in \mathscr{M}(\mathscr{A}), \forall B \in \mathscr{A}\}$$

现在验证上面规定的 $\mathscr{M}_1$ 是一个单调类. 设 $\{A_n : n \geqslant 1\}$ 是 $\mathscr{M}_1$ 中的一个单调序列, 则 $A_n, A_n^c \in \mathscr{M}(\mathscr{A})$, 且对 $\lim\limits_n \uparrow A_n$ (或 $\lim\limits_n \downarrow A_n$), 由

$$\left(\lim_n \uparrow A_n\right)^c = \lim_n \downarrow A_n^c \in \mathscr{M}(\mathscr{A})$$

$$\left(\text{或} \left(\lim_n \downarrow A_n\right)^c = \lim_n \uparrow A_n^c \in \mathscr{M}(\mathscr{A})\right)$$

$$\left(\lim_n \uparrow A_n\right) \cup B = \lim_n \uparrow (A_n \cup B) \in \mathscr{M}(\mathscr{A}), \forall B \in \mathscr{A}$$

$$\left(\text{或} \left(\lim_n \downarrow A_n\right) \cup B = \lim_n \downarrow (A_n \cup B) \in \mathscr{M}(\mathscr{A}), \forall B \in \mathscr{A}\right)$$

可得

$$\lim_n \uparrow A_n \in \mathscr{M}_1 \left(\text{或} \lim_n \downarrow A_n \in \mathscr{M}_1\right)$$

故 $\mathscr{M}_1$ 是一个单调类. 又因 $\mathscr{M}_1 \supset \mathscr{A}$, 故 $\mathscr{M}_1 \supset \mathscr{M}(\mathscr{A})$, 这还表明 $\mathscr{M}(\mathscr{A})$ 对余集运算也是封闭的, 且对 $A \in \mathscr{M}(\mathscr{A})$, 有

$$A \cup B \in \mathscr{M}(\mathscr{A}), \quad \forall B \in \mathscr{A} \tag{1.1.2}$$

再记

$$\mathscr{M}_2 = \{B \in \mathscr{M}(\mathscr{A}) : A \cup B \in \mathscr{M}(\mathscr{A}), \forall A \in \mathscr{M}(\mathscr{A})\}$$

由已经证明的 (1.1.2) 式可得 $\mathscr{A} \subset \mathscr{M}_2$. 又由等式 $(\lim_n B_n) \cup A = \lim_n(B_n \cup A)$ 可得, $\mathscr{M}_2$ 也是一个单调类, 所以 $\mathscr{M}_2 \supset \mathscr{M}(\mathscr{A})$, 因此得到 $\mathscr{M}(\mathscr{A})$ 对集合的并运算也是封闭的, 所以 $\mathscr{M}(\mathscr{A})$ 就是一个代数. 再由命题 1.1.17 可知 $\mathscr{M}(\mathscr{A})$ 必是一个 σ 代数, 故 $\mathscr{M}(\mathscr{A}) \supset \sigma(\mathscr{A})$. 最后, 结合 (1.1.1) 式即得 $\sigma(\mathscr{A}) = \mathscr{M}(\mathscr{A})$.

**2. π 类和 λ 类**

σ 代数要求集类封闭于可数并与可数交运算, 这一点一般难于验证, Dynkin 利用单调类的性质提出了一种有效的判定方法.

**定义 1.1.19**　称 $\mathscr{P}(\Omega)$ 的一个非空子集类 $\mathscr{C}$ 为一个 π 类, 如果对任意的 $A, B \in \mathscr{C}$, 必有 $AB \in \mathscr{C}$.

**定义 1.1.20**　称 $\mathscr{P}(\Omega)$ 的一个非空子集类 $\mathscr{D}$ 为一个 λ 类, 如果它满足:

(1) 当 $A \in \mathscr{D}$ 时, 必有 $A^c \in \mathscr{D}$; (对余集运算封闭)

(2) 当 $A, B \in \mathscr{D}$ 且 $A \cap B = \varnothing$ 时, 必有 $A + B \in \mathscr{D}$; (对有限不交并运算封闭)

(3) 对递增序列 $\{A_n : n \geqslant 1\} \subset \mathscr{D}$, 必有 $\lim_n A_n \in \mathscr{D}$. (对递增序列的极限运算封闭)

**命题 1.1.21**　(1) 集类 $\mathscr{F}$ 为一个 σ 代数的充分必要条件是它同时为 λ 类和 π 类; (2) 对 $\mathscr{P}(\Omega)$ 的任意一个子集类 $\mathscr{C}$, 必存在包含 $\mathscr{C}$ 的最小 λ 类 $\lambda(\mathscr{C})$.

**定理 1.1.22** (单调类定理)　如果 $\mathscr{C}$ 是一个 π 类, 那么 $\lambda(\mathscr{C}) = \sigma(\mathscr{C})$.

**证明**　首先, 因 $\sigma(\mathscr{C}) \supset \mathscr{C}$, 而 $\sigma(\mathscr{C})$ 又是一个 λ 类, 所以 $\sigma(\mathscr{C}) \supset \lambda(\mathscr{C})$.

反之, 下面将证明 $\lambda(\mathscr{C})$ 是一个包含 $\mathscr{C}$ 的 π 类. 依据这一点, 由命题 1.1.21 可知, $\lambda(\mathscr{C})$ 是一个包含 $\mathscr{C}$ 的 σ 代数, 即有 $\lambda(\mathscr{C}) \supset \sigma(\mathscr{C})$, 从而定理也就得证.

为证明 $\lambda(\mathscr{C})$ 是一个 π 类, 记

$$\mathscr{D} = \{\mathscr{A} \in \lambda(\mathscr{C}) : AD \in \lambda(\mathscr{C}), \forall D \in \mathscr{C}\}$$

则 $\mathscr{D} \supset \mathscr{C}$. 又因当 $A \in \mathscr{D}$ 时, 利用

$$DA^c = (D^c \cup A)^c = (D^c \cup DA)^c$$

可推出 $A^c \in \mathscr{D}$, 进而容易验证 $\mathscr{D}$ 是一个 $\lambda$ 类, 所以 $\mathscr{D} \supset \lambda(\mathscr{C})$, 即对每个 $D \in \mathscr{C}$ 及 $A \in \lambda(\mathscr{C})$, 都有 $AD \in \lambda(\mathscr{C})$. 现在再取

$$\mathscr{G} = \{D \in \lambda(\mathscr{C}) : AD \in \lambda(\mathscr{C}), \forall A \in \lambda(\mathscr{C})\}$$

则 $\mathscr{G} \supset \mathscr{C}$. 同样可验证 $\mathscr{G}$ 是一个 $\lambda$ 类, 所以 $\mathscr{G} = \lambda(\mathscr{C})$. 这就表明 $\lambda(\mathscr{C})$ 对集合的交运算是封闭的, 即 $\lambda(\mathscr{C})$ 是一个 $\pi$ 类.

**推论 1.1.23**　如果集类 $\mathscr{D}$ 是一个 $\lambda$ 类, 而集类 $\mathscr{C}$ 是一个 $\pi$ 类, 且 $\mathscr{D} \supset \mathscr{C}$, 那么 $\mathscr{D} \supset \sigma(\mathscr{C})$.

通常将定理 1.1.18 和定理 1.1.22 综合在一起称为集合形式的单调类定理, 它在验证一个集类是 $\sigma$ 代数时经常用到.

**定理 1.1.24** (集合形式的单调类定理)　设 $\mathscr{C}, \mathscr{A}$ 为 $\mathscr{P}(\Omega)$ 的两个非空子集 (即 $\Omega$ 的非空集类), 且 $\mathscr{C} \subset \mathscr{A}$.

(1) 如果 $\mathscr{A}$ 为一个 $\lambda$ 类, $\mathscr{C}$ 为一个 $\pi$ 类, 那么 $\sigma(\mathscr{C}) \subset \mathscr{A}$;

(2) 如果 $\mathscr{A}$ 为一个单调类, $\mathscr{C}$ 为一个代数, 那么 $\sigma(\mathscr{C}) \subset \mathscr{A}$.

集合形式的单调类定理的使用方法如下:

通常已知集类 $\mathscr{C}$ 中的元素具有某种性质 $S$, 需要证明 $\sigma(\mathscr{C})$ 中的元素也具有性质 $S$, 为此令

$$\mathscr{D} = \{B : B \text{ 具有性质 } S\}$$

然后证明集类 $\mathscr{C}$ 是一个 $\pi$ 类 (或代数), 再证 $\mathscr{D}$ 是一个 $\lambda$ 类 (相应地: 单调类), 于是即证明了 $\sigma(\mathscr{C})$ 中的元素都具有性质 $S$.

这种方法称为 $\lambda$ 类 (相应地: 单调类) 方法.

## 1.2　可测空间和乘积可测空间

### 1.2.1　可测空间

**定义 1.2.1**　设 $\Omega$ 是一个非空的集合, 集类 $\mathscr{F}$ 是由 $\Omega$ 的子集构成的一个 $\sigma$ 代数, 则称 $(\Omega, \mathscr{F})$ 为一个可测空间. 称 $\sigma$ 代数 $\mathscr{F}$ 中的任一集合为一个 $\mathscr{F}$ 可测集, 简称可测集.

在现代概率论中, 如果 $(\Omega, \mathscr{F})$ 为一个可测空间, 那么从概率论的观点来看, 它有如下的含义: $\Omega$ 表示某一试验中所有可能结果的全体, $\Omega$ 又称为基本空间. $\Omega$ 中的元素 $\omega$ 称为基本事件. $\sigma$ 代数 $\mathscr{F}$ 表示随机事件全体, 称为事件 $\sigma$ 代数.

对于一个可测空间 $(\Omega, \mathscr{F})$ 来说, 如果将非空集合 $\Omega$ 和 $\sigma$ 代数 $\mathscr{F}$ 赋予了上述的含义, 则也称这个可测空间 $(\Omega, \mathscr{F})$ 为一个概率可测空间, 这时称 $\mathscr{F}$ 中的任一元素 $A$ 为一个随机事件或事件. $\Omega$ 中的集合 $A$ 对应于事件

$$\widetilde{A} = \text{“在一次试验中 } A \text{ 含有的任一基本事件出现”}$$

集合 $\Omega$ 作为 $\sigma$ 代数 $\mathscr{F}$ 的元素称为必然事件, 而集合 $\varnothing$ 作为 $\sigma$ 代数 $\mathscr{F}$ 的元素称为不可能事件.

事件 $A \cup B$ 或 $\bigcup\limits_{n} A_n$ 分别称为事件 $A, B$ 或事件序列 $\{A_n : n \geqslant 1\}$ 的并, 它们分别表示事件 $A, B$ 或事件序列 $\{A_n : n \geqslant 1\}$ 中至少有一个发生的事件.

事件 $A \cap B$ 或 $\bigcap\limits_{n} A_n$ 分别称为事件 $A, B$ 或事件序列 $\{A_n : n \geqslant 1\}$ 的交, 分别表示事件 $A, B$ 或 $\{A_n : n \geqslant 1\}$ 同时发生的事件.

称事件 $A^c$ 为事件 $A$ 的逆事件, 表示 "$A$ 不发生" 的事件.

对集合运算的其他一些概念也同样适用于事件.

例如当 $A \cap B = \varnothing$ 时, 也称为事件 $A, B$ 是互不相容的. 事件 $\varlimsup\limits_{n \to \infty} A_n$ 称为事件序列 $\{A_n : n \geqslant 1\}$ 的上限事件, 表示事件序列 $\{A_n : n \geqslant 1\}$ 中有无限多个同时发生的事件, 所以也记作 $\{A_n \text{ i.o.}\} = \varlimsup\limits_{n \to \infty} A_n$. 事件 $\varliminf\limits_{n \to \infty} A_n$ 称为事件序列 $\{A_n : n \geqslant 1\}$ 的下限事件, 表示事件 $\{A_n : n \geqslant 1\}$ 中除有限个外同时发生的事件, 即

$$\varliminf_{n \to \infty} A_n = \bigcup_{k \geqslant 1} \bigcap_{n \geqslant k} A_n = \left\{ \omega : \exists k(\omega), \omega \in \bigcap_{n \geqslant k(\omega)} A_n \right\}$$

以上是一种描述概率模型的公理化方法, 这种做法在现代概率论中也是被普遍采用的.

### 1.2.2 有限维乘积可测空间

现在我们引入一种不同类型集合间的运算以及相应的几个概念.

**定义 1.2.2** 对 $i = 1, 2, \cdots, n$, 设 $\Omega_i$ 是一个空间, $A_i$ 是 $\Omega_i$ 的一个子集, 称

$$A = \{(\omega_1, \cdots, \omega_n) : \omega_i \in A_i, 1 \leqslant i \leqslant n\}$$

为集合 $A_1, A_2, \cdots, A_n$ 的乘积集, 记作 $A_1 \times \cdots \times A_n$ 或 $\prod\limits_{i=1}^{n} A_i$.

称 $\Omega_1 \times \cdots \times \Omega_n$ 或 $\Omega = \prod\limits_{i=1}^{n} \Omega_i$ 为空间 $\Omega_1, \cdots, \Omega_n$ 的乘积空间.

如果 $(\Omega_i, \mathscr{F}_i), 1 \leqslant i \leqslant n$, 是 $n$ 个可测空间, 当每个 $A_i \in \mathscr{F}_i$ 时, 又称乘积集 $\prod\limits_{i=1}^{n} A_i$ 为一个可测矩形.

**定义 1.2.3** 对 $i = 1, 2, \cdots, n$, 设 $(\Omega_i, \mathscr{F}_i)$ 是一个可测空间, $\mathscr{C}$ 表示空间 $\Omega_1, \cdots, \Omega_n$ 的乘积空间 $\Omega = \prod\limits_{i=1}^{n} \Omega_i$ 中的可测矩形全体. 在乘积空间 $\Omega$ 上, 称

$\mathscr{F} = \sigma(\mathscr{C})$ 为乘积 $\sigma$ 代数, 并记此 $\sigma$ 代数为 $\mathscr{F} = \prod\limits_{i=1}^{n} \mathscr{F}_i$. 又称可测空间 $(\Omega, \mathscr{F})$

为可测空间 $(\Omega_i, \mathscr{F}_i)$ 的乘积可测空间, $i = 1, 2, \cdots, n$, 记为 $(\Omega, \mathscr{F}) = \prod\limits_{i=1}^{n} (\Omega_i, \mathscr{F}_i)$.

**命题 1.2.4**　设 $(\Omega_i, \mathscr{F}_i), 1 \leqslant i \leqslant n$, 是 $n$ 个可测空间, $1 \leqslant m \leqslant n$, 则

$$\prod_{i=1}^{n} (\Omega_i, \mathscr{F}_i) = \left( \prod_{i=1}^{m} (\Omega_i, \mathscr{F}_i) \right) \times \left( \prod_{i=m+1}^{n} (\Omega_i, \mathscr{F}_i) \right) \tag{1.2.1}$$

**证明**　显然有

$$\prod_{i=1}^{n} \Omega_i = \left( \prod_{i=1}^{m} \Omega_i \right) \times \left( \prod_{i=m+1}^{n} \Omega_i \right) \tag{1.2.2}$$

故为证明 (1.2.1) 式只需证

$$\prod_{i=1}^{n} \mathscr{F}_i = \left( \prod_{i=1}^{m} \mathscr{F}_i \right) \times \left( \prod_{i=m+1}^{n} \mathscr{F}_i \right) \tag{1.2.3}$$

为此记

$$\Omega = \prod_{i=1}^{n} \Omega_i, \quad \mathscr{H}_1 = \prod_{i=1}^{m} \mathscr{F}_i, \quad \mathscr{H}_2 = \prod_{i=m+1}^{n} \mathscr{F}_i, \quad \mathscr{F} = \prod_{i=1}^{n} \mathscr{F}_i$$

先证明对任意的 $A \in \mathscr{H}_1$, 有

$$A \times \Omega_{m+1} \times \cdots \times \Omega_n \in \mathscr{F} \tag{1.2.4}$$

成立. 为此再记

$$\mathscr{D} = \{ A \in \mathscr{H}_1 : A \times \Omega_{m+1} \times \cdots \times \Omega_n \in \mathscr{F} \}$$

容易验证, 集类 $\mathscr{D}$ 包含 $\mathscr{H}_1$ 中的可测矩形全体 $\mathscr{C}$, 而且 $\mathscr{D}$ 又是一个 $\sigma$ 代数, 故 $\mathscr{D} \supset \sigma(\mathscr{C}) = \mathscr{H}_1$, 即 (1.2.4) 式成立. 同样我们也可以证明, 对任意的 $B \in \mathscr{H}_2$, 有 $\Omega_1 \times \cdots \times \Omega_m \times B \in \mathscr{F}$.

现在来证明 $\mathscr{H}_1 \times \mathscr{H}_2 = \mathscr{F}$. 按乘积 $\sigma$ 代数的定义, 有

$$\mathscr{H}_1 \times \mathscr{H}_2 = \sigma_{\Omega}(\{ A \times B : A \in \mathscr{H}_1, B \in \mathscr{H}_2 \})$$

因为 $A \times B = (A \times \Omega_{m+1} \times \cdots \times \Omega_n) \cap (\Omega_1 \times \cdots \times \Omega_m \times B) \in \mathscr{F}$, 所以 $A \times B \in \mathscr{F}$, 因此, $\mathscr{H}_1 \times \mathscr{H}_2 \subset \mathscr{F}$. 反之, 因 $\mathscr{F} = \sigma \left( \left\{ \prod\limits_{i=1}^{n} A_i : A_i \in \mathscr{F}_i, 1 \leqslant i \leqslant n \right\} \right)$, 而

$$\prod_{i=1}^{n} A_i = \left(\prod_{i=1}^{m} A_i\right) \times \left(\prod_{i=m+1}^{n} A_i\right) \in \mathscr{H}_1 \times \mathscr{H}_2$$

故 $\mathscr{F} \subset \mathscr{H}_1 \times \mathscr{H}_2$, 从而 (1.2.3) 式得证. 最后, 综合 (1.2.2) 式和 (1.2.3) 式即可得 (1.2.1) 式成立.

**命题 1.2.5** 如果 $(\Omega_i, \mathscr{F}_i), 1 \leqslant i \leqslant n$ 是 $n$ 个可测空间, $(\Omega, \mathscr{F}) = \prod_{i=1}^{n} (\Omega_i, \mathscr{F}_i)$, 那么对任一 $A \in \mathscr{F}$ 及任意固定的点 $(\omega_1, \cdots, \omega_m) \in \Omega_1 \times \cdots \times \Omega_m$, 截口集

$$A(\omega_1, \cdots, \omega_m) = \{(\omega_{m+1}, \cdots, \omega_n) : (\omega_1, \cdots, \omega_n) \in A\} \in \prod_{i=m+1}^{n} \mathscr{F}_i \qquad (1.2.5)$$

**证明** 对任意固定的点 $(\omega_1, \cdots, \omega_m) \in \Omega_1 \times \cdots \times \Omega_m$, 记

$$\mathscr{G} = \left\{ A \in \mathscr{F} : A(\omega_1, \cdots, \omega_m) \in \prod_{i=m+1}^{n} \mathscr{F}_i \right\}$$

如果 $A = \prod_{i=1}^{n} A_i, A_i \in \mathscr{F}_i$, 那么

$$A(\omega_1, \cdots, \omega_m) = \begin{cases} \prod_{i=m+1}^{n} A_i, & \text{当 } \omega_i \in A_i, 1 \leqslant i \leqslant m, \\ \varnothing, & \text{其他} \end{cases}$$

故 $A(\omega_1, \cdots, \omega_m) \in \prod_{i=m+1}^{n} \mathscr{F}_i$, 因此以 $\mathscr{C}$ 表示 $\Omega$ 中可测矩形全体时便有 $\mathscr{G} \supset \mathscr{C}$.

另一方面, $\mathscr{G}$ 是一个 $\sigma$ 域.

(1) 利用 $(A(\omega_1, \cdots, \omega_m))^c = A^c(\omega_1, \cdots, \omega_m)$ 可得, 如果 $A \in \mathscr{G}$, 那么 $A^c \in \mathscr{G}$;

(2) 利用 $\left(\bigcup_{n=1}^{\infty} A_n\right)(\omega_1, \cdots, \omega_m) = \bigcup_{n=1}^{\infty} A_n(\omega_1, \cdots, \omega_m)$ 可得, $\mathscr{G}$ 对可列并运算是封闭的.

所以 $\mathscr{G}$ 是一个 $\sigma$ 域, $\mathscr{G} \supset \sigma(\mathscr{C}) = \mathscr{F}$, 即对 $\mathscr{F}$ 中任一 $A$ 都满足 (1.2.5) 式.

### 1.2.3 无穷维乘积可测空间

**定义 1.2.6** 设 $J$ 为一个指标集, $\{(\Omega_\alpha, \mathscr{F}_\alpha) : \alpha \in J\}$ 是一族可测空间, 称

$$\Omega = \{(\omega_\alpha, \alpha \in J) : \omega_\alpha \in \Omega_\alpha, \alpha \in J\}$$

为空间 $(\Omega_\alpha : \alpha \in J)$ 的乘积空间, 记为 $\Omega = \prod\limits_{\alpha \in J} \Omega_\alpha$.

如果 $I$ 为 $J$ 的一个有限子集, 对 $A_\alpha \in \mathscr{F}_\alpha, \alpha \in I$, 称

$$B = \{(\omega_\alpha, \alpha \in J) : \omega_\alpha \in A_\alpha, \alpha \in I\}$$

为 $\Omega = \prod\limits_{\alpha \in J} \Omega_\alpha$ 的一个有限维基底可测矩形柱, 简称有限维矩形柱, 称可测矩形 $\prod\limits_{\alpha \in I} A_\alpha$ 为有限维矩形柱 $B$ 的底.

**定义 1.2.7**   设 $\{(\Omega_\alpha, \mathscr{F}_\alpha) : \alpha \in J\}$ 是一族可测空间, 在空间族 $\{\Omega_\alpha : \alpha \in J\}$ 的乘积空间 $\Omega = \prod\limits_{\alpha \in J} \Omega_\alpha$ 上, 如果令

$$\mathscr{C} = \left\{ B : B \text{ 为以 } \prod\limits_{\alpha \in J} A_\alpha \text{ 为底的矩形柱}, A_\alpha \in \mathscr{F}_\alpha, \alpha \in \text{有限 } I \subset J \right\}$$

其中指标集 $I$ 取遍指标集 $J$ 的一切有限子集, 即 $\mathscr{C}$ 表示 $\Omega = \prod\limits_{\alpha \in J} \Omega_\alpha$ 的所有有限维基底可测矩形柱全体, 则称集类 $\mathscr{F} = \sigma(\mathscr{C})$ 为 $\sigma$ 代数族 $\{\mathscr{F}_\alpha : \alpha \in J\}$ 的乘积 $\sigma$ 代数, 记为 $\mathscr{F} = \prod\limits_{\alpha \in J} \mathscr{F}_\alpha$, 而称 $(\Omega, \mathscr{F})$ 为可测空间族 $\{(\Omega_\alpha, \mathscr{F}_\alpha) : \alpha \in J\}$ 的乘积可测空间, 记为 $(\Omega, \mathscr{F}) = \prod\limits_{\alpha \in J} (\Omega_\alpha, \mathscr{F}_\alpha)$.

**定义 1.2.8**   在可测空间族 $\{(\Omega_\alpha, \mathscr{F}_\alpha) : \alpha \in J\}$ 的乘积可测空间 $(\Omega, \mathscr{F})$ 中, 如果 $I$ 为指标集 $J$ 的任意一个子集, $A \subset \Omega_I = \prod\limits_{\alpha \in I} \Omega_\alpha$, 则称

$$B = A \times \prod\limits_{\alpha \in J \setminus I} \Omega_\alpha = \{(\omega_\alpha, \alpha \in J) \in \Omega : (\omega_\alpha, \alpha \in I) \in A\}$$

为 $\Omega$ 中的一个柱集, 称 $A$ 为柱集 $B$ 的底. 当 $A \in \prod\limits_{\alpha \in I} \mathscr{F}_\alpha$ 时, 称柱集 $B$ 为可测的. 特别地, 当 $I$ 为一个有限指标集时, 称柱集 $B$ 为一个有限维基底可测矩形柱; 当 $I$ 为一个可列指标集时, 称柱集 $B$ 为一个可列维基底可测矩形柱, 且分别简称为有限维柱集或可列维柱集.

**命题 1.2.9**   如果 $\{(\Omega_\alpha, \mathscr{F}_\alpha) : \alpha \in J\}$ 为一族可测空间, 其中 $J$ 为一个无限指标集, $(\Omega, \mathscr{F}) = \prod\limits_{\alpha \in J} (\Omega_\alpha, \mathscr{F}_\alpha)$, 又 $\mathscr{G}$ 表示 $\Omega$ 中可列维基底可测矩形柱集全体, 那么 $\mathscr{F} = \mathscr{G}$.

**命题 1.2.10** 如果 $(E_i, \mathscr{T}_i), i \in I$, 都为具有可列维基底的拓扑空间 (特别地, 可以是可分可距离化的拓扑空间), 而 $I$ 为一个有限集或可列集, 而 $(E, \mathscr{T}) = \prod_{i \in I}(E_i, \mathscr{T}_i)$ 为它们的乘积拓扑空间, 那么

$$\mathscr{B}_E = \prod_{i \in I} \mathscr{B}_{E_i}$$

$$(E, \mathscr{B}_E) = \prod_{i \in I}(E_i, \mathscr{B}_{E_i})$$

其中 $\mathscr{B}_{E_i} = \sigma(\mathscr{T}_i), i \in I$, $\mathscr{B}_E = \sigma(\mathscr{T})$.

**注 1.2.11** 如果 $\mathbb{R}^n$ 表示 $n$ 维欧氏空间, 即数直线 $\mathbb{R}$ 的 $n$ 重乘积空间, $\mathscr{B}^n$ 表示 $\mathbb{R}^n$ 中 Borel 点集全体, 则由于 $\mathbb{R}$ 是一个可分距离空间, 因而由命题 1.2.10, 有

$$(\mathbb{R}^n, \mathscr{B}^n) = \underbrace{(\mathbb{R}, \mathscr{B}) \times \cdots \times (\mathbb{R}, \mathscr{B})}_{n \text{ 重}}$$

$\mathscr{B}^n$ 也可看成由可测矩形或有理端点开矩形全体生成的 $\sigma$ 代数.

## 1.3 可测映射与随机变量

随机变量也是概率论中的一个基本概念, 它是一般测度论中可测函数的特殊情形.

### 1.3.1 映射、可测映射

**定义 1.3.1** 设 $\Omega_1, \Omega_2$ 是两个非空的集合. 如果对每个 $\omega_1 \in \Omega_1$, 按照某一对应法则 $f$, 都有确定的 $\omega_2 = f(\omega_1) \in \Omega_2$ 与之对应, 则称对应法则 $f$ 为集合 $\Omega_1$ 到集合 $\Omega_2$ 的一个映射, 以后称集合 $\Omega_1$ 为映射 $f$ 的定义域, 称集合 $\Omega_2$ 为映射 $f$ 的值域.

对任意集合 $A_2 \subset \Omega_2$, 称

$$f^{-1}(A_2) = \{\omega_1 \in \Omega_1 : f(\omega_1) \in A_2\}$$

为集合 $A_2$ 的原像. 对 $\mathscr{P}(\Omega_2)$ 的任意子集 $\mathscr{A}_2$, 称

$$f^{-1}(\mathscr{A}_2) = \{f^{-1}(A_2) : A_2 \in \mathscr{A}_2\}$$

为集类 $\mathscr{A}_2$ 的原像.

关于映射的原像, 有下面两个结果.

**命题 1.3.2** 如果 $f$ 为 $\Omega_1$ 到 $\Omega_2$ 的一个映射, 那么有

$$f^{-1}(\varnothing) = \varnothing, \quad f^{-1}(\Omega_2) = \Omega_1, \quad (f^{-1}(A))^c = f^{-1}(A^c)$$

$$f^{-1}\left(\bigcup_\alpha A_\alpha\right)=\bigcup_\alpha f^{-1}(A_\alpha),\quad f^{-1}\left(\bigcap_\alpha A_\alpha\right)=\bigcap_\alpha f^{-1}(A_\alpha)$$

**引理 1.3.3**　设 $f$ 为 $\Omega_1$ 到 $\Omega_2$ 的一个映射, $\mathscr{C}$ 是 $\mathscr{P}(\Omega_2)$ 的一个子类, 则

$$\sigma_{\Omega_1}(f^{-1}(\mathscr{C}))=f^{-1}(\sigma_{\Omega_2}(\mathscr{C}))$$

**证明**　由于 $\mathscr{C}\subset\sigma_{\Omega_2}(\mathscr{C})$, 故 $f^{-1}(\mathscr{C})\subset f^{-1}(\sigma_{\Omega_2}(\mathscr{C}))$. 又由命题 1.3.2 可知, $f^{-1}(\sigma_{\Omega_2}(\mathscr{C}))$ 是一个 $\sigma$ 域, 所以 $\sigma_{\Omega_1}(f^{-1}(\mathscr{C}))\subset f^{-1}(\sigma_{\Omega_2}(\mathscr{C}))$.

另一方面, 令 $\mathscr{G}=\{B:f^{-1}(B)\in\sigma_{\Omega_1}(f^{-1}(\mathscr{C}))\}$, 则 $\mathscr{G}\supset\mathscr{C}$, 且由命题 1.3.2, $\mathscr{G}$ 也是一个 $\sigma$ 域, 所以 $\mathscr{G}\supset\sigma_{\Omega_2}(\mathscr{C})$, 即 $f^{-1}(\sigma_{\Omega_2}(\mathscr{C}))\subset\sigma_{\Omega_1}(f^{-1}(\mathscr{C}))$, 故结论成立.

**定义 1.3.4**　设 $(\Omega_1,\mathscr{F}_1),(\Omega_2,\mathscr{F}_2)$ 为两个可测空间, $f$ 为空间 $\Omega_1$ 到空间 $\Omega_2$ 的一个映射, 如果对每个 $A\in\mathscr{F}_2$, 有

$$f^{-1}(A)\in\mathscr{F}_1\quad\text{或等价地}\quad f^{-1}(\mathscr{F}_2)\subset\mathscr{F}_1$$

则称 $f$ 为 $(\Omega_1,\mathscr{F}_1)$ 到 $(\Omega_2,\mathscr{F}_2)$ 的一个可测映射, 记为 $f\in\mathscr{F}_1/\mathscr{F}_2$, 或在 $\mathscr{F}_2$ 不引起混淆时简记为 $f\in\mathscr{F}_1$, 并记 $\sigma(f)=\sigma_{\Omega_1}(f)=f^{-1}(\mathscr{F}_2)$, 称它为由 $f$ 生成的 $\sigma$ 域.

**例 1.3.5**　(1) 如果 $(\Omega_1,\mathscr{F}_1)=(\Omega_1,\mathscr{P}(\Omega_1))$, 则 $(\Omega_1,\mathscr{F}_1)$ 到 $(\Omega_2,\mathscr{F}_2)$ 的任一映射都是可测的;

(2) 如果 $(\Omega_1,\mathscr{F}_1)=(\Omega_1,\{\varnothing,\Omega_1\})$, 则 $(\Omega_1,\mathscr{F}_1)$ 到 $(\mathbb{R},\mathscr{B}_\mathbb{R})$ 的可测映射 $f$ 在 $\Omega_1$ 上只取同一个值.

关于可测映射, 有以下两个重要结果, 第一个给出了可测映射的一个简单判定方法, 第二个则说明了复合映射的可测性.

**命题 1.3.6**　设 $(\Omega_1,\mathscr{F}_1),(\Omega_2,\mathscr{F}_2)$ 为两个可测空间, 集类 $\mathscr{C}\subset\mathscr{P}(\Omega_2)$, 又 $\mathscr{F}_2=\sigma(\mathscr{C})$, 则 $f\in\mathscr{F}_1/\mathscr{F}_2$ 的充分必要条件是 $f^{-1}(\mathscr{C})\subset\mathscr{F}_1$.

**命题 1.3.7**　设 $(\Omega_i,\mathscr{F}_i),i=1,2,3$ 为三个可测空间. 如果 $g$ 为可测空间 $(\Omega_1,\mathscr{F}_1)$ 到可测空间 $(\Omega_2,\mathscr{F}_2)$ 的一个可测映射, 而 $f$ 为可测空间 $(\Omega_2,\mathscr{F}_2)$ 到可测空间 $(\Omega_3,\mathscr{F}_3)$ 的一个可测映射, 则复合映射

$$f\circ g:f\circ g(\omega_1)=f(g(\omega_1))$$

为 $(\Omega_1,\mathscr{F}_1)$ 到 $(\Omega_3,\mathscr{F}_3)$ 的一个可测映射.

### 1.3.2　可测函数——随机变量

**定义 1.3.8**　从可测空间 $(\Omega,\mathscr{F})$ 到可测空间 $(\mathbb{R},\mathscr{B}_\mathbb{R})$(或 $(\overline{\mathbb{R}},\mathscr{B}_{\overline{\mathbb{R}}})$) 的一个可测映射称为一个可测函数.

特别地, 当 $(\Omega, \mathscr{F})$ 为一个概率可测空间时, 称 $(\Omega, \mathscr{F})$ 到 $(\mathbb{R}, \mathscr{B}_{\mathbb{R}})$ (或 $(\overline{\mathbb{R}}, \mathscr{B}_{\overline{\mathbb{R}}})$) 的可测映射 $X$ 为一个 (有限值) 随机变量 (或广义实值随机变量), 也记为 $X \in \mathscr{F}$.

可测函数和随机变量有下面的简单判定方法.

**定理 1.3.9** $f$ 为可测空间 $(\Omega, \mathscr{F})$ 上的一个可测函数或概率可测空间 $(\Omega, \mathscr{F})$ 上的一个随机变量的充分必要条件是下列条件之一成立.

(1) $\{f < a\} \in \mathscr{F}$, $\forall a \in \mathbb{R}$;

(2) $\{f \leqslant a\} \in \mathscr{F}$, $\forall a \in \mathbb{R}$;

(3) $\{f > a\} \in \mathscr{F}$, $\forall a \in \mathbb{R}$;

(4) $\{f \geqslant a\} \in \mathscr{F}$, $\forall a \in \mathbb{R}$.

利用定理 1.3.9 容易得到常数函数、连续函数和单调函数都是可测的.

设 $A \in \mathscr{F}$, 称函数

$$I_A(\omega) = \begin{cases} 1, & \omega \in A, \\ 0, & \omega \in A^c \end{cases}$$

为 $A$ 的示性函数, 记为 $I_A$.

由于对任意 $B \subset \mathbb{R}$, 有

$$I_A^{-1}(B) = \begin{cases} \varnothing, & 0, 1 \notin B, \\ A, & 0 \notin B, 1 \in B, \\ A^c, & 0 \in B, 1 \notin B, \\ \Omega, & 0, 1 \in B \end{cases}$$

因此一个集合是可测集合的充要条件是它的示性函数是可测的, 而且

$$I_A^{-1}(\mathscr{B}) = \{\varnothing, A, A^c, \Omega\} = \sigma(A)$$

关于随机变量还有如下的判定方法.

**命题 1.3.10** 如果 $A = \{r_n : n \geqslant 1\}$ 为 $\mathbb{R}$ 的一个可数稠密子集, 那么 $X$ 为一个随机变量的充分必要条件是对每个 $r_n \in A$, 有 $\{\omega : X(\omega) \leqslant r_n\} \in \mathscr{F}$.

### 1.3.3 可测函数的运算

可测函数是一种特殊的可测映射, 其像空间 $\overline{\mathbb{R}}$ 或 $\mathbb{R}$ 中的元素是可以进行运算的, 因此, 一个十分自然而重要的问题是: 定义在可测空间 $(\Omega, \mathscr{F})$ 上的可测函数, 在经过 $\overline{\mathbb{R}}$ 或 $\mathbb{R}$ 中的运算以后其可测性是否保持? 下面我们将回答这个问题.

首先, 关于可测函数的四则运算, 有定理 1.3.11.

**定理 1.3.11** 如果 $f, g$ 为可测空间 $(\Omega, \mathscr{F})$ 上的可测函数, 则

(1) 对任何 $a \in \overline{\mathbb{R}}$, $af$ 是可测函数;

(2) 如果 $f+g$ 有意义, 即对每个 $\omega \in \Omega$, $f(\omega)+g(\omega)$ 都有意义, 则它是一个可测函数;

(3) $fg$ 是可测函数;

(4) 如果 $\forall \omega \in \Omega$, 有 $g(\omega) \neq 0$, 则 $f/g$ 是可测函数.

由定理的 1.3.11 的 (1)、(2) 可得命题 1.3.12.

**命题 1.3.12** 空间 $(\Omega, \mathscr{F})$ 上的可测函数或随机变量全体构成实域上的一向量空间.

其次, 关于可测函数的极限运算, 有命题 1.3.13.

**命题 1.3.13** 如果 $\{f_n : n \geqslant 1\}$ 为一个可测函数 (或随机变量) 序列, 那么

$$\sup_{n \geqslant 1} f_n, \quad \inf_{n \geqslant 1} f_n, \quad \varlimsup_{n \to \infty} f_n, \quad \varliminf_{n \to \infty} f_n$$

仍是可测函数 (或随机变量).

最后, 讨论可测函数的结构.

**定义 1.3.14** 如果存在可测空间 $(\Omega, \mathscr{F})$ 的一个有限可测分割 $\{A_i : i \in I\}$ (即 $I$ 为一个有限指标集, $A_i \in \mathscr{F}$, 且 $A_i A_i = \varnothing$, $i \neq j$, $\sum_{i \in I} A_i = \Omega$) 及互不相同的实数 $\{x_i : i \in I\}$, 使 $\Omega$ 上的函数 $f$ 可表示为

$$f(\omega) = x_i, \quad 当 \omega \in A_i, i \in I$$

则称 $f$ 为一个简单函数; 概率可测空间 $(\Omega, \mathscr{F})$ 上的简单函数称为一个简单或阶梯随机变量.

显然简单函数是一个可测函数, 阶梯随机变量是一个随机变量, 且当 $x_i$ 互不相同时, $x_i, A_i$ 由 $X$ 所唯一确定.

对任意 $A \in \mathscr{F}$, $I_A(\omega)$ 就是一个简单函数或阶梯随机变量, 而定义 1.3.14 中的 $f$ 又可表示为

$$f(\omega) = \sum_{i \in I} x_i I_{A_i}(\omega)$$

**命题 1.3.15** 概率可测空间 $(\Omega, \mathscr{F})$ 上的阶梯随机变量全体 $\mathscr{E}$ 构成一个代数和格.

**命题 1.3.16** $X$ 为可测空间 $(\Omega, \mathscr{F})$ 上的一个可测函数或概率可测空间 $(\Omega, \mathscr{F})$ 上的一个随机变量的充要条件是存在一个简单函数序列或阶梯随机变量序列 $\{X_n : n \geqslant 1\}$, 使

$$X(\omega) = \lim_{n \to \infty} X_n(\omega), \quad \forall \omega \in \Omega$$

且当 $X$ 为非负的时, 序列 $\{X_n : n \geqslant 1\}$ 可取成非负递增的; 当 $X$ 为有界的时, 序列 $\{X_n : n \geqslant 1\}$ 也可取成有界的.

**证明** 充分性 由于 $X(\omega) = \lim\limits_{n \to \infty} X_n(\omega) = \overline{\lim\limits_{n \to \infty}} X_n(\omega)$, 故由命题 1.3.13, 知 $X$ 为一个可测函数或随机变量.

必要性 先设 $X$ 为非负的, 取

$$X_n = \sum_{k=0}^{n2^n - 1} \frac{k}{2^n} I\left\{ \frac{k}{2^n} \leqslant X < \frac{k+1}{2^n} \right\} + nI(X \geqslant n) \tag{1.3.1}$$

则 $X_n$ 为一个简单函数或阶梯随机变量, 且

$$\text{在 } \{X < n\} \text{ 上, 有 } 0 \leqslant X - X_n \leqslant \frac{1}{2^n}$$

$$\text{在 } X \geqslant n \text{ 上, 有 } n = X_n \leqslant X$$

易见随 $n$ 的增加序列 $\{X_n : n \geqslant 1\}$ 是递增的, 故对每个 $\omega \in \Omega$, 有 $X(\omega) = \lim\limits_{n \to \infty} X_n(\omega)$.

对一般的 $X$, 取 $X^+ = X \vee 0$, $X^- = (-X) \vee 0$, 则 $X^+, X^-$ 都是非负可测函数或非负随机变量, 且 $X = X^+ - X^-$. 而对 $X^+, X^-$, 因为它们是非负可测函数或非负随机变量, 所以由前证明知分别存在点点收敛的简单函数序列或阶梯随机变量序列 $\{Y_n : n \geqslant 1\}, \{Z_n : n \geqslant 1\}$ 分别收敛于 $X^+, X^-$, 这时 $\{Y_n - Z_n : n \geqslant 1\}$ 就是所要求的收敛于 $X$ 的阶梯随机变量序列.

从 (1.3.1) 式可以看出, 当 $X$ 非负时, 序列 $\{X_n : n \geqslant 1\}$ 非负递增地收敛于 $X$; 而当 $X$ 为有界的, 即存在 $M \geqslant 0$ 使 $|X| \leqslant M$ 时, 有 $|X_n| \leqslant M$, 即 $\{X_n : n \geqslant 1\}$ 可取成有界的.

**定义 1.3.17** 如果 $\mathscr{F}_1$ 为 $\sigma$ 代数 $\mathscr{F}$ 的一个子 $\sigma$ 代数, 且 $f \in \mathscr{F}_1 / \mathscr{B}_{\overline{\mathbb{R}}}$, 则称 $f$ 为 $\mathscr{F}_1$ 可测, 记为 $f \in \mathscr{F}_1$, 并记 $\sigma(f) = \sigma_{\Omega_1}(f) = f^{-1}(\mathscr{F}_2)$, 称它为由 $f$ 生成的 $\sigma$ 代数.

下面的 Doob 定理在讨论随机变量的特殊可测性时是很重要的.

**定理 1.3.18** (Doob 定理) 如果 $f$ 为可测空间 $(\Omega, \mathscr{F})$ 到可测空间 $(E, \mathscr{E})$ 的一个可测映射, $\sigma(f) = f^{-1}(\mathscr{E})$, 则可测空间 $(\Omega, \mathscr{F})$ 上的随机变量 $X$ 为 $\sigma(f)$ 可测的充要条件是存在可测空间 $(E, \mathscr{E})$ 上的一个随机变量 $h$, 使 $X = h \circ f$.

**证明** 充分性 $X^{-1}(\mathscr{B}_{\mathbb{R}}) = (h \circ f)^{-1}(\mathscr{B}_{\mathbb{R}}) = f^{-1}(h^{-1}(\mathscr{B}_{\mathbb{R}})) \subset f^{-1}(\mathscr{E}) = \sigma(f)$.

必要性 如果 $X = \sum\limits_{i \leqslant n} a_i I_{A_i}$ 为 $\sigma(f)$ 可测阶梯随机变量, 那么由 $A_i \in \sigma(f) = $

$f^{-1}(\mathscr{E})$, 必存在 $B_i \in \mathscr{E}$, 使 $A_i = f^{-1}(B_i)$. 取 $C_i = B_i \setminus \left( \bigcup_{j<i} B_j \right)$, 则 $\{C_i\}$ 为 $\mathscr{E}$

中互不相交的集合, 且 $f^{-1}(C_i) = A_i \setminus \left( \bigcup_{j<i} A_j \right) = A_i$. 令 $h = \sum_{i \leqslant n} a_i I_{C_i}$, 则 $h$ 为

$(E, \mathscr{E})$ 上的一个随机变量, 且当 $\omega \in A_i$ 时, $f(\omega) \in C_i$, $h(f(\omega)) = a_i = X(\omega)$, 即
$X = h \circ f$.

对一般的 $X$, 由命题 1.3.16, 存在一个 $\sigma(f)$ 可测阶梯随机变量序列 $\{X_n : n \geqslant 1\}$, 使 $X = \lim_{n \to \infty} X_n$, 而 $X_n$ 可表示为 $X_n = h_n \circ f$, 其中 $h_n$ 为 $(E, \mathscr{E})$ 上的随机变量, 取 $h = \varlimsup_{n \to \infty} h_n$, 则 $h$ 为 $(E, \mathscr{E})$ 上的一个随机变量, 且

$$h \circ f(\omega) = \left( \varlimsup_{n \to \infty} h_n \right) \circ f(\omega) = \lim_{n \to \infty} X_n(\omega) = X(\omega)$$

### 1.3.4　函数形式的单调类定理

**定义 1.3.19**　设 $\mathscr{L}$ 为 $\Omega$ 上的一个函数族, 它满足: 当 $X \in \mathscr{L}$ 时, 有 $X^+, X^- \in \mathscr{L}$. 称 $\Omega$ 上的函数族 $\mathscr{H}$ 为一个函数 $\mathscr{L}$ 类, 如果它满足

(1) $1 \in \mathscr{H}$;

(2) $\mathscr{H}$ 是一个线性空间;

(3) 如果 $\mathscr{H}$ 中的序列 $\{X_n : n \geqslant 1\}$ 满足 $X_n \geqslant 0$, $X_n \uparrow X$, 且 $X$ 有界或 $X \in \mathscr{L}$, 则 $X \in \mathscr{H}$.

概率论中的下列函数形式的单调类定理是验证可测函数是否具有某些特殊性质的一种重要的手段.

**定理 1.3.20**　如果 $\pi$ 类 $\mathscr{C} \subset \mathscr{P}(\Omega)$, 又 $\mathscr{H}$ 为 $\Omega$ 上的一个函数 $\mathscr{L}$ 类, 且 $\mathscr{H} \supset \{I_A : A \in \mathscr{C}\}$, 那么 $\mathscr{H}$ 包含 $\Omega$ 上的一切属于 $\mathscr{L}$ 的 $\sigma(\mathscr{C})$ 可测函数.

**证明**　取 $\mathscr{F}_1 = \{A : I_A \in \mathscr{H}\}$, 则集类 $\mathscr{F}_1 \supset \mathscr{C}$. 先证明集类 $\mathscr{F}_1$ 是一个 $\lambda$ 类.

由函数 $\mathscr{L}$ 类的定义的 (1)、(2) 可知, 如果 $A \in \mathscr{F}_1$, 则 $I_{A^c} = 1 - I_A \in \mathscr{H}$, 故 $A^c \in \mathscr{F}_1$. 如果 $A, B \in \mathscr{F}_1$, 且 $A, B = \varnothing$, 则

$$I_{A+B} = I_A + I_B \in \mathscr{H}$$

故 $A + B \in \mathscr{F}_1$. 又由函数 $\mathscr{L}$ 类的定义的 (3) 知, 如果 $\{A_n : n \geqslant 1\}$ 为集类 $\mathscr{F}_1$ 中一个递增序列, 则

$$I_{\bigcup_n A_n} = \lim_n I_{A_n} \in \mathscr{H}$$

故 $\bigcup_n A_n \in \mathscr{F}_1$, 所以集类 $\mathscr{F}_1$ 是一个 $\lambda$ 类, 因此由定理 1.1.22 可知 $\mathscr{F}_1 \supset \sigma(\mathscr{C})$.

利用函数 $\mathscr{L}$ 类的定义的 (1)、(2) 可知, 关于 $\sigma(\mathscr{C})$ 可测的有界阶梯随机变量都属于 $\mathscr{H}$. 最后利用函数 $\mathscr{L}$ 类的定义的 (3) 及命题 1.3.15 可推得非负的甚至一般的 $\sigma(\mathscr{C})$ 可测函数 $X$, 只要它属于 $\mathscr{L}$, 都有 $X \in \mathscr{H}$. 定理由此获证.

使用上述形式的单调类定理时, $\mathscr{L}$ 常取为 $\Omega$ 上关于 $\sigma(\mathscr{C})$ 可测的函数全体、$\Omega$ 上的有限可测函数全体或其积分满足某些要求的 $\sigma(\mathscr{C})$ 可测函数全体, 而 $\mathscr{H}$ 常取为具有待证的某种特定性质的函数全体, 这时上述形式的单调类定理常被用来证明属于 $\mathscr{L}$ 的 $\sigma(\mathscr{C})$ 可测函数具有 $\mathscr{H}$ 中函数所具有的那种特定性质.

### 1.3.5 多维随机变量

**定义 1.3.21** 如果 $X_1, \cdots, X_n$ 是 $n$ 个随机变量, 则称 $X = (X_1, \cdots, X_n)$ 为一个 $n$ 维随机变量, 也称为一个 $n$ 维随机向量.

**命题 1.3.22** $X = (X_1, \cdots, X_n)$ 为一个 $n$ 维随机变量的充要条件是 $X$ 为空间可测空间 $(\Omega, \mathscr{F})$ 到 $(\mathbb{R}^n, \mathscr{B}^n)$ 的一个可测映射, 且 $\sigma(X) = \sigma(X_i : 1 \leqslant i \leqslant n)$.

**定义 1.3.23** 如果 $f$ 为可测空间 $(\mathbb{R}^n, \mathscr{B}^n)$ 到可测空间 $(\mathbb{R}, \mathscr{B})$ 的一个可测函数, 则称 $f$ 为一个 $n$ 元 Borel 可测函数或简称 Borel 函数. 可列维乘积空间 $(\mathbb{R}^\infty, \mathscr{B}^\infty)$ 到可测空间 $(\mathbb{R}, \mathscr{B})$ 的可测函数也称为 Borel 函数.

下面这个结果是 Doob 定理的特例.

**命题 1.3.24** 设 $X = (X_1, \cdots, X_n)$ 为一个 $n$ 维随机变量, 则有限随机变量 $Y$ 为 $\sigma(X)$ 可测的充要条件是存在一个 $n$ 元 Borel 函数 $h(x_1, \cdots, x_n)$, 使

$$Y = h(X_1, \cdots, X_n)$$

**命题 1.3.25** 设 $\{X_i : i \in J\}$ 为可测空间 $(\Omega, \mathscr{F})$ 上的一族随机变量, 则

(1) $\Omega$ 上的有限实值函数 $Y$ 为一个 $\sigma(X_i : i \in J)$ 可测随机变量的充要条件是存在指标集 $J$ 的一个至多可列的子集 $I$ 及一个 Borel 函数 $f$, 使 $Y = f(X_i : i \in I)$;

(2) 如果 $A \in \sigma(X_i : i \in J)$, 则必有 $J$ 的一个至多可列的子集 $I$, 使 $A \in (X_i : i \in I)$.

**证明** (1) 充分性是显然的. 为证明必要性, 记

$$\mathscr{C} = \left\{ \bigcap_{j=1}^n A_{i_j} : A_{i_j} \in \sigma(X_{i_j}), i_j \in J, 1 \leqslant j \leqslant n, n \geqslant 1 \right\}$$

则 $\mathscr{C}$ 是一个 $\pi$ 类, 且 $\sigma(\mathscr{C}) = \sigma(X_i : i \in J)$. 又令 $\mathscr{L}$ 为有限随机变量全体.

$$\mathscr{H} = \{Z : Z = g(X_i, i \in I), I \text{ 至多可列}, I \subset J, g \text{ 为 Borel 函数}\}$$

则容易验证 $\mathscr{H}$ 为一个 $\mathscr{L}$ 类, 且 $\mathscr{H} \supset \{I_A : A \in \mathscr{C}\}$, 故由函数形式的单调类定理, 知 $\mathscr{H}$ 包含 $\sigma(\mathscr{C}) = \sigma(X_i : i \in J)$ 可测有限随机变量的全体, 这就可以推出一切 $\sigma(X_i : i \in J)$ 可测有限随机变量为至多可列个 $\{X_i : i \in I\}$ 的 Borel 函数.

(2) 这是 (1) 的特例, 取 $I_A$ 运用 (1) 即可.

**命题 1.3.26**   如果 $(\Omega, \mathscr{F}) = (\Omega_1, \mathscr{F}_1) \times (\Omega_2, \mathscr{F}_2)$ 为一个乘积可测空间, $f$ 为可测空间 $(\Omega, \mathscr{F})$ 到可测空间 $(\mathbb{R}, \mathscr{B}_{\mathbb{R}})$ 的一个可测函数, 则对每个 $\omega_1^0 \in \Omega_1$, 有 $g(\omega_2) = f(\omega_1^0, \omega_2)$ 是可测空间 $(\Omega_2, \mathscr{F}_2)$ 到可测空间 $(\mathbb{R}, \mathscr{B}_{\mathbb{R}})$ 的可测函数.

**证明**   记

$$\mathscr{C} = \{A_1 \times A_2 : A_1 \in \mathscr{F}_1, A_2 \in \mathscr{F}_2\}$$

则 $\mathscr{C}$ 是一个 $\pi$ 类, 且 $\sigma(\mathscr{C}) = \mathscr{F}$. 又取 $\mathscr{L}$ 为可测空间 $(\Omega, \mathscr{F})$ 上的随机变量全体, 取

$$\mathscr{H} = \{h(\omega_1, \omega_2) : h(\omega_1, \cdot) \in \mathscr{F}_2, \forall \omega_1 \in \Omega_1\}$$

则容易验证 $\mathscr{H}$ 为一个函数 $\mathscr{L}$ 类, 再由一个可测集的截口集为一个可测集这个结果知 $\mathscr{H} \supset \{I_A : A \in \mathscr{C}\}$, 故由函数形式的单调类定理, 知 $\mathscr{H}$ 包含 $\sigma(\mathscr{C}) = \mathscr{F}$ 可测随机变量的全体.

# C

## 第 2 章　测度与积分

HAPTER

## 2.1　测度与测度空间

在概率论的公理化结构中, 概率空间 $(\Omega, \mathscr{F}, P)$ 是一种特殊的测度空间, 概率测度 $P$ 是 $\sigma$ 代数 $\mathscr{F}$ 上的一种特殊测度.

### 2.1.1　测度空间

**定义 2.1.1**　设 $\Omega$ 为一个空间, 集类 $\mathscr{C} \subset \mathscr{P}(\Omega)$, 称 $\mathscr{C}$ 上的 (可取 $\pm\infty$) 实值函数 $\mu$ 为一个集函数.

称集函数 $\mu$ 为有限的, 如果对每个 $A \in \mathscr{C}$, 都有 $|\mu(A)| < \infty$;

称集函数 $\mu$ 在 $\mathscr{C}$ 上为 $\sigma$ 有限的, 如果对每个 $A \in \mathscr{C}$, 当 $\{A_n : n \geqslant 1\} \in \mathscr{C}$, 且 $A = \bigcup_n A_n$ 时, 对每个 $n$, 有 $|\mu(A_n)| < \infty$, 此时也简称集函数 $\mu$ 为 $\sigma$ 有限的;

称集函数 $\mu$ 为有限可加的, 如果对任意的 $A, B \in \mathscr{C}$, 当 $AB = \varnothing$, 且 $A + B \in \mathscr{C}$ 时, 都有 $\mu(A + B) = \mu(A) + \mu(B)$ 成立;

称集函数 $\mu$ 在 $\mathscr{C}$ 上为 $\sigma$ 可加的或可列可加的, 如果对任意的 $\{A_n : n \geqslant 1\} \in \mathscr{C}$, 当 $A_i A_j = \varnothing, i \neq j$, 且 $\sum_{i=1}^{\infty} A_i \in \mathscr{C}$ 时, 就有 $\mu\left(\sum_{i=1}^{\infty} A_i\right) = \sum_{i=1}^{\infty} \mu(A_i)$ 成立.

由定义 2.1.1 可见, 如果集函数 $\mu$ 是 $\sigma$ 可加的, 且有 $\varnothing \in \mathscr{C}$, 而 $\mu(\varnothing) = 0$, 则 $\mu$ 是有限可加的. 又如果集函数 $\mu$ 为有限可加的, 且有 $\varnothing \in \mathscr{C}$, 而 $\mu(\varnothing) \neq \infty$, 则 $\mu(\varnothing) = 0$.

**定义 2.1.2**　设 $\Omega$ 为一个空间, 集类 $\mathscr{C} \subset \mathscr{P}(\Omega)$, 且 $\varnothing \in \mathscr{C}$, 称 $\mathscr{C}$ 上的集函数 $\mu$ 为一个测度或正测度, 如果它满足

(1) $\mu(\varnothing) = 0$;

(2) $\mu$ 为非负的, 即对每个 $A \in \mathscr{C}$, 有 $\mu(A) \geqslant 0$;

(3) $\mu$ 为 $\sigma$ 可加的或可列可加的.

此外, 如果还有 $\Omega \in \mathscr{C}$, 且测度 $\mu$ 在 $\mathscr{C}$ 上满足 $\mu(\Omega) = 1$, 则称 $\mu$ 为一个概率测度, 此时事件 $A$ 的概率测度值 $\mu(A)$ 称为 $A$ 的概率.

**定义 2.1.3**　设 $(\Omega, \mathscr{F})$ 是一个可测空间, $\mu$ 是 $\mathscr{F}$ 上的一个测度, 则称 $(\Omega, \mathscr{F}, \mu)$ 为一个测度空间. 当 $P$ 为 $\mathscr{F}$ 上的概率测度时, 称可测空间 $(\Omega, \mathscr{F}, P)$ 为一个概率空间.

### 2.1.2　代数上的测度

**定义 2.1.4**　设 $\mathscr{C}, \mathscr{D}$ 为集合 $\Omega$ 的子集构成的两个集类, $\mathscr{C} \subset \mathscr{D}$, 又 $\mu, v$ 分别为集类 $\mathscr{C}, \mathscr{D}$ 上的集函数. 如果对每个 $A \in \mathscr{C}$, 都有 $\mu(A) = v(A)$, 则称集函数 $v$ 为 $\mu$ 在 $\mathscr{D}$ 上的一个延拓或扩张, 而 $\mu$ 为 $v$ 在 $\mathscr{C}$ 上的限制, 并记为 $\mu = v|_{\mathscr{C}}$.

利用命题 1.1.7 可得命题 2.1.5.

**命题 2.1.5**　如果集类 $\mathscr{S}$ 为 $\Omega$ 上的一个半代数, $\mu$ 为半代数 $\mathscr{S}$ 上的一个非负可加集函数, 那么存在集函数 $\mu$ 在由集类 $\mathscr{S}$ 张成的代数 $\mathscr{A}(\mathscr{S})$ 上的唯一延拓 $v, v$ 在代数 $\mathscr{A}(\mathscr{S})$ 上也是非负可加的; 且当 $\mu$ 为可列可加时, $v$ 也可列可加; $\mu$ 为概率测度时, $v$ 也为概率测度.

**命题 2.1.6**　如果 $\mu$ 是代数 $\mathscr{A} \subset \mathscr{P}(\Omega)$ 上的一个非负有限可加集函数, 则

(1) $\mu$ 是单调的, 即当 $A \subset B$ 时, 有 $\mu(A) \leqslant \mu(B)$;

(2) $\mu$ 是半可加的, 即如果 $A \subset \bigcup\limits_{m=1}^{n} A_m$, 那么 $\mu(A) \leqslant \sum\limits_{m=1}^{n} \mu(A_m)$;

(3) 为使 $\mu$ 是 $\sigma$ 可加的, 当且仅当对每个递增序列 $\{A_n : n \geqslant 1\}$, 只要 $\bigcup\limits_{n} A_n \in \mathscr{A}$ 时, 就有

$$\lim_{n} \uparrow \mu(A_n) = \mu\left(\bigcup_{n} A_n\right)$$

(4) 如果 $\mu$ 为 $\sigma$ 可加的, 则对每个递减序列 $\{A_n : n \geqslant 1\}$, 只要 $\bigcap\limits_{n} A_n \in \mathscr{A}$, 且存在 $n_0$, 使 $\mu(A_{n_0}) < \infty$ 时, 就有

$$\lim_{n} \downarrow \mu(A_n) = \mu\left(\bigcap_{n} A_n\right)$$

反之, 如果对每个递减序列 $\{A_n : n \geqslant 1\}$, 当 $\bigcap\limits_{n} A_n = \varnothing$ 时, 都有 $\lim\limits_{n} \mu(A_n) = 0$, 则 $\mu$ 必是 $\sigma$ 可加的.

由命题 2.1.6 的 (4) 易见, 概率的可列可加性与如下的上连续性等价, 如果事件列 $\{B_n : n \geqslant 1\}$ 单调不增, 即

$$B_1 \supset B_2 \supset \cdots \supset B_n \supset \cdots$$

且对任何 $n \geqslant 1$, $\bigcap\limits_{k \geqslant n} B_k = \varnothing$, 那么 $\lim\limits_{n \to \infty} P(B_n) = 0$.

利用命题 2.1.5 可得定理 2.1.7.

**定理 2.1.7** (1) 如果 $P$ 是代数 $\mathscr{A}$ 上的一个概率测度, 那么 $P$ 在 $\sigma(\mathscr{A})$ 上必有唯一的延拓 $\overline{P}$, 且 $\overline{P}$ 也为一个概率测度;

(2) 如果 $\mu$ 是半代数 $\mathscr{S}$ 上的一个 $\sigma$ 有限测度, 那么 $\mu$ 在 $\sigma(\mathscr{S})$ 上必有唯一的延拓 $\overline{\mu}$.

(3) 如果 $\mu$ 是代数 $\mathscr{A}$ (半代数 $\mathscr{S}$) 上的一个 $\sigma$ 有限测度, 那么 $\mu$ 在 $\sigma(\mathscr{A})$ $(\sigma(\mathscr{S}))$ 上必有唯一的延拓 $\overline{\mu}$.

**命题 2.1.8** 如果 $(\Omega, \mathscr{F}, P)$ 是一个概率空间, 代数 $\mathscr{A} \subset \mathscr{P}(\Omega)$, 且 $\mathscr{F} = \sigma(\mathscr{A})$, 那么对每个 $A \in \mathscr{F}$ 及任一 $\varepsilon > 0$, 必存在 $B_\varepsilon \in \mathscr{A}$, 使 $P(A \Delta B_\varepsilon) < \varepsilon$.

**证明** 记

$$\mathscr{C} = \left\{ A \in \mathscr{F} : \forall \varepsilon > 0, \exists B_\varepsilon \in \mathscr{A} \text{ 使 } P(A \Delta B_\varepsilon) < \varepsilon \right\}$$

显然 $\mathscr{C} \supset \mathscr{A}$, 现在证明集类 $\mathscr{C}$ 是一个 $\sigma$ 代数. 由 $A^c \Delta B^c = A \Delta B$, 可推出当 $A \in \mathscr{C}$ 时, 必有 $A^c \in \mathscr{C}$. 如果 $\{A_n : n \geqslant 1\} \subset \mathscr{C}$, 取 $B_n \subset \mathscr{C}$ 及 $n_0$ 满足

$$P(A_n \Delta B_n) < \frac{\varepsilon}{2^{n+1}}, \quad P\left( \bigcup_{n=1}^{\infty} B_n \setminus \bigcup_{n=1}^{n_0} B_n \right) < \frac{\varepsilon}{2}$$

那么由

$$\left( \bigcup_{n=1}^{\infty} A_n \right) \Delta \left( \bigcup_{n=1}^{\infty} B_n \right) \subset \bigcup_{n=1}^{\infty} (A_n \Delta B_n)$$

$$P\left( \bigcup_{n=1}^{\infty} A_n \Delta \bigcup_{n=1}^{n_0} B_n \right) \leqslant \sum_{n=1}^{\infty} P(A_n \Delta B_n) + P\left( \bigcup_{n=1}^{\infty} B_n \setminus \bigcup_{n=1}^{n_0} B_n \right) < \varepsilon$$

可推出当 $\{A_n : n \geqslant 1\} \subset \mathscr{C}$ 时, 必有 $\bigcup_{n \geqslant 1} A_n \in \mathscr{C}$, 故集类 $\mathscr{C}$ 是一个 $\sigma$ 代数, 因此 $\mathscr{C} \supset \sigma(\mathscr{A}) = \mathscr{F}$, 从而 $\mathscr{C} = \mathscr{F}$.

### 2.1.3 完备测度

**定义 2.1.9** 设 $\mu$ 是 $\sigma$ 代数 $\mathscr{F}$ 上的一个测度, $\mathscr{L} = \{A : A \in \mathscr{F}, \mu(A) = 0\}$, 又

$$\mathscr{N} = \{N \in \mathscr{P}(\Omega) : \text{存在 } A \in \mathscr{L}, \text{使 } N \subset A\}$$

则称 $\mathscr{N}$ 中的元素为 $\mu$ 可略集. 如果 $\mathscr{N} \subset \mathscr{F}$, 则称测度 $\mu$ 在 $\mathscr{F}$ 上为完备的. 当 $(\Omega, \mathscr{F}, P)$ 为一个完备的概率空间时, 则简称 $\mathscr{N}$ 中的元素为可略集.

由定义 2.1.9 可见, 完备性的要求与 $\sigma$ 代数 $\mathscr{F}$ 及测度 $\mu$ 都是有关的.

**定理 2.1.10** (完备化扩张)　如果 $(\Omega, \mathscr{F}, \mu)$ 为一个测度空间, 集类 $\mathscr{N}$ 为 $\mu$ 可略集的全体构成的集合, 那么

(1) $\overline{\mathscr{F}} = \{A \cup N : A \in \mathscr{F}, N \in \mathscr{N}\}$ 为一个 $\sigma$ 代数, 且 $\overline{\mathscr{F}} \supset \mathscr{F}$;

(2) 在 $\overline{\mathscr{F}}$ 上, 如果令

$$\overline{\mu}(A \cup N) = \mu(A)$$

那么 $\overline{\mu}$ 是 $\sigma$ 代数 $\overline{\mathscr{F}}$ 上的一个测度, 且 $\overline{\mu}|_{\mathscr{F}} = \mu$, 而当 $\mu$ 为概率测度时 $\overline{\mu}$ 也是一个概率测度;

(3) $(\Omega, \overline{\mathscr{F}}, \overline{\mu})$ 是一个完备的测度空间, 即 $\overline{\mu}$ 在 $\overline{\mathscr{F}}$ 上是完备的.

**证明**　(1) $\overline{\mathscr{F}} \supset \mathscr{F}$ 是明显的. 为证明 $\overline{\mathscr{F}}$ 为 $\sigma$ 代数, 首先注意到可略集的子集必是可略集, 对 $A, A_n \in \mathscr{F}$ 及可略集 $N \subset B \in \mathscr{L}$, $N_n \subset B_n \in \mathscr{L}$, 由于

$$(A \cup N)^c = A^c N^c = A^c B^c + B A^c N^c \in \overline{\mathscr{F}}$$

$$\bigcup_{n=1}^{\infty} (A_n \cup N_n) = \left(\bigcup_{n=1}^{\infty} A_n\right) \cup \left(\bigcup_{n=1}^{\infty} N_n\right) \in \overline{\mathscr{F}}$$

因而 $\overline{\mathscr{F}}$ 是一个 $\sigma$ 域.

(2) 如果 $A_1 \cup N_1 = A_2 \cup N_2$, 那么 $A_1 \Delta A_2 \subset N_1 \cup N_2$, 所以按 $\overline{\mu}(A \cup N) = \mu(A)$ 规定的 $\overline{\mu}$ 是定义明确的, 而 $\overline{\mu}$ 是测度只需直接验证即可.

(3) 如果 $A$ 为一个 $\overline{\mu}$ 可略集, 即有 $A \subset B \in \overline{\mathscr{F}}$, $\overline{\mu}(B) = 0$, 那么由 $\sigma$ 域 $\overline{\mathscr{F}}$ 的定义, $B$ 必可表为 $B = B_1 \cup N_1$, 其中 $N_1$ 为一个 $\mu$ 可略集, $B_1 \in \mathscr{F}$, 而 $\mu(B_1) = \overline{\mu}(B) = 0$, 故 $B_1$ 也为一个 $\mu$ 可略集, 因而 $B$ 为一个 $\mu$ 可略集, 从而 $A$ 也是一个 $\mu$ 可略集, $A \in \mathscr{N} \subset \overline{\mathscr{F}}$, 故测度 $\overline{\mu}$ 在 $\sigma$ 域 $\overline{\mathscr{F}}$ 上是完备的.

**定义 2.1.11**　称定理 2.1.10 中的 $(\Omega, \overline{\mathscr{F}}, \overline{\mu})$ 为 $(\Omega, \mathscr{F}, \mu)$ 的完备化扩张.

由定理 2.1.10 知, 以后往往可以假定测度空间是完备的, 否则只要取其完备化扩张即可.

### 2.1.4　分布函数及其生成的测度

**命题 2.1.12**　如果 $(\Omega, \mathscr{F}, \mu)$ 是一个测度空间, $f$ 是可测空间 $(\Omega, \mathscr{F})$ 到可测空间 $(E, \mathscr{E})$ 的一个可测映射, 那么由

$$\nu(B) = \mu\left(f^{-1}(B)\right), \quad B \in \mathscr{E}$$

在 $\mathscr{E}$ 上规定的集函数 $\nu$ 是一个测度. 特别地, 当 $\mu$ 是一个概率测度时, $\nu$ 也是一个概率测度.

**定义 2.1.13**　如果 $(\Omega, \mathscr{F}, \mu)$ 是一个测度空间, $f$ 是可测空间 $(\Omega, \mathscr{F})$ 到可测空间 $(E, \mathscr{E})$ 的一个可测映射, 则称由

$$v(B) = \mu\left(f^{-1}(B)\right), \quad B \in \mathscr{E}$$

在 $\mathscr{E}$ 上规定的测度 $v$ 为 $f$ 在 $(E, \mathscr{E})$ 上的导出测度.

特别地, 当 $(\Omega, \mathscr{F}, \mu)$ 是一个概率空间时, 也称测度 $v$ 为 $f$ 在 $(E, \mathscr{E})$ 上的导出分布或分布.

如果 $(\Omega, \mathscr{F}, P)$ 是一个概率空间, $X$ 是其上的一个有限实值随机变量, 则称

$$F(x) = P(X \leqslant x)$$

为随机变量 $X$ 的分布函数. 如果 $X = (X_1, \cdots, X_n)$ 是一个 $n$ 维随机变量, 则称

$$F(x_1, \cdots, x_n) = P(X_1 \leqslant x_1, \cdots, X_n \leqslant x_n)$$

为 $n$ 维随机变量 $X$ 的分布函数.

**命题 2.1.14** 如果 $F(x)$ 是一个有限实值随机变量 $X$ 的分布函数, 则

(1) $F(x)$ 是不减的;

(2) $F(x)$ 是右连续的;

(3) $\lim\limits_{x \to -\infty} F(x) = 0, \lim\limits_{x \to +\infty} F(x) = 1.$

命题 2.1.14 给出了分布函数的性质, 而下面的结果则表明了随机变量的分布由它的分布函数唯一确定.

**命题 2.1.15** 如果随机向量 $(X_1, \cdots, X_n)$ 和 $(Y_1, \cdots, Y_n)$ 有相同的 $n$ 维分布函数, 则对 $\mathbb{R}^n$ 到 $\mathbb{R}^m$ 的任一 Borel 函数 $g$, 随机向量

$$g(X_1, \cdots, X_n) \quad \text{和} \quad g(Y_1, \cdots, Y_n)$$

有相同的分布, 即对 $\mathbb{R}^m$ 中的任意 Borel 集 $B$, 有

$$P\{g(X_1, \cdots, X_n) \in B\} = P\{g(Y_1, \cdots, Y_n) \in B\}$$

**定理 2.1.16** 如果 $F(x)$ 是 $\mathbb{R}$ 上的一个右连续不减有界函数, 则在 $(\mathbb{R}, \mathscr{B})$ 上必存在唯一的有限测度 $\mu$, 使

$$\mu((a, b]) = F(b) - F(a), \quad -\infty \leqslant a < b < +\infty$$

**推论 2.1.17** 如果 $F(x)$ 是 $\mathbb{R}$ 上的一个右连续不减有限函数, 那么在 $(\mathbb{R}, \mathscr{B})$ 上存在唯一的 $\sigma$ 有限测度 $\mu$, 使

$$\mu((a, b]) = F(b) - F(a), \quad -\infty \leqslant a < b < +\infty$$

**定义 2.1.18** 如果 $F(x)$ 是 $\mathbb{R}$ 上的一个有限右连续不减函数, 则由 $F$ 在可测空间 $(\mathbb{R}, \mathscr{B})$ 上按

$$\mu((a, b]) = F(b) - F(a), \quad -\infty \leqslant a < b < +\infty$$

生成的 $\sigma$ 有限完备测度 $\mu$ 称为由 $F$ 生成的 Lebesgue-Stieltjes 测度, 简称为 L-S 测度. 特别地, 当 $F(x) = x$ (或同样的 $F(x) = x + c$) 时, 由此产生的完备化测度称为 Lebesgue 测度. 由 $\mathscr{B}$ 按 Lebesgue 测度扩张成的完备 $\sigma$ 域 $\overline{\mathscr{B}}$ 中的集合都称为 Lebesgue 可测集.

**定义 2.1.19** 对一个随机变量 $X$, 如果在 $\mathbb{R}$ 上存在一个有限或可列的点集 $B$, 使得对每一 $x \in B$, 有 $P(X = x) > 0$ 且 $P(X \in B) = 1$, 则称随机变量 $X$ 是离散型的, 此时称 $X$ 的分布函数 $F(x)$ 是离散分布, 称使得 $P(X = x) > 0$ 的 $x$ 为随机变量 $X$ 的可能值.

如果随机变量 $X$ 对 $\mathbb{R}$ 上的任意有限或可列的点集 $B$, 有 $P(X \in B) = 0$, 就称随机变量 $X$ 的分布是连续的. 如果对任何 Lebesgue 测度为 0 的 Borel 集 $B$, 有 $P(X \in B) = 0$, 则称随机变量 $X$ 是连续型的, 它具有绝对连续的分布.

如果 $X$ 的分布是连续的, 且存在一个 Lebesgue 测度为 0 的 Borel 集 $B$, 使得 $P(X \in B) = 1$, 则称随机变量 $X$ 的分布是奇异的.

如果随机变量 $X$ 的分布函数 $F(x)$ 是绝对连续的, 即对每一 $x \in \mathbb{R}$ 有

$$F(x) = \int_{-\infty}^{x} f(t)\mathrm{d}t$$

其中 $f(x)$ 是一个非负可积函数, 就称 $f(x)$ 是 $X$ 的概率 (分布) 密度或密度函数.

由后文广义测度的 Lebesgue 分解定理和单调函数的性质可知, 任意分布函数 $F(x)$ 都可以唯一地分解成如下形式:

$$F(x) = C_1 F_1(x) + C_2 F_2(x) + C_3 F_3(x)$$

其中 $C_i \geqslant 0(i = 1, 2, 3)$, $\sum_{i=1}^{3} C_i = 1$, 而 $F_1(x), F_2(x), F_3(x)$ 分别是离散的、绝对连续的和奇异的分布函数.

下面的结果表明了具有给定分布函数的随机变量的存在性.

**定理 2.1.20** 如果 $F(x)$ 为 $\mathbb{R}$ 上的一个满足下列条件 (1)~(3) 的函数.

(1) $F(x)$ 是不减的;

(2) $F(x)$ 是右连续的;

(3) $\lim\limits_{x \to -\infty} F(x) = 0$, $\lim\limits_{x \to +\infty} F(x) = 1$.

则必存在一个概率空间 $(\Omega, \mathscr{F}, P)$ 及其上的一个随机变量 $X$, 使

$$P(X \leqslant x) = F(x)$$

对 $n$ 元分布函数, 类似的结果也是成立的.

由于定理 2.1.20, 对概率论中从分布出发讨论的问题都可以认为是从概率空间出发讨论的.

## 2.2 随机变量的数字特征

我们知道一个随机变量的分布函数完整地刻画了该随机变量的概率统计规律, 但该随机变量的数字特征, 如数学期望、方差及高阶矩等, 则集中反映了该随机变量的某些方面的特征.

在这一节中, 我们将在固定的概率空间 $(\Omega, \mathscr{F}, P)$ 上讨论随机变量及其函数关于概率测度 $P$ 的积分.

### 2.2.1 积分———期望

**定义 2.2.1** 如果 $X(\omega) = \sum_i x_i I_{A_i}(\omega)$ 是一个阶梯随机变量, 称

$$\sum_i x_i P(A_i)$$

为它的期望或它关于 $P$ 的积分, 记为

$$E[X], \quad EX, \quad \int X(\omega), \quad \int X \mathrm{d}P, \quad \text{或} \quad \int X$$

当 $X$ 是一个广义实值随机变量且不会同时取 $+\infty$ 及 $-\infty$ 时, 如果我们约定 $0 \cdot (\pm\infty) = 0$, 则仍可如上规定 $EX$.

**命题 2.2.2** 如果 $\mathscr{E}$ 表示可测空间 $(\Omega, \mathscr{F})$ 上的阶梯随机变量全体, 那么

(1) 期望 $EX$ 是唯一满足 $E(I_A) = P(A)$ 的 $\mathscr{E}$ 上的正线性泛函;

(2) $E[\cdot]$ 在 $\mathscr{E}$ 上是单调的, 且如果 $\{X_n : n \geqslant 1\} \subset \mathscr{E}$, $X_n \uparrow$ (或 $\downarrow$) $X \in \mathscr{E}$, 那么

$$E(X_n) \uparrow (\text{或} \downarrow) E(X)$$

(3) 如果 $E(\cdot)$ 是 $\mathscr{E}$ 上的一个正线性泛函, 满足 $E(1) = 1$, 且当 $\mathscr{E}$ 中序列 $X_n \downarrow 0$ 时, 有 $E(X_n) \downarrow 0$, 那么由函数 $Q(A) = E(I_A)$ 可规定 $(\Omega, \mathscr{F})$ 上的一个概率测度.

**定义 2.2.3** 对于一个广义实值随机变量 $X$, 如果

$$E[X^+] < \infty \quad \text{及} \quad E[X^-] < \infty$$

其中 $X^+ = \max(X, 0)$, $X^- = \max(-X, 0)$, 则称 $X$ 为可积的, 且以

$$EX = EX^+ - EX^-$$

表示 $X$ 关于 $P$ 的积分, 也称该积分为 $X$ 的期望或数学期望, 记为 $\int X \mathrm{d}P$ 等.

较为一般地, 如果 $EX^+, EX^-$ 中至少有一个取有限值, 则称 $X$ 为准可积的, 此时用

$$EX = E\left[X^+\right] - E\left[X^-\right]$$

表示 $X$ 关于 $P$ 的积分或期望.

显然, 有界随机变量或阶梯随机变量都是可积的, 而非负随机变量必是准可积的.

**命题 2.2.4**  如果 $E[\cdot]$ 表示概率空间 $(\Omega, \mathscr{F}, P)$ 上的准可积随机变量的期望, 那么

(1) $EX \in \overline{\mathbb{R}}$. $EX \in \mathbb{R}$ 的充要条件是 $X^+, X^-$ 都可积, 且这时必有

$$P(X = \pm\infty) = 0$$

(2) 如果 $X \geqslant 0$ (或更一般地 $P(X < 0) = 0$), 那么 $EX \geqslant 0$, 且这时 $EX = 0$ 的充要条件是 $P(X = 0) = 1$.

(3) 对每个 $c \in \mathbb{R}$, 有 $E[cX] = cE[X]$. 又如果 $X + Y$ 有确定的含义, 且 $X^-, Y^-$(或 $X^+, Y^+$) 可积, 那么 $E[X + Y] = EX + EY$, 特别地, 当 $X, Y$ 中至少有一个为可积时, $E[X + Y] = EX + EY$ 必成立.

(4) 如果 $X \leqslant Y$, 且 $EX, EY$ 存在, 那么 $EX \leqslant EY$.

**定义 2.2.5**  设 $X$ 是一个随机变量, $A \in \mathscr{F}$, 如果 $X$ 为准可积的, 则记

$$\int_A X \mathrm{d}P = E\left[XI_A\right]$$

将

$$\phi(A) = \int_A X \mathrm{d}P$$

看作 $A \in \mathscr{F}$ 的函数时, 称其为 $X$ 的不定积分.

**命题 2.2.6**  设随机变量 $X$ 为准可积的, $\phi(A) = \displaystyle\int_A X \mathrm{d}P$, 那么

(1) $\phi$ 是 $\mathscr{F}$ 上的一个 $\sigma$ 可加集函数, 特别当 $X \geqslant 0$ 时, $\phi$ 是 $\mathscr{F}$ 上的一个测度;

(2) 如果 $P(A) = 0$, 那么 $\phi(A) = 0$.

**命题 2.2.7** (积分变换定理)  如果 $(\Omega, \mathscr{F}, \mu)$ 是一个测度空间, $Y$ 为可测空间 $(\Omega, \mathscr{F})$ 到可测空间 $(E, \mathscr{E})$ 的一个可测映射, $\mu Y^{-1}$ 为 $Y$ 在 $(E, \mathscr{E})$ 上的导出测度, 又 $f$ 是 $(E, \mathscr{E})$ 上的一个可测函数, 那么下式两端任一端存在 (有限) 必可推出另一端也存在 (有限), 且有

$$\int_E f(x)\mu Y^{-1}(\mathrm{d}x) = \int_\Omega f(Y(\omega))\mu(\mathrm{d}\omega)$$

**证明**　首先由复合映射的可测性可知 $f(Y(\omega))$ 为 $(\Omega, \mathscr{F})$ 上的可测函数.
为证

$$\int_E f(x)\mu Y^{-1}(\mathrm{d}x) = \int_\Omega f(Y(\omega))\mu(\mathrm{d}\omega) \tag{2.2.1}$$

取

$$\mathscr{L} = \{f : f \text{ 可测且使 } (2.2.1) \text{ 式一端存在 (有限)}\}$$

$$\mathscr{H} = \{f : f \text{ 可测且使 } (2.2.1) \text{ 式两端存在 (有限) 且相等}\}$$

则容易验证 $\mathscr{L}, \mathscr{H} \supset \{I_A : A \in \mathscr{E}\}$ 满足函数形式的单调类定理 (定理 1.3.20),
所以利用定理 1.3.20 即可推出: 对于属于 $\mathscr{L}$ 的 $(E, \mathscr{E})$ 上的可测函数 $f$ (即使
(2.2.1) 式一端存在 (有限) 的 $f$), 有 (2.2.1) 式

$$\int_E f(x)\mu Y^{-1}(\mathrm{d}x) = \int_\Omega f(Y(\omega))\mu(\mathrm{d}\omega)$$

成立.

由于对 $(\Omega, \mathscr{F}, P)$ 上的一个 $n$ 维随机变量 $X$, 其分布函数 $F(x_1, \cdots, x_n)$ 可
在 $(\mathbb{R}^n, \mathscr{B}^n)$ 上产生一个 Lebesgue-Stieltjes 测度, 也就是 $X$ 在 $(\mathbb{R}^n, \mathscr{B}^n)$ 上的一
个分布, 以后 $(\mathbb{R}^n, \mathscr{B}^n)$ 上的这一测度就与分布函数用同一符号. $\mathbb{R}^n$ 上 Borel 函
数 $f$ 关于它的积分记为

$$\int f\mathrm{d}F, \quad \int f(x)\mathrm{d}F(x) \quad \text{或} \quad \int f(x)F(\mathrm{d}x)$$

等, 也称为 $f$ 关于 $F$ 的 Lebesgue-Stieltjes 积分, 简称 L-S 积分.

**命题 2.2.8**　如果 $f(x)$ 为有界区间 $[a, b]$ 上的连续函数, $F$ 为 $[a, b]$ 上的有限
L-S 测度, 那么

$$\int_{(a,b]} f(x)\mathrm{d}F(x) = \lim_{\max|\Delta x_i| \to 0} \sum_{i=1}^n f(\xi_i)[F(x_i) - F(x_{i-1})]$$

其中

$$a = x_0 < x_1 < \cdots < x_n = b$$

$$\xi_i \in (x_{i-1}, x_i], \quad 1 \leqslant i \leqslant n$$

即此时 L-S 积分与 Riemann-Stieltjes 积分是一致的.

**证明**　如果记

$$f_n(x) = \sum_{i \leqslant n} f(\xi_i) I_{(x_{i-1}, x_i]}(x)$$

那么 $|f_n(x)| \leqslant \sup\limits_{a \leqslant x \leqslant b} |f(x)| < \infty$, 且由 $f(x)$ 的连续性, 有

$$\lim_{\max|\Delta x_i| \to 0} f_n(x) = f(x)$$

故由 Lebesgue 控制收敛定理有

$$\int_{(a,b]} f(x)\mathrm{d}F(x) = \lim_{\max|\Delta x_i| \to 0} \int_{(a,b]} f_n(x)\mathrm{d}F(x)$$

$$= \lim_{\max|\Delta x_i| \to 0} \sum_{i=1}^{n} f(\xi_i)[F(x_i) - F(x_{i-1})]$$

因此命题成立.

命题 2.2.8 给出了连续函数的 Lebesgue-Stieltjes 积分和 Riemann-Stieltjes 积分的关系, 而下面的定理给出了随机变量函数的数学期望的 Lebesgue-Stieltjes 积分表示.

**定理 2.2.9**　如果 $X$ 为概率空间 $(\Omega, \mathscr{F}, P)$ 上的一个 $n$ 维随机变量, $F$ 为 $X$ 的 $n$ 元分布函数, 又 $g(x_1, \cdots, x_n)$ 为一个 $n$ 元 Borel 函数, $F_{g(X)}$ 为 $g(X)$ 的分布函数, 则当 $Eg(X)$ 存在时, 有

$$Eg(X) = \int_{\Omega} g(X(\omega))P(\mathrm{d}\omega) = \int_{\mathbb{R}} y\mathrm{d}F_{g(X)}(y)$$

$$= \int_{\mathbb{R}^n} g(x_1, \cdots, x_n)\mathrm{d}F(x_1, \cdots, x_n)$$

### 2.2.2　随机变量的矩

设 $k$ 是一个正整数, 如果随机变量 $X$ 的函数 $X^k$ 的数学期望存在, 就称它为 $X$ 的 $k$ 阶原点矩, 记为 $\alpha_k$, 由积分变换定理知

$$\alpha_k = EX^k = \int_{-\infty}^{\infty} x^k\mathrm{d}F(x)$$

设 $k$ 是一个正实数, 如果 $X$ 的函数 $|X|^k$ 的数学期望存在, 就称它为 $X$ 的 $k$ 阶绝对矩, 记为 $\beta_k$. 由积分变换定理知

$$\beta_k = E|X|^k = \int_{-\infty}^{\infty} |x|^k \mathrm{d}F(x)$$

$X$ 的 $k$ 阶中心矩 $\mu_k$ 和 $k$ 阶绝对中心矩 $\nu_k$ 分别定义为

$$\mu_k = E(X - EX)^k = \int_{-\infty}^{\infty} (x - \alpha_1)^k \mathrm{d}F(x)$$

和

$$\nu_k = E\,|X - EX|^k = \int_{-\infty}^{\infty} |x - \alpha_1|^k \,\mathrm{d}F(x)$$

显然 $X$ 的一阶原点矩就是它的数学期望, 而我们称随机变量 $X$ 的二阶中心矩为它的方差, 记作 $\mathrm{Var}\,X$ 或 $DX$. 显然有

$$\mathrm{Var}\,X = \mu_2 = \nu_2 = \alpha_2 - \alpha_1^2$$

我们可以验证, 如果 $\alpha_k$ 存在, 则对一切正整数 $m \leqslant k$, $\alpha_m$ 存在; 如果 $\beta_k$ 存在, 则对一切正整数 $m \leqslant k$, $\beta_m$ 存在且有 $\beta_m^{1/m} \leqslant \beta_k^{1/k}$. 从而, 对每一 $l$ 和 $m$ 有 $\beta_m \beta_l \leqslant \beta_{m+l}$. 对 $\nu_k$ 也有类似的结论.

关于随机变量的矩的存在性有下面的必要条件和充分条件.

**定理 2.2.10** 设对随机变量 $X$ 存在一个常数 $p > 0$, 使得 $E\,|X|^p < \infty$, 则

$$\lim_{x \to \infty} x^p P\,(|X| \geqslant x) = 0$$

**证明** 记随机变量 $X$ 的分布函数为 $F(x)$, 因 $E\,|X|^p < \infty$, 故

$$\lim_{x \to \infty} \int_{|t| \geqslant x} |t|^p \,\mathrm{d}F(t) = 0$$

但是,

$$x^p P\,(|X| \geqslant x) \leqslant \int_{|t| \geqslant x} |t|^p \,\mathrm{d}F(t)$$

由此即得 $\lim\limits_{x \to \infty} x^p P\,(|X| \geqslant x) = 0$.

**定理 2.2.11** 设随机变量 $X$ 非负, 它的分布函数为 $F(x)$, 那么 $EX < \infty$ 的充要条件是

$$\int_0^{\infty} (1 - F(x)) \,\mathrm{d}x < \infty$$

且这时 $EX = \displaystyle\int_0^{\infty} (1 - F(x)) \,\mathrm{d}x$.

**证明** 对于非负的随机变量 $X$, 进行积分换序或利用后面的 Fubini 定理有

$$EX = \int_{\Omega} X(\omega)\mathrm{d}P(\omega) = \int_{\Omega} \int_0^{\infty} I_{(x \leqslant X(\omega))}\mathrm{d}x\mathrm{d}P(\omega)$$

$$= \int_0^{\infty} \int_{\Omega} I_{(x \leqslant X(\omega))}\mathrm{d}P(\omega)\mathrm{d}x = \int_0^{\infty} P(X \geqslant x)\mathrm{d}x$$

$$= \int_0^\infty P(X > x)\mathrm{d}x = \int_0^\infty (1 - F(x))\,\mathrm{d}x$$

**推论 2.2.12**　设 $X$ 为一个随机变量, 那么 $E\,|X| < \infty$ 的充要条件是 $\displaystyle\int_{-\infty}^0 F(x)\mathrm{d}x$ 与 $\displaystyle\int_0^\infty (1 - F(x))\,\mathrm{d}x$ 均为有限. 这时有

$$EX = \int_0^\infty (1 - F(x))\,\mathrm{d}x - \int_{-\infty}^0 F(x)\mathrm{d}x$$

**推论 2.2.13**　设 $X$ 为一个随机变量, 那么对某 $0 < p < \infty$, $E\,|X|^p < \infty$ 的充要条件是 $\displaystyle\sum_{n=1}^\infty P\left(|X| \geqslant n^{1/p}\right) < \infty$, 它也等价于 $\displaystyle\sum_{n=1}^\infty n^{p-1} P\left(|X| \geqslant n\right) < \infty$.

**证明**　由定理 2.2.11 的证明可知, 在 $X \geqslant 0$ 下, $EX = \displaystyle\int_0^\infty (1 - F(x))\,\mathrm{d}x$ 总成立. 由此并应用 Fubini 定理, 有

$$\begin{aligned}
E\,|X|^p &= \int_0^\infty P\left(|X|^p \geqslant x\right)\mathrm{d}x = \int_0^\infty \int_\Omega I_{(|X|^p \geqslant x)}\mathrm{d}P\mathrm{d}x \\
&= \int_\Omega \int_0^\infty p x^{p-1} I_{(|X| \geqslant x)}\mathrm{d}x\mathrm{d}P \\
&= p \int_0^\infty x^{p-1} P\left(|X| \geqslant x\right)\mathrm{d}x
\end{aligned}$$

因而可知 $E\,|X|^p < \infty$ 当且仅当

$$\int_0^\infty P\left(|X|^p \geqslant x\right)\mathrm{d}x < \infty$$

它也等价于 $\displaystyle\int_0^\infty x^{p-1} P\left(|X| \geqslant x\right)\mathrm{d}x < \infty$.

而积分 $\displaystyle\int_0^\infty P\left(|X|^p \geqslant x\right)\mathrm{d}x < \infty$ 和 $\displaystyle\int_0^\infty x^{p-1} P\left(|X| \geqslant x\right)\mathrm{d}x < \infty$ 又分别等价于级数 $\displaystyle\sum_{n=1}^\infty P\left(|X| \geqslant n^{1/p}\right) < \infty$ 和 $\displaystyle\sum_{n=1}^\infty n^{p-1} P\left(|X| \geqslant n\right) < \infty$ 收敛.

### 2.2.3　随机向量的数学特征

**定义 2.2.14**　如果对随机向量 $X = (X_1, X_2, \cdots, X_n)$ 的每一分量 $X_i$, $i = 1, 2, \cdots, n$, 数学期望 $EX_i$ 存在, 则称向量 $(EX_1, EX_2, \cdots, EX_n)$ 为随机向量 $X$ 的数学期望, 记为 $EX$.

记

$$\sigma_{jj} = \operatorname{Var} X_j, \quad j = 1, 2, \cdots, n$$

$$\sigma_{jk} = \operatorname{Cov}(X_j, X_k) = E(X_j - EX_j)(X_k - EX_k)$$
$$= EX_j X_k - EX_j EX_k, \quad j \neq k, \quad j, k = 1, 2, \cdots, n$$

称 $\sigma_{jk}$ 为随机变量 $X_j$ 与随机变量 $X_k$ 的协方差, 称矩阵 $\Sigma = (\sigma_{jk})_{n \times n}$ 为随机向量 $X = (X_1, X_2, \cdots, X_n)$ 的协方差矩阵.

由 Schwarz 不等式, 可知 $|\sigma_{jk}| \leqslant \sqrt{\sigma_{jj} \sigma_{kk}}$.

称

$$\rho_{jk} = \begin{cases} \sigma_{jk} / \sqrt{\sigma_{jj} \sigma_{kk}}, & \text{当 } \sigma_{jj} \sigma_{kk} \neq 0, \\ 0, & \text{当 } \sigma_{jj} \sigma_{kk} = 0 \end{cases}$$

为随机变量 $X_j$ 与 $X_k$ 的相关系数.

显然 $|\rho_{jk}| \leqslant 1$, 且对方差存在且不为 0 的随机变量 $X_j$ 和 $X_k$ 而言, $|\rho_{jk}| = 1$ 当且仅当 $X_j$ 与 $X_k$ 是以概率 1 线性相关的, 即有常数 $a_1 \neq 0$, $a_2 \neq 0$ 和 $b$, 使

$$P\{a_1 X_j + a_2 X_k + b = 0\} = 1$$

## 2.3 随机变量及其收敛性

随机变量族的各种收敛性也是概率论的一个重要内容, 在这一节将讨论完备概率空间 $(\Omega, \mathscr{F}, P)$ 上的随机变量序列及其各种收敛性.

### 2.3.1 随机变量的等价类

**定义 2.3.1** 设 $D(\omega)$ 为与 $\omega$ 有关的一个论断. 如果

$$A = \{\omega \in \Omega : D(\omega) \text{ 不真}\}$$

为一个可略集, 即 $P(A) = 0$, 则称论断 $D(\omega)$ 几乎必然成立或 a.s. 成立或 a.s. 为真.

特别地, 对随机变量 $X, Y$, 如果 $P(X \neq Y) = 0$, 则记 $X = Y$ a.s..

如果对随机变量引进记号

$$X \sim Y \quad \text{当且仅当} \quad X = Y \text{ a.s.}$$

那么由于 $X = X$ a.s.; 而由 $X = Y$ a.s. 可推出 $Y = X$ a.s.; 由 $X = Y$ a.s. 和 $Y = Z$ a.s. 可推出 $X = Z$ a.s., 故 "$\sim$" 是随机变量间的一个等价关系, 因而可以考虑随机变量间的这一等价类.

与 $X$ 等价的随机变量全体记为 $\widetilde{X} = \{X' : X' = X \text{ a.s.}\}$, 并任取其等价类内的一个元素作为代表, 同时规定等价类间的运算

$$c\widetilde{X} = \{cX' : X' \sim X\}$$

$$\widetilde{X} + \widetilde{Y} = \{X' + Y' : X' \sim X, Y' \sim Y\}$$

$$\widetilde{X}\widetilde{Y} = \{X'Y' : X' \sim X, Y' \sim Y\}$$

$$\widetilde{X} \vee \widetilde{Y} = \{X' \vee Y' : X' \sim X, Y' \sim Y\}$$

$$\widetilde{X} \wedge \widetilde{Y} = \{X' \wedge Y' : X' \sim X, Y' \sim Y\}$$

容易看出, 等价类间的运算与其代表元素间的运算是一致的. 同时, 上述运算还可推广到可列多个等价类之间.

此外, 同一等价类内的随机变量有相同的分布. 对随机变量的期望运算也是不计一等价类内元素间的差异的, 即如果 $X' \sim X$, 那么两者同时可积或同时不可积; 如果同时可积, 那么 $EX = EX'$. 在研究概率论中涉及概率的许多问题时, 往往针对某个具体的随机变量来进行讨论, 但所得结论却对与之等价的一类随机变量都是成立的. 下面讨论的许多问题都是如此. 对只涉及可列个随机变量的运算, 等价类或其代表间的运算都是一致的, 考虑等价类或其代表并无多大差别, 但当涉及不可列个随机变量的运算, 则必须十分小心.

**命题 2.3.2** 设 $\{X_i : i \in I\}$ 为一族随机变量, 则必有唯一 (不计 a.s. 相等差别) 的随机变量 $Y$(可取 $\pm\infty$) 满足:

(1) 对每个 $i \in I$, 有 $X_i \leqslant Y$ a.s.;

(2) 如果 $Y'$ 也满足对每个 $i \in I, X_i \leqslant Y'$ a.s., 那么 $Y \leqslant Y'$ a.s..

**定义 2.3.3** 设 $\{X_i : i \in I\}$ 为一个随机变量族, 称不计 a.s. 相等的差别 (可取为 $\pm\infty$) 的满足下面条件的随机变量 $Y$,

(1) 对每个 $i \in I$, 有 $X_i \leqslant Y$ a.s.;

(2) 如果 $Y'$ 也满足对每个 $i \in I, X_i \leqslant Y'$ a.s., 那么 $Y \leqslant Y'$ a.s.

为随机变量族 $\{X_i : i \in I\}$ 的本性上确界, 记为 $\operatorname*{ess\,sup}\limits_{i \in I} X_i$ 或者 $\operatorname*{es\,up}\limits_{i \in I} X_i$; 而称 $\operatorname*{ess\,inf}\limits_{i \in I} X_i \overset{\triangle}{=} -\operatorname*{ess\,sup}\limits_{i \in I}(-X_i)$ 为随机变量族 $\{X_i : i \in I\}$ 的本性下确界.

命题 2.3.2 表明, 从等价类来看, 任一随机变量族都有上 (下) 确界, 也就是随机变量族作为格是完备的 (有上 (下) 界必有上 (下) 确界).

命题 2.3.2 的集合形式为对任一可测集族 $\{A_i : i \in I\}$, 必存在唯一 (不计可略集的差别) 的 $A \in \mathscr{F}$, 使对每个 $i$, 有 $A_i \subset A$ a.s. (即 $A_i \backslash A$ 为可略集), 且如果 $B \in \mathscr{F}$ 也满足对每个 $i, A_i \subset B$ a.s., 那么 $A \subset B$ a.s..

**例 2.3.4** 设 $\Omega = [0,1]$, $\mathscr{F} = \mathscr{B}_{[0,1]}$ 为 $[0,1]$ 上的 Borel 点集全体, $P$ 取为 $[0,1]$ 上的 Lebesgue 测度. 对 $r \in [0,1]$, 令

$$X_r = \begin{cases} 1, & \omega = r, \\ 0, & \omega \neq r \end{cases}$$

则 $\sup\limits_{r \in [0,1]} X_r(\omega) \equiv 1$, 但 $\operatorname{ess\,sup}\limits_{r \in [0,1]} X_r(\omega) = 0$.

### 2.3.2 几乎必然 (a.s.) 收敛

**定义 2.3.5** 设 $\{X, X_n : n \geqslant 1\}$ 是概率空间 $(\Omega, \mathscr{F}, P)$ 上的一个随机变量序列, 如果存在集合 $A \in \mathscr{F}$, $P(A) = 0$, 使得当 $\omega \in A^c$ 时, 有

$$\lim_{n \to \infty} X_n(\omega) = X(\omega)$$

则称 $\{X_n : n \geqslant 1\}$ 以概率 1 收敛于 $X$ 或几乎必然收敛于 $X$, 简称 $\{X_n : n \geqslant 1\}$ a.s. 收敛于 $X$, 也记为 $X_n \to X$ a.s..

随机变量序列 $\{X_n : n \geqslant 1\}$ a.s. 收敛于一个有限随机变量是我们最关心的问题, 下面给出它的判定条件.

**命题 2.3.6** (1) 随机变量序列 $\{X_n : n \geqslant 1\}$ a.s. 收敛于有限随机变量 $X$ 的充要条件是

$$P\left(\bigcap_{N=1}^{\infty} \bigcup_{n=N}^{\infty} \{|X_n - X| > \varepsilon\}\right) = 0, \quad \forall \varepsilon > 0$$

(2) 随机变量序列 $\{X_n : n \geqslant 1\}$ a.s. 收敛于一个有限随机变量的充要条件是它为 a.s. 收敛意义下的 Cauchy 序列, 即当 $m, n \to \infty$ 时, 有 $\{X_n - X_m : m, n \geqslant 1\}$ a.s. 收敛于零, 或等价地有

$$P\left(\bigcap_{N=1}^{\infty} \bigcup_{n,m=N}^{\infty} \{|X_n - X_m| > \varepsilon\}\right) = 0, \quad \forall \varepsilon > 0$$

(3) 如果正数列 $\{\varepsilon_n : n \geqslant 1\}$ 满足 $\sum\limits_n \varepsilon_n < \infty$, 而随机变量序列 $\{X_n : n \geqslant 1\}$ 满足

$$\sum_{n=1}^{\infty} P\left(|X_{n+1} - X_n| > \varepsilon_n\right) < \infty$$

那么 $\{X_n : n \geqslant 1\}$ a.s. 收敛于一个有限随机变量.

**推论 2.3.7** $X_n \to X$ a.s. 的充要条件是对任一 $\varepsilon > 0$ 有

$$\lim_{n \to \infty} P \left\{ \bigcup_{m=n}^{\infty} (|X_m - X| \geqslant \varepsilon) \right\} = 0$$

**推论 2.3.8** 设 $\{X, X_n : n \geqslant 1\}$ 是一个随机变量序列, 如果对任一 $\varepsilon > 0$, 有

$$\sum_{n=1}^{\infty} P \{|X_n - X| \geqslant \varepsilon\} < \infty$$

那么 $X_n \to X$ a.s..

**推论 2.3.9** 设 $\{X, X_n : n \geqslant 1\}$ 是一个随机变量序列, 如果

$$\sum_{n=1}^{\infty} E (X_n - X)^2 < \infty$$

那么 $X_n \to X$ a.s..

**例 2.3.10** 设 $\{X_n : n \geqslant 1\}$ 是一个随机变量序列, 而 $X_n$ 的分布为

$$P (X_n = n) = P (X_n = -n) = \frac{1}{2 \cdot 2^n}$$

$$P \left( X_n = \frac{1}{n} \right) = P \left( X_n = -\frac{1}{n} \right) = \frac{1}{2} \left( 1 - \frac{1}{2^n} \right)$$

对给定的 $\varepsilon > 0$, 考虑 $n > \frac{1}{\varepsilon}$, 有

$$P \left\{ \bigcup_{m=n}^{\infty} (|X_m| \geqslant \varepsilon) \right\} \leqslant \sum_{m=n}^{\infty} \frac{1}{2^m} \to 0, \quad n \to \infty$$

这样由推论 2.3.6 可知 $X_n \to 0$ a.s..

### 2.3.3 依概率收敛

比 a.s. 收敛较弱一点的收敛是 "依概率收敛", 它在概率论中有很重要的意义.

**定义 2.3.11** 设 $\{X_n : n \geqslant 1\}$ 是一个随机变量序列, 如果存在一个有限随机变量 $X$, 使

$$\lim_{n \to \infty} P (|X_n - X| > \varepsilon) = 0, \quad \forall \varepsilon > 0$$

则称 $\{X_n : n \geqslant 1\}$ 依概率收敛于 $X$, 记为 $X_n \xrightarrow{P} X$ 或 $\operatorname*{pr\,-lim}_{n \to \infty} X_n = X$.

**注 2.3.12**  如果随机变量序列 $X_n \xrightarrow{P} X$, 那么其极限随机变量 $X$ 是 a.s. 唯一的, 即如果 $X_n \xrightarrow{P} X$, 同时 $X_n \xrightarrow{P} Y$, 那么 $X = Y$ a.s..

利用命题 2.3.5 的 (3) 可得以下引理.

**引理 2.3.13**  如果随机变量序列 $\{X_n : n \geqslant 1\}$ 是依概率收敛意义下的一个 Cauchy 基本列, 即

$$\lim_{n,m \to \infty} P(|X_n - X_m| > \varepsilon) = 0, \quad \forall \, \varepsilon > 0$$

那么它必有 a.s. 收敛于有限随机变量的子序列 $\{X_{n_k} : k \geqslant 1\}$.

**命题 2.3.14**  设 $\{X_n : n \geqslant 1\}$ 为一个随机变量序列, 则

(1) 如果 $\lim\limits_{n \to \infty} X_n = X$ a.s., 且 $X$ 为一个有限随机变量, 那么 $\mathrm{pr}\text{-}\lim\limits_{n \to \infty} X_n = X$;

(2) $\mathrm{pr}\text{-}\lim\limits_{n \to \infty} X_n = X$ 的充要条件是 $\{X_n : n \geqslant 1\}$ 为依概率收敛意义下的一个 Cauchy 基本列.

**注 2.3.15**  命题 2.3.14 中 (1) 的逆一般不成立. 例如取 $\overline{\mathscr{B}}$ 为 $[0,1)$ 上的 Lebesgue 可测集全体, $P = \lambda$ 为 $[0,1)$ 上的 Lebesgue 测度. 在 $\left([0,1), \overline{\mathscr{B}}, \lambda\right)$ 上, 令

$$X_n(\omega) = I_{[p/2^k, (p+1)/2^k)}(\omega)$$

$$n = 2^k + p, \quad 0 \leqslant p \leqslant 2^k - 1$$

则对 $\varepsilon \in (0,1)$, 有

$$P(|X_n| > \varepsilon) = 1/2^k$$

$$n = 2^k + p, \quad 0 \leqslant p \leqslant 2^k - 1$$

所以当 $n \to \infty$ 时, $X_n \xrightarrow{P} 0$. 但 $\forall \omega \in (0,1)$ 有

$$\varliminf_{n \to \infty} X_n(\omega) = \sup_n \inf_{k \geqslant n} X_k = 0, \quad \varlimsup_{n \to \infty} X_n(\omega) = \inf_n \sup_{k \geqslant n} X_k = 1$$

### 2.3.4  依分布收敛

**定义 2.3.16**  设 $\{F(x), F_n(x) : n \geqslant 1\}$ 是一个有界不减函数列. 如果在函数 $F(x)$ 的每一连续点上有 $\lim\limits_{n \to \infty} F_n(x) = F(x)$, 而且 $\lim\limits_{n \to \infty} F_n(\infty) = F(\infty)$, $\lim\limits_{n \to \infty} F_n(-\infty) = F(-\infty)$, 则称函数列 $F_n(x)$ 弱收敛于函数 $F(x)$, 记作 $F_n \xrightarrow{d} F$.

如果随机变量列 $\{X_n : n \geqslant 1\}$ 的分布函数 $\{F_n(x) : n \geqslant 1\}$ 弱收敛于随机变量 $X$ 的分布函数 $F(x)$, 则称随机变量列 $\{X_n : n \geqslant 1\}$ 依分布收敛于随机变量 $X$, 记作 $X_n \xrightarrow{d} X$.

**定理 2.3.17** (Helly-Bray 定理)　设 $\{F, F_n(x) : n \geqslant 1\}$ 是一个有界不减函数列, 而且 $F_n \xrightarrow{d} F$; $g$ 是 $\mathbb{R}$ 上的一个有界连续函数, 那么

$$\lim_{n \to \infty} \int_{-\infty}^{\infty} g(x)\, \mathrm{d}F_n(x) = \int_{-\infty}^{\infty} g(x)\, \mathrm{d}F(x)$$

**定理 2.3.18** (Lévy-Cramér 连续性定理)　设 $\{F_n : n \geqslant 1\}$ 是一个分布函数序列, 而 $\{f_n : n \geqslant 1\}$ 是其对应的特征函数序列. 如果有分布函数 $F$ 使 $F_n \xrightarrow{d} F$, 那么在 $|t| \leqslant T$ 中一致地有

$$\lim_{n \to \infty} f_n(t) = f(t)$$

其中 $T > 0$ 是任意实数, 函数 $f$ 是分布函数 $F$ 对应的特征函数.

反之, 如果特征函数序列 $f_n(t)$ 收敛于某一函数 $f(t)$, 而函数 $f(t)$ 在 $t = 0$ 处连续, 那么函数 $f$ 必是某一分布函数 $F$ 对应的特征函数, 并且有 $F_n \xrightarrow{d} F$.

**定理 2.3.19**　设 $\{F, F_n(x) : n \geqslant 1\}$ 是一个分布函数列, $F_n \xrightarrow{d} F$, 且在函数 $F$ 的每一不连续点 $x$ 处, 有 $F_n(x) \to F(x)$ 和 $F_n(x-0) \to F(x-0)$, 那么在 $\mathbb{R}$ 上函数列 $F_n$ 一致地收敛于函数 $F$.

**定理 2.3.20**　设 $\{a_n : n \geqslant 1\}$ 和 $\{b_n : n \geqslant 1\}$ 是两个常数列, 其中 $a_n > 0$, 分布函数列 $\{F_n(x) : n \geqslant 1\}$ 弱收敛于一个非退化的分布函数 $F(x)$, 则

(1) 如果 $F_n(a_n x + b_n) \xrightarrow{d} G(x)$, 其中 $G(x)$ 是一个非退化的分布函数, 那么 $G(x) = F(ax + b)$ 且 $a_n \to a$, $b_n \to b$, 特别地, 如果 $F_n(a_n x + b_n) \xrightarrow{d} F(x)$, 那么 $a_n \to 1$, $b_n \to 0$;

(2) 如果 $a_n \to a$ 且 $b_n \to b$, 那么 $F_n(a_n x + b_n) \xrightarrow{d} F(ax + b)$.

**定理 2.3.21**　(1) 如果 $X_n \xrightarrow{P} X$, 那么 $X_n \xrightarrow{d} X$;

(2) $X_n \xrightarrow{d} C$ ($C$ 为常数) 等价于 $X_n \xrightarrow{P} C$.

## 2.3.5　平均收敛

对 $0 < p < \infty$, 令 $L_p = \{X : E|X|^p < \infty\}$.

**定义 2.3.22**　设 $\{X, X_n : n \geqslant 1\}$ 是 $L_p$ 中的一个随机变量序列, 如果

$$\lim_{n \to \infty} E|X_n - X|^p = 0$$

则称随机变量序列 $\{X_n : n \geqslant 1\}$ $p$ 阶平均收敛于随机变量 $X$, 简记为 $X_n \xrightarrow{L_p} X$.

对任意的 $X \in L_p$ 及任给的 $\varepsilon > 0$, 存在简单随机变量 $Y = \sum_k a_k I_{A_k} \in L_p$

使得 $E|X - Y|^p < \varepsilon$. 也就是说, 对任意一个 $p$ 次可积的随机变量 $X$ 必有 $p$ 次可积的简单随机变量序列 $\{Y_n : n \geqslant 1\}$ $p$ 阶平均收敛于 $X$.

**定理 2.3.23** 如果 $X_n \xrightarrow{L_p} X$, 那么 $X_n \xrightarrow{P} X$.

**注 2.3.24** $X_n \to X$ a.s. 与 $X_n \xrightarrow{L_1} X$ 不能互相推出.

应用测度论中关于极限号与积分号换序的有关结果, 可得下述三个重要结论.

**单调收敛定理** (Lévy 引理)

(1) 如果 $X_n \uparrow X$, 且对某个 $n_0$, $X_{n_0}^-$ 可积, 则 $\lim_n \uparrow EX_n = EX$;

(2) 如果 $X_n \downarrow X$, 且对某个 $n_0$, $X_{n_0}^+$ 可积, 则 $\lim_n \downarrow EX_n = EX$.

**Fatou 引理** 设 $\{X_n : n \geqslant 1\}$ 为一个随机变量序列, $Y, Z$ 为两个可积随机变量.

(1) 如果 $X_n \geqslant Z$, $n \geqslant n_0$, 则 $E\left[\varliminf_{n\to\infty} X_n\right] \leqslant \varliminf_{n\to\infty} EX_n$;

(2) 如果 $X_n \leqslant Y$, $n \geqslant n_0$, 则 $E\left[\varlimsup_{n\to\infty} X_n\right] \geqslant \varlimsup_{n\to\infty} EX_n$.

**Lebesgue 控制收敛定理** 设 $\{X_n : n \geqslant 1\}$ 为一个随机变量序列, $X_n \xrightarrow{P} X$, 随机变量 $Y$ 可积. 如果对 $n \geqslant 1$, 有 $|X_n| \leqslant |Y|$ a.s., 那么 $X_n, X \in L_1$ 且 $X_n \xrightarrow{L_1} X$. 这时有 $EX_n \to EX$. 当 $Y$ 有界时, 也称 Lebesgue 控制收敛定理为有界收敛定理.

此外, 下面三个不等式也是很有用的.

(1) **Hölder 不等式** 如果 $p > 1$, $1/p + 1/q = 1$, $X \in L_p$, $Y \in L_q$, 那么

$$|E(XY)| \leqslant (E|X|^p)^{1/p}(E|Y|^q)^{1/q}$$

(2) **Minkowski 不等式** 如果 $p > 1$, $X, Y \in L_p$, 那么

$$(E|X+Y|^p)^{1/p} \leqslant (E|X|^p)^{1/p} + (E|Y|^p)^{1/p}$$

(3) **Markov 不等式** 如果 $\varepsilon > 0$, $p > 0$, $X \in L_p$, 那么

$$P\{\omega : |X(\omega)| \geqslant \varepsilon\} \leqslant \varepsilon^{-p}E|X|^p$$

# 2.4 独立性与零一律

## 2.4.1 独立性

以下都在固定的概率空间 $(\Omega, \mathscr{F}, P)$ 上进行讨论, 设 $\mathbf{T}$ 为一个参数集合.

**定义 2.4.1** 设 $\{A_t : t \in \mathbf{T}\} \subset \mathscr{F}$ 是一个事件族, 称它为一个 (关于 $P$) 独立的事件族, 如果对 $\mathbf{T}$ 的任一有限子集 $I$, 有

$$P\left(\bigcap_{t \in I} A_t\right) = \prod_{t \in I} P(A_t)$$

设 $\{\mathscr{C}_t : t \in \mathbf{T}\}$ 为 $\mathscr{F}$ 的一个子类族, 如果对 $\mathbf{T}$ 的任一有限子集 $I$, 成立

$$P\left(\bigcap_{t \in I} A_t\right) = \prod_{t \in I} P(A_t), \quad A_t \in \mathscr{C}_t, t \in I$$

则称 $\{\mathscr{C}_t : t \in \mathbf{T}\}$ 为一个 (关于 $P$) 独立的子类族. 特别地, 当 $\mathscr{C}_t$ 为 $\mathscr{F}$ 的一个子 $\sigma$ 代数时, 称 $\{\mathscr{C}_t : t \in \mathbf{T}\}$ 为一个 (关于 $P$) 独立的 $\sigma$ 代数族.

**命题 2.4.2** 设 $\{\mathscr{C}_t : t \in \mathbf{T}\}$ 为 $\mathscr{F}$ 的一个子类族. 如果对每个 $t \in \mathbf{T}$, $\mathscr{C}_t$ 为一个 $\pi$ 类 (即对任意的 $A, B \in \mathscr{C}_t$, 有 $AB \in \mathscr{C}_t$), 且 $\{\mathscr{C}_t : t \in \mathbf{T}\}$ 为一个独立族, 则

(1) $\{\mathscr{B}_t = \sigma(\mathscr{C}_t) : t \in \mathbf{T}\}$ 为一个独立族;

(2) 如果 $\overline{\mathscr{B}_t}$ 为 $\mathscr{B}_t$ 的完备化 $\sigma$ 代数, 则 $\{\overline{\mathscr{B}_t} : t \in \mathbf{T}\}$ 为一个独立族.

**推论 2.4.3** 如果子 $\sigma$ 代数族 $\{\mathscr{B}_t : t \in \mathbf{T}\}$ 为一个独立族, $\{\mathbf{T}_\alpha : \alpha \in J\}$ 为 $\mathbf{T}$ 的互不相交的子集, 则 $\{\mathscr{B}_{\mathbf{T}_\alpha} = \sigma(\mathscr{B}_t : t \in \mathbf{T}_\alpha) : \alpha \in J\}$ 为一个独立族.

**定义 2.4.4** 设 $\{X_t : t \in \mathbf{T}\}$ 为概率空间 $(\Omega, \mathscr{F}, P)$ 上的一个随机变量族, 如果 $\{\sigma(X_t) : t \in \mathbf{T}\}$ 是一个独立的子 $\sigma$ 域族, 则称随机变量族 $\{X_t : t \in \mathbf{T}\}$ 为一个 (关于 $P$) 独立的随机变量族.

**命题 2.4.5** 随机变量族 $\{X_t : t \in \mathbf{T}\}$ 为一个 (关于 $P$) 独立的随机变量族的充要条件是对一切实数 (有理数) $a_t$ 及 $\mathbf{T}$ 的任一有限子集 $I$, 有

$$P\left(\bigcap_{t \in I}(X_t \leqslant a_t)\right) = \prod_{t \in I} P(X_t \leqslant a_t)$$

由推论 2.4.3 即得下列命题.

**命题 2.4.6** 设 $\{X_t : t \in \mathbf{T}\}$ 为一个独立的随机变量族, $\{\mathbf{T}_\alpha : \alpha \in J\}$ 为指标集 $\mathbf{T}$ 的互不相交的子集的集合, $\{f_\alpha : \alpha \in J\}$ 为一个 Borel 函数族, 则

$$\{Y_\alpha = f_\alpha(X_t : t \in \mathbf{T}_\alpha) : \alpha \in J\}$$

为一个独立的随机变量族.

**命题 2.4.7** 设 $\{X_t : t \in \mathbf{T}\}$ 为一个独立随机变量族, $\{f_t : t \in \mathbf{T}\}$ 为一个 Borel 函数族, 且对每个 $t \in \mathbf{T}$, $f_t(X_t)$ 可积 (或非负), 则对指标集 $\mathbf{T}$ 的任一有限子集 $I$, 有

$$E\left(\prod_{t \in I} f_t(X_t)\right) = \prod_{t \in I} E[f_t(X_t)]$$

**推论 2.4.8** 设 $\{X_t : t \in \mathbf{T}\}$ 为一个独立可积 (或非负) 随机变量族, 则对指标集 $\mathbf{T}$ 的任一有限子集 $I$, 有

$$E\left(\prod_{t \in I} X_t\right) = \prod_{t \in I} E\left[X_t\right]$$

### 2.4.2 零一律

由零一律 (0-1 律) 可以证明独立随机变量序列或者是 a.s. 收敛, 或者是 a.s. 发散的, 而这在进一步讨论随机变量序列和的极限性质时具有基本的重要性.

**定义 2.4.9** 设 $\{X_n : n \geqslant 1\}$ 是一个随机变量序列, 记

$$\mathscr{B}^* = \bigcap_{n=1}^{\infty} \sigma(X_k, k \geqslant n)$$

则称 $\mathscr{B}^*$ 为关于 $X = \{X_n : n \geqslant 1\}$ 的尾 $\sigma$ 域或尾事件域, 称尾 $\sigma$ 域中的事件为尾事件, 关于尾 $\sigma$ 域可测的随机变量称为尾随机变量.

如果 $\{X_n : n \geqslant 1\}$ 是一个随机变量序列, 则它的收敛域

$$C = \bigcap_{k=1}^{\infty} \bigcup_{m=1}^{\infty} \bigcap_{n=m}^{\infty} \{|X_n - X| < \varepsilon_k\} = \bigcap_{k=1}^{\infty} \bigcup_{n=1}^{\infty} \bigcap_{r=1}^{\infty} \{|X_{n+r} - X_n| < \varepsilon_k\}$$

是一个尾事件, $\{X_n : n \geqslant 1\}$ 的极限函数 $X$ (如果存在的话) 是一个尾随机变量.

对于一般的随机变量序列 $\{X_n : n \geqslant 1\}$ 而言, 尾事件的概率可以是 $[0,1]$ 内的任何一个数, 但是对于独立随机变量序列却有如下的 Kolmogorov 0-1 律所描述的特殊性质.

**定理 2.4.10** (Kolmogorov 0-1 律) 如果 $\{X_n : n \geqslant 1\}$ 是一个独立随机变量序列, 则其尾事件域 $\mathscr{B}^*$ 中的任一事件的概率必为 0 或 1.

**推论 2.4.11** 如果 $\{X_n : n \geqslant 1\}$ 是一个独立随机变量序列, $\mathscr{B}^*$ 为其尾事件域, 则 $\mathscr{B}^*$ 可测随机变量 $Y$ 必为退化的, 即 $Y$ 以概率 1 取常数值.

**推论 2.4.12** 如果 $\{X_n : n \geqslant 1\}$ 是一个独立随机变量序列, 则

(1) $\overline{\lim\limits_n} X_n, \underline{\lim\limits_n} X_n$ 都是退化的;

(2) $\left\{\omega : \lim\limits_n X_n\right\}$, $\left\{\omega : \sum\limits_n X_n \text{ 收敛}\right\}$ 及 $\left\{\omega : \lim\limits_n 1/n \sum\limits_{j \leqslant n} X_j = 0\right\}$ 诸事件的概率为 0 或 1.

在讨论随机变量序列的极限性质时, 常常借助于另外一个与已知序列具有同样极限性质的随机变量序列来得出. 为此需要给出判别两个随机变量序列是否具

有同样极限性质的条件. 这里所说的具有同样的极限性质以及所要探究的判别条件也主要基于对 "尾" 的研究得出.

为了讨论这个问题, 我们引入下面的定义.

**定义 2.4.13**　对随机变量序列 $\{X_n : n \geqslant 1\}$ 及 $\{Y_n : n \geqslant 1\}$, 如果

$$P\left(X_n \neq Y_n \text{ i.o.}\right) = 0$$

其中 i.o. 为 infinite occur 的简写, 则称 $\{X_n : n \geqslant 1\}$ 与 $\{Y_n : n \geqslant 1\}$ 为尾等价的.

下面研究尾等价和收敛等价的判别条件.

设事件列 $\{A_n : n \geqslant 1\} \subset \mathscr{F}$. 令 $\{X_n = I_{A_n} : n \geqslant 1\}$, 则

$$\limsup_{n \to \infty} A_n = \left\{\sum_{n=1}^{\infty} X_n = \infty\right\}$$

如果 $\{X_n : n \geqslant 1\}$ 为一个独立事件序列, 则由 Kolmogorov 0-1 律可以得到

$$P\left(\limsup_{n \to \infty} A_n\right) = 0 \quad \text{或} \quad 1$$

这样就引出了进一步的问题: 如何判断 $P\left(\limsup\limits_{n \to \infty} A_n\right)$ 在什么时候是 0, 在什么时候是 1 呢? 下面的 Borel-Cantelli 引理回答了这个问题.

**定理 2.4.14** (Borel-Cantelli 引理)

(1) 如果事件列 $\{A_n : n \geqslant 1\} \subset \mathscr{F}$ 满足 $\sum\limits_{n=1}^{\infty} P(A_n) < \infty$, 那么

$$P(A_n \text{ i.o.}) = 0$$

也就是说, 存在一个概率为 1 的集合 $\Omega_0 \in \mathscr{F}$ 和一个取整数值的随机变量 $n_0$, 使得对每一 $\omega \in \Omega_0$, 只要 $n \geqslant n_0$ 就有 $\omega \notin A_n$.

(2) 如果 $\{A_n : n \geqslant 1\} \subset \mathscr{F}$ 为一个相互独立的事件列, 且满足 $\sum\limits_{n=1}^{\infty} P(A_n) = \infty$, 那么

$$P(A_n \text{ i.o.}) = 1$$

也就是说存在一个概率为 1 的集合 $\Omega_0 \in \mathscr{F}$, 使得对每一 $\omega \in \Omega_0$, 存在 $\{A_n\}$ 的一个子序列 $\{A_{n_k}\}$ 使得 $\omega$ 属于每一个 $A_{n_k}$.

**证明** (1) 由 $\sum\limits_{n=1}^{\infty} P(A_n) < \infty$ 可得 $\sum\limits_{k=n}^{\infty} P(A_k) \to 0$, 所以

$$P\left(\varlimsup_n A_n\right) = P\left(\bigcap_{n\geqslant 1}\bigcup_{k\geqslant n} A_k\right) = \lim_n P\left(\bigcup_{k\geqslant n} A_k\right) \leqslant \lim_{n\to\infty}\sum_{k=n}^{\infty} P(A_k) = 0$$

(2) 因 $\left(\varlimsup_n A_n\right)^c = \varliminf_{n\to\infty} A_n^c$, 故证明 $P\left(\varliminf_{n\to\infty} A_n^c\right) = 0$ 即可. 而

$$P\left(\varliminf_{n\to\infty} A_n^c\right) = P\left(\bigcup_{n\geqslant 1}\bigcap_{k\geqslant n} A_k^c\right) = \lim_n P\left(\bigcap_{k\geqslant n} A_k^c\right)$$

利用 $\{A_n : n \geqslant 1\}$ 的独立性, 有

$$P\left(\bigcap_{k=n}^m A_k^c\right) = \prod_{k=n}^m P(A_k^c) = \prod_{k=n}^m (1 - P(A_k))$$

$$\leqslant \prod_{k=n}^m \exp\left(-P(A_k)\right) = \exp\left(-\sum_{k=n}^m P(A_k)\right)$$

因为 $\sum\limits_{k\geqslant 1} P(A_k) = \infty$, 所以当 $m \to \infty$ 时, 上式右端趋于零, 故

$$P\left(\varliminf_{n\to\infty} A_n^c\right) = \lim_{n\to\infty} P\left(\bigcap_{k=n}^{\infty} A_k^c\right) = \lim_{n\to\infty}\lim_{m\to\infty} P\left(\bigcap_{k=n}^m A_k^c\right) = 0$$

从而 $P\left(\varlimsup_n A_n\right) = 1 - P\left(\varliminf_{n\to\infty} A_n^c\right) = 1$.

**推论 2.4.15** 如果随机变量序列 $\{X_n : n \geqslant 1\}$ 独立, 则 $X_n \overset{\text{a.s.}}{\longrightarrow} 0$ 的充分必要条件是对于任意的正数 $c$, 有

$$\sum_{n=1}^{\infty} P(|X_n| \geqslant c) < \infty$$

## 2.5 乘积可测空间上的测度

前面我们已经给出了乘积空间与乘积 $\sigma$ 代数的定义, 并以 $n$ 维 Borel 代数的构成为例介绍了它们的应用. 现在我们要在乘积空间上建立一种测度——乘积测度, 并且研究乘积空间上的可测函数关于乘积测度的积分.

### 2.5.1　有限维乘积空间上的测度

**定义 2.5.1**　设 $(\Omega_1, \mathscr{F}_1), (\Omega_2, \mathscr{F}_2)$ 是两个可测空间, $P(\omega_1, A_2)$ 为 $(\Omega_1, \mathscr{F}_2)$ 到 $[0,1]$ 的一个函数, 如果它满足:

(1) 对每个 $\omega_1 \in \Omega_1$, $P(\omega_1, \cdot)$ 是 $(\Omega_2, \mathscr{F}_2)$ 上的一个概率测度;

(2) 对每个 $A_2 \in \mathscr{F}_2$, 是 $(\Omega_1, \mathscr{F}_1)$ 上的一个可测函数,

则称其为可测空间 $(\Omega_1, \mathscr{F}_1)$ 到可测空间 $(\Omega_2, \mathscr{F}_2)$ 的一个转移概率.

我们要利用转移概率来建立乘积可测空间上的测度, 并且讨论乘积空间上的可测函数关于这个测度的积分.

**例 2.5.2**　设 $(\Omega_1, \mathscr{F}_1), (\Omega_2, \mathscr{F}_2)$ 是两个可测空间,

(1) $Q(\cdot)$ 是 $(\Omega_2, \mathscr{F}_2)$ 上的一个概率测度, 则函数 $P(\omega_1, A_2) = Q(A_2)$ 是 $(\Omega_1, \mathscr{F}_1)$ 到 $(\Omega_2, \mathscr{F}_2)$ 的一个转移概率;

因此 $\mathscr{F}_2$ 上的概率测度是转移概率的特殊情形, 它表示转移概率与 $\omega_1$ 无关, 而一般的转移概率表示在 $\mathscr{F}_2$ 上与 $\Omega_1$ 有某种相依性的概率.

(2) 如果 $f$ 为可测空间 $(\Omega_1, \mathscr{F}_1)$ 到可测空间 $(\Omega_2, \mathscr{F}_2)$ 的一个可测映射, 则函数 $P(\omega_1, A_2) = I_{A_2}(f(\omega_1))$ 是 $(\Omega_1, \mathscr{F}_1)$ 到 $(\Omega_2, \mathscr{F}_2)$ 的一个转移概率.

**定理 2.5.3**　设 $(\Omega_1, \mathscr{F}_1), (\Omega_2, \mathscr{F}_2)$ 是两个可测空间, $P_1$ 是可测空间 $(\Omega_1, \mathscr{F}_1)$ 上的一个概率测度, $P_{12}$ 是可测空间 $(\Omega_1, \mathscr{F}_1)$ 到可测空间 $(\Omega_2, \mathscr{F}_2)$ 的一个转移概率, 则

(1) 在乘积空间 $(\Omega_1 \times \Omega_2, \mathscr{F}_1 \times \mathscr{F}_2)$ 上存在唯一的概率测度 $P$ 满足

$$P(A_1 \times A_2) = \int_{A_1} P_{12}(\omega_1, A_2) P_1(\mathrm{d}\omega_1), \quad A_1 \in \mathscr{F}_1, A_2 \in \mathscr{F}_2 \tag{2.5.1}$$

(2) 对乘积空间 $(\Omega_1 \times \Omega_2, \mathscr{F}_1 \times \mathscr{F}_2)$ 上的每一个非负 (或准可积) 的随机变量 $X$, 如果用 $X\omega_1(\cdot) = X(\omega_1, \cdot)$ 表示随机变量 $X$ 的 $\omega_1$ 截口, 那么函数

$$Y(\omega_1) = \int X_{\omega_1}(\omega_2) P_{12}(\omega_1, \mathrm{d}\omega_2) \tag{2.5.2}$$

是 $\Omega_1$ 上的关于 $P_1$ a.s. 有定义且非负 (或对 $P_1$ 准可积) 的 $\mathscr{F}_1$ 可测随机变量, 且还有

$$\int_{\Omega_1 \times \Omega_2} X \mathrm{d}P = \int_{\Omega_1} \left( \int_{\Omega_2} X_{\omega_1}(\omega_2) P_{12}(\omega_1, \mathrm{d}\omega_2) \right) P_1(\mathrm{d}\omega_1) \tag{2.5.3}$$

**证明**　(1) 记 $\mathscr{C} = \{A_1 \times A_2 : A_1 \in \mathscr{F}_1, A_2 \in \mathscr{F}_2\}$ 为 $\Omega_1 \times \Omega_2$ 中可测矩形全体, 它是一个半代数, 且 $\sigma(\mathscr{C}) = \mathscr{F}_1 \times \mathscr{F}_2$.

由定理 2.1.7 的 (2) 知, 只需证明由 (2.5.1) 式

$$P(A_1 \times A_2) = \int_{A_1} P_{12}(\omega_1, A_2) P_1(\mathrm{d}\omega_1), \quad A_1 \in \mathscr{F}_1, A_2 \in \mathscr{F}_2$$

规定的 $P$ 在 $\mathscr{C}$ 上为一个概率测度.

首先, 由命题 2.2.4 的 (2) 和 (4) 可知

$$P\left(A_1 \times A_2\right) \in [0,1] \quad \text{及} \quad P\left(\Omega_1 \times \Omega_2\right) = 1$$

是明显的.

其次, 如果

$$A_1 \times A_2 = \sum_{i \geqslant 1} A_{1i} \times A_{2i}, \quad A_1, A_{1i} \in \mathscr{F}_1, \quad A_2, A_{2i} \in \mathscr{F}_2$$

那么必有

$$I_{A_1}(\omega_1) I_{A_2}(\omega_2) = I_{A_1 \times A_2}(\omega_1, \omega_2) = \sum_{i=1}^{\infty} I_{A_{1i}}(\omega_1) I_{A_{2i}}(\omega_2)$$

注意到上式右端的各项为非负的, 对上式两端在 $\Omega_2$ 上按 $P_{12}(\omega_1, \cdot)$ 积分, 并利用 Lévy 引理的 (1), 可得

$$\begin{aligned}
I_{A_1}(\omega_1) P_{12}(\omega_1, A_2) &= \int_{\Omega_2} I_{A_1}(\omega_1) I_{A_2}(\omega_2) P_{12}(\omega_1, d\omega_2) \\
&= \int_{\Omega_2} I_{A_1 \times A_2}(\omega_1, \omega_2) P_{12}(\omega_1, d\omega_2) \\
&= \int_{\Omega_2} \sum_{i=1}^{\infty} I_{A_{1i}}(\omega_1) I_{A_{2i}}(\omega_2) P_{12}(\omega_1, d\omega_2) \\
&= \sum_{i=1}^{\infty} \int_{\Omega_2} I_{A_{1i}}(\omega_1) I_{A_{2i}}(\omega_2) P_{12}(\omega_1, d\omega_2) \\
&= \sum_{i=1}^{\infty} I_{A_{1i}}(\omega_1) P_{12}(\omega_1, A_{2i})
\end{aligned}$$

再将 $I_{A_1}(\omega_1) P_{12}(\omega_1, A_2) = \sum\limits_{i=1}^{\infty} I_{A_{1i}}(\omega_1) P_{12}(\omega_1, A_{2i})$ 在 $\Omega_1$ 上按 $P_1$ 积分, 仍利用 Lévy 引理的 (1), 可得

$$\begin{aligned}
P\left(A_1 \times A_2\right) &= \int_{A_1} P_{12}(\omega_1, A_2) P_1(d\omega_1) \\
&= \int_{\Omega_1} I_{A_1}(\omega_1) P_{12}(\omega_1, A_2) P_1(d\omega_1)
\end{aligned}$$

$$= \sum_{i=1}^{\infty} \int_{\Omega_1} I_{A_{1i}}(\omega_1) P_{12}(\omega_1, A_{2i}) P_1(\mathrm{d}\omega_1)$$

$$= \sum_{i=1}^{\infty} P(A_{1i} \times A_{2i})$$

故 $P$ 为 $\mathscr{C}$ 上的概率测度.

由测度扩张定理 2.1.7 的 (2), 即可得定理 2.5.3(1) 的结论.

(2) 记 $\mathscr{C} = \{A_1 \times A_2 : A_i \in \mathscr{F}_i, i = 1, 2\}$, 它是一个 $\pi$ 类. 又令

$$\mathscr{L} = \big\{(\Omega_1 \times \Omega_2, \mathscr{F}_1 \times \mathscr{F}_2) \text{上非负随机变量全体}\big\}$$

$$\mathscr{H} = \big\{X : X \in \mathscr{L} \text{ 且使 (2) 成立}\big\}$$

则由 (2.5.1) 式

$$P(A_1 \times A_2) = \int_{A_1} P_{12}(\omega_1, A_2) P_1(\mathrm{d}\omega_1), \quad A_1 \in \mathscr{F}_1, A_2 \in \mathscr{F}_2$$

及转移概率的定义可知, 对任何 $A \in \mathscr{C}$ 的示性函数 $I_A$ 有 (2.5.2) 式

$$Y(\omega_1) = \int X_{\omega_1}(\omega_2) P_{12}(\omega_1, \mathrm{d}\omega_2)$$

$$P_{12}(\omega_1, A_2) = \int_{\Omega_2} (I_{A_1 \times A_2}(\omega_1, \omega_2))_{\omega_1} P_{12}(\omega_1, \mathrm{d}\omega_2)$$

和 (2.5.3) 式

$$\int_{\Omega_1 \times \Omega_2} X \mathrm{d}P = \int_{\Omega_1} \left( \int_{\Omega_2} X_{\omega_1}(\omega_2) P_{12}(\omega_1, \mathrm{d}\omega_2) \right) P_1(\mathrm{d}\omega_1)$$

$$P(A_1 \times A_2) = \int_{\Omega_1} \int_{\Omega_2} (I_{A_1 \times A_2}(\omega_1, \omega_2))_{\omega_1} P_{12}(\omega_1, \mathrm{d}\omega_2) P_1(\mathrm{d}\omega_1)$$

成立, 因此 $\mathscr{H} \supset \{I_A, A \in \mathscr{C}\}$; 又利用积分的线性性及 Lévy 引理, 可知 $\mathscr{H}$ 是一个函数 $\mathscr{L}$ 类, 因而 $\mathscr{H}$ 包含一切 $(\Omega_1 \times \Omega_2, \mathscr{F}_1 \times \mathscr{F}_2)$ 上的非负随机变量, 即对非负随机变量, 定理 2.5.3 的 (2) 成立, 进而对 $(\Omega_1 \times \Omega_2, \mathscr{F}_1 \times \mathscr{F}_2)$ 上的准可积随机变量 $X$, 定理 2.5.3 的 (2) 也成立.

**推论 2.5.4**　设 $(\Omega_1, \mathscr{F}_1), (\Omega_2, \mathscr{F}_2)$ 是两个可测空间, $P_1$ 是 $(\Omega_1, \mathscr{F}_1)$ 上的一个概率测度, $P_{12}$ 是可测空间 $(\Omega_1, \mathscr{F}_1)$ 到可测空间 $(\Omega_2, \mathscr{F}_2)$ 的一个转移概率, 则对乘积空间 $(\Omega_1 \times \Omega_2, \mathscr{F}_1 \times \mathscr{F}_2)$ 上的每个非负随机变量 $X$, 有

$$\int X \mathrm{d}P = 0 \Leftrightarrow \int_{\Omega_2} X_{\omega_1} P_{12}(\omega_1, \mathrm{d}\omega_2) = 0 \quad \text{a.s. } P_1$$

$$\int X \mathrm{d}P < \infty \Rightarrow \int_{\Omega_2} X_{\omega_1} P_{12}(\omega_1, \mathrm{d}\omega_2) < \infty \quad \text{a.s. } P_1$$

**推论 2.5.5** 设 $(\Omega_1, \mathscr{F}_1), (\Omega_2, \mathscr{F}_2)$ 是两个可测空间, $P_1$ 是 $(\Omega_1, \mathscr{F}_1)$ 上的一个概率测度, $P_{12}$ 是可测空间 $(\Omega_1, \mathscr{F}_1)$ 到可测空间 $(\Omega_2, \mathscr{F}_2)$ 的一个转移概率, 则

(1) 在可测空间 $(\Omega_2, \mathscr{F}_2)$ 上存在唯一的概率测度 $P_2$ 满足

$$P_2(A_2) = \int_{\Omega_1} P_{12}(\omega_1, A_2) P_1(\mathrm{d}\omega_1), \quad A_2 \in \mathscr{F}_2$$

(2) 对测度空间 $(\Omega_2, \mathscr{F}_2, P_2)$ 上的每个非负 (或准可积) 的随机变量 $Z$, 函数

$$Y(\omega_1) = \int_{\Omega_2} Z(\omega_2) P_{12}(\omega_1, \mathrm{d}\omega_2)$$

为 $\Omega_1$ 上的关于 $P_1$ a.s. 确定的 $\mathscr{F}_1$ 可测的非负 (准可积) 的随机变量, 且有

$$\int_{\Omega_2} Z(\omega_2) P_2(\mathrm{d}\omega_2) = \int_{\Omega_1} Y(\omega_1) P_1(\mathrm{d}\omega_1)$$

利用定理 2.5.3 可得定理 2.5.6.

**定理 2.5.6** (Fubini 定理) 设 $(\Omega_1, \mathscr{F}_1, P_1)$ 和 $(\Omega_2, \mathscr{F}_2, P_2)$ 是两个概率空间, 则在它们的乘积空间 $(\Omega_1 \times \Omega_2, \mathscr{F}_1 \times \mathscr{F}_2)$ 上存在唯一的概率测度 $P$, 满足

$$P(A_1 \times A_2) = P_1(A_1) P_2(A_2), \quad A_1 \in \mathscr{F}_1, A_2 \in \mathscr{F}_2$$

且对 $(\Omega_1 \times \Omega_2, \mathscr{F}_1 \times \mathscr{F}_2)$ 上的任意的非负 (或准可积) 的随机变量 $X$, 下式各项有意义且等式成立,

$$\int_{\Omega_1 \times \Omega_2} X \mathrm{d}P = \int_{\Omega_1} \left( \int_{\Omega_2} X(\omega_1, \omega_2) P_2(\mathrm{d}\omega_2) \right) P_1(\mathrm{d}\omega_1)$$
$$= \int_{\Omega_2} \left( \int_{\Omega_1} X(\omega_1, \omega_2) P_1(\mathrm{d}\omega_1) \right) P_2(\mathrm{d}\omega_2)$$

**证明** 只要在定理 2.5.3 中, 分别取概率测度及转移概率分别为 $P_1, P_{12}(\omega_1, A_2) = P_2(A_2)$ 以及 $P_2, P_{21}(\omega_1, A_2) = P_1(A_1)$, 并分别在乘积可测空间 $(\Omega_1 \times \Omega_2, \mathscr{F}_1 \times \mathscr{F}_2)$ 上构造测度, 容易验证两者在半代数

$$\mathscr{C} = \{A_1 \times A_2 : A_1 \in \mathscr{F}_1, A_2 \in \mathscr{F}_2\}$$

上是一致的, 从而两者在乘积可测空间 $(\Omega_1 \times \Omega_2, \mathscr{F}_1 \times \mathscr{F}_2)$ 上是一致的, 其他都可由定理 2.5.3 推出.

**定义 2.5.7**  设 $(\Omega_1, \mathscr{F}_1, P_1)$ 和 $(\Omega_2, \mathscr{F}_2, P_2)$ 是两个概率空间, 则在它们的乘积空间 $(\Omega_1 \times \Omega_2, \mathscr{F}_1 \times \mathscr{F}_2)$ 上满足

$$P(A_1 \times A_2) = P_1(A_1) P_2(A_2), A_1 \in \mathscr{F}_1, A_2 \in \mathscr{F}_2$$

的概率测度 $P$ 称为乘积测度, 记为 $P = P_1 \times P_2$.

又记

$$(\Omega_1 \times \Omega_2, \mathscr{F}_1 \times \mathscr{F}_2, P_1 \times P_2) = (\Omega_1, \mathscr{F}_1, P_1) \times (\Omega_2, \mathscr{F}_2, P_2)$$

并称其为概率空间 $(\Omega_1, \mathscr{F}_1, P_1)$ 和 $(\Omega_2, \mathscr{F}_2, P_2)$ 的乘积概率空间.

**推论 2.5.8**  (1) 设 $(\Omega_1, \mathscr{F}_1, P_1)$ 和 $(\Omega_2, \mathscr{F}_2, P_2)$ 是两个概率空间, 则在它们的乘积概率空间 $(\Omega_1 \times \Omega_2, \mathscr{F}_1 \times \mathscr{F}_2, P_1 \times P_2)$ 上的随机变量 $X$ a.s. $P_1 \times P_2$ 为零当且仅当它的几乎每一个 $\omega_1$ 截口 $X_{\omega_1}$ 在 $(\Omega_2, \mathscr{F}_2, P_2)$ 上 a.s. $P_2$ 为零;

(2) 设 $(\Omega_1, \mathscr{F}_1, P_1)$ 和 $(\Omega_2, \mathscr{F}_2, P_2)$ 是两个概率空间, 如果随机变量 $X$ 在它们的乘积概率空间 $(\Omega_1 \times \Omega_2, \mathscr{F}_1 \times \mathscr{F}_2, P_1 \times P_2)$ 上可积, 则它的几乎每一个 $\omega_1$ 截口 $X_{\omega_1}$ 在概率空间 $(\Omega_2, \mathscr{F}_2, P_2)$ 上可积.

**推论 2.5.9**  设 $(\Omega_1, \mathscr{F}_1, P_1)$ 和 $(\Omega_2, \mathscr{F}_2, P_2)$ 是两个概率空间, 如果在它们的乘积概率空间 $(\Omega_1 \times \Omega_2, \mathscr{F}_1 \times \mathscr{F}_2, P_1 \times P_2)$ 上用 $\overline{\mathscr{F}_1 \times \mathscr{F}_2}$ 表示 $\mathscr{F}_1 \times \mathscr{F}_2$ 关于 $P_1 \times P_2$ 的完备化扩张, 而用 $\overline{\mathscr{F}_2}$ 表示 $\mathscr{F}_2$ 关于 $P_2$ 的完备化扩张, 则对每个 $\overline{\mathscr{F}_1 \times \mathscr{F}_2}$ 可测的随机变量 $X$, 其几乎每个 $\omega_1$ 截口 $X_{\omega_1}$ 关于 $\overline{\mathscr{F}_2}$ 可测, 且式

$$\int_{\Omega_1 \times \Omega_2} X \mathrm{d}P = \int_{\Omega_1} \left( \int_{\Omega_2} X(\omega_1, \omega_2) P_2(\mathrm{d}\omega_2) \right) P_1(\mathrm{d}\omega_1)$$

$$= \int_{\Omega_2} \left( \int_{\Omega_1} X(\omega_1, \omega_2) P_1(\mathrm{d}\omega_1) \right) P_2(\mathrm{d}\omega_2)$$

对非负 (或准可积) 的 $\overline{\mathscr{F}_1 \times \mathscr{F}_2}$ 可测的随机变量 $X$ 成立.

对于有限维乘积可测空间上乘积测度的构造, 可以使用归纳法 (也可以完全比照二维乘积可测空间的情形) 来证明一系列的结果.

下面的结果给出了有限维乘积测度在概率论中的一些应用.

**推论 2.5.10**  设 $X$ 为概率空间 $(\Omega, \mathscr{F}, P)$ 上的一个随机变量, 其分布函数为 $F(x)$, 则存在一个概率空间, 在其上有 $n$ 个独立随机变量 $X_1, X_2, \cdots, X_n$, 它们分别与 $X$ 具有相同的分布函数.

**推论 2.5.11**  对 $i = 1, 2, \cdots, n$, 设 $X_i$ 为概率空间 $(\Omega_i, \mathscr{F}_i, P_i)$ 上的一个随机变量, 其分布函数为 $F_i(x)$. 在概率空间 $(\Omega_i, \mathscr{F}_i, P_i)(i = 1, 2, \cdots, n)$ 的乘积概率空间 $(\Omega, \mathscr{F}, P)$ 上, 定义

$$Y_i(\omega_1, \omega_2, \cdots, \omega_n) = X_i(\omega_i), \quad (\omega_1, \omega_2, \cdots, \omega_n) \in \Omega, \quad i = 1, 2, \cdots, n$$

则 $Y_1, Y_2, \cdots, Y_n$ 是 $n$ 个独立的随机变量, 且 $Y_i$ 与 $X_i$ 同分布, $i = 1, 2, \cdots, n$.

**推论 2.5.12** 对 $i = 1, 2, \cdots, n$, 设 $F_i(x)$ 为任意给定的一个概率分布函数, 则总存在 $n$ 个独立随机变量 $X_1, X_2, \cdots, X_n$, 使得 $X_i$ 的分布函数为 $F_i(x)$, $i = 1, 2, \cdots, n$.

### 2.5.2 无限维乘积空间上的测度

我们可以用有限维乘积概率空间来建立 $n$ 次独立试验的概率空间, 而想要构造独立随机变量序列的概率空间以及随机过程论中对任意无限参数集 $\mathbf{T}$ 构造概率空间使得 $\{X_t : t \in \mathbf{T}\}$ 为其上的独立随机变量族, 都提出了构造无限维乘积概率空间的问题.

**定义 2.5.13** 设 $\mathbf{T} = \{t : t \in \mathbf{T}\}$ 为任意一个指标集, 而 $\{(\Omega_t, \mathscr{F}_t) : t \in \mathbf{T}\}$ 为一族可测空间, $\Omega = \prod\limits_{t \in \mathbf{T}} \Omega_t$, $\mathscr{F} = \prod\limits_{t \in \mathbf{T}} \mathscr{F}_t$. 又设 $\mathbf{T}_1$ 为 $\mathbf{T}$ 的任意一个子集, 记 $\Omega_{\mathbf{T}_1} = \prod\limits_{t \in \mathbf{T}_1} \Omega_t$, $\mathscr{F}_{\mathbf{T}_1} = \prod\limits_{t \in \mathbf{T}_1} \mathscr{F}_t$, 则 $\Omega = \Omega_{\mathbf{T}}$, $\mathscr{F} = \mathscr{F}_{\mathbf{T}}$. 对 $A \in \mathscr{F}_{\mathbf{T}_1}$, 称

$$B_1 = \{(\omega_t : t \in \mathbf{T}) \in \Omega_{\mathbf{T}} : (\omega_\alpha, \alpha \in \mathbf{T}_1) \in A\}$$

为 $\Omega$ 中以 $A$ 为基底的柱集. 对 $\mathbf{T}_1 \subset \mathbf{T}_2 \subset \mathbf{T}$, 称

$$B_2 = \{(\omega_t : t \in \mathbf{T}_2) \in \Omega_{\mathbf{T}_2} : (\omega_\alpha, \alpha \in \mathbf{T}_1) \in A\}$$

为 $\Omega_{\mathbf{T}_2}$ 中以 $A$ 为基底的柱集, 并以 $\overline{\mathscr{F}}_{\mathbf{T}_1}$ 和 $\overline{\mathscr{F}}_{\mathbf{T}_1}^{\mathbf{T}_2}$ 分别表示基底在 $\mathscr{F}_{\mathbf{T}_1}$ 的 $\Omega$ 和 $\Omega_{\mathbf{T}_2}$ 中的柱集全体.

设 $\mathscr{C}$ 表示 $\Omega$ 中基底为有限维可测矩形的柱集的全体, 用

$$\mathscr{A} = \bigcup_{\text{有限 } \mathbf{T}_1 \subset \mathbf{T}} \overline{\mathscr{F}}_{\mathbf{T}_1}$$

表示 $\Omega$ 中有限维可测基底的柱集全体, 则有 $\mathscr{C} \subset \mathscr{A}$, 而 $\mathscr{A}$ 为一个代数, 并且 $\sigma(\mathscr{C}) = \sigma(\mathscr{A}) = \mathscr{F}$.

如果 $\mathbf{T}_1 \subset \mathbf{T}_2 \subset \mathbf{T}$, 那么规定 $\Omega_{\mathbf{T}_2}$ 到 $\Omega_{\mathbf{T}_1}$ 的映射 $\pi_{\mathbf{T}_1}^{\mathbf{T}_2}$ 如下,

$$\pi_{\mathbf{T}_1}^{\mathbf{T}_2}\{\omega_t : t \in \mathbf{T}_2\} = \{\omega_t : t \in \mathbf{T}_1\}$$

则 $\pi_{\mathbf{T}_1}^{\mathbf{T}_2}$ 是 $\Omega_{\mathbf{T}_2}$ 到 $\Omega_{\mathbf{T}_1}$ 的一个投影. 对 $A \in \mathscr{F}_{\mathbf{T}_1}$, 由于 $\left(\pi_{\mathbf{T}_1}^{\mathbf{T}_2}\right)^{-1} A = A \times \Omega_{\mathbf{T}_2 \setminus \mathbf{T}_1}$, 因此 $\pi_{\mathbf{T}_1}^{\mathbf{T}_2}$ 是可测空间 $(\Omega_{\mathbf{T}_2}, \mathscr{F}_{\mathbf{T}_2})$ 到可测空间 $(\Omega_{\mathbf{T}_1}, \mathscr{F}_{\mathbf{T}_1})$ 的一个可测映射, 且 $\left(\pi_{\mathbf{T}_1}^{\mathbf{T}_2}\right)^{-1} \mathscr{F}_{\mathbf{T}_1} = \overline{\mathscr{F}}_{\mathbf{T}_1}^{\mathbf{T}_2}$.

如果 $P_{\mathbf{T}_2}$ 是可测空间 $(\Omega_{\mathbf{T}_2}, \mathscr{F}_{\mathbf{T}_2})$ 上的一个概率, 则 $P_{\mathbf{T}_2}\left(\pi_{\mathbf{T}_1}^{\mathbf{T}_2}\right)^{-1}$ 为可测空间 $(\Omega_{\mathbf{T}_1}, \mathscr{F}_{\mathbf{T}_1})$ 上的一个概率. 反之, 对 $B \in \overline{\mathscr{F}}_{\mathbf{T}_1}^{\mathbf{T}_2}$, 其中 $\overline{\mathscr{F}}_{\mathbf{T}_1}^{\mathbf{T}_2}$ 表示基底在 $\mathscr{F}_{\mathbf{T}_1}$ 的 $\Omega_{\mathbf{T}_2}$ 中的柱集全体, 必存在完全确定的 $A = \pi_{\mathbf{T}_1}^{\mathbf{T}_2}(B) \in \mathscr{F}_{\mathbf{T}_1}$, 使 $B = A \times \Omega_{\mathbf{T}_2 \backslash \mathbf{T}_1} = \left(\pi_{\mathbf{T}_1}^{\mathbf{T}_2}\right)^{-1} A$. 所以对可测空间 $(\Omega_{\mathbf{T}_1}, \mathscr{F}_{\mathbf{T}_1})$ 上的概率 $P_{\mathbf{T}_1}$, 由

$$Q(B) = Q\left(\left(\pi_{\mathbf{T}_1}^{\mathbf{T}_2}\right)^{-1}(A)\right) = P_{\mathbf{T}_1}(A)$$

也可完全确定地在 $(\Omega_{\mathbf{T}_2}, \overline{\mathscr{F}}_{\mathbf{T}_1}^{\mathbf{T}_2})$ 上规定一个概率 $Q$. 特别地, 由 $P_{\mathbf{T}_1}$ 可在 $(\Omega, \overline{\mathscr{F}}_{\mathbf{T}_1})$ 上规定一个概率.

**命题 2.5.14**　如果对指标集 $\mathbf{T}$ 的一个有限子集 $\mathbf{T}_1 = \{t_1, t_2, \cdots, t_n\}$, 以 $P_{\mathbf{T}_1}$ 表示可测空间 $(\Omega_{\mathbf{T}_1}, \mathscr{F}_{\mathbf{T}_1})$ 上的一个概率测度, 则对测度族 $\{P_{\mathbf{T}_1} : 有限 \mathbf{T}_1 \subset \mathbf{T}\}$, 在乘积空间 $(\Omega, \mathscr{F}) = (\Omega_{\mathbf{T}}, \mathscr{F}_{\mathbf{T}})$ 上存在一个非负的有限可加集函数 $P$, 满足

$$P\left(\pi_{\mathbf{T}_1}^{\mathbf{T}}\right)^{-1} = P_{\mathbf{T}_1}, \quad 对每个有限 \mathbf{T}_1 \subset \mathbf{T}$$

的充要条件是 $\{P_{\mathbf{T}_1} : 有限 \mathbf{T}_1 \subset \mathbf{T}\}$ 满足下列相容性条件: 对 $\mathbf{T}$ 的任意有限子集 $\mathbf{T}_1, \mathbf{T}_2, \mathbf{T}_1 \subset \mathbf{T}_2$, 有

$$P_{\mathbf{T}_2}\left(\pi_{\mathbf{T}_1}^{\mathbf{T}_2}\right)^{-1} = P_{\mathbf{T}_1}$$

**推论 2.5.15**　设对每个 $t \in \mathbf{T}$, $\Omega_t = \mathbb{R}$, $\Omega = \prod_{t \in \mathbf{T}} \Omega_t = \mathbb{R}^{\mathbf{T}}$; $\overline{\mathscr{B}}_{t_1 \cdots t_n}$ 表示 $\mathbb{R}^{\mathbf{T}}$ 中基底为 $\mathbb{R}_{t_1} \times \cdots \times \mathbb{R}_{t_n}$ 的 $n$ 维 Borel 集的柱集全体. 令

$$\mathscr{A} = \bigcup_{\substack{\{t_1, t_2, \cdots, t_n\} \subset \mathbf{T} \\ n \geqslant 1}} \overline{\mathscr{B}}_{t_1 \cdots t_n}, \quad \mathscr{F} = \sigma(\mathscr{A})$$

又对指标集 $\mathbf{T}$ 的每个有序子集 $\{t_1, t_2, \cdots, t_n\}$, 设 $F_{t_1 t_2 \cdots t_n}(x_1, x_2, \cdots, x_n)$ 为一个有限维的分布函数, 则对有限维分布函数族

$$\mathscr{G} = \{F_{t_1 t_2 \cdots t_n} : t_1, t_2, \cdots, t_n \in \mathbf{T}, n \geqslant 1\}$$

在乘积空间 $(\Omega, \mathscr{F})$ 上存在一个非负的有限可加集函数 $P$, 满足

$$P\{(\omega_t, t \in \mathbf{T}) \in \Omega : \omega_{t_i} \leqslant x_i, 1 \leqslant i \leqslant n\} = F_{t_1 t_2 \cdots t_n}(x_1, x_2, \cdots, x_n)$$

的充要条件是

(1) **对称性**　对 $(1, 2, \cdots, n)$ 的任意排列 $(\pi(1), \pi(2), \cdots, \pi(n))$, 有

$$F_{t_{\pi(1)} t_{\pi(2)} \cdots t_{\pi(n)}}(x_{\pi(1)}, x_{\pi(2)}, \cdots, x_{\pi(n)}) = F_{t_1 t_2 \cdots t_n}(x_1, x_2, \cdots, x_n)$$

(2) 相容性

$$F_{t_1 t_2 \cdots t_n}(x_1, x_2, \cdots, x_{n-1}, +\infty) = F_{t_1 t_2 \cdots t_{n-1}}(x_1, x_2, \cdots, x_{n-1})$$

**定义 2.5.16** 称 $\Omega$ 上的集类 $\mathscr{C} \subset \mathscr{P}(\Omega)$ 具有有限交性质, 如果对任一 $\{C_n : n \geqslant 1\} \subset \mathscr{C}$, 由 $\bigcap\limits_{n \geqslant 1} C_n = \varnothing$, 必存在整数 $N$, 使

$$\bigcap_{n \leqslant N} C_n = \varnothing$$

如果 $\Omega = \mathbb{R}$, $\mathscr{C}$ 为有界闭区间全体, 则 $\mathscr{C}$ 具有有限交性质.

一般地, 若 $\Omega$ 为拓扑空间, $\mathscr{C}$ 取为紧子集全体, 则它必有有限交性质.

利用命题 2.5.14 和定理 2.1.5 可得以下结论.

**定理 2.5.17** 设 $\{P_{t_1 t_2 \cdots t_n} : t_1, t_2, \cdots, t_n \in \mathbf{T}\}$ 为可测空间 $\{(\Omega_t, \mathscr{F}_t) : t \in \mathbf{T}\}$ 的有限维乘积空间上的满足相容性条件 $P_{\mathbf{T}_2} \left(\pi_{\mathbf{T}_1}^{\mathbf{T}_2}\right)^{-1} = P_{\mathbf{T}_1}$ 的概率测度族, 又对每个 $t \in \mathbf{T}$, 存在 $\mathscr{F}_t$ 的一个子类 $\mathscr{C}_t$ 具有有限交性质, 且

$$P_t(A) = \sup \{P_t(C) : C \in \mathscr{C}_t, \ C \subset A\}, \quad A \in \mathscr{F}_t$$

则在 $(\Omega_\mathbf{T}, \mathscr{F}_\mathbf{T})$ 上存在唯一的概率测度 $P$, 满足

$$P \left(\pi_{\mathbf{T}_1}^{\mathbf{T}}\right)^{-1} = P_{\mathbf{T}_1}, \quad 对每个有限 \ \mathbf{T}_1 \subset \mathbf{T}$$

**推论 2.5.18** (Kolmogorov 定理) 设对每个 $t \in \mathbf{T}$, $(\mathbb{R}_t, \mathscr{B}_t) = (\mathbb{R}, \mathscr{B})$, 而

$$\mathscr{G} = \{F_{t_1 t_2 \cdots t_n} : t_1, t_2, \cdots, t_n \in \mathbf{T}\}$$

为 $\{(\mathbb{R}_t, \mathscr{B}_t) : t \in \mathbf{T}\}$ 的乘积空间 $(\mathbb{R}^\mathbf{T}, \mathscr{B}^\mathbf{T})$ 上的相容的有限维分布函数族, 即满足

$$F_{t_{\pi(1)} t_{\pi(2)} \cdots t_{\pi(n)}}(x_{\pi(1)}, x_{\pi(2)}, \cdots, x_{\pi(n)}) = F_{t_1 t_2 \cdots t_n}(x_1, x_2, \cdots, x_n)$$

和

$$F_{t_1 t_2 \cdots t_n}(x_1, x_2, \cdots, x_{n-1}, +\infty) = F_{t_1 t_2 \cdots t_{n-1}}(x_1, x_2, \cdots, x_{n-1})$$

则在 $(\mathbb{R}^\mathbf{T}, \mathscr{B}^\mathbf{T})$ 上存在一个概率测度 $P$, 使 $P$ 以 $\mathscr{G}$ 为其有限维分布函数族, 即 $P$ 使得式

$$P \{(\omega_t, t \in \mathbf{T}) \in \Omega : \omega_{t_i} \leqslant x_i, 1 \leqslant i \leqslant n\} = F_{t_1 t_2 \cdots t_n}(x_1, x_2, \cdots, x_n)$$

成立.

上述 $(\mathbb{R}^\mathbf{T}, \mathscr{B}^\mathbf{T}, P)$ 又称为标准概率空间.

利用命题 2.5.14、定理 2.5.16 和定理 2.1.5 可得下面的结论.

**定理 2.5.19**    设 $\{(\Omega_t, \mathscr{F}_t, P_t) : t \in \mathbf{T}\}$ 为一族概率空间, 则在它们的乘积可测空间 $(\Omega_{\mathbf{T}}, \mathscr{F}_{\mathbf{T}})$ 上存在唯一的一个概率测度 $P$, 满足

$$P\left(\pi_{\mathbf{T}_1}^{\mathbf{T}}\right)^{-1} = \prod_{t \in \mathbf{T}_1} P_t, \quad \text{对每个有限 } \mathbf{T}_1 \subset \mathbf{T}$$

下面的结果给出了无穷维乘积测度在概率论中的一些应用.

**推论 2.5.20**    设 $X$ 为概率空间 $(\Omega, \mathscr{F}, P)$ 上的一个随机变量, 其分布函数为 $F(x)$, 则存在一个概率空间, 在此概率空间上存在着一个独立的随机变量序列 $X_1, X_2, \cdots, X_n, \cdots$, 使每一 $X_n$ 都与 $X$ 具有相同的分布函数.

**推论 2.5.21**    设 $F_n(x)$, $n = 1, 2, \cdots$ 是给定的一列概率分布函数, 那么一定存在一个独立随机变量序列 $\{X_n : n = 1, 2, \cdots\}$, 使 $X_n$ 的分布函数恰为 $F_n(x)$.

# 第 3 章　条件期望

C
HAPTER

广义测度的分解以及不定积分的刻画是测度论中的一个重要论题, 不定积分的 Radon-Nikodym 定理是概率论中一般条件期望的数学基础, 而条件期望又是现代概率论中最重要的基本概念之一.

## 3.1　广　义　测　度

### 3.1.1　Hahn-Jordan 分解

**定义 3.1.1**　可测空间 $(\Omega, \mathscr{F})$ 上的取值于 $[-\infty, +\infty]$ 的集函数 $\mu$ 如果满足:

(1) $\mu(\varnothing) = 0$;

(2) 对任意 $\{A_n : n \geqslant 1\} \subset \mathscr{F}$, 如果 $i \neq j$ 时, $A_i A_j = \varnothing$, 则

$$\mu\left(\sum_{i=1}^{\infty} A_i\right) = \sum_{i=1}^{\infty} \mu(A_i)$$

就称它为一个广义测度或变号测度.

如果 $(\Omega, \mathscr{F}, \lambda)$ 是一个正测度空间, 而 $f$ 为其上的一个 (准) 可积函数, 则

$$\mu(A) = \int_A f(\omega) \lambda(\mathrm{d}\omega)$$

就是一个广义测度.

如果 $\mu$ 为一个广义测度, 则它必定是有限可加的, 即对任意 $A, B \in \mathscr{F}$, 当 $AB = \varnothing$ 时, 都有 $\mu(A + B) = \mu(A) + \mu(B)$. 又可测空间 $(\Omega, \mathscr{F})$ 上的广义测度绝不会同时取到 $+\infty$ 和 $-\infty$, 这是因为如若不然, 有 $\mu(A) = +\infty$, 而 $\mu(B) = -\infty$, 则为了使和式 $\mu(A + B) = \mu(A) + \mu(B)$ 有确定含义, 必有

$$\mu(A \cup B) = \mu(A) + \mu(B \backslash A) = +\infty, \quad \text{而} \quad \mu(A \cup B) = \mu(B) + \mu(A \backslash B) = -\infty$$

这就引起了矛盾, 所以今后都假定广义测度 $\mu$ 在 $(-\infty, +\infty]$ 中取值.

对广义测度 $\mu$ 来说, 如果 $\{A_n : n \geqslant 1\} \uparrow A$, 则有 $\lim\limits_{n \to \infty} \mu(A_n) = \mu(A)$. 而如果 $\{A_n : n \geqslant 1\} \downarrow A$, 且存在 $n_0$, 使 $|\mu(A_{n_0})| < \infty$, 即 $\mu(A_{n_0})$ 有限, 则 $\mu(A_n) \to \mu(A)$.

广义测度还具有如下的性质.

**引理 3.1.2**  设 $\mu$ 为可测空间 $(\Omega, \mathscr{F})$ 上的一个广义测度, 则必存在 $C \in \mathscr{F}$, 使

$$\mu(C) = \inf_{A \in \mathscr{F}} \mu(A)$$

**证明**  记 $\beta = \inf_{A \in \mathscr{F}} \mu(A)$, 则对每个 $n$ 必有 $A_n \in \mathscr{F}$, 使

$$\mu(A_n) < \beta \vee (-n) + \frac{1}{n}$$

取

$$A = \bigcup_n A_n, \quad \mathscr{A}_n = \left\{ \bigcap_{k=1}^{n} A_k' : A_k' = A_k \text{ 或 } A_k' = A - A_k \right\}$$

则 $\mathscr{A}_n$ 中的集合是对 $A$ 的一个分割, 且随 $n$ 的增大分割将越来越细 (即 $\mathscr{A}_n$ 中的集合都是 $\mathscr{A}_{n+1}$ 中某些集合的并). 令

$$B_n = \bigcup_{\substack{C_i \in \mathscr{A}_n \\ \mu(C_i) < 0}} C_i$$

则 $B_{n+1} \backslash (B_n \cup \cdots \cup B_{n-k})$ 由 $\mathscr{A}_{n+1}$ 中若干个 $C_i$ 之并所构成, 且这些 $C_i$ 都满足 $\mu(C_i) < 0$, 故对 $n' > n$, 由 $B_n$ 的构造形式有

$$\beta \vee (-n) + \frac{1}{n} > \mu(A_n) > \mu(B_n \cup B_{n+1} \cup \cdots \cup B_{n'}) \geqslant \mu \left( \bigcup_{k \geqslant n} B_k \right) \geqslant \beta$$

取 $C = \overline{\lim_n} B_n$ $\left( \overline{\lim_{n \to \infty}} B_n = \bigcap_{n \geqslant 1} \bigcup_{k \geqslant n} B_k \right) \in \mathscr{F}$, 则 $\bigcup_{k \geqslant n} B_k \downarrow C$, 由于 $\mu \left( \bigcup_{k \geqslant n} B_k \right)$ 有限, 故

$$\mu(C) = \lim_{n \to \infty} \mu \left( \bigcup_{k \geqslant n} B_k \right) = \beta$$

顺便也得到了 $\beta > -\infty$.

利用引理 3.1.2 可得以下定理.

**定理 3.1.3** (Hahn)  设 $\mu$ 为可测空间 $(\Omega, \mathscr{F})$ 上的一个广义测度, 则

(1) 存在互不相交的 $D^+, D^- \in \mathscr{F}$, 使 $\Omega = D^+ + D^-$, 且对每一个可测集 $A \subset D^+ (D^-)$, 必有 $\mu(A) \geqslant 0 (\leqslant 0)$;

(2) 如果 $\Omega = \tilde{D}^+ + \tilde{D}^-$, 且对每一个可测集 $A \subset \tilde{D}^+(\tilde{D}^-)$ 有 $\mu(A) \geqslant 0(\leqslant 0)$ 成立, 那么 $\tilde{D}^+ \Delta D^+(\tilde{D}^- \Delta D^-)$ 的一切可测子集都是 $\mu$ 零集.

**推论 3.1.4** 对可测空间 $(\Omega, \mathscr{F})$ 上的一个广义测度 $\mu$, 下列三个条件是等价的.

(1) $\mu$ 为有界的, 即 $\sup\limits_{A \in \mathscr{F}} |\mu(A)| < \infty$;

(2) $\mu$ 为有限的, 即对每个 $A \in \mathscr{F}$, 有 $|\mu(A)| < \infty$;

(3) $|\mu(\Omega)| < \infty$.

利用 Hahn 定理可得定理 3.1.5.

**定理 3.1.5** (Jordan) 如果 $\mu$ 为可测空间 $(\Omega, \mathscr{F})$ 上的一个广义测度, 而 $C \in \mathscr{F}$ 使得 $\mu(C) = \inf\limits_{A \in \mathscr{F}} \mu(A)$.

(1) 对每个 $A \in \mathscr{F}$, 如果取

$$\mu^+(A) = \mu(AC^c), \quad \mu^-(A) = -\mu(AC)$$

那么 $\mu^+, \mu^-$ 都是可测空间 $(\Omega, \mathscr{F})$ 上的正测度, 满足 $\mu = \mu^+ - \mu^-$, 且

$$\mu^+(A) = \sup\{\mu(B) : B \subset A, B \in \mathscr{F}\}$$

$$\mu^-(A) = \sup\{-\mu(B) : B \subset A, B \in \mathscr{F}\}$$

(2) 如果 $\mu = \mu_2 - \mu_1$, 而 $\mu_2, \mu_1$ 都是 $(\Omega, \mathscr{F})$ 上的正测度, 那么对每个 $A \in \mathscr{F}$, 有

$$\mu^+(A) \leqslant \mu_2(A), \quad \mu^-(A) \leqslant \mu_1(A)$$

**定义 3.1.6** 如果 $\mu$ 为可测空间 $(\Omega, \mathscr{F})$ 上的一个广义测度, 则称由 Hahn 定理规定的 $\Omega$ 的分解 $\Omega = D^+ + D^-$ 为空间 $\Omega$ 关于测度 $\mu$ 的 Hahn 分解. 称由 Jordan 定理规定的广义测度 $\mu$ 的分解 $\mu = \mu^+ - \mu^-$ 为测度 $\mu$ 的 Jordan 分解, 而分别称测度 $\mu^+, \mu^-$ 及 $|\mu| \stackrel{\triangle}{=} \mu^+ + \mu^-$ 为 $\mu$ 的正变差、负变差和全变差.

如果 $(\Omega, \mathscr{F}, \lambda)$ 是一个正测度空间, $f$ 为其上的一个 (准) 可积函数, 而

$$\mu(A) = \int_A f(\omega) \lambda(d\omega)$$

则空间 $\Omega$ 关于广义测度 $\mu$ 的分解为

$$\Omega = \{\omega : f(\omega) \geqslant 0\} + \{\omega : f(\omega) < 0\}$$

而测度 $\mu$ 的正变差、负变差和全变差分别为

$$\mu^+(A) = \int_A f^+(\omega) \lambda(d\omega), \quad \mu^-(A) = \int_A f^-(\omega) \lambda(d\omega)$$

$$|\mu|(A) = \int_A |f|(\omega)\lambda(\mathrm{d}\omega)$$

由 Hahn-Jordan 分解定理, 可将关于广义测度的很多问题的研究归结为正测度的情形来考虑.

**定义 3.1.7**  设 $(\Omega, \mathscr{F})$ 是一个可测空间, $f$ 为其上的一个可测函数, $\mu$ 为其上的一个广义测度. 如果 $f$ 关于测度 $\mu$ 的全变差 $|\mu|$ 是可积的, 即 $\int |f|\,\mathrm{d}\,|\mu| < \infty$, 则称 $f$ 关于广义测度 $\mu$ 是可积的.

由定义 3.1.7 可见, 如果 $f$ 关于广义测度 $\mu$ 可积, 则它关于测度 $|\mu|$, $\mu^+$, $\mu^-$ 也可积.

如果 $(D^+, D^-)$ 为空间 $\Omega$ 关于广义测度 $\mu$ 的 Hahn 分解, 则利用在 $D^+$ 上测度 $\mu^+$ 与测度 $|\mu|$, $\mu$ 相同, 在 $D^-$ 上测度 $\mu^-$ 与测度 $|\mu|$, $-\mu$ 相同, 可以得出

$$\int f\mathrm{d}\mu = \int f\mathrm{d}\mu^+ - \int f\mathrm{d}\mu^- = \int f1_{D^+}\mathrm{d}\,|\mu| - \int f1_{D^-}\mathrm{d}\,|\mu|$$
$$= \int f\,(1_{D^+} - 1_{D^-})\,\mathrm{d}\,|\mu|$$

及

$$\int f\mathrm{d}\,|\mu| = \int f\mathrm{d}\mu^+ + \int f\mathrm{d}\mu^- = \int f1_{D^+}\mathrm{d}\mu + \int f1_{D^-}\mathrm{d}\,(-\mu)$$
$$= \int f\,(1_{D^+} - 1_{D^-})\,\mathrm{d}\mu$$

所以可测函数关于广义测度积分的问题, 可以将其归结为关于正测度积分的问题来讨论.

### 3.1.2  Lebesgue 分解

**定理 3.1.8** (Lebesgue)  设 $(\Omega, \mathscr{F})$ 为一个可测空间, $P$ 为其上的一个概率测度, $\nu$ 为其上的一个有限正测度, 则存在唯一的 $f \in L_1(\Omega, \mathscr{F}, P)$ 及一个 $P$ 可略集 $N$, 使

$$\nu(A) = \int_A f(\omega)P(\mathrm{d}\omega) + \nu(AN), \quad \text{对 } A \in \mathscr{F}$$

**证明**  记

$$\mathscr{L} = \left\{ Y : Y \in L_1(\Omega, \mathscr{F}, P), \int_A Y\mathrm{d}P \leqslant \nu(A), \forall A \in \mathscr{F} \right\}$$

则

(1) 显然 $0 \in \mathscr{L}$, 故 $\mathscr{L}$ 为非空的;

(2) 如果 $Y_1, Y_2 \in \mathscr{L}$, 那么有

$$\int_A (Y_1 \vee Y_2) \, \mathrm{d}P = \int_{A(Y_1 \leqslant Y_2)} Y_2 \mathrm{d}P + \int_{A(Y_1 > Y_2)} Y_1 \mathrm{d}P$$

$$\leqslant \nu \left( A \left( Y_1 \leqslant Y_2 \right) \right) + \nu \left( A \left( Y_1 > Y_2 \right) \right) = \nu(A)$$

成立, 故 $Y_1 \vee Y_2 \in \mathscr{L}$;

(3) 如果 $Y_n \in \mathscr{L}, n \geqslant 1$, 而 $Y_n \uparrow Y$, 则由 Lévy 引理知 $Y \in \mathscr{L}$. 因此, $\mathscr{L}$ 有极大元 $f$, 且

$$\int_A f(\omega) P(\mathrm{d}\omega) \leqslant \nu(A), \quad \forall A \in \mathscr{F}$$

现记

$$\nu_s(A) = \nu(A) - \int_A f \mathrm{d}P, \quad \text{对 } A \in \mathscr{F}$$

则 $\nu_s$ 是一个正测度. 又以 $D_n^+, D_n^-$ 表示 $\Omega$ 关于广义测度 $\nu_s - \dfrac{1}{n}P$ 的 Hahn 分解, 则

$$\nu_s(AD_n^+) \geqslant \frac{1}{n}P(AD_n^+), \quad \nu_s(AD_n^-) \leqslant \frac{1}{n}P(AD_n^-)$$

且因

$$\int_A \left( f + \frac{1}{n} I_{D_n^+} \right) \mathrm{d}P = \int_A f \mathrm{d}P + \frac{1}{n}P(AD_n^+) \leqslant \int_A f \mathrm{d}P + \nu_s(A) = \nu(A)$$

故 $f + \dfrac{1}{n} I_{D_n^+} \in \mathscr{L}$. 再由 $f$ 为 $\mathscr{L}$ 的最大元, 故有 $f = f + \dfrac{1}{n} I_{D_n^+}$ a.s., 即 $P(D_n^+) = 0$. 如取 $N = \bigcup_n D_n^+$, 则 $P(N) = 0$. 另一方面, 因

$$\nu_s(N^c) \leqslant \nu_s(D_n^-) \leqslant \frac{1}{n}P(D_n^-) \leqslant \frac{1}{n}$$

故 $\nu_s(N^c) = 0$, 且

$$\nu(A) = \int_A f \mathrm{d}P + \nu_s(A) = \int_A f \mathrm{d}P + \nu_s(A(N + N^c))$$

$$= \int_A f \mathrm{d}P + \nu_s(AN) = \int_A f \mathrm{d}P + \nu(AN)$$

即定理的结论正确. 如果 $\nu$ 还有另一分解, $g \in L_1(\Omega, \mathscr{F}, P)$, $M$ 为一个 $P$ 可略集, 使

$$\nu(A) = \int_A g\mathrm{d}P + \nu(AM)$$

则因 $M \cup N$ 为一个 $P$ 可略集, 故对每个 $A \in \mathscr{F}$ 有

$$\int_A f\mathrm{d}P = \int_{A(M\cup N)} f\mathrm{d}P + \int_{A(M\cup N)^C} f\mathrm{d}P$$

$$= \int_{A(M\cup N)^C} f\mathrm{d}P = \nu\left(A(M\cup N)^C\right) = \int_{A(M\cup N)^C} g\mathrm{d}P = \int_A g\mathrm{d}P$$

故 $f = g$ a.s.. 又

$$\nu(N) = \int_N g\mathrm{d}P + \nu(MN) = \nu(MN) = \int_M f\mathrm{d}P + \nu(MN) = \nu(M)$$

$$\nu(M\triangle N) = \nu(M\cup N) - \nu(MN) = \nu(M) + \nu(N) - 2\nu(MN) = 0$$

故 $M\triangle N$ 既是一个 $P$ 可略集, 又是一个 $\nu$ 可略集, 从而唯一性得证.

**定义 3.1.9** 称测度空间 $(\Omega, \mathscr{F}, \mu)$ 上的可测函数 $f$ 为 $\sigma$ 可积的, 如果存在互不相交的可测集序列 $\{A_n : n \geqslant 1\}$, 使 $\sum_n A_n = \Omega$, 而 $\int_{A_n} |f| \mathrm{d}\mu < \infty$. 这时, 如果 $\sum_n \int_{A_n} f\mathrm{d}\mu$ 有意义, 就记它为 $\int f\mathrm{d}\mu$.

**命题 3.1.10** (Lebesgue 定理的推广) 设 $(\Omega, \mathscr{F})$ 为一个可测空间, $\mu, \nu$ 为其上的两个 $\sigma$ 有限广义测度 (不取 $-\infty$), 则必存在唯一的关于 $|\mu|$ 为 $\sigma$ 可积的可测函数 $f$ 及一个 $|\mu|$ 可略集 $N$, 使

$$\nu(A) = \int_A f(\omega)|\mu|(\mathrm{d}\omega) + \nu(AN)$$

**定义 3.1.11** 设 $\mu, \nu$ 为可测空间 $(\Omega, \mathscr{F})$ 上的两个广义测度, 如果对每个 $A \in \mathscr{F}$, 由 $|\mu|(A) = 0$ 可推出 $\nu(A) = 0$, 则称测度 $\nu$ 关于测度 $\mu$ 是绝对连续的, 记为 $\nu \ll \mu$. 如果 $\nu \ll \mu$ 和 $\mu \ll \nu$ 同时成立, 则记为 $\nu \equiv \mu$ 或 $\nu \sim \mu$, 并称测度 $\mu, \nu$ 为相互等价的. 如果存在 $A \in \mathscr{F}$, 使 $|\mu|(A) = 0$, 而 $|\nu|(A^c) = 0$, 则称测度 $\mu, \nu$ 为相互奇异的, 记为 $\mu \perp \nu$.

由命题 3.1.10 可得定理 3.1.12.

**定理 3.1.12** 如果 $(\Omega, \mathscr{F})$ 是一个可测空间, 而 $\mu, \nu$ 为其上的两个 $\sigma$ 有限测度, 那么可将测度 $\nu$ 唯一地表为 $\nu = \nu_1 + \nu_2$, 其中 $\nu_1, \nu_2$ 都是 $\sigma$ 有限广义测度, 且 $\nu_1 \ll \mu$, $\nu_2 \perp \mu$.

称测度 $\nu$ 的上述分解 $\nu = \nu_1 + \nu_2$ 为测度 $\nu$ 关于测度 $\mu$ 的 Lebesgue 分解.

### 3.1.3 Radon-Nikodym 定理

**命题 3.1.13** 设 $(\Omega, \mathscr{F})$ 为一个可测空间, $P$ 为其上的一个概率测度, $\nu$ 为其上的一个有限测度, 则下列条件等价.

(1) $\nu \ll P$;

(2) 存在 $f \in L_1(\Omega, \mathscr{F}, P)$ 满足

$$\nu(A) = \int_A f(\omega) P(\mathrm{d}\omega), \quad \forall A \in \mathscr{F} \tag{3.1.1}$$

(3) 对每个 $\varepsilon > 0$, 存在 $\delta > 0$, 使当 $P(A) < \delta$ 时, 必有 $\nu(A) < \varepsilon$.

**证明** (1) $\Rightarrow$ (2) 由式

$$\nu(A) = \int_A f(\omega) P(\mathrm{d}\omega) + \nu(AN), \quad \forall A \in \mathscr{F}$$

中 $P(N) = 0$, 知 $P(AN) = 0$, 而 $\nu \ll P$, 因此 $\nu(AN) = 0$, 从而 (3.1.1) 式成立.

(2) $\Rightarrow$ (3) 当 $f$ 为一个阶梯函数时, 由于它有界, 故存在 $M \geqslant 0$ 使得 $|f| \leqslant M$, 从而由 (3.1.1) 式知 $\nu(A) \leqslant MP(A)$, 因此当取 $\delta \leqslant \varepsilon/M$ 时即有 $\nu(A) < \varepsilon$. 对一般的 $f \in L_1(\Omega, \mathscr{F}, P)$, 如果 $\varepsilon > 0$ 为任一正数, 那么必存在一个阶梯函数 $f_\varepsilon$, 使

$$\int |f - f_\varepsilon| \, \mathrm{d}P < \frac{\varepsilon}{2}$$

如果 $|f_\varepsilon| \leqslant M_\varepsilon$, 则取 $\delta \leqslant \varepsilon/(2M_\varepsilon)$, 从而当 $P(A) < \delta$ 时, 有

$$\left| \int_A f \mathrm{d}P \right| \leqslant \int_A |f - f_\varepsilon| \, \mathrm{d}P + \int_A |f_\varepsilon| \, \mathrm{d}P < \frac{\varepsilon}{2} + \frac{\varepsilon}{2} = \varepsilon$$

(3) $\Rightarrow$ (1) 反证法 如若不然, 存在 $A \in \mathscr{F}$, $P(A) = 0$, 而 $\nu(A) > 0$, 此时如果取 $\varepsilon = \nu(A)/2$, $\delta > 0$, 则

$$P(A) = 0 < \delta$$

但 $\nu(A) > \varepsilon$, 矛盾.

**定理 3.1.14** (Radon-Nikodym) 设 $(\Omega, \mathscr{F})$ 为一个可测空间, $P$ 为其上的一个概率测度, $\nu$ 为其上的一个广义测度, 且 $\nu \ll P$, 则存在唯一的随机变量 $f$, $f^-$ 可积, 使

$$\nu(A) = \int_A f(\omega) P(\mathrm{d}\omega), \quad \forall A \in \mathscr{F} \tag{3.1.2}$$

而这时 $\nu$ 为一个正测度的充要条件是 $f \geqslant 0$ a.s., $\nu$ 为一个有限测度的充要条件是 $f$ 可积, $\nu$ 为一个 $\sigma$ 有限测度的充要条件是 $f$ 有限.

**证明**  $\nu$ 为正有限 (即有界) 测度时, 定理的结论已由命题 3.1.13 中的 (1) 与 (2) 等价所证明. 现在考虑 $\nu$ 为一般正测度的情况, 记

$$\mathscr{C} = \{C \in \mathscr{F} : \nu(C) < \infty\}$$

则 $\mathscr{C}$ 是一个对有限交和有限运算并封闭的集类, 故可找出 $C_n \in \mathscr{C}$, $\{C_n : n \geqslant 1\}$ 递增, 且使 (命题 2.3.2 的集合形式)

$$\lim_{n \to \infty} P(C_n) = \sup\{P(C) : C \in \mathscr{C}\} \tag{3.1.3}$$

在每个 $C_n \backslash C_{n-1}$ 上, 由命题 3.1.13 知必存在 $f_n \geqslant 0$, 使

$$\nu(A(C_n \backslash C_{n-1})) = \int_{A(C_n \backslash C_{n-1})} f_n \mathrm{d}P \quad (C_0 = \varnothing)$$

取

$$f(\omega) = \sum_n f_n(\omega) I_{C_n \backslash C_{n-1}}(\omega) + (+\infty) I_{(\bigcup_n C_n)^c}(\omega)$$

对任一 $A \in \mathscr{F}$, 如果 $P\left(A\left(\bigcup_n C_n\right)^c\right) = 0$, 那么由 $\nu \ll P$, 必有

$$\nu\left(A\left(\bigcup_n C_n\right)^c\right) = 0$$

从而

$$\nu(A) = \nu\left(A\left(\bigcup_n C_n\right)\right) + P\left(A\left(\bigcup_n C_n\right)^c\right) = \nu\left(A\left(\bigcup_n C_n\right)\right)$$

$$= \sum_n \nu(A(C_n \backslash C_{n-1})) = \sum_n \int_{A(C_n \backslash C_{n-1})} f_n \mathrm{d}P$$

$$= \int_{A(\bigcup_n C_n)} f \mathrm{d}P = \int_A f \mathrm{d}P$$

如果 $P\left(A\left(\bigcup_n C_n\right)^c\right) > 0$, 那么必有 $\nu\left(A\left(\bigcup_n C_n\right)^c\right) = +\infty$, 否则与 (3.1.3) 式矛盾. 这时

$$\nu(A) = \nu\left(A\left(\bigcup_n C_n\right)\right) + \nu\left(A\left(\bigcup_n C_n\right)^c\right) = +\infty = \int_A f \mathrm{d}P$$

故 (3.1.2) 式成立. $f$ 的唯一性可由 (3.1.2) 式利用命题 2.2.4 的 (2) 直接推出.

$\nu$ 为广义测度时, 对 $\nu^+, \nu^-$ 分别运用已有结论即可. 定理的其他结论也可由此推出.

**注释 3.1.15** 我们可以把 Radon-Nikodym 定理推广到 $(\Omega, \mathscr{F})$ 是一个可测空间, 而 $\mu$ 为其上的一个 $\sigma$ 有限测度, $\nu$ 为其上的一个广义测度的情况 但 $\mu$ 是可测空间 $(\Omega, \mathscr{F})$ 上的 $\sigma$ 有限测度的这个条件是必要的, 如果去掉, 定理的结论有可能不对. 例如取 $\Omega = \mathbb{R}$, $\mathscr{F} = \{A \subset \Omega : A \text{ 或 } A^c \text{ 至多可数}\}$. 此时令

$$\mu(A) = \begin{cases} \#A, & \#A < \infty \\ \infty, & \#A = \infty \end{cases}$$

再定义测度 $\varphi$ 满足：如果 $A$ 至多可数, 则 $\varphi(A) = 0$; 如果 $A^c$ 至多可数, 则 $\varphi(A) = 1$.

这时 $\varphi \ll \mu$, 但并不存在一个可测函数 $f$ 使

$$\varphi(A) = \int_A f(\omega)\mu(\mathrm{d}\omega), \quad \forall A \in \mathscr{F}$$

成立. 事实上, 如果存在一个可积函数 $f$ 使

$$\varphi(A) = \int_A f(\omega)\mu(\mathrm{d}\omega), \quad \forall A \in \mathscr{F}$$

成立, 那么由

$$0 = \varphi(\{x\}) = \int_{\{x\}} f \mathrm{d}\mu = f(x)\,\mu(\{x\}) = f(x)$$

对任意 $x \in \mathbb{R}$ 成立, 就推出 $f \equiv 0$, 从而

$$\varphi(\mathbb{R}) = \int_R f \mathrm{d}\mu = \int_R 0 \mathrm{d}\mu = 0$$

而这与 $\varphi(\mathbb{R}) = 1$ 矛盾.

**定义 3.1.16** 设 $(\Omega, \mathscr{F})$ 为一个可测空间, $P$ 为其上的一个概率测度, $\nu$ 为其上的一个广义测度, 且 $\nu \ll P$, 则称使式

$$\nu(A) = \int_A f(\omega)P(\mathrm{d}\omega), \quad \forall A \in \mathscr{F}$$

成立且负部可积的随机变量 $f$ 为广义测度 $\nu$ 关于概率测度 $P$ 的 Radon-Nikodym 导数, 简称 R-N 导数, 也记为

$$f = \frac{\mathrm{d}\nu}{\mathrm{d}P} \quad \text{及} \quad \nu = f \cdot P$$

利用 Radon-Nikodym 定理和函数形式的单调类定理可得以下结果.

**命题 3.1.17**　设 $\mu, \nu$ 为可测空间 $(\Omega, \mathscr{F})$ 上的两个 $\sigma$ 有限广义测度, 如果 $\nu \ll \mu$, 那么对每个 $\nu$ 可积函数 $f$, 有

$$\int_A f \mathrm{d}\nu = \int_A f \frac{\mathrm{d}\nu}{\mathrm{d}\mu} \mathrm{d}\mu, \quad \forall A \in \mathscr{F}$$

**证明**　先证 $\mu$ 为概率测度而 $\nu$ 为有限测度的情况, 为此记

$$\mathscr{L} = \left\{ h : \int_\Omega |h| \, \mathrm{d}\nu < \infty \right\}, \quad \mathscr{H} = \left\{ h : h \text{ 可测且 } \int_\Omega h \mathrm{d}\nu = \int_\Omega h \frac{\mathrm{d}\nu}{\mathrm{d}\mu} \mathrm{d}\mu \right\}$$

则由 Radon-Nikodym 定理有

$$\nu(A) = \int_A \frac{\mathrm{d}\nu}{\mathrm{d}P} P(\mathrm{d}\omega)$$

因此 $\mathscr{H} \supset \{I_A : A \in \mathscr{F}\}$. 又容易验证 $\mathscr{H}$ 是一个函数 $\mathscr{L}$ 类, 故由函数形式的单调类定理, 知对一切 $\nu$ 可积函数 $g$ 成立

$$\int_\Omega g \mathrm{d}\nu = \int_\Omega g \frac{\mathrm{d}\nu}{\mathrm{d}\mu} \mathrm{d}\mu$$

特别, 取 $g = f I_A$ 代入上式, 即得结论.

对 $\mu, \nu$ 为 $\sigma$ 有限广义测度的一般情况可利用广义测度的 $\sigma$ 可加性和 Hahn 分解定理得到.

利用命题 3.1.17 直接可得命题 3.1.18.

**命题 3.1.18**　设 $\mu, \nu, \lambda$ 为可测空间 $(\Omega, \mathscr{F})$ 上的三个 $\sigma$ 有限广义测度, 如果 $\nu \ll \mu, \lambda \ll \nu$, 那么 $\lambda \ll \mu$, 且

$$\frac{\mathrm{d}\lambda}{\mathrm{d}\mu} = \frac{\mathrm{d}\lambda}{\mathrm{d}\nu} \frac{\mathrm{d}\nu}{\mathrm{d}\mu} \quad \text{a.e. } \mu$$

而将 Radon-Nikodym 定理和命题 3.1.17 直接用于随机变量的分布函数及其对应的分布可得命题 3.1.19.

**命题 3.1.19**　如果 $F(x)$ 是某随机变量 $X$ 的分布函数, $\mu_F$ 表示分布函数 $F$ 在 $(\mathbb{R}, \mathscr{B})$ 上生成的 L-S 测度, 又 $\lambda$ 为 $(\mathbb{R}, \mathscr{B})$ 上的 Lebesgue 测度, 那么 $\mu_F \ll \lambda$ 的充要条件是存在 $f \in L_1(\mathbb{R}, \mathscr{B}, \lambda)$, 使

$$\mu_F(B) = \int_B f(x) \lambda(\mathrm{d}x) = \int_B f(x) \mathrm{d}x$$

$$F(x) = \int_{(-\infty, x]} f(t)\mathrm{d}t = \int_{-\infty}^{x} f(t)\mathrm{d}t$$

此时, 关于 Lebesgue 测度几乎处处唯一确定的可积函数 $f$ 称为随机变量 $X$ 的概率密度. 在这种情况下, 如果 $E[g(X)]$ 存在, 那么

$$E[g(X)] = \int y(X)\mathrm{d}P = \int_{\mathbb{R}} g(x)\mu_F(\mathrm{d}x) = \int_{-\infty}^{+\infty} g(x)f(x)\mathrm{d}x$$

## 3.2 条 件 期 望

在概率论中, 条件期望是一个十分重要的概念, 本节的目的就是介绍它的一般定义及其性质.

### 3.2.1 条件期望的定义

设 $A, B \in \mathscr{F}$, $P(B) > 0$, 则事件 $A$ 在事件 $B$ 发生条件下的条件概率为

$$P_B(A) \triangleq P(A|B) = \frac{P(AB)}{P(B)}$$

如果固定 $B$ 让 $A$ 在 $\mathscr{F}$ 中变化, 那么容易验证条件概率 $P_B(\cdot)$ 也是概率可测空间 $(\Omega, \mathscr{F})$ 上的一个概率测度, 而当 $X(\omega)$ 为一个 (关于 $P$) 可积的随机变量时, 它关于概率测度 $P_B(\cdot)$ 的期望为

$$E_B[X] = \int X(\omega) P_B(\mathrm{d}\omega)$$

**命题 3.2.1** 如果 $X(\omega)$ 为一个 (关于 $P$) 可积的随机变量, $B \in \mathscr{F}$, $P(B) > 0$, 那么 $E_B[X]$ 存在, 且

$$E_B[X] = \frac{1}{P(B)} \int_B X(\omega) P(\mathrm{d}\omega) \tag{3.2.1}$$

**证明** 当 $X(\omega) = I_A$, $A \in \mathscr{F}$ 时, 有

$$E_B[I_A] = \int I_A P_B(\mathrm{d}\omega) = P_B(A) = P(A|B) = \frac{P(AB)}{P(B)}$$

$$= \frac{1}{P(B)} \int I_A P_B P(\mathrm{d}\omega) = \frac{1}{P(B)} \int_B I_A P(\mathrm{d}\omega)$$

于是, 由积分的线性性质知, 当 $X(\omega)$ 为非负阶梯随机变量时 (3.2.1) 式成立, 因而由命题 1.3.16 和 Lévy 引理可得

$$E_B[X] = \int X(\omega) P_B(\mathrm{d}\omega) = \lim_{n\to\infty} \int X_n(\omega) P_B(\mathrm{d}\omega) = \lim_{n\to\infty} E_B[X_n]$$

$$= \lim_{n \to \infty} \frac{1}{P(B)} \int_B X_n(\omega) P(\mathrm{d}\omega)$$

$$= \frac{1}{P(B)} \int_B \lim_{n \to \infty} X_n(\omega) P(\mathrm{d}\omega) = \frac{1}{P(B)} \int_B X(\omega) P(\mathrm{d}\omega)$$

即当 $X(\omega)$ 为非负随机变量时 (3.2.1) 式成立, 最后当 $X(\omega)$ 为一个 (关于 $P$) 可积的随机变量时 (3.2.1) 式成立.

如果 $X(\omega)$ 为 (关于 $P$) 可积的随机变量, 则其关于 $P_B(\cdot)$ 的期望

$$E_B[X] = \int X(\omega) P_B(\mathrm{d}\omega) = \frac{1}{P(B)} \int_B X(\omega) P(\mathrm{d}\omega)$$

然而, 我们经常会遇到一族条件, 所以我们需要更一般的概念——条件期望.

**引理 3.2.2**  如果 $X$ 为一个 (准) 可积随机变量, $\mathscr{G}$ 为 $\mathscr{F}$ 的一个子 $\sigma$ 域, 那么必存在唯一 (不计 a.s. 相等的差别) 的准可积 $\mathscr{G}$ 可测随机变量 $Y$, 满足

$$\int_B Y \mathrm{d}P = \int_B X \mathrm{d}P, \quad \forall B \in \mathscr{G} \tag{3.2.2}$$

或等价地

$$\int ZY \mathrm{d}P = \int ZX \mathrm{d}P, \quad \forall Z \in L_\infty(\mathscr{G}) \tag{3.2.3}$$

其中 $L_\infty(\mathscr{G})$ 表示有界 $\mathscr{G}$ 可测随机变量全体.

**证明**  由积分的线性性可见 (3.2.2) 式和 (3.2.3) 式等价是显然的.

而由 $X$ 为 (准) 可积可知, 如果令

$$\nu(B) = \int_B X \mathrm{d}P, \quad \forall B \in \mathscr{G}$$

则 $\nu$ 是 $(\Omega, \mathscr{G})$ 上的一个广义测度 (注意在 $\mathscr{G}$ 上而不是在 $\mathscr{F}$ 上!), 且 $\nu \ll P$, 故由 Radon-Nikodym 定理知, 存在唯一 (不计 a.s. 相等的差别) 的 $\mathscr{G}$ 可测导数, 如果记它为 $Y$, 则

$$\nu(B) = \int_B Y \mathrm{d}P, \quad \forall B \in \mathscr{G}$$

故 (3.2.2) 式成立.

此外由于 $\{Y > 0\} \in \mathscr{G}$, 故

$$\int_\Omega Y^+ \mathrm{d}P = \int_{Y>0} Y \mathrm{d}P = \int_{Y>0} X \mathrm{d}P \leqslant \int_{Y>0} X^+ \mathrm{d}P \leqslant \int_\Omega X^+ \mathrm{d}P$$

同样

$$\int_\Omega Y^- \mathrm{d}P = \int_{Y<0} (-Y)\,\mathrm{d}P = -\int_{Y<0} Y\mathrm{d}P = -\int_{Y<0} X\mathrm{d}P$$

$$= \int_{Y<0} (-X)\,\mathrm{d}P \leqslant \int_{Y<0} X^- \mathrm{d}P \leqslant \int_\Omega X^- \mathrm{d}P$$

因此当 $X$ 可积或准可积时, $Y$ 亦相应地为可积或准可积.

由引理 3.2.2 我们可以引进如下的定义.

**定义 3.2.3** 设 $\mathscr{G}$ 为 $\mathscr{F}$ 的一个子 $\sigma$ 代数, $X$ 为一个 (准) 可积的随机变量, 如果随机变量 $Y$ 满足

(1) $Y$ 为 $\mathscr{G}$ 可测的;

(2) $\displaystyle\int_B Y\mathrm{d}P = \int_B X\mathrm{d}P, \forall B \in \mathscr{G}$,

则称它为 $X$ 关于 $\mathscr{G}$ 的条件期望, 记为 $E[X|\mathscr{G}]$. 特别地, 当 $\mathscr{G} = \sigma(V)$ 时, 也称 $Y$ 为 $X$ 关于 $V$ 的条件期望, 记为 $E[X|V]$.

因为 $E[X|V]$ 关于 $\sigma(V)$ 可测, 所以由 Doob 定理知必有一个 Borel 可测函数 $g$, 使 $E[X|V] = g(V)$, 这时也称 $g(a)$ 为 $V = a$ 条件下 $X$ 的条件期望.

由引理 3.2.2 可知, (准) 可积随机变量关于 $\mathscr{F}$ 的一个子 $\sigma$ 代数 $\mathscr{G}$ 的条件期望是存在的, 且不计 a.s. 相等的差别时, 它是唯一的:

$$E[X|\mathscr{G}] = \left.\frac{\mathrm{d}\nu}{\mathrm{d}P}\right|_{\mathscr{G}}$$

其中 $\nu(B) = \displaystyle\int_B X\mathrm{d}P, \forall B \in \mathscr{G}$.

**例 3.2.4** 设 $X$ 是一个准可积的随机变量, 如果 $\mathscr{G} = \{\varnothing, \Omega\}$, 则由于 $E[X|\mathscr{G}]$ 是 $\mathscr{G}$ 可测的, 故它必须 a.s. 是一个常数 $c$. 又因为

$$c = \int E[X|\mathscr{G}]\,\mathrm{d}P = \int X\mathrm{d}P$$

所以 $E[X|\mathscr{G}] = EX$ a.s.. 因此, 期望是条件期望的特例.

如果 $\mathscr{G} = \mathscr{F}$, 则 $E[X|\mathscr{G}] = X$ 就满足条件期望定义的要求.

如果 $\{A_n : n \geqslant 1\}$ 为 $\Omega$ 的一个可测分割, $\mathscr{G} = \sigma(A_n : n \geqslant 1)$, 则容易验证

$$E[X|\mathscr{G}](\omega) = \sum_n \frac{1}{P(A_n)} \int_{A_n} X\mathrm{d}P \quad \text{a.s.}$$

所以定义 3.2.3 规定的条件期望可看成是条件期望古典定义的推广.

**定义 3.2.5**  设 $\mathscr{G}$ 为 $\mathscr{F}$ 的一个子 $\sigma$ 代数, $A \in \mathscr{F}$, 则称 $E[I_A|\mathscr{G}]$ 为 $A$ 关于 $\mathscr{F}$ 的子 $\sigma$ 代数 $\mathscr{G}$ 的条件概率, 记为 $P(A|\mathscr{G})$.

由定义 3.2.3 可知, $P(A|\mathscr{G})$ 满足

(1) $P(A|\mathscr{G})$ 是 $\mathscr{G}$ 可测的;

(2) $P(AB) = \displaystyle\int_B P(A|\mathscr{G})\mathrm{d}P, \ \forall B \in \mathscr{G}$,

且 $P(A|\mathscr{G})$ 是存在且 (不计 a.s. 相等的差别) 唯一的.

条件期望的概念还可用于比可积随机变量更广泛的随机变量类. 一类是对非负的或准可积的随机变量, 这在上面已经提到了. 另一类是对关于 $\mathscr{G}$ 为 $\sigma$ 可积的随机变量. 随机变量 $X$ 称为关于 $\mathscr{G}$ 为 $\sigma$ 可积的, 如果存在 $\Omega$ 的一个 $\mathscr{G}$ 可测分割 $\{B_n : n \geqslant 1\}$, 使对每个 $n$, 有 $XI_{B_n}$ 是可积的. 这时也必存在 $\mathscr{G}$ 可测有限的随机变量 $Y$, 使

$$E[XI_{BB_n}] = E[YI_{BB_n}], \quad \forall B \in \mathscr{G}, \quad n \geqslant 1$$

这一 $Y$ 也称为 $X$ 关于 $\mathscr{G}$ 的条件期望, 记为 $E[X|\mathscr{G}]$, 且不计 a.s. 相等的差别时, 它也是唯一的.

### 3.2.2  条件期望的性质

以下提到的 $\sigma$ 代数 $\mathscr{G}, \mathscr{G}_1, \mathscr{G}_2$ 等都是指 $\sigma$ 代数 $\mathscr{F}$ 的子 $\sigma$ 代数, 且在此只讨论可积随机变量条件期望的性质, 这些性质大多数都不难推广到准可积和 $\sigma$ 可积随机变量的情形. 由于条件期望在不计 a.s. 相等的差别下是唯一的, 所以涉及条件期望的等式也自然是在概率 1 意义下的等式. 下面涉及条件期望的关系式都是指以概率 1 成立的, 不再一一注明, 并将 a.s. 成立这一说明也省略掉了.

**命题 3.2.6**  (1) 如果 $X, Y$ 为两个可积随机变量, $\alpha, \beta$ 为任意的两个实常数, 那么

$$E[\alpha X + \beta Y|\mathscr{G}] = \alpha E[X|\mathscr{G}] + \beta E[Y|\mathscr{G}] \tag{3.2.4}$$

(2) $E[1|\mathscr{G}] = 1$;

(3) 设随机变量 $X, Y$ 可积, 如果 $X \geqslant Y$, 那么 $E[X|\mathscr{G}] \geqslant E[Y|\mathscr{G}]$; 特别地, 当 $X \geqslant 0$ 时, 有 $E[X|\mathscr{G}] \geqslant 0$;

(4) 如果随机变量 $X$ 可积, 那么 $|E[X|\mathscr{G}]| \leqslant E[|X||\mathscr{G}]$.

**证明**  (1) 首先 (3.2.4) 式的两端都是 $\mathscr{G}$ 可测的, 且对任意 $B \in \mathscr{G}$, 有

$$\int_B E[\alpha X + \beta Y|\mathscr{G}]\,\mathrm{d}P = \int_B (\alpha X + \beta Y)\,\mathrm{d}P = \alpha \int_B X\mathrm{d}P + \beta \int_B Y\mathrm{d}P$$

$$= \alpha \int_B E[X|\mathscr{G}]\,\mathrm{d}P + \beta \int_B E[Y|\mathscr{G}]\,\mathrm{d}P$$

$$= \int_B \{\alpha E[X|\mathscr{G}] + \beta E[Y|\mathscr{G}]\} \mathrm{d}P$$

故 (3.2.4) 式成立.

(2) 可按定义验证如下:

1 是 $\mathscr{G}$ 可测的, 且对任一 $B \in \mathscr{G}$, 有 $\int_B 1 \mathrm{d}P = \int_B \mathrm{d}P$.

(3) $E[X|\mathscr{G}], E[Y|\mathscr{G}]$ 都是 $\mathscr{G}$ 可测的, 且对任一 $B \in \mathscr{G}$, 有

$$\int_B E[X|\mathscr{G}] \mathrm{d}P = \int_B X \mathrm{d}P \geqslant \int_B Y \mathrm{d}P = \int_B E[Y|\mathscr{G}] \mathrm{d}P$$

因而 $E[X|\mathscr{G}] \geqslant E[Y|\mathscr{G}]$.

(4) 因 $-|X| \leqslant X \leqslant |X|$, 故

$$-E[|X| \,|\mathscr{G}] \leqslant E[X|\mathscr{G}] \leqslant E[|X| \,|\mathscr{G}]$$

即 $|E[X|\mathscr{G}]| \leqslant E[|X| \,|\mathscr{G}]$.

**命题 3.2.7** 设 $Y$ 为一个可积随机变量, $\{X_n : n \geqslant 1\}$ 为一个随机变量序列, 则

(1) (条件期望的 Lévy 引理) 如果 $Y \leqslant X_n \uparrow X$, 那么

$$\lim_{n\to\infty} E[X_n|\mathscr{G}] = E[X|\mathscr{G}]$$

如果 $Y \geqslant X_n \downarrow X$, 那么 $\lim\limits_{n\to\infty} E[X_n|\mathscr{G}] = E[X|\mathscr{G}]$;

(2) (条件期望的 Fatou 引理) 如果 $X_n \geqslant Y$, 那么

$$E\left[\varliminf_n X_n|\mathscr{G}\right] \leqslant \varliminf_n E[X_n|\mathscr{G}]$$

如果 $X_n \leqslant Y$, 那么 $E\left[\varlimsup_n X_n|\mathscr{G}\right] \geqslant \varlimsup_n E[X_n|\mathscr{G}]$;

(3) (条件期望的 Lebesgue 收敛定理) 如果 $|X_n| \leqslant Y$, 且当 $n \to \infty$ 时, 有 $X_n \xrightarrow{a.s.} X$, 那么 $\lim\limits_{n\to\infty} E[X_n|\mathscr{G}] = E[X|\mathscr{G}]$ a.s..

**证明** (1) 对随机变量序列 $\{X_n : n \geqslant 1\}$ 为单调递增的情形, 由命题 3.2.6 的 (3) 知, 有 $E[X_n|\mathscr{G}]$ 随 $n$ 递增, 如果 $E[X_n|\mathscr{G}] \uparrow Z$, 则 $Z \in \mathscr{G}$. 因为 $E[X_n|\mathscr{G}] \geqslant E[Y|\mathscr{G}]$, 所以由通常积分的 Lévy 引理知, 对每个 $B \in \mathscr{G}$, 有

$$\int_B Z \mathrm{d}P = \int_B \lim_n E[X_n|\mathscr{G}] \mathrm{d}P = \lim_n \int_B E[X_n|\mathscr{G}] \mathrm{d}P$$

$$= \lim_n \int_B X_n \mathrm{d}P = \int_B X \mathrm{d}P$$

故 $Z = E[X|\mathscr{G}]$. 类似地可以证明随机变量序列 $\{X_n : n \geqslant 1\}$ 为单调递减的情况.

(2) 记 $Y_n = \inf\limits_{k \geqslant n} X_k$, 则 $Y \leqslant Y_n \uparrow \varliminf\limits_n X_n$, 且 $E[Y_n|\mathscr{G}] \leqslant E[X_n|\mathscr{G}]$. 故由 (1) 即条件期望的 Lévy 引理, 有

$$E\left[\varliminf_n X_n \Big| \mathscr{G}\right] = \lim_n E[Y_n|\mathscr{G}] \leqslant \varliminf_n E[X_n|\mathscr{G}]$$

同样可得关于上极限的不等式.

(3) 由 (2) 即条件期望的 Fatou 引理, 有

$$E[X|\mathscr{G}] = E\left[\varliminf_{n \to \infty} X_n \Big| \mathscr{G}\right] \leqslant \varliminf_n E[X_n|\mathscr{G}] \leqslant \varlimsup_{n \to \infty} E[X_n|\mathscr{G}]$$

$$\leqslant E\left[\varlimsup_{n \to \infty} X_n \Big| \mathscr{G}\right] = E[X|\mathscr{G}]$$

故 (3) 成立.

**命题 3.2.8**　(1) 如果 $Y$ 为一个关于 $\sigma$ 代数 $\mathscr{G}$ 可测的随机变量, 且随机变量 $X, XY$ 可积, 那么

$$E[XY|\mathscr{G}] = Y E[X|\mathscr{G}]$$

特别地, $E[Y|\mathscr{G}] = Y$. 一般地, $E(E(X|\mathscr{G})Y|\mathscr{G}) = E(X|\mathscr{G})E(Y|\mathscr{G})$.

(2) 设 $\mathscr{G}_1$ 为 $\sigma$ 代数 $\mathscr{G}$ 的一个子 $\sigma$ 代数, $X$ 为一个可积的随机变量, 则

$$E[E[X|\mathscr{G}]|\mathscr{G}_1] = E[X|\mathscr{G}_1]$$

(3) 如果 $X$ 为一个可积随机变量, $\sigma$ 代数 $\sigma(X)$ 与 $\sigma$ 代数 $\mathscr{G}$ 独立, 那么 $E[X|\mathscr{G}] = EX$; 特别地, 当随机变量 $X, Y$ 相互独立时, 有 $E[X|Y] = EX$.

**证明**　(1) 先证明

$$E[XY] = E[Y E[X|\mathscr{G}]]$$

记

$$\mathscr{L} = \{Y \in \mathscr{G} : E[|XY| < \infty]\}$$

$$\mathscr{H} = \{Y \in \mathscr{G} : E[|XY| < \infty], E[XY] = E[Y E[X|\mathscr{G}]]\}$$

则由条件期望的定义, 有 $\mathscr{H} \supset \{I_A : A \in \mathscr{G}\}$. 又由条件期望的定义、条件期望的线性性质和条件期望的 Lévy 引理容易直接验证 $\mathscr{H}$ 是一个函数 $\mathscr{L}$ 类, 所以由函数形式的单调类定理有 $\mathscr{H} \supset \mathscr{L}$, 故等式 $E[XY] = E[Y E[X|\mathscr{G}]]$ 成立.

特别地, 对 $B \in \mathscr{G}$, 用 $YI_B$ 代替 $E[XY] = E[YE[X|\mathscr{G}]]$ 式中的 $Y$ 可得

$$\int_B XY \mathrm{d}P = \int_B YE[X|\mathscr{G}]\mathrm{d}P, \forall B \in \mathscr{G}$$

故由条件期望的定义, 知等式 $E[XY|\mathscr{G}] = YE[X|\mathscr{G}]$ 成立.

(2) 对每个 $B \in \mathscr{G}_1 \subset \mathscr{G}$, 有

$$\int_B E[X|\mathscr{G}_1]\mathrm{d}P = \int_B X\mathrm{d}P = \int_B E[X|\mathscr{G}]\mathrm{d}P = \int_B E[E[Y|\mathscr{G}]|\mathscr{G}_1]\mathrm{d}P$$

故等式 $E[E[X|\mathscr{G}]|\mathscr{G}_1] = E[X|\mathscr{G}_1]$ 成立.

(3) 对 $B \in \mathscr{G}$, 由 $I_B$ 与 $X$ 独立有

$$\int_B E[X|\mathscr{G}]\mathrm{d}P = \int_B X\mathrm{d}P = E[I_B X] = P(B)E[X] = \int_B E[X]\mathrm{d}P$$

故 (3) 成立.

**命题 3.2.9** (条件期望的 Jensen 不等式)   设 $X$ 为一个可积随机变量, 如果 $\varphi(x)$ 为 $\mathbb{R}$ 上的一个有限下凸函数, 且随机变量 $\varphi(X)$ 可积, 那么

$$\varphi(E[X|\mathscr{G}]) \leqslant E[\varphi(X)|\mathscr{G}]$$

**命题 3.2.10**   条件概率 $P(A|\mathscr{G})$ 作为事件 $A$ 的函数, 具有如下的性质:

(1) $\mathscr{P}(\Omega|\mathscr{G}) = 1$ a.s.;

(2) $P(A|\mathscr{G}) \geqslant 0$ a.s.;

(3) 对互不相交的事件列 $\{A_n : n \geqslant 1\}$, 有

$$P\left(\sum_n A_n|\mathscr{G}\right) = \sum_n P(A_n|\mathscr{G}) \text{ a.s.}$$

**证明**   由于

$$P(A|\mathscr{G}) = E[I_A|\mathscr{G}],$$

这是命题 3.2.6 和命题 3.2.7 的直接推论.

### 3.2.3  条件概率分布

条件概率 $P(A|\mathscr{G})$ 作为事件 $A$ 的函数, 具有如下类似于概率的性质:

(1) $P(\Omega|\mathscr{G}) = 1$ a.s.;

(2) $P(A|\mathscr{G}) \geqslant 0$ a.s.;

(3) 对互不相交的事件列 $\{A_n : n \geqslant 1\}$, 有 $P\left(\sum_n A_n|\mathscr{G}\right) = \sum_n P\left(A_n|\mathscr{G}\right)$ a.s..

而条件期望 $E[X|\mathscr{G}]$ 具有随机变量 $X$ 关于 $P(A|\mathscr{G})$ 的积分的性质, 即如果 $X, Y$ 为可积随机变量, $\alpha, \beta$ 为任意常数, 那么

$$E[\alpha X + \beta Y|\mathscr{G}] = \alpha E[X|\mathscr{G}] + \beta E[Y|\mathscr{G}]$$

条件期望的 Lévy 引理如果 $Y \leqslant X_n \uparrow X$, 那么

$$\lim_{n\to\infty} E[X_n|\mathscr{G}] = E[X|\mathscr{G}]$$

如果 $Y \geqslant X_n \downarrow X$, 那么 $\lim\limits_{n\to\infty} E[X_n|\mathscr{G}] = E[X|\mathscr{G}]$; 但是我们并不能由上面的性质直接得出条件期望 $E[X|\mathscr{G}]$ 是随机变量 $X$ 关于条件概率 $P(A|\mathscr{G})(A \in \mathscr{F})$ 的积分. 因为 $E[X|\mathscr{G}]$ 及 $P(A|\mathscr{G})$ 都是样本点 $\omega$ 的函数, 所以 $E[X|\mathscr{G}]$ 是 $X$ 关于 $P(A|\mathscr{G})$ $(A \in \mathscr{F})$ 的积分的含义应该是指对每一 $\omega \in \Omega$, 或者至少存在一个与 $A \in \mathscr{F}$ 无关的零概率集 $N$, 使得对每一个 $\omega \in N^c$, 有 $E[X|\mathscr{G}](\omega)$ 是 $X$ 关于 $P(A|\mathscr{G})(\omega)(A \in \mathscr{F})$ 的积分. 这就首先要求每一个 $\omega \in N^c$, $P(A|\mathscr{G})(\omega)$ $(A \in \mathscr{F})$ 是 $\sigma$ 代数 $\mathscr{F}$ 上的概率. 但是条件概率 $P(A|\mathscr{G})$ 诸性质中的例外集一般来说是与给定的集合 $A$, $A_k, k = 1, 2, \cdots$ 有关的. 而 $\sigma$ 代数 $\mathscr{F}$ 中的元素未必只有可数多个, 因此未必存在一个共同的例外零概率集.

为了解决上述问题, 在下面引进正则条件概率及正则条件分布的概念, 并进一步证明当 $P(A|\mathscr{G})(\omega)$ 是正则条件概率时, $E[X|\mathscr{G}](\omega)$ 是随机变量 $X$ 关于 $P(A|\mathscr{G})(\omega)$ $(A \in \mathscr{F})$ 的期望.

事实上还可以证明在一定意义下正则条件概率及正则条件分布是永远存在的, 并进一步可得到在随机过程中具有基础意义的 Kolmogorov 和谐定理.

**定义 3.2.11** 设 $\mathscr{F}_1, \mathscr{G}$ 为 $\sigma$ 代数 $\mathscr{F}$ 的两个子 $\sigma$ 代数, 在 $\Omega \times \mathscr{F}_1$ 上定义的函数 $P(\omega, A)$ 如果满足:

(1) 对每个 $\omega \in \Omega$, $P(\omega, \cdot)$ 是 $\sigma$ 代数 $\mathscr{F}_1$ 上的概率测度;

(2) 对每个 $A \in \mathscr{F}_1$, $P(\cdot, A)$ 是可测空间 $(\Omega, \mathscr{G})$ 上的可测函数, 且

$$P(\omega, A) = P(A|\mathscr{G}) \quad \text{a.s.}$$

则称 $P(\omega, A)$ 为 $\sigma$ 代数 $\mathscr{F}_1$ 上关于 $\sigma$ 代数 $\mathscr{G}$ 的一个 (正则) 条件概率分布.

由正则条件概率分布和转移概率的定义可以看出, 对可测空间 $(\Omega, \mathscr{G})$ 和 $(\Omega, \mathscr{F}_1)$, $\sigma$ 代数 $\mathscr{F}_1$ 上关于 $\sigma$ 代数 $\mathscr{G}$ 的正则条件概率 $P(\omega, A)$ 是 $\Omega \times \mathscr{F}_1$ 上的一个转移概率.

**例 3.2.12**    如果 $\{A_n : n \geqslant 1\}$ 为 $\Omega$ 的一个可列可测分割, 令 $\mathscr{G} = \sigma(A_n : n \geqslant 1)$, 取

$$P(\omega, A) = \begin{cases} \dfrac{P(AA_n)}{P(A_n)}, & \omega \in A_n, P(A_n) > 0, \\ P(A), & \omega \in A_n, P(A_n) = 0 \end{cases}$$

则容易验证 $P(\omega, A)$ 就是 $\sigma$ 代数 $\mathscr{F}$ 上关于 $\sigma$ 代数 $\mathscr{G}$ 的一个 (正则) 条件概率分布.

但是有例子告诉我们正则条件概率在一般情形下不存在.

设 $X_{\mathbf{T}} = \{X_t : t \in \mathbf{T}\}$ 是概率空间 $(\Omega, \mathscr{F}, P)$ 上的一个随机变量族, 为要研究 $X_{\mathbf{T}}$ 中随机变量的某些性质 (例如它们的函数的条件期望), 显然并不需要考虑整个 $\sigma$ 代数 $\mathscr{F}$, 而只要考虑 $X_{\mathbf{T}}$ 所生成的 $\sigma$ 代数 $\sigma(X_{\mathbf{T}})$ 即可, 即要研究随机变量族 $X_{\mathbf{T}}$, 只需要研究概率空间 $(\Omega, \sigma(X_{\mathbf{T}}), P)$, 要研究与随机变量族 $X_{\mathbf{T}}$ 有关的集合的条件概率, 只需要研究 $P(A|\mathscr{G})$, $A \in \sigma(X_{\mathbf{T}})$. 这就引出了下面条件分布的概念.

**定义 3.2.13**    设随机向量 $X = (X_1, X_2, \cdots, X_n)$ 或随机变量序列 $\{X_n : n \geqslant 1\}$ 为概率空间 $(\Omega, \mathscr{F}, P)$ 上的一个随机向量或一个随机变量序列, $\mathscr{G}$ 为 $\sigma$ 代数 $\mathscr{F}$ 的一个子 $\sigma$ 代数, $\mathscr{B}^n$ 表示 $\mathbb{R}^n$ 中 Borel 点集全体. 如果 $\Omega \times \mathscr{B}^n$ $(1 \leqslant n \leqslant \infty)$ 上的函数 $P_X(\omega, A)$ 满足:

(1) 对每个 $\omega \in \Omega$, $P_X(\omega, \cdot)$ 是 $\mathscr{B}^n$ 上的一个概率测度;

(2) 对每个 $A \in \mathscr{B}^n$, $P_X(\cdot, A)$ 是 $\mathscr{G}$ 可测的, 且

$$P_X(\omega, A) = P\left(X^{-1}(A) | \mathscr{G}\right) \quad \text{a.s.}$$

则称 $P_X(\omega, A)$ 为 $X$ 关于 $\sigma$ 代数 $\mathscr{G}$ 的一个 (正则) 条件概率分布.

**命题 3.2.14** (Doob)    如果 $X = (X_1, X_2, \cdots, X_n)$ 为概率空间 $(\Omega, \mathscr{F}, P)$ 上的一个 $n$ 维随机向量, $\mathscr{G}$ 为 $\sigma$ 代数 $\mathscr{F}$ 的一个子 $\sigma$ 代数, 那么存在 $n$ 维随机向量 $X$ 关于 $\sigma$ 代数 $\mathscr{G}$ 的一个条件概率分布.

**证明**    对任意的有理数 $\lambda_i \in \mathbb{Q}, 1 \leqslant i \leqslant n$, 令

$$F_n^\omega(\lambda_1, \cdots, \lambda_n) = P\left(\bigcap_{i=1}^n (X_i \leqslant \lambda_i) \,\middle|\, \mathscr{G}\right)(\omega)$$

利用命题 3.2.10 及有理数集的可列性, 知必存在一个可略集 $N$, 使当 $\omega \in N^c$ 时, 对一切有理数 $\lambda_i, \lambda_i', r_{im} \in \mathbb{Q}$, 下列式子同时成立:

$$F_n^\omega(\lambda_1, \cdots, \lambda_n) \leqslant F_n^\omega(\lambda_1', \cdots, \lambda_n'), \quad \lambda_i \leqslant \lambda_i', 1 \leqslant i \leqslant n$$

$$F_n^\omega(\lambda_1, \cdots, \lambda_n) = \lim_{r_{im} \downarrow \lambda_i} F_n^\omega(r_{1m}, \cdots, r_{nm})$$

$$\lim_{\substack{\lambda_i \to \infty \\ 1 \leqslant i \leqslant n}} F_n^\omega(\lambda_1, \cdots, \lambda_n) = 1, \quad \lim_{\lambda_i \to -\infty} F_n^\omega(\lambda_1, \cdots, \lambda_n) = 0, \quad 1 \leqslant i \leqslant n$$

$$\Delta_{n, \lambda, \lambda'} F_n^\omega \geqslant 0, \quad \lambda_i \leqslant \lambda_i', \quad 1 \leqslant i \leqslant n$$

其中 $\Delta_{n, \lambda, \lambda'} F_n^\omega$ 表示 $F_n^\omega$ 在以 $\lambda = (\lambda_1, \cdots, \lambda_n)$ 及 $\lambda' = (\lambda_1', \cdots, \lambda_n')$ 为端点的立方体上的差分. 进而当对 $\omega \in N^c$ 及一切实数 $x_i \in \mathbb{R}$, 令

$$F_n^\omega(x_1, \cdots, x_n) = \lim_{\substack{\lambda_i \to x_i \\ 1 \leqslant i \leqslant n}} F_n^\omega(\lambda_1, \cdots, \lambda_n)$$

而当 $\omega \in N$ 时, 令

$$F_n^\omega(x_1, \cdots, x_n) = P\left(\bigcap_{i=1}^n (X_i \leqslant x_i)\right)(\omega)$$

则对每个 $\omega \in \Omega$, $F_n^\omega$ 是一个 $n$ 维分布函数, 因而可在 $(\mathbb{R}^n, \mathscr{B}^n)$ 上规定一个 L-S 测度 $\mu_\omega$, 并且它是一个概率测度. 令

$$P_X(\omega, A) = \mu_\omega(A), \quad A \in \mathscr{B}^n, \omega \in \Omega$$

如果记

$$\mathscr{S} = \left\{A \in \mathscr{G}^n : P_X(\cdot, A) \in \mathscr{G}, P_X(\cdot, A) = P\left(X^{-1}(A) \big| \mathscr{G}\right) \text{ a.s.}\right\}$$

$$\mathscr{C} = \left\{\prod_{i=1}^n (-\infty, \lambda_i] : \lambda_i \in \mathbb{Q}, 1 \leqslant i \leqslant n\right\}$$

则 $\mathscr{S}$ 为一个 $\lambda$ 类, $\mathscr{C}$ 为一个 $\pi$ 类, 而且 $\sigma(\mathscr{C}) = \mathscr{B}^n$. 又由式

$$F_n^\omega(\lambda_1, \cdots, \lambda_n) = P\left(\bigcap_{i=1}^n (X_i \leqslant \lambda_i) \bigg| \mathscr{G}\right)(\omega)$$

知 $\mathscr{S} \supset \mathscr{C}$, 因而 $\mathscr{S} \supset \sigma(\mathscr{C}) = \mathscr{B}^n$. 所以, $P_X$ 是 $n$ 维随机向量 $X$ 关于 $\sigma$ 代数 $\mathscr{G}$ 的条件概率分布, 其中

$$P_X(\omega, A) = \mu_\omega(A), \quad A \in \mathscr{B}^n, \omega \in \Omega$$

而对每个 $\omega \in \Omega$, $\mu_\omega$ 都是 $n$ 维分布函数 $F_n^\omega$ 在 $(\mathbb{R}^n, \mathscr{B}^n)$ 上规定的概率测度.

**命题 3.2.15** 如果 $X = \{X_n : n \geqslant 1\}$ 为一个随机变量序列，$\mathscr{G}$ 为 $\sigma$ 代数 $\mathscr{F}$ 的一个子 $\sigma$ 代数，那么存在 $X$ 关于 $\mathscr{G}$ 的一个正则条件概率分布.

**证明** 对每个 $n$ 及有理数 $\lambda_i \in \mathbb{Q}$，取 $F_n^\omega(\lambda_1, \cdots, \lambda_n)$ 为

$$F_n^\omega(\lambda_1, \cdots, \lambda_n) = P\left( \bigcap_{i=1}^n (X_i \leqslant \lambda_i) \bigg| \mathscr{G} \right)(\omega)$$

则存在可略集 $N$，使当 $\omega \in N^c$ 时，对一切有理数 $\lambda_i, \lambda_i', r_{im} \in \mathbb{Q}$，下列式子同时成立：

$$F_n^\omega(\lambda_1, \cdots, \lambda_n) \leqslant F_n^\omega(\lambda_1', \cdots, \lambda_n'), \quad \lambda_i \leqslant \lambda_i', 1 \leqslant i \leqslant n$$

$$F_n^\omega(\lambda_1, \cdots, \lambda_n) = \lim_{r_{im} \downarrow \lambda_i} F_n^\omega(r_{1m}, \cdots, r_{nm})$$

$$\lim_{\substack{\lambda_i \to \infty \\ 1 \leqslant i \leqslant n}} F_n^\omega(\lambda_1, \cdots, \lambda_n) = 1, \quad \lim_{\lambda_i \to -\infty} F_n^\omega(\lambda_1, \cdots, \lambda_n) = 0, \quad 1 \leqslant i \leqslant n$$

$$\Delta_{n,\lambda,\lambda'} F_n^\omega \geqslant 0, \quad \lambda_i \leqslant \lambda_i', \quad 1 \leqslant i \leqslant n$$

其中 $\Delta_{n,\lambda,\lambda'} F_n^\omega$ 表示 $F_n^\omega$ 在以 $\lambda = (\lambda_1, \cdots, \lambda_n)$ 及 $\lambda' = (\lambda_1', \cdots, \lambda_n')$ 为端点的立方体上的差分，且

$$\lim_{\lambda_{n+1} \to \infty} F_{n+1}^\omega(\lambda_1, \cdots, \lambda_{n+1}) = F_n^\omega(\lambda_1, \cdots, \lambda_n), \quad n \geqslant 1$$

再对 $\omega \in N^c$ 及一切实数 $x_i \in \mathbb{R}$，令

$$F_n^\omega(x_1, \cdots, x_n) = \lim_{\substack{\lambda_i \to x_i \\ 1 \leqslant i \leqslant n}} F_n^\omega(\lambda_1, \cdots, \lambda_n)$$

而当 $\omega \in N$ 时，令

$$F_n^\omega(x_1, \cdots, x_n) = P\left( \bigcap_{i=1}^n (X_i \leqslant x_i) \right)(\omega)$$

对如上规定的分布族 $\{F_n^\omega : n \geqslant 1\}$，由式

$$\lim_{\lambda_{n+1} \to \infty} F_{n+1}^\omega(\lambda_1, \cdots, \lambda_{n+1}) = F_n^\omega(\lambda_1, \cdots, \lambda_n), n \geqslant 1$$

知它必是一个相容的分布族，因而由 Kolmogorov 定理知可由此分布族生成 $(\mathbb{R}^\infty, \mathscr{B}^\infty)$ 上的一个测度 $\mu_\omega$. 令 $P_X(\omega, A) = \mu_\omega(A)$，$A \in \mathscr{B}^\infty$，则可以类似于命题 3.2.14 证明 $P_X(\omega, A)$ 是随机变量序列 $X$ 关于 $\sigma$ 代数 $\mathscr{G}$ 的正则条件概率分布.

**命题 3.2.16** 设 $X = (X_1, X_2, \cdots, X_n)$ 或 $X = \{X_n : n \geqslant 1\}$ 为概率空间 $(\Omega, \mathscr{F}, P)$ 上的一个随机向量或一个随机变量序列, $\mathscr{G}$ 为 $\sigma$ 代数 $\mathscr{F}$ 的一个子 $\sigma$ 代数. 如果 $X$ 的值域 $\{X(\omega) : \omega \in \Omega\}$ 为一个 Borel 集, 那么存在 $\sigma(X)$ 上关于 $\sigma$ 代数 $\mathscr{G}$ 的一个正则条件概率分布.

**证明** 记 $P_X(\omega, A)$ 是 $X$ 关于 $\mathscr{G}$ 的正则条件概率分布, 再记 $X$ 的值域为

$$S = \{X(\omega) : \omega \in \Omega\}$$

则存在一个可略集 $N$, 使当 $\omega \in N^c$ 时, 有

$$P_X(\omega, S) = P\left(X^{-1}(S) \big| \mathscr{G}\right)(\omega) = P\left(\Omega | \mathscr{G}\right)(\omega) = 1$$

如果 $B \in \sigma(X)$, $B = X^{-1}(A_1) = X^{-1}(A_2)$, $A_1, A_2 \in \mathscr{B}^\infty$, 那么 $A_1 \triangle A_2 \in S^c$, 从而

$$P_X(\omega, A_1) = P_X(\omega, A_1 A_2) = P_X(\omega, A_2), \quad \omega \in N^c$$

因此, 对 $B \in \sigma(X)$, 如果 $B = X^{-1}(A)$, 则可以完全确定地规定 $P(\omega, B)$ 为

$$P(\omega, B) = \begin{cases} P_X(\omega, A), & \omega \in N^c, \\ P_X(\omega_0, A), & \omega \in N \end{cases}$$

其中 $\omega_0$ 为 $N$ 中任一固定的元素. 于是容易验证 $P(\omega, B)$ 是 $\sigma(X)$ 上关于 $\mathscr{G}$ 的一个正则条件概率分布.

**命题 3.2.17** (1) 如果 $P(\omega, A)$ 为 $\sigma$ 代数 $\mathscr{F}_1$ 上的关于 $\sigma$ 代数 $\mathscr{G}$ 的 (正则) 条件概率分布, 而 $Y = Y(\omega)$ 为一个 $\mathscr{F}_1$ 可测的准可积随机变量, 那么

$$E[Y | \mathscr{G}] = \int_\Omega Y(\omega') P(\omega, d\omega') \quad \text{a.s.}$$

(2) 如果 $X$ 为一个 $n$ 维随机向量 (或随机变量序列), $P_X(\omega, A)$ 为 $X$ 关于 $\sigma$ 代数 $\mathscr{G}$ 的正则条件概率分布, $h$ 为一个 Borel 函数, 且 $h(X)$ 准可积, 那么

$$E[h(X) | \mathscr{G}] = \int_{\mathbb{R}^n(\mathbb{R}^\infty)} h(x) P(\omega, dx) \quad \text{a.s.}$$

**证明** (1) 令

$$\mathscr{L} = \{Y : Y \text{ 为可积随机变量}\}$$

$$\mathscr{H} = \left\{ Y \in L^1(\mathscr{F}_1) : E\left[Y|\mathscr{G}\right] = \int_\Omega Y(\omega')P(\omega, \mathrm{d}\omega') \quad \text{a.s.} \right\}$$

则 $\mathscr{H}$ 是一个函数 $\mathscr{L}$ 类, 且由正则条件概率分布的定义知, $\mathscr{H} \supset \{I_A : A \in \mathscr{F}_1\}$. 因此由函数形式的单调类定理, 有 $\mathscr{H} \supset \sigma(I_A : A \in \mathscr{F}_1) \cap L_1(\mathscr{F}_1)$, 即对 $\mathscr{F}_1$ 可测的准可积随机变量有

$$E\left[Y|\mathscr{G}\right] = \int_\Omega Y(\omega')P(\omega, \mathrm{d}\omega') \quad \text{a.s.}$$

成立. 利用单调收敛定理可知, 对非负的 $\mathscr{F}_1$ 可测随机变量上式也是成立的, 因而对 $\mathscr{F}_1$ 可测的准可积随机变量

$$E\left[Y|\mathscr{G}\right] = \int_\Omega Y(\omega')P(\omega, \mathrm{d}\omega') \quad \text{a.s.}$$

也还是成立的.

(2) 可类似于 (1) 一样证明.

**例 3.2.18** 如果 $X = (X_1, X_2)$ 为概率空间 $(\mathbb{R}^2, \mathscr{B}^2, P)$ 上的一个随机变量, 且其分布函数 $F$ 绝对连续, 即

$$F(x_1, x_2) = \int_{-\infty}^{x_1} \int_{-\infty}^{x_2} f(s, t)\mathrm{d}s\mathrm{d}t, \quad (x_1, x_2) \in \mathbb{R}^2$$

其中概率密度 $f$ 为 $\mathbb{R}^2$ 上的一个非负 Borel 可测函数. 如果令

$$f_1(x_1) = \int_{-\infty}^{+\infty} f(x_1, t)\mathrm{d}t, \quad f_2(x_2) = \int_{-\infty}^{+\infty} f(t, x_2)\mathrm{d}t$$

$$f_{12}(x_1|x_2) = \begin{cases} \dfrac{f(x_1, x_2)}{f_2(x_2)}, & f_2(x_2) > 0, \\ f_1(x_1), & f_2(x_2) = 0 \end{cases}$$

那么 $f_1(x_1)$ 和 $f_2(x_2)$ 都是 $\mathbb{R}$ 上的 Borel 函数, 而 $f_{12}(x_1|x_2)$ 为 $\mathbb{R}^2$ 上的一个 Borel 函数. 如果对 $B \in \mathscr{B}^2$, $x = (x_1, x_2) \in \mathbb{R}^2$, 令

$$P(x, B) = \int_{\{s : (s, x_2) \in B\}} f_{12}(s|x_2)\mathrm{d}s$$

那么对每个 $x \in \mathbb{R}^2$, $P(x, B)$ 是 $\mathscr{B}^2$ 上的一个概率测度. 对每个 $B \in \mathscr{B}^2$, $P(x, B)$ 为 $x_2$ 的一个 Borel 函数, 因而 $P(X, B)$ 是 $\sigma(X_2)$ 可测的, 而且对每个 $B_2 \in \mathscr{B}$, 由于

$$A_2 = \mathbb{R} \times B_2 \in \sigma(X_2)$$

有

$$\begin{aligned}
\int_{A_2} P(X, B) \mathrm{d}P &= \int_{B_2} \int_{-\infty}^{\infty} P((s, t), B) f(s, t) \mathrm{d}s \mathrm{d}t \\
&= \int_{B_2} \int_{-\infty}^{\infty} \left[ \int_{\{u:(u,t)\in B\}} f_{12}(u \mid t) \, \mathrm{d}u \right] f(s, t) \mathrm{d}s \mathrm{d}t \\
&= \int_{B_2} \int_{\{u:(u,t)\in B\}} f_{12}(u \mid t) f_2(t) \mathrm{d}u \mathrm{d}t \\
&= \int_{B_2} \int_{\{u:(u,t)\in B\}} f(u, t) \mathrm{d}u \mathrm{d}t = \int_{B_2} \int_{-\infty}^{\infty} I_B f(u, t) \mathrm{d}u \mathrm{d}t \\
&= P(BA_2) = \int_{A_2} P(B \mid X_2) \mathrm{d}P
\end{aligned}$$

因而 $P(x, B) = P(B \mid X_2)$ a.e., 所以 $P(x, B)$ 是 $X$ 关于 $X_2$ 的正则条件概率分布, 再由命题 3.2.17 可得对可积随机变量 $Y = h(X_1, X_2)$, 有

$$E[h(X_1, X_2) \mid X_2] = \int_{-\infty}^{\infty} h(s, X_2) f_{12}(s \mid X_2) \mathrm{d}s$$

上述的函数 $f_{12}(x_1 \mid x_2)$ 又称为当 $X_2 = x_2$ 时 $X_1$ 的条件概率密度, 而式

$$E[h(X_1, X_2) \mid X_2] = \int_{-\infty}^{\infty} h(s, X_2) f_{12}(s \mid X_2) \mathrm{d}s$$

正是用条件概率密度来计算条件期望的公式. 类似地还可得 $X_2$ 关于 $X_1$ 的条件概率密度.

### 3.2.4 条件独立性

**定义 3.2.19** 设 $\mathscr{G}$ 为 $\sigma$ 代数 $\mathscr{F}$ 的一个子 $\sigma$ 代数, 而 $\{\mathscr{G}_t : t \in T\}$ 是 $\mathscr{F}$ 的一个子 $\sigma$ 代数族. 如果对指标集 $\mathbf{T}$ 的任一有限子集 $I \subset \mathbf{T}$ 有

$$P\left( \bigcap_{t \in I} B_t \,\middle|\, \mathscr{G} \right) = \prod_{t \in I} P(B_t \mid \mathscr{G}), \quad B_t \in \mathscr{G}_t, t \in I$$

成立, 则称 $\sigma$ 代数族 $\{\mathscr{G}_t : t \in \mathbf{T}\}$ 关于 $\sigma$ 代数 $\mathscr{G}$ 是条件独立的.

显然, 如果 $\mathscr{G} = \{\varnothing, \Omega\}$, 那么 $\sigma$ 代数族 $\{\mathscr{G}_t : t \in \mathbf{T}\}$ 关于 $\sigma$ 代数 $\mathscr{G}$ 的条件独立性就等价于 $\{\mathscr{G}_t : t \in \mathbf{T}\}$ 为独立族.

类似于独立性, 可得下列事实是等价的.

如果 $I$ 为指标集 $\mathbf{T}$ 的任意一个有限子集:

(1) $\mathscr{G}_t = \sigma(\mathscr{C}_t)$, 对每个 $t \in \mathbf{T}$, $\mathscr{C}_t$ 为一个 $\pi$ 类, 且有

$$P\left(\bigcap_{t \in I} C_t \,\middle|\, \mathscr{G}\right) = \prod_{t \in I} P(C_t | \mathscr{G}), \quad C_t \in \mathscr{C}_t, t \in \mathbf{T}$$

(2) $\sigma$ 代数族 $\{\mathscr{G}_t : t \in \mathbf{T}\}$ 关于 $\sigma$ 代数 $\mathscr{G}$ 为条件独立的;

(3) 对任意的 $t \in \mathbf{T}$, $X_t \in L_\infty(\mathscr{G}_t)$, 有

$$E\left(\prod_{t \in I} X_t \,\middle|\, \mathscr{G}\right) = \prod_{t \in I} E[X_t | \mathscr{G}]$$

其中 $L_\infty(\mathscr{G})$ 表示有界 $\mathscr{G}$ 可测随机变量全体.

下面的结果是条件独立的充要条件.

**命题 3.2.20** $\sigma$ 代数 $\mathscr{G}_1, \mathscr{G}_2$ 关于 $\sigma$ 代数 $\mathscr{G}$ 条件独立的充要条件是

$$P(B_1 | \mathscr{G} \vee \mathscr{G}_2) = P(B_1 | \mathscr{G}), \quad \forall B_1 \in \mathscr{G}_1 \tag{3.2.5}$$

**证明** **充分性** 如果 $B_2 \in \mathscr{G}_2$, 则由命题 3.2.8 的 (2) 和 (1) 有

$$P(B_1 B_2 | \mathscr{G}) = E[I_{B_1} I_{B_2} | \mathscr{G}] = E[E[I_{B_1} I_{B_2} | \mathscr{G} \vee \mathscr{G}_2] | \mathscr{G}]$$

$$= E[I_{B_2} E[I_{B_1} | \mathscr{G} \vee \mathscr{G}_2] | \mathscr{G}] = E[I_{B_2} E[I_{B_1} | \mathscr{G}] | \mathscr{G}]$$

$$= P(B_1 | \mathscr{G}) P(B_2 | \mathscr{G})$$

**必要性** 由条件概率的定义及命题 3.2.8 的 (2) 和 (1) 知, 如果 $B_2 \in \mathscr{G}_2$, 则有

$$E[I_{B_2} E[I_{B_1} | \mathscr{G} \vee \mathscr{G}_2] | \mathscr{G}] = E[E[I_{B_1} I_{B_2} | \mathscr{G} \vee \mathscr{G}_2] | \mathscr{G}]$$

$$= E[I_{B_1} I_{B_2} | \mathscr{G}] = P(B_1 B_2 | \mathscr{G})$$

$$= P(B_1 | \mathscr{G}) P(B_2 | \mathscr{G}) = E[I_{B_2} E[I_{B_1} | \mathscr{G}] | \mathscr{G}]$$

所以, 对任意 $B \in \mathscr{G}$, 有

$$\int_B I_{B_2} E[I_{B_1} | \mathscr{G} \vee \mathscr{G}_2] \, \mathrm{d}P = \int_B I_{B_2} E[I_{B_1} | \mathscr{G}] \, \mathrm{d}P$$

$$\int_{BB_2} E\left[I_{B_1} | \mathscr{G} \vee \mathscr{G}_2\right] \mathrm{d}P = \int_{BB_2} E\left[I_{B_1} | \mathscr{G}\right] \mathrm{d}P \tag{3.2.6}$$

记

$$\mathscr{S} = \left\{ A \in \mathscr{G} \vee \mathscr{G}_2 : \int_A E\left[I_{B_1} | \mathscr{G} \vee \mathscr{G}_2\right] \mathrm{d}P = \int_A E\left[I_{B_1} | \mathscr{G}\right] \mathrm{d}P \right\}$$

则 $\mathscr{S}$ 是一个 $\lambda$ 类, 再由 (3.2.6) 式知对任一 $B \in \mathscr{G}$ 和任一 $B_2 \in \mathscr{G}_2$, 有

$$\int_{BB_2} E\left[I_{B_1} | \mathscr{G} \vee \mathscr{G}_2\right] \mathrm{d}P = \int_{BB_2} E\left[I_{B_1} | \mathscr{G}\right] \mathrm{d}P$$

故 $\mathscr{S} \supset \mathscr{C} = \{BB_2 : B \in \mathscr{G}, B_2 \in \mathscr{G}_2\}$, 而 $\mathscr{C}$ 为一个 $\pi$ 类, 所以再由集合形式的单调类定理可知 $\mathscr{S} \supset \sigma(\mathscr{C}) = \mathscr{G} \vee \mathscr{G}_2$. 因而对每个 $A \in \mathscr{G} \vee \mathscr{G}_2$, 有

$$\int_A E\left[I_{B_1} | \mathscr{G} \vee \mathscr{G}_2\right] \mathrm{d}P = \int_A E\left[I_{B_1} | \mathscr{G}\right] \mathrm{d}P$$

又由于 $E\left[I_{B_1} | \mathscr{G}\right] \in \mathscr{G} \subset \mathscr{G} \vee \mathscr{G}_2$, 因此 (3.2.5) 式

$$P\left(B_1 | \mathscr{G} \vee \mathscr{G}_2\right) = P\left(B_1 | \mathscr{G}\right), \quad \forall B_1 \in \mathscr{G}_1$$

成立.

**推论 3.2.21**  下列任一条件都是 $\sigma$ 代数 $\mathscr{G}_1, \mathscr{G}_2$ 关于 $\sigma$ 代数 $\mathscr{G}$ 条件独立的充要条件:

$$P\left(B_1 | \mathscr{G} \vee \mathscr{G}_2\right) = P\left(B_1 | \mathscr{G}\right), \quad \forall B_1 \in \mathscr{G}_1$$

$$P\left(B_2 | \mathscr{G} \vee \mathscr{G}_1\right) = P\left(B_2 | \mathscr{G}\right), \quad \forall B_2 \in \mathscr{G}_2$$

**推论 3.2.22**  如果 $\sigma$ 代数 $\mathscr{G}_1$ 与 $\sigma$ 代数 $\mathscr{G} \vee \mathscr{G}_2$ 独立, 则 $\sigma$ 代数 $\mathscr{G}_1, \mathscr{G}_2$ 关于 $\sigma$ 代数 $\mathscr{G}$ 是条件独立的.

**证明**  对每个 $B_1 \in \mathscr{G}_1$, 由条件概率的定义及命题 3.2.8 的 (3) 有

$$P\left(B_1 | \mathscr{G} \vee \mathscr{G}_2\right) = E\left[I_{B_1} | \mathscr{G} \vee \mathscr{G}_2\right]$$

$$= EI_{B_1} = P(B_1) = E\left[I_{B_1} | \mathscr{G}\right] = P\left(B_1 | \mathscr{G}\right)$$

所以由推论 3.2.21 得 $\sigma$ 代数 $\mathscr{G}_1, \mathscr{G}_2$ 关于 $\sigma$ 代数 $\mathscr{G}$ 条件独立.

# 第二篇
## 鞍

# C
## 第 4 章　随机过程
HAPTER

## 4.1　随机过程的概念

下面我们将在概率空间 $(\Omega, \mathscr{F}, P)$ 上讨论问题, 并设指标集或参数集 $\mathbf{T}$ 为广义实数集 $\bar{\mathbb{R}}$ 或它的某个子集. 为了讨论靰这种特殊的随机过程, 我们做如下预备.

**定义 4.1.1**　设 $(\Omega, \mathscr{F}, P)$ 为一个概率空间, $(E, \mathscr{E})$ 为一个可测空间, 指标集 $\mathbf{T} \subset \bar{\mathbb{R}}$. 如果对任何 $t \in \mathbf{T}$, 有 $X_t$ 是可测空间 $(\Omega, \mathscr{F})$ 到可测空间 $(E, \mathscr{E})$ 的一个可测映射, 则称可测映射族 $\{X_t : t \in \mathbf{T}\}$ 是定义在概率空间 $(\Omega, \mathscr{F}, P)$ 上的取值于 $E$ 的一个随机过程, 或一个 $(E, \mathscr{E})$ 随机过程; 称可测空间 $(E, \mathscr{E})$ 为该随机过程的 "相空间" 或 "状态空间", 称指标集 $\mathbf{T}$ 为该随机过程的 "时间域"; 对固定的 $\omega \in \Omega$, 称 $X_{\cdot}(\omega)$ 为随机过程 $\{X_t : t \in \mathbf{T}\}$ 相应于 $\omega$ 的样本函数或轨道, 称每个 $X_t$ 为一个 $E$ 值随机元.

在不会产生混淆的情况下, 简称 $\{X_t : t \in \mathbf{T}\}$ 为一个随机过程, 有时记

$$X_t = X(t), \quad X_t(\omega) = X(t, \omega), \quad X_{\cdot}(\omega) = X(\cdot, \omega) \ \text{或} \ X_t(\cdot) = X(t, \cdot)$$

以下如果没有特殊说明, 我们所论及的随机变量都是指广义实值随机变量, 所讨论的随机过程都是广义实值随机过程, 即将上述随机过程定义中的 $(E, \mathscr{E})$ 取为 $(\bar{\mathbb{R}}, \mathscr{B}_{\bar{\mathbb{R}}})$ 或 $(\bar{\mathbb{R}}^n, B_{\bar{\mathbb{R}}^n})$ 的情形.

**定义 4.1.2**　设指标集 $\mathbf{T} \subset \bar{\mathbb{R}}$, 我们称概率空间 $(\Omega, \mathscr{F}, P)$ 上的两个随机过程 $X = \{X_t : t \in \mathbf{T}\}$ 和 $Y = \{Y_t : t \in \mathbf{T}\}$ 是等价的 (或互为修正的), 如果对每个 $t \in \mathbf{T}$, 都存在一个零概率集 $\Lambda_t$, 使得对一切 $\omega \in \Lambda_t^c$, 有 $X(t, \omega) = Y(t, \omega)$. 称随机过程 $X = \{X_t : t \in \mathbf{T}\}$ 和 $Y = \{Y_t : t \in \mathbf{T}\}$ 无区别 (或不可辨), 如果对几乎所有 (a.e.) 的 $\omega \in \Omega$, 它们的样本函数 $X(\cdot, \omega)$ 和 $Y(\cdot, \omega)$ 在 $\mathbf{T}$ 上完全相同, 即存在概率空间 $(\Omega, \mathscr{F}, P)$ 上的一个零概率集 $\Lambda$, 使得当 $\omega \in \Lambda^c$ 时对所有的 $t \in \mathbf{T}$, 有 $X(t, \omega) = Y(t, \omega)$.

显然, 两个随机过程无区别就一定是互为修正的; 但反之不然.

下面考虑随机过程的样本性质. 随机过程在 $\omega \in \Omega$ 处的样本 $X_{\cdot}(\omega)$ 是 $\mathbf{T}$ 上的一个函数, 对于 $\mathbf{T}$ 上的函数, 我们可以考虑可测性、可积性、连续性等等. 以下如果存在一个零概率集 $\Lambda$, 使得当 $\omega \in \Lambda^c$ 时, 随机过程的样本函数具有某种性质,

则称该随机过程的几乎所有样本具有那种性质, 或说随机过程的 a.s. 样本具有那种性质.

**定义 4.1.3**  设指标集 $\mathbf{T} \subset \bar{\mathbb{R}}$, 称概率空间 $(\Omega, \mathscr{F}, P)$ 上的随机过程 $X = \{X_t : t \in \mathbf{T}\}$ 是样本连续 (相应的样本右连续, 或样本左连续) 的, 如果对每个 $\omega \in \Omega$, $X(\cdot, \omega)$ 作为 $t$ 的函数是 $\mathbf{T}$ 上的一个连续 (相应的右连续, 或左连续) 的函数. 称随机过程 $X = \{X_t : t \in \mathbf{T}\}$ 是 a.s. 样本连续 (相应的 a.s. 样本右连续, 或 a.s. 样本左连续) 的, 如果对 a.e. 的 $\omega \in \Omega$, $X(\cdot, \omega)$ 是 $\mathbf{T}$ 上的一个连续 (相应的右连续, 或左连续) 的函数.

如果对固定的 $t_0 \in \mathbf{T}$, 存在一个零概率集 $\Lambda_{t_0}$, 使得当 $t \to t_0$ 时, 对一切 $\omega \in \Lambda_{t_0}^c$, 有 $X_t(\omega) \to X_{t_0}(\omega)$, 则称随机过程 $X = \{X_t : t \in \mathbf{T}\}$ 在 $t_0$ 处 a.s. 连续. 如果对每个 $t_0 \in \mathbf{T}$, 随机过程 $X = \{X_t : t \in \mathbf{T}\}$ 都在 $t_0$ 处 a.s. 连续, 那么就称随机过程 $X = \{X_t : t \in \mathbf{T}\}$ 在 $\mathbf{T}$ 上 a.s. 连续.

显然, 如果一个随机过程 a.s. 样本连续, 则它必 a.s. 连续, 但反之不然.

**定理 4.1.4**  设 $X = \{X_t : t \in \mathbb{R}_+\}$ 和 $Y = \{Y_t : t \in \mathbb{R}_+\}$ 是概率空间 $(\Omega, \mathscr{F}, P)$ 上的两个 a.s. 左连续 (或 a.s. 右连续) 的随机过程. 如果对每个 $t \in \mathbb{R}_+$ 有 $X_t = Y_t$ a.e., 即随机过程 $X$ 和 $Y$ 等价, 那么 $X = \{X_t : t \in \mathbb{R}_+\}$ 和 $Y = \{Y_t : t \in \mathbb{R}_+\}$ 无区别.

**证明**  如果 $X$ 和 $Y$ 是两个 a.s. 左连续的随机过程, 那么存在概率空间 $(\Omega, \mathscr{F}, P)$ 的零概率集 $\Lambda_X$ 和 $\Lambda_Y$, 使得当 $\omega \in \Lambda_X^c$ 时, $X(\cdot, \omega)$ 在 $\mathbb{R}_+$ 上左连续, 当 $\omega \in \Lambda_Y^c$ 时, $Y(\cdot, \omega)$ 在 $\mathbb{R}_+$ 上左连续.

设 $\{r_n : n \in \mathbb{Z}_+\}$ 是 $\mathbb{R}_+$ 上有理数集 $\mathbb{Q}$ 满足 $r_0 = 0$ 的任意列举, 那么对每一 $n \in \mathbb{Z}_+$ 存在 $(\Omega, \mathscr{F}, P)$ 的一个零概率集 $\Lambda_n$, 使得对 $\omega \in \Lambda_n^c$ 有 $X(r_n, \omega) = Y(r_n, \omega)$.

考虑零概率集

$$\Lambda = \Lambda_X \cup \Lambda_Y \cup \left( \bigcup_{n \in \mathbb{Z}_+} \Lambda_n \right)$$

对所有 $n \in \mathbb{Z}_+$, 当 $\omega \in \Lambda^c$ 有 $X(r_n, \omega) = Y(r_n, \omega)$.

对任意 $t \in (0, +\infty)$, 设 $\{s_k : k \in \mathbb{N}\}$ 是 $\mathbb{Q}$ 中满足 $s_k \uparrow t$ 的序列, 那么对所有 $k \in \mathbb{N}$ 当 $\omega \in \Lambda^c$ 时有 $X(s_k, \omega) = Y(s_k, \omega)$, 从而由 $X(\cdot, \omega)$ 和 $Y(\cdot, \omega)$ 左连续, 知当 $\omega \in \Lambda^c$ 时有

$$X(t, \omega) = Y(t, \omega)$$

因此对所有 $t \in (0, +\infty)$, 当 $\omega \in \Lambda^c$ 时有 $X(t, \omega) = Y(t, \omega)$.

因为 $\Lambda^c \subset \Lambda_0^c$, 所以 $\omega \in \Lambda^c$ 时也有

$$X(0,\omega) = Y(0,\omega)$$

因此对所有 $t \in \mathbb{R}_+$, 当 $\omega \in \Lambda^c$ 时有 $X(t,\omega) = Y(t,\omega)$, 这说明 $X = \{X_t : t \in \mathbb{R}_+\}$ 和 $Y = \{Y_t : t \in \mathbb{R}_+\}$ 无区别.

对于 $X$ 和 $Y$ 是 a.s. 右连续随机过程的情况, 可以通过对 $\mathbb{Q}$ 中满足 $s_k \downarrow t$ 的序列 $\{s_k : k \in \mathbb{N}\}$ 来逼近任意的 $t \in \mathbb{R}_+$ 而用同样的方法处理.

注意, 上述定理中说的 $X(\cdot,\omega)$ 在 $\mathbb{R}_+$ 上的左连续是指在 $(0,\infty)$ 上左连续.

**定义 4.1.5** 称概率空间 $(\Omega,\mathscr{F},P)$ 上的随机过程 $X = \{X_t : t \in \mathbb{R}_+\}$ 是一个可测过程, 如果 $X$ 作为 $\mathbb{R}_+ \times \Omega$ 到 $\mathbb{R}$ 的函数是 $\mathscr{B}_{\mathbb{R}_+} \times \mathscr{F} / \mathscr{B}_{\mathbb{R}}$ 可测的.

由定义 4.1.5 可知, 可测过程 $X$ 是 $\mathbb{R}_+ \times \Omega$ 到 $\mathbb{R}$ 的一个关于 $\mathbb{R}_+ \times \Omega$ 上的乘积 $\sigma$ 代数 $\mathscr{B}_{\mathbb{R}_+} \times \mathscr{F}$ 可测的映射, 因此对每一 $\omega \in \Omega$, 映射 $X$ 的 $\omega$ 截口即 $X(\cdot,\omega)$ 是关于乘积 $\sigma$ 代数 $\mathscr{B}_{\mathbb{R}_+} \times \mathscr{F}$ 的因子 $\mathscr{B}_{\mathbb{R}_+}$ 可测的, 从而实值可测过程 $X = \{X_t : t \in \mathbb{R}_+\}$ 的样本轨道函数 $X(\cdot,\omega)$ 是 $\mathbb{R}_+$ 上的一个 Borel 可测函数.

对于随机过程我们还可以引进下面更有意思的可测性.

**定义 4.1.6** 设 $(\Omega,\mathscr{F},P)$ 是一个概率空间, 指标集 $\mathbf{T} \subset \mathbb{R}_+$, $\boldsymbol{F} = \{\mathscr{F}_t : t \in \mathbf{T}\}$ 是 $\sigma$ 代数 $\mathscr{F}$ 的一族子 $\sigma$ 代数的集合. 如果 $\boldsymbol{F} = \{\mathscr{F}_t : t \in \mathbf{T}\}$ 中的 $\sigma$ 代数 $\mathscr{F}_t$ 随 $t$ 的增加而递增, 即当 $s,t \in \mathbf{T}$, 且 $s < t$ 时, 有 $\mathscr{F}_s \subset \mathscr{F}_t$, 则称 $\boldsymbol{F} = \{\mathscr{F}_t : t \in \mathbf{T}\}$ 为概率空间 $(\Omega,\mathscr{F},P)$ 上的一个 $\sigma$ 域流, 通常写作 $\boldsymbol{F}$、$\{\mathscr{F}_t\}$ 或 $\mathscr{F}_t$. 以后, 称四元组 $(\Omega,\mathscr{F},\{\mathscr{F}_t : t \in \mathbf{T}\},P)$ (简记为 $(\Omega,\mathscr{F},\{\mathscr{F}_t\},P)$) 为一个域流空间, 称

$$\mathscr{F}_\infty = \bigvee_{t \geqslant 0} \mathscr{F}_t = \sigma\left(\bigcup_{t \geqslant 0} \mathscr{F}_s\right) \text{ 为 } \sigma \text{ 域流 } \{\mathscr{F}_t : t \in \mathbf{T}\} \text{ 在 } \infty \text{ 处的 } \sigma \text{ 代数.}$$

正是由于域流概念的引入使得我们可以把指标 $t$ 真的想象为 "时间", 因此, 如果我们将 $\mathscr{F}_t$ 理解为到时刻 $t$ 为止时所观察到的信息, 那么域流 $\boldsymbol{F} = \{\mathscr{F}_t : t \in \mathbf{T}\}$ 就刻画了某个随机现象的历史演变. 一般地说, $\sigma$ 代数 $\mathscr{F}_t$ 是在时刻 $t$ 或 $t$ 之前可能发生的事件的集合, 换言之, 是直到时刻 $t$ 的可能过去的集合.

**定义 4.1.7** 设指标集 $\mathbf{T} \subset \mathbb{R}_+$, $(\Omega,\mathscr{F},\{\mathscr{F}_t : t \in \mathbf{T}\},P)$ 是一个域流空间, 随机变量族 $X = \{X_t : t \in \mathbf{T}\}$ 是概率空间 $(\Omega,\mathscr{F},P)$ 上的一个随机过程. 称随机过程 $X = \{X_t : t \in \mathbf{T}\}$ 是关于域流 $\boldsymbol{F} = \{\mathscr{F}_t : t \in \mathbf{T}\}$ 适应的, 如果对一切 $t \in \mathbf{T}$, $X_t$ 都是 $\mathscr{F}_t$ 可测的, 即对任意的 $B \in \mathscr{B}_{\mathbb{R}}$, 有 $X_t^{-1}(B) \in \mathscr{F}_t$.

关于域流适应的随机过程是存在的, 事实上, 设 $\mathbf{T} \subset \mathbb{R}_+$, 如果 $X = \{X_t : t \in \mathbf{T}\}$ 是概率空间 $(\Omega,\mathscr{F},P)$ 上的一个随机过程, 对于 $t \in \mathbf{T}$, 令

$$\mathscr{F}_t^X = \sigma(X_s : s,t \in \mathbf{T}, s \leqslant t)$$

那么 $\left\{\mathscr{F}_t^X : t \in \mathbf{T}\right\}$ 就是概率空间 $(\Omega, \mathscr{F}, P)$ 上的一个 $\sigma$ 域流, 以后我们称这个 $\sigma$ 域流为随机过程 $X$ 生成的自然流. 随机过程 $X = \{X_t : t \in \mathbf{T}\}$ 关于其自然流 $\left\{\mathscr{F}_t^X : t \in \mathbf{T}\right\}$ 显然是适应的, 且随机过程 $X$ 生成的自然流是使 $X = \{X_t : t \in \mathbf{T}\}$ 适应的最小 $\sigma$ 域流.

**定义 4.1.8** 设指标集 $\mathbf{T} \subset \mathbb{R}_+$, $\boldsymbol{F} = \{\mathscr{F}_t : t \in \mathbf{T}\}$ 是概率空间 $(\Omega, \mathscr{F}, P)$ 上的一个 $\sigma$ 域流. 对 $t \in \mathbf{T}$, 令

$$\mathscr{F}_{t-} = \bigvee_{s<t} \mathscr{F}_t = \sigma\left(\bigcup_{s<t} \mathscr{F}_s\right), \quad \mathscr{F}_{t+} = \bigcap_{s>t} \mathscr{F}_s$$

我们称域流 $\boldsymbol{F} = \{\mathscr{F}_t : t \in \mathbf{T}\}$ 为右连续的, 如果对每个 $t \in \mathbf{T}$, 有 $\mathscr{F}_{t+} = \mathscr{F}_t$; 此时, 称域流空间 $(\Omega, \mathscr{F}, \{\mathscr{F}_t : t \in \mathbf{T}\}, P)$ 是一个右连续的域流空间.

由定义 4.1.8 可见, 对任何 $t \in \mathbf{T}$, 有 $\mathscr{F}_{t-} \subset \mathscr{F}_t \subset \mathscr{F}_{t+}$; 而如果 $\boldsymbol{F} = \{\mathscr{F}_t : t \in \mathbf{T}\}$ 是概率空间 $(\Omega, \mathscr{F}, P)$ 上的一个 $\sigma$ 域流, 那么 $\{\mathscr{F}_{t+} : t \in \mathbf{T}\}$ 就是概率空间 $(\Omega, \mathscr{F}, P)$ 上的一个右连续的域流.

**定义 4.1.9** 称概率空间 $(\Omega, \mathscr{F}, P)$ 上的随机过程 $X = \{X_t : t \in \mathbb{R}_+\}$ 是一个右连续简单过程, 如果存在一个严格递增的序列 $\{t_k : k \in \mathbb{Z}_+\}$, 满足 $t_0 = 0$, $\lim\limits_{k \to \infty} t_k = \infty$ 及 $(\Omega, \mathscr{F}, P)$ 上的一个实值随机变量序列 $\{\xi_k : k \in \mathbb{N}\}$ 使得

$$X(t, \omega) = \xi_k(\omega), \quad \text{对 } t \in [t_{k-1}, t_k), k \in \mathbb{N}, \omega \in \Omega \tag{4.1.1}$$

类似地, 称概率空间 $(\Omega, \mathscr{F}, P)$ 上的随机过程 $X = \{X_t : t \in \mathbb{R}_+\}$ 是一个左连续简单过程, 如果存在一个严格递增的序列 $\{t_k : k \in \mathbb{Z}_+\}$, 满足 $t_0 = 0$, $\lim\limits_{k \to \infty} t_k = \infty$ 及 $(\Omega, \mathscr{F}, P)$ 上的一个实值随机变量序列 $\{\xi_k : k \in \mathbb{N}\}$ 使得

$$X(t, \omega) = \xi_k(\omega), \quad \text{对 } t \in (t_{k-1}, t_k], k \in \mathbb{N}, \omega \in \Omega \tag{4.1.2}$$

由定义 4.1.9 可见, 一个右连续简单过程完全被序列 $\{t_k : k \in \mathbb{Z}_+\}$ 和 $\{\xi_k : k \in \mathbb{N}\}$ 所确定, 而为确定一个左连续简单过程还需要随机变量 $X(0, \cdot)$. 还可看出, 右连续简单过程的每个样本函数都是 $\mathbb{R}_+$ 上的一个右连续阶梯函数, 而当限制讨论范围为 $(0, \infty)$ 时左连续简单过程的每个样本函数都是 $\mathbb{R}_+$ 上的一个左连续阶梯函数.

**引理 4.1.10** 设 $(\Omega, \mathscr{F}, P)$ 是一个概率空间, $X = \{X_t : t \in \mathbb{R}_+\}$ 是其上的一个随机过程. 当 $X$ 是一个左连续过程时, 如果对 $k, n \in \mathbb{N}$, 令 $I_{n,k} = ((k-1)2^{-n}, k2^{-n}]$, 定义左连续简单过程序列 $\{X^{(n)} : n \in \mathbb{N}\}$ 为

$$\begin{cases} X^{(n)}(t, \omega) = X((k-1)2^{-n}, \omega), & t \in I_{n,k}, k \in \mathbb{N}, \omega \in \Omega, \\ X^{(n)}(0, \omega) = X(0, \omega), & \omega \in \Omega \end{cases} \tag{4.1.3}$$

而当 $X$ 是一个右连续过程时, 如果对 $k, n \in \mathbb{N}$, 令 $I_{n,k} = [(k-1)2^{-n}, k2^{-n})$, 定义右连续简单过程序列 $\{X^{(n)} : n \in \mathbb{N}\}$ 为

$$X^{(n)}(t, \omega) = X(k2^{-n}, \omega), \quad \text{对 } t \in I_{n,k}, k \in \mathbb{N}, \omega \in \Omega \qquad (4.1.4)$$

那么在两种情况下都有

$$\lim_{n \to \infty} X^{(n)}(t, \omega) = X(t, \omega), \text{ 对 } (t, \omega) \in \mathbb{R}_+ \times \Omega \qquad (4.1.5)$$

而且, 如果 $\{\mathscr{F}_t : t \in \mathbb{R}_+\}$ 是概率空间 $(\Omega, \mathscr{F}, P)$ 上的一个域流, 而 $X$ 是概率空间 $(\Omega, \mathscr{F}, P)$ 上的一个 $\{\mathscr{F}_t : t \in \mathbb{R}_+\}$ 适应随机过程, 那么 (4.1.3) 式中的 $X^{(n)}$ 是 $\{\mathscr{F}_t : t \in \mathbb{R}_+\}$ 适应的.

**证明** 先考虑 $X$ 是左连续过程的情形.

因对每一 $n \in \mathbb{N}$, $X^{(n)}(0, \cdot) = X(0, \cdot)$, 故为证明 (4.1.5) 式只需要考虑 $(t, \omega) \in (0, +\infty) \times \Omega$.

对每一 $n \in \mathbb{N}$, 考虑 $(0, +\infty)$ 的分拆 $I_{n,k} = ((k-1)2^{-n}, k2^{-n}]$, $k \in \mathbb{N}$. 对每一 $n \in \mathbb{N}$, 存在唯一的 $k_n \in \mathbb{N}$ 使得 $t \in I_{n,k_n}$, 从而由 (4.1.3) 式有

$$X^{(n)}(t, \omega) = X((k_n - 1)2^{-n}, \omega), \quad n \in \mathbb{N}$$

因为每一 $n \in \mathbb{N}$, 有

$$(k_n - 1)2^{-n} < t \quad \text{和} \quad t - (k_n - 1)2^{-n} < 2^{-n}$$

所以当 $n \to \infty$ 时有 $(k_n - 1)2^{-n} \uparrow t$. 因此, 由 $X(\cdot, \omega)$ 在 $t$ 点左连续有

$$X(t, \omega) = \lim_{n \to \infty} X((k_n - 1)2^{-n}, \omega) = \lim_{n \to \infty} X^{(n)}(t, \omega)$$

$X$ 是右连续过程的情形可以类似地证明.

当 $X$ 是 $(\Omega, \mathscr{F}, P)$ 上的一个 $\{\mathscr{F}_t : t \in \mathbb{R}_+\}$ 适应随机过程时, $X((k-1)2^{-n}, \omega)$ 是 $\mathscr{F}_{(k-1)2^{-n}}$ 可测的, 而且对区间 $I_{n,k} = ((k-1)2^{-n}, k2^{-n}]$ 中的 $t$ 由

$$\begin{cases} X^{(n)}(t, \omega) = X((k-1)2^{-n}, \omega), & t \in I_{n,k}, k \in \mathbb{N}, \omega \in \Omega, \\ X^{(n)}(0, \omega) = X(0, \omega), & \omega \in \Omega \end{cases}$$

定义的 $X^{(n)}(t, \cdot)$ 是 $\mathscr{F}_{(k-1)2^{-n}}$ 可测的, 因此由 $\mathscr{F}_{(k-1)2^{-n}} \subset \mathscr{F}_t$ 有 $X^{(n)}(t, \cdot)$ 是 $\mathscr{F}_t$ 可测的, 从而 $X^{(n)}$ 是 $\{\mathscr{F}_t : t \in \mathbb{R}_+\}$ 适应的.

引理 4.1.10 说明了一个左连续 (右连续) 过程是左连续 (相应的右连续) 简单过程序列的极限, 而下面的引理则说明了事实上一个左连续过程是右连续简单过程序列的极限, 而一个右连续过程也是左连续简单过程序列的极限.

**引理 4.1.11** 设 $(\Omega, \mathscr{F}, P)$ 是一个概率空间, $X = \{X_t : t \in \mathbb{R}_+\}$ 是其上的一个随机过程. 当 $X$ 是一个左连续过程时, 如果对 $k, n \in \mathbb{N}$, 令 $I_{n,k} = [(k-1) 2^{-n}, k2^{-n})$, 定义右连续简单过程序列 $\{Y^{(n)} : n \in \mathbb{N}\}$ 为

$$Y^{(n)}(t, \omega) = X\left((k-1) 2^{-n}, \omega\right), \quad \text{对 } t \in I_{n,k}, k \in \mathbb{N}, \omega \in \Omega \qquad (4.1.6)$$

当 $X$ 是一个右连续过程时, 如果对 $k, n \in \mathbb{N}$, 令 $I_{n,k} = ((k-1) 2^{-n}, k2^{-n}]$, 定义左连续简单过程序列 $\{Y^{(n)} : n \in \mathbb{N}\}$ 为

$$\begin{cases} Y^{(n)}(t, \omega) = X\left((k2^{-n}), \omega\right), & t \in I_{n,k}, k \in \mathbb{N}, \omega \in \Omega, \\ Y^{(n)}(0, \omega) = X(0, \omega), & \omega \in \Omega \end{cases} \qquad (4.1.7)$$

那么在两种情况下都有

$$\lim_{n \to \infty} Y^{(n)}(t, \omega) = X(t, \omega), \quad \text{对 } (t, \omega) \in \mathbb{R}_+ \times \Omega \qquad (4.1.8)$$

如果 $\{\mathscr{F}_t : t \in \mathbb{R}_+\}$ 是 $(\Omega, \mathscr{F}, P)$ 上的一个域流, 而 $X$ 是 $(\Omega, \mathscr{F}, P)$ 上的一个 $\{\mathscr{F}_t : t \in \mathbb{R}_+\}$ 适应随机过程, 那么 (4.1.6) 式中的 $X^{(n)}$ 是 $\{\mathscr{F}_t : t \in \mathbb{R}_+\}$ 适应的.

**证明** 先考虑 $X$ 是左连续过程的情形.

为证明 (4.1.8) 式, 对每一 $n \in \mathbb{N}$, 考虑 $\mathbb{R}_+$ 的分拆

$$I_{n,k} = \left[(k-1) 2^{-n}, k2^{-n}\right), \quad k \in \mathbb{N}$$

对每一 $n \in \mathbb{N}$, 存在唯一的 $k_n \in \mathbb{N}$ 使得 $t \in I_{n,k_n} = \left[(k_n - 1) 2^{-n}, k_n 2^{-n}\right)$, 从而由 (4.1.6) 式有

$$Y^{(n)}(t, \omega) = X\left((k_n - 1) 2^{-n}, \omega\right), \quad n \in \mathbb{N}$$

因为每一 $n \in \mathbb{N}$, 有

$$(k_n - 1) 2^{-n} < t \quad \text{和} \quad t - (k_n - 1) 2^{-n} < 2^{-n}$$

所以当 $n \to \infty$ 时有 $(k_n - 1) 2^{-n} \uparrow t$. 从而, 由 $X(\cdot, \omega)$ 在 $t$ 点左连续有

$$X(t, \omega) = \lim_{n \to \infty} X\left((k_n - 1) 2^{-n}, \omega\right) = \lim_{n \to \infty} Y^{(n)}(t, \omega)$$

$X$ 是右连续过程的情形可以类似地证明.

当 $X$ 是 $(\Omega, \mathscr{F}, P)$ 上的 $\{\mathscr{F}_t : t \in \mathbb{R}_+\}$ 适应随机过程时, $X\left((k-1) 2^{-n}, \omega\right)$ 是 $\mathscr{F}_{(k-1)2^{-n}}$ 可测的, 而且对区间 $I_{n,k} = \left[(k-1) 2^{-n}, k2^{-n}\right)$ 中的 $t$ 由

$$Y^{(n)}(t, \omega) = X\left((k-1) 2^{-n}, \omega\right), \text{ 对 } t \in I_{n,k}, k \in \mathbb{N}, \omega \in \Omega$$

定义的 $X^{(n)}(t, \cdot)$ 是 $\mathscr{F}_{(k-1)2^{-n}}$ 可测的, 因此由 $\mathscr{F}_{(k-1)2^{-n}} \subset \mathscr{F}_t$, 有 $Y^{(n)}(t, \cdot)$ 是 $\mathscr{F}_t$ 可测的, 从而 $Y^{(n)}$ 是 $\{\mathscr{F}_t : t \in \mathbb{R}_+\}$ 适应的.

利用引理 4.1.10 可得定理 4.1.12.

**定理 4.1.12** 概率空间 $(\Omega, \mathscr{F}, P)$ 上的左连续或者右连续随机过程 $X = \{X_t : t \in \mathbb{R}_+\}$ 都是可测过程, 而且它的每一个样本函数都是 $\mathbb{R}_+$ 上的 Borel 可测实值函数. 特别地, 当概率空间 $(\Omega, \mathscr{F}, P)$ 上的随机过程 $X = \{X_t : t \in \mathbb{R}_+\}$ 关于域流 $\{\mathscr{F}_t : t \in \mathbb{R}_+\}$ 适应时, 如果过程 $X$ 左连续或者右连续, 那么它是 $\mathscr{B}_{\mathbb{R}_+} \times \mathscr{F}_\infty / \mathscr{B}_{\mathbb{R}}$ 可测的.

**证明** 如果过程 $X$ 是一个左连续过程, 对 $k, n \in \mathbb{N}$, 令

$$I_{n,k} = ((k-1)2^{-n}, k2^{-n}]$$

考虑由

$$\begin{cases} X^{(n)}(t, \omega) = X((k-1)2^{-n}, \omega), & t \in I_{n,k}, k \in \mathbb{N}, \omega \in \Omega, \\ X^{(n)}(0, \omega) = X(0, \omega), & \omega \in \Omega \end{cases}$$

定义左连续简单过程序列 $\{X^{(n)} : n \in \mathbb{N}\}$.

固定的 $n \in \mathbb{N}$, 对每一 $B \in \mathscr{B}_{\mathbb{R}}$ 有

$$(X^{(n)})^{-1}(B) = (\{0\} \times X_0^{-1}(B)) \cup \left[\bigcup_{k \in \mathbb{N}} \left(I_{n,k} \times X_{(k-1)2^{-n}}^{-1}(B)\right)\right]$$

对每一 $t \in \mathbb{R}_+$, 由 $X_t$ 的 $\mathscr{F}$ 可测性有 $X_0^{-1}(B) \in \mathscr{F}$ 及对每一 $k \in \mathbb{N}$ 有 $X_{(k-1)2^{-n}}^{-1}(B) \in \mathscr{F}$.

因为 $\{0\} \in \mathscr{B}_{\mathbb{R}_+}$ 及对每一 $k \in \mathbb{N}$ 有 $I_{n,k} \in \mathscr{B}_{\mathbb{R}_+}$, 而 $(X^{(n)})^{-1}(B)$ 是 $\mathscr{B}_{\mathbb{R}_+} \times \mathscr{F}$ 元素的可数并, 所以 $(X^{(n)})^{-1}(B) \in \mathscr{B}_{\mathbb{R}_+} \times \mathscr{F}$, 这说明 $X^{(n)}$ 作为一个 $\mathbb{R}_+ \times \Omega$ 到 $\mathbb{R}$ 的映射是 $\mathscr{B}_{\mathbb{R}_+} \times \mathscr{F} / \mathscr{B}_{\mathbb{R}}$ 可测的, 因此由引理 4.1.10 即

$$\lim_{n \to \infty} X^{(n)}(t, \omega) = X(t, \omega), \quad 对 (t, \omega) \in \mathbb{R}_+ \times \Omega$$

得 $X$ 是一个从 $\mathbb{R}_+ \times \Omega$ 到 $\mathbb{R}$ 的 $\mathscr{B}_{\mathbb{R}_+} \times \mathscr{F} / \mathscr{B}_{\mathbb{R}}$ 的可测映射, 即 $X = \{X_t : t \in \mathbb{R}_+\}$ 是一个可测过程.

$X$ 是右连续过程的情况可以利用引理 4.1.10 中定义的右连续简单过程序列即对 $k, n \in \mathbb{N}$, 令 $I_{n,k} = [(k-1)2^{-n}, k2^{-n})$, 定义

$$X^{(n)}(t, \omega) = X(k2^{-n}, \omega), \quad 对 t \in I_{n,k}, k \in \mathbb{N}, \omega \in \Omega$$

类似的证明.

如果 $X = \{X_t : t \in \mathbb{R}_+\}$ 是一个关于域流 $\{\mathscr{F}_t : t \in \mathbb{R}_+\}$ 适应的随机过程, 那么它是概率空间 $(\Omega, \mathscr{F}_\infty, P)$ 上的一个随机过程, 所以通过在上面的论证中用 $\mathscr{F}_\infty$ 代替 $\mathscr{F}$ 可得 $X$ 是 $\mathscr{B}_{\mathbb{R}_+} \times \mathscr{F}_\infty / \mathscr{B}_{\mathbb{R}}$ 可测的.

**定义 4.1.13** 称域流空间 $(\Omega, \mathscr{F}, \{\mathscr{F}_t : t \in \mathbb{R}_+\}, P)$ 上的随机过程 $X = \{X_t : t \in \mathbb{R}_+\}$ 为一个 $\{\mathscr{F}_t : t \in \mathbb{R}_+\}$ 循序可测过程, 如果对每个 $t \in \mathbb{R}_+$, 把 $X$ 限制到 $[0, t] \times \Omega$ 上时它都是 $[0, t] \times \Omega$ 到 $\mathbb{R}$ 的一个 $\mathscr{B}_{[0,t]} \times \mathscr{F}_t / \mathscr{B}_{\mathbb{R}}$ 可测映射.

关于适应可测过程和循序可测过程的关系有下面的结果.

**命题 4.1.14** 域流空间 $(\Omega, \mathscr{F}, \{\mathscr{F}_t : t \in \mathbb{R}_+\}, P)$ 上的一个 $\{\mathscr{F}_t : t \in \mathbb{R}_+\}$ 循序可测过程 $X = \{X_t : t \in \mathbb{R}_+\}$ 总是一个 $\{\mathscr{F}_t : t \in \mathbb{R}_+\}$ 适应可测过程.

**证明** 如果 $X = \{X_t : t \in \mathbb{R}_+\}$ 是一个 $\{\mathscr{F}_t : t \in \mathbb{R}_+\}$ 循序可测过程, 那么对每一 $t \in \mathbb{R}_+$, 把 $X$ 限制到 $[0, t] \times \Omega$ 上时, 它都是 $[0, t] \times \Omega$ 到 $\mathbb{R}$ 的一个 $\mathscr{B}_{[0,t]} \times \mathscr{F}_t / \mathscr{B}_{\mathbb{R}}$ 可测映射, 因此对每一 $s \in [0, t]$ 有 $X(s, \cdot)$ 是 $\Omega$ 到 $\mathbb{R}$ 的一个 $\mathscr{F}_t$ 可测映射, 特别地 $X(t, \cdot)$ 是 $\mathscr{F}_t$ 可测的, 因此 $X$ 是一个 $\{\mathscr{F}_t : t \in \mathbb{R}_+\}$ 适应过程.

如果 $X = \{X_t : t \in \mathbb{R}_+\}$ 是一个 $\{\mathscr{F}_t : t \in \mathbb{R}_+\}$ 循序可测过程, 那么对每一 $n \in \mathbb{N}$, 把 $X$ 限制到 $[0, n] \times \Omega$ 上时, 它都是 $\mathscr{B}_{[0,n]} \times \mathscr{F}_n$ 可测的, 因此它是 $[0, n] \times \Omega$ 到 $\mathbb{R}$ 的一个 $\mathscr{B}_{[0,n]} \times \mathscr{F}_\infty$ 可测映射, 从而 $X I_{[0,n] \times \Omega}$ 是一个从 $\mathbb{R}_+ \times \Omega$ 到 $\mathbb{R}$ 的 $\mathscr{B}_{\mathbb{R}_+} \times \mathscr{F}_\infty$ 可测映射, 故 $X = \lim\limits_{n \to \infty} X I_{[0,n] \times \Omega}$ 是一个从 $\mathbb{R}_+ \times \Omega$ 到 $\mathbb{R}$ 的 $\mathscr{B}_{\mathbb{R}_+} \times \mathscr{F}_\infty$ 可测映射, 即 $X$ 是一个 $\{\mathscr{F}_t : t \in \mathbb{R}_+\}$ 可测过程.

**命题 4.1.15** 如果 $X = \{X_t : t \in \mathbb{R}_+\}$ 是域流空间 $(\Omega, \mathscr{F}, \{\mathscr{F}_t : t \in \mathbb{R}_+\}, P)$ 上的一个左连续或右连续 $\{\mathscr{F}_t : t \in \mathbb{R}_+\}$ 适应过程, 那么它是一个 $\{\mathscr{F}_t : t \in \mathbb{R}_+\}$ 循序可测过程.

**证明** 如果 $X = \{X_t : t \in \mathbb{R}_+\}$ 是一个左连续 $\{\mathscr{F}_t : t \in \mathbb{R}_+\}$ 适应过程, 对任意固定的 $t \in \mathbb{R}_+$, 对 $n \in \mathbb{N}, k = 1, 2, \cdots, 2^n$, 令

$$I_{n,k} = \left((k-1) 2^{-n} t, k 2^{-n} t\right]$$

在 $[0, t] \times \Omega$ 上通过令

$$\begin{cases} X^{(n)}(s, \omega) = X\left((k-1) 2^{-n} t, \omega\right), & s \in I_{n,k}, k = 1, 2, \cdots, 2^n, \omega \in \Omega, \\ X^{(n)}(0, \omega) = X(0, \omega), & \omega \in \Omega \end{cases}$$

定义左连续简单过程序列 $\left\{X^{(n)} : n \in \mathbb{N}\right\}$, 那么对 $(s, \omega) \in [0, t] \times \Omega$ 有

$$\lim_{n \to \infty} X^{(n)}(s, \omega) = X(s, \omega)$$

通过用 $\mathscr{F}_t$ 代替 $\mathscr{F}$ 类似于定理 4.1.12 的证明, 可得 $X^{(n)}$ 是 $\mathscr{B}_{[0,t]} \times \mathscr{F}_t$ 可测的, 从而在 $[0,t] \times \Omega$ 上的 $X^{(n)}$ 到 $X$ 的收敛性蕴含 $X$ 在 $[0,t] \times \Omega$ 上的限制是 $\mathscr{B}_{[0,t]} \times \mathscr{F}_t$ 可测的, 这说明 $X$ 是一个 $\{\mathscr{F}_t : t \in \mathbb{R}_+\}$ 循序可测过程.

类似地, 如果 $X = \{X_t : t \in \mathbb{R}_+\}$ 是一个右连续 $\{\mathscr{F}_t : t \in \mathbb{R}_+\}$ 适应过程, 对任意固定的 $t \in \mathbb{R}_+$, 对 $n \in \mathbb{N}$, $k = 1, 2, \cdots, 2^n$, 令

$$I_{n,k} = \big[(k-1)\, 2^{-n} t, k 2^{-n} t\big)$$

在 $[0,t] \times \Omega$ 上通过令

$$X^{(n)}(s,\omega) = X\big((k-1)\, 2^{-n} t, \omega\big), \quad s \in I_{n,k}, k = 1, 2, \cdots, 2^n, \omega \in \Omega$$

定义右连续简单过程序列 $\{X^{(n)} : n \in \mathbb{N}\}$, 那么对 $(s,\omega) \in [0,t] \times \Omega$ 有

$$\lim_{n \to \infty} X^{(n)}(s,\omega) = X(s,\omega)$$

右连续 $\{\mathscr{F}_t : t \in \mathbb{R}_+\}$ 适应过程 $X = \{X_t : t \in \mathbb{R}_+\}$ 是循序可测过程的余下证明可类似于上面左连续情形进行.

## 4.2 可 料 过 程

我们知道, 如果 $X = \{X_t : t \in \mathbb{R}_+\}$ 是域流空间 $(\Omega, \mathscr{F}, \{\mathscr{F}_t : t \in \mathbb{R}_+\}, P)$ 上的一个左连续过程, 那么对每一 $t \in \mathbb{R}_+$ 和每一 $\omega \in \Omega$, 有 $\lim\limits_{s \uparrow t} X(s,\omega) = X(t,\omega)$. 因此, 如果对某个 $\delta > 0$, 我们知道了 $X(\cdot,\omega)$ 的样本函数在时间区间 $(t-\delta, t)$ 的行为, 那么我们也就知道了 $X(t,\omega)$ 的行为, 因此从这种意义来说, 左连续过程是可以预料的.

而如果 $X = \{X_t : t \in \mathbb{R}_+\}$ 是域流空间 $(\Omega, \mathscr{F}, \{\mathscr{F}_t : t \in \mathbb{R}_+\}, P)$ 上的一个左连续适应过程, 那么由定理 4.1.12 知 $X$ 是 $\mathbb{R}_+ \times \Omega$ 到 $\mathbb{R}$ 的一个 $\mathscr{B}_{\mathbb{R}_+} \times \mathscr{F} / \mathscr{B}_{\mathbb{R}}$ 可测的变换. 从而因 $\mathscr{B}_{\mathbb{R}}$ 是 $\mathbb{R}$ 的子集的一个 $\sigma$ 代数, 故 $X^{-1}(\mathscr{B}_{\mathbb{R}})$ 是 $\mathbb{R}_+ \times \Omega$ 的子集的一个 $\sigma$ 代数, 而且是使得 $X$ 可测的最小的 $\sigma$ 代数.

**定义 4.2.1** 设 $(\Omega, \mathscr{F}, \{\mathscr{F}_t : t \in \mathbb{R}_+\}, P)$ 是一个域流空间, 称 $\mathbb{R}_+ \times \Omega$ 上的使得所有左连续 $\{\mathscr{F}_t : t \in \mathbb{R}_+\}$ 适应过程都是 $\mathscr{G} / \mathscr{B}_{\mathbb{R}}$ 可测的最小的 $\sigma$ 代数 $\mathscr{G}$ 为 $\{\mathscr{F}_t : t \in \mathbb{R}_+\}$ 可料 $\sigma$ 代数, 或者简称可料 $\sigma$ 代数. 称 $\mathbb{R}_+ \times \Omega$ 上的使得所有右连续 $\{\mathscr{F}_t : t \in \mathbb{R}_+\}$ 适应过程都是 $\mathscr{H} / \mathscr{B}_{\mathbb{R}}$ 可测的最小的 $\sigma$ 代数 $\mathscr{H}$ 为 $\{\mathscr{F}_t : t \in \mathbb{R}_+\}$ 适当可测 $\sigma$ 代数, 或者简称适当可测 $\sigma$ 代数. 称 $\mathbb{R}_+ \times \Omega$ 上的使得所有右连续且左极限存在的 $\{\mathscr{F}_t : t \in \mathbb{R}_+\}$ 适应过程都是 $\mathfrak{I} / \mathscr{B}_{\mathbb{R}}$ 可测的最小的 $\sigma$ 代数 $\mathfrak{I}$ 为 $\{\mathscr{F}_t : t \in \mathbb{R}_+\}$ 可选 $\sigma$ 代数, 或者简称可选 $\sigma$ 代数.

利用引理 4.1.11 可得下列定理.

**定理 4.2.2** 对于域流空间 $(\Omega, \mathscr{F}, \{\mathscr{F}_t : t \in \mathbb{R}_+\}, P)$ 上的可料 $\sigma$ 代数 $\mathscr{G}$ 和适当可测 $\sigma$ 代数 $\mathscr{H}$, 有 $\mathscr{G} \subset \mathscr{H}$.

**证明** 设 $X = \{X_t : t \in \mathbb{R}_+\}$ 是任意的一个左连续 $\{\mathscr{F}_t : t \in \mathbb{R}_+\}$ 适应过程, 如果我们能证明 $X$ 是一个从 $\mathbb{R}_+ \times \Omega$ 到 $\mathbb{R}$ 的 $\mathscr{H}/\mathscr{B}_\mathbb{R}$ 可测映射, 那么由 $\mathscr{G}$ 是 $\mathbb{R}_+ \times \Omega$ 上的使得所有左连续 $\{\mathscr{F}_t : t \in \mathbb{R}_+\}$ 适应过程都是 $\mathscr{G}/\mathscr{B}_\mathbb{R}$ 可测的最小的 $\sigma$ 代数的这个定义就有 $\mathscr{G} \subset \mathscr{H}$.

如果对 $k, n \in \mathbb{N}$, 令 $I_{n,k} = [(k-1) \, 2^{-n}, k2^{-n})$, 再定义右连续简单过程序列 $\{Y^{(n)} : n \in \mathbb{N}\}$ 为

$$Y^{(n)}(t, \omega) = X\left((k-1) \, 2^{-n}, \omega\right), \quad \text{对 } t \in I_{n,k}, k \in \mathbb{N}, \omega \in \Omega$$

那么 $Y^{(n)}$ 是 $\{\mathscr{F}_t : t \in \mathbb{R}_+\}$ 适应的, 因此由 $\mathscr{G}$ 的定义知 $Y^{(n)}$ 是一个从 $\mathbb{R}_+ \times \Omega$ 到 $\mathbb{R}$ 的 $\mathscr{H}/\mathscr{B}_\mathbb{R}$ 可测映射, 从而由

$$\lim_{n \to \infty} Y^{(n)}(t, \omega) = X(t, \omega), \quad \text{对 } (t, \omega) \in \mathbb{R}_+ \times \Omega$$

知 $X$ 是一个从 $\mathbb{R}_+ \times \Omega$ 到 $\mathbb{R}$ 的 $\mathscr{H}/\mathscr{B}_\mathbb{R}$ 可测映射.

**定义 4.2.3** 设 $\mathscr{G}$ 和 $\mathscr{H}$ 是域流空间 $(\Omega, \mathscr{F}, \{\mathscr{F}_t : t \in \mathbb{R}_+\}, P)$ 上的 $\{\mathscr{F}_t : t \in \mathbb{R}_+\}$ 可料 $\sigma$ 代数和 $\{\mathscr{F}_t : t \in \mathbb{R}_+\}$ 适当可测 $\sigma$ 代数. 称域流空间 $(\Omega, \mathscr{F}, \{\mathscr{F}_t : t \in \mathbb{R}_+\}, P)$ 上的随机过程 $X = \{X_t : t \in \mathbb{R}_+\}$ 为一个 $\{\mathscr{F}_t : t \in \mathbb{R}_+\}$ 可料过程, 如果它是 $\mathbb{R}_+ \times \Omega$ 到 $\mathbb{R}$ 的一个 $\mathscr{G}/\mathscr{B}_\mathbb{R}$ 可测映射; 称域流空间 $(\Omega, \mathscr{F}, \{\mathscr{F}_t : t \in \mathbb{R}_+\}, P)$ 上的随机过程 $X = \{X_t : t \in \mathbb{R}_+\}$ 为一个 $\{\mathscr{F}_t : t \in \mathbb{R}_+\}$ 适当可测过程, 如果它是 $\mathbb{R}_+ \times \Omega$ 到 $\mathbb{R}$ 的一个 $\mathscr{H}/\mathscr{B}_\mathbb{R}$ 可测映射.

由定义 4.2.3 可知, 如果 $X$ 是一个左连续 $\{\mathscr{F}_t : t \in \mathbb{R}_+\}$ 适应过程, 那么由 $\{\mathscr{F}_t : t \in \mathbb{R}_+\}$ 可料 $\sigma$ 代数 $\mathscr{G}$ 的定义, $X$ 是 $\mathscr{G}/\mathscr{B}_\mathbb{R}$ 可测的, 从而它是一个 $\{\mathscr{F}_t : t \in \mathbb{R}_+\}$ 可料过程.

由定理 4.2.2 可知一个可料过程总是一个 $\{\mathscr{F}_t : t \in \mathbb{R}_+\}$ 适当可测过程. 而下面我们会看到每一个 $\{\mathscr{F}_t : t \in \mathbb{R}_+\}$ 适当可测过程, 特别地每一个 $\{\mathscr{F}_t : t \in \mathbb{R}_+\}$ 可料过程, 都是 $\{\mathscr{F}_t : t \in \mathbb{R}_+\}$ 适应过程.

由命题 1.1.11 和引理 1.3.3 可得引理 4.2.4.

**引理 4.2.4** 设 $H$ 是域流空间 $(\Omega, \mathscr{F}, \{\mathscr{F}_t : t \in \mathbb{R}_+\}, P)$ 上的 $\{\mathscr{F}_t : t \in \mathbb{R}_+\}$ 适应过程 $Y$ 的任何非空的集合, 而 $\mathscr{H}$ 是由 $H$ 生成的 $\mathbb{R}_+ \times \Omega$ 的子集的 $\sigma$ 代数, 那么每一个 $\mathbb{R}_+ \times \Omega$ 到 $\mathbb{R}$ 的 $\mathscr{H}/\mathscr{B}_\mathbb{R}$ 可测映射 $X$ 都是一个 $\{\mathscr{F}_t : t \in \mathbb{R}_+\}$ 适应过程.

**证明** 要证明每一个 $\mathbb{R}_+ \times \Omega$ 到 $\mathbb{R}$ 的 $\mathscr{H}/\mathscr{B}_\mathbb{R}$ 可测映射 $X = \{X_t : t \in \mathbb{R}_+\}$ 都是一个 $\{\mathscr{F}_t : t \in \mathbb{R}_+\}$ 适应过程, 即证明对每一 $t \in \mathbb{R}_+$, $X_t$ 是 $\mathscr{F}_t/\mathscr{B}_\mathbb{R}$ 可测的, 也就是对每一 $B \in \mathscr{B}_\mathbb{R}$ 有 $X_t^{-1}(B) \in \mathscr{F}_t$.

首先, 注意到

$$\{t\} \times X_t^{-1}(B) = X^{-1}(B) \cap (\{t\} \times \Omega)$$

而

$$\mathscr{H} = \sigma_{\mathbb{R}_+ \times \Omega}\left(\bigcup_{Y \in H} Y^{-1}(\mathscr{B}_{\mathbb{R}})\right) = \sigma_{\mathbb{R}_+ \times \Omega}\left(Y^{-1}(A) : A \in \mathscr{B}_{\mathbb{R}}, Y \in H\right)$$

因此由命题 1.1.11、引理 1.3.3 和命题 1.2.4, 有

$$\mathscr{H} \cap (\{t\} \times \Omega) = \sigma_{\{t\} \times \Omega}\left(Y^{-1}(A) \cap (\{t\} \times \Omega) : A \in \mathscr{B}_{\mathbb{R}}, Y \in H\right)$$
$$= \sigma_{\{t\} \times \Omega}\left(\{t\} \times Y_t^{-1}(A) : A \in \mathscr{B}_{\mathbb{R}}, Y \in H\right)$$
$$= \{t\} \times \sigma_{\Omega}\left(Y_t^{-1}(A) : A \in \mathscr{B}_{\mathbb{R}}, Y \in H\right)$$

因为 $Y \in H$ 是 $\{\mathscr{F}_t : t \in \mathbb{R}_+\}$ 适应过程, 所以对 $A \in \mathscr{B}_{\mathbb{R}}$ 有 $Y_t^{-1}(A) \in \mathscr{F}_t$, 因此

$$\mathscr{H} \cap (\{t\} \times \Omega) \subset \{t\} \times \mathscr{F}_t$$

又因 $X$ 是 $\mathscr{H}/\mathscr{B}_{\mathbb{R}}$ 可测的, 故对 $B \in \mathscr{B}_{\mathbb{R}}$ 有 $X^{-1}(B) \in \mathscr{H}$, 从而

$$X^{-1}(B) \cap (\{t\} \times \Omega) \in \mathscr{H} \cap (\{t\} \times \Omega)$$

综上我们有

$$\{t\} \times X_t^{-1}(B) \in \{t\} \times \mathscr{F}_t$$

因而对每一 $B \in \mathscr{B}_{\mathbb{R}}$ 有 $X_t^{-1}(B) \in \mathscr{F}_t$, 这说明 $X$ 是一个 $\{\mathscr{F}_t : t \in \mathbb{R}_+\}$ 适应过程.

由引理 4.2.4 可得命题 4.2.5.

**命题 4.2.5** 域流空间 $(\Omega, \mathscr{F}, \{\mathscr{F}_t : t \in \mathbb{R}_+\}, P)$ 上的每一个 $\{\mathscr{F}_t : t \in \mathbb{R}_+\}$ 适当可测过程, 特别地每一个 $\{\mathscr{F}_t : t \in \mathbb{R}_+\}$ 可料过程, 都是 $\{\mathscr{F}_t : t \in \mathbb{R}_+\}$ 适应过程.

**证明** 设 $H$ 是域流空间 $(\Omega, \mathscr{F}, \{\mathscr{F}_t : t \in \mathbb{R}_+\}, P)$ 上所有右连续 $\{\mathscr{F}_t : t \in \mathbb{R}_+\}$ 适应过程的集合, 因为由 $H$ 生成的 $\mathbb{R}_+ \times \Omega$ 的子集的 $\sigma$ 代数是适当可测 $\sigma$ 代数 $\mathscr{H}$, 因此由引理 4.2.4 可得每一个 $\mathbb{R}_+ \times \Omega$ 到 $\mathbb{R}$ 的 $\mathscr{H}/\mathscr{B}_{\mathbb{R}}$ 可测映射 $X$ 都是一个 $\{\mathscr{F}_t : t \in \mathbb{R}_+\}$ 适应过程.

利用函数形式的单调类定理可得下面的关于随机过程的单调类定理, 它是证明所有 $\{\mathscr{F}_t : t \in \mathbb{R}_+\}$ 可料过程具有某种性质的手段.

**定理 4.2.6**　设 **V** 是域流空间 $(\Omega, \mathscr{F}, \{\mathscr{F}_t : t \in \mathbb{R}_+\}, P)$ 上的满足下面条件的一个随机过程的集合：

1° **V** 包含所有有界左连续 $\{\mathscr{F}_t : t \in \mathbb{R}_+\}$ 适应过程;

2° **V** 是一个线性空间;

3° 当 $\{X_n : n \in \mathbb{N}\}$ 是 **V** 中的一个非负过程的递增序列, 满足 $X = \lim\limits_{n \to \infty} X_n$ 是实值 (或相应的有界) 过程时, 有 $X \in \mathbf{V}$.

那么 **V** 包含所有的实值 (或相应的有界)$\{\mathscr{F}_t : t \in \mathbb{R}_+\}$ 可料过程.

由命题 1.1.11 和命题 4.1.15 可得下面的命题.

**命题 4.2.7**　域流空间 $(\Omega, \mathscr{F}, \{\mathscr{F}_t : t \in \mathbb{R}_+\}, P)$ 上的每一个 $\{\mathscr{F}_t : t \in \mathbb{R}_+\}$ 适当可测过程 $X = \{X_t : t \in \mathbb{R}_+\}$ 都是一个 $\{\mathscr{F}_t : t \in \mathbb{R}_+\}$ 循序可测过程; 特别地, 每一个 $\{\mathscr{F}_t : t \in \mathbb{R}_+\}$ 可料过程, 都是一个 $\{\mathscr{F}_t : t \in \mathbb{R}_+\}$ 循序可测过程, 而且它是一个 $\{\mathscr{F}_t : t \in \mathbb{R}_+\}$ 适应可测过程, 因此, 它的每一个样本函数都是 $\mathbb{R}_+$ 上的一个 Borel 可测实值函数.

**证明**　设 $H$ 是域流空间 $(\Omega, \mathscr{F}, \{\mathscr{F}_t : t \in \mathbb{R}_+\}, P)$ 上所有右连续 $\{\mathscr{F}_t : t \in \mathbb{R}_+\}$ 适应过程的集合, 由适当可测 $\sigma$ 代数 $\mathscr{H}$ 的定义有

$$\mathscr{H} = \sigma\left(Y^{-1}(B) : B \in \mathscr{B}_{\mathbb{R}}, Y \in H\right)$$

对 $t \in \mathbb{R}_+$, 设 $\mathscr{H}_t$ 是把 $H$ 的所有元素限制到 $[0,t] \times \Omega$ 上产生的 $[0,t] \times \Omega$ 子集的 $\sigma$ 代数, 即

$$\mathscr{H}_t = \sigma\left(Y^{-1}(B) \cap [0,t] \times \Omega : B \in \mathscr{B}_{\mathbb{R}}, Y \in H\right)$$

由命题 1.1.11 有

$$\mathscr{H}_t = \mathscr{H} \cap [0,t] \times \Omega$$

再由命题 4.1.15 知, 每个 $Y \in H$ 是一个 $\{\mathscr{F}_t : t \in \mathbb{R}_+\}$ 循序可测过程, 因此把它限制到 $[0,t] \times \Omega$ 上是一个 $[0,t] \times \Omega$ 到 $\mathbb{R}$ 的 $\mathscr{B}_{[0,t]} \times \mathscr{F}_t / \mathscr{B}_{\mathbb{R}}$ 可测映射, 从而 $\mathscr{H}_t \subset \mathscr{B}_{[0,t]} \times \mathscr{F}_t$.

现在我们的 $\{\mathscr{F}_t : t \in \mathbb{R}_+\}$ 适当可测过程 $X = \{X_t : t \in \mathbb{R}_+\}$ 是一个 $\mathbb{R}_+ \times \Omega$ 到 $\mathbb{R}$ 的 $\mathscr{H} / \mathscr{B}_{\mathbb{R}}$ 可测映射, 把它限制到 $[0,t] \times \Omega$ 上是一个 $[0,t] \times \Omega$ 到 $\mathbb{R}$ 的 $\mathscr{H} \cap [0,t] \times \Omega / \mathscr{B}_{\mathbb{R}}$ 可测映射, 因此 $X$ 限制到 $[0,t] \times \Omega$ 上是一个 $\mathscr{H}_t / \mathscr{B}_{\mathbb{R}}$ 可测映射, 从而 $X$ 限制到 $[0,t] \times \Omega$ 上是一个 $\mathscr{B}_{[0,t]} \times \mathscr{F}_t / \mathscr{B}_{\mathbb{R}}$ 可测的, 这说明 $X = \{X_t : t \in \mathbb{R}_+\}$ 是一个 $\{\mathscr{F}_t : t \in \mathbb{R}_+\}$ 循序可测过程. 再由命题 4.1.14 知 $X$ 是一个 $\{\mathscr{F}_t : t \in \mathbb{R}_+\}$ 适应可测过程.

利用定理 1.1.22 可得关于可料过程的样本函数的如下结果.

**定理 4.2.8**　对域流空间 $(\Omega, \mathscr{F}, \{\mathscr{F}_t : t \in \mathbb{R}_+\}, P)$ 上的每一个 $\{\mathscr{F}_t : t \in \mathbb{R}_+\}$ 可料过程 $X = \{X_t : t \in \mathbb{R}_+\}$, 都存在域流空间上的一个左连续 $\{\mathscr{F}_t : t \in \mathbb{R}_+\}$ 适

应过程序列 $\{X^{(n)}: n \in \mathbb{N}\}$, 使得在 $\mathbb{R}_+ \times \Omega$ 有

$$\lim_{n \to \infty} X^{(n)} = X$$

从而, 可料过程的每一样本函数都是 $\mathbb{R}_+$ 上的左连续函数序列的极限.

**证明** 设 $\mathscr{C}$ 为 $\mathbb{R}_+ \times \Omega$ 上所有可料矩形的集合, $\mathscr{D}$ 为 $\mathbb{R}_+ \times \Omega$ 中所有形为 $F_1 \cap \cdots \cap F_n$ 的子集的集合, 其中 $F_i$ 或者为 $\mathscr{C}$ 的元素或者为 $\mathscr{C}$ 的余集的元素, $i = 1, \cdots, n$.

再设 $\mathscr{U}$ 为 $\mathscr{D}$ 中元素的有限并的全体, 则容易证明 $\mathscr{U}$ 是由 $\mathscr{C}$ 生成的 $\mathbb{R}_+ \times \Omega$ 的子集的代数, 且

$$\mathscr{H} = \sigma(\mathscr{C}) = \sigma(\mathscr{U})$$

下面证明对每一 $A \in \mathscr{U}$, $\mathbf{1}_A$ 是一个左连续 $\{\mathscr{F}_t : t \in \mathbb{R}_+\}$ 适应过程.

事实上, 首先如果 $F \in \mathscr{C}$, 那么 $\mathbf{1}_F$ 是一个左连续 $\{\mathscr{F}_t : t \in \mathbb{R}_+\}$ 适应过程. 如果 $F^c \in \mathscr{C}$, 那么 $\mathbf{1}_{F^c}$ 是一个左连续 $\{\mathscr{F}_t : t \in \mathbb{R}_+\}$ 适应过程, 因此 $\mathbf{1}_F = \mathbf{1}_{\mathbb{R}_+ \times \Omega} - \mathbf{1}_{F^c}$ 是一个左连续 $\{\mathscr{F}_t : t \in \mathbb{R}_+\}$ 适应过程.

其次, 证明对每一 $D \in \mathscr{D}$, $\mathbf{1}_D$ 是一个左连续 $\{\mathscr{F}_t : t \in \mathbb{R}_+\}$ 适应过程.

为此设 $D = F_1 \cap \cdots \cap F_n$, 其中 $F_i \in \mathscr{C}$ 或者 $F_i^c \in \mathscr{C}$, $i = 1, \cdots, n$. 由上 $\mathbf{1}_{F_1}$ 是一个左连续 $\{\mathscr{F}_t : t \in \mathbb{R}_+\}$ 适应过程. 假设 $\mathbf{1}_{F_1 \cap \cdots \cap F_k}$ 是一个左连续 $\{\mathscr{F}_t : t \in \mathbb{R}_+\}$ 适应过程, 则由

$$\mathbf{1}_{F_1 \cap \cdots \cap F_k \cap F_{k+1}} = \mathbf{1}_{F_1 \cap \cdots \cap F_k} \wedge \mathbf{1}_{F_{k+1}}$$

得假设 $\mathbf{1}_{F_1 \cap \cdots \cap F_{k+1}}$ 是一个左连续 $\{\mathscr{F}_t : t \in \mathbb{R}_+\}$ 适应过程, 因此由数学归纳法得 $\mathbf{1}_{F_1 \cap \cdots \cap F_n}$ 是一个左连续 $\{\mathscr{F}_t : t \in \mathbb{R}_+\}$ 适应过程.

再设 $A = D_1 \cap \cdots \cap D_n$, 其中 $D_i \in \mathscr{D}$, $i = 1, \cdots, n$. 利用

$$\mathbf{1}_{F_1 \cup F_2} = \mathbf{1}_{F_1} + \mathbf{1}_{F_2} - \mathbf{1}_{F_1 \cap F_2}$$

由已证利用归纳法得 $\mathbf{1}_A$ 是一个左连续 $\{\mathscr{F}_t : t \in \mathbb{R}_+\}$ 适应过程.

因为 $\mathscr{H} = \sigma(\mathscr{U})$, 所以对 $\mathbb{R}_+ \times \Omega$ 上每一个 $\mathscr{H}$ 可测实值函数 $X$ 都存在一个基于 $\mathscr{U}$ 的简单函数序列 $\{X^{(n)} : n \in \mathbb{N}\}$, 使得在 $\mathbb{R}_+ \times \Omega$ 上有

$$\lim_{n \to \infty} X^{(n)} = X$$

其中 $X^{(n)} = \sum_{i=1}^{n_k} c_{n,i} \mathbf{1}_{A_{n,i}}$, $c_{n,i} \in \mathbb{R}$, $A_{n,i} \in \mathscr{U}$, $i = 1, \cdots, n_k$.

因为对每一 $i = 1, \cdots, n_k$, $\mathbf{1}_{A_{n,i}}$ 都是一个左连续 $\{\mathscr{F}_t : t \in \mathbb{R}_+\}$ 适应过程, 所以 $X^{(n)}$ 是一个左连续 $\{\mathscr{F}_t : t \in \mathbb{R}_+\}$ 适应过程, 因此序列 $\{X^{(n)} : n \in \mathbb{N}\}$ 是一个满足 $\lim_{n \to \infty} X^{(n)} = X$ 的左连续 $\{\mathscr{F}_t : t \in \mathbb{R}_+\}$ 适应过程序列.

# 4.3　停　　时

停时是一种截断随机过程样本函数的方法, 而停时理论也是随机分析的基本内容之一.

### 4.3.1　连续时间随机过程的停时

**定义 4.3.1**　设 $(\Omega, \mathscr{F}, \{\mathscr{F}_t : t \in \mathbb{R}_+\}, P)$ 是一个域流空间, 称定义于 $\Omega$ 上的取值于 $\bar{\mathbb{R}}_+$ 的函数 $\tau$ 为一个 $\{\mathscr{F}_t : t \in \mathbb{R}_+\}$ 停时 (简称停时), 如果对每一 $t \in \mathbb{R}_+$ 有

$$\{\omega \in \Omega : \tau(\omega) \leqslant t\} \in \mathscr{F}_t$$

如果 $P(\tau = \infty) = 0$, 则称停时 $\tau$ 是一个有限停时.

显然, 当 $\tau \equiv$ 常数或 $\infty$ 时, $\tau$ 是一个停时.

因为

$$\mathscr{F}_\infty = \bigvee_{t \geqslant 0} \mathscr{F}_t = \sigma\left(\bigcup_{t \geqslant 0} \mathscr{F}_t\right)$$

所以一个 $\{\mathscr{F}_t : t \in \mathbb{R}_+\}$ 停时 $\tau$ 是 $\mathscr{F}_\infty$ 可测的; 特别地, 有

$$\{\omega \in \Omega : \tau(\omega) = \infty\} \in \mathscr{F}_\infty$$

**定义 4.3.2**　设 $\tau$ 是域流空间 $(\Omega, \mathscr{F}, \{\mathscr{F}_t : t \in \mathbb{R}_+\}, P)$ 的一个 $\{\mathscr{F}_t : t \in \mathbb{R}_+\}$ 停时, 称

$$\mathscr{F}_\tau = \{A \in \mathscr{F}_\infty : A \cap \{\tau \leqslant t\} \in \mathscr{F}_t, \forall t \in \mathbb{R}_+\}$$

为 $\tau$ 前事件 $\sigma$ 代数或停时 $\sigma$ 代数.

如果将 $\mathscr{F}_\tau$ 理解为某物理过程到时刻 $\tau$ 为止的全部信息, 那么 "停时" $\tau$ 意味着我们仅需知道到 $t$ 为止的信息, 就能断定 $\tau$ 是否大于 $t$.

**定理 4.3.3**　如果 $\tau$ 是域流空间 $(\Omega, \mathscr{F}, \{\mathscr{F}_t : t \in \mathbb{R}_+\}, P)$ 上的一个 $\{\mathscr{F}_t : t \in \mathbb{R}_+\}$ 停时, 那么

(1) $\mathscr{F}_\tau$ 是 $\Omega$ 的子集的一个 $\sigma$ 代数;

(2) $\tau$ 是 $\mathscr{F}_\tau$ 可测的;

(3) $\sigma(\tau) \subset \mathscr{F}_\tau \subset \mathscr{F}_\infty \subset \mathscr{F}$.

当域流右连续时, 停时有如下的特征.

**定理 4.3.4**　设 $(\Omega, \mathscr{F}, \{\mathscr{F}_t : t \in \mathbb{R}_+\}, P)$ 是一个右连续的域流空间, 那么 $\Omega$ 上的某个 $\bar{\mathbb{R}}_+$ 值函数 $\tau$ 是一个停时当且仅当对每个 $t \in \mathbb{R}_+$ 有

$$\{\omega \in \Omega : \tau(\omega) < t\} \in \mathscr{F}_t$$

而对右连续域流空间的停时 $\tau$, 有

$$\mathscr{F}_\tau = \{A \in \mathscr{F}_\infty : A \cap \{\tau < t\} \in \mathscr{F}_t, \forall t \in \mathbb{R}_+\}$$

**命题 4.3.5** 设 $(\Omega, \mathscr{F}, \{\mathscr{F}_t : t \in \mathbb{R}_+\}, P)$ 是一个右连续的域流空间, $X = \{X_t : t \in \mathbb{R}_+\}$ 是其上的一个右连续的 $\{\mathscr{F}_t : t \subset \mathbb{R}_+\}$ 适应过程. 如果 $B$ 为 $\mathbb{R}$ 的任意一个 Borel 子集, 那么

$$D_B(\omega) = \inf\{s \in \mathbb{R}_+ : X_s(\omega) \in B\}$$

是一个停时 (此处及以后都约定 $\inf \varnothing = +\infty$), 以后称这个停时为随机过程 $X$ 对应于 $\mathbb{R}$ 的子集 $B$ 的首中时.

**定理 4.3.6** 如果 $\tau$ 是域流空间 $(\Omega, \mathscr{F}, \{\mathscr{F}_t : t \in \mathbb{R}_+\}, P)$ 的一个停时, 那么 $\Omega$ 上的每一个 $\bar{\mathbb{R}}_+$ 值的满足条件 $\rho \geqslant \tau$ 的 $\mathscr{F}_\tau$ 可测函数 $\rho$ 都是停时.

**证明** 为证明 $\rho$ 是一个停时, 我们证明对每一 $t \in \mathbb{R}_+$, 有 $\{\rho \leqslant t\} \in \mathscr{F}_t$. 因为 $\rho$ 是一个 $\mathscr{F}_\tau$ 可测函数, 所以 $\{\rho \leqslant t\} \in \mathscr{F}_\tau$. 因此, 由 $\mathscr{F}_\tau$ 的定义有

$$\{\rho \leqslant t\} \cap \{\tau \leqslant t\} \in \mathscr{F}_t$$

又因 $\rho \geqslant \tau$, 故

$$\{\rho \leqslant t\} \subset \{\tau \leqslant t\}$$

从而

$$\{\rho \leqslant t\} \in \mathscr{F}_t$$

**定理 4.3.7** 如果 $\rho, \tau$ 是域流空间 $(\Omega, \mathscr{F}, \{\mathscr{F}_t : t \in \mathbb{R}_+\}, P)$ 的两个停时, 那么 $\rho \vee \tau, \rho \wedge \tau$ 也都是停时; 对每个 $c \in \mathbb{R}_+$, $\rho + c$ 还是停时. 如果域流 $\{\mathscr{F}_t : t \in \mathbb{R}_+\}$ 右连续, 那么 $\rho + \tau$ 也是停时.

**证明** 因为对每一 $t \in \mathbb{R}_+$, 有

$$\{\rho \vee \tau \leqslant t\} = \{\rho \leqslant t\} \cap \{\tau \leqslant t\} \in \mathscr{F}_t$$

所以 $\rho \vee \tau$ 是一个停时; 又因

$$\{\rho \wedge \tau > t\} = \{\rho > t\} \cap \{\tau > t\}$$

故

$$\{\rho \wedge \tau \leqslant t\} = \{\rho \leqslant t\}^c \cup \{\tau \leqslant t\}^c \in \mathscr{F}_t$$

从而 $\rho \wedge \tau$ 是一个停时; 对每个 $c \in \mathbb{R}_+$, 由定理 4.3.6 可得 $\rho + c$ 是停时.

当域流 $\{\mathscr{F}_t : t \in \mathbb{R}_+\}$ 右连续时, 对每一 $t \in \mathbb{R}_+$, 设 $\mathbb{Q}_t$ 是 $[0,t]$ 上所有有理数的集合, 因为

$$\{\rho + \tau < t\} = \bigcup_{u,v \in \mathbb{Q}_t, u+v<t} (\{\rho < u\} \cap \{\tau < v\}) \in \mathscr{F}_t$$

所以由定理 4.3.4 知 $\rho + \tau$ 是一个停时.

**引理 4.3.8**　设 $\tau$ 是域流空间 $(\Omega, \mathscr{F}, \{\mathscr{F}_t : t \in \mathbb{R}_+\}, P)$ 的一个停时, 那么对每个 $t \in \mathbb{R}_+$, $\tau \wedge t$ 是 $\mathscr{F}_t$ 可测的.

**证明**　因为 $\tau \wedge t$ 是 $\Omega$ 上的一个 $\mathbb{R}_+$ 值函数, 所以为证明它是 $\mathscr{F}_t$ 可测的, 只需证明对每一 $c \in \mathbb{R}_+$, 有 $\{\tau \wedge t \leqslant c\} \in \mathscr{F}_t$. 由定理 4.3.7 知 $\tau \wedge t$ 是一个停时, 故对每一 $c \in \mathbb{R}_+$, 有

$$\{\tau \wedge t \leqslant c\} \in \mathscr{F}_c$$

如果 $c \leqslant t$, 那么 $\mathscr{F}_c \subset \mathscr{F}_t$, 所以 $\{\tau \wedge t \leqslant c\} \in \mathscr{F}_t$. 而如果 $c > t$, 那么 $\{\tau \wedge t \leqslant c\} = \Omega \in \mathscr{F}_t$. 因此对每一 $c \in \mathbb{R}_+$, 有 $\{\tau \wedge t \leqslant c\} \in \mathscr{F}_t$ 成立.

按照定义 4.3.2, 当 $\rho$ 是域流空间 $(\Omega, \mathscr{F}, \{\mathscr{F}_t : t \in \mathbb{R}_+\}, P)$ 的一个停时时, $\rho$ 前事件 $\sigma$ 代数 $\mathscr{F}_\rho$ 的每一元素 $A$ 满足:

$$A \in \mathscr{F}_\infty, \text{ 且对每一 } t \in \mathbb{R}_+ \text{ 有 } A \cap \{\rho \leqslant t\} \in \mathscr{F}_t$$

而下面的定理表明实际上 $\mathscr{F}_\tau$ 的每个元素不仅对于每一确定的时间 $t$ 满足上面的条件式子, 对于所有停时 $\tau$ 也满足上面的条件.

**定理 4.3.9**　设 $\rho$ 是域流空间 $(\Omega, \mathscr{F}, \{\mathscr{F}_t : t \in \mathbb{R}_+\}, P)$ 的一个停时, 如果 $A \in \mathscr{F}_\rho$, 那么对这个域流空间的每一个停时 $\tau$, 有

$$A \cap (\rho \leqslant \tau) \in \mathscr{F}_\tau$$

如果这个域流空间还是右连续的, 那么

$$A \cap \{\rho < \tau\} \in \mathscr{F}_\tau$$

**证明**　设 $A \in \mathscr{F}_\rho$, $\tau$ 是域流空间的一个停时. 为证明 $A \cap (\rho \leqslant \tau) \in \mathscr{F}_\tau$, 只需证明对每一 $t \in \mathbb{R}_+$, 有

$$A \cap \{\rho \leqslant \tau\} \cap \{\tau \leqslant t\} \in \mathscr{F}_t \tag{4.3.1}$$

为此, 先证明

$$\{\rho \leqslant \tau\} \cap \{\tau \leqslant t\} = \{\rho \leqslant t\} \cap \{\tau \leqslant t\} \cap \{\rho \wedge t \leqslant \tau \wedge t\} \tag{4.3.2}$$

如果 $\rho(\omega) \leqslant \tau(\omega)$ 并且 $\tau(\omega) \leqslant t$, 那么 $\rho(\omega) \leqslant t$, 而且 $\rho(\omega) \wedge t \leqslant \tau(\omega) \wedge t$; 反过来, 如果 $\rho(\omega) \leqslant t, \tau(\omega) \leqslant t$, 而且 $\rho(\omega) \wedge t \leqslant \tau(\omega) \wedge t$, 那么 $\rho(\omega) \wedge t = \rho(\omega)$, 并且 $\tau(\omega) \wedge t = \tau(\omega)$, 所以 $\rho(\omega) \leqslant \tau(\omega)$, 因而 (4.3.2) 式成立.

由已证的 (4.3.2) 式有

$$A \cap \{\rho \leqslant \tau\} \cap \{\tau \leqslant t\} = A \cap \{\rho \leqslant t\} \cap \{\tau \leqslant t\} \cap \{\rho \wedge t \leqslant \tau \wedge t\}$$

因 $A \in \mathscr{F}_\rho, \rho$ 是停时, 故 $A \cap \{\rho \leqslant t\} \in \mathscr{F}_t$. 又因 $\tau$ 是停时, 故 $\{\tau \leqslant t\} \in \mathscr{F}_t$. 而由引理 4.3.8 知 $\rho \wedge t$ 与 $\tau \wedge t$ 都是 $\mathscr{F}_t$ 可测的, 故

$$\{\rho \wedge t \leqslant \tau \wedge t\} \in \mathscr{F}_t$$

从而, $A \cap \{\rho \leqslant \tau\} \cap \{\tau \leqslant t\} \in \mathscr{F}_t$, 即 (4.3.1) 式成立.

当域流空间右连续时, 为证明 $A \cap \{\rho < \tau\} \in \mathscr{F}_\tau$, 根据定理 4.3.4 只需用和上面类似的方法证明对每一 $t \in \mathbb{R}_+$, 有 $A \cap \{\rho < \tau\} \cap \{\tau < t\} \in \mathscr{F}_t$ 即可.

利用定理 4.3.9 立即可得下面的定理.

**定理 4.3.10** 设 $\rho, \tau$ 是域流空间 $(\Omega, \mathscr{F}, \{\mathscr{F}_t : t \in \mathbb{R}_+\}, P)$ 的两个停时, 如果在 $\Omega$ 上有 $\rho \leqslant \tau$, 那么 $\mathscr{F}_\rho \subset \mathscr{F}_\tau$.

**引理 4.3.11** 设 $\rho, \tau$ 是域流空间 $(\Omega, \mathscr{F}, \{\mathscr{F}_t : t \in \mathbb{R}_+\}, P)$ 的两个停时, 那么

$$\{\rho < \tau\} \in \mathscr{F}_\rho \cap \mathscr{F}_\tau, \quad \{\rho = \tau\} \in \mathscr{F}_\rho \cap \mathscr{F}_\tau, \quad \{\rho > \tau\} \in \mathscr{F}_\rho \cap \mathscr{F}_\tau$$

$$\{\rho \leqslant \tau\} \in \mathscr{F}_\rho \cap \mathscr{F}_\tau, \quad \{\rho \geqslant \tau\} \in \mathscr{F}_\rho \cap \mathscr{F}_\tau$$

**证明** 设 $A \in \mathscr{F}_\rho$. 由定理 4.3.9 有, $A \cap (\rho \leqslant \tau) \in \mathscr{F}_\tau$, 特别地, 取 $A = \Omega$ 有

$$(\rho \leqslant \tau) \in \mathscr{F}_\tau \tag{4.3.3}$$

现在

$$\{\rho < \tau\} = \{\tau \leqslant \rho\}^c = \{\rho \wedge \tau = \tau\}^c$$

因由定理 4.3.7 有 $\rho \wedge \tau$ 是停时, 故由定理 4.3.3 得 $\rho \wedge \tau$ 是 $\mathscr{F}_{\rho \wedge \tau}$ 可测的. 又 $\rho \wedge \tau \leqslant \tau$, 故由定理 4.3.10 有 $\mathscr{F}_{\rho \wedge \tau} \subset \mathscr{F}_\tau$, 从而 $\rho \wedge \tau$ 是 $\mathscr{F}_\tau$ 可测的. 又 $\tau$ 也是 $\mathscr{F}_\tau$ 可测的, 故 $\{\rho \wedge \tau = \tau\} \in \mathscr{F}_\tau$, 因此

$$\{\rho < \tau\} \in \mathscr{F}_\tau \tag{4.3.4}$$

从而由 (4.3.3) 式和 (4.3.4) 式有

$$\{\rho \geqslant \tau\} \in \mathscr{F}_\tau$$

和

$$(\rho = \tau) = (\rho \leqslant \tau) - (\rho < \tau) \in \mathscr{F}_\tau$$

进而有 $\{\rho > \tau\} \in \mathscr{F}_\tau$. 交换 $\rho$ 和 $\tau$ 的地位, 由已证有

$$\{\rho > \tau\} \in \mathscr{F}_\rho, \quad (\rho = \tau) \in \mathscr{F}_\rho, \quad \{\rho < \tau\} \in \mathscr{F}_\rho$$

因此有

$$\{\rho > \tau\} \in \mathscr{F}_\rho \cap \mathscr{F}_\tau, \quad (\rho = \tau) \in \mathscr{F}_\rho \cap \mathscr{F}_\tau, \quad \{\rho < \tau\} \in \mathscr{F}_\rho \cap \mathscr{F}_\tau$$

进而有

$$\{\rho \leqslant \tau\} \in \mathscr{F}_\rho \cap \mathscr{F}_\tau, \quad \{\rho \geqslant \tau\} \in \mathscr{F}_\rho \cap \mathscr{F}_\tau$$

利用定理 4.3.10 和引理 4.3.11 可得

**定理 4.3.12**　设 $\rho, \tau$ 是域流空间 $(\Omega, \mathscr{F}, \{\mathscr{F}_t : t \in \mathbb{R}_+\}, P)$ 的两个停时, 那么对停时 $\rho \wedge \tau$, 有

$$\mathscr{F}_{\rho \wedge \tau} = \mathscr{F}_\rho \cap \mathscr{F}_\tau.$$

**推论 4.3.13**　如果 $\rho, \tau$ 是域流空间 $(\Omega, \mathscr{F}, \{\mathscr{F}_t : t \in \mathbb{R}_+\}, P)$ 的两个停时, 那么

$$\{\rho < \tau\}, \quad \{\rho \leqslant \tau\}, \quad \{\rho > \tau\}, \quad \{\rho \geqslant \tau\} \in \mathscr{F}_{\rho \wedge \tau}$$

**引理 4.3.14**　设 $X$ 是概率空间 $(\Omega, \mathscr{F}, P)$ 上的一个可积的随机变量, $\mathscr{G}_1$ 和 $\mathscr{G}_2$ 是 $\sigma$ 代数 $\mathscr{F}$ 的两个子 $\sigma$ 代数, 且 $\mathscr{G}_1 \supset \mathscr{G}_2$, 那么

$$E\left[E\left[X \,|\mathscr{G}_1\right] |\mathscr{G}_2\right] = E\left[X \,|\mathscr{G}_2\right] \tag{4.3.5}$$

$$E\left[E\left[X \,|\mathscr{G}_2\right] |\mathscr{G}_1\right] \supset E\left[X \,|\mathscr{G}_2\right] \tag{4.3.6}$$

如果 $E\left[E\left[X \,|\mathscr{G}_2\right] |\mathscr{G}_1\right]$ 的每一版本都是 $\mathscr{G}_2$ 可测的, 那么

$$E\left[E\left[X \,|\mathscr{G}_2\right] |\mathscr{G}_1\right] = E\left[X \,|\mathscr{G}_2\right]) \tag{4.3.7}$$

对于可积随机变量关于 $\sigma$ 代数 $\mathscr{F}_{\rho \wedge \tau}$ 的条件期望, 利用引理 4.3.14, 我们有

**定理 4.3.15**　设 $\rho, \tau$ 是右连续域流空间 $(\Omega, \mathscr{F}, \{\mathscr{F}_t : t \in \mathbb{R}_+\}, P)$ 的两个停时, $X$ 是一个可积的随机变量, 那么

$$E\left[I_{\{\rho < \tau\}} X \,|\mathscr{F}_\rho\right] = E\left[I_{\{\rho < \tau\}} X \,|\mathscr{F}_{\rho \wedge \tau}\right] \tag{4.3.8}$$

$$E\left[I_{\{\rho \leqslant \tau\}} X \,|\mathscr{F}_\rho\right] = E\left[I_{\{\rho \leqslant \tau\}} X \,|\mathscr{F}_{\rho \wedge \tau}\right] \tag{4.3.9}$$

$$E\left[E\left[X \,|\mathscr{F}_\rho\right] |\mathscr{F}_\tau\right] \supset E\left[X \,|\mathscr{F}_{\rho \wedge \tau}\right] \tag{4.3.10}$$

定理 4.3.15 中 (4.3.10) 式的包含一般不是等式, 例如对于 $\rho = s, \tau = t$ 的平凡情况, 其中 $s, t \in \mathbb{R}_+, s < t$, 而在 $\Omega$ 上随机变量 $X \equiv 1$, 此时, 有

$$E\left[E\left[X | \mathscr{F}_\rho\right] | \mathscr{F}_\tau\right] = E\left[E\left[1 | \mathscr{F}_\rho\right] | \mathscr{F}_\tau\right]$$

而 $E\left[X | \mathscr{F}_{\rho \wedge \tau}\right] = E\left[1 | \mathscr{F}_\rho\right]$, 但一般 $E\left[E\left[1 | \mathscr{F}_\rho\right] | \mathscr{F}_\tau\right]$ 和 $E\left[1 | \mathscr{F}_\rho\right]$ 不相等.

关于停时序列的极限, 利用定理 4.3.4 可得下面定理.

**定理 4.3.16** 设 $\{\tau_n : n \in \mathbb{N}\}$ 是域流空间 $(\Omega, \mathscr{F}, \{\mathscr{F}_t : t \in \mathbb{R}_+\}, P)$ 上的一个停时序列, 则 $\sup\limits_{n \in \mathbb{N}} \tau_n$ 是这个域流空间的一个停时. 如果域流还是右连续的, 那么 $\inf\limits_{n \in \mathbb{N}} \tau_n, \liminf\limits_{n \to \infty} \tau_n, \limsup\limits_{n \to \infty} \tau_n$ 都是停时; 如果 $\lim\limits_{n \to \infty} \tau_n$ 在 $\Omega$ 上处处存在, 那么它也是一个停时.

利用定理 4.3.16、定理 4.3.10 和定理 4.3.4 可得如下结论.

**定理 4.3.17** 设 $\{\tau_n : n \in \mathbb{N}\}$ 是右连续域流空间 $(\Omega, \mathscr{F}, \{\mathscr{F}_t : t \in \mathbb{R}_+\}, P)$ 上的一个递减的停时序列, 那么 $\tau = \lim\limits_{n \to \infty} \tau_n$ 是一个停时, 而且 $\mathscr{F}_\tau = \bigcap\limits_{n \in \mathbb{N}} \mathscr{F}_{\tau_n}$.

**引理 4.3.18** 设 $(\Omega, \mathscr{F}, \{\mathscr{F}_t : t \in \mathbb{R}_+\}, P)$ 是一个域流空间, 概率空间 $(\Omega, \mathscr{F}, P)$ 完备, 且 $\mathscr{F}_0$ 包含所有的零概率集. 如果 $\rho$ 和 $\tau$ 都是 $\Omega$ 上的 $\bar{\mathbb{R}}_+$ 值函数, 而 $\rho$ 是一个停时, 且 $\rho = \tau$ 在 $(\Omega, \mathscr{F}, P)$ 上 a.s. 成立, 那么 $\tau$ 是一个停时.

**证明** 设 $(\Omega, \mathscr{F}, P)$ 上的零概率集 $\Lambda$, 使得对 $\omega \in \Lambda^c$ 有 $\rho(\omega) = \tau(\omega)$. 对每一 $t \in \mathbb{R}_+$, 有

$$\{\tau \leqslant t\} = \left[\{\tau \leqslant t\} \cap \Lambda^c\right] \cup \left[\{\tau \leqslant t\} \cap \Lambda\right]$$

因 $\{\rho \leqslant t\} \in \mathscr{F}_t, \Lambda^c \in \mathscr{F}_0 \subset \mathscr{F}_t$, 故

$$\{\tau \leqslant t\} \cap \Lambda^c = \{\rho \leqslant t\} \cap \Lambda^c \in \mathscr{F}_t$$

另一方面, 因概率空间 $(\Omega, \mathscr{F}, P)$ 完备, 故零概率集 $\Lambda$ 的子集 $\{\tau \leqslant t\} \cap \Lambda$ 是一个零概率集, 而 $\mathscr{F}_0$ 包含所有的零概率集, 所以

$$\left[\{\tau \leqslant t\} \cap \Lambda\right] \in \mathscr{F}_0 \subset \mathscr{F}_t$$

因此对每一 $t \in \mathbb{R}_+$, 有 $\{\tau \leqslant t\} \in \mathscr{F}_t$, 从而 $\tau$ 是一个停时.

利用引理 4.3.18 和定理 4.3.16 可得下面的定理.

**定理 4.3.19** 设 $\{\tau_n : n \in \mathbb{N}\}$ 是域流空间 $(\Omega, \mathscr{F}, \{\mathscr{F}_t : t \in \mathbb{R}_+\}, P)$ 上的一个停时序列, 如果在概率空间 $(\Omega, \mathscr{F}, P)$ 上 $\lim\limits_{n \to \infty} \tau_n$ a.e. 存在, $\tau$ 是 $\Omega$ 上的一个 $\bar{\mathbb{R}}_+$ 值函数, 满足 $\lim\limits_{n \to \infty} \tau_n = \tau$ a.e., 那么当概率空间 $(\Omega, \mathscr{F}, P)$ 完备, 且 $\mathscr{F}_0$ 包含所有的零概率集而且 $\{\mathscr{F}_t : t \in \mathbb{R}_+\}$ 右连续时, $\tau$ 是一个停时.

　　下面的结果表明任何一个停时都可以被用取离散值的停时序列从上方逼近.

　　**定理 4.3.20**　设 $\tau$ 是域流空间 $(\Omega, \mathscr{F}, \{\mathscr{F}_t : t \in \mathbb{R}_+\}, P)$ 上的一个停时. 对每一个 $n \in \mathbb{N}$, 设 $\rho_n$ 是 $\bar{\mathbb{R}}_+$ 上的一个由下式

$$\rho_n(t) = \begin{cases} k2^{-n}, & t \in [(k-1)2^{-n}, k2^{-n}), k \in \mathbb{N}, \\ \infty, & t = \infty \end{cases} \tag{4.3.11}$$

定义的 $\bar{\mathbb{R}}_+$ 值函数. 如果令

$$\tau_n = \rho_n \circ \tau \tag{4.3.12}$$

那么 $\{\tau_n : n \in \mathbb{N}\}$ 是一个递减的停时序列, 其中 $\tau_n$ 在 $\{k2^{-n} : k \in \mathbb{N}\} \cup \{\infty\}$ 中取值, 而且当 $n \to \infty$ 时在 $\Omega$ 上一致有 $\tau_n \downarrow \tau$.

　　**证明**　由 (4.3.11) 式知 $\rho_n$ 是一个定义在 $\bar{\mathbb{R}}_+$ 上的右连续阶梯函数, 且当限制到 $\mathbb{R}_+$ 上时对每一 $t \in \mathbb{R}_+$ 有

$$t < \rho_n(t) \leqslant t + 2^{-n}$$

因此当 $n \to \infty$ 时有 $\rho_n(t) \downarrow t$ 在 $\bar{\mathbb{R}}_+$ 上一致成立. 如果 $X$ 是概率空间 $(\Omega, \mathscr{F}, P)$ 上的一个 $\bar{\mathbb{R}}_+$ 值随机变量, 而我们定义 $X_n = \rho_n \circ X$, 那么因为 $X$ 是 $\Omega$ 到 $\bar{\mathbb{R}}_+$ 的一个 $\mathscr{F}/\mathscr{B}_{\bar{\mathbb{R}}_+}$ 可测映射, 而 $\rho_n$ 是 $\bar{\mathbb{R}}_+$ 到 $\bar{\mathbb{R}}_+$ 的一个 $\mathscr{B}_{\bar{\mathbb{R}}_+}/\mathscr{B}_{\bar{\mathbb{R}}_+}$ 可测映射, 所以 $X_n$ 是 $\Omega$ 到 $\bar{\mathbb{R}}_+$ 的一个 $\mathscr{F}/\mathscr{B}_{\bar{\mathbb{R}}_+}$ 可测映射. 因此 $X_n$ 是概率空间 $(\Omega, \mathscr{F}, P)$ 上的一个在 $\{k2^{-n} : k \in \mathbb{N}\} \cup \{\infty\}$ 中取值随机变量, 且

$$X(\omega) < X_n(\omega) \leqslant X(\omega) + 2^{-n}, \quad \text{对 } X(\omega) \in \mathbb{R}_+ \text{ 的 } \omega \in \Omega$$

$$X_n(\omega) = \infty, \quad \text{对 } X(\omega) = \infty \text{ 的 } \omega \in \Omega$$

从而当 $n \to \infty$ 时有 $X_n(\omega) \downarrow X(\omega)$ 对 $\omega \in \Omega$ 一致成立.

　　特别地, 当 $X$ 是一个停时 $\tau$ 时上面的结论成立. 现在如果 $\tau$ 是一个停时, 那么 $\tau$ 是 $\Omega$ 到 $\bar{\mathbb{R}}_+$ 的一个 $\mathscr{F}_\tau/\mathscr{B}_{\bar{\mathbb{R}}_+}$ 可测映射. 因为 $\rho_n$ 是 $\bar{\mathbb{R}}_+$ 到 $\bar{\mathbb{R}}_+$ 的一个 $\mathscr{B}_{\bar{\mathbb{R}}_+}/\mathscr{B}_{\bar{\mathbb{R}}_+}$ 可测映射, 所以 $\tau_n$ 是 $\Omega$ 到 $\bar{\mathbb{R}}_+$ 的一个 $\mathscr{F}_\tau/\mathscr{B}_{\bar{\mathbb{R}}_+}$ 可测映射. 又在 $\Omega$ 上有 $\tau_n \geqslant \tau$, 因此再由定理 4.3.6 得 $\tau_n$ 是一个停时.

### 4.3.2　离散时间随机过程的停时

　　**定义 4.3.21**　设 $(\Omega, \mathscr{F}, P)$ 是一个概率空间, $\{t_n : n \in \mathbb{Z}_+\}$ 是 $\mathbb{R}_+$ 中的一个严格递增序列. 称 $\sigma$ 代数 $\mathscr{F}$ 的一个递增的子 $\sigma$ 代数序列 $\{\mathscr{F}_{t_n} : n \in \mathbb{Z}_+\}$ 为概率空间 $(\Omega, \mathscr{F}, P)$ 的一个具离散时间的域流; 称四元组 $(\Omega, \mathscr{F}, \{\mathscr{F}_{t_n} : n \in \mathbb{Z}_+\}, P)$, 或简记为 $(\Omega, \mathscr{F}, \{\mathscr{F}_{t_n}\}, P)$, 为一个具离散时间的域流空间. 设 $t_\infty = \lim\limits_{n \to \infty} t_n \in$

$\bar{\mathbb{R}}_+$, $\mathscr{F}_{t_\infty} = \sigma\left(\bigcup_{n\in\mathbb{Z}_+}\mathscr{F}_{t_n}\right)$. 称具离散时间域流空间 $(\Omega,\mathscr{F},\{\mathscr{F}_{t_n}:n\in\mathbb{Z}_+\},P)$ 上的一个随机变量序列 $X=\{X_{t_n}:n\in\mathbb{Z}_+\}$ 是 $\{\mathscr{F}_{t_n}:n\in\mathbb{Z}_+\}$ 适应的, 如果对每一 $n\in\mathbb{Z}_+$ 有 $X_{t_n}$ 是 $\mathscr{F}_{t_n}$ 可测的; 称 $X=\{X_{t_n}:n\in\mathbb{Z}_+\}$ 是 $\{\mathscr{F}_{t_n}:n\in\mathbb{Z}_+\}$ 可料的, 如果对每一 $n\in\mathbb{N}$ 有 $X_{t_n}$ 是 $\mathscr{F}_{t_{n-1}}$ 可测的.

注意, 在随机变量序列 (即离散时间随机过程) $X=\{X_{t_n}:n\in\mathbb{Z}_+\}$ 可料性的定义中对随机变量 $X_{t_0}$ 没有附加限制条件.

**定义 4.3.22**　设 $(\Omega,\mathscr{F},\{\mathscr{F}_{t_n}:n\in\mathbb{Z}_+\},P)$ 是一个具离散时间的域流空间, 称 $\Omega$ 上的在 $\{t_n:n\in\bar{\mathbb{Z}}_+\}$ 中取值的函数 $\tau$ 为一个 $\{\mathscr{F}_{t_n}:n\in\mathbb{Z}_+\}$ 停时, 如果

$$\{\tau\leqslant t_n\}\in\mathscr{F}_{t_n},\quad \text{对每一 } n\in\mathbb{Z}_+ \tag{4.3.13}$$

如果 $P(\tau=\infty)=0$, 则称停时 $\tau$ 是一个有限停时. 称

$$\mathscr{F}_\tau=\{A\in\mathscr{F}_{t_\infty}:A\cap\{\tau\leqslant t_n\}\in\mathscr{F}_{t_n},\forall n\in\mathbb{Z}_+\} \tag{4.3.14}$$

为 $\tau$ 前 $\sigma$ 代数或停时 $\sigma$ 代数.

易见, 具离散时间的域流空间的停时 $\tau$ 也是一个 $\mathscr{F}_{t_\infty}$ 可测随机变量.

我们可类似于连续时间的情形证明, 如果 $\tau$ 是具离散时间的域流空间的一个停时, 那么 $\mathscr{F}_\tau$ 是 $\Omega$ 的子集的一个 $\sigma$ 代数, 停时 $\tau$ 是 $\mathscr{F}_\tau$ 可测的, 且 $\sigma(\tau)\subset\mathscr{F}_\tau\subset\mathscr{F}_\infty\subset\mathscr{F}$.

**注释 4.3.23**　(1) 和连续时间的情况不同的是, 离散时间随机过程的停时定义中的

$$\{\tau\leqslant t_n\}\in\mathscr{F}_{t_n},\quad \text{对每一 } n\in\mathbb{Z}_+$$

等价于

$$\{\tau=t_n\}\in\mathscr{F}_{t_n},\quad \text{对每一 } n\in\mathbb{Z}_+ \tag{4.3.15}$$

这是由于, 一方面我们有 $\{\tau=t_0\}=\{\tau\leqslant t_0\}$, 而对每一 $n\in\mathbb{Z}_+$, 有

$$\{\tau=t_n\}=\{\tau\leqslant t_n\}-\{\tau\leqslant t_{n-1}\}$$

另一方面, 对每一 $n\in\mathbb{Z}_+$, 有

$$\{\tau\leqslant t_n\}=\bigcup_{k=0}^{n}\{T=t_k\}$$

同样可推得 $\mathscr{F}_\tau=\{A\in\mathscr{F}_{t_\infty}:A\cap\{\tau\leqslant t_n\}\in\mathscr{F}_{t_n},\forall n\in\mathbb{Z}_+\}$ 等价于

$$\mathscr{F}_\tau=\{A\in\mathscr{F}_{t_\infty}:A\{\tau=t_n\}\in\mathscr{F}_{t_n},\forall n\in\mathbb{Z}_+\} \tag{4.3.16}$$

此外对于离散时间随机过程的停时

$$\{\tau \leqslant t_n\} \in \mathscr{F}_{t_n}, \quad \text{对每一 } n \in \mathbb{Z}_+$$

意味着

$$\{\tau < t_n\} \in \mathscr{F}_{t_n}, \quad \text{对每一 } n \in \mathbb{Z}_+ \tag{4.3.17}$$

而并不需要关于域流的右连续等额外的条件.

(2) 我们可以用如下的方式得到一个 $\{\mathscr{F}_{t_n} : n \in \mathbb{Z}_+\}$ 停时.

设 $\tau$ 是右连续域流空间 $(\Omega, \mathscr{F}, \{\mathscr{F}_t : t \in \mathbb{R}_+\}, P)$ 上的一个 $\{\mathscr{F}_t : t \in \mathbb{R}_+\}$ 停时, 对固定的 $n \in \mathbb{N}$, 令

$$\rho_n(t) = \begin{cases} k2^{-n}, & t \in [(k-1)2^{-n}, k2^{-n}), \quad k \in \mathbb{N}, \\ \infty, & t = \infty \end{cases}$$

取 $\tau_n = \rho_n \circ \tau$, 那么 $\{\tau_n : n \in \mathbb{N}\}$ 是一个递减的 $\{\mathscr{F}_t : t \in \mathbb{R}_+\}$ 停时序列, 其中 $\tau_n$ 取值于集合 $\{k2^{-n} : k \in \mathbb{N}\} \cup \{\infty\}$. 现在 $\{\mathscr{F}_{k2^{-n}} : k \in \mathbb{Z}_+\}$ 是一个具离散时间的域流, 而且对每一 $k \in \mathbb{Z}_+$ 有

$$\{\tau_n = k2^{-n}\} = \{\tau_n \leqslant k2^{-n}\} - \{\tau_n \leqslant (k-1)2^{-n}\} \in \mathscr{F}_{k2^{-n}}$$

因此 $\tau_n$ 是一个关于域流 $\{\mathscr{F}_{k2^{-n}} : k \in \mathbb{N}\}$ 的停时.

利用定理 4.3.16 和定理 4.3.17 以及注释 4.3.23 的 (4.3.17) 式可以得到关于 $\{\mathscr{F}_{t_n} : n \in \mathbb{Z}_+\}$ 的停时序列的如下结果.

**定理 4.3.24**　设 $\{\tau_m : m \in \mathbb{N}\}$ 是具离散时间的域流空间 $(\Omega, \mathscr{F}, \{\mathscr{F}_{t_n} : n \in \mathbb{Z}_+\}, P)$ 上的一个停时序列, 那么 $\sup\limits_{m \in \mathbb{N}} \tau_m$, $\inf\limits_{m \in \mathbb{N}} \tau_m$, $\liminf\limits_{m \to \infty} \tau_m$, $\limsup\limits_{m \to \infty} \tau_m$ 都是停时; 如果 $\lim\limits_{n \to \infty} \tau_n$ 在 $\Omega$ 上处处存在, 那么它也是一个停时. 如果 $\{\tau_m : m \in \mathbb{N}\}$ 是一个递减的停时序列, 那么 $\tau = \lim\limits_{n \to \infty} \tau_n$ 是一个停时, 且 $\mathscr{F}_\tau = \bigcap\limits_{m \in \mathbb{N}} \mathscr{F}_{\tau_m}$.

### 4.3.3　停时随机变量

**定义 4.3.25**　设 $(\Omega, \mathscr{F}, \{\mathscr{F}_t : t \in \mathbb{R}_+\}, P)$ 是一个域流空间, $X = \{X_t : t \in \mathbb{R}_+\}$ 是其上的一个适应过程, $\tau$ 是其上的一个停时. 取 $X_\infty$ 是概率空间 $(\Omega, \mathscr{F}, P)$ 上的一个任意的广义实值 $\mathscr{F}_\infty$ 可测随机变量. 设 $\bar{X} = \{X_t : t \in \bar{\mathbb{R}}_+\}$, 对每个 $\omega \in \Omega$, 定义

$$X_\tau(\omega) = X_{\tau(\omega)}(\omega) = \bar{X}(\tau(\omega), \omega)$$

同样地, 对离散时间域流空间 $(\Omega, \mathscr{F}, \{\mathscr{F}_{t_n} : n \in \mathbb{Z}_+\}, P)$ 上的具离散时间的适应过程 $X = \{X_{t_n} : n \in \mathbb{Z}_+\}$ 和停时 $\tau$, 取 $X_{t_\infty}$ 是概率空间 $(\Omega, \mathscr{F}, P)$ 上的一个任意的广义实值 $\mathscr{F}_{t_\infty}$ 可测随机变量. 令 $\bar{X} = \{X_{t_n} : n \in \bar{\mathbb{Z}}_+\}$, 对每个 $\omega \in \Omega$, 定义

$$X_\tau(\omega) = X_{\tau(\omega)}(\omega) = \bar{X}(\tau(\omega), \omega)$$

由定义 4.3.25 可见, $X_\tau$ 的取值依赖于 $X_\infty$ (或 $X_{t_\infty}$) 的选择. 以后每当我们论及 $X_\tau$ 时, 应当理解为一个广义实值 $\mathscr{F}_\infty$ 可测随机变量 $X_\infty$ (或一个广义实值 $\mathscr{F}_{t_\infty}$ 可测随机变量 $X_{t_\infty}$) 已经被选取. 而只要停时 $\tau$ 不取 $\infty$, 那么在 $X_\tau$ 的定义中就不需要选取 $X_\infty$. 特别地, 当 $\tau$ 是任意一个停时时, 对每一个固定的 $t \in \mathbb{R}_+$, $\tau \wedge t$ 都是一个有界停时, 此时 $X_{\tau \wedge t}$ 被定义而不需要选取 $X_\infty$.

下面, 考虑停时随机变量 $X_\tau$ 的可测性.

**引理 4.3.26**　设 $X = \{X_t : t \in \mathbb{R}_+\}$ 是一个随机过程, $\rho$ 是一个 $\bar{\mathbb{R}}_+$ 值随机变量, $X_\infty$ 是概率空间 $(\Omega, \mathscr{F}, P)$ 上的一个广义实值随机变量. 取 $\bar{X} = \{X_t : t \in \bar{\mathbb{R}}_+\}$, 对 $\omega \in \Omega$, 令 $\Omega$ 上的广义实值函数

$$X_\rho(\omega) = \bar{X}(\rho(\omega), \omega)$$

如果 $X$ 是 $\mathbb{R}_+ \times \Omega$ 到 $\mathbb{R}$ 的一个 $\mathscr{B}_{\mathbb{R}_+} \times \mathscr{F}/\mathscr{B}_{\mathbb{R}}$ 可测映射, 那么 $X_\rho$ 是概率空间 $(\Omega, \mathscr{F}, P)$ 上的一个广义实值随机变量.

利用命题 4.2.7 和引理 4.3.26, 我们可以证明如下结论.

**定理 4.3.27**　(1) 设 $(\Omega, \mathscr{F}, \{\mathscr{F}_t : t \in \mathbb{R}_+\}, P)$ 是一个域流空间, $X = \{X_t : t \in \mathbb{R}_+\}$ 是其上的一个适应过程, $\tau$ 是其上的一个停时, 设 $X_\tau$ 被用概率空间 $(\Omega, \mathscr{F}, P)$ 上的任意一个广义实值 $\mathscr{F}_\infty$ 可测随机变量 $X_\infty$ 所定义. 如果 $X$ 是 $\mathbb{R}_+ \times \Omega$ 到 $\mathbb{R}$ 的一个 $\mathscr{B}_{\mathbb{R}_+} \times \mathscr{F}_\infty/\mathscr{B}_{\mathbb{R}}$ 可测映射, 特别地, 如果 $X$ 是一个 $\{\mathscr{F}_t : t \in \mathbb{R}_+\}$ 适当可测过程, 那么停时随机变量 $X_\tau$ 是一个 $\mathscr{F}_\infty$ 可测随机变量.

(2) 设 $(\Omega, \mathscr{F}, \{\mathscr{F}_{t_n} : n \in \mathbb{Z}_+\}, P)$ 是一个具离散时间的域流空间, $X = \{X_{t_n} : n \in \mathbb{Z}_+\}$ 是其上的一个适应过程, $\tau$ 是其上的一个停时, 那么被用概率空间 $(\Omega, \mathscr{F}, P)$ 上的任意一个广义实值 $\mathscr{F}_{t_\infty}$ 可测随机变量 $X_{t_\infty}$ 所定义的停时随机变量 $X_\tau$ 总是概率空间 $(\Omega, \mathscr{F}, P)$ 上的一个 $\mathscr{F}_{t_\infty}$ 可测的广义实值随机变量.

利用定理 4.3.10 和定理 4.3.17 可得下面的结论.

**定理 4.3.28**　(1) 对离散时间域流空间 $(\Omega, \mathscr{F}, \{\mathscr{F}_{t_n} : n \in \mathbb{Z}_+\}, P)$ 上的一个具离散时间的适应过程 $X = \{X_{t_n} : n \in \mathbb{Z}_+\}$ 和停时 $\tau$, 有停时随机变量 $X_\tau$ 是一个 $\mathscr{F}_\tau$ 可测的随机变量.

(2) 对右连续域流空间 $(\Omega, \mathscr{F}, \{\mathscr{F}_t : t \in \mathbb{R}_+\}, P)$ 上的一个右连续适应过程 $X = \{X_t : t \in \mathbb{R}_+\}$ 和停时 $\tau$, 有停时随机变量 $X_\tau$ 是一个 $\mathscr{F}_\tau$ 可测的随机变量.

### 4.3.4　停时过程和截断过程

**定义 4.3.29**　设 $(\Omega, \mathscr{F}, \{\mathscr{F}_t : t \in \mathbb{R}_+\}, P)$ 是一个域流空间, $X = \{X_t : t \in \mathbb{R}_+\}$ 是其上的一个适应过程, $\tau$ 是其上的一个停时. 所谓适应过程 $X$ 关于停时 $\tau$ 的停时过程是指由

$$X_{\tau \wedge t}(\omega) = X_{\tau(\omega) \wedge t}(\omega) = X(\tau(\omega) \wedge t, \omega), \quad 对 \ \omega \in \Omega \tag{4.3.18}$$

所确定的随机过程 $X^{\tau} = \{X_{\tau \wedge t} : t \in \mathbb{R}_+\}$, 即对使得 $\tau(\omega) < \infty$ 的 $\omega \in \Omega$, 有

$$X_{\tau \wedge t}(\omega) = \begin{cases} X(t, \omega), & t \in [0, \tau(\omega)], \\ X(\tau(\omega), \omega), & t \in (\tau(\omega), \infty) \end{cases} \tag{4.3.19}$$

而对使得 $\tau(\omega) = \infty$ 的 $\omega \in \Omega$, 有

$$X_{\tau \wedge t}(\omega) = X(t, \omega), \quad 对 \ t \in \mathbb{R}_+ \tag{4.3.20}$$

对离散时间域流空间 $(\Omega, \mathscr{F}, \{\mathscr{F}_{t_n} : n \in \mathbb{Z}_+\}, P)$ 上的一个具离散时间的适应过程 $X = \{X_{t_n} : n \in \mathbb{Z}_+\}$ 和停时 $\tau$, 称由式

$$X_{\tau \wedge t_n} = X_{\tau(\omega) \wedge t_n}(\omega) = X(\tau(\omega) \wedge t_n, \omega), \quad 对 \ \omega \in \Omega \tag{4.3.21}$$

所确定的随机过程 $X^{\tau} = \{X_{\tau \wedge t_n} : n \in \mathbb{Z}_+\}$ 为适应过程 $X = \{X_{t_n} : n \in \mathbb{Z}_+\}$ 关于停时 $\tau$ 的停时过程.

关于停时过程 $X^{\tau}$ 和 $\sigma$ 代数族 $\{\mathscr{F}_{\tau \wedge t} : t \in \mathbb{R}_+\}$ 的关系有如下结果.

**定理 4.3.30**　(1) 离散时间域流空间 $(\Omega, \mathscr{F}, \{\mathscr{F}_{t_n} : n \in \mathbb{Z}_+\}, P)$ 上的具离散时间的适应过程 $X = \{X_{t_n} : n \in \mathbb{Z}_+\}$ 的停时过程 $X^{\tau}$ 是概率空间 $(\Omega, \mathscr{F}, P)$ 上的一个适应于域流 $\{\mathscr{F}_{\tau \wedge t_n} : n \in \mathbb{Z}_+\}$ 的随机过程.

(2) 右连续域流空间 $(\Omega, \mathscr{F}, \{\mathscr{F}_t : t \in \mathbb{R}_+\}, P)$ 上的右连续适应过程 $X = \{X_t : t \in \mathbb{R}_+\}$ 的停时过程 $X^{\tau}$ 是概率空间 $(\Omega, \mathscr{F}, P)$ 上的一个适应于右连续域流 $\{\mathscr{F}_{\tau \wedge t} : t \in \mathbb{R}_+\}$ 的右连续随机过程.

**证明**　(1) 对具离散时间的适应过程 $X$, 因为 $\{\tau \wedge t_n : n \in \mathbb{Z}_+\}$ 是一个递增的停时序列, 所以 $\{\mathscr{F}_{\tau \wedge t_n} : n \in \mathbb{Z}_+\}$ 是 $\sigma$ 代数 $\mathscr{F}$ 的一个子 $\sigma$ 代数的递增序列, 即概率空间 $(\Omega, \mathscr{F}, P)$ 上的一个域流. 因由定理 4.3.28 知 $X_{\tau \wedge t_n}$ 是 $\mathscr{F}_{\tau \wedge t_n}$ 可测的, 故停时过程 $X^{\tau}$ 是一个 $\{\mathscr{F}_{\tau \wedge t_n} : n \in \mathbb{Z}_+\}$ 适应过程.

(2) 类似地, 对连续时间的适应过程 $X$, 因为 $\{\tau \wedge t : t \in \mathbb{R}_+\}$ 是一个递增的停时族, 所以 $\{\mathscr{F}_{\tau \wedge t} : t \in \mathbb{R}_+\}$ 是 $\sigma$ 代数 $\mathscr{F}$ 的一个子 $\sigma$ 代数的递增族, 即概率空间 $(\Omega, \mathscr{F}, P)$ 上的一个域流.

为证明由域流 $\{\mathscr{F}_t : t \in \mathbb{R}_+\}$ 的右连续可推出域流 $\{\mathscr{F}_{\tau \wedge t} : t \in \mathbb{R}_+\}$ 的右连续, 设 $t_0 \in \mathbb{R}_+$ 固定, $\{t_n : n \in \mathbb{Z}_+\}$ 是 $\mathbb{R}_+$ 中的一个序列, 满足 $t_n \downarrow t_0$, 那么在 $\Omega$ 上有 $\tau \wedge t_n \downarrow \tau \wedge t_0$, 所以由定理 4.3.17 有

$$\mathscr{F}_{\tau \wedge t_0} = \bigcap_{n \in N} \mathscr{F}_{\tau \wedge t_n} = \bigcap_{t > t_0} \mathscr{F}_{\tau \wedge t}$$

再由 $t_0$ 的任意性, 即可得域流 $\{\mathscr{F}_{\tau \wedge t} : t \in \mathbb{R}_+\}$ 是右连续的. 又因由定理 4.3.28 知随机变量 $X_{\tau \wedge t}$ 是 $\mathscr{F}_{\tau \wedge t}$ 可测的, 故停时过程 $X^\tau$ 是一个 $\{\mathscr{F}_{\tau \wedge t} : t \in \mathbb{R}_+\}$ 适应过程. 再由 $X$ 的右连续性和定义 4.3.29 的 (4.3.19) 式得停时过程 $X^\tau$ 是右连续的.

**定义 4.3.31**　设 $(\Omega, \mathscr{F}, \{\mathscr{F}_t : t \in \mathbb{R}_+\}, P)$ 是一个域流空间, $X = \{X_t : t \in \mathbb{R}_+\}$ 是其上的一个随机过程, $\tau$ 是其上的一个停时. 称 $\mathbb{R}_+ \times \Omega$ 上的由

$$X^{[\tau]}(t, \omega) = I_{\{(\cdot) \leqslant \tau\}}(t, \omega) X(t, \omega), \quad \text{对 } (t, \omega) \in \mathbb{R}_+ \times \Omega$$

确定的实值函数 $X^{[\tau]}$ 为随机过程 $X = \{X_t : t \in \mathbb{R}_+\}$ 被停时 $\tau$ 的截断过程, 其中

$$\{(\cdot) \leqslant \tau\} = \{(t, \omega) \in \mathbb{R}_+ \times \Omega : t \leqslant \tau(\omega)\}$$

为 $\mathbb{R}_+ \times \Omega$ 的子集.

**注释 4.3.32**　关于域流空间 $(\Omega, \mathscr{F}, \{\mathscr{F}_t : t \in \mathbb{R}_+\}, P)$ 的停时 $\tau$ 所确定的 $\mathbb{R}_+ \times \Omega$ 的子集 $\{(\cdot) \leqslant \tau\} = \{(t, \omega) \in \mathbb{R}_+ \times \Omega : t \leqslant \tau(\omega)\}$ 的示性函数 $I_{\{(\cdot) \leqslant \tau\}}$, 由于对使得 $\tau(\omega) < \infty$ 的 $\omega \in \Omega$, 有

$$I_{\{(\cdot) \leqslant \tau\}}(t, \omega) = \begin{cases} 1, & t \in [0, \tau(\omega)], \\ 0, & t \in (\tau(\omega), \infty) \end{cases} \tag{4.3.22}$$

而对使得 $\tau(\omega) = \infty$ 的 $\omega \in \Omega$, 有

$$I_{\{(\cdot) \leqslant \tau\}}(t, \omega) = 1, \text{ 对 } t \in \mathbb{R}_+ \tag{4.3.23}$$

因此对使得 $\tau(\omega) < \infty$ 的 $\omega \in \Omega$, 有

$$X^{[\tau]}(t, \omega) = \begin{cases} X(t, \omega), & t \in [0, \tau(\omega)], \\ 0, & t \in (\tau(\omega), \infty) \end{cases} \tag{4.3.24}$$

而对使得 $\tau(\omega) = \infty$ 的 $\omega \in \Omega$, 有

$$X^{[\tau]}(t, \omega) = X(t, \omega), \text{ 对 } t \in \mathbb{R}_+ \tag{4.3.25}$$

类似地, 对每一 $t \in \mathbb{R}_+$, 有

$$I_{\{(\cdot) \leqslant \tau\}}(t, \omega) = \begin{cases} 1, & \text{在 } \{\tau \geqslant t\} \text{ 上}, \\ 0, & \text{在 } \{\tau < t\} \text{ 上} \end{cases} \tag{4.3.26}$$

因此对每一 $t \in \mathbb{R}_+$, 有

$$X^{[\tau]}(t, \omega) = \begin{cases} X(t, \omega), & \text{在 } \{\tau \geqslant t\} \text{ 上}, \\ 0, & \text{在 } \{\tau < t\} \text{ 上} \end{cases} \tag{4.3.27}$$

如果域流空间右连续, 那么由定理 4.3.4 知对每一 $t \in \mathbb{R}_+$ 有 $\{\tau < t\} \in \mathscr{F}_t$, 故由 (4.3.26) 式给出的 $I_{\{(\cdot) \leqslant \tau\}}(t, \cdot)$ 是 $\mathscr{F}_t$ 可测的, 因此 $I_{\{(\cdot) \leqslant \tau\}}$ 是域流空间上的一个适应过程. 再由 (4.3.22) 式知 $I_{\{(\cdot) \leqslant \tau\}}$ 的每一样本函数都是左连续的, 从而 $I_{\{(\cdot) \leqslant \tau\}}$ 是一个可料过程.

**命题 4.3.33** 设 $(\Omega, \mathscr{F}, \{\mathscr{F}_t : t \in \mathbb{R}_+\}, P)$ 是一个域流空间, $X = \{X_t : t \in \mathbb{R}_+\}$ 是其上的一个随机过程, $\tau$ 是其上的一个停时, 则

(1) $X^{[\tau]}$ 总是一个随机过程;

(2) 如果域流空间 $(\Omega, \mathscr{F}, \{\mathscr{F}_t : t \in \mathbb{R}_+\}, P)$ 是右连续的, $X$ 是一个适应过程, 那么 $X^{[\tau]}$ 也是一个适应过程;

(3) 如果域流空间 $(\Omega, \mathscr{F}, \{\mathscr{F}_t : t \in \mathbb{R}_+\}, P)$ 是右连续的, $X$ 是一个可料过程, 那么 $X^{[\tau]}$ 也是一个可料过程.

**证明** (1) 因为 $I_{\{(\cdot) \leqslant \tau\}}(t, \cdot)$ 和 $X(t, \cdot)$ 都是 $\mathscr{F}$ 可测的, 所以对每一 $t \in \mathbb{R}_+$ 由定义 4.3.31 知 $X^{[\tau]}(t, \cdot)$ 是 $\mathscr{F}$ 可测的, 从而 $X^{[\tau]}$ 是一个随机过程.

(2) 如果 $X$ 是一个适应过程, 那么因为 $I_{\{(\cdot) \leqslant \tau\}}(t, \cdot)$ 和 $X(t, \cdot)$ 都是 $\mathscr{F}_t$ 可测的, 所以对每一 $t \in \mathbb{R}_+$ 有 $X^{[\tau]}(t, \cdot)$ 是 $\mathscr{F}_t$ 可测的, 因而 $X^{[\tau]}$ 是一个适应过程.

(3) 如果 $X$ 是一个可料过程, 那么 $X(t, \cdot)$ 和 $I_{\{(\cdot) \leqslant \tau\}}(t, \cdot)$ 都是 $\mathbb{R}_+ \times \Omega$ 到 $\mathbb{R}$ 的 $\mathscr{G}/\mathscr{B}_{\mathbb{R}}$ 可测映射, 因此 $X^{[\tau]} = I_{\{(\cdot) \leqslant \tau\}} X(t, \cdot)$ 是 $\mathbb{R}_+ \times \Omega$ 到 $\mathbb{R}$ 的一个 $\mathscr{G}/\mathscr{B}_{\mathbb{R}}$ 可测映射, 从而 $X^{[\tau]}$ 是一个可料过程.

关于截断过程 $X^{[\tau]}$ 还有如下结论.

**定理 4.3.34** 设 $(\Omega, \mathscr{F}, \{\mathscr{F}_t : t \in \mathbb{R}_+\}, P)$ 是一个域流空间, $X = \{X_t : t \in \mathbb{R}_+\}$ 是其上的一个随机过程, $\tau$ 是其上的一个停时, 则存在一个停时序列 $\tau_n$, $n \in \mathbb{N}$, 使得当 $n \to \infty$ 时在 $\Omega$ 上有 $\tau_n \downarrow \tau$, 且

$$\lim_{n \to \infty} X^{[\tau_n]}(t, \omega) = X^{[\tau]}(t, \omega), \quad \text{对 } (t, \omega) \in \mathbb{R}_+ \times \Omega$$

## 4.4  $L_p$ 收敛和一致可积

### 4.4.1  $L_p$ 收敛

设 $(\Omega, \mathscr{F}, P)$ 是一个概率空间. 对任意固定的 $p \in (0, \infty)$, 设 $X$ 是 $(\Omega, \mathscr{F}, P)$ 上一个满足条件

$$\|X\|_p \triangleq \left( \int_{\Omega} |X|^p \, \mathrm{d}P \right)^{1/p} < \infty$$

的广义实值随机变量, 考虑这样的随机变量的等价类的线性空间 $L_p(\Omega, \mathscr{F}, P)$.

**定义 4.4.1** 称概率空间 $(\Omega, \mathscr{F}, P)$ 上的一个广义实值随机变量 $X$ 是基本有界的, 如果存在 $B > 0$ 和概率空间 $(\Omega, \mathscr{F}, P)$ 的一个零概率集 $\Lambda$, 使得对所有的 $\omega \in \Lambda^c$ 有

$$|X(\omega)| \leqslant B$$

成立, 此时称 $B$ 为 $X$ 的一个基本界. 以后用 $L_\infty(\Omega, \mathscr{F}, P)$ 表示概率空间 $(\Omega, \mathscr{F}, P)$ 上的基本有界的随机变量的等价类的线性空间, 如果 $X \in L_\infty(\Omega, \mathscr{F}, P)$, 定义 $\|X\|_\infty$ 为 $X$ 的所有基本界的下确界.

容易看出, 对 $X \in L_p(\Omega, \mathscr{F}, P)$, 当 $p \in [1, \infty]$ 时, 由式 $\|X\|_p \triangleq \left( \int_\Omega |X|^p \, dP \right)^{1/p}$ 确定的 $\|\cdot\|_p$ 是空间 $L_p(\Omega, \mathscr{F}, P)$ 上的一个范数. 如果对 $X, Y \in L_p(\Omega, \mathscr{F}, P)$, 令

$$\rho(X, Y) = \|X - Y\|_p$$

则 $L_p(\Omega, \mathscr{F}, P)$ 上的这个双变函数 $\rho(\cdot, \cdot)$ 是它上的一个距离, 而且空间 $L_p(\Omega, \mathscr{F}, P)$ 关于这个距离 $\rho$ 还是完备的. 然而, 当 $p \in (0, 1)$ 时, $\|\cdot\|_p$ 不再是一个范数, 而是一个半范数, 即它满足下面的条件:

(1) 如果 $X \in L_p(\Omega, \mathscr{F}, P)$, 那么 $\|X\|_p^p \in [0, \infty)$ 且 $\|X\|_p^p = 0$ 当且仅当 $X = 0$;

(2) 对 $X \in L_p(\Omega, \mathscr{F}, P)$, 有 $\|-X\|_p^p = \|X\|_p^p$;

(3) 对 $X, Y \in L_p(\Omega, \mathscr{F}, P)$, 有 $\|X + Y\|_p^p \leqslant \|X\|_p^p + \|Y\|_p^p$.

此时如果对 $X, Y \in L_p(\Omega, \mathscr{F}, P)$, 令 $\rho(X, Y) = \|X - Y\|_p^p$, 则可以证明这个 $\rho(\cdot, \cdot)$ 是 $L_p(\Omega, \mathscr{F}, P)$ 上的一个距离, 而且 $L_p(\Omega, \mathscr{F}, P)$ 关于这个距离 $\rho$ 是一个完备的度量空间.

利用对当 $a, b \geqslant 0$ 和 $p \in (0, \infty)$ 时成立的基本不等式

$$(a + b)^p \leqslant 2^p (a^p + b^p)$$

和 Fatou 引理易得如下结论.

**引理 4.4.2** 设 $p \in (0, \infty)$, $X_n \in L_p(\Omega, \mathscr{F}, P)$, $n \in \mathbb{N}$, $X \in L_p(\Omega, \mathscr{F}, P)$. 如果 $\lim\limits_{n \to \infty} \|X_n\|_p = \|X\|_p$, 且 $\lim\limits_{n \to \infty} X_n = X$ a.s., 那么 $\lim\limits_{n \to \infty} \|X_n - X\|_p = 0$.

**定理 4.4.3** 设 $p \in (0, \infty)$, $X_n \in L_p(\Omega, \mathscr{F}, P)$, $n \in \mathbb{N}$, $X \in L_p(\Omega, \mathscr{F}, P)$, 那么 $\lim\limits_{n \to \infty} \|X_n - X\|_p = 0$ 当且仅当 $\lim\limits_{n \to \infty} \|X_n\|_p = \|X\|_p$, 且 $\text{pr-}\lim\limits_{n \to \infty} X_n = X$.

**证明** 当 $p \in [1, \infty]$ 时, 对 $X, Y \in L_p(\Omega, \mathscr{F}, P)$, 设 $\rho_p(X, Y) = \|X - Y\|_p$; 而当 $p \in (0, 1)$ 时, 对 $X, Y \in L_p(\Omega, \mathscr{F}, P)$, 设 $\rho_p(X, Y) = \|X - Y\|_p^p$. 因此在这两种情况下 $\rho_p$ 都是空间 $L_p(\Omega, \mathscr{F}, P)$ 上的距离, 且 $\lim\limits_{n \to \infty} \|X_n - X\|_p = 0$ 当且仅当 $\lim\limits_{n \to \infty} \rho_p(X_n, X) = 0$.

(1) 必要性　假设 $\lim\limits_{n\to\infty}\rho_p(X_n,X)=0$. 因为对距离 $\rho_p$ 利用三角不等式有

$$\rho_p(X_n,0)\leqslant\rho_p(X_n,X)+\rho_p(X,0)$$

所以

$$\rho_p(X_n,0)-\rho_p(X,0)\leqslant\rho_p(X_n,X)$$

类似地, 有 $\rho_p(X,0)-\rho_p(X_n,0)\leqslant\rho_p(X_n,X)$, 因此

$$|\rho_p(X_n,0)-\rho_p(X,0)|\leqslant\rho_p(X_n,X)$$

从而由 $\lim\limits_{n\to\infty}\rho_p(X_n,X)=0$ 得到 $\lim\limits_{n\to\infty}\rho_p(X_n,0)=\rho_p(X,0)$, 即 $\lim\limits_{n\to\infty}\|X_n\|_p=\|X\|_p$.

对任意的 $\varepsilon>0$, 由 Markov 不等式有

$$P(|X_n-X|\geqslant\varepsilon)\leqslant\frac{E(|X_n-X|^p)}{\varepsilon^p}=\frac{\|X_n-X\|_p^p}{\varepsilon^p}$$

再结合由 $\lim\limits_{n\to\infty}\rho_p(X_n,X)=0$ 得到的 $\lim\limits_{n\to\infty}\|X_n-X\|_p^p=0$, 可得 $\lim\limits_{n\to\infty}P(|X_n-X|\geqslant\varepsilon)=0$, 即 $\mathrm{pr}-\lim\limits_{n\to\infty}X_n=X$.

(2) 充分性　假设 $\lim\limits_{n\to\infty}\|X_n\|_p=\|X\|_p$, 且 $\mathrm{pr}-\lim\limits_{n\to\infty}X_n=X$, 考虑 $\{X_n:n\in\mathbb{N}\}$ 的任何子序列 $\{X_{n_k}:k\in\mathbb{N}\}$, 因为 $\mathrm{pr}-\lim\limits_{n\to\infty}X_n=X$, 所以 $\mathrm{pr}-\lim\limits_{n\to\infty}X_{n_k}=X$, 从而存在 $\{X_{n_k}:k\in\mathbb{N}\}$ 的子序列 $\left\{X_{n_{k_l}}:l\in\mathbb{N}\right\}$ 使得 $\lim\limits_{l\to\infty}X_{n_{k_l}}=X$ a.s., 因此由引理 4.4.2 有 $\lim\limits_{l\to\infty}\left\|X_{n_{k_l}}-X\right\|_p=0$, 即 $\lim\limits_{l\to\infty}\rho_p\left(X_{n_{k_l}},X\right)=0$, 从而我们证明了对 $\{X_n:n\in\mathbb{N}\}$ 的任何子序列 $\{X_{n_k}:k\in\mathbb{N}\}$ 总有子序列 $\left\{X_{n_{k_l}}:l\in\mathbb{N}\right\}$ 使得 $\lim\limits_{l\to\infty}\rho_p\left(X_{n_{k_l}},X\right)=0$, 由此可得 $\lim\limits_{n\to\infty}\rho_p(X_n,X)=0$. 这是因为如果 $\lim\limits_{n\to\infty}\rho_p(X_n,X)=0$ 不成立, 那么存在 $\varepsilon_0>0$ 使得 $\rho_p(X_n,X)\geqslant\varepsilon_0$ 对无穷多的 $n\in\mathbb{N}$ 成立, 因此我们可以选择 $\{n\}$ 的子序列 $\{n_k\}$ 使得 $\rho_p(n_k,X)\geqslant\varepsilon_0$ 对所有的 $k\in\mathbb{N}$ 成立, 从而就没有 $\{X_{n_k}:k\in\mathbb{N}\}$ 的子序列 $\left\{X_{n_{k_l}}:l\in\mathbb{N}\right\}$ 满足 $\lim\limits_{l\to\infty}\rho_p\left(X_{n_{k_l}},X\right)=0$, 因此产生矛盾.

### 4.4.2　随机变量族的一致可积

为了联系随机变量族的一致可积性和单个随机变量的可积性, 让我们给出如下结论.

**引理 4.4.4**  概率空间 $(\Omega, \mathscr{F}, P)$ 上的广义实值随机变量 $X$ 可积当且仅当 $\lambda \to \infty$ 时有

$$\int_{\{|X|>\lambda\}} |X| \, \mathrm{d}P \downarrow 0.$$

**证明**  (1) **必要性**  如果 $X$ 可积, 那么在概率空间 $(\Omega, \mathscr{F}, P)$ 上有 $|X| < \infty$ a.s. 因此如果取 $X_n = |X| I_{|X|>n}$, 则当 $n \to \infty$ 时, 就有

$$\lim_{n \to \infty} X_n = |X| I_{|X|=\infty} = 0 \quad \text{a.s.}$$

又 $|X_n| \leqslant |X|$, 故由 Lebesgue 控制收敛定理有

$$\lim_{n \to \infty} \int_{\Omega} X_n \mathrm{d}P = \int_{\Omega} |X| I_{|X|=\infty} \mathrm{d}P = 0$$

即 $\lim\limits_{n \to \infty} \int_{\{|X|>n\}} X \mathrm{d}P = 0$. 因为 $P\{|X| > \lambda\} \leqslant P\{|X| > [\lambda]\}$, 其中 $[\lambda]$ 是不超过 $\lambda$ 的最大整数, 所以当 $\lambda \to \infty$ 时有 $\int_{\{|X|>\lambda\}} |X| \mathrm{d}P \downarrow 0$.

(2) **充分性**  如果 $\lambda \to \infty$ 时有 $\int_{\{|X|>\lambda\}} |X| \mathrm{d}P \downarrow 0$, 那么对每一 $\varepsilon > 0$ 存在 $\lambda > 0$ 使得 $\int_{\{|X|>\lambda\}} |X| \mathrm{d}P < \varepsilon$, 而对于这个 $\lambda$, 有

$$\int_{\Omega} X \mathrm{d}P = \int_{\{|X| \leqslant \lambda\}} |X| \mathrm{d}P + \int_{\{|X|>\lambda\}} |X| \mathrm{d}P \leqslant \lambda + \varepsilon < \infty$$

即 $X$ 是可积的.

**定义 4.4.5**  称概率空间 $(\Omega, \mathscr{F}, P)$ 上的广义实值随机变量族 $\{X_\alpha : \alpha \in A\}$ 是一致可积的, 如果

$$\text{当 } \lambda \to \infty \text{ 时, 有 } \sup_{\alpha \in A} \int_{\{|X_\alpha|>\lambda\}} |X_\alpha| \mathrm{d}P \downarrow 0 \tag{4.4.1}$$

或者等价地, 对每一 $\varepsilon > 0$, 存在 $\lambda > 0$ 使得

$$\sup_{\alpha \in A} \int_{\{|X_\alpha|>\lambda\}} |X_\alpha| \mathrm{d}P < \varepsilon \tag{4.4.2}$$

或者等价地, 对每一 $\varepsilon > 0$, 存在 $\lambda > 0$ 使得

$$\int_{\{|X_\alpha|>\lambda\}} |X_\alpha| \mathrm{d}P < \varepsilon, \text{ 对所有 } \alpha \in A \tag{4.4.3}$$

设 $p \in (0, \infty)$, 称随机变量族 $\{X_\alpha : \alpha \in A\}$ 是 $p$ 阶一致可积的, 如果随机变量族 $\{|X_\alpha|^p : \alpha \in A\}$ 是一致可积的.

由随机变量族一致可积的定义立即可得如下结论.

**命题 4.4.6**  (1) 如果随机变量族 $\{X_\alpha : \alpha \in A\}$ 是一致可积的, 那么 $\{X_\alpha : \alpha \in A\}$ 的任何子集都是一致可积的.

(2) 随机变量族 $\{X_\alpha : \alpha \in A\}$ 一致可积当且仅当随机变量族 $\{|X_\alpha| : \alpha \in A\}$ 是一致可积的.

(3) 对每一 $\alpha \in A$, 设 $Y_\alpha = X_\alpha$ 或 $Y_\alpha = -X_\alpha$, 那么随机变量族 $\{X_\alpha : \alpha \in A\}$ 一致可积当且仅当随机变量族 $\{Y_\alpha : \alpha \in A\}$ 是一致可积的.

(4) 如果对每一 $\alpha \in A$, 有 $|X_\alpha| \leqslant |Y_\alpha|$, 而随机变量族 $\{Y_\alpha : \alpha \in A\}$ 是一致可积的, 那么随机变量族 $\{X_\alpha : \alpha \in A\}$ 也是一致可积的. 特别地, 如果随机变量 $Y$ 可积, 而对每一 $\alpha \in A$, 有 $|X_\alpha| \leqslant Y$, 那么随机变量族 $\{X_\alpha : \alpha \in A\}$ 是一致可积的.

(5) 随机变量族 $\{X_\alpha : \alpha \in A\}$ 一致可积当且仅当随机变量族 $\{X_\alpha^+ : \alpha \in A\}$ 和随机变量族 $\{X_\alpha^- : \alpha \in A\}$ 都是一致可积的.

(6) 如果随机变量族 $\{X_\alpha : \alpha \in A\}$ 和随机变量族 $\{Y_\beta : \beta \in B\}$ 都是一致可积的, 那么随机变量族 $\{X_\alpha, Y_\beta : \alpha \in A, \beta \in B\}$ 是一致可积的.

**定理 4.4.7**  概率空间 $(\Omega, \mathscr{F}, P)$ 上的广义实值随机变量族 $\{X_\alpha : \alpha \in A\}$ 是一致可积的充要条件是

(1) $\sup\limits_{\alpha \in A} E(|X_\alpha|) < \infty$;

(2) 对每一 $\varepsilon > 0$, 存在 $\delta > 0$ 使得

$$\int_G |X_\alpha| \, \mathrm{d}P < \varepsilon, \quad 对所有 \ \alpha \in A$$

只要 $G \in \mathscr{F}$ 且 $P(G) < \delta$.

**证明**  先证必要性. 如果随机变量族 $\{X_\alpha : \alpha \in A\}$ 一致可积, 那么由 (4.4.3) 式知对每一 $\varepsilon > 0$, 存在 $\lambda > 0$ 使得

$$E(|X_\alpha|) = \int_{\{|X_\alpha| \leqslant \lambda\}} |X_\alpha| \, \mathrm{d}P + \int_{\{|X_\alpha| > \lambda\}} |X_\alpha| \, \mathrm{d}P \leqslant \lambda + \varepsilon, \quad 对所有 \ \alpha \in A$$

因此 (1) 成立.

再由 (4.4.3) 式知对每一 $\varepsilon > 0$, 存在 $\lambda > 0$ 使得对所有的 $\alpha \in A$ 有

$$\int_{\{|X_\alpha| > \lambda\}} |X_\alpha| \, \mathrm{d}P < \frac{\varepsilon}{2}$$

成立, 因此, 对每一 $G \in \mathscr{F}$ 有

$$\int_G |X_\alpha|\,\mathrm{d}P = \int_{G \cap \{|X_\alpha| \leqslant \lambda\}} |X_\alpha|\,\mathrm{d}P + \int_{G \cap \{|X_\alpha| > \lambda\}} |X_\alpha|\,\mathrm{d}P$$

$$\leqslant \lambda P(G) + \int_{G \cap \{|X_\alpha| > \lambda\}} |X_\alpha|\,\mathrm{d}P < \lambda P(G) + \frac{\varepsilon}{2}$$

从而如果令 $\delta = \dfrac{\varepsilon}{2\lambda}$, 那么对 $G \in \mathscr{F}$ 且 $P(G) < \delta$ 就有 $\displaystyle\int_G |X_\alpha|\,\mathrm{d}P < \varepsilon$, 即 (2) 成立.

下面证明充分性. 如果随机变量族 $\{X_\alpha : \alpha \in A\}$ 满足条件 (1), 那么对任何 $\lambda > 0$ 有

$$P\{|X_\alpha| > \lambda\} \leqslant \frac{E(|X_\alpha|)}{\lambda} \leqslant \frac{M}{\lambda}, \quad \text{对所有 } \alpha \in A$$

其中 $M = \sup\limits_{\alpha \in A} E(|X_\alpha|) < \infty$. 因此, 对任意给定的 $\varepsilon > 0$, 如果 $\lambda > 0$ 足够大使得 $M\lambda^{-1} < \delta$, 那么再由 (2) 得

$$\int_{\{|X_\alpha| > \lambda\}} |X_\alpha|\,\mathrm{d}P < \varepsilon, \quad \text{对所有 } \alpha \in A$$

从而随机变量族 $\{X_\alpha : \alpha \in A\}$ 是一致可积的.

利用定理 4.4.7 可得如下结论.

**命题 4.4.8** (1) 如果概率空间 $(\Omega, \mathscr{F}, P)$ 上的广义实值随机变量族 $\{X_\alpha : \alpha \in A\}$ 是一致可积的, 而 $\{c_\alpha : \alpha \in A\}$ 是一个有界实数族, 那么 $\{c_\alpha X_\alpha : \alpha \in A\}$ 是一个一致可积的广义实值随机变量族.

(2) 如果概率空间 $(\Omega, \mathscr{F}, P)$ 上的广义实值随机变量族 $\{X_\alpha : \alpha \in A\}$ 是一致可积的, 而 $Y \in L_\infty(\Omega, \mathscr{F}, P)$, 那么 $\{X_\alpha Y : \alpha \in A\}$ 是一致可积的广义实值随机变量族.

(3) 如果随机变量族 $\{X_\alpha : \alpha \in A\}$ 和 $\{Y_\alpha : \alpha \in A\}$ 都是一致可积的, 那么 $\{X_\alpha + Y_\alpha : \alpha \in A\}$ 是一致可积的.

**命题 4.4.9** 概率空间上的广义实值可积随机变量的一个有限族 $\{X_n : n = 1, \cdots, N\}$ 总是一致可积的.

**证明** 因为 $X_n$ 可积, $n = 1, \cdots, N$, 所以由引理 4.4.4 有

$$\lim_{\lambda \to 0} \int_{\{|X_n| > \lambda\}} |X_n|\,\mathrm{d}P = 0$$

而

$$\sup_{n=1,\cdots,N} \int_{\{|X_n|>\lambda\}} |X_n|\,\mathrm{d}P \leqslant \sum_{n=1}^{N} \int_{\{|X_n|>\lambda\}} |X_n|\,\mathrm{d}P$$

因此当 $\lambda \to \infty$ 时, 有 $\sup\limits_{n=1,\cdots,N} \int_{\{|X_n|>\lambda\}} |X_n|\,\mathrm{d}P \downarrow 0$, 即随机变量族 $\{X_n : n = 1,\cdots,N\}$ 是一致可积的.

下面的结果比较了一致可积的不同的阶.

**定理 4.4.10** 设 $\{X_\alpha : \alpha \in A\}$ 是概率空间 $(\Omega, \mathscr{F}, P)$ 上的一个广义实值随机变量族. 如果对某一 $p_0 \in (0,\infty)$ 有 $\sup\limits_{\alpha \in A} \|X_\alpha\|_{p_0} < \infty$, 那么对每一 $p \in (0, p_0)$, 广义实值随机变量族 $\{X_\alpha : \alpha \in A\}$ 都是 $p$ 阶一致可积的, 即随机变量族 $\{|X_\alpha|^p : \alpha \in A\}$ 是一致可积的.

**证明** 设 $p \in (0, p_0)$, 则因为对任意的 $0 < \eta < \xi$ 都有 $\xi^p = \xi^{p-p_0}\xi^{p_0} < \eta^{p-p_0}\xi^{p_0}$, 所以

$$\int_{\{|X_\alpha|^p>\eta^p\}} |X_\alpha|^p\,\mathrm{d}P \leqslant \int_{\{|X_\alpha|^p>\eta^p\}} \eta^{p-p_0} |X_\alpha|^{p_0}\,\mathrm{d}P < \eta^{p-p_0} \|X_\alpha\|_{p_0}^{p_0}$$

因此

$$\sup_{\alpha \in A} \int_{\{|X_\alpha|^p>\eta^p\}} |X_\alpha|^p\,\mathrm{d}P \leqslant \eta^{p-p_0} \sup_{\alpha \in A} \|X_\alpha\|_{p_0}^{p_0}$$

从而由 $\sup\limits_{\alpha \in A} \|X_\alpha\|_{p_0} < \infty$ 及 $p - p_0 < 0$ 可得

$$\lim_{\eta \to \infty} \sup_{\alpha \in A} \int_{\{|X_\alpha|^p>\eta^p\}} |X_\alpha|^p\,\mathrm{d}P = 0$$

现记 $\eta^p$ 为 $\lambda$, 则有

$$\lim_{\lambda \to \infty} \sup_{\alpha \in A} \int_{\{|X_\alpha|^p>\lambda\}} |X_\alpha|^p\,\mathrm{d}P = 0$$

即随机变量族 $\{|X_\alpha|^p : \alpha \in A\}$ 是一致可积的.

利用定理 4.4.7 和 Hölder 不等式可得如下结论.

**定理 4.4.11** 设 $\{X_\alpha : \alpha \in A\}$ 和 $\{Y_\alpha : \alpha \in A\}$ 是概率空间 $(\Omega, \mathscr{F}, P)$ 上的两个广义实值随机变量族. 如果对某对 $p, q \in (1, \infty)$, 满足 $1/p + 1/q = 1$, $\{X_\alpha : \alpha \in A\}$ 是 $p$ 阶一致可积的, 而 $\{Y_\alpha : \alpha \in A\}$ 是 $q$ 阶一致可积的, 那么随机变量族 $\{X_\alpha Y_\alpha : \alpha \in A\}$ 是一致可积的.

下面讨论一致可积在 $L_p$ 收敛中的作用, 为此需要如下引理.

**引理 4.4.12**　设 $p \in (0, \infty)$, $X_n \in L_p(\Omega, \mathscr{F}, P)$, $n \in \mathbb{N}$. 如果 $\lim\limits_{n \to \infty} \|X_n\|_p = 0$, 那么 $\{X_n : n \in \mathbb{N}\}$ 是 $p$ 阶一致可积的.

**证明**　如果 $\lim\limits_{n \to \infty} \|X_n\|_p = 0$, 那么对每一 $\varepsilon > 0$, 存在 $N \in \mathbb{N}$ 使得当 $n \geqslant N + 1$ 时有

$$\int_{\Omega} |X_n|^p \, \mathrm{d}P < \varepsilon \tag{4.4.4}$$

因为 $\{|X_1|^p, \cdots, |X_N|^p\}$ 是一个可积随机变量的有限族, 所以由命题 4.4.9 知, 它是一致可积的. 因此对我们的 $\varepsilon > 0$ 存在 $\lambda > 0$ 使得对 $n = 1, \cdots, N$ 有

$$\int_{\{|X_n|^p > \lambda\}} |X_n|^p \, \mathrm{d}P < \varepsilon \tag{4.4.5}$$

由 (4.4.4) 和 (4.4.5) 知对 $\lambda > 0$ 有

$$\int_{\{|X_n|^p > \lambda\}} |X_n|^p \, \mathrm{d}P < \varepsilon, \text{ 对所有 } n \in \mathbb{N}$$

即随机变量族 $\{|X_n|^p : n \in \mathbb{N}\}$ 是一致可积的.

上面的引理证明了如果 $\lim\limits_{n \to \infty} \|X_n\|_p = 0$, 那么序列 $\{X_n : n \in \mathbb{N}\}$ 是 $p$ 阶一致可积的. 而如果 $\lim\limits_{n \to \infty} \|X_n\|_p = c$, 其中 $c$ 为不为零的任意实数, 那么序列 $\{X_n : n \in \mathbb{N}\}$ 不一定是 $p$ 阶一致可积的.

**例 4.4.13**　考虑概率空间 $((0,1], \mathscr{B}_{(0,1]}, m_L)$, 其中 $\mathscr{B}_{(0,1]}$ 是 $(0,1]$ 上的 Borel $\sigma$ 代数, $m_L$ 是 $(0,1]$ 上的 Lebesgue 测度. 如果对每一 $n \in \mathbb{N}$, 令

$$X_n = \begin{cases} n, & \omega \in (0, 1/n], \\ 0, & \omega \in (1/n, 1] \end{cases}$$

而对 $\omega \in (0,1]$, 令 $X = 1$. 那么对 $n \in \mathbb{N}$ 有

$$E(|X_n|) = 1, \quad E(|X|) = 1$$

从而 $X_n \in L_1(\Omega, \mathscr{F}, P)$, $X \in L_1(\Omega, \mathscr{F}, P)$, 且 $\lim\limits_{n \to \infty} E(|X_n|) = E(|X|)$.

但 $\{|X_n| : n \in \mathbb{N}\}$ 不是一致可积的, 因为我们可以证明如果 $\varepsilon \in (0,1)$, 那么对任何 $\delta > 0$, 总可以找到某个 $n \in \mathbb{N}$ 和某个 $G \in \mathscr{B}_{(0,1]}$ 满足 $P(G) < \delta$ 使得 $\int_G |X_n| \, \mathrm{d}P > \varepsilon$. 事实上, 如果 $n \in \mathbb{N}$ 足够大以致 $1/n < \delta$, 那么 $P((0, 1/n]) = 1/n < \delta$, 但是 $\int_{(0,1/n]} |X_n| \, \mathrm{d}P = 1 > \varepsilon$.

**定理 4.4.14**　设 $p \in (0, \infty)$, $X_n \in L_p(\Omega, \mathscr{F}, P)$, $n \in \mathbb{N}$. 设 $X$ 是概率空间 $(\Omega, \mathscr{F}, P)$ 上的一个广义实值随机变量, 如果 $\operatorname{pr-}\lim_{n \to \infty} X_n = X$, 那么下面的三个条件等价:

(1) $\{X_n : n \in \mathbb{N}\}$ 是 $p$ 阶一致可积的;

(2) $X \in L_p(\Omega, \mathscr{F}, P)$ 且 $\lim_{n \to \infty} \|X_n - X\|_p = 0$;

(3) $X \in L_p(\Omega, \mathscr{F}, P)$ 且 $\lim_{n \to \infty} \|X_n\|_p = \|X\|_p$.

**证明**　(1)⇒(2) 假设随机变量序列 $\{X_n : n \in \mathbb{N}\}$ 是 $p$ 阶一致可积的, 即 $\{|X_n|^p : n \in \mathbb{N}\}$ 是一致可积的. 因为 $\operatorname{pr-}\lim_{n \to \infty} X_n = X$, 所以存在随机变量序列 $\{X_n : n \in \mathbb{N}\}$ 的子序列 $\{X_{n_k} : k \in \mathbb{N}\}$ 使得 $\lim_{k \to \infty} X_{n_k} = X \,\text{a.s.}$, 因此 $\lim_{k \to \infty} |X_{n_k}|^p = |X|^p \,\text{a.s.}$ 再由 Fatou 引理有

$$E\left(|X|^p\right) \leqslant \liminf_{k \to \infty} E\left(|X_{n_k}|^p\right)$$

由定理 4.4.7 的 (1) 知, 由随机变量族 $\{|X_n|^p : n \in \mathbb{N}\}$ 一致可积可得

$$\sup_{n \in \mathbb{N}} E(|X_n|^p) < \infty$$

故 $E\left(|X|^p\right) < \infty$, 即 $X \in L_p(\Omega, \mathscr{F}, P)$.

由随机变量族 $\{|X_n|^p : n \in \mathbb{N}\}$ 一致可积及 $|X|^p$ 的可积性, 利用命题 4.4.8 得随机变量族 $\{2^p(|X_n|^p + |X|^p) : n \in \mathbb{N}\}$ 是一致可积的. 而

$$|X_n - X|^p \leqslant 2^p\left(|X_n|^p + |X|^p\right)$$

故由命题 4.4.6 的 (4) 可得随机变量族 $\{|X_n - X|^p : n \in \mathbb{N}\}$ 是一致可积的. 再由定理 4.4.7 的 (2) 知对每一 $\varepsilon > 0$ 存在 $\delta > 0$ 使得对所有 $n \in \mathbb{N}$ 有

$$\int_G |X_n - X| \, \mathrm{d}P < \varepsilon$$

只要 $G \in \mathscr{F}$ 且 $P(G) < \delta$. 由 $\operatorname{pr-}\lim_{n \to \infty} X_n = X$ 得对前面的 $\varepsilon > 0$ 和 $\delta > 0$ 存在 $N \in \mathbb{N}$ 使得对 $n \geqslant N$ 有

$$P\left(|X_n - X| \geqslant \varepsilon\right) < \delta$$

因此, 对 $n \geqslant N$ 有

$$\int_{\{|X_n - X| \geqslant \varepsilon\}} |X_n - X| \, \mathrm{d}P < \varepsilon$$

从而对 $n \geqslant N$ 有

$$\|X_n - X\|_p^p = \int_{\{|X_n - X| \geqslant \varepsilon\}} |X_n - X|^p \, \mathrm{d}P + \int_{\{|X_n - X| < \varepsilon\}} |X_n - X|^p \, \mathrm{d}P < \varepsilon + \varepsilon^p$$

因此

$$\limsup_{n \to \infty} \|X_n - X\|_p^p < \varepsilon + \varepsilon^p$$

由 $\varepsilon$ 的任意性, 得 $\lim\limits_{n \to \infty} \|X_n - X\|_p = 0$.

(2)$\Rightarrow$(1) 由 $\lim\limits_{n \to \infty} \|X_n - X\|_p = 0$ 利用引理 4.4.12 知随机变量族 $\{|X_n - X|^p : n \in \mathbb{N}\}$ 是一致可积的, 再由 $|X|^p$ 可积, 利用命题 4.4.8 得随机变量族 $\{2^p(|X_n - X|^p + |X|^p) : n \in \mathbb{N}\}$ 是一致可积的, 又注意到

$$|X_n|^p = |X_n - X + X|^p \leqslant 2^p \left( |X_n - X|^p + |X|^p \right)$$

从而由命题 4.4.6 的 (4) 得随机变量族 $\{|X_n|^p : n \in \mathbb{N}\}$ 是一致可积的.

由定理 4.4.3 可得 (2) 和 (3) 等价.

**推论 4.4.15** 设 $(\Omega, \mathscr{F}, P)$ 为一个概率空间, 而对每一 $n \in \mathbb{N}$, 在其上有 $X_n \geqslant 0$ a.s., 且 $X_n \in L_1(\Omega, \mathscr{F}, P)$. 设 $X$ 是概率空间 $(\Omega, \mathscr{F}, P)$ 上的一个广义实值随机变量, 如果 $\text{pr-}\lim\limits_{n \to \infty} X_n = X$, 那么下面的两个条件等价:

(1) $\{X_n : n \in \mathbb{N}\}$ 是一致可积的;

(2) $EX < \infty$ 且 $\lim\limits_{n \to \infty} E(X_n) = EX$.

**证明** 因为 $\text{pr-}\lim\limits_{n \to \infty} X_n = X$, 所以存在 $\{X_n : n \in \mathbb{N}\}$ 的子序列 $\{X_{n_k} : k \in \mathbb{N}\}$ 使得在 $(\Omega, \mathscr{F}, P)$ 上有 $\lim\limits_{k \to \infty} X_{n_k} = X$ a.s., 在概率空间 $(\Omega, \mathscr{F}, P)$ 上有 $X \geqslant 0$ a.s. 因此 $EX < \infty$ 等价于 $E(|X|) < \infty$, 即 $X \in L_1(\Omega, \mathscr{F}, P)$, 从而由定理 4.4.14 知 (1) 和 (2) 等价.

由定理 4.4.14 和定理 4.4.3 可得如下结论.

**定理 4.4.16** 设 $p \in (0, \infty)$, 如果 $X_n \in L_p(\Omega, \mathscr{F}, P)$, $n \in \mathbb{N}$, $X \in L_p(\Omega, \mathscr{F}, P)$, 那么 $\lim\limits_{n \to \infty} \|X_n - X\|_p = 0$ 当且仅当 $\text{pr-}\lim\limits_{n \to \infty} X_n = X$ 且随机变量族 $\{X_n : n \in \mathbb{N}\}$ 是 $p$ 阶一致可积的.

**定义 4.4.17** 称 $L_1(\Omega, \mathscr{F}, P)$ 中的序列 $\{X_n : n \in \mathbb{N}\}$ 弱收敛于 $L_1(\Omega, \mathscr{F}, P)$ 中的元素 $X$, 如果对每一 $Y \in L_\infty(\Omega, \mathscr{F}, P)$ 有

$$\lim_{n \to \infty} \int_\Omega X_n Y \, dP = \int_\Omega XY \, dP$$

此时称随机变量 $X$ 为随机变量序列 $\{X_n : n \in \mathbb{N}\}$ 的弱极限.

从 $L_1(\Omega, \mathscr{F}, P)$ 中序列弱收敛的定义容易注意到, 某个序列的弱极限如果存在, 那么在概率空间 $(\Omega, \mathscr{F}, P)$ 上相差零概率集的意义下是唯一的. 这是因为如果序列 $\{X_n : n \in \mathbb{N}\}$ 弱收敛于 $X$ 和 $X'$, 那么通过对任意的 $G \in \mathscr{F}$ 取 $Y = I_G$, 则有

$\int_G X\mathrm{d}P = \int_G X'\mathrm{d}P$, 因此 $X = X'$ 在概率空间 $(\Omega, \mathscr{F}, P)$ 上 a.e. 成立. 也可以得到如果 $L_1(\Omega, \mathscr{F}, P)$ 中的某个序列 $\{X_n : n \in \mathbb{N}\}$ $L_1$ 收敛到 $L_1(\Omega, \mathscr{F}, P)$ 中的元素 $X$, 那么序列 $\{X_n : n \in \mathbb{N}\}$ 弱收敛于 $X$. 事实上, 对每一 $Y \in L_\infty(\Omega, \mathscr{F}, P)$ 有

$$\left| \int_\Omega X_n Y \mathrm{d}P - \int_\Omega XY \mathrm{d}P \right| \leqslant \int_\Omega |X_n - X| |Y| \mathrm{d}P \leqslant \|Y\|_\infty \|X_n - X\|_1$$

利用函数形式的单调类定理, 结合定理 4.4.7 和命题 4.4.8 及命题 4.4.6 可得如下结论.

**定理 4.4.18**　如果随机变量族 $\mathfrak{I} \subset L_1(\Omega, \mathscr{F}, P)$ 是一致可积的, 那么对 $\mathfrak{I}$ 中的每一序列 $\{X_n : n \in \mathbb{N}\}$ 存在它的一个子序列 $\{X_{n_k} : k \in \mathbb{N}\}$ 和 $L_1(\Omega, \mathscr{F}, P)$ 中的某个 $X$ 使得对每一 $Y \in L_\infty(\Omega, \mathscr{F}, P)$ 有

$$\lim_{k \to \infty} \int_\Omega X_{n_k} Y \mathrm{d}P = \int_\Omega XY \mathrm{d}P$$

利用定理 4.4.7 可得对于一致可积随机变量族的条件期望的如下结果.

**定理 4.4.19**　设 $\{X_\alpha : \alpha \in A\}$ 是概率空间 $(\Omega, \mathscr{F}, P)$ 上的一个一致可积的广义实值随机变量族, $\mathscr{G}$ 是 $\sigma$ 代数 $\mathscr{F}$ 的一个子 $\sigma$ 代数, 对每一 $\alpha \in A$, $Y_\alpha$ 是 $E(X_\alpha | \mathscr{G})$ 的任意一个版本, 那么随机变量族 $\{Y_\alpha : \alpha \in A\}$ 是一致可积的.

该定理表明一致可积随机变量族关于一个固定的 $\sigma$ 代数的条件期望保持一致可积性.

利用定理 4.4.18 和定理 4.4.19 可得如下结果.

**定理 4.4.20**　设随机变量序列 $\{X_n : n \in \mathbb{N}\} \subset L_1(\Omega, \mathscr{F}, P)$ 是一致可积的, 那么存在 $\{n\}$ 的子序列 $\{n_k\}$ 和 $X \in L_1(\Omega, \mathscr{F}, P)$ 使得对每一 $\xi \in L_\infty(\Omega, \mathscr{F}, P)$ 有

$$\lim_{k \to \infty} \int_\Omega X_{n_k} \xi \mathrm{d}P = \int_\Omega X \xi \mathrm{d}P \tag{4.4.6}$$

设 $\mathscr{G}$ 是 $\sigma$ 代数 $\mathscr{F}$ 的一个子 $\sigma$ 代数, 那么存在 $\{n_k\}$ 的子序列 $\{n_l\}$ 和 $Y \in L_1(\Omega, \mathscr{F}, P)$ 使得

$$Y = E(X | \mathscr{G}) \tag{4.4.7}$$

在 $(\Omega, \mathscr{G}, P)$ 上 a.s. 成立, 而且对每一 $\xi \in L_\infty(\Omega, \mathscr{F}, P)$ 有

$$\lim_{l \to \infty} \int_\Omega E(X_{n_l} | \mathscr{G}) \xi \mathrm{d}P = \int_\Omega Y \xi \mathrm{d}P \tag{4.4.8}$$

下面的结果表明概率空间上的一个可积的广义实值随机变量关于概率空间的任意的子 $\sigma$ 代数族的条件期望族是一致可积的.

**定理 4.4.21**  设 $X$ 是概率空间 $(\Omega, \mathscr{F}, P)$ 上的一个可积的广义实值随机变量, $\{\mathscr{G}_\alpha : \alpha \in A\}$ 是 $\sigma$ 代数 $\mathscr{F}$ 的一个任意的子 $\sigma$ 代数族, 对每一 $\alpha \in A$, $Y_\alpha$ 是 $E(X \mid \mathscr{G}_\alpha)$ 的任意一个版本, 那么 $\{Y_\alpha : \alpha \in A\}$ 是 $(\Omega, \mathscr{F}, P)$ 上的一个一致可积的随机变量族.

# 第5章 鞅

## C HAPTER

## 5.1 鞅、下鞅和上鞅

### 5.1.1 鞅、下鞅和上鞅的定义

**定义 5.1.1** 设指标集 $\mathbf{T} \subset \mathbb{R}$, $X = \{X_t : t \in \mathbf{T}\}$ 是概率空间 $(\Omega, \mathscr{F}, P)$ 上的一个随机过程.

(1) 称随机过程 $X = \{X_t : t \in \mathbf{T}\}$ 在零时刻是等于零的, 如果 $0 \in \mathbf{T}$, 而且在概率空间 $(\Omega, \mathscr{F}, P)$ 上有 $X_0 = 0$ a.e.

(2) 称随机过程 $X = \{X_t : t \in \mathbf{T}\}$ 是非负的, 如果对每一 $t \in \mathbf{T}$, 在概率空间 $(\Omega, \mathscr{F}, P)$ 上有 $X_t \geqslant 0$ a.e.

(3) 称随机过程 $X = \{X_t : t \in \mathbf{T}\}$ 是有界的, 如果存在 $M > 0$, 使得对所有的 $(t, \omega) \in \mathbf{T} \times \Omega$, 有 $|X(t, \omega)| \leqslant M$.

(4) 对某一 $p \in (0, \infty)$, 称随机过程 $X = \{X_t : t \in \mathbf{T}\}$ 是一个 $L_p$ 过程, 如果对所有的 $t \in \mathbf{T}$ 有 $X_t \in L_p(\Omega, \mathscr{F}, P)$.

(5) 对某一 $p \in (0, \infty)$, 称随机过程 $X = \{X_t : t \in \mathbf{T}\}$ 是一个 $L_p$ 有界的过程, 如果 $\sup\limits_{t \in T} E(|X_t|^p) < \infty$.

(6) 称随机过程 $X = \{X_t : t \in \mathbf{T}\}$ 是一致可积的, 如果随机变量族 $\{X_t : t \in \mathbf{T}\}$ 是一致可积的;

对某一 $p \in (0, \infty)$, 称随机过程 $X = \{X_t : t \in \mathbf{T}\}$ 是 $p$ 阶一致可积的, 如果随机变量族 $\{|X_t|^p : t \in \mathbf{T}\}$ 是一致可积的.

鞅、下鞅和上鞅是利用条件期望定义的随机过程.

**定义 5.1.2** 设指标集 $\mathbf{T} \subset \mathbb{R}$. 称域流空间 $(\Omega, \mathscr{F}, \{\mathscr{F}_t : t \in \mathbf{T}\}, P)$ 上的一个随机过程 $X = \{X_t : t \in \mathbf{T}\}$ 为一个 $(\{\mathscr{F}_t : t \in \mathbf{T}\}, P)$ 鞅或鞅, 如果它满足下面的条件:

(1) $X = \{X_t : t \in \mathbf{T}\}$ 是 $\{\mathscr{F}_t : t \in \mathbf{T}\}$ 适应的;

(2) $X = \{X_t : t \in \mathbf{T}\}$ 是一个 $L_1$ 过程, 即对一切 $t \in \mathbf{T}$, $X_t$ 可积;

(3) 对一切 $s, t \in \mathbf{T}$, 当 $s < t$ 时, 在 $(\Omega, \mathscr{F}_s, P)$ 上有

$$E[X_t | \mathscr{F}_s] = X_s \quad \text{a.e.}$$

称随机过程 $X = \{X_t : t \in \mathbf{T}\}$ 为一个下鞅, 如果它除满足上面鞅的条件 (1) 和 (2) 而代替条件 (3) 满足条件

(4) 对一切 $s, t \in \mathbf{T}$, 当 $s < t$ 时, 在 $(\Omega, \mathscr{F}_s, P)$ 上有

$$E\left[X_t | \mathscr{F}_s\right] \geqslant X_s \quad \text{a.e.}$$

称随机过程 $X = \{X_t : t \in \mathbf{T}\}$ 为一个上鞅, 如果它除满足上面鞅的条件 (1) 和 (2) 而代替条件 (3) 满足条件

(5) 对一切 $s, t \in \mathbf{T}$, 当 $s < t$ 时, 在 $(\Omega, \mathscr{F}_s, P)$ 上有

$$E\left[X_t | \mathscr{F}_s\right] \leqslant X_s \quad \text{a.e.}$$

以后分别称鞅 (下鞅, 上鞅) 定义中的单调性条件 (3)、(4) 和 (5) 为鞅性、下鞅性和上鞅性.

**注释 5.1.3** (1) 对于域流空间 $(\Omega, \mathscr{F}, \{\mathscr{F}_t : t \in \mathbf{T} \subset \mathbb{R}\}, P)$ 上的鞅 $X = \{X_t : t \in \mathbf{T}\}$ 来说, 由条件期望的定义可知适应性 (1) 即 $X_t \in \mathscr{F}_t$ 是条件 (3) 的必然结果.

(2) 如果随机过程 $X = \{X_t : t \in \mathbf{T}\}$ 为域流空间 $(\Omega, \mathscr{F}, \{\mathscr{F}_t : t \in \mathbf{T} \subset \mathbb{R}\}, P)$ 上的一个鞅 (下鞅, 上鞅), 则随机过程 $X = \{X_t : t \in \mathbf{T}\}$ 关于其自然流

$$\left\{\mathscr{F}_t^X : t \in \mathbf{T} \subset \mathbb{R}\right\}$$

也必为一个鞅 (下鞅, 上鞅), 其中 $\mathscr{F}_t^X = \sigma\left(X_s : s \in \mathbf{T}, s < t\right)$, $t \in \mathbf{T}$; 今后如果在概率空间 $(\Omega, \mathscr{F}, P)$ 上讨论鞅 (下鞅, 上鞅) $X = \{X_t : t \in \mathbf{T}\}$ 而不指明 $\sigma$ 域流时, 就取其自然 $\sigma$ 域流为 $\sigma$ 域流; 而在带流的概率空间 $(\Omega, \mathscr{F}, \{\mathscr{F}_t : t \in \mathbf{T} \subset \mathbb{R}\}, P)$ 上讨论 $X = \{X_t : t \in \mathbf{T}\}$ 时, 鞅 (下鞅, 上鞅) 是指 $(\{\mathscr{F}_t : t \in \mathbf{T}\}, P)$ 鞅 (下鞅, 上鞅).

(3) 按照条件期望的定义, 单调性条件

$$E\left[X_t | \mathscr{F}_s\right] = X_s, \quad \text{对一切 } s, t \in \mathbf{T}, s < t$$

可写为下面的形式:

$$\int_A X_t \mathrm{d}P = \int_A X_s \mathrm{d}P, \quad \text{对任意 } A \in \mathscr{F}_s, \text{ 对一切 } s, t \in \mathbf{T}, \quad s < t$$

单调性条件 $E\left[X_t | \mathscr{F}_s\right] \leqslant X_s$ 可写为下面的形式:

$$\int_A X_t \mathrm{d}P \leqslant \int_A X_s \mathrm{d}P, \quad \text{对任意 } A \in \mathscr{F}_s, \text{ 对一切 } s, t \in \mathbf{T}, \quad s < t$$

单调性条件 $E[X_t | \mathscr{F}_s] \geqslant X_s$ 可写为下面的形式:

$$\int_A X_t \mathrm{d}P \geqslant \int_A X_s \mathrm{d}P, \quad \forall A \in \mathscr{F}_s, \text{ 对一切 } s, t \in \mathbf{T}, \ s < t$$

(4) 由数学期望的性质及鞅 (下鞅, 上鞅) 的定义可见, 鞅的数学期望不变, 下鞅的数学期望递增, 上鞅的数学期望递减.

鞅 (下鞅, 上鞅) 定义中的指标集 $\mathbf{T} \subset \mathbb{R}$ 的典型取法是 $\mathbf{T} = \mathbb{R}_+$, $\mathbf{T} = \mathbb{Z}_+$. 设 $\mathbf{T}$ 代表 $\mathbb{R}_+$ 或 $\mathbb{Z}_+$, $\bar{\mathbf{T}} = \mathbf{T} \cup \{\infty\}$. 对于域流空间 $(\Omega, \mathscr{F}, \{\mathscr{F}_t : t \in \mathbf{T}\}, P)$, 定义 $\mathscr{F}_\infty = \sigma\left(\bigcup_{t \in \mathbf{T}} \mathscr{F}_t\right)$. 当指标集 $\mathbf{T}$ 是有限集时, 我们称相应的鞅 (下鞅, 上鞅) 为有限参数鞅 (下鞅, 上鞅); 当指标集 $\mathbf{T}$ 是 $\mathbb{R}$ 中的严格递增序列 $\{t_n : n \in \mathbb{Z}_+\}$ 时, 我们定义

$$t_\infty = \lim_{n \to \infty} t_n \in \bar{\mathbb{R}}_+, \quad \mathscr{F}_{t_\infty} = \sigma\left(\bigcup_{n \in \mathbb{Z}_+} \mathscr{F}_{t_n}\right)$$

此时称相应的鞅 (下鞅, 上鞅) 为离散参数的鞅 (下鞅, 上鞅); 当指标集 $\mathbf{T} = \mathbb{R}_+$ 时, 称相应的鞅 (下鞅, 上鞅) 为连续参数的鞅 (下鞅, 上鞅).

设 $(\Omega, \mathscr{F}, \{\mathscr{F}_t : t \in \mathbf{T}\}, P)$ 为一个域流空间, $X$ 为概率空间 $(\Omega, \mathscr{F}, P)$ 上的一个可积的随机变量, 如果对每个 $t \in \mathbf{T}$, 取 $X_t$ 为 $E(X | \mathscr{F}_t)$ 的任意一个实值版本, 那么 $\{X_t : t \in \mathbf{T}\}$ 就是域流空间 $(\Omega, \mathscr{F}, \{\mathscr{F}_t : t \in \mathbf{T}\}, P)$ 上的一个 $\{\mathscr{F}_t : t \in \mathbf{T}\}$ 适应的可积过程; 而且, 对任意的 $s, t \in \mathbf{T}$, 当 $s < t$ 时, 在概率空间 $(\Omega, \mathscr{F}_s, P)$ 上, 有

$$E(X_t | \mathscr{F}_s) = E[E(X | \mathscr{F}_t) | \mathscr{F}_s] = E(X | \mathscr{F}_s) = X_s \quad \text{a.e.}$$

因此 $\{X_t : t \in \mathbf{T}\}$ 是一个 $\{\mathscr{F}_t : t \in \mathbf{T}\}$ 鞅, 这个鞅还是一个一致可积的随机过程, 并且是 $L_1$ 有界的. 现在关于 $E(X | \mathscr{F}_\infty)$ 的任意一个版本 $Y$, 其中 $\mathscr{F}_\infty = \sigma\left(\bigcup_{t \in \mathbf{T}} \mathscr{F}_t\right)$, 由于对每个 $t \in \mathbf{T}$, 有 $\mathscr{F}_t \subset \mathscr{F}_\infty$, 因此在概率空间 $(\Omega, \mathscr{F}_t, P)$ 上有

$$E(Y | \mathscr{F}_t) = E[E(X | \mathscr{F}_\infty) | \mathscr{F}_t] = E(X | \mathscr{F}_t) = X_t \quad \text{a.e.}$$

由此引入如下定义.

**定义 5.1.4** 对于域流空间 $(\Omega, \mathscr{F}, \{\mathscr{F}_t : t \in \mathbf{T}\}, P)$ 上的鞅 $X = \{X_t : t \in \mathbf{T}\}$, 如果存在一个可积的 $\mathscr{F}_\infty$ 可测的广义实值的随机变量 $Y$, 使得对每个 $t \in \mathbf{T}$, 有

$$E(Y | \mathscr{F}_t) = X_t \quad \text{a.e.}$$

在概率空间 $(\Omega, \mathscr{F}_t, P)$ 上成立, 则称随机变量 $Y$ 为鞅 $X = \{X_t : t \in \mathbf{T}\}$ 的一个封闭元素.

可以证明, 鞅 $X = \{X_t : t \in \mathbf{T}\}$ 存在封闭元素的充要条件是 $X = \{X_t : t \in \mathbf{T}\}$ 是一致可积的.

**定理 5.1.5** (鞅的封闭元素的唯一性) 设 $(\Omega, \mathscr{F}, \{\mathscr{F}_t : t \in \mathbf{T}\}, P)$ 是一个域流空间, $X = \{X_t : t \in \mathbf{T}\}$ 是其上的一个鞅, $\mathscr{F}_\infty = \sigma\left(\bigcup_{t \in \mathbf{T}} \mathscr{F}_t\right)$. 如果存在一个可积的 $\mathscr{F}_\infty$ 可测的广义实数值的随机变量 $Y$, 使得对每个 $t \in \mathbf{T}$, 在概率空间 $(\Omega, \mathscr{F}_t, P)$ 上有

$$E(Y | \mathscr{F}_t) = X_t \quad \text{a.e.}$$

那么 $Y$ 在概率空间 $(\Omega, \mathscr{F}_\infty, P)$ 上 a.e. 唯一.

**证明** 假设随机变量 $Y$ 和 $Y'$ 是鞅 $X = \{X_t : t \in \mathbf{T}\}$ 在概率空间 $(\Omega, \mathscr{F}_\infty, P)$ 上的两个不 a.e. 相等的封闭元素, 不妨设在某一 $A \in \mathscr{F}_\infty$ 上有 $Y > Y'$, 其中 $P(A) > 0$, 那么存在某一 $k \in \mathbb{N}$, 使得在某一 $A_1 \subset A$ 上有 $Y - Y' \geqslant \dfrac{1}{k}$, 其中 $A_1 \in \mathscr{F}_\infty$ 且 $P(A_1) > 0$.

因为 $|Y| + |Y'|$ 可积, 所以对任意的 $\varepsilon > 0$ 和 $(2k)^{-1} P(A_1) > 0$, 存在 $\delta > 0$, 使得对每个满足 $P(B) < \delta$ 的 $B \in \mathscr{F}_\infty$ 有

$$\int_B (|Y| + |Y'|) \, \mathrm{d}P < \frac{1}{2k} P(A_1)$$

再因 $\bigcup_{t \in \mathbf{T}} \mathscr{F}_t$ 是 $\Omega$ 的子集的一个代数, $\mathscr{F}_\infty = \sigma\left(\bigcup_{t \in \mathbf{T}} \mathscr{F}_t\right)$, 故对某一 $t \in \mathbf{T}$, 存在 $A_2 \in \mathscr{F}_t$, 使得 $P(A_1 \Delta A_2) < \delta$. 因此

$$\left| \int_{A_1} (Y - Y') \, \mathrm{d}P - \int_{A_2} (Y - Y') \, \mathrm{d}P \right|$$

$$= \left| \int_{A_1 - A_2} (Y - Y') \, \mathrm{d}P - \int_{A_2 - A_1} (Y - Y') \, \mathrm{d}P \right|$$

$$\leqslant \int_{A_1 \Delta A_2} (|Y| + |Y'|) \, \mathrm{d}P < \frac{1}{2k} P(A_1)$$

又

$$\int_{A_1} (Y - Y') \, \mathrm{d}P \geqslant \frac{1}{k} P(A_1)$$

从而有

$$\int_{A_2} (Y - Y') \, \mathrm{d}P \geqslant \int_{A_1} (Y - Y') \, \mathrm{d}P - \frac{1}{2k} P(A_1) \geqslant \frac{1}{2k} P(A_1) > 0 \qquad (5.1.1)$$

而在概率空间 $(\Omega, \mathscr{F}_t, P)$ 上有

$$E(Y | \mathscr{F}_t) = X_t = E(Y' | \mathscr{F}_t) \quad \text{a.e.}$$

因此在概率空间 $(\Omega, \mathscr{F}_t, P)$ 上有 $E(Y - Y' | \mathscr{F}_t) = 0$ a.e., 从而由 $A_2 \in \mathscr{F}_t$ 有

$$\int_{A_2} (Y - Y') \, \mathrm{d}P = \int_{A_2} E((Y - Y') | \mathscr{F}_t) \, \mathrm{d}P = 0$$

这与前面的 (5.1.1) 式矛盾. 因而在概率空间 $(\Omega, \mathscr{F}_\infty, P)$ 上有 $Y = Y'$ a.e.

**命题 5.1.6**　当指标集 $\mathbf{T} = \mathbb{Z}_+$ 时, 鞅 (相应的上鞅、下鞅) 定义中的条件 (3)、(4) 和 (5) 分别等价于条件

(3)′ 对每一 $n \in \mathbb{Z}_+$, 在 $(\Omega, \mathscr{F}_n, P)$ 上 a.e. 有 $E[X_{n+1} | \mathscr{F}_n] = X_n$;

(4)′ 对每一 $n \in \mathbb{Z}_+$, 在 $(\Omega, \mathscr{F}_n, P)$ 上 a.e. 有 $E[X_{n+1} | \mathscr{F}_n] \geqslant X_n$;

(5)′ 对每一 $n \in \mathbb{Z}_+$, 在 $(\Omega, \mathscr{F}_n, P)$ 上 a.e. 有 $E[X_{n+1} | \mathscr{F}_n] \leqslant X_n$.

由鞅 (下鞅, 上鞅) 的定义, 容易得到以下结论.

**命题 5.1.7**　对于域流空间 $(\Omega, \mathscr{F}, \{\mathscr{F}_t : t \in \mathbf{T}\}, P)$ 上的一个 $L_1$ 过程 $X = \{X_t : t \in \mathbf{T}\}$, 下列论断成立.

(1) $X = \{X_t : t \in \mathbf{T}\}$ 是一个鞅当且仅当 $X = \{X_t : t \in \mathbf{T}\}$ 既是一个上鞅又是一个下鞅;

(2) $X = \{X_t : t \in \mathbf{T}\}$ 是一个上鞅 (下鞅) 当且仅当 $-X = \{-X_t : t \in \mathbf{T}\}$ 是一个下鞅 (上鞅);

(3) 如果 $X = \{X_t : t \in \mathbf{T}\}$ 是一个鞅, 那么对于任意的 $c \in \mathbb{R}$, $cX = \{cX_t : t \in \mathbf{T}\}$ 是一个鞅;

(4) 如果 $X = \{X_t : t \in \mathbf{T}\}$ 是一个上鞅 (相应下鞅), 那么对于任意的 $c \in \mathbb{R}$, $c > 0$, $cX = \{cX_t : t \in \mathbf{T}\}$ 也是一个上鞅 (相应下鞅);

(5) 如果随机过程 $X = \{X_t : t \in \mathbf{T}\}$ 和 $Y = \{Y_t : t \in \mathbf{T}\}$ 都是鞅 (相应的上鞅、下鞅), 那么随机过程 $X + Y = \{X_t + Y_t : t \in \mathbf{T}\}$ 也是一个鞅 (相应的上鞅、下鞅);

(6) 如果 $X = \{X_t : t \in \mathbf{T}\}$ 是一个鞅, 而 $Y = \{Y_t : t \in \mathbf{T}\}$ 是一个上鞅 (相应的下鞅), 那么 $X + Y = \{X_t + Y_t : t \in \mathbf{T}\}$ 是一个上鞅 (相应的下鞅).

### 5.1.2  鞅的凸理论

利用鞅 (下鞅, 上鞅) 的定义不难证明以下结论.

**定理 5.1.8**  设 $(\Omega, \mathscr{F}, \{\mathscr{F}_t : t \in \mathbf{T}\}, P)$ 是一个域流空间, 如果 $X = \{X_t : t \in \mathbf{T}\}$ 和 $Y = \{Y_t : t \in \mathbf{T}\}$ 都是其上的下鞅, 那么随机过程 $X \vee Y = \{X_t \vee Y_t : t \in \mathbf{T}\}$ 是一个下鞅; 如果 $X = \{X_t : t \in \mathbf{T}\}$ 和 $Y = \{Y_t : t \in \mathbf{T}\}$ 都是域流空间上的上鞅, 那么 $X \wedge Y = \{X_t \wedge Y_t : t \in \mathbf{T}\}$ 是一个上鞅.

利用定理 5.1.8 可得以下推论.

**推论 5.1.9**  设 $X = \{X_t : t \in \mathbf{T}\}$ 是域流空间 $(\Omega, \mathscr{F}, \{\mathscr{F}_t : t \in \mathbf{T}\}, P)$ 上的一个随机过程.

(1) 如果 $X = \{X_t : t \in \mathbf{T}\}$ 是一个下鞅, 那么 $X^+ = \{X_t \vee 0 : t \in \mathbf{T}\}$ 也是一个下鞅;

(2) 如果 $X = \{X_t : t \in \mathbf{T}\}$ 是一个上鞅, 那么 $X^- = -(X \wedge 0)$ 也是一个下鞅;

(3) 如果 $X = \{X_t : t \in \mathbf{T}\}$ 是一个鞅, 那么 $X = X' - X''$, 其中 $X'$ 和 $X''$ 都是非负下鞅.

利用条件期望的 Jensen 不等式, 不难证明以下结论.

**定理 5.1.10**  设 $(\Omega, \mathscr{F}, \{\mathscr{F}_t : t \in \mathbf{T}\}, P)$ 是一个域流空间, $X = \{X_t : t \in \mathbf{T}\}$ 是其上的一个适应可积过程, $f$ 是 $\mathbb{R}$ 上的一个实值增函数, 满足对每一 $t \in \mathbf{T}$, $f(X_t)$ 可积.

(1) 如果 $X = \{X_t : t \in \mathbf{T}\}$ 是一个下鞅, $f$ 是一个凸函数, 那么 $f \circ X = \{f(X_t) : t \in \mathbf{T}\}$ 是一个下鞅;

(2) 如果 $X = \{X_t : t \in \mathbf{T}\}$ 是一个上鞅, $f$ 是一个凹函数, 那么 $f \circ X = \{f(X_t) : t \in \mathbf{T}\}$ 是一个上鞅;

(3) 如果 $X = \{X_t : t \in \mathbf{T}\}$ 是一个鞅, $f$ 是一个凸函数, 那么 $f \circ X = \{f(X_t) : t \in \mathbf{T}\}$ 是一个下鞅; $f$ 是一个凹函数, 那么 $f \circ X = \{f(X_t) : t \in \mathbf{T}\}$ 是一个上鞅.

利用定理 5.1.10 可得以下推论.

**推论 5.1.11**  (1) 设 $p \in [1, \infty)$, $X = \{X_t : t \in \mathbf{T}\}$ 是域流空间 $(\Omega, \mathscr{F}, \{\mathscr{F}_t : t \in \mathbf{T}\}, P)$ 上的一个 $L_p$ 鞅, 即 $X$ 既是一个 $L_p$ 过程又是一个鞅, 那么 $|X|^p = \{|X_t|^p : t \in \mathbf{T}\}$ 是一个下鞅;

(2) 设 $p \in [1, \infty)$, 如果 $X = \{X_t : t \in \mathbf{T}\}$ 是一个非负 $L_p$ 下鞅, 那么 $X^p$ 也是一个下鞅.

### 5.1.3  离散时间的增过程和 Doob 分解

**定义 5.1.12**  称域流空间 $(\Omega, \mathscr{F}, \{\mathscr{F}_n : n \in \mathbb{Z}_+\}, P)$ 上的随机过程 $A = \{A_n : n \in \mathbb{Z}_+\}$ 为一个增过程, 如果它满足下面的三个条件:

(1) 过程 $A$ 是 $\{\mathscr{F}_n : n \in \mathbb{Z}_+\}$ 适应的;

(2) $A$ 是一个 $L_1$ 过程;

(3) 对每一 $\omega \in \Omega$, $\{A_n(\omega) : n \in \mathbb{Z}_+\}$ 是一个满足 $A_0(\omega) = 0$ 的递增序列.

称 $A = \{A_n : n \in \mathbb{Z}_+\}$ 为一个几乎必然 (a.s.) 的增过程, 如果它满足上面的条件 (1) 与 (2) 及下面的条件

(4) 在概率空间 $(\Omega, \mathscr{F}_\infty, P)$ 上存在一个 $P$ 零集 $\Lambda$, 使得对每一 $\omega \in \Lambda^c$, 有 $\{A_n(\omega) : n \in \mathbb{Z}_+\}$ 是一个满足 $A_0(\omega) = 0$ 的递增序列.

**注释 5.1.13**   对于任意一个几乎必然 (a.s.) 的增过程 $A = \{A_n : n \in \mathbb{Z}_+\}$, 因为对每一 $n \in \mathbb{Z}_+$, 有 $A_{n+1} \geqslant A_n$ 在 $(\Omega, \mathscr{F}_\infty, P)$ 上 a.e. 成立, 所以由条件期望的性质有

$$E[A_{n+1} | \mathscr{F}_n] \geqslant E[A_n | \mathscr{F}_n] = A_n$$

在 $(\Omega, \mathscr{F}_n, P)$ 上 a.e. 成立. 因此, 一个几乎必然 (a.s.) 的增过程总是一个下鞅; 但下鞅未必是一个几乎必然 (a.s.) 的增过程. 事实上, 如果 $A = \{A_n : n \in \mathbb{Z}_+\}$ 是一个几乎必然的增过程, 因此 $A = \{A_n : n \in \mathbb{Z}_+\}$ 是一个下鞅, 而如果 $M = \{M_n : n \in \mathbb{Z}_+\}$ 是一个鞅, 那么由命题 5.1.7 知 $X = A + M$ 是一个下鞅, 但它可能不满足几乎必然增过程的条件 (4).

下面将要给出的 Doob 分解定理说明了一个离散时间的下鞅总是一个鞅和一个几乎必然增过程的和, 而首先定义的离散时间随机过程的可预测性——可料这个条件又保证了 Doob 分解的唯一性.

**定义 5.1.14**   设 $(\Omega, \mathscr{F}, \{\mathscr{F}_n : n \in \mathbb{Z}_+\}, P)$ 为一个域流空间, $X = \{X_n : n \in \mathbb{Z}_+\}$ 为其上的一个适应离散时间随机过程, 如果对每一 $n \in \mathbb{N}$, 有 $X_n$ 是 $\mathscr{F}_{n-1}$ 可测的, 则称随机过程 $X = \{X_n : n \in \mathbb{Z}_+\}$ 为一个 $\{\mathscr{F}_n : n \in \mathbb{Z}_+\}$ 可料过程.

**定理 5.1.15** (Doob 分解)   设 $X = \{X_n : n \in \mathbb{Z}_+\}$ 是域流空间 $(\Omega, \mathscr{F}, \{\mathscr{F}_n : n \in \mathbb{Z}_+\}, P)$ 上的一个适应 $L_1$ 过程, 那么 $X$ 有 Doob 分解

$$X = X_0 + M + A$$

其中 $M$ 是一个在零时刻等于零的鞅, $A$ 是一个在零时刻等于零的可料 $L_1$ 过程. 而且, 如果 $X = X_0 + M' + A'$ 是另一个满足上面要求的分解, 那么对概率空间 $(\Omega, \mathscr{F}_\infty, P)$ 上 a.e. 的 $\omega$ 有 $M(\cdot, \omega) = M'(\cdot, \omega)$ 和 $A(\cdot, \omega) = A'(\cdot, \omega)$, 即分解是 a.e. 唯一的. 进一步, 域流空间上的一个 $L_1$ 适应过程 $X$ 是一个下鞅的充要条件是在其 Doob 分解式中的在零时刻等于零的可料 $L_1$ 过程 $A$ 是一个几乎必然的增过程.

**证明**   (1) 设 $X = \{X_n : n \in \mathbb{Z}_+\}$ 是一个适应 $L_1$ 过程. 定义随机过程 $A =$

$\{A_n : n \in \mathbb{Z}_+\}$ 为

$$\begin{cases} A_0 = 0, \\ A_n = A_{n-1} + E(X_n - X_{n-1}|\mathscr{F}_{n-1}), \quad n \in \mathbb{N} \end{cases}$$

则对每一 $n \in \mathbb{N}$, $A_n$ 是 $\mathscr{F}_{n-1}$ 可测的, 因此 $A$ 是一个可料过程; 而由 $A$ 的定义式又可见对每一 $n \subset \mathbb{N}$, 有 $A_n$ 是可积的, 所以 $A$ 是一个 $L_1$ 过程.

对于随机过程 $X - A$, 因对每一 $n \in \mathbb{N}$, 在 $(\Omega, \mathscr{F}_{n-1}, P)$ 上 a.e. 有

$$E(X_n - A_n|\mathscr{F}_{n-1}) = E(X_n|\mathscr{F}_{n-1}) - E(A_{n-1}|\mathscr{F}_{n-1}) - E(X_n - X_{n-1}|\mathscr{F}_{n-1})$$

$$= X_{n-1} - A_{n-1}$$

故 $X - A$ 是一个鞅. 如果令 $M = (X - A) - X_0$, 那么因 $A_0 = 0$, 所以 $M_0 = 0$. 从而对适应 $L_1$ 过程 $X$ 有 Doob 分解式 $X = X_0 + M + A$.

(2) 下面证明 Doob 分解的唯一性. 假设适应 $L_1$ 过程 $X$ 可被分解为

$$X = X_0 + M + A = X_0 + M' + A'$$

其中 $M$ 和 $M'$ 都是在零时刻等于零的鞅, $A$ 和 $A'$ 都是可料 $L_1$ 过程. 首先, 由分解式 $X = X_0 + M + A$, 利用 $M$ 的鞅性和 $A$ 的可料性可得对每一 $n \in \mathbb{N}$, 有

$$E(X_n - X_{n-1}|\mathscr{F}_{n-1}) = E[(M_n + A_n) - (M_{n-1} + A_{n-1})|\mathscr{F}_{n-1}]$$

$$= A_n - A_{n-1}$$

在概率空间 $(\Omega, \mathscr{F}_{n-1}, P)$ 上 a.e. 成立. 同样, 再由 $X$ 另一分解式 $X = X_0 + M' + A'$ 可得

$$E(X_n - X_{n-1}|\mathscr{F}_{n-1}) = A'_n - A'_{n-1}$$

在概率空间 $(\Omega, \mathscr{F}_{n-1}, P)$ 上 a.e. 成立. 因此, 对每一 $n \in \mathbb{N}$, 就有

$$A_n - A_{n-1} = A'_n - A'_{n-1}$$

在概率空间 $(\Omega, \mathscr{F}_{n-1}, P)$ 上 a.e. 成立. 而上式首先蕴含 $A_1 = A'_1$ 在概率空间 $(\Omega, \mathscr{F}_0, P)$ 上 a.e. 成立. 对上式再进行迭代可得对每一 $n \in \mathbb{N}$, 有 $A_n = A'_n$ 在概率空间 $(\Omega, \mathscr{F}_{n-1}, P)$ 上 a.e. 成立. 从而由 $\mathbb{Z}_+$ 的可数性可得存在概率空间 $(\Omega, \mathscr{F}_\infty, P)$ 的一个零概率集 $\Lambda$, 使得对 $\omega \in \Lambda^c$, 有 $A(\cdot, \omega) = A'(\cdot, \omega)$; 再由 $M = X - X_0 - A$, $M' = X - X_0 - A'$, 即知对 $\omega \in \Lambda^c$, 也有 $M(\cdot, \omega) = M'(\cdot, \omega)$.

(3) 如果随机过程 $X$ 是一个下鞅, 而 $X = X_0 + M + A$ 是它的 Doob 分解式. 因 $M$ 是一个鞅, 故 $A = X - M - X_0$ 是一个下鞅, 从而对每一 $n \in \mathbb{N}$, 由 $A$ 的可料性可得

$$A_n = E(A_n|\mathscr{F}_{n-1}) \geqslant A_{n-1}$$

在概率空间 $(\Omega, \mathscr{F}_{n-1}, P)$ 上 a.e. 成立. 再由集合 $\mathbb{N}$ 的可数性, 可知存在 $(\Omega, \mathscr{F}_\infty, P)$ 的一个零集 $\Lambda$, 使得当 $\omega \in \Lambda^c$ 时, 对所有 $n \in \mathbb{N}$ 有 $A_n(\omega) \geqslant A_{n-1}(\omega)$ 成立, 这说明 $A$ 是一个几乎必然的增过程. 反过来, 如果 $A$ 是一个几乎必然 (a.s.) 的增过程, 那么 $A$ 是一个下鞅. 又因 $M$ 是一个鞅, 故 $X = X_0 + M + A$ 也是一个下鞅.

### 5.1.4  鞅变换

鞅变换是后文关于鞅的随机积分的原型, 是连续时间情形随机积分的离散时间模拟.

**定义 5.1.16**  设 $(\Omega, \mathscr{F}, \{\mathscr{F}_n : n \in \mathbb{Z}_+\}, P)$ 为一个域流空间, $X = \{X_n : n \in \mathbb{Z}_+\}$ 为该域流空间上的一个鞅、下鞅或上鞅, $C = \{C_n : n \in \mathbb{Z}_+\}$ 为该域流空间上的一个可料过程. 我们称由式

$$\begin{cases} (C \bullet X)_0 = 0, \\ (C \bullet X)_n = \sum_{k=1}^{n} C_k (X_k - X_{k-1}), \quad n \in \mathbb{N} \end{cases}$$

所确定的随机过程 $C \bullet X$ 为可料过程 $C$ 关于鞅、下鞅或上鞅 $X$ 的变换, 简称鞅变换.

**定理 5.1.17** (鞅变换)  设 $(\Omega, \mathscr{F}, \{\mathscr{F}_n : n \in \mathbb{Z}_+\}, P)$ 为一个域流空间.

(1) 如果 $C = \{C_n : n \in \mathbb{Z}_+\}$ 是域流空间上的一个有界非负可料过程, $X = \{X_n : n \in \mathbb{Z}_+\}$ 为域流空间上的一个鞅 (下鞅, 或上鞅), 那么鞅变换 $C \bullet X$ 是一个在零时刻为零的鞅 (相应地下鞅, 或上鞅).

(2) 如果 $C = \{C_n : n \in \mathbb{Z}_+\}$ 是域流空间上的一个有界可料过程, $X = \{X_n : n \in \mathbb{Z}_+\}$ 为域流空间上的一个鞅, 那么鞅变换 $C \bullet X$ 是一个在零时刻为零的鞅.

(3) 如果将上述 (1), (2) 中的关于 $C$ 的有界条件换成 $C$ 和 $X$ 都是 $L_2$ 过程, 那么鞅变换 $C \bullet X$ 是一个在零时刻为零的鞅.

**证明**  由于在定理的假设下, 对每个 $n \in \mathbb{N}$, 对所有 $k = 1, 2, \cdots, n$, 有 $C_k$, $X_k$ 和 $X_{k-1}$ 都是 $\mathscr{F}_n$ 可测的, 所以 $C \bullet X$ 是一个适应过程. 而当 $C$ 有界时, 则因为 $X$ 是一个 $L_1$ 过程, 所以

$$\sum_{k=1}^{n} C_k (X_k - X_{k-1}) \in L_1(\Omega, \mathscr{F}_n, P)$$

从而 $C \bullet X$ 是一个 $L_1$ 过程; 而如果 $C$ 和 $X$ 都是 $L_2$ 过程, 那么由 Hölder 不等式, 可知 $C \bullet X$ 也是一个 $L_1$ 过程.

注意到, 对每个 $n \in \mathbb{N}$, 由 $C_n$ 是 $\mathscr{F}_{n-1}$ 可测的, 有

$$E\left[(C \bullet X)_n \,|\, \mathscr{F}_{n-1}\right]$$

$$= E\left[\sum_{k=1}^{n-1} C_k\left(X_k - X_{k-1}\right)\middle|\mathscr{F}_{n-1}\right] + E\left[C_n\left(X_n - X_{n-1}\right)\middle|\mathscr{F}_{n-1}\right]$$

$$= \sum_{k=1}^{n-1} C_k\left(X_k - X_{k-1}\right) + C_n\left[E\left(X_n\middle|\mathscr{F}_{n-1}\right) - X_{n-1}\right]$$

$$= (C \cdot X)_{n-1} + C_n\left[E\left(X_n\middle|\mathscr{F}_{n-1}\right) - X_{n-1}\right] \tag{5.1.2}$$

在 $(\Omega, \mathscr{F}_{n-1}, P)$ 上 a.e. 成立.

(1) 根据 $X$ 是下鞅, 鞅或上鞅, 在 $(\Omega, \mathscr{F}_{n-1}, P)$ 上相应有

$$E\left(X_n\middle|\mathscr{F}_{n-1}\right) \geqslant, =, \leqslant X_{n-1} \text{ a.e.}$$

由于 $C$ 的非负性, 我们有 $C_n\left[E\left(X_n\middle|\mathscr{F}_{n-1}\right) - X_{n-1}\right] \geqslant, =, \leqslant 0$ 在概率空间 $(\Omega, \mathscr{F}_{n-1}, P)$ 上 a.e. 成立, 因而由 (5.1.2) 式得

$$E\left[(C \bullet X)_n\middle|\mathscr{F}_{n-1}\right] \geqslant, =, \leqslant (C \bullet X)_{n-1}$$

在概率空间 $(\Omega, \mathscr{F}_{n-1}, P)$ 上 a.e. 成立, 即 $C \cdot X$ 是一个鞅 (相应地下鞅, 或上鞅).

(2) 因 $X$ 是鞅, 故 $E\left(X_n\middle|\mathscr{F}_{n-1}\right) = X_{n-1}$ 在概率空间 $(\Omega, \mathscr{F}_{n-1}, P)$ 上 a.e. 成立, 从而在概率空间 $(\Omega, \mathscr{F}_{n-1}, P)$ 上 a.e. 有

$$C_n\left[E\left(X_n\middle|\mathscr{F}_{n-1}\right) - X_{n-1}\right] = 0$$

所以再由 (5.1.2) 式得

$$E\left[(C \cdot X)_n\middle|\mathscr{F}_{n-1}\right] = (C \cdot X)_{n-1}$$

在概率空间 $(\Omega, \mathscr{F}_{n-1}, P)$ 上 a.e. 成立, 即 $C \bullet X$ 是一个鞅.

**定义 5.1.18** 设 $(\Omega, \mathscr{F}, \{\mathscr{F}_n : n \in \mathbb{Z}_+\}, P)$ 为一个域流空间, $\tau$ 是其上的一个停时. 对每一 $n \in \mathbb{Z}_+$, 令

$$C_n^{(\tau)} = I_{\{n \leqslant \tau\}}$$

即

$$C_n^{(\tau)}(\omega) = I_{\{n \leqslant \tau(\omega)\}}(\omega) = \begin{cases} 1, & \text{对 } n \leqslant \tau(\omega), \\ 0, & \text{对 } n > \tau(\omega) \end{cases}$$

我们称可料过程 $C^{(\tau)} = \left\{C_n^{(\tau)} : n \in \mathbb{Z}_+\right\}$ 为来源于 $\tau$ 的停止过程.

过程 $C^{(\tau)}$ 的可料性是由于 $I_{\{n \leqslant \tau\}} = I_{\{\tau < n\}^c}$, 而 $\{\tau < n\} = \{\tau \leqslant n-1\} \in \mathscr{F}_{n-1}$, 所以对每一 $n \in \mathbb{N}$, $C_n^{(\tau)}$ 是 $\mathscr{F}_{n-1}$ 可测的.

下面的定理将鞅的停时过程和停止过程的鞅变换联系了起来.

**定理 5.1.19**　设 $(\Omega, \mathscr{F}, \{\mathscr{F}_n : n \in \mathbb{Z}_+\}, P)$ 为一个域流空间, 如果 $X = \{X_n : n \in \mathbb{Z}_+\}$ 为该域流空间上的一个鞅 (下鞅, 或上鞅), $\tau$ 是该域流空间上的一个停时, 那么 $X^\tau = X_0 + C^{(\tau)} \bullet X$, 其中对每一 $n \in \mathbb{Z}_+$, $C_n^{(\tau)} = I_{\{n \leqslant \tau\}}$.

**证明**　由鞅变换的定义知

$$\left(C^{(\tau)} \bullet X\right)_0 = 0$$

而对 $n \in \mathbb{N}$, 有

$$\left(C^{(\tau)} \bullet X\right)_n = \sum_{k=1}^{n} I_{\{k \leqslant \tau\}} \left(X_k - X_{k-1}\right)$$

$$= -X_0 I_{\{1 \leqslant \tau\}} + \sum_{k=1}^{n-1} I_{\{k \leqslant \tau\}} X_k \left(I_{\{k \leqslant \tau\}} - I_{\{k+1 \leqslant \tau\}}\right) + X_n I_{\{n \leqslant \tau\}}$$

因为

$$X_0 I_{\{1 \leqslant \tau\}} = X_0 \left\{I_{\{0 \leqslant \tau\}} - I_{\{\tau=0\}}\right\}$$

$$= X_0 \left\{I_\Omega - I_{\{\tau=0\}}\right\} = X_0 - X_0 I_{\{\tau=0\}}$$

而对 $k = 1, 2, \cdots, n-1$, 有

$$I_{\{k \leqslant \tau\}} - I_{\{k+1 \leqslant \tau\}} = I_{\{\tau=k\}}$$

所以

$$\left(C^{(\tau)} \bullet X\right)_n = -X_0 + \sum_{k=0}^{n-1} I_{\{k \leqslant \tau\}} X_k I_{\{\tau=k\}} + X_n I_{\{\tau \geqslant n\}}$$

$$= -X_0 + X_{\tau \wedge n} = -X_0 + \left(X^\tau\right)_n$$

从而对 $n \in \mathbb{N}$, 有

$$\left(X^\tau\right)_n = X_0 + \left(C^{(\tau)} \bullet X\right)_n$$

对 $n = 0$, 有

$$\left(X^\tau\right)_0 = X_{\tau \wedge 0} = X_0 = X_0 + \left(C^{(\tau)} \bullet X\right)_0$$

即 $X^\tau = X_0 + C^{(\tau)} \bullet X$.

利用定理 5.1.19 和定理 5.1.17 可得如下结论.

**定理 5.1.20** 设 $(\Omega, \mathscr{F}, \{\mathscr{F}_n : n \in \mathbb{Z}_+\}, P)$ 为一个域流空间, 如果 $X = \{X_n : n \in \mathbb{Z}_+\}$ 为该域流空间上的一个下鞅 (鞅, 或上鞅), $\tau$ 是该域流空间上的一个停时, 那么停时过程 $X^\tau = \{X_{\tau \wedge n} : n \in \mathbb{Z}_+\}$ 相应地是下鞅 (鞅, 或上鞅), 特别地对 $n \in \mathbb{Z}_+$, 相应地有 $EX_{T \wedge n} \geqslant, =, \leqslant EX_0$ 成立.

**例 5.1.21** 下面鞅或下鞅的例子是容易直接验证的.

(1) 如果 $Y = \{Y_n : n \in \mathbb{N}\}$ 为一个独立随机变量序列, $EY_n = 0 (\geqslant 0, \leqslant 0)$, 那么 $X_n = \sum_{j \leqslant n} Y_j$ 为鞅 (下鞅, 上鞅), 且 $\sigma(X_j : j \leqslant n) = \sigma(Y_j : j \leqslant n)$;

(2) 如果 $Y = \{Y_n : n \in \mathbb{N}\}$ 为一个独立随机变量序列, 且

$$\psi_n(u) = E\left[\exp\left(iu \sum_{j=0}^n Y_j\right)\right] \neq 0$$

对此 $u$, 令

$$X_n = \frac{\exp\left(iu \sum_{j=0}^n Y_j\right)}{\psi_n(u)}$$

那么 $X = \{X_n : n \in \mathbb{N}\}$ 为一个鞅.

(3) 如果 $\{X_n : n \in \mathbb{N}\}$ 为一个独立同分布随机变量序列, 而

$$P(X_n = 1) = p, \quad P(X_n = -1) = q, \quad p + q = 1, \quad p \neq q$$

$$S_n = \sum_{j=0}^n X_j$$

那么 $\left\{Y_n = (q/p)^{S_n} : n \in \mathbb{N}\right\}$ 为一个鞅.

(4) 如果 $\{X_n : n \in \mathbb{N}\}$ 为一个独立随机变量序列, 且 $EX_n = 0$, $EX_n^2 = \sigma_n^2$, 而 $S_n = \sum_{j \leqslant n} X_j$, 那么 $\{S_n^2 : n \in \mathbb{N}\}$ 为一个下鞅, 而 $\left\{S_n^2 - \sum_{j \leqslant n} \sigma_j^2 : n \in \mathbb{N}\right\}$ 为一个鞅.

## 5.2 下鞅基本不等式

下鞅的数学期望递增, 从这个单调性条件可以得到估计下鞅样本函数行为的一些基本不等式. 下面首先利用停时截断得到离散时间下鞅的一些不等式, 然后再推广它们到包括连续时间下鞅的情形.

### 5.2.1 可选停时和可选采样

前面我们已经证明了如果 $X$ 为某域流空间上的一个适应过程, $\tau$ 是该域流空间上的一个停时, 那么当时间参数离散时, $X_\tau$ 是一个随机变量; 当时间参数连续时, 如果 $X$ 还是一个可测过程, 那么 $X_\tau$ 也是一个随机变量. 现在我们讨论 $X_\tau$ 的可积性.

**定理 5.2.1** (Doob 可选停时定理) 设 $(\Omega, \mathscr{F}, \{\mathscr{F}_n : n \in \mathbb{Z}_+\}, P)$ 为一个域流空间, $X = \{X_n : n \in \mathbb{Z}_+\}$ 为该域流空间上的一个下鞅, $\tau$ 是该域流空间上的一个停时. 如果 $\tau$ 在概率空间 $(\Omega, \mathscr{F}_\infty, P)$ 上 a.e. 有限, 那么 $E(X_0) \leqslant E(X_\tau) < \infty$ 在下面的每一个条件下成立.

(a) $\tau$ 是有界的, 即存在 $M \in \mathbb{Z}_+$, 使得对 $\omega \in \Omega$ 有 $\tau(\omega) \leqslant M$.

(b) $X$ 是有界的, 即存在 $K \geqslant 0$, 使得对 $(n, \omega) \in \mathbb{Z}_+ \times \Omega$ 有 $|X_n(\omega)| \leqslant K$.

(c) $\tau$ 是可积的而 $X$ 有有界增量, 即存在 $L \geqslant 0$, 使得对 $(n, \omega) \in \mathbb{N} \times \Omega$ 有 $|X_n(\omega) - X_{n-1}(\omega)| \leqslant L$.

(d) 在 $\mathbb{Z}_+ \times \Omega$ 上有 $X \leqslant 0$.

如果 $X$ 是一个鞅, 那么在条件 (a)、(b)、(c) 的每一个下都有 $E(X_\tau) = E(X_0)$.

**证明** 如果 $X$ 是一个下鞅, 那么由定理 5.1.20 知停时过程 $X^\tau = \{X_{\tau \wedge n} : n \in \mathbb{Z}_+\}$ 也是一个下鞅, 从而由 $E(X_{\tau \wedge 0}) = EX_0$ 得 $\{E(X_{\tau \wedge n}) : n \in \mathbb{Z}_+\}$ 是一个以 $EX_0$ 为下界的 $\mathbb{R}$ 中的递增序列.

注意到如果对某 $\omega \in \Omega$ 有 $\tau(\omega) < \infty$, 那么存在 $N \in \mathbb{Z}_+$ 使得对 $n \geqslant N$ 有 $\tau(\omega) \wedge n = \tau(\omega)$, 所以

$$\lim_{n \to \infty} X_{\tau \wedge n}(\omega) = \lim_{n \to \infty} X(\tau(\omega) \wedge n, \omega) = X(\tau(\omega), \omega) = X_\tau(\omega)$$

因此如果 $\tau$ 在概率空间 $(\Omega, \mathscr{F}_\infty, P)$ 上 a.e. 有限, 那么

$$\lim_{n \to \infty} X_{\tau \wedge n} = X_\tau \tag{5.2.1}$$

在概率空间 $(\Omega, \mathscr{F}_\infty, P)$ 上 a.e. 成立.

(1) 如果 (a) 成立, 那么 $\tau \wedge M = \tau$, 所以 $E(X_0) \leqslant E(X_{\tau \wedge M}) = E(X_\tau)$, $E(X_\tau) < \infty$. 如果 $X$ 是一个鞅, 那么由定理 5.1.20 知停时过程 $X^\tau$ 也是一个鞅, 由此 $E(X_{\tau \wedge M}) = E(X_0)$, 因而 $E(X_\tau) = E(X_0)$.

(2) 如果条件 (b) 成立, 那么由对 $(n, \omega) \in \mathbb{Z}_+ \times \Omega$ 有 $|X_n(\omega)| \leqslant K$ 可得对 $(n, \omega) \in \mathbb{Z}_+ \times \Omega$ 有 $|X_{\tau(\omega) \wedge n}(\omega)| \leqslant K$ 成立, 因此从 (5.2.1) 式利用有界收敛定理可得

$$E(X_\tau) = \lim_{n \to \infty} E(X_{\tau \wedge n}) \geqslant E(X_0)$$

再因对 $n \in \mathbb{Z}_+$ 有 $|E(X_{\tau \wedge n})| \leqslant K$, 所以 $E(X_0) \leqslant E(X_\tau) \leqslant K$. 如果 $X$ 是一个鞅, 那么 $X^\tau$ 也是一个鞅, 从而对 $n \in \mathbb{Z}_+$ 有 $E(X_{\tau \wedge n}) = E(X_0)$, 因此 $E(X_\tau) = E(X_0)$.

(3) 如果条件 (c) 成立, 那么因对每一 $(n, \omega) \in \mathbb{Z}_+ \times \Omega$ 有

$$X_{\tau \wedge n}(\omega) - X_0(\omega) = \sum_{k=1}^{\tau(\omega) \wedge n} \{X_k(\omega) - X_{k-1}(\omega)\}$$

故对每一 $n \in \mathbb{Z}_+$ 有

$$|X_{\tau \wedge n} - X_0| \leqslant \sum_{k=1}^{\tau(\omega) \wedge n} |X_k - X_{k-1}| \leqslant L \times (\tau \wedge n) \leqslant L\tau \qquad (5.2.2)$$

现在因 $\tau$ 是可积的, 故 $\tau$ 在概率空间 $(\Omega, \mathscr{F}_\infty, P)$ 上 a.e. 取有限值, 所以 (5.2.1) 式成立, 因此有

$$\lim_{n \to \infty} (X_{\tau \wedge n} - X_0) = X_\tau - X_0$$

在概率空间 $(\Omega, \mathscr{F}_\infty, P)$ 上 a.e. 成立, 从而由控制收敛定理得 $X_\tau - X_0$ 可积, 且

$$E(X_\tau - X_0) = \lim_{n \to \infty} E(X_{\tau \wedge n} - X_0) \geqslant 0$$

这说明 $X_\tau$ 可积, 且 $EX_0 \leqslant E(X_\tau) < \infty$. 如果 $X$ 是一个鞅, 那么由和 (2) 里同样的原因可得 $E(X_\tau) = E(X_0)$.

(4) 如果 (d) 成立, 那么因对每一 $(n, \omega) \in \mathbb{Z}_+ \times \Omega$ 有 $X(n, \omega) \leqslant 0$, 故对 $(n, \omega) \in \mathbb{Z}_+ \times \Omega$ 有 $X^\tau(n, \omega) = X(\tau(\omega) \wedge n, \omega) \leqslant 0$. 再因在概率空间 $(\Omega, \mathscr{F}_\infty, P)$ 上 a.e. 有 $\tau < \infty$, 故对概率空间 $(\Omega, \mathscr{F}_\infty, P)$ 上 a.e. 的 $\omega$ 有 $X_\tau(\omega) = X(\tau(\omega), \omega) \leqslant 0$ 成立, 从而由 (5.2.1) 式和对非正函数序列上极限的 Fatou 引理可得

$$0 \geqslant E(X_\tau) \geqslant \limsup_{n \to \infty} (X_{\tau \wedge n}) \geqslant E(X_0)$$

**推论 5.2.2** 设 $(\Omega, \mathscr{F}, \{\mathscr{F}_n : n \in \mathbb{Z}_+\}, P)$ 为一个域流空间, 如果 $X = \{X_n : n \in \mathbb{Z}_+\}$ 为该域流空间上的一个具有有界增量的鞅, $C = \{C_n : n \in \mathbb{Z}_+\}$ 为该域流空间上的一个有界可料过程, $\tau$ 是该域流空间上的一个可积停时, 那么对 $X$ 关于 $C$ 的鞅变换 $C \bullet X$ 有 $E[(C \bullet X)_\tau] = 0$.

**证明** 设 $K, L \geqslant 0$ 使得对 $n \in \mathbb{Z}_+$, 有 $|C_n| \leqslant K$; 而对 $n \in \mathbb{N}$ 有 $|X_n - X_{n-1}| \leqslant L$. 因为 $X$ 是一个鞅, $C$ 是一个有界可料过程, 所以由鞅变换定理的 (2) 知 $C \bullet X$ 是一个在零时刻为零的鞅. 再由鞅变换的定义, 对 $n \in \mathbb{N}$ 有

$$|(C \bullet X)_n - (C \bullet X)_{n-1}| = |C_n (X_n - X_{n-1})| \leqslant KL$$

因而定理 5.2.1 中的条件 (c) 被满足, 所以 $E[(C \bullet X)_\tau] = E[(C \bullet X)_0] = 0$.

下面将定理 5.2.1 部分地推广到连续时间的有界下鞅, 推广到无界但一致可积的下鞅的情形的结果将在后面给出.

**定理 5.2.3** (连续时间情形的可选停时定理)　设 $(\Omega, \mathscr{F}, \{\mathscr{F}_t : t \in \mathbb{R}_+\}, P)$ 为一个右连续的域流空间, $X = \{X_t : t \in \mathbb{R}_+\}$ 为该域流空间上的一个右连续的下鞅, $\tau$ 是该域流空间上的一个停时. 假设 $\tau$ 在概率空间 $(\Omega, \mathscr{F}_\infty, P)$ 上 a.e. 有限. 如果 $X$ 有界的, 即存在 $K \geqslant 0$, 使得对 $(t, \omega) \in \mathbb{R}_+ \times \Omega$ 有 $|X(t, \omega)| \leqslant K$, 那么 $EX_0 \leqslant EX_\tau < \infty$. 如果 $X$ 是一个有界右连续鞅, 那么 $EX_\tau = EX_0$.

**证明**　对每一 $n \in \mathbb{N}$, 令

$$\rho_n(t) = \begin{cases} k2^{-n}, & t \in [(k-1)2^{-n}, k2^{-n}), k \in \mathbb{N}, \\ \infty, & t = \infty \end{cases}$$

再令 $\tau_n = \rho_n \circ \tau$, 则由定理 4.3.20 知, $\{\tau_n : n \in \mathbb{N}\}$ 是域流空间 $(\Omega, \mathscr{F}, \{\mathscr{F}_t : t \in \mathbb{R}_+\}, P)$ 上的一个递减的停时序列, 其中 $\tau_n$ 在 $\{k2^{-n} : k \in \mathbb{N}\} \cup \{\infty\}$ 中取值, 而且当 $n \to \infty$ 时在 $\Omega$ 上一致有 $\tau_n \downarrow \tau$. 令 $\Lambda = \{\tau = \infty\}$, 而对 $n \in \mathbb{N}$, 令 $\Lambda_n = \{\tau_n = \infty\}$. 由 $\rho_n$ 的定义, 有

$$\Lambda_n = \tau_n^{-1}(\{\infty\}) = \tau^{-1} \circ \rho_n^{-1}(\{\infty\}) = \tau^{-1}(\{\infty\}) = \Lambda$$

由已知 $P(\Lambda) = 0$, 知对每一 $n \in \mathbb{N}$ 有 $P(\Lambda_n) = 0$, 因此对每一 $n \in \mathbb{N}$ 有 $\tau_n$ 在概率空间 $(\Omega, \mathscr{F}_\infty, P)$ 上 a.e. 有限. 现在对每一固定的 $n \in \mathbb{N}$, 考虑域流空间 $(\Omega, \mathscr{F}, \{\mathscr{F}_{k2^{-n}} : k \in \mathbb{Z}_+\}, P)$, 则 $\tau_n$ 是该域流空间上的一个停时. 因为 $X = \{X_t : t \in \mathbb{R}_+\}$ 是域流空间 $(\Omega, \mathscr{F}, \{\mathscr{F}_t : t \in \mathbb{R}_+\}, P)$ 上的一个下鞅, 所以 $\{X_{k2^{-n}} : k \in \mathbb{Z}_+\}$ 是离散域流空间 $(\Omega, \mathscr{F}, \{\mathscr{F}_{k2^{-n}} : k \in \mathbb{Z}_+\}, P)$ 上的一个下鞅. 因而由定理 5.2.1, 有 $E(X_0) \leqslant E(X_{\tau_n}) < \infty$. 又因当 $n \to \infty$ 时在 $\Omega$ 上一致有 $\tau_n \downarrow \tau$ 及 $X = \{X_t : t \in \mathbb{R}_+\}$ 右连续, 故对 $\omega \in \Lambda_n^c$ 有

$$\lim_{n \to \infty} X_{\tau_n}(\omega) = \lim_{n \to \infty} X(\tau_n(\omega), \omega) = X_\tau(\omega)$$

再由 $|X(t, \omega)| \leqslant K$, 故对 $\omega \in \Lambda_n^c$ 有 $|X_{\tau_n}| \leqslant K$, 从而由有界收敛定理得

$$\lim_{n \to \infty} E(X_{\tau_n}) = E(X_\tau)$$

又因 $|E(X_{\tau_n})| \leqslant K$, 故 $|E(X_\tau)| \leqslant K$, 因此 $E(X_0) \leqslant E(X_\tau) < \infty$.

当 $X = \{X_t : t \in \mathbb{R}_+\}$ 是一个鞅时, 由定理 5.2.1 知对每一 $n \in \mathbb{N}$ 有 $E(X_{\tau_n}) = E(X_0)$, 因此 $E(X_\tau) = E(X_0)$.

利用定理 5.2.1 和定理 5.1.17 及定理 5.1.19 可得以下结论.

**定理 5.2.4** (Doob 离散时间情形的有界停时可选样本定理)   设 $(\Omega, \mathscr{F}, \{\mathscr{F}_n : n \in \mathbb{Z}_+\}, P)$ 为一个域流空间, $X = \{X_n : n \in \mathbb{Z}_+\}$ 为该域流空间上的一个下鞅; $\rho$ 和 $\tau$ 是该域流空间上的满足对某 $m \in \mathbb{Z}_+$, 有 $\rho \leqslant \tau \leqslant m$ 的停时. 那么

$$E(X_\tau | \mathscr{F}_\rho) \geqslant X_\rho \tag{5.2.3}$$

在概率空间 $(\Omega, \mathscr{F}_\rho, P)$ 上 a.e. 成立. 特别地, 有

$$EX_\tau \geqslant EX_\rho \tag{5.2.4}$$

和

$$EX_m \geqslant EX_\tau \geqslant EX_0 \tag{5.2.5}$$

如果 $X$ 是一个鞅, 那么不等式 (5.2.3)、(5.2.4) 和 (5.2.5) 都是等式.

**证明**   因为 $\rho$ 和 $\tau$ 都是停时, 所以 $\rho$ 和 $\tau$ 分别是关于 $\mathscr{F}_\rho$ 和 $\mathscr{F}_\tau$ 可测的. 再由 $\rho$ 和 $\tau$ 的有界性利用定理 5.2.1 可得 $X_\rho$ 和 $X_\tau$ 是可积的.

现在通过令

$$D_n^{(\rho,\tau]} = \mathbf{1}_{\{\rho < n \leqslant \tau\}} = \mathbf{1}_{\{n \leqslant \tau\}} - \mathbf{1}_{\{n \leqslant \rho\}}, \quad n \in \mathbb{Z}_+$$

定义域流空间 $(\Omega, \mathscr{F}, \{\mathscr{F}_n : n \in \mathbb{Z}_+\}, P)$ 上的随机过程 $D^{(\rho,\tau]} = \{D_n^{(\rho,\tau]} : n \in \mathbb{Z}_+\}$.

因 $\{\rho < 0 \leqslant \tau\} = \varnothing$, 故 $D_0^{(\rho,\tau]} = 0$, 因此 $D^{(\rho,\tau]}$ 是一个非负有界过程.

注意到对每一 $n \in \mathbb{N}$, 有

$$\{n \leqslant \tau\} = \{\tau < n\}^c = \left( \bigcup_{k=0}^{n-1} \{\tau = k\} \right)^c \in \mathscr{F}_{n-1}$$

故 $\mathbf{1}_{\{n \leqslant \tau\}}$ 是 $\mathscr{F}_{n-1}$ 可测的.

类似地, $\mathbf{1}_{\{n \leqslant \rho\}}$ 也是 $\mathscr{F}_{n-1}$ 可测的.

因此对每一 $n \in \mathbb{N}$, $D_n^{(\rho,\tau]}$ 是 $\mathscr{F}_{n-1}$ 可测的, 这说明 $D^{(\rho,\tau]}$ 是一个可料过程. 从而由定理 5.1.17 知 $D^{(\rho,\tau]}$ 关于下鞅 $X = \{X_n : n \in \mathbb{Z}_+\}$ 的鞅变换 $D^{(\rho,\tau]} \bullet X$ 是一个在零时刻为零的下鞅.

而由鞅变换的定义 5.1.16, 知对每一 $n \in \mathbb{N}$, 有

$$\left( D^{(\rho,\tau]} \bullet X \right)_n = \sum_{k=1}^{n} I_{\{\rho < k \leqslant \tau\}} (X_k - X_{k-1})$$

$$= \sum_{k=1}^{n} I_{\{k \leqslant \tau\}} (X_k - X_{k-1}) - \sum_{k=1}^{n} I_{\{k \leqslant \rho\}} (X_k - X_{k-1})$$

$$= (X_{\tau \wedge n} - X_0) - (X_{\rho \wedge n} - X_0)$$

$$= X_{\tau \wedge n} - X_{\rho \wedge n}$$

又由 $\rho \leqslant \tau \leqslant m$, 得

$$\left(D^{(\rho, \tau]} \bullet X\right)_m = X_\tau - X_\rho$$

再由 $D^{(\rho, \tau]} \bullet X$ 是一个下鞅, 有

$$E\left[\left(D^{(\rho, \tau]} \bullet X\right)_n\right] \geqslant E\left[\left(D^{(\rho, \tau]} \bullet X\right)_0\right] = E(0) = 0$$

因此 $E(X_\tau - X_\rho) \geqslant 0$, 从而 $EX_\tau \geqslant EX_\rho$, 即 (5.2.4) 式成立.

为证明 (5.2.3) 式, 注意到 $E(X_\tau | \mathscr{F}_\rho)$ 和 $X_\rho$ 都是 $\mathscr{F}_\rho$ 可测的, 因此只需证明每一 $A \in \mathscr{F}_\rho$, 有

$$\int_A X_\tau \mathrm{d}P \geqslant \int_A X_\rho \mathrm{d}P$$

为此, 对每一 $A \in \mathscr{F}_\rho$, 在概率空间 $(\Omega, \mathscr{F}, P)$ 上定义两个随机变量 $\rho_A, \tau_A$ 分别为

$$\rho_A = \begin{cases} \rho, & A, \\ m, & A^c \end{cases} \quad \text{和} \quad \tau_A = \begin{cases} \tau, & A, \\ m, & A^c \end{cases}$$

因为当 $A \in \mathscr{F}_\rho$ 时, 有

$$\{\rho_A \leqslant n\} = \begin{cases} \Omega \in \mathscr{F}_\rho, & n \geqslant m, \\ \{\rho \leqslant n\} \cap A \in \mathscr{F}_\rho, & n < m \end{cases}$$

所以 $\rho_A$ 是一个停时. 再由 $A \in \mathscr{F}_\rho \subset \mathscr{F}_\tau$, 类似可得 $\tau_A$ 也为一个停时.

现在由 $\rho_A, \tau_A$ 为停时及 $\rho_A \leqslant \tau_A \leqslant m$, 利用已证的 (5.2.4) 式有

$$EX_{\tau_A} \geqslant EX_{\rho_A}$$

而

$$EX_{\tau_A} = \int_A X_{\tau_A} \mathrm{d}P + \int_{A^c} X_{\tau_A} \mathrm{d}P = \int_A X_\tau \mathrm{d}P + \int_{A^c} X_m \mathrm{d}P EX_{\tau_A}$$

$$EX_{\rho_A} = \int_A X_{\rho_A} \mathrm{d}P + \int_{A^c} X_{\rho_A} \mathrm{d}P = \int_A X_\rho \mathrm{d}P + \int_{A^c} X_m \mathrm{d}P EX_{\tau_A}$$

故

$$\int_A X_\tau \mathrm{d}P \geqslant \int_A X_\rho \mathrm{d}P$$

每一 $A \in \mathscr{F}_\rho$ 成立.

为证明 (5.2.5) 式, 注意到 $0, \tau, m$ 都是停时, 而 $0 \leqslant \tau \leqslant m$, 故由已证明的 (5.2.4) 式得

$$EX_m \geqslant EX_\tau \geqslant EX_0$$

因为如果 $X = \{X_n : n \in \mathbb{Z}_+\}$ 是一个上鞅, 那么 $-X$ 是一个下鞅, 所以对上鞅 $X = \{X_n : n \in \mathbb{Z}_+\}$, 不等式 (5.2.3)、(5.2.4)、(5.2.5) 变为

$$E\left(X_\tau \mid \mathscr{F}_\rho\right) \leqslant X_\rho, \quad EX_\tau \leqslant EX_\rho, \quad EX_m \leqslant EX_\tau \leqslant EX_0$$

而鞅既是上鞅也是下鞅, 故不等式 (5.2.3)、(5.2.4)、(5.2.5) 都变为等式.

利用推论 5.1.9 和定理 5.2.4 可得如下推论.

**推论 5.2.5** 设 $\tau$ 是域流空间 $(\Omega, \mathscr{F}, \{\mathscr{F}_n : n \in \mathbb{Z}_+\}, P)$ 上的一个有界停时, 即对某 $m \in \mathbb{Z}_+$, 有 $\tau \leqslant m$.

(1) 如果 $X = \{X_n : n \in \mathbb{Z}_+\}$ 为该域流空间上的一个下鞅, 那么

$$E\left(|X_\tau|\right) \leqslant -EX_0 + 2EX_m^+ \leqslant 3 \sup_{n=0,\cdots,m} E\left(|X_n|\right)$$

(2) 如果 $X = \{X_n : n \in \mathbb{Z}_+\}$ 为该域流空间上的一个上鞅, 那么

$$E\left(|X_\tau|\right) \leqslant EX_0 + 2EX_m^- \leqslant 3 \sup_{n=0,\cdots,m} E\left(|X_n|\right)$$

**证明** (1) 因 $X_\tau = X_\tau^+ - X_\tau^-$, $|X_\tau| = X_\tau^+ + X_\tau^-$, 故有 $|X_\tau| + X_\tau = 2X_\tau^+$, 因此

$$E|X_\tau| = -EX_\tau + 2E\left(X_\tau^+\right)$$

又因 $X = \{X_n : n \in \mathbb{Z}_+\}$ 是一个下鞅, 故由推论 5.1.9 知 $X^+$ 也是一个下鞅, 从而对 $X$ 和 $X^+$ 利用定理 5.2.4, 得

$$-EX_\tau \leqslant -E\left(X_0\right), \quad E\left(X_\tau^+\right) \leqslant E\left(X_m^+\right)$$

代入 $E|X_\tau| = -EX_\tau + 2E\left(X_\tau^+\right)$ 即有

$$E\left(|X_\tau|\right) \leqslant -EX_0 + 2EX_m^+$$

(2) 当 $X = \{X_n : n \in \mathbb{Z}_+\}$ 是一个上鞅时, $-X$ 是一个下鞅, 此时对 $-X$ 有

$$E\left(|-X_\tau|\right) \leqslant -E\left(-X_0\right) + 2E\left(\left(-X_m\right)^+\right)$$

即 $E\left(|X_\tau|\right) \leqslant E\left(X_0\right) + 2E\left(X_m^-\right)$.

**推论 5.2.6**　设 $X = \{X_n : n \in \mathbb{Z}_+\}$ 是域流空间 $(\Omega, \mathscr{F}, \{\mathscr{F}_n : n \in \mathbb{Z}_+\}, P)$ 上的一个适应 $L_1$ 过程, 那么 $X$ 是一个下鞅当且仅当对任何满足 $\rho \leqslant \tau$ 的两个有界停时 $\rho$ 和 $\tau$, 有 $EX_\tau \geqslant EX_\rho$. 特别地, $X$ 是一个鞅当且仅当 $EX_\tau = EX_\rho$.

**证明**　由定理 5.2.4 知当 $X$ 是一个下鞅而有界停时 $\rho$ 和 $\tau$ 满足 $\rho \leqslant \tau$ 时, 有 $EX_\tau \geqslant EX_\rho$, 即条件的必要性成立.

现证条件的充分性: 设对任何满足 $\rho \leqslant \tau$ 的有界停时 $\rho$ 和 $\tau$, 有 $EX_\tau \geqslant EX_\rho$. 因 $X$ 是一个适应 $L_1$ 过程, 故为证明 $X$ 是一个下鞅, 只需证明对任何 $n, m \in \mathbb{Z}_+$ 当 $n < m$ 时, 有

$$\int_A X_m \mathrm{d}P \geqslant \int_A X_n \mathrm{d}P$$

对每一 $A \in \mathscr{F}_n$ 成立. 现在对给定的 $A \in \mathscr{F}_n$, 在 $\Omega$ 上定义

$$\rho = \begin{cases} n, & \omega \in A, \\ m, & \omega \in A^c, \end{cases} \quad \text{和} \quad \tau = m$$

则 $\rho$ 和 $\tau$ 都是概率空间 $(\Omega, \mathscr{F}, P)$ 上的随机变量. 由于对每一 $k \in \mathbb{Z}_+$, 有

$$\{\rho \leqslant k\} = \begin{cases} \varnothing \in \mathscr{F}_k & \text{对 } k < n, \\ A \in \mathscr{F}_n \subset \mathscr{F}_k & \text{对 } n \leqslant k < m, \\ \Omega \in \mathscr{F}_k & \text{对 } m \leqslant k \end{cases}$$

故 $\rho$ 是一个停时. 因 $\tau = m$, 故 $\tau$ 是平凡停时. 从而 $\rho$ 和 $\tau$ 都是有界停时, 且 $\rho \leqslant \tau$. 因此, 由假设条件有 $EX_\tau \geqslant EX_\rho$. 但是

$$EX_\tau = \int_A X_m \mathrm{d}P + \int_{A^c} X_m \mathrm{d}P$$

而

$$EX_\rho = \int_A X_n \mathrm{d}P + \int_{A^c} X_m \mathrm{d}P$$

因此 $\displaystyle\int_A X_m \mathrm{d}P \geqslant \int_A X_n \mathrm{d}P$.

如果 $X$ 是一个上鞅, 那么 $-X$ 是一个下鞅. 因而由上面已证明的结论知, 如果 $X$ 是一个上鞅当且仅当对任何满足 $\rho \leqslant \tau$ 的有界停时 $\rho$ 和 $\tau$, 有 $EX_\tau \leqslant EX_\rho$. 因为一个鞅既是一个下鞅又是一个上鞅, 所以 $X$ 是一个鞅当且仅当对任何满足 $\rho \leqslant \tau$ 的有界停时 $\rho$ 和 $\tau$, 有 $EX_\tau = EX_\rho$.

### 5.2.2 极大和极小不等式

对于下鞅 $X = \{X_n : n \in \mathbb{Z}_+\}$ 的样本路径, Doob 极大不等式利用 $X_m$ 的数学期望 $EX_m$ 给出了 $\{X_0(\omega), \cdots, X_m(\omega)\}$ 的最大值超过一个正数 $\lambda$ 的概率的一个估计.

利用定理 5.2.4 可得如下结论.

**定理 5.2.7** (有限情形的 Doob 极大和极小不等式) 设 $X = \{X_n : n \in \mathbb{Z}_+\}$ 为域流空间 $(\Omega, \mathscr{F}, \{\mathscr{F}_n : n \in \mathbb{Z}_+\}, P)$ 上的一个下鞅, 那么对每一 $m \in \mathbb{Z}_+$ 和 $\lambda > 0$, 有

$$\lambda P\left(\max_{n=0,\cdots,m} X_n \geqslant \lambda\right) \leqslant \int_{\left(\max\limits_{n=0,\cdots,m} X_n \geqslant \lambda\right)} X_m \mathrm{d}P \leqslant EX_m^+ \tag{5.2.6}$$

和

$$\lambda P\left(\min_{n=0,\cdots,m} X_n \leqslant -\lambda\right) \leqslant \int_{\left(\min\limits_{n=0,\cdots,m} X_n > -\lambda\right)} X_m \mathrm{d}P - EX_0$$

$$\leqslant EX_m^+ - EX_0 \tag{5.2.7}$$

**证明** 为证明 (5.2.6) 式, 在 $\Omega$ 上定义

$$\tau(\omega) = \min\{n = 0, \cdots, m : X_n \geqslant \lambda\} \wedge m$$

因为对 $n = 0, \cdots, m-1$, 有

$$\{\tau = n\} = \{X_0 < \lambda, \cdots, X_{n-1} < \lambda, X_n \geqslant \lambda\} \in \mathscr{F}_n$$

$$\{\tau = m\} = \{X_0 < \lambda, \cdots, X_{m-1} < \lambda, X_m \geqslant \lambda\}$$

$$\cup \{X_0 < \lambda, \cdots, X_{m-1} < \lambda, X_m < \lambda\} \in \mathscr{F}_m$$

$$\{\tau = n\} = \varnothing \in \mathscr{F}_n, \quad n > m$$

所以 $\tau$ 是一个有界停时.

由 $X = \{X_n : n \in \mathbb{Z}_+\}$ 为一个下鞅及 $\tau$ 是一个有界停时, 利用定理 5.2.4 有

$$EX_m \geqslant EX_\tau = \int_{\left(\max\limits_{n=0,\cdots,m} X_n \geqslant \lambda\right)} X_\tau \mathrm{d}P + \int_{\left(\max\limits_{n=0,\cdots,m} X_n \geqslant \lambda\right)^c} X_\tau \mathrm{d}P$$

如果 $\left\{\max\limits_{n=0,\cdots,m} X_n \geqslant \lambda\right\} = \varnothing$, 那么 (5.2.6) 式平凡成立.

如果 $\left\{\max\limits_{n=0,\cdots,m} X_n \geqslant \lambda\right\} \neq \varnothing$, 那么在集合 $\left\{\max\limits_{n=0,\cdots,m} X_n \geqslant \lambda\right\}$ 上有 $X_\tau \geqslant \lambda$, 在 $\left\{\max\limits_{n=0,\cdots,m} X_n \geqslant \lambda\right\}^c$ 上有 $\tau = m$, 从而

$$EX_m \geqslant \lambda P\left(\max\limits_{n=0,\cdots,m} X_n \geqslant \lambda\right) + \int_{\left(\max\limits_{n=0,\cdots,m} X_n \geqslant \lambda\right)^c} X_m \mathrm{d}P$$

因此

$$\lambda P\left(\max\limits_{n=0,\cdots,m} X_n \geqslant \lambda\right)$$

$$\leqslant EX_m - \int_{\left(\max\limits_{n=0,\cdots,m} X_n \geqslant \lambda\right)^c} X_m \mathrm{d}P = \int_{\left(\max\limits_{n=0,\cdots,m} X_n \geqslant \lambda\right)} X_m \mathrm{d}P$$

$$\leqslant \int_{\left(\max\limits_{n=0,\cdots,m} X_n \geqslant \lambda\right)} X_m^+ \mathrm{d}P \leqslant \int_\Omega X_m^+ \mathrm{d}P$$

故 (5.2.6) 式成立.

为证明 (5.2.7) 式, 在 $\Omega$ 上定义

$$\tau(\omega) = \min\{n = 0,\cdots,m : X_n \leqslant -\lambda\} \wedge m$$

因为对 $n = 0,\cdots,m-1$, 有

$$\{\tau = n\} = \{X_0 > -\lambda,\cdots,X_{n-1} > -\lambda, X_n \leqslant -\lambda\} \in \mathscr{F}_n$$

$$\{\tau = m\} = \{X_0 > -\lambda,\cdots,X_{m-1} > -\lambda, X_m \leqslant -\lambda\}$$

$$\cup \{X_0 > -\lambda,\cdots,X_{m-1} > -\lambda, X_m > -\lambda\} \in \mathscr{F}_m$$

$$\{\tau = n\} = \varnothing \in \mathscr{F}_n, \quad n > m$$

所以 $\tau$ 是一个有界停时.

由 $X = \{X_n : n \in \mathbb{Z}_+\}$ 为一个下鞅及 $\tau$ 是一个有界停时, 利用定理 5.2.4 有

$$EX_0 \leqslant EX_\tau = \int_{\left(\min\limits_{n=0,\cdots,m} X_n \leqslant -\lambda\right)} X_\tau \mathrm{d}P + \int_{\left(\min\limits_{n=0,\cdots,m} X_n \leqslant -\lambda\right)^c} X_\tau \mathrm{d}P$$

如果 $\left\{\min\limits_{n=0,\cdots,m} X_n \leqslant -\lambda\right\} = \varnothing$, 那么 (5.2.7) 式成立.

如果 $\left\{\min\limits_{n=0,\cdots,m} X_n \leqslant -\lambda\right\} \neq \varnothing$, 那么在集合 $\left\{\min\limits_{n=0,\cdots,m} X_n \leqslant -\lambda\right\}$ 上有 $X_\tau \leqslant -\lambda$, 在 $\left\{\min\limits_{n=0,\cdots,m} X_n \leqslant -\lambda\right\}^c$ 上有 $\tau = m$, 从而

$$EX_0 \leqslant EX_\tau = \int_{\left(\min\limits_{n=0,\cdots,m} X_n \leqslant -\lambda\right)} X_\tau \mathrm{d}P + \int_{\left(\min\limits_{n=0,\cdots,m} X_n \leqslant -\lambda\right)^c} X_\tau \mathrm{d}P$$

$$= -\lambda P\left(\min\limits_{n=0,\cdots,m} X_n \leqslant -\lambda\right) + \int_{\left(\min\limits_{n=0,\cdots,m} X_n \leqslant -\lambda\right)^c} X_m \mathrm{d}P$$

因此

$$\lambda P\left(\min\limits_{n=0,\cdots,m} X_n \leqslant -\lambda\right) \leqslant \int_{\left(\min\limits_{n=0,\cdots,m} X_n > -\lambda\right)} X_m \mathrm{d}P - EX_0 \leqslant EX_m^+ - EX_0$$

故 (5.2.7) 式成立.

利用上鞅和下鞅的关系, 由定理 5.2.7 可得如下推论.

**推论 5.2.8** 设 $X = \{X_n : n \in \mathbb{Z}_+\}$ 为域流空间 $(\Omega, \mathscr{F}, \{\mathscr{F}_n : n \in \mathbb{Z}_+\}, P)$ 的一个上鞅. 如果 $m \in \mathbb{Z}_+$, $\lambda > 0$, 那么

$$\lambda P\left(\max\limits_{n=0,\cdots,m} X_n \geqslant \lambda\right) \leqslant EX_0 - \int_{\left(\max\limits_{n=0,\cdots,m} X_n < \lambda\right)} X_m \mathrm{d}P \leqslant EX_0 + EX_m^- \quad (5.2.8)$$

和

$$\lambda P\left(\min\limits_{n=0,\cdots,m} X_n \leqslant -\lambda\right) \leqslant -\int_{\left(\min\limits_{n=0,\cdots,m} X_n \leqslant -\lambda\right)} X_m \mathrm{d}P \leqslant EX_m^- \quad (5.2.9)$$

**推论 5.2.9** 设 $X = \{X_n : n \in \mathbb{Z}_+\}$ 为域流空间 $(\Omega, \mathscr{F}, \{\mathscr{F}_n : n \in \mathbb{Z}_+\}, P)$ 上的一个 $L_2$ 鞅, 那么对每一 $m \in \mathbb{Z}_+$ 和 $\lambda > 0$, 有

$$\lambda^2 P\left(\max\limits_{n=0,\cdots,m} |X_n| \geqslant \lambda\right) \leqslant EX_m^2 \quad (5.2.10)$$

**证明** 因为 $X = \{X_n : n \in \mathbb{Z}_+\}$ 是一个 $L_2$ 鞅, 所以由推论 5.1.11 得 $X^2 = \{X_n^2 : n \in \mathbb{Z}_+\}$ 是一个下鞅. 从而再由定理 5.2.7, 有

$$\lambda^2 P\left(\max\limits_{n=0,\cdots,m} X_n^2 \geqslant \lambda^2\right) \leqslant EX_m^2$$

因而

$$\lambda^2 P\left(\max_{n=0,\cdots,m}|X_n|\geqslant\lambda\right)\leqslant EX_m^2$$

考虑域流空间 $(\Omega,\mathscr{F},\{\mathscr{F}_n:n\in\mathbb{Z}_+\},P)$ 上的非负下鞅 $X=\{X_n:n\in\mathbb{Z}_+\}$. 对于每一 $m\in\mathbb{Z}_+$ 和 $\lambda>0$, 随机变量 $\xi\equiv\max\limits_{n=0,\cdots,m}X_n$ 和 $\eta\equiv X_m$ 非负, 且对 $\lambda>0$ 根据定理 5.2.7 有

$$\lambda P\left(\xi\geqslant\lambda\right)\leqslant\int_{(\xi\geqslant\lambda)}\eta\mathrm{d}P$$

下面的引理表明, 如果 $\xi$ 和 $\eta$ 是任意两个满足上面不等式的非负随机变量, 且对某 $p\in(1,\infty)$ 有 $\xi\in L_p(\Omega,\mathscr{F},P)$, 那么

$$\|\xi\|_p\leqslant q\|\eta\|_p$$

其中 $q\in(1,\infty)$ 为 $p$ 的共轭指数. 这个结果将被用于证明非负 $L_p$ 下鞅的 Doob-Kolmogorov 不等式.

利用 Tonelli 定理和 Hölder 不等式可得如下结论.

**引理 5.2.10**　设概率空间 $(\Omega,\mathscr{F},P)$ 上的非负随机变量 $X$ 和 $Y$ 满足对每一 $\lambda>0$, 有

$$\lambda P\left(X\geqslant\lambda\right)\leqslant\int_{(X\geqslant\lambda)}Y\mathrm{d}P \tag{5.2.11}$$

如果对某 $p\in(1,\infty)$, 有 $X\in L_p(\Omega,\mathscr{F},P)$, 那么

$$\|X\|_p\leqslant q\|X\|_p \tag{5.2.12}$$

其中 $q\in(1,\infty)$ 为 $p$ 的共轭指数.

**定理 5.2.11** (Doob-Kolmogorov 不等式)　设 $p\in(1,\infty)$, $q\in(1,\infty)$ 为 $p$ 的共轭指数. 如果 $X=\{X_n:n\in\mathbb{Z}_+\}$ 为域流空间 $(\Omega,\mathscr{F},\{\mathscr{F}_n:n\in\mathbb{Z}_+\},P)$ 的一个非负的 $L_p$ 下鞅, 那么对每一 $m\in\mathbb{Z}_+$ 和 $\lambda>0$, 有

$$\lambda^p P\left(\max_{n=0,\cdots,m}X_n\geqslant\lambda\right)\leqslant\int_{\left(\max\limits_{n=0,\cdots,m}X_n\geqslant\lambda\right)}X_m^p\mathrm{d}P\leqslant E\left(X_m^p\right) \tag{5.2.13}$$

和

$$E\left(\max_{n=0,\cdots m}X_n^p\right)\leqslant q^p E\left(X_m^p\right) \tag{5.2.14}$$

**证明** 因为 $X = \{X_n : n \in \mathbb{Z}_+\}$ 是一个非负的 $L_p$ 下鞅, 所以由推论 5.1.11 知 $X^p$ 是一个非负下鞅. 再对 $X^p$ 利用 (5.2.6) 式, 有

$$\lambda^p P\left(\max_{n=0,\cdots,m} X_n^p \geqslant \lambda^p\right) \leqslant \int_{\left(\max\limits_{n=0,\cdots,m} X_n^p \geqslant \lambda^p\right)} X_m^p \mathrm{d}P \leqslant E\left(X_m^p\right)$$

从而

$$\lambda^p P\left(\max_{n=0,\cdots,m} X_n \geqslant \lambda\right) \leqslant \int_{\left(\max\limits_{n=0,\cdots,m} X_n \geqslant \lambda\right)} X_m^p \mathrm{d}P \leqslant E\left(X_m^p\right)$$

对下鞅 $X = \{X_n : n \in \mathbb{Z}_+\}$ 利用 (5.2.6) 式, 有

$$\lambda P\left(\max_{n=0,\cdots,m} X_n \geqslant \lambda\right) \leqslant \int_{\left(\max\limits_{n=0,\cdots,m} X_n \geqslant \lambda\right)} X_m \mathrm{d}P$$

因而非负随机变量 $\max\limits_{n=0,\cdots,m} X_n$ 和 $X_m$ 满足引理 5.2.10 的条件 (5.2.11) 式. 而由 $X_0, \cdots, X_n$ 是 $L_p(\Omega, \mathscr{F}, P)$ 中的元素, 得 $\max\limits_{n=0,\cdots,m} X_n \in L_p(\Omega, \mathscr{F}, P)$, 从而由引理 5.2.10 有

$$\left[E\left(\max_{n=0,\cdots,m} X_n^p\right)\right]^{1/p} = E\left[\left(\max_{n=0,\cdots,m} X_n\right)^p\right]^{1/p} \leqslant q\left[E\left(X_m^p\right)\right]^{1/p}$$

因此

$$E\left(\max_{n=0,\cdots,m} X_n^p\right) \leqslant q^p E\left(X_m^p\right)$$

利用推论 5.1.11 和定理 5.2.11 可得如下结论.

**推论 5.2.12** 设 $p \in (1,\infty)$, $q \in (1,\infty)$ 为 $p$ 的共轭指数. 如果 $X = \{X_n : n \in \mathbb{Z}_+\}$ 为域流空间 $(\Omega, \mathscr{F}, \{\mathscr{F}_n : n \in \mathbb{Z}_+\}, P)$ 上的一个 $L_p$ 鞅, 那么对每一 $m \in \mathbb{Z}_+$ 和 $\lambda > 0$, 有

$$\lambda^p P\left(\max_{n=0,\cdots,m} |X_n| \geqslant \lambda\right) \leqslant \int_{\left(\max\limits_{n=0,\cdots,m} X_n \geqslant \lambda\right)} |X_m|^p \mathrm{d}P \leqslant E\left(|X_m|^p\right) \quad (5.2.15)$$

和

$$E\left(\max_{n=0,\cdots,m} |X_n|^p\right) \leqslant q^p E\left(|X_m|^p\right) \quad (5.2.16)$$

**证明** 因 $X = \{X_n : n \in \mathbb{Z}_+\}$ 是 $L_p$ 鞅, 故由推论 5.1.11 知 $|X|$ 是一个非负 $L_p$ 下鞅, 从而利用定理 5.2.11 可得推论 5.2.12 的 (5.2.15) 式和 (5.2.16) 式.

定理 5.2.7 给出了一个离散时间下鞅的有限多个元素的最大最小值概率的估计, 现在把这些结果推广到离散和连续时间情形下的整个下鞅的上确界和下确界的概率的估计.

**定理 5.2.13** (离散情形的极大和极小不等式)　设 $X = \{X_n : n \in \mathbb{Z}_+\}$ 为域流空间 $(\Omega, \mathscr{F}, \{\mathscr{F}_n : n \in \mathbb{Z}_+\}, P)$ 上的一个下鞅, 那么对每一 $\lambda > 0$, 有

$$\lambda P\left(\sup_{n \in \mathbb{Z}_+} X_n > \lambda\right) \leqslant \sup_{n \in \mathbb{Z}_+} EX_n^+ \tag{5.2.17}$$

和

$$\lambda P\left(\inf_{n \in \mathbb{Z}_+} X_n < -\lambda\right) \leqslant \sup_{n \in \mathbb{Z}_+} EX_n^+ - EX_0 \tag{5.2.18}$$

**证明**　因当 $n \to \infty$ 时, 在 $\Omega$ 上有 $\max\limits_{k=0,\cdots,n} X_k$ 单调递增到 $\sup\limits_{n \in \mathbb{Z}_+} X_n$, 故

$$\left\{\sup_{n \in \mathbb{Z}_+} X_n > \lambda\right\} \subset \bigcup_{n \in \mathbb{Z}_+}\left\{\max_{k=0,\cdots,n} X_k \geqslant \lambda\right\} \uparrow \lim_{n \to \infty}\left\{\max_{k=0,\cdots,n} X_k \geqslant \lambda\right\}$$

因此

$$P\left(\sup_{n \in \mathbb{Z}_+} X_n > \lambda\right) \leqslant \uparrow \lim_{n \to \infty} P\left(\max_{k=0,\cdots,n} X_k \geqslant \lambda\right)$$

再由 (5.2.6) 式, 有

$$\lambda P\left(\max_{k=0,\cdots,n} X_k \geqslant \lambda\right) \leqslant EX_n^+ \leqslant \sup_{n \in \mathbb{Z}_+} EX_n^+$$

从而

$$\lambda P\left(\sup_{n \in \mathbb{Z}_+} X_n > \lambda\right) \leqslant \sup_{n \in \mathbb{Z}_+} EX_n^+$$

类似地, 由 (5.2.7) 式可得

$$\lambda P\left(\inf_{n \in \mathbb{Z}_+} X_n < -\lambda\right) \leqslant \sup_{n \in \mathbb{Z}_+} EX_n^+ - EX_0$$

**定理 5.2.14** (连续情形的极大和极小不等式)　设 $X = \{X_t : t \in \mathbb{R}_+\}$ 为域流空间 $(\Omega, \mathscr{F}, \{\mathscr{F}_t : t \in \mathbb{R}_+\}, P)$ 上的一个下鞅, $S$ 是 $\mathbb{R}_+$ 的一个可数稠密子集,

$I = [\alpha, \beta) \subset \mathbb{R}_+$. 那么对每一 $\lambda > 0$, 有

$$\lambda P\left(\sup_{t \in I \cap S} X_t > \lambda\right) \leqslant E\left(X_\beta^+\right) \tag{5.2.19}$$

和

$$\lambda P\left(\inf_{t \in I \cap S} X_n < -\lambda\right) \leqslant E\left(X_\beta^+\right) - EX_\alpha \tag{5.2.20}$$

如果下鞅 $X$ 还是右连续的, 那么在 (5.2.19) 式和 (5.2.20) 式中的 $I \cap S$ 可以换成 $I$.

**证明** 设 $\{s_n : n \in \mathbb{Z}_+\}$ 是 $I \cap S$ 中元素的任意重排. 对每一 $N \in \mathbb{Z}_+$, 设 $t_0, \cdots, t_N$ 是 $s_0, \cdots, s_N$ 的按递增顺序的重排, 那么 $\{X_{t_0}, \cdots, X_{t_N}\}$ 是关于 $\{\mathscr{F}_{t_0}, \cdots, \mathscr{F}_{t_N}\}$ 的一个下鞅. 因此由定理 5.2.7 中的 (5.2.6) 式和因 $X^+$ 是下鞅所以 $EX_t^+$ 随 $t$ 单调递增的事实, 有

$$\lambda P\left(\max_{t \in \{s_0, \cdots, s_N\}} X_t \geqslant \lambda\right) = \lambda P\left(\max_{t \in \{t_0, \cdots, t_N\}} X_t \geqslant \lambda\right) \leqslant EX_\beta^+ \tag{5.2.21}$$

因当 $N \to \infty$ 时, $\max\limits_{t \in \{s_0, \cdots, s_N\}} X_t$ 单调递增到 $\sup\limits_{t \in I \cap S} X_t$, 故有

$$\left\{\sup_{t \in I \cap S} X_t > \lambda\right\} \subset \bigcup_{N \in \mathbb{Z}_+} \left\{\max_{t \in \{s_0, \cdots, s_N\}} X_t \geqslant \lambda\right\}$$

从而有

$$P\left(\sup_{t \in I \cap S} X_t > \lambda\right) \leqslant\uparrow \lim_{N \to \infty} P\left(\max_{t \in \{s_0, \cdots, s_N\}} X_t \geqslant \lambda\right) \tag{5.2.22}$$

综合 (5.2.21) 式和 (5.2.22) 式即得

$$\lambda P\left(\sup_{t \in I \cap S} X_t > \lambda\right) \leqslant E\left(X_\beta^+\right)$$

当下鞅 $X$ 右连续时, 由函数 $X_t(\omega)$ 对 $t \in \mathbb{R}_+$ 的右连续性可得对每一 $\omega \in \Omega$ 有

$$\sup_{t \in I} X_t(\omega) = \sup_{t \in I \cap S} X_t(\omega)$$

因此

$$\left\{\sup_{t \in I} X_t > \lambda\right\} = \left\{\sup_{t \in I \cap S} X_t > \lambda\right\}$$

从而 (5.2.19) 式中的 $I \cap S$ 可以换成 $I$.

类似地, 可以用定理 5.2.7 中的 (5.2.7) 式证明这里的 (5.2.20) 式.

我们还可以把定理 5.2.11(Doob-Kolmogorov 不等式) 推广到离散和连续情形下非负 $L_p$ 下鞅的上确界和下确界的概率的估计.

**定理 5.2.15** 设 $p \in (1, \infty)$, $q \in (1, \infty)$ 为 $p$ 的共轭指数. 如果 $X = \{X_n : n \in \mathbb{Z}_+\}$ 为域流空间 $(\Omega, \mathscr{F}, \{\mathscr{F}_n : n \in \mathbb{Z}_+\}, P)$ 上的一个非负的 $L_p$ 下鞅, 那么对每一 $\lambda > 0$, 有

$$\lambda^p P\left(\sup_{n \in \mathbb{Z}_+} X_n > \lambda\right) \leqslant \sup_{n \in \mathbb{Z}_+} E\left(X_n^p\right) \tag{5.2.23}$$

和

$$E\left(\sup_{n \in \mathbb{Z}_+} X_n^p\right) \leqslant q^p \sup_{n \in \mathbb{Z}_+} E\left(X_n^p\right) \tag{5.2.24}$$

**证明** 因当 $n \to \infty$ 时, 在 $\Omega$ 上有 $\max\limits_{k=0,\cdots,n} X_k$ 单调递增到 $\sup\limits_{n \in \mathbb{Z}_+} X_n$, 故

$$\left\{\sup_{n \in \mathbb{Z}_+} X_n > \lambda\right\} \subset \bigcup_{n \in \mathbb{Z}_+} \left\{\max_{k=0,\cdots,n} X_k \geqslant \lambda\right\} \uparrow \lim_{n \to \infty} \left\{\max_{k=0,\cdots,n} X_k \geqslant \lambda\right\}$$

因此

$$P\left(\sup_{n \in \mathbb{Z}_+} X_n > \lambda\right) \leqslant \uparrow \lim_{n \to \infty} P\left(\max_{k=0,\cdots,n} X_k \geqslant \lambda\right)$$

再由 (5.2.13) 式, 得

$$\lambda^p P\left(\max_{k=0,\cdots,n} X_k \geqslant \lambda\right) \leqslant E X_n^p \leqslant \sup_{n \in \mathbb{Z}_+} E X_n^p$$

从而

$$\lambda^p P\left(\sup_{n \in \mathbb{Z}_+} X_n > \lambda\right) \leqslant \sup_{n \in \mathbb{Z}_+} E\left(X_n^p\right)$$

对每一 $n \in \mathbb{Z}_+$, 由 (5.2.14) 式有

$$E\left(\max_{k=0,\cdots,n} X_k^p\right) \leqslant q^p E\left(X_n^p\right) \leqslant q^p \sup_{n \in \mathbb{Z}_+} E\left(X_n^p\right)$$

又因当 $n \to \infty$ 时, 在 $\Omega$ 上有 $\max\limits_{k=0,\cdots,n} X_k^p$ 单调递增到 $\sup\limits_{n \in \mathbb{Z}_+} X_n^p$, 故在上式中令 $n \to \infty$, 利用单调收敛定理即得

$$E\left(\sup_{n \in \mathbb{Z}_+} X_n^p\right) \leqslant q^p \sup_{n \in \mathbb{Z}_+} E\left(X_n^p\right)$$

利用从定理 5.2.7 证得定理 5.2.14 的完全一致的方式可以从定理 5.2.11 证得如下结论.

**定理 5.2.16** 设 $p \in (1, \infty)$, $q \in (1, \infty)$ 为 $p$ 的共轭指数. 如果 $X = \{X_t : t \in \mathbb{R}_+\}$ 为域流空间 $(\Omega, \mathscr{F}, \{\mathscr{F}_t : t \in \mathbb{R}_+\}, P)$ 上的一个非负 $L_p$ 下鞅, $S$ 是 $\mathbb{R}_+$ 的一个可数稠密子集, $I = [\alpha, \beta) \subset \mathbb{R}_+$, 那么对每一 $\lambda > 0$, 有

$$\lambda^p P\left(\sup_{t \in I \cap S} X_t > \lambda\right) \leqslant E\left(X_\beta^p\right) \tag{5.2.25}$$

和

$$E\left(\sup_{t \in I \cap S} X_t^p\right) \leqslant q^p E\left(X_\beta^p\right) \tag{5.2.26}$$

如果下鞅 $X$ 还是右连续的, 那么在 (5.2.25) 式和 (5.2.26) 式中的 $I \cap S$ 可以换成 $I$.

### 5.2.3 上穿和下穿不等式

设 $[a, b] \subset \mathbb{R}$. 一个随机过程的样本轨道穿过区间 $[a, b]$ 的次数是其样本轨道振荡性的一种度量, 上穿和下穿次数被用来计数样本轨道振荡的次数.

**定义 5.2.17** 设 $X = \{X_n : n \in \mathbb{Z}_+\}$ 是概率空间 $(\Omega, \mathscr{F}, P)$ 上的一个随机过程, $a, b \in \mathbb{R}$, $a < b$.

(1) 在 $\Omega$ 上定义 $\bar{\mathbb{Z}}_+$ 值函数序列 $\{\tau_j : j \in \mathbb{N}\}$ 为

$$\tau_1(\omega) = \inf\{n \in \mathbb{Z}_+ : X_n(\omega) \leqslant a\}$$

$$\tau_2(\omega) = \inf\{n > \tau_1(\omega) : X_n(\omega) \geqslant b\}$$

$$\cdots\cdots$$

$$\tau_{2k+1}(\omega) = \inf\{n > \tau_{2k}(\omega) : X_n(\omega) \leqslant a\}$$

$$\tau_{2k+2}(\omega) = \inf\{n > \tau_{2k+1}(\omega) : X_n(\omega) \geqslant b\}$$

$$\cdots\cdots$$

约定 $\inf \varnothing = +\infty$.

显然, $\tau_1(\omega)$ 表示随机过程 $X = \{X_n : n \in \mathbb{Z}_+\}$ 的样本轨道首次小于等于 $a$ 的时刻, 而 $\tau_2$ 为 $\tau_1$ 之后过程 $X$ 的样本轨道首次达到或超过 $b$ 的时刻. 如果 $\tau_2 < \infty$, 则过程 $X$ 自时刻 $\tau_1$ 到时刻 $\tau_2$ 的样本轨道穿越了区间 $[a,b]$ 一次. $\tau_{2j-1}$ 是 $\tau_{2j-2}$ 后过程 $X$ 的样本轨道首次小于等于 $a$ 的时刻, 如果 $\tau_{2j} < \infty$, 则过程 $X$ 自时刻 $\tau_{2j-1}$ 到时刻 $\tau_{2j}$ 的轨道进入区间 $[a,b]$ 并穿越了 $[a,b]$ 一次, 称这样的穿越为上穿.

(2) 在 $\Omega$ 上定义 $\bar{\mathbb{Z}}_+$ 值函数序列 $\{\rho_j : j \in \mathbb{N}\}$ 为

$$\rho_1(\omega) = \inf\{n \in \mathbb{Z}_+ : X_n(\omega) \geqslant b\}$$

$$\rho_2(\omega) = \inf\{n > \rho_1(\omega) : X_n(\omega) \leqslant a\}$$

$$\cdots\cdots$$

$$\rho_{2k+1}(\omega) = \inf\{n > \rho_{2k}(\omega) : X_n(\omega) \geqslant b\}$$

$$\rho_{2k+2}(\omega) = \inf\{n > \rho_{2k+1}(\omega) : X_n(\omega) \leqslant a\}$$

$$\cdots\cdots$$

显然, $\rho_1(\omega)$ 表示随机过程 $X = \{X_n : n \in \mathbb{Z}_+\}$ 的样本轨道首次达到或超过 $b$ 的时刻, $\rho_2$ 为 $\rho_1$ 之后过程 $X$ 的样本轨道首次小于等于 $a$ 的时刻. 如果 $\rho_2 < \infty$, 则过程 $X$ 自 $\rho_1$ 到 $\rho_2$ 的样本轨道穿越了区间 $[a,b]$ 一次. $\rho_{2j-1}$ 是 $\rho_{2j-2}$ 后过程 $X$ 的轨道达到或超过 $b$ 的时刻, 如果 $\rho_{2j} < \infty$, 则过程 $X$ 自 $\rho_{2j-1}$ 到 $\rho_{2j}$ 的轨道进入 $[a,b]$ 并穿越了 $[a,b]$ 一次, 称这样的穿越为下穿.

以后用 $U_a^b(X, N)\left(D_a^b(X, N)\right)$ 表示 $\{X_1, \cdots, X_N\}$ 完成上穿 (下穿) 区间 $[a,b]$ 的次数, 而用 $U_a^b(X)\left(D_a^b(X)\right)$ 表示 $X = \{X_n : n \in \mathbb{Z}_+\}$ 完成上穿 (下穿) 区间 $[a,b]$ 的次数.

**引理 5.2.18** 设 $X = \{X_n : n \in \mathbb{Z}_+\}$ 是域流空间 $(\Omega, \mathscr{F}, \{\mathscr{F}_n : n \in \mathbb{Z}_+\}, P)$ 上的一个适应过程, $\{\tau_j : j \in \mathbb{N}\}$ 和 $\{\rho_j : j \in \mathbb{N}\}$ 如定义 5.5.17 所规定, 那么

(1) $\{\tau_j : j \in \mathbb{N}\}$ 是一个递增的停时序列, 满足对每一 $\omega \in \Omega$ 序列 $\{\tau_j(\omega) : j \in \mathbb{N}\}$ 严格递增直到达到 $\infty$. 对 $\{\rho_j : j \in \mathbb{N}\}$ 结论也相同.

(2) 对每一 $N \in \mathbb{Z}_+$, 则 $U_a^b(X, N)\left(D_a^b(X, N)\right)$ 是概率空间 $(\Omega, \mathscr{F}, P)$ 上的非负的以 $(N+1)/2$ 为界的 $\mathscr{F}_N$ 可测随机变量.

(3) $U_a^b(X)\left(D_a^b(X)\right)$ 是定义在概率空间 $(\Omega, \mathscr{F}, P)$ 上的取值于 $[0, \infty]$ 的 $\mathscr{F}_\infty$ 可测随机变量.

**证明** (1) 先证对 $j \in \mathbb{N}$, $\tau_j$ 是一个停时. 因为时间变量是离散的, 所以只需证明对每一 $k \in \mathbb{Z}_+$, 有 $\{\tau_j = k\} \in \mathscr{F}_k$ 即可.

现在对每一 $k \in \mathbb{Z}_+$, 由 $\tau_1(\omega) = \inf\{n \in \mathbb{Z}_+ : X_n(\omega) \leqslant a\}$ 有

$$\{\tau_1 = k\} = \bigcap_{m=0}^{k-1} \{X_m(\omega) > a\} \cap \{X_k(\omega) \leqslant a\} \in \mathscr{F}_k$$

因此 $\tau_1$ 是一个停时.

现在假设对某 $j \in \mathbb{N}$, $\tau_j$ 是一个停时, 来证明 $\tau_{j+1}$ 也是一个停时. 对每一 $k \in \mathbb{Z}_+$, 有

$$\{\tau_{j+1} = k\} = \left[\bigcap_{i=0}^{k-1} \{\tau_j = i\}\right] \cap \{\tau_{j+1} = k\}$$

现在对 $i = 0, \cdots, k-1$, 当 $j$ 为奇数时, 有

$$\{\tau_j = i\} \cap \{\tau_{j+1} = k\}$$

$$= \{\tau_j = i\} \cap \{X_{i+1} < b\} \cap \cdots \cap \{X_{k-1} < b\} \cap \{X_k \geqslant b\} \in \mathscr{F}_k$$

而当 $j$ 为偶数时, 有

$$\{\tau_j = i\} \cap \{\tau_{j+1} = k\}$$

$$= \{\tau_j = i\} \cap \{X_{i+1} > a\} \cap \cdots \cap \{X_{k-1} > a\} \cap \{X_k \leqslant a\} \in \mathscr{F}_k$$

因此 $\{\tau_{j+1} = k\} \in \mathscr{F}_k$, 这说明 $\tau_{j+1}$ 也是一个停时. 从而由数学归纳法得对 $j \in \mathbb{N}$, $\tau_j$ 是一个停时. 类似地, 可以证明对 $j \in \mathbb{N}$, $\rho_j$ 也是一个停时.

(2) 对每一 $N \in \mathbb{Z}_+$, 显然 $0 \leqslant U_a^b(X, N) \leqslant (N+1)/2$. 为证明 $U_a^b(X, N)$ 是 $\mathscr{F}_N$ 可测的, 现对每一 $k \in \mathbb{N}$, 定义

$$C_{2k}(\omega) = \begin{cases} 1, & \text{如果 } \tau_{2k}(\omega) \leqslant N, \\ 0, & \text{如果 } \tau_{2k}(\omega) > N \end{cases}$$

因为 $\tau_{2k}$ 是一个停时, 所以 $\{\tau_{2k}(\omega) \leqslant N\} \in \mathscr{F}_N$, 因此 $C_{2k}$ 是一个 $\mathscr{F}_N$ 可测随机变量. 又

$$\left(U_a^b(X, N)\right)(\omega) = \sum_{k \in \mathbb{N}} C_{2k}(\omega)$$

故由每一 $k \in \mathbb{N}$, $C_{2k}$ 是 $\mathscr{F}_N$ 可测可得 $U_a^b(X, N)$ 是 $\mathscr{F}_N$ 可测的.

类似地, 可以证明 $D_a^b(X, N)$ 是概率空间 $(\Omega, \mathscr{F}, P)$ 上的以 $(N+1)/2$ 为界的非负 $\mathscr{F}_N$ 可测随机变量.

(3) 显然当 $N \to \infty$ 时, $U_a^b(X, N)$ 单调递增到 $U_a^b(X)$, 故 $U_a^b(X)$ 取值于 $[0, \infty]$. 因对每一 $N \in \mathbb{Z}_+$, $U_a^b(X, N)$ 是 $\mathscr{F}_N$ 可测的, 故 $U_a^b(X, N)$ 是 $\mathscr{F}_\infty$ 可测的, 从而 $U_a^b(X)$ 是 $\mathscr{F}_\infty$ 可测的. 类似地, 可以证明 $D_a^b(X)$ 也是 $\mathscr{F}_\infty$ 可测的.

**定理 5.2.19** (Doob 的下鞅上穿和下穿不等式)　设随机过程 $X = \{X_n : n \in \mathbb{Z}_+\}$ 是域流空间 $(\Omega, \mathscr{F}, \{\mathscr{F}_n : n \in \mathbb{Z}_+\}, P)$ 上的一个下鞅, $a, b \in \mathbb{R}$, $a < b$, 则对 $N \in \mathbb{Z}_+$ 有

$$E\left[U_a^b(X, N)\right] \leqslant \frac{1}{b-a} E\left[(X_N - a)^+ - (X_0 - a)^+\right] \tag{5.2.27}$$

和

$$E\left[D_a^b(X, N)\right] \leqslant \frac{1}{b-a} E\left[(X_N - a)^+\right] + 1 \tag{5.2.28}$$

**证明**　对每一 $n \in \mathbb{Z}_+$, 令

$$Y_n = (X_n - a)^+$$

则随机过程 $Y = \{Y_n : n \in \mathbb{Z}_+\}$ 满足 $Y = (X - a)^+$.

因为 $X = \{X_n : n \in \mathbb{Z}_+\}$ 是一个下鞅, 那么由推论 5.1.9 知 $X - a$ 也是一个下鞅, 进而 $Y = (X - a)^+$ 是一个非负下鞅, 而且还有

$$U_a^b(X, N) = U_0^{b-a}(Y, N), \quad D_a^b(X, N) = D_0^{b-a}(Y, N)$$

先证 (1). 用 $0, b - a$ 和 $Y$ 相应的代替定义 5.2.17 中的 $a, b$ 和 $X$ 定义 $\Omega$ 上的 $\bar{\mathbb{Z}}_+$ 值函数序列 $\{\tau_j : j \in \mathbb{N}\}$. 取定 $N \in \mathbb{Z}_+$, 设 $k \in \mathbb{N}$ 满足 $2k > N$, 则 $\tau_{2k} \geqslant 2k - 1 > N - 1$, 所以 $\tau_{2k} \geqslant N$. 对 $j \in \mathbb{N}$, 令

$$\tau_0^* = 0, \quad \tau_j^* = \tau_j \wedge N$$

则 $\{\tau_j^* : j \in \mathbb{Z}_+\}$ 是一个递增的停时序列. 又因 $\tau_0^* = 0$, $\tau_{2k}^* \geqslant N$, 故

$$Y_N - Y_0 = \sum_{j=1}^{2k}\left(Y_{\tau_j^*} - Y_{\tau_{j-1}^*}\right) = \sum_{j=1}^{k}\left(Y_{\tau_{2j}^*} - Y_{\tau_{2j-1}^*}\right) + \sum_{j=0}^{k-1}\left(Y_{\tau_{2j+1}^*} - Y_{\tau_{2j}^*}\right)$$

考虑上面等式右边中的第一个和, 其中的项只有当 $\tau_{2j-1}^* < N$ 时不为零; 而当 $\tau_{2j-1}^* < N$ 时, 有 $\tau_{2j-1}^* = \tau_{2j-1}$, 从而 $Y_{\tau_{2j-1}^*} = 0$. 因此有

$$\sum_{j=1}^{k}\left(Y_{\tau_{2j}^*} - Y_{\tau_{2j-1}^*}\right) \leqslant (b-a)\, U_0^{b-a}(Y, N)$$

所以

$$\sum_{j=1}^{k} E\left(Y_{\tau_{2j}^*} - Y_{\tau_{2j-1}^*}\right) \leqslant (b-a)\, E\left[U_0^{b-a}(Y, N)\right]$$

另一方面, 因 $Y = \{Y_n : n \in \mathbb{Z}_+\}$ 是一个下鞅, 而且对 $j = 0, \cdots, k-1$, 有 $\tau_{2j}^* < \tau_{2j+1}^* \leqslant N$, 故由 (5.2.4) 式有

$$EY_{\tau_{2j+1}^*} \geqslant EY_{\tau_{2j}^*}$$

所以

$$\sum_{j=0}^{k-1} E\left(Y_{\tau_{2j+1}^*} - EY_{\tau_{2j}^*}\right) \geqslant 0$$

从而

$$(b-a) E\left[U_0^{b-a}(Y, N)\right] \leqslant E(Y_N - Y_0)$$

再由

$$Y_N - Y_0 = (X_N - a)^+ - (X_0 - a)^+$$

和 $U_a^b(X, N) = U_0^{b-a}(Y, N)$, 即得

$$E\left[U_a^b(X, N)\right] \leqslant \frac{1}{b-a} E\left[(X_N - a)^+ - (X_0 - a)^+\right]$$

现证 (2). 用 $0, b-a$ 和 $Y$ 相应的代替定义 5.2.17 中的 $a, b$ 和 $X$ 定义 $\Omega$ 上的 $\bar{\mathbb{Z}}_+$ 值函数序列 $\{\rho_j : j \in \mathbb{N}\}$. 取定 $N \in \mathbb{Z}_+$, 设 $k \in \mathbb{N}$ 满足 $2k > N$, 则 $\rho_{2k} \geqslant N$. 对 $j \in \mathbb{N}$, 令

$$\rho_j^* = \rho_j \wedge N$$

则

$$\sum_{j=1}^{k}\left(Y_{\rho_{2j}^*} - Y_{\rho_{2j-1}^*}\right) \leqslant (0 - (b-a)) D_0^{b-a}(Y, N) + (Y_N + (b-a))$$

利用上式和 $D_0^{b-a}(Y, N) = D_a^b(X, N)$, 得

$$\sum_{j=1}^{k} E\left(Y_{\rho_{2j}^*} - Y_{\rho_{2j-1}^*}\right) \leqslant (a-b) E\left[D_a^b(X, N)\right] + E\left[(X_N - a)^+\right] + (b-a)$$

因 $Y = \{Y_n : n \in \mathbb{Z}_+\}$ 是一个下鞅, 而且 $\rho_{2j}^* \geqslant \rho_{2j-1}^*$, 故由 (5.2.4) 式有

$$E\left(Y_{\rho_{2j}^*} - Y_{\rho_{2j-1}^*}\right) \geqslant 0$$

所以

$$0 \leqslant (a-b) E\left[D_a^b(X, N)\right] + E\left[(X_N - a)^+\right] + (b-a)$$

从而

$$E\left[D_a^b(X,N)\right] \leqslant \frac{1}{b-a}E\left[(X_N-a)^+\right] + 1$$

利用当 $X$ 是一个上鞅时, 则 $-X$ 就是一个下鞅这个事实, 我们可以从下鞅的上穿和下穿不等式得到上鞅的上穿和下穿不等式.

**定理 5.2.20** (Doob 的上鞅上穿和下穿不等式) 设随机过程 $X = \{X_n : n \in \mathbb{Z}_+\}$ 是域流空间 $(\Omega, \mathscr{F}, \{\mathscr{F}_n : n \in \mathbb{Z}_+\}, P)$ 上的一个上鞅, $a, b \in \mathbb{R}$, $a < b$, 则对 $N \in \mathbb{Z}_+$ 有

$$E\left[U_a^b(X,N)\right] \leqslant \frac{1}{b-a}E\left[(X_N-b)^-\right] + 1 \tag{5.2.29}$$

和

$$E\left[D_a^b(X,N)\right] \leqslant \frac{1}{b-a}E\left[(X_N-b)^- - (X_0-b)^-\right] \tag{5.2.30}$$

**证明** 事实上, 对任意随机过程 $X$ 都有

$$U_a^b(X,N) = D_{-b}^{-a}(-X,N)$$

和

$$D_a^b(X,N) = U_{-b}^{-a}(-X,N)$$

如果 $X = \{X_n : n \in \mathbb{Z}_+\}$ 是某域流空间 $(\Omega, \mathscr{F}, \{\mathscr{F}_n : n \in \mathbb{Z}_+\}, P)$ 上的一个上鞅, 那么 $-X$ 是该域流空间上的一个下鞅, 因此由定理 5.2.19 有

$$\begin{aligned}
E\left[U_a^b(X,N)\right] &= E\left[D_{-b}^{-a}(-X,N)\right] \\
&\leqslant \frac{1}{(-a)-(-b)}E\left[(-X_N-(-b))^+\right] + 1 \\
&= \frac{1}{b-a}E\left[(-X_N+b)^+\right] + 1 \\
&= \frac{1}{b-a}E\left[(X_N-b)^-\right] + 1
\end{aligned}$$

类似地, 有

$$\begin{aligned}
E\left[D_a^b(X,N)\right] &= E\left[U_{-b}^{-a}(-X,N)\right] \\
&\leqslant \frac{1}{(-a)-(-b)}E\left[(-X_N-(-b))^+ - (-X_0-(-b))^+\right] \\
&= \frac{1}{b-a}E\left[(b-X_N)^+ - (b-X_0)^+\right]
\end{aligned}$$

$$= \frac{1}{b-a} E\left[(X_N - b)^- - (X_0 - b)^-\right]$$

定理 5.2.19 和定理 5.2.20 还有下述常用的简化形式.

**推论 5.2.21** 如果随机过程 $X = \{X_n : n \in \mathbb{Z}_+\}$ 是域流空间 $(\Omega, \mathscr{F}, \{\mathscr{F}_n : n \in \mathbb{Z}_+\}, P)$ 上的一个下鞅, 那么对 $a, b \in \mathbb{R}$, $a < b$ 和 $N \subset \mathbb{Z}_+$ 有

$$E\left[U_a^b(X, N)\right] \leqslant \frac{1}{b-a}\left[E|X_N| + E|X_0| + 2|a|\right] \tag{5.2.31}$$

和

$$E\left[D_a^b(X, N)\right] \leqslant \frac{1}{b-a}\left[E|X_N| + |a|\right] + 1 \tag{5.2.32}$$

而如果 $X = \{X_n : n \in \mathbb{Z}_+\}$ 是一个上鞅时, 那么对 $a, b \in \mathbb{R}$, $a < b$ 和 $N \in \mathbb{Z}_+$ 有

$$E\left[U_a^b(X, N)\right] \leqslant \frac{1}{b-a}\left[E|X_N| + |b|\right] + 1 \tag{5.2.33}$$

和

$$E\left[D_a^b(X, N)\right] \leqslant \frac{1}{b-a}\left[E|X_N| + E|X_0| + 2|b|\right] \tag{5.2.34}$$

**证明** 只证 (5.2.31), 其余类似. 如果 $X = \{X_n : n \in \mathbb{Z}_+\}$ 是下鞅, 那么根据 (5.2.27) 式可知对 $a, b \in \mathbb{R}$, $a < b$ 和 $N \in \mathbb{Z}_+$ 有

$$E\left[U_a^b(X, N)\right] \leqslant \frac{1}{b-a} E\left[(X_N - a)^+ - (X_0 - a)^+\right]$$

又对每一 $N \in \mathbb{Z}_+$, 显然有

$$(X_N - a)^+ \leqslant |X_N - a|$$

故

$$E\left[U_a^b(X, N)\right] \leqslant \frac{1}{b-a} E\left[|X_N - a| + |X_0 - a|\right]$$

$$\leqslant \frac{1}{b-a} E\left[|X_N| + |a| + |X_0| + |a|\right]$$

$$= \frac{1}{b-a}\left[E|X_n| + E|X_0| + 2|a|\right]$$

下面定义连续时间随机过程的上穿和下穿次数.

**定义 5.2.22**　设 $X = \{X_t : t \in \mathbb{R}_+\}$ 是概率空间 $(\Omega, \mathscr{F}, P)$ 上的一个随机过程, $S$ 是 $\mathbb{R}_+$ 的一个可数稠密子集, $J$ 是 $\mathbb{R}_+$ 的一个区间. 设 $a, b \in \mathbb{R}$, $a < b$, 对于 $J \cap S$ 中的任何一个严格递增的有限序列 $\tau = \{t_0, \cdots, t_N\}$, 我们来考察相应的实值随机变量有限序列 $X^{(\tau)} = \{X_{t_n} : n = 0, \cdots, N\}$ 以及它上穿和下穿 $[a, b]$ 的次数 $U_a^b(X^{(\tau)}, N)$ 与 $D_a^b(X^{(\tau)}, N)$. 定义 $X = \{X_t : t \in \mathbb{R}_+\}$ 相应于 $\tau$ 上穿和下穿 $[a, b]$ 的次数

$$U_a^b(X, \tau) = U_a^b\left(X^{(\tau)}, N\right), \quad D_a^b(X, \tau) = D_a^b\left(X^{(\tau)}, N\right) \tag{5.2.35}$$

定义 $X = \{X_t : t \in \mathbb{R}_+\}$ 相应于 $J \cap S$ 上穿和下穿 $[a, b]$ 的次数

$$U_a^b(X, J \cap S) = \sup_{\{\tau\}} U_a^b(X, \tau), \quad D_a^b(X, J \cap S) = \sup_{\{\tau\}} D_a^b(X, \tau) \tag{5.2.36}$$

其中的上确界是对 $J \cap S$ 中所有严格递增有限序列 $\tau$ 来取的.

注意到, 如果 $X = \{X_t : t \in \mathbb{R}_+\}$ 是域流空间 $(\Omega, \mathscr{F}, \{\mathscr{F}_t : t \in \mathbf{T}\}, P)$ 上的一个适应过程, 那么由引理 5.2.18 知上面定义中的 $U_a^b(X, \tau)$ 和 $D_a^b(X, \tau)$ 概率空间是 $(\Omega, \mathscr{F}, P)$ 上的一个 $\mathscr{F}_{t_N}$ 可测随机变量. 因为 $J \cap S$ 是一个可数集, 所以 $J \cap S$ 中所有严格递增的有限序列 $\tau$ 的并集也是一个可数集, 因此对 $J \cap S$ 中的所有严格递增有限序列来取的上确界是概率空间 $(\Omega, \mathscr{F}, P)$ 上可数多个 $\mathscr{F}_\infty$ 可测随机变量的上确界, 从而 $U_a^b(X, J \cap S)$ 和 $D_a^b(X, J \cap S)$ 都是 $\mathscr{F}_\infty$ 可测的.

**定理 5.2.23**　设 $X = \{X_t : t \in \mathbb{R}_+\}$ 是域流空间 $(\Omega, \mathscr{F}, \{\mathscr{F}_t : t \in \mathbf{T}\}, P)$ 上的一个下鞅, $S$ 是 $\mathbb{R}_+$ 的一个可数稠密子集, $J$ 是 $\mathbb{R}_+$ 的一个区间. 设 $a, b \in \mathbb{R}$, $a < b$, 那么对 $J \cap S$ 中的每一个严格递增的有限序列 $\tau = \{t_0, \cdots, t_N\}$, 有

$$E\left(U_a^b(X, \tau)\right) \leqslant \frac{1}{b-a} E\left[(X_{t_N} - a)^+ - (X_{t_0} - a)^+\right] \tag{5.2.37}$$

和

$$E\left(D_a^b(X, \tau)\right) \leqslant \frac{1}{b-a} E\left[(X_{t_N} - a)^+\right] + 1 \tag{5.2.38}$$

如果区间 $J$ 有端点 $\alpha, \beta$, 其中 $\alpha, \beta \in \mathbb{R}_+$, $\alpha < \beta$, 那么

$$E\left(U_a^b(X, J \cap S)\right) \leqslant \frac{1}{b-a} E\left[(X_\beta - a)^+ - (X_\alpha - a)^+\right] \tag{5.2.39}$$

和

$$E\left(D_a^b(X, J \cap S)\right) \leqslant \frac{1}{b-a} E\left[(X_\beta - a)^+\right] + 1 \tag{5.2.40}$$

**证明** 从定义 5.2.22 中 $U_a^b(X, \tau)$ 与 $D_a^b(X, \tau)$ 的意义和定理 5.2.19 立即可得 (5.2.37) 式和 (5.2.38) 式.

现证 (5.2.39) 式. 从定义 5.2.22 中 $U_a^b(X, J \cap S)$ 的意义知, 存在 $J \cap S$ 中的一个严格递增的有限序列 $\{\tau_n : n \in \mathbb{N}\}$, 使得

$$U_a^b(X, J \cap S) = \lim_{n \to \infty} U_a^b(X, \tau_n)$$

从而由 Fatou 引理有

$$E\left(U_a^b(X, J \cap S)\right) \leqslant \liminf_{n \to \infty} E U_a^b(X, \tau_n) \leqslant \sup_{\{\tau\}} E U_a^b(X, \tau_n)$$

其中的上确界是对 $J \cap S$ 中的所有严格递增的有限序列 $\tau$ 来取的.

现在因 $X = \{X_t : t \in \mathbb{R}_+\}$ 是一个下鞅, 故 $(X - a)^+$ 也是一个下鞅, 从而 $E\left[(X_t - a)^+\right]$ 随 $t$ 增大递增. 因此由已证的 (5.2.37) 式

$$E\left(U_a^b(X, \tau)\right) \leqslant \frac{1}{b-a} E\left[(X_{t_N} - a)^+ - (X_{t_0} - a)^+\right]$$

得

$$E\left(U_a^b(X, \tau)\right) \leqslant \frac{1}{b-a} E\left[(X_\beta - a)^+ - (X_\alpha - a)^+\right]$$

从而

$$E\left(U_a^b(X, J \cap S)\right) \leqslant \frac{1}{b-a} E\left[(X_\beta - a)^+ - (X_\alpha - a)^+\right]$$

类似地, 可以证明 (5.2.40) 式.

**定理 5.2.24** 设 $X = \{X_t : t \in \mathbb{R}_+\}$ 是域流空间 $(\Omega, \mathscr{F}, \{\mathscr{F}_t : t \in \mathbf{T}\}, P)$ 上的一个上鞅, $S$ 是 $\mathbb{R}_+$ 的一个可数稠密子集, $J$ 是 $\mathbb{R}_+$ 的一个区间. 设 $a, b \in \mathbb{R}$, $a < b$, 那么对 $J \cap S$ 中的每一个严格递增的有限序列 $\tau = \{t_0, \cdots, t_N\}$, 有

$$E\left(U_a^b(X, \tau)\right) \leqslant \frac{1}{b-a} E\left[(X_{t_N} - b)^-\right] + 1 \tag{5.2.41}$$

和

$$E\left(D_a^b(X, \tau)\right) \leqslant \frac{1}{b-a} E\left[(X_{t_N} - b)^- - (X_{t_0} - b)^-\right] \tag{5.2.42}$$

如果区间 $J$ 有端点 $\alpha, \beta$, 其中 $\alpha, \beta \in \mathbb{R}_+$, $\alpha < \beta$, 那么

$$E\left(U_a^b(X, J \cap S)\right) \leqslant \frac{1}{b-a} E\left[(X_\beta - b)^-\right] + 1 \tag{5.2.43}$$

和

$$E\left(D_a^b\left(X, J \cap S\right)\right) \leqslant \frac{1}{b-a} E\left[\left(X_\beta - b\right)^- - \left(X_\alpha - b\right)^-\right] \tag{5.2.44}$$

**证明**　由定义 5.2.22 中 $D_a^b\left(X, J \cap S\right)$ 的意义, 利用定理 5.2.20 可得 (5.2.41) 式和 (5.2.42) 式.

而 (5.2.43) 式和 (5.2.44) 式可类似于定理 5.2.23 的证明从 (5.2.41) 式和 (5.2.42) 式证得.

## 5.3　下鞅的收敛性

设指标集 $\mathbf{T} \subset \mathbb{R}$, $X = \{X_t : t \in \mathbf{T}\}$ 是域流空间 $(\Omega, \mathscr{F}, \{\mathscr{F}_t : t \in \mathbf{T}\}, P)$ 上的一个下鞅, 对于随机过程 $X^+ = \{X_t^+ : t \in \mathbf{T}\}$, 在这一部分我们首先证明如果 $X^+$ 是 $L_1$ 有界的, 即 $\sup\limits_{t \in \mathbf{T}} EX_t^+ < \infty$, 那么在概率空间 $(\Omega, \mathscr{F}, P)$ 上存在一个可积的广义实值 $\mathscr{F}_\infty$ 可测随机变量 $X_\infty$ 使得在概率空间 $(\Omega, \mathscr{F}_\infty, P)$ 上 a.e. 有 $\lim\limits_{t \to \infty} X_t = X_\infty$. 然后, 我们证明如果假设 $X^+$ 是一致可积的 (这蕴含 $X^+$ 的 $L_1$ 有界性), 那么对每一个 $t \in \mathbf{T}$ 在概率空间 $(\Omega, \mathscr{F}_t, P)$ 上 a.e. 有 $E(X_\infty | \mathscr{F}_t) \geqslant X_t$ 的意义下 $X_\infty$ 是这个下鞅的最后元素. 最后, 我们还证明如果 $X$ 是一致可积的, 那么 $\lim\limits_{t \to \infty} \|X_t - X_\infty\|_1 = 0$.

### 5.3.1　离散时间下鞅的收敛性

**定理 5.3.1**　如果 $X = \{X_t : t \in \mathbf{T}\}$ 是一个下鞅, 那么 $X$ 是 $L_1$ 有界的当且仅当 $X^+$ 是 $L_1$ 有界的, 即

$$\sup_{t \in \mathbf{T}} E|X_t| < \infty \Leftrightarrow \sup_{t \in \mathbf{T}} EX_t^+ < \infty \tag{5.3.1}$$

如果 $X = \{X_t : t \in \mathbf{T}\}$ 是一个上鞅, 那么 $X$ 是 $L_1$ 有界的当且仅当 $X^-$ 是 $L_1$ 有界的, 即

$$\sup_{t \in \mathbf{T}} E|X_t| < \infty \Leftrightarrow \sup_{t \in \mathbf{T}} EX_t^- < \infty \tag{5.3.2}$$

**证明**　因为

$$|X_t| \geqslant X_t^+, X_t^-$$

所以 $\sup\limits_{t \in \mathbf{T}} E|X_t| < \infty$ 总是意味着

$$\sup_{t \in \mathbf{T}} EX_t^+ < \infty \quad \text{和} \quad \sup_{t \in \mathbf{T}} EX_t^- < \infty$$

又因 $|X_t| = X_t^+ + X_t^- = 2X_t^+ - X_t$, 故 $E|X_t| = 2EX_t^+ - EX_t$. 而由 $X = \{X_t : t \in \mathbf{T}\}$ 是一个下鞅, 知当 $t\uparrow$ 时有 $EX_t\uparrow$, 从而

$$E|X_t| \leqslant 2EX_t^+ - EX_0$$

所以

$$\sup_{t\in\mathbf{T}} E|X_t| \leqslant \sup_{t\in\mathbf{T}} 2EX_t^+ - EX_0$$

故 $\sup\limits_{t\in\mathbf{T}} E|X_t| < \infty \Leftrightarrow \sup\limits_{t\in\mathbf{T}} EX_t^+ < \infty$.

如果 $X = \{X_t : t \in \mathbf{T}\}$ 是一个上鞅, 那么当 $t\uparrow$ 有 $EX_t\downarrow$, 从而

$$E|X_t| = 2EX_t^- + EX_t \leqslant 2EX_t^- + EX_0$$

所以

$$\sup_{t\in\mathbf{T}} E|X_t| \leqslant \sup_{t\in\mathbf{T}} 2EX_t^- + EX_0$$

故 $\sup\limits_{t\in\mathbf{T}} E|X_t| < \infty \Leftrightarrow \sup\limits_{t\in\mathbf{T}} EX_t^- < \infty$.

**引理 5.3.2** 如果 $X = \{X_n : n \in \mathbb{Z}_+\}$ 是域流空间 $(\Omega, \mathscr{F}, \{\mathscr{F}_n : n \in \mathbb{Z}_+\}, P)$ 上的一个 $L_1$ 有界下鞅或上鞅, 那么对任何 $a, b \in \mathbb{R}$, $a < b$, 有

$$U_a^b(X)(\omega) < \infty \text{ 和 } D_a^b(X)(\omega) < \infty$$

在概率空间 $(\Omega, \mathscr{F}_\infty, P)$ 上 a.e. 成立.

**证明** 如果 $X = \{X_n : n \in \mathbb{Z}_+\}$ 是一个 $L_1$ 有界下鞅, 那么由推论 5.2.21 的 (5.2.31) 式知对每一 $N \in \mathbb{Z}_+$, 有

$$E\left[U_a^b(X, N)\right] \leqslant \frac{1}{b-a}\left[E|X_N| + E|X_0| + 2|a|\right]$$

$$\leqslant \frac{2}{b-a}\left(\sup_{n\in\mathbb{Z}_+} E|X_n| + |a|\right)$$

因为当 $N\uparrow\infty$ 时有 $U_a^b(X, N)\uparrow U_a^b(X)$, 所以由单调收敛定理有

$$EU_a^b(X) \leqslant \frac{2}{b-a}\left(\sup_{n\in\mathbb{Z}_+} E|X_n| + |a|\right) < \infty$$

因此在概率空间 $(\Omega, \mathscr{F}_\infty, P)$ 上 a.e. 有 $\left(U_a^b(X)\right)(\omega) < \infty$.

类似地, 利用推论 5.2.21 的 (5.2.32) 式可得 $D_a^b(X)(\omega) < \infty$ 在概率空间 $(\Omega, \mathscr{F}_\infty, P)$ 上 a.e. 成立.

对 $L_1$ 有界上鞅利用推论 5.2.21 的 (5.2.33) 式和 (5.2.34) 式可得

$$U_a^b(X)(\omega) < \infty \text{ 和 } D_a^b(X)(\omega) < \infty$$

在概率空间 $(\Omega, \mathscr{F}_\infty, P)$ 上 a.e. 成立.

**引理 5.3.3** 设 $X = \{X_n : n \in \mathbb{Z}_+\}$ 是概率空间 $(\Omega, \mathscr{F}, P)$ 上的一个随机过程, $a, b \in \mathbb{R}$, $a < b$, 则对每一 $\omega \in \Omega$, 如果有

$$\liminf_{n \to \infty} X_n(\omega) < a < b < \limsup_{n \to \infty} X_n(\omega)$$

那么 $(U_a^b(X))(\omega) = \infty$, $(D_a^b(X))(\omega) = \infty$.

**证明** 如果对某 $\omega \in \Omega$ 有

$$\liminf_{n \to \infty} X_n(\omega) < a < b < \limsup_{n \to \infty} X_n(\omega)$$

那么因为一个序列的上下极限分别相应于该序列极限点的最大最小值, 所以存在 $\{n : n \in \mathbb{Z}_+\}$ 的子序列 $\{n_k\}$ 和 $\{n_l\}$, 使得

$$\lim_{k \to \infty} X_{n_k}(\omega) = \liminf_{n \to \infty} X_n(\omega), \lim_{l \to \infty} X_{n_l}(\omega) = \limsup_{n \to \infty} X_n(\omega)$$

从而存在 $n_1 < n_2 < n_3 < \cdots$ 使得对 $j \in \mathbb{N}$ 有 $X_{n_{2j-1}}(\omega) < a$, 而 $X_{n_{2j}}(\omega) > b$, 因此 $(U_a^b(X))(\omega) = \infty$.

类似地, 可由 $\liminf\limits_{n \to \infty} X_n(\omega) < a < b < \limsup\limits_{n \to \infty} X_n(\omega) \Rightarrow (D_a^b(X))(\omega) = \infty$.

**定理 5.3.4** (Doob 鞅收敛定理) 设 $(\Omega, \mathscr{F}, \{\mathscr{F}_n : n \in \mathbb{Z}_+\}, P)$ 为一个域流空间, $X = \{X_n : n \in \mathbb{Z}_+\}$ 是该域流空间上的一个下鞅或上鞅. 对 $\omega \in \Omega$, 定义概率空间 $(\Omega, \mathscr{F}, P)$ 上的 $\mathscr{F}_\infty$ 可测的广义实值随机变量 $X_\infty$ 为 $X_\infty(\omega) = \liminf\limits_{n \to \infty} X_n(\omega)$. 如果 $X$ 是 $L_1$ 有界的, 那么

$$\lim_{n \to \infty} X_n(\omega) = X_\infty(\omega)$$

对概率空间 $(\Omega, \mathscr{F}_\infty, P)$ 上 a.e. 的 $\omega$ 成立, 并且 $X_\infty$ 是可积的, 从而 $X_\infty$ 在概率空间 $(\Omega, \mathscr{F}_\infty, P)$ 上 a.e. 是有限实数.

**证明** 设

$$\Lambda = \left\{ \omega \in \Omega : \liminf_{n \to \infty} X_n(\omega) < \limsup_{n \to \infty} X_n(\omega) \right\}$$

$\mathbb{Q}$ 是所有有理数的集合. 对 $a, b \in \mathbb{Q}$, $a < b$, 设

$$\Lambda_{a,b} = \left\{ \omega \in \Omega : \liminf_{n \to \infty} X_n(\omega) < a < b < \limsup_{n \to \infty} X_n(\omega) \right\}$$

那么

$$\Lambda = \bigcup_{a,b \in \mathbb{Q}, a < b} \Lambda_{a,b}$$

注意到, $\liminf\limits_{n \to \infty} X_n(\omega)$ 和 $\limsup\limits_{n \to \infty} X_n(\omega)$ 都是 $\mathscr{F}_\infty$ 可测的, 故 $\Lambda, \Lambda_{a,b} \in \mathscr{F}_\infty$.

现在, 由引理 5.3.3 有

$$\Lambda_{a,b} \subset \left\{ \omega \in \Omega : \left( U_a^b(X) \right)(\omega) = \infty \right\}$$

再由引理 5.3.2 有

$$P(\Lambda_{a,b}) \leqslant P \left\{ \omega \in \Omega : \left( U_a^b(X) \right)(\omega) = \infty \right\} = 0$$

因而 $\Lambda_{a,b}$ 是概率空间 $(\Omega, \mathscr{F}_\infty, P)$ 的一个零概率集, 从而 $\Lambda$ 作为 $\Lambda_{a,b}$ 的可数并也是概率空间 $(\Omega, \mathscr{F}_\infty, P)$ 的一个零概率集. 因此, 对概率空间 $(\Omega, \mathscr{F}_\infty, P)$ 上 a.e. 的 $\omega$, 有 $\lim\limits_{n \to \infty} X_n(\omega)$ 在 $\overline{\mathbb{R}}$ 上存在. 从而对概率空间 $(\Omega, \mathscr{F}_\infty, P)$ 上 a.e. 的 $\omega$, 有

$$\lim_{n \to \infty} X_n(\omega) = \liminf_{n \to \infty} X_n(\omega) = X_\infty(\omega)$$

这样, 由 Fatou 引理及 $X$ 的 $L_1$ 有界性, 有

$$E|X_\infty| = E \left| \lim_{n \to \infty} X_n \right| = E \left( \lim_{n \to \infty} |X_n| \right) \leqslant \liminf_{n \to \infty} E|X_n| \leqslant \sup_{n \in \mathbb{Z}_+} E|X_n| < \infty$$

因此, $X_\infty$ 在 $\Omega$ 上是可积的, 从而 $X_\infty(\omega) \in \mathbb{R}$ 在概率空间 $(\Omega, \mathscr{F}_\infty, P)$ 上 a.e. 成立.

**推论 5.3.5** 设 $X = \{X_n : n \in \mathbb{Z}_+\}$ 是域流空间 $(\Omega, \mathscr{F}, \{\mathscr{F}_n : n \in \mathbb{Z}_+\}, P)$ 上的一个非正下鞅或非负上鞅, 那么 $X$ 在概率空间 $(\Omega, \mathscr{F}_\infty, P)$ 上 a.e. 收敛.

**证明** 如果 $X$ 是一个非正下鞅, 那么

$$EX_0 \leqslant EX_n \leqslant 0$$

而对某 $n \in \mathbb{Z}_+$ 有

$$E|X_n| = -EX_n \leqslant -EX_0$$

所以

$$\sup_{n \in \mathbb{Z}_+} E|X_n| \leqslant -EX_0 < \infty$$

即 $X$ 是 $L_1$ 有界的. 因此, 由 Doob 鞅收敛定理, 知 $X$ 在概率空间 $(\Omega, \mathscr{F}_\infty, P)$ 上 a.e. 收敛.

如果 $X = \{X_n : n \in \mathbb{Z}_+\}$ 是一个非负上鞅, 那么 $-X$ 是一个非正下鞅, 所以由上面的结果知 $X$ 在概率空间 $(\Omega, \mathscr{F}_\infty, P)$ 上 a.e. 收敛.

**推论 5.3.6** 设 $p \in (1, \infty)$, $X = \{X_n : n \in \mathbb{Z}_+\}$ 是域流空间 $(\Omega, \mathscr{F}, \{\mathscr{F}_n : n \in \mathbb{Z}_+\}, P)$ 上的一个 $L_p$ 有界非负下鞅. 对 $\omega \in \Omega$, 定义概率空间 $(\Omega, \mathscr{F}, P)$ 上的 $\mathscr{F}_\infty$ 可测的广义实值随机变量 $X_\infty$ 为 $X_\infty(\omega) = \liminf\limits_{n \to \infty} X_n(\omega)$, 那么

$$\lim_{n \to \infty} X_n(\omega) = X_\infty(\omega) \tag{5.3.3}$$

在概率空间 $(\Omega, \mathscr{F}_\infty, P)$ 上 a.e. 成立, 而且

$$X_\infty \in L_p(\Omega, \mathscr{F}_\infty, P), \lim_{n \to \infty} \|X_n - X_\infty\|_p = 0 \tag{5.3.4}$$

$$\|X_\infty\|_p = \uparrow \lim_{n \to \infty} \|X_n\|_p = \sup_{n \in \mathbb{Z}_+} \|X_n\|_p \tag{5.3.5}$$

**证明** 因为对 $p \in (1, \infty)$ 和所有 $n \in \mathbb{Z}_+$, 有

$$\|X_n\|_1 \leqslant \|X_n\|_p$$

所以由 $X = \{X_n : n \in \mathbb{Z}_+\}$ 是 $L_p$ 有界的可知 $X = \{X_n : n \in \mathbb{Z}_+\}$ 是 $L_1$ 有界的. 从而由 Doob 鞅收敛定理知 $X_\infty$ 可积且在概率空间 $(\Omega, \mathscr{F}_\infty, P)$ 上 a.e. 有

$$\lim_{n \to \infty} X_n(\omega) = X_\infty(\omega)$$

因 $X = \{X_n : n \in \mathbb{Z}_+\}$ 是一个非负 $L_p$ 下鞅, 故由定理 5.2.15 的 (5.2.24) 式有

$$E\left(\sup_{n \in \mathbb{Z}_+} X_n^p\right) \leqslant q^p \sup_{n \in \mathbb{Z}_+} E(X_n^p)$$

其中 $q$ 是 $p$ 的共轭指数. 再由 $X = \{X_n : n \in \mathbb{Z}_+\}$ 是 $L_p$ 有界的, 即

$$\sup_{n \in \mathbb{Z}_+} E(X_n^p) < \infty$$

得 $\sup\limits_{n\in\mathbb{Z}_+} X_n^p$ 可积. 又 $0 \leqslant X_n^p \leqslant \sup\limits_{n\in\mathbb{Z}_+} X_n^p$, 故 $\{X_n^p : n \in \mathbb{Z}_+\}$ 一致可积. 再由 (5.3.3) 式有 $X_n(\omega)$ 依概率收敛于 $X_\infty(\omega)$, 从而由定理 4.4.14 有

$$X_\infty \in L_p\left(\Omega, \mathscr{F}_\infty, P\right), \quad \lim_{n\to\infty} \|X_n - X_\infty\|_p = 0$$

因 $X = \{X_n : n \in \mathbb{Z}_+\}$ 是一个非负 $L_p$ 下鞅, 故由推论 5.1.11 知 $X^p$ 是一个非负 $L_1$ 下鞅, 因此当 $n \to \infty$ 时 $E(X_n^p)$ 单调递增, 从而

$$\|X_n\|_p \uparrow \sup_{n\in\mathbb{Z}_+} \|X_n\|_p$$

但由 (5.3.4) 式有 $\lim\limits_{n\to\infty} \|X_n\|_p = \|X_\infty\|_p$, 因此

$$\|X_\infty\|_p = \uparrow \lim_{n\to\infty} \|X_n\|_p = \sup_{n\in\mathbb{Z}_+} \|X_n\|_p$$

### 5.3.2 连续时间下鞅的收敛性

**引理 5.3.7** 设 $X = \{X_t : t \in \mathbb{R}_+\}$ 是域流空间 $(\Omega, \mathscr{F}, \{\mathscr{F}_t : t \in \mathbb{R}_+\}, P)$ 上的一个 $L_1$ 有界下鞅或上鞅, $S$ 是 $\mathbb{R}_+$ 的一个可数稠密子集. 那么, 对每一对 $a, b \in \mathbb{R}$, $a < b$, 有

$$\left(U_a^b(X, S)\right)(\omega) < \infty, \quad 和 \quad \left(D_a^b(X, S)\right)(\omega) < \infty$$

在概率空间 $(\Omega, \mathscr{F}_\infty, P)$ 上 a.e. 成立.

**证明** 现对 $X = \{X_t : t \in \mathbb{R}_+\}$ 是一个 $L_1$ 有界下鞅的情形进行证明. 对每一 $n \in \mathbb{N}$, 设 $J_n = [0, n]$, 则由定理 5.2.23 的 (5.2.39) 式有

$$\begin{aligned} E\left(U_a^b(X, J_n \cap S)\right) &\leqslant \frac{1}{b-a} E\left[(X_n - a)^+ - (X_0 - a)^+\right] \\ &\leqslant \frac{1}{b-a}\left[E|X_n| + E|X_0| + 2|a|\right] \\ &\leqslant \frac{2}{b-a} \sup_{t\in\mathbb{R}_+}\left[E|X_t| + 2|a|\right] \end{aligned}$$

又因当 $n \to \infty$ 时, 有

$$E\left(U_a^b(X, J_n \cap S)\right) \uparrow E\left(U_a^b(X, S)\right)$$

故由 Fatou 引理及 $X$ 的 $L_1$ 有界性, 有

$$E\left(U_a^b(X, S)\right) \leqslant \liminf_{n\to\infty} E\left(U_a^b(X, J_n \cap S)\right) \leqslant \frac{2}{b-a} \sup_{t\in\mathbb{R}_+}\left[E|X_t| + 2|a|\right] < \infty$$

从而

$$\left(U_a^b\left(X,S\right)\right)(\omega)<\infty$$

在概率空间 $(\Omega,\mathscr{F}_\infty,P)$ 上 a.e. 成立. 类似地可证 $\left(D_a^b\left(X,S\right)\right)(\omega)<\infty$.

利用定理 5.2.24 可类似地证明对 $L_1$ 有界上鞅的结论.

**引理 5.3.8** 设 $X=\{X_t:t\in\mathbb{R}_+\}$ 是概率空间 $(\Omega,\mathscr{F},P)$ 上的一个随机过程, $S$ 是 $\mathbb{R}_+$ 的一个可数稠密子集, $a,b\in\mathbb{R}$, $a<b$, 则对任何 $\omega\in\Omega$, 如果有

$$\liminf_{t\to\infty}X_t(\omega)<a<b<\limsup_{t\to\infty}X_t(\omega)$$

那么

$$\left(U_a^b\left(X,S\right)\right)(\omega)=\infty$$

类似地, 如果对任何 $\omega\in\Omega$, 有

$$\liminf_{t\to\infty}X_t(\omega)<a<b<\limsup_{t\to\infty}X_t(\omega)$$

那么 $\left(D_a^b\left(X,S\right)\right)(\omega)=\infty$.

**证明** 如果

$$\liminf_{t\to\infty}X_t(\omega)<a<b<\limsup_{t\to\infty}X_t(\omega)$$

那么我们可以选择 $S$ 中的一个严格递增序列 $\{t_n:n\in\mathbb{N}\}$, 使得 $\lim\limits_{n\to\infty}t_n=\infty$, 且对 $k\in\mathbb{N}$ 有 $X_{t_{2k-1}}(\omega)<a$ 而 $X_{t_{2k}}(\omega)>b$. 从而, 对每一 $k\in\mathbb{N}$, 如果我们设 $\tau=\{t_1,\cdots,t_{2k}\}$, 则有

$$k\leqslant\left(U_a^b\left(X,\tau\right)\right)(\omega)\leqslant\left(U_a^b\left(X,S\right)\right)(\omega)$$

再由上式对每一 $k\in\mathbb{N}$ 成立, 故 $\left(U_a^b\left(X,S\right)\right)(\omega)=\infty$. $\left(D_a^b\left(X,S\right)\right)(\omega)=\infty$ 可类似得到.

**定理 5.3.9** 设 $X=\{X_t:t\in\mathbb{R}_+\}$ 是域流空间 $(\Omega,\mathscr{F},\{\mathscr{F}_t:t\in\mathbb{R}_+\},P)$ 上的一个下鞅或上鞅. 对 $\omega\in\Omega$, 定义概率空间 $(\Omega,\mathscr{F},P)$ 上 $\mathscr{F}_\infty$ 可测的广义实值随机变量 $X_\infty$ 为 $X_\infty(\omega)=\liminf\limits_{t\to\infty}X_t(\omega)$. 如果 $X$ 是 $L_1$ 有界的, 那么 $X_\infty$ 是可积的, 而且

$$\lim_{t\to\infty}X_t(\omega)=X_\infty(\omega)$$

对概率空间 $(\Omega,\mathscr{F}_\infty,P)$ 上 a.e. 的 $\omega$ 成立.

**证明** 设

$$\Lambda=\left\{\omega\in\Omega:\liminf_{t\to\infty}X_t(\omega)<\limsup_{t\to\infty}X_t(\omega)\right\}$$

$\mathbb{Q}$ 是所有有理数的集合. 对 $a, b \in \mathbb{Q}$, $a < b$, 设

$$\Lambda_{a,b} = \left\{ \omega \in \Omega : \liminf_{t \to \infty} X_t(\omega) < a < b < \limsup_{t \to \infty} X_t(\omega) \right\}$$

那么

$$\Lambda = \bigcup_{a, b \in \mathbb{Q}, a < b} \Lambda_{a,b}$$

注意到, $\liminf\limits_{t \to \infty} X_t(\omega)$ 和 $\limsup\limits_{t \to \infty} X_t(\omega)$ 是 $\mathscr{F}_\infty$ 可测的, 故 $\Lambda, \Lambda_{a,b} \in \mathscr{F}_\infty$.

现在, 由引理 5.3.8 有

$$\Lambda_{a,b} \subset \left\{ \omega \in \Omega : \left( U_a^b(X) \right)(\omega) = \infty \right\}$$

再由引理 5.3.7 有

$$P(\Lambda_{a,b}) \leqslant P\left\{ \omega \in \Omega : \left( U_a^b(X) \right)(\omega) = \infty \right\} = 0$$

因此 $\Lambda_{a,b}$ 是概率空间 $(\Omega, \mathscr{F}_\infty, P)$ 中的零概率集, 从而 $\Lambda$ 作为 $\Lambda_{a,b}$ 的可数并也是概率空间 $(\Omega, \mathscr{F}_\infty, P)$ 中的零概率集. 所以对概率空间 $(\Omega, \mathscr{F}_\infty, P)$ 上 a.e. 的 $\omega$, 有 $\lim\limits_{n \to \infty} X_n(\omega)$ 在 $\bar{\mathbb{R}}$ 上存在, 从而对概率空间 $(\Omega, \mathscr{F}_\infty, P)$ 上 a.e. 的 $\omega$, 有

$$\lim_{t \to \infty} X_t(\omega) = \liminf_{t \to \infty} X_t(\omega) = X_\infty(\omega)$$

这样, 由 Fatou 引理及 $X$ 的 $L_1$ 有界性, 有

$$E|X_\infty| = E\left| \lim_{t \to \infty} X_t \right| = E\left( \lim_{t \to \infty} |X_t| \right) \leqslant \liminf_{t \to \infty} E|X_t| \leqslant \sup_{t \in \mathbb{R}_+} E|X_t| < \infty$$

因而 $X_\infty$ 是可积的.

**推论 5.3.10** 设 $p \in (1, \infty)$, $X = \{X_t : t \in \mathbb{R}_+\}$ 是域流空间 $(\Omega, \mathscr{F}, \{\mathscr{F}_t : t \in \mathbb{R}_+\}, P)$ 上的一个 $L_p$ 有界非负下鞅. 对 $\omega \in \Omega$, 定义概率空间 $(\Omega, \mathscr{F}, P)$ 上的 $\mathscr{F}_\infty$ 可测的广义实值随机变量 $X_\infty$ 为 $X_\infty(\omega) = \liminf\limits_{t \to \infty} X_t(\omega)$, 那么

$$\lim_{t \to \infty} X_t(\omega) = X_\infty(\omega) \tag{5.3.6}$$

在概率空间 $(\Omega, \mathscr{F}_\infty, P)$ 上 a.e. 成立, 而且

$$X_\infty \in L_p(\Omega, \mathscr{F}_\infty, P), \quad \lim_{t \to \infty} \|X_t - X_\infty\|_p = 0 \tag{5.3.7}$$

$$\|X_\infty\|_p = \uparrow \lim_{t \to \infty} \|X_t\|_p = \sup_{t \in \mathbb{R}_+} \|X_t\|_p \tag{5.3.8}$$

**证明**　因 $p \in (1, \infty)$ 且 $X = \{X_t : t \in \mathbb{R}_+\}$ 是 $L_p$ 有界的, 故 $X$ 是 $L_1$ 有界的, 从而由定理 5.3.9 有

$$\lim_{t \to \infty} X_t(\omega) = X_\infty(\omega)$$

即 (5.3.6) 式成立.

为证 (5.3.7) 式, 设 $\{t_n : n \in \mathbb{Z}_+\}$ 是 $\mathbb{R}_+$ 的一个满足当 $n \to \infty$ 时有 $t_n \uparrow \infty$ 的严格递增序列, 则

$$X_\infty(\omega) = \liminf_{n \to \infty} X_{t_n}(\omega)$$

对 $n \in \mathbb{Z}_+$, 令 $Y_n = X_{t_n}$, $\mathscr{G}_n = \mathscr{F}_{t_n}$, 然后对关于 $\{\mathscr{G}_n : n \in \mathbb{Z}_+\}$ 的 $L_p$ 有界非负下鞅 $Y = \{Y_n : n \in \mathbb{Z}_+\}$ 利用推论 5.3.6, 可得

$$X_\infty \in L_p(\Omega, \mathscr{F}_\infty, P)$$

和

$$\lim_{n \to \infty} \|X_{t_n} - X_\infty\|_p = 0$$

因为上式对每一个满足 $t_n \uparrow \infty$ 的严格递增序列 $\{t_n : n \in \mathbb{Z}_+\}$ 都成立, 所以

$$\lim_{t \to \infty} \|X_t - X_\infty\|_p = 0$$

从而 (5.3.7) 式成立.

由 $X = \{X_t : t \in \mathbb{R}_+\}$ 是一个 $L_p$ 有界非负下鞅, 利用推论 5.1.11, 得 $X^p$ 是一个下鞅, 因此当 $t \to \infty$ 时有 $\|X_t\|_p \uparrow$, 故从 (5.3.7) 式得

$$\|X_\infty\|_p = \uparrow \lim_{t \to \infty} \|X_t\|_p = \sup_{t \in \mathbb{R}_+} \|X_t\|_p$$

### 5.3.3　用一个最终元素封闭下鞅

**定义 5.3.11**　设 $X = \{X_t : t \in \mathbf{T}\}$ 是域流空间 $(\Omega, \mathscr{F}, \{\mathscr{F}_t : t \in \mathbf{T}\}, P)$ 上的一个下鞅 (鞅, 或上鞅). 如果存在概率空间 $(\Omega, \mathscr{F}, P)$ 上的一个 $\mathscr{F}_\infty$ 可测的广义实值可积随机变量 $\xi$, 使得对每一 $t \in \mathbf{T}$, 在概率空间 $(\Omega, \mathscr{F}_t, P)$ 上 a.e. 有

$$E(\xi | \mathscr{F}_t) \geqslant, =, \text{ 或 } \leqslant X_t$$

则称 $\xi$ 为 $X$ 的封闭 (最终) 元素.

如果随机变量 $\eta$ 满足除上面定义中 $\mathscr{F}_\infty$ 可测之外的 $X$ 的封闭元素的其他所有条件, 那么 $E(\eta | \mathscr{F}_\infty)$ 的任意一个版本 $\xi$, 因为它是 $\mathscr{F}_\infty$ 可测的, 而且

$$E(\xi | \mathscr{F}_t) = E[E(\eta | \mathscr{F}_\infty) | \mathscr{F}_t] = E(\eta | \mathscr{F}_t) \geqslant, = \text{ 或 } \leqslant X_t$$

在概率空间 $(\Omega, \mathscr{F}_t, P)$ 上 a.e. 成立, 故 $\xi$ 为 $X$ 的封闭元素.

下鞅或上鞅即使存在封闭元素, 但也未必唯一. 事实上, 如果 $X = \{X_t : t \in \mathbf{T}\}$ 是一个下鞅, 而随机变量 $\xi$ 使得对每一 $t \in \mathbf{T}$, 在概率空间 $(\Omega, \mathscr{F}_t, P)$ 上 a.e. 有

$$E(\xi | \mathscr{F}_t) \geqslant X_t$$

那么, 对每一实数 $c \geqslant 0$, 对每一 $t \in \mathbf{T}$, 我们也有

$$E(\xi + c | \mathscr{F}_t) \geqslant X_t$$

在概率空间 $(\Omega, \mathscr{F}_t, P)$ 上 a.e. 成立. 然而, 如果 $X = \{X_t : t \in \mathbf{T}\}$ 是一个鞅, 并且 $X$ 的封闭元素存在, 那么封闭元素是唯一的.

**定理 5.3.12** 设 $X = \{X_t : t \in \mathbf{T}\}$ 是域流空间 $(\Omega, \mathscr{F}, \{\mathscr{F}_t : t \in \mathbf{T}\}, P)$ 上的一个下鞅 (鞅, 或上鞅).

(1) 如果 $X$ 是一个下鞅, 那么 $X$ 存在封闭元素当且仅当 $X^+ = \{X_t^+ : t \in \mathbf{T}\}$ 是一致可积的;

(2) 如果 $X$ 是一个上鞅, 那么 $X$ 存在封闭元素当且仅当 $X^- = \{X_t^- : t \in \mathbf{T}\}$ 是一致可积的;

(3) 如果 $X$ 是一个鞅, 那么 $X$ 存在封闭元素当且仅当 $X = \{X_t : t \in \mathbf{T}\}$ 是一致可积的.

对上面的三种情形的每一种, 如果一致可积条件被满足, 那么在概率空间 $(\Omega, \mathscr{F}, P)$ 上存在一个广义实值可积 $\mathscr{F}_\infty$ 可测的随机变量 $X_\infty$ 使得

1° 在概率空间 $(\Omega, \mathscr{F}_\infty, P)$ 上 a.e. 有 $\lim\limits_{t \to \infty} X_t = X_\infty$;

2° $X_\infty$ 是 $X$ 的封闭元素.

**证明** 由鞅与上下鞅之间及上下鞅之间的关系, 显然只对下鞅的情形证明即可.

**充分性** 如果 $X^+ = \{X_t^+ : t \in \mathbf{T}\}$ 是一致可积的, 那么 $X^+$ 是 $L_1$ 有界的, 从而由定理 5.3.1 知 $X$ 是 $L_1$ 有界的, 因此当 $\mathbf{T} = \mathbb{Z}_+$ 时由定理 5.3.4 而当 $\mathbf{T} = \mathbb{R}_+$ 时由定理 5.3.9 可知在概率空间 $(\Omega, \mathscr{F}, P)$ 上存在一个广义实值可积 $\mathscr{F}_\infty$ 可测的随机变量 $X_\infty$ 使得

$$\lim_{t \to \infty} X_t = X_\infty$$

在概率空间 $(\Omega, \mathscr{F}_\infty, P)$ 上 a.e. 成立, 因而对每一 $a > 0$, 在概率空间 $(\Omega, \mathscr{F}_\infty, P)$ 上 a.e. 有

$$\lim_{t \to \infty} X_t \vee (-a) = X_\infty \vee (-a) \tag{5.3.9}$$

又因为 $|X_t \vee (-a)| \leqslant X_t^+ + a$, 而 $X^+ = \{X_t^+ : t \in \mathbf{T}\}$ 是一致可积的, 所以 $X \vee (-a)$ 也是一致可积的, 从而由定理 4.4.14 可得

$$\lim_{t \to \infty} \|X_t \vee (-a) - X_\infty \vee (-a)\|_1 = 0$$

再由条件期望的性质知, 对固定的 $t_0 \in \mathbf{T}$ 有

$$\lim_{t \to \infty} \| E(X_t \vee (-a) | \mathscr{F}_{t_0}) - E(X_\infty \vee (-a) | \mathscr{F}_{t_0}) \|_1 = 0$$

因为由随机变量序列 $L_1$ 收敛可推出存在一个子序列 a.e. 收敛, 所以存在一个单调递增序列 $\{t_n : n \in \mathbb{N}\}$, 使得 $\lim_{n \to \infty} t_n = \infty$, 满足

$$\lim_{n \to \infty} E(X_{t_n} \vee (-a) | \mathscr{F}_{t_0}) = E(X_\infty \vee (-a) | \mathscr{F}_{t_0}) \qquad (5.3.10)$$

在概率空间 $(\Omega, \mathscr{F}_{t_0}, P)$ 上 a.e. 成立. 又 $X$ 是一个下鞅, 因此 $X \vee (-a)$ 也是一个下鞅, 从而对足够大的 $n \in \mathbb{N}$ 当 $t_n \geqslant t_0$ 时, 在概率空间 $(\Omega, \mathscr{F}_{t_0}, P)$ 上 a.e. 有

$$E(X_{t_n} \vee (-a) | \mathscr{F}_{t_0}) \geqslant X_{t_0} \vee (-a) \qquad (5.3.11)$$

综合 (5.3.10) 式和 (5.3.11) 式得

$$E(X_\infty \vee (-a) | \mathscr{F}_{t_0}) \geqslant X_{t_0} \vee (-a)$$

在概率空间 $(\Omega, \mathscr{F}_{t_0}, P)$ 上 a.e. 成立. 令 $a \to \infty$, 由条件期望的单调收敛定理有

$$E(X_\infty | \mathscr{F}_{t_0}) \geqslant X_{t_0}$$

在概率空间 $(\Omega, \mathscr{F}_{t_0}, P)$ 上 a.e. 成立. 因上式对每一 $t_0 \in \mathbf{T}$ 成立, 故 $X_\infty$ 是 $X$ 的封闭元素.

**必要性**  如果 $X$ 存在封闭元素, 即存在概率空间概率空间 $(\Omega, \mathscr{F}, P)$ 上的一个 $\mathscr{F}_\infty$ 可测的广义实值可积随机变量 $\xi$, 使得对每一 $t \in \mathbf{T}$, 在概率空间 $(\Omega, \mathscr{F}_t, P)$ 上 a.e. 有

$$E(\xi | \mathscr{F}_t) \geqslant X_t \qquad (5.3.12)$$

下面证明 $X^+ = \{X_t^+ : t \in \mathbf{T}\}$ 是一致可积的. 由 (5.3.12) 式知在概率空间 $(\Omega, \mathscr{F}_t, P)$ 上 a.e. 有

$$(E(\xi | \mathscr{F}_t))^+ \geqslant X_t^+$$

因为对 $x \in \mathbb{R}$ 函数 $\varphi(x) = x \vee 0$ 是 $\mathbb{R}$ 上的凸函数, 所以根据条件期望的 Jensen 不等式得

$$E(\xi^+ | \mathscr{F}_t) \geqslant (E(\xi | \mathscr{F}_t))^+$$

在概率空间 $(\Omega, \mathscr{F}_t, P)$ 上 a.e. 成立, 从而在概率空间 $(\Omega, \mathscr{F}_t, P)$ 上 a.e. 有

$$E(\xi^+ | \mathscr{F}_t) \geqslant X_t^+ \qquad (5.3.13)$$

因此对 $t \in \mathbf{T}$ 有 $E\left(X_t^+\right) \leqslant E\left(\xi^+\right)$, 进而对每一 $\lambda > 0$ 有

$$P\left\{X_t^+ > \lambda\right\} \leqslant \frac{E\left(X_t^+\right)}{\lambda} \leqslant \frac{E\left(\xi^+\right)}{\lambda}$$

故对 $t \in \mathbf{T}$ 一致有 $\lim\limits_{\lambda \to \infty} P\left\{X_t^+ > \lambda\right\} = 0$, 即对每一 $\eta > 0$ 存在某 $\lambda_0 > 0$ 使得当 $\lambda > \lambda_0$ 时对所有的 $t \in \mathbf{T}$ 有 $P\left\{X_t^+ > \lambda\right\} < \eta$. 又由 $\xi^+$ 可积知对每一 $\varepsilon > 0$, 存在 $\eta > 0$ 使得当 $A \in \mathscr{F}_\infty$ 且 $P(A) < \eta$ 时, 有 $\int_A \xi^+ \mathrm{d}P < \varepsilon$, 从而对每一 $\varepsilon > 0$ 存在 $\lambda_0 > 0$ 使得当 $\lambda > \lambda_0$ 时有

$$\sup_{t \in \mathbf{T}} \int_{\left\{X_t^+ > \lambda\right\}} \xi^+ \mathrm{d}P \leqslant \varepsilon$$

上面不等式的左端是 $\lambda$ 的一个非负递减函数, 因此当 $\lambda \to \infty$ 时它的极限存在且夹在 $0$ 和 $\varepsilon$ 之间. 由 $\varepsilon$ 的任意性有

$$\lim_{\lambda \to \infty} \sup_{t \in \mathbf{T}} \int_{\left\{X_t^+ > \lambda\right\}} \xi^+ \mathrm{d}P = 0 \tag{5.3.14}$$

因为 $\left\{X_t^+ > \lambda\right\} \in \mathscr{F}_t$, 所以从 (5.3.13) 式有

$$\int_{\left\{X_t^+ > \lambda\right\}} X_t^+ \mathrm{d}P \leqslant \int_{\left\{X_t^+ > \lambda\right\}} \xi^+ \mathrm{d}P \tag{5.3.15}$$

再由 (5.3.14) 式有

$$\lim_{\lambda \to \infty} \sup_{t \in \mathbf{T}} \int_{\left\{X_t^+ > \lambda\right\}} X_t^+ \mathrm{d}P \leqslant \lim_{\lambda \to \infty} \sup_{t \in \mathbf{T}} \int_{\left\{X_t^+ > \lambda\right\}} \xi^+ \mathrm{d}P = 0$$

这说明 $X^+ = \left\{X_t^+ : t \in \mathbf{T}\right\}$ 是一致可积的.

### 5.3.4 离散时间平方可积 ($L_2$) 鞅

设 $(\Omega, \mathscr{F}, P)$ 是一个概率空间, 考虑空间 $L_2(\Omega, \mathscr{F}, P)$.

对 $\xi, \eta \in L_2(\Omega, \mathscr{F}, P)$, 在 $L_2(\Omega, \mathscr{F}, P)$ 上定义二元函数 $\langle \cdot, \cdot \rangle$ 为

$$\langle \xi, \eta \rangle = \int_\Omega \xi\eta \mathrm{d}P$$

那么 $\langle \cdot, \cdot \rangle$ 为空间 $L_2(\Omega, \mathscr{F}, P)$ 上的一个内积, 而空间 $L_2(\Omega, \mathscr{F}, P)$ 关于这个内积是一个希尔伯特空间.

对 $\xi \in L_2(\Omega, \mathscr{F}, P)$, 令

$$\|\xi\|_2 = \sqrt{\int_\Omega \xi^2 \mathrm{d}P} = \sqrt{\langle \xi, \xi \rangle}$$

而当 $\langle \xi, \eta \rangle = 0$ 时, 我们说 $\xi$ 和 $\eta$ 正交.

**引理 5.3.13** 域流空间 $(\Omega, \mathscr{F}, \{\mathscr{F}_n : n \in \mathbb{Z}_+\}, P)$ 上的 $L_2$ 鞅 $X = \{X_n : n \in \mathbb{Z}_+\}$ 是一个具有正交增量的随机过程, 即对任何满足 $n > m \geqslant l > k$ 的 $n, m, l$ 和 $k \in \mathbb{Z}_+$, 都有

$$\langle X_n - X_m, X_l - X_k \rangle = 0 \tag{5.3.16}$$

特别地, 对每一 $n \in N$, 有

$$EX_n^2 = EX_0^2 + \sum_{k=1}^{n} E\left[(X_k - X_{k-1})^2\right] \tag{5.3.17}$$

**证明** 如果 $n, m, l$ 和 $k \in \mathbb{Z}_+$, 且 $n > m \geqslant l > k$, 那么

$$\langle X_n - X_m, X_l \rangle = E\left[(X_n - X_m) X_l\right] = E\left[E\left[(X_n - X_m) X_l | \mathscr{F}_l\right]\right]$$

$$= E\left[X_l E\left[(X_n - X_m) | \mathscr{F}_l\right]\right] = E\left[X_l (X_l - X_l)\right] = 0$$

类似地, 有 $\langle X_n - X_m, X_k \rangle = 0$, 从而 $\langle X_n - X_m, X_l - X_k \rangle = 0$.

如果将 $X = \{X_n : n \in \mathbb{Z}_+\}$ 中的 $X_n$ 写为

$$X_n = X_0 + \sum_{k=1}^{n} (X_k - X_{k-1})$$

那么

$$EX_n^2 = \langle X_n, X_n \rangle = \left\langle X_0 + \sum_{k=1}^{n} (X_k - X_{k-1}), X_0 + \sum_{k=1}^{n} (X_k - X_{k-1}) \right\rangle$$

$$= \langle X_0, X_0 \rangle + \sum_{k=1}^{n} \langle X_k - X_{k-1}, X_k - X_{k-1} \rangle$$

$$= EX_0^2 + \sum_{k=1}^{n} E\left[(X_k - X_{k-1})^2\right]$$

**定理 5.3.14** 设 $X = \{X_n : n \in \mathbb{Z}_+\}$ 是域流空间 $(\Omega, \mathscr{F}, \{\mathscr{F}_n : n \in \mathbb{Z}_+\}, P)$ 上的一个 $L_2$ 鞅, 那么 $X$ 是 $L_2$ 有界的当且仅当

$$\sum_{k \in \mathbb{N}} E\left[|X_k - X_{k-1}|^2\right] < \infty \tag{5.3.18}$$

如果 $X$ 是 $L_2$ 有界的, 那么存在 $X_\infty \in L_2(\Omega, \mathscr{F}_\infty, P)$ 使得

$$\lim_{n \to \infty} X_n = X_\infty \tag{5.3.19}$$

在概率空间 $(\Omega, \mathscr{F}_\infty, P)$ 上 a.e. 成立; 且有

$$\lim_{n \to \infty} E\left[|X_n - X_\infty|^2\right] = 0 \tag{5.3.20}$$

和

$$E\left[|X_\infty - X_n|^2\right] = \sum_{k \geqslant n+1} E\left[|X_k - X_{k-1}|^2\right] \tag{5.3.21}$$

**证明** 由引理 5.3.13 的 (5.3.17) 式知

$$\sup_{n \in \mathbb{Z}_+} E X_n^2 < \infty \text{ 当且仅当 } \sup_{n \in \mathbb{Z}_+} \sum_{k=1}^n E\left[(X_k - X_{k-1})^2\right] < \infty$$

即 $\displaystyle\sum_{k \in \mathbb{N}} E\left[(X_k - X_{k-1})^2\right] < \infty$, 因此 $X$ 是 $L_2$ 有界的当且仅当

$$\sum_{k \in \mathbb{N}} E\left[|X_k - X_{k-1}|^2\right] < \infty$$

即 (5.3.18) 式成立.

如果 $X$ 是 $L_2$ 有界的, 那么 $X$ 是 $L_1$ 有界的, 所以由定理 5.3.4 知存在 $X_\infty \in L_1(\Omega, \mathscr{F}_\infty, P)$ 使得

$$\lim_{n \to \infty} X_n = X_\infty$$

即 (5.3.19) 式成立. 而对任何 $n \in \mathbb{Z}_+$ 和 $p \in \mathbb{N}$, 由引理 5.3.13 有

$$\begin{aligned}
E\left[|X_{n+p} - X_n|^2\right] &= \left\langle \sum_{k=n+1}^{n+p}(X_k - X_{k-1}), \sum_{k=n+1}^{n+p}(X_k - X_{k-1}) \right\rangle \\
&= \sum_{k=n+1}^{n+p} \langle X_k - X_{k-1}, X_k - X_{k-1} \rangle \\
&= \sum_{k=n+1}^{n+p} E\left[(X_k - X_{k-1})^2\right]
\end{aligned} \tag{5.3.22}$$

再由 (5.3.19) 式, Fatou 引理和 (5.3.22) 式得

$$E\left[|X_\infty - X_n|^2\right] = E\left[\left|\lim_{p\to\infty} X_{n+p} - X_n\right|^2\right]$$

$$= E\left[\lim_{p\to\infty}|X_{n+p} - X_n|^2\right] \leqslant \liminf_{p\to\infty} E\left[|X_{n+p} - X_n|^2\right]$$

$$= \liminf_{p\to\infty}\sum_{k=n+1}^{n+p} E\left[|X_k - X_{k-1}|^2\right] \leqslant \sum_{k\geqslant n+1} E\left[|X_k - X_{k-1}|^2\right]$$

而由 (5.3.18) 式知上式中的最后的和取有限值, 这说明

$$X_\infty - X_n \in L_2\left(\Omega, \mathscr{F}_\infty, P\right)$$

因此 $X_\infty \in L_2\left(\Omega, \mathscr{F}_\infty, P\right)$. 对和式 $\displaystyle\sum_{k\geqslant n+1} E\left[|X_k - X_{k-1}|^2\right]$ 令 $n \to \infty$, 再由
(5.3.18) 式得

$$\lim_{n\to\infty} E\left[|X_n - X_\infty|^2\right] = 0$$

即 (5.3.20) 式成立.

因 $X_n$ 当 $n \to \infty$ 时 $L_2$ 收敛于 $X_\infty$, 故 $X_{n+p} - X_n$ 当 $p \to \infty$ 时 $L_2$ 收敛于
$X_\infty - X_n$, 从而

$$\lim_{p\to\infty} E\left[|X_{n+p} - X_n|^2\right] = E\left[|X_\infty - X_n|^2\right]$$

所以在 (5.3.22) 式中令 $p \to \infty$ 即得

$$E\left[|X_\infty - X_n|^2\right] = \sum_{k\geqslant n+1} E\left[|X_k - X_{k-1}|^2\right]$$

设 $X = \{X_n : n \in \mathbb{Z}_+\}$ 是域流空间 $(\Omega, \mathscr{F}, \{\mathscr{F}_n : n \in \mathbb{Z}_+\}, P)$ 上的一个
$L_2$ 鞅, 那么 $X^2$ 是一个下鞅, 因此它有 Doob 分解 $X^2 = X_0^2 + M + A$, 其中
$M = \{M_n : n \in \mathbb{Z}_+\}$ 是一个满足 $M_0 = 0$ 的鞅, $A = \{A_n : n \in \mathbb{Z}_+\}$ 是一个几乎
必然递增可料过程, 而且 $M$ 和 $A$ 在概率空间 $(\Omega, \mathscr{F}_\infty, P)$ 上是 a.e. 唯一的.

**定义 5.3.15**  设随机过程 $X = \{X_n : n \in \mathbb{Z}_+\}$ 是域流空间 $(\Omega, \mathscr{F}, \{\mathscr{F}_n : n \in \mathbb{Z}_+\}, P)$ 上的一个平方可积鞅, 称在下鞅 $X^2$ 的 **Doob** 分解式 $X^2 = X_0^2 + M + A$
中的不计概率空间 $(\Omega, \mathscr{F}_\infty, P)$ 上零集差别的唯一确定的可料几乎必然递增过程
$A = \{A_n : n \in \mathbb{Z}_+\}$ 为平方可积鞅 $X$ 的二次变差过程.

**定理 5.3.16**  设 $X = \{X_n : n \in \mathbb{Z}_+\}$ 是域流空间 $(\Omega, \mathscr{F}, \{\mathscr{F}_n : n \in \mathbb{Z}_+\}, P)$
上的一个 $L_2$ 鞅, $A = \{A_n : n \in \mathbb{Z}_+\}$ 是 $X$ 的二次变差过程. 那么对每一 $n \in \mathbb{N}$,
在概率空间 $(\Omega, \mathscr{F}_{n-1}, P)$ 上 a.e. 有

$$E\left(X_n^2 - X_{n-1}^2 \mid \mathscr{F}_{n-1}\right) = E\left(|X_n - X_{n-1}|^2 \mid \mathscr{F}_{n-1}\right) = A_n - A_{n-1} \tag{5.3.23}$$

特别地, 有

$$E\left(X_n^2 - X_{n-1}^2\right) = E\left(\left|X_n - X_{n-1}\right|^2\right) = E\left(A_n - A_{n-1}\right) \tag{5.3.24}$$

如果令 $A_\infty = \lim\limits_{n\to\infty} A_n$, 那么 $X$ 是 $L_2$ 有界的当且仅当 $A$ 是可积的, 即

$$E\left(A_\infty\right) < \infty$$

**证明** 设下鞅 $X^2$ 的 Doob 分解式为

$$X^2 = X_0^2 + M + A \tag{5.3.25}$$

其中 $M = \{M_n : n \in \mathbb{Z}_+\}$ 是满足 $M_0 = 0$ 的鞅, 则由 $M$ 的鞅性和 $A$ 的可料性有

$$E\left(X_n^2 - X_{n-1}^2 \,|\, \mathscr{F}_{n-1}\right) = E\left[(M_n + A_n) - (M_{n-1} + A_{n-1}) \,|\, \mathscr{F}_{n-1}\right]$$

$$= E\left[A_n - A_{n-1} \,|\, \mathscr{F}_{n-1}\right] = A_n - A_{n-1}$$

另一方面, 利用 $M$ 的鞅性有

$$E\left(\left|X_n - X_{n-1}\right|^2 \,|\, \mathscr{F}_{n-1}\right) = E\left(X_n^2 - 2X_n X_{n-1} + X_{n-1}^2 \,|\, \mathscr{F}_{n-1}\right)$$

$$= E\left(X_n^2 \,|\, \mathscr{F}_{n-1}\right) - 2X_{n-1}E\left(X_n \,|\, \mathscr{F}_{n-1}\right) + X_{n-1}^2$$

$$= E\left(X_n^2 \,|\, \mathscr{F}_{n-1}\right) - 2X_{n-1}^2 + X_{n-1}^2$$

$$= E\left(X_n^2 - X_{n-1}^2 \,|\, \mathscr{F}_{n-1}\right)$$

从而在概率空间 $(\Omega, \mathscr{F}_{n-1}, P)$ 上 a.e. 有

$$E\left(X_n^2 - X_{n-1}^2 \,|\, \mathscr{F}_{n-1}\right) = E\left(\left|X_n - X_{n-1}\right|^2 \,|\, \mathscr{F}_{n-1}\right) = A_n - A_{n-1}$$

即 (5.3.23) 式成立. 而对上式两边积分即得

$$E\left(X_n^2 - X_{n-1}^2\right) = E\left(\left|X_n - X_{n-1}\right|^2\right) = E\left(A_n - A_{n-1}\right)$$

因为 $M$ 是满足 $M_0 = 0$ 的鞅, 所以对 $n \in \mathbb{N}$, 有 $EM_n = EM_0 = 0$, 因此从 (5.3.25) 式有

$$E\left(X_n^2\right) = E\left(X_0^2\right) + E\left(A_n\right)$$

再由单调收敛定理有

$$\sup_{n\in\mathbb{Z}_+} E\left(X_n^2\right) = E\left(X_0^2\right) + \sup_{n\in\mathbb{Z}_+} E\left(A_n\right)$$

$$= E\left(X_0^2\right) + \lim_{n\to\infty} E\left(A_n\right) = E\left(X_0^2\right) + E\left(A_\infty\right)$$

所以 $\sup\limits_{n\in\mathbb{Z}_+} E\left(X_n^2\right) < \infty$ 当且仅当 $E\left(A_\infty\right) < \infty$.

## 5.4　一致可积下鞅

### 5.4.1　一致可积下鞅的收敛性

设 $X = \{X_t : t \in \mathbf{T}\}$ 是域流空间 $(\Omega, \mathscr{F}, \{\mathscr{F}_t : t \in \mathbf{T}\}, P)$ 上的一个下鞅 (鞅或上鞅), 在定理 5.3.9 中我们证明了如果 $X$ 是 $L_1$ 有界的, 那么在概率空间 $(\Omega, \mathscr{F}, P)$ 上存在一个 $\mathscr{F}_\infty$ 可测的广义实值可积随机变量 $X_\infty$ 使得在概率空间 $(\Omega, \mathscr{F}_\infty, P)$ 上 a.e. 有 $\lim\limits_{t \to \infty} X_t = X_\infty$. 下面我们证明如果 $X$ 是一致可积的, 那么

$$\lim_{t \to \infty} \|X_t - X_\infty\|_1 = 0$$

**定理 5.4.1**　设 $X = \{X_t : t \in \mathbf{T}\}$ 是域流空间 $(\Omega, \mathscr{F}, \{\mathscr{F}_t : t \in \mathbf{T}\}, P)$ 上的一个一致可积的下鞅 (鞅或上鞅). 那么在概率空间 $(\Omega, \mathscr{F}, P)$ 上存在一个 $\mathscr{F}_\infty$ 可测的广义实值可积随机变量 $X_\infty$, 使得

(1) 在概率空间 $(\Omega, \mathscr{F}_\infty, P)$ 上 a.e. 有 $\lim\limits_{t \to \infty} X_t = X_\infty$;

(2) $X_\infty$ 是 $X$ 的封闭元素;

(3) $\lim\limits_{t \to \infty} \|X_t - X_\infty\|_1 = 0$.

**证明**　如果 $X = \{X_t : t \in \mathbf{T}\}$ 一致可积, 那么 $X^+$ 和 $X^-$ 都一致可积, 因此由定理 5.3.12 知在概率空间 $(\Omega, \mathscr{F}, P)$ 上存在一个 $\mathscr{F}_\infty$ 可测的广义实值可积随机变量 $X_\infty$, 使得 $X_\infty$ 是 $X$ 的封闭元素, 且在概率空间 $(\Omega, \mathscr{F}_\infty, P)$ 上 a.e. 有 $\lim\limits_{t \to \infty} X_t = X_\infty$, 从而当 $t \to \infty$ 时 $X_t$ 依概率收敛于 $X_\infty$, 再由 $X = \{X_t : t \in \mathbf{T}\}$ 一致可积, 利用定理 4.4.14 即得 $\lim\limits_{t \to \infty} \|X_t - X_\infty\|_1 = 0$.

下面的定理刻画了一致可积鞅作为鞅有封闭元素的这一特性.

**定理 5.4.2**　设 $X = \{X_t : t \in \mathbf{T}\}$ 是域流空间 $(\Omega, \mathscr{F}, \{\mathscr{F}_t : t \in \mathbf{T}\}, P)$ 上的一个鞅, 那么 $X$ 是一致可积的当且仅当 $X$ 存在封闭元素, 即存在概率空间 $(\Omega, \mathscr{F}, P)$ 上一个 $\mathscr{F}_\infty$ 可测的广义实值可积随机变量 $\xi$, 使得对每一 $t \in \mathbf{T}$, 在概率空间 $(\Omega, \mathscr{F}_t, P)$ 上 a.e. 有 $E(\xi | \mathscr{F}_t) = X_t$.

**证明**　如果 $X$ 一致可积, 那么由定理 5.4.1 知存在 $X$ 的一个封闭元素. 反之, 如果 $X$ 存在一个封闭元素 $\xi$, 那么对每一 $t \in \mathbf{T}$, 在概率空间 $(\Omega, \mathscr{F}_t, P)$ 上 a.e. 有

$$E(\xi | \mathscr{F}_t) = X_t$$

因此由定理 4.4.21 即得 $X$ 是一致可积的.

### 5.4.2　逆时间下鞅

下鞅是一个有第一个元素而没有最后一个元素的随机过程, 而下面将要讨论的逆时间下鞅作为一个随机过程有最后一个元素而没有第一个元素.

**定义 5.4.3** 设 $(\Omega, \mathscr{F}, P)$ 是一个概率空间. 称 $\sigma$ 代数 $\mathscr{F}$ 的一个子 $\sigma$ 代数族 $\{\mathscr{F}_{-n} : n \in \mathbb{Z}_+\}$ 为一个逆时间的域流, 如果它是 $\sigma$ 代数 $\mathscr{F}$ 的一个递增的子 $\sigma$ 代数族, 即对 $m, n \in \mathbb{Z}_+$, 当 $m > n$ 时, 有 $\mathscr{F}_{-m} \subset \mathscr{F}_{-n}$. 令 $\mathscr{F}_{-\infty} = \bigcap_{n \in \mathbb{Z}_+} \mathscr{F}_{-n}$. 称离散时间域流空间 $(\Omega, \mathscr{F}, \{\mathscr{F}_{-n} : n \in \mathbb{Z}_+\}, P)$ 上的随机过程 $X = \{X_{-n} : n \in \mathbb{Z}_+\}$ 是 $\{\mathscr{F}_{-n} : n \in \mathbb{Z}_+\}$ 适应的或简称适应的, 如果对每一 $n \in \mathbb{Z}_+$, $X_{-n}$ 都是 $\mathscr{F}_{-n}$ 可测的. 称一个 $\{\mathscr{F}_{-n} : n \in \mathbb{Z}_+\}$ 适应的 $L_1$ 过程 $X = \{X_{-n} : n \in \mathbb{Z}_+\}$ 为一个逆时间的下鞅、鞅或上鞅, 如果对 $m, n \in \mathbb{Z}_+$, 当 $m > n$ 时有

$$E(X_{-n} | \mathscr{F}_{-m}) \geqslant, =, \text{ 或 } \leqslant X_{-m}$$

在概率空间 $(\Omega, \mathscr{F}_{-m}, P)$ 上 a.e. 成立.

**引理 5.4.4** (1) 如果 $X = \{X_{-n} : n \in \mathbb{Z}_+\}$ 是域流空间 $(\Omega, \mathscr{F}, \{\mathscr{F}_{-n} : n \in \mathbb{Z}_+\}, P)$ 上的一个适应过程, 那么 $\liminf_{n \to \infty} X_{-n}$ 是概率空间 $(\Omega, \mathscr{F}, P)$ 上的一个广义实值 $\mathscr{F}_{-\infty}$ 可测随机变量;

(2) 每一逆时间的鞅、非负下鞅、非正上鞅都是一个 $L_1$ 有界过程.

**证明** (1) 由定义 $\liminf_{n \to \infty} X_{-n} = \lim_{n \to \infty} \inf_{-m \leqslant -n} X_{-m}$. 如果 $X = \{X_{-n} : n \in \mathbb{Z}_+\}$ 是 $\{\mathscr{F}_{-n} : n \in \mathbb{Z}_+\}$ 适应的, 那么对每一 $n \in \mathbb{Z}_+$, $\inf_{-m \leqslant -n} X_{-m}$ 是 $\mathscr{F}_{-n}$ 可测的, 所以对每一 $n \in \mathbb{Z}_+$, 有 $\lim_{n \to \infty} \inf_{-m \leqslant -n} X_{-m}$ 是 $\mathscr{F}_{-n}$ 可测的, 因此它是 $\bigcap_{n \in \mathbb{Z}_+} \mathscr{F}_{-n}$ 可测的, 从而 $\liminf_{n \to \infty} X_{-n}$ 是 $\mathscr{F}_{-\infty}$ 可测的.

(2) 如果 $X = \{X_{-n} : n \in \mathbb{Z}_+\}$ 是一个逆时间的非负下鞅, 那么当 $n \to \infty$ 时 $E(X_{-n}) \downarrow$, 因此对所有 $n \in \mathbb{Z}_+$ 有 $E(X_{-n}) \leqslant E(X_0)$ 成立, 再由 $X$ 的非负性可得

$$\sup_{n \in \mathbb{Z}_+} E(|X_{-n}|) \leqslant E(|X_0|) < \infty$$

从而 $X$ 是 $L_1$ 有界的.

如果 $X$ 是一个逆时间的鞅, 那么 $|X|$ 是一个逆时间的非负下鞅, 所以 $|X|$ 是 $L_1$ 有界的, 这等价于 $X$ 是 $L_1$ 有界的.

如果 $X$ 是一个逆时间的非正上鞅, 那么 $-X$ 是一个逆时间的非负下鞅, 所以 $-X$ 是 $L_1$ 有界的, 这也等价于 $X$ 是 $L_1$ 有界的.

利用 Doob 的上、下鞅上穿和下穿不等式可以得到如下结论.

**定理 5.4.5** 设 $X = \{X_{-n} : n \in \mathbb{Z}_+\}$ 是域流空间 $(\Omega, \mathscr{F}, \{\mathscr{F}_{-n} : n \in \mathbb{Z}_+\}, P)$ 上的一个逆时间的下鞅, 定义概率空间 $(\Omega, \mathscr{F}, P)$ 上的 $\mathscr{F}_{-\infty}$ 可测的广义实值随

机变量 $X_{-\infty}$ 为 $X_{-\infty}(\omega) = \liminf\limits_{n\to\infty} X_{-n}(\omega)$, 那么

$$\lim_{n\to\infty} X_{-n} = X_{-\infty} \tag{5.4.1}$$

在概率空间 $(\Omega, \mathscr{F}_{-\infty}, P)$ 上 a.e. 成立. 如果 $X = \{X_{-n} : n \in \mathbb{Z}_+\}$ 是一致可积的, 那么

$$X_{-\infty} \in L_1(\Omega, \mathscr{F}_{-\infty}, P), \ \lim_{n\to\infty} \|X_{-n} - X_{-\infty}\|_1 = 0 \tag{5.4.2}$$

且对于每一 $n \in \mathbb{Z}_+$, 在概率空间 $(\Omega, \mathscr{F}_{-\infty}, P)$ 上 a.e. 有

$$E(X_{-n} \,|\, \mathscr{F}_{-\infty}) \geqslant X_{-\infty} \tag{5.4.3}$$

如果 $X = \{X_{-n} : n \in \mathbb{Z}_+\}$ 是一个上鞅, 那么 (5.4.3) 式中的不等号反向; 如果 $X = \{X_{-n} : n \in \mathbb{Z}_+\}$ 是一个鞅, 那么 (5.4.3) 式中的不等号变成等号.

**证明**　对 $a, b \in \mathbb{R}$, $a < b$, 考虑有限序列 $\{X_{-N}, \cdots, X_0\}$ 上穿 $[a, b]$ 的次数 $U_a^b(X, -N)$.

如果 $X = \{X_{-n} : n \in \mathbb{Z}_+\}$ 是一个逆时间的下鞅, 那么由定理 5.2.19 即 Doob 的下鞅上穿不等式有

$$E\left[U_a^b(X, -N)\right] \leqslant \frac{1}{b-a} E\left[(X_0 - a)^+ - (X_{-N} - a)^+\right] \leqslant \frac{1}{b-a} E\left[(X_0 - a)^+\right]$$

如果 $X$ 是一个逆时间的上鞅, 那么由定理 5.2.20 有

$$E\left[U_a^b(X, -N)\right] \leqslant \frac{1}{b-a} E\left[(X_0 - b)^-\right] + 1 \leqslant \frac{1}{b-a} E\left[(X_0 - a)^-\right]$$

因此无论 $X$ 是逆时间的上鞅还是下鞅, 我们都有

$$E\left[U_a^b(X, -N)\right] \leqslant \frac{1}{b-a}\left[E(|X_0|) + |a|\right]$$

如果定义 $X = \{X_{-n} : n \in \mathbb{Z}_+\}$ 上穿 $[a, b]$ 的次数

$$U_a^b(X, -\infty) = \lim_{N\to\infty} U_a^b(X, -N)$$

则由单调收敛定理有

$$E\left[U_a^b(X, -\infty)\right] = \lim_{N\to\infty} E\left[U_a^b(X, -N)\right] \leqslant \frac{1}{b-a}\left[E(|X_0|) + |a|\right] < \infty$$

因此在概率空间 $(\Omega, \mathscr{F}_{-\infty}, P)$ 上 a.e. 有 $U_a^b(X, -\infty) < \infty$.

类似于引理 5.3.3, 我们可以证明对任何 $a, b \in \mathbb{R}$, $a < b$, 对 $\omega \in \Omega$, 如果有

$$\liminf_{n \to \infty} X_{-n}(\omega) < a < b < \limsup_{n \to \infty} X_{-n}(\omega)$$

那么 $\left(U_a^b(X, -\infty)\right)(\omega) = \infty$. 因此在概率空间 $(\Omega, \mathscr{F}_{-\infty}, P)$ 上 a.e. 有 $U_a^b(X, -\infty) < \infty$ 说明 $\liminf_{n \to \infty} X_n(\omega) = \limsup_{n \to \infty} X_{-n}(\omega)$, 从而在概率空间 $(\Omega, \mathscr{F}_{-\infty}, P)$ 上 a.e. 有 $\lim_{n \to \infty} X_{-n}(\omega) \in \bar{\mathbb{R}}$ 存在. 故由 $X_{-\infty}(\omega) = \liminf_{n \to \infty} X_{-n}(\omega)$ 知在概率空间 $(\Omega, \mathscr{F}_{-\infty}, P)$ 上 a.e. 有 $X_{-\infty}(\omega) = \lim_{n \to \infty} X_{-n}(\omega)$. 再利用 Fatou 引理, 有

$$E |X_{-\infty}| = E\left(\lim_{n \to \infty} |X_{-n}|\right) \leqslant \liminf_{n \to \infty} E\left(|X_{-n}|\right) \leqslant \sup_{n \in \mathbb{Z}_+} E\left(|X_{-n}|\right)$$

如果 $X = \{X_{-n} : n \in \mathbb{Z}_+\}$ 是一致可积的, 那么 $X$ 是 $L_1$ 有界的, 所以 $\sup_{n \in \mathbb{Z}_+} E\left(|X_{-n}|\right)$ 是有限值, 因此 $X_{-\infty}$ 是可积的, 从而在概率空间 $(\Omega, \mathscr{F}_{-\infty}, P)$ 上 a.e. 有 $X_{-\infty}$ 取有限值, 故在概率空间 $(\Omega, \mathscr{F}_{-\infty}, P)$ 上 a.e. 有 $X_{-n}$ 收敛于 $X_{-\infty}$, 所以由定理 4.4.14 可得 $\lim_{n \to \infty} \|X_{-n} - X_{-\infty}\|_1 = 0$.

为证明 (5.4.3) 式, 只需证明对每一 $n \in \mathbb{Z}_+$ 有

$$\int_A X_{-n} \mathrm{d}P \geqslant \int_A X_{-\infty} \mathrm{d}P$$

对每一 $A \in \mathscr{F}_{-\infty}$ 成立. 注意到对任何 $A \in \mathscr{F}$ 和 $k \in \mathbb{Z}_+$ 有

$$\left| \int_A X_{-k} \mathrm{d}P - \int_A X_{-\infty} \mathrm{d}P \right| \leqslant \int_A |X_{-k} - X_{-\infty}| \mathrm{d}P \leqslant \|X_{-k} - X_{-\infty}\|_1$$

所以由 (5.4.2) 式知对 $A \in \mathscr{F}$ 有

$$\lim_{k \to \infty} \int_A X_{-k} \mathrm{d}P = \int_A X_{-\infty} \mathrm{d}P$$

现在对 $n, m \in \mathbb{Z}_+$ 当 $n < m$ 时, 因为在概率空间 $(\Omega, \mathscr{F}_{-m}, P)$ 上 a.e. 有

$$E\left(X_{-n} | \mathscr{F}_{-m}\right) \geqslant X_{-m}$$

所以对每一 $A \in \mathscr{F}_{-m}$ 有

$$\int_A X_{-n} \mathrm{d}P \geqslant \int_A X_{-m} \mathrm{d}P$$

再由 $\mathscr{F}_{-\infty} \subset \mathscr{F}_{-m}$ 知对 $A \in \mathscr{F}_{-\infty}$ 有

$$\int_A X_{-n} \mathrm{d}P \geqslant \int_A X_{-m} \mathrm{d}P$$

对上式右边取极限即可得

$$\int_A X_{-n} \mathrm{d}P \geqslant \int_A X_{-\infty} \mathrm{d}P$$

定理 5.4.5 说明如果 $X = \{X_{-n} : n \in \mathbb{Z}_+\}$ 是一个逆时间的下鞅, 那么 $X_{-\infty} = \lim\limits_{n \to \infty} X_{-n}$ 在概率空间 $(\Omega, \mathscr{F}_{-\infty}, P)$ 上总是 a.e. 存在. 如果 $X$ 是一致可积的, 那么 $X_{-\infty}$ 是可积的.

**定理 5.4.6** 设 $(\Omega, \mathscr{F}, \{\mathscr{F}_{-n} : n \in \mathbb{Z}_+\}, P)$ 是一个域流空间, $\xi$ 是概率空间 $(\Omega, \mathscr{F}, P)$ 上的一个广义实值可积随机变量. 对 $n \in \mathbb{Z}_+$, 设 $X_{-n}$ 是 $E(\xi | \mathscr{F}_{-n})$ 的任意一个版本, $Y_{-\infty}$ 是 $E(\xi | \mathscr{F}_{-\infty})$ 的任意一个版本, 那么对一致可积的逆时间鞅 $X = \{X_{-n} : n \in \mathbb{Z}_+\}$ 有

$$\lim_{n \to \infty} X_{-n} = Y_{-\infty} \tag{5.4.4}$$

在概率空间 $(\Omega, \mathscr{F}_{-\infty}, P)$ 上 a.e. 成立, 而且

$$\lim_{n \to \infty} \|X_{-n} - Y_{-\infty}\|_1 = 0. \tag{5.4.5}$$

**证明** 由定理 4.4.21, 知 $X = \{X_{-n} : n \in \mathbb{Z}_+\}$ 是一个一致可积的逆时间鞅, 因此由定理 5.4.5 得存在一个 $\mathscr{F}_{-\infty}$ 可测的广义实值随机变量 $X_{-\infty}$ 使得

$$\lim_{n \to \infty} X_{-n} = X_{-\infty}$$

在概率空间 $(\Omega, \mathscr{F}_{-\infty}, P)$ 上 a.e. 成立, 且 $\lim\limits_{n \to \infty} \|X_{-n} - X_{-\infty}\|_1 = 0$. 因此为证明 (5.4.4) 式和 (5.4.5) 式, 只需证明在概率空间 $(\Omega, \mathscr{F}_{-\infty}, P)$ 上 a.e. 有 $Y_{-\infty} = X_{-\infty}$ 即可. 又因为 $Y_{-\infty}$ 和 $X_{-\infty}$ 都是 $\mathscr{F}_{-\infty}$ 可测的, 所以又只需证明

$$\int_A Y_{-\infty} \mathrm{d}P = \int_A X_{-\infty} \mathrm{d}P, \quad \text{对} \ A \in \mathscr{F}_{-\infty} \tag{5.4.6}$$

即可. 为此设 $A \in \mathscr{F}_{-\infty}$, 因 $\mathscr{F}_{-\infty} = \bigcap\limits_{n \in \mathbb{Z}_+} \mathscr{F}_{-n}$, 故对每一 $n \in \mathbb{Z}_+$ 有 $A \in \mathscr{F}_{-n}$, 从而由在概率空间 $(\Omega, \mathscr{F}_{-n}, P)$ 上 a.e. 有 $E(\xi | \mathscr{F}_{-n}) = X_{-n}$ 得

$$\int_A \xi \mathrm{d}P = \int_A X_{-n} \mathrm{d}P, \quad \text{对所有} \ n \in \mathbb{Z}_+ \tag{5.4.7}$$

成立. 再由 $Y_{-\infty}$ 是 $E(\xi|\mathscr{F}_{-\infty})$ 的任意一个版本, 可得

$$\int_A Y_{-\infty}\mathrm{d}P = \int_A \xi\mathrm{d}P, \text{对 } A \in \mathscr{F}_{-\infty} \tag{5.4.8}$$

而由 $\lim\limits_{n\to\infty}\|X_{-n} - X_{-\infty}\|_1 = 0$ 可得

$$\lim_{n\to\infty}\int_A X_{-n}\mathrm{d}P = \int_A X_{-\infty}\mathrm{d}P, \text{ 对 } A \in \mathscr{F}$$

因此, 在 (5.4.7) 式中令 $n \to \infty$, 有

$$\int_A \xi\mathrm{d}P = \int_A X_{-\infty}\mathrm{d}P, \text{ 对 } A \in \mathscr{F}_{-\infty} \tag{5.4.9}$$

最后, 由 (5.4.8) 式和 (5.4.9) 式即得 (5.4.6) 式.

定理 5.4.6 说明了如果一个逆时间的下鞅 $X = \{X_{-n} : n \in \mathbb{Z}_+\}$ 是一致可积的, 那么它有第一个元素 $X_{-\infty}$, 且当 $n \to \infty$ 时 $X = \{X_{-n} : n \in \mathbb{Z}_+\}$ 既几乎必然收敛于 $X_{-\infty}$ 又 $L_1$ 收敛于 $X_{-\infty}$, 下面的定理给出了逆时间的下鞅一致可积的一个充分条件.

**定理 5.4.7** 如果 $X = \{X_{-n} : n \in \mathbb{Z}_+\}$ 是域流空间 $(\Omega, \mathscr{F}, \{\mathscr{F}_{-n} : n \in \mathbb{Z}_+\}, P)$ 上的一个逆时间的下鞅, 满足条件

$$\inf_{n\in\mathbb{Z}_+} E(X_{-n}) > -\infty \tag{5.4.10}$$

那么 $X = \{X_{-n} : n \in \mathbb{Z}_+\}$ 是一致可积的. 类似地, 如果 $X = \{X_{-n} : n \in \mathbb{Z}_+\}$ 是域流空间 $(\Omega, \mathscr{F}, \{\mathscr{F}_{-n} : n \in \mathbb{Z}_+\}, P)$ 上的一个逆时间的上鞅, 满足条件

$$\sup_{n\in\mathbb{Z}_+} E(X_{-n}) < \infty \tag{5.4.11}$$

那么 $X = \{X_{-n} : n \in \mathbb{Z}_+\}$ 是一致可积的.

**证明** 设随机过程 $X = \{X_{-n} : n \in \mathbb{Z}_+\}$ 是满足 (5.4.10) 式的一个逆时间的下鞅, 为证明 $X$ 是一致可积的, 只需证明对每一 $\varepsilon > 0$, 存在 $\lambda > 0$ 使得

$$\int_{\{|X_{-n}|>\lambda\}} |X_{-n}|\mathrm{d}P < \varepsilon, \text{对所有 } n \in \mathbb{Z}_+ \tag{5.4.12}$$

现在因 $X$ 是逆时间的下鞅, 故当 $n \uparrow$ 时 $E(X_{-n}) \downarrow$, 而由 (5.4.10) 式知当 $-n \downarrow -\infty$ 时 $E(X_{-n}) \downarrow c \in \mathbb{R}$, 因此每一 $\varepsilon > 0$, 存在 $N \in \mathbb{Z}_+$ 使得 $E(X_{-N}) - c < \dfrac{\varepsilon}{2}$, 从而对所有 $n > N$ 有

$$E(X_{-N}) - E(X_{-n}) < \frac{\varepsilon}{2} \tag{5.4.13}$$

现对任意 $\lambda > 0$ 和 $n \in \mathbb{Z}_+$ 有

$$\int_{\{|X_{-n}|>\lambda\}} |X_{-n}|\,\mathrm{d}P = \int_{\{X_{-n}>\lambda\}} X_{-n}\,\mathrm{d}P - \int_{\{X_{-n}<-\lambda\}} X_{-n}\,\mathrm{d}P$$

$$= \int_{\{X_{-n}>\lambda\}} X_{-n}\,\mathrm{d}P + \int_{\{X_{-n}\geqslant-\lambda\}} X_{-n}\,\mathrm{d}P - \int_{\Omega} X_{-n}\,\mathrm{d}P$$

$$(5.4.14)$$

由 $X$ 是的下鞅性, 知对 $n > N$ 在 $(\Omega, \mathscr{F}_{-n}, P)$ 上 a.e. 有

$$E(X_{-N}|\mathscr{F}_{-n}) \geqslant X_{-n}$$

再因

$$\{X_{-n} > \lambda\}, \{X_{-n} \geqslant -\lambda\} \in \mathscr{F}_{-n}$$

故从 (5.4.14) 式和 (5.4.13) 式得对 $n > N$ 有

$$\int_{\{|X_{-n}|>\lambda\}} |X_{-n}|\,\mathrm{d}P \leqslant \int_{\{X_{-n}>\lambda\}} X_{-N}\,\mathrm{d}P + \int_{\{X_{-n}\geqslant-\lambda\}} X_{-N}\,\mathrm{d}P - \int_{\Omega} X_{-N}\,\mathrm{d}P + \frac{\varepsilon}{2}$$

$$= \int_{\{X_{-n}>\lambda\}} X_{-N}\,\mathrm{d}P - \int_{\{X_{-n}<-\lambda\}} X_{-N}\,\mathrm{d}P + \frac{\varepsilon}{2}$$

$$\leqslant \int_{\{X_{-n}>\lambda\}} |X_{-N}|\,\mathrm{d}P + \int_{\{X_{-n}<-\lambda\}} |X_{-N}|\,\mathrm{d}P + \frac{\varepsilon}{2}$$

$$= \int_{\{|X_{-n}|>\lambda\}} |X_{-N}|\,\mathrm{d}P + \frac{\varepsilon}{2} \tag{5.4.15}$$

因 $X_0, \cdots, X_{-N}$ 都可积, 故存在 $\delta > 0$ 使得对 $A \in \mathscr{F}$ 当 $P(A) < \delta$ 时有

$$\int_A |X_0|\,\mathrm{d}P, \cdots, \int_A |X_{-N}|\,\mathrm{d}P < \frac{\varepsilon}{2} \tag{5.4.16}$$

又因对每一 $n \in \mathbb{Z}_+$, $X_{-n} = 2X_{-n}^+ - X_{-n}^-$, 故对每一 $n \in \mathbb{Z}_+$ 有

$$P\{|X_{-n}| > \lambda\} \leqslant \frac{1}{\lambda} E(|X_{-n}|) = \frac{1}{\lambda}\left[2E(X_{-n}^+) - E(X_{-n}^-)\right]$$

再由 $X$ 是一个逆时间的下鞅, 故 $X^+$ 是一个逆时间的下鞅, 因此

$$E(X_{-n}^+) \leqslant E(X_0^+)$$

结合当 $-n \downarrow -\infty$ 时 $E(X_{-n}) \downarrow c \in \mathbb{R}$, 有

$$P\{|X_{-n}| > \lambda\} \leqslant \frac{1}{\lambda}\left[2E\left(X_0^+\right) - c\right], \text{ 对所有 } n \in \mathbb{Z}_+$$

因此存在足够大的 $\lambda > 0$ 使得

$$P\{|X_{-n}| > \lambda\} < \delta, \text{ 对所有 } n \in \mathbb{Z}_+$$

对这个 $\lambda$ 由 (5.4.16) 式和 (5.4.15) 式得

$$\int_{\{|X_{-n}| > \lambda\}} |X_{-n}| \, \mathrm{d}P < \varepsilon, \text{ 对所有 } n \in \mathbb{Z}_+$$

即 (5.4.12) 式成立, 这说明逆时间的下鞅是一致可积的.

如果 $X$ 是一个满足 (5.4.11) 式的逆时间的上鞅, 那么 $-X$ 是一个满足

$$\inf_{n \in \mathbb{Z}_+} E(-X_{-n}) > -\infty$$

的逆时间的下鞅, 因此由已证知 $-X$ 是一致可积的, 从而 $X$ 也是一致可积的. 证毕.

利用定理 5.4.7 和定理 5.4.5 可得如下推论.

**推论 5.4.8** 设 $X = \{X_t : t \in \mathbb{R}_+\}$ 是域流空间 $(\Omega, \mathscr{F}, \{\mathscr{F}_t : t \in \mathbb{R}_+\}, P)$ 上的一个下鞅或上鞅, $\{t_{-n} : n \in \mathbb{Z}_+\}$ 是 $\mathbb{R}_+$ 中的一个严格递减的序列, 满足 $t_{-n} \downarrow t_{-\infty} \in \mathbb{R}_+$. 如果令 $\mathscr{F}_{t_{-\infty}} = \bigcap\limits_{n \in \mathbb{Z}_+} \mathscr{F}_{-t_n}$, 那么 $X = \{X_{t_{-n}} : n \in \mathbb{Z}_+\}$ 是一致可积的, 且存在 $Y_{t_{-\infty}} \in L_1\left(\Omega, \mathscr{F}_{t_{-\infty}}, P\right)$ 使得

$$\lim_{n \to \infty} X_{t_{-n}} = Y_{t_{-\infty}} \tag{5.4.17}$$

在概率空间 $\left(\Omega, \mathscr{F}_{t_{-\infty}}, P\right)$ 上 a.e. 成立, 而且

$$\lim_{n \to \infty} \left\|X_{t_{-n}} - Y_{t_{-\infty}}\right\|_1 = 0 \tag{5.4.18}$$

**证明** 因为当 $n \uparrow$ 时 $t_{-n} \downarrow$, 所以按照 $X = \{X_t : t \in \mathbb{R}_+\}$ 是下鞅或上鞅 $\{X_{t_{-n}} : n \in \mathbb{Z}_+\}$ 相应的是关于域流 $\{\mathscr{F}_{t_{-n}} : n \in \mathbb{Z}_+\}$ 的逆时间的下鞅或上鞅.

现在如果 $X = \{X_t : t \in \mathbb{R}_+\}$ 是一个下鞅, 那么因为对 $n \in \mathbb{Z}_+$ 有 $t_{-n} \geqslant 0$, 所以

$$\inf_{n \in \mathbb{Z}_+} E(X_{-n}) \geqslant E(X_0) > -\infty$$

而如果 $X = \{X_t : t \in \mathbb{R}_+\}$ 是一个上鞅, 那么

$$\sup_{n \in \mathbb{Z}_+} E(X_{-n}) \leqslant E(X_0) < -\infty$$

因此由定理 5.4.7 知 $\{X_{t-n} : n \in \mathbb{Z}_+\}$ 是一致可积的, 从而定理 5.4.5 知存在 $Y_{t-\infty} \in L_1(\Omega, \mathscr{F}_{t-\infty}, P)$ 使得 $\{X_{t-n} : n \in \mathbb{Z}_+\}$ 既几乎必然也 $L_1$ 收敛到 $Y_{t-\infty}$.

### 5.4.3  无界停时的可选采样

根据 Doob 离散时间情形的有界停时可选样本定理, 如果 $X = \{X_n : n \in \mathbb{Z}_+\}$ 是域流空间 $(\Omega, \mathscr{F}, \{\mathscr{F}_n : n \in \mathbb{Z}_+\}, P)$ 上的一个下鞅, $\rho$ 和 $\tau$ 是该域流空间上的两个停时, 满足对某 $m \in \mathbb{Z}_+$ 有 $\rho \leqslant \tau \leqslant m$, 那么在概率空间 $(\Omega, \mathscr{F}_\rho, P)$ 上 a.e. 有 $E(X_\tau | \mathscr{F}_\rho) \geqslant X_\rho$; 如果 $X$ 是一个上鞅, 那么上述不等式的不等号反向; 如果 $X$ 是一个鞅, 那么上述不等式变成等式, 现在我们把这个结果推广到 $\mathbf{T} = \mathbb{R}_+$ 的情形.

**定理 5.4.9** (连续时间情形的有界停时可选样本定理)   设 $X = \{X_t : t \in \mathbb{R}_+\}$ 是右连续域流空间 $(\Omega, \mathscr{F}, \{\mathscr{F}_t : t \in \mathbb{R}_+\}, P)$ 上的一个右连续下鞅, $\rho$ 和 $\tau$ 是该域流空间上的两个有界停时, 满足在 $\Omega$ 上有 $\rho \leqslant \tau$, 那么 $X_\rho$ 和 $X_\tau$ 都是可积的, 而且在概率空间 $(\Omega, \mathscr{F}_\rho, P)$ 上 a.e. 有

$$E(X_\tau | \mathscr{F}_\rho) \geqslant X_\rho$$

如果 $X$ 是一个上鞅, 那么上面不等式不等号的方向反向; 如果 $X$ 是一个鞅, 那么上面不等式变为等式.

**证明**   设 $\rho$ 和 $\tau$ 是两个停时, 并且在 $\Omega$ 上对某个 $m \in \mathbb{N}$ 有 $\rho \leqslant \tau \leqslant m$, 则由定理 4.3.20 知, 存在关于域流 $\{\mathscr{F}_t : t \in \mathbb{R}_+\}$ 的两个停时序列 $\{\rho_n : n \in \mathbb{N}\}$ 和 $\{\tau_n : n \in \mathbb{N}\}$, 使得 $\rho_n$ 和 $\tau_n$ 都在 $\{k2^{-n} : k = 1, \cdots, m2^n\}$ 中取值, 且在 $\Omega$ 上对每一 $n \in \mathbb{N}$ 有 $\rho_n \leqslant \tau_n$, 而在 $\Omega$ 上当 $n \to \infty$ 时有 $\rho_n \downarrow \rho$ 和 $\tau_n \downarrow \tau$. 因 $\rho_n$ 和 $\tau_n$ 在 $\{k2^{-n} : k = 1, \cdots, m2^n\}$ 中取值, 故 $\rho_n$ 和 $\tau_n$ 也都是关于域流 $\{\mathscr{F}_{k2^{-n}} : k \in \mathbb{Z}_+\}$ 的停时, 从而对每一 $n \in \mathbb{N}$, 由定理 5.2.4 知在概率空间 $(\Omega, \mathscr{F}_{\rho_n}, P)$ 上 a.e. 有

$$E(X_{\tau_n} | \mathscr{F}_{\rho_n}) \geqslant X_{\rho_n}$$

所以对每一 $A \in \mathscr{F}_{\rho_n}$, 有

$$\int_A X_{\tau_n} \mathrm{d}P \geqslant \int_A X_{\rho_n} \mathrm{d}P \tag{5.4.19}$$

为证明在概率空间 $(\Omega, \mathscr{F}_\rho, P)$ 上 a.e. 有 $E(X_\tau | \mathscr{F}_\rho) \geqslant X_\rho$, 下面证明对每一 $A \in \mathscr{F}_\rho$, 有

$$\int_A X_\tau \mathrm{d}P \geqslant \int_A X_\rho \mathrm{d}P \tag{5.4.20}$$

因为在 $\Omega$ 上有 $\rho_n \downarrow \rho, \tau_n \downarrow \tau$, 而且 $X = \{X_t : t \in \mathbb{R}_+\}$ 右连续, 故在 $\Omega$ 上有

$$\lim_{n \to \infty} X_{\rho_n} = X_\rho \quad \text{和} \quad \lim_{n \to \infty} X_{\tau_n} = X_\tau$$

如果我们能证明 $\{X_{\tau_n} : n \in \mathbb{N}\}$ 和 $\{X_{\rho_n} : n \in \mathbb{N}\}$ 是一致可积的, 那么由定理 4.4.14 我们就有 $X_\tau \in L_1(\Omega, \mathscr{F}_\tau, P)$, $X_\rho \in L_1(\Omega, \mathscr{F}_\rho, P)$ 及

$$\lim_{n \to \infty} \|X_{\tau_n} - X_\tau\|_1 = 0, \quad \lim_{n \to \infty} \|X_{\rho_n} - X_\rho\|_1 = 0$$

从而对 $A \in \mathscr{F}_\rho$, 就有

$$\lim_{n \to \infty} \int_A X_{\rho_n} \mathrm{d}P = \int_A X_\rho \mathrm{d}P \quad \text{和} \quad \lim_{n \to \infty} \int_A X_{\tau_n} \mathrm{d}P = \int_A X_\tau \mathrm{d}P$$

所以由上面的两式和 (5.4.18) 式即可得要证的 $\displaystyle\int_A X_\tau \mathrm{d}P \geqslant \int_A X_\rho \mathrm{d}P$.

下面来证明 $\{X_{\tau_n} : n \in \mathbb{N}\}$ 和 $\{X_{\rho_n} : n \in \mathbb{N}\}$ 一致可积.

现在对每一 $n \in \mathbb{N}$, 因为 $\tau_n$ 是关于域流 $\{\mathscr{F}_{k2^{-n}} : k \in \mathbb{Z}_+\}$ 的一个停时, 而由定理 4.3.20 中 $\tau_n$ 的构造知 $\tau_{n-1}$ 的值域包含于 $\tau_n$ 的值域当中, 所以 $\tau_{n-1}$ 也是关于域流 $\{\mathscr{F}_{k2^{-n}} : k \in \mathbb{Z}_+\}$ 的一个停时, 又因 $\tau_n \leqslant \tau_{n-1}$, 故由定理 5.2.4 有 $E(X_{\tau_{n-1}} | \mathscr{F}_{\tau_n}) \geqslant X_{\tau_n}$. 而 $\tau_n \leqslant \tau_{n-1}$ 说明 $\mathscr{F}_{\tau_n} \subset \mathscr{F}_{\tau_{n-1}}$, 因而 $\{X_{\tau_n} : n \in \mathbb{N}\}$ 是关于域流 $\{\mathscr{F}_{\tau_n} : n \in \mathbb{N}\}$ 的逆时间的下鞅. 注意到从

$$E(X_{\tau_n} | \mathscr{F}_0) \geqslant X_0$$

在概率空间 $(\Omega, \mathscr{F}_0, P)$ 上 a.e. 成立, 可得 $E(X_{\tau_n}) \geqslant EX_0$, 因此

$$\inf_{n \in \mathbb{N}} E(X_{\tau_n}) \geqslant EX_0 > -\infty$$

从而通过对关于域流 $\{\mathscr{F}_{\tau_n} : n \in \mathbb{N}\}$ 的逆时间的下鞅 $\{X_{\tau_n} : n \in \mathbb{N}\}$ 利用定理 5.4.7 可得 $\{X_{\tau_n} : n \in \mathbb{N}\}$ 一致可积. $\{X_{\rho_n} : n \in \mathbb{N}\}$ 的一致可积性可类似证明.

定理 5.4.9 可被叙述为如下形式.

**定理 5.4.10** 设 $X = \{X_t : t \in \mathbb{R}_+\}$ 是右连续域流空间 $(\Omega, \mathscr{F}, \{\mathscr{F}_t : t \in \mathbb{R}_+\}, P)$ 上的一个右连续下鞅 (鞅, 或上鞅), $\{S_t : t \in \mathbb{R}_+\}$ 是该域流空间上的一个递增的有界停时族. 如果对 $t \in \mathbb{R}_+$, 令 $\mathscr{G}_t = \mathscr{F}_{S_t}$, $Y_t = X_{S_t}$, 那么随机过程 $Y = \{Y_t : t \in \mathbb{R}_+\}$ 是域流空间 $(\Omega, \mathscr{F}, \{\mathscr{G}_t : t \in \mathbb{R}_+\}, P)$ 上的一个下鞅 (鞅, 或上鞅).

设 $(\Omega, \mathscr{F}, \{\mathscr{F}_t : t \in \mathbf{T}\}, P)$ 是一个域流空间, $X = \{X_t : t \in \mathbf{T}\}$ 是该域流空间上的一个适应随机过程, $\tau$ 是该域流空间上的一个停时. 考虑停时过程 $X^\tau =$

$\{X_{\tau \wedge t} : t \in \mathbf{T}\}$, 其中对 $\omega \in \Omega$ 有 $X_{\tau \wedge t}(\omega) = X_{\tau \wedge t}(\tau \wedge t(\omega), \omega)$. 在定理 4.3.30 中, 我们证明了如果 $\mathbf{T} = \mathbb{Z}_+$, 那么停时过程 $X^\tau$ 是概率空间 $(\Omega, \mathscr{F}, P)$ 上的一个适应于域流 $\{\mathscr{F}_{\tau \wedge n} : n \in \mathbb{Z}_+\}$ 的随机过程; 而如果 $\mathbf{T} = \mathbb{R}_+$, 那么在域流 $\{\mathscr{F}_t : t \in \mathbb{R}_+\}$ 和适应过程 $X = \{X_t : t \in \mathbb{R}_+\}$ 都右连续的假设下, 停时过程 $X^\tau$ 是概率空间 $(\Omega, \mathscr{F}, P)$ 上的一个适应于右连续域流 $\{\mathscr{F}_{\tau \wedge t} : t \in \mathbb{R}_+\}$ 的右连续随机过程.

**定理 5.4.11**　设 $(\Omega, \mathscr{F}, \{\mathscr{F}_t : t \in \mathbf{T}\}, P)$ 是一个域流空间, $X = \{X_t : t \in \mathbf{T}\}$ 是该域流空间上的一个下鞅 (鞅, 或上鞅), $\tau$ 是该域流空间上的一个停时.

1) 如果 $\mathbf{T} = \mathbb{Z}_+$, 那么 $X^\tau$ 是关于域流 $\{\mathscr{F}_{\tau \wedge n} : n \in \mathbb{Z}_+\}$ 的下鞅 (鞅, 或上鞅), 也是关于域流 $\{\mathscr{F}_n : n \in \mathbb{Z}_+\}$ 的下鞅 (鞅, 或上鞅).

2) 如果 $\mathbf{T} = \mathbb{R}_+$, 那么在域流 $\{\mathscr{F}_t : t \in \mathbb{R}_+\}$ 和随机过程 $X = \{X_t : t \in \mathbf{T}\}$ 都右连续的假设下, $X^\tau$ 是关于域流 $\{\mathscr{F}_{\tau \wedge t} : t \in \mathbb{R}_+\}$ 的右连续的下鞅 (鞅, 或上鞅), 也是关于域流 $\{\mathscr{F}_t : t \in \mathbb{R}_+\}$ 的右连续的下鞅 (鞅, 或上鞅).

**证明**　显然只对下鞅证明即可. 由定理 4.3.30 知为证停时过程 $X^\tau$ 是关于域流 $\{\mathscr{F}_{\tau \wedge t} : t \in \mathbf{T}\}$ 和 $\{\mathscr{F}_t : t \in \mathbf{T}\}$ 的下鞅, 只需证明对每对 $s, t \in \mathbf{T}$, 当 $s < t$ 时, 有

$$E(X_{\tau \wedge t} | \mathscr{F}_{\tau \wedge s}) \geqslant X_{\tau \wedge s} \tag{5.4.21}$$

在概率空间 $(\Omega, \mathscr{F}_{\tau \wedge s}, P)$ 上 a.e. 成立, 和

$$E(X_{\tau \wedge t} | \mathscr{F}_s) \geqslant X_{\tau \wedge s} \tag{5.4.22}$$

在概率空间 $(\Omega, \mathscr{F}_s, P)$ 上 a.e. 成立. 而由离散时间情形的有界停时可选样本定理, 可知对 $\mathbf{T} = \mathbb{Z}_+$ 有 (5.4.21) 式成立; 而由连续时间情形的有界停时可选样本定理, 可知对 $\mathbf{T} = \mathbb{R}_+$ (5.4.21) 式也成立.

现证 (5.4.22) 式成立, 或者等价地证明对每一 $A \in \mathscr{F}_s$, 有

$$\int_A X_{\tau \wedge t} \mathrm{d}P \geqslant \int_A X_{\tau \wedge s} \mathrm{d}P \tag{5.4.23}$$

成立. 由 (5.4.21) 知对每一 $A_0 \in \mathscr{F}_{\tau \wedge s}$, 有

$$\int_{A_0} X_{\tau \wedge t} \mathrm{d}P \geqslant \int_{A_0} X_{\tau \wedge s} \mathrm{d}P \tag{5.4.24}$$

成立. 现对每一 $A \in \mathscr{F}_s$, 令 $A_1 = A \cap \{\tau > s\}$, $A_2 = A \cap \{\tau \leqslant s\}$. 因为 $\{\tau \leqslant s\} \in \mathscr{F}_s$, 所以 $A_1 \in \mathscr{F}_s, A_2 \in \mathscr{F}_s$. 对每一 $u \in \mathbf{T}$, 考察集合 $A_1 \cap \{\tau \wedge s \leqslant u\}$, 因为

$$A_1 \cap \{\tau \wedge s \leqslant u\} = A \cap \{\tau > s\}\{\tau \wedge s \leqslant u\}$$

所以如果 $u < s$, 那么 $A_1 \cap \{\tau \wedge s \leqslant u\} = \varnothing$, 因此 $A_1 \cap \{\tau \wedge s \leqslant u\}$ 在 $\mathscr{F}_u$ 中; 而如果 $u \geqslant s$, 那么 $A_1 \cap \{\tau \wedge s \leqslant u\} = A_1 \in \mathscr{F}_s \subset \mathscr{F}_u$. 因此 $A_1 \in \mathscr{F}_{\tau \wedge s}$, 从而由 (5.4.24) 式得

$$\int_{A_1} X_{\tau \wedge t} \mathrm{d}P \geqslant \int_{A_1} X_{\tau \wedge s} \mathrm{d}P \tag{5.4.25}$$

成立. 另 方面, 由于 $s < t$, 故在集合 $\{\tau \leqslant s\}$ 上有 $X_{\tau \wedge t} = X_\tau = X_{\tau \wedge s}$, 再由 $A_2$ 是 $\{\tau \leqslant s\}$ 的子集, 可得

$$\int_{A_2} X_{\tau \wedge t} \mathrm{d}P = \int_{A_2} X_{\tau \wedge s} \mathrm{d}P \tag{5.4.26}$$

成立. 将 (5.4.25) 式和 (5.4.26) 式相加即得 (5.4.23) 式.

利用类似于定理 5.4.11 的论证, 我们可有以下结论.

**定理 5.4.12**　设 $(\Omega, \mathscr{F}, \{\mathscr{F}_t : t \in \mathbf{T}\}, P)$ 是一个域流空间, 随机过程 $X = \{X_t : t \in \mathbf{T}\}$ 是该域流空间上的一个下鞅 (鞅, 或上鞅), $\rho, \tau$ 是该域流空间上的两个停时, 满足 $\rho \leqslant \tau$.

(1) 如果 $\mathbf{T} = \mathbb{Z}_+$, 那么对每一 $n \in \mathbb{Z}_+$, $\{X_{\rho \wedge n}, X_{\tau \wedge n}\}$ 是关于域流 $\{\mathscr{F}_\rho, \mathscr{F}_\tau\}$ 的一个二项下鞅 (鞅, 或上鞅);

(2) 如果 $\mathbf{T} = \mathbb{R}_+$, 那么在域流 $\{\mathscr{F}_t : t \in \mathbb{R}_+\}$ 和随机过程 $X = \{X_t : t \in \mathbb{R}_+\}$ 都右连续的假设下, 对每一 $t \in \mathbb{R}_+$, $\{X_{\rho \wedge t}, X_{\tau \wedge t}\}$ 是关于域流 $\{\mathscr{F}_\rho, \mathscr{F}_\tau\}$ 的一个二项下鞅 (鞅, 或上鞅).

**证明**　显然只对下鞅的情形证明即可.

由离散时间情形的有界停时可选样本定理, 可知对 $\mathbf{T} = \mathbb{Z}_+$, $\{X_{\rho \wedge n}, X_{\tau \wedge n}\}$ 是关于域流 $\{\mathscr{F}_{\rho \wedge n}, \mathscr{F}_{\tau \wedge n}\}$ 的一个下鞅; 而由连续时间情形的有界停时可选样本定理, 可知对 $\mathbf{T} = \mathbb{R}_+$, $\{X_{\rho \wedge t}, X_{\tau \wedge t}\}$ 是关于域流 $\{\mathscr{F}_{\rho \wedge t}, \mathscr{F}_{\tau \wedge t}\}$ 的一个下鞅, 即

$$E(X_{\tau \wedge t} \,|\, \mathscr{F}_{\rho \wedge t}) \geqslant X_{\rho \wedge t} \tag{5.4.27}$$

在概率空间 $(\Omega, \mathscr{F}_{\rho \wedge t}, P)$ 上 a.e. 成立.

因为 $X_{\rho \wedge t}$ 是 $\mathscr{F}_{\rho \wedge t}$ 可测的, 所以它是 $\mathscr{F}_\rho$ 可测的; 类似地 $X_{\tau \wedge t}$ 是 $\mathscr{F}_\tau$ 可测的. 因此为证明 $\{X_{\rho \wedge t}, X_{\tau \wedge t}\}$ 是关于域流 $\{\mathscr{F}_\rho, \mathscr{F}_\tau\}$ 的一个下鞅只需证明

$$E(X_{\tau \wedge t} \,|\, \mathscr{F}_\rho) \geqslant X_{\rho \wedge t}$$

在概率空间 $(\Omega, \mathscr{F}_\rho, P)$ 上 a.e. 成立, 或者等价地证明对每一 $A \in \mathscr{F}_\rho$, 有

$$\int_A X_{\tau \wedge t} \mathrm{d}P \geqslant \int_A X_{\rho \wedge t} \mathrm{d}P \tag{5.4.28}$$

成立.

注意到由 (5.4.27) 知对每一 $A_0 \in \mathscr{F}_{\rho \wedge t}$, 有

$$\int_{A_0} X_{\tau \wedge t} \mathrm{d}P \geqslant \int_{A_0} X_{\rho \wedge t} \mathrm{d}P \tag{5.4.29}$$

成立. 现对每一 $A \in \mathscr{F}_\rho$, 令

$$A_1 = A \cap \{\rho \leqslant t\}, \quad A_2 = A \cap \{\rho > t\}$$

而对每一 $u \in \mathbf{T}$, 考察集合 $A_1 \cap \{\rho \wedge t \leqslant u\}$, 因为

$$A_1 \cap \{\rho \wedge t \leqslant u\} = A \cap \{\rho \leqslant t\} \cap \{\rho \wedge t \leqslant u\}$$

所以如果 $u < t$, 那么 $A_1 \cap \{\rho \wedge t \leqslant u\} = \varnothing$, 因此 $A_1 \cap \{\rho \wedge t \leqslant u\}$ 在 $\mathscr{F}_u$ 中; 而如果 $u \geqslant t$, 那么 $\{\rho \wedge t \leqslant u\} = \Omega$, 从而

$$A_1 \cap \{\rho \wedge t \leqslant u\} = A \cap \{\rho \leqslant t\} \in \mathscr{F}_t$$

由 $A \in \mathscr{F}_\rho$, $t \leqslant u$, 因此 $A_1 \cap \{\rho \wedge t \leqslant u\} \in \mathscr{F}_u$. 因而对每一 $u \in \mathbf{T}$, $A_1 \cap \{\rho \wedge t \leqslant u\} \in \mathscr{F}_u$, 这说明 $A_1 \in \mathscr{F}_{\rho \wedge t}$, 故由 (5.4.29) 式得

$$\int_{A_1} X_{\tau \wedge t} \mathrm{d}P \geqslant \int_{A_1} X_{\rho \wedge t} \mathrm{d}P \tag{5.4.30}$$

另一方面, 在集合 $\{\rho > t\}$ 上, 由于 $\rho < \tau$, 故 $X_{\rho \wedge t} = X_t = X_{\tau \wedge t}$, 再由 $A_2$ 是 $\{\rho > t\}$ 的子集, 可得

$$\int_{A_2} X_{\tau \wedge t} \mathrm{d}P = \int_{A_2} X_{\rho \wedge t} \mathrm{d}P \tag{5.4.31}$$

成立. 将 (5.4.30) 式和 (5.4.31) 式相加即得 (5.4.28) 式.

为了给出关于无界停时的可选采样的结果, 我们需要以下结果定理.

**定理 5.4.13** 设 $(\Omega, \mathscr{F}, \{\mathscr{F}_n : n \in \mathbb{Z}_+\}, P)$ 是一个域流空间, $\xi$ 是概率空间 $(\Omega, \mathscr{F}, P)$ 上的一个广义实值可积随机变量. 对每一 $n \in \mathbb{Z}_+$, 取 $X_n$ 是 $E(\xi | \mathscr{F}_n)$ 的任意实值版本, 令 $X = \{X_n : n \in \mathbb{Z}_+\}$. 设 $\rho$ 和 $\tau$ 是域流空间上的两个停时, 并且在 $\Omega$ 上有 $\rho \leqslant \tau$. 对 $E(\xi | \mathscr{F}_\infty)$ 的任意版本 $Y_\infty$, 如果当 $\omega \in \{\rho = \infty\}$ 时, 令 $X_\rho(\omega) = Y_\infty(\omega)$; 而当 $\omega \in \{\tau = \infty\}$ 时, 令 $X_\tau(\omega) = Y_\infty(\omega)$, 那么在概率空间 $(\Omega, \mathscr{F}_\tau, P)$ 上 a.e. 有

$$E(\xi | \mathscr{F}_\tau) = X_\tau \tag{5.4.32}$$

从而, $X_\tau$ 和 $X_\rho$ 都是可积的, 且在概率空间 $(\Omega, \mathscr{F}_\rho, P)$ 上 a.e. 有

$$E(X_\tau | \mathscr{F}_\rho) = X_\rho \tag{5.4.33}$$

**引理 5.4.14** 设 $(\Omega, \mathscr{F}, \{\mathscr{F}_n : n \in \mathbb{Z}_+\}, P)$ 是一个域流空间, $X = \{X_n : n \in \mathbb{Z}_+\}$ 该域流空间上的一个非正下鞅, $\rho$ 和 $\tau$ 是该域流空间上的两个停时, 并且在 $\Omega$ 上有 $\rho \leqslant \tau$. 如果当 $\omega \in \{\rho = \infty\}$ 时, 令 $X_\rho(\omega) = 0$; 而当 $\omega \in \{\tau = \infty\}$ 时, 令 $X_\tau(\omega) = 0$, 那么 $X_\tau$ 和 $X_\rho$ 都是可积的, 且在 $(\Omega, \mathscr{F}_\rho, P)$ 上 a.e. 有

$$E(X_\tau | \mathscr{F}_\rho) \geqslant X_\rho$$

由此可得如下定理.

**定理 5.4.15** (离散时间情形的无界停时可选样本定理) 设 $X = \{X_n : n \in \mathbb{Z}_+\}$ 是域流空间 $(\Omega, \mathscr{F}, \{\mathscr{F}_n : n \in \mathbb{Z}_+\}, P)$ 上的一个下鞅 (鞅, 或上鞅), 且存在概率空间 $(\Omega, \mathscr{F}, P)$ 上的一个广义实值可积随机变量 $\xi$ 使得对每一 $n \in \mathbb{Z}_+$, 在概率空间 $(\Omega, \mathscr{F}_n, P)$ 上 a.e. 按照 $X$ 是下鞅 (鞅, 或上鞅) 相应有

$$E(\xi | \mathscr{F}_n) \geqslant, =, \text{ 或 } \leqslant X_n \tag{5.4.34}$$

设 $\rho$ 和 $\tau$ 是域流空间 $(\Omega, \mathscr{F}, \{\mathscr{F}_n : n \in \mathbb{Z}_+\}, P)$ 上的两个停时, 且在 $\Omega$ 上有 $\rho \leqslant \tau$. 设 $Y_\infty$ 是 $E(\xi | \mathscr{F}_\infty)$ 的任意实值版本. 如果当 $\omega \in \{\rho = \infty\}$ 时, 令 $X_\rho(\omega) = Y_\infty(\omega)$; 而当 $\omega \in \{\tau = \infty\}$ 时, 令 $X_\tau(\omega) = Y_\infty(\omega)$, 那么 $X_\rho$ 和 $X_\tau$ 都是可积的, 且按照 $X$ 是下鞅 (鞅, 或上鞅) 相应地有

$$E(\xi | \mathscr{F}_\tau) \geqslant, =, \text{ 或 } \leqslant X_\tau \tag{5.4.35}$$

在概率空间 $(\Omega, \mathscr{F}_\tau, P)$ 上 a.e. 成立, 和

$$E(X_\tau | \mathscr{F}_\rho) \geqslant, =, \text{ 或 } \leqslant X_\rho \tag{5.4.36}$$

在概率空间 $(\Omega, \mathscr{F}_\rho, P)$ 上 a.e. 成立.

**证明** 显然只对下鞅证明即可. 对每一 $n \in \mathbb{Z}_+$, 如果我们设 $Y_n$ 是 $E(\xi | \mathscr{F}_n)$ 的任意一个实值版本, 那么 $Y = \{Y_n : n \in \mathbb{Z}_+\}$ 是一个一致可积的鞅, 因此由定理 5.4.1 知在概率空间 $(\Omega, \mathscr{F}, P)$ 上存在一个 $\mathscr{F}_\infty$ 可测的广义实值可积随机变量 $Y_\infty$, 使得在概率空间 $(\Omega, \mathscr{F}_\infty, P)$ 上 a.e. 有 $\lim\limits_{n \to \infty} Y_n = Y_\infty$, 且 $\lim\limits_{n \to \infty} \|Y_n - Y_\infty\|_1 = 0$. 如果当 $\omega \in \{\rho = \infty\}$ 时, 令 $Y_\rho(\omega) = Y_\infty(\omega)$; 而当 $\omega \in \{\tau = \infty\}$ 时, 令 $Y_\tau(\omega) = Y_\infty(\omega)$, 那么由定理 5.4.13 知随机变量 $Y_\tau$ 和 $Y_\rho$ 都是可积的, 且有

$$E(\xi | \mathscr{F}_\tau) = Y_\tau \tag{5.4.37}$$

在概率空间 $(\Omega, \mathscr{F}_\tau, P)$ 上 a.e. 成立, 而在概率空间 $(\Omega, \mathscr{F}_\rho, P)$ 上 a.e. 有

$$E\left(Y_\tau \mid \mathscr{F}_\rho\right) = Y_\rho \tag{5.4.38}$$

令随机过程 $Z = X - Y$, 则因为 $X$ 是一个下鞅, $Y = \{Y_n : n \in \mathbb{Z}_+\}$ 是一个鞅, 所以 $Z$ 是一个下鞅, 并且因在概率空间 $(\Omega, \mathscr{F}_n, P)$ 上 a.e. 有

$$Z_n = X_n - Y_n = X_n - E\left(\xi \mid \mathscr{F}_n\right) \leqslant 0$$

故 $Z = \{Z_n : n \in \mathbb{Z}_+\}$ 是非正的. 如果当 $\omega \in \{\rho = \infty\}$ 时, 令 $Z_\rho(\omega) = 0$; 而当 $\omega \in \{\tau = \infty\}$ 时, 令 $Z_\tau(\omega) = 0$, 那么由引理 5.4.14 可知随机变量 $Z_\tau$ 和 $Z_\rho$ 都是可积的, 且有

$$E\left(0 \mid \mathscr{F}_\tau\right) \geqslant Z_\tau \tag{5.4.39}$$

在概率空间 $(\Omega, \mathscr{F}_\tau, P)$ 上 a.e. 成立, 而在 $(\Omega, \mathscr{F}_\rho, P)$ 上 a.e. 有

$$E\left(Z_\tau \mid \mathscr{F}_\rho\right) \geqslant Z_\rho \tag{5.4.40}$$

从而 $X_\tau = (Y + Z)_\tau = Y_\tau + Z_\tau$ 是可积的, 类似地可得 $X_\rho$ 也是可积的. 最后, 将 (5.4.37) 式和 (5.4.30) 式的两边相加可得 (5.4.35) 式, 而将 (5.4.38) 式和 (5.4.40) 式的两边相加可得 (5.4.36) 式.

利用定理 4.3.20 和定理 5.4.7 类似于定理 5.4.9 的证明, 我们可以将定理 5.4.15(离散时间情形的无界停时可选样本定理) 推广到右连续域流空间上的右连续下鞅 (鞅, 或上鞅) 的情形, 这就是下面的定理.

**定理 5.4.16** (连续时间情形的无界停时可选样本定理)　设 $X = \{X_t : t \in \mathbb{R}_+\}$ 是一个右连续域流空间 $(\Omega, \mathscr{F}, \{\mathscr{F}_t : t \in \mathbb{R}_+\}, P)$ 上的一个右连续下鞅 (鞅, 或上鞅), 且存在概率空间 $(\Omega, \mathscr{F}, P)$ 上的一个广义实值可积随机变量 $\xi$ 使得对每一 $t \in \mathbb{R}_+$, 在概率空间 $(\Omega, \mathscr{F}_t, P)$ 上 a.e. 按照 $X$ 是下鞅 (鞅, 或上鞅) 相应有

$$E\left(\xi \mid \mathscr{F}_t\right) \geqslant, =, \text{ 或 } \leqslant X_t \tag{5.4.41}$$

设 $\rho$ 和 $\tau$ 是域流空间 $(\Omega, \mathscr{F}, \{\mathscr{F}_t : t \in \mathbb{R}_+\}, P)$ 上的两个停时, 且在 $\Omega$ 上有 $\rho \leqslant \tau$. 设 $Y_\infty$ 是 $E\left(\xi \mid \mathscr{F}_\infty\right)$ 的任意实值版本. 如果当 $\omega \in \{\rho = \infty\}$ 时, 令 $X_\rho(\omega) = Y_\infty(\omega)$; 而当 $\omega \in \{\tau = \infty\}$ 时, 令 $X_\tau(\omega) = Y_\infty(\omega)$, 那么 $X_\rho$ 和 $X_\tau$ 都是可积的, 且按照 $X$ 是下鞅 (鞅, 或上鞅) 相应地有

$$E\left(\xi \mid \mathscr{F}_\tau\right) \geqslant, =, \text{ 或 } \leqslant X_\tau \tag{5.4.42}$$

在概率空间 $(\Omega, \mathscr{F}_\tau, P)$ 上 a.e. 成立, 和

$$E\left(X_\tau \mid \mathscr{F}_\rho\right) \geqslant, =, \text{ 或 } \leqslant X_\rho \tag{5.4.43}$$

在概率空间 $(\Omega, \mathscr{F}_\rho, P)$ 上 a.e. 成立.

### 5.4.4 停时随机变量族的一致可积性

如果域流空间 $(\Omega, \mathscr{F}, \{\mathscr{F}_t : t \in \mathbf{T}\}, P)$ 上的下鞅 $X = \{X_t : t \in \mathbf{T}\}$ 一致可积, $\mathbf{J}$ 是该域流空间上的所有有界停时的集合, 那么随机变量族 $\{X_\tau : \tau \in \mathbf{J}\}$ 是否也一致可积呢? 下面将证明当 $\mathbf{T} = \mathbb{Z}_+$ 时回答是肯定的, 为此, 先给出类 (D) 下鞅和类 (DL) 下鞅的定义.

**定义 5.4.17** 设 $\mathbf{J}$ 是域流空间 $(\Omega, \mathscr{F}, \{\mathscr{F}_t : t \in \mathbf{T}\}, P)$ 上的所有有界停时的集合. 对于每一 $a \in \mathbf{T}$, 令 $\mathbf{J}_a$ 为 $\mathbf{J}$ 中的所有以 $a$ 为界的停时的集合. 称域流空间上的一个下鞅 $X = \{X_t : t \in \mathbf{T}\}$ 是属于类 (D) 的, 如果 $\{X_\tau : \tau \in \mathbf{J}\}$ 一致可积; 称 $X = \{X_t : t \in \mathbf{T}\}$ 属于类 (DL), 如果对每一 $a \in \mathbf{T}$, 有 $\{X_\tau : \tau \in \mathbf{J}_a\}$ 一致可积.

利用定理 5.4.13 和定理 4.4.21 及定理 4.4.14 可得如下的定理 5.4.18.

**定理 5.4.18** 域流空间 $(\Omega, \mathscr{F}, \{\mathscr{F}_n : n \in \mathbb{Z}_+\}, P)$ 上的下鞅 $X = \{X_n : n \in \mathbb{Z}_+\}$ 属于类 (D) 当且仅当它是一致可积的.

**证明** 设 $\mathbf{J}$ 是域流空间 $(\Omega, \mathscr{F}, \{\mathscr{F}_n : n \in \mathbb{Z}_+\}, P)$ 上的所有有界停时的集合, 如果 $X = \{X_n : n \in \mathbb{Z}_+\}$ 属于类 (D), 那么根据类 (D) 下鞅的定义有 $\{X_\tau : \tau \in \mathbf{J}\}$ 一致可积, 现在因为对每一个 $n \in \mathbb{Z}_+$, 都有 $n \in \mathbf{J}$, 所以 $X = \{X_n : n \in \mathbb{Z}_+\}$ 是一致可积的.

反之, 如果 $X = \{X_n : n \in \mathbb{Z}_+\}$ 是一致可积的, 则根据定理 5.4.1 知存在概率空间 $(\Omega, \mathscr{F}, P)$ 上一个 $\mathscr{F}_\infty$ 可测的广义实值可积随机变量 $X_\infty$, 使得在概率空间 $(\Omega, \mathscr{F}_\infty, P)$ 上 a.e. 有 $\lim\limits_{t \to \infty} X_t = X_\infty$, $\lim\limits_{t \to \infty} \|X_t - X_\infty\|_1 = 0$, 且 $E(X_\infty | \mathscr{F}_n) \geqslant X_n$ 在概率空间 $(\Omega, \mathscr{F}_n, P)$ 上 a.e. 成立.

如果对每一 $n \in \mathbb{Z}_+$, 设 $Y_n$ 是 $E(X_\infty | \mathscr{F}_n)$ 的任意一个实值版本, 那么 $Y = \{Y_n : n \in \mathbb{Z}_+\}$ 是一个一致可积鞅, 因此由定理 5.4.1 知在概率空间 $(\Omega, \mathscr{F}, P)$ 上存在一个 $\mathscr{F}_\infty$ 可测的广义实值可积随机变量 $Y_\infty$, 使得在概率空间 $(\Omega, \mathscr{F}_\infty, P)$ 上 a.e. 有 $\lim\limits_{n \to \infty} Y_n = Y_\infty$, 且 $\lim\limits_{n \to \infty} \|Y_n - Y_\infty\|_1 = 0$.

如果我们通过令 $Z = X - Y$ 定义随机过程 $Z = \{Z_n : n \in \mathbb{Z}_+\}$, 则因为 $X$ 是一个下鞅, $Y = \{Y_n : n \in \mathbb{Z}_+\}$ 是一个鞅, 所以 $Z$ 是一个下鞅, 并且因对每一个 $n \in \mathbb{Z}_+$ 在概率空间 $(\Omega, \mathscr{F}_n, P)$ 上 a.e. 有

$$Z_n = X_n - Y_n = X_n - E(X_\infty | \mathscr{F}_n) \leqslant 0$$

故随机过程 $Z = \{Z_n : n \in \mathbb{Z}_+\}$ 是非正的. 注意到概率空间 $(\Omega, \mathscr{F}_\infty, P)$ 上 a.e. 有

$$\lim\limits_{n \to \infty} X_n = X_\infty = \lim\limits_{n \to \infty} Y_n$$

从而 $\lim\limits_{n \to \infty} Z_n = 0$ 在概率空间 $(\Omega, \mathscr{F}_\infty, P)$ 上 a.e. 成立.

再由 $X = Y + Z$ 可得, 对每一个 $\tau \in \mathbf{J}$ 有

$$X_\tau = (Y + Z)_\tau = Y_\tau + Z_\tau$$

因此为证明随机变量族 $\{X_\tau : \tau \in \mathbf{J}\}$ 一致可积, 我们只需证随机变量族 $\{Y_\tau : \tau \in \mathbf{J}\}$ 和 $\{Z_\tau : \tau \in \mathbf{J}\}$ 一致可积.

而由定理 5.4.13 知对每一 $\tau \in \mathbf{J}$, 在概率空间 $(\Omega, \mathscr{F}_\tau, P)$ 上 a.e. 有

$$E(X_\infty \,|\, \mathscr{F}_\tau) = Y_\tau$$

因此由定理 4.4.21 可得随机变量族 $\{Y_\tau : \tau \in \mathbf{J}\}$ 一致可积.

为证明 $\{Z_\tau : \tau \in \mathbf{J}\}$ 的一致可积性, 首先注意到在概率空间 $(\Omega, \mathscr{F}_\infty, P)$ 上 a.e. 有 $\lim\limits_{n\to\infty} Z_n = 0$, 而 $Z = X - Y$ 又一致可积, 因此由定理 4.1.14 有 $\lim\limits_{n\to\infty} \|Z_n\|_1 = 0$. 因此对任意 $\varepsilon > 0$, 存在 $k \in \mathbb{Z}_+$ 使得 $E(|Z_k|) < \varepsilon$.

对任意 $\tau \in \mathbf{J}$ 和 $\lambda > 0$, 有

$$\int_{\{|Z_\tau|>\lambda\}} |Z_\tau| \,\mathrm{d}P = \sum_{i=1}^{k} \int_{\{|Z_\tau|>\lambda\}\cap\{\tau=i\}} |Z_\tau| \,\mathrm{d}P + \int_{\{|Z_\tau|>\lambda\}\cap\{\tau>k\}} |Z_\tau| \,\mathrm{d}P$$

$$\leqslant \sum_{i=1}^{k} \int_{\{|Z_i|>\lambda\}} |Z_i| \,\mathrm{d}P + \int_{\{\tau>k\}} |Z_\tau| \,\mathrm{d}P \qquad (5.4.44)$$

对有限多个可积随机变量 $Z_i$, $i = 1, 2, \cdots, k$, 有

$$\lim_{\lambda\to\infty} \sum_{i=1}^{k} \int_{\{|Z_i|>\lambda\}} |Z_i| \,\mathrm{d}P = 0 \qquad (5.4.45)$$

对 $\Omega$ 上的停时 $k$ 和 $\tau \vee k$, 因 $k \leqslant \tau \vee k$, 故由定理 5.4.15 知

$$E(Z_{\tau\vee k} \,|\, \mathscr{F}_k) \geqslant Z_k$$

在概率空间 $(\Omega, \mathscr{F}_k, P)$ 上 a.e. 成立. 再由 $\{\tau > k\} = \{\tau \leqslant k\}^c \in \mathscr{F}_k$ 可得

$$\int_{\{\tau>k\}} Z_\tau \mathrm{d}P = \int_{\{\tau>k\}} Z_{\tau\vee k} \mathrm{d}P \geqslant \int_{\{\tau>k\}} Z_k \mathrm{d}P$$

因为随机过程 $Z$ 非正, 所以随机变量 $Z_\tau$ 非正, 因此由 $E(|Z_k|) < \varepsilon$ 可得

$$\int_{\{\tau>k\}} |Z_\tau| \,\mathrm{d}P \leqslant \int_{\{\tau>k\}} |Z_k| \,\mathrm{d}P < \varepsilon \qquad (5.4.46)$$

由 (5.4.44) 式, (5.4.45) 式和 (5.4.46) 式可得

$$\limsup_{\lambda \to \infty} \left\{ \sup_{\tau \in \mathbf{J}} \int_{\{|Z_\tau| > \lambda\}} |Z_\tau| \, \mathrm{d}P \right\} \leqslant \varepsilon$$

由 $\varepsilon$ 的任意性上面的上极限等于 0, 因此

$$\lim_{\lambda \to \infty} \sup_{\tau \in \mathbf{J}} \int_{\{|Z_\tau| > \lambda\}} |Z_\tau| \, \mathrm{d}P \leqslant \varepsilon$$

即 $\{Z_\tau : \tau \in \mathbf{J}\}$ 一致可积.

而对 $\mathbf{T} = \mathbb{R}_+$ 来说, 有反例说明一个一致可积右连续下鞅可能不属于类 (D), 但可以证明一致可积右连续鞅是属于类 (D) 的, 这就是如下定理.

**定理 5.4.19** 如果 $(\Omega, \mathscr{F}, \{\mathscr{F}_t : t \in \mathbb{R}_+\}, P)$ 是一个右连续域流空间, 那么其上的

(1) 每一右连续鞅属于类 (DL);

(2) 每一右连续非负下鞅属于类 (DL);

(3) 每一一致可积的右连续鞅属于类 (D).

**证明** (1) 如果 $X = \{X_t : t \in \mathbb{R}_+\}$ 是一个右连续鞅, 那么对每一 $a \in \mathbb{R}_+$, 由连续时间情形的有界停时可选样本定理知, 对每一 $\tau \in \mathbf{J}_a$ 有

$$E(X_a | \mathscr{F}_\tau) = X_\tau$$

在概率空间 $(\Omega, \mathscr{F}_\tau, P)$ 上 a.e. 成立, 因此由定理 4.4.21 知 $\{X_\tau : \tau \in \mathbf{J}_a\}$ 一致可积.

(2) 如果 $X = \{X_t : t \in \mathbb{R}_+\}$ 是一个右连续非负下鞅, 那么对每一 $a \in \mathbb{R}_+$, 由连续时间情形的有界停时可选样本定理知, 对每一 $\tau \in \mathbf{J}_a$ 有

$$E(X_a | \mathscr{F}_\tau) \geqslant X_\tau$$

在概率空间 $(\Omega, \mathscr{F}_\tau, P)$ 上 a.e. 成立. 因对每一 $\lambda > 0$, 有 $\{X_\tau > \lambda\} \in \mathscr{F}_\tau$, 故有

$$\int_{\{X_\tau > \lambda\}} X_a \mathrm{d}P \geqslant \int_{\{X_\tau > \lambda\}} X_\tau \mathrm{d}P \tag{5.4.47}$$

又因为 $\lambda P\{X_\tau > \lambda\} \leqslant E(X_\tau) \leqslant E(X_a)$, 所以对 $\tau \in \mathbf{J}_a$ 一致地有

$$\lim_{\lambda \to \infty} P\{X_\tau > \lambda\} = 0 \tag{5.4.48}$$

由 (5.4.47) 式和 (5.4.48) 式得

$$\lim_{\lambda \to \infty} \sup_{\tau \in \mathbf{J}_a} \int_{\{X_\tau > \lambda\}} X_\tau \mathrm{d}P \leqslant \lim_{\lambda \to \infty} \sup_{\tau \in \mathbf{J}_a} \int_{\{X_\tau > \lambda\}} X_a \mathrm{d}P = 0$$

因此 $\{X_\tau : \tau \in \mathbf{J}_a\}$ 是一致可积的, 故 $X = \{X_t : t \in \mathbb{R}_+\}$ 属于类 (DL).

(3) 如果 $X = \{X_t : t \in \mathbb{R}_+\}$ 是一个一致可积的右连续鞅, 那么由定理 5.4.1 知在概率空间 $(\Omega, \mathscr{F}, P)$ 上存在一个 $\mathscr{F}_\infty$ 可测的广义实值可积随机变量 $\xi$, 使得对每一 $t \in \mathbb{R}_+$ 有

$$E(\xi | \mathscr{F}_t) = X_t$$

在概率空间 $(\Omega, \mathscr{F}_t, P)$ 上 a.e. 成立, 因此由定理 5.4.16 知对每一 $\tau \in \mathbf{J}$ 有

$$E(\xi | \mathscr{F}_\tau) = X_\tau$$

在概率空间 $(\Omega, \mathscr{F}_\tau, P)$ 上 a.e. 成立, 从而由定理 4.4.21 知 $\{X_\tau : \tau \in \mathbf{J}\}$ 是一致可积的, 即 $X = \{X_t : t \in \mathbb{R}_+\}$ 属于类 (D).

**注释 5.4.20**   如果 $X = \{X_t : t \in \mathbb{R}_+\}$ 是右连续域流空间 $(\Omega, \mathscr{F}, \{\mathscr{F}_t : t \in \mathbb{R}_+\}, P)$ 上的一个右连续下鞅, 而且 $X$ 属于类 (D), 那么不仅 $\{X_\tau : \tau \in \mathbf{J}\}$ 一致可积而且 $\{X_\tau : \tau \in \mathbf{J}_\infty\}$ 也一致可积, 其中 $\mathbf{J}_\infty$ 是域流空间上的所有停时的集合, $\{X_\tau : \tau \in \mathbf{J}\}$ 中的 $X_\infty = \lim_{t \to \infty} X_t$.

## 5.5   下鞅样本函数的正则性

### 5.5.1   右连续下鞅的样本函数

下鞅的极大和极小不等式及上穿不等式说明了样本函数的某种正则性质, 而下面的定理 5.5.3 则表明了如果随机过程 $X = \{X_t : t \in \mathbb{R}_+\}$ 是域流空间 $(\Omega, \mathscr{F}, \{\mathscr{F}_t : t \in \mathbb{R}_+\}, P)$ 上的一个右连续下鞅, 那么在 $\mathbb{R}_+$ 的每一个有限区间上 $X$ 的几乎每一个样本函数都有界, 在 $\mathbb{R}_+$ 的每一点处有有限的左极限, 而且有至多可数多个不连续点.

利用连续情形的极大和极小不等式及上穿不等式可得如下结论.

**命题 5.5.1**   设 $(\Omega, \mathscr{F}, \{\mathscr{F}_t : t \in \mathbb{R}_+\}, P)$ 是一个域流空间, 随机过程 $X = \{X_t : t \in \mathbb{R}_+\}$ 是该域流空间上的一个下鞅, $\mathbb{Q}_+$ 是所有非负有理数的集合.

(1) 存在概率空间 $(\Omega, \mathscr{F}_\infty, P)$ 的一个零集 $\Lambda_\infty$, 使得如果 $\omega \in \Lambda_\infty^c$, 那么对每一 $\beta \in \mathbb{R}_+$, $X(\cdot, \omega)$ 都是 $[0, \beta) \cap \mathbb{Q}_+$ 上的一个有界函数.

(2) 存在概率空间 $(\Omega, \mathscr{F}_\infty, P)$ 的一个零集 $\Lambda$, $\Lambda \supset \Lambda_\infty$, 使得如果 $\omega \in \Lambda^c$, 那么对每一 $t \in \mathbb{R}_+$, 有 $\lim_{s \uparrow t, s \in \mathbb{Q}_+} X_s(\omega)$ 和 $\lim_{s \downarrow t, s \in \mathbb{Q}_+} X_s(\omega)$ 都在 $\mathbb{R}$ 中存在.

**证明**   (1) 对每一个 $n \in \mathbb{N}$, 设 $\mathbb{Q}_n = [0, n) \cap \mathbb{Q}_+$. 那么每一个 $n \in \mathbb{N}$ 和 $\lambda > 0$, 由定理 5.2.14 即连续情形的极大和极小不等式有

$$\lambda P\left(\sup_{t \in \mathbb{Q}_n} X_t > \lambda\right) \leqslant E(|X_n|)$$

和

$$\lambda P\left(\inf_{t\in\mathbb{Q}_n} X_n < -\lambda\right) \leqslant E\left(|X_n|\right) + E\left|X_0\right|$$

因为

$$\left\{\sup_{t\in\mathbb{Q}_n}|X_t| > \lambda\right\} - \left\{\sup_{t\in\mathbb{Q}_n} X_t > \lambda\right\} \cup \left\{\inf_{t\in\mathbb{Q}_n} X_n < -\lambda\right\}$$

所以

$$P\left(\sup_{t\in\mathbb{Q}_n}|X_t| > \lambda\right) \leqslant \frac{1}{\lambda}\left(2E\left(|X_n|\right) + E\left|X_0\right|\right)$$

因此

$$\lim_{\lambda\to\infty} P\left(\sup_{t\in\mathbb{Q}_n}|X_t| > \lambda\right) = 0 \tag{5.5.1}$$

对每一个 $n \in \mathbb{N}$, 设

$$\Lambda_n = \left\{\omega \in \Omega : X\left(\cdot,\omega\right) \text{ 在 } \mathbb{Q}_n \text{ 上无界}\right\} = \bigcap_{k\in\mathbb{N}}\left\{\sup_{t\in\mathbb{Q}_n}|X_t| > k\right\} \in \mathscr{F}_\infty$$

则对每一 $k \in \mathbb{N}$, 有

$$P\left(\Lambda_n\right) \leqslant P\left\{\sup_{t\in\mathbb{Q}_n}|X_t| > k\right\}$$

因此由 (5.5.1) 得 $P\left(\Lambda_n\right) = 0$. 再设 $\Lambda_\infty = \bigcup_{n\in\mathbb{N}}\Lambda_n$, 则 $\Lambda_\infty$ 是 $(\Omega, \mathscr{F}_\infty, P)$ 的一个零集. 如果 $\omega \in \Lambda_\infty^c$, 那么每一个 $n \in \mathbb{N}$, $\omega \in \Lambda_n^c$, 所以 $X\left(\cdot,\omega\right)$ 在 $\mathbb{Q}_n$ 上有界, 因此对每一 $\beta \in \mathbb{R}_+$, $X\left(\cdot,\omega\right)$ 在 $[0,\beta)\cap\mathbb{Q}_+$ 上有界.

(2) 设 $\mathbb{Q}$ 是所有有理数的集合, 而对 $n \in \mathbb{N}$ 和 $a,b \in \mathbb{Q}$, $a < b$, 设

$$A_{n,a,b} = \left\{\omega \in \Omega : \left(U_a^b\left(X, \mathbb{Q}_n\right)\right)\left(\omega\right) = \infty\right\} \in \mathscr{F}_\infty$$

则由定理 5.2.23 可得

$$E\left(U_a^b\left(X, \mathbb{Q}_n\right)\right) \leqslant \frac{1}{b-a} E\left[(X_n - a)^+ - (X_0 - a)^+\right] < \infty$$

所以在 $(\Omega, \mathscr{F}_\infty, P)$ 上 a.e. 有 $U_a^b\left(X, \mathbb{Q}_n\right)\left(\omega\right) < \infty$, 因此 $P\left(A_{n,a,b}\right) = 0$.

再设 $A = \bigcup_{n\in\mathbb{N}}\bigcup_{a,b\in\mathbb{Q}, a<b} A_{n,a,b}$, 则 $A$ 作为 $\mathscr{F}_\infty$ 中零集 $A_{n,a,b}$ 的可数并也是概率空间 $(\Omega, \mathscr{F}_\infty, P)$ 的一个零集.

现在证明如果 $\omega \in A^c$, 那么对所有 $t \in \mathbb{R}_+$, 有 $\lim\limits_{s \uparrow t, s \in \mathbb{Q}_+} X_s(\omega)$ 在 $\overline{\mathbb{R}}$ 中存在. 如若不然, 则存在某一 $t \in \mathbb{R}_+$ 使得 $\lim\limits_{s \uparrow t, s \in \mathbb{Q}_+} X_s(\omega)$ 在 $\overline{\mathbb{R}}$ 中不存在. 设 $n \in \mathbb{N}$ 满足 $t \leqslant n$, 那么 $\lim\limits_{s \uparrow t, s \in \mathbb{Q}_n} X_s(\omega)$ 在 $\overline{\mathbb{R}}$ 中不存在, 即我们有

$$\liminf_{s \uparrow t, s \in \mathbb{Q}_n} X_s(\omega) < \limsup_{s \uparrow t, s \in \mathbb{Q}_n} X_s(\omega)$$

因此存在 $a, b \in \mathbb{Q}$, $a < b$, 使得

$$\liminf_{s \uparrow t, s \in \mathbb{Q}_n} X_s(\omega) < a < b < \limsup_{s \uparrow t, s \in \mathbb{Q}_n} X_s(\omega)$$

从而存在 $\mathbb{Q}_n$ 中一个严格递增序列 $\{s_m : m \in \mathbb{N}\}$ 使得 $s_m \uparrow t$, 而对每一 $k \in \mathbb{N}$, 当 $m = 2k - 1$ 即 $m$ 为奇数时有 $X_m(\omega) < a$, 而当 $m = 2k$ 即 $m$ 为偶数时有 $X_m(\omega) > b$, 所以 $U_a^b(X, \mathbb{Q}_n)(\omega) = \infty$, 因此

$$\omega \in A_{n,a,b} \subset A$$

而这与 $\omega \in A^c$ 的假定矛盾. 这说明如果 $\omega \in A^c$, 则对每一 $t \in \mathbb{R}_+$, 有

$$\lim_{s \uparrow t, s \in \mathbb{Q}_+} X_s(\omega)$$

在 $\overline{\mathbb{R}}$ 中存在.

再考虑概率空间 $(\Omega, \mathscr{F}_\infty, P)$ 上的零集 $\Lambda = A \cup \Lambda_\infty$. 对 $\omega \in \Lambda^c$, 有 $\omega \in \Lambda_\infty^c$. 因此对每一 $\beta \in \mathbb{R}_+$, $X(\cdot, \omega)$ 都是 $[0, \beta) \cap \mathbb{Q}_+$ 上的一个有界函数, 这蕴含对每一 $t \in \mathbb{R}_+$, 有 $\lim\limits_{s \uparrow t, s \in \mathbb{Q}_+} X_s(\omega)$ 在 $\mathbb{R}$ 中存在.

我们可以类似地证明存在概率空间 $(\Omega, \mathscr{F}_\infty, P)$ 的一个零集 $\Lambda$, $\Lambda \supset \Lambda_\infty$, 使得如果 $\omega \in \Lambda^c$, 那么对每一 $t \in \mathbb{R}_+$, 有 $\lim\limits_{s \downarrow t, s \in \mathbb{Q}_+} X_s(\omega)$ 都在 $\mathbb{R}$ 中存在.

**引理 5.5.2** 设 $f$ 是 $\mathbb{R}$ 上的实值函数, 满足对每一 $t \in \mathbb{R}$, 有

$$f(t-) = \lim_{s \uparrow t} f(s) \quad \text{和} \quad f(t+) = \lim_{s \downarrow t} f(s)$$

在 $\mathbb{R}$ 中存在. 如果设

$$A = \{t \in \mathbb{R} : f(t-) \neq f(t+)\}$$

再对每一 $k \in \mathbb{N}$, 设

$$A_k = \left\{ t \in \mathbb{R} : |f(t-) - f(t+)| \geqslant \frac{1}{k} \right\}$$

那么 $A$ 是一个可数集, 而对 $\mathbb{R}$ 的每个有限区间 $[a,b]$, 有 $A_k \cap [a,b]$ 是一个有限点集. 特别地, 如果 $f$ 是一个右连续且在 $\mathbb{R}$ 的每一点都有有限左极限的实值函数, 那么 $f$ 至多有可数多个不连续点.

**定理 5.5.3** 如果 $(\Omega, \mathscr{F}, \{\mathscr{F}_t : t \in \mathbb{R}_+\}, P)$ 是一个域流空间, $X = \{X_t : t \in \mathbb{R}_+\}$ 是该域流空间上的一个右连续下鞅, 那么存在概率空间 $(\Omega, \mathscr{F}_\infty, P)$ 的一个零集 $\Lambda$, 使得对每一 $\omega \in \Lambda^c$, 样本函数 $X(\cdot, \omega)$ 在 $\mathbb{R}_+$ 的每一个有限区间上都是有界的; 在 $\mathbb{R}_+$ 的每一点处有有限的左极限, 且有至多可数多个不连续点.

**证明** 设 $\Lambda$ 是命题 5.5.1 中所说的概率空间 $(\Omega, \mathscr{F}_\infty, P)$ 上的零集, 而 $\omega \in \Lambda^c$.

(1) 为证明 $X(\cdot, \omega)$ 在 $\mathbb{R}_+$ 的任意一个有限区间上都是有界的, 设 $\beta \in \mathbb{R}_+$. 因为由命题 5.5.1 知 $X(\cdot, \omega)$ 在 $[0, \beta) \cap \mathbb{Q}_+$ 上有界, 所以存在 $K > 0$ 使得对每一 $r \in [0, \beta) \cap \mathbb{Q}_+$ 有 $|X(r, \omega)| \leqslant K$. 现在设 $t \in [0, \beta)$, 那么存在 $[0, \beta) \cap \mathbb{Q}_+$ 中的一个序列 $\{r_n : n \in \mathbb{N}\}$ 使得 $r_n \downarrow t$. 再由 $X(\cdot, \omega)$ 右连续, 可得 $X(t, \omega) = \lim\limits_{n \to \infty} X(r_n, \omega)$, 因此 $|X(t, \omega)| \leqslant K$, 即 $X(\cdot, \omega)$ 在 $[0, \beta)$ 上有界.

(2) 为证明对每一 $t_0 \in (0, \infty)$, $\lim\limits_{t \uparrow t_0} X(t, \omega)$ 在 $\mathbb{R}$ 中存在, 用反证法: 假设其不存在, 即对某 $t_0 \in (0, \infty)$, $\lim\limits_{t \uparrow t_0} X(t, \omega)$ 在 $\mathbb{R}$ 中不存在, 那么因 $X(\cdot, \omega)$ 在每一有限区间上有界, 故 $\lim\limits_{t \uparrow t_0} X(t, \omega)$ 在 $\bar{\mathbb{R}}$ 中也不存在. 因此存在 $a, b \in \mathbb{R}$, $a < b$, 使得

$$\liminf_{t \uparrow t_0} X(t, \omega) < a < b < \limsup_{t \uparrow t_0} X(t, \omega)$$

从而我们可以选择一个严格递增的序列 $\{t_n : n \in \mathbb{N}\}$ 使得 $t_n \uparrow t_0$, 并且对于奇数 $n$, 有 $X(t_n, \omega) < a$; 而对于偶数 $n$, 有 $X(t_n, \omega) > b$. 由 $X(\cdot, \omega)$ 右连续知, 存在一个有理数 $s_n \in (t_n, t_{n+1})$ 使得对于奇数 $n$, 有 $X(s_n, \omega) < a$; 而对于偶数 $n$, 有 $X(s_n, \omega) > b$. 因而 $\{s_n : n \in \mathbb{N}\}$ 是一个有理数的严格递增序列, 满足 $s_n \uparrow t_0$, 而 $\lim\limits_{n \to \infty} X(s_n, \omega)$ 不存在. 但是根据命题 5.5.1 有 $\lim\limits_{s \uparrow t, s \in \mathbb{Q}_+} X_s(\omega)$ 在 $\mathbb{R}$ 中存在, 从而产生了矛盾. 因此对每一 $t_0 \in (0, \infty)$, $\lim\limits_{t \uparrow t_0} X(t, \omega)$ 在 $\mathbb{R}$ 中存在.

(3) 利用引理 5.5.2 可知由 $X(\cdot, \omega)$ 取实值、右连续、在 $\mathbb{R}_+$ 的每一点都有有限的左极限可得 $X(\cdot, \omega)$ 有至多可数多个的不连续点.

根据定理 5.5.3, 一个右连续下鞅的几乎每一个样本函数在每一个有限区间上都是有界的, 但不是任意一个实值右连续函数都有这个性质.

例如, 设 $t_0 = 0$, 对每一 $k \in \mathbb{N}$, 令 $t_k = \sum\limits_{j=1}^{k} 2^{-j}$, 并以此将区间 $[0, 1)$ 拆分成子区间 $I_k = [t_{k-1}, t_k)$, $k \in \mathbb{N}$.

对 $k \in \mathbb{N}$, 当 $x \in I_k$ 时, 通过令

$$f(x) = k$$

来在区间 $[0,1)$ 上定义函数 $f(x)$, 则 $f(x)$ 就是 $[0,1)$ 上的右连续但无界的函数.

现在以 **1** 为周期, 将上面只在 $[0,1)$ 上有定义的函数 $f(x)$ 扩充到整个实数轴 $\mathbb{R}$ 上, 仍记为 $f(x)$, 则 $f(x)$ 就是 $\mathbb{R}$ 上的右连续但在包含整数的任何有限区间上都无界的函数.

### 5.5.2　下鞅的右连续修正

当 $X = \{X_t : t \in \mathbb{R}_+\}$ 是域流空间 $(\Omega, \mathscr{F}, \{\mathscr{F}_t : t \in \mathbb{R}_+\}, P)$ 上的一个下鞅时, 我们对 $X$ 的右连续修正 $Y$ 的存在性感兴趣, 为此给出如下的定义.

**定义 5.5.4**　设 $X = \{X_t : t \in \mathbb{R}_+\}$ 是域流空间 $(\Omega, \mathscr{F}, \{\mathscr{F}_t : t \in \mathbb{R}_+\}, P)$ 上的一个下鞅, 如果存在该域流空间上的一个右连续的下鞅 $X^{(r)} = \left\{X_t^{(r)} : t \in \mathbb{R}_+\right\}$, 使得对每一 $t \in \mathbb{R}_+$ 有 $X_t^{(r)} = X_t$ 在概率空间 $(\Omega, \mathscr{F}_t, P)$ 上 a.e. 成立, 那么称 $X^{(r)}$ 为 $X$ 的一个右连续修正.

下面将证明如果域流 $\{\mathscr{F}_t : t \in \mathbb{R}_+\}$ 右连续, 且 $\mathscr{F}_0$ 包含概率空间 $(\Omega, \mathscr{F}, P)$ 的所有零概率集, 那么下鞅 $X = \{X_t : t \in \mathbb{R}_+\}$ 的样本函数 $E(X_t)\,(t \in \mathbb{R}_+)$ 的右连续性蕴含 $X$ 的右连续修正的存在性.

**命题 5.5.5**　如果 $X = \{X_t : t \in \mathbb{R}_+\}$ 是右连续域流空间 $(\Omega, \mathscr{F}, \{\mathscr{F}_t : t \in \mathbb{R}_+\}, P)$ 上的一个右连续下鞅, 那么函数 $E(X_t)$ 右连续, 其中 $t \in \mathbb{R}_+$.

**证明**　对任意固定的 $t \in \mathbb{R}_+$, 如果设 $\{t_{-n} : n \in \mathbb{Z}_+\}$ 是 $\mathbb{R}_+$ 中的一个严格递减序列, 且满足 $n \to \infty$ 时有 $t_{-n} \downarrow t$, 那么随机过程 $\{X_{t_{-n}} : n \in \mathbb{Z}_+\}$ 是关于域流 $\{\mathscr{F}_{t_{-n}} : n \in \mathbb{Z}_+\}$ 的一个逆时间下鞅. 因此由推论 5.4.8 知, 存在随机变量 $Y_{t_{-\infty}} \in L_1\left(\Omega, \mathscr{F}_{t_{-\infty}}, P\right)$, 其中 $\mathscr{F}_{t_{-\infty}} = \bigcap\limits_{n \in \mathbb{Z}_+} \mathscr{F}_{t_{-n}}$, 使得在概率空间 $(\Omega, \mathscr{F}_{t_{-\infty}}, P)$ 上 a.e. 有

$$\lim_{n \to \infty} X_{t_{-n}} = Y_{t_{-\infty}}$$

和

$$\lim_{n \to \infty} \left\| X_{t_{-n}} - Y_{t_{-\infty}} \right\|_1 = 0$$

现在由域流的右连续性可知 $\mathscr{F}_{t_{-\infty}} = \mathscr{F}_t$, 而由 $X$ 的右连续性可得在概率空间 $(\Omega, \mathscr{F}_t, P)$ 上 a.e. 有

$$X_t = \lim_{n \to \infty} X_{t_{-n}} = Y_{t_{-\infty}}$$

因此, 有 $\lim\limits_{n\to\infty}\left\|X_{t_{-n}}-X_t\right\|_1=0$, 这说明 $\lim\limits_{n\to\infty}E\left(X_{t_{-n}}\right)=E\left(X_t\right)$. 再由序列 $\{t_{-n}:n\in\mathbb{Z}_+\}$ 的任意性, 得函数 $E\left(X_t\right)$ 在 $\mathbb{R}_+$ 上右连续.

**定义 5.5.6** 称概率空间 $(\Omega,\mathscr{F},P)$ 上的域流 $\{\mathscr{F}_t:t\in\mathbb{R}_+\}$ 是增广的, 如果 $\mathscr{F}_0$ 包含概率空间 $(\Omega,\mathscr{F},P)$ 的所有零概率集. 称域流空间 $(\Omega,\mathscr{F},\{\mathscr{F}_t:t\in\mathbb{R}_+\},P)$ 是增广的, 如果域流 $\{\mathscr{F}_t:t\in\mathbb{R}_+\}$ 是增广的.

称概率空间 $(\Omega,\mathscr{F},P)$ 上的域流 $\{\mathscr{F}_t:t\in\mathbb{R}_+\}$ 是满足通常条件的域流, 如果它既是右连续的又是增广的, 此时也称域流空间 $(\Omega,\mathscr{F},\{\mathscr{F}_t:t\in\mathbb{R}_+\},P)$ 是满足通常条件的域流空间.

**定理 5.5.7** 设域流空间 $(\Omega,\mathscr{F},\{\mathscr{F}_t:t\in\mathbb{R}_+\},P)$ 满足通常条件, $X=\{X_t:t\in\mathbb{R}_+\}$ 是该域流空间上的一个下鞅. 如果函数 $EX_t$ 是 $\mathbb{R}_+$ 上的一个右连续函数, 那么 $X$ 有一个右连续的修正 $X^{(r)}=\left\{X_t^{(r)}:t\in\mathbb{R}_+\right\}$.

定理 5.5.7 的证明需要三个预备命题.

**命题 5.5.8** 设 $X=\{X_t:t\in\mathbb{R}_+\}$ 是域流空间 $(\Omega,\mathscr{F},\{\mathscr{F}_t:t\in\mathbb{R}_+\},P)$ 上的一个下鞅, $\mathbb{Q}_+$ 是所有非负有理数的集合, $\Lambda$ 是命题 5.5.1 中所说的概率空间 $(\Omega,\mathscr{F}_\infty,P)$ 的一个零集, 即当 $\omega\in\Lambda^c$ 时, 对每一 $t\in\mathbb{R}_+$, 有 $\lim\limits_{s\uparrow t,s\in\mathbb{Q}_+}X_s(\omega)$ 和 $\lim\limits_{s\downarrow t,s\in\mathbb{Q}_+}X_s(\omega)$ 都在 $\mathbb{R}$ 中存在.

对每一 $t\in\mathbb{R}_+$, 令

$$
\begin{cases}
X_t^{(r)}=\lim\limits_{s\downarrow t,s\in\mathbb{Q}_+}X_s(\omega), & \omega\in\Lambda^c,\\
X_t^{(l)}=\lim\limits_{s\uparrow t,s\in\mathbb{Q}_+}X_s(\omega), & \omega\in\Lambda^c,\\
X_t^{(r)}=X_t^{(l)}=0, & \omega\in\Lambda
\end{cases}
$$

以此定义随机过程

$$
X^{(r)}=\left\{X_t^{(r)}:t\in\mathbb{R}_+\right\}\quad\text{和}\quad X^{(l)}=\left\{X_t^{(l)}:t\in\mathbb{R}_+\right\}
$$

则 $X^{(r)}$ 是 $\mathbb{R}_+$ 上的右连续且具有有限左极限的过程, $X^{(l)}$ 是 $\mathbb{R}_+$ 上的左连续且具有有限右极限的过程, 而在 $\mathbb{R}_+$ 的每一个有限区间上 $X^{(r)}$ 和 $X^{(l)}$ 的每一个样本函数都有界, $X^{(r)}$ 还是一个可积过程.

**证明** 要证明在 $\mathbb{R}_+$ 上 $X^{(r)}$ 的左极限的存在性, 只需证明对 $\omega\in\Lambda^c$ 在 $\mathbb{R}_+$ 上 $X^{(r)}(\cdot,\omega)$ 存在有限左极限.

设 $t_0\in\mathbb{R}_+$, 要证明 $\lim\limits_{t\uparrow t_0}X^{(r)}(t,\omega)$ 在 $\mathbb{R}$ 中存在, 又只需证明对每一 $\varepsilon>0$, 存在 $\delta>0$, 使得对 $t',t''\in(t_0-\delta,t_0)\cap\mathbb{R}_+$ 有

$$
\left|X^{(r)}\left(t',\omega\right)-X^{(r)}\left(t'',\omega\right)\right|<\varepsilon
$$

现在因为 $X^{(l)}(t_0, \omega) = \lim\limits_{s\uparrow t_0, s\in\mathbb{Q}_+} X(s, \omega) \in \mathbb{R}$, 所以对每一 $\varepsilon > 0$, 存在 $\delta > 0$, 使得对 $s \in (t_0 - \delta, t_0) \cap \mathbb{Q}_+$ 有

$$\left| X(s, \omega) - X^{(l)}(t_0, \omega) \right| < \frac{\varepsilon}{2}$$

设 $t', t'' \in (t_0 - \delta, t_0) \cap \mathbb{R}_+$, 设数列 $s_n', s_n'' \in (t_0 - \delta, t_0) \cap \mathbb{Q}_+$ 满足当 $n \to \infty$ 时 $s_n' \downarrow t', s_n'' \downarrow t''$, 则由 $X^{(r)}$ 的定义有

$$\left| X^{(r)}(t', \omega) - X^{(r)}(t'', \omega) \right| = \left| \lim_{n\to\infty} X(s_n', \omega) - \lim_{n\to\infty} X(s_n'', \omega) \right|$$

$$= \lim_{n\to\infty} \left| X(s_n', \omega) - X(s_n'', \omega) \right|$$

$$\leqslant \limsup_{n\to\infty} \left| X(s_n', \omega) - X^{(l)}(t_0, \omega) \right| + \left| X(s_n'', \omega) - X^{(l)}(t_0, \omega) \right|$$

$$\leqslant \frac{\varepsilon}{2} + \frac{\varepsilon}{2} = \varepsilon$$

这表明 $X^{(r)}$ 存在有限左极限. $X^{(l)}$ 的有限右极限的存在性及 $X^{(r)}$ 右连续, $X^{(l)}$ 左连续可类似地证明.

由 $X^{(r)}$ 的定义及命题 5.5.1 可知, $X^{(r)}$ 在 $\mathbb{R}_+$ 的每一个有限区间上有界. 类似地, $X^{(l)}$ 在 $\mathbb{R}_+$ 的每一个有限区间上也有界.

为证明对每一 $t \in \mathbb{R}_+$, $X_t^{(r)}$ 可积, 设数列 $s_n \in \mathbb{Q}_+$ 满足当 $n \to \infty$ 时 $s_n \downarrow t$, 则在 $(\Omega, \mathscr{F}, P)$ 上 a.e. 有 $\lim\limits_{n\to\infty} X_{s_n} = X_t^{(r)}$, 因此由推论 5.4.8 知 $X_t^{(r)}$ 是可积的.

**命题 5.5.9**　在命题 5.5.8 同样的假设条件下, 如果域流空间 $(\Omega, \mathscr{F}, \{\mathscr{F}_t : t \in \mathbb{R}_+\}, P)$ 是增广的, 对每一 $t \in \mathbb{R}_+$, 令

$$\mathscr{F}_t^{(r)} = \bigcap_{s>t, s\in\mathbb{Q}_+} \mathscr{F}_s, \quad \mathscr{F}_t^{(l)} = \bigvee_{s<t, s\in\mathbb{Q}_+} \mathscr{F}_s = \sigma\left( \bigcup_{s<t, s\in\mathbb{Q}_+} \mathscr{F}_s \right)$$

以此定义概率空间 $(\Omega, \mathscr{F}, P)$ 上的域流 $\left\{\mathscr{F}_t^{(r)} : t \in \mathbb{R}_+\right\}$ 和 $\left\{\mathscr{F}_t^{(l)} : t \in \mathbb{R}_+\right\}$, 那么

(1) $X^{(r)}$ 是关于域流 $\left\{\mathscr{F}_t^{(r)} : t \in \mathbb{R}_+\right\}$ 适应的随机过程, $X^{(l)}$ 是关于域流 $\left\{\mathscr{F}_t^{(l)} : t \in \mathbb{R}_+\right\}$ 适应的随机过程.

(2) 对每一 $t \in \mathbb{R}_+$, 在概率空间 $(\Omega, \mathscr{F}_t, P)$ 上 a.e. 有

$$E\left( X_t^{(r)} \middle| \mathscr{F}_t \right) \geqslant X_t \tag{5.5.2}$$

在概率空间 $\left(\Omega, \mathscr{F}_t^{(l)}, P\right)$ 上 a.e. 有

$$E\left(X_t \middle| \mathscr{F}_t^{(l)}\right) \geqslant X_t^{(l)} \tag{5.5.3}$$

(3) $X^{(r)}$ 是一个关于域流 $\left\{\mathscr{F}_t^{(r)} : t \in \mathbb{R}_+\right\}$ 的下鞅. 如果 $X$ 是一个鞅, 那么 $X^{(\cdot)}$ 也是一个鞅.

**证明** 对 $s \in \mathbb{Q}_+$, 考察概率空间 $(\Omega, \mathscr{F}, P)$ 上的随机变量

$$Y_s(\omega) = \begin{cases} X_s(\omega), & \omega \in \Lambda^c, \\ 0, & \omega \in \Lambda \end{cases}$$

因为 $\mathscr{F}_0$ 包含概率空间 $(\Omega, \mathscr{F}, P)$ 上的所有的零概率集, 所以 $\Lambda \in \mathscr{F}_0 \subset \mathscr{F}_t$, 因此由 $X_s$ 关于 $\mathscr{F}_s$ 可测可得 $Y_s$ 关于 $\mathscr{F}_s$ 可测.

既然对每一 $s \in \mathbb{Q}_+$, $Y_s$ 都是 $\mathscr{F}_s$ 可测的, 那么对每一 $s \in \mathbb{Q}_+$, $s > t$, $\lim\limits_{s \downarrow t, s \in \mathbb{Q}_+} Y_s$ 都是 $\mathscr{F}_s$ 可测的, 因此 $\lim\limits_{s \downarrow t, s \in \mathbb{Q}_+} Y_s$ 都是 $\mathscr{F}_t$ 可测的. 从而由 $X_t^{(r)}$ 和 $Y_s$ 的定义得

$$X_t^{(r)} = \lim_{s \downarrow t, s \in \mathbb{Q}_+} Y_s$$

故 $X_t^{(r)}$ 是 $\mathscr{F}_t$ 可测的, 这说明 $X^{(r)}$ 是一个关于 $\left\{\mathscr{F}_t^{(r)} : t \in \mathbb{R}_+\right\}$ 适应的随机过程.

同理 $X^{(l)}$ 是一个关于 $\left\{\mathscr{F}_t^{(l)} : t \in \mathbb{R}_+\right\}$ 适应的随机过程.

为证明 (5.5.2) 式, 设 $t \in \mathbb{R}_+$, 数列 $s_n \in \mathbb{Q}_+$ 满足当 $n \to \infty$ 时 $s_n \downarrow t$, 则由推论 5.4.8 知 $\{X_{s_n} : n \in \mathbb{Z}_+\}$ 一致可积, 因此在概率空间 $\left(\Omega, \mathscr{F}_t^{(r)}, P\right)$ 上存在 $Y \in L_1\left(\Omega, \mathscr{F}_t^{(r)}, P\right)$ 使得

$$\lim_{n \to \infty} X_{s_n} = Y \, \text{a.e. 且} \, \lim_{n \to \infty} \|X_{s_n} - Y\|_1 = 0$$

再由 $X_t^{(r)}$ 的定义, 可知在概率空间 $\left(\Omega, \mathscr{F}_t^{(r)}, P\right)$ 上 a.e. 有 $X_t^{(r)} = Y$, 从而

$$\lim_{n \to \infty} \left\|X_{s_n} - X_t^{(r)}\right\|_1 = 0$$

因此

$$\lim_{n \to \infty} \left\|E\left(X_{s_n} | \mathscr{F}_t\right) - E\left(X_t^{(r)} | \mathscr{F}_t\right)\right\|_1 = 0$$

故存在 $\{n\}$ 的子序列 $\{n_k\}$ 使得在概率空间 $(\Omega, \mathscr{F}_t, P)$ 上 a.e. 有

$$\lim_{k \to \infty} E\left(X_{s_{n_k}} | \mathscr{F}_t\right) = E\left(X_t^{(r)} | \mathscr{F}_t\right)$$

再由 $X$ 是一个下鞅, 知在概率空间 $(\Omega, \mathscr{F}_t, P)$ 上 a.e. 有

$$E\left(X_{s_{n_k}} \middle| \mathscr{F}_t\right) \geqslant X_t$$

因此概率空间 $(\Omega, \mathscr{F}_t, P)$ 上 a.e. 有

$$E\left(X_t^{(r)} \middle| \mathscr{F}_t\right) \geqslant X_t$$

这说明 (5.5.2) 式成立.

为证明 (5.5.3) 式, 设 $t \in \mathbb{R}_+$, 数列 $s_n \in \mathbb{Q}_+$ 满足当 $n \to \infty$ 时 $s_n \uparrow t$. 再设 $Y_\infty$ 是 $E\left(X_t \middle| \mathscr{F}_t^{(l)}\right)$ 的任意版本, 而对每一 $n \in \mathbb{Z}_+$, 设 $Y_n$ 是 $E(X_t | \mathscr{F}_{s_n})$ 的任意版本, 则在概率空间 $\left(\Omega, \mathscr{F}_t^{(l)}, P\right)$ 上 a.e. 有 $\lim\limits_{n \to \infty} Y_n = Y_\infty$.

由下鞅的性质知, 在概率空间 $(\Omega, \mathscr{F}_{s_n}, P)$ 上 a.e. 有

$$Y_n = E\left(X_t | \mathscr{F}_{s_n}\right) \geqslant X_{s_n}$$

令 $n \to \infty$, 再由 $X_t^{(l)}$ 的定义, 可得在概率空间 $\left(\Omega, \mathscr{F}_t^{(l)}, P\right)$ 上 a.e. 有 $Y_\infty \geqslant X_t^{(l)}$, 这说明 (5.5.3) 式成立.

因为 $X^{(r)}$ 是一个关于域流 $\left\{\mathscr{F}_t^{(r)} : t \in \mathbb{R}_+\right\}$ 适应的可积过程, 所以为证明它是关于域流 $\left\{\mathscr{F}_t^{(r)} : t \in \mathbb{R}_+\right\}$ 的一个下鞅, 只需证明对 $s, t \in \mathbb{R}_+$, $s < t$, 在概率空间 $(\Omega, \mathscr{F}_s^{(r)}, P)$ 上 a.e. 有 $E\left(X_t^{(r)} \middle| \mathscr{F}_s^{(r)}\right) \geqslant X_s^{(r)}$, 或者等价地

$$\int_A X_t^{(r)} \mathrm{d}P \geqslant \int_A X_s^{(r)} \mathrm{d}P \tag{5.5.4}$$

对每一 $A \in \mathscr{F}_s^{(r)}$ 成立. 为此, 设 $\{\varepsilon_n : n \in \mathbb{Z}_+\}$ 是一个满足 $\varepsilon_n \downarrow 0$ 且对每一 $n \in \mathbb{Z}_+$ 有 $t + \varepsilon_n \in \mathbb{Q}_+$ 的严格递减数序列, 则由 $X_t^{(r)}$ 的定义有

$$\lim_{n \to \infty} X_{t+\varepsilon_n} = X_t^{(r)}$$

在概率空间 $\left(\Omega, \mathscr{F}_t^{(r)}, P\right)$ 上 a.e. 成立, 再由推论 5.4.8 知 $\{X_{t+\varepsilon_n} : n \in \mathbb{Z}_+\}$ 是一致可积的, 因此由定理 4.4.14 知

$$\lim_{n \to \infty} \left\| X_{t+\varepsilon_n} - X_t^{(r)} \right\|_1 = 0$$

从而对每一 $A \in \mathscr{F}_s^{(r)}$ 有

$$\lim_{n \to \infty} \int_A X_{t+\varepsilon_n} \mathrm{d}P = \int_A X_t^{(r)} \mathrm{d}P \tag{5.5.5}$$

类似地, 对于满足 $\eta_n \downarrow 0$ 且对每一 $n \in \mathbb{Z}_+$ 有 $s + \eta_n \in \mathbb{Q}_+$ 的严格递减数序列 $\{\eta_n : n \in \mathbb{Z}_+\}$, 我们有

$$\lim_{n \to \infty} \int_A X_{s+\eta_n} \mathrm{d}P = \int_A X_s^{(r)} \mathrm{d}P \qquad (5.5.6)$$

对每 $A \in \mathscr{F}_s^{(r)}$ 成立.

通过选择 $\eta_n$ 满足 $\eta_n < \varepsilon_n$, 利用 $X$ 的下鞅性, 我们可得在概率空间 $(\Omega, \mathscr{F}_{s+\eta_n}, P)$ 上 a.e. 有

$$E\left(X_{t+\varepsilon_n} \,\middle|\, \mathscr{F}_{s+\eta_n}\right) \geqslant X_{s+\eta_n}$$

即对每一 $A \in \mathscr{F}_{s+\eta_n}$ 有

$$\int_A X_{t+\varepsilon_n} \mathrm{d}P \geqslant \int_A X_{s+\eta_n} \mathrm{d}P \qquad (5.5.7)$$

从而对 $A \in \mathscr{F}_s^{(r)} \subset \mathscr{F}_{s+\eta_n}$, 由 (5.5.5) 式, (5.5.6) 式和 (5.5.7) 式有

$$\int_A X_t^{(r)} \mathrm{d}P = \lim_{n \to \infty} \int_A X_{t+\varepsilon_n} \mathrm{d}P \geqslant \lim_{n \to \infty} \int_A X_{s+\eta_n} \mathrm{d}P = \int_A X_s^{(r)} \mathrm{d}P$$

因此 (5.5.4) 式成立.

如果 $X$ 是鞅, 那么 (5.5.7) 式中的不等式是等式, 因此 (5.5.4) 式中的不等式也是等式, 所以 $X^{(r)}$ 是一个鞅.

**命题 5.5.10** 在命题 5.5.8 同样的假设条件下, 如果域流空间 $(\Omega, \mathscr{F}, \{\mathscr{F}_t : t \in \mathbb{R}_+\}, P)$ 是满足通常条件的, 那么对每一 $t_0 \in \mathbb{R}_+$, 在概率空间 $(\Omega, \mathscr{F}_{t_0}, P)$ 上 a.e. 有

$$X_{t_0}^{(r)} \geqslant X_{t_0} \quad \text{和} \quad X_{t_0}^{(r)} = X_{t_0}$$

的充要条件是 $EX_t$ 作为 $t \in \mathbb{R}_+$ 的函数在 $t_0$ 点连续.

**证明** 因为域流 $\{\mathscr{F}_t : t \in \mathbb{R}_+\}$ 右连续, 所以对每一 $t \in \mathbb{R}_+$, 有 $\mathscr{F}_t^{(r)} = \mathscr{F}_t$.

设 $t_0 \in \mathbb{R}_+$, 为了证明在概率空间 $(\Omega, \mathscr{F}_{t_0}, P)$ 上 a.e. 有 $X_{t_0}^{(r)} \geqslant X_{t_0}$, 设 $\{\varepsilon_n : n \in \mathbb{Z}_+\}$ 是一个满足 $\varepsilon_n \downarrow 0$ 且对每一 $n \in \mathbb{Z}_+$ 有 $t_0 + \varepsilon_n \in \mathbb{Q}_+$ 的严格递减数序列. 由 $X$ 是下鞅, 知对 $A \in \mathscr{F}_{t_0}$ 有

$$\int_A X_{t_0+\varepsilon_n} \mathrm{d}P \geqslant \int_A X_{t_0} \mathrm{d}P$$

再结合命题 5.5.9 证明中的 (5.5.5) 式, 即对每一 $t \in \mathbb{R}_+$ 有

$$\lim_{n \to \infty} \int_A X_{t+\varepsilon_n} \mathrm{d}P = \int_A X_t^{(r)} \mathrm{d}P, \ \text{对每一} \ A \in \mathscr{F}_s^{(r)}$$

成立, 可得对 $A \in \mathscr{F}_{t_0}$ 有

$$\int_A X_{t_0}^{(r)} \mathrm{d}P \geqslant \int_A X_{t_0} \mathrm{d}P$$

因为 $\mathscr{F}_{t_0}^{(r)} = \mathscr{F}_{t_0}$, 所以 $X_{t_0}^{(r)}$ 和 $X_{t_0}$ 都是 $\mathscr{F}_{t_0}$ 可测的, 因此上面最后的不等式说明 $X_{t_0}^{(r)} \geqslant X_{t_0}$ 在概率空间 $(\Omega, \mathscr{F}_{t_0}, P)$ 上 a.e. 成立.

再设 $\{s_n : n \in \mathbb{Z}_+\}$ 是 $\mathbb{Q}_+$ 中满足当 $n \to \infty$ 时 $s_n \downarrow t_0$ 的严格递减数列, 则由推论 5.4.8 知 $\{X_{s_n} : n \in \mathbb{Z}_+\}$ 一致可积, 因此类似于命题 5.5.9 中的证明可得

$$\lim_{n\to\infty} \left\| X_{s_n} - X_{t_0}^{(r)} \right\|_1 = 0$$

所以

$$\lim_{n\to\infty} E(X_{s_n}) = E\left(X_{t_0}^{(r)}\right)$$

因为 $X$ 是一个下鞅, 所以 $E(X_t)$ 随 $t$ 减小而减少, 因而由上面的序列收敛可得 $t \downarrow t_0$ 时有 $E(X_t) \downarrow E\left(X_{t_0}^{(r)}\right)$.

现在如果在概率空间 $(\Omega, \mathscr{F}_{t_0}, P)$ 上 a.e. 有 $X_{t_0}^{(r)} = X_{t_0}$, 那么 $E\left(X_{t_0}^{(r)}\right) = E(X_{t_0})$, 所以当 $t \downarrow t_0$ 时 $E(X_t) \downarrow E(X_{t_0})$, 即 $E(X_t)$ 在 $t_0$ 点右连续. 反之, 如果 $E(X_t)$ 在 $t_0$ 点右连续, 那么当 $t \downarrow t_0$ 时 $E(X_t) \downarrow E(X_{t_0})$, 从而 $E\left(X_{t_0}^{(r)}\right) = E(X_{t_0})$, 再由前面得到的在概率空间 $(\Omega, \mathscr{F}_{t_0}, P)$ 上 a.e. 有 $X_{t_0}^{(r)} \geqslant X_{t_0}$, 可知在概率空间 $(\Omega, \mathscr{F}_{t_0}, P)$ 上 a.e. 有 $X_{t_0}^{(r)} = X_{t_0}$ 成立.

现在我们来完成定理 5.5.7 的证明.

**证明** 设随机过程 $X = \{X_t : t \in \mathbb{R}_+\}$ 是满足通常条件域流空间 $(\Omega, \mathscr{F}, \{\mathscr{F}_t : t \in \mathbb{R}_+\}, P)$ 上满足 $EX_t$ 是 $\mathbb{R}_+$ 上的一个右连续函数的下鞅, $\mathbb{Q}_+$ 是所有非负有理数的集合, 则由命题 5.5.1 知存在概率空间 $(\Omega, \mathscr{F}_\infty, P)$ 的一个零集 $\Lambda$, 使得对每一 $t \in \mathbb{R}_+$ 和每一 $\omega \in \Lambda^c$, 有 $\lim_{s\uparrow t, s\in\mathbb{Q}_+} X_s(\omega)$ 和 $\lim_{s\downarrow t, s\in\mathbb{Q}_+} X_s(\omega)$ 都在 $\mathbb{R}$ 中存在.

如果对于每一 $t \in \mathbb{R}_+$, 定义 $X_t^{(r)}$ 为

$$\begin{cases} X_t^{(r)}(\omega) = \lim_{s\downarrow t, s\in\mathbb{Q}_+} X_s(\omega), & \text{对 } \omega \in \Lambda^c, \\ X_t^{(r)}(\omega) = 0, & \text{对 } \omega \in \Lambda \end{cases}$$

以此确定随机过程 $X^{(r)} = \left\{X_t^{(r)} : t \in \mathbb{R}_+\right\}$. 那么由命题 5.5.8 知 $X^{(r)}$ 是一个可积过程, 而且 $X^{(r)}$ 的每一个样本函数在 $\mathbb{R}_+$ 的每一个有限区间上有界, $X^{(r)}$ 在 $\mathbb{R}_+$ 上右连续且具有有限左极限.

因域流 $\{\mathscr{F}_t : t \in \mathbb{R}_+\}$ 右连续, 故由命题 5.5.9 知 $X^{(r)}$ 是一个关于域流 $\{\mathscr{F}_t : t \in \mathbb{R}_+\}$ 适应的随机过程. 又由命题 5.5.10 知 $EX_t$ 关于 $t \in \mathbb{R}_+$ 的右连续性等价于对每一 $t \in \mathbb{R}_+$ 在概率空间 $(\Omega, \mathscr{F}_t, P)$ 上 a.e. 有 $X_t^{(r)} = X_t$, 因此 $X^{(r)}$ 是 $X$ 的右连续修正.

**推论 5.5.11** 设域流空间 $(\Omega, \mathscr{F}, \{\mathscr{F}_t : t \in \mathbb{R}_+\}, P)$ 满足通常条件, $\xi$ 是概率空间 $(\Omega, \mathscr{F}, P)$ 上的一个可积的随机变量. 那么对每一 $t \in \mathbb{R}_+$, 存在 $E(\xi|\mathscr{F}_t)$ 的一个版本 $X_t$, 使得 $X = \{X_t : t \in \mathbb{R}_+\}$ 是域流空间 $(\Omega, \mathscr{F}, \{\mathscr{F}_t : t \in \mathbb{R}_+\}, P)$ 上的一个右连续的一致可积的鞅. 而且如果对某 $K > 0$, 在概率空间 $(\Omega, \mathscr{F}, P)$ 上 a.e. 有 $|\xi| \leqslant K$, 那么 $E(\xi|\mathscr{F}_t)$ 的版本 $X_t$ 可被选为右连续并且对 $(t, \omega) \in \mathbb{R}_+ \times \Omega$ 满足条件 $|X(t, \omega)| \leqslant K$.

**证明** 对 $t \in \mathbb{R}_+$, 设 $Y_t$ 是 $E(\xi|\mathscr{F}_t)$ 的任意一个版本, 那么 $Y = \{Y_t : t \in \mathbb{R}_+\}$ 是域流空间 $(\Omega, \mathscr{F}, \{\mathscr{F}_t : t \in \mathbb{R}_+\}, P)$ 上的一个鞅, 由定理 4.4.21 知它是一致可积的. 现在对 $t \in \mathbb{R}_+$, 因为

$$EY_t = E(E(\xi|\mathscr{F}_t)) = E\xi$$

所以 $EY_t$ 是一个常数. 因此由定理 5.5.7 知存在域流空间 $(\Omega, \mathscr{F}, \{\mathscr{F}_t : t \in \mathbb{R}_+\}, P)$ 上的一个右连续的鞅 $X = \{X_t : t \in \mathbb{R}_+\}$, 使得对每一 $t \in \mathbb{R}_+$, 在概率空间 $(\Omega, \mathscr{F}_t, P)$ 上 a.e. 有 $X_t = Y_t$, 这说明对每一 $t \in \mathbb{R}_+$, $X_t$ 是 $E(\xi|\mathscr{F}_t)$ 的一个版本. 从而对每一 $t \in \mathbb{R}_+$, 存在 $E(\xi|\mathscr{F}_t)$ 的一个版本 $X_t$ 使得 $X = \{X_t : t \in \mathbb{R}_+\}$ 是域流空间 $(\Omega, \mathscr{F}, \{\mathscr{F}_t : t \in \mathbb{R}_+\}, P)$ 上的一个右连续的鞅. 由 $Y = \{Y_t : t \in \mathbb{R}_+\}$ 的一致可积性可得 $X = \{X_t : t \in \mathbb{R}_+\}$ 是一致可积的.

如果对某 $K > 0$, 在概率空间 $(\Omega, \mathscr{F}, P)$ 上 a.e. 有 $|\xi| \leqslant K$, 那么对每一 $t \in \mathbb{R}_+$, 在概率空间 $(\Omega, \mathscr{F}_t, P)$ 上 a.e. 有 $|E(\xi|\mathscr{F}_t)| \leqslant K$. 设 $Y_t$ 是 $E(\xi|\mathscr{F}_t)$ 的任意一个版本, 那么在概率空间 $(\Omega, \mathscr{F}_t, P)$ 上存在一个零概率集 $\Lambda_{Y_t}$, 使得对 $\omega \in \Lambda_{Y_t}^c$ 有 $|Y_t| \leqslant K$. 如果在 $\Lambda_{Y_t}^c$ 上令 $Z_t = Y_t$, 而在 $\Lambda_{Y_t}$ 上令 $Z_t = 0$, 那么 $Z_t$ 是 $E(\xi|\mathscr{F}_t)$ 的一个版本, 且在 $\Omega$ 上有 $|Z_t| \leqslant K$. 根据命题 5.5.1 知存在概率空间 $(\Omega, \mathscr{F}_\infty, P)$ 上的一个零集 $\Lambda$, 使得如果 $\omega \in \Lambda^c$, 那么对每一 $t \in \mathbb{R}_+$ 有 $\lim\limits_{s \uparrow t, s \in \mathbb{Q}_+} Z_s(\omega)$ 和 $\lim\limits_{s \downarrow t, s \in \mathbb{Q}_+} Z_s(\omega)$ 存在. 现在对于每一 $t \in \mathbb{R}_+$, 定义 $X_t$ 为

$$\begin{cases} X_t(\omega) = \lim\limits_{s \downarrow t, s \in \mathbb{Q}_+} Z_s(\omega), & \text{对 } \omega \in \Lambda^c, \\ X_t(\omega) = 0, & \text{对 } \omega \in \Lambda \end{cases}$$

则 $X_t$ 就是 $E(\xi|\mathscr{F}_t)$ 的一个版本, 且满足 $X = \{X_t : t \in \mathbb{R}_+\}$ 是一个以 $K$ 为界的右连续的鞅.

## 5.6　连续时间的增过程

### 5.6.1　关于增过程的积分

**定义 5.6.1**　称域流空间 $(\Omega, \mathscr{F}, \{\mathscr{F}_t : t \in \mathbb{R}_+\}, P)$ 上的随机过程 $A = \{A_t : t \in \mathbb{R}_+\}$ 为一个增过程, 如果它满足下面的条件.

(1) $A = \{A_t : t \in \mathbb{R}_+\}$ 是一个适应过程;

(2) $A = \{A_t : t \in \mathbb{R}_+\}$ 是一个 $L_1$ 过程;

(3) $A(\cdot, \omega)$ 是 $\mathbb{R}_+$ 上的一个实值右连续的单调递增函数, 且满足对每一 $\omega \in \Omega$ 有 $A(0, \omega) = 0$.

称随机过程 $A = \{A_t : t \in \mathbb{R}_+\}$ 为一个几乎必然增过程, 如果它满足条件 (1) 与 (2) 和下面的条件.

(4) 存在概率空间 $(\Omega, \mathscr{F}_\infty, P)$ 上的一个零集 $\Lambda_A$, 使得对每一 $\omega \in \Lambda_A^c$, 有条件 (3) 成立,

称 $\Lambda_A$ 是这个几乎必然增过程 $A = \{A_t : t \in \mathbb{R}_+\}$ 的一个例外集.

注意, 一个几乎必然增过程 $A = \{A_t : t \in \mathbb{R}_+\}$ 的例外集不唯一, 事实上, 如果 $\Lambda_A$ 是几乎必然增过程 $A$ 的一个例外集, 那么概率空间 $(\Omega, \mathscr{F}_\infty, P)$ 中任何包含 $\Lambda_A$ 的零集都是它的例外集.

对于一个具有例外集 $\Lambda_A$ 的几乎必然增过程 $A = \{A_t : t \in \mathbb{R}_+\}$ 来说, 对 $\omega \in \Lambda_A^c$, 有

$$A_\infty(\omega) = \lim_{t \to \infty} A_t(\omega)$$

存在, 即随机变量 $A_\infty$ 在概率空间 $(\Omega, \mathscr{F}_\infty, P)$ 上 a.e. 存在, 因此如果对 $\omega \in \Lambda_A$, 令 $A_\infty(\omega) = 0$, 则 $A_\infty$ 就是一个在整个空间 $\Omega$ 上有定义的广义实值 $\mathscr{F}_\infty$ 可测随机变量.

关于 $A_\infty$ 的可积性, 有如下的结果.

**引理 5.6.2**　设 $(\Omega, \mathscr{F}, \{\mathscr{F}_t : t \in \mathbb{R}_+\}, P)$ 是一个域流空间, 对于该域流空间上的几乎必然增过程 $A = \{A_t : t \in \mathbb{R}_+\}$, 下面三个条件等价:

(1) $A_\infty$ 是可积的;

(2) $A = \{A_t : t \in \mathbb{R}_+\}$ 是一致可积的;

(3) $A = \{A_t : t \in \mathbb{R}_+\}$ 是 $L_1$ 有界的.

**证明**　如果 $A$ 是一个几乎必然增过程, 那么在概率空间 $(\Omega, \mathscr{F}_\infty, P)$ 上 a.e. 有

$$0 \leqslant A_t \leqslant A_\infty$$

因此, 如果 $A_\infty$ 可积, 那么由命题 4.4.6 的 (4) 得 $A$ 一致可积, 并且是 $L_1$ 有界的. 反之, 如果 $A$ 是 $L_1$ 有界的, 即 $\sup_{t \in \mathbb{R}_+} E(A_t) < \infty$, 那么由单调收敛定理, 有

$$E\left(A_{\infty}\right) = \lim_{t \to \infty} E\left(A_t\right) \leqslant \sup_{t \in \mathbb{R}_+} E\left(A_t\right) < \infty$$

所以 $A_{\infty}$ 是可积的.

为考虑由域流空间 $(\Omega, \mathscr{F}, \{\mathscr{F}_t : t \in \mathbb{R}_+\}, P)$ 上的一个增过程 $A = \{A_t : t \in \mathbb{R}_+\}$ 的样本函数所决定的可测空间 $(\mathbb{R}_+, \mathscr{B}_{\mathbb{R}_+})$ 上的 Lebesgue-Stieltjes 测度, 我们总是通过对 $t \in (-\infty, 0)$ 令 $A(t, \omega) = 0$ 而将样本函数 $A(\cdot, \omega)$ 的定义从 $\mathbb{R}_+$ 扩展到整个 $\mathbb{R}$. 设 $\mu_A(\cdot, \omega)$ 是 $(\mathbb{R}, \mathscr{B}_{\mathbb{R}})$ 上的由 $\mathbb{R}$ 上的实值右连续增函数 $A(\cdot, \omega)$ 所确定的 Lebesgue-Stieltjes 测度, 由我们对 $A(\cdot, \omega)$ 定义域的扩展, 总有 $\mu_A(\{0\}, \omega) = A(0, \omega) - A(0-, \omega) = 0$, 于是我们限制 $\mu_A(\cdot, \omega)$ 到 $(\mathbb{R}_+, \mathscr{B}_{\mathbb{R}_+})$ 上. 对于一个几乎必然递增过程 $A = \{A_t : t \in \mathbb{R}_+\}$, 我们对 $A$ 的一个例外集 $\Lambda_A$ 中的 $\omega$, 令 $\mu_A(\cdot, \omega) = 0$. 在这些惯例约定下, 相应于一个几乎必然递增过程 $A$, 存在 $(\mathbb{R}_+, \mathscr{B}_{\mathbb{R}_+})$ 上的一个 Lebesgue-Stieltjes 测度族 $\{\mu_A(\cdot, \omega) : \omega \in \Omega\}$.

**定义 5.6.3** 对于域流空间 $(\Omega, \mathscr{F}, \{\mathscr{F}_t : t \in \mathbb{R}_+\}, P)$ 上的一个几乎必然增过程 $A = \{A_t : t \in \mathbb{R}_+\}$, 对每一 $\omega \in \Omega$, 设 $\mu_A(\cdot, \omega)$ 是可测空间 $(\mathbb{R}_+, \mathscr{B}_{\mathbb{R}_+})$ 上的由 $A(\cdot, \omega)$ 所确定的 Lebesgue-Stieltjes 测度, 设 $X = \{X_t : t \in \mathbb{R}_+\}$ 是域流空间 $(\Omega, \mathscr{F}, \{\mathscr{F}_t : t \in \mathbb{R}_+\}, P)$ 上的一个满足对每一 $\omega \in \Omega$ 有 $X(\cdot, \omega)$ 都是 $\mathbb{R}_+$ 上的一个 Borel 函数的随机过程. 对每一 $\omega \in \Omega$, 对 $t \in \mathbb{R}$, 定义 $X$ 关于 $A$ 在 $[0, t]$ 的积分为

$$\int_{[0,t]} X(s, \omega)\, \mathrm{d}A(s, \omega) = \int_{[0,t]} X(s, \omega)\, \mu_A(\mathrm{d}s, \omega)$$

只要上式右边的 Lebesgue-Stieltjes 积分存在.

Lebesgue-Stieltjes 积分 $\displaystyle\int_{[0,t]} X(s, \omega)\, \mu_A(\mathrm{d}s, \omega)$ 存在当且仅当至少下面的两个非负的 Lebesgue-Stieltjes 积分

$$\int_{[0,t]} X^+(s, \omega)\, \mu_A(\mathrm{d}s, \omega) \quad \text{与} \quad \int_{[0,t]} X^-(s, \omega)\, \mu_A(\mathrm{d}s, \omega)$$

之一有限. 特别地, 因为对每一 $t \in \mathbb{R}_+$ 和 $\omega \in \Omega$ 有 $\mu_A([0,t], \omega) < \infty$, 所以如果对某 $\omega \in \Omega$ 有 $X(\cdot, \omega)$ 在 $[0, t]$ 上有界, 那么上面的两个非负的 Lebesgue-Stieltjes 积分都是有限的, 而且 $\displaystyle\int_{[0,t]} X(s, \omega)\, \mu_A(\mathrm{d}s, \omega)$ 存在并且是一个有限实数. 而如果 $X(\cdot, \omega)$ 在 $[0, t]$ 上非负, 那么 $\displaystyle\int_{[0,t]} X(s, \omega)\, \mu_A(\mathrm{d}s, \omega)$ 也存在.

因为对每一 $\omega \in \Omega$, 域流空间 $(\Omega, \mathscr{F}, \{\mathscr{F}_t : t \in \mathbb{R}_+\}, P)$ 上的具有 Borel 可测样本函数的有界随机过程 $X$ 关于该域流空间上的几乎必然增过程 $A$ 的积分 $\displaystyle\int_{[0,t]} X(s, \omega)\, \mu_A(\mathrm{d}s, \omega)$ 是定义在 $\Omega$ 上的函数, 所以可测性问题出现了. 现在就来

考虑一个随机过程关于一个几乎必然增过程的积分的可测性.

**引理 5.6.4**　如果 $A = \{A_t : t \in \mathbb{R}_+\}$ 是域流空间 $(\Omega, \mathscr{F}, \{\mathscr{F}_t : t \in \mathbb{R}_+\}, P)$ 上的一个几乎必然增过程, 那么由 $A$ 的样本函数所确定的可测空间 $(\mathbb{R}_+, \mathscr{B}_{\mathbb{R}_+})$ 上的 Lebesgue-Stieltjes 测度族 $\{\mu_A(\cdot, \omega) : \omega \in \Omega\}$ 是 $\mathscr{F}_\infty$ 可测的, 而且对每一 $t \in \mathbb{R}_+$, Lebesgue-Stieltjes 测度族 $\{\mu_A(\cdot, \omega) : \omega \in \Omega\}$ 在可测空间 $([0, t], \mathscr{B}_{[0,t]})$ 上的限制构成了一个 $\mathscr{F}_\infty$ 可测的有限测度族. 进一步, 如果 $A$ 是一个增过程或者 $A$ 是一个几乎必然增过程但此时域流空间是增广的, 那么对每一 $t \in \mathbb{R}_+$, 可测空间 $([0, t], \mathscr{B}_{[0,t]})$ 上的测度族 $\{\mu_A(\cdot, \omega) : \omega \in \Omega\}$ 是 $\mathscr{F}_t$ 可测的.

利用引理 5.6.4 可得如下结果.

**定理 5.6.5**　设域流空间 $(\Omega, \mathscr{F}, \{\mathscr{F}_t : t \in \mathbb{R}_+\}, P)$ 是增广的, 随机过程 $A = \{A_t : t \in \mathbb{R}_+\}$ 是其上的一个几乎必然增过程, $\{\mu_A(\cdot, \omega) : \omega \in \Omega\}$ 是由增过程 $A$ 所确定的可测空间 $(\mathbb{R}_+, \mathscr{B}_{\mathbb{R}_+})$ 上的 Lebesgue-Stieltjes 测度族, $X = \{X_t : t \in \mathbb{R}_+\}$ 是域流空间 $(\Omega, \mathscr{F}, \{\mathscr{F}_t : t \in \mathbb{R}_+\}, P)$ 上的一个样本函数是 $\mathbb{R}_+$ 上的 Borel 可测函数的适应可测随机过程. 对 $t \in \mathbb{R}_+$, 设 Lebesgue-Stieltjes 积分

$$\int_{[0,t]} X(s, \omega) \, dA(s, \omega) \triangleq \int_{[0,t]} X(s, \omega) \, \mu_A(ds, \omega)$$

对每一 $\omega \in \Omega$ 存在.

(1) 如果在 $\mathbb{R}_+$ 的每一有限区间上 $X$ 的每一样本函数都是有界的, 那么

$$\int_{[0,t]} X(s, \omega) \, dA(s, \omega)$$

是概率空间 $(\Omega, \mathscr{F}, P)$ 上的一个实值 $\mathscr{F}_t$ 可测随机变量.

(2) 如果在 $\mathbb{R}_+$ 上 $X$ 的样本函数是非负的, 那么

$$\int_{[0,t]} X(s, \omega) \, dA(s, \omega)$$

是概率空间 $(\Omega, \mathscr{F}, P)$ 上的一个非负广义实值 $\mathscr{F}_t$ 可测随机变量. 如果不假设域流空间是增广的, 那么在 $X$ 满足上面 (1) 或 (2) 的条件下有

$$\int_{[0,t]} X(s, \omega) \, dA(s, \omega)$$

是 $\mathscr{F}_\infty$ 可测的.

**定理 5.6.6**　设 $(\Omega, \mathscr{F}, \{\mathscr{F}_t : t \in \mathbb{R}_+\}, P)$ 是一个域流空间, 如果 $A = \{A_t : t \in \mathbb{R}_+\}$ 是其上的一个几乎必然递增过程, 而 $M = \{M_t : t \in \mathbb{R}_+\}$ 是其上的一个

右连续的有界鞅, 那么对每一 $t \in \mathbb{R}_+$, 有

$$E\left(M_t A_t\right) = E\left[\int_{[0,t]} M\left(s,\cdot\right) \mathrm{d}A\left(s,\cdot\right)\right] \tag{5.6.1}$$

如果 $E\left(A_\infty\right) < \infty$, 那么

$$E\left(M_\infty A_\infty\right) = E\left[\int_{\mathbb{R}_+} M\left(s,\cdot\right) \mathrm{d}A\left(s,\cdot\right)\right] \tag{5.6.2}$$

**证明** 因为 $M = \{M_t : t \in \mathbb{R}_+\}$ 是一个有界鞅, 所以存在某 $K \geqslant 0$, 使得对 $(t,\omega) \in \mathbb{R}_+ \times \Omega$ 有 $|M\left(t,\omega\right)| \leqslant K$.

取定一个 $t \in \mathbb{R}_+$, 对固定的 $n \in \mathbb{N}$, 对 $k = 0,\cdots,2^n$, 设 $s_k = k2^{-n}t$; 对 $k = 1,\cdots,2^n$, 设 $I_k = (s_{k-1}, s_k]$. 定义 $M^{(n)}$ 为

$$M_0^{(n)} = M_0, \quad M_s^{(n)} = M_{s_k}, \text{ 对 } s \in I_k, \quad k = 1,\cdots,2^n \tag{5.6.3}$$

因为对每一 $\omega \in \Omega$, $M\left(\cdot,\omega\right)$ 都是 $\mathbb{R}_+$ 上的一个右连续函数, 所以

$$\lim_{n\to\infty} M^{(n)}\left(s,\omega\right) = M\left(s,\omega\right), \text{ 对 } (s,\omega) \in (0,t) \times \Omega \tag{5.6.4}$$

现在因为

$$E\left(M_t A_t\right) = E\left[M\left(t\right)\sum_{k=1}^{2^n}\left\{A\left(s_k\right) - A\left(s_{k-1}\right)\right\}\right]$$

$$= \sum_{k=1}^{2^n} E\left[M\left(t\right)\left\{A\left(s_k\right) - A\left(s_{k-1}\right)\right\}\right]$$

$$= \sum_{k=1}^{2^n} E\left[E\left[M\left(t\right)\left\{A\left(s_k\right) - A\left(s_{k-1}\right)\right\}\right]\big|\mathscr{F}_{s_k}\right]$$

而 $A\left(s_k\right) - A\left(s_{k-1}\right)$ 是 $\mathscr{F}_{s_k}$ 可测的, $M = \{M_t : t \in \mathbb{R}_+\}$ 是一个鞅, 所以

$$E\left(M_t A_t\right) = \sum_{k=1}^{2^n} E\left[M\left(s_k\right)\left\{A\left(s_k\right) - A\left(s_{k-1}\right)\right\}\right]$$

又因对每一 $\omega \in \Omega$, $M^{(n)}\left(\cdot,\omega\right)$ 是一个在区间 $I_k = (s_{k-1}, s_k]$ 上的值为 $M\left(s_k,\omega\right)$ 的阶梯函数, 而由 $A\left(\cdot,\omega\right)$ 的右连续性知对 $\omega \in \Lambda_A^c$ 有

$$\mu_A\left(I_k,\omega\right) = A\left(s_k,\omega\right) - A\left(s_{k-1},\omega\right)$$

其中 $\Lambda_A$ 为几乎必然增过程 $A = \{A_t : t \in \mathbb{R}_+\}$ 的一个例外集, 故

$$E\left[\sum_{k=1}^{2^n} M(s_k)\{A(s_k) - A(s_{k-1})\}\right] = E\left[\int_{[0,t]} M^{(n)}(s)\, dA(s)\right]$$

因此

$$E(M_t A_t) = E\left[\int_{[0,t]} M^{(n)}(s)\, dA(s)\right] \tag{5.6.5}$$

再由在 $(t,\omega) \in \mathbb{R}_+ \times \Omega$ 有 $|M(t,\omega)| \leqslant K$, $\mu_A([0,t],\omega) < \infty$ 及 (5.6.4) 式, 故根据有界收敛定理可得

$$\lim_{n \to \infty} \int_{[0,t]} M^{(n)}(s,\omega)\, dA(s,\omega) = \int_{[0,t]} M(s,\omega)\, dA(s,\omega), \text{ 对 } \omega \in \Omega \tag{5.6.6}$$

又因对 $\omega \in \Lambda_A^c$, 有

$$\left|\int_{[0,t]} M^{(n)}(s,\omega)\, dA(s,\omega)\right| \leqslant K A(t,\omega)$$

而 $A(t) \in L_1(\Omega, \mathscr{F}, P)$, 故从 (5.6.6) 式知对 (5.6.5) 式的右边运用控制收敛定理即得 (5.6.1) 式.

因为 $M = \{M_t : t \in \mathbb{R}_+\}$ 是一个有界鞅, 所以它是 $L_1$ 有界的, 因此由定理 5.3.9 知存在概率空间 $(\Omega, \mathscr{F}, P)$ 上一个 $\mathscr{F}_\infty$ 可测的广义实值随机变量 $X_\infty$ 使得

$$\lim_{t \to \infty} M_t(\omega) = M_\infty(\omega)$$

在概率空间 $(\Omega, \mathscr{F}_\infty, P)$ 上 a.e. 成立. 如果 $E(A_\infty) < \infty$, 那么因为

$$\lim_{t \to \infty} M_t A_t = M_\infty A_\infty$$

在概率空间 $(\Omega, \mathscr{F}_\infty, P)$ 上 a.e. 成立, 而 $|M_t A_t| \leqslant K A_\infty$ 也在概率空间 $(\Omega, \mathscr{F}_\infty, P)$ 上 a.e. 成立, 所以由控制收敛定理得

$$\lim_{t \to \infty} E[M_t A_t] = E[M_\infty A_\infty] \tag{5.6.7}$$

另一方面, 我们有

$$\lim_{t \to \infty} \int_{[0,t]} M(s,\cdot)\, dA(s,\cdot) = \lim_{t \to \infty} \int_{\mathbb{R}_+} I_{[0,t]} M(s,\cdot)\, dA(s,\cdot) = \int_{\mathbb{R}_+} M(s,\cdot)\, dA(s,\cdot)$$

而在概率空间 $(\Omega, \mathscr{F}_\infty, P)$ 上 a.e. 有

$$\left| \int_{[0,t]} M(s, \cdot) \, dA(s, \cdot) \right| \leqslant KA_\infty$$

故从 $KA_\infty$ 可积由控制收敛定理可得

$$\lim_{t \to \infty} E\left[ \int_{[0,t]} M(s, \cdot) \, dA(s, \cdot) \right] = E\left[ \int_{\mathbb{R}_+} M(s, \cdot) \, dA(s, \cdot) \right] \tag{5.6.8}$$

最后, 在 (5.6.1) 式的两边令 $t \to \infty$, 由 (5.6.7) 式和 (5.6.8) 式即得 (5.6.2) 式.

### 5.6.2 右连续类 (DL) 下鞅的 Doob-Meyer 分解

如果 $M = \{M_t : t \in \mathbb{R}_+\}$ 是域流空间 $(\Omega, \mathscr{F}, \{\mathscr{F}_t : t \in \mathbb{R}_+\}, P)$ 上的一个右连续的有界鞅, 那么由 $M$ 右连续根据定理 5.5.3 知存在概率空间 $(\Omega, \mathscr{F}_\infty, P)$ 上的一个零集 $\Lambda$, 使得对每一 $\omega \in \Lambda^c$, 样本函数 $M(\cdot, \omega)$ 在 $\mathbb{R}_+$ 的每一点处有有限的左极限, 并且有至多可数多个不连续点.

**定义 5.6.7** 对域流空间 $(\Omega, \mathscr{F}, \{\mathscr{F}_t : t \in \mathbb{R}_+\}, P)$ 上的一个右连续的有界鞅 $M = \{M_t : t \in \mathbb{R}_+\}$, 设概率空间 $(\Omega, \mathscr{F}_\infty, P)$ 上的零集 $\Lambda$ 使得对每一 $\omega \in \Lambda^c$, 样本函数 $M(\cdot, \omega)$ 在 $\mathbb{R}_+$ 的每一点处有有限的左极限, 并且有至多可数多个不连续点. 令 $M_- = \{M_-(t) : t \in \mathbb{R}_+\}$, 其中

$$M_-(t, \omega) = \begin{cases} \lim_{s \uparrow t} M(s, \omega), & t \in (0, \infty), \omega \in \Lambda^c, \\ M(0, \omega), & t = 0, \omega \in \Lambda^c, \\ 0, & t \in \mathbb{R}_+, \omega \in \Lambda \end{cases}$$

由定义 5.6.7 知, 对每一 $t \in \mathbb{R}_+$, $M_-(t)$ 是 $\mathscr{F}_\infty$ 可测的. 设 $K > 0$ 是右连续有界鞅 $M$ 的一个界, 那么对所有 $(t, \omega) \in \mathbb{R}_+ \times \Omega$, 有 $|M(t, \omega)| \leqslant K$, 所以 $|M_-(t)| \leqslant K$, 因此对每一 $t \in \mathbb{R}_+$, $M_-(t)$ 是可积的. 由这个定义 5.6.7 还可得如下结论.

**引理 5.6.8** 如果 $M = \{M_t : t \in \mathbb{R}_+\}$ 是增广的域流空间 $(\Omega, \mathscr{F}, \{\mathscr{F}_t : t \in \mathbb{R}_+\}, P)$ 上的一个右连续的有界鞅, 那么 $M_- = \{M_-(t) : t \in \mathbb{R}_+\}$ 是该域流空间上的一个左连续的有界鞅.

**证明** 设 $\Lambda$ 是定义 5.6.7 中的概率空间 $(\Omega, \mathscr{F}_\infty, P)$ 上的零集, 则由域流 $\{\mathscr{F}_t : t \in \mathbb{R}_+\}$ 的增广性可知对每一 $t \in \mathbb{R}_+$, 有 $\Lambda \in \mathscr{F}_t$.

再由定义 5.6.7 易见在 $\mathscr{F}_t$ 可测集 $\Lambda^c$ 上, 对 $s < t$, $M_-(t)$ 是 $\mathscr{F}_t$ 可测函数 $M(s)$ 的极限, 因此它是 $\mathscr{F}_t$ 可测的; 而在 $\mathscr{F}_t$ 可测集 $\Lambda$ 上, $M_-(t)$ 是 $\mathscr{F}_t$ 平凡可测的, 所以在 $\Omega$ 上 $M_-(t)$ 是 $\mathscr{F}_t$ 可测的.

为证明 $M_-(t)$ 是一个鞅, 设 $0 \leqslant t' < s < t''$. 由 $M$ 是鞅可知在概率空间 $(\Omega, \mathscr{F}_{t'}, P)$ 上 a.e. 有

$$E(M(s)|\mathscr{F}_{t'}) = M_{t'} \tag{5.6.9}$$

又由在概率空间 $(\Omega, \mathscr{F}_{t''}, P)$ 上 a.e. 有

$$M_-(t'') = \lim_{s \uparrow t''} M(s)$$

及对 $s \in \mathbb{R}_+$ 有 $|M(s)| \leqslant K$, 其中 $K$ 为鞅 $M$ 的一个界, 利用条件有界收敛定理可得在概率空间 $(\Omega, \mathscr{F}_{t'}, P)$ 上 a.e. 有

$$\lim_{s \uparrow t''} E(M(s)|\mathscr{F}_{t'}) = E\left(\lim_{s \uparrow t''} M(s)|\mathscr{F}_{t'}\right) = E(M_-(t'')|\mathscr{F}_{t'}) \tag{5.6.10}$$

由 (5.6.9) 式和 (5.6.10) 式得

$$E(M_-(t'')|\mathscr{F}_{t'}) = M_{t'}$$

在概率空间 $(\Omega, \mathscr{F}_{t'}, P)$ 上 a.e. 成立, 这说明 $M_-(t)$ 是一个鞅.

由定义 5.6.7 中 $M_-(t)$ 的表达式可知 $M_-(t)$ 有界及左连续.

利用定理 5.5.3 可得以下结论.

**引理 5.6.9** 设 $(\Omega, \mathscr{F}, \{\mathscr{F}_t : t \in \mathbb{R}_+\}, P)$ 是一个域流空间, $M = \{M_t : t \in \mathbb{R}_+\}$ 是其上的一个右连续的有界鞅, $A = \{A_t : t \in \mathbb{R}_+\}$ 是其上的一个几乎必然递增过程. 如果对 $t > 0$, 对 $n \in \mathbb{N}$ 和 $k = 0, \cdots, 2^n$, 令 $t_{n,k} = k2^{-n}t$, 那么存在概率空间 $(\Omega, \mathscr{F}_\infty, P)$ 上的一个独立于 $t$ 的零集 $\Lambda$, 使得对每一 $\omega \in \Lambda^c$ 有

$$\lim_{n \to \infty} \sum_{k=1}^{2^n} M(t_{n,k-1}, \omega)[A(t_{n,k}, \omega) - A(t_{n,k-1}, \omega)] = \int_{[0,t]} M_-(s, \omega)\, \mathrm{d}A(s, \omega) \tag{5.6.11}$$

和

$$\lim_{n \to \infty} E\left[\sum_{k=1}^{2^n} M(t_{n,k-1})\{A(t_{n,k}) - A(t_{n,k-1})\}\right] = E\left[\int_{[0,t]} M_-(s)\, \mathrm{d}A(s)\right] \tag{5.6.12}$$

**证明** 对每一 $n \in \mathbb{N}$, 通过令

$$\begin{cases} M^{(n)}(0) = M(0), \\ M^{(n)}(s) = M(t_{n,k-1}), \quad s \in (t_{n,k-1}, t_{n,k}], k = 0, \cdots, 2^n \end{cases} \tag{5.6.13}$$

定义 $M^{(n)} = \left\{ M_s^{(n)} : s \in [0, t] \right\}$. 显然 $M^{(n)}$ 的每一样本函数是 $[0, t]$ 上的左连续阶梯函数.

由鞅 $M$ 右连续, 从定理 5.5.3 可知存在概率空间 $(\Omega, \mathscr{F}_\infty, P)$ 的一个零集 $\Lambda_M$, 使得对每一 $\omega \in \Lambda_M^c$, $M(\cdot, \omega)$ 在 $\mathbb{R}_+$ 的每一点处有有限的左极限. 由定义 5.6.7 可知, 对 $\omega \in \Lambda_M^c$ 有

$$\lim_{n \to \infty} M_s^{(n)} = M_-(s, \omega) \tag{5.6.14}$$

再由 $A$ 为几乎必然递增过程, 知存在概率空间 $(\Omega, \mathscr{F}_\infty, P)$ 的一个零集 $\Lambda_A$, 使得对每一 $\omega \in \Lambda_A^c$, $A$ 的样本 $A(\cdot, \omega)$ 是 $\mathbb{R}_+$ 上的满足 $A(0, \omega) = 0$ 的一个实值右连续单调增函数.

现在设 $\Lambda = \Lambda_M \cup \Lambda_A$, 则对 $\omega \in \Lambda^c$ 有

$$\sum_{k=1}^{2^n} M(t_{n,k-1}, \omega)\left[A(t_{n,k}, \omega) - A(t_{n,k-1}, \omega)\right] = \int_{[0,t]} M^{(n)}(s, \omega)\, \mathrm{d}A(s, \omega) \tag{5.6.15}$$

从而由 (5.6.14) 式和有界收敛定理有

$$\lim_{n \to \infty} \int_{[0,t]} M^{(n)}(s, \omega)\, \mathrm{d}A(s, \omega) = \int_{[0,t]} M_-(s, \omega)\, \mathrm{d}A(s, \omega) \tag{5.6.16}$$

结合 (5.6.15) 式和 (5.6.16) 式可得 (5.6.11) 式.

为证明 (5.6.12) 式, 设 $K > 0$ 为有界鞅 $M$ 的一个界, 那么

$$\left| \sum_{k=1}^{2^n} M(t_{n,k-1}, \omega)\left[A(t_{n,k}, \omega) - A(t_{n,k-1}, \omega)\right] \right| \leqslant KA(t, \omega)$$

现在因 $A(t)$ 可积及 (5.6.15) 式和 (5.6.16) 式, 故由控制收敛定理可得

$$\lim_{n \to \infty} E\left[ \sum_{k=1}^{2^n} M(t_{n,k-1})\left\{ A(t_{n,k}) - A(t_{n,k-1}) \right\} \right]$$

$$= E\left[ \lim_{n \to \infty} \int_{[0,t]} M^{(n)}(s)\, \mathrm{d}A(s) \right] = E\left[ \int_{[0,t]} M_-(s)\, \mathrm{d}A(s) \right]$$

即 (5.6.12) 式成立.

**定义 5.6.10** 称域流空间 $(\Omega, \mathscr{F}, \{\mathscr{F}_t : t \in \mathbb{R}_+\}, P)$ 上的一个几乎必然增过程 $A = \{A_t : t \in \mathbb{R}_+\}$ 是自然的, 如果对该域流空间上的每一个右连续的有界鞅 $M = \{M_t : t \in \mathbb{R}_+\}$, 有

$$E\left[ \int_{[0,t]} M(s)\, \mathrm{d}A(s) \right] = E\left[ \int_{[0,t]} M_-(s)\, \mathrm{d}A(s) \right], \quad \text{对 } t \in \mathbb{R}_+$$

或等价地

$$E(M_t A_t) = E\left[\iint_{[0,t]} M_-(s)\,dA(s)\right], \ \text{对} \ t \in \mathbb{R}_+$$

**定理 5.6.11**　设 $A = \{A_t : t \in \mathbb{R}_+\}$ 是域流空间 $(\Omega, \mathscr{F}, \{\mathscr{F}_t : t \in \mathbb{R}_+\}, P)$ 上的一个几乎必然增过程, 如果 $A$ 是几乎必然连续的, 那么它是自然的.

**证明**　设 $M = \{M_t : t \in \mathbb{R}_+\}$ 是域流空间 $(\Omega, \mathscr{F}, \{\mathscr{F}_t : t \in \mathbb{R}_+\}, P)$ 上的一个右连续的有界鞅, 则由定理 5.5.3 知存在概率空间 $(\Omega, \mathscr{F}_\infty, P)$ 上的一个零集 $\Lambda_M$, 使得对每一 $\omega \in \Lambda_M^c$, 样本函数 $M(\cdot, \omega)$ 在 $\mathbb{R}_+$ 的每一点处有有限的左极限, 且有至多可数多个不连续点.

因 $A = \{A_t : t \in \mathbb{R}_+\}$ 是域流空间 $(\Omega, \mathscr{F}, \{\mathscr{F}_t : t \in \mathbb{R}_+\}, P)$ 上的一个几乎必然连续的几乎必然增过程, 故存在概率空间 $(\Omega, \mathscr{F}_\infty, P)$ 上的一个零集 $\Lambda_A$, 使得对每一 $\omega \in \Lambda_A^c$ 有 $A(\cdot, \omega)$ 是 $\mathbb{R}_+$ 上的一个满足 $A(0, \omega) = 0$ 的连续单调增函数.

现在令 $\Lambda = \Lambda_A \cup \Lambda_M$, 设 $\omega \in \Lambda^c$, 设 $\{t_n : n \in \mathbb{N}\}$ 是 $M(\cdot, \omega)$ 在 $\mathbb{R}_+$ 上的不连续点集, 则 $M(\cdot, \omega) - M_-(\cdot, \omega)$ 在 $\mathbb{R}_+$ 上除在 $t_n$ 点外为 0, 其中在 $t_n$ 点的值为

$$M(t_n, \omega) - \lim_{s \uparrow t_n} M(s, \omega)$$

再由 $A(\cdot, \omega)$ 连续可推出对每一 $s \in (0, \infty)$ 有 $\mu_A(\{s\}, \omega) = 0$, 因此对任何 $t \in (0, \infty)$ 有

$$\int_{[0,t]} \{M(s, \omega) - M_-(s, \omega)\}\,dA(s, \omega)$$

$$= \sum_{\{n \in \mathbb{N} : t_n \leqslant t\}} \left\{M(t_n, \omega) - \lim_{s \uparrow t_n} M(s, \omega)\right\} \mu_A(\{t_n\}, \omega) = 0$$

因为这个等式对每一 $\omega \in \Lambda^c$ 成立, 而 $P(\Lambda) = 0$, 所以

$$E\left[\int_{[0,t]} \{M(s) - M_-(s)\}\,dA(s)\right] = 0$$

故 $A$ 是自然的.

**引理 5.6.12**　(1) 域流空间 $(\Omega, \mathscr{F}, \{\mathscr{F}_t : t \in \mathbb{R}_+\}, P)$ 上的几乎必然增过程 $A = \{A_t : t \in \mathbb{R}_+\}$ 是一个类 (DL) 下鞅, 如果 $E(A_\infty) < \infty$, 那么 $A$ 是一个类 (D) 下鞅.

(2) 如果 $(\Omega, \mathscr{F}, \{\mathscr{F}_t : t \in \mathbb{R}_+\}, P)$ 是一个右连续的域流空间, $M = \{M_t : t \in \mathbb{R}_+\}$ 是其上的一个右连续的鞅, $A = \{A_t : t \in \mathbb{R}_+\}$ 是其上的一个几乎必然增过程, 那么 $M + A$ 是一个类 (DL) 下鞅.

(3) 如果 $(\Omega, \mathscr{F}, \{\mathscr{F}_t : t \in \mathbb{R}_+\}, P)$ 是一个右连续的域流空间, $M = \{M_t : t \in \mathbb{R}_+\}$ 是其上的一个一致可积的右连续鞅, $A = \{A_t : t \in \mathbb{R}_+\}$ 是其上的一个满足 $E(A_\infty) < \infty$ 的几乎必然递增过程, 那么 $M + A$ 是一个类 (D) 下鞅.

**证明** (1) 因为 $A = \{A_t : t \in \mathbb{R}_+\}$ 是一个几乎必然增过程, 所以存在概率空间 $(\Omega, \mathscr{F}_\infty, P)$ 上的一个零集 $\Lambda_A$, 使得对每一 $\omega \in \Lambda_A^c$ 有 $A(\cdot, \omega)$ 是 $\mathbb{R}_+$ 上的一个满足 $A(0, \omega) = 0$ 的右连续单调增函数. 因此, 对每对 $s, t \in \mathbb{R}_+$, 当 $s < t$ 时, 在概率空间 $(\Omega, \mathscr{F}_\infty, P)$ 上 a.e. 有 $A_t \geqslant A_s$, 从而在概率空间 $(\Omega, \mathscr{F}_s, P)$ 上 a.e. 有

$$E(A_t | \mathscr{F}_s) \geqslant E(A_s | \mathscr{F}_s) = A_s$$

因而 $A$ 是一个下鞅.

为证明 $A = \{A_t : t \in \mathbb{R}_+\}$ 是一个类 (DL) 下鞅. 设 $a \in \mathbb{R}_+$, $\mathbf{J}_a$ 为 $\mathbf{J}$ 中的所有以 $a$ 为界的停时组成的集合, 那么对每一 $\tau \in \mathbf{J}_a$, 对 $\omega \in \Lambda_A^c$ 有

$$0 \leqslant A_\tau(\omega) \leqslant A_a(\omega)$$

即 $0 \leqslant A_\tau \leqslant A_a$ 在概率空间 $(\Omega, \mathscr{F}_\infty, P)$ 上 a.e. 成立. 从而因随机变量 $A_a$ 可积, 故随机变量族 $\{A_\tau : \tau \in \mathbf{J}_a\}$ 一致可积, 再由 $a$ 的任意性可知 $A = \{A_t : t \in \mathbb{R}_+\}$ 是一个类 (DL) 下鞅.

如果 $E(A_\infty) < \infty$, 其中在 $\Lambda_A^c$ 上 $A_\infty = \lim\limits_{t \to \infty} A_t$, 此时设 $\mathbf{J}$ 是域流空间 $(\Omega, \mathscr{F}, \{\mathscr{F}_t : t \in \mathbf{T}\}, P)$ 上的所有有界停时的集合, 则因对 $\omega \in \Lambda_A^c$ 有 $0 \leqslant A_\tau(\omega) \leqslant A_\infty(\omega)$, 即对每一 $\tau \in \mathbf{J}$ 有 $0 \leqslant A_\tau \leqslant A_\infty$ 在概率空间 $(\Omega, \mathscr{F}_\infty, P)$ 上 a.e. 成立, 故由 $A_\infty$ 可积得 $\{A_\tau : \tau \in \mathbf{J}\}$ 一致可积, 从而 $A = \{A_t : t \in \mathbb{R}_+\}$ 是一个类 (D) 下鞅.

(2) 由定理 5.4.19 知一个右连续的鞅 $M = \{M_t : t \in \mathbb{R}_+\}$ 总是属于类 (DL) 的, 而由 (1) 知一个几乎必然增过程 $A = \{A_t : t \in \mathbb{R}_+\}$ 是一个类 (DL) 下鞅, 因此 $M + A$ 是一个下鞅, 从而由对每一 $\tau \in J$ 有 $(M + A)_\tau = M_\tau + A_\tau$ 利用命题 4.4.8 可得 $M + A$ 是一个类 (DL) 下鞅.

(3) 由定理 5.4.19 知一个一致可积的右连续鞅 $M$ 总是属于类 (D) 的, 而由 (1) 知一个满足 $E(A_\infty) < \infty$ 的几乎必然增过程 $A$ 也总是属于类 (D) 的, 余下可类似于 (2) 的论证得到 $M + A$ 是一个类 (D) 下鞅.

**引理 5.6.13** 设 $(\Omega, \mathscr{F}, \{\mathscr{F}_t : t \in \mathbb{R}_+\}, P)$ 是一个域流空间, $A = \{A_t : t \in \mathbb{R}_+\}$ 和 $A' = \{A'_t : t \in \mathbb{R}_+\}$ 是该域流空间上的两个几乎必然增过程, 满足对每对 $s, t \in \mathbb{R}_+$, 当 $s < t$ 时, 有

$$E[A_t - A_s | \mathscr{F}_s] = E[A'_t - A'_s | \mathscr{F}_s] \tag{5.6.17}$$

在概率空间 $(\Omega, \mathscr{F}_s, P)$ 上 a.e. 成立. 如果 $Y = \{Y_t : t \in \mathbb{R}_+\}$ 是域流空间上的一

个左连续有界适应过程, 那么对每一 $t \in \mathbb{R}_+$, 有

$$E\left[\int_{[0,t]} Y(s)\,\mathrm{d}A(s)\right] = E\left[\int_{[0,t]} Y(s)\,\mathrm{d}A'(s)\right] \tag{5.6.18}$$

**证明**  设 $t > 0$ 固定. 对每一 $n \in \mathbb{N}$, 对 $k = 0, \cdots, 2^n$, 设 $t_{n,k} = k2^{-n}t$; 对 $k = 1, \cdots, 2^n$, 设 $I_{n,k} = (t_{n,k-1}, t_{n,k}]$. 在 $[0,t] \times \Omega$ 上, 令

$$\begin{cases} Y^{(n)}(s,\omega) = Y(t_{n,k-1},\omega), & s \in I_{n,k}, k = 1, \cdots, 2^n, \omega \in \Omega, \\ Y^{(n)}(0,\omega) = Y(0,\omega), & \omega \in \Omega \end{cases} \tag{5.6.19}$$

确定左连续有界适应过程

$$Y^{(n)} = \left\{Y^{(n)}(s,\omega) : s \in [0,t], \omega \in \Omega\right\}$$

类似于引理 4.1.10 的证明, 可得对 $(s,\omega) \in [0,t] \times \Omega$ 有

$$\lim_{n \to \infty} Y^{(n)}(s,\omega) = Y(s,\omega) \tag{5.6.20}$$

因为 $A$ 是几乎必然增过程, 所以存在一个零概率集 $\Lambda_A$ 使得对每一 $\omega \in \Lambda_A^c$ 有 $A(\cdot,\omega)$ 是 $\mathbb{R}_+$ 上的一个满足 $A(0,\omega) = 0$ 的连续单调增函数, 从而对 $\omega \in \Lambda_A^c$ 由 (5.6.19) 式得

$$\int_{[0,t]} Y^{(n)}(s,\omega)\,\mathrm{d}A(s,\omega)$$

$$= \sum_{k=1}^{2^n} Y(t_{n,k-1},\omega)\left[A(t_{n,k},\omega) - A(t_{n,k-1},\omega)\right] \tag{5.6.21}$$

对 $\omega \in \Lambda_A^c$, 由 (5.6.20) 式和有界收敛定理有

$$\lim_{n \to \infty} \int_{[0,t]} Y^{(n)}(s,\omega)\,\mathrm{d}A(s,\omega) = \int_{[0,t]} Y(s,\omega)\,\mathrm{d}A(s,\omega) \tag{5.6.22}$$

如果 $K > 0$ 是随机过程 $Y = \{Y(s,\omega) : s \in [0,t], \omega \in \Omega\}$ 的一个界, 那么对 $\omega \in \Lambda_A^c$ 有

$$\left|\int_{[0,t]} Y(s,\omega)\,\mathrm{d}A(s,\omega)\right| \leqslant KA(t,\omega) \tag{5.6.23}$$

据此由 (5.6.21) 式可得

$$E\left[\int_{[0,t]} Y^{(n)}(s)\,\mathrm{d}A(s)\right] = \sum_{k=1}^{2^n} E\left\{Y(t_{n,k-1})\left[A(t_{n,k}) - A(t_{n,k-1})\right]\right\}$$

$$= \sum_{k=1}^{2^n} E\left\{Y\left(t_{n,k-1}\right) E\left[A\left(t_{n,k}\right) - A\left(t_{n,k-1}\right) \middle| \mathscr{F}_{n,k-1}\right]\right\}$$

对 $E\left[\displaystyle\int_{[0,t]} Y^{(n)}(s)\,\mathrm{d}A'(s)\right]$ 我们也可得相似的表达式.

但是 (5.6.17) 式蕴含

$$E\left[A\left(t_{n,k}\right) - A\left(t_{n,k-1}\right) \middle| \mathscr{F}_{n,k-1}\right] = E\left[A'\left(t_{n,k}\right) - A'\left(t_{n,k-1}\right) \middle| \mathscr{F}_{n,k-1}\right]$$

在概率空间 $(\Omega, \mathscr{F}_{n,k-1}, P)$ 上 a.e. 成立, 因此

$$E\left[\int_{[0,t]} Y^{(n)}(s)\,\mathrm{d}A(s)\right] = E\left[\int_{[0,t]} Y^{(n)}(s)\,\mathrm{d}A'(s)\right] \tag{5.6.24}$$

因为 $A_t$ 可积, 所以由 (5.6.22) 式及 (5.6.23) 式和控制收敛定理可得

$$\lim_{n\to\infty} E\left[\int_{[0,t]} Y^{(n)}(s)\,\mathrm{d}A(s)\right] = E\int_{[0,t]} Y(s)\,\mathrm{d}A(s)$$

对 $E\left[\displaystyle\int_{[0,t]} Y^{(n)}(s)\,\mathrm{d}A'(s)\right]$ 我们也可得相似的表达式. 因此, 在 (5.6.24) 式的两边令 $n \to \infty$ 即得 (5.6.18) 式.

由此可得下面定理.

**定理 5.6.14** 设 $(\Omega, \mathscr{F}, \{\mathscr{F}_t : t \in \mathbb{R}_+\}, P)$ 是一个满足通常条件的域流空间, $X = \{X_t : t \in \mathbb{R}_+\}$ 是其上的一个右连续下鞅. 如果 $A = \{A_t : t \in \mathbb{R}_+\}$ 和 $A' = \{A'_t : t \in \mathbb{R}_+\}$ 是该域流空间上的两个自然的几乎必然增过程, 满足 $M = X - A$ 和 $M' = X - A'$ 是鞅, 那么 $A$ 和 $A'$ 是无区别的, 即存在概率空间 $(\Omega, \mathscr{F}, P)$ 上的一个零集 $\Lambda$, 使得对 $\omega \in \Lambda^c$ 有 $A(\cdot, \omega) = A'(\cdot, \omega)$.

**证明** 因 $A - A' = (X - M) - (X - M') = M' - M$ 是一个鞅, 故对每对 $s, t \in \mathbb{R}_+$, 当 $s < t$ 时, 有

$$E\left[(A - A')_t \middle| \mathscr{F}_s\right] = (A - A')_s$$

在概率空间 $(\Omega, \mathscr{F}_s, P)$ 上 a.e. 成立, 即在 $(\Omega, \mathscr{F}_s, P)$ 上 a.e. 有

$$E\left[A_t - A_s \middle| \mathscr{F}_s\right] = E\left[A'_t - A'_s \middle| \mathscr{F}_s\right]$$

因此 $A = \{A_t : t \in \mathbb{R}_+\}$ 和 $A' = \{A'_t : t \in \mathbb{R}_+\}$ 满足引理 5.6.13 的条件.

如果 $\xi$ 是概率空间 $(\Omega, \mathscr{F}, P)$ 上的一个有界随机变量, 那么根据推论 5.5.8 可知, 对每一 $t \in \mathbb{R}_+$, 我们可以选择 $E(\xi | \mathscr{F}_t)$ 的一个版本 $Z_t$, 使得 $Z = \{Z_t : t \in \mathbb{R}_+\}$

是域流空间 $(\Omega, \mathscr{F}, \{\mathscr{F}_t : t \in \mathbb{R}_+\}, P)$ 上的一个右连续的鞅, 从而存在概率空间 $(\Omega, \mathscr{F}_\infty, P)$ 上的一个零集 $\Lambda$, 它使得对每一 $\omega \in \Lambda^c$, $Z = \{Z_t : t \in \mathbb{R}_+\}$ 的样本函数在 $\mathbb{R}_+$ 的每一点处有有限的左极限, 并且有至多可数多个不连续点而由

$$Z_-(t, \omega) = \begin{cases} \lim_{s \uparrow t} Z(s, \omega), & t \in (0, \infty), \omega \in \Lambda^c, \\ Z(0, \omega), & t = 0, \omega \in \Lambda^c, \\ 0, & t \in \mathbb{R}_+, \omega \in \Lambda \end{cases}$$

确定的 $Z_- = \{Z_-(t) : t \in \mathbb{R}_+\}$ 是一个左连续有界鞅, 因此由引理 5.6.13 知对每一 $t \in \mathbb{R}_+$ 有

$$E\left[\int_{[0,t]} Z_-(s) \, \mathrm{d}A(s)\right] = E\left[\int_{[0,t]} Z_-(s) \, \mathrm{d}A'(s)\right]$$

现在因为几乎必然增过程 $A = \{A_t : t \in \mathbb{R}_+\}$ 是自然的, 所以

$$E\left[\int_{[0,t]} Z_-(s) \, \mathrm{d}A(s)\right] = E[Z_t A_t]$$

类似地, $E\left[\displaystyle\int_{[0,t]} Z_-(s) \, \mathrm{d}A'(s)\right] = E[Z_t A_t']$. 因此 $E[Z_t A_t] = E[Z_t A_t']$.

又 $Z_t = E(\xi | \mathscr{F}_t)$, 故

$$E[E(\xi | \mathscr{F}_t) A_t] = E[E(\xi | \mathscr{F}_t) A_t']$$

再由 $A_t$ 和 $A_t'$ 都是 $\mathscr{F}_t$ 可测的, 从而

$$E[E(\xi A_t | \mathscr{F}_t)] = E[E(\xi A_t' | \mathscr{F}_t)]$$

因此 $E(\xi A_t) = E(\xi A_t')$. 特别地, 对 $G \in \mathscr{F}_t$, 取 $\xi = I_G$, 则有

$$\int_G A_t \mathrm{d}P = \int_G A_t' \mathrm{d}P, \quad \text{对每一 } G \in \mathscr{F}_t$$

这说明 $A_t = A_t'$ 在概率空间 $(\Omega, \mathscr{F}_t, P)$ 上 a.e. 成立. 又因为 $A = \{A_t : t \in \mathbb{R}_+\}$ 和 $A' = \{A_t' : t \in \mathbb{R}_+\}$ 是域流空间 $(\Omega, \mathscr{F}, \{\mathscr{F}_t : t \in \mathbb{R}_+\}, P)$ 上的两个几乎必然右连续过程, 所以根据定理 4.1.4 知存在概率空间 $(\Omega, \mathscr{F}, P)$ 上的一个零集 $\Lambda$, 使得对 $\omega \in \Lambda^c$ 有 $A(\cdot, \omega) = A'(\cdot, \omega)$.

**引理 5.6.15** 设域流空间 $(\Omega, \mathscr{F}, \{\mathscr{F}_t : t \in \mathbb{R}_+\}, P)$ 满足通常条件, $X = \{X_t : t \in \mathbb{R}_+\}$ 是其上的一个右连续类 (DL) 下鞅. 对 $a > 0$, 定义随机过程 $Y = \{Y_t : t \in [0, a]\}$, 其中

$$Y_t = X_t - E(X_a | \mathscr{F}_t), \quad t \in [0, a] \tag{5.6.25}$$

如果对每一 $n \in \mathbb{N}$, 对 $k = 0, \cdots, 2^n$, 令 $t_{n,k} = k2^{-n}a$, $\mathbf{T}_n = \{t_{n,k} : k = 0, \cdots, 2^n\}$, 定义离散随机过程 $A^{(n)} = \left\{ A_t^{(n)} : t \in \mathbf{T}_n \right\}$, 其中

$$
\begin{cases}
A^{(n)}(t_{n,k}) = \sum_{j=1}^{k} E\left[ Y(t_{n,j}) - Y(t_{n,j-1}) \,\middle|\, \mathscr{F}_{t_{n,j-1}} \right], & k = 1, \cdots, 2^n, \\
A^{(n)}(t_{n,0}) = 0
\end{cases}
\tag{5.6.26}
$$

那么 $\left\{ A_a^{(n)} : n \in \mathbb{N} \right\}$ 一致可积.

**证明** 首先, 对每一 $t \in [0,a]$, 取 $E(X_a | \mathscr{F}_t)$ 的一个实值版本构造随机过程 $\{E(X_a | \mathscr{F}_t) : t \in [0,a]\}$, 则它是关于域流 $\{\mathscr{F}_t : t \in \mathbb{R}_+\}$ 的一个一致可积鞅.

因为域流 $\{\mathscr{F}_t : t \in \mathbb{R}_+\}$ 满足通常条件, 所以由推论 5.5.8, 对每一 $t \in [0,a]$, 我们可以选择 $E(X_a | \mathscr{F}_t)$ 的一个版本, 使得鞅 $\{E(X_a | \mathscr{F}_t) : t \in [0,a]\}$ 右连续, 再由定理 5.4.19 知它是一个类 (DL) 鞅.

因此由 (5.6.25) 式定义的随机过程 $Y$ 是一个右连续的下鞅.

因 $X$ 是一个下鞅, 故对每一 $t \in [0,a]$ 在概率空间 $(\Omega, \mathscr{F}_t, P)$ 上 a.e. 有 $E(X_a | \mathscr{F}_t) \geqslant X_t$, 因而随机过程 $Y$ 非正. 特别的, 在概率空间 $(\Omega, \mathscr{F}_a, P)$ 上 a.e. 有 $Y_a = X_a - E(X_a | \mathscr{F}_a) = 0$.

再由 $X$ 是一个类 (DL) 下鞅及鞅 $\{E(X_a | \mathscr{F}_t) : t \in [0,a]\}$ 也是一个类 (DL) 鞅, 知随机过程 $Y$ 是一个类 (DL) 下鞅.

因为 $Y$ 是一个下鞅, 所以 (5.6.26) 式中的每一个被加项都是 a.e. 非负的, 因此随机过程 $A^{(n)}$ 是关于域流 $\{\mathscr{F}_{t_{n,k}} : k = 0, \cdots, 2^n\}$ 的离散时间几乎必然增过程. 再由 (5.6.26) 式知 $A^{(n)}$ 是一个可料过程, 即对 $k = 1, \cdots, 2^n$, $A^{(n)}(t_{n,k})$ 是 $\mathscr{F}_{t_{n,k-1}}$ 可测的.

为了证明 $\left\{ A_a^{(n)} : n \in \mathbb{N} \right\}$ 的一致可积性, 我们首先来证明存在 $E\left( A_a^{(n)} \middle| \mathscr{F}_{t_{n,k}} \right)$ 的一个版本使得

$$
E\left( A_a^{(n)} \middle| \mathscr{F}_{t_{n,k}} \right) = A^{(n)}(t_{n,k}) - Y(t_{n,k})
\tag{5.6.27}
$$

对 $k = 0, \cdots, 2^n$ 成立. 现在由 (5.6.26) 式有

$$
E\left( A_a^{(n)} \middle| \mathscr{F}_{t_{n,k}} \right) = E\left[ \sum_{j=1}^{2^n} E\left[ Y(t_{n,j}) - Y(t_{n,j-1}) \,\middle|\, \mathscr{F}_{t_{n,j-1}} \right] \,\middle|\, \mathscr{F}_{t_{n,k}} \right]
$$

$$
= \sum_{j=1}^{k} E\left[ Y(t_{n,j}) - Y(t_{n,j-1}) \,\middle|\, \mathscr{F}_{t_{n,j-1}} \right] E\left[ 1 \,\middle|\, \mathscr{F}_{t_{n,k}} \right]
$$

$$
+ \sum_{j=k+1}^{2^n} E\left[ Y(t_{n,j}) - Y(t_{n,j-1}) \,\middle|\, \mathscr{F}_{t_{n,k}} \right]
$$

$$= A^{(n)}(t_{n,k}) E\left[1\,\middle|\,\mathscr{F}_{t_{n,k}}\right] + E\left[Y(a) - Y(t_{n,k})\,\middle|\,\mathscr{F}_{t_{n,k}}\right]$$

$$= A^{(n)}(t_{n,k}) E\left[1\,\middle|\,\mathscr{F}_{t_{n,k}}\right] - Y(t_{n,k})$$

在概率空间 $\left(\Omega, \mathscr{F}_{t_{n,k}}, P\right)$ 上 a.e. 成立, 通过在 $E\left[1\,\middle|\,\mathscr{F}_{t_{n,k}}\right]$ 的所有版本中选择常数 1 可得 (5.6.27) 式.

约定 $t_{n,-1} = 0$, 对于 $c > 0$, 在 $\Omega$ 上定义 $\mathbf{T}_n$ 值函数

$$S_c^{(n)} = \inf\left\{t_{n,k-1} \in \mathbf{T}_n : A^{(n)}(t_{n,k}) > c\right\} \wedge a \tag{5.6.28}$$

下面证明 $S_c^{(n)}$ 是关于域流 $\left\{\mathscr{F}_{t_{n,k}} : k = 0, \cdots, 2^n\right\}$ 的一个停时, 为此证明对 $k = 0, \cdots, 2^n$, 有 $\left\{S_c^{(n)} = t_{n,k}\right\} \in \mathscr{F}_{t_{n,k}}$. 由于 $t_{n,-1} = 0$, 从 $A^{(n)}$ 的可料性可得

$$\left\{S_c^{(n)} = t_{n,0}\right\} = \left\{A(t_{n,0}) > c\right\} \cup \left\{A(t_{n,0}) \leqslant c, A(t_{n,1}) > c\right\} \in \mathscr{F}_{t_{n,0}}$$

类似地, 对 $k = 1, \cdots, 2^n - 1$, 有

$$\left\{S_c^{(n)} = t_{n,k}\right\} = \left\{A(t_{n,0}) \leqslant c, \cdots, A(t_{n,k}) \leqslant c, A(t_{n,k+1}) > c\right\} \in \mathscr{F}_{t_{n,k}}$$

最后

$$\left\{S_c^{(n)} = t_{n,2^n}\right\} = \left\{A(t_{n,0}) \leqslant c, \cdots, A(t_{n,2^n}) \leqslant c\right\} \in \mathscr{F}_{t_{n,2^n}}$$

现在对关于域流 $\left\{\mathscr{F}_{t_{n,k}} : k = 0, \cdots, 2^n\right\}$ 的鞅 $\left\{E\left(A_a^{(n)}\,\middle|\,\mathscr{F}_{t_{n,k}}\right) : k = 0, \cdots, 2^n\right\}$ 利用离散情形的有界停时定理, 可得

$$E\left(A_a^{(n)}\,\middle|\,\mathscr{F}_{S_c^{(n)}}\right) = A^{(n)}\left(S_c^{(n)}\right) - Y\left(S_c^{(n)}\right) \tag{5.6.29}$$

对任意的 $\omega \in \Omega$, 如果 $A_a^{(n)}(\omega) > c$, 那么由 $S_c^{(n)}$ 的定义我们有 $S_c^{(n)}(\omega) \leqslant t_{n,2^n-1} < a$. 反之, 如果 $S_c^{(n)}(\omega) < a$, 那么存在 $k \in \{0, \cdots, 2^n\}$ 使得 $A_{t_{n,k}}^{(n)}(\omega) > c$, 从而由 $A^{(n)}$ 为几乎必然增过程知在概率空间 $(\Omega, \mathscr{F}_a, P)$ 上 a.e. 有 $A_a^{(n)}(\omega) > c$. 因此, 对概率空间 $(\Omega, \mathscr{F}_a, P)$ 上 a.e. 的 $\omega$ 有

$$A_a^{(n)}(\omega) > c \Leftrightarrow S_c^{(n)} < a \tag{5.6.30}$$

故

$$\int_{\left\{A_a^{(n)} > c\right\}} A_a^{(n)} \mathrm{d}P = \int_{\left\{S_c^{(n)} < a\right\}} A_a^{(n)} \mathrm{d}P$$

$$\underset{\left\{S_c^{(n)} < a\right\} \in \mathscr{F}_{S_c^{(n)}}}{=\!=\!=\!=\!=\!=\!=} \int_{\left\{S_c^{(n)} < a\right\}} E\left(A_a^{(n)}\,\middle|\,\mathscr{F}_{S_c^{(n)}}\right) \mathrm{d}P$$

$$\underline{\underline{(5.6.29) \ \text{式}}} \int_{\left\{S_c^{(n)} < a\right\}} A^{(n)} \left(S_c^{(n)}\right) dP - \int_{\left\{S_c^{(n)} < a\right\}} Y \left(S_c^{(n)}\right) dP$$

$$\leqslant cP\left\{S_c^{(n)} < a\right\} - \int_{\left\{S_c^{(n)} < a\right\}} Y \left(S_c^{(n)}\right) dP \tag{5.6.31}$$

另一方面, 再由 (5.6.29) 式及 $\left\{S_c^{(n)} < a\right\} \subset \left\{S_{c/2}^{(n)} < a\right\}$ 可得

$$-\int_{\left\{S_{c/2}^{(n)} < a\right\}} Y \left(S_{c/2}^{(n)}\right) dP$$

$$= \int_{\left\{S_{c/2}^{(n)} < a\right\}} E\left(A_a^{(n)} \Big| \mathscr{F}_{S_{c/2}^{(n)}}\right) dP - \int_{\left\{S_{c/2}^{(n)} < a\right\}} A^{(n)} \left(S_{c/2}^{(n)}\right) dP$$

$$= \int_{\left\{S_{c/2}^{(n)} < a\right\}} A_a^{(n)} dP - \int_{\left\{S_{c/2}^{(n)} < a\right\}} A^{(n)} \left(S_{c/2}^{(n)}\right) dP$$

$$\geqslant \int_{\left\{S_c^{(n)} < a\right\}} \left[A_a^{(n)} - A^{(n)} \left(S_{c/2}^{(n)}\right)\right] dP \tag{5.6.32}$$

现在 $A^{(n)} \left(S_{c/2}^{(n)}\right) \leqslant c/2$. 而 $S_c^{(n)} (\omega) < a$ 蕴含存在 $k \in \{0, \cdots, 2^n\}$ 使得 $A_{t_{n,k}}^{(n)} (\omega) > c$, 又对于概率空间 $(\Omega, \mathscr{F}_a, P)$ 上 a.e. 的 $\omega$, $A_{t_{n,k}}^{(n)} (\omega)$ 又随 $k$ 增加而增大, 从而对 $\left\{S_c^{(n)} (\omega) < a\right\}$ 中 a.e. 的 $\omega$ 有 $A_a^{(n)} (\omega) > c$. 因此由 (5.6.32) 式有

$$-\int_{\left\{S_{c/2}^{(n)} < a\right\}} Y \left(S_{c/2}^{(n)}\right) dP \geqslant \frac{c}{2} P\left\{S_c^{(n)} < a\right\} \tag{5.6.33}$$

将 (5.6.33) 式用于 (5.6.31) 式中有

$$\int_{\left\{A_a^{(n)} > c\right\}} A_a^{(n)} dP \leqslant -2 \int_{\left\{S_{c/2}^{(n)} < a\right\}} Y \left(S_{c/2}^{(n)}\right) dP - \int_{\left\{S_c^{(n)} < a\right\}} Y \left(S_c^{(n)}\right) dP \tag{5.6.34}$$

为了证明 $\left\{A_a^{(n)} : n \in \mathbb{N}\right\}$ 一致可积, 我们只需证明

$$\lim_{c \to \infty} \sup_{n \in \mathbb{N}} \int_{\left\{A_a^{(n)} (\omega) > c\right\}} A_a^{(n)} dP = 0 \tag{5.6.35}$$

而如果我们能证明

$$\lim_{c \to \infty} \sup_{n \in \mathbb{N}} \left\{-\int_{\left\{S_c^{(n)} < a\right\}} Y \left(S_c^{(n)}\right) dP\right\} = 0 \tag{5.6.36}$$

那么我们也有

$$\lim_{c \to \infty} \sup_{n \in \mathbb{N}} \left\{ -2 \int_{\left\{ S_{c/2}^{(n)} < a \right\}} Y \left( S_{c/2}^{(n)} \right) \mathrm{d}P \right\} = 0 \tag{5.6.37}$$

从而将 (5.6.36) 式和 (5.6.37) 式用于 (5.6.34) 式即可得 (5.6.35).

现在我们来证明 (5.6.36) 式. 因为对 $n \in \mathbb{N}$, $S_c^{(n)}$ 是关于域流 $\{\mathscr{F}_t : t \in \mathbf{T}_n\}$ 的一个停时, 而 $\{\mathscr{F}_t : t \in \mathbf{T}_n\} \subset \{\mathscr{F}_t : t \in [0, a]\}$, 所以 $S_c^{(n)}$ 也是关于域流 $\{\mathscr{F}_t : t \in [0, a]\}$ 的停时. 又这些停时都以 $a$ 为界, 而 $Y$ 又是一个关于域流 $\{\mathscr{F}_t : t \in [0, a]\}$ 的类 (DL) 下鞅, 故 $\left\{ Y_{S_c^{(n)}} : n \in \mathbb{N} \right\}$ 一致可积. 因此对每一 $\varepsilon > 0$ 存在 $\delta > 0$, 使得当 $A \in \mathscr{F}$ 满足 $P(A) < \delta$ 时有

$$-\int_A Y \left( S_c^{(n)} \right) \mathrm{d}P < \varepsilon \tag{5.6.38}$$

对所有 $n \in \mathbb{N}$ 成立. 又从 (5.6.30) 式有

$$E \left( A_a^{(n)} \right) \geqslant \int_{\left\{ A_a^{(n)} > c \right\}} A_a^{(n)} \mathrm{d}P \geqslant cP \left\{ A_a^{(n)} (\omega) > c \right\} = cP \left\{ S_c^{(n)} < a \right\}$$

另一方面, 从 (5.6.27) 式和 (5.6.26) 式有

$$E \left( A_a^{(n)} \,|\, \mathscr{F}_0 \right) = A_0^{(n)} - Y_0 = -Y_0$$

所以 $E \left( A_a^{(n)} \right) = E (-Y_0)$. 因此对所有 $c > 0$ 和 $n \in \mathbb{N}$ 有

$$P \left\{ S_c^{(n)} < a \right\} \leqslant \frac{1}{c} E (-Y_0)$$

成立, 从而存在 $c_0 > 0$, 使得对所有的 $n \in \mathbb{N}$, 当 $c > c_0$ 时, 有

$$P \left\{ S_c^{(n)} < a \right\} < \delta$$

故由 (5.6.38) 式知对所有的 $n \in \mathbb{N}$, 当 $c > c_0$ 时, 有

$$-\int_{\left\{ S_c^{(n)} < a \right\}} Y \left( S_c^{(n)} \right) \mathrm{d}P < \varepsilon$$

因而当 $c > c_0$ 时, 有

$$\sup_{n \in \mathbb{N}} \left\{ -\int_{\left\{ S_c^{(n)} < a \right\}} Y \left( S_c^{(n)} \right) \mathrm{d}P \right\} \leqslant \varepsilon$$

从而

$$\limsup_{c \to \infty} \sup_{n \in \mathbb{N}} \left\{ -\int_{\left\{ S_c^{(n)} < a \right\}} Y\left( S_c^{(n)} \right) \mathrm{d}P \right\} \leqslant \varepsilon$$

再由 $\varepsilon$ 的任意性可得 (5.6.36) 式成立.

由引理 5.6.15 和定理 5.4.19 及推论 5.5.8 可得以下结论.

**定理 5.6.16** (Doob-Meyer 分解) 如果域流空间 $(\Omega, \mathscr{F}, \{\mathscr{F}_t : t \in \mathbb{R}_+\}, P)$ 满足通常条件, $X = \{X_t : t \in \mathbb{R}_+\}$ 是其上的一个右连续类 (DL) 下鞅, 那么存在域流空间上的一个右连续鞅 $M = \{M_t : t \in \mathbb{R}_+\}$ 和一个自然的几乎必然递增过程 $A = \{A_t : t \in \mathbb{R}_+\}$, 使得

$$X\left(\cdot, \omega\right) = M\left(\cdot, \omega\right) + A\left(\cdot, \omega\right)$$

对 $\omega \in \Lambda^c$ 成立, 其中 $\Lambda$ 是几乎必然递增过程 $A$ 在概率空间 $(\Omega, \mathscr{F}, P)$ 中的例外集, 而且上面的分解式在无差别的意义下是唯一的.

**证明** (1) 分解的唯一性.

假设 $M$ 和 $M'$ 两个右连续鞅和 $A$ 和 $A'$ 两个自然的几乎必然递增过程满足 $X = M + A = M' + A'$, 那么 $X - A$ 和 $X - A'$ 都是鞅, 因此由定理 5.6.14 知存在概率空间 $(\Omega, \mathscr{F}, P)$ 上的一个零集 $\Lambda$, 使得对 $\omega \in \Lambda^c$ 有

$$A\left(\cdot, \omega\right) = A'\left(\cdot, \omega\right)$$

从而由 $M - M' = A' - A$ 知 $(M - M')\left(\cdot, \omega\right) = (A' - A)\left(\cdot, \omega\right)$, 即对 $\omega \in \Lambda^c$ 有

$$M\left(\cdot, \omega\right) = M'\left(\cdot, \omega\right)$$

(2) 在有限区间上分解的存在性.

我们来证明对任意的 $a > 0$, 存在一个右连续鞅 $M = \{M_t : t \in [0, a]\}$, 一个自然的几乎必然递增过程 $A = \{A_t : t \in [0, a]\}$ 和概率空间 $(\Omega, \mathscr{F}_a, P)$ 上的一个零集 $\Lambda$, 使得

$$X\left(t, \omega\right) = M\left(t, \omega\right) + A\left(t, \omega\right)$$

对 $t \in [0, a]$ 和 $\omega \in \Lambda^c$ 成立.

对固定的 $a > 0$, (如引理 5.6.15 一样) 定义随机过程

$$Y = \{Y_t : t \in [0, a]\}$$

其中 $Y_t = X_t - E\left(X_a | \mathscr{F}_t\right)$. 对每一 $n \in \mathbb{N}$, 对 $k = 0, \cdots, 2^n$, 令

$$t_{n,k} = k 2^{-n} a, \quad \mathbf{T}_n = \{t_{n,k} : k = 0, \cdots, 2^n\}$$

定义离散随机过程 $A^{(n)} = \left\{ A_t^{(n)} : t \in \mathbf{T}_n \right\}$, 其中

$$\begin{cases} A^{(n)}(t_{n,k}) = \sum_{j=1}^{k} E\left[Y(t_{n,j}) - Y(t_{n,j-1}) \,\middle|\, \mathscr{F}_{t_{n,j-1}}\right], & k = 1, \cdots, 2^n, \\ A^{(n)}(t_{n,0}) = 0 \end{cases}$$

则由引理 5.6.15 知 $\left\{A_a^{(n)} : n \in \mathbb{N}\right\}$ 一致可积, 从而由定理 4.4.20 可知存在一个随机变量 $A_a^* \in L_1(\Omega, \mathscr{F}_a, P)$ 和 $\{n\}$ 的一个子序列 $\{n_l\}$, 使得对每一 $\xi \in L_\infty(\Omega, \mathscr{F}, P)$ 有

$$\lim_{l \to \infty} \int_\Omega A_a^{(n_l)} \xi \mathrm{d}P = \int_\Omega A_a^* \xi \mathrm{d}P \tag{5.6.39}$$

成立.

根据推论 5.5.8 可知对每一 $t \in [0, a]$, 我们可以选择 $E(A_a^* | \mathscr{F}_t)$ 的一个版本, 使得鞅 $\{E(A_a^* | \mathscr{F}_t) : t \in [0, a]\}$ 关于域流 $\{\mathscr{F}_t : t \in [0, a]\}$ 右连续. 对 $t \in [0, a]$, 定义

$$A_t = Y_t + E(A_a^* | \mathscr{F}_t) \tag{5.6.40}$$

以此确定随机过程 $A = \{A_t : t \in [0, a]\}$. 因为 $Y$ 也是右连续的, 所以 $A$ 右连续.

如果在 $[0, a]$ 上定义 $M = X - A$, 则由 $Y$ 和 $A$ 的定义有

$$M_t = E(X_a - A_a^* | \mathscr{F}_t), \quad t \in [0, a] \tag{5.6.41}$$

所以 $M$ 是一个关于域流 $\{\mathscr{F}_t : t \in [0, a]\}$ 的鞅. 而由 $X$ 和 $A$ 右连续, 可知 $M$ 右连续.

下面证明 $A$ 是关于域流 $\{\mathscr{F}_t : t \in [0, a]\}$ 的一个自然的几乎必然增过程.

首先证明由 (5.6.40) 式定义的 $A$ 是一个几乎必然增过程. 对 $n \in \mathbb{N}$, 由引理 5.6.15 的证明知 $A^{(n)} = \left\{A_t^{(n)} : t \in T_n\right\}$ 是关于域流 $\{\mathscr{F}_t : t \in \mathbf{T}_n\}$ 的离散时间几乎必然增过程. 而由引理 5.6.15 的 (5.6.25) 式, 对任何 $t_{n,k} \in \mathbf{T}_n$ 有

$$E\left(A_a^{(n)} \,\middle|\, \mathscr{F}_{t_{n,k}}\right) = A^{(n)}(t_{n,k}) - Y(t_{n,k}) \tag{5.6.42}$$

成立, 因此在概率空间 $(\Omega, \mathscr{F}_a, P)$ 上 a.e. 有

$$Y(t_{n,k}) - Y(t_{n,k-1}) + E\left(A_a^{(n)} | \mathscr{F}_{t_{n,k}}\right) - E\left(A_a^{(n)} | \mathscr{F}_{t_{n,k-1}}\right)$$
$$= A^{(n)}(t_{n,k}) - A^{(n)}(t_{n,k-1}) \geqslant 0 \tag{5.6.43}$$

再根据定理 4.4.20 的 (4.4.7) 式和 (4.4.8) 式可知, 存在 $\{n\}$ 的子序列 $\{n_l\}$, 使得对每一 $\xi \in L_\infty(\Omega, \mathscr{F}_a, P)$ 有

$$\lim_{l \to \infty} \int_\Omega E\left(A_a^{(n_l)} \big| \mathscr{F}_{t_{n,k}}\right) \xi \mathrm{d}P = \int_\Omega E\left(A_a^* \big| \mathscr{F}_{t_{n,k}}\right) \xi \mathrm{d}P \tag{5.6.44}$$

和

$$\lim_{l \to \infty} \int_\Omega E\left(A_a^{(n_l)} \big| \mathscr{F}_{t_{n,k-1}}\right) \xi \mathrm{d}P = \int_\Omega E\left(A_a^* \big| \mathscr{F}_{t_{n,k-1}}\right) \xi \mathrm{d}P \tag{5.6.45}$$

将 (5.6.43) 式的两边乘以非负的 $\xi \in L_\infty(\Omega, \mathscr{F}_a, P)$, 并积分得

$$\int_\Omega \left[Y(t_{n,k}) - Y(t_{n,k-1}) + E\left(A_a^{(n)} \big| \mathscr{F}_{t_{n,k}}\right) - E\left(A_a^{(n)} \big| \mathscr{F}_{t_{n,k-1}}\right)\right] \xi \mathrm{d}P \geqslant 0$$
$$\tag{5.6.46}$$

又对 $n_l \geqslant n$, 我们有 $\mathbf{T}_n \subset \mathbf{T}_{n_l}$, 所以 $t_{n,k-1}, t_{n,k} \in \mathbf{T}_{n_l}$, 因此用 $A_a^{(n_l)}$ 替换 (5.6.46) 式中 $A_a^{(n)}$ 的仍然成立. 在替换后的式子中令 $l \to \infty$, 并运用 (5.6.44) 式和 (5.6.45) 式可得

$$\int_\Omega \left[Y(t_{n,k}) - Y(t_{n,k-1}) + E\left(A_a^* \big| \mathscr{F}_{t_{n,k}}\right) - E\left(A_a^* \big| \mathscr{F}_{t_{n,k-1}}\right)\right] \xi \mathrm{d}P \geqslant 0$$

再由 (5.6.40) 式可得

$$\int_\Omega \left[A(t_{n,k}) - A(t_{n,k-1})\right] \xi \mathrm{d}P \geqslant 0$$

特别地, 对 $A \in \mathscr{F}_a$, 取 $\xi = \mathbf{1}_A$, 有

$$\int_A \left[A(t_{n,k}) - A(t_{n,k-1})\right] \mathrm{d}P \geqslant 0$$

对每一 $A \in \mathscr{F}_a$ 成立. 因为 $A(t_{n,k})$ 和 $A(t_{n,k-1})$ 都是 $\mathscr{F}_a$ 可测的, 所以上面的这个不等式蕴含

$$A(t_{n,k}) \geqslant A(t_{n,k-1})$$

在概率空间 $(\Omega, \mathscr{F}_a, P)$ 上 a.e. 成立.

因为 $\bigcup\limits_{n \in \mathbb{N}} \mathbf{T}_n$ 是一个可数集, 所以存在概率空间 $(\Omega, \mathscr{F}_a, P)$ 上的一个零集 $\Lambda_\infty$, 使得对每一 $\omega \in \Lambda_\infty^c$, 对所有 $s, t \in \bigcup\limits_{n \in \mathbb{N}} \mathbf{T}_n$, 当 $s < t$ 时有 $A(t, \omega) \geqslant A(s, \omega)$ 成立.

从而由 $A$ 的右连续性知对所有 $s, t \in [0, a]$, 当 $s < t$ 时有 $A(t, \omega) \geqslant A(s, \omega)$ 成立.

下面我们来证明在概率空间 $(\Omega, \mathscr{F}_0, P)$ 上 a.e. 有 $A_0 = 0$.

由 (5.6.40) 式有 $A_0 = Y_0 + E(A_a^* | \mathscr{F}_0)$. 现在对 $A \in \mathscr{F}_0$ 有

$$\int_\Omega \mathbf{1}_A E(A_a^* | \mathscr{F}_0) \, \mathrm{d}P = \int_\Omega E(\mathbf{1}_A A_a^* | \mathscr{F}_0) \, \mathrm{d}P$$

$$= \int_\Omega \mathbf{1}_A A_a^* \mathrm{d}P = \lim_{l \to \infty} \int_\Omega \mathbf{1}_A A_a^{(n_l)} \mathrm{d}P$$

$$= \lim_{l \to \infty} \int_\Omega \mathbf{1}_A \left\{ \sum_{j=1}^{2^{n_l}} E\left[ Y(t_{n_l,j}) - Y(t_{n_l,j-1}) \,\middle|\, \mathscr{F}_{t_{n_l,j-1}} \right] \right\} \mathrm{d}P$$

$$= \lim_{l \to \infty} \sum_{j=1}^{2^{n_l}} \int_\Omega E\left\{ \mathbf{1}_A \left[ Y(t_{n_l,j}) - Y(t_{n_l,j-1}) \right] \,\middle|\, \mathscr{F}_{t_{n_l,j-1}} \right\} \mathrm{d}P$$

$$= \lim_{l \to \infty} \sum_{j=1}^{2^{n_l}} \int_\Omega \mathbf{1}_A \left[ Y(t_{n_l,j}) - Y(t_{n_l,j-1}) \right] \mathrm{d}P$$

$$= \lim_{l \to \infty} \int_\Omega \mathbf{1}_A \left[ Y(a) - Y(0) \right] \mathrm{d}P = - \int_\Omega \mathbf{1}_A Y(0) \, \mathrm{d}P$$

因此对每一 $A \in \mathscr{F}_0$ 有

$$\int_A \left[ Y(0) + E(A_a^* | \mathscr{F}_0) \right] \mathrm{d}P = 0$$

成立, 这蕴含在概率空间 $(\Omega, \mathscr{F}_0, P)$ 上 a.e. 有

$$Y(0) + E(A_a^* | \mathscr{F}_0) = 0$$

因而存在概率空间 $(\Omega, \mathscr{F}_0, P)$ 的一个零集 $\Lambda_0$, 使得对 $\omega \in \Lambda_0^c$ 有 $A(0, \omega) = 0$. 设 $\Lambda = \Lambda_0 \cup \Lambda_\infty$, 则对 $\omega \in \Lambda^c$, $A(\cdot, \omega)$ 是满足 $A(0, \omega) = 0$ 的实值右连续单调增函数, 这说明 $A$ 是 $[0, a]$ 上的一个几乎必然增过程.

为证明几乎必然增过程 $A = \{A_t : t \in [0, a]\}$ 是自然的, 我们证明对每一个右连续有界鞅 $M = \{M_t : t \in [0, a]\}$ 有

$$E(M_t A_t) = E\left[ \int_{[0,t]} M_-(s) \, \mathrm{d}A(s) \right] \tag{5.6.47}$$

对每一 $t \in [0, a]$ 成立. 又因为 $a$ 是任意的, 所以仅对 $t = a$ 的情形证明 (5.6.47) 式成立即可.

首先, 注意到

$$E\left( M_a A_a^{(n)} \right) = \sum_{j=1}^{2^n} E\left[ M(a) \left\{ A^{(n)}(t_{n,j}) - A^{(n)}(t_{n,j-1}) \right\} \right]$$

$$= \sum_{j=1}^{2^n} E\left[E\left[M(a)\left\{A^{(n)}(t_{n,j}) - A^{(n)}(t_{n,j-1})\right\} \middle| \mathscr{F}_{t_{n,j-1}}\right]\right]$$

$$= \sum_{j=1}^{2^n} E\left[E\left\{A^{(n)}(t_{n,j}) - A^{(n)}(t_{n,j-1})\right\}\left[M(a)\middle| \mathscr{F}_{t_{n,j-1}}\right]\right]$$

$$= \sum_{j=1}^{2^n} E\left[M(t_{n,j-1})\left\{A^{(n)}(t_{n,j}) - A^{(n)}(t_{n,j-1})\right\}\right]$$

$$= \sum_{j=1}^{2^n} E\left[M(t_{n,j-1}) E\left[Y(t_{n,j}) - Y(t_{n,j-1})\middle| \mathscr{F}_{t_{n,j-1}}\right]\right]$$

$$= \sum_{j=1}^{2^n} E\left[M(t_{n,j-1})\left\{Y(t_{n,j}) - Y(t_{n,j-1})\right\}\right]$$

$$= \sum_{j=1}^{2^n} E\left[M(t_{n,j-1})\left\{A(t_{n,j}) - A(t_{n,j-1})\right\}\right]$$

$$- \sum_{j=1}^{2^n} E\left[M(t_{n,j-1})\left\{E\left(A_a^* \middle| \mathscr{F}_{t_{n,j}}\right) - E\left(A_a^* \middle| \mathscr{F}_{t_{n,j-1}}\right)\right\}\right]$$

其中第三个等号运用了 $A^{(n)}$ 的可料性, 第五个等号用到了引理 5.6.15 的 (5.6.26) 式, 最后的等号用到了本证明中的 (5.6.40) 式.

注意到对于上面式子最后的和中的被加项有

$$E\left[M(t_{n,j-1})\left\{E\left(A_a^* \middle| \mathscr{F}_{n,j}\right) - E\left(A_a^* \middle| \mathscr{F}_{t_{n,j-1}}\right)\right\}\right]$$

$$= E\left[E\left(M(t_{n,j-1}) A_a^* \middle| \mathscr{F}_{t_{n,j}}\right)\right] - E\left[E\left(M(t_{n,j-1}) A_a^* \middle| \mathscr{F}_{t_{n,j}}\right)\right] = 0$$

因此有

$$E\left(M_a A_a^{(n)}\right) = E\left[\sum_{j=1}^{2^n} M(t_{n,j-1})\left\{A(t_{n,j}) - A(t_{n,j-1})\right\}\right] \tag{5.6.48}$$

又因 $M_a \in L_\infty\left(\Omega, \mathscr{F}_a, P\right)$, 故由 (5.6.39) 式和 (5.6.40) 式及引理 5.6.15 的 (5.6.25) 式有

$$\lim_{l \to \infty} E\left(M_a A_a^{(n_l)}\right) = E\left(M_a A_a^*\right) = E\left(M_a E\left[A_a^* \middle| \mathscr{F}_a\right]\right) = E\left(M_a A_a\right) \tag{5.6.49}$$

另一方面, 由引理 5.6.9, 有

$$\lim_{l\to\infty} E\left[\sum_{j=1}^{2^{n_l}} M\left(t_{n_l,j-1}\right)\left\{A\left(t_{n_l,j}\right) - A\left(t_{n_l,j-1}\right)\right\}\right]$$

$$= E\left[\int_{[0,a]} M_-\left(s\right) \mathrm{d}A\left(s\right)\right] \tag{5.6.50}$$

在 (5.6.48) 式中应用 (5.6.49) 式和 (5.6.50) 式即可得 (5.6.47) 式. 至此我们完成了在任何有限区间 $[0,a]$ 上右连续类 (DL) 下鞅分解存在性的证明.

(3) 在 $\mathbb{R}_+$ 上分解的存在性.

根据 (2) 中的结果, 对每一个 $n \in \mathbb{N}$, 都存在一个右连续鞅 $M^{(n)} = \left\{M_t^{(n)} : t \in [0,n]\right\}$ 和一个自然的几乎必然递增过程 $A^{(n)} = \left\{A_t^{(n)} : t \in [0,n]\right\}$ 及概率空间 $(\Omega, \mathscr{F}_a, P)$ 上的一个零集 $\lambda^{(n)}$, 使得

$$X\left(t,\omega\right) = M^{(n)}\left(t,\omega\right) + A^{(n)}\left(t,\omega\right)$$

对 $t \in [0,n]$ 和 $\omega \in \left(\lambda^{(n)}\right)^c$ 成立. 通过与定理 5.6.14 同样的论证, 可得存在概率空间 $(\Omega, \mathscr{F}, P)$ 的一个零集 $\Lambda_n$, 使得 $M^{(n)} = M^{(n+1)}$ 在 $[0,n] \times \Lambda_n^c$ 上成立, 因此 $A^{(n)} = A^{(n+1)}$ 也在 $[0,n] \times \Lambda_n^c$ 上成立.

设 $\Lambda = \bigcup_{n\in\mathbb{N}} \Lambda_n$. 在 $\mathbb{R}_+ \times \Omega$ 上定义随机过程 $M$ 满足

$$\begin{cases} M\left(t,\omega\right) = M^{(n)}\left(t,\omega\right), & t \in [0,n], \omega \in \Lambda^c, \\ M\left(t,\omega\right) = 0, & t \in [0,n], \omega \in \Lambda \end{cases}$$

类似地定义随机过程 $A$ 满足

$$\begin{cases} A\left(t,\omega\right) = A^{(n)}\left(t,\omega\right), & t \in [0,n], \omega \in \Lambda^c, \\ A\left(t,\omega\right) = 0, & t \in [0,n], \omega \in \Lambda \end{cases}$$

这样明确定义的随机过程 $M$ 和 $A$ 满足定理的要求.

**推论 5.6.17**　设域流空间 $(\Omega, \mathscr{F}, \{\mathscr{F}_t : t \in \mathbb{R}_+\}, P)$ 满足通常条件, 如果 $X = \{X_t : t \in \mathbb{R}_+\}$ 是其上的一个右连续类 (D) 下鞅, 那么在其 Doob-Meyer 分解式 $X = M + A$ 中, 右连续鞅 $M$ 是一致可积的, 自然的几乎必然递增过程 $A$ 也是一致可积的.

**证明**　如果 $X = \{X_t : t \in \mathbb{R}_+\}$ 是一个类 (D) 下鞅, 那么因为每一个确定时间都是一个有限停时, 所以 $X$ 是一致可积的, 从而由定理 5.4.1 知存在一个可积

的 $\mathscr{F}_\infty$ 可测的随机变量 $X_\infty$, 使得 $X = \{X_t : t \in \mathbb{R}_+\}$ 在概率空间 $(\Omega, \mathscr{F}_\infty, P)$ 上既 a.e. 收敛于 $X_\infty$ 又 $L_1$ 收敛于 $X_\infty$, 特别地有 $\lim_{t \to \infty} E(X_t) = E(X_\infty)$

如果 $X = M + A$ 是 $X$ 的 Doob-Meyer 分解式, 那么因为 $M$ 是一个鞅, 所以对每一 $t \in \mathbb{R}_+$ 有 $E(M_t) = E(M_0) \in \mathbb{R}$, 再由单调收敛定理有

$$E(A_\infty) = \lim_{t \to \infty} E(A_t) - \lim_{t \to \infty} \{E(X_t) - E(M_t)\} = E(X_\infty) - E(M_0) \in \mathbb{R}$$

因此 $E(A_\infty) < \infty$, 从而由引理 5.6.2 知 $A$ 一致可积, 进而 $M = X - A$ 也一致可积.

### 5.6.3 正则下鞅

**定义 5.6.18** 称域流空间 $(\Omega, \mathscr{F}, \{\mathscr{F}_t : t \in \mathbb{R}_+\}, P)$ 上的下鞅 $X = \{X_t : t \in \mathbb{R}_+\}$ 为正则的, 如果对每一个 $a > 0$ 和所有以 $a$ 为界的停时的集合 $\mathbf{J}_a$ 中的每一个以 $\tau (\tau \in \mathbf{J}_a)$ 为极限的递增序列 $\{\tau_n : n \in \mathbb{N}\}$, 有 $\lim_{n \to \infty} E(X_{\tau_n}) = E(X_\tau)$.

**注释 5.6.19** 从正则下鞅的定义立即可得, 域流空间 $(\Omega, \mathscr{F}, \{\mathscr{F}_t : t \in \mathbb{R}_+\}, P)$ 上的下鞅 $X = \{X_t : t \in \mathbb{R}_+\}$ 为一个正则下鞅当且仅当对 $\Omega$ 上的任何递增的停时序列 $\{\tau_n : n \in \mathbb{N}\}$ 和停时 $\tau$, 当 $\tau_n \uparrow \tau$ 时, 对每一 $t \in \mathbb{R}_+$ 有

$$\lim_{n \to \infty} E(X_{\tau_n \wedge t}) = E(X_{\tau \wedge t})$$

**推论 5.6.20** 右连续域流空间 $(\Omega, \mathscr{F}, \{\mathscr{F}_t : t \in \mathbb{R}_+\}, P)$ 上的每一个右连续鞅 $X = \{X_t : t \in \mathbb{R}_+\}$ 都是正则的.

**证明** 设 $a > 0$, 对任何 $\rho, \tau \in \mathbf{J}_a$, 满足在 $\Omega$ 上有 $\rho < \tau$, 利用连续时间情形的有界停时可选样本定理可得

$$E(X_\tau | \mathscr{F}_\rho) = X_\rho$$

在概率空间 $(\Omega, \mathscr{F}_\rho, P)$ 上 a.e. 成立, 因此 $E(X_\tau) = EX_\rho$, 从而对 $\mathbf{J}_a$ 中的任何一个递增的停时序列 $\{\tau_n : n \in \mathbb{N}\}$ 和停时 $\tau \in \mathbf{J}_a$, 满足对 $n \in \mathbb{N}$ 有 $\tau_n \leqslant \tau$, 有

$$E(X_{\tau_n}) = E(X_\tau)$$

对每一 $n \in \mathbb{N}$ 成立.

**推论 5.6.21** 右连续域流空间 $(\Omega, \mathscr{F}, \{\mathscr{F}_t : t \in \mathbb{R}_+\}, P)$ 上的每一个几乎必然连续和非负右连续的下鞅 $X = \{X_t : t \in \mathbb{R}_+\}$ 都是正则的.

**证明** 设 $a > 0$. 对 $\mathbf{J}_a$ 中的任何一个递增的停时序列 $\{\tau_n : n \in \mathbb{N}\}$ 和停时 $\tau \in \mathbf{J}_a$, 满足在 $\Omega$ 上有 $\tau_n \uparrow \tau$, 因为 $X = \{X_t : t \in \mathbb{R}_+\}$ 的几乎每一个样本函数是连续的, 所以

$$\lim_{n \to \infty} X_{\tau_n} = X_\tau$$

在概率空间 $(\Omega, \mathscr{F}, P)$ 上 a.e. 成立, 因此由 Fatou 引理有

$$E\left(X_\tau\right) = E\left[\lim_{n\to\infty} X_{\tau_n}\right] \leqslant \liminf_{n\to\infty} E\left[X_{\tau_n}\right]$$

再利用连续时间情形的有界停时可选样本定理可得 $\{X_{\tau_n}, n \in \mathbb{N}, X_\tau\}$ 是一个关于域流 $\{\mathscr{F}_{\tau_n}, n \in \mathbb{N}, \mathscr{F}_\tau\}$ 的下鞅, 故对 $n \in \mathbb{N}$ 有 $E\left[X_{\tau_n}\right] \leqslant E\left(X_\tau\right)$, 且当 $n \to \infty$ 时 $E\left[X_{\tau_n}\right] \uparrow$, 从而

$$\lim_{n\to\infty} E\left[X_{\tau_n}\right] \leqslant E\left(X_\tau\right)$$

将此式与前面已证的 $E\left(X_\tau\right) \leqslant \liminf_{n\to\infty} E\left[X_{\tau_n}\right]$ 结合可得

$$\lim_{n\to\infty} E\left[X_{\tau_n}\right] = E\left(X_\tau\right)$$

即下鞅 $X = \{X_t : t \in \mathbb{R}_+\}$ 是正则的.

**推论 5.6.22**　域流空间 $(\Omega, \mathscr{F}, \{\mathscr{F}_t : t \in \mathbb{R}_+\}, P)$ 上的每一个几乎必然连续的几乎必然递增过程 $A = \{A_t : t \in \mathbb{R}_+\}$ 总是正则的.

**证明**　如果 $A = \{A_t : t \in \mathbb{R}_+\}$ 是一个几乎必然连续的几乎必然递增过程, 那么存在概率空间 $(\Omega, \mathscr{F}_\infty, P)$ 的一个零集 $\Lambda_A$ 使得对每一 $\omega \in \Lambda_A^c$ 有 $A(\cdot, \omega)$ 是 $\mathbb{R}_+$ 上的一个满足 $A(0, \omega) = 0$ 的实值连续单调增函数. 如果 $\{\tau_n : n \in \mathbb{N}\}$ 是 $\mathbf{J}_a$ 中的一个递增收敛到 $\tau \in \mathbf{J}_a$ 的序列, 那么由 $A(\cdot, \omega)$ 的连续性知当 $n \to \infty$ 时在 $\Lambda_A^c$ 上有 $A_{\tau_n} \uparrow A_\tau$, 从而由单调收敛定理得

$$\lim_{n\to\infty} E\left(A_{\tau_n}\right) = E\left(A_\tau\right)$$

至此我们知道了一个几乎必然连续且几乎必然递增过程是自然和正则的, 事实上, 如果一个几乎必然递增过程既是自然的又是正则的, 那么在概率空间自身完备而其上的域流又满足通常条件时它是几乎必然连续的.

**注释 5.6.23**　如果域流空间 $(\Omega, \mathscr{F}, \{\mathscr{F}_t : t \in \mathbb{R}_+\}, P)$ 上的几乎必然递增过程 $A = \{A_t : t \in \mathbb{R}_+\}$ 是正则的, 那么对于所有以 $a$ 为界的停时的集合 $\mathbf{J}_a$ 中的每一递增收敛到 $J_a$ 中元素 $\tau$ 的停时序列 $\{\tau_n : n \in \mathbb{N}\}$, 有

$$\lim_{n\to\infty} A_{\tau_n} = A_\tau$$

在概率空间 $(\Omega, \mathscr{F}_\infty, P)$ 上 a.e. 成立.

**证明**　因为 $A$ 是一个几乎必然递增过程, 所以存在概率空间 $(\Omega, \mathscr{F}_\infty, P)$ 的一个零集 $\Lambda_A$ 使得对每一 $\omega \in \Lambda_A^c$ 有 $A(\cdot, \omega)$ 是 $\mathbb{R}_+$ 上的一个满足 $A(0, \omega) = 0$ 的

实值右连续单调增函数. 因此当 $n \to \infty$ 时 $A_{\tau_n} \uparrow$, 且在 $\Lambda_A^c$ 上 $A_{\tau_n} \leqslant A_\tau$. 从而由单调收敛定理有

$$\lim_{n \to \infty} E\left(A_{\tau_n}\right) = E\left(\lim_{n \to \infty} A_{\tau_n}\right)$$

进而由 $A$ 的正则性有 $\lim_{n \to \infty} E\left(A_{\tau_n}\right) = E\left(A_\tau\right)$. 因此 $E\left(A_\tau - \lim_{n \to \infty} A_{\tau_n}\right) = 0$. 再由在 $\Lambda_A^c$ 上 $A_\tau - \lim_{n \to \infty} A_{\tau_n} \geqslant 0$, 这蕴含 $A_\tau - \lim_{n \to \infty} A_{\tau_n} = 0$, 即

$$\lim_{n \to \infty} A_{\tau_n} = A_\tau$$

在概率空间 $(\Omega, \mathscr{F}_\infty, P)$ 上 a.e. 成立.

利用注释 5.6.23, 结合定理 4.4.14 和命题 4.4.6 可得如下结论.

**引理 5.6.24** 设 $A = \{A_t : t \in \mathbb{R}_+\}$ 是域流空间 $(\Omega, \mathscr{F}, \{\mathscr{F}_t : t \in \mathbb{R}_+\}, P)$ 上的一个几乎必然递增过程.

(1) 如果对每一 $a > 0$ 和每一以 $a$ 为界的停时的集合 $\mathbf{J}_a$ 中的每一递增收敛到 $\mathbf{J}_a$ 中元素 $\tau$ 的停时序列 $\{\tau_n : n \in \mathbb{N}\}$, 有

$$\lim_{n \to \infty} \|A_{\tau_n} - A_\tau\|_1$$

那么 $A$ 是正则的.

(2) 反之, 如果 $A$ 是正则的, 那么对 (1) 中的 $\tau_n$ 和 $\tau$, 当 $n \to \infty$ 时, 在概率空间 $(\Omega, \mathscr{F}_\infty, P)$ 上 $A_{\tau_n}$ 既 a.e. 收敛于 $A_\tau$ 也 $L_1$ 收敛于 $A_\tau$.

(3) 如果 $A$ 是正则的, 那么对每一 $c > 0$, 过程 $A \wedge c = \{(A \wedge c)_t : t \in \mathbb{R}_+\}$ 也是正则的, 其中 $(A \wedge c)_t = A_t \wedge c$.

**证明** (1) 因由 $\lim_{n \to \infty} \|A_{\tau_n} - A_\tau\|_1 = 0$ 可得 $\lim_{n \to \infty} E\left(A_{\tau_n}\right) = E\left(A_\tau\right)$, 故 $A$ 是正则的.

(2) 从注释 5.6.23 知, 由 $A$ 正则性可得当 $n \to \infty$ 时 $A_{\tau_n}$ 收敛到 $A_\tau$ 在概率空间 $(\Omega, \mathscr{F}_\infty, P)$ 上 a.e. 成立.

又因在概率空间 $(\Omega, \mathscr{F}_\infty, P)$ 上 a.e. 有 $0 \leqslant A_{\tau_n} \leqslant A_\tau$, 故 $\lim_{n \to \infty} E\left(A_{\tau_n}\right) = E\left(A_\tau\right)$ 等价于 $\lim_{n \to \infty} E\left(|A_\tau - A_{\tau_n}|\right) = 0$, 因此 $n \to \infty$ 时 $A_{\tau_n}$ $L_1$ 收敛到 $A_\tau$.

(3) 如果 $A$ 是正则的, 那么对如 (1) 中的 $\tau_n$ 和 $\tau$ 在概率空间 $(\Omega, \mathscr{F}_\infty, P)$ 上 a.e. 有 $\lim_{n \to \infty} A_{\tau_n} = A_\tau$, 从而 $\lim_{n \to \infty} A_{\tau_n} \wedge c = A_\tau \wedge c$, 即

$$\lim_{n \to \infty} (A \wedge c)_{\tau_n} = (A \wedge c)_\tau$$

在概率空间 $(\Omega, \mathscr{F}_\infty, P)$ 上 a.e. 成立.

根据前面的 (2) $n \to \infty$ 时 $A_{\tau_n} L_1$ 收敛到 $A_\tau$, 因此由定理 4.4.14 知 $\{A_{\tau_n} : n \in \mathbb{N}\}$ 一致可积, 从而由命题 4.4.6 知 $\{A_{\tau_n} \wedge c : n \in \mathbb{N}\}$ 也一致可积, 因而再由定理 4.4.14 知 $n \to \infty$ 时 $A_{\tau_n} \wedge c L_1$ 收敛到 $A \wedge c$. 再由 (1) 知 $A \wedge c$ 是正则的.

**引理 5.6.25**　设完备概率 $(\Omega, \mathscr{F}, P)$ 上的域流 $\{\mathscr{F}_t : t \in \mathbb{R}_+\}$ 满足通常条件, $A = \{A_t : t \in \mathbb{R}_+\}$ 是域流空间 $(\Omega, \mathscr{F}, \{\mathscr{F}_t : t \in \mathbb{R}_+\}, P)$ 上的一个既是自然的又是正则的几乎必然递增过程. 对 $a, c > 0$, 定义随机过程 $A \wedge c = \{(A \wedge c)_t : t \in [0, a]\}$, 其中 $(A \wedge c)_t = A(t) \wedge c$.

如果对 $n \in \mathbb{N}$, 对 $k = 0, \cdots, 2^n$, 令 $t_{n,k} = k2^{-n}a$; 而对 $k = 1, \cdots, 2^n - 1$, 令 $I_{n,k} = [t_{n,k-1}, t_{n,k}), I_{n,2^n} = [t_{n,2^n-1}, a)$. 对 $n \in \mathbb{N}$, 定义

$$\nu_n(t) = t_{n,k}, \text{ 其中 } t \in I_{n,k}, \quad k = 1, \cdots, 2^n \tag{5.6.51}$$

即 $\nu_n$ 为 $[0, a]$ 上的右连续阶梯函数. 对 $n \in \mathbb{N}$, 对 $t \in [0, a]$, 定义

$$A^{(n)}(t) = E\left[(A \wedge c)(\nu_n(t)) \mid \mathscr{F}_t\right] \tag{5.6.52}$$

使得随机过程 $A^{(n)} = \{A^{(n)}(t) : t \in [0, a]\}$ 在每一 $I_{n,k}$ 上为一个右连续的鞅. 那么存在 $\{n\}$ 的子序列 $\{n_l\}$ 和概率空间 $(\Omega, \mathscr{F}_a, P)$ 的一个零集 $\Lambda_a$ 使得对 $\omega \in \Lambda_a^c$ 有

$$\lim_{l \to \infty} \sup_{t \in [0,a]} \left| A^{(n_l)}(t, \omega) - (A \wedge c)(t, \omega) \right| = 0 \tag{5.6.53}$$

**定理 5.6.26**　设完备概率空间 $(\Omega, \mathscr{F}, P)$ 上的域流 $\{\mathscr{F}_t : t \in \mathbb{R}_+\}$ 满足通常条件, $A = \{A_t : t \in \mathbb{R}_+\}$ 是域流空间 $(\Omega, \mathscr{F}, \{\mathscr{F}_t : t \in \mathbb{R}_+\}, P)$ 上的一个几乎必然递增过程. 如果 $A$ 既是自然的又是正则的, 那么它是几乎必然连续的.

**证明**　如果我们能证明对每一 $a > 0$, 存在概率空间 $(\Omega, \mathscr{F}_a, P)$ 的一个零集 $\Lambda_a$ 使得对 $\omega \in \Lambda_a^c$ 有 $A(\cdot, \omega)$ 在区间 $[0, a]$ 上连续, 那么对每一 $n \in \mathbb{N}$ 存在概率空间 $(\Omega, \mathscr{F}_n, P)$ 的一个零集 $\Lambda_n$ 使得对 $\omega \in \Lambda_n^c$ 有 $A(\cdot, \omega)$ 在区间 $[0, n]$ 上连续, 因此对于零集 $\Lambda_\infty = \bigcup_{n \in \mathbb{N}} \Lambda_n$, 当 $\omega \in \Lambda_\infty^c$ 时有 $A(\cdot, \omega)$ 在 $\mathbb{R}_+$ 上连续. 故下面证明 $\Lambda_a$ 的存在性.

因为 $A = \{A_t : t \in \mathbb{R}_+\}$ 是一个几乎必然递增过程, 所以存在概率空间 $(\Omega, \mathscr{F}_\infty, P)$ 的一个零集 $\Lambda_A$ 使得对每一 $\omega \in \Lambda_A^c$ 有 $A(\cdot, \omega)$ 是 $\mathbb{R}_+$ 上的一个满足 $A(0, \omega) = 0$ 的实值右连续单调增函数. 现定义随机过程 $A_- = \{A_-(t) : t \in \mathbb{R}_+\}$, 其中

$$A_-(t, \omega) = \begin{cases} \lim_{s \uparrow t} A(s, \omega), & t \in (0, \infty), \omega \in \Lambda_A^c, \\ A(0, \omega), & t = 0, \omega \in \Lambda_A^c, \\ 0, & t \in \mathbb{R}_+, \omega \in \Lambda_A, \end{cases} \tag{5.6.54}$$

因为域流空间 $(\Omega, \mathscr{F}, \{\mathscr{F}_t : t \in \mathbb{R}_+\}, P)$ 是一个增广的域流空间, 所以对每一 $t \in \mathbb{R}_+$, 有 $\Lambda_A \in \mathscr{F}_t$, 因此对每一 $t \in \mathbb{R}_+$, $A_-(t)$ 是 $\mathscr{F}_t$ 可测的, 从而随机过程 $A_-$ 是一个适应过程.

设 $a > 0$ 固定, 对每一 $c > 0$, 定义随机过程 $A \wedge c = \{(A \wedge c)_t : t \in [0,a]\}$, 其中 $(A \wedge c)_t = A(t) \wedge c$; 类似地, 定义随机过程 $A_- \wedge c = \{(A_- \wedge c)_t : t \in [0,a]\}$, 其中 $(A_- \wedge c)_t = A_-(t) \wedge c$. 对 $\omega \in \Lambda_A^c$, $(A \wedge c)(\cdot, \omega)$ 是一个在区间 $[0,a]$ 上有界且满足 $(A \wedge c)(0,\omega) = 0$ 的实值右连续单调增函数, 特别地它有至多可数多个不连续点, 而且它在点 $t \in [0,a]$ 不连续当且仅当 $(A_- \wedge c)(t,\omega) < (A \wedge c)(t,\omega)$. 因此对每一 $\omega \in \Lambda_A^c$, 和式

$$\sum_{t \in [0,a]} \{(A \wedge c)(t,\omega) - (A_- \wedge c)(t,\omega)\} \qquad (5.6.55)$$

是至多可数多正项的和. 下面证明

$$E\left[\sum_{t \in [0,a]} \{(A \wedge c)(t,\omega) - (A_- \wedge c)(t,\omega)\}^2\right] = 0 \qquad (5.6.56)$$

上式中的积分在零集 $\Lambda_A$ 上没有定义. 现在对 $\omega \in \Lambda_A^c$ 有

$$\sum_{t \in [0,a]} \{(A \wedge c)(t,\omega) - (A_- \wedge c)(t,\omega)\}^2$$

$$= \int_{[0,a]} \{(A \wedge c)(t,\omega) - (A_- \wedge c)(t,\omega)\} \, \mathrm{d}(A \wedge c)(t)$$

$$\leqslant \int_{[0,a]} \{(A \wedge c)(t,\omega) - (A_- \wedge c)(t,\omega)\} \, \mathrm{d}A(t)$$

因此, 为证 (5.6.56) 式, 只需证明

$$E\left[\int_{[0,a]} \{(A \wedge c)(t,\omega) - (A_- \wedge c)(t,\omega)\} \, \mathrm{d}A(t)\right] = 0$$

或者等价地

$$E\left[\int_{[0,a]} (A \wedge c)(t,\omega) \, \mathrm{d}A(t)\right] = E\left[\int_{[0,a]} (A_- \wedge c)(t,\omega) \, \mathrm{d}A(t)\right] \qquad (5.6.57)$$

考虑在引理 5.6.25 中定义的随机过程 $A^{(n)}$, 因为对 $k = 0, \cdots, 2^n$, $A^{(n)}$ 是 $I_{n,k}$ 上的一个右连续的有界鞅, 由 $A$ 是正则的可得

$$E\left[\int_{[0,a]} A^{(n)}(t) \, \mathrm{d}A(t)\right] = \sum_{k=1}^{2^n} E\left[\int_{I_{n,k}} A^{(n)}(t) \, \mathrm{d}A(t)\right]$$

$$= \sum_{k=1}^{2^n} E \left[ \int_{I_{n,k}} A_-^{(n)}(t) \, \mathrm{d}A(t) \right] = \left[ \int_{[0,a]} A_-^{(n)}(t) \, \mathrm{d}A(t) \right] \tag{5.6.58}$$

根据引理 5.6.25 可知, 存在 $\{n\}$ 的子序列 $\{n_l\}$ 和概率空间 $(\Omega, \mathscr{F}_a, P)$ 的一个零集 $L_a$ 使得对 $\omega \in L_a^c$ 有

$$\lim_{l \to \infty} A^{(n_l)}(t, \omega) = (A \wedge c)(t, \omega) \tag{5.6.59}$$

对 $t \in [0, a]$ 一致成立. 因为由引理 5.6.25 可知除去一个零集对所有的 $t \in [0, a]$ 当 $l \to \infty$ 时有 $A^{(n_l)}(t) \downarrow$, 故除去概率空间 $(\Omega, \mathscr{F}_a, P)$ 的一个零集有 $\int_{[0,a]} A^{(n)}(t) \, dA(t) \downarrow$, 从而由单调收敛定理和 (5.6.59) 式的一致收敛性可得

$$\lim_{l \to \infty} E \left[ \int_{[0,a]} A^{(n_l)}(t) \, \mathrm{d}A(t) \right] = E \left[ \lim_{l \to \infty} \int_{[0,a]} A^{(n_l)}(t) \, \mathrm{d}A(t) \right]$$

$$= \left[ \int_{[0,a]} (A \wedge c)(t) \, \mathrm{d}A(t) \right] \tag{5.6.60}$$

因为 (5.6.59) 式也说明对 $\omega \in L_a^c$ 有

$$\lim_{l \to \infty} A_-^{(n_l)}(t, \omega) = (A_- \wedge c)(t, \omega)$$

对 $t \in [0, a]$ 一致成立, 从而类似于 (5.6.60) 式的证明可得

$$\lim_{l \to \infty} E \left[ \int_{[0,a]} A_-^{(n_l)} \mathrm{d}A(t) \right] = \left[ \int_{[0,a]} (A_- \wedge c)(t) \, \mathrm{d}A(t) \right] \tag{5.6.61}$$

将 (5.6.60) 式与 (5.6.61) 式代入 (5.6.58) 式即得 (5.6.57) 式, 从而 (5.6.56) 式成立.

而 (5.6.56) 式说明存在概率空间 $(\Omega, \mathscr{F}_a, P)$ 的一个零集 $\Lambda_{a,c}$ 使得对 $\omega \in \Lambda_{a,c}^c$ 有

$$\sum_{t \in [0,a]} \left\{ (A \wedge c)(t, \omega) - (A_- \wedge c)(t, \omega) \right\}^2 = 0$$

再因对 $\omega \in \Lambda_A^c$ 有 $0 \leqslant (A_- \wedge c)(t, \omega) \leqslant (A \wedge c)(t, \omega)$, 故

$$\sum_{t \in [0,a]} \left\{ (A \wedge c)(t, \omega) - (A_- \wedge c)(t, \omega) \right\} = 0$$

对 $\omega \in (\Lambda_{a,c} \cup \Lambda_A)^c$ 成立. 因此对 $\omega \in (\Lambda_{a,c} \cup \Lambda_A)^c$ 有 $(A \wedge c)(\cdot, \omega)$ 在区间 $[0, a]$ 上连续. 设 $\Lambda_a = \left( \bigcup_{m \in \mathbb{N}} \Lambda_{a,m} \right) \cup \Lambda_A$, 那么对所有的 $m \in \mathbb{N}$ 当 $\omega \in \Lambda_a^c$ 时有

$(A \wedge m)(\cdot, \omega)$ 在区间 $[0, a]$ 上连续, 从而再由当 $\omega \in \Lambda_A^c$ 时 $A(t, \omega) \leqslant A(a, \omega) < \infty$ 可得当 $\omega \in \Lambda_a^c$ 时 $A(\cdot, \omega)$ 在区间 $[0, a]$ 上连续.

**定理 5.6.27** 设完备概率空间 $(\Omega, \mathscr{F}, P)$ 上的域流 $\{\mathscr{F}_t : t \in \mathbb{R}_+\}$ 满足通常条件, 如果 $A = \{A_t : t \in \mathbb{R}_+\}$ 是域流空间 $(\Omega, \mathscr{F}, \{\mathscr{F}_t : t \in \mathbb{R}_+\}, P)$ 上的一个几乎必然递增过程, 那么 $A$ 是几乎必然连续的当且仅当 $A$ 既是自然的又是正则的.

**证明** 如果随机过程 $A$ 几乎必然连续, 那么由定理 5.6.11 知 $A$ 是自然的, 由推论 5.6.22 知 $A$ 是正则的. 反之, 如果随机过程 $A$ 既是自然的又是正则的, 那么由定理 5.6.26 知 $A$ 是几乎必然连续的.

**定理 5.6.28** 设完备概率空间 $(\Omega, \mathscr{F}, P)$ 上的域流 $\{\mathscr{F}_t : t \in \mathbb{R}_+\}$ 满足通常条件, 随机过程 $X = \{X_t : t \in \mathbb{R}_+\}$ 是域流空间 $(\Omega, \mathscr{F}, \{\mathscr{F}_t : t \in \mathbb{R}_+\}, P)$ 上的一个类 (DL) 右连续下鞅, 随机过程 $A = \{A_t : t \in \mathbb{R}_+\}$ 是 $X$ 的 Doob-Meyer 分解式 $X = M + A$ 中的几乎必然递增过程, 那么 $A$ 是几乎必然连续的当且仅当 $X$ 是正则的.

**证明** 因为 $M$ 是右连续域流空间上的右连续鞅, 所以由定理 5.6.20 知它是正则的, 因此 $X$ 是正则的当且仅当 $A$ 是正则的. 又 $A$ 是自然的, 所以由定理 5.6.27 知 $A$ 是正则的当且仅当 $A$ 是几乎必然连续的, 因此 $X$ 是正则的当且仅当 $A$ 是几乎必然连续的.

# 第三篇
# 随 机 积 分

# C
## HAPTER

# 第 6 章　随机积分

## 6.1　平方可积鞅和它的二次变差过程

### 6.1.1　右连续平方可积 ($L_2$) 鞅空间

**定义 6.1.1**　称域流空间 $(\Omega, \mathscr{F}, \{\mathscr{F}_t : t \in \mathbb{R}_+\}, P)$ 为一个标准域流空间, 如果它满足下面的条件:

(1) 概率空间 $(\Omega, \mathscr{F}, P)$ 是完备的;

(2) 域流 $\{\mathscr{F}_t : t \in \mathbb{R}_+\}$ 是右连续的;

(3) 域流 $\{\mathscr{F}_t : t \in \mathbb{R}_+\}$ 是增广的, 即 $\mathscr{F}_0$ 包含概率空间 $(\Omega, \mathscr{F}, P)$ 上的所有零集.

如果域流空间 $(\Omega, \mathscr{F}, \{\mathscr{F}_t : t \in \mathbb{R}_+\}, P)$ 是一个标准域流空间, 那么对每一 $t \in \mathbb{R}_+$, 可测空间 $(\Omega, \mathscr{F}_t, P)$ 都是完备概率空间.

事实上, 如果 $\Lambda$ 是概率空间 $(\Omega, \mathscr{F}_t, P)$ 上的一个零集, 那么 $\Lambda$ 也是概率空间 $(\Omega, \mathscr{F}, P)$ 上的一个零集, 从而由概率空间 $(\Omega, \mathscr{F}, P)$ 的完备性知 $\Lambda$ 的每一个子集 $\Lambda_0$ 都属于 $\mathscr{F}$, 再由 $\mathscr{F}_0$ 包含概率空间 $(\Omega, \mathscr{F}, P)$ 上的所有零集知 $\Lambda_0 \in \mathscr{F}_0$, 从而 $\Lambda_0 \in \mathscr{F}_t$, 故概率空间 $(\Omega, \mathscr{F}_t, P)$ 是完备的.

**命题 6.1.2**　设随机过程 $X = \{X_t : t \in \mathbb{R}_+\}$ 是增广域流空间 $(\Omega, \mathscr{F}, \{\mathscr{F}_t\}, P)$ 上的一个下鞅 (鞅, 或上鞅), 其中概率空间 $(\Omega, \mathscr{F}, P)$ 是完备的. 如果随机过程 $Y$ 是 $X$ 的一个无差别过程, 那么随机过程 $Y$ 也是一个下鞅 (鞅, 或上鞅).

**证明**　显然只需对下鞅情形进行证明即可. 设概率空间 $(\Omega, \mathscr{F}, P)$ 的零集 $\Lambda$, 使得对 $\omega \in \Lambda^c$, 有 $X(\bullet, \omega) = Y(\bullet, \omega)$. 如果 $X$ 是一个下鞅, 则 $X$ 是一个适应过程, 所以对每一 $t \in \mathbb{R}_+$, $X_t$ 是 $\mathscr{F}_t$ 可测的. 因域流空间是增广的, 故零集 $\Lambda \in \mathscr{F}_t$. 由在 $\Lambda^c$ 上有 $Y_t = X_t$, 知在 $\Lambda^c$ 上 $Y_t$ 是 $\mathscr{F}_t$ 可测的; 又概率空间 $(\Omega, \mathscr{F}, P)$ 是完备的, 故在 $\Lambda$ 上 $Y_t$ 是 $\mathscr{F}_t$ 可测的, 从而在 $\Omega$ 上 $Y_t$ 是 $\mathscr{F}_t$ 可测的, 这说明 $Y$ 是一个适应过程. 再因在 $\Lambda^c$ 上有 $Y_t = X_t$, 而 $X_t$ 是可积的, 故 $Y_t$ 也可积, 这说明 $Y$ 是一个 $L_1$ 过程. 现在因 $X$ 是一个下鞅, 故对每对 $s, t \in \mathbb{R}_+$, 当 $s < t$ 时, 在概率空间 $(\Omega, \mathscr{F}_s, P)$ 上 a.e. 有 $E(X_t | \mathscr{F}_s) \geqslant X_s$. 再由在概率空间 $(\Omega, \mathscr{F}_t, P)$ 上 a.e. 有 $Y_t = X_t$, 故在概率空间 $(\Omega, \mathscr{F}_s, P)$ 上 a.e. 有 $E(X_t | \mathscr{F}_s) = E(Y_t | \mathscr{F}_s)$; 又

在概率空间 $(\Omega, \mathscr{F}_s, P)$ 上 a.e. 有 $Y_s = X_s$, 因此在概率空间 $(\Omega, \mathscr{F}_s, P)$ 上 a.e. 有 $E(Y_t | \mathscr{F}_s) \geqslant Y_s$, 这说明随机过程 $Y$ 是一个下鞅.

**定义 6.1.3**　设 $(\Omega, \mathscr{F}, \{\mathscr{F}_t : t \in \mathbb{R}_+\}, P)$ 是一个标准域流空间, 记

$$\mathbf{M}_2 = \mathbf{M}_2 (\Omega, \mathscr{F}, \{\mathscr{F}_t : t \in \mathbb{R}_+\}, P)$$

是该域流空间上所有满足 $X_0 = 0$ a.s. 的右连续平方可积 (或 $L_2$) 鞅 $X = \{X_t : t \in \mathbb{R}_+\}$ 的等价类的线性空间, 记 $\mathbf{M}_2^c = \mathbf{M}_2^c (\Omega, \mathscr{F}, \{\mathscr{F}_t : t \in \mathbb{R}_+\}, P)$ 是 $\mathbf{M}_2$ 的包含其所有几乎必然连续成员的线性子空间.

以下除非特殊说明, 在 $\mathbf{M}_2 (\Omega, \mathscr{F}, \{\mathscr{F}_t\}, P)$ 里的域流空间 $(\Omega, \mathscr{F}, \{\mathscr{F}_t\}, P)$ 总是一个标准域流空间.

注意到 $0 \in \mathbf{M}_2$ 是域流空间 $(\Omega, \mathscr{F}, \{\mathscr{F}_t\}, P)$ 上满足存在概率空间 $(\Omega, \mathscr{F}, P)$ 的一个零集 $\Lambda$, 使得对每一 $\omega \in \Lambda^c$ 在 $\mathbb{R}_+$ 上有 $X(\bullet, \omega) = 0$ 的右连续 $L_2$ 鞅 $X = \{X_t : t \in \mathbb{R}_+\}$ 的等价类.

由定理 5.5.3 知, 对域流空间 $(\Omega, \mathscr{F}, \{\mathscr{F}_t : t \in \mathbb{R}_+\}, P)$ 上的每一个右连续下鞅 $X = \{X_t : t \in \mathbb{R}_+\}$ 来说, 都存在概率空间 $(\Omega, \mathscr{F}_\infty, P)$ 的一个零集 $\Lambda$, 使得对每一 $\omega \in \Lambda^c$, 样本函数 $X(\bullet, \omega)$ 在 $\mathbb{R}_+$ 的每一个有限区间上都是有界的, 在 $\mathbb{R}_+$ 的每一点处有有限的左极限, 而且有至多可数多个不连续点.

**定义 6.1.4**　设 $(\Omega, \mathscr{F}, \{\mathscr{F}_t : t \in \mathbb{R}_+\}, P)$ 是一个标准域流空间, 在空间 $\mathbf{M}_2 (\Omega, \mathscr{F}, \{\mathscr{F}_t\}, P)$ 上, 对 $X = \{X_t : t \in \mathbb{R}_+\} \in \mathbf{M}_2$ 令

$$|X|_t = \left[ E\left( X_t^2 \right) \right]^{1/2}, \quad \text{对 } t \in \mathbb{R}_+ \tag{6.1.1}$$

$$|X|_\infty = \sum_{m \in \mathbb{N}} 2^{-m} \{ |X|_m \wedge 1 \}, \tag{6.1.2}$$

因为 $X \in \mathbf{M}_2$ 是一个鞅, 所以 $X^2$ 是一个下鞅, 从而当 $t \to \infty$ 时, $|X|_t \uparrow$.

**注释 6.1.5**　在空间 $\mathbf{M}_2 (\Omega, \mathscr{F}, \{\mathscr{F}_t\}, P)$ 上定义的 $|\bullet|_t$ 和 $|\bullet|_\infty$ 具有下面的性质:

(1) 对每一 $t \in \mathbb{R}_+$, $|\bullet|_t$ 是空间 $\mathbf{M}_2$ 上的一个半范数;

(2) 对 $X \in \mathbf{M}_2$, $X^{(n)} \in \mathbf{M}_2$, $n \in \mathbb{N}$, $\lim\limits_{n \to \infty} |X^{(n)} - X|_\infty = 0$ 当且仅当对每一 $m \in \mathbb{N}$, 有

$$\lim_{n \to \infty} |X^{(n)} - X|_m = 0$$

(3) $|\bullet|_\infty$ 是空间 $\mathbf{M}_2$ 上的一个拟范数.

**证明**　(1) 显然 $|\bullet|_t$ 是一个半范数.

因为对 $X \in \mathbf{M}_2$, 由 $|X|_t = 0$ 不能推出 $X = 0$, 所以 $|\bullet|_t$ 不是一个范数.

(2) 因对每一 $m \in \mathbb{N}$ 有 $2^m |X|_\infty \geqslant |X|_m \wedge 1$, 故由 $\lim\limits_{n\to\infty} |X^{(n)} - X|_\infty = 0$ 可推出 $\lim\limits_{n\to\infty} \{|X^{(n)} - X|_m \wedge 1\} = 0$, 进而 $\lim\limits_{n\to\infty} |X^{(n)} - X|_m = 0$.

反之, 如果对每一 $m \in \mathbb{N}$, $\lim\limits_{n\to\infty} |X^{(n)} - X|_m = 0$, 那么

$$\lim_{n\to\infty} |X^{(n)} - X|_\infty = \lim_{n\to\infty} \sum_{m\in\mathbb{N}} 2^{-m} \{|X^{(n)} - X|_m \wedge 1\} = 0$$

(3) 对 $X \in \mathbf{M}_2$, 显然 $|X|_\infty \in [0,1]$, $|0|_\infty = 0$.

反之, 如果 $X \in \mathbf{M}_2$, 而 $|X|_\infty = 0$, 那么对每一 $m \in \mathbb{N}$ 有 $|X|_m = 0$, 从而对每一 $t \in \mathbb{R}_+$ 有 $|X|_t = 0$, 因此对每一 $t \in \mathbb{R}_+$ 在概率空间 $(\Omega, \mathscr{F}_t, P)$ 上 a.e. 有 $X_t = 0$.

又因 $X$ 右连续, 故由定理 4.1.4 知存在概率空间 $(\Omega, \mathscr{F}_\infty, P)$ 的一个零集 $\Lambda$ 使得对 $\omega \in \Lambda^c$ 在 $\mathbb{R}_+$ 上有 $X(\bullet, \omega) = 0$. 因此 $X = 0 \in \mathbf{M}_2$.

对 $X \in \mathbf{M}_2$, 显然有 $|-X|_\infty = |X|_\infty$. 因 $|X + Y|_m \leqslant |X|_m + |Y|_m$, 故

$$
\begin{aligned}
|X + Y|_\infty &= \sum_{m\in\mathbb{N}} 2^{-m} \{|X + Y|_m \wedge 1\} \leqslant \sum_{m\in\mathbb{N}} 2^{-m} \{|X|_m \wedge 1 + |Y|_m \wedge 1\} \\
&= \sum_{m\in\mathbb{N}} 2^{-m} \{|X|_m \wedge 1\} + \sum_{m\in\mathbb{N}} 2^{-m} \{|Y|_m \wedge 1\} = |X|_\infty + |Y|_\infty
\end{aligned}
$$

因此 $|\bullet|_\infty$ 是空间 $\mathbf{M}_2$ 上的一个拟范数.

**命题 6.1.6** 设 $(\Omega, \mathscr{F}, \{\mathscr{F}_t\}, P)$ 是一个增广的右连续的域流空间, 对 $n \in \mathbb{N}$ 有 $X, X^{(n)} \in \mathbf{M}_2(\Omega, \mathscr{F}, \{\mathscr{F}_t\}, P)$. 如果 $\lim\limits_{n\to\infty} |X^{(n)} - X|_\infty = 0$, 那么对每一 $m \in \mathbb{N}$, 在 $[0, m)$ 上有 $X^{(n)}$ 依概率一致收敛于 $X$, 即

$$\mathrm{pr} - \lim_{n\to\infty} \left\{ \sup_{t\in[0,m)} \left| X_t^{(n)} - X_t \right| \right\} = 0 \tag{6.1.3}$$

而且, 存在 $\{n\}$ 的一个子序列 $\{n_k\}$ 和概率空间 $(\Omega, \mathscr{F}_\infty, P)$ 的一个零集 $\Lambda$, 使得对每一 $\omega \in \Lambda^c$, 有 $X^{(n_k)}(\bullet, \omega)$ 在 $\mathbb{R}_+$ 的每个有限区间上一致收敛于 $X(\bullet, \omega)$.

**证明** 因为 $X^{(n)} - X$ 右连续, 所以 (6.1.3) 式中的 $\left| X_t^{(n)} - X_t \right|$ 在区间 $[0, m)$ 上取的上确界等于在区间 $[0, m)$ 的可数稠子集上取上确界, 因此 $\sup\limits_{t\in[0,m)} \left| X_t^{(n)} - X_t \right|$ 是概率空间 $(\Omega, \mathscr{F}, P)$ 上的一个随机变量, 而且是一个 $\mathscr{F}_m$ 可测的随机变量.

现在由 $\lim\limits_{n\to\infty}\left|X^{(n)}-X\right|_\infty=0$ 可推出对每一 $m\in\mathbb{N}$, 有

$$\lim_{n\to\infty}\left|X^{(n)}-X\right|_m=0$$

即 $\lim\limits_{n\to\infty}\left[E\left(\left|X_m^{(n)}-X_m\right|^2\right)\right]^{1/2}=0$. 因为 $\left|X^{(n)}-X\right|$ 是一个右连续非负 $L_2$ 下鞅, 所以对每一 $\eta>0$ 由 Doob-Kolmogorov 不等式有

$$P\left\{\sup_{t\in[0,m)}\left|X_t^{(n)}-X_t\right|>\eta\right\}\leqslant\eta^{-2}E\left(\left|X_m^{(n)}-X_m\right|^2\right)$$

因此

$$\lim_{n\to\infty}P\left\{\sup_{t\in[0,m)}\left|X_t^{(n)}-X_t\right|>\eta\right\}=0$$

从而 (6.1.3) 式成立.

因为由一个随机变量序列依概率收敛可推出存在它的一个子序列几乎必然收敛, 所以由 (6.1.3) 式可知对每一 $m\in\mathbb{N}$ 存在 $\{n\}$ 的子序列 $\{n_{m,k}:k\in\mathbb{N}\}$ 和概率空间 $(\Omega,\mathscr{F}_m,P)$ 的一个零集 $\Lambda_m$, 使得对 $\omega\in\Lambda_m^c$ 有

$$\lim_{n\to\infty}\sup_{t\in[0,m)}\left|X^{(n_{m,k})}(t,\omega)-X_t(t,\omega)\right|=0$$

现对 $m\geqslant 2$, 设 $\{n_{m,k}:k\in\mathbb{N}\}$ 是 $\{n_{m-1,k}:k\in\mathbb{N}\}$ 的一个子序列, 令 $\Lambda=\bigcup\limits_{m\in\mathbb{N}}\Lambda_m$, 则 $\Lambda$ 为概率空间 $(\Omega,\mathscr{F}_\infty,P)$ 的一个零集, 从而对 $\{n\}$ 的子序列 $\{n_{k,k}:k\in\mathbb{N}\}$, 当 $\omega\in\Lambda^c$ 时有

$$\lim_{k\to\infty}\sup_{s\in[0,t)}\left|X^{(n_{k,k})}(s,\omega)-X_t(s,\omega)\right|=0,\ \text{对每一}\ t\in\mathbb{R}_+$$

证毕.

为证明空间 $\mathbf{M}_2$ 关于其上的拟范数 $|\bullet|_\infty$ 所产生的度量是一个完备的度量空间, 我们需要下述命题.

**命题 6.1.7** 设 $\left\{X^{(n)}:n\in\mathbb{N}\right\}$, 其中 $X^{(n)}=\left\{X_t^{(n)}:t\in\mathbb{R}_+\right\}$, 是概率空间 $(\Omega,\mathscr{F},P)$ 上的一个左连续或右连续过程的序列, $D\subset\mathbb{R}_+$. 如果这个序列是 $D$ 上的一个依概率一致收敛的 Cauchy 序列, 即对每一 $\eta>0$ 和每一 $\varepsilon>0$, 存在 $N\in\mathbb{N}$, 使得

$$P\left\{\sup_{t\in D}\left|X_t^{(n)}-X_t^{(l)}\right|>\eta\right\}<\varepsilon,\ \text{对}\ n,l\geqslant N \tag{6.1.4}$$

成立, 那么存在 $D \times \Omega$ 上的一个左连续或右连续的随机过程 $X = \{X_t : t \in \mathbb{R}_+\}$, 使得

$$\text{pr} - \lim_{n \to \infty} \left\{ \sup_{t \in D} \left| X_t^{(n)} - X_t \right| \right\} = 0 \tag{6.1.5}$$

成立, 因而存在 $\{n\}$ 的一个子序列 $\{n_k\}$ 和概率空间 $(\Omega, \mathscr{F}, P)$ 的一个零集 $\Lambda$, 使得对每一 $\omega \in \Lambda^c$, 有

$$\lim_{k \to \infty} \sup_{t \in D} \left| X_t^{(n_k)} - X_t \right| = 0 \tag{6.1.6}$$

**证明** 因为随机过程 $\{X^{(n)} : n \in \mathbb{N}\}$ 左连续或右连续, 所以 $\left| X_t^{(n)} - X_t^{(l)} \right|$ 在集合 $D \subset \mathbb{R}_+$ 上的上确界等于其在 $D$ 的可数稠密集上的上确界, 所以 $\sup\limits_{t \in D} \left| X_t^{(n)} - X_t^{(l)} \right|$ 是一个随机变量. 现在由 (6.1.4) 式知我们可以选择 $\{n\}$ 的一个子序列 $\{n_k\}$, 使得

$$P \left\{ \sup_{t \in D} \left| X_t^{(n_{k+1})} - X_t^{(n_k)} \right| > 2^{-k} \right\} < 2^{-k} \tag{6.1.7}$$

从而

$$\sum_{k \in \mathbb{N}} P \left\{ \sup_{t \in D} \left| X_t^{(n_{k+1})} - X_t^{(n_k)} \right| > 2^{-k} \right\} < \infty$$

设 $A_k = \left\{ \sup\limits_{t \in D} \left| X_t^{(n_{k+1})} - X_t^{(n_k)} \right| > 2^{-k} \right\}$, $A = \limsup\limits_{k \to \infty} A_k$. 则 $\sum\limits_{k \in \mathbb{N}} P(A_k) < \infty$, 从而由 Borel-Cantelli 引理, 有 $P(A) = 0$. 因此存在概率空间 $(\Omega, \mathscr{F}, P)$ 的一个零集 $\Lambda$, 使得对每一 $\omega \in \Lambda^c$, 有

$$\sum_{k \in \mathbb{N}} \sup_{t \in D} \left| X^{(n_{k+1})}(t, \omega) - X^{(n_k)}(t, \omega) \right| < \infty \tag{6.1.8}$$

现在对 $(t, \omega) \in D \times \Lambda^c$, 令

$$Y(t, \omega) = \sum_{k \in \mathbb{N}} \left\{ X^{(n_{k+1})}(t, \omega) - X^{(n_k)}(t, \omega) \right\} \tag{6.1.9}$$

则 $Y$ 是 $D \times \Lambda^c$ 上的一个实值函数, 且对 $(t, \omega) \in D \times \Lambda^c$ 有

$$Y(t, \omega) = \lim_{k \to \infty} X^{(n_{k+1})}(t, \omega) - X^{(n_1)}(t, \omega) \tag{6.1.10}$$

再在 $D \times \Omega$ 上定义实值函数

$$X(t, \omega) = \begin{cases} Y(t, \omega) + X^{(n_1)}(t, \omega), & (t, \omega) \in D \times \Lambda^c, \\ 0, & (t, \omega) \in D \times \Lambda \end{cases} \tag{6.1.11}$$

则由 (6.1.9) 式知在 $\Lambda^c$ 上 $Y(t, \cdot)$ 是 $\mathscr{F}$ 可测的, 因此对 $t \in D$ 有 $X(t, \bullet)$ 在 $\Omega$ 上是 $\mathscr{F}$ 可测的. 再由 (6.1.8) 式知 (6.1.10) 式中的 $X^{(n_{k+1})}(\bullet, \omega)$ 在 $D$ 上一致收敛, 从而对 $\omega \in \Lambda^c$ 在 $D$ 上 $Y(\bullet, \omega)$ 是相应的左连续或右连续的, 因此对 $\omega \in \Omega$ 在 $D$ 上 $X(\bullet, \omega)$ 相应的左连续或右连续.

为证明 (6.1.5) 式, 由 (6.1.4) 式有对任意 $\varepsilon > 0$, 存在 $N_1 \in \mathbb{N}$, 使得

$$P\left\{ \sup_{t \in D} \left| X_t^{(n)} - X_t^{(l)} \right| > \frac{\varepsilon}{2} \right\} < \frac{\varepsilon}{2}, \ \text{对} \ n, l \geqslant N_1 \tag{6.1.12}$$

而由对 $\omega \in \Lambda^c$ 在 $D$ 上 $X^{(n_k)}(\bullet, \omega)$ 一致收敛到 $X(\bullet, \omega)$, 有

$$\lim_{k \to \infty} \sup_{t \in D} \left| X_t^{(n_k)} - X_t \right| = 0$$

在 $\Lambda^c$ 上成立. 因为几乎必然收敛蕴含依概率收敛, 所以存在 $N_2 \in \mathbb{N}$ 使得

$$P\left\{ \sup_{t \in D} \left| X_t^{(n_k)} - X_t \right| > \frac{\varepsilon}{2} \right\} < \frac{\varepsilon}{2}, \ \text{对} \ n_k \geqslant N_2 \tag{6.1.13}$$

又因

$$\sup_{t \in D} \left| X_t^{(n)} - X_t \right| \leqslant \sup_{t \in D} \left| X_t^{(n)} - X_t^{(n_k)} \right| + \sup_{t \in D} \left| X_t^{(n_k)} - X_t \right|$$

故

$$\left\{ \sup_{t \in D} \left| X_t^{(n)} - X_t \right| \leqslant \varepsilon \right\} \supset \left\{ \sup_{t \in D} \left| X_t^{(n)} - X_t^{(n_k)} \right| \leqslant \frac{\varepsilon}{2} \right\} \cup \left\{ \sup_{t \in D} \left| X_t^{(n_k)} - X_t \right| \leqslant \frac{\varepsilon}{2} \right\}$$

从而

$$P\left\{ \sup_{t \in D} \left| X_t^{(n)} - X_t \right| > \varepsilon \right\} \leqslant P\left\{ \sup_{t \in D} \left| X_t^{(n)} - X_t^{(n_k)} \right| > \frac{\varepsilon}{2} \right\}$$

$$+ P\left\{ \sup_{t \in D} \left| X_t^{(n_k)} - X_t \right| > \frac{\varepsilon}{2} \right\} \tag{6.1.14}$$

设 $N = \max\{N_1, N_2\}$. 如果取 $n_k \geqslant N$, 那么从 (6.1.14) 式和 (6.1.12) 式及 (6.1.13) 式我们可得对 $n \geqslant N$ 有

$$P\left\{ \sup_{t \in D} \left| X_t^{(n)} - X_t \right| > \varepsilon \right\} \leqslant \varepsilon$$

成立, 故 (6.1.5) 式成立.

显然 (6.1.6) 式是 (6.1.5) 式的直接推论.

利用 Doob-Kolmogorov 不等式及命题 6.1.6 和命题 6.1.7 可得如下结论.

**定理 6.1.8** 如果 $(\Omega, \mathscr{F}, \{\mathscr{F}_t : t \in \mathbb{R}_+\}, P)$ 是一个增广右连续的域流空间, 那么空间 $\mathbf{M}_2(\Omega, \mathscr{F}, \{\mathscr{F}_t\}, P)$ 关于其上的拟范数 $|\bullet|_\infty$ 所产生的度量是一个完备的度量空间, 而且 $\mathbf{M}_2^c(\Omega, \mathscr{F}, \{\mathscr{F}_t\}, P)$ 是空间 $\mathbf{M}_2(\Omega, \mathscr{F}, \{\mathscr{F}_t\}, P)$ 的一个闭线性子空间.

**证明** 设 $\{X^{(n)} : n \in \mathbb{N}\}$ 是空间 $\mathbf{M}_2(\Omega, \mathscr{F}, \{\mathscr{F}_t : t \in \mathbb{R}_+\}, P)$ 中的一个关于拟范数 $|\bullet|_\infty$ 所产生的度量的 Cauchy 序列, 则对每一个 $\delta > 0$ 存在 $N_\delta \in \mathbb{N}$, 使得当 $n, l \geqslant N_\delta$ 时有

$$|X^{(n)} - X^{(l)}|_\infty < \delta \tag{6.1.15}$$

这说明对固定的 $m \in \mathbb{N}$, $\{X^{(n)} : n \in \mathbb{N}\}$ 是 $[0, m)$ 上的一个依概率一致收敛的 Cauchy 序列, 即对每一个 $\eta > 0$ 和 $\varepsilon > 0$ 存在 $N_{\eta, \varepsilon} \in \mathbb{N}$, 使得当 $n, l \geqslant N_{\eta, \varepsilon}$ 时有

$$P\left\{ \sup_{t \in [0, m)} \left| X_t^{(n)} - X_t^{(l)} \right| > \eta \right\} < \varepsilon \tag{6.1.16}$$

成立. 事实上, 对任何 $N, l \in \mathbb{N}$, $X^{(n)} - X^{(l)}$ 是一个右连续 $L_2$ 鞅, 所以 $|X^{(n)} - X^{(l)}|$ 是一个非负右连续 $L_2$ 下鞅, 因此由定理 5.2.16 有

$$\eta^2 P\left( \sup_{t \in [0, m)} \left| X_t^{(n)} - X_t^{(l)} \right| > \eta \right) \leqslant E\left( \left| X_m^{(n)} - X_m^{(l)} \right|^2 \right)$$

即

$$\eta P\left( \sup_{t \in [0, m)} \left| X_t^{(n)} - X_t^{(l)} \right| > \eta \right)^{1/2} \leqslant |X^{(n)} - X^{(l)}|_m$$

如果 $\eta \in (0, 1]$, 则有

$$\eta P\left( \sup_{t \in [0, m)} \left| X_t^{(n)} - X_t^{(l)} \right| > \eta \right)^{1/2} = \eta P\left( \sup_{t \in [0, m)} \left| X_t^{(n)} - X_t^{(l)} \right| > \eta \right)^{1/2} \wedge 1$$

$$\leqslant |X^{(n)} - X^{(l)}|_m \wedge 1$$

因此由定义 6.1.4 知对 $n, l \geqslant N_\delta$ 有

$$2^{-m} \eta P\left( \sup_{t \in [0, m)} \left| X_t^{(n)} - X_t^{(l)} \right| > \eta \right)^{1/2} \leqslant |X^{(n)} - X^{(l)}|_\infty < \delta$$

即

$$P\left(\sup_{t\in[0.m)}\left|X_t^{(n)}-X_t^{(l)}\right|>\eta\right)<\left(2^m\eta^{-1}\delta\right)^2$$

对任意的 $\varepsilon>0$, 取 $\delta(\varepsilon)>0$ 足够小使得 $\left(2^m\eta^{-1}\delta\right)^2<\varepsilon$, 则对 $\eta\in(0,1]$ 当 $n,l\geqslant N_{\delta(\varepsilon)}$ 时

$$P\left(\sup_{t\in[0.m)}\left|X_t^{(n)}-X_t^{(l)}\right|>\eta\right)<\varepsilon$$

成立. 另一方面, 对 $\eta>1$ 我们有

$$P\left(\sup_{t\in[0.m)}\left|X_t^{(n)}-X_t^{(l)}\right|>\eta\right)\leqslant P\left(\sup_{t\in[0.m)}\left|X_t^{(n)}-X_t^{(l)}\right|>1\right)<\varepsilon$$

当 $n,l\geqslant N_{\delta(\varepsilon)}$ 时成立. 这说明 (6.1.16) 对 $N_{\eta,\varepsilon}=N_{\delta(\varepsilon)}$ 成立.

由 $\{X^{(n)}:n\in\mathbb{N}\}$ 是 $[0,m)$ 上的一个依概率一致收敛的 Cauchy 序列, 根据命题 6.1.7 可知, 存在 $\{n\}$ 的一个子序列 $\{n_{m,k}:k\in\mathbb{N}\}$ 和概率空间 $(\Omega,\mathscr{F},P)$ 上的一个零集 $\Lambda_m$, 使得对每一 $\omega\in\Lambda_m^c$, 有

$$\lim_{k\to\infty}\sup_{t\in[0,m)}\left|X^{(n_{m,k})}(t,\omega)-X(t,\omega)\right|=0$$

成立, 其中 $X$ 是概率空间 $(\Omega,\mathscr{F},P)$ 上的右连续过程. 对 $m\geqslant 2$ 我们可以递归地选择子序列使得 $\{n_{m,k}:k\in\mathbb{N}\}$ 是 $\{n_{m-1,k}:k\in\mathbb{N}\}$ 的子序列, 从而对 $\{n\}$ 的子序列 $\{n_{k,k}:k\in\mathbb{N}\}$ 和概率空间 $(\Omega,\mathscr{F},P)$ 上的零集 $\Lambda=\bigcup_{m\in\mathbb{N}}\Lambda_m$ 有

$$\lim_{k\to\infty}\sup_{t\in[0,m)}\left|X^{(n_{k,k})}(t,\omega)-X(t,\omega)\right|=0 \tag{6.1.17}$$

对 $m\in\mathbb{N}$ 和 $\omega\in\Lambda^c$ 成立.

现在在 $\mathbb{R}_+\times\Lambda$ 上通过令

$$X(t,\omega)=0 \tag{6.1.18}$$

重新定义随机过程 $X=\{X_t:t\in\mathbb{R}_+\}$. 注意到在 $\mathbb{R}_+\times\Lambda^c$ 上 $X$ 的定义与 $m\in\mathbb{N}$ 无关.

下面证明 $X$ 是一个适应过程, 即对每一个 $t\in\mathbb{R}_+$ 有 $X_t$ 是 $\mathscr{F}_t$ 可测的. 首先, 因为域流 $\{\mathscr{F}_t:t\in\mathbb{R}_+\}$ 是增广的, 所以对每一个 $t\in\mathbb{R}_+$ 有概率空间 $(\Omega,\mathscr{F},P)$ 的零集 $\Lambda$ 都在 $\mathscr{F}_t$ 中. 因此由 (6.1.17) 式可知对 $k\in\mathbb{N}$, $\mathscr{F}_t$ 可测随机变量 $X_t^{(n_{k,k})}$

的序列在 $\Lambda^c \in \mathscr{F}_t$ 上收敛到 $X_t$, 故 $X_t$ 在 $\Lambda^c \in \mathscr{F}_t$ 上是 $\mathscr{F}_t$ 可测的. 又由 (6.1.18) 式知在 $\Lambda$ 上 $X_t = 0$, 从而 $X_t$ 在 $\Omega$ 上是 $\mathscr{F}_t$ 可测的. 这说明 $X$ 是一个适应过程. 又对 $X_0^{(n_{k,k})} = 0$ a.e., 故 $X_0 = 0$ a.e..

再来证明随机过程 $X$ 是一个 $L_2$ 过程, 即对每一 $t \in \mathbb{R}_+$ 有 $E\left(X_t^2\right) < \infty$. 任选 $t \in \mathbb{R}_+$, 设 $m \in \mathbb{N}$ 足够大使得 $t \in [0, m)$. 因 $X^{(n_{i,i})} - X^{(n_{j,j})}$ 是一个鞅, 故 $\left|X^{(n_{i,i})} - X^{(n_{j,j})}\right|^2$ 是一个下鞅, 因此 $E\left[\left|X_t^{(n_{i,i})} - X_t^{(n_{j,j})}\right|^2\right]$ 随 $t$ 增加而递增. 从而由 (6.1.15) 式知对每一个 $\varepsilon > 0$ 存在 $N \in \mathbb{N}$, 使得当 $i, j \geqslant N$ 时有

$$\left[E\left|X_t^{(n_{i,i})} - X_t^{(n_{j,j})}\right|^2\right]^{1/2} \leqslant |X^{(n_{i,i})} - X^{(n_{j,j})}|_m < \varepsilon \tag{6.1.19}$$

进而由空间 $L_2\left(\Omega, \mathscr{F}_t, P\right)$ 关于 $L_2$ 模产生度量的完备性知, 存在一个 $Y_t \in L_2\left(\Omega, \mathscr{F}_t, P\right)$ 使得

$$\lim_{k \to \infty} X_t^{(n_{k,k})} \stackrel{L_2}{=\!=\!=} Y_t$$

因此存在 $\left\{X_t^{(n_{k,k})} : k \in \mathbb{N}\right\}$ 的一个子序列在概率空间 $(\Omega, \mathscr{F}_t, P)$ 上 a.e. 收敛于 $Y_t$. 但是该子序列在概率空间 $(\Omega, \mathscr{F}_t, P)$ 上 a.e. 收敛于 $X_t$, 因此 $X_t = Y_t$ 在概率空间 $(\Omega, \mathscr{F}_t, P)$ 上 a.e. 成立, 从而 $X_t \in L_2\left(\Omega, \mathscr{F}_t, P\right)$, 这说明随机过程 $X$ 是一个 $L_2$ 过程, 同时 $\lim_{k \to \infty} X_t^{(n_{k,k})} \stackrel{L_2}{=\!=\!=} X_t$.

最后证明随机过程 $X$ 是一个鞅. 设 $s, t \in \mathbb{R}_+, s < t$. 因 $X_t^{(n_{k,k})}$ 是 $L_2$ 收敛到 $X_t$ 的, 故 $E\left(X_t^{(n_{k,k})} | \mathscr{F}_s\right) L_2$ 收敛到 $E\left(X_t | \mathscr{F}_s\right)$. 又因 $X^{(n_{k,k})}$ 是一个鞅, 从而在概率空间 $(\Omega, \mathscr{F}_s, P)$ 上 a.e. 有 $E\left(X_t^{(n_{k,k})} | \mathscr{F}_s\right) = X_s^{(n_{k,k})}$. 因此 $X_s^{(n_{k,k})} L_2$ 收敛到 $E\left(X_t | \mathscr{F}_s\right)$, 从而存在 $\{n_{k,k} : k \in \mathbb{N}\}$ 的子序列 $\{n_l : l \in \mathbb{N}\}$ 使得 $X_s^{(n_l)}$ 在概率空间 $(\Omega, \mathscr{F}_s, P)$ 上 a.e. 收敛到 $E\left(X_t | \mathscr{F}_s\right)$. 但是 $X_s^{(n_l)}$ 在概率空间 $(\Omega, \mathscr{F}_s, P)$ 上也 a.e. 收敛到 $X_s$, 因而在概率空间 $(\Omega, \mathscr{F}_s, P)$ 上 a.e. 有 $E\left(X_t | \mathscr{F}_s\right) = X_s$, 这说明随机过程 $X$ 是一个鞅.

为证明 $\lim_{n \to \infty} |X^{(n)} - X|_\infty = 0$, 注意到

$$|X^{(n)} - X|_\infty \leqslant |X^{(n)} - X^{(n_{k,k})}|_\infty + |X^{(n_{k,k})} - X|_\infty$$

从而由 $\lim_{n \to \infty} |X^{(n)} - X|_\infty = 0$ 的充要条件是对每一 $m \in \mathbb{N}$, 有

$$\lim_{n \to \infty} |X^{(n)} - X|_m = 0$$

的事实及 $\{X^{(n)} : n \in \mathbb{N}\}$ 是空间 $\mathbf{M}_2(\Omega, \mathscr{F}, \{\mathscr{F}_t\}, P)$ 中的一个关于拟范数 $|\bullet|_\infty$ 所产生的度量的 Cauchy 序列的事实, 我们有 $\lim\limits_{n \to \infty} |X^{(n)} - X|_\infty = 0$.

为证明 $\mathbf{M}_2^c(\Omega, \mathscr{F}, \{\mathscr{F}_t\}, P)$ 是空间 $\mathbf{M}_2(\Omega, \mathscr{F}, \{\mathscr{F}_t\}, P)$ 的一个闭线性子空间, 我们来证明如果 $\{X^{(n)} : n \in \mathbb{N}\}$ 是 $\mathbf{M}_2^c(\Omega, \mathscr{F}, \{\mathscr{F}_t\}, P)$ 中满足对某 $X \in \mathbf{M}_2(\Omega, \mathscr{F}, \{\mathscr{F}_t\}, P)$ 有 $\lim\limits_{n \to \infty} |X^{(n)} - X|_\infty = 0$ 成立的序列, 那么 $X \in \mathbf{M}_2^c(\Omega, \mathscr{F}, \{\mathscr{F}_t\}, P)$.

根据命题 6.1.6, 由 $\lim\limits_{n \to \infty} |X^{(n)} - X|_\infty = 0$ 可得存在 $\{n\}$ 的一个子序列 $\{n_k\}$ 和概率空间 $(\Omega, \mathscr{F}, P)$ 的一个零集 $\Lambda$, 使得对每一 $\omega \in \Lambda^c$, 有 $X^{(n_k)}(\bullet, \omega)$ 在 $\mathbb{R}_+$ 的每个有限子区间上都一致收敛于 $X(\bullet, \omega)$, 因此对每一 $\omega \in \Lambda^c$ 有 $X(\bullet, \omega)$ 在 $\mathbb{R}_+$ 上连续, 即 $X \in \mathbf{M}_2^c(\Omega, \mathscr{F}, \{\mathscr{F}_t\}, P)$

### 6.1.2　局部有界变差过程

**定义 6.1.9**　称两个增过程的差为一个局部有界变差过程; 称两个几乎必然增过程的差为一个几乎必然局部有界变差过程; 称两个自然的几乎必然增过程的差为一个自然的局部有界变差过程.

设 $(\Omega, \mathscr{F}, \{\mathscr{F}_t\}, P)$ 为一个标准流域空间, 记 $\mathbf{A}(\Omega, \mathscr{F}, \{\mathscr{F}_t\}, P)$ 为其上的所有几乎必然增过程的等价类的集合, $\mathbf{V}(\Omega, \mathscr{F}, \{\mathscr{F}_t : t \in \mathbb{R}_+\}, P)$ 为其上的所有几乎必然局部有界变差过程的等价类的线性空间.

记 $\mathbf{A}^c(\Omega, \mathscr{F}, \{\mathscr{F}_t\}, P)$ 为 $\mathbf{A}(\Omega, \mathscr{F}, \{\mathscr{F}_t\}, P)$ 的包含所有连续成员的子集, 记 $\mathbf{V}^c(\Omega, \mathscr{F}, \{\mathscr{F}_t\}, P)$ 为 $\mathbf{V}(\Omega, \mathscr{F}, \{\mathscr{F}_t\}, P)$ 的包含所有连续成员的子集.

如果域流空间 $(\Omega, \mathscr{F}, \{\mathscr{F}_t\}, P)$ 上的一个几乎必然增过程是自然的, 那么它的所有等价过程都是自然的, 此时我们称相应的等价类是自然的. 类似地, 如果 $(\Omega, \mathscr{F}, \{\mathscr{F}_t\}, P)$ 上的一个几乎必然局部有界变差过程是自然的, 那么它的所有等价过程都是自然的, 此时我们称相应的等价类也是自然的.

在下文中我们写 $A \in \mathbf{A}(\Omega, \mathscr{F}, \{\mathscr{F}_t\}, P)$ 既可能表示 $A$ 是一个几乎必然增过程, 也可能表示 $A$ 是一个几乎必然增过程的等价类, 到底把它理解成一个几乎必然增过程还是一个几乎必然增过程的等价类需要从上下文去看; 对于 $V \in \mathbf{V}(\Omega, \mathscr{F}, \{\mathscr{F}_t\}, P)$ 我们也同样去处理.

设 $p \in [1, \infty)$ 固定, $A \in \mathbf{A}(\Omega, \mathscr{F}, \{\mathscr{F}_t\}, P)$. 考虑概率空间 $(\Omega, \mathscr{F}, P)$ 上的满足条件

$$E\left[\int_{[0,t]} |X(s)|^p \, \mathrm{d}A(s)\right] < \infty, \text{ 对每一 } t \in \mathbb{R}_+ \tag{6.1.20}$$

的所有可测过程 $X = \{X_t : t \in \mathbb{R}_+\}$ 的集合. 根据引理 5.6.4 由增过程 $A$ 的样本函数所确定的可测空间 $(\mathbb{R}_+, \mathscr{B}_{\mathbb{R}_+})$ 上的 Lebesgue-Stieltjes 测度族 $\{\mu_A(\bullet, \omega) : \omega \in \Omega\}$

是 $\mathscr{F}_\infty$ 可测的, 而且对每一 $t \in \mathbb{R}_+$, $\{\mu_A(\bullet, \omega) : \omega \in \Omega\}$ 在可测空间 $([0,t], \mathscr{B}_{[0,t]})$ 上的限制构成了一个 $\mathscr{F}_\infty$ 可测的有限测度族. 而由定理 5.6.5 知道 $\int_{[0,t]} |X(s)|^p \, \mathrm{d}A(s)$ 是概率空间 $(\Omega, \mathscr{F}, P)$ 上的一个 $\mathscr{F}_\infty$ 可测的随机变量, 而如果 $X = \{X_t : t \in \mathbb{R}_+\}$ 还是一个适应过程, 那么 $\int_{[0,t]} |X(s)|^p \, \mathrm{d}A(s)$ 是一个 $\mathscr{F}_t$ 可测随机变量.

对于概率空间 $(\Omega, \mathscr{F}, P)$ 上的两个满足 (6.1.20) 式的可测过程 $X = \{X_t : t \in \mathbb{R}_+\}$ 和 $Y = \{Y_t : t \in \mathbb{R}_+\}$, 下式

$$E\left[\int_{[0,t]} |X(s) - Y(s)|^p \, \mathrm{d}A(s)\right] = 0, \quad \text{对每一 } t \in \mathbb{R}_+ \tag{6.1.21}$$

确立的 $X = \{X_t : t \in \mathbb{R}_+\}$ 和 $Y = \{Y_t : t \in \mathbb{R}_+\}$ 的关系是一个等价关系. 设 $\mathbf{L}_{p,\infty}(\mathbb{R}_+ \times \Omega, \mu_A, P)$ 是概率空间 $(\Omega, \mathscr{F}, P)$ 上的满足 (6.1.20) 式的所有可测过程关于等价关系 (6.1.21) 式的等价类的集合. 利用如下常用不等式

$$|a+b|^p \leqslant 2^p \left(|a|^p + |b|^p\right), \quad \text{对 } a, b \in \mathbb{R}$$

立即可得如果 $X, Y \in \mathbf{L}_{p,\infty}(\mathbb{R}_+ \times \Omega, \mu_A, P)$, 那么

$$X + Y \in \mathbf{L}_{p,\infty}(\mathbb{R}_+ \times \Omega, \mu_A, P)$$

而如果 $c \in \mathbb{R}$, $X \in \mathbf{L}_{p,\infty}(\mathbb{R}_+ \times \Omega, \mu_A, P)$, 那么 $cX \in \mathbf{L}_{p,\infty}(\mathbb{R}_+ \times \Omega, \mu_A, P)$, 因此 $\mathbf{L}_{p,\infty}(\mathbb{R}_+ \times \Omega, \mu_A, P)$ 是一个线性空间.

而 (6.1.20) 式等价于条件

$$E\left[\int_{[0,m]} |X(s)|^p \, \mathrm{d}A(s)\right] < \infty, \text{ 对每一 } m \in \mathbb{N} \tag{6.1.22}$$

由 (6.1.22) 式可以推出对每一 $m \in \mathbb{N}$, 存在概率空间 $(\Omega, \mathscr{F}, P)$ 上的一个零集 $\Lambda_m$, 使得对 $\omega \in \Lambda_m^c$ 有

$$\int_{[0,m]} |X(s)|^p \, \mathrm{d}A(s) < \infty$$

成立. 因此对概率空间 $(\Omega, \mathscr{F}, P)$ 的零集 $\Lambda = \bigcup_{m \in \mathbb{N}} \Lambda_m$, 当 $\omega \in \Lambda^c$ 时, 有

$$\int_{[0,t]} |X(s)|^p \, \mathrm{d}A(s) < \infty, \text{ 对每一 } t \in \mathbb{R}_+ \tag{6.1.23}$$

成立.

元素 $0 \in \mathbf{L}_{p,\infty}(\mathbb{R}_+ \times \Omega, \mu_A, P)$ 就是概率空间 $(\Omega, \mathscr{F}, P)$ 上满足

$$E\left[\int_{[0,t]} |X(s)|^p \, \mathrm{d}A(s)\right] = 0, \text{ 对每一 } t \in \mathbb{R}_+ \qquad (6.1.24)$$

的所有可测过程 $X = \{X_t : t \in \mathbb{R}_+\}$ 的等价类. 当概率空间 $(\Omega, \mathscr{F}, P)$ 上的可测过程 $X$ 满足 (6.1.24) 式时, 由与 (6.1.23) 式类似的论证可知存在概率空间 $(\Omega, \mathscr{F}, P)$ 的一个零集 $\Lambda$, 使得对每一 $\omega \in \Lambda^c$ 有

$$\int_{[0,t]} |X(s)|^p \, \mathrm{d}A(s) = 0, \text{ 对每一 } t \in \mathbb{R}_+ \qquad (6.1.25)$$

反之, 如果存在概率空间 $(\Omega, \mathscr{F}, P)$ 的一个零集 $\Lambda$, 使得对每一 $\omega \in \Lambda^c$ (6.1.25) 式成立, 那么 (6.1.24) 式成立, 因此 (6.1.24) 式和 (6.1.25) 式等价. 但是由 (6.1.25) 式不能推出对每一 $\omega \in \Lambda^c$ 有 $X(\bullet, \omega) = 0$, 因为可能有 $A(\bullet, \omega) = 0$.

**定义 6.1.10**  对 $A \in \mathbf{A}(\Omega, \mathscr{F}, \{\mathscr{F}_t\}, P)$ 和 $p \in [0, \infty)$, 设 $\mathbf{L}_{p,\infty}(\mathbb{R}_+ \times \Omega, \mu_A, P)$ 为概率空间 $(\Omega, \mathscr{F}, P)$ 上所有满足条件

$$E\left[\int_{[0,t]} |X(s)|^p \, \mathrm{d}A(s)\right] < \infty, \text{对每一 } t \in \mathbb{R}_+ \qquad (6.1.26)$$

的所有可测过程 $X = \{X_t : t \in \mathbb{R}_+\}$ 的等价类的线性空间. 对 $X \in \mathbf{L}_{p,\infty}(\mathbb{R}_+ \times \Omega, \mu_A, P)$, 对每一 $t \in \mathbb{R}_+$, 定义

$$\|X\|_{p,t}^{A,P} = \left\{E\left[\int_{[0,t]} |X(s)|^p \, \mathrm{d}A(s)\right]\right\}^{1/p} \qquad (6.1.27)$$

和

$$\|X\|_{p,\infty}^{A,P} = \sum_{m \in \mathbb{N}} 2^{-m} \left\{\|X\|_{p,m}^{A,P} \wedge 1\right\} \qquad (6.1.28)$$

**注释 6.1.11**  对 $A \in \mathbf{A}(\Omega, \mathscr{F}, \{\mathscr{F}_t\}, P)$ 和 $p \in [0, \infty)$, 定义在空间 $\mathbf{L}_{p,\infty}(\mathbb{R}_+ \times \Omega, \mu_A, P)$ 上的函数 $\|\bullet\|_{p,t}^{A,P}$, $t \in \mathbb{R}_+$, $\|\bullet\|_{p,\infty}^{A,P}$ 有下面的性质.

(1) 对每一 $t \in \mathbb{R}_+$, $\|\bullet\|_{p,t}^{A,P}$ 是空间 $\mathbf{L}_{p,\infty}(\mathbb{R}_+ \times \Omega, \mu_A, P)$ 上的一个半范数.

(2) 对 $X, X^{(n)} \in \mathbf{L}_{p,\infty}(\mathbb{R}_+ \times \Omega, \mu_A, P)$, $n \in \mathbb{N}$, $\lim\limits_{n\to\infty} \left\|X^{(n)} - X\right\|_{p,\infty}^{A,P} = 0$ 当且仅当对每一 $m \in \mathbb{N}$, 有

$$\lim_{n\to\infty} \left\|X^{(n)} - X\right\|_{p,m}^{A,P} = 0$$

(3)$\| \bullet \|_{p,\infty}^{A,P}$ 是空间 $\mathbf{L}_{2,\infty}(\mathbb{R}_+ \times \Omega, \mu_A, P)$ 上的一个拟范数.

**推论 6.1.12** 如果 $A \in \mathbf{A}(\Omega, \mathscr{F}, \{\mathscr{F}_t\}, P), p \in [0, \infty)$, 那么概率空间 $(\Omega, \mathscr{F}, P)$ 上的每个有界可测过程 $X = \{X_t : t \in \mathbb{R}_+\}$ 都属于 $\mathbf{L}_{p,\infty}(\mathbb{R}_+ \times \Omega, \mu_A, P)$.

**证明** 设 $X = \{X_t : t \in \mathbb{R}_+\}$ 是概率空间 $(\Omega, \mathscr{F}, P)$ 上的一个满足对某 $K > 0$ 有 $|X(t, \omega)| \leqslant K$ 对 $(t, \omega) \in \mathbb{R}_+ \times \Omega$ 成立的可测过程, 那么在概率空间 $(\Omega, \mathscr{F}_t, P)$ 上 a.e. 有

$$\int_{[0,t]} |X(s)|^p \mu_A(\mathrm{d}s, \omega) \leqslant K^p \mu_A([0,t], \omega) = K^p A_t(\omega)$$

所以

$$E\left[\int_{[0,t]} |X(s)|^p \mathrm{d}A(s)\right] \leqslant K^p E(A_t) < \infty$$

因此 $X \in \mathbf{L}_{p,\infty}(\mathbb{R}_+ \times \Omega, \mu_A, P)$.

### 6.1.3 右连续平方可积 $(L_2)$ 鞅的二次变差过程

**命题 6.1.13** 如果 $M \in \mathbf{M}_2(\Omega, \mathscr{F}, \{\mathscr{F}_t\}, P)$, 那么存在 $A \in \mathbf{A}(\Omega, \mathscr{F}, \{\mathscr{F}_t\}, P)$, 使得 $M^2 - A$ 是一个在零时刻为零的右连续鞅; 而且, $A$ 可被选为自然的, 此时 $A$ 是唯一的.

**证明** 因为 $M$ 是一个右连续 $L_2$ 鞅, 所以 $M^2$ 是一个右连续非负下鞅. 又因域流空间右连续, 故由定理 5.4.19 知 $M^2$ 是一个类 (DL) 下鞅, 从而由 Doob-Meyer 分解定理知存在唯一的一个自然的几乎必然递增过程 $A = \{A_t : t \in \mathbb{R}_+\}$, 使得 $M^2 - A$ 是一个右连续鞅. 再因 $M$ 和 $A$ 都在零时刻为零, 故 $M^2 - A$ 在零时刻为零.

**引理 6.1.14** 设 $(\Omega, \mathscr{F}, \{\mathscr{F}_t\}, P)$ 是一个增广右连续的域流空间, $M$ 是其上的一个右连续鞅, $A$ 是其上的一个自然的几乎必然增过程. 如果 $M + A$ 是该域流空间上的一个自然的几乎必然递增过程, 那么 $M = 0$.

**证明** 因为 $M$ 是右连续域流空间上的一个右连续鞅, 所以由定理 5.4.19 知它属于类 (DL). 又因 $A$ 是一个几乎必然增过程, 故由定理 5.6.12 知它是一个类 (DL) 下鞅, 从而 $M + A$ 是增广右连续的域流空间上的一个右连续类 (DL) 下鞅, 因此由 Doob-Meyer 分解定理知 $M + A = M' + A'$, 其中 $M'$ 是一个右连续鞅, 而 $A'$ 是一个自然的几乎必然增过程, 并且这种分解是唯一的. 现在 $M + A$ 本身是一个自然的几乎必然递增过程, 因此由分解的唯一性有 $M + A = A', M' = 0$. 另一方面, $M + A$ 是 $M' + A'$ 的一个 Doob-Meyer 分解, 从而 $M = M' = 0$.

**命题 6.1.15** 如果 $M, N \in \mathbf{M}_2(\Omega, \mathscr{F}, \{\mathscr{F}_t\}, P)$, 那么存在 $V \in \mathbf{V}(\Omega, \mathscr{F}, \{\mathscr{F}_t\}, P)$, 使得 $MN - V$ 是一个右连续的在零时刻为零的鞅; 而且, 这样的 $V$ 可被选为自然的, 此时 $V$ 是唯一的.

**证明**　设 $M' = (M + N)/2$, $M'' = (M - N)/2$, 则 $M', M'' \in \mathbf{M}_2(\Omega, \mathscr{F}, \{\mathscr{F}_t\}, P)$, 因此由命题 6.1.13 知存在自然的几乎必然递增过程 $A'$ 和 $A''$ 使得 $(M')^2 - A'$ 和 $(M'')^2 - A''$ 都是在零时刻为零的鞅. 因 $MN = (M')^2 - (M'')^2$, 故

$$MN - (A' - A'') = \left\{(M')^2 - A'\right\} - \left\{(M'')^2 - A''\right\} \tag{6.1.29}$$

再由 $A' - A''$ 是一个自然的几乎必然局部有界变差过程, 而 $\left\{(M')^2 - A'\right\} - \left\{(M'')^2 - A''\right\}$ 是一个右连续的在零时刻为零的鞅, 故等式 (6.1.29) 表明了存在一个自然的几乎必然局部有界变差过程 $V$ 使得 $MN - V$ 是一个右连续的在零时刻为零的鞅.

为证明唯一性, 假设 $V'$ 和 $V''$ 两个自然的几乎必然局部有界变差过程, 使得 $MN - V'$ 和 $MN - V''$ 是右连续的在零时刻为零的鞅, 那么 $V' - V'' = (MN - V'') - (MN - V')$ 也是一个右连续的在零时刻为零的鞅. 另一方面, 因为 $V'$ 和 $V''$ 都是自然的几乎必然局部有界变差过程, 所以 $V' - V''$ 也是一个自然的几乎必然局部有界变差过程, 因此 $V' - V'' = A' - A''$, 其中 $A'$ 和 $A''$ 都是自然的几乎必然递增过程. 现在 $(V' - V'') + A'' = A'$, 所以右连续鞅 $V' - V''$ 和自然的几乎必然递增过程 $A''$ 的和等于一个自然的几乎必然递增过程 $A'$, 从而由引理 6.1.14 可得 $V' - V'' = 0$, 即 $V' = V''$.

**定义 6.1.16**　设 $M \in \mathbf{M}_2(\Omega, \mathscr{F}, \{\mathscr{F}_t\}, P)$, 则存在 $A \in \mathbf{A}(\Omega, \mathscr{F}, \{\mathscr{F}_t\}, P)$, 使得 $M^2 - A$ 是一个在零时刻为零的鞅, 以后记这样的 $A$ 为 $[M, M]$, 称其为 $M$ 的二次变差过程.

设 $M, N \in \mathbf{M}_2(\Omega, \mathscr{F}, \{\mathscr{F}_t\}, P)$, 则存在 $V \in \mathbf{V}(\Omega, \mathscr{F}, \{\mathscr{F}_t\}, P)$, 使得 $MN - V$ 是一个在零时刻为零的鞅, 以后记这样的 $V$ 为 $[M, N]$, 称其为 $M$ 和 $N$ 的二次协变差过程.

**注释 6.1.17**　如果随机过程 $M = \{M_t : t \in \mathbb{R}_+\}$ 和 $N = \{N_t : t \in \mathbb{R}_+\}$ 是标准域流空间 $(\Omega, \mathscr{F}, \{\mathscr{F}_t\}, P)$ 上的两个在零时刻不为零的右连续的 $L_2$ 鞅, 那么 $M - M_0$ 和 $N - N_0$ 都属于 $\mathbf{M}_2(\Omega, \mathscr{F}, \{\mathscr{F}_t\}, P)$, 所以存在

$$[M - M_0, N - N_0] \in \mathbf{V}(\Omega, \mathscr{F}, \{\mathscr{F}_t\}, P)$$

记为 $X$, 使得 $(M - M_0)(N - N_0) - X$ 是一个在零时刻为零的鞅. 如果设 $Y = M_0 N_0 + X$, 那么 $MN - Y$ 是一个在零时刻为零的鞅.

**证明**　因为 $X$ 是一个在零时刻为零的过程, 所以 $MN - Y = MN - M_0 N_0 - X$ 也是一个在零时刻为零的过程. 又因 $(M - M_0)(N - N_0) - X$ 是一个鞅, 故为证明 $MN - Y$ 是一个鞅只需证明随机过程 $\{MN - Y\} - \{(M - M_0)(N - N_0) - X\}$

是一个鞅即可. 而

$$\{MN - Y\} - \{(M - M_0)(N - N_0) - X\}$$
$$= (MN - M_0 N_0) - (M - M_0)(N - N_0)$$
$$= N_0 M + M_0 N$$

因 $M$ 和 $N$ 都是 $L_2$ 过程, 故 $N_0 M$ 和 $M_0 N$ 都是 $L_1$ 过程, 且都是鞅, 所以它们的和是一个鞅.

作为定义 6.1.16 的直接结果, 有以下结论.

**引理 6.1.18** 如果 $M, N \in \mathbf{M}_2(\Omega, \mathscr{F}, \{\mathscr{F}_t\}, P)$, 那么对 $s, t \in \mathbb{R}_+$, $s < t$, 有

$$E\left[(M_t - M_s)(N_t - N_s)|\mathscr{F}_s\right] = E\left[M_t N_t - M_s N_s |\mathscr{F}_s\right]$$
$$= E\left[[M, N]_t - [M, N]_s |\mathscr{F}_s\right] \tag{6.1.30}$$

特别地, 有

$$E\left[(M_t - M_s)^2 |\mathscr{F}_s\right] = E\left[M_t^2 - M_s^2 |\mathscr{F}_s\right] = E\left[[M, M]_t - [M, M]_s |\mathscr{F}_s\right]$$
$$\tag{6.1.31}$$

在概率空间 $(\Omega, \mathscr{F}_s, P)$ 上 a.e. 成立.

**证明** 为证明 (6.1.30) 式中的第一个等式, 由 $M, N$ 的鞅性, 有

$$E\left[(M_t - M_s)(N_t - N_s)|\mathscr{F}_s\right] = E\left[M_t N_t - M_s N_t - M_t N_s + M_s N_s |\mathscr{F}_s\right]$$
$$= E\left[M_t N_t - M_s N_s |\mathscr{F}_s\right]$$

在概率空间 $(\Omega, \mathscr{F}_s, P)$ 上 a.e. 成立. 为证明 (6.1.30) 式中的第二个等式, 注意到 $MN - [M, N]$ 是一个鞅, 故在概率空间 $(\Omega, \mathscr{F}_s, P)$ 上 a.e. 有

$$E\left[\{M_t N_t - [M, N]_t\} - \{M_s N_s - [M, N]_s\}|\mathscr{F}_s\right] = 0$$

从而 (6.1.30) 式中的第二个等式成立.

二次变差过程有下面的代数性质.

**命题 6.1.19** 如果 $M, M', M'', N \in \mathbf{M}_2(\Omega, \mathscr{F}, \{\mathscr{F}_t\}, P)$, 那么

(1) $[M, M] = 0 \Leftrightarrow M = 0$;

(2) $[M, N] = [N, M]$;

(3) $[aM' + bM'', N] = a[M', N] + b[M'', N]$, 其中 $a, b \in \mathbb{R}$;

(4) $[cM, cM] = c^2[M, M]$, 其中 $c \in \mathbb{R}$;

(5) $[M,N] = 4^{-1} \{[M+N, M+N] - [M-N, M-N]\}$.

**证明**　(1) 如果 $M = 0$, 那么显然 0 是它的二次变差过程.

反之, 如果 $[M,M] = 0$, 那么由 $X = M^2 - [M,M]$ 是一个在零时刻为 0 的右连续鞅知, 对任一 $t \in \mathbb{R}_+$ 有

$$EM_t^2 = E(X_t) + E([M,M]_t) = E(X_0) + E(0) = 0$$

因此存在概率空间 $(\Omega, \mathscr{F}, P)$ 的一个零集 $\Lambda_t$, 使得在 $\Lambda_t^c$ 上 $M_t = 0$.

设 $\{r_m : m \in \mathbb{N}\}$ 是 $\mathbb{R}_+$ 上的所有有理数的集合, $\Lambda = \bigcup_{m \in \mathbb{N}} \Lambda_m$, 那么 $\Lambda$ 为概率空间 $(\Omega, \mathscr{F}, P)$ 的一个零集, 而对所有 $m \in \mathbb{N}$ 当 $\omega \in \Lambda^c$ 时有 $M(r_m, \omega) = 0$, 因此由 $M(\bullet, \omega)$ 右连续知对所有 $t \in \mathbb{R}_+$ 当 $\omega \in \Lambda^c$ 时有 $M(t, \omega) = 0$.

(2) 因为 $MN = NM$, 所以 $[M,N] = [N,M]$.

(3) 利用二次协变差过程的定义及 $aM' + bM'' \in \mathbf{M}_2(\Omega, \mathscr{F}, \{\mathscr{F}_t\}, P)$ 即可得.

(4) 是 (3) 的特殊情况.

(5) 设 $M' = (M+N)/2$, $M'' = (M-N)/2$, 则 $M', M'' \in \mathbf{M}_2$, 因此由命题 6.1.13 知存在自然的几乎必然递增过程 $A'$ 和 $A''$ 使得 $(M')^2 - A'$ 和 $(M'')^2 - A''$ 都是在零时刻为零的鞅. 因

$$MN - (A' - A'') = \left\{(M')^2 - A'\right\} - \left\{(M'')^2 - A''\right\}$$

故

$$\begin{aligned}[M,N] &= A' - A'' = [M', M'] - [M'', M''] \\ &= [(M+N)/2, (M+N)/2] - [(M-N)/2, (M-N)/2] \\ &= 4^{-1} \{[M+N, M+N] - [M-N, M-N]\}\end{aligned}$$

现在讨论右连续平方可积鞅的二次变差过程的连续性. 如果 $M \in \mathbf{M}_2(\Omega, \mathscr{F}, \{\mathscr{F}_t\}, P)$, 那么由定理 5.4.19 知 $M^2$ 是一个类 (DL) 下鞅, 从而在域流空间是标准域流空间的前提下, 由定理 5.6.28 知 $M$ 的二次变差过程 $[M,M]$ 几乎必然连续当且仅当 $M^2$ 是一个正则下鞅. 下面给出 $M^2$ 是正则的充分条件.

**命题 6.1.20**　如果 $M, N \in \mathbf{M}_2^c(\Omega, \mathscr{F}, \{\mathscr{F}_t : t \in \mathbb{R}_+\}, P)$, 那么 $M^2, N^2$ 是正则下鞅, 而且 $[M,M], [N,N]$ 和 $[M,N]$ 是几乎必然连续的.

**证明**　因 $M \in \mathbf{M}_2^c(\Omega, \mathscr{F}, \{\mathscr{F}_t : t \in \mathbb{R}_+\}, P)$, 故由定理 5.4.19 知 $M^2$ 是一个类 (DL) 下鞅, 也是右连续域流空间上的一个连续非负下鞅, 所以再由命题 5.6.21 知 $M^2$ 是正则的. 从而由定理命题 5.6.28 知 $[M,M]$ 是几乎必然连续的. 对于 $N$, 相应的结论可类似地证明.

因为 $(M+N)/2$ 和 $(M-N)/2$ 都属于 $\mathbf{M}_2^c\left(\Omega, \mathscr{F}, \{\mathscr{F}_t : t \in \mathbb{R}_+\}, P\right)$, 所以 $(M+N)/2$ 和 $(M-N)/2$ 都几乎必然连续, 从而由命题 6.1.19 的 (5) 知 $[M, N]$ 是几乎必然连续的.

**定义 6.1.21** 称概率空间 $(\Omega, \mathscr{F}, P)$ 上的一个域流 $\{\mathscr{F}_t : t \in \mathbb{R}_+\}$ 是无时不连续的, 如果对任何关于该域流的停时序列 $\{\tau_n : n \in \mathbb{N}\}$ 和停时 $\tau$, 只要当 $n \to \infty$ 在 $\Omega$ 上有 $\tau_n \uparrow \tau$ 时, 就有 $\sigma\left(\bigcup_{n \in \mathbb{N}} \mathscr{F}_{\tau_n}\right) = \mathscr{F}_\tau$.

**命题 6.1.22** 设 $M = \{M_t : t \in \mathbb{R}_+\}$ 是域流空间 $(\Omega, \mathscr{F}, \{\mathscr{F}_t : t \in \mathbb{R}_+\}, P)$ 上的一个平方可积鞅, 如果域流 $\{\mathscr{F}_t : t \in \mathbb{R}_+\}$ 是无时不连续的, 那么下鞅 $M^2$ 是正则的.

**证明** 设 $a > 0$, 而 $\tau_n (n \in \mathbb{N})$ 和 $\tau$ 都是以 $a$ 为界的停时, 且在 $\Omega$ 上满足当 $n \to \infty$ 时 $\tau_n \uparrow \tau$. 为证明 $M^2$ 是正则的, 只需证明

$$\lim_{n \to \infty} E\left(M_{\tau_n}^2\right) = E\left(M_\tau^2\right) \tag{6.1.32}$$

对 $n \in \mathbb{N}$, 设 $X_n = E[M_a | \mathscr{F}_{\tau_n}]$, $X_\infty = E[M_a | \mathscr{G}_\infty]$, 其中 $\mathscr{G}_\infty = \sigma\left(\bigcup_{n \in \mathbb{N}} \mathscr{F}_{\tau_n}\right)$, 则 $\{X_n : n \in \mathbb{N}\}$ 是有封闭元素 $X_\infty$ 的关于域流 $\{\mathscr{F}_{\tau_n} : n \in \mathbb{N}\}$ 的一致可积鞅, 特别地 $X_n$ 既几乎必然收敛于 $X_\infty$ 又 $L_1$ 收敛于 $X_\infty$. 因为 $M$ 是一个鞅, 所以由离散情形的 Doob 有界停时可选样本定理有 $X_n = M_{\tau_n}$. 再由域流 $\{\mathscr{F}_t : t \in \mathbb{R}_+\}$ 无时不连续知 $\mathscr{G}_\infty = \mathscr{F}_\tau$, 因此 $X_\infty = M_\tau$, 从而 $M_{\tau_n}$ 几乎必然收敛于 $M_\tau$, 进而由 Fatou 引理有

$$E\left(M_\tau^2\right) = E\left(\lim_{n \to \infty} M_{\tau_n}^2\right) \leqslant \liminf_{n \to \infty} E\left(M_{\tau_n}^2\right) \tag{6.1.33}$$

另一方面, 因为 $\{X_n : n \in \mathbb{N}\}$ 是以 $X_\infty$ 为封闭元素的鞅, 所以 $\{X_n^2 : n \in \mathbb{N}\}$ 是以 $X_\infty^2$ 为封闭元素的下鞅, 因此当 $n \to \infty$ 时 $E\left(M_{\tau_n}^2\right) \uparrow$, 且 $E\left(M_{\tau_n}^2\right) \leqslant E\left(M_\tau^2\right)$, 从而再结合 (6.1.33) 式即可得 (6.1.32) 式.

**命题 6.1.23** 设 $M, N \in \mathbf{M}_2\left(\Omega, \mathscr{F}, \{\mathscr{F}_t\}, P\right)$, 如果域流空间 $(\Omega, \mathscr{F}, \{\mathscr{F}_t : t \in \mathbb{R}_+\}, P)$ 是一个标准域流空间, 域流 $\{\mathscr{F}_t : t \in \mathbb{R}_+\}$ 是无时不连续的, 那么下鞅 $M^2, N^2$ 都是正则的, 而且 $[M, M], [N, N]$ 和 $[M, N]$ 几乎必然连续.

**证明** 由已知利用命题 6.1.22 得 $M^2$ 和 $N^2$ 是正则右连续的类 (DL) 下鞅, 因此由定理 5.6.28 知 $[M, M]$ 和 $[N, N]$ 都是几乎必然连续的.

再因 $(M+N)/2$ 和 $(M-N)/2$ 都属于 $\mathbf{M}_2\left(\Omega, \mathscr{F}, \{\mathscr{F}_t\}, P\right)$, 所以 $[(M+N)/2, (M+N)/2]$ 和 $[(M-N)/2, (M-N)/2]$ 也都几乎必然连续, 从而由命题 6.1.19 的 (5) 得 $[M, N]$ 几乎必然连续.

## 6.2   关于鞅的随机积分

设 $(\Omega, \mathscr{F}, \{\mathscr{F}_t : t \in \mathbb{R}_+\}, P)$ 是一个域流空间, $X = \{X_t : t \in \mathbb{R}_+\}$ 是该域流空间上的一个随机过程, $M = \{M_t : t \in \mathbb{R}_+\}$ 是该域流空间上的一个鞅. 对 $t \in \mathbb{R}_+, \omega \in \Omega$, 因为 $M(\bullet, \omega)$ 可能不是 $\mathbb{R}_+$ 上的一个局部有界变差函数, 所以相应的符号 Lebesgue-Stieltjes 测度可能不存在, 从而 $X(\bullet, \omega)$ 关于 $M(\bullet, \omega)$ 在区间 $[0, t]$ 上的积分

$$\int_{[0,t]} X(s, \omega) \, dM(s, \omega)$$

不能被定义为 $X(\bullet, \omega)$ 关于可测空间 $([0, t], \mathscr{B}_{[0,t]})$ 上的一个符号 Lebesgue-Stieltjes 测度的积分. 然而当随机过程 $X$ 的样本函数是阶梯函数时, 对每一个 $\omega \in \Omega, \int_{[0,t]} X(s, \omega) \, dM(s, \omega)$ 却可以被定义为 $X(\bullet, \omega)$ 关于 $M(\bullet, \omega)$ 的 Riemann-Stieltjes 和.

下面我们首先证明如果 $X = \{X_t : t \in \mathbb{R}_+\}$ 是一个标准域流空间上的一个有界适应左连续简单过程, 而 $M = \{M_t : t \in \mathbb{R}_+\}$ 是其上的一个右连续平方可积 $(L_2)$ 鞅, 那么 $X$ 关于 $M$ 的 Riemann-Stieltjes 和是该域流空间上的一个右连续平方可积 $(L_2)$ 鞅, 然后推广随机过程 $X$ 到包括空间 $\mathbf{L}_{2,\infty}(\mathbb{R}_+ \times \Omega, \mu_{[M,M]}, P)$ 中的可料过程和满足空间 $\mathbf{L}_{2,\infty}(\mathbb{R}_+ \times \Omega, \mu_{[M,M]}, P)$ 的相应可积条件的随机过程.

### 6.2.1   有界左连续适应简单过程关于 $L_2$ 鞅的随机积分

**定义 6.2.1**   设 $\mathbf{L}_0(\Omega, \mathscr{F}, \{\mathscr{F}_t\}, P)$ 是标准域流空间 $(\Omega, \mathscr{F}, \{\mathscr{F}_t\}, P)$ 上的所有有界左连续适应简单过程的集合, 即对于每一 $X \in \mathbf{L}_0(\Omega, \mathscr{F}, \{\mathscr{F}_t\}, P)$, 都存在 $\mathbb{R}_+$ 中的一个严格递增序列 $\{t_k : k \in \mathbb{Z}_+\}$, 满足 $t_0 = 0$ 和 $\lim\limits_{k\to\infty} t_k = \infty$ 及一个实值随机变量的有界序列 $\{\xi_k : k \in \mathbb{Z}_+\}$, 即存在某 $K \geqslant 0$ 使得对所有 $\omega \in \Omega$ 和 $k \in \mathbb{Z}_+$ 有 $|\xi_k(\omega)| \leqslant K$, 满足 $\xi_0$ 是 $\mathscr{F}_0$ 可测的, 而对 $k \in \mathbb{N}$ 有 $\xi_k$ 是 $\mathscr{F}_{t_{k-1}}$ 可测的, 而 $X = \{X_t : t \in \mathbb{R}_+\}$ 被定义为

$$\begin{cases} X(t, \omega) = \xi_k(\omega), & t \in (t_{k-1}, t_k], k \in \mathbb{N}, \omega \in \Omega, \\ X(0, \omega) = \xi_0(\omega), & \omega \in \Omega \end{cases} \tag{6.2.1}$$

即

$$X(t, \omega) = \xi_0(\omega) I_{\{0\}}(t) + \sum_{k\in\mathbb{N}} \xi_k(\omega) I_{(t_{k-1}, t_k]}(t), \quad \text{对 } (t, \omega) \in \mathbb{R}_+ \times \Omega \tag{6.2.2}$$

**推论 6.2.2**   (1) 每一个 $X \in \mathbf{L}_0(\Omega, \mathscr{F}, \{\mathscr{F}_t\}, P)$ 都是一个可料过程.

(2) 对每一个 $M \in \mathbf{M}_2\left(\Omega, \mathscr{F}, \{\mathscr{F}_t\}, P\right)$, 有

$$\mathbf{L}_0\left(\Omega, \mathscr{F}, \{\mathscr{F}_t\}, P\right) \subset \mathbf{L}_{2,\infty}\left(\mathbb{R}_+ \times \Omega, \mu_{[M,M]}, P\right)$$

**证明** (1) 因为 $X = \{X_t : t \in \mathbb{R}_+\}$ 是域流空间上的一个左连续适应过程, 所以它是该域流空间上的一个可料过程.

(2) 如果 $X \in \mathbf{L}_0\left(\Omega, \mathscr{F}, \{\mathscr{F}_t\}, P\right)$, 那么它是一个左连续过程, 从而它是概率空间 $(\Omega, \mathscr{F}, P)$ 上的一个可测过程. 因对每一 $t \in \mathbb{R}_+$, 都有某 $k \in \mathbb{N}$, 使 $t \in (t_{k-1}, t_k]$, 因此

$$
\begin{aligned}
E\left[\int_{[0,t]} X^2(s)\, \mathrm{d}\,[M,M](s)\right] &\leqslant E\left[\int_{[0,t_k]} X^2(s)\, \mathrm{d}\,[M,M](s)\right] \\
&= E\left[\sum_{i=1}^k \xi_i^2 \left\{[M,M]_{t_i} - [M,M]_{t_{i-1}}\right\}\right] \\
&\leqslant K^2 E\left\{[M,M]_{t_k}\right\} < \infty
\end{aligned}
$$

其中 $K \geqslant 0$ 是实值随机变量序列 $\{\xi_k : k \in \mathbb{Z}_+\}$ 的界, 从而 $X \in \mathbf{L}_{2,\infty}\left(\mathbb{R}_+ \times \Omega, \mu_{[M,M]}, P\right)$.

**定义 6.2.3** 设 $M \in \mathbf{M}_2\left(\Omega, \mathscr{F}, \{\mathscr{F}_t\}, P\right)$. 对 $\mathbf{L}_0\left(\Omega, \mathscr{F}, \{\mathscr{F}_t\}, P\right)$ 中的随机过程 $X = \{X_t : t \in \mathbb{R}_+\}$, 其中

$$X(t) = \xi_0 I_{\{0\}}(t) + \sum_{k \in \mathbb{N}} \xi_k I_{(t_{k-1}, t_k]}(t), \quad \text{对 } t \in \mathbb{R}_+ \tag{6.2.3}$$

定义 $\mathbb{R}_+ \times \Omega$ 的函数 $X \bullet M$ 为

$$(X \bullet M)(t) = \sum_{i=1}^{k-1} \xi_i \left\{M(t_i) - M(t_{i-1})\right\} + \xi_k \left\{M(t) - M(t_{k-1})\right\} \tag{6.2.4}$$

对 $t \in [t_{k-1}, t_k]$ 和 $k \in \mathbb{N}$, 约定 $\sum_{i=1}^{0} = 0$, 即

$$(X \bullet M)(t) = \sum_{i \in \mathbb{N}} \xi_i \left\{M(t_i \wedge t) - M(t_{i-1} \wedge t)\right\}, \quad \text{对 } t \in \mathbb{R}_+ \tag{6.2.5}$$

以后称 $X \bullet M$ 为 $X$ 关于 $M$ 的随机积分.

注意在上面给出的 $\mathbf{L}_0\left(\Omega, \mathscr{F}, \{\mathscr{F}_t\}, P\right)$ 中的元素 $X = \{X_t : t \in \mathbb{R}_+\}$ 关于平方可积鞅 $M \in \mathbf{M}_2\left(\Omega, \mathscr{F}, \{\mathscr{F}_t\}, P\right)$ 的随机积分 $X \bullet M$ 的定义中没有用到 $X(0)$ 和 $\xi_0$, 且

$$\begin{cases} (X \bullet M)(0) = \xi_1 (M(0) - M(0)) = 0 \\ (X \bullet M)(t_k) = \sum_{i=1}^{k} \xi_i \{M(t_i) - M(t_{i-1})\}, \quad k \in \mathbb{N} \end{cases}$$

不依赖于 $\mathbf{L}_0(\Omega, \mathscr{F}, \{\mathscr{F}_t\}, P)$ 中的随机过程 $X = \{X_t : t \in \mathbb{R}_+\}$ 的表达方式 (6.2.3) 式的选取.

**命题 6.2.4** 设 $X \in \mathbf{L}_0(\Omega, \mathscr{F}, \{\mathscr{F}_t\}, P)$, $M \in \mathbf{M}_2(\Omega, \mathscr{F}, \{\mathscr{F}_t\}, P)$, 则对 $X \bullet M$ 有

(1) $X \bullet M \in \mathbf{M}_2(\Omega, \mathscr{F}, \{\mathscr{F}_t\}, P)$;

(2) 如果 $M \in \mathbf{M}_2^c(\Omega, \mathscr{F}, \{\mathscr{F}_t\}, P)$, 那么 $X \bullet M \in \mathbf{M}_2^c(\Omega, \mathscr{F}, \{\mathscr{F}_t\}, P)$;

(3) 如果 $Y \in \mathbf{L}_0(\Omega, \mathscr{F}, \{\mathscr{F}_t\}, P)$, $N \in \mathbf{M}_2(\Omega, \mathscr{F}, \{\mathscr{F}_t\}, P)$, 那么对每一 $t \in \mathbb{R}_+$ 有

$$E[(X \bullet M)_t (Y \bullet N)_t] = E\left[\int_{[0,t]} X(s) Y(s) \, \mathrm{d}[M, N](s)\right] \tag{6.2.6}$$

特别地, 有

$$|X \bullet M|_t = E\left[\int_{[0,t]} X^2(s) \, \mathrm{d}[M, M](s)\right]^{1/2} = \|X\|_{2,t}^{[M,M],P} \tag{6.2.7}$$

而且

$$|X \bullet M|_\infty = \|X\|_{2,\infty}^{[M,M],P} \tag{6.2.8}$$

**证明** 根据定义 6.2.3 中 $X \bullet M$ 的表达式, 由 $M$ 右连续可得 $X \bullet M$ 的每一个样本函数都是右连续的, 且 $(X \bullet M)(0) = 0$. 因为对每一 $i \in \mathbb{N}$ 有 $\xi_i$ 是 $\mathscr{F}_{t_{i-1}}$ 可测的, 所以对每一 $t \in \mathbb{R}_+$ 有 $(X \bullet M)(t)$ 是 $\mathscr{F}_t$ 可测的, 即 $X \bullet M$ 是一个适应过程. 又因 $M$ 是一个 $L_2$ 过程, 而对每一 $i \in \mathbb{N}$ 随机变量 $\xi_i$ 都是有界随机变量, 故 $X \bullet M$ 是一个 $L_2$ 过程.

为证明 $X \bullet M$ 是一个鞅, 我们来证明对每对 $s, t \in \mathbb{R}_+$, 当 $s < t$ 时有

$$E[(X \bullet M)(t) - (X \bullet M)(s) | \mathscr{F}_s] = 0 \tag{6.2.9}$$

在概率空间 $(\Omega, \mathscr{F}_s, P)$ 上 a.e. 成立. 为此不妨设存在某 $k \in \mathbb{Z}_+$ 和 $p \in \mathbb{N}$ 使得在有界适应左连续简单过程 $X$ 的表达式

$$X(t) = \xi_0 I_{\{0\}}(t) + \sum_{k \in \mathbb{N}} \xi_k I_{(t_{k-1}, t_k]}(t)$$

中 $s = t_k$, $t = t_{k+p}$, 否则可在 $\{t_k : k \in \mathbb{Z}_+\}$ 中增加两个点. 这样

$$(X \bullet M)(t) - (X \bullet M)(s) = \sum_{i=k+1}^{k+p} \xi_i \{M(t_i) - M(t_{i-1})\}$$

现在对 $i = k+1, \cdots, k+p$, 由 $\xi_i$ 是 $\mathscr{F}_{t_{i-1}}$ 可测的及 $M$ 是鞅可得

$$E[\xi_i \{M(t_i) - M(t_{i-1})\} | \mathscr{F}_s] = E[E[\xi_i \{M(t_i) - M(t_{i-1})\} | \mathscr{F}_{t_{i-1}}] | \mathscr{F}_s]$$

$$= E[\xi_i E[\{M(t_i) - M(t_{i-1})\} | \mathscr{F}_{t_{i-1}}] | \mathscr{F}_s] = 0$$

在概率空间 $(\Omega, \mathscr{F}_s, P)$ 上 a.e. 成立, 因此 (6.2.9) 式成立.

为证明 (6.2.6) 式, 设 $X, Y \in \mathbf{L}_0(\Omega, \mathscr{F}, \{\mathscr{F}_t\}, P)$ 被 $\mathbb{R}_+$ 中的一个共同的满足 $t_0 = 0$ 和 $\lim\limits_{k \to \infty} t_k = \infty$ 的严格递增序列 $\{t_k : k \in \mathbb{Z}_+\}$ 表达为

$$X(t, \omega) = \xi_0(\omega) I_{\{0\}}(t) + \sum_{k \in \mathbb{N}} \xi_k(\omega) I_{(t_{k-1}, t_k]}(t), \quad (t, \omega) \in \mathbb{R}_+ \times \Omega \quad (6.2.10)$$

$$Y(t, \omega) = \eta_0(\omega) I_{\{0\}}(t) + \sum_{k \in \mathbb{N}} \eta_k(\omega) I_{(t_{k-1}, t_k]}(t), \quad (t, \omega) \in \mathbb{R}_+ \times \Omega \quad (6.2.11)$$

其中 $\{\xi_k : k \in \mathbb{Z}_+\}$ 和 $\{\eta_k : k \in \mathbb{Z}_+\}$ 是概率空间 $(\Omega, \mathscr{F}, P)$ 上的两个满足的 $\xi_0, \eta_0$ 是 $\mathscr{F}_0$ 可测的而对 $k \in \mathbb{N}$ 有 $\xi_k, \eta_k$ 是 $\mathscr{F}_{t_{k-1}}$ 可测的实值随机变量的有界序列.

取定 $t \in \mathbb{R}_+$, 不妨设存在某一个 $k \in \mathbb{N}$ 使得 $t = t_k$, 否则可在序列 $\{t_k : k \in \mathbb{Z}_+\}$ 增加另外一个点. 这样

$$(X \bullet M)_t = \sum_{i=1}^{k} \xi_i \{M(t_i) - M(t_{i-1})\}, (Y \bullet N)_t = \sum_{j=1}^{k} \eta_j \{N(t_j) - N(t_{j-1})\}$$

因此

$$E[(X \bullet M)_t (Y \bullet N)_t] = \sum_{i=1}^{k} \sum_{j=1}^{k} E[\xi_i \eta_j \{M(t_i) - M(t_{i-1})\} \{N(t_j) - N(t_{j-1})\}]$$

现在对 $i = j$, 有

$$E[\xi_i \eta_i \{M(t_i) - M(t_{i-1})\} \{N(t_i) - N(t_{i-1})\}]$$

$$= E[E[\xi_i \eta_i \{M(t_i) - M(t_{i-1})\} \{N(t_i) - N(t_{i-1})\}] | \mathscr{F}_{t_{i-1}}]$$

$$= E[\xi_i \eta_i E[\{M(t_i) - M(t_{i-1})\} \{N(t_i) - N(t_{i-1})\}] | \mathscr{F}_{t_{i-1}}]$$

$$= E[\xi_i \eta_i E[\{[M, N](t_i) - [M, N](t_{i-1})\}] | \mathscr{F}_{t_{i-1}}]$$

$$=E\left[E\left[\xi_i\eta_i\left\{[M,N]\left(t_i\right)-[M,N]\left(t_{i-1}\right)\right\}\right]\big|\mathscr{F}_{t_{i-1}}\right]$$

$$=E\left[\xi_i\eta_i\left\{[M,N]\left(t_i\right)-[M,N]\left(t_{i-1}\right)\right\}\right]$$

而对 $i\neq j$, 不妨设 $i<j$, 有

$$E\left[\xi_i\eta_j\left\{M\left(t_i\right)-M\left(t_{i-1}\right)\right\}\left\{N\left(t_j\right)-N\left(t_{j-1}\right)\right\}\right]$$

$$=E\left[E\left[\xi_i\eta_j\left\{M\left(t_i\right)-M\left(t_{i-1}\right)\right\}\left\{N\left(t_j\right)-N\left(t_{j-1}\right)\right\}\right]\big|\mathscr{F}_{t_{j-1}}\right]$$

$$=E\left[\xi_i\eta_j\left\{M\left(t_i\right)-M\left(t_{i-1}\right)\right\}E\left[\left\{N\left(t_j\right)-N\left(t_{j-1}\right)\right\}\right]\big|\mathscr{F}_{t_{j-1}}\right]=0$$

因此

$$E\left[(X\bullet M)_t\,(Y\bullet N)_t\right]=E\left[\sum_{i=1}^{k}\xi_i\eta_i\left\{[M,N]\left(t_i\right)-[M,N]\left(t_{i-1}\right)\right\}\right]$$

$$=E\left[\int_{[0,t]}X\left(s\right)Y\left(s\right)\mathrm{d}\left[M,N\right]\left(s\right)\right]$$

即 (6.2.6) 式成立. 特别地, 在 (6.2.6) 式中取 $X=Y$ 和 $M=N$ 可得

$$E\left[(X\bullet M)_t^2\right]=E\left[\int_{[0,t]}X^2\left(s\right)\mathrm{d}\left[M,M\right]\left(s\right)\right]$$

由此利用 $|\bullet|_t$ 和 $\|\bullet\|_{2,t}^{A,P}$ 的定义即可得 (6.2.7) 式. 再利用 $|\bullet|_\infty$ 和 $\|\bullet\|_{2,\infty}^{A,P}$ 的定义我们有

$$|X\bullet M|_\infty=\sum_{m\in\mathbb{N}}2^{-m}\left\{|X\bullet M|_m\wedge 1\right\}=\sum_{m\in\mathbb{N}}2^{-m}\left\{\|X\|_{2,m}^{[M,M],P}\wedge 1\right\}=\|X\|_{2,\infty}^{[M,M],P}$$

即 (6.2.8) 式成立.

由推论 6.2.2 已经知道对每一个 $M\in\mathbf{M}_2\left(\Omega,\mathscr{F},\{\mathscr{F}_t\},P\right)$, 都有

$$\mathbf{L}_0\left(\Omega,\mathscr{F},\{\mathscr{F}_t\},P\right)\subset\mathbf{L}_{2,\infty}\left(\mathbb{R}_+\times\Omega,\mu_{[M,M]},P\right)$$

因此命题 6.2.4 的 (6.2.8) 式说明了从 $X\in\mathbf{L}_0\left(\Omega,\mathscr{F},\{\mathscr{F}_t\},P\right)$ 到 $X\bullet M\in\mathbf{M}_2\left(\Omega,\mathscr{F},\{\mathscr{F}_t\},P\right)$ 的映射是关于空间 $\mathbf{L}_{2,\infty}\left(\mathbb{R}_+\times\Omega,\mu_{[M,M]},P\right)$ 上的由拟范数 $\|\bullet\|_{2,\infty}^{[M,M],P}$ 所产生的度量的一个等距映射, 也是关于空间 $\mathbf{M}_2\left(\Omega,\mathscr{F},\{\mathscr{F}_t\},P\right)$ 上的由拟范数 $|\bullet|_\infty$ 所产生的度量的一个等距映射.

命题 6.2.4 还表明了当 $M$ 和 $N\in\mathbf{M}_2\left(\Omega,\mathscr{F},\{\mathscr{F}_t\},P\right)$ 时, 对于任何的 $X$ 和 $Y\in\mathbf{L}_0\left(\Omega,\mathscr{F},\{\mathscr{F}_t\},P\right)$, 随机积分 $X\bullet M$ 和 $Y\bullet N$ 都属于 $\mathbf{M}_2\left(\Omega,\mathscr{F},\{\mathscr{F}_t\},P\right)$, 因此二次变差过程

$$[X\bullet M,X\bullet M]\text{、}[Y\bullet N,Y\bullet N]\text{ 和 }[X\bullet M,Y\bullet N]$$

都存在, 而下面的结果表明了过程 $[X \bullet M, X \bullet M]$、$[Y \bullet N, Y \bullet N]$ 和 $[X \bullet M, Y \bullet N]$ 分别可以通过计算 $X^2$、$Y^2$ 和 $XY$ 的样本函数关于由二次变差过程

$$[X \bullet M, X \bullet M] \text{、} [Y \bullet N, Y \bullet N] \text{ 和 } [X \bullet M, Y \bullet N]$$

所确定的 Lebesgue-Stieltjes 测度族 $\mu_{[M,M]}, \mu_{[N,N]}, \mu_{[M,N]}$ 的积分得到.

**命题 6.2.5** 如果 $X, Y \in \mathbf{L}_0(\Omega, \mathscr{F}, \{\mathscr{F}_t\}, P)$, $M, N \in \mathbf{M}_2(\Omega, \mathscr{F}, \{\mathscr{F}_t\}, P)$, 那么存在概率空间 $(\Omega, \mathscr{F}, P)$ 的一个零集 $\Lambda$, 使得在 $\Lambda^c$ 上, 对每一 $t \in \mathbb{R}_+$ 有

$$[X \bullet M, Y \bullet N]_t = \int_{[0,t]} X(s) Y(s) \, \mathrm{d}[M, N](s) \tag{6.2.12}$$

因此对任何 $s, t \in \mathbb{R}_+$, 当 $s < t$ 时, 在概率空间 $(\Omega, \mathscr{F}_s, P)$ 上 a.e. 有

$$E\left[\{(X \bullet M)_t - (X \bullet M)_s\}\{(Y \bullet N)_t - (Y \bullet N)_s\} | \mathscr{F}_s\right]$$

$$= E\left[(X \bullet M)_t (Y \bullet N)_t - (X \bullet M)_s (Y \bullet N)_s | \mathscr{F}_s\right]$$

$$= E\left[\int_{(s,t]} X(u) Y(u) \, \mathrm{d}[M, N](u) | \mathscr{F}_s\right] \tag{6.2.13}$$

特别地

$$[X \bullet M, X \bullet M]_t = \int_{[0,t]} X^2(s) \, \mathrm{d}[M, M](s) \tag{6.2.14}$$

和

$$E\left[\{(X \bullet M)_t - (X \bullet M)_s\}^2 | \mathscr{F}_s\right] = E\left[(X \bullet M)_t^2 - (X \bullet M)_t^2 | \mathscr{F}_s\right]$$

$$= E\left[\int_{(s,t]} X^2(u) \, \mathrm{d}[M, M](u) | \mathscr{F}_s\right] \tag{6.2.15}$$

在概率空间 $(\Omega, \mathscr{F}_s, P)$ 上 a.e. 成立.

**证明** 设随机过程 $V = \{V_t : t \in \mathbb{R}_+\}$, 其中

$$V(t) = \int_{[0,t]} X(s) Y(s) \, \mathrm{d}[M, N](s)$$

为证明 (6.2.12) 式, 我们来证明

$$V \in \mathbf{V}(\Omega, \mathscr{F}, \{\mathscr{F}_t\}, P)$$

而 $(X \bullet M)(Y \bullet N) - V$ 是一个在零时刻为 0 的右连续鞅. 因为 $[M, N] \in \mathbf{V}(\Omega, \mathscr{F}, \{\mathscr{F}_t\}, P)$, 所以存在 $A', A'' \in \mathbf{A}(\Omega, \mathscr{F}, \{\mathscr{F}_t\}, P)$ 使得

$$[M, N] = A' - A'' \in \mathbf{A}(\Omega, \mathscr{F}, \{\mathscr{F}_t\}, P)$$

因此

$$V\left(t\right) = \int_{[0,t]} X\left(s\right) Y\left(s\right) \mathrm{d}A'\left(s\right) - \int_{[0,t]} X\left(s\right) Y\left(s\right) \mathrm{d}A''\left(s\right)$$

现在在概率空间 $(\Omega, \mathscr{F}, P)$ 上定义随机过程 $A^{(1)} = \left\{ A_t^{(1)} : t \in \mathbb{R}_+ \right\}$ 和 $A^{(2)} = \left\{ A_t^{(2)} : t \in \mathbb{R}_+ \right\}$，其中

$$A^{(1)}\left(t\right) = \int_{[0,t]} \left(XY\right)^+ \mathrm{d}A'\left(s\right) - \int_{[0,t]} \left(XY\right)^- \mathrm{d}A''\left(s\right)$$

$$A^{(2)}\left(t\right) = \int_{[0,t]} \left(XY\right)^- \mathrm{d}A'\left(s\right) + \int_{[0,t]} \left(XY\right)^+ \mathrm{d}A''\left(s\right)$$

从而 $V\left(t\right) = A^{(1)}\left(t\right) - A^{(2)}\left(t\right)$.

因为 $X$ 和 $Y$ 都为有界过程，所以 $A^{(1)}\left(t\right)$ 和 $A^{(2)}\left(t\right)$ 在 $\Omega$ 上有界，因此 $V\left(t\right)$ 在 $\Omega$ 上有界. 又由定理 5.6.5 可知 $A^{(1)}$ 和 $A^{(2)}$ 是适应过程，从而 $V$ 也是适应过程. 再由 $A'$ 和 $A''$ 都是 $L_1$ 过程，而 $X$ 和 $Y$ 为有界过程，所以 $A^{(1)}$ 和 $A^{(2)}$ 是 $L_1$ 过程. 又由 $A'$ 和 $A''$ 右连续可知 $A^{(1)}$ 和 $A^{(2)}$ 右连续. $A^{(1)}$ 和 $A^{(2)}$ 的样本函数是在零时刻为 0 的实值单调增函数，因此 $A^{(1)}, A^{(2)} \in \mathbf{A}\left(\Omega, \mathscr{F}, \{\mathscr{F}_t\}, P\right)$，从而

$$V \in \mathbf{V}\left(\Omega, \mathscr{F}, \{\mathscr{F}_t\}, P\right)$$

为证明 $(X \bullet M)(Y \bullet N) - V$ 是一个在零时刻为 0 的右连续鞅等价于证明 (6.2.13) 式中的第二个等式. 而 (6.2.13) 式中的第一个等式是 $X \bullet M$ 和 $Y \bullet N$ 鞅性的直接结果.

为证明 (6.2.13) 式中的第二个等式，我们设 $X, Y \in \mathbf{L}_0\left(\Omega, \mathscr{F}, \{\mathscr{F}_t\}, P\right)$ 被 $\mathbb{R}_+$ 中的一个共同的满足 $t_0 = 0$ 和 $\lim_{k \to \infty} t_k = \infty$ 的严格递增序列 $\{t_k : k \in \mathbb{Z}_+\}$ 表达为

$$X\left(t, \omega\right) = \xi_0\left(\omega\right) I_{\{0\}}\left(t\right) + \sum_{k \in \mathbb{N}} \xi_k\left(\omega\right) I_{(t_{k-1}, t_k]}\left(t\right), \left(t, \omega\right) \in \mathbb{R}_+ \times \Omega$$

$$Y\left(t, \omega\right) = \eta_0\left(\omega\right) I_{\{0\}}\left(t\right) + \sum_{k \in \mathbb{N}} \eta_k\left(\omega\right) I_{(t_{k-1}, t_k]}\left(t\right), \left(t, \omega\right) \in \mathbb{R}_+ \times \Omega$$

其中 $\{\xi_k : k \in \mathbb{Z}_+\}$ 和 $\{\eta_k : k \in \mathbb{Z}_+\}$ 是概率空间 $(\Omega, \mathscr{F}, P)$ 上的两个满足的 $\xi_0, \eta_0$ 是 $\mathscr{F}_0$ 可测的而对 $k \in \mathbb{N}$ 有 $\xi_k, \eta_k$ 是 $\mathscr{F}_{t_{k-1}}$ 可测的实值随机变量的有界序列. 不失一般性，我们设对某 $k \in \mathbb{Z}_+$ 和 $p \in \mathbb{N}$ 有 $s = t_k$, $t = t_{k+p}$. 这样

$$\left(X \bullet M\right)\left(t\right) - \left(X \bullet M\right)\left(s\right) = \sum_{i=k+1}^{k+p} \xi_i \left\{M\left(t_i\right) - M\left(t_{i-1}\right)\right\}$$

$$(Y \bullet N)(t) - (Y \bullet N)(s) = \sum_{j=k+1}^{k+p} \eta_j \{N(t_j) - N(t_{j-1})\}$$

因此

$$\{(X \bullet M)(t) - (X \bullet M)(s)\} \{(Y \bullet N)(t) - (Y \bullet N)(s)\}$$

$$= \sum_{i=k+1}^{k+p} \sum_{j=k+1}^{k+p} \xi_i \eta_j \{M(t_i) - M(t_{i-1})\} \{N(t_j) - N(t_{j-1})\}$$

现在对 $k+1 \leqslant i < j \leqslant k+p$, 由 $\xi_i, \eta_j$ 是 $\mathscr{F}_{t_{j-1}}$ 可测的及 $M, N$ 是鞅可得

$$E[\xi_i \eta_j \{M(t_i) - M(t_{i-1})\} \{N(t_j) - N(t_{j-1})\} | \mathscr{F}_s]$$

$$= E[E[\xi_i \eta_j \{M(t_i) - M(t_{i-1})\} \{N(t_j) - N(t_{j-1})\} | \mathscr{F}_{t_{j-1}}] | \mathscr{F}_s]$$

$$= E[\xi_i \eta_j \{M(t_i) - M(t_{i-1})\} E\{N(t_j) - N(t_{j-1})\} | \mathscr{F}_{t_{j-1}}] | \mathscr{F}_s] = 0$$

在概率空间 $(\Omega, \mathscr{F}_s, P)$ 上 a.e. 成立.

另一方面, 由引理 6.1.18 有

$$E[\xi_i \eta_i \{M(t_i) - M(t_{i-1})\} \{N(t_i) - N(t_{i-1})\} | \mathscr{F}_s]$$

$$= E[E[\xi_i \eta_i \{M(t_i) - M(t_{i-1})\} \{N(t_i) - N(t_{i-1})\} | \mathscr{F}_{t_{i-1}}] | \mathscr{F}_s]$$

$$= E[\xi_i \eta_i E[\{M(t_i) - M(t_{i-1})\} \{N(t_j) - N(t_{j-1})\} | \mathscr{F}_{t_{i-1}}] | \mathscr{F}_s]$$

$$= E[\xi_i \eta_i E[\{[M, N](t_i) - [M, N](t_{i-1})\} | \mathscr{F}_{t_{i-1}}] | \mathscr{F}_s]$$

$$= E[\xi_i \eta_i \{[M, N](t_i) - [M, N](t_{i-1})\} | \mathscr{F}_s]$$

从而

$$E[\{(X \bullet M)_t - (X \bullet M)_s\} \{(Y \bullet N)_t - (Y \bullet N)_s\} | \mathscr{F}_s]$$

$$= \sum_{i=k+1}^{k+p} E[\xi_i \eta_i \{[M, N](t_i) - [M, N](t_{i-1})\} | \mathscr{F}_s]$$

$$= E\left[\sum_{i=k+1}^{k+p} \xi_i \eta_i \{[M, N](t_i) - [M, N](t_{i-1})\} | \mathscr{F}_s\right]$$

$$= E\left[\int_{(s,t]} X(u) Y(u) \, \mathrm{d}[M, N](u) | \mathscr{F}_s\right]$$

即 (6.2.13) 式中的第二个等式成立.

利用命题 6.1.19 和命题 6.1.20 及命题 6.2.5, 再结合 Lévy 单调收敛定理即可得到随机过程 $X = \{X_t : t \in \mathbb{R}_+\}$ 关于随机过程 $M, N \in \mathbf{M}_2(\Omega, \mathscr{F}, \{\mathscr{F}_t : t \in \mathbb{R}_+\}, P)$ 的二次变差过程 $[M, M], [N, N]$ 和它们的二次协变差过程 $[M, N]$ 及 $[M, N]$ 的全变差过程 $|[M, N]|$ 所确定的 Lebesgue-Stieltjes 测度族 $\mu_{[M,M]}, \mu_{[N,N]}, \mu_{[M,N]}, \mu_{|[M,N]|}$ 的积分的如下结果.

**定理 6.2.6**  设 $M, N \in \mathbf{M}_2^c(\Omega, \mathscr{F}, \{\mathscr{F}_t : t \in \mathbb{R}_+\}, P)$.

(1) 则存在概率空间 $(\Omega, \mathscr{F}, P)$ 的一个零集 $\Lambda_\infty$, 使得对 $\mathbb{R}_+ \times \Omega$ 上的任何两个对每一 $\omega \in \Omega$ 都具有 Borel 可测样本函数的有界实值随机过程 $X = \{X_t : t \in \mathbb{R}_+\}$ 和 $Y = \{Y_t : t \in \mathbb{R}_+\}$, 对每一 $t \in \mathbb{R}_+$, 在 $\Lambda_\infty^c$ 上都有

$$\left| \int_{[0,t]} X(s) Y(s) \, \mathrm{d}[M, N](s) \right| \leqslant \int_{[0,t]} X(s) Y(s) \, \mathrm{d}|[M, N]|(s)$$

$$\leqslant \left\{ \int_{[0,t]} X^2(s) \, \mathrm{d}[M, M](s) \right\}^{1/2} \left\{ \int_{[0,t]} Y^2(s) \, \mathrm{d}[N, N](s) \right\}^{1/2} \tag{6.2.16}$$

(2) 设 $X = \{X_t : t \in \mathbb{R}_+\}$ 和 $Y = \{Y_t : t \in \mathbb{R}_+\}$ 是域流空间 $(\Omega, \mathscr{F}, \{\mathscr{F}_t\}, P)$ 上的两个适应可测过程, 它们的样本函数在 $\mathbb{R}_+$ 上分别关于 $\mu_{[M,M]}$ 和 $\mu_{[N,N]}$ 几乎必然局部平方可积, 即存在概率空间 $(\Omega, \mathscr{F}, P)$ 的两个零集 $\Lambda_X, \Lambda_Y$, 使得对每一 $t \in \mathbb{R}_+$, 当 $\omega \in \Lambda_X^c$, $\omega \in \Lambda_Y^c$ 时分别有

$$\int_{[0,t]} X^2(s, \omega) \, \mathrm{d}[M, M](s, \omega) < \infty$$

$$\int_{[0,t]} Y^2(s, \omega) \, \mathrm{d}[N, N](s, \omega) < \infty$$

那么存在概率空间 $(\Omega, \mathscr{F}, P)$ 的一个零集 $\Lambda_{\infty, X, Y}$, 使得 (6.2.16) 式对每一 $t \in \mathbb{R}_+$ 和 $\omega \in \Lambda_{\infty, X, Y}^c$ 成立, 而且

$$E\left[ \left| \int_{[0,t]} X(s) Y(s) \, \mathrm{d}[M, N](s) \right| \right] \leqslant E\left[ \int_{[0,t]} X(s) Y(s) \, \mathrm{d}|[M, N]|(s) \right]$$

$$\leqslant E\left[ \int_{[0,t]} X^2(s) \, \mathrm{d}[M, M](s) \right]^{1/2} E\left[ \int_{[0,t]} Y^2(s) \, \mathrm{d}[N, N](s) \right]^{1/2} \tag{6.2.17}$$

由定理 6.2.6 可得关于可测空间 $(\mathbb{R}_+, \mathscr{B}_{\mathbb{R}_+})$ 上的由 $[M, M], [N, N], |[M, N]|$ 所确定的 Lebesgue-Stieltjes 测度族 $\mu_{[M,M]}, \mu_{[N,N]}, \mu_{|[M,N]|}$ 的下面的结果.

**定理 6.2.7**  如果 $M, N \in \mathbf{M}_2^c(\Omega, \mathscr{F}, \{\mathscr{F}_t : t \in \mathbb{R}_+\}, P)$, 那么存在概率空间 $(\Omega, \mathscr{F}, P)$ 的一个零集 $\Lambda$, 使得对每一 $\omega \in \Lambda^c, t \in \mathbb{R}_+$ 和 $A \in \mathscr{B}_{(0,t]}$, 有

$$\left\{ \mu_{|[M,N]|}(A, \omega) \right\}^2 \leqslant \mu_{[M,M]}(A, \omega) \mu_{[N,N]}(A, \omega)$$

### 6.2.2 可料过程关于 $L_2$ 鞅的随机积分

**定理 6.2.8** 设 $(\Omega, \mathscr{F}, \{\mathscr{F}_t\}, P)$ 是一个域流空间, $M \in \mathbf{M}_2(\Omega, \mathscr{F}, \{\mathscr{F}_t\}, P)$, 而 $X = \{X_t : t \in \mathbb{R}_+\}$ 是该域流空间上的一个可料过程. 如果对某 $p \in [0, \infty)$ 有 $X \in \mathbf{L}_{p,\infty}(\mathbb{R}_+ \times \Omega, \mu_{[M,M]}, P)$, 那么存在 $\mathbf{L}_0(\Omega, \mathscr{F}, \{\mathscr{F}_t\}, P)$ 中的一个序列 $\{X^{(n)} : n \in \mathbb{N}\}$ 使得

$$\lim_{n \to \infty} \left\| X^{(n)} - X \right\|_{p,\infty}^{[M,M],P} = 0$$

**证明** 设 $\mathbf{V}$ 是概率空间 $(\Omega, \mathscr{F}, P)$ 上所有满足如下条件的有界可测过程 $Y$ 的集合, 即存在 $\mathbf{L}_0(\Omega, \mathscr{F}, \{\mathscr{F}_t\}, P)$ 中的一个序列 $\{Y^{(n)} : n \in \mathbb{N}\}$ 使得

$$\lim_{n \to \infty} \left\| Y^{(n)} - Y \right\|_{p,\infty}^{[M,M],P} = 0$$

我们可以证明 $\mathbf{V}$ 满足随机过程的单调类定理即定理 4.2.6, 因此 $\mathbf{V}$ 包含域流空间上的所有的有界可料过程, 从而对域流空间上的每一个有界可料过程 $X$, 都存在 $\mathbf{L}_0(\Omega, \mathscr{F}, \{\mathscr{F}_t\}, P)$ 中的一个序列 $\{X^{(n)} : n \in \mathbb{N}\}$ 使得

$$\lim_{n \to \infty} \left\| X^{(n)} - X \right\|_{p,\infty}^{[M,M],P} = 0$$

最后, 设可料过程 $X \in \mathbf{L}_{p,\infty}(\mathbb{R}_+ \times \Omega, \mu_{[M,M]}, P)$. 对每一个 $n \in \mathbb{N}$, 定义 $X^{(n)}$ 为

$$X^{(n)}(t, \omega) = \mathbf{1}_{[-n,n]}\left(X^{(n)}(t, \omega)\right) X(t, \omega)$$

因为 $X$ 是一个可料过程, 所以它是 $\mathbb{R}_+ \times \Omega$ 到 $\mathbb{R}$ 的一个 $\mathscr{G}/\mathscr{B}_{\mathbb{R}}$ 可测映射. 而 $\mathbf{1}_{[-n,n]}$ 是 $\mathbb{R}$ 到 $\mathbb{R}$ 的一个 $\mathscr{B}_{\mathbb{R}}/\mathscr{B}_{\mathbb{R}}$ 可测映射, 故 $X^{(n)} = \mathbf{1}_{[-n,n]}X$ 是 $\mathbb{R}_+ \times \Omega$ 到 $\mathbb{R}$ 的一个 $\mathscr{G}/\mathscr{B}_{\mathbb{R}}$ 可测映射, 因此 $X^{(n)}$ 是一个可料过程, 从而 $X^{(n)}$ 是一个有界可料过程.

现在对每一个 $m \in \mathbb{N}$, 我们有

$$\lim_{n \to \infty} \left\| X^{(n)} - X \right\|_{p,m}^{[M,M],P}$$

$$= \left\{ \int_{\Omega} \left[ \int_{[0,m]} \left| X^{(n)}(s, \omega) - X(s, \omega) \right|^p \, \mathrm{d}[M,M](s, \omega) \right] P(\mathrm{d}\omega) \right\}^{1/p}$$

因为 $X \in \mathbf{L}_{p,\infty}(\mathbb{R}_+ \times \Omega, \mu_{[M,M]}, P)$, 所以存在概率空间 $(\Omega, \mathscr{F}, P)$ 的一个零集 $\Lambda$, 使得当 $\omega \in \Lambda^c$ 时有

$$\int_{[0,m]} \left| X(s, \omega) \right|^p \, \mathrm{d}[M,M](s, \omega) < \infty$$

对每一个 $m \in \mathbb{N}$ 成立.

因为 $\left|X^{(n)}(s,\omega)-X(s,\omega)\right|^{p}\leqslant|X(s,\omega)|^{p}$, 所以由控制收敛定理有

$$\lim_{n\to\infty}\int_{[0,m]}\left|X^{(n)}(s,\omega)-X(s,\omega)\right|^{p}\mathrm{d}\,[M,M]\,(s,\omega)=0$$

对每一个 $\omega\in\Lambda^{c}$ 成立. 另一方面

$$\int_{[0,m]}\left|X^{(n)}(s,\omega)-X(s,\omega)\right|^{p}\mathrm{d}\,[M,M]\,(s,\omega)\leqslant\int_{[0,m]}|X(s,\omega)|^{p}\,\mathrm{d}\,[M,M]\,(s,\omega)$$

而 $E\left[\int_{[0,m]}|X(s)|^{p}\,\mathrm{d}\,[M,M]\,(s)\right]<\infty$, 因此再次由控制收敛定理可得对每一个 $m\in\mathbb{N}$, 有

$$\lim_{n\to\infty}\left\|X^{(n)}-X\right\|_{p,m}^{[M,M],P}=0$$

从而由注释 6.1.11 有 $\lim\limits_{n\to\infty}\left\|X^{(n)}-X\right\|_{p,\infty}^{[M,M],P}=0$.

因为 $X^{(n)}$ 是一个有界可料过程, 所以由前面已证知对 $X^{(n)}$ 存在 $\mathbf{L}_{0}\left(\Omega,\mathscr{F},\{\mathscr{F}_{t}\},P\right)$ 中的一个 $Z^{(n)}$, 使得

$$\left\|X^{(n)}-Z^{(n)}\right\|_{p,\infty}^{[M,M],P}<2^{-n}$$

从而

$$\left\|Z^{(n)}-X\right\|_{p,\infty}^{[M,M],P}\leqslant\left\|X^{(n)}-X\right\|_{p,\infty}^{[M,M],P}+\left\|Z^{(n)}-X^{(n)}\right\|_{p,\infty}^{[M,M],P}$$

因此 $\lim\limits_{n\to\infty}\left\|X-Z^{(n)}\right\|_{p,\infty}^{[M,M],P}=0$.

定理 6.2.8 表明了如果对某个 $p\in[1,\infty)$ 和某个 $M\in\mathbf{M}_{2}\left(\Omega,\mathscr{F},\{\mathscr{F}_{t}\},P\right)$, $X$ 是域流空间 $(\Omega,\mathscr{F},\{\mathscr{F}_{t}\},P)$ 上的一个属于空间 $\mathbf{L}_{p,\infty}\left(\mathbb{R}_{+}\times\Omega,\mu_{[M,M]},P\right)$ 的可料过程, 那么就存在 $\mathbf{L}_{0}\left(\Omega,\mathscr{F},\{\mathscr{F}_{t}\},P\right)$ 中的一个序列 $\{X^{(n)}:n\in\mathbb{N}\}$ 在空间 $\mathbf{L}_{p,\infty}\left(\mathbb{R}_{+}\times\Omega,\mu_{[M,M]},P\right)$ 的由拟范数 $\|X\|_{p,\infty}^{[M,M],P}$ 所确定的度量下收敛于 $X$. 因此依据这个结果, 对于 $M\in\mathbf{M}_{2}\left(\Omega,\mathscr{F},\{\mathscr{F}_{t}\},P\right)$, 我们就可以把随机积分 $X\bullet M$ 的定义由空间 $\mathbf{L}_{0}\left(\Omega,\mathscr{F},\{\mathscr{F}_{t}\},P\right)$ 推广到域流空间 $(\Omega,\mathscr{F},\{\mathscr{F}_{t}\},P)$ 上的可料过程 $X\in\mathbf{L}_{2,\infty}\left(\mathbb{R}_{+}\times\Omega,\mu_{[M,M]},P\right)$. 这是因为根据定理 6.2.8, 对于 $X\in\mathbf{L}_{2,\infty}\left(\mathbb{R}_{+}\times\Omega,\mu_{[M,M]},P\right)$, 存在 $\mathbf{L}_{0}\left(\Omega,\mathscr{F},\{\mathscr{F}_{t}\},P\right)$ 中的一个序列 $\{X^{(n)}:n\in\mathbb{N}\}$ 使得 $\lim\limits_{n\to\infty}\left\|X^{(n)}-X\right\|_{2,\infty}^{[M,M],P}=0$. 而对 $m,n\in\mathbb{N}$, 由命题 6.2.4 有

$$\left|X^{(m)}\bullet M-X^{(n)}\bullet M\right|_{\infty}=\left\|X^{(m)}-X^{(n)}\right\|_{2,\infty}^{[M,M],P}$$

因此如果随机过程列 $\{X^{(n)} : n \in \mathbb{N}\}$ 是空间 $\mathbf{L}_{2,\infty}(\mathbb{R}_+ \times \Omega, M_{[M,M]}, P)$ 上的由拟范数 $\|\cdot\|_{p,\infty}^{A,P}$ 所确定的度量下的一个 Cauchy 序列, 那么 $\{X^{(n)} \bullet M : n \in \mathbb{N}\}$ 就是空间 $\mathbf{M}_2(\Omega, \mathscr{F}, \{\mathscr{F}_t\}, P)$ 上由拟范数 $|\cdot|_\infty$ 所确定的度量下的一个 Cauchy 序列, 从而由 $\mathbf{M}_2(\Omega, \mathscr{F}, \{\mathscr{F}_t\}, P)$ 关于拟范数 $|\cdot|_\infty$ 所确定的度量的完备性知存在一个 $Y \in \mathbf{M}_2(\Omega, \mathscr{F}, \{\mathscr{F}_t\}, P)$, 使得 $\lim_{n \to \infty} |X^{(n)} \bullet M - Y|_\infty = 0$. 因而可定义 $X \bullet M = Y$, 而且此 $Y$ 不依赖于 $\mathbf{L}_0(\Omega, \mathscr{F}, \{\mathscr{F}_t\}, P)$ 中满足

$$\lim_{n \to \infty} \|X^{(n)} - X\|_{2,\infty}^{[M,M],P} = 0$$

的序列 $\{X^{(n)} : n \in \mathbb{N}\}$ 的选取. 这又是因为, 如果 $\{X^{(1,n)} : n \in \mathbb{N}\}$ 和 $\{X^{(2,n)} : n \in \mathbb{N}\}$ 是 $\mathbf{L}_0(\Omega, \mathscr{F}, \{\mathscr{F}_t\}, P)$ 中的两个满足要求的序列, 而如果我们取 $\{X^{(n)} : n \in \mathbb{N}\}$ 为 $X^{(1,1)}, X^{(2,1)}, X^{(1,2)}, X^{(2,2)}, X^{(1,3)}, X^{(2,3)}, \cdots$ 时, 那么对满足 $\lim_{n \to \infty} |X^{(n)} \bullet M - Y|_\infty = 0$ 的 $Y \in \mathbf{M}_2(\Omega, \mathscr{F}, \{\mathscr{F}_t\}, P)$ 来说, 必然有 $\lim_{n \to \infty} |X^{(i,n)} \bullet M - Y|_\infty = 0, i = 1, 2$.

**定义 6.2.9** 设 $M \in \mathbf{M}_2(\Omega, \mathscr{F}, \{\mathscr{F}_t\}, P)$, 随机过程 $X = \{X_t : t \in \mathbb{R}_+\}$ 是域流空间 $(\Omega, \mathscr{F}, \{\mathscr{F}_t\}, P)$ 上的一个属于 $\mathbf{L}_{2,\infty}(\mathbb{R}_+ \times \Omega, \mu_{[M,M]}, P)$ 的可料过程. 称空间 $\mathbf{M}_2(\Omega, \mathscr{F}, \{\mathscr{F}_t\}, P)$ 中的元素 $X \bullet M$ 为 $X$ 关于 $M$ 的随机积分, 如果对 $\mathbf{L}_0(\Omega, \mathscr{F}, \{\mathscr{F}_t\}, P)$ 中的任何满足条件

$$\lim_{n \to \infty} \|X^{(n)} - X\|_{2,\infty}^{[M,M],P} = 0$$

的随机过程序列 $\{X^{(n)} : n \in \mathbb{N}\}$, 都有 $\lim_{n \to \infty} |X^{(n)} \bullet M - X \bullet M|_\infty = 0$. 对每一 $t \in \mathbb{R}_+$, 随机变量 $(X \bullet M)_t$ 有一个可选的记号 $\int_{[0,t]} X(s)\,\mathrm{d}M(s)$, 它在 $\omega \in \Omega$ 点的值为 $\left(\int_{[0,t]} X(s)\,\mathrm{d}M(s)\right)(\omega)$, 有时也称随机变量 $\int_{[0,t]} X(s)\,\mathrm{d}M(s)$ 为 $X$ 关于 $M$ 在 $[0,t]$ 上的随机积分.

利用命题 6.2.4 可得如下结论.

**推论 6.2.10** 设 $M \in \mathbf{M}_2^c(\Omega, \mathscr{F}, \{\mathscr{F}_t\}, P)$, 如果域流空间 $(\Omega, \mathscr{F}, \{\mathscr{F}_t\}, P)$ 上的可料过程 $X = \{X_t : t \in \mathbb{R}_+\} \in \mathbf{L}_{2,\infty}(\mathbb{R}_+ \times \Omega, \mu_{[M,M]}, P)$, 那么 $X \bullet M \in \mathbf{M}_2^c(\Omega, \mathscr{F}, \{\mathscr{F}_t\}, P)$.

这是因为根据命题 6.2.4 知, 对 $\mathbf{L}_0(\Omega, \mathscr{F}, \{\mathscr{F}_t\}, P)$ 中任何满足条件

$$\lim_{n \to \infty} \|X^{(n)} - X\|_{2,\infty}^{[M,M],P} = 0$$

的序列 $\{X^{(n)} : n \in \mathbb{N}\}$, 有

$$X^{(n)} \bullet M \in \mathbf{M}_2^c\left(\Omega, \mathscr{F}, \{\mathscr{F}_t\}, P\right)$$

而 $X \bullet M$ 满足 $\lim\limits_{n \to \infty} |X^{(n)} \bullet M - X \bullet M|_\infty = 0$, 故 $X \bullet M$ 在 $\mathbf{M}_2\left(\Omega, \mathscr{F}, \{\mathscr{F}_t\}, P\right)$ 的闭线性子空间 $\mathbf{M}_2^c\left(\Omega, \mathscr{F}, \{\mathscr{F}_t\}, P\right)$ 中.

**推论 6.2.11** 对定义 6.2.9 中的 $X$ 关于 $M$ 的随机积分 $X \bullet M$, 有

$$|X \bullet M|_\infty = \|X\|_{2,\infty}^{[M,M],P}$$

即从 $\mathbf{L}_{2,\infty}\left(\mathbb{R}_+ \times \Omega, \mu_{[M,M]}, P\right)$ 中的可料过程 $X$ 到 $\mathbf{M}_2\left(\Omega, \mathscr{F}, \{\mathscr{F}_t\}, P\right)$ 中的元素 $X \bullet M$ 的映射保持拟范数. 对于 $t \in \mathbb{R}_+$, 也有 $|X \bullet M|_t = \|X\|_{2,t}^{[M,M],P}$.

**证明** 如果 $\left\{X^{(n)} : n \in \mathbb{N}\right\}$ 是 $\mathbf{L}_0\left(\Omega, \mathscr{F}, \{\mathscr{F}_t\}, P\right)$ 中的一个满足条件

$$\lim_{n \to \infty} \left\|X^{(n)} - X\right\|_{2,\infty}^{[M,M],P} = 0$$

的序列, 那么 $\lim\limits_{n \to \infty} |X^{(n)} \bullet M - X \bullet M|_\infty = 0$, 从而 $\lim\limits_{n \to \infty} |X^{(n)} \bullet M|_\infty = |X \bullet M|_\infty$. 再由命题 6.2.4 知 $|X^{(n)} \bullet M|_\infty = \left\|X^{(n)}\right\|_{2,\infty}^{[M,M],P}$, 而 $\lim\limits_{n \to \infty} \left\|X^{(n)} - X\right\|_{2,\infty}^{[M,M],P} = 0$ 说明 $\lim\limits_{n \to \infty} \left\|X^{(n)}\right\|_{2,\infty}^{[M,M],P} = \|X\|_{2,\infty}^{[M,M],P}$, 因此 $|X \bullet M|_\infty = \|X\|_{2,\infty}^{[M,M],P}$.

对于每一 $t \in \mathbb{R}_+$, 由 $\lim\limits_{n \to \infty} \left\|X^{(n)} - X\right\|_{2,\infty}^{[M,M],P} = 0$ 可知 $\lim\limits_{n \to \infty} \left\|X^{(n)} - X\right\|_{2,t}^{[M,M],P} = 0$, 因此

$$\lim_{n \to \infty} \left\|X^{(n)}\right\|_{2,t}^{[M,M],P} = \|X\|_{2,t}^{[M,M],P}$$

再由 $\lim\limits_{n \to \infty} |X^{(n)} \bullet M - X \bullet M|_\infty = 0$ 可知 $\lim\limits_{n \to \infty} |X^{(n)} \bullet M - X \bullet M|_t = 0$, 从而

$$\lim_{n \to \infty} |X^{(n)} \bullet M|_t = |X \bullet M|_t$$

而由由命题 6.2.4 知 $|X^{(n)} \bullet M|_t = \left\|X^{(n)}\right\|_{2,t}^{[M,M],P}$, 因此 $|X \bullet M|_t = \|X\|_{2,t}^{[M,M],P}$.

**命题 6.2.12** 设 $M \in \mathbf{M}_2\left(\Omega, \mathscr{F}, \{\mathscr{F}_t\}, P\right)$, 其中概率空间 $(\Omega, \mathscr{F}, P)$ 不必完备. 对域流空间 $(\Omega, \mathscr{F}, \{\mathscr{F}_t\}, P)$ 上的属于 $\mathbf{L}_{2,\infty}\left(\mathbb{R}_+ \times \Omega, \mu_{[M,M]}, P\right)$ 的可料过程 $X, Y$ 及 $\alpha, \beta \in \mathbb{R}$, 有

(1) 如果 $X$ 和 $Y$ 作为 $\mathbf{L}_{2,\infty}\left(\mathbb{R}_+ \times \Omega, \mu_{[M,M]}, P\right)$ 中的元素相等, 那么

$$X \bullet M = Y \bullet M \in \mathbf{M}_2\left(\Omega, \mathscr{F}, \{\mathscr{F}_t\}, P\right)$$

(2) $\{\alpha X + \beta Y\} \bullet M = \alpha\left(X \bullet M\right) + \beta\left(Y \bullet M\right)$.

(3) 对 $t \in \mathbb{R}_+$, 在概率空间 $\left(\Omega, \mathscr{F}_t, P\right)$ 上 a.e. 有

$$\left(\{\alpha X + \beta Y\} \bullet M\right)_t = \alpha\left(X \bullet M\right)_t + \beta\left(Y \bullet M\right)_t$$

(4) $1 \bullet M = M$.

**证明**　(1) 设 $\left\{X^{(n)} : n \in \mathbb{N}\right\}$ 是 $\mathbf{L}_0\left(\Omega, \mathscr{F}, \left\{\mathscr{F}_t\right\}, P\right)$ 中满足 $\lim\limits_{n \to \infty} \left\|X^{(n)} - X\right\|_{2,\infty}^{[M,M],P} = 0$ 的序列, 则由注释 6.1.11 知对每一 $m \in \mathbb{N}$ 有 $\lim\limits_{n \to \infty} \left\|X^{(n)} - X\right\|_{2,m}^{[M,M],P} = 0$. 因为对每一 $m \in \mathbb{N}$, 有

$$\left\|X^{(n)} - Y\right\|_{2,m}^{[M,M],P} \leqslant \left\|X^{(n)} - X\right\|_{2,m}^{[M,M],P} + \left\|X - Y\right\|_{2,m}^{[M,M],P}$$

而由 $X$ 和 $Y$ 作为 $\mathbf{L}_{2,\infty}\left(\mathbb{R}_+ \times \Omega, \mu_{[M,M]}, P\right)$ 中的元素相等知对每一 $m \in \mathbb{N}$ 有 $\left\|X - Y\right\|_{2,m}^{[M,M],P} = 0$, 因此对每一 $m \in \mathbb{N}$ 有 $\lim\limits_{n \to \infty} \left\|X^{(n)} - Y\right\|_{2,m}^{[M,M],P} = 0$, 从而再由注释 6.1.11 知

$$\lim_{n \to \infty} \left\|X^{(n)} - Y\right\|_{2,\infty}^{[M,M],P} = 0$$

故我们既有 $\lim\limits_{n \to \infty} \left|X^{(n)} \bullet M - X \bullet M\right|_\infty = 0$ 也有 $\lim\limits_{n \to \infty} \left|X^{(n)} \bullet M - Y \bullet M\right|_\infty = 0$, 进而

$$X \bullet M = Y \bullet M \in \mathbf{M}_2\left(\Omega, \mathscr{F}, \left\{\mathscr{F}_t\right\}, P\right)$$

(2) 如果 $\left\{X^{(n)} : n \in \mathbb{N}\right\}$ 和 $\left\{Y^{(n)} : n \in \mathbb{N}\right\}$ 是 $\mathbf{L}_0\left(\Omega, \mathscr{F}, \left\{\mathscr{F}_t\right\}, P\right)$ 中分别满足

$$\lim_{n \to \infty} \left\|X^{(n)} - X\right\|_{2,\infty}^{[M,M],P} = 0 \quad \text{和} \quad \lim_{n \to \infty} \left\|Y^{(n)} - Y\right\|_{2,\infty}^{[M,M],P} = 0$$

的序列, 那么由定义 6.2.3 有

$$\left\{\alpha X^{(n)} + \beta Y^{(n)}\right\} \bullet M = \alpha\left(X^{(n)} \bullet M\right) + \beta\left(Y^{(n)} \bullet M\right)$$

令 $n \to \infty$, 即得

$$\left\{\alpha X + \beta Y\right\} \bullet M = \alpha\left(X \bullet M\right) + \beta\left(Y \bullet M\right)$$

(3) 由 (2) 可知存在概率空间 $(\Omega, \mathscr{F}, P)$ 的一个零集 $\Lambda$, 使得对每一 $\omega \in \Lambda^c$, 有

$$\left(\left\{\alpha X + \beta Y\right\} \bullet M\right)(\bullet, \omega) = \alpha\left(X \bullet M\right)(\bullet, \omega) + \beta\left(Y \bullet M\right)(\bullet, \omega)$$

特别地, 对每一 $t \in \mathbb{R}_+$ 有

$$\left(\left\{\alpha X + \beta Y\right\} \bullet M\right)(t, \omega) = \alpha\left(X \bullet M\right)(t, \omega) + \beta\left(Y \bullet M\right)(t, \omega)$$

又因为 $\Lambda \in \mathscr{F}_0 \subset \mathscr{F}_t$, 所以对 $t \in \mathbb{R}_+$, 在概率空间 $(\Omega, \mathscr{F}_t, P)$ 上 a.e. 有

$$\left(\left\{\alpha X + \beta Y\right\} \bullet M\right)_t = \alpha\left(X \bullet M\right)_t + \beta\left(Y \bullet M\right)_t$$

(4) 因为 $1 \in \mathbf{L}_0\left(\Omega, \mathscr{F}, \{\mathscr{F}_t\}, P\right)$, 所以由定义 6.2.3 有 $1 \bullet M = M$.

**命题 6.2.13** 设 $M \in \mathbf{M}_2\left(\Omega, \mathscr{F}, \{\mathscr{F}_t\}, P\right)$, 而 $X^{(n)}(n \in \mathbb{N})$ 和 $X$ 都是属于 $\mathbf{L}_{2,\infty}\left(\mathbb{R}_+ \times \Omega, \mu_{[M,M]}, P\right)$ 的可料过程. 如果

$$\lim_{n \to \infty} \left\| X^{(n)} - X \right\|_{2,\infty}^{[M,M],P} = 0$$

那么

$$\lim_{n \to \infty} \left| X^{(n)} \bullet M - X \bullet M \right|_\infty = 0$$

**证明** 因为对每一 $n \in \mathbb{N}$, $X^{(n)}$ 是属于 $\mathbf{L}_{2,\infty}\left(\mathbb{R}_+ \times \Omega, \mu_{[M,M]}, P\right)$ 的一个可料过程, 所以由定理 6.2.8 知对每一 $n \in \mathbb{N}$ 存在 $Y^{(n)} \in \mathbf{L}_0\left(\Omega, \mathscr{F}, \{\mathscr{F}_t\}, P\right)$, 使得

$$\left\| Y^{(n)} - X^{(n)} \right\|_{2,\infty}^{[M,M],P} < 2^{-n}$$

再由拟范数的三角不等式

$$\left\| Y^{(n)} - X \right\|_{2,\infty}^{[M,M],P} \leqslant \left\| Y^{(n)} - X^{(n)} \right\|_{2,\infty}^{[M,M],P} + \left\| X^{(n)} - X \right\|_{2,\infty}^{[M,M],P}$$

可得

$$\lim_{n \to \infty} \left\| Y^{(n)} - X \right\|_{2,\infty}^{[M,M],P} = 0$$

又因由推论 6.2.11 有

$$\left| X^{(n)} \bullet M - X \bullet M \right|_\infty \leqslant \left| X^{(n)} \bullet M - Y^{(n)} \bullet M \right|_\infty + \left| Y^{(n)} \bullet M - X \bullet M \right|_\infty$$

$$= \left\| Y^{(n)} - X^{(n)} \right\|_{2,\infty}^{[M,M],P} + \left\| Y^{(n)} - X \right\|_{2,\infty}^{[M,M],P}$$

故

$$\lim_{n \to \infty} \left| X^{(n)} \bullet M - X \bullet M \right|_\infty = 0$$

**注释 6.2.14** 设 $M \in \mathbf{M}_2\left(\Omega, \mathscr{F}, \{\mathscr{F}_t\}, P\right)$, 对于 $\mathbf{L}_{2,\infty}\left(\mathbb{R}_+ \times \Omega, \mu_{[M,M]}, P\right)$ 中的可料过程 $X^{(n)}(n \in \mathbb{N})$ 和 $X$, 如果 $\lim\limits_{n \to \infty} \left\| X^{(n)} - X \right\|_{2,\infty}^{[M,M],P} = 0$, 那么

$$\left\{ X^{(n)} \bullet M, n \in \mathbb{N}, X \bullet M \right\} \subset \mathbf{M}_2\left(\Omega, \mathscr{F}, \{\mathscr{F}_t\}, P\right)$$

而由命题 6.2.13 有 $\lim\limits_{n \to \infty} \left| X^{(n)} \bullet M - X \bullet M \right|_\infty = 0$, 再由命题 6.1.6 知对每一 $m \in \mathbb{N}$, 在 $[0, m)$ 上 $X^{(n)} \bullet M$ 依概率一致收敛于 $X \bullet M$, 即

$$\mathrm{pr} - \lim_{n \to \infty} \sup_{t \in [0,m)} \left| \left( X^{(n)} \bullet M \right)_t - \left( X \bullet M \right)_t \right| = 0$$

而且存在 $\{n\}$ 的一个子序列 $\{n_k\}$ 和概率空间 $(\Omega, \mathscr{F}, P)$ 的一个零集 $\Lambda$, 使得对每一 $\omega \in \Lambda^c$, 有 $\left(X^{(n_k)} \bullet M\right)(\bullet, \omega)$ 在 $\mathbb{R}_+$ 的每个有限区间上一致收敛于 $(X \bullet M)(\bullet, \omega)$.

**注释 6.2.15** 对 $M \in \mathbf{M}_2(\Omega, \mathscr{F}, \{\mathscr{F}_t\}, P)$ 和一个属于 $\mathbf{L}_{2,\infty}(\mathbb{R}_+ \times \Omega, \mu_{[M,M]}, P)$ 的可料过程 $X$, 随机积分 $X \bullet M$ 是 $\mathbf{M}_2(\Omega, \mathscr{F}, \{\mathscr{F}_t\}, P)$ 中的一个元素, 特别地, 它是一个右连续鞅, 因此由定理 5.5.3 知 $X \bullet M$ 的几乎每一个样本函数不仅右连续而且在 $\mathbb{R}_+$ 的每一点处有有限的左极限, 在 $\mathbb{R}_+$ 的每一个有限区间上还是有界的, 有至多可数多个不连续点.

下面的这个结果给出了有界左连续适应过程 $X(\bullet, \omega)$ 关于 $\mathbf{M}_2(\Omega, \mathscr{F}, \{\mathscr{F}_t\}, P)$ 中的元素 $M(\bullet, \omega)$ 的随机积分 $(X \bullet M)(t, \omega)$ 和 $X(\bullet, \omega)$ 关于 $M(\bullet, \omega)$ 的 Riemann-Stieltjes 和的极限的关系.

**命题 6.2.16** 设 $M \in \mathbf{M}_2(\Omega, \mathscr{F}, \{\mathscr{F}_t\}, P)$, $X$ 是域流空间 $(\Omega, \mathscr{F}, \{\mathscr{F}_t\}, P)$ 上的一个有界左连续适应过程. 对 $n \in \mathbb{N}$, 设 $\{t_{n,k} : k \in \mathbb{Z}_+\}$ 是一个满足 $t_{n,0} = 0$ 和当 $k \to \infty$ 时有 $t_{n,k} \uparrow \infty$ 的严格递增序列, $\Delta_n$ 是 $\mathbb{R}_+$ 的一个相应于序列 $\{t_{n,k} : k \in \mathbb{Z}_+\}$ 的子区间分拆. 设 $|\Delta_n| = \sup_{n \in \mathbb{N}}(t_{n,k} - t_{n,k-1})$, 如果 $\lim_{n \to \infty} |\Delta_n| = 0$, 那么对每一 $t \in \mathbb{R}_+$, 有

$$\lim_{n \to \infty} \left\| \sum_{k=1}^{p_n} X(t_{n,k-1})\{M(t_{n,k}) - M(t_{n,k-1})\} - (X \bullet M)(t) \right\|_2 = 0 \qquad (6.2.18)$$

其中对 $n \in \mathbb{N}$ 有 $t_{n,p_n} = t$, 对 $k = 0, \cdots, p_n - 1$, 有 $t_{n,k} < t$. 特别地, 有

$$\text{pr-}\lim_{n \to \infty} \sum_{k=1}^{p_n} X(t_{n,k-1})\{M(t_{n,k}) - M(t_{n,k-1})\} = (X \bullet M)(t) \qquad (6.2.19)$$

**证明** 因为 $X$ 是域流空间上的一个左连续适应过程, 所以它是一个可料过程; 而由 $X$ 有界利用推论 6.1.12 可知 $X \in \mathbf{L}_{2,\infty}(\mathbb{R}_+ \times \Omega, \mu_{[M,M]}, P)$, 因此 $X \bullet M$ 在 $\mathbf{M}_2(\Omega, \mathscr{F}, \{\mathscr{F}_t\}, P)$ 中存在. 对 $n \in \mathbb{N}$, 定义

$$X^{(n)}(s) = X(0) I_{\{0\}}(s) + \sum_{k \in \mathbb{N}} X(t_{n,k-1}) I_{(t_{n,k-1}, t_{n,k}]}(s), \quad 对 s \in \mathbb{R}_+$$

则 $X^{(n)} = \{X^{(n)}(s) : s \in \mathbb{R}_+\} \in \mathbf{L}_0(\Omega, \mathscr{F}, \{\mathscr{F}_t\}, P)$. 由 $X$ 是域流空间上的左连续过程知对 $(s, \omega) \in \mathbb{R}_+ \times \Omega$, 有 $\lim_{n \to \infty} X^{(n)}(s, \omega) = X(s, \omega)$.

又由 $M \in \mathbf{M}_2(\Omega, \mathscr{F}, \{\mathscr{F}_t\}, P)$ 知 $[M, M] \in \mathbf{A}(\Omega, \mathscr{F}, \{\mathscr{F}_t\}, P)$, 特别地对每一 $t \in \mathbb{R}_+$ 有 $[M, M]_t$ 时可积的, 因此对每一 $m \in \mathbb{N}$, 由有界收敛定理和控制收敛定理得

$$\lim_{n\to\infty} \left\| X^{(n)} - X \right\|_{2,m}^{[M,M],P} = 0$$

从而由注释 6.1.11 有

$$\lim_{n\to\infty} \left\| X^{(n)} - X \right\|_{2,\infty}^{[M,M],P} = 0$$

进而

$$\lim_{n\to\infty} \left| X^{(n)} \bullet M - X \bullet M \right|_\infty = 0$$

因而对每一 $t \in \mathbb{R}_+$ 有 $\lim\limits_{n\to\infty} \left| X^{(n)} \bullet M - X \bullet M \right|_t = 0$. 再由 $X^{(n)} \in \mathbf{L}_0\left(\Omega, \mathscr{F}, \{\mathscr{F}_t\}, P\right)$, 故

$$\left( X^{(n)} \bullet M \right)(t) = \sum_{k=1}^{p_n} X\left(t_{n,k-1}\right) \left\{ M\left(t_{n,k}\right) - M\left(t_{n,k-1}\right) \right\}$$

因此

$$\lim_{n\to\infty} \left\| \sum_{k=1}^{p_n} X\left(t_{n,k-1}\right) \left\{ M\left(t_{n,k}\right) - M\left(t_{n,k-1}\right) \right\} - (X \bullet M)(t) \right\|_2 = 0$$

即 (6.2.18) 式成立, 进而有

$$\operatorname*{pr\text{-}lim}_{n\to\infty} \sum_{k=1}^{p_n} X\left(t_{n,k-1}\right) \left\{ M\left(t_{n,k}\right) - M\left(t_{n,k-1}\right) \right\} = (X \bullet M)(t)$$

至此我们已经知道了当 $M$ 和 $N$ 都属于 $\mathbf{M}_2\left(\Omega, \mathscr{F}, \{\mathscr{F}_t\}, P\right)$ 时, 对于空间 $\mathbf{L}_{2,\infty}\left(\mathbb{R}_+ \times \Omega, \mu_{[M,M]}, P\right)$ 中的可料过程 $X$ 和空间 $\mathbf{L}_{2,\infty}\left(\mathbb{R}_+ \times \Omega, \mu_{[N,N]}, P\right)$ 中的可料过程 $Y$, 因为随机积分 $X \bullet M$ 和 $Y \bullet N$ 都在 $\mathbf{M}_2\left(\Omega, \mathscr{F}, \{\mathscr{F}_t\}, P\right)$ 中存在, 所以相应的二次变差过程 $[X \bullet M, X \bullet M]$, $[Y \bullet N, Y \bullet N]$ 和 $[X \bullet M, Y \bullet N]$ 都存在. 而下面的结果表明了在 $M$ 和 $N$ 都几乎必然连续的条件下, 过程 $[X \bullet M, X \bullet M]$, $[Y \bullet N, Y \bullet N]$ 和 $[X \bullet M, Y \bullet N]$ 分别可以通过计算 $X^2$, $Y^2$ 和 $XY$ 的样本函数关于由二次变差过程 $[X \bullet M, X \bullet M]$, $[Y \bullet N, Y \bullet N]$ 和 $[X \bullet M, Y \bullet N]$ 所确定的 Lebesgue-Stieltjes 测度族 $\mu_{[M,M]}, \mu_{[N,N]}, \mu_{[M,N]}$ 的积分得到.

**定理 6.2.17**　设 $M, N \in \mathbf{M}_2^c\left(\Omega, \mathscr{F}, \{\mathscr{F}_t\}, P\right)$, 如果域流空间 $(\Omega, \mathscr{F}, \{\mathscr{F}_t\}, P)$ 上的可料过程 $X$ 和 $Y$ 满足 $X \in \mathbf{L}_{2,\infty}\left(\mathbb{R}_+ \times \Omega, \mu_{[M,M]}, P\right)$ 和 $Y \in \mathbf{L}_{2,\infty}\left(\mathbb{R}_+ \times \Omega, \mu_{[N,N]}, P\right)$, 那么存在概率空间 $(\Omega, \mathscr{F}, P)$ 的一个零集 $\Lambda$, 使得在 $\Lambda^c$ 上, 对每一 $t \in \mathbb{R}_+$, 有

$$[X \bullet M, Y \bullet N]_t = \int_{[0,t]} X(s)\, Y(s)\, \mathrm{d}\, [M,N](s) \tag{6.2.20}$$

因此对任何 $s, t \in \mathbb{R}_+$, 当 $s < t$ 时, 有

$$E\left[\{(X \bullet M)_t - (X \bullet M)_s\}\{(Y \bullet N)_t - (Y \bullet N)_s\}\,|\,\mathscr{F}_s\right]$$

$$= E\left[(X \bullet M)_t (Y \bullet N)_t - (X \bullet M)_s (Y \bullet N)_s\,|\,\mathscr{F}_s\right]$$

$$= E\left[\int_{(s,t]} X(u) Y(u)\,\mathrm{d}\,[M, N](u)\,|\,\mathscr{F}_s\right] \tag{6.2.21}$$

在概率空间 $(\Omega, \mathscr{F}_s, P)$ 上 a.e. 成立; 特别地, 存在概率空间 $(\Omega, \mathscr{F}, P)$ 的一个零集 $\Lambda$, 使得在 $\Lambda^c$ 上, 对每一 $t \in \mathbb{R}_+$, 有

$$[X \bullet M, X \bullet M]_t = \int_{[0,t]} X^2(s)\,\mathrm{d}\,[M, M](s) \tag{6.2.22}$$

和

$$E\left[\{(X \bullet M)_t - (X \bullet M)_s\}^2\,|\,\mathscr{F}_s\right] = E\left[(X \bullet M)_t^2 - (X \bullet M)_t^2\,|\,\mathscr{F}_s\right]$$

$$= E\left[\int_{(s,t]} X^2(u)\,\mathrm{d}\,[M, M](u)\,|\,\mathscr{F}_s\right] \tag{6.2.23}$$

在概率空间 $(\Omega, \mathscr{F}_s, P)$ 上 a.e. 成立.

作为定理 6.2.17 的应用, 下面给出一个可料过程的随机积分的下述特征.

**命题 6.2.18** 设 $M \in \mathbf{M}_2^c(\Omega, \mathscr{F}, \{\mathscr{F}_t\}, P)$, 如果域流空间 $(\Omega, \mathscr{F}, \{\mathscr{F}_t\}, P)$ 上的可料过程 $X$ 满足 $X \in \mathbf{L}_{2,\infty}(\mathbb{R}_+ \times \Omega, \mu_{[M,M]}, P)$, 那么 $X \bullet M$ 是 $\mathbf{M}_2(\Omega, \mathscr{F}, \{\mathscr{F}_t\}, P)$ 中唯一满足对每一 $N \in \mathbf{M}_2(\Omega, \mathscr{F}, \{\mathscr{F}_t\}, P)$, 存在概率空间 $(\Omega, \mathscr{F}, P)$ 的一个零集 $\Lambda$, 使得在 $\Lambda^c$ 上, 对每一 $t \in \mathbb{R}_+$, 有

$$[X \bullet M, N]_t = \int_{[0,t]} X(s)\,\mathrm{d}\,[M, N](s) \tag{6.2.24}$$

的元素.

**证明** 在定理 6.2.17 中取 $Y = 1 \in \mathbf{L}_{2,\infty}(\mathbb{R}_+ \times \Omega, \mu_{[N,N]}, P)$, 则有

$$[X \bullet M, N]_t = [X \bullet M, 1 \bullet N]_t = \int_{[0,t]} \{X(s) \times 1\}\,\mathrm{d}\,[M, N](s)$$

$$= \int_{[0,t]} X(s)\,\mathrm{d}\,[M, N](s)$$

故 $X \bullet M$ 满足 (6.2.24) 式. 为证唯一性, 设 $Z \in \mathbf{M}_2(\Omega, \mathscr{F}, \{\mathscr{F}_t\}, P)$ 满足存在概率空间 $(\Omega, \mathscr{F}, P)$ 的一个零集 $\Lambda$, 使得在 $\Lambda^c$ 上, 对每一 $t \in \mathbb{R}_+$, 有

$$[Z, N]_t = \int_{[0,t]} X(s)\,\mathrm{d}\,[M, N](s) \tag{6.2.25}$$

根据命题 6.1.19 由 (6.2.24) 式和 (6.2.25) 式可得对每一 $N \in \mathbf{M}_2\left(\Omega, \mathscr{F}, \{\mathscr{F}_t\}, P\right)$ 有 $[X \bullet M - Z, N] = 0$, 因此对于 $N = X \bullet M - Z$, 有 $[X \bullet M - Z, X \bullet M - Z] = 0$, 从而 $Z = X \bullet M$.

我们已经知道对于 $M \in \mathbf{M}_2\left(\Omega, \mathscr{F}, \{\mathscr{F}_t\}, P\right)$ 和域流空间 $(\Omega, \mathscr{F}, \{\mathscr{F}_t\}, P)$ 上的属于空间 $\mathbf{L}_{2,\infty}\left(\mathbb{R}_+ \times \Omega, \mu_{[M,M]}, P\right)$ 的可料过程 $X$, 随机积分 $X \bullet M$ 在空间 $\mathbf{M}_2\left(\Omega, \mathscr{F}, \{\mathscr{F}_t\}, P\right)$ 中存在, 因此如果 $Y$ 是域流空间上的属于空间 $\mathbf{L}_{2,\infty}\left(\mathbb{R}_+ \times \Omega, \mu_{[X \bullet M, X \bullet M]}, P\right)$ 的一个可料过程, 那么 $Y \bullet (X \bullet M)$ 有意义且属于 $\mathbf{M}_2\left(\Omega, \mathscr{F}, \{\mathscr{F}_t\}, P\right)$. 关于随机积分 $Y \bullet (X \bullet M)$ 有下面的结果.

**定理 6.2.19**　设 $M \in \mathbf{M}_2^c\left(\Omega, \mathscr{F}, \{\mathscr{F}_t\}, P\right)$, 如果域流空间 $(\Omega, \mathscr{F}, \{\mathscr{F}_t\}, P)$ 上的可料过程 $X$ 和 $Y$ 满足 $X, YX \in \mathbf{L}_{2,\infty}\left(\mathbb{R}_+ \times \Omega, \mu_{[M,M]}, P\right)$, 那么

$$Y \in \mathbf{L}_{2,\infty}\left(\mathbb{R}_+ \times \Omega, \mu_{[X \bullet M, X \bullet M]}, P\right)$$

而且存在概率空间 $(\Omega, \mathscr{F}, P)$ 的一个零集 $\Lambda$, 使得对 $\omega \in \Lambda^c$, 有

$$(Y \bullet (X \bullet M))(\bullet, \omega) = (YX \bullet M)(\bullet, \omega)$$

**证明**　因为 $Y$ 是域流空间 $(\Omega, \mathscr{F}, \{\mathscr{F}_t\}, P)$ 上的一个可料过程, 所以它是一个可测过程, 因此为证明 $Y \in \mathbf{L}_{2,\infty}\left(\mathbb{R}_+ \times \Omega, \mu_{[X \bullet M, X \bullet M]}, P\right)$, 只需证明对每一 $t \in \mathbb{R}_+$, 有

$$E\left[\int_{[0,t]} Y^2(s)\, \mathrm{d}[X \bullet M, X \bullet M](s)\right] < \infty \tag{6.2.26}$$

而由定理 6.2.17 知存在概率空间 $(\Omega, \mathscr{F}, P)$ 的一个零集 $\Lambda$, 使得在 $\Lambda^c$ 上, 对每一 $t \in \mathbb{R}_+$, 有

$$[X \bullet M, X \bullet M](t, \omega) = \int_{[0,t]} X^2(s, \omega)\, \mathrm{d}[M, M](s, \omega)$$

因此空间 $(\mathbb{R}_+, \mathscr{B}_{\mathbb{R}_+})$ 上的 Lebesgue-Stieltjes 测度 $\mu_{[X \bullet M, X \bullet M]}(\bullet, \omega)$ 关于 Lebesgue-Stieltjes 测度 $\mu_{[M,M]}(\bullet, \omega)$ 是绝对连续的, 且具有 Radon-Nikodym 导数

$$\frac{\mathrm{d}\mu_{[X \bullet M, X \bullet M]}}{\mathrm{d}\mu_{[M,M]}}(s, \omega) = X^2(s, \omega), \quad \text{对 } s \in \mathbb{R}_+$$

从而由 Lebesgue-Radon-Nikodym 定理, 有

$$\int_{[0,t]} Y^2(s, \omega)\, \mathrm{d}\mu_{[X \bullet M, X \bullet M]}(s, \omega) = \int_{[0,t]} Y^2(s, \omega) X^2(s, \omega)\, \mathrm{d}[M, M](s, \omega)$$

因而再由 $XY \in \mathbf{L}_{2,\infty}\left(\mathbb{R}_+ \times \Omega, \mu_{[M,M]}, P\right)$ 有

$$E\left[\int_{[0,t]} Y^2(s)\,\mathrm{d}\mu_{[X\bullet M,X\bullet M]}(s)\right] = E\left[\int_{[0,t]} Y^2(\omega)\,X^2(\omega)\,\mathrm{d}[M,M](\omega)\right] < \infty$$

即 (6.2.26) 式成立.

由于 $Y \subset \mathbf{L}_{2,\infty}\left(\mathbb{R}_+ \times \Omega, \mu_{[X\bullet M,X\bullet M]}, P\right)$, 因此随机积分 $Y\bullet(X\bullet M)$ 有定义且属于 $\mathbf{M}_2^c(\Omega, \mathscr{F}, \{\mathscr{F}_t : t \in \mathbb{R}_+\}, P)$. 另一方面, 因为 $X$ 和 $Y$ 都是可料过程, 所以 $YX$ 也是一个可料过程, 又因为 $YX \in \mathbf{L}_{2,\infty}\left(\mathbb{R}_+ \times \Omega, \mu_{[M,M]}, P\right)$, 所以随机积分 $YX\bullet M$ 有定义且属于 $\mathbf{M}_2^c(\Omega, \mathscr{F}, \{\mathscr{F}_t\}, P)$. 而由命题 6.2.18 知 $Y\bullet(X\bullet M)$ 是 $\mathbf{M}_2(\Omega, \mathscr{F}, \{\mathscr{F}_t\}, P)$ 中的唯一元素, 该元素使得对每一 $N \in \mathbf{M}_2(\Omega, \mathscr{F}, \{\mathscr{F}_t\}, P)$, 存在概率空间 $(\Omega, \mathscr{F}, P)$ 的一个零集 $\Lambda_1$, 使得在 $\Lambda_1^c$ 上, 对每一 $t \in \mathbb{R}_+$, 有

$$[Y\bullet(X\bullet M), N]_t = \int_{[0,t]} Y(s)\,\mathrm{d}[X\bullet M, N](s) \tag{6.2.27}$$

成立; 类似地, $YX\bullet M$ 是 $\mathbf{M}_2(\Omega, \mathscr{F}, \{\mathscr{F}_t\}, P)$ 中的唯一元素, 该元素能使得对每一 $N \in \mathbf{M}_2(\Omega, \mathscr{F}, \{\mathscr{F}_t\}, P)$, 存在概率空间 $(\Omega, \mathscr{F}, P)$ 的一个零集 $\Lambda_2$, 使得在 $\Lambda_2^c$ 上, 对每一 $t \in \mathbb{R}_+$, 有

$$[YX\bullet M, N]_t = \int_{[0,t]} Y(s)\,X(s)\,\mathrm{d}[M, N](s) \tag{6.2.28}$$

成立. 因此, 如果我们能证明存在概率空间 $(\Omega, \mathscr{F}, P)$ 的一个零集 $\Lambda_3$, 使得在 $\Lambda_3^c$ 上, 对每一 $t \in \mathbb{R}_+$, 有

$$\int_{[0,t]} Y(s)\,\mathrm{d}[X\bullet M, N](s) = \int_{[0,t]} Y(s)\,X(s)\,\mathrm{d}[M, N](s) \tag{6.2.29}$$

成立, 那么如果我们令 $\Lambda = \bigcup_{i=1}^{3} \Lambda_i$, 则对 $\omega \in \Lambda^c$, 就有 $(Y\bullet(X\bullet M))(\bullet, \omega) = (YX\bullet M)(\bullet, \omega)$, 从而证明完成.

为证明 (6.2.29) 式, 注意到由定理 6.2.17 知存在概率空间 $(\Omega, \mathscr{F}, P)$ 的一个零集 $\Lambda_3$, 使得在 $\Lambda_3^c$ 上, 对每一 $t \in \mathbb{R}_+$, 有

$$[X\bullet M, N]_t = [X\bullet M, 1\bullet N]_t = \int_{[0,t]} X^2(s, \omega)\,\mathrm{d}[M, M](s)$$

因此, 对 $\omega \in \Lambda_3^c$, 可测空间 $\left(\mathbb{R}_+, \mathscr{B}_{\mathbb{R}_+}\right)$ 上的 Lebesgue-Stieltjes 测度 $\mu_{[X\bullet M,N]}(\bullet, \omega)$ 关于 Lebesgue-Stieltjes 测度 $\mu_{[M,N]}(\bullet, \omega)$ 是绝对连续的, 且具有 Radon-Nikodym 导数 $X(\bullet, \omega)$, 从而由 Lebesgue-Radon-Nikodym 定理知 (6.2.29) 式成立.

### 6.2.3　截断被积函数和用停时停止积分

**命题 6.2.20**　设 $M, N \in \mathbf{M}_2\left(\Omega, \mathscr{F}, \{\mathscr{F}_t\}, P\right)$，域流空间 $\left(\Omega, \mathscr{F}, \{\mathscr{F}_t\}, P\right)$ 上的可料过程 $X$ 和 $Y$ 满足 $X \in \mathbf{L}_{2,\infty}\left(\mathbb{R}_+ \times \Omega, \mu_{[M,M]}, P\right)$ 和 $Y \in \mathbf{L}_{2,\infty}\left(\mathbb{R}_+ \times \Omega, \mu_{[N,N]}, P\right)$. 设 $\rho$ 和 $\tau$ 是域流空间上的两个停时，满足 $\rho \leqslant \tau$. 那么，对每一 $t \in \mathbb{R}_+$，在概率空间 $\left(\Omega, \mathscr{F}_\rho, P\right)$ 上 a.e. 有

$$E\left[(X \bullet M)_{\tau \wedge t} - (X \bullet M)_{\rho \wedge t}\,|\,\mathscr{F}_\rho\right] = 0 \tag{6.2.30}$$

和

$$
\begin{aligned}
&E\left[\left\{(X \bullet M)_{\tau \wedge t} - (X \bullet M)_{\rho \wedge t}\right\}\left\{(Y \bullet N)_{\tau \wedge t} - (Y \bullet N)_{\rho \wedge t}\right\}|\,\mathscr{F}_\rho\right] \\
={}&E\left[(X \bullet M)_{\tau \wedge t}\,(Y \bullet N)_{\tau \wedge t} - (X \bullet M)_{\rho \wedge t}\,(Y \bullet N)_{\rho \wedge t}\,|\,\mathscr{F}_\rho\right] \\
={}&E\left[\int_{(\rho \wedge t,\,\tau \wedge t]} X(u)\,Y(u)\,\mathrm{d}\,[M, N](u)\,|\,\mathscr{F}_\rho\right]
\end{aligned}
\tag{6.2.31}
$$

特别地，对每一 $t \in \mathbb{R}_+$，在概率空间 $\left(\Omega, \mathscr{F}_\rho, P\right)$ 上 a.e. 有

$$
\begin{aligned}
&E\left[\left\{(X \bullet M)_{\tau \wedge t} - (X \bullet M)_{\rho \wedge t}\right\}^2|\,\mathscr{F}_\rho\right] \\
={}&E\left[(X \bullet M)^2_{\tau \wedge t} - (X \bullet M)^2_{\rho \wedge t}\,|\,\mathscr{F}_\rho\right] \\
={}&E\left[\int_{(\rho \wedge t,\,\tau \wedge t]} X^2(u)\,\mathrm{d}\,[M, M](u)\,|\,\mathscr{F}_\rho\right]
\end{aligned}
\tag{6.2.32}
$$

**证明**　因为 $X \bullet M$ 是关于右连续域流的右连续鞅，所以由定理 5.4.12 知对每一 $t \in \mathbb{R}_+$，$\left\{(X \bullet M)_{\rho \wedge t}, (X \bullet M)_{\tau \wedge t}\right\}$ 是关于域流 $\{\mathscr{F}_\rho, \mathscr{F}_\tau\}$ 的一个二项鞅，即在概率空间 $\left(\Omega, \mathscr{F}_\rho, P\right)$ 上 a.e. 有

$$E\left[(X \bullet M)_{\tau \wedge t}\,|\,\mathscr{F}_\rho\right] = (X \bullet M)_{\rho \wedge t} \tag{6.2.33}$$

因此 (6.2.30) 式成立. 类似地，在概率空间 $\left(\Omega, \mathscr{F}_\rho, P\right)$ 上 a.e. 有

$$E\left[(Y \bullet N)_{\tau \wedge t}\,|\,\mathscr{F}_\rho\right] = (Y \bullet N)_{\rho \wedge t} \tag{6.2.34}$$

从而 (6.2.31) 式中的第一个等式由 (6.2.33) 式和 (6.2.34) 式得出.

又因为 $(X \bullet M)(Y \bullet N) - [X \bullet M, Y \bullet N]$ 也是关于右连续域流的右连续鞅，所以再由定理 5.4.12 知对每一 $t \in \mathbb{R}_+$，在概率空间 $\left(\Omega, \mathscr{F}_\rho, P\right)$ 上 a.e. 有

$$E\left[(X \bullet M)_{\tau \wedge t}\,(Y \bullet N)_{\tau \wedge t} - [X \bullet M, Y \bullet N]_{\tau \wedge t}\,|\,\mathscr{F}_\rho\right]$$

$$= (X \bullet M)_{\rho \wedge t} (Y \bullet N)_{\rho \wedge t} - [X \bullet M, Y \bullet N]_{\rho \wedge t}$$

即在概率空间 $(\Omega, \mathscr{F}_\rho, P)$ 上 a.e. 有

$$E \left[ (X \bullet M)_{\tau \wedge t} (Y \bullet N)_{\tau \wedge t} - (X \bullet M)_{\rho \wedge t} (Y \bullet N)_{\rho \wedge t} \,|\, \mathscr{F}_\rho \right]$$
$$= E \left[ [X \bullet M, Y \bullet N]_{\tau \wedge t} - [X \bullet M, Y \bullet N]_{\rho \wedge t} \,|\, \mathscr{F}_\rho \right] \tag{6.2.35}$$

根据 (6.2.20) 式知, 存在概率空间 $(\Omega, \mathscr{F}, P)$ 的一个零集 $\Lambda$, 使得在 $\omega \in \Lambda^c$ 上, 对每一 $t \in \mathbb{R}_+$, $[X \bullet M, Y \bullet N](t, \omega)$ 等于 $X(\bullet, \omega) Y(\bullet, \omega)$ 关于区间 $[0, t]$ 上的符号 Lebesgue-Stieltjes 测度 $\mu_{[M,N]}(\bullet, \omega)$ 的积分, 因此对每一 $t \in \mathbb{R}_+$, 当 $\omega \in \Lambda^c$ 时, 有

$$[X \bullet M, Y \bullet N]_{\tau \wedge t}(\omega) - [X \bullet M, Y \bullet N]_{\rho \wedge t}(\omega)$$
$$= \int_{(\rho \wedge t, \tau \wedge t]} X(u, \omega) Y(u, \omega) \, \mathrm{d}[M, N](u, \omega)$$

再由等式 (6.2.35) 即得 (6.2.31) 式中的第二个等式.

如果 $M \in \mathbf{M}_2(\Omega, \mathscr{F}, \{\mathscr{F}_t\}, P)$, 而 $X$ 是域流空间 $(\Omega, \mathscr{F}, \{\mathscr{F}_t\}, P)$ 上的一个属于 $\mathbf{L}_{2,\infty}(\mathbb{R}_+ \times \Omega, \mu_{[M,M]}, P)$ 的可料过程, 那么对域流空间上的每个停时 $\tau$, 有 $X^{[\tau]} \bullet M = (X \bullet M)^\tau$, 即某个过程的停时截断过程的随机积分等于这个过程的随机积分的停时过程. 下面首先对于有界左连续适应简单过程给出上述结果, 然后给出推广到一般情况的结果, 为此给出如下引理.

**引理 6.2.21** 如果 $M \in \mathbf{M}_2(\Omega, \mathscr{F}, \{\mathscr{F}_t\}, P)$, $X \in \mathbf{L}_0(\Omega, \mathscr{F}, \{\mathscr{F}_t\}, P)$. 那么对域流空间 $(\Omega, \mathscr{F}, \{\mathscr{F}_t\}, P)$ 上的任何停时 $\tau$, 都存在概率空间 $(\Omega, \mathscr{F}, P)$ 的一个零集 $\Lambda$, 使得对 $\omega \in \Lambda^c$, 有

$$X^{[\tau]} \bullet M = (X \bullet M)^\tau$$

**定理 6.2.22** 设 $M \in \mathbf{M}_2(\Omega, \mathscr{F}, \{\mathscr{F}_t\}, P)$, 随机过程 $X = \{X_t : t \in \mathbb{R}_+\}$ 是域流空间 $(\Omega, \mathscr{F}, \{\mathscr{F}_t\}, P)$ 上的属于 $\mathbf{L}_{2,\infty}(\mathbb{R}_+ \times \Omega, \mu_{[M,M]}, P)$ 的一个可料过程. 如果 $\tau$ 是域流空间 $(\Omega, \mathscr{F}, \{\mathscr{F}_t\}, P)$ 上的一个停时, 那么存在概率空间 $(\Omega, \mathscr{F}, P)$ 的一个零集 $\Lambda$, 使得对 $\omega \in \Lambda^c$, 有

$$(X^{[\tau]} \bullet M)(\bullet, \omega) = (X \bullet M)^\tau(\bullet, \omega)$$

**证明** 由定理 6.2.8 知存在 $\mathbf{L}_0(\Omega, \mathscr{F}, \{\mathscr{F}_t\}, P)$ 中的一个序列 $\{X^{(n)} : n \in \mathbb{N}\}$ 使得

$$\lim_{n \to \infty} \left\| X^{(n)} - X \right\|_{2,\infty}^{[M,M],P} = 0$$

因此由定义 6.2.9 有 $\lim\limits_{n\to\infty} |X^{(n)} \bullet M - X \bullet M|_\infty = 0$, 从而再由注释 6.2.14 知存在概率空间 $(\Omega, \mathscr{F}, P)$ 的一个零集 $\Lambda_1$ 和 $\{n\}$ 的一个子序列 $\{n_k\}$, 使得对 $(t, \omega) \in \mathbb{R}_+ \times \Lambda_1^c$ 有

$$\lim_{k\to\infty} \left(X^{(n_k)} \bullet M\right)(t, \omega) = (X \bullet M)(t, \omega)$$

由此可得

$$\lim_{k\to\infty} \left(X^{(n_k)} \bullet M\right)(\tau(\omega) \wedge t, \omega) = (X \bullet M)(\tau(\omega) \wedge t, \omega) \qquad (6.2.36)$$

对 $(t, \omega) \in \mathbb{R}_+ \times \Lambda_1^c$ 成立. 又因

$$\left|\left(X^{(n)}\right)^{[\tau]} - X^{[\tau]}\right| = \left|I_{\{(\bullet)\leqslant\tau\}}\left\{X^{(n)} - X\right\}\right| = \left|X^{(n)} - X\right|$$

故由 $\lim\limits_{n\to\infty} \left\|X^{(n)} - X\right\|_{2,\infty}^{[M,M],P} = 0$ 可得 $\lim\limits_{n\to\infty} \left\|\left(X^{(n)}\right)^\tau - X^\tau\right\|_{2,\infty}^{[M,M],P} = 0$. 再由 $X^{(n)}$ 是一个可料过程, 据命题 4.3.33 知 $\left(X^{(n)}\right)^{[\tau]}$ 也是一个可料过程, 又显然

$$\left(X^{(n)}\right)^{[\tau]} \in \mathbf{L}_{2,\infty}\left(\mathbb{R}_+ \times \Omega, \mu_{[M,M]}, P\right)$$

因此由命题 6.2.13 有

$$\lim_{n\to\infty} \left|\left(X^{(n)}\right)^{[\tau]} \bullet M - X^{[\tau]} \bullet M\right|_\infty = 0$$

又由引理 6.2.21 有 $\left(X^{(n)}\right)^{[\tau]} \bullet M = \left(X^{(n)} \bullet M\right)^\tau$, 从而 $\lim\limits_{n\to\infty} \left|\left(X^{(n)} \bullet M\right)^\tau - X^{[\tau]} \bullet M\right|_\infty = 0$, 由注释 6.2.14 知存在概率空间 $(\Omega, \mathscr{F}, P)$ 的一个零集 $\Lambda_2$ 和 $\{n_k\}$ 的一个子序列 $\{n_l\}$ 使得对 $(t, \omega) \in \mathbb{R}_+ \times \Lambda_2^c$ 有

$$\lim_{l\to\infty} \left(X^{(n_l)} \bullet M\right)(\tau(\omega) \wedge t, \omega) = \left(X^{[\tau]} \bullet M\right)(t, \omega) \qquad (6.2.37)$$

故对于 $\Lambda = \Lambda_1 \cup \Lambda_2$, 从 (6.2.36) 式和 (6.2.37) 式即得对每一 $\omega \in \Lambda^c$, 有

$$\left(X^{[\tau]} \bullet M\right)(\bullet, \omega) = (X \bullet M)^\tau(\bullet, \omega)$$

在定理 6.2.22 中, 我们证明了 $X^{[\tau]} \bullet M = (X \bullet M)^\tau$, 下面将要证明 $X \bullet M^\tau = (X \bullet M)^\tau$, 而这需要下面的引理.

**引理 6.2.23**  设 $M \in \mathbf{M}_2(\Omega, \mathscr{F}, \{\mathscr{F}_t\}, P)$, $\tau$ 是域流空间 $(\Omega, \mathscr{F}, \{\mathscr{F}_t\}, P)$ 上的一个停时, 那么对空间 $(\mathbb{R}_+, \mathscr{B}_{\mathbb{R}_+})$ 上的两族 Lebesgue-Stieltjes 测度族 $\mu_{[M,M]}$

和 $\mu_{[M^\tau, M^\tau]}$, 存在概率空间 $(\Omega, \mathscr{F}, P)$ 的一个零集 $\Lambda$, 使得对每一 $A \in \mathscr{B}_{\mathbb{R}_+}$, 当 $\omega \in \Lambda^c$ 时, 有

$$\mu_{[M^\tau, M^\tau]}(A, \omega) \leqslant \mu_{[M, M]}(A, \omega) \tag{6.2.38}$$

**定理 6.2.24** 设 $M \in \mathbf{M}_2(\Omega, \mathscr{F}, \{\mathscr{F}_t\}, P)$, 而 $X = \{X_t : t \in \mathbb{R}_+\}$ 是域流空间 $(\Omega, \mathscr{F}, \{\mathscr{F}_t\}, P)$ 上的属于 $\mathbf{L}_{2,\infty}(\mathbb{R}_+ \times \Omega, \mu_{[M,M]}, P)$ 的一个可料过程. 如果 $\tau$ 是域流空间 $(\Omega, \mathscr{F}, \{\mathscr{F}_t\}, P)$ 上的一个停时, 那么 $X \in \mathbf{L}_{2,\infty}(\mathbb{R}_+ \times \Omega, \mu_{[M^\tau, M^\tau]}, P)$, 从而 $X \bullet M^\tau$ 有意义, 且存在概率空间 $(\Omega, \mathscr{F}, P)$ 的一个零集 $\Lambda$, 使得对 $\omega \in \Lambda^c$, 有

$$(X \bullet M^\tau)(\bullet, \omega) = (X \bullet M)^\tau(\bullet, \omega)$$

**证明** 因 $M \in \mathbf{M}_2(\Omega, \mathscr{F}, \{\mathscr{F}_t\}, P)$, 故由定理 5.4.11 知 $M^\tau \in \mathbf{M}_2(\Omega, \mathscr{F}, \{\mathscr{F}_t\}, P)$. 设 $\Lambda$ 是引理 6.2.23 中的零集, $X \in \mathbf{L}_{2,\infty}(\mathbb{R}_+ \times \Omega, \mu_{[M^\tau, M^\tau]}, P)$, 则对每一 $t \in \mathbb{R}_+$, 当 $\omega \in \Lambda^c$ 时, 有

$$\int_{[0,t]} X^2(s, \omega) \,\mathrm{d}[M^\tau, M^\tau](s, \omega) \leqslant \int_{[0,t]} X^2(s, \omega) \,\mathrm{d}[M, M](s, \omega)$$

从而

$$E\left[\int_{[0,t]} X^2(s) \,\mathrm{d}[M^\tau, M^\tau](s)\right] \leqslant E\left[\int_{[0,t]} X^2(s) \,\mathrm{d}[M, M](s)\right]$$

又因 $X \in \mathbf{L}_{2,\infty}(\mathbb{R}_+ \times \Omega, \mu_{[M,M]}, P)$, 故上式右边的积分有限, 从而上式左边的积分有限, 因此 $X \in \mathbf{L}_{2,\infty}(\mathbb{R}_+ \times \Omega, \mu_{[M^\tau, M^\tau]}, P)$, 进而 $X \bullet M^\tau$ 有意义且属于 $\mathbf{M}_2(\Omega, \mathscr{F}, \{\mathscr{F}_t\}, P)$.

如果 $X$ 是 $\mathbf{L}_{2,\infty}(\mathbb{R}_+ \times \Omega, \mu_{[M,M]}, P)$ 中的一个可料过程, 那么由定理 6.2.8 和定义 6.2.9 知存在 $\mathbf{L}_0(\Omega, \mathscr{F}, \{\mathscr{F}_t\}, P)$ 中的一个序列 $\{X^{(n)} : n \in \mathbb{N}\}$ 使得

$$\lim_{n \to \infty} \left\|X^{(n)} - X\right\|_{2,\infty}^{[M,M],P} = 0$$

且

$$\lim_{n \to \infty} |X^{(n)} \bullet M - X \bullet M|_\infty = 0 \tag{6.2.39}$$

因此, 由引理 6.2.23 有

$$\left\|X^{(n)} - X\right\|_{2,t}^{[M^\tau, M^\tau],P} = \left\{E\left[\int_{[0,t]} \left|X^{(n)}(s) - X(s)\right|^2 \,\mathrm{d}[M^\tau, M^\tau](s)\right]\right\}^{1/2}$$

$$\leqslant \left\{ E\left[ \int_{[0,t]} \left| X^{(n)}(s) - X(s) \right|^2 \mathrm{d}\left[ M,M \right](s) \right] \right\}^{1/2} = \left\| X^{(n)} - X \right\|_{2,t}^{[M,M],P}$$

因为由 $\lim\limits_{n\to\infty} \left\| X^{(n)} - X \right\|_{2,\infty}^{[M,M],P} = 0$ 可推出 $\lim\limits_{n\to\infty} \left\| X^{(n)} - X \right\|_{2,t}^{[M,M],P} = 0$, 所以由

上面最后的不等式可推出 $\lim\limits_{n\to\infty} \left\| X^{(n)} - X \right\|_{2,t}^{[M^\tau,M^\tau],P} = 0$, 因此从注释 6.1.11 可

得 $\lim\limits_{n\to\infty} \left\| X^{(n)} - X \right\|_{2,\infty}^{[M^\tau,M^\tau],P} = 0$. 从而由定义 6.2.9 有

$$\lim\limits_{n\to\infty} \left| X^{(n)} \bullet M^\tau - X \bullet M^\tau \right|_\infty = 0 \tag{6.2.40}$$

而据注释 6.1.5, 由 (6.2.39) 式知对每一 $t \in \mathbb{R}_+$ 有 $\lim\limits_{n\to\infty} \left| X^{(n)} \bullet M - X \bullet M \right|_t = 0$, 即

$$\lim\limits_{n\to\infty} E\left[ \left\{ X^{(n)} \bullet M - X \bullet M \right\}^2 (t) \right] = 0 \tag{6.2.41}$$

因为 $X^{(n)} \bullet M - X \bullet M$ 是一个 $L_2$ 鞅, 所以 $\left\{ X^{(n)} \bullet M - X \bullet M \right\}^2$ 是一个下鞅, 因此

$$E\left[ \left\{ X^{(n)} \bullet M - X \bullet M \right\}^2 (\tau \wedge t) \right] \leqslant E\left[ \left\{ X^{(n)} \bullet M - X \bullet M \right\}^2 (t) \right]$$

从而由 (6.2.41) 式有 $\lim\limits_{n\to\infty} E\left[ \left\{ \left( X^{(n)} \bullet M \right) - \left( X \bullet M \right) \right\}^2 (\tau \wedge t) \right] = 0$, 即

$$\lim\limits_{n\to\infty} E\left[ \left\{ \left( X^{(n)} \bullet M \right)^\tau - \left( X \bullet M \right)^\tau \right\}^2 (t) \right] = 0$$

因 $X^{(n)} \in \mathbf{L}_0 \left( \Omega, \mathscr{F}, \{\mathscr{F}_t\}, P \right)$, 故 $\left( X^{(n)} \bullet M \right)^\tau = X^{(n)} \bullet M^\tau$, 因此

$$\lim\limits_{n\to\infty} E\left[ \left\{ X^{(n)} \bullet M^\tau - \left( X \bullet M \right)^\tau \right\}^2 (t) \right] = 0$$

即

$$\lim\limits_{n\to\infty} \left| X^{(n)} \bullet M^\tau - \left( X \bullet M \right)^\tau \right|_t = 0$$

又因上式对每一 $t \in \mathbb{R}_+$ 成立, 故据注释 6.1.5 有

$$\lim\limits_{n\to\infty} \left| X^{(n)} \bullet M^\tau - \left( X \bullet M \right)^\tau \right|_\infty = 0 \tag{6.2.42}$$

由 (6.2.40) 式和 (6.2.42) 式即得, $X \bullet M^\tau = \left( X \bullet M \right)^\tau$.

**命题 6.2.25**  设 $M, N \in \mathbf{M}_2^c \left( \Omega, \mathscr{F}, \{\mathscr{F}_t\}, P \right), \tau$ 是域流空间 $\left( \Omega, \mathscr{F}, \{\mathscr{F}_t\}, P \right)$ 上的一个停时, 则存在概率空间 $\left( \Omega, \mathscr{F}, P \right)$ 的一个零集 $\Lambda$, 使得对每一 $\omega \in \Lambda^c$ 和 $t \in \mathbb{R}_+$, 有

$$\mu_{[M^\tau, N^\tau]}(\bullet, \omega) = \mu_{[M,N]^\tau}(\bullet, \omega) \tag{6.2.43}$$

在可测空间 $([0,t], \mathscr{B}_{[0,t]})$ 上成立, 因此

$$[M^\tau, N^\tau](\bullet, \omega) = [M,N]^\tau(\bullet, \omega) \tag{6.2.44}$$

特别地, 在可测空间 $(\mathbb{R}_|, \mathscr{B}_{\mathbb{R}_+})$ 上有

$$\mu_{[M^\tau, M^\tau]}(\bullet, \omega) = \mu_{[M,N]^\tau}(\bullet, \omega) \tag{6.2.45}$$

和

$$[M^\tau, M^\tau](\bullet, \omega) = [M,M]^\tau(\bullet, \omega) \tag{6.2.46}$$

**证明** 因为 $M, N \in \mathbf{M}_2^c(\Omega, \mathscr{F}, \{\mathscr{F}_t\}, P)$, 所以 $M^\tau, N^\tau \in \mathbf{M}_2^c(\Omega, \mathscr{F}, \{\mathscr{F}_t\}, P)$, 从而对 $X \in \mathbf{L}_0(\Omega, \mathscr{F}, \{\mathscr{F}_t\}, P)$, $X \bullet M^\tau$ 和 $X \bullet N^\tau$ 都有定义. 根据命题 6.2.5 知存在概率空间 $(\Omega, \mathscr{F}, P)$ 的一个零集 $\Lambda_1$, 使得在 $\Lambda_1^c$ 上, 对每一 $t \in \mathbb{R}_+$ 有

$$[X \bullet M^\tau, X \bullet N^\tau]_t = \int_{[0,t]} X^2(s) \, \mathrm{d}[M^\tau, N^\tau](s) \tag{6.2.47}$$

而由定理 6.2.22 和定理 6.2.24, 有 $X \bullet M^\tau = X^{[\tau]} \bullet M$ 和 $X \bullet N^\tau = X^{[\tau]} \bullet N$, 因此由 (6.2.22) 式和定义 4.3.31 知存在概率空间 $(\Omega, \mathscr{F}, P)$ 的一个零集 $\Lambda_2$, 使得在 $\Lambda_2^c$ 上, 对每一 $t \in \mathbb{R}_+$ 有

$$[X \bullet M^\tau, X \bullet N^\tau]_t = \left[X^{[\tau]} \bullet M, X^{[\tau]} \bullet N\right]_t = \int_{[0,t]} \left(X^{[\tau]}\right)^2(s) \, \mathrm{d}[M^\tau, N^\tau](s)$$

$$= \int_{[0,t]} I\{(\bullet) \leqslant \tau\} X^2(s) \, \mathrm{d}[M,N](s) = \int_{[0,t]} X^2(s) \, \mathrm{d}[M,N]^\tau(s) \tag{6.2.48}$$

故对于 $\Lambda = \Lambda_1 \cup \Lambda_2$, 从 (6.2.47) 式和 (6.2.48) 式可得对每一 $t \in \mathbb{R}_+$ 在 $\Lambda^c$ 上有

$$\int_{[0,t]} X^2(s) \, \mathrm{d}[M^\tau, N^\tau](s) = \int_{[0,t]} X^2(s) \, \mathrm{d}[M,N]^\tau(s)$$

特别地, 对 $a, b \in \mathbb{R}_+, a < b \leqslant t$ 和由

$$X(s, \omega) = I_{(a,b]}(s), \ \text{对} \ (s, \omega) \in \mathbb{R}_+ \times \Omega$$

定义的随机过程 $X \in \mathbf{L}_0(\Omega, \mathscr{F}, \{\mathscr{F}_t\}, P)$, 对 $\omega \in \Lambda^c$ 有

$$\int_{[0,t]} I_{(a,b]}(s) \, \mathrm{d}[M^\tau, N^\tau](s, \omega) = \int_{[0,t]} I_{(a,b]}(s) \, \mathrm{d}[M,N]^\tau(s, \omega)$$

由上面等式中 $t \in \mathbb{R}_+$ 的任意性, 知对 $a, b \in \mathbb{R}_+$, $a < b$ 和 $\omega \in \Lambda^c$ 有

$$\mu_{[M^\tau, N^\tau]}\left((a, b], \omega\right) = \mu_{[M, M]^\tau}\left((a, b], \omega\right)$$

因为 $\mu_{[M, M]^\tau}(\bullet, \omega)$ 是可测空间 $([0, t], \mathscr{B}_{[0, t]})$ 上的有限符号测度, 而区间 $(0, t]$ 的所有 $(a, b]$ 型子区间的集合 $\mathscr{C}$ 和 $\varnothing$ 构成的半代数生成的 $\sigma$ 代数 $\sigma(\mathscr{C})$ 为 $\mathscr{B}_{(0, t]}$, 所以由命题 2.1.5 易知, 上面最后的等式表明对每一 $\omega \in \Lambda^c$ 有 $\mu_{[M^\tau, N^\tau]}(\bullet, \omega) = \mu_{[M, N]^\tau}(\bullet, \omega)$, 因此, 对每一 $t \in \mathbb{R}_+$ 有

$$[M^\tau, N^\tau](t, \omega) = \mu_{[M^\tau, N^\tau]}([0, t], \omega) = \mu_{[M, N]^\tau}([0, t], \omega) = [M, N]^\tau(t, \omega)$$

从而 $[M^\tau, N^\tau](\bullet, \omega) = [M, N]^\tau(\bullet, \omega)$.

**引理 6.2.26**　设随机过程 $M = \{M_t : t \in \mathbb{R}_+\}$ 是域流空间 $(\Omega, \mathscr{F}, \{\mathscr{F}_t\}, P)$ 上的一个零初值的鞅, 满足对某 $t \in \mathbb{R}_+$ 和 $K \geqslant 0$, 在乘积空间 $[0, t] \times \Omega$ 上有 $|M| \leqslant K$. 对 $0 = t_0 < \cdots < t_n = t$, 设 $S = \sum_{j=1}^{n}\{M(t_j) - M(t_{j-1})\}^2$, 那么 $E(S^2) \leqslant 12 K^4$.

利用引理 6.2.26 可得如下结果.

**定理 6.2.27**　设 $M, N \in \mathbf{M}_2^c(\Omega, \mathscr{F}, \{\mathscr{F}_t\}, P)$. 对 $t \in \mathbb{R}_+$ 和 $n \in \mathbb{N}$, 设 $\Delta_n$ 是通过

$$0 = t_{n,0} < \cdots < t_{n, p_n} = t$$

对区间 $[0, t]$ 的分拆. 设 $|\Delta_n| = \max\limits_{k=1, \cdots, p_n} (t_{n,k} - t_{n,k-1})$, 如果 $\lim\limits_{n \to \infty} |\Delta_n| = 0$. 那么

$$\lim_{n \to \infty} \left\| \sum_{k=1}^{p_n} \{M_{t_{n,k}} - M_{t_{n,k-1}}\}\{N_{t_{n,k}} - N_{t_{n,k-1}}\} - [M, N](t) \right\|_1 = 0 \qquad (6.2.49)$$

特别地

$$\lim_{n \to \infty} \left\| \sum_{k=1}^{p_n} \{M_{t_{n,k}} - M_{t_{n,k-1}}\}^2 - [M, M]_t \right\|_1 = 0 \qquad (6.2.50)$$

## 6.3　适应 Brownian 运动

### 6.3.1　独立增量过程

**定义 6.3.1**　设 $(\Omega, \mathscr{F}, P)$ 为一个概率空间, $(E, \mathscr{E})$ 为一个可测空间, $\mathbf{T} \subset \mathbb{R}$, 如果对任何 $t \in \mathbf{T}$, $X_t$ 是可测空间 $(\Omega, \mathscr{F})$ 到可测空间 $(E, \mathscr{E})$ 的一个可测映射,

则称 $X = \{X_t : t \in \mathbf{T}\}$ 是一个定义在概率空间 $(\Omega, \mathscr{F}, P)$ 上的取值于 $E$ 的随机过程, 或一个 $(E, \mathscr{E})$ 随机过程; 称 $(E, \mathscr{E})$ 为 $X$ 的 "相空间" 或 "状态空间", 称 $\mathbf{T}$ 为 $X$ 的 "时间域"; 对固定的 $\omega \in \Omega$, 称 $X.(\omega)$ 为 $X$ 相应于 $\omega$ 的样本函数或轨道, 称每个 $X_t$ 为一个 $E$ 值随机元.

在不会引起混淆的情况下, 简称 $X = \{X_t : t \in \mathbf{T}\}$ 为一个随机过程, 有时记 $X_t = X(t), X_t(\omega) = X(t, \omega), X.(\omega) = X(\bullet, \omega), X_t(\bullet) = X(t, \bullet)$.

对 $d \in \mathbb{N}$, 以下我们讨论 $(E, \mathscr{E})$ 为 $(\mathbb{R}^d, \mathscr{B}_{\mathbb{R}^d})$ 的情况, 即 $\mathbb{R}^d$ 值随机过程.

**命题 6.3.2** (1) 设 $X = \{X_t : t \in \mathbb{R}_+\}$ 是域流空间 $(\Omega, \mathscr{F}, \{\mathscr{F}_t\}, P)$ 上的一个 $d$ 维随机过程, 对 $i = 1, \cdots, d$, 如果 $\pi_i$ 是空间 $\mathbb{R}^d = \mathbb{R}_1 \times \cdots \times \mathbb{R}_d$ 到空间 $\mathbb{R}_i$ 上的投影, 那么 $X$ 的第 $i$ 个分量 $X_i = \pi_i \circ X$ 就是域流空间 $(\Omega, \mathscr{F}, \{\mathscr{F}_t\}, P)$ 上的一个一维随机过程, 并且如果 $X$ 是一个适应的随机过程, 那么 $X_i$ 也是一个适应的随机过程.

(2) 反之, 如果 $X^{(i)}$ 是域流空间 $(\Omega, \mathscr{F}, \{\mathscr{F}_t\}, P)$ 上的一个一维随机过程, $i = 1, \cdots, d$, 那么由 $X = (X^{(1)}, \cdots, X^{(d)})$ 确定的空间 $\mathbb{R}_+ \times \Omega$ 到空间 $\mathbb{R}^d = \mathbb{R}_1 \times \cdots \times \mathbb{R}_d$ 的映射是域流空间 $(\Omega, \mathscr{F}, \{\mathscr{F}_t\}, P)$ 上的一个 $d$ 维随机过程, 并且对 $i = 1, \cdots, d$, 如果 $X^{(i)}$ 都是适应的, 那么 $X$ 也是适应的.

**定义 6.3.3** 设 $X = \{X_t : t \in \mathbb{R}_+\}$ 是概率空间 $(\Omega, \mathscr{F}, P)$ 上的一个 $d$ 维随机过程, 称 $X$ 是一个独立增量过程, 如果对 $\mathbb{R}_+$ 中的每个严格递增的有限序列 $\{t_1, \cdots t_n\}$, 随机向量族 $\{X_{t_1}, X_{t_2} - X_{t_1}, X_{t_3} - X_{t_2}, \cdots, X_{t_n} - X_{t_{n-1}}\}$ 都是一个独立族.

**定理 6.3.4** 如果 $X = \{X_t : t \in \mathbb{R}_+\}$ 是概率空间 $(\Omega, \mathscr{F}, P)$ 上的一个 $d$ 维独立增量过程, $\{\mathscr{F}_t^X : t \in \mathbb{R}_+\}$ 是 $X$ 生成的自然流, 即对每一个 $t \in \mathbb{R}_+$, $\mathscr{F}_t^X = \sigma\{X_s : s \in [0, t]\}$, 那么对每一对 $s, t \in \mathbb{R}_+$, 当 $s < t$ 时, $\{\mathscr{F}_s^X, X_t - X_s\}$ 是一个独立族, 即 $\{\mathscr{F}_s^X, \sigma(X_t - X_s)\}$ 是独立族.

**定理 6.3.5** 设 $X = \{X_t : t \in \mathbb{R}_+\}$ 是域流空间 $(\Omega, \mathscr{F}, \{\mathscr{F}_t\}, P)$ 上的一个 $d$ 维适应随机过程, 如果对每一对 $s, t \in \mathbb{R}_+$, 当 $s < t$ 时, $\{\mathscr{F}_s, X_t - X_s\}$ 都是一个独立族, 那么 $X$ 是一个独立增量过程.

由此易得以下结论.

**定理 6.3.6** 设 $X = \{X_t : t \in \mathbb{R}_+\}$ 是域流空间 $(\Omega, \mathscr{F}, \{\mathscr{F}_t\}, P)$ 上的一个 $d$ 维适应随机过程, 如果对每一对 $s, t \in \mathbb{R}_+$, 当 $s < t$ 时, $\{\mathscr{F}_s, X_t - X_s\}$ 都是一个独立族, 那么对任何 $s \leqslant t_0 < t_1 < \cdots < t_n$, 有

$$\{\mathscr{F}_s, X_{t_1} - X_{t_0}, \cdots, X_{t_n} - X_{t_{n-1}}\}$$

都是一个独立族.

### 6.3.2 $\mathbb{R}^d$ 值 Brownian 运动

以下用 $N(\mu,\Sigma)$ 表示 $d$ 维正态分布, 其中 $\mu$ 是一个 $d$ 维实值向量, $\Sigma$ 是一个 $d \times d$ 实值对称方阵, $\mu$ 是 $d$ 维正态分布 $N(\mu,\Sigma)$ 的期望向量, $\Sigma$ 是 $N(\mu,\Sigma)$ 的协方差矩阵.

**定义 6.3.7** 称概率空间 $(\Omega,\mathscr{F},P)$ 上的一个 $d$ 维随机过程 $X = \{X_t : t \in \mathbb{R}_+\}$ 是一个 $d$ 维 Brownian 运动, 如果它满足

(1) $X$ 是一个独立增量过程;

(2) 对每一对 $s,t \in \mathbb{R}_+$, 当 $s < t$ 时, 有 $X_t - X_s$ 服从正态分布 $N(0,(t-s) \bullet I)$, 其中 $I$ 是 $d$ 维单位矩阵;

(3) $X$ 的每一样本函数是 $\mathbb{R}_+$ 上的一个 $\mathbb{R}^d$ 值连续函数.

**注释 6.3.8** 由定义 6.3.7 知对于概率空间 $(\Omega,\mathscr{F},P)$ 上的一个 $d$ 维 Brownian 运动 $X = \{X_t : t \in \mathbb{R}_+\}$, 对每一对 $s,t \in \mathbb{R}_+$, 当 $s < t$ 时, 随机向量 $X_t - X_s$ 的概率分布 $P_{X_t - X_s}$ 是具有零均值和协方差矩阵 $(t-s) \bullet I$ 的 $d$ 维正态分布 $N_d(0,(t-s) \bullet I)$, 其中 $I$ 是 $d \times d$ 单位矩阵, 因此 $P_{X_t - X_s}$ 关于可测空间 $(\mathbb{R}^d,\mathscr{B}_{\mathbb{R}^d})$ 上的 Lebesgue 测度 $m_L^d$ 绝对连续, 且具有 Radon-Nikodym 导数

$$\frac{\mathrm{d}P_{X_t - X_s}}{\mathrm{d}m_L^d} = \{2\pi(t-s)\}^{-d/2} \exp\left\{-\frac{1}{2}\frac{|x|^2}{t-s}\right\}, \quad \text{对 } x \in \mathbb{R}^d \tag{6.3.1}$$

其中 $|x|$ 为 $x \in \mathbb{R}^d$ 的 Euclidean 范数. 如果我们在 $(0,\infty) \times \mathbb{R}^d$ 上定义函数

$$f(t,x) = (2\pi t)^{-d/2} \exp\left\{-\frac{1}{2}\sum_{j=1}^{n}\frac{|x|^2}{t}\right\} \tag{6.3.2}$$

对 $(t,x) \in (0,\infty) \times \mathbb{R}^d$, 那么对 $x \in \mathbb{R}^d$ 有

$$\frac{\mathrm{d}P_{X_t - X_s}}{\mathrm{d}m_L^d} = f(t-s,x) \tag{6.3.3}$$

而 $X$ 的初始分布, 即 Brownian 运动 $X$ 的初始随机变量 $X_0$ 的概率分布 $P_{X_0}$, 是可测空间 $(\mathbb{R}^d,\mathscr{B}_{\mathbb{R}^d})$ 上的任意的一个概率测度. 作为一种特殊情况, 我们取 $X_0$ 为在某点 $a \in \mathbb{R}^d$ 的单位质量, 即 $P_{X_0}(\{a\}) = 1$, 此时 $P_{X_0}(\mathbb{R}^d - \{a\}) = 0$.

**命题 6.3.9** 如果 $X = \{X_t : t \in \mathbb{R}_+\}$ 是概率空间 $(\Omega,\mathscr{F},P)$ 上的一个 $d$ 维 Brownian 运动, 那么对 $0 = t_0 < t_1 < \cdots < t_n$, 可测空间 $(\mathbb{R}^{(n+1)d}, \mathscr{B}_{\mathbb{R}^{(n+1)d}})$ 上的随机向量 $(X_{t_0}, \cdots, X_{t_n})$ 的概率分布 $P_{\left(X_{t_0}, \cdots, X_{t_n}\right)}$ 为

$$P\{(X_{t_0}, \cdots, X_{t_n}) \in A\} = P_{\left(X_{t_0}, \cdots, X_{t_n}\right)}(A)$$

$$= \int_A f\left(t_1 - t_0, x_1 - x_0\right) \cdots f\left(t_n - t_{n-1}, x_n - x_{n-1}\right) \left(P_{X_0} \times m_L^{nd}\right) \left(\mathrm{d}\left(x_0, x_1, \cdots, x_n\right)\right)$$

$$= \left\{ (2\pi)^n \prod_{j=1}^n \left(t_j - t_{j-1}\right) \right\}^{-d/2} \int_A \exp\left\{ -\frac{1}{2} \sum_{j=1}^n \frac{|x_j - x_{j-1}|^2}{t_j - t_{j-1}} \right\}$$

$$\left(\Gamma_{X_0} \times m_L^d \times \cdots \times m_L^d\right) \left(\mathrm{d}\left(x_0, x_1, \cdots, x_n\right)\right) \tag{6.3.4}$$

对 $A \in \mathscr{B}_{\mathbb{R}^{(n+1)d}}$. 特别地, 当 $A_j \in \mathscr{B}_{\mathbb{R}^d}$ 时, $j = 0, 1, \cdots, n$, 对 $A = A_0 \times A_1 \times \cdots \times A_n$ 有

$$P\left\{X_{t_0} \in A_0, \cdots, X_{t_n} \in A_n\right\}$$

$$= \left\{ (2\pi)^n \prod_{j=1}^n \left(t_j - t_{j-1}\right) \right\}^{-d/2} \int_{A_0} P_{X_0}\left(\mathrm{d}\left(x_0\right)\right) \int_{A_1} m_L^d\left(\mathrm{d}\left(x_1\right)\right) \cdots$$

$$\int_{A_n} \exp\left\{ -\frac{1}{2} \sum_{j=1}^n \frac{|x_j - x_{j-1}|^2}{t_j - t_{j-1}} \right\} m_L^d\left(\mathrm{d}\left(x_n\right)\right) \tag{6.3.5}$$

对 $t > 0$ 和 $A \in \mathscr{B}_{\mathbb{R}^d}$, 有

$$P\left\{X_t \in A\right\} = (2\pi t)^{-d/2} \int_{\mathbb{R}^d} P_{X_0}\left(\mathrm{d}\left(x_0\right)\right) \int_A \exp\left\{ -\frac{1}{2} \sum_{j=1}^n \frac{|x - x_0|^2}{t - t_0} \right\} m_L^d\left(\mathrm{d}x\right)$$
$$\tag{6.3.6}$$

特别地, 当 $P_{X_0}$ 是在某点 $a \in \mathbb{R}^d$ 的单位质量时, 即 $P_{X_0}$ 是相应于点 $a \in \mathbb{R}$ 的退化分布, 有

$$P\left\{X_t \in A\right\} = (2\pi t)^{-d/2} \int_A \exp\left\{ -\frac{1}{2} \sum_{j=1}^n \frac{|x - a|^2}{t - t_0} \right\} m_L^d\left(\mathrm{d}x\right) \tag{6.3.7}$$

**定义 6.3.10** 称标准域流空间 $(\Omega, \mathscr{F}, \{\mathscr{F}_t : t \in \mathbb{R}_+\}, P)$ 上的一个 $d$ 维随机过程 $X = \{X_t : t \in \mathbb{R}_+\}$ 是一个 $\{\mathscr{F}_t\}$ 适应的 $d$ 维 Brownian 运动, 如果它满足

(1) $X$ 是一个 $\{\mathscr{F}_t\}$ 适应过程, 即对每一 $t \in \mathbb{R}_+$, $X_t$ 是 $\Omega$ 到 $\mathbb{R}$ 的一个 $\mathscr{F}_t/\mathscr{B}_{\mathbb{R}^d}$ 可测映射;

(2) 对每一对 $s, t \in \mathbb{R}_+$, 当 $s < t$ 时, $\{\mathscr{F}_s, X_t - X_s\}$ 是独立族;

(3) 对每一对 $s, t \in \mathbb{R}_+$, 当 $s < t$ 时, $X_t - X_s$ 服从正态分布 $N(0, (t - s)I)$, 其中 $I$ 是 $d$ 阶单位矩阵;

(4) $X$ 的每一样本函数是 $\mathbb{R}_+$ 上的一个 $\mathbb{R}^d$ 值连续函数.

**注释 6.3.11**　由定理 6.3.5 可知, 从定义 6.3.10 的条件 (1) 和 (2) 可推出定义 6.3.7 的条件 (1), 所以标准域流空间 $(\Omega, \mathscr{F}, \{\mathscr{F}_t : t \in \mathbb{R}_+\}, P)$ 上的一个 $\{\mathscr{F}_t\}$ 适应的 $d$ 维 Brownian 运动总是定义 6.3.7 意义下的概率空间 $(\Omega, \mathscr{F}, P)$ 上的一个 $d$ 维 Brownian 运动.

反之, 如果 $X = \{X_t : t \in \mathbb{R}_+\}$ 是某完备概率空间 $(\Omega, \mathscr{F}, P)$ 上的一个 $d$ 维 Brownian 运动, 那么可以在概率空间 $(\Omega, \mathscr{F}, P)$ 上构造满足条件的域流, 使得 $X$ 是标准域流空间上的一个适应 Brownian 运动.

**引理 6.3.12**　设 $X = \{X_t : t \in \mathbb{R}_+\}$ 是完备概率空间 $(\Omega, \mathscr{F}, P)$ 上的一个 $d$ 维 Brownian 运动, $\mathscr{N}$ 是概率空间 $(\Omega, \mathscr{F}, P)$ 的所有零集的集合. 如果对 $t \in \mathbb{R}_+$, 设 $\mathscr{F}_t^X = \sigma\{X_s : s \in [0, t]\}$, $\overline{\mathscr{F}}_t^X = \sigma\{\mathscr{F}_t^X \cup \mathscr{N}\}$, 那么域流 $\{\overline{\mathscr{F}}_t^X : t \in \mathbb{R}_+\}$ 是右连续的, 即每一对 $s \in \mathbb{R}_+$, 有 $\overline{\mathscr{F}}_{s+0}^X = \overline{\mathscr{F}}_s^X$.

**定理 6.3.13**　设 $X = \{X_t : t \in \mathbb{R}_+\}$ 是完备概率空间 $(\Omega, \mathscr{F}, P)$ 上的一个 $d$ 维 Brownian 运动, $\mathscr{N}$ 是概率空间 $(\Omega, \mathscr{F}, P)$ 的所有零集的集合. 如果对 $t \in \mathbb{R}_+$, 设 $\mathscr{F}_t^X = \sigma\{X_s : s \in [0, t]\}$, $\overline{\mathscr{F}}_t^X = \sigma\{\mathscr{F}_t^X \cup \mathscr{N}\}$, 那么 $\left(\Omega, \mathscr{F}, \{\overline{\mathscr{F}}_t^X\}, P\right)$ 是一个标准域流空间, $X$ 是其上的一个 $\overline{\mathscr{F}}_t^X$ 适应的 $d$ 维 Brownian 运动.

**证明**　由已知 $\{\mathscr{F}_t^X : t \in \mathbb{R}_+\}$ 是由 $X$ 生成的自然流, $\{\overline{\mathscr{F}}_t^X : t \in \mathbb{R}_+\}$ 是完备概率空间 $(\Omega, \mathscr{F}, P)$ 上的一个增广域流, 而且由引理 6.3.11 知它还是一个右连续的域流, 从而 $\left(\Omega, \mathscr{F}, \{\overline{\mathscr{F}}_t^X\}, P\right)$ 是一个标准域流空间, $X$ 是其上的一个 $\overline{\mathscr{F}}_t^X$ 适应过程.

下面证明对每一对 $s, t \in \mathbb{R}_+$, 当 $s < t$ 时, $\{\overline{\mathscr{F}}_t^X, X_t - X_s\}$ 是独立族. 注意到由 $X$ 是独立增量过程根据定理 6.3.3 知 $\{\mathscr{F}_s^X, X_t - X_s\}$ 是一个独立族, 即对于每一 $A \in \mathscr{F}_s^X$ 和 $B \in \sigma(X_t - X_s)$ 有 $P(AB) = P(A)P(B)$. 再因对任何 $N \in \mathscr{N}$, 有 $P(NB) = 0 = P(N)P(B)$, 故 $\{\mathscr{F}_s^X \cup \mathscr{N}, X_t - X_s\}$ 也是一个独立族. 又因概率空间 $(\Omega, \mathscr{F}, P)$ 完备, 故 $\mathscr{N}$ 的任意元素的子集仍是 $\mathscr{N}$ 的一个元素, 因此 $\mathscr{F}_s^X \cup \mathscr{N}$ 在集合的交运算下封闭, 即它是 $\Omega$ 的子集的一个 $\pi$ 类, 从而由 $\{\mathscr{F}_s^X \cup \mathscr{N}, X_t - X_s\}$ 是一个独立族知 $\{\sigma(\mathscr{F}_s^X \cup \mathscr{N}), \sigma(X_t - X_s)\}$ 是一个独立族, 因而 $\{\overline{\mathscr{F}}_t^X, X_t - X_s\}$ 是一个独立族, 从而 $X$ 是标准域流空间 $\left(\Omega, \mathscr{F}, \{\overline{\mathscr{F}}_t^X\}, P\right)$ 上的一个 $\overline{\mathscr{F}}_t^X$ 适应的 $d$ 维 Brownian 运动.

现在证明 $\{\mathscr{F}_t : t \in \mathbb{R}_+\}$ 适应的 $d$ 维 Brownian 运动定义 6.3.10 中的条件 (2) 和 (3) 等价于 $X_t - X_s$ 的特征函数关于 $\mathscr{F}_s$ 的条件期望的一个条件. 为此需要下述引理.

**引理 6.3.14** 设 $X$ 是概率空间 $(\Omega, \mathscr{F}, P)$ 上的一个 $d$ 维随机向量, $\varphi_X$ 是它的特征函数, 即对 $y \in \mathbb{R}^d$, $\varphi_X(y) = E[\exp\{i\langle y, X\rangle\}]$. 设 $\mathscr{G}$ 是 $\mathscr{F}$ 的一个任意的子 $\sigma$ 代数.

(1) 如果 $\{\mathscr{G}, X\}$ 是一个独立族, 那么对每一 $y \in \mathbb{R}^d$, 在概率空间 $(\Omega, \mathscr{G}, P)$ 上 a.e. 有

$$\varphi_X(y) = E\left[\mathrm{e}^{i\langle y, X\rangle} \,|\, \mathscr{G}\right] \tag{6.3.8}$$

(2) 如果存在 $\mathbb{R}^d$ 上的一个复值函数 $\psi$ 使得对每一 $y \in \mathbb{R}^d$ 有

$$\psi(y) = E\left[\mathrm{e}^{i\langle y, X\rangle} \,|\, \mathscr{G}\right] \tag{6.3.9}$$

在概率空间 $(\Omega, \mathscr{G}, P)$ 上 a.e. 成立, 那么 $\{\mathscr{G}, X\}$ 独立, 因此 $\psi = \varphi_X$.

**命题 6.3.15** 如果 $X = \{X_t : t \in \mathbb{R}_+\}$ 是域流空间 $(\Omega, \mathscr{F}, \{\mathscr{F}_t\}, P)$ 上的一个 $d$ 维随机过程, 那么条件:

对每一对 $s, t \in \mathbb{R}_+$, 当 $s < t$ 时, $\{\mathscr{F}_s, X_t - X_s\}$ 是独立族且 $X_t - X_s$ 服从正态分布 $N(0, (t-s) \bullet I)$, 其中 $I$ 是 $d$ 维单位矩阵

等价于对任何 $s, t \in \mathbb{R}_+$, 满足 $s < t$ 和 $y \in \mathbb{R}^d$ 有

$$E\left[\mathrm{e}^{i\langle y, X_t - X_s\rangle} \,|\, \mathscr{F}_s\right] = \mathrm{e}^{-\frac{|y|^2}{2}(t-s)}$$

在概率空间 $(\Omega, \mathscr{F}_s, P)$ 上 a.e. 成立.

**证明** 如果对每一对 $s, t \in \mathbb{R}_+$, 当 $s < t$ 时, $\{\mathscr{F}_s^X, X_t - X_s\}$ 是独立族且 $X_t - X_s$ 服从正态分布 $N(0, (t-s) \bullet I)$, 其中 $I$ 是 $d$ 维单位矩阵, 那么 $\{\mathscr{F}_s, \mathrm{e}^{i\langle y, X_t - X_s\rangle}\}$ 是独立族, 因此

$$E\left[\mathrm{e}^{i\langle y, X_t - X_s\rangle} \,|\, \mathscr{F}_s\right] = E\left[\mathrm{e}^{i\langle y, X_t - X_s\rangle}\right] = \mathrm{e}^{-\frac{|y|^2}{2}(t-s)}$$

在概率空间 $(\Omega, \mathscr{F}_s, P)$ 上 a.e. 成立.

如果对任何 $s, t \in \mathbb{R}_+$, 满足 $s < t$ 和 $y \in \mathbb{R}^d$ 在概率空间 $(\Omega, \mathscr{F}, P)$ 上 a.e. 有

$$E\left[\mathrm{e}^{i\langle y, X_t - X_s\rangle} \,|\, \mathscr{F}_s\right] = \mathrm{e}^{-\frac{|y|^2}{2}(t-s)}$$

那么由引理 6.3.13 知 $\{\mathscr{F}_s^X, X_t - X_s\}$ 是一个独立族, 而且 $d$ 维随机向量 $X_t - X_s$ 的特征函数

$$\varphi_{X_t - X_s}(y) = \mathrm{e}^{-\frac{|y|^2}{2}(t-s)}, \quad \text{对 } y \in \mathbb{R}^d$$

因此 $X_t - X_s$ 的概率分布为 $d$ 维正态分布 $N_d\left(0,(t-s)\bullet I\right)$，其中 $I$ 是 $d$ 维单位矩阵.

作为定义 6.3.10 和命题 6.3.15 的推论有下面的结果.

**定理 6.3.16**　如果 $X = \{X_t : t \in \mathbb{R}_+\}$ 是一个标准域流空间 $(\Omega, \mathscr{F}, \{\mathscr{F}_t\}, P)$ 上的一个 $d$ 维随机过程，那么它是该域流空间上的一个 $\{\mathscr{F}_t\}$ 适应的 $d$ 维 Brownian 运动的充要条件是

(1) 对每一 $t \in \mathbb{R}_+$，$X_t$ 是 $\Omega$ 到 $\mathbb{R}$ 的一个 $\mathscr{F}_t/\mathscr{B}_{\mathbb{R}^d}$ 可测映射;

(2) 对每一对 $s, t \in \mathbb{R}_+$，满足 $s < t$ 和 $y \in \mathbb{R}^d$ 时在概率空间 $(\Omega, \mathscr{F}_s, P)$ 上 a.e. 有

$$E\left[\mathrm{e}^{i\langle y, X_t - X_s\rangle}\,|\mathscr{F}_s\right] = \mathrm{e}^{-\frac{|y|^2}{2}(t-s)}$$

(3)$X$ 的每一样本函数在 $\mathbb{R}_+$ 上连续.

**定理 6.3.17**　标准域流空间 $(\Omega, \mathscr{F}, \{\mathscr{F}_t\}, P)$ 上的一个 $\{\mathscr{F}_t\}$ 适应的 $d$ 维随机过程 $X = \{X_t : t \in \mathbb{R}_+\}$ 是该域流空间上的一个 $\{\mathscr{F}_t\}$ 适应的 $d$ 维 Brownian 运动的充要条件是它满足下面两个条件:

(1) 对每一 $y \in \mathbb{R}^d$，有 $\left\{\mathrm{e}^{i\langle y, X_t\rangle + \frac{|y|^2}{2}t} : t \in \mathbb{R}_+\right\}$ 是域流空间 $(\Omega, \mathscr{F}, \{\mathscr{F}_t\}, P)$ 上的一个鞅;

(2)$X$ 的每一样本函数在 $\mathbb{R}_+$ 上连续.

**证明**　这是因为定理 6.3.16 中的条件 (2) 等价于条件对每一对 $s, t \in \mathbb{R}_+$，满足 $s < t$ 和 $y \in \mathbb{R}^d$ 时有

$$E\left[\mathrm{e}^{i\langle y, X_t\rangle + \frac{|y|^2}{2}t} \,|\mathscr{F}_s\right] = \mathrm{e}^{i\langle y, X_s\rangle + \frac{|y|^2}{2}s}$$

在概率空间 $(\Omega, \mathscr{F}_s, P)$ 上 a.e. 成立.

设 $X = \{X_t : t \in \mathbb{R}_+\}$ 是标准域流空间 $(\Omega, \mathscr{F}, \{\mathscr{F}_t\}, P)$ 上的一个 $\{\mathscr{F}_t\}$ 适应的 $d$ 维 Brownian 运动，如果对一个固定的 $t_0 \in \mathbb{R}_+$，对每一 $t \in \mathbb{R}_+$，令 $\mathscr{G}_t = \mathscr{F}_{t_0+t}$，那么 $(\Omega, \mathscr{F}, \{\mathscr{G}_t\}, P)$ 也是一个标准域流空间，而如果令 $Y_t = X_{t_0+t}$，那么 $Y = \{Y_t : t \in \mathbb{R}_+\}$ 是域流空间 $(\Omega, \mathscr{F}, \{\mathscr{G}_t\}, P)$ 上的一个具有初始概率分布 $P_{Y_0} = P_{X_{t_0}}$ 的 $\{\mathscr{G}_t\}$ 适应的 $d$ 维随机过程. 对每一对 $s, t \in \mathbb{R}_+$，当 $s < t$ 时，$\{\mathscr{G}_s, Y_t - Y_s\} = \{\mathscr{F}_{t_0+s}, X_{t_0+t} - X_{t_0+s}\}$ 是一个独立族，而

$$P_{Y_t - Y_s} = P_{X_{t_0+t} - X_{t_0+s}} = N_d\left(0, (t-s)\bullet I\right)$$

因此 $Y$ 是域流空间 $(\Omega, \mathscr{F}, \{\mathscr{G}_t\}, P)$ 上的一个 $\{\mathscr{G}_t\}$ 适应的 $d$ 维 Brownian 运动. 这说明如果 $X$ 是一个适应的 $d$ 维 Brownian 运动，那么它在任何时间 $t_0 \in \mathbb{R}_+$ 都重新开始成为一个具有初始概率分布 $P_{X_{t_0}}$ 的适应 $d$ 维 Brownian 运动 $Y = \{Y_t :$

$t \in \mathbb{R}_+\}$, 另外 $Y$ 的概率分布不依赖于 $X$ 在时间区间 $[0, t_0)$ 上的概率分布. 适应的 Brownian 运动的这个性质是下面定理的特殊情况.

**定理 6.3.18**(强马氏性) 设 $X = \{X_t : t \in \mathbb{R}_+\}$ 是标准域流空间$(\Omega, \mathscr{F}, \{\mathscr{F}_t\}, P)$ 上的一个 $\{\mathscr{F}_t\}$ 适应的 $d$ 维 Brownian 运动. 对域流空间上的有限停时 $\tau$, 对每一 $t \in \mathbb{R}_+$, 如果设 $\mathscr{G}_t = \mathscr{F}_{\tau+t}$, $Y_t = X_{\tau+t}$, 那么 $(\Omega, \mathscr{F}, \{\mathscr{G}_t\}, P)$ 是一个标准域流空间, 而 $Y = \{Y_t : t \in \mathbb{R}_+\}$ 是其上的一个具初始分布 $P_{Y_0} = P_{X_\tau}$ 的 $\{\mathscr{G}_t\}$ 适应的 $d$ 维 Brownian 运动.

**证明** 显然 $\{\mathscr{G}_t : t \in \mathbb{R}_+\}$ 是概率空间 $(\Omega, \mathscr{F}, P)$ 上一个域流, 即它是 $\mathscr{F}$ 的一个递增的子 $\sigma$ 代数族. 下证域流 $\{\mathscr{G}_t : t \in \mathbb{R}_+\}$ 是增广的, 即 $\mathscr{G}_0$ 包含概率空间 $(\Omega, \mathscr{F}, P)$ 的所有零集. 设 $N$ 是 $(\Omega, \mathscr{F}, P)$ 的任意一个零集, 则因 $\mathscr{F}_0$ 是增广的, 故 $N \in \mathscr{F}_0 \subset \mathscr{F}_\infty$. 而由测度空间 $(\Omega, \mathscr{F}, P)$ 的完备性, 知 $N \cap \{\tau \leqslant t\}$ 是测度空间 $(\Omega, \mathscr{F}, P)$ 中的一个零集, 再由对于每一 $t \in \mathbb{R}_+$ 有 $\mathscr{F}_t$ 是增广的, 因此 $N \cap \{\tau \leqslant t\} \in \mathscr{F}_t$. 又因 $\mathscr{G}_0 = \mathscr{F}_\tau$, 而 $\mathscr{F}_\tau$ 包含所有对每一 $t \in \mathbb{R}_+$ 满足 $A \cap \{\tau \leqslant t\} \in \mathscr{F}_t$ 的 $A \in \mathscr{F}_\infty$, 故 $N \in \mathscr{F}_\tau = \mathscr{G}_0$, 从而 $\{\mathscr{G}_t : t \in \mathbb{R}_+\}$ 是增广的.

下面证明域流 $\{\mathscr{G}_t : t \in \mathbb{R}_+\}$ 是右连续的, 即对于每一 $t_0 \in \mathbb{R}_+$, 有 $\bigcap_{u > t_0} \mathscr{G}_u = \mathscr{G}_{t_0}$, 换言之, $\bigcap_{u > t_0} \mathscr{F}_{\tau+u} = \mathscr{F}_{\tau+t_0}$. 为此, 我们来证明如果对所有的 $u > t_0$ 有 $A \in \mathscr{F}_{\tau+u}$, 那么 $A \in \mathscr{F}_{\tau+t_0}$. 因为域流 $\{\mathscr{F}_t : t \in \mathbb{R}_+\}$ 右连续, 所以由定理 4.3.4 知 $A \in \mathscr{F}_{\tau+u}$ 当且仅当对每一 $t \in \mathbb{R}_+$ 有 $A \in \mathscr{F}_\infty$ 且 $A \cap \{\tau + u < t\} \in \mathscr{F}_t$; 类似地, $A \in \mathscr{F}_{\tau+t_0}$ 当且仅当对每一 $t \in \mathbb{R}_+$ 有 $A \in \mathscr{F}_\infty$ 且 $A \cap \{\tau + t_0 < t\} \in \mathscr{F}_t$. 注意到对固定的 $t \in \mathbb{R}_+$, 当 $u \downarrow t_0$ 时, 有 $\{\tau + u < t\} \uparrow$ 且对 $u > t_0$, 有 $\{\tau + u < t\} \subset \{\tau + t_0 < t\}$. 如果 $\omega \in \{\tau + t_0 < t\}$, 那么 $\tau(\omega) + t_0 < t$, 所以对某 $u > t_0$ 有 $\tau(\omega) + u < t$, 因此 $\omega \in \{\tau + u < t\}$. 从而

$$\{\tau + t_0 < t\} = \bigcup_{u > t_0} \{\tau + u < t\} = \lim_{u \downarrow t_0} \{\tau + u < t\}$$

因此对任何 $A \subset \Omega$, 有

$$A \cap \lim_{u \downarrow t_0} \{\tau + u < t\} = A \cap \{\tau + t_0 < t\}$$

现在对所有的 $u > t_0$, 设 $A \in \mathscr{F}_{\tau+u}$, 则因对每一 $u > t_0$ 有 $A \cap \{\tau + u < t\} \in \mathscr{F}_t$, 故

$$A \cap \lim_{u \downarrow t_0} \{\tau + u < t\} \in \mathscr{F}_t$$

即对每一 $t \in \mathbb{R}_+$ 有 $A \cap \{\tau + t_0 < t\} \in \mathscr{F}_t$, 因而 $A \in \mathscr{F}_{\tau+t_0}$, 从而域流 $\{\mathscr{G}_t : t \in \mathbb{R}_+\}$ 是右连续的.

下面证明 $Y = \{Y_t : t \in \mathbb{R}_+\}$ 是标准域流空间 $(\Omega, \mathscr{F}, \{\mathscr{G}_t\}, P)$ 上的一个 $\{\mathscr{G}_t : t \in \mathbb{R}_+\}$ 适应的 $d$ 维 Brownian 运动. 因对每一 $t \in \mathbb{R}_+$, $Y_t = X_{\tau+t}$, $\mathscr{G}_t = \mathscr{F}_{\tau+t}$, 而 $X_{\tau+t}$ 是 $\mathscr{F}_{\tau+t}$ 可测的, 所以 $Y_t$ 是 $\mathscr{G}_t$ 可测的, 即 $Y$ 是 $\{\mathscr{G}_t\}$ 适应的. 又显然 $Y$ 的每一样本函数在 $\mathbb{R}_+$ 上连续, 因此根据定理 6.3.17 知, 只需证明对每一 $y \in \mathbb{R}^d$, $\left\{ \mathrm{e}^{i\langle y, Y_t \rangle + \frac{|y|^2}{2}t} : t \in \mathbb{R}_+ \right\}$ 是域流空间上的一个鞅, 即每一对 $s, t \in \mathbb{R}_+$, 满足 $s < t$ 和 $y \in \mathbb{R}^d$ 有

$$E\left[ \mathrm{e}^{i\langle y, Y_t \rangle + \frac{|y|^2}{2}t} | \mathscr{G}_s \right] = \mathrm{e}^{i\langle y, Y_s \rangle + \frac{|y|^2}{2}s}$$

在概率空间 $(\Omega, \mathscr{G}_s, P)$ 上 a.e. 成立, 换言之, 只需证明在概率空间 $(\Omega, \mathscr{F}_{\tau+s}, P)$ 上 a.e. 有

$$E\left[ \mathrm{e}^{i\langle y, X_{\tau+t} \rangle + \frac{|y|^2}{2}t} | \mathscr{F}_{\tau+s} \right] = \mathrm{e}^{i\langle y, X_{\tau+s} \rangle + \frac{|y|^2}{2}s} \tag{6.3.10}$$

成立. 又因 $X_{\tau+s}$ 是 $\mathscr{F}_{\tau+s}$ 可测的, 故 (6.3.10) 式的右边是 $\mathscr{F}_{\tau+s}$ 可测的, 从而为证 (6.3.10) 式又只需证明对每一 $A \in \mathscr{F}_{\tau+s}$, 有

$$\int_A \mathrm{e}^{i\langle y, X_{\tau+t} \rangle + \frac{|y|^2}{2}t} \mathrm{d}P = \int_A \mathrm{e}^{i\langle y, X_{\tau+s} \rangle + \frac{|y|^2}{2}s} \mathrm{d}P \tag{6.3.11}$$

而根据定理 6.3.17 知对每一 $y \in \mathbb{R}^d$, 有 $\left\{ \mathrm{e}^{i\langle y, X_t \rangle + \frac{|y|^2}{2}t} : t \in \mathbb{R}_+ \right\}$ 是域流空间 $(\Omega, \mathscr{F}, \{\mathscr{F}_t\}, P)$ 上的一个鞅. 对 $n \in \mathbb{N}$, 考虑停时 $\tau_n = \tau \wedge n$, 由连续时间情形的有界停时可选样本定理有

$$E\left[ \mathrm{e}^{i\langle y, X_{\tau_n+t} \rangle + \frac{|y|^2}{2}(\tau_n+t)} | \mathscr{F}_{\tau+s} \right] = \mathrm{e}^{i\langle y, X_{\tau_n+s} \rangle + \frac{|y|^2}{2}(\tau_n+s)}$$

在概率空间 $(\Omega, \mathscr{F}_{\tau_n+s}, P)$ 上 a.e. 成立. 因 $\mathrm{e}^{\frac{|y|^2}{2}\tau_n}$ 是 $\mathscr{F}_{\tau_n+s}$ 可测的, 故上面的等式可以简化为

$$E\left[ \mathrm{e}^{i\langle y, X_{\tau_n+t} \rangle + \frac{|y|^2}{2}t} | \mathscr{F}_{\tau+s} \right] = \mathrm{e}^{i\langle y, X_{\tau_n+s} \rangle + \frac{|y|^2}{2}s} \tag{6.3.12}$$

在概率空间 $(\Omega, \mathscr{F}_{\tau_n+s}, P)$ 上 a.e. 成立. 如果 $A \in \mathscr{F}_{\tau+s}$, 那么由定理 4.3.9 有

$$A \cap \{\tau + s \leqslant \tau_n + s\} \in \mathscr{F}_{\tau_n+s}.$$

但是 $\{\tau + s \leqslant \tau_n + s\} = \{\tau \leqslant \tau_n\} = \{\tau \leqslant \tau \wedge n\} = \{\tau \leqslant n\}$, 因此 $A \cap \{\tau \leqslant n\} \in \mathscr{F}_{\tau_n+s}$. 从而由 (6.3.12) 式得

$$\int_{A \cap \{\tau \leqslant n\}} \mathrm{e}^{i\langle y, X_{\tau+t} \rangle + \frac{|y|^2}{2}t} \mathrm{d}P = \int_{A \cap \{\tau \leqslant n\}} \mathrm{e}^{i\langle y, X_{\tau+s} \rangle + \frac{|y|^2}{2}s} \mathrm{d}P \tag{6.3.13}$$

因为 (6.3.13) 式对每一 $n \in \mathbb{N}$ 成立, 所以由停时 $\tau$ 有限知 $\bigcup_{n \in \mathbb{N}} \{\tau \leqslant n\} = \Omega$, 因此

$$\lim_{n \to \infty} I_{A \cap \{\tau \leqslant n\}} = I_A$$

从而由有界收敛定理从 (6.3.13) 式即可得 (6.3.11) 式.

**注释 6.3.19** 定理 6.3.18 可以被推广到 $\tau$ 不是有限停时但在一个正概率集上是有限的情况. 设 $X = \{X_t : t \in \mathbb{R}_+\}$ 是标准域流空间 $(\Omega, \mathscr{F}, \{\mathscr{F}_t\}, P)$ 上的一个 $\{\mathscr{F}_t\}$ 适应的 $d$ 维 Brownian 运动, $\tau$ 是域流空间上的一个停时, 满足 $P\{\tau < \infty\} > 0$. 令 $\Omega' = \{\tau < \infty\}$, 则 $\Omega' \in \mathscr{F}_\infty$. 在这个 $\Omega'$ 上令

$$\mathscr{G} = \mathscr{F} \cap \Omega', \quad \mathscr{G}_t = \mathscr{F}_t \cap \Omega', \quad P' = P/P(\Omega')$$

则 $(\Omega', \mathscr{G}, \{\mathscr{G}_t\}, P')$ 是一个标准域流空间, 而且 $X$ 到 $\mathbb{R}_+ \times \Omega'$ 上的限制 $X'$ 是标准域流空间 $(\Omega', \mathscr{G}, \{\mathscr{G}_t\}, P')$ 上的一个 $\{\mathscr{G}_t\}$ 适应的 $d$ 维 Brownian 运动, $\tau$ 到 $\Omega'$ 上的限制 $\tau'$ 是标准域流空间 $(\Omega', \mathscr{G}, \{\mathscr{G}_t\}, P')$ 的一个停时. 如果我们再令 $\mathscr{O}_t = \mathscr{G}_{\tau+t}, Y_t = X_{\tau+t}$, 那么由定理 6.3.17 知 $(\Omega', \mathscr{G}, \{\mathscr{O}_t\}, P')$ 是一个标准域流空间, 而 $Y = \{Y_t : t \in \mathbb{R}_+\}$ 是标准域流空间 $(\Omega', \mathscr{G}, \{\mathscr{O}_t\}, P')$ 上的一个 $\{\mathscr{O}_t\}$ 适应的 $d$ 维 Brownian 运动.

### 6.3.3 一维 Brownian 运动

到目前为止, 我们将一个一维 Brownian 运动当作是 $d$ 维 Brownian 运动的特殊情况, 而下面将被提及的一维 Brownian 运动将简称为一个 Brownian 运动. 我们将证明如果 $X = \{X_t : t \in \mathbb{R}_+\}$ 是标准域流空间 $(\Omega, \mathscr{F}, \{\mathscr{F}_t\}, P)$ 上的一个 $\{\mathscr{F}_t\}$ 适应 Brownian 运动, 而且在概率空间 $(\Omega, \mathscr{F}, P)$ 上 a.e. 有 $X_0 = 0$, 那么

$$X \in \mathbf{M}_2^c(\Omega, \mathscr{F}, \{\mathscr{F}_t\}, P)$$

并且对每一 $t \in \mathbb{R}_+$, $X$ 的二次变差过程 $[X, X]_t = t$.

**引理 6.3.20** 如果 $X = \{X_t : t \in \mathbb{R}_+\}$ 是概率空间 $(\Omega, \mathscr{F}, P)$ 上的具有任意的初始分布 $P_{X_0}$ 的 Brownian 运动, 那么对每一 $t \in \mathbb{R}_+$, 有

$$E(X_t) = E(X_0) = \int_{\mathbb{R}} x_0 P_{X_0}(\mathrm{d}x_0) \tag{6.3.14}$$

并且

$$E(X_t^2) = E(X_0^2) + t = \int_{\mathbb{R}} x_0^2 P_{X_0}(\mathrm{d}x_0) + t \tag{6.3.15}$$

只要积分存在, 因此 $X$ 是一个 $L_1$ 过程当且仅当 $\int_{\mathbb{R}} x_0 P_{X_0}(\mathrm{d}x_0) \in \mathbb{R}$, 而 $X$ 是一个 $L_2$ 过程当且仅当 $\int_{\mathbb{R}} x_0^2 P_{X_0}(\mathrm{d}x_0) < \infty$. 特别地, 如果对某 $a \in \mathbb{R}$, $P_{X_0}$ 是相应

于这一点的退化分布, 那么对每一 $t \in \mathbb{R}_+$, 有 $EX_t = a$, $EX_t^2 = a^2 + t$, 而且此时 $X$ 是一个 $L_2$ 过程.

**证明** 对 $t > 0$ 和 $A \in \mathscr{B}_{\mathbb{R}}$, 由 (6.3.6) 式知对随机变量 $X_t$ 的概率分布 $P_{X_t}$ 有

$$P_{X_t}(A) = (2\pi t)^{-1/2} \int_{\mathbb{R}} P_{X_0}(\mathrm{d}x_0) \int_A \exp\left\{-\frac{1}{2} \frac{|x - x_0|^2}{t - t_0}\right\} m_L(\mathrm{d}x) \qquad (6.3.16)$$

而从

$$(2\pi t)^{-1/2} \int_{\mathbb{R}} \exp\left\{-\frac{1}{2} \frac{x^2}{t}\right\} m_L(\mathrm{d}x) = 1 \qquad (6.3.17)$$

得对任何 $x_0 \in \mathbb{R}$, 有

$$(2\pi t)^{-1/2} \int_{\mathbb{R}} x \exp\left\{-\frac{1}{2} \frac{|x - x_0|^2}{t}\right\} m_L(\mathrm{d}x)$$

$$= (2\pi t)^{-1/2} \int_{\mathbb{R}} (x - x_0) \exp\left\{-\frac{1}{2} \frac{|x - x_0|^2}{t}\right\} m_L(\mathrm{d}x)$$

$$+ (2\pi t)^{-1/2} \int_{\mathbb{R}} x_0 \exp\left\{-\frac{1}{2} \frac{|x - x_0|^2}{t}\right\} m_L(\mathrm{d}x) = x_0 \qquad (6.3.18)$$

由 (6.3.16) 式和 (6.3.18) 式可得

$$E(X_t) = \int_{\Omega} X_t \mathrm{d}P = \int_{\mathbb{R}} x P_{X_t}(\mathrm{d}x)$$

$$= \int_{\mathbb{R}} P_{X_0}(\mathrm{d}x_0) \left\{(2\pi t)^{-1/2} \int_{\mathbb{R}} x \exp\left\{-\frac{1}{2} \frac{|x - x_0|^2}{t}\right\} m_L(\mathrm{d}x)\right\}$$

$$= \int_{\mathbb{R}} x_0 P_{X_0}(\mathrm{d}x_0)$$

即 (6.3.14) 式成立. 类似地, 从

$$(2\pi t)^{-1/2} \int_{\mathbb{R}} x^2 \exp\left\{-\frac{1}{2} \frac{x^2}{t}\right\} m_L(\mathrm{d}x) = t \qquad (6.3.19)$$

可得

$$(2\pi t)^{-1/2} \int_{\mathbb{R}} x^2 \exp\left\{-\frac{1}{2} \frac{|x - x_0|^2}{t}\right\} m_L(\mathrm{d}x)$$

$$= (2\pi t)^{-1/2} \int_{\mathbb{R}} \left\{ (x - x_0)^2 + 2x_0 (x - x_0) + x_0^2 \right\} \exp \left\{ -\frac{1}{2} \frac{|x - x_0|^2}{t} \right\} m_L (\mathrm{d}x)$$

$$= t + x_0^2 \tag{6.3.20}$$

由 (6.3.16) 式和 (6.3.20) 式得

$$E\left(X_t^2\right) = \int_{\Omega} X_t^2 \mathrm{d}P = \int_{\mathbb{R}} x^2 P_{X_t} (\mathrm{d}x)$$

$$= \int_{\mathbb{R}} P_{X_0} (\mathrm{d}x_0) \left\{ (2\pi t)^{-1/2} \int_{\mathbb{R}} x^2 \exp \left\{ -\frac{1}{2} \frac{|x - x_0|^2}{t} \right\} m_L (\mathrm{d}x) \right\}$$

$$= \int_{\mathbb{R}} x_0^2 P_{X_0} (\mathrm{d}x_0) + t$$

即 (6.3.15) 式成立.

**命题 6.3.21** 设 $X = \{X_t : t \in \mathbb{R}_+\}$ 是某标准域流空间 $(\Omega, \mathscr{F}, \{\mathscr{F}_t\}, P)$ 上的一个 $\{\mathscr{F}_t\}$ 适应 Brownian 运动. 如果 $X_0$ 可积, 那么 $X$ 是该域流空间上的一个鞅; 如果 $X_0$ 平方可积, 那么 $X$ 是该域流空间上的一个 $L_2$ 鞅; 如果在概率空间 $(\Omega, \mathscr{F}, P)$ 上 a.e. 有 $X_0 = 0$, 那么 $X \in \mathbf{M}_2^{\mathrm{c}}(\Omega, \mathscr{F}, \{\mathscr{F}_t\}, P)$, 而且对每一 $t \in \mathbb{R}_+$, $X$ 的二次变差过程 $[X, X]_t = t$.

**证明** 如果 $X_0$ 可积, 那么由引理 6.3.20 知, 对所有 $t \in \mathbb{R}_+$, 有 $EX_t = EX_0 \in \mathbb{R}$, 因此 $X$ 是一个 $L_1$ 过程. 再利用适应 Brownian 运动的定义可得对任意的 $s, t \in \mathbb{R}_+$, 当 $s < t$ 时, 有

$$E\left[X_t - X_s \,|\, \mathscr{F}_s\right] = E\left[X_t - X_s\right] = 0$$

在概率空间 $(\Omega, \mathscr{F}_s, P)$ 上 a.e. 成立, 故 $X$ 是一个鞅. 而如果 $X_0$ 平方可积, 那么由引理 6.3.20 知 $X$ 是一个 $L_2$ 过程. 如果在概率空间 $(\Omega, \mathscr{F}, P)$ 上 a.e. 有 $X_0 = 0$, 那么由定义 6.3.7 和定义 6.1.3 知 $X \in \mathbf{M}_2^{\mathrm{c}}(\Omega, \mathscr{F}, \{\mathscr{F}_t\}, P)$.

为得到 $X$ 的二次变差过程 $[X, X]$, 现对 $(t, \omega) \in \mathbb{R}_+ \times \Omega$, 定义

$$A(t, \omega) = t$$

那么 $A = \{A_t : t \in \mathbb{R}_+\}$ 是域流空间 $(\Omega, \mathscr{F}, \{\mathscr{F}_t\}, P)$ 上的一个连续增过程, 为证明 $A$ 就是 $X$ 的一个二次变差过程, 只需证 $X^2 - A$ 是一个在零时刻为零的连续鞅. 因显然 $X^2 - A$ 是一个在零时刻为零的连续过程, 故为证明 $X^2 - A$ 是一个鞅, 只需证明对任意的 $s, t \in \mathbb{R}_+$, 当 $s < t$ 时, 有

$$E\left[X_t^2 - A_t \,|\, \mathscr{F}_s\right] = X_s^2 - A_s$$

在概率空间 $(\Omega, \mathscr{F}_s, P)$ 上 a.e. 成立, 或等价地

$$E\left[X_t^2 - X_s^2 \,|\, \mathscr{F}_s\right] = t - s$$

在概率空间 $(\Omega, \mathscr{F}_s, P)$ 上 a.e. 成立. 事实上, 由 $X$ 的鞅性, 有

$$E\left[X_t^2 - X_s^2 \,|\, \mathscr{F}_s\right] = E\left[(X_t - X_s)^2 \,|\, \mathscr{F}_s\right]$$

再由 $\{\mathscr{F}_s, X_t - X_s\}$ 是独立族, 可得

$$E\left[(X_t - X_s)^2 \,|\, \mathscr{F}_s\right] = E\left[(X_t - X_s)^2\right]$$

从而由 $X_t - X_s$ 的分布为 $N(0, t - s)$ 知

$$E\left[X_t^2 - X_s^2 \,|\, \mathscr{F}_s\right] = t - s$$

故 $A$ 是 $X$ 的一个二次变差过程.

**命题 6.3.22** 如果 $X = \{X_t : t \in \mathbb{R}_+\}$ 是某标准域流空间 $(\Omega, \mathscr{F}, \{\mathscr{F}_t\}, P)$ 上的一个 $\{\mathscr{F}_t\}$ 适应 $d$ 维 Brownian 运动, 那么对 $i = 1, 2, \cdots, d$, $X$ 的分量 $X^{(i)}$ 是该域流空间上的一个具有初始分布 $P_{X_0^{(i)}} = P_{X_0} \circ \pi_i^{-1}$ 的 $\{\mathscr{F}_t\}$ 适应 1 维 Brownian 运动, 其中 $\pi_i$ 是 $\mathbb{R}^d = \mathbb{R}_1 \times \cdots \times \mathbb{R}_d$ 到 $\mathbb{R}_i$ 上的投影.

**证明** 对 $i = 1, \cdots, d$, 由命题 6.3.2 知 $X^{(i)}$ 是域流空间 $(\Omega, \mathscr{F}, \{\mathscr{F}_t\}, P)$ 上的 $\{\mathscr{F}_t\}$ 适应过程; $X^{(i)}$ 也是一个连续过程, 因此根据定理 6.3.16 知为证明 $X^{(i)}$ 是一个 $\{\mathscr{F}_t\}$ 适应 Brownian 运动只需证明对每一对 $s, t \in \mathbb{R}_+$ 和 $y_i \in \mathbb{R}$, 当 $s < t$ 时, 有

$$E\left[\mathrm{e}^{i\langle y_i, X_t^{(i)} - X_s^{(i)}\rangle} \,\big|\, \mathscr{F}_s\right] = \mathrm{e}^{-\frac{|y_i|^2}{2}(t-s)} \tag{6.3.21}$$

在概率空间 $(\Omega, \mathscr{F}_s, P)$ 上 a.e. 成立. 但是因 $X$ 是一个 $\{\mathscr{F}_t\}$ 适应 $d$ 维 Brownian 运动, 故根据定理 6.3.16 知对每一 $y \in \mathbb{R}^d$, 有

$$E\left[\mathrm{e}^{i\langle y, X_t - X_s\rangle} \,\big|\, \mathscr{F}_s\right] = \mathrm{e}^{-\frac{|y|^2}{2}(t-s)} \tag{6.3.22}$$

在概率空间 $(\Omega, \mathscr{F}_s, P)$ 上 a.e. 成立. 而对于 $y = (0, \cdots, 0, y_i, 0, \cdots, 0) \in \mathbb{R}^d$, (6.3.22) 式变为 (6.3.21) 式.

至于 $X^{(i)}$ 的初始分布 $P_{X_0^{(i)}}$, 对于 $A \in \mathscr{B}_\mathbb{R}$, 有

$$P_{X_0^{(i)}}(A) = P \circ \left(X_0^{(i)}\right)^{-1}(A) = P \circ (\pi_i \circ X_0)^{-1}(A)$$

$$= P \circ X_0^{-1} \circ \pi_i^{-1}(A) = P_{X_0} \circ \pi_i^{-1}(A)$$

**命题 6.3.23** 设 $X = \{X_t : t \in \mathbb{R}_+\}$ 是某标准域流空间 $(\Omega, \mathscr{F}, \{\mathscr{F}_t\}, P)$ 上的一个 $\{\mathscr{F}_t\}$ 适应 $d$ 维 Brownian 运动. 如果 $E\left(|X_0|^2\right) < \infty$, 那么对 $i = 1$, $2, \cdots, d$, $X$ 的分量 $X^{(i)}$ 都是该域流空间上的一个连续 $L_2$ 鞅. 而且对任意的 $s, t \in \mathbb{R}_+$, 当 $s < t$ 时, 在概率空间 $(\Omega, \mathscr{F}_s, P)$ 上 a.e. 有

$$E\left[X_t^{(i)} - X_s^{(i)} \,\middle|\, \mathscr{F}_s\right] = 0 \tag{6.3.23}$$

和

$$E\left[\left\{X_t^{(i)} - X_s^{(i)}\right\}\left\{X_t^{(j)} - X_s^{(j)}\right\} \,\middle|\, \mathscr{F}_s\right] = \delta_{ij}\left(t - s\right) \tag{6.3.24}$$

特别地, 如果 $X_0 = 0$, 那么对 $i = 1, 2, \cdots, d$, $X$ 的分量 $X^{(i)} \in \mathbf{M}_2^c\left(\Omega, \mathscr{F}, \{\mathscr{F}_t\}, P\right)$, 而它们的二次变差过程

$$\left[X^{(i)}, X^{(j)}\right]_t = \delta_{ij} t \tag{6.3.25}$$

对 $t \in \mathbb{R}_+$ 成立.

**证明** 由命题 6.3.22 知, $X^{(1)}, \cdots, X^{(d)}$ 都是域流空间 $(\Omega, \mathscr{F}, \{\mathscr{F}_t\}, P)$ 上的 $\{\mathscr{F}_t\}$ 适应 Brownian 运动. 因为 $|X_0|^2 = \sum_{i=1}^{d}\left|X_0^{(i)}\right|^2$, 所以如果 $E\left(|X_0|^2\right) < \infty$, 那么对 $i = 1, 2, \cdots, d$ 有 $E\left(\left|X_0^{(i)}\right|^2\right) < \infty$, 因此由命题 6.3.21 知, $X^{(1)}, \cdots, X^{(d)}$ 都是 $L_2$ 鞅, 而由 $X^{(i)}$ 的鞅性即得等式 (6.3.23) 成立.

为证明 (6.3.24) 式, 注意到 $X$ 是一个 $\{\mathscr{F}_t\}$ 适应 $d$ 维 Brownian 运动, 故由定义 6.3.10 知对每一对 $s, t \in \mathbb{R}_+$, 当 $s < t$ 时, $\{\mathscr{F}_s, X_t - X_s\}$ 是一个独立族, 而由 $\mathbb{R}^d$ 到 $\mathbb{R}$ 的映射

$$\pi_{ij}\left(x_1, \cdots, x_d\right) = x_i x_j$$

是一个 $\mathscr{B}_{\mathbb{R}^d}/\mathscr{B}_{\mathbb{R}}$ 可测映射, 故 $\left\{\mathscr{F}_s, \left\{X_t^{(i)} - X_s^{(i)}\right\}\left\{X_t^{(j)} - X_s^{(j)}\right\}\right\}$ 也是一个独立族, 因此

$$E\left[\left\{X_t^{(i)} - X_s^{(i)}\right\}\left\{X_t^{(j)} - X_s^{(j)}\right\} \,\middle|\, \mathscr{F}_s\right]$$
$$= E\left[\left\{X_t^{(i)} - X_s^{(i)}\right\}\left\{X_t^{(j)} - X_s^{(j)}\right\}\right] = \delta_{ij}\left(t - s\right)$$

在概率空间 $(\Omega, \mathscr{F}_s, P)$ 上 a.e. 成立. 又因为 $X_t - X_s$ 的概率分布为 $N\left(0, (t-s) \bullet I\right)$, 它的协方差矩阵为 $(t-s) \bullet I$, 所以等式 (6.3.24) 式成立.

如果 $X_0 = 0$, 那么 $X_0^{(i)} = 0$, 所以由命题 6.3.21 知 $X^{(i)} \in \mathbf{M}_2^c (\Omega, \mathscr{F}, \{\mathscr{F}_t\}, P)$.
设 $i, j = 1, 2, \cdots, d$ 固定, 对 $t \in \mathbb{R}_+$ 考虑由 $V_t = \delta_{ij} t$ 定义的 $V \in \mathbf{V} (\Omega, \mathscr{F}, \{\mathscr{F}_t\}, P)$,
则有

$$
E\left[\left\{X_t^{(i)} X_t^{(j)} - V_t\right\} - \left\{X_s^{(i)} X_s^{(j)} - V_s\right\} | \mathscr{F}_s\right]
$$

$$
= E\left[X_t^{(i)} X_t^{(j)} - X_s^{(i)} X_s^{(j)} | \mathscr{F}_s\right] - \delta_{ij} (t - s)
$$

$$
= E\left[\left\{X_t^{(i)} - X_s^{(i)}\right\} \left\{X_t^{(j)} - X_s^{(j)}\right\} | \mathscr{F}_s\right] - \delta_{ij} (t - s) = 0
$$

在概率空间 $(\Omega, \mathscr{F}_s, P)$ 上 a.e. 成立, 因此 $X^{(i)} X^{(j)} - V$ 是一个右连续在零时刻为
零的鞅, 从而等式 (6.3.25) 式成立.

**定理 6.3.24**　Brownian 运动 $X = \{X_t : t \in \mathbb{R}_+\}$ 具有如下的轨道性质.

(1) (连续性)$X(t)$ 的几乎所有样本轨道在 $[0, \infty)$ 上连续.

(2) (不可微性) 设 $\alpha > 1/2$, 则对几乎所有样本轨道有

$$
\limsup_{s \to t} \frac{|X(s) - X(t)|}{|s - t|^\alpha} = \infty
$$

对任意 $t \geqslant 0$ 成立; 取 $\alpha = 1$ 得 $X(t)$ 的几乎所有样本轨道在 $[0, \infty)$ 上处处不可
微, 因而它不是有界变差的.

(3) (渐近性质) 一维 Brownian 运动满足如下的大数定律:

$$
\lim_{t \to \infty} \frac{X(t)}{t} = 0 \quad \text{a.s.}
$$

一维标准 Brownian 运动满足如下的重对数律:

$$
\limsup_{t \to \infty} \frac{X(t)}{\sqrt{2t \log \log t}} = 1 \quad \text{a.s.}, \quad \liminf_{t \to \infty} \frac{X(t)}{\sqrt{2t \log \log t}} = -1 \quad \text{a.s.}
$$

对于 $m$ 维 Brownian 运动, 成立如下的重对数律:

$$
\limsup_{t \to \infty} \frac{|X(t)|}{\sqrt{2t \log \log t}} = 1 \quad \text{a.s.}
$$

### 6.3.4　关于 Brownian 运动的随机积分

如果 $B = \{B_t : t \in \mathbb{R}_+\}$ 是标准域流空间 $(\Omega, \mathscr{F}, \{\mathscr{F}_t\}, P)$ 上的一个在零时刻
为零的 $\{\mathscr{F}_t\}$ 适应 Brownian 运动, 那么由命题 6.3.20 知 $B \in \mathbf{M}_2^c (\Omega, \mathscr{F}, \{\mathscr{F}_t\}, P)$,
而且 $B$ 的二次变差过程满足 $[B, B]_t = t$ 对 $t \in \mathbb{R}_+$ 成立. 因此, 对 $[B, B] \in$

$\mathbf{A}\left(\Omega, \mathscr{F}, \{\mathscr{F}_t\}, P\right)$, 由 $[B, B]$ 决定的可测空间 $\left(\mathbb{R}_+, \mathscr{B}_{\mathbb{R}_+}\right)$ 上的 Lebesgue-Stieltjes 测度族 $\left\{\mu_{[B,B]}\left(\bullet, \omega\right) : \omega \in \Omega\right\}$ 满足

$$\mu_{[B,B]}\left(\bullet, \omega\right) = m_L, \quad \text{对每一 } \omega \in \Omega$$

其中 $m_L$ 是 Lebesgue 测度. 因为这个在零时刻为零的 Brownian 运动 $B$ 是 $\mathbf{M}_2^c\left(\Omega, \mathscr{F}, \{\mathscr{F}_t\}, P\right)$ 中轶的特殊情况, 所以在上节中有关 $\mathbf{M}_2^c\left(\Omega, \mathscr{F}, \{\mathscr{F}_t\}, P\right)$ 中 $M$ 的随机积分的结果对于 $B$ 都适用. 下面我们说明 $B$ 的二次变差过程 $[B, B]$ 的特殊属性的内涵.

**注释 6.3.25** 设 $p \in [1, \infty)$. 考虑概率空间 $(\Omega, \mathscr{F}, P)$ 上满足可积条件

$$\int_{[0,t] \times \Omega} |X(s, \omega)|^p \left(m_L \times P\right)\left(\mathrm{d}\left(s, \omega\right)\right) < \infty, \quad \text{对每一 } t \in \mathbb{R}_+ \tag{6.3.26}$$

的所有可测过程 $X = \{X_t : t \in \mathbb{R}_+\}$ 的集合. 可积条件 (6.3.26) 式等价于条件

$$\int_{[0,m] \times \Omega} |X(s, \omega)|^p \left(m_L \times P\right)\left(\mathrm{d}\left(s, \omega\right)\right) < \infty, \quad \text{对每一 } m \in \mathbb{N} \tag{6.3.27}$$

而对于 $\displaystyle\int_{[0,m] \times \Omega} |X(s, \omega)|^p \left(m_L \times P\right)\left(\mathrm{d}\left(s, \omega\right)\right)$ 由 Tonelli 定理, 有

$$\int_{[0,m] \times \Omega} |X(s, \omega)|^p \left(m_L \times P\right)\left(\mathrm{d}\left(s, \omega\right)\right) = E\left[\int_{[0,m]} |X(s)|^p \, m_L\left(\mathrm{d}s\right)\right] \tag{6.3.28}$$

从而

$$\int_{[0,m] \times \Omega} |X(s, \omega)|^p \left(m_L \times P\right)\left(\mathrm{d}\left(s, \omega\right)\right) < \infty$$

即

$$E\left[\int_{[0,m]} |X(s)|^p \, m_L\left(\mathrm{d}s\right)\right] < \infty$$

又因为由 $\displaystyle E\left[\int_{[0,m]} |X(s)|^p \, m_L\left(\mathrm{d}s\right)\right] < \infty$ 可得 $\displaystyle \int_{[0,m]} |X(s)|^p \, m_L\left(\mathrm{d}s\right) < \infty$ 在概率空间 $(\Omega, \mathscr{F}, P)$ 上 a.e. 成立, 所以对每一 $m \in \mathbb{N}$, 存在概率空间 $(\Omega, \mathscr{F}, P)$ 的一个零集 $\Lambda_m$, 使得对 $\omega \in \Lambda_m^c$ 有

$$\int_{[0,m]} |X(s, \omega)|^p \, m_L\left(\mathrm{d}s\right) < \infty$$

成立. 因此对零集 $\Lambda = \displaystyle\bigcup_{m \in \mathbb{N}} \Lambda_m$, 当 $\omega \in \Lambda^c$ 时, 有

$$\int_{[0,t]} |X(s, \omega)|^p \, m_L\left(\mathrm{d}s\right) < \infty, \quad \text{对每一 } t \in \mathbb{R}_+ \tag{6.3.29}$$

成立. 而式

$$\int_{[0,t]\times\Omega} |X-Y|^p \, \mathrm{d}\,(m_L\times P)=0, \quad \text{对每一 } t\in\mathbb{R}_+ \tag{6.3.30}$$

确立的 $X=\{X_t:t\in\mathbb{R}_+\}$ 和 $Y=\{Y_t:t\in\mathbb{R}_+\}$ 的关系是概率空间 $(\Omega,\mathscr{F},P)$ 上所有可测过程的集合上的一个等价关系, 设 $\mathbf{L}_{p,\infty}\,(\mathbb{R}_+\times\Omega,m_L\times P)$ 是 $(\Omega,\mathscr{F},P)$ 上所有满足条件 (6.3.26) 式的可测过程关于这个等价关系的等价类的线性子空间, 元素 $0\in\mathbf{L}_{p,\infty}\,(\mathbb{R}_+\times\Omega,m_L\times P)$ 就是概率空间 $(\Omega,\mathscr{F},P)$ 上满足条件

$$\int_{[0,t]\times\Omega} |X\,(s,\omega)|^p\,(m_L\times P)\,(\mathrm{d}\,(s,\omega))=0, \quad \text{对每一 } t\in\mathbb{R}_+ \tag{6.3.31}$$

的所有可测过程 $X$ 的等价类. 概率空间 $(\Omega,\mathscr{F},P)$ 上的可测过程 $X$ 满足条件 (6.3.31) 式当且仅当存在 $(\Omega,\mathscr{F},P)$ 的一个零集 $\Lambda$, 使得对每一 $\omega\in\Lambda^c$ 有

$$\int_{[0,t]} |X\,(s,\omega)|^p\,m_L\,(\mathrm{d}s)=0, \quad \text{对每一 } t\in\mathbb{R}_+ \tag{6.3.32}$$

而条件 (6.3.32) 式又等价于存在 $(\Omega,\mathscr{F},P)$ 的一个零集 $\Lambda$, 使得对每一 $\omega\in\Lambda^c$ 有

$$X\,(\bullet,\omega)=0 \tag{6.3.33}$$

在测度空间 $\left(\mathbb{R}_+,\mathscr{B}_{\mathbb{R}_+},m_L\right)$ 上 a.e. 成立.

**定义 6.3.26** 设 $p\in[1,\infty)$. 在概率空间 $(\Omega,\mathscr{F},P)$ 上满足条件

$$\int_{[0,t]\times\Omega} |X\,(s,\omega)|^p\,(m_L\times P)\,(\mathrm{d}\,(s,\omega))<\infty, \quad \text{对每一 } t\in\mathbb{R}_+ \tag{6.3.34}$$

的可测过程 $X=\{X_t:t\in\mathbb{R}_+\}$ 的等价类的线性空间 $\mathbf{L}_{p,\infty}\,(\mathbb{R}_+\times\Omega,m_L\times P)$ 上, 对每一 $t\in\mathbb{R}_+$, 定义

$$\|X\|_{p,t}^{m_L\times P}=\left[\int_{[0,t]\times\Omega}|X|^p\,\mathrm{d}\,(m_L\times P)\right]^{1/p}=\left[E\left[\int_{[0,t]}|X\,(s)|^p\,m_L\,(\mathrm{d}s)\right]\right]^{1/p} \tag{6.3.35}$$

和

$$\|X\|_{p,\infty}^{m_L\times P}=\sum_{m\in\mathbb{N}} 2^{-m}\left\{\|X\|_{p,t}^{m_L\times P}\wedge 1\right\} \tag{6.3.36}$$

**注释 6.3.27** 对 $t \in \mathbb{R}_+$, 空间 $\mathbf{L}_{p,\infty}(\mathbb{R}_+ \times \Omega, m_L \times P)$ 上的函数 $\| \bullet \|_{p,t}^{m_L \times P}$ 和 $\| \bullet \|_{p,\infty}^{m_L \times P}$ 具有如下的性质:

(1) 对每一 $t \in \mathbb{R}_+$, $\| \bullet \|_{p,t}^{m_L \times P}$ 是空间 $\mathbf{L}_{p,\infty}(\mathbb{R}_+ \times \Omega, m_L \times P)$ 上的一个半范数;

(2) 对 $X, X^{(n)} \subset \mathbf{L}_{p,\infty}(\mathbb{R}_+ \times \Omega, m_L \times P)$, $n \in \mathbb{N}$, 我们有

$$\lim_{n \to \infty} \left\| X^{(n)} - X \right\|_{p,\infty}^{m_L \times P} = 0 \Leftrightarrow \lim_{n \to \infty} \left\| X^{(n)} - X \right\|_{p,m}^{m_L \times P} = 0, \quad \text{对每一 } m \in \mathbb{N}$$

(3) $\| \bullet \|_{p,\infty}^{m_L \times P}$ 是空间 $\mathbf{L}_{p,\infty}(\mathbb{R}_+ \times \Omega, m_L \times P)$ 上的一个拟范数.

**定理 6.3.28** 设 $p \in [1, \infty)$. 空间 $\mathbf{L}_{p,\infty}(\mathbb{R}_+ \times \Omega, m_L \times P)$ 是关于其上的拟范数 $\| \bullet \|_{p,\infty}^{m_L \times P}$ 所确定的度量的一个完备度量空间.

**证明** 对每一 $m \in \mathbb{N}$, 为方便将 Banach 空间 $L_p([0,m] \times \Omega, \mathscr{B}_{[0,m]} \times \mathscr{F}, m_L \times P)$ 简记为 $L_p([0,m] \times \Omega)$. 事实上, 虽然 $\| \bullet \|_{p,m}^{m_L \times P}$ 仅是空间 $\mathbf{L}_{p,\infty}(\mathbb{R}_+ \times \Omega, m_L \times P)$ 上的一个半范数, 但它却是空间 $L_p([0,m] \times \Omega)$ 上的一个范数, 且 $L_p([0,m] \times \Omega)$ 关于这个范数所产生的度量是完备的度量空间.

为证明定理的结论, 设 $\left\{ X^{(n)} : n \in \mathbb{N} \right\}$ 是空间 $\mathbf{L}_{p,\infty}(\mathbb{R}_+ \times \Omega, m_L \times P)$ 中的一个关于其上的拟范数 $\| \bullet \|_{p,\infty}^{m_L \times P}$ 所确定的度量的 Cauchy 序列, 固定 $m \in \mathbb{N}$, 对每一 $n \in \mathbb{N}$, 设 $X_{(m)}^{(n)}$ 是 $X^{(n)}$ 在 $[0,m] \times \Omega$ 上的限制.

现在对每一 $\varepsilon > 0$, 存在 $N \in \mathbb{N}$, 使得当 $n, l \geqslant N$ 时有

$$\left\| X^{(n)} - X^{(l)} \right\|_{p,\infty}^{m_L \times P} < 2^{-m} \varepsilon$$

因此当 $n, l \geqslant N$ 时有

$$2^{-m} \left\{ \left\| X_{(m)}^{(n)} - X_{(m)}^{(l)} \right\|_{p,\infty}^{m_L \times P} \wedge 1 \right\} < 2^{-m} \varepsilon$$

不失一般性, 我们假设 $\varepsilon < 1$, 从而当 $n, l \geqslant N$ 时有

$$\left\| X_{(m)}^{(n)} - X_{(m)}^{(l)} \right\|_{p,\infty}^{m_L \times P} < \varepsilon$$

因而 $\left\{ X_{(m)}^{(n)} : n \in \mathbb{N} \right\}$ 是 Banach 空间 $L_p([0,m] \times \Omega)$ 中的一个 Cauchy 序列, 从而存在 $Y_{(m)} \in L_p([0,m] \times \Omega)$ 使得 $\lim_{n \to \infty} \left\| X_{(m)}^{(n)} - Y_{(m)} \right\|_{p,\infty}^{m_L \times P} = 0$.

由上知对 $m = 1$, 在空间 $L_p([0,1] \times \Omega)$ 上有 $X_{(1)}^{(n)}$ 依 $L_p$ 范数收敛到 $Y_{(1)}$, 因此存在 $\{n\}$ 的一个子序列 $\{n_{1,k}\}$ 使得 $X_{(1)}^{(n_{1,k})}$ 在 $[0,1] \times \Omega - \Lambda_1$ 上收敛到 $Y_{(1)}$, 其

中 $\Lambda_1$ 是空间 $[0,1] \times \Omega$ 上的一个零集. 从而再由上知在 $L_p\left([0,2] \times \Omega\right)$ 上有 $X_{(2)}^{(n_{1,k})}$ 依 $L_p$ 范数收敛到 $Y_{(2)}$, 所以又存在 $\{n_{1,k}\}$ 的一个子序列 $\{n_{2,k}\}$ 使得 $X_{(2)}^{(n_{2,k})}$ 在 $[0,2] \times \Omega - \Lambda_2$ 收敛到 $Y_{(2)}$, 其中 $\Lambda_2$ 是 $[0,2] \times \Omega$ 上的一个零集. 因而我们可以递归的得到存在 $\{n\}$ 的一个子序列 $\{n_{k,k}\}$, 使得对每一 $m \in \mathbb{N}$, 有 $X_{(m)}^{(n_{k,k})}$ 既在 $L_p\left([0,m] \times \Omega\right)$ 上依 $L_p$ 范数收敛又在 $[0,m] \times \Omega - \Lambda_m$ 上逐点收敛, 其中 $\Lambda_m$ 是 $[0,m] \times \Omega$ 上包含 $\Lambda_1, \cdots, \Lambda_{m-1}$ 的一个零集, 故对 $m \geqslant 2$, 在 $[0,m-1] \times \Omega - \Lambda_{m-1}$ 上有 $Y_{(m)} = Y_{(m-1)}$. 现在设 $\Lambda = \bigcup_{m \in \mathbb{N}} \Lambda_m$, 并在 $\mathbb{R}_+ \times \Omega$ 上定义

$$Y(t,\omega) = \begin{cases} Y_m(t,\omega), & \text{如果 } (t,\omega) \in [0,m] \times \Omega - \Lambda_m, m \in \mathbb{N}, \\ 0, & \text{如果 } (t,\omega) \in \Lambda \end{cases}$$

则 $Y = \{Y_t : t \in R_+\}$ 是概率空间 $(\Omega, \mathscr{F}, P)$ 上的一个满足

$$\|Y\|_{p,\infty}^{m_L \times P} = \left\|Y_{(m)}\right\|_{p,\infty}^{m_L \times P} < \infty$$

的可测过程, 从而 $Y \in \mathbf{L}_{p,\infty}\left(\mathbb{R}_+ \times \Omega, m_L \times P\right)$, 且对 $m \in \mathbb{N}$ 也有

$$\lim_{k \to \infty} \left\|X^{(n_{k,k})} - Y\right\|_{p,m}^{m_L \times P} = \lim_{k \to \infty} \left\|X^{(n_{k,k})} - Y_{(m)}\right\|_{p,m}^{m_L \times P} = 0$$

成立, 进一步由注释 6.3.27 的 (2) 可得 $\lim_{k \to \infty} \left\|X^{(n_{k,k})} - Y\right\|_{p,\infty}^{m_L \times P} = 0$.

由命题 4.1.15 知每一个左连续或右连续适应过程都是循序可测过程, 而更一般地由命题 4.2.7 知每一个适当可测过程, 特别是可料过程, 都是循序可测过程. 而关于循序可测过程和可料过程还有如下的结论.

**定理 6.3.29**　设 $X = \{X_t : t \in \mathbb{R}_+\}$ 是某增广域流空间 $(\Omega, \mathscr{F}, \{\mathscr{F}_t\}, P)$ 上的一个循序可测过程. 如果存在概率空间 $(\Omega, \mathscr{F}, P)$ 的一个零集 $\Lambda$, 使得当 $\omega \in \Lambda^c$ 时有

$$\int_{[0,t]} |X(s,\omega)| \, m_L(\mathrm{d}s) < \infty, \quad \text{对每一 } t \in \mathbb{R}_+ \tag{6.3.37}$$

成立, 那么存在该域流空间上的一个可料过程 $Y$, 使得当 $\omega \in \Lambda^c$ 时有

$$X(\bullet, \omega) = Y(\bullet, \omega) \tag{6.3.38}$$

在 $(\mathbb{R}_+, \mathscr{B}_{\mathbb{R}_+}, m_L)$ 上 a.e. 成立. 特别地, 如果对某 $p \in [1, \infty)$, $X \in \mathbf{L}_{p,\infty}\left(\mathbb{R}_+ \times \Omega, m_L \times P\right)$, 那么 (6.3.37) 式成立, 且 $X$ 和 $Y$ 在空间 $\mathbf{L}_{p,\infty}\left(\mathbb{R}_+ \times \Omega, m_L \times P\right)$ 上无区别.

**证明** 因为 $X$ 是循序可测过程, 所以由命题 4.1.14 知它是一个适应可测过程. 又因域流是增广的, 故对每一 $t \in \mathbb{R}_+$ 有概率空间 $(\Omega, \mathscr{F}, P)$ 的零集 $\Lambda \in \mathscr{F}_t$. 现在对每一 $n \in \mathbb{N}$, 在 $\mathbb{R}_+ \times \Omega$ 上通过令

$$X^{(n)}(t, \omega) = \begin{cases} n \displaystyle\int_{[t-\frac{1}{n}, t] \cap \mathbb{R}_+} X(s, \omega) \, m_L(\mathrm{d}s), & (s, \omega) \in \mathbb{R}_+ \times \Lambda^c, \\ 0, & (s, \omega) \in \mathbb{R}_+ \times \Lambda \end{cases} \quad (6.3.39)$$

定义实值函数 $X^{(n)}$.

下面首先证明 $X^{(n)}$ 是一个适应过程. 因为 $X$ 循序可测, 所以对每一 $t \in \mathbb{R}_+$, $X$ 在 $[0, t] \times \Omega$ 上的限制是 $\mathscr{B}_{[0,t]} \times \mathscr{F}_t$ 可测的. 因 $\Lambda \in \mathscr{F}_t$, 故集合 $[0, t] \times \Lambda^c$ 在 $\mathscr{B}_{[0,t]} \times \mathscr{F}_t$ 中, 从而由 Fubini 定理知在 $\Lambda^c$ 上 $X^{(n)}(t, \bullet)$ 作为在 $\left[t - \dfrac{1}{n}, t\right]$ 上关于 $m_L$ 积分的结果是 $\mathscr{F}_t$ 可测的. 另一方面, 在 $\Lambda$ 上 $X^{(n)}(t, \bullet) = 0$, 从而在 $\Omega$ 上 $X^{(n)}(t, \bullet)$ 是 $\mathscr{F}_t$ 可测的, 这说明 $X^{(n)}$ 是一个适应过程.

下面再来证明 $X^{(n)}$ 是一个连续过程, 为此设 $\omega \in \Lambda^c$ 而 $t_0 \in \mathbb{R}_+$ 是任意固定的一点. 为证明 $X^{(n)}(\bullet, \omega)$ 在 $t_0$ 点连续, 我们可以只考虑 $\mathbb{R}_+$ 中满足 $|t - t_0| < 1$ 的 $t$, 从而

$$\begin{aligned} \left| X^{(n)}(t, \omega) - X^{(n)}(t_0, \omega) \right| &= n \left| \int_{[t-\frac{1}{n}, t] \cap \mathbb{R}_+} X(s, \omega) \, m_L(\mathrm{d}s) \right. \\ &\qquad \left. - \int_{[t_0-\frac{1}{n}, t_0] \cap \mathbb{R}_+} X(s, \omega) \, m_L(\mathrm{d}s) \right| \\ &\leqslant n \int_{[0, t_0+1]} \left| \mathbf{1}_{[t-\frac{1}{n}, t]}(s) - \mathbf{1}_{[t_0-\frac{1}{n}, t_0]}(s) \right| |X(s, \omega)| \, m_L(\mathrm{d}s) \\ &\leqslant n \int_{[0, t_0+1]} \left| \mathbf{1}_{[t-\frac{1}{n}, t] \triangle [t_0-\frac{1}{n}, t_0]}(s) \right| |X(s, \omega)| \, m_L(\mathrm{d}s) \end{aligned}$$

因为 $\displaystyle\lim_{t \to t_0} \mathbf{1}_{[t-\frac{1}{n}, t] \triangle [t_0-\frac{1}{n}, t_0]}(s) = 0$, 而 $X(\bullet, \omega)$ 在 $[0, t_0+1]$ 上可积, 所以由控制收敛定理有

$$\lim_{t \to t_0} \left| X^{(n)}(t, \omega) - X^{(n)}(t_0, \omega) \right| = 0$$

这证明了 $X^{(n)}$ 在 $t_0$ 点连续, 从而 $X^{(n)}$ 是一个连续过程.

既然 $X^{(n)}$ 是一个适应连续过程, 因此它是一个 $\mathbb{R}_+ \times \Omega$ 到 $\mathbb{R}$ 的 $\mathscr{G}/\mathscr{B}_\mathbb{R}$ 可测映射, 其中 $\mathscr{G}$ 为可料 $\sigma$ 代数. 现在再通过令

$$\overline{Y}(t, \omega) = \liminf_{n \to \infty} X^{(n)}(t, \omega), \quad \text{对 } (t, \omega) \in \mathbb{R}_+ \times \Omega \quad (6.3.40)$$

定义 $\mathbb{R}_+ \times \Omega$ 上的广义实值函数 $\overline{Y}$.

因为对每一 $n \in \mathbb{N}$, $X^{(n)}$ 是一个 $\mathbb{R}_+ \times \Omega$ 到 $\mathbb{R}$ 的 $\mathscr{G}/\mathscr{B}_{\mathbb{R}}$ 可测映射, 所以 $\overline{Y}$ 是一个 $\mathbb{R}_+ \times \Omega$ 到 $\overline{\mathbb{R}}$ 的 $\mathscr{G}/\mathscr{B}_{\overline{\mathbb{R}}}$ 可测映射, 从而 $\{\overline{Y} = \pm\infty\} \in \mathscr{G}$, 因而如果我们定义 $\mathbb{R}_+ \times \Omega$ 上的实值函数 $Y$ 为

$$Y(t,\omega) = \begin{cases} \overline{Y}, & \text{其中} \overline{Y}(t,\omega) \in \mathbb{R}, \\ 0, & \text{其中} \overline{Y}(t,\omega) = \pm\infty \end{cases} \tag{6.3.41}$$

那么 $Y$ 是一个 $\mathbb{R}_+ \times \Omega$ 到 $\mathbb{R}$ 的 $\mathscr{G}/\mathscr{B}_{\mathbb{R}}$ 可测映射, 即 $Y$ 是域流空间上的一个可料过程.

由 (6.3.37) 式知, 对每一 $\omega \in \Lambda^c$, $X$ 的样本函数 $X(\bullet,\omega)$ 在 $\mathbb{R}_+$ 上的每个有限区间上是 Lebesgue 可积的, 从而由 Lebesgue 定理得对 a.e. 的 $t \in \mathbb{R}_+$ 有 $X(\bullet,\omega)$ 的不定积分是可微的且其导数等于 $X(t,\omega)$. 因此由 $X^{(n)}$ 的定义 (6.3.39) 式和 $\overline{Y}$ 的定义 (6.3.40) 式知, 对每一 $\omega \in \Lambda^c$ 有

$$X(\bullet,\omega) = \overline{Y}(\bullet,\omega) = Y(\bullet,\omega) \tag{6.3.42}$$

在 $(\mathbb{R}_+, \mathscr{B}_{\mathbb{R}_+}, m_L)$ 上 a.e. 成立, 这说明 (6.3.38) 式成立.

如果 $X \in \mathbf{L}_{p,\infty}(\mathbb{R}_+ \times \Omega, m_L \times P)$, 那么 $X$ 满足 (6.3.37) 式, 因此由 (6.3.42) 式知对每一 $\omega \in \Lambda^c$ 有

$$\int_{[0,t]} |Y(s,\omega)|^p \, m_L(\mathrm{d}s) = \int_{[0,t]} |X(s,\omega)|^p \, m_L(\mathrm{d}s)$$

对每一 $t \in \mathbb{R}_+$ 成立, 从而对每一 $t \in \mathbb{R}_+$ 有

$$E\left[\int_{[0,t]} |Y(s,\omega)|^p \, m_L(\mathrm{d}s)\right] = E\left[\int_{[0,t]} |X(s,\omega)|^p \, m_L(\mathrm{d}s)\right] < \infty$$

这说明 $Y \in \mathbf{L}_{p,\infty}(\mathbb{R}_+ \times \Omega, m_L \times P)$. 而从 (6.3.40) 式知对每一 $t \in \mathbb{R}_+$ 有

$$E\left[\int_{[0,t]} |Y(s,\omega) - X(s,\omega)|^p \, m_L(\mathrm{d}s)\right] = 0$$

这又说明 $X$ 和 $Y$ 是空间 $\mathbf{L}_{p,\infty}(\mathbb{R}_+ \times \Omega, m_L \times P)$ 上的无区别过程.

对随机过程关于 Brownian 运动的随机积分的二次变差过程有下面的结果.

**定理 6.3.30** 设 $B = \{B_t : t \in \mathbb{R}_+\}$ 标准域流空间 $(\Omega, \mathscr{F}, \{\mathscr{F}_t\}, P)$ 上的一个满足 $B_0 = 0$ 的 $\{\mathscr{F}_t\}$ 适应的 $d$ 维 Brownian 运动, $B^{(i)}$ 是它的分量, $i = 1, 2, \cdots, d$. 如果对 $i = 1, 2, \cdots, d$, $X^{(i)}$ 都是 $\mathbf{L}_{p,\infty}(\mathbb{R}_+ \times \Omega, m_L \times P)$ 上的一个可

料过程, 那么对 $i, j = 1, 2, \cdots, d$, 存在概率空间 $(\Omega, \mathscr{F}, P)$ 的一个零集 $\Lambda$, 使得在 $\Lambda^c$ 上对每一 $t \in \mathbb{R}_+$, 有

$$\left[X^{(i)} \bullet B^{(i)}, X^{(j)} \bullet B^{(j)}\right] = \delta_{ij} \int_{[0,t]} X^{(i)}(s) \, X^{(j)}(s) \, m_L(\mathrm{d}s) \tag{6.3.43}$$

因此, 对任意的 $s, t \in \mathbb{R}_+$, 当 $s < t$ 时, 在概率空间 $(\Omega, \mathscr{F}_s, P)$ 上 a.e. 有

$$E\left[\left\{\left(X^{(i)} \bullet B^{(i)}\right)_t - \left(X^{(i)} \bullet B^{(i)}\right)_s\right\} \left\{\left(X^{(j)} \bullet B^{(j)}\right)_t - \left(X^{(j)} \bullet B^{(j)}\right)_s\right\} | \mathscr{F}_s\right]$$

$$= E\left[\left(X^{(i)} \bullet B^{(i)}\right)_t \left(X^{(j)} \bullet B^{(j)}\right)_t - \left(X^{(i)} \bullet B^{(i)}\right)_s \left(X^{(j)} \bullet B^{(j)}\right)_s | \mathscr{F}_s\right]$$

$$= \delta_{ij} E\left[\int_{(s,t]} X^{(i)}(u) \, X^{(j)}(u) \, m_L(\mathrm{d}u) | \mathscr{F}_s\right] \tag{6.3.44}$$

成立. 特别地, 有

$$E\left[\left\{\left(X^{(i)} \bullet B^{(i)}\right)_t - \left(X^{(i)} \bullet B^{(i)}\right)_s\right\} \left\{\left(X^{(j)} \bullet B^{(j)}\right)_t - \left(X^{(j)} \bullet B^{(j)}\right)_s\right\}\right]$$

$$= \delta_{ij} E\left[\int_{(s,t]} X^{(i)}(u) \, X^{(j)}(u) \, m_L(\mathrm{d}u)\right] \tag{6.3.45}$$

**证明** 根据命题 6.3.23, 对 $t \in \mathbb{R}_+$ 有

$$\left[B^{(i)}, B^{(j)}\right]_t = \delta_{ij} t$$

因此本命题是定理 6.2.17 的特殊情况.

**定理 6.3.31** 设 $B = \{B_t : t \in \mathbb{R}_+\}$ 标准域流空间 $(\Omega, \mathscr{F}, \{\mathscr{F}_t\}, P)$ 上的一个满足 $B_0 = 0$ 的 $\{\mathscr{F}_t\}$ 适应的 $d$ 维 Brownian 运动, $B^{(i)}$ 是它的分量, $i = 1, 2, \cdots, d$. 如果对 $i = 1, 2, \cdots, d$, $X^{(i)}$ 和 $Y^{(i)}$ 是 $\mathbf{L}_{2,\infty}(\mathbb{R}_+ \times \Omega, m_L \times P)$ 上的可料过程, 那么对 $\mathbf{M}_2^c(\Omega, \mathscr{F}, \{\mathscr{F}_t\}, P)$ 中的 $X \equiv \sum_{i=1}^d X^{(i)} \bullet B^{(i)}$ 和 $Y \equiv \sum_{i=1}^d Y^{(i)} \bullet B^{(i)}$, 存在概率空间 $(\Omega, \mathscr{F}, P)$ 的一个零集 $\Lambda$, 使得在 $\Lambda^c$ 上对每一 $t \in \mathbb{R}_+$, 有

$$[X, Y]_t = \int_{[0,t]} \sum_{i=1}^d X^{(i)}(s) \, Y^{(i)}(s) \, m_L(\mathrm{d}s) \tag{6.3.46}$$

因此, 对任意的 $s, t \in \mathbb{R}_+$, 当 $s < t$ 时, 有

$$E[\{X_t - X_s\}\{Y_t - Y_s\} | \mathscr{F}_s] = E[\{X_t Y_t - X_s Y_s\} | \mathscr{F}_s]$$

$$= E\left[\int_{(s,t]} \sum_{i=1}^d X^{(i)}(u) \, Y^{(i)}(u) \, m_L(\mathrm{d}u) | \mathscr{F}_s\right] \tag{6.3.47}$$

在概率空间 $(\Omega, \mathscr{F}_s, P)$ 上 a.e. 成立.

**证明**　因为 $X^{(i)} \bullet B^{(i)}$ 属于 $\mathbf{M}_2^c(\Omega, \mathscr{F}, \{\mathscr{F}_t\}, P)$, 所以 $X \equiv \sum_{i=1}^d X^{(i)} \bullet B^{(i)}$ 属

于 $\mathbf{M}_2^c(\Omega, \mathscr{F}, \{\mathscr{F}_t\}, P)$; 类似地, 有 $Y \equiv \sum_{i=1}^d Y^{(i)} \bullet B^{(i)}$ 属于 $\mathbf{M}_2^c(\Omega, \mathscr{F}, \{\mathscr{F}_t\}, P)$.

因此 $[X, Y]$ 有意义, 根据命题 6.1.19 和命题 6.3.30, 有

$$[X, Y]_t = \left[ \sum_{i=1}^d X^{(i)} \bullet B^{(i)}, \sum_{i=1}^d Y^{(i)} \bullet B^{(i)} \right]_t$$

$$= \sum_{i,j=1}^d \left[ X^{(i)} \bullet B^{(i)}, Y^{(j)} \bullet B^{(j)} \right]_t$$

$$= \sum_{i,j=1}^d \delta_{ij} \int_{[0,t]} X^{(i)}(s) Y^{(j)}(s) m_L(\mathrm{d}s) = \int_{[0,t]} \sum_{i=1}^d X^{(i)}(s) Y^{(i)}(s) m_L(\mathrm{d}s)$$

## 6.4　随机积分的推广

### 6.4.1　局部平方可积 $(L_2)$ 鞅和它们的二次变差

对 $M \in \mathbf{M}_2(\Omega, \mathscr{F}, \{\mathscr{F}_t\}, P)$ 和空间 $\mathbf{L}_{2,\infty}(\mathbb{R}_+ \times \Omega, \mu_{[M,M]}, P)$ 中的元素 $X$, 即随机过程 $X = \{X_t : t \in \mathbb{R}_+\}$ 为域流空间 $(\Omega, \mathscr{F}, \{\mathscr{F}_t\}, P)$ 上的满足

$$E\left[ \int_{[0,t]} X^2(s) \, \mathrm{d}[M, M](s) \right] < \infty, \quad \text{对每一 } t \in \mathbb{R}_+$$

的可料过程, $X$ 关于 $M$ 的随机积分被定义为 $\mathbf{M}_2(\Omega, \mathscr{F}, \{\mathscr{F}_t\}, P)$ 中的满足对 $\mathbf{L}_0(\Omega, \mathscr{F}, \{\mathscr{F}_t\}, P)$ 中的任何使得

$$\lim_{n \to \infty} \left\| X^{(n)} - X \right\|_{2,\infty}^{[M,M],P} = 0$$

成立的序列 $\{X^{(n)} : n \in \mathbb{N}\}$, 都有 $\lim_{n \to \infty} |X^{(n)} \bullet M - X \bullet M|_\infty = 0$ 成立的元素 $X \bullet M$. 下面我们首先说明如果 $X$ 满足弱可积条件, 即对每一 $t \in \mathbb{R}_+$ 和几乎每一个 $\omega \in \Omega$ 有

$$\int_{[0,t]} X^2(s) \, \mathrm{d}[M, M](s) < \infty$$

那么存在空间 $\mathbf{L}_{2,\infty}(\mathbb{R}_+ \times \Omega, \mu_{[M,M]}, P)$ 中的一个序列 $\{X^{(n)} : n \in \mathbb{N}\}$, 使得对概率空间 $(\Omega, \mathscr{F}, P)$ 的某一个零集 $\Lambda$ 有 $X^{(n)}$ 在 $\mathbb{R}_+ \times \Lambda^c$ 上逐点收敛于 $X$, 而且

$X^{(n)} \bullet M$ 在 $\mathbb{R}_+ \times \Lambda^c$ 上也逐点收敛. 然后我们通过定义空间 $\mathbf{M}_2 (\Omega, \mathscr{F}, \{\mathscr{F}_t\}, P)$ 中的序列 $\{X^{(n)} \bullet M : n \in \mathbb{N}\}$ 的逐点收敛的极限为 $X$ 关于 $M$ 的随机积分来推广空间 $\mathbf{L}_{2,\infty} (\mathbb{R}_+ \times \Omega, \mu_{[M,M]}, P)$ 中的可料过程关于 $M$ 的随机积分定义. 这导致了下面的局部鞅概念.

**定义 6.4.1** 设 $X = \{X_t : t \in \mathbb{R}_+\}$ 是某域流空间 $(\Omega, \mathscr{F}, \{\mathscr{F}_t\}, P)$ 上的一个适应过程, $\{\tau_n : n \in \mathbb{N}\}$ 是该域流空间上的一个停时的递增序列, 满足 $\tau_n \uparrow \infty$ 在概率空间 $(\Omega, \mathscr{F}, P)$ 上 a.e. 成立. 我们称 $X$ 为关于停时序列 $\{\tau_n : n \in \mathbb{N}\}$ 的一个局部鞅, 如果对每一 $n \in \mathbb{N}$, $X^{\tau_n}$ 都是域流空间 $(\Omega, \mathscr{F}, \{\mathscr{F}_t\}, P)$ 上的一个鞅. 我们称 $X$ 是关于停时序列 $\{\tau_n : n \in \mathbb{N}\}$ 的一个局部平方可积鞅或 $L_2$ 鞅, 如果对每一 $n \in \mathbb{N}$, $X^{\tau_n}$ 都是域流空间 $(\Omega, \mathscr{F}, \{\mathscr{F}_t\}, P)$ 上的一个 $L_2$ 鞅.

由定义 6.4.1 可见, 如果随机过程 $X$ 是关于停时序列 $\{\tau_n : n \in \mathbb{N}\}$ 的一个局部鞅, 那么因为存在概率空间 $(\Omega, \mathscr{F}, P)$ 的一个零集 $\Lambda$, 使得对每一 $\omega \in \Lambda^c$, 有 $\tau_n (\omega) \uparrow \infty$, 所以对 $(t, \omega) \in \mathbb{R}_+ \times \Lambda^c$ 有

$$\lim_{n \to \infty} X^{\tau_n} (t, \omega) = X (t, \omega)$$

因此, 局部鞅 $X = \{X_t : t \in \mathbb{R}_+\}$ 是一个鞅序列在 $\mathbb{R}_+ \times \Lambda^c$ 上的逐点收敛的极限.

注意到鞅总是关于停时序列 $\{\tau_n : n \in \mathbb{N}\}$(对每一 $n \in \mathbb{N}$ 有 $\tau_n = \infty$) 的局部鞅; 也应注意, 虽然随机过程 $X$ 有可能是关于某一满足在概率空间 $(\Omega, \mathscr{F}, P)$ 上 a.e. 有 $\tau_n \uparrow \infty$ 的停时递增序列 $\{\tau_n : n \in \mathbb{N}\}$ 一个局部鞅, 但不能说明 $X$ 是关于每一其他几乎必然趋向于 $\infty$ 的停时递增序列的局部鞅.

**推论 6.4.2** 设 $X = \{X_t : t \in \mathbb{R}_+\}$ 是某增广域流空间 $(\Omega, \mathscr{F}, \{\mathscr{F}_t\}, P)$ 上的一个局部鞅. 如果存在概率空间 $(\Omega, \mathscr{F}, P)$ 上的一个非负可积的随机变量 $Y$, 使得对 $(\Omega, \mathscr{F}, P)$ 的一个零集 $\Lambda$ 有

$$|X (t, \omega)| \leqslant Y (\omega), \quad 对 \ (t, \omega) \in \mathbb{R}_+ \times \Lambda^c$$

成立, 那么 $X$ 是一个鞅. 如果随机变量 $Y^2$ 还是可积的, 那么 $X$ 是一个 $L_2$ 鞅.

**证明** 因为 $X$ 是一个局部鞅, 所以存在概率空间 $(\Omega, \mathscr{F}, P)$ 的一个零集 $\Lambda_0$ 和域流空间 $(\Omega, \mathscr{F}, \{\mathscr{F}_t\}, P)$ 上的一个停时的递增序列 $\{\tau_n : n \in \mathbb{N}\}$, 使得在 $\Lambda_0^c$ 上有 $\tau_n \uparrow \infty$; 而对每一 $n \in \mathbb{N}$, $X^{\tau_n}$ 都是域流空间 $(\Omega, \mathscr{F}, \{\mathscr{F}_t\}, P)$ 上的一个鞅. 因此, 对任意一对 $s, t \in \mathbb{R}_+$, 当 $s < t$ 时, 由定理 5.4.11 有

$$E [X_{\tau_n \wedge t} | \mathscr{F}_s] = X_{\tau_n \wedge s} \tag{6.4.1}$$

在概率空间 $(\Omega, \mathscr{F}_s, P)$ 上 a.e. 成立. 因为在 $\Lambda_0^c$ 上 $\tau_n \uparrow \infty$, 所以在 $\Lambda_0^c$ 上有 $\lim_{n \to \infty} X_{\tau_n \wedge t} = X_t$; 而由对 $(t, \omega) \in \mathbb{R}_+ \times \Lambda^c$, 有 $|X (t, \omega)| \leqslant Y (\omega)$, 知在 $\Lambda^c$ 上有

$|X_{\tau_n \wedge t}| \leqslant Y$, 从而由条件期望的控制收敛定理可得

$$\lim_{n \to \infty} E[X_{\tau_n \wedge t} | \mathscr{F}_s] = E[X_t | \mathscr{F}_s] \qquad (6.4.2)$$

在概率空间 $(\Omega, \mathscr{F}_s, P)$ 上 a.e. 成立. 在 $\Lambda_0^c$ 上显然也有 $\lim_{n \to \infty} X_{\tau_n \wedge s} = X_s$. 因为域流空间 $(\Omega, \mathscr{F}, \{\mathscr{F}_t\}, P)$ 是增广的, 所以零集 $\Lambda_0 \in \mathscr{F}_s$, 因此

$$\lim_{n \to \infty} X_{\tau_n \wedge s} = X_s \qquad (6.4.3)$$

在概率空间 $(\Omega, \mathscr{F}_s, P)$ 上 a.e. 成立. 在 (6.4.1) 式中令 $n \to \infty$, 则由 (6.4.2) 式和 (6.4.3) 式可得在概率空间 $(\Omega, \mathscr{F}_s, P)$ 上 a.e. 有 $\lim_{n \to \infty} E[X_t | \mathscr{F}_s] = X_s$, 这说明 $X$ 是一个鞅. 而如果 $Y^2$ 是可积的, 那么因为在概率空间 $(\Omega, \mathscr{F}, P)$ 的零集 $\Lambda$ 的余集 $\Lambda^c$ 上有 $X_t^2 \leqslant Y^2$, 所以对于每一 $t \in \mathbb{R}_+$ 有 $E(X_t^2) \leqslant E(Y^2) < \infty$, 从而 $X$ 是一个 $L_2$ 过程.

如果注意到对局部鞅 $X$ 来说, 对任意的 $\omega \in \Omega$, $X(\bullet, \omega)$ 的右连续性和连续性等价于对所有 $n \in \mathbb{N}$, $X^{\tau_n}(\bullet, \omega)$ 的右连续性和连续性, 就有如下的结论.

**引理 6.4.3**　设 $\{\rho_n : n \in \mathbb{N}\}$ 和 $\{\tau_n : n \in \mathbb{N}\}$ 是右连续域流空间 $(\Omega, \mathscr{F}, \{\mathscr{F}_t\}, P)$ 上的两个停时的递增序列, 满足 $\rho_n \uparrow \infty$ 和 $\tau_n \uparrow \infty$ 在概率空间 $(\Omega, \mathscr{F}, P)$ 上 a.e. 成立. 如果 $X$ 是关于停时序列 $\{\rho_n : n \in \mathbb{N}\}$ 的一个局部鞅, 那么 $X$ 也是关于停时序列 $\{\rho_n \wedge \tau_n : n \in \mathbb{N}\}$ 的一个局部鞅. 如果 $X$ 是关于停时序列 $\{\rho_n : n \in \mathbb{N}\}$ 的一个右连续局部 $L_2$ 鞅, 那么 $X$ 也是关于停时序列 $\{\rho_n \wedge \tau_n : n \in \mathbb{N}\}$ 的一个局部 $L_2$ 鞅.

**证明**　显然在概率空间 $(\Omega, \mathscr{F}, P)$ 上 a.e. 有 $\rho_n \wedge \tau_n \uparrow \infty$. 如果 $X$ 是关于停时序列 $\{\rho_n : n \in \mathbb{N}\}$ 的一个局部鞅, 那么对每一 $n \in \mathbb{N}$, 停时过程 $X^{\rho_n} = \{X_{\rho_n \wedge t} : t \in \mathbb{R}_+\}$ 是一个鞅, 因此由定理 5.4.11 知 $X^{\rho_n \wedge \tau_n} = \{X_{\rho_n \wedge \tau_n \wedge t} : t \in \mathbb{R}_+\}$ 也是一个鞅, 这说明 $X$ 是关于停时序列 $\{\rho_n \wedge \tau_n : n \in \mathbb{N}\}$ 的一个局部鞅.

如果 $X$ 是关于停时序列 $\{\rho_n : n \in \mathbb{N}\}$ 的一个局部 $L_2$ 鞅, 那么对每一 $n \in \mathbb{N}$, 停时过程 $X^{\rho_n} = \{X_{\rho_n \wedge t} : t \in \mathbb{R}_+\}$ 也是一个 $L_2$ 鞅, 所以 $(X^{\rho_n})^2 = \{X_{\rho_n \wedge t}^2 : t \in \mathbb{R}_+\}$ 是域流空间 $(\Omega, \mathscr{F}, \{\mathscr{F}_t\}, P)$ 上的一个下鞅. 因为对 $t \in \mathbb{R}_+$ 有 $\rho_n \wedge t$ 和 $\rho_n \wedge \tau_n \wedge t$ 都是域流空间 $(\Omega, \mathscr{F}, \{\mathscr{F}_t\}, P)$ 上的停时, 且

$$\rho_n \wedge t \geqslant \rho_n \wedge \tau_n \wedge t$$

所以由连续时间情形的有界停时可选样本定理, 有

$$E[X_{\rho_n \wedge t}^2 | \mathscr{F}_{\rho_n \wedge \tau_n \wedge t}] \geqslant X_{\rho_n \wedge \tau_n \wedge t}^2$$

在概率空间 $(\Omega, \mathscr{F}_{\rho_n \wedge \tau_n \wedge t}, P)$ 上 a.e. 成立, 因此 $E\left[X^2_{\rho_n \wedge \tau_n \wedge t}\right] \leqslant E\left[X^2_{\rho_n \wedge t}\right] < \infty$, 这说明 $X^{\rho_n \wedge \tau_n \wedge t}$ 是一个 $L_2$ 过程, 因此也是一个 $L_2$ 鞅, 再由 $n \in \mathbb{N}$ 的任意性知 $X$ 是关于停时序列 $\{\rho_n \wedge \tau_n : n \in \mathbb{N}\}$ 的一个局部 $L_2$ 鞅.

**定义 6.4.4** 设 $(\Omega, \mathscr{F}, \{\mathscr{F}_t : t \in \mathbb{R}_+\}, P)$ 是一个标准域流空间, 记

$$\mathbf{M}_2^{loc} = \mathbf{M}_2^{loc}(\Omega, \mathscr{F}, \{\mathscr{F}_t\}, P)$$

是该域流空间上所有满足 $X_0 = 0$ a.s. 的右连续局部平方可积或右连续局部 $L_2$ 鞅 $X = \{X_t : t \in \mathbb{R}_+\}$ 的等价类的集合. 记 $\mathbf{M}_2^{c,loc} = \mathbf{M}_2^{c,loc}(\Omega, \mathscr{F}, \{\mathscr{F}_t\}, P)$ 是 $\mathbf{M}_2^{loc}$ 的包含其几乎必然连续成员的子集.

**推论 6.4.5** $\mathbf{M}_2^{loc}(\Omega, \mathscr{F}, \{\mathscr{F}_t\}, P)$ 是一个线性空间, 即如果 $X, Y \in \mathbf{M}_2^{loc}$, $a, b \in \mathbb{R}$, 那么 $aX + bY \in \mathbf{M}_2^{loc}$.

**证明** 因为如果 $X \in \mathbf{M}_2^{loc}$, 那么显然对任意的 $a \in \mathbb{R}$, 有 $aX \in \mathbf{M}_2^{loc}$, 所以只需证明如果 $X, Y \in \mathbf{M}_2^{loc}$, 那么 $X + Y \in \mathbf{M}_2^{loc}$ 即可.

而如果 $X, Y \in \mathbf{M}_2^{loc}$, 则存在域流空间 $(\Omega, \mathscr{F}, \{\mathscr{F}_t\}, P)$ 上的两个停时的递增序列 $\{\rho_n : n \in \mathbb{N}\}$ 和 $\{\tau_n : n \in \mathbb{N}\}$, 满足 $\rho_n \uparrow \infty$ 和 $\tau_n \uparrow \infty$ 在概率空间 $(\Omega, \mathscr{F}, P)$ 上 a.e. 成立, 而对每一 $n \in \mathbb{N}$, $X^{\rho_n}$ 和 $Y^{\tau_n}$ 都是该域流空间上的 $L_2$ 鞅. 再由引理 4.4.3 知对每一 $n \in \mathbb{N}$, $X^{\rho_n \wedge \tau_n \wedge t}$ 和 $Y^{\rho_n \wedge \tau_n \wedge t}$ 都是 $L_2$ 鞅. 而 $(X+Y)^{\rho_n \wedge \tau_n \wedge t} = X^{\rho_n \wedge \tau_n \wedge t} + Y^{\rho_n \wedge \tau_n \wedge t}$, 因此对每一 $n \in \mathbb{N}$, 随机过程 $(X+Y)^{\rho_n \wedge \tau_n \wedge t}$ 都是一个 $L_2$ 鞅, 这说明 $X+Y$ 是一个局部 $L_2$ 鞅; 又因 $X$ 和 $Y$ 都右连续且在零时刻为零, 故 $X+Y$ 也右连续且在零时刻为零, 从而 $X+Y \in \mathbf{M}_2^{loc}$.

**定义 6.4.6** 设 $(\Omega, \mathscr{F}, \{\mathscr{F}_t : t \in \mathbb{R}_+\}, P)$ 是一个标准域流空间, 记 $\mathbf{A}^{loc}(\Omega, \mathscr{F}, \{\mathscr{F}_t\}, P)$ 为满足下面条件的所有随机过程 $A$ 的等价类的集合.

(1) $A = \{A_t : t \in \mathbb{R}_+\}$ 是一个适应过程;

(2) 存在概率空间 $(\Omega, \mathscr{F}_\infty, P)$ 的一个零集 $\Lambda_A$, 使得对每一 $\omega \in \Lambda_A^c$, 有 $A(\bullet, \omega)$ 是 $\mathbb{R}_+$ 上的一个实值右连续单调增函数, 且满足对每一 $\omega \in \Omega$ 有 $A(0, \omega) = 0$.

记 $V^{loc}(\Omega, \mathscr{F}, \{\mathscr{F}_t\}, P)$ 为满足下面条件的所有过程 $V$ 的等价类的线性空间.

(3) $V = \{V_t : t \in \mathbb{R}_+\}$ 是一个 $\{\mathscr{F}_t\}$ 适应过程;

(4) 存在概率空间 $(\Omega, \mathscr{F}, P)$ 的一个零集 $\Lambda_V$, 使得对每一 $\omega \in \Lambda_V^c$, 有 $V(\bullet, \omega)$ 是 $\mathbb{R}_+$ 上的一个右连续函数, 而且对每一 $t \in \mathbb{R}_+$, $V(\bullet, \omega)$ 是 $[0, t]$ 上的有界变差函数, $V(0, \omega) = 0$.

记 $\mathbf{A}^{c,loc}(\Omega, \mathscr{F}, \{\mathscr{F}_t\}, P)$ 和 $\mathbf{V}^{c,loc}(\Omega, \mathscr{F}, \{\mathscr{F}_t\}, P)$ 为包含 $\mathbf{A}^{loc}(\Omega, \mathscr{F}, \{\mathscr{F}_t\}, P)$ 和 $\mathbf{V}^{loc}(\Omega, \mathscr{F}, \{\mathscr{F}_t\}, P)$ 中的几乎必然连续成员的集合.

以后我们用 $A \in \mathbf{A}^{loc}(\Omega, \mathscr{F}, \{\mathscr{F}_t\}, P)$ 既可能表示等价类也可能表示等价类的一个表示, 对 $V \in \mathbf{V}^{loc}(\Omega, \mathscr{F}, \{\mathscr{F}_t\}, P)$ 也如此处理, 具体理解应从上下文去看.

**引理 6.4.7**　如果 $A', A'' \in \mathbf{A}^{loc}(\Omega, \mathscr{F}, \{\mathscr{F}_t\}, P)$, 那么

$$A' - A'' \in \mathbf{V}^{loc}(\Omega, \mathscr{F}, \{\mathscr{F}_t\}, P)$$

如果 $V \in \mathbf{V}^{loc}(\Omega, \mathscr{F}, \{\mathscr{F}_t\}, P)$, 那么 $V = A' - A''$, 其中 $A', A'' \in \mathbf{A}^{loc}(\Omega, \mathscr{F}, \{\mathscr{F}_t\}, P)$.

利用引理 6.4.3、命题 6.1.15 和定理 5.4.11 可得如下结论.

**定理 6.4.8**　对每一随机过程 $X \in \mathbf{M}_2^{loc}(\Omega, \mathscr{F}, \{\mathscr{F}_t\}, P)$, 存在 $\mathbf{A}^{loc}(\Omega, \mathscr{F}, \{\mathscr{F}_t\}, P)$ 中的一个等价类 $A = \{A_t : t \in R_+\}$, 使得 $X^2 - A$ 是一个在零时刻为零的右连续局部鞅. 如果 $Y$ 也属于 $\mathbf{M}_2^{loc}(\Omega, \mathscr{F}, \{\mathscr{F}_t\}, P)$, 那么存在 $\mathbf{V}^{loc}(\Omega, \mathscr{F}, \{\mathscr{F}_t\}, P)$ 的一个等价类 $V = \{V_t : t \in R_+\}$, 使得 $XY - V$ 是一个在零时刻为零的右连续局部鞅.

利用命题 6.1.20 和定理 6.4.8 可得以下结论.

**推论 6.4.9**　如果 $X, Y \in \mathbf{M}_2^{c,loc}(\Omega, \mathscr{F}, \{\mathscr{F}_t\}, P)$, 那么存在一个等价类 $A \in \mathbf{A}^{c,loc}(\Omega, \mathscr{F}, \{\mathscr{F}_t\}, P)$ 和一个等价类 $V \in \mathbf{V}^{c,loc}(\Omega, \mathscr{F}, \{\mathscr{F}_t\}, P)$, 使得 $X^2 - A$ 和 $XY - V$ 是在零时刻为零的几乎必然连续局部鞅.

**定义 6.4.10**　设 $X, Y \in \mathbf{M}_2^{loc}(\Omega, \mathscr{F}, \{\mathscr{F}_t\}, P)$. 称 $\mathbf{A}^{loc}(\Omega, \mathscr{F}, \{\mathscr{F}_t\}, P)$ 中满足 $X^2 - A$ 是一个在零时刻为零的右连续局部鞅的等价类 $A$ 为 $X$ 的二次变差过程, 记为 $[X, X]$. 称 $\mathbf{V}^{loc}(\Omega, \mathscr{F}, \{\mathscr{F}_t\}, P)$ 中满足 $XY - V$ 是一个在零时刻为零的右连续局部鞅的等价类 $V$ 为 $X$ 和 $Y$ 的协二次变差过程, 记为 $[X, Y]$.

利用定理 6.4.8、引理 6.2.23 及定理 6.2.7 可得如下结论.

**定理 6.4.11**　设 $X, Y \in \mathbf{M}_2^{c,loc}(\Omega, \mathscr{F}, \{\mathscr{F}_t\}, P)$, $\{\rho_n : n \in \mathbb{N}\}$ 和 $\{\tau_n : n \in \mathbb{N}\}$ 是两个停时的递增序列, 满足 $n \to \infty$ 时有 $\rho_n \uparrow \infty$ 和 $\tau_n \uparrow \infty$ 在概率空间 $(\Omega, \mathscr{F}, P)$ 上 a.e. 成立, 对 $n \in \mathbb{N}$ 有 $X^{\rho_n}, Y^{\tau_n} \in \mathbf{M}_2^c$. 如果对 $n \in \mathbb{N}$, 令 $R_n = \rho_n \wedge \tau_n$, 那么存在概率空间 $(\Omega, \mathscr{F}, P)$ 的一个零集 $\Lambda$, 使对每一 $\omega \in \Lambda^c$ 有

(1) $\lim\limits_{n \to \infty} \mu_{[X^{R_n}, Y^{R_n}]}(A, \omega) = \mu_{[X,Y]}(A, \omega)$,　对 $A \in \mathscr{B}_{[0,t]}$,　$t \in \mathbb{R}_+$;

(2) $\lim\limits_{n \to \infty} \mu_{[X^{R_n}, X^{R_n}]}(A, \omega) = \mu_{[X,X]}(A, \omega)$,　对 $A \in \mathscr{B}_{\mathbb{R}_+}$;

$\lim\limits_{n \to \infty} \mu_{[Y^{R_n}, Y^{R_n}]}(A, \omega) = \mu_{[Y,Y]}(A, \omega)$,　对 $A \in \mathscr{B}_{\mathbb{R}_+}$.

特别地, 对 $t \in \mathbb{R}_+$ 和 $\omega \in \Lambda^c$, 有

(3) $\lim\limits_{n \to \infty} \left[ X^{R_n}, Y^{R_n} \right](t, \omega) = [X, Y](t, \omega)$;

(4) $\lim\limits_{n \to \infty} \left[ X^{R_n}, X^{R_n} \right](t, \omega) = [X, X](t, \omega)$, $\lim\limits_{n \to \infty} \left[ Y^{R_n}, Y^{R_n} \right](t, \omega) = [Y, Y](t, \omega)$.

**命题 6.4.12**　设 $X \in \mathbf{M}_2^{loc}(\Omega, \mathscr{F}, \{\mathscr{F}_t\}, P)$. 如果对某 $a \in \mathbb{R}_+$, 有 $E([X, X]_a) < \infty$, 那么 $X$ 是 $[0, a]$ 上的一个 $L_2$ 鞅. 因此, 如果 $X \in \mathbf{M}_2^{loc}(\Omega, \mathscr{F}, \{\mathscr{F}_t\}, P)$, 那么 $X \in \mathbf{M}_2(\Omega, \mathscr{F}, \{\mathscr{F}_t\}, P)$ 当且仅当 $[X, X] \in \mathbf{A}(\Omega, \mathscr{F}, \{\mathscr{F}_t\}, P)$.

**证明**　因为 $X \in \mathbf{M}_2^{loc}(\Omega, \mathscr{F}, \{\mathscr{F}_t\}, P)$，所以对每一 $n \in \mathbb{N}$，存在域流空间 $(\Omega, \mathscr{F}, \{\mathscr{F}_t\}, P)$ 上的一个停时的递增序列 $\{\rho_n : n \in \mathbb{N}\}$，满足当 $n \to \infty$ 时有 $\rho_n \uparrow \infty$ 在概率空间 $(\Omega, \mathscr{F}, P)$ 上 a.e. 成立，而 $X^{\rho_n}$ 都是该域流空间上的一个鞅. 从而 $[X, X] \in \mathbf{A}^{loc}(\Omega, \mathscr{F}, \{\mathscr{F}_t\}, P)$，而 $X^2 - [X, X]$ 是一个在零时刻为零的右连续局部鞅，因此对每一 $n \in \mathbb{N}$，存在该域流空间上的一个停时的递增序列 $\{\tau_n : n \in \mathbb{N}\}$，满足当 $n \to \infty$ 时有 $\tau_n \uparrow \infty$ 在概率空间 $(\Omega, \mathscr{F}, P)$ 上 a.e. 成立，而 $\left(X^2 - [X, X]\right)^{\tau_n}$ 是一个在零时刻为零的鞅. 对 $n \in \mathbb{N}$，令 $R_n = \rho_n \wedge \tau_n$，则存在概率空间 $(\Omega, \mathscr{F}, P)$ 的一个零集 $\Lambda$，使对每一 $\omega \in \Lambda^c$ 有 $R_n \uparrow \infty$，$X^{R_n} \in \mathbf{M}^2(\Omega, \mathscr{F}, \{\mathscr{F}_t\}, P)$，而 $\left(X^2 - [X, X]\right)^{R_n}$ 是一个在零时刻为零的右连续鞅. 因此对任何 $s, t \in [0, a]$，当 $s < t$ 时，有

$$E\left(X_{R_n \wedge t}^2 - [X, X]_{R_n \wedge t} \,|\, \mathscr{F}_s\right) = X_{R_n \wedge s}^2 - [X, X]_{R_n \wedge s}$$

在概率空间 $(\Omega, \mathscr{F}_s, P)$ 上 a.e. 成立. 特别地，对 $s = 0$，积分上面等式的两边，由 $X_0 = 0 \ a.s.$ 和 $[X, X]_0 = 0$ 得 $E\left(X_{R_n \wedge t}^2 - [X, X]_{R_n \wedge t}\right) = 0$，所以

$$E\left(X_{R_n \wedge t}^2\right) = E\left([X, X]_{R_n \wedge t}\right) \leqslant E\left([X, X]_t\right) \leqslant E\left([X, X]_a\right) < \infty$$

因此 $\sup_{n \in \mathbb{N}} \|X_{R_n \wedge t}\|_2 < \infty$，从而由定理 4.4.10 知 $\{X_{R_n \wedge t} : n \in \mathbb{N}\}$ 一致可积. 因 $X^{R_n}$ 是一个鞅，故有

$$E\left(X_{R_n \wedge t} \,|\, \mathscr{F}_s\right) = X_{R_n \wedge s} \tag{6.4.4}$$

在概率空间 $(\Omega, \mathscr{F}_s, P)$ 上 a.e. 成立. 而由对每一 $\omega \in \Lambda^c$ 有 $R_n \uparrow \infty$ 可推出在 $\Lambda^c$ 上有 $\lim_{n \to \infty} X_{R_n \wedge t} = X_t$. 再由定理 4.4.14 得 $\lim_{n \to \infty} \|X_{R_n \wedge t} - X_t\|_1 = 0$，因此

$$\lim_{n \to \infty} E\left(X_{R_n \wedge t} \,|\, \mathscr{F}_s\right) = E\left(X_t \,|\, \mathscr{F}_s\right) \tag{6.4.5}$$

在概率空间 $(\Omega, \mathscr{F}_s, P)$ 上 a.e. 成立. 又因为域流 $\{\mathscr{F}_t\}$ 是增广的，所以 $\Lambda \in \mathscr{F}_s$，因此在 (6.4.4) 式中令 $n \to \infty$ 由 (6.4.5) 式可得在 $(\Omega, \mathscr{F}_s, P)$ 上 a.e. 有 $E\left(X_t \,|\, \mathscr{F}_s\right) = X_s$ 成立，这说明 $X$ 是 $[0, a]$ 上的一个鞅. 再因在 $\Lambda^c$ 上有 $\lim_{n \to \infty} X_{R_n \wedge t}^2 = X_t^2$，故由 Fatou 引理得

$$E\left(X_t^2\right) \leqslant \liminf_{n \to \infty} E\left(X_{R_n \wedge t}^2\right) \leqslant E\left([X, X]_a\right) < \infty$$

从而 $X$ 是 $[0, a]$ 上的一个 $L_2$ 鞅.

### 6.4.2　随机积分对局部鞅的推广

如果对于 $A \in \mathbf{A}^{loc} (\Omega, \mathscr{F}, \{\mathscr{F}_t\}, P)$, 考虑概率空间 $(\Omega, \mathscr{F}, P)$ 上的所有满足下面条件的可测过程 $X = \{X_t : t \in \mathbb{R}_+\}$ 的集合:

存在 $(\Omega, \mathscr{F}, P)$ 的一个依赖于 $X$ 的零集 $\Lambda$, 使得对每一 $\omega \in \Lambda^c$, 有

$$\int_{[0,t]} X^2 (s, \omega) \, \mu_A (\mathrm{d}s, \omega) < \infty, \quad 对每一 \ t \in \mathbb{R}_+$$

则易见对于满足上面条件的可测过程 $X$ 和 $Y$, 关系: 存在 $(\Omega, \mathscr{F}, P)$ 的一个依赖于 $X$ 和 $Y$ 的零集 $\Lambda$, 使得对 $\omega \in \Lambda^c$, 有

$$\int_{[0,t]} |X (s, \omega) - Y (s, \omega)|^2 \, \mu_A (\mathrm{d}s, \omega) = 0, \quad 对每一 \ t \in \mathbb{R}_+$$

是 $X$ 和 $Y$ 间一个等价关系.

**定义 6.4.13**　对 $A \in \mathbf{A}^{loc} (\Omega, \mathscr{F}, \{\mathscr{F}_t\}, P)$, 用 $\mathbf{L}_{2,\infty}^{loc} (\mathbb{R}_+ \times \Omega, \mu_A, P)$ 表示概率空间 $(\Omega, \mathscr{F}, P)$ 上的满足下面条件的可测过程 $X = \{X_t : t \in \mathbb{R}_+\}$ 的等价类的线性空间:

存在 $(\Omega, \mathscr{F}, P)$ 的一个零集 $\Lambda$, 使得对每一 $\omega \in \Lambda^c$, 有

$$\int_{[0,t]} X^2 (s, \omega) \, \mu_A (\mathrm{d}s, \omega) < \infty, \quad 对每一 \ t \in \mathbb{R}_+$$

由 $\mathbf{L}_{p,\infty} (\mathbb{R}_+ \times \Omega, \mu_A, P)$ 的意义可知, $\mathbf{L}_{2,\infty} (\mathbb{R}_+ \times \Omega, \mu_A, P) \subset \mathbf{L}_{2,\infty}^{loc} (\mathbb{R}_+ \times \Omega, \mu_A, P)$.

**引理 6.4.14**　设 $(\Omega, \mathscr{F}, \{\mathscr{F}_t\}, P)$ 是一个域流空间, $M \in \mathbf{M}_2^{c,loc} (\Omega, \mathscr{F}, \{\mathscr{F}_t\}, P)$, $X = \{X_t : t \in \mathbb{R}_+\}$ 是该域流空间上的一个可料过程, 满足 $X \in \mathbf{L}_{2,\infty}^{loc} (\mathbb{R}_+ \times \Omega, \mu_{[M,M]}, P)$. 再设 $\{a_n : n \in \mathbb{N}\}$ 是 $\mathbb{R}_+$ 的一个严格递增的序列, 满足 $n \to \infty$ 时有 $a_n \uparrow \infty$. 对每一 $n \in \mathbb{N}$, 在 $\Omega$ 上定义

$$\tau_n (\omega) = \inf \left\{ t \in \mathbb{R}_+ : \int_{[0,t]} X^2 (s, \omega) \, \mu_{[M,M]} (\mathrm{d}s, \omega) \geqslant a_n \right\} \wedge a_n, \quad 对 \ \omega \in \Omega$$

设 $\{\rho_n : n \in \mathbb{N}\}$ 是一个停时的递增序列, 满足当 $n \to \infty$ 时有 $\rho_n \uparrow \infty$ 在概率空间 $(\Omega, \mathscr{F}, P)$ 上 a.e. 成立, 且 $M^{\rho_n} \in \mathbf{M}_2^c (\Omega, \mathscr{F}, \{\mathscr{F}_t\}, P)$, 那么

(1) $\{\tau_n : n \in \mathbb{N}\}$ 是域流空间 $(\Omega, \mathscr{F}, \{\mathscr{F}_t\}, P)$ 上的一个有限停时的递增序列, 满足当 $n \to \infty$ 时有 $\tau_n \uparrow \infty$ 在 $(\Omega, \mathscr{F}, P)$ 上 a.e. 成立;

(2) $X^{[\tau_n]}$ 是一个可料过程, 而且对每一 $k \in \mathbb{N}$, 有

$$X^{[\tau_n]} \in \mathbf{L}_{2,\infty} \left( \mathbb{R}_+ \times \Omega, \mu_{[M^{\rho_k}, M^{\rho_k}]}, P \right)$$

利用引理 6.4.14, 再结合推论 6.4.9、定理 6.2.22 及定理 6.2.24 可得如下结论.

**定理 6.4.15** 设 $(\Omega, \mathscr{F}, \{\mathscr{F}_t\}, P)$ 是一个域流空间, $M \in \mathbf{M}_2^{c,loc}(\Omega, \mathscr{F}, \{\mathscr{F}_t\}, P)$, $X = \{X_t : t \in \mathbb{R}_+\}$ 是该域流空间上的一个可料过程, 满足 $X \in \mathbf{L}_{2,\infty}^{loc}(\mathbb{R}_+ \times \Omega, \mu_{[M,M]}, P)$. 再设 $\{\rho_n : n \in \mathbb{N}\}$ 是一个停时的递增序列, 满足当 $n \to \infty$ 时有 $\rho_n \uparrow \infty$ 在 $(\Omega, \mathscr{F}, P)$ 上 a.e. 成立, 且对每一 $n \in \mathbb{N}$ 有 $M^{\rho_n} \in \mathbf{M}_2^c(\Omega, \mathscr{F}, \{\mathscr{F}_t\}, P)$. 设 $\{u_n : n \in \mathbb{N}\}$ 是 $\mathbb{R}_+$ 的一个严格递增的序列, 满足 $n \to \infty$ 时有 $a_n \uparrow \infty$. 设 $\{\tau_n : n \in \mathbb{N}\}$ 是由

$$\tau_n(\omega) = \inf\left\{ t \in \mathbb{R}_+ : \int_{[0,t]} X^2(s,\omega) \mu_{[M,M]}(\mathrm{d}s, \omega) \geqslant a_n \right\} \wedge a_n, \quad \text{对 } \omega \in \Omega$$

定义的停时的递增序列. 则存在一个 $Y \in \mathbf{M}_2^{c,loc}(\Omega, \mathscr{F}, \{\mathscr{F}_t\}, P)$, 使得对每一 $n \in \mathbb{N}$, 有 $Y^{\rho_n \wedge \tau_n} = X^{[\tau_n]} \bullet M^{\rho_n}$, 因而存在 $(\Omega, \mathscr{F}, P)$ 的一个零集 $\Lambda$, 使得

$$Y(t, \omega) = \lim_{n \to \infty}\left( X^{[\tau_n]} \bullet M^{\rho_n} \right)(t, \omega), \quad \text{对 } (t, \omega) \in \mathbb{R}_+ \times \Lambda^c$$

成立. 而且过程 $Y = \{Y_t : t \in \mathbb{R}_+\}$ 不但在 $\mathbf{M}_2^{c,loc}(\Omega, \mathscr{F}, \{\mathscr{F}_t\}, P)$ 中唯一, 并且与数序列 $\{a_n : n \in \mathbb{N}\}$ 和停时序列 $\{\rho_n : n \in \mathbb{N}\}$ 的选择无关. 特别地, (1) 如果 $M \in \mathbf{M}_2^c(\Omega, \mathscr{F}, \{\mathscr{F}_t\}, P)$, 而 $X \in \mathbf{L}_{2,\infty}^{loc}(\mathbb{R}_+ \times \Omega, \mu_{[M,M]}, P)$, 那么存在一个 $Y \in \mathbf{M}_2^{c,loc}(\Omega, \mathscr{F}, \{\mathscr{F}_t\}, P)$, 使得对每一 $n \in \mathbb{N}$, 有 $Y^{\tau_n} = X^{[\tau_n]} \bullet M$, 而且存在 $(\Omega, \mathscr{F}, P)$ 的一个零集 $\Lambda$, 使得

$$Y(t, \omega) = \lim_{n \to \infty}\left( X^{[\tau_n]} \bullet M \right)(t, \omega), \quad \text{对 } (t, \omega) \in \mathbb{R}_+ \times \Lambda^c$$

(2) 如果 $M \in \mathbf{M}_2^{c,loc}(\Omega, \mathscr{F}, \{\mathscr{F}_t\}, P)$, 而 $X \in \mathbf{L}_{2,\infty}(\mathbb{R}_+ \times \Omega, \mu_{[M,M]}, P)$, 那么存在一个 $Y \in \mathbf{M}_2^{c,loc}(\Omega, \mathscr{F}, \{\mathscr{F}_t\}, P)$, 使得对每一 $n \in \mathbb{N}$, 有 $Y^{\rho_n} = X \bullet M^{\rho_n}$, 而且存在 $(\Omega, \mathscr{F}, P)$ 的一个零集 $\Lambda$, 使得

$$Y(t, \omega) = \lim_{n \to \infty}(X \bullet M^{\rho_n})(t, \omega), \quad \text{对 } (t, \omega) \in \mathbb{R}_+ \times \Lambda^c$$

**定义 6.4.16** 设 $(\Omega, \mathscr{F}, \{\mathscr{F}_t\}, P)$ 是一个域流空间, $M \in \mathbf{M}_2^{c,loc}(\Omega, \mathscr{F}, \{\mathscr{F}_t\}, P)$, $X = \{X_t : t \in \mathbb{R}_+\}$ 是该域流空间上的一个可料过程, 满足 $X \in \mathbf{L}_{2,\infty}^{loc}(\mathbb{R}_+ \times \Omega, \mu_{[M,M]}, P)$. 设 $\{\rho_n : n \in \mathbb{N}\}$ 是一个停时的递增序列, 满足当 $n \to \infty$ 时有 $\rho_n \uparrow \infty$ 在 $(\Omega, \mathscr{F}, P)$ 上 a.e. 成立, 且对每一 $n \in \mathbb{N}$ 有 $M^{\rho_n} \in \mathbf{M}_2^c(\Omega, \mathscr{F}, \{\mathscr{F}_t\}, P)$. 设 $\{a_n : n \in \mathbb{N}\}$ 是 $\mathbb{R}_+$ 的一个严格递增的序列, 满足 $n \to \infty$ 时有 $a_n \uparrow \infty$. 对每一 $n \in \mathbb{N}$, 设

$$\tau_n(\omega) = \inf\left\{ t \in \mathbb{R}_+ : \int_{[0,t]} X^2(s,\omega) \mu_{[M,M]}(\mathrm{d}s, \omega) \geqslant a_n \right\} \wedge a_n, \quad \text{对 } \omega \in \Omega$$

我们称 $\mathbf{M}_2^{c,loc}(\Omega, \mathscr{F}, \{\mathscr{F}_t\}, P)$ 中的唯一的元素 $Y$ 为 $X$ 关于 $M$ 的随机积分, 记为 $X \bullet M$, 如果对每一 $n \in \mathbb{N}$, 有 $Y^{\rho_n \wedge \tau_n} = X^{[\tau_n]} \bullet M^{\rho_n}$, 因此存在概率空间 $(\Omega, \mathscr{F}, P)$ 的一个零集 $\Lambda$, 使得

$$Y(t, \omega) = \lim_{n \to \infty} \left( X^{[\tau_n]} \bullet M^{\rho_n} \right)(t, \omega), \quad \text{对 } (t, \omega) \in \mathbb{R}_+ \times \Lambda^c$$

作为一个可选的符号, 对 $t \in \mathbb{R}_+$, 我们也记随机变量 $(X \bullet M)_t$ 为 $\displaystyle\int_{[0,t]} X(s)\, dM(s)$.

关于推广的随机积分的停时截断过程我们有下面的结果.

**定理 6.4.17** 设 $(\Omega, \mathscr{F}, \{\mathscr{F}_t\}, P)$ 是一个域流空间, $M \in \mathbf{M}_2^{c,loc}(\Omega, \mathscr{F}, \{\mathscr{F}_t\}, P)$, 如果该域流空间上的一个可料过程 $X = \{X_t : t \in \mathbb{R}_+\}$ 满足 $X \in \mathbf{L}_{2,\infty}^{loc}(\mathbb{R}_+ \times \Omega, \mu_{[M,M]}, P)$, 那么对该域流空间上的任何停时 $\tau$, 都存在概率空间 $(\Omega, \mathscr{F}, P)$ 的一个零集 $\Lambda$, 使得对每一 $\omega \in \Lambda^c$, 有

$$(X \bullet M^\tau)(\bullet, \omega) = (X \bullet M)^\tau(\bullet, \omega)$$

**证明** 如果 $\{\rho_n : n \in \mathbb{N}\}$ 和 $\{\tau_n : n \in \mathbb{N}\}$ 是定理 6.4.15 中的那两个停时序列, 那么存在概率空间 $(\Omega, \mathscr{F}, P)$ 的一个零集 $\Lambda_1$, 使得

$$X \bullet M = \lim_{n \to \infty} X^{[\tau_n]} \bullet M^{\rho_n}, \quad \text{对 } (t, \omega) \in \mathbb{R}_+ \times \Lambda_1^c \tag{6.4.6}$$

因为 $M^{\rho_n} \in \mathbf{M}_2^c(\Omega, \mathscr{F}, \{\mathscr{F}_t\}, P)$, 所以对每一 $n \in \mathbb{N}$, 有 $M^{\rho_n \wedge \tau_n} \in \mathbf{M}_2^c(\Omega, \mathscr{F}, \{\mathscr{F}_t\}, P)$, 这说明 $M^\tau \in \mathbf{M}_2^{c,loc}(\Omega, \mathscr{F}, \{\mathscr{F}_t\}, P)$. 又因根据定理 6.4.11 有 $\mu_{[M^\tau, M^\tau]} \leqslant \mu_{[M,M]}$, 故从 $X \in \mathbf{L}_{2,\infty}^{loc}(\mathbb{R}_+ \times \Omega, \mu_{[M,M]}, P)$ 可得 $X \in \mathbf{L}_{2,\infty}^{loc}(\mathbb{R}_+ \times \Omega, \mu_{[M^\tau, M^\tau]}, P)$, 因此由定理 6.4.15 可得 $X \bullet M^\tau$ 有意义且在 $\mathbf{M}_2^{c,loc}(\Omega, \mathscr{F}, \{\mathscr{F}_t\}, P)$ 中.

再由引理 6.4.14 知 $X^{[\tau_n]} \in \mathbf{L}_{2,\infty}(\mathbb{R}_+ \times \Omega, \mu_{[M^{\rho_n}, M^{\rho_n}]}, P)$, 而由引理 6.2.23 有 $\mu_{[M^{\tau \wedge \rho_n}, M^{\tau \wedge \rho_n}]} \leqslant \mu_{[M^{\rho_n}, M^{\rho_n}]}$, 因此 $X^{[\tau_n]} \in \mathbf{L}_{2,\infty}(\mathbb{R}_+ \times \Omega, \mu_{[M^{\tau \wedge \rho_n}, M^{\tau \wedge \rho_n}]}, P)$, 从而

$$X^{[\tau_n]} \bullet M^{\tau \wedge \rho_n} \in \mathbf{M}_2^c(\Omega, \mathscr{F}, \{\mathscr{F}_t\}, P)$$

根据定理 6.4.15 知存在概率空间 $(\Omega, \mathscr{F}, P)$ 的一个零集 $\Lambda_2$, 使得

$$X \bullet M^\tau = \lim_{n \to \infty} X^{[\tau_n]} \bullet M^{\tau \wedge \rho_n}, \quad \text{对 } (t, \omega) \in \mathbb{R}_+ \times \Lambda_2^c \tag{6.4.7}$$

由定理 6.2.22 知存在概率空间 $(\Omega, \mathscr{F}, P)$ 的一个零集 $\Lambda_3$, 使得

$$X^{[\tau_n]} \bullet M^{\tau \wedge \rho_n} = \left( X^{[\tau_n]} \bullet M^{\rho_n} \right)^\tau, \quad \text{对 } (t, \omega) \in \mathbb{R}_+ \times \Lambda_3^c \tag{6.4.8}$$

令 $\Lambda = \Lambda_1 \cup \Lambda_2 \cup \Lambda_3$, 则由 (6.4.6) 式、(6.4.7) 式和 (6.4.8) 式可得

$$X \bullet M^\tau = \lim_{n \to \infty} \left( X^{[\tau_n]} \bullet M^{\rho_n} \right)^\tau = (X \bullet M)^\tau$$

在 $\mathbb{R}_+ \times \Lambda^c$ 上成立.

**定理 6.4.18** 设 $(\Omega, \mathscr{F}, \{\mathscr{F}_t\}, P)$ 是一个域流空间, $M \in \mathbf{M}_2^{c,loc}(\Omega, \mathscr{F}, \{\mathscr{F}_t\}, P)$, $X = \{X_t : t \in \mathbb{R}_+\}$ 是该域流空间上的一个可料过程, 满足 $X \in \mathbf{L}_{2,\infty}^{loc}(\mathbb{R}_+ \times \Omega, \mu_{[M,M]}, P)$. 设 $\tau$ 是由

$$\tau(\omega) = \inf\left\{t \in \mathbb{R}_+ : \int_{[0,t]} X^2(s,\omega)\,\mu_{[M,M]}(\mathrm{d}s,\omega) \geqslant a\right\} \wedge a, \quad \text{对 } \omega \in \Omega$$

定义的停时, 其中 $a > 0$; 而 $\rho$ 是一个任意停时. 那么存在概率空间 $(\Omega, \mathscr{F}, P)$ 的一个零集 $\Lambda$, 使得对每一 $\omega \in \Lambda^c$, 有

$$\left(X^{[\tau \wedge \rho]} \bullet M\right)(\bullet, \omega) = (X \bullet M)^{\tau \wedge \rho}(\bullet, \omega)$$

成立; 特别地, 有

$$\left(X^{[\tau]} \bullet M\right)(\bullet, \omega) = (X \bullet M)^{\tau}(\bullet, \omega)$$

**证明** 因为 $M \in \mathbf{M}_2^{c,loc}(\Omega, \mathscr{F}, \{\mathscr{F}_t\}, P)$, 所以存在 $(\Omega, \mathscr{F}, P)$ 的一个零集 $\Lambda_1$ 和一个递增的停时序列 $\{\rho_n : n \in \mathbb{N}\}$, 满足在 $\Lambda_1^c$ 上有 $\rho_n \uparrow \infty$, 而对每一 $n \in \mathbb{N}$, 有 $M^{\rho_n} \in \mathbf{M}_2^c(\Omega, \mathscr{F}, \{\mathscr{F}_t\}, P)$. 设 $\{\tau_n : n \in \mathbb{N}\}$ 为定理 6.4.15 中定义的停时的递增序列, 则由引理 6.4.14 知对 $n, k \in \mathbb{N}$ 有 $X^{[\tau]}, X^{[\tau_n]} \in \mathbf{L}_{2,\infty}\left(\mathbb{R}_+ \times \Omega, \mu_{[M^{\rho_k}, M^{\rho_k}]}, P\right)$.

注意到对充分大的 $n \in \mathbb{N}$, 有 $\tau \leqslant \tau_n$, 故 $\tau \wedge \rho \leqslant \tau_n$, 因此

$$X^{[\tau \wedge \rho]} = \left(X^{[\tau \wedge \rho]}\right)^{[\tau_n]} = \left(X^{[\tau_n]}\right)^{[\tau \wedge \rho]}$$

由此及定理 6.2.22 知存在概率空间 $(\Omega, \mathscr{F}, P)$ 的一个零集 $\Lambda_2$, 使得对充分大的 $n \in \mathbb{N}$, 有

$$X^{[\tau \wedge \rho]} \bullet M^{\rho_n} = \left(X^{[\tau_n]}\right)^{[\tau \wedge \rho]} \bullet M^{\rho_n} = \left(X^{[\tau_n]} \bullet M^{\rho_n}\right)^{\tau \wedge \rho}, \quad \text{对 } (t,\omega) \in \mathbb{R}_+ \times \Lambda_2^c \tag{6.4.9}$$

因 $X^{[\tau]} \in \mathbf{L}_{2,\infty}\left(\mathbb{R}_+ \times \Omega, \mu_{[M^{\rho_n}, M^{\rho_n}]}, P\right)$, 故 $X^{[\tau]} \in \mathbf{L}_{2,\infty}^{loc}\left(\mathbb{R}_+ \times \Omega, \mu_{[M^{\rho_n}, M^{\rho_n}]}, P\right)$, 这说明 $X^{[\tau \wedge \rho]} \in \mathbf{L}_{2,\infty}^{loc}\left(\mathbb{R}_+ \times \Omega, \mu_{[M^{\rho_n}, M^{\rho_n}]}, P\right)$. 再由定理 6.4.17 知存在概率空间 $(\Omega, \mathscr{F}, P)$ 的一个零集 $\Lambda_3$, 使得对所有 $n \in \mathbb{N}$, 有

$$X^{[\tau \wedge \rho]} \bullet M^{\rho_n} = \left(X^{[\tau \wedge \rho]} \bullet M\right)^{\rho_n}, \quad \text{对 } (t,\omega) \in \mathbb{R}_+ \times \Lambda_3^c \tag{6.4.10}$$

另一方面, 由定理 6.4.15 知存在概率空间 $(\Omega, \mathscr{F}, P)$ 的一个零集 $\Lambda_4$, 使得对所有 $n \in \mathbb{N}$, 有

$$\lim_{n \to \infty}\left(X^{[\tau_n]} \bullet M^{\rho_n}\right)^{\tau \wedge \rho} = (X \bullet M)^{\tau \wedge \rho}, \quad \text{对 } (t,\omega) \in \mathbb{R}_+ \times \Lambda_4^c \tag{6.4.11}$$

设 $\Lambda = \bigcup\limits_{i=1}^{4} \Lambda_i$, 在 (6.4.9) 式中令 $n \to \infty$ 由 (6.4.10) 式和 (6.4.11) 式可得在 $\mathbb{R}_+ \times \Lambda^c$ 上有

$$X^{[\tau \wedge \rho]} \bullet M = (X \bullet M)^{\tau \wedge \rho}$$

特别地, 对 $\rho = \infty$ 有 $X^{[\tau]} \bullet M = (X \bullet M)^{\tau}$.

关于推广的随机积分的二次变差过程我们有下面的结果.

**定理 6.4.19** 设 $(\Omega, \mathscr{F}, \{\mathscr{F}_t\}, P)$ 是一个域流空间, $M, N \in \mathbf{M}_2^{c,loc}(\Omega, \mathscr{F}, \{\mathscr{F}_t\}, P)$, $X, Y$ 是该域流空间上的两个可料过程, 分别满足

$$X \in \mathbf{L}_{2,\infty}^{loc}(\mathbb{R}_+ \times \Omega, \mu_{[M,M]}, P) \quad \text{和} \quad Y \in \mathbf{L}_{2,\infty}^{loc}(\mathbb{R}_+ \times \Omega, \mu_{[N,N]}, P)$$

那么存在概率空间 $(\Omega, \mathscr{F}, P)$ 的一个零集 $\Lambda$, 使得在 $\Lambda^c$ 上, 对每一 $t \in \mathbb{R}_+$, 有

$$[X \bullet M, Y \bullet N]_t = \int_{[0,t]} X(s) Y(s) \, d[M,N](s) \tag{6.4.12}$$

特别地, 有

$$[X \bullet M, X \bullet M]_t = \int_{[0,t]} X^2(s) \, d[M,M](s) \tag{6.4.13}$$

利用定理 6.4.19 可得如下结论.

**定理 6.4.20** 设 $(\Omega, \mathscr{F}, \{\mathscr{F}_t\}, P)$ 是一个域流空间, $M \in \mathbf{M}_2^{c,loc}(\Omega, \mathscr{F}, \{\mathscr{F}_t\}, P)$, $X, Y$ 是该域流空间上的两个可料过程, 满足 $X, YX \in \mathbf{L}_{2,\infty}^{loc}(\mathbb{R}_+ \times \Omega, \mu_{[M,M]}, P)$, 那么

$$X \bullet M \in \mathbf{M}_2^{c,loc}(\Omega, \mathscr{F}, \{\mathscr{F}_t\}, P), Y \in \mathbf{L}_{2,\infty}^{loc}(\mathbb{R}_+ \times \Omega, \mu_{[X \bullet M, X \bullet M]}, P)$$

所以 $Y \bullet (X \bullet M)$ 在 $\mathbf{M}_2^{c,loc}(\Omega, \mathscr{F}, \{\mathscr{F}_t\}, P)$ 中存在, 而且存在概率空间 $(\Omega, \mathscr{F}, P)$ 的一个零集 $\Lambda$, 使得对每一 $\omega \in \Lambda^c$, 有

$$(Y \bullet (X \bullet M))(\bullet, \omega) = (YX \bullet M)(\bullet, \omega)$$

**推论 6.4.21** 设 $(\Omega, \mathscr{F}, \{\mathscr{F}_t\}, P)$ 是一个域流空间, $M \in \mathbf{M}_2^{c,loc}(\Omega, \mathscr{F}, \{\mathscr{F}_t\}, P)$, 该域流空间上的可料过程 $X^{(1)}, \cdots, X^{(n)}$ 使得

$$X^{(1)}, X^{(1)}X^{(2)}, \cdots, X^{(1)} \cdots X^{(n)} \in \mathbf{L}_{2,\infty}^{loc}(\mathbb{R}_+ \times \Omega, \mu_{[M,M]}, P)$$

那么

$$X^{(n)} \bullet (\cdots \bullet (X^{(2)} \bullet (X^{(1)} \bullet M))) = (X^{(1)} \cdots X^{(n)}) \bullet M$$

# 6.5 关于拟鞅的 Itô 公式

## 6.5.1 连续局部半鞅和关于拟鞅的 Itô 公式

**定义 6.5.1** 称标准域流空间 $(\Omega, \mathscr{F}, \{\mathscr{F}_t\}, P)$ 上的随机过程 $X = \{X_t : t \in \mathbb{R}_+\}$ 为一个连续局部半鞅, 如果它可被分解为

$$X = X_0 + M + V$$

的形式, 其中 $M \in \mathbf{M}_2^{c,loc}(\Omega, \mathscr{F}, \{\mathscr{F}_t\}, P)$, $V \in \mathbf{V}^{c,loc}(\Omega, \mathscr{F}, \{\mathscr{F}_t\}, P)$, 而 $X_0$ 是概率空间 $(\Omega, \mathscr{F}, P)$ 上的一个 $\mathscr{F}_0$ 可测随机变量; 以后分部称连续局部半鞅表达式中的 $M$ 和 $V$ 分别为连续局部半鞅 $X$ 的鞅部分和有界变差部分. 特别地, 当 $X_0$ 可积, 而 $M \in \mathbf{M}_2^c(\Omega, \mathscr{F}, \{\mathscr{F}_t\}, P)$, 且 $V \in \mathbf{V}^c(\Omega, \mathscr{F}, \{\mathscr{F}_t\}, P)$ 时, 称 $X$ 为一个连续半鞅; 连续局部半鞅也称为拟鞅.

利用引理 6.4.3 和定理 5.4.19 及右连续类 (DL) 下鞅的 Doob-Meyer 分解定理可得如下结论.

**命题 6.5.2** 拟鞅的分解是唯一的, 即如果连续局部半鞅 $X = \{X_t : t \in \mathbb{R}_+\}$ 有两个分解式

$$X = X_0 + M + V \text{ 和 } X = Y_0 + N + W$$

其中 $X_0$ 和 $Y_0$ 都是概率空间 $(\Omega, \mathscr{F}, P)$ 上的 $\mathscr{F}_0$ 可测随机变量, $M$ 和 $N$ 都属于 $\mathbf{M}_2^{c,loc}(\Omega, \mathscr{F}, \{\mathscr{F}_t\}, P)$, $V$ 和 $W$ 都属于 $\mathbf{V}^{c,loc}(\Omega, \mathscr{F}, \{\mathscr{F}_t\}, P)$, 那么存在概率空间 $(\Omega, \mathscr{F}, P)$ 的一个零集 $\Lambda$, 使得对 $\omega \in \Lambda^c$ 有

$$X_0(\omega) = Y_0(\omega), M(\bullet, \omega) = N(\bullet, \omega), V(\bullet, \omega) = W(\bullet, \omega)$$

设 $C^2(\mathbb{R})$ 是 $\mathbb{R}$ 上所有具有一、二阶连续导数的实值函数 $F$ 的集合, 而 $X = X_0 + M + V$ 是标准域流空间 $(\Omega, \mathscr{F}, \{\mathscr{F}_t\}, P)$ 上的一个拟鞅. 考虑 $\mathbb{R}_+ \times \Omega$ 上的实值函数 $F \circ X$, 我们有

$$(F \circ X)_t = (F \circ X)(t, \bullet) = F \circ X_t$$

因此, $F \circ X = \{(F \circ X)_t : \mathbb{R}_+\} = \{F \circ X_t : \mathbb{R}_+\}$. 类似地, 可以对 $R_+ \times \Omega$ 上的实值函数 $F' \circ X$ 和 $F'' \circ X$ 进行考虑.

下面的定理给出了关于拟鞅的伊藤公式.

**定理 6.5.3**(Itô 公式) 设 $X = X_0 + M + V$ 是标准域流空间 $(\Omega, \mathscr{F}, \{\mathscr{F}_t\}, P)$ 上的一个拟鞅, 函数 $F \in C^2(\mathbb{R})$, 那么对 $\mathbb{R}_+ \times \Omega$ 上的实值函数 $F \circ X$ 存在概率空间 $(\Omega, \mathscr{F}, P)$ 的一个零集 $\Lambda$, 使得在 $\Lambda^c$ 上对每一 $t \in \mathbb{R}_+$, 有

$$(F \circ X)_t - (F \circ X)_0 = \int_{[0,t]} (F' \circ X)(s)\, \mathrm{d}M(s) + \int_{[0,t]} (F' \circ X)(s)\, \mathrm{d}V(s)$$

$$+ \frac{1}{2} \int_{[0,t]} (F'' \circ X)(s) \,\mathrm{d}\,[M,M](s)$$

**注释 6.5.4**  注意到对 $t \in \mathbb{R}_+$, 关于拟鞅的 Itô 公式中的 $\int_{[0,t]} (F' \circ X)(s) \,\mathrm{d}M$

$(s)$ 是 $((F' \circ X) \bullet M)_t$ 的可选记号. 因 $M \in \mathbf{M}_2^{c,loc}(\Omega, \mathscr{F}, \{\mathscr{F}_t\}, P)$ 且 $V \in \mathbf{V}^{c,loc}$

$(\Omega, \mathscr{F}, \{\mathscr{F}_t\}, P)$, 故存在概率空间 $(\Omega, \mathscr{F}, P)$ 的一个零集 $\Lambda$, 使得对每一 $\omega \in \Lambda^c$,

有 $M(\bullet, \omega)$ 和 $V(\bullet, \omega)$ 在 $\mathbb{R}_+$ 上连续. 如果我们对 $\omega \in \Lambda$ 重新定义 $M$ 和

$V$ 的值为 $M(\bullet, \omega) = 0$, $V(\bullet, \omega) = 0$, 那么因为域流空间 $(\Omega, \mathscr{F}, \{\mathscr{F}_t\}, P)$

是增广的, 所以这个新 $M$ 仍在 $\mathbf{M}_2^{c,loc}(\Omega, \mathscr{F}, \{\mathscr{F}_t\}, P)$ 中, 而这个新 $V$ 仍在

$\mathbf{V}^{c,loc}(\Omega, \mathscr{F}, \{\mathscr{F}_t\}, P)$ 中, 但现在这个新 $M$ 和新 $V$ 的每一样本函数都是连续

的了. 因此, 我们以后假设 $M$ 和 $V$ 不但几乎必然连续而且事实上是连续的. 对

$[M,M] \in \mathbf{A}^{c,loc}(\Omega, \mathscr{F}, \{\mathscr{F}_t\}, P)$, 我们也可以选择 $[M,M]$ 的一个连续代表.

**注释 6.5.5**  (1) 如果

$$M \in \mathbf{M}_2^{c,loc}(\Omega, \mathscr{F}, \{\mathscr{F}_t\}, P), \quad 且 \ V \in \mathbf{V}^{c,loc}(\Omega, \mathscr{F}, \{\mathscr{F}_t\}, P)$$

那么 $M = \{M_t : t \in \mathbb{R}_+\}$ 和 $V = \{V_t : t \in \mathbb{R}_+\}$ 都是右连续过程, 从而由定理

4.1.12 知 $M$ 和 $V$ 都是可测过程. 又因为 $M$ 和 $V$ 也都是适应过程, 所以由定理

4.1.15 知 $M$ 和 $V$ 都是循序可测过程

(2) 当函数 $F \in C^2(\mathbb{R})$ 时, 因为 $F, F'$ 和 $F''$ 都是 $\mathbb{R}$ 上的实值连续函数, 所

以它们都是 $\mathbb{R}$ 到 $\mathbb{R}$ 上的 $\mathscr{B}_\mathbb{R}/\mathscr{B}_\mathbb{R}$ 可测映射. 又因为 $X = X_0 + M + V$ 是循序可

测过程, 即当把 $X$ 限制到 $[0,t] \times \Omega$ 时, 它是 $[0,t] \times \Omega$ 到 $\mathbb{R}$ 上的 $\mathscr{B}_{[0,t]} \times \mathscr{H}/\mathscr{B}_\mathbb{R}$

可测映射, 所以 $F \circ X$, $F' \circ X$ 和 $F'' \circ X$ 都是循序可测过程, 特别地它们都是可

测过程.

(3) 因为对每一 $\omega \in \Omega$, $X(\bullet, \omega)$ 是 $\mathbb{R}_+$ 上的实值连续函数, 而 $F, F'$ 和 $F''$ 又

都是 $\mathbb{R}$ 上的实值连续函数, 所以 $(F \circ X)(\bullet, \omega)$, $(F' \circ X)(\bullet, \omega)$ 和 $(F'' \circ X)(\bullet, \omega)$

也都是 $\mathbb{R}_+$ 上的实值连续函数, 从而 $F \circ X$, $F' \circ X$ 和 $F'' \circ X$ 的每一个样本函数

在 $\mathbb{R}_+$ 的每一个有限区间上都有界.

(4) 因为 $F' \circ X$ 和 $F'' \circ X$ 都是可测过程, 而且它们的每一个样本函数在 $\mathbb{R}_+$

的每一个有限区间上都有界, 所以由定理 5.6.5 知

$$\int_{[0,t]} (F' \circ X)(s) \,\mathrm{d}V(s) \quad 和 \quad \int_{[0,t]} (F'' \circ X)(s) \,\mathrm{d}\,[M,M](s)$$

都是实值 $\mathscr{F}_t$ 可测随机变量, 因此

$$\left\{ \int_{[0,t]} (F' \circ X)(s) \,\mathrm{d}V(s) : t \in \mathbb{R}_+ \right\}$$

和

$$\left\{ \iint_{[0,t]} (F'' \circ X)(s) \, \mathrm{d} [M,M](s) : t \in \mathbb{R}_+ \right\}$$

都是适应过程.

**命题 6.5.6** 如果 $X = X_0 + M + V$ 是标准域流空间 $(\Omega, \mathscr{F}, \{\mathscr{F}_t\}, P)$ 上的一个拟鞅, $F \in C^2(\mathbb{R})$, 那么

(1) $\left\{ \int_{[0,t]} (F' \circ X)(s) \, \mathrm{d} V(s) : t \in \mathbb{R}_+ \right\}$ 和 $\left\{ \int_{[0,t]} (F'' \circ X)(s) \, \mathrm{d} [M,M](s) : t \in \mathbb{R}_+ \right\}$ 都属于 $\mathbf{V}^{c,loc}(\Omega, \mathscr{F}, \{\mathscr{F}_t\}, P)$.

(2) 随机过程 $F' \circ X$ 属于 $\mathbf{L}_{2,\infty}^{loc}(\mathbb{R}_+ \times \Omega, \mu_{[M,M]}, P)$, 所以随机积分

$$\left\{ \int_{[0,t]} (F' \circ X)(s) \, \mathrm{d} M(s) : t \in \mathbb{R}_+ \right\}$$

有意义且属于 $\mathbf{M}_2^{c,loc}(\Omega, \mathscr{F}, \{\mathscr{F}_t\}, P)$.

**证明** (1) 考虑过程 $\Phi = \{\Phi_t : t \in \mathbb{R}_+\}$, 其中

$$\Phi(t, \omega) = \int_{[0,t]} (F' \circ X)(s) \, \mathrm{d} V(s, \omega), \quad 对 \ (t, \omega) \in \mathbb{R}_+ \times \Omega$$

由注释 6.5.5 知 $\Phi = \{\Phi_t : t \in \mathbb{R}_+\}$ 是一个适应过程, 又因为 $F' \circ X$ 和 $V$ 的每一个样本函数都连续, 所以对每一 $\omega \in \Omega$ 有 $\Phi(\bullet, \omega)$ 都是 $\mathbb{R}_+$ 上的一个连续函数.

现只需要证明对每一 $t \in \mathbb{R}_+$, $\Phi(\bullet, \omega)$ 都是 $[0, t]$ 上的有界变差函数即可. 为此设 $\omega \in \Omega$ 和 $t \in \mathbb{R}_+$ 固定. 因为 $(F' \circ X)(\bullet, \omega)$ 在 $\mathbb{R}_+$ 上连续, 所以有

$$C = \sup_{s \in [0,t]} |(F' \circ X)(s, \omega)| < +\infty$$

设 $\mathcal{T}_t$ 是所有有限严格递增序列 $\tau = \{t_0, t_1, \cdots, t_n\}$ 的集合, 满足 $t_0 = 0$ 和 $t_n = t$, 则

$$\Delta_\tau = \sum_{k=1}^{n} |\Phi(t_k, \omega) - \Phi(t_{k-1}, \omega)|$$

$$= \sum_{k=1}^{n} \left| \int_{[0, t_k]} (F' \circ X)(s) \, \mathrm{d} V(s, \omega) - \int_{[0, t_{k-1}]} (F' \circ X)(s) \, \mathrm{d} V(s, \omega) \right|$$

$$\leqslant \sum_{k=1}^{n} \int_{[t_{k-1}, t_k]} (F' \circ X)(s) \, \mathrm{d} |V|(s, \omega)$$

$$\leqslant C |V|(t, \omega) < \infty$$

因此
$$\sup_{\tau \in \mathcal{T}_t} \Delta_\tau < +\infty$$

这说明 $\Phi(\bullet, \omega)$ 在 $\mathbb{R}_+$ 的每个有限区间上都是有界变差的, 因而
$$\Phi \in \mathbf{V}^{c,loc}(\Omega, \mathscr{F}, \{\mathscr{F}_t\}, P)$$

故
$$\left\{ \int_{[0,t]} (F' \circ X)(s)\, dV(s) : t \in \mathbb{R}_+ \right\} \in \mathbf{V}^{c,loc}(\Omega, \mathscr{F}, \{\mathscr{F}_t\}, P)$$

我们可以类似地证明随机过程 $\left\{ \int_{[0,t]} (F'' \circ X)(s)\, d[M, M](s) : t \in \mathbb{R}_+ \right\}$ 属于 $\mathbf{V}^{c,loc}(\Omega, \mathscr{F}, \{\mathscr{F}_t\}, P)$.

(2) 因为对每一 $\omega \in \Omega$, $(F' \circ X)(\bullet, \omega)$ 连续, 故它在 $\mathbb{R}_+$ 的每个有限区间上都有界, 从而对每一 $t \in \mathbb{R}_+$, 有
$$\int_{[0,t]} (F' \circ X)^2(s)\, d\mu_{[M,M]}(s, \omega) < \infty$$

所以
$$F' \circ X \in \mathbf{L}_{2,\infty}^{loc}(\mathbb{R}_+ \times \Omega, \mu_{[M,M]}, P)$$

因此由定义 6.4.16 知随机积分 $\left\{ \int_{[0,t]} (F' \circ X)(s)\, dM(s) : t \in \mathbb{R}_+ \right\}$ 有意义且属于 $\mathbf{M}_2^{c,loc}(\Omega, \mathscr{F}, \{\mathscr{F}_t\}, P)$.

命题 6.5.6 表明了 Itô 公式中的 $F \circ X$ 也是一个拟鞅, 并且利用了逆鞅 $X = X_0 + M + V$ 分解式中的鞅部分 $M$ 和有界变差部分 $V$ 及 $[M, M]$ 给出了 $F \circ X$ 的鞅部和有界变差部分.

定理 6.5.3 的证明还需要如下引理.

**引理 6.5.7**　设 $M = \{M_t : t \in \mathbb{R}_+\}$ 是域流空间 $(\Omega, \mathscr{F}, \{\mathscr{F}_t\}, P)$ 上的一个零初值的鞅, 满足对某 $t \in \mathbb{R}_+$ 和 $K \geqslant 0$, 在 $[0, t] \times \Omega$ 上有 $|M| \leqslant K$. 对 $0 = t_0 < \cdots < t_n = t$, 设 $S = \sum_{j=1}^{n} \{M(t_j) - M(t_{j-1})\}^2$, 那么有 $E(S) \leqslant K^2$ 和 $E(S^2) \leqslant (1 + K^2) K^2$.

下面来进行定理 6.5.3 的证明, 证明分三步进行.

**第一步**　因为过程 $(F \circ X)_t - (F \circ X)_0$ 是一个连续过程, 而由命题 6.5.6 知过程
$$\left\{ \int_{[0,t]} (F' \circ X)(s)\, dV(s) : t \in \mathbb{R}_+ \right\}, \quad \left\{ \frac{1}{2} \int_{[0,t]} (F'' \circ X)(s)\, d[M, M](s) : t \in \mathbb{R}_+ \right\}$$

和

$$\left\{ \int_{[0,t]} \left(F' \circ X\right)(s)\,dM(s) : t \in \mathbb{R}_+ \right\}$$

都是几乎必然连续过程, 故为证明 $(F \circ X)_t - (F \circ X)_0$ 与上面三个过程的和无区别, 根据定理 4.1.4 只需证明对每一 $t \in \mathbb{R}_+$, 存在概率空间 $(\Omega, \mathscr{F}, P)$ 的零集 $\Lambda_t$, 使得在 $\Lambda_t^c$ 上有

$$(F \circ X)_t = (F \circ X)_0 + \int_{[0,t]} \left(F' \circ X\right)(s)\,dM(s)$$

$$+ \int_{[0,t]} \left(F' \circ X\right)(s)\,dV(s) + \frac{1}{2} \int_{[0,t]} \left(F'' \circ X\right)(s)\,d\,[M,M]\,(s) \quad (6.5.1)$$

为此, 首先考虑 $X_0, M, [M,M]$ 和 $|V|$ 都有界的情况, 即存在 $K \geqslant 0$ 使得对 $(t, \omega) \in \mathbb{R}_+ \times \Omega$ 有

$$|X_0(\omega)|, |M(t, \omega)|, [M,M](t, \omega), |V|(t, \omega) \leqslant K \quad (6.5.2)$$

在这种情况下, $X_0$ 是一个可积的随机变量; 再由推论 6.4.2 可知 $M$ 是一个鞅, 从而 $M \in \mathbf{M}_2^c(\Omega, \mathscr{F}, \{\mathscr{F}_t\}, P)$; 而 $|V|$ 是一个 $L_1$ 过程, 所以 $V \in \mathbf{V}^c(\Omega, \mathscr{F}, \{\mathscr{F}_t\}, P)$.

因 $|V| \leqslant |V|$, 故在 $\mathbb{R}_+ \times \Omega$ 上有 $|X| = |X_0 + M + V| \leqslant 3K$. 再由 $F \in C^2(\mathbb{R})$, 知存在常数 $C \geqslant 0$ 使得

$$\sup_{x \in [-3K, 3K]} \{|F(x)|, |F'(x)|, |F''(x)|\} \leqslant C$$

因此在 $\mathbb{R}_+ \times \Omega$ 上有

$$|F \circ X|, |F' \circ X|, |F'' \circ X| \leqslant C \quad (6.5.3)$$

从而

$$|F' \circ X| \in \mathbf{L}_{2,\infty}\left(\mathbb{R}_+ \times \Omega, \mu_{[M,M]}, P\right)$$

故 $(F' \circ X) \bullet M \in \mathbf{M}_2^c(\Omega, \mathscr{F}, \{\mathscr{F}_t\}, P)$.

对 $n \in \mathbb{N}$, 设 $\Delta_n$ 为满足 $\lim\limits_{n \to \infty} |\Delta_n| = 0$ 的利用 $\mathbb{R}_+$ 上的满足 $t_{n,0} = 0$ 而当 $k \to \infty$ 时有 $t_{n,k} \uparrow \infty$ 的严格递增序列 $\{t_{n,k} : k \in \mathbb{Z}_+\}$ 把 $\mathbb{R}_+$ 拆分成子区间的分拆, 其中 $|\Delta_n| = \sup\limits_{k \in \mathbb{N}} (t_{n,k} - t_{n,k-1})$.

设 $t \in \mathbb{R}_+$ 固定. 对每一 $n \in \mathbb{N}$, 再设 $t_{n,p_n} = t$, 而对 $k = 0, \cdots, p_n - 1$ 有 $t_{n,k} < t$. 重写

$$F(X(t)) - F(X(0)) = \sum_{k=1}^{p_n} \{F(X(t_{n,k})) - F(X(t_{n,k-1}))\} \quad (6.5.4)$$

利用 Taylor 展式, 有

$$F\left(X\left(t_{n,k}\right)\right) - F\left(X\left(t_{n,k-1}\right)\right)$$

$$=F'\left(X\left(t_{n,k-1}\right)\right)\left\{X\left(t_{n,k}\right) - X\left(t_{n,k-1}\right)\right\}$$

$$+\frac{1}{2}F''\left(\xi_{n,k}\left(\omega\right)\right)\left\{X\left(t_{n,k}\right) - X\left(t_{n,k-1}\right)\right\}^{2} \tag{6.5.5}$$

其中

$$\min\left\{X\left(t_{n,k-1}\right), X\left(t_{n,k}\right)\right\} \leqslant \xi_{n,k}\left(\omega\right) \leqslant \max\left\{X\left(t_{n,k-1}\right), X\left(t_{n,k}\right)\right\} \tag{6.5.6}$$

但是 $\xi_{n,k}\left(\omega\right)$ 未必是一个随机变量, 即它可能不是 $\mathscr{F}$ 可测的. 然而由 (6.5.5) 式可知在集合 $\left\{X\left(t_{n,k}\right) - X\left(t_{n,k-1}\right) \neq 0\right\} \in \mathscr{F}_{n,k}$ 上有

$$F''\left(\xi_{n,k}\left(\omega\right)\right) = 2\left\{F\left(X\left(t_{n,k}\right)\right) - F\left(X\left(t_{n,k-1}\right)\right)\right\}\left\{X\left(t_{n,k}\right) - X\left(t_{n,k-1}\right)\right\}^{-2}$$

$$- 2F'\left(X\left(t_{n,k-1}\right)\right)\left\{X\left(t_{n,k}\right) - X\left(t_{n,k-1}\right)\right\}^{-1}$$

故 $F''\left(\xi_{n,k}\left(\omega\right)\right)$ 是 $\mathscr{F}_{n,k}$ 可测的. 现在在 $\Omega$ 上定义 $G_{n,k}\left(\omega\right)$ 为

$$G_{n,k}\left(\omega\right) = \begin{cases} F''\left(\xi_{n,k}\left(\omega\right)\right), & \text{如果 } \omega \in \left\{X\left(t_{n,k}\right) - X\left(t_{n,k-1}\right) \neq 0\right\}, \\ 0, & \text{否则} \end{cases}$$

则 $G_{n,k}\left(\omega\right)$ 是一个 $\mathscr{F}_{n,k}$ 可测的随机变量, 且

$$F\left(X\left(t_{n,k}\right)\right) - F\left(X\left(t_{n,k-1}\right)\right) = F'\left(X\left(t_{n,k-1}\right)\right)\left\{X\left(t_{n,k}\right) - X\left(t_{n,k-1}\right)\right\}$$

$$+ \frac{1}{2}G_{n,k}\left(\omega\right)\left\{X\left(t_{n,k}\right) - X\left(t_{n,k-1}\right)\right\}^{2} \tag{6.5.7}$$

而

$$\sup_{\omega \in \Omega}\left|G_{n,k}\left(\omega\right)\right| \leqslant \sup_{\omega \in \Omega}\left|F''\left(\xi_{n,k}\left(\omega\right)\right)\right| \leqslant C \tag{6.5.8}$$

因此

$$F\left(X\left(t\right)\right) - F\left(X\left(0\right)\right) = \sum_{k=1}^{p_{n}}F'\left(X\left(t_{n,k-1}\right)\right)\left\{X\left(t_{n,k}\right) - X\left(t_{n,k-1}\right)\right\}$$

$$+ \frac{1}{2}\sum_{k=1}^{p_{n}}G_{n,k}\left\{X\left(t_{n,k}\right) - X\left(t_{n,k-1}\right)\right\}^{2} \tag{6.5.9}$$

将上式右边的第一个和写为

$$\sum_{k=1}^{p_n} F'\left(X\left(t_{n,k-1}\right)\right)\left\{X\left(t_{n,k}\right)-X\left(t_{n,k-1}\right)\right\}$$

$$=\sum_{k=1}^{p_n} F'\left(X\left(t_{n,k-1}\right)\right)\left\{M\left(t_{n,k}\right)-M\left(t_{n,k-1}\right)\right\}$$

$$+\sum_{k=1}^{p_n} F'\left(X\left(t_{n,k-1}\right)\right)\left\{V\left(t_{n,k}\right)-V\left(t_{n,k-1}\right)\right\}$$

$$=S_1^{(n)}+S_2^{(n)} \tag{6.5.10}$$

则由命题 6.2.16 有

$$\lim_{n\to\infty}\left\|S_1^{(n)}-\left(\left(F'\circ X\right)\bullet M\right)(t)\right\|_2=0$$

从而存在 $\{n\}$ 的一个子序列 $\{n_l\}$ 和 $(\Omega,\mathscr{F},P)$ 的一个零集 $\Lambda'$ 使得 $\omega\in\Lambda'^c$ 时有

$$\lim_{l\to\infty}S_1^{(n_l)}\left(\omega\right)=\left(\left(F'\circ X\right)\bullet M\right)(t,\omega) \tag{6.5.11}$$

至于 $S_2^{(n)}$, 由于 $(F'\circ X)(\bullet,\omega)$ 是连续函数, 而对于每一个 $\omega\in\Omega$, $V(\bullet,\omega)$ 在 $\mathbb{R}_+$ 的每一个有限区间上是具有有界变差的连续函数, 故对 $\omega\in\Omega$ 有

$$\lim_{l\to\infty}S_2^{(n)}\left(\omega\right)=\int_{(0,t]}\left(F'\circ X\right)(s,\omega)\,\mathrm{d}V(s,\omega) \tag{6.5.12}$$

再将 (6.5.9) 式右边的第二个式子写为

$$\frac{1}{2}\sum_{k=1}^{p_n} G_{n,k}\left(\omega\right)\left\{X\left(t_{n,k}\right)-X\left(t_{n,k-1}\right)\right\}^2$$

$$=\sum_{k=1}^{p_n} G_{n,k}\left\{M\left(t_{n,k}\right)-M\left(t_{n,k-1}\right)\right\}\left\{V\left(t_{n,k}\right)-V\left(t_{n,k-1}\right)\right\}$$

$$+\frac{1}{2}\sum_{k=1}^{p_n} G_{n,k}\left\{V\left(t_{n,k}\right)-V\left(t_{n,k-1}\right)\right\}^2+\frac{1}{2}\sum_{k=1}^{p_n} G_{n,k}\left\{M\left(t_{n,k}\right)-M\left(t_{n,k-1}\right)\right\}^2$$

$$=S_3^{(n)}+S_4^{(n)}+S_5^{(n)} \tag{6.5.13}$$

则由 (6.5.8) 式有

$$\left|S_3^{(n)}\right|\leqslant C\max_{k=1,\cdots,p_n}\left|M\left(t_{n,k}\right)-M\left(t_{n,k-1}\right)\right|\sum_{k=1}^{p_n}\left|V\left(t_{n,k}\right)-V\left(t_{n,k-1}\right)\right|$$

$$\leqslant C \max_{k=1,\cdots,p_n} |M(t_{n,k}) - M(t_{n,k-1})| \, |V|_t$$

因为 $M$ 的每一个样本函数连续, 所以在 $[0,t]$ 上一致连续, 因此在 $\Omega$ 上有

$$\lim_{n\to\infty} \max_{k=1,\cdots,p_n} |M(t_{n,k}) - M(t_{n,k-1})| = 0$$

从而有

$$\lim_{n\to\infty} S_3^{(n)} = 0 \tag{6.5.14}$$

类似地, 有

$$\left| S_4^{(n)} \right| \leqslant \frac{1}{2} C \max_{k=1,\cdots,p_n} |V(t_{n,k}) - V(t_{n,k-1})| \, |V|_t$$

从而由 $V$ 的每一个样本在 $[0,t]$ 上一致连续, 在 $\Omega$ 上有

$$\lim_{n\to\infty} S_4^{(n)} = 0 \tag{6.5.15}$$

为证明

$$\lim_{n\to\infty} E \left| S_5^{(n)} - \frac{1}{2} \int_{[0,t]} (F'' \circ X)(s) \, \mathrm{d}[M,M](s) \right| = 0$$

设

$$S_6^{(n)} = \frac{1}{2} \sum_{k=1}^{p_n} (F'' \circ X)(t_{n,k-1}) \left\{ M(t_{n,k}) - M(t_{n,k-1}) \right\}^2$$

$$S_7^{(n)} = \frac{1}{2} \sum_{k=1}^{p_n} (F'' \circ X)(t_{n,k-1}) \left\{ [M,M](t_{n,k}) - [M,M](t_{n,k-1}) \right\}$$

以下为书写简便, 记

$$A_{n,k} = \left\{ M(t_{n,k}) - M(t_{n,k-1}) \right\}^2, \quad \alpha_n = \max_{k=1,\cdots,p_n} A_{n,k}$$

$$B_{n,k} = [M,M](t_{n,k}) - [M,M](t_{n,k-1}), \quad \beta_n = \max_{k=1,\cdots,p_n} B_{n,k}$$

现在

$$\left| S_5^{(n)} - S_6^{(n)} \right| \leqslant \frac{1}{2} \sum_{k=1}^{p_n} \left| G_{n,k} - (F'' \circ X)(t_{n,k-1}) \right| \left\{ M(t_{n,k}) - M(t_{n,k-1}) \right\}^2$$

$$\leqslant C \max_{k=1,\cdots,p_n} |M(t_{n,k}) - M(t_{n,k-1})| \sum_{k=1}^{p_n} |M(t_{n,k}) - M(t_{n,k-1})|$$

从而由 Hölder 不等式和引理 6.5.7 有

$$E\left|S_5^{(n)} - S_6^{(n)}\right| \leqslant CE\left[\alpha_n\right]^{1/2} E\left[\left\{\sum_{k=1}^{p_n} \left|M\left(t_{n,k}\right) - M\left(t_{n,k-1}\right)\right|\right\}^2\right]^{1/2}$$

$$\leqslant CK\sqrt{1+K^2}E\left[\alpha_n\right]^{1/2}$$

再由 $M$ 的样本函数在 $[0,t]$ 上一致连续, 知在 $\Omega$ 上有 $\lim\limits_{n\to\infty}\alpha_n = 0$. 因为 $\alpha_n$ 以 $4K^2$ 为界, 所以由有界收敛定理有 $\lim\limits_{n\to\infty} E\left[\alpha_n\right] = 0$, 因此

$$\lim_{n\to\infty} E\left|S_5^{(n)} - S_6^{(n)}\right| = 0 \tag{6.5.16}$$

现在

$$S_6^{(n)} - S_7^{(n)} = \frac{1}{2}\sum_{k=1}^{p_n}\left(F'' \circ X\right)\left(t_{n,k-1}\right)\left\{A_{n,k} - B_{n,k}\right\}$$

所以

$$E\left(\left|S_6^{(n)} - S_7^{(n)}\right|^2\right) = \frac{1}{4}\sum_{k=1}^{p_n} E\left[\left(F'' \circ X\right)\left(t_{n,k-1}\right)^2\left\{A_{n,k} - B_{n,k}\right\}^2\right]$$

$$+ \frac{1}{4}\sum_{j,k=1,\cdots,p_n;j\neq k} E\left[\left(F'' \circ X\right)\left(t_{n,j-1}\right)\left(F'' \circ X\right)\left(t_{n,k-1}\right)\right.$$

$$\left.\cdot\left\{A_{n,j} - B_{n,j}\right\}\left\{A_{n,k} - B_{n,k}\right\}\right]$$

对 $j \neq k$, 不妨设 $j < k$, 则在概率空间 $(\Omega, \mathscr{F}_{n,k-1}, P)$ 上 a.e. 有

$$E\left[\left(F'' \circ X\right)\left(t_{n,j-1}\right)\left(F'' \circ X\right)\left(t_{n,k-1}\right)\left\{A_{n,j} - B_{n,j}\right\}\left\{A_{n,k} - B_{n,k}\right\}|\mathscr{F}_{n,k-1}\right]$$

$$= \left(F'' \circ X\right)\left(t_{n,j-1}\right)\left(F'' \circ X\right)\left(t_{n,k-1}\right)\left\{A_{n,j} - B_{n,j}\right\} E\left[\left\{A_{n,k} - B_{n,k}\right\}|\mathscr{F}_{n,k-1}\right]$$

从而由 $[M, M]$ 的定义知在概率空间 $(\Omega, \mathscr{F}_{n,k-1}, P)$ 上 a.e. 有

$$E\left[\left\{A_{n,k} - B_{n,k}\right\}|\mathscr{F}_{n,k-1}\right]$$

$$= E\left[\left\{M\left(t_{n,k}\right) - M\left(t_{n,k-1}\right)\right\}^2 - \left\{[M, M]\left(t_{n,k}\right) - [M, M]\left(t_{n,k-1}\right)\right\}|\mathscr{F}_{n,k-1}\right]$$

$$= 0$$

因此由引理 6.2.26 有

$$E\left(\left|S_6^{(n)} - S_7^{(n)}\right|^2\right) = \frac{1}{4}\sum_{k=1}^{p_n} E\left[\left(F'' \circ X\right)\left(t_{n,k-1}\right)^2\left\{A_{n,k} - B_{n,k}\right\}^2\right]$$

$$\leqslant \frac{1}{2} \sum_{k=1}^{p_n} E\left[ (F'' \circ X) (t_{n,k-1})^2 \left\{ A_{n,k}^2 + B_{n,k}^2 \right\} \right]$$

$$\leqslant \frac{1}{2} C^2 \sum_{k=1}^{p_n} E\left[ \left\{ M(t_{n,k}) - M(t_{n,k-1}) \right\}^4 \right.$$

$$\left. + \left\{ [M,M](t_{n,k}) - [M,M](t_{n,k-1}) \right\}^2 \right]$$

$$\leqslant \frac{1}{2} C^2 E\left[ \alpha_n \sum_{k=1}^{p_n} \left\{ M(t_{n,k}) - M(t_{n,k-1}) \right\}^2 \right]$$

$$+ \frac{1}{2} C^2 E\left[ \beta_n \sum_{k=1}^{p_n} \left\{ [M,M](t_{n,k}) - [M,M](t_{n,k-1}) \right\} \right]$$

$$\leqslant \frac{1}{2} C^2 E\left[ \alpha_n^2 \right]^{1/2} E\left[ \left\{ \sum_{k=1}^{p_n} \left\{ M(t_{n,k}) - M(t_{n,k-1}) \right\}^2 \right\}^2 \right]^{1/2}$$

$$+ \frac{1}{2} C^2 E\left[ \beta_n [M,M](t) \right]$$

$$\leqslant \frac{1}{2} C^2 \sqrt{12} k^2 E\left[ \alpha_n^2 \right]^{1/2} + \frac{1}{2} C^2 E\left[ \beta_n [M,M](t) \right]$$

又由 $M$ 和 $[M,M]$ 的样本函数在 $[0,t]$ 上一致连续, 知在 $\Omega$ 上有 $\lim\limits_{n\to\infty} \alpha_n^2 = 0$ 和 $\lim\limits_{n\to\infty} \beta_n = 0$. 因为 $M$ 和 $[M,M]$ 有界, 所以由有界收敛定理有

$$\lim_{n\to\infty} E\left[ \alpha_n^2 \right] = 0$$

和

$$\lim_{n\to\infty} E\left[ \beta_n [M,M](t) \right] = 0$$

因此

$$\lim_{n\to\infty} E\left( \left| S_6^{(n)} - S_7^{(n)} \right|^2 \right) = 0$$

从而

$$\lim_{n\to\infty} E\left| S_6^{(n)} - S_7^{(n)} \right| = 0 \tag{6.5.17}$$

因为 $F'' \circ X$ 的每一样本函数都连续, 所以对 $\omega \in \Omega$ 有

$$\lim_{n\to\infty} S_7^{(n)}(\omega) = \frac{1}{2} \int_{[0,t]} (F'' \circ X)(s,\omega)\, \mathrm{d}[M,M](s,\omega) \tag{6.5.18}$$

而从 $\lim\limits_{n\to\infty} E\left|S_5^{(n)} - S_6^{(n)}\right| = 0$ 和 $\lim\limits_{n\to\infty} E\left|S_6^{(n)} - S_7^{(n)}\right| = 0$ 可知存在 $\{n_l\}$ 的一个子序列 $\{n_m\}$ 和概率空间 $(\Omega, \mathscr{F}, P)$ 的一个零集 $\Lambda_t''$, 使得 $\omega \in \Lambda_t''^c$ 时有

$$\lim_{m\to\infty} E\left|S_5^{(n)}(\omega) - S_6^{(n)}(\omega)\right| = \lim_{n\to\infty} E\left|S_6^{(n)}(\omega) - S_7^{(n)}(\omega)\right| = 0 \qquad (6.5.19)$$

设 $\Lambda_t = \Lambda' \cup \Lambda_t''$, 在 (6.5.9) 式中用 $n_m$ 替换 $n$, 在替换后的式子中令 $m \to \infty$, 则从 (6.5.10) 式至 (6.5.15) 式及 (6.5.18) 式和 (6.5.19) 式我们可得 (6.5.1) 式在 $\Lambda_t^c$ 上成立, 这说明在 $X_0, M, [M,M], |V|$ 都有界时 (6.5.1) 式成立.

**第二步** 考虑 $X_0$ 无界而 $M, [M,M], |V|$ 都有界的情况. 设

$$X_0^{(n)} = X_0 1_{[-n,n]}$$

则

$$\left|X_0^{(n)}\right| \leqslant n$$

对 $n \in \mathbb{N}$, 设

$$X^{(n)} = X_0^{(n)} + M + V$$

则对每一 $n \in \mathbb{N}$, 由第一步知存在概率空间 $(\Omega, \mathscr{F}, P)$ 的一个零集 $\Lambda_n$, 使得当 $\omega \in \Lambda_n^c$ 时有

$$
\begin{aligned}
&\left(F \circ X^{(n)}\right)_t - \left(F \circ X^{(n)}\right)_0 \\
&= \int_{[0,t]} \left(F' \circ X^{(n)}\right)(s)\, \mathrm{d}M(s) + \int_{[0,t]} \left(F' \circ X^{(n)}\right)(s)\, \mathrm{d}V(s) \\
&\quad + \frac{1}{2} \int_{[0,t]} \left(F'' \circ X^{(n)}\right)(s)\, \mathrm{d}[M,M](s)
\end{aligned}
\qquad (6.5.20)
$$

因为随机积分不依赖于被积过程在 $t = 0$ 点的值, 所以

$$\int_{[0,t]} \left(F' \circ X^{(n)}\right)(s)\, \mathrm{d}M(s) = \int_{[0,t]} \left(F' \circ X\right)(s)\, \mathrm{d}M(s)$$

对一个固定的 $\omega$, 取 $n$ 足够大使得 $|X_0(\omega)| \leqslant n$ 以至于 $X_0^{(n)}(\omega) = X_0(\omega)$, 从而 $X^{(n)}(\bullet, \omega) = X(\bullet, \omega)$. 因此

$$\int_{[0,t]} \left(F' \circ X^{(n)}\right)(s)\, \mathrm{d}V(s) = \int_{[0,t]} \left(F' \circ X\right)(s)\, \mathrm{d}V(s)$$

$$\int_{[0,t]} \left(F'' \circ X^{(n)}\right)(s)\, \mathrm{d}M(s) = \int_{[0,t]} \left(F'' \circ X\right)(s)\, \mathrm{d}[M,M](s)$$

另一方面, 因为 $\lim\limits_{n\to\infty} X^{(n)}(\omega) = X(\omega)$, 而 $F$ 又连续, 所以对每一 $s \in \mathbb{R}_+$ 有

$$\lim_{n\to\infty} \left( F \circ X^{(n)} \right)(s,\omega) = (F \circ X)(s,\omega)$$

设 $\Lambda = \bigcup\limits_{n\in\mathbb{N}} \Lambda_n$, 则在 (6.5.20) 式中令 $n \to \infty$ 即可得 (6.5.1) 式在 $\Lambda^c$ 上成立.

**第三步**  考虑 $X_0, M, [M,M], |V|$ 都无界的情况. 设

$$\rho_{1,n} = \inf\{t \in \mathbb{R}_+ : |M(t)| > n\} \wedge n$$

$$\rho_{2,n} = \inf\{t \in \mathbb{R}_+ : [M,M](t) > n\} \wedge n$$

$$\rho_{3,n} = \inf\{t \in \mathbb{R}_+ : |V|(t) > n\} \wedge n$$

$$\rho_{4,n} = \inf\{t \in \mathbb{R}_+ : |(F' \circ X)(t)| > n\} \wedge n$$

$$\tau_n = \inf\left\{ t \in \mathbb{R}_+ : \int_{[0,t]} (F' \circ X)(s)\,\mathrm{d}(M,M)(s) > n \right\} \wedge n$$

则 $\{\rho_{i,n} : n \in \mathbb{N}\}, i = 1, \cdots, 4$, 和 $\{\tau_n : n \in \mathbb{N}\}$ 都是停时的递增序列.

因 $M, [M,M], |V|$ 的每一个样本函数和 $F' \circ X$ 都连续, 故当 $n \to \infty$ 时, 在 $\Omega$ 上有 $\rho_{i,n} \uparrow \infty, \tau_n \uparrow \infty$. 现在设

$$S_n = \rho_{1,n} \wedge \cdots \wedge \rho_{4,n} \wedge \tau_n$$

则 $\{S_n : n \in \mathbb{N}\}$ 是一个在 $\Omega$ 上满足当 $n \to \infty$ 时有 $S_n \uparrow \infty$ 的停时的递增序列.

因为过程 $M^{S_n}, [M,M]^{S_n}, |V|^{S_n}$ 和 $(F' \circ X)^{S_n}$ 都以 $n$ 为界, 所以有

$$M^{S_n} \in \mathbf{M}_2^c(\Omega, \mathscr{F}, \{\mathscr{F}_t\}, P)$$

$$[M,M]^{S_n} \in \mathbf{A}^c(\Omega, \mathscr{F}, \{\mathscr{F}_t\}, P)$$

$$|V|^{S_n} \in \mathbf{V}^c(\Omega, \mathscr{F}, \{\mathscr{F}_t\}, P)$$

而

$$(F' \circ X)^{S_n} \in \mathbf{L}_{2,\infty}\left( \mathbb{R}_+ \times \Omega, \mu_{[M^{S_n}, M^{S_n}]}, P \right)$$

由命题 6.2.25 知 $[M^{S_n}, M^{S_n}] = [M,M]^{S_n}$, 而 $|V^{S_n}| = |V|^{\tau_n}$.

再对每一 $n \in \mathbb{N}$, 令

$$X^{S_n} = X_0 + M^{S_n} + V^{S_n}$$

则由第二步知对每一 $n \in \mathbb{N}$ 和每一 $t \in \mathbb{R}_+$ 都存在概率空间 $(\Omega, \mathscr{F}, P)$ 上的零集 $\Lambda$ 使得在 $\Lambda^c$ 上有

$$
\begin{aligned}
&\left(F \circ X^{S_n}\right)_t - \left(F \circ X^{S_n}\right)_0 \\
&= \int_{[0,t]} \left(F' \circ X^{S_n}\right)(s) \, \mathrm{d}M^{S_n}(s) \\
&\quad + \int_{[0,t]} \left(F' \circ X^{S_n}\right)(s) \, \mathrm{d}V^{S_n}(s) \\
&\quad + \frac{1}{2} \int_{[0,t]} \left(F'' \circ X^{S_n}\right)(s) \, \mathrm{d}\left[M^{S_n}, M^{S_n}\right](s)
\end{aligned}
\tag{6.5.21}
$$

而如果 $(\Omega, \mathscr{F}, \{\mathscr{F}_t : t \in \mathbb{R}_+\}, P)$ 是一个域流空间, $Y$ 是其上的一个适应过程, $\rho$ 是其上的一个停时, $G$ 是 $\mathbb{R}$ 上的一个实值函数, 则利用停时过程和截断过程的定义容易得到

$$
G \circ Y^\rho = (G \circ Y)^\rho \tag{6.5.22}
$$

$$
(Y^\rho)^{[\rho]} = Y^{[\rho]} \tag{6.5.23}
$$

对 $\omega \in \Lambda^c$ 和 $t \in \mathbb{R}_+$, 都存在充分大的 $n \in \mathbb{N}$, 使得 $S_n(\omega) \geqslant t$, 从而对所有 $s \in [0, t]$ 有 $S_n(\omega) \wedge s = s$. 对这个 $n$ 从 (6.5.22) 式可得对所有 $s \in [0, t]$ 有

$$
\left(F \circ X^{S_n}\right)(s, \omega) = (F \circ X)^{S_n}(s, \omega) = (F \circ X)(s, \omega) \tag{6.5.24}
$$

类似地, 对 $s \in [0, t]$ 有

$$
\begin{cases}
\left(F' \circ X^{S_n}\right)(s, \omega) = (F' \circ X)(s, \omega), \\
\left(F'' \circ X^{S_n}\right)(s, \omega) = (F'' \circ X)(s, \omega)
\end{cases}
\tag{6.5.25}
$$

对于 (6.5.21) 式的右边第一项, 有

$$
\begin{aligned}
&\left(F' \circ X^{S_n}\right) \bullet M^{S_n} = (F' \circ X)^{S_n} \bullet M^{S_n} = (F' \circ X)^{S_n} \bullet \left(M^{S_n}\right)^{S_n} \\
&= \left((F' \circ X)^{S_n} \bullet M^{S_n}\right)^{S_n} = \left((F' \circ X)^{S_n}\right)^{[S_n]} \bullet M^{S_n} \\
&= (F' \circ X)^{[S_n]} \bullet M^{S_n} = \left((F' \circ X)^{[S_n]} \bullet M\right)^{S_n}
\end{aligned}
$$

其中第一个等号是由 (6.5.22) 式, 第三个等号是由定理 6.2.24, 第四个等号是由定理 6.2.22, 第五个等号是由 (6.5.23) 式, 最后一个等号是由定理 6.4.17 得到.

由命题 6.5.6 知 $F' \circ X \in \mathbf{L}_{2,\infty}^{loc}\left(\mathbb{R}_+ \times \Omega, \mu_{[M,M]}, P\right)$, 从而由定理 6.4.18 有

$$(F' \circ X)^{[S_n]} \bullet M = ((F' \circ X) \bullet M)^{S_n}$$

因此

$$\left(F' \circ X^{S_n}\right) \bullet M^{S_n} = ((F' \circ X) \bullet M)^{S_n}$$

因对 $\omega \in \Lambda^c$, 都有充分大的 $n \in \mathbb{N}$ 使 $R_n(\omega) \wedge t = t$, 故对这个 $n$ 有

$$\left((F' \circ X^{S_n}) \bullet M^{S_n}\right)(t,\omega) = ((F' \circ X) \bullet M)^{S_n}(t,\omega) = ((F' \circ X) \bullet M)(t,\omega)$$

从而我们证明了对 $\omega \in \Lambda^c$, 对充分大的 $n \in \mathbb{N}$ 有

$$\left(\int_{[0,t]} (F' \circ X^{S_n})(s)\, \mathrm{d}M^{S_n}(s)\right)(\omega) = \left(\int_{[0,t]} (F' \circ X)(s)\, \mathrm{d}M(s)\right)(\omega) \qquad (6.5.26)$$

又对 $s \in [0,t]$, 对充分大的 $n \in \mathbb{N}$, 有 $S_n(\omega) \wedge s = s$, 因此

$$V^{S_n}(s,\omega) = V(S_n(\omega) \wedge s, \omega) = V(s,\omega)$$

类似地, 有

$$\left[M^{S_n}, M^{S_n}\right](s,\omega) = [M,M]^{S_n}(s,\omega)$$
$$= [M,M](S_n(\omega) \wedge s, \omega) = [M,M](s,\omega)$$

从而由这些等式及 (6.5.25) 式可得, 对充分大的 $n \in \mathbb{N}$ 有

$$\int_{[0,t]} \left(F' \circ X^{S_n}\right)(s,\omega)\, \mathrm{d}V^{S_n}(s,\omega) = \int_{[0,t]} (F' \circ X)(s,\omega)\, \mathrm{d}V(s,\omega) \qquad (6.5.27)$$

和

$$\int_{[0,t]} \left(F'' \circ X^{S_n}\right)(s,\omega)\, \mathrm{d}\left[M^{S_n}, M^{S_n}\right](s,\omega) = \int_{[0,t]} (F'' \circ X)(s,\omega)\, \mathrm{d}[M,M](s)$$
$$(6.5.28)$$

将 (6.5.24) 式, (6.5.26) 式, (6.5.27) 式和 (6.5.28) 式用于 (6.5.20) 式, 即可得 (6.5.1) 式在 $\Lambda^c$ 上成立.

**例 6.5.8** 设 $B$ 是标准域流空间 $(\Omega, \mathscr{F}, \{\mathscr{F}_t\}, P)$ 上的一个 $\{\mathscr{F}_t\}$ 适应的初始值为零的 Brownian 运动, 那么

$$\int_{[0,t]} B(s)\, \mathrm{d}B(s) = \frac{1}{2}\left[B^2(t) - t\right] \qquad (6.5.29)$$

$$\int_{[0,t]} \left[ \int_{[0,s]} B(u) \, dB(u) \right] dB(s) = \frac{1}{3!} \left[ B^3(t) - 3tB(t) \right] \tag{6.5.30}$$

**证明**  由命题 6.3.21 知 $B \in \mathbf{M}_2^c(\Omega, \mathscr{F}, \{\mathscr{F}_t\}, P)$, 而且对 $t \in \mathbb{R}_+$ 有 $B$ 的二次变差过程 $[B,B]_t = t$. 对 $n \in \mathbb{N}$, 如果对 $x \in \mathbb{R}$ 取 $F(x) = x^n$, 那么 $F \in C^2(\mathbb{R})$, 所以将 Itô 公式运用到 $B$, 即当 $X = X_0 + M + V$ 中的 $X_0 = 0$, $M = B$, $V = 0$ 时, 我们有

$$B^n(t) = n \int_{[0,t]} B^{n-1}(s) \, dB(s) + \frac{n(n-1)}{2} \int_{[0,t]} B^{n-2}(s) \, m_L(ds) \tag{6.5.31}$$

特别地, 对 $n = 2$, 有

$$B^2(t) = 2 \int_{[0,t]} B(s) \, dB(s) + t \tag{6.5.32}$$

因此 (6.5.29) 式成立. 而对 $n = 3$, 由 (6.5.31) 式和 (6.5.32) 式有

$$\begin{aligned}
B^3(t) =& 3 \int_{[0,t]} B^2(s) \, dB(s) + 3 \int_{[0,t]} B(s) \, m_L(ds) \\
=& 3! \int_{[0,t]} \left[ \int_{[0,s]} B(u) \, dB(u) \right] dB(s) \\
& + 3 \left[ \int_{[0,t]} s \, dB(s) + \int_{[0,t]} B(s) \, m_L(ds) \right]
\end{aligned} \tag{6.5.33}$$

因为积分 $\displaystyle\int_{[0,t]} s \, dB(s)$ 中的被积函数是一个连续函数, 所以对每一 $\omega \in \Omega$, $\left( \displaystyle\int_{[0,t]} s \, dB(s) \right)(\omega)$ 实际上等于 Riemann-Stieltjes 积分 $\displaystyle\int_0^t s \, dB(s, \omega)$. 现在由 Riemann-Stieltjes 积分的分部积分公式有

$$\int_0^t s \, dB(s, \omega) + \int_0^t B(s, \omega) \, ds = [sB(s, \omega)]_0^t = tB(t)$$

将其代入 (6.5.33) 式, 得

$$B^3(t) = 3! \int_{[0,t]} \left[ \int_{[0,s]} B(u) \, dB(u) \right] dB(s) + 3tB(t)$$

从而有 (6.5.30) 式成立.

注意到例 6.5.6 中的等式 (6.5.29) 式和 (6.5.30) 式与普通微积分公式

$$\int_0^t s\,ds = \frac{1}{2}t^2 \quad \text{和} \quad \int_0^t \left\{ \int_0^s u\,du \right\} ds = \frac{1}{3!}t^3$$

形成了有趣的对比.

### 6.5.2　关于拟鞅的随机积分

**定义 6.5.9**　对 $A \in \mathbf{A}^{loc}(\Omega, \mathscr{F}, \{\mathscr{F}_t\}, P)$, 用 $\mathbf{L}_{1,\infty}^{loc}(\mathbb{R}_+ \times \Omega, \mu_A, P)$ 表示概率空间 $(\Omega, \mathscr{F}, P)$ 上的满足如下条件的可测过程 $\Phi = \{\Phi_t : t \in \mathbb{R}_+\}$ 的等价类的线性空间.

对每一 $t \in \mathbb{R}_+$ 对几乎每一 $\omega \in \Omega$, 有

$$\int_{[0,t]} |\Phi(s, \omega)| \, \mu_A(ds, \omega) < \infty$$

**定义 6.5.10**　记 $\mathbf{C}(\mathbb{R}_+ \times \Omega)$ 为概率空间 $(\Omega, \mathscr{F}, P)$ 上的满足如下条件的可测过程 $\Phi = \{\Phi_t : t \in \mathbb{R}_+\}$ 的等价类的线性空间.

对几乎每一 $\omega \in \Omega$, $\Phi(\bullet, \omega)$ 是 $\mathbb{R}_+$ 上的连续函数.

**定义 6.5.11**　记 $\mathbf{B}(\mathbb{R}_+ \times \Omega)$ 为概率空间 $(\Omega, \mathscr{F}, P)$ 上的满足如下条件的可测过程 $\Phi = \{\Phi_t : t \in \mathbb{R}_+\}$ 的等价类的线性空间.

对几乎每一 $\omega \in \Omega$, $\Phi(\bullet, \omega)$ 是 $\mathbb{R}_+$ 的每一有限区间上的有界函数.

**注释 6.5.12**　标准域流空间 $(\Omega, \mathscr{F}, \{\mathscr{F}_t\}, P)$ 上的每一拟鞅都属于 $\mathbf{C}(\mathbb{R}_+ \times \Omega)$, 而且对每一 $A \in \mathbf{A}^{loc}(\Omega, \mathscr{F}, \{\mathscr{F}_t\}, P)$, 有

$$\mathbf{C}(\mathbb{R}_+ \times \Omega) \subset \mathbf{B}(\mathbb{R}_+ \times \Omega) \subset \mathbf{L}_{2,\infty}^{loc}(\mathbb{R}_+ \times \Omega, \mu_A, P) \subset \mathbf{L}_{1,\infty}^{loc}(\mathbb{R}_+ \times \Omega, \mu_A, P)$$

其中最后的包含是因为对每一 $t \in \mathbb{R}_+$ 和 $\omega \in \Omega$, $\mu_A(\bullet, \omega)$ 都是 $([0, t], \mathscr{B}_{[0,t]})$ 上的一个有限测度, 所以对概率空间 $(\Omega, \mathscr{F}, P)$ 上的每一个可测过程 $\Phi$, 有

$$\int_{[0,t]} \Phi^2(s, \omega)\,dA(s, \omega) < \infty \Rightarrow \int_{[0,t]} |\Phi(s, \omega)|\,dA(s, \omega) < \infty$$

现在对于某标准域流空间 $(\Omega, \mathscr{F}, \{\mathscr{F}_t\}, P)$ 上的一个拟鞅 $X = X_0 + M + V$, 设 $\Phi$ 是该域流空间上的一个满足

$$\Phi \in \mathbf{L}_{2,\infty}^{loc}(\mathbb{R}_+ \times \Omega, \mu_{[M,M]}, P) \cap \mathbf{L}_{1,\infty}^{loc}(\mathbb{R}_+ \times \Omega, \mu_{|V|}, P)$$

的可料过程, 因为 $\Phi \in \mathbf{L}_{2,\infty}^{loc}(\mathbb{R}_+ \times \Omega, \mu_{[M,M]}, P)$, 所以 $\Phi \bullet M \in \mathbf{M}_2^{c,loc}(\Omega, \mathscr{F}, \{\mathscr{F}_t\}, P)$. 而由 $\Phi \in \mathbf{L}_{1,\infty}^{loc}(\mathbb{R}_+ \times \Omega, \mu_{|V|}, P)$ 可得

$$\left| \int_{[0,t]} \Phi(s, \omega)\,dV(s, \omega) \right| \leqslant \int_{[0,t]} |\Phi(s, \omega)|\,d|V|(s, \omega) < \infty$$

故对 $(t, \omega) \in \mathbb{R}_+ \times \Omega$, 有 $\int_{[0,t]} \Phi(s, \omega) \, dV(s, \omega) \in \mathbb{R}$. 我们也可以证明随机过程 $\left\{ \int_{[0,t]} \Phi(s) \, dV(s) : t \in \mathbb{R}_+ \right\}$ 是适应的, 其样本函数在 $\mathbb{R}_+$ 的每一有限区间上都是有界变差函数, 因此过程 $\left\{ \int_{[0,t]} \Phi(s) \, dV(s) : t \in \mathbb{R}_+ \right\}$ 属于 $\mathbf{V}^{c,loc}(\Omega, \mathscr{F}, \{\mathscr{F}_t\}, P)$.

**定义 6.5.13** 设 $(\Omega, \mathscr{F}, \{\mathscr{F}_t\}, P)$ 是一个域流空间, 其上的拟鞅 $X$ 由 $X = X_0 + M_X + V_X$ 给定, 其中 $M_X$ 属于 $\mathbf{M}_2^{c,loc}(\Omega, \mathscr{F}, \{\mathscr{F}_t\}, P)$, $V_X$ 属于 $\mathbf{V}^{c,loc}(\Omega, \mathscr{F}, \{\mathscr{F}_t\}, P)$. 设 $\Phi$ 是该域流空间上的一个满足

$$\Phi \in \mathbf{L}_{2,\infty}^{loc}\left(\mathbb{R}_+ \times \Omega, \mu_{[M,M]}, P\right) \cap \mathbf{L}_{1,\infty}^{loc}\left(\mathbb{R}_+ \times \Omega, \mu_{|V|}, P\right) \tag{6.5.34}$$

的可料过程. 我们称由

$$\int_{[0,t]} \Phi(s) \, dX(s) = \int_{[0,t]} \Phi(s) \, dM_X(s) + \int_{[0,t]} \Phi(s) \, dV_X(s), \quad \text{对 } t \in \mathbb{R}_+ \tag{6.5.35}$$

确定的零初值拟鞅 $\left\{ \int_{[0,t]} \Phi(s) \, dX(s) : t \in \mathbb{R}_+ \right\}$ 为可料过程 $\Phi$ 关于拟鞅 $X$ 的随机积分.

我们也用记号 $\Phi \bullet X$, $\Phi \bullet M_X$ 和 $\Phi \bullet V_X$ 分别表示过程 $\left\{ \int_{[0,t]} \Phi(s) \, dX(s) : t \in \mathbb{R}_+ \right\}$, $\left\{ \int_{[0,t]} \Phi(s) \, dM_X(s) : t \in \mathbb{R}_+ \right\}$ 和 $\left\{ \int_{[0,t]} \Phi(s) \, dV_X(s) : t \in \mathbb{R}_+ \right\}$.

如果用 $M_{\Phi \bullet X}$ 和 $V_{\Phi \bullet X}$ 记拟鞅 $\Phi \bullet X$ 的鞅部和有界变差部分, 那么 $M_{\Phi \bullet X} = \Phi \bullet M_X$, $V_{\Phi \bullet X} = \Phi \bullet V_X$.

利用上面定义的可料过程关于拟鞅的随机积分, 定理 6.5.3 可被叙述为: 设 $X$ 是某个标准域流空间上的一个拟鞅, 如果 $M_X$ 是它的鞅部, 那么对 $F \in C^2(\mathbb{R})$, 有

$$(F \circ X)_t - (F \circ X)_0$$
$$= \int_{[0,t]} (F' \circ X)(s) \, dX(s) + \frac{1}{2} \int_{[0,t]} (F'' \circ X)(s) \, d[M_X, M_X](s)$$

或者

$$(F \circ X)_t - (F \circ X)_0 = (F' \circ X) \bullet X + \frac{1}{2} (F'' \circ X) \bullet [M_X, M_X]$$

**定理 6.5.14** 设 $(\Omega, \mathscr{F}, \{\mathscr{F}_t\}, P)$ 是某一个标准域流空间, 其上的拟鞅 $X$ 和 $Y$ 分别由

$$X = X_0 + M_X + V_X \quad \text{和} \quad Y = Y_0 + M_Y + V_Y$$

给定, 其中 $M_X, M_Y \in \mathbf{M}_2^{c,loc}(\Omega, \mathscr{F}, \{\mathscr{F}_t\}, P)$, 而 $V_X, V_Y \in \mathbf{V}^{c,loc}(\Omega, \mathscr{F}, \{\mathscr{F}_t\}, P)$. 那么 $Y$ 关于 $X$ 的随机积分 $Y \bullet X$ 总是一个在零时刻为零的拟鞅, 且具有鞅部 $M_{Y \bullet X} = Y \bullet M_X$ 和有界变差部分 $V_{Y \bullet X} = Y \bullet V_X$.

**证明** 因为 $Y$ 是一个拟鞅, 所以它属于 $C(\mathbb{R}_+ \times \Omega)$, 而

$$C(\mathbb{R}_+ \times \Omega) \subset \mathbf{L}_{2,\infty}^{loc}(\mathbb{R}_+ \times \Omega, \mu_{[M_X, M_X]}, P) \cap \mathbf{L}_{1,\infty}^{loc}(\mathbb{R}_+ \times \Omega, \mu_{|V_X|}, P)$$

因此由定义 6.5.13 知 $Y \bullet X$ 存在, 且 $M_{Y \bullet X} = Y \bullet M_X$, $V_{Y \bullet X} = Y \bullet V_X$.

**定理 6.5.15** 设 $(\Omega, \mathscr{F}, \{\mathscr{F}_t\}, P)$ 是一个标准域流空间, 其上的拟鞅 $X$ 和 $Y$ 分别由

$$X = X_0 + M_X + V_X \quad 和 \quad Y = Y_0 + M_Y + V_Y$$

给定, 其中 $M_X, M_Y \in \mathbf{M}_2^{c,loc}(\Omega, \mathscr{F}, \{\mathscr{F}_t\}, P)$, 而 $V_X, V_Y \in \mathbf{V}^{c,loc}(\Omega, \mathscr{F}, \{\mathscr{F}_t\}, P)$. $\Phi$ 和 $\Psi$ 都是该域流空间上的可料过程, 满足

$$\Phi, \Psi \in \mathbf{L}_{2,\infty}^{loc}(\mathbb{R}_+ \times \Omega, \mu_{[M_X, M_X]}, P) \cap \mathbf{L}_{1,\infty}^{loc}(\mathbb{R}_+ \times \Omega, \mu_{|V_X|}, P)$$

$$\cap \mathbf{L}_{2,\infty}^{loc}(\mathbb{R}_+ \times \Omega, \mu_{[M_Y, M_Y]}, P) \cap \mathbf{L}_{1,\infty}^{loc}(\mathbb{R}_+ \times \Omega, \mu_{|V_Y|}, P) \tag{6.5.36}$$

那么对 $a, b, \alpha, \beta \in \mathbb{R}_+$, 有

$$(a\Phi + b\Psi) \bullet (\alpha X + \beta Y) = a\alpha\Phi \bullet X + a\beta\Phi \bullet Y + b\alpha\Psi \bullet X + b\beta\Psi \bullet Y \tag{6.5.37}$$

特别地, 当 $\Phi, \Psi \in \mathbf{B}(\mathbb{R}_+ \times \Omega)$ 时, (6.5.37) 式成立.

**证明** 由关于局部 $L_2$ 鞅的随机积分的线性性和 Lebesgue-Stieltjes 积分的线性性, 即可得出关于拟鞅的随机积分的线性性.

### 6.5.3 指数拟鞅

如果 $X$ 是一个拟鞅, 那么因为指数函数具有所有阶的连续导数, 所以由定理 6.5.3 知, 随机过程 $e^X = \{e^{X(t)} : t \in \mathbb{R}_+\}$ 也是一个拟鞅.

**定义 6.5.16** 设 $X$ 是一个拟鞅, 称 $e^X$ 为 $X$ 的指数拟鞅.

**定理 6.5.17** 设在零时刻为零的拟鞅 $X$ 由分解式 $X = M_X + V_X$ 给定, 其中的 $M_X \in \mathbf{M}_2^{c,loc}(\Omega, \mathscr{F}, \{\mathscr{F}_t\}, P)$, $V_X \in \mathbf{V}^{c,loc}(\Omega, \mathscr{F}, \{\mathscr{F}_t\}, P)$, 那么对在零时刻为零的拟鞅 $Y = X - \frac{1}{2}[M_X, M_X]$, 存在概率空间 $(\Omega, \mathscr{F}, P)$ 的一个零集 $\Lambda$, 使得在 $\mathbb{R}_+ \times \Lambda^c$ 上有

$$e^{Y(t)} = 1 + \int_{[0,t]} e^{Y(s)} dX(s) \tag{6.5.38}$$

**证明** 因为

$$Y = X - \frac{1}{2}[M_X, M_X] = M_X + V_X - \frac{1}{2}[M_X, M_X]$$

所以 $Y$ 是一个具有鞅部 $M_Y = M_X$ 和有界变差部分 $V_Y = V_X - \frac{1}{2}[M_X, M_X]$ 的在零时刻为零的拟鞅. 由关于拟鞅的 Itô 公式有

$$
\begin{aligned}
\mathrm{e}^{Y(t)} - \mathrm{e}^{Y(0)} &= \int_{[0,t]} \mathrm{e}^{Y(s)} \mathrm{d}M_Y(s) + \int_{[0,t]} \mathrm{e}^{Y(s)} \mathrm{d}V_Y(s) \\
&\quad + \frac{1}{2} \int_{[0,t]} \mathrm{e}^{Y(s)} \mathrm{d}[M_Y, M_Y](s)
\end{aligned}
\tag{6.5.39}
$$

而 $\mathrm{e}^{Y(0)} = \mathrm{e}^0 = 1$, 故将 $M_Y = M_X$ 和

$$V_Y = V_X - \frac{1}{2}[M_X, M_X]$$

代入 (6.5.39) 式即可得

$$\mathrm{e}^{Y(t)} = 1 + \int_{[0,t]} \mathrm{e}^{Y(s)} \mathrm{d}X(s)$$

**推论 6.5.18** 设 $(\Omega, \mathscr{F}, \{\mathscr{F}_t\}, P)$ 是一个标准域流空间, $M \in \mathbf{M}_2^{c,loc}(\Omega, \mathscr{F}, \{\mathscr{F}_t\}, P)$, $\Phi$ 是一个可料过程, 满足 $\Phi \in \mathbf{L}_{2,\infty}^{loc}(\mathbb{R}_+ \times \Omega, \mu_{[M,M]}, P)$. 如果我们定义在零时刻为零的拟鞅

$$Y(t) = \int_{[0,t]} \Phi(s) \mathrm{d}M(s) - \frac{1}{2} \int_{[0,t]} \Phi^2(s) \mathrm{d}[M, M](s), \quad 对 \ t \in \mathbb{R}_+ \tag{6.5.40}$$

那么 $Y$ 的指数拟鞅 $\mathrm{e}^Y$ 满足条件: 存在概率空间 $(\Omega, \mathscr{F}, P)$ 的一个零集 $\Lambda$, 使得在 $\mathbb{R}_+ \times \Lambda^c$ 上有

$$\mathrm{e}^{Y(t)} = 1 + \int_{[0,t]} \mathrm{e}^{Y(s)} \Phi(s) \mathrm{d}M(s) \tag{6.5.41}$$

成立. 特别地, 如果令 $Z = M - \frac{1}{2}[M, M]$, 那么对拟鞅 $Z$ 的指数拟鞅 $\mathrm{e}^Z$ 有

$$\mathrm{e}^{Z(t)} = 1 + \int_{[0,t]} \mathrm{e}^{Z(s)} \mathrm{d}M(s) \tag{6.5.42}$$

在 $\mathbb{R}_+ \times \Lambda^c$ 上成立.

**证明** 设 $X = \Phi \bullet M$, 则 $X \in \mathbf{M}_2^{c,loc}(\Omega, \mathscr{F}, \{\mathscr{F}_t\}, P)$, 那么由定理 6.4.19 有

$$[X, X]_t = \int_{[0,t]} \Phi^2(s) \, \mathrm{d}[M, M](s)$$

因此 $Y = X - \dfrac{1}{2}[X, X]_t$, 从而由定理 6.5.17 和定理 6.4.19 有

$$\mathrm{e}^{Y(t)} = 1 + \int_{[0,t]} \mathrm{e}^{Y(s)} \Phi(s) \, \mathrm{d}M(s)$$

**注释 6.5.19** 注意到指数函数满足条件 $\mathrm{e}^t - 1 = \displaystyle\int_0^t \mathrm{e}^s \mathrm{d}s$. 而根据定理 6.5.17 知, 对具有分解式 $X = X_0 + M_X + V_X$ 的拟鞅来说, 其中

$$M_X \in \mathbf{M}_2^{c,loc}(\Omega, \mathscr{F}, \{\mathscr{F}_t\}, P), V_X \in \mathbf{V}^{c,loc}(\Omega, \mathscr{F}, \{\mathscr{F}_t\}, P)$$

拟鞅 $Y = X - \dfrac{1}{2}[M_X, M_X]$ 满足条件

$$\mathrm{e}^{Y(t)} = 1 + \int_{[0,t]} \mathrm{e}^{Y(s)} \mathrm{d}X(s)$$

因此拟鞅 $\mathrm{e}^{M - \frac{1}{2}[M,M]}$ 关于 $M$ 的随机积分与指数函数的 Riemann 积分一致.

### 6.5.4 关于拟鞅的多维 Itô 公式

**定义 6.5.20** 称标准域流空间 $(\Omega, \mathscr{F}, \{\mathscr{F}_t\}, P)$ 上的一个 $d$ 维随机过程 $X = \{X_t : t \in \mathbb{R}_+\}$ 为一个 $d$ 维拟鞅, 如果它的分量 $X^{(1)}, \cdots, X^{(d)}$ 都是该域流空间上的一个拟鞅, 即 $X^{(i)}$ 有分解式

$$X^{(i)} = X_0^{(i)} + M^{(i)} + V^{(i)}$$

其中 $X_0^{(i)}$ 是概率空间 $(\Omega, \mathscr{F}, P)$ 上的一个实值 $\mathscr{F}_0$ 可测随机变量, $M^{(i)} \in \mathbf{M}_2^{c,loc}$ $(\Omega, \mathscr{F}, \{\mathscr{F}_t\}, P), V^{(i)} \in \mathbf{V}^{c,loc}(\Omega, \mathscr{F}, \{\mathscr{F}_t\}, P)$, 对 $i = 1, \cdots, d$.

记 $C^2(\mathbb{R}^d)$ 为 $\mathbb{R}^d$ 上所有具有一、二阶连续偏导数的实值函数 $F$ 的集合.

利用 Taylor 定理可得到类似于定理 6.5.3 的所谓拟鞅的多维 Itô 公式.

**定理 6.5.21**(多维 Itô 公式) 设 $X = \{X_t : t \in \mathbb{R}_+\}$ 是标准域流空间 $(\Omega, \mathscr{F}, \{\mathscr{F}_t\}, P)$ 上的一个 $d$ 维拟鞅, 其分量 $X^{(i)}$ 相应的有分解式 $X^{(i)} = X_0^{(i)} + M^{(i)} + V^{(i)}$, 对 $i = 1, \cdots, d$. 如果 $F \in C^2(\mathbb{R}^d)$, 那么 $F \circ X$ 是一个一维拟鞅, 且存在概率空间 $(\Omega, \mathscr{F}, P)$ 的一个零集 $\Lambda$, 使得在 $\mathbb{R}_+ \times \Lambda^c$ 上有

$$(F \circ X)_t - (F \circ X)_0$$

$$= \sum_{i=1}^{d} \int_{[0,t]} \left(F_i' \circ X\right)(s)\, \mathrm{d}M^{(i)}(s) + \sum_{i=1}^{d} \int_{[0,t]} \left(F_i' \circ X\right)(s)\, \mathrm{d}V^{(i)}(s)$$

$$+ \frac{1}{2} \sum_{i,j=1}^{d} \int_{[0,t]} \left(F_{ij}'' \circ X\right)(s)\, \mathrm{d}\left[M^{(i)}, M^{(j)}\right](s)$$

**证明** 定理 6.5.21 可通过对 $C^2\left(\mathbb{R}^d\right)$ 中的 $F$ 使用 Taylor 展式, 即

$$F(b) - F(a) = \sum_{i=1}^{d} F_i'(a)(b_i - a_i) + \frac{1}{2} \sum_{i,j=1}^{d} F_{ij}''(c)(b_i - a_i)(b_j - a_j)$$

其中

$$c = (c_1, \cdots, c_d) \in \mathbb{R}^d$$

满足 $\min\{a_i, b_i\} \leqslant c_i \leqslant \max\{a_i, b_i\}$, $i = 1, \cdots, d$, 用如同定理 6.5.3 的证明同样的方式证明.

如果在定理 6.5.21 中我们用 $M_{X^{(i)}}$ 记拟鞅 $X^{(i)}$ 的鞅部, 那么采用定义 6.5.13 中的记号可把多维 Itô 公式可写为下面的形式:

$$(F \circ X)_t - (F \circ X)_0 = \sum_{i=1}^{d} \left(F_i' \circ X\right) \bullet X^{(i)} + \frac{1}{2} \sum_{i,j=1}^{d} \left(F_{ij}'' \circ X\right) \bullet \left[M_{X^{(i)}}, M_{M_{X^{(j)}}}\right]$$

**定理 6.5.22** 设 $B = \left(B^{(1)}, \cdots, B^{(r)}\right)$ 是标准域流空间 $(\Omega, \mathscr{F}, \{\mathscr{F}_t\}, P)$ 上的一个在零时刻为零的 $\{\mathscr{F}_t\}$ 适应的 $r$ 维 Brownian 运动. 设 $Y^{(i,k)}$ 是该域流空间上的一个可料过程, 对 $k = 1, \cdots, r$, $i = 1, 2, \cdots, d$, 满足 $Y^{(i,k)} \in \mathbf{L}_{2,\infty}^{loc}$ $(\mathbb{R}_+ \times \Omega, m_L \times P)$. 设 $Z^{(i)}$ 是该域流空间上的一个可料过程, 对 $i = 1, 2, \cdots, d$, 满足 $Z^{(i)} \in \mathbf{L}_{1,\infty}^{loc}(\mathbb{R}_+ \times \Omega, m_L \times P)$. 对 $i = 1, 2, \cdots, d$, 设 $X_0^{(i)}$ 是概率空间 $(\Omega, \mathscr{F}, P)$ 上的一个实值 $\mathscr{F}_0$ 可测随机变量. 设 $X = \left(X^{(1)}, \cdots, X^{(d)}\right)$ 是该域流空间上的一个 $d$ 维随机过程, 如果对 $i = 1, 2, \cdots, d$, 它满足

$$X^{(i)}(t) = X_0^{(i)}(t) + \sum_{k=1}^{r} \int_{[0,t]} Y^{(i,k)}(s)\, \mathrm{d}B^{(i)}(s) + \int_{[0,t]} Z^{(i)}(s)\, m_L(\mathrm{d}s) \quad (6.5.43)$$

那么 $X$ 是一个 $d$ 维拟鞅, 而且对任何 $F \in C^2\left(\mathbb{R}^d\right)$, 有 $F \circ X$ 也是一个拟鞅, 且存在概率空间 $(\Omega, \mathscr{F}, P)$ 的一个零集 $\Lambda$, 使得在 $\mathbb{R}_+ \times \Lambda^c$ 上有

$$(F \circ X)_t - (F \circ X)_0 = \sum_{i=1}^{d} \sum_{k=1}^{r} \int_{[0,t]} \left(F_i' \circ X\right)(s)\, Y^{(i,k)}(s)\, \mathrm{d}B^{(k)}(s)$$

$$+ \sum_{i=1}^{d} \int_{[0,t]} \left(F_i' \circ X\right)(s) Z^{(i)}(s) m_L(\mathrm{d}s)$$

$$+ \frac{1}{2} \sum_{i,j=1}^{d} \sum_{k=1}^{r} \int_{[0,t]} \left(F_{ij}'' \circ X\right)(s) Y^{(i,k)}(s) Y^{(j,k)}(s) m_L(\mathrm{d}s)$$

$$(6.5.44)$$

**证明**　首先证明对 $i = 1, 2, \cdots, d$, $X^{(i)}$ 是一个拟鞅. 因为 $Y^{(i,k)} \in \mathbf{L}_{2,\infty}^{loc} (\mathbb{R}_+ \times \Omega, m_L \times P)$, 所以随机积分 $Y^{(i,k)} \bullet B^{(k)}$ 有意义, 而且属于 $\mathbf{M}_2^{c,loc} (\Omega, \mathscr{F}, \{\mathscr{F}_t\}, P)$, 因此

$$M^{(i)} \equiv \sum_{k=1}^{r} Y^{(i,k)} \bullet B^{(k)} \in \mathbf{M}_2^{c,loc} (\Omega, \mathscr{F}, \{\mathscr{F}_t\}, P), \quad \text{对 } i = 1, 2, \cdots, d \quad (6.5.45)$$

现在对 $i = 1, 2, \cdots, d$, 定义随机过程 $V^{(i)}$ 为

$$V^{(i)}(t, \omega) = \int_{[0,t]} Z^{(i)}(s, \omega) m_L(\mathrm{d}s), \quad \text{对 } (t, \omega) \in \mathbb{R}_+ \times \Omega$$

因此 $V^{(i)}$ 的每个样本函数都绝对连续, 且在 $\mathbb{R}_+$ 的每一有限区间上都是有界变差的. 而 $V^{(i)}$ 样本函数的连续性也说明 $V^{(i)}$ 是一个可测过程. 再由定理 5.6.5 知 $V^{(i)}$ 是一个适应过程, 因此

$$V^{(i)} \in \mathbf{V}^{c,loc} (\Omega, \mathscr{F}, \{\mathscr{F}_t\}, P), \quad \text{对 } i = 1, 2, \cdots, d \quad (6.5.46)$$

对 $i = 1, 2, \cdots, d$, 由 (6.5.45) 式和 (6.5.46) 式得

$$X^{(i)} = X_0^{(i)} + M^{(i)} + V^{(i)}$$

是一个拟鞅, 因此 $X$ 是一个 $d$ 维拟鞅.

由定理 6.5.21 知, 存在概率空间 $(\Omega, \mathscr{F}, P)$ 的一个零集 $\Lambda$, 使得在 $\mathbb{R}_+ \times \Lambda^c$ 上有

$$(F \circ X)_t - (F \circ X)_0$$

$$= \sum_{i=1}^{d} \int_{[0,t]} \left(F_i' \circ X\right)(s) \, \mathrm{d}M^{(i)}(s) + \sum_{i=1}^{d} \int_{[0,t]} \left(F_i' \circ X\right)(s) \, \mathrm{d}V^{(i)}(s)$$

$$+ \frac{1}{2} \sum_{i,j=1}^{d} \int_{[0,t]} \left(F_{ij}'' \circ X\right)(s) \, \mathrm{d} \left[M^{(i)}, M^{(j)}\right](s) \quad (6.5.47)$$

而由定理 6.4.20, 我们有

$$
(F'_i \circ X) \bullet M^{(i)} = \sum_{k=1}^{r} (F'_i \circ X) \bullet (Y^{(i,k)} \bullet B^{(k)}) = \sum_{k=1}^{r} (F'_i \circ X) Y^{(i,k)} \bullet B^{(k)}
$$
(6.5.48)

再由 Lebesgue-Radon-Nikodym 定理, 有

$$
\int_{[0,t]} (F'_i \circ X)(s) \, dV^{(i)}(s) = \int_{[0,t]} (F'_i \circ X)(s) Z^{(i)}(s,\omega) \, m_L(ds) \qquad (6.5.49)
$$

又由定理 6.4.19 和定理 6.3.22 有

$$
\begin{aligned}
[M^{(i)}, M^{(j)}] &= \sum_{k=1}^{r} \sum_{l=1}^{r} [Y^{(i,k)} \bullet B^{(k)}, Y^{(j,l)} \bullet B^{(l)}] \\
&= \sum_{k=1}^{r} \sum_{l=1}^{r} \int_{[0,t]} Y^{(i,k)}(s) Y^{(j,l)}(s) \, d[B^{(k)}, B^{(l)}](s) \\
&= \sum_{k=1}^{r} \int_{[0,t]} Y^{(i,k)}(s) Y^{(j,k)}(s) \, m_L(ds)
\end{aligned}
$$

因此我们有

$$
\begin{aligned}
&\int_{[0,t]} (F''_{ij} \circ X)(s) \, d[M^{(i)}, M^{(j)}](s) \\
&= \sum_{k=1}^{r} \int_{[0,t]} (F''_{ij} \circ X)(s) Y^{(i,k)}(s) Y^{(j,k)}(s) \, m_L(ds)
\end{aligned}
$$
(6.5.50)

最后, 将 (6.5.48) 式、(6.5.49) 式和 (6.5.50) 式代入 (6.5.47) 式, 即得 (6.5.44) 式.

**定理 6.5.23** 设 $X = \{X_t : t \in \mathbb{R}_+\}$ 是标准域流空间 $(\Omega, \mathscr{F}, \{\mathscr{F}_t\}, P)$ 上的一个 $d$ 维拟鞅, 其分解式为 $X^{(j)} = X_0^{(j)} + M^{(j)}$, 其中对 $j = 1, \cdots, d$, 有 $X_0^{(j)}$ 是概率空间 $(\Omega, \mathscr{F}, P)$ 上的一个实值 $\mathscr{F}_0$ 可测随机变量, $M^{(j)} \in \mathbf{M}_2^{loc}(\Omega, \mathscr{F}, \{\mathscr{F}_t\}, P)$, 那么 $X$ 是一个 $d$ 维 $\{\mathscr{F}_t\}$ 适应 Brownian 运动当且仅当 $X$ 的每个样本函数连续而且

$$
[M^{(j)}, M^{(k)}]_t = \delta_{j,k} t, \quad \text{对 } t \in \mathbb{R}_+ \text{ 和 } j, k = 1, 2, \cdots, d \qquad (6.5.51)
$$

**证明** 必要性 如果 $X$ 是一个 $d$ 维 $\{\mathscr{F}_t\}$ 适应 Brownian 运动, 那么 $X$ 的每一样本函数是连续的, 且 $M = (M^{(1)}, \cdots, M^{(d)})$ 是一个 $d$ 维 $\{\mathscr{F}_t\}$ 适应在零时刻为零的 Brownian 运动, 所以根据命题 6.3.23 知 (6.5.51) 成立.

**充分性**  根据命题 6.3.15 知只需证明对任何 $s,t \in \mathbb{R}_+$, 满足 $s < t$ 和 $y \in \mathbb{R}^d$ 有

$$E\left[e^{i\langle y, X_t - X_s\rangle} | \mathscr{F}_s\right] = e^{-\frac{|y|^2}{2}(t-s)}$$

在概率空间 $(\Omega, \mathscr{F}_s, P)$ 上 a.e. 成立, 或者等价地

$$E\left[e^{i\langle y, X_t - X_s\rangle} I_A\right] = P(A)\, e^{-\frac{|y|^2}{2}(t-s)}, \quad 对 A \in \mathscr{F}_s \tag{6.5.52}$$

为此, 对 $x \in \mathbb{R}^d$, 考虑函数 $F(x) = e^{i\langle y, x\rangle}$. 显然 $F \in C^2(\mathbb{R}^d)$, 且对于 $j, k = 1, 2, \cdots, d$ 有

$$F'_j(x) = iy_j e^{i\langle y, x\rangle}, \quad F''_{jk}(x) = -y_j y_k e^{i\langle y, x\rangle}$$

因此由多维 Itô 公式和 (6.5.51) 式得

$$e^{i\langle y, X_t\rangle} - e^{i\langle y, X_s\rangle} = i\sum_{j=1}^{d} y_j \int_{(s,t]} e^{i\langle y, X(u)\rangle} dM^{(j)}(u) - \frac{|y|^2}{2}\int_{(s,t]} e^{i\langle y, X(u)\rangle} m_L(du) \tag{6.5.53}$$

设 $A \in \mathscr{F}_s$, 用 $e^{-i\langle y, X_s\rangle} I_A$ 乘 (6.5.53) 式的两边并积分可得

$$E\left[e^{i\langle y, X_t\rangle - i\langle y, X_s\rangle} I_A\right] - P(A) = i\sum_{j=1}^{d} y_j E\left[e^{-i\langle y, X_s\rangle} I_A \int_{(s,t]} e^{i\langle y, X(u)\rangle} dM^{(j)}(u)\right]$$
$$- \frac{|y|^2}{2} E\left[I_A \int_{(s,t]} e^{i\langle y, X(u) - X(s)\rangle} m_L(du)\right] \tag{6.5.54}$$

又由 (6.5.51) 式知, 对每一 $t \in \mathbb{R}_+$, 有 $\left[M^{(j)}, M^{(j)}\right]_t = t$, 因此 $E\left(\left[M^{(j)}, M^{(j)}\right]_t\right) = t < \infty$, 从而对 $j = 1, 2, \cdots, d$, 有 $M^{(j)} \in \mathbf{M}_2^c(\Omega, \mathscr{F}, \{\mathscr{F}_t\}, P)$. 因为过程 $e^{i\langle y, X\rangle}$ 连续, 所以它是可测的; 又因为过程 $e^{i\langle y, X\rangle}$ 也是有界的, 所以由推论 6.1.12 知它属于 $\mathbf{L}_{2,\infty}\left(\mathbb{R}_+ \times \Omega, \mu_{[M^{(j)}, M^{(j)}]}, P\right)$, 因此随机积分 $e^{i\langle y, X\rangle} \bullet M^{(j)}$ 有意义, 且 $e^{i\langle y, X\rangle} \bullet M^{(j)} \in \mathbf{M}_2^c(\Omega, \mathscr{F}, \{\mathscr{F}_t\}, P)$, 从而有

$$E\left[\int_{(s,t]} e^{i\langle y, X(u)\rangle} dM^{(j)}(u) | \mathscr{F}_s\right] = 0$$

在概率空间 $(\Omega, \mathscr{F}_s, P)$ 上 a.e. 成立, 因而再由 $e^{-i\langle y, X_s\rangle} I_A$ 是 $\mathscr{F}_s$ 可测的可得 (6.5.54) 式右边的第一个成员中的期望都等于零. 另一方面, 因为

$$\int_A \int_{(s,t]} |e^{i\langle y, X(u) - X(s)\rangle}| m_L(du) dP \leqslant P(A)(t-s) < \infty$$

所以再对 (6.5.54) 式右边的第二项运用 Fubini 定理, 可知 (6.5.54) 式变为

$$E\left[e^{i\langle y,X_t\rangle - i\langle y,X_s\rangle}I_A\right] - P(A) = -\frac{|y|^2}{2}\int_{(s,t]} E\left[e^{i\langle y,X(u)-X(s)\rangle}I_A\right] m_L(\mathrm{d}u)$$

(6.5.55)

现在如果在 $[s,\infty)$ 上定义实值函数 $\varphi$ 为

$$\varphi(t) = E\left[e^{i\langle y,X(u)-X(s)\rangle}I_A\right], \quad \text{对 } t \in [s,\infty)$$

(6.5.56)

那么由 (6.5.55) 式得

$$\varphi(t) - P(A) = -\frac{|y|^2}{2}\int_{(s,t]} \varphi(u) m_L(\mathrm{d}u)$$

(6.5.57)

而方程 (6.5.57) 的唯一解为

$$\varphi(t) = \varphi(s) e^{-\frac{|y|^2}{2}(t-s)}$$

(6.5.58)

最后, 由 (6.5.56) 和 (6.5.58) 即得 (6.5.52).

作为定理 6.5.23 的特殊情况, 我们有如下推论.

**推论 6.5.24** 如果 $X \in \mathbf{M}_2(\Omega,\mathscr{F},\{\mathscr{F}_t\},P)$, 那么 $X$ 是一个 $\{\mathscr{F}_t\}$ 适应 Brownian 运动当且仅当

(1) $X$ 的每个样本函数连续;

(2) $\{X_t^2 - t : t \in \mathbb{R}_+\}$ 是零初始值的右连续鞅.

## 6.6 Itô 随机微积分

### 6.6.1 随机微分的空间

对 $\mathbb{R}$ 上的具有连续导数 $f'$ 的实值函数 $f$, 根据微积分学基本定理, 对任何 $t_1, t_2 \in \mathbb{R}$, $t_1 < t_2$, 我们有 $f(t_2) - f(t_1) = \int_{t_1}^{t_2} f'(t)\,\mathrm{d}t$. 对任何 $t_1, t_2 \in \mathbb{R}$, $t_1 < t_2$, $f'$ 的每一个原函数 $g$ 满足条件

$$g(t_2) - g(t_1) = \int_{t_1}^{t_2} f'(t)\,\mathrm{d}t = f(t_2) - f(t_1)$$

而 $f'$ 的不定积分为 $f+C$ 的形式, 对 $C \in \mathbb{R}$. 现在对标准域流空间 $(\Omega,\mathscr{F},\{\mathscr{F}_t\}$, $P)$ 上的拟鞅 $X$ 来说, 其导数没有定义, 取而代之, 我们定义 $X$ 的随机微分 $\mathrm{d}X$

为该相应域流空间上的拟鞅 $Y$ 的集合, 这些逆鞅 $Y$ 满足条件: 对任何 $t_1, t_2 \in \mathbb{R}_+$, 当 $t_1 < t_2$ 时, 有

$$Y(t_2) - Y(t_1) = X(t_2) - X(t_1)$$

几乎必然成立, 或等价地, $\mathrm{d}X$ 是相应域流空间上的拟鞅 $Y$ 的集合, $Y$ 具有形式 $Y = X + C$, 其中 $C$ 是概率空间 $(\Omega, \mathscr{F}, P)$ 上的任意一个实值 $\mathscr{F}_0$ 可测随机变量. 注意 $X \in \mathrm{d}X$, 而如果 $Y \in \mathrm{d}X$, 那么 $\mathrm{d}X = \mathrm{d}Y$.

**定义 6.6.1**　用 $\mathbf{Q}(\Omega, \mathscr{F}, \{\mathscr{F}_t\}, P)$ 表示标准域流空间 $(\Omega, \mathscr{F}, \{\mathscr{F}_t\}, P)$ 上的所有拟鞅 $X$ 的集合, 即

$$X = X_0 + M_X + V_X$$

其中 $M_X \in \mathbf{M}_2^{c,loc}(\Omega, \mathscr{F}, \{\mathscr{F}_t\}, P)$, $V_X \in \mathbf{V}^{c,loc}(\Omega, \mathscr{F}, \{\mathscr{F}_t\}, P)$, 而 $X_0 \in (\mathscr{F}_0)$, 其中 $(\mathscr{F}_0)$ 为概率空间 $(\Omega, \mathscr{F}, P)$ 上的所有实值 $\mathscr{F}_0$ 可测随机变量的集合.

**注释 6.6.2**　由命题 6.5.2 知, 对于 $\mathbf{Q}(\Omega, \mathscr{F}, \{\mathscr{F}_t\}, P)$ 中的元素 $X$ 来说, 将其表示为随机变量 $X_0 \in (\mathscr{F}_0)$, 鞅部 $M_X \in \mathbf{M}_2^{c,loc}(\Omega, \mathscr{F}, \{\mathscr{F}_t\}, P)$ 和有界变差 $V_X \in \mathbf{V}^{c,loc}(\Omega, \mathscr{F}, \{\mathscr{F}_t\}, P)$ 三者之和的分解形式时其表达式是唯一的, 以后称拟鞅这样的分解形式为拟鞅的标准分解. 因为 $\mathbf{M}_2^{c,loc}$, $\mathbf{V}^{c,loc}$ 和 $(\mathscr{F}_0)$ 都是线性空间, 所以 $\mathbf{Q}$ 也是一个线性空间. 而且, 对 $X, Y \in \mathbf{Q}$ 和 $a, b \in \mathbb{R}$, 如果我们设 $M_{aX+bY}$ 和 $V_{aX+bY}$ 分别是拟鞅 $aX + bY$ 的鞅部和有界变差部分, 即

$$aX + bY = (aX_0 + bY_0) + (aM_X + bM_Y) + (aV_X + bV_Y)$$

那么由拟鞅分解的唯一性, 有

$$\begin{cases} M_{aX+bY} = aM_X + bM_Y, \\ V_{aX+bY} = aV_X + bV_Y \end{cases}$$

设 $X \in \mathbf{Q}(\Omega, \mathscr{F}, \{\mathscr{F}_t\}, P)$ 由分解式 $X = X_0 + M_X + V_X$ 给定, 则对域流空间上的一个可料过程 $\Phi$, 当 $\Phi \in \mathbf{B}(\mathbb{R}_+ \times \Omega)$ 时, 由注释 6.5.12 和定义 6.5.13 有

$$\Phi \bullet M_X = \left\{ \int_{[0,t]} \Phi(s)\,\mathrm{d}M_X(s) : t \in \mathbb{R}_+ \right\} \in \mathbf{M}_2^{c,loc}$$

$$\Phi \bullet V_X = \left\{ \int_{[0,t]} \Phi(s)\,\mathrm{d}V_X(s) : t \in \mathbb{R}_+ \right\} \in V^{c,loc}$$

$$\Phi \bullet X = \Phi \bullet M_X + \Phi \bullet V_X \in \mathbf{Q}$$

而对 $t \in \mathbb{R}_+$, 作为 $(\Phi \bullet X)_t$ 的一个可选的记号, 我们有

$$\int_{[0,t]} \Phi(s)\,\mathrm{d}X(s) = \int_{[0,t]} \Phi(s)\,\mathrm{d}M_X(s) + \int_{[0,t]} \Phi(s)\,\mathrm{d}V_X(s)$$

如果 $X, Y \in \mathbf{Q}$, 而且 $Y$ 的每一个样本函数连续, 那么 $Y$ 是一个可料过程, 且 $Y \in B(\mathbb{R}_+ \times \Omega)$, 所以 $Y \bullet X$ 在 $\mathbf{Q}$ 中存在.

**定义 6.6.3**  我们称 $X, Y \in \mathbf{Q}(\Omega, \mathscr{F}, \{\mathscr{F}_t\}, P)$ 是等价的拟鞅, 记为 $X \underset{\sim}{q} Y$, 如果存在概率空间 $(\Omega, \mathscr{F}, P)$ 的一个零集 $\Lambda$, 使得对 $\omega \in \Lambda^c$ 有

$$X(t, \omega) - X(s, \omega) = Y(t, \omega) - Y(s, \omega), \quad \text{对每一 } s, t \in \mathbb{R}_+, \quad s < t$$

对 $X \in \mathbf{Q}(\Omega, \mathscr{F}, \{\mathscr{F}_t\}, P)$, 我们记 $dX$ 为 $\mathbf{Q}(\Omega, \mathscr{F}, \{\mathscr{F}_t\}, P)$ 中的元素关于等价关系 $q$ 和 $X$ 等价的等价类, 并称其为 $X$ 的随机微分, 我们记 $d\mathbf{Q}$ 为 $\mathbf{Q}(\Omega, \mathscr{F}, \{\mathscr{F}_t\}, P)$ 关于等价关系 $\underset{\sim}{q}$ 的等价类的集合.

**注释 6.6.4**  如果 $X, Y \in \mathbf{Q}(\Omega, \mathscr{F}, \{\mathscr{F}_t\}, P)$ 分别由

$$X = X_0 + M_X + V_X \quad \text{和} \quad Y = Y_0 + M_Y + V_Y$$

给定, 那么

$$X \underset{\sim}{q} Y \Leftrightarrow X - Y = X_0 - Y_0 \tag{6.6.1}$$

$$X \underset{\sim}{q} Y \Leftrightarrow M_X = M_Y, V_X = V_Y \tag{6.6.2}$$

$$X \underset{\sim}{q} Y \Leftrightarrow X - Y = Z_0, \quad \text{对某 } Z_0 \in (\mathscr{F}_0) \tag{6.6.3}$$

**注释 6.6.5**  (1) 因为 $(\mathscr{F}_0)$ 包含恒为零的随机变量, 而 $\mathbf{M}_2^{c,loc}(\Omega, \mathscr{F}, \{\mathscr{F}_t\}, P)$ 和 $\mathbf{V}^{c,loc}(\Omega, \mathscr{F}, \{\mathscr{F}_t\}, P)$ 都包含恒为零的随机过程, 所以对任何 $M \in \mathbf{M}_2^{c,loc}(\Omega, \mathscr{F}, \{\mathscr{F}_t\}, P)$ 有

$$M = 0 + M + 0 \in \mathbf{Q}(\Omega, \mathscr{F}, \{\mathscr{F}_t\}, P)$$

类似地, 对任何 $V \in \mathbf{V}^{c,loc}(\Omega, \mathscr{F}, \{\mathscr{F}_t\}, P)$, 有 $V = 0 + 0 + V \in \mathbf{Q}(\Omega, \mathscr{F}, \{\mathscr{F}_t\}, P)$. 因此, $\mathbf{M}_2^{c,loc}(\Omega, \mathscr{F}, \{\mathscr{F}_t\}, P)$ 和 $\mathbf{V}^{c,loc}(\Omega, \mathscr{F}, \{\mathscr{F}_t\}, P)$ 都是 $\mathbf{Q}(\Omega, \mathscr{F}, \{\mathscr{F}_t\}, P)$ 的线性子空间. 而由命题 6.5.2, 有 $\mathbf{M}_2^{c,loc}(\Omega, \mathscr{F}, \{\mathscr{F}_t\}, P) \cap \mathbf{V}^{c,loc}(\Omega, \mathscr{F}, \{\mathscr{F}_t\}, P) = \{0\}$.

(2) 设 $X$ 为 $\mathbf{Q}(\Omega, \mathscr{F}, \{\mathscr{F}_t\}, P)$ 中一个元素, 其标准分解为 $X = X_0 + M_X + V_X$, 如果对某 $M \in \mathbf{M}_2^{c,loc}(\Omega, \mathscr{F}, \{\mathscr{F}_t\}, P)$ 有 $X \underset{\sim}{q} M$, 那么由 (6.6.2) 式知 $M_X = M$ 和 $V_X = 0$. 类似地, 如果对某 $V \in \mathbf{V}^{c,loc}(\Omega, \mathscr{F}, \{\mathscr{F}_t\}, P)$ 有 $X \underset{\sim}{q} V$, 那么 $M_X = 0$ 和 $V_X = V$.

(3) 因为 $\mathbf{M}_2^{c,loc}(\Omega, \mathscr{F}, \{\mathscr{F}_t\}, P) \subset \mathbf{Q}(\Omega, \mathscr{F}, \{\mathscr{F}_t\}, P)$, 所以对 $\mathbf{M}_2^{c,loc}(\Omega, \mathscr{F},$ $\{\mathscr{F}_t\}, P)$ 中的元素 $M$, 它的随机微分 $\mathrm{d}M$ 有意义, 而由 (6.6.3) 式知 $\mathrm{d}M$ 包含 $\mathbf{Q}(\Omega, \mathscr{F}, \{\mathscr{F}_t\}, P)$ 中的所有分解为 $X = z_0 + M$ 的元素 $X$, 其中 $z_0 \in (\mathscr{F}_0)$. 类似地, 对 $V \in \mathbf{V}^{c,loc}(\Omega, \mathscr{F}, \{\mathscr{F}_t\}, P)$, 它的随机微分 $\mathrm{d}V$ 也有意义, $\mathrm{d}V$ 包含 $\mathbf{Q}(\Omega, \mathscr{F}, \{\mathscr{F}_t\}, P)$ 中的所有分解为 $X = z_0 + V$ 的元素 $X$, 其中 $z_0 \in (\mathscr{F}_0)$.

**定义 6.6.6**  对于 $M \in \mathbf{M}_2^{c,loc}(\Omega, \mathscr{F}, \{\mathscr{F}_t\}, P)$, 记 $\mathbf{dM}_2^{c,loc}$ 为 $\mathbf{dQ}$ 的包含 $\mathrm{d}M$ 的子集. 类似地, 对于 $V \in \mathbf{V}^{c,loc}(\Omega, \mathscr{F}, \{\mathscr{F}_t\}, P)$, 记 $\mathbf{dV}^{c,loc}$ 为 $\mathbf{dQ}$ 的包含 $\mathrm{d}V$ 的子集.

下面定义 $\mathbf{dQ}$ 中的运算.

**定义 6.6.7**  对 $X, Y \in \mathbf{Q}(\Omega, \mathscr{F}, \{\mathscr{F}_t\}, P)$ 和 $c \in \mathbb{R}$, 定义 $\mathbf{dQ}$ 中的加法、数乘和乘法分别为

$$\mathrm{d}X + \mathrm{d}Y = \mathrm{d}(X + Y) \tag{6.6.4}$$

$$c\,\mathrm{d}X = \mathrm{d}(cX) \tag{6.6.5}$$

$$\mathrm{d}X \cdot \mathrm{d}Y = \mathrm{d}[M_X, M_Y] \tag{6.6.6}$$

对可料过程 $\Phi \in \mathbf{L}_{2,\infty}^{loc}(\mathbb{R}_+ \times \Omega, \mu_{[M_X, M_X]}, P) \cap \mathbf{L}_{1,\infty}^{loc}(\mathbb{R}_+ \times \Omega, \mu_{|V_X|}, P)$, 定义 $\Phi$ 对 $\mathrm{d}X$ 的 • 乘运算为

$$\Phi \bullet \mathrm{d}X = \mathrm{d}(\Phi \bullet X) \tag{6.6.7}$$

有时也将 $\mathrm{d}X \cdot \mathrm{d}Y$ 写作 $\mathrm{d}X\mathrm{d}Y$, 将 $\Phi \bullet \mathrm{d}X$ 写作 $\Phi\mathrm{d}X$.

**注释 6.6.8**  对 $X, Y, Z \in \mathbf{Q}(\Omega, \mathscr{F}, \{\mathscr{F}_t\}, P)$, 有

$$(\mathrm{d}X + \mathrm{d}Y) \cdot \mathrm{d}Z = \mathrm{d}X \cdot \mathrm{d}Z + \mathrm{d}Y \cdot \mathrm{d}Z \tag{6.6.8}$$

$$\mathrm{d}X \cdot \mathrm{d}Y = \mathrm{d}Y \cdot \mathrm{d}X \tag{6.6.9}$$

**定理 6.6.9**  设 $(\Omega, \mathscr{F}, \{\mathscr{F}_t\}, P)$ 是一个标准域流空间, 如果 $X, Y \in \mathbf{Q}(\Omega, \mathscr{F},$ $\{\mathscr{F}_t\}, P)$, $\Phi$ 和 $\Psi$ 是域流空间上的满足

$$\Phi, \Psi \in \mathbf{L}_{2,\infty}^{loc}(\mathbb{R}_+ \times \Omega, \mu_{[M_X, M_X]}, P) \cap \mathbf{L}_{1,\infty}^{loc}(\mathbb{R}_+ \times \Omega, \mu_{|V_X|}, P)$$

$$\cap \mathbf{L}_{2,\infty}^{loc}(\mathbb{R}_+ \times \Omega, \mu_{[M_Y, M_Y]}, P) \cap \mathbf{L}_{1,\infty}^{loc}(\mathbb{R}_+ \times \Omega, \mu_{|V_Y|}, P)$$

的可料过程, 那么

$$\Phi \bullet (\mathrm{d}X + \mathrm{d}Y) = \Phi \bullet \mathrm{d}X + \Phi \bullet \mathrm{d}Y \tag{6.6.10}$$

$$(\Phi + \Psi) \bullet dX = \Phi \bullet dX + \Psi \bullet dX \tag{6.6.11}$$

$$\Phi \bullet (dX \cdot dY) = (\Phi \bullet dX) \cdot dY \tag{6.6.12}$$

特别地, (6.6.10) 式、(6.6.11) 式和 (6.6.12) 式对 $\Phi, \Psi \in \mathbf{B}(\mathbb{R}_+ \times \Omega)$ 成立. 对 $\Phi, \Psi \in \mathbf{B}(\mathbb{R}_+ \times \Omega)$ 还有

$$\Phi\Psi \bullet dX = \Phi \bullet (\Psi \bullet dX) \tag{6.6.13}$$

**推论 6.6.10** 设 $(\Omega, \mathscr{F}, \{\mathscr{F}_t\}, P)$ 是一个标准域流空间, 如果 $X, Y \in \mathbf{Q}(\Omega, \mathscr{F}, \{\mathscr{F}_t\}, P)$, $\Phi$ 和 $\Psi$ 是该域流空间上的满足

$$\Phi, \Psi \in \mathbf{L}_{2,\infty}^{loc}\left(\mathbb{R}_+ \times \Omega, \mu_{[M_X, M_X]}, P\right) \cap \mathbf{L}_{1,\infty}^{loc}\left(\mathbb{R}_+ \times \Omega, \mu_{|V_X|}, P\right)$$
$$\cap \mathbf{L}_{2,\infty}^{loc}\left(\mathbb{R}_+ \times \Omega, \mu_{[M_Y, M_Y]}, P\right) \cap \mathbf{L}_{1,\infty}^{loc}\left(\mathbb{R}_+ \times \Omega, \mu_{|V_Y|}, P\right)$$

的可料过程, 那么

$$\Phi \bullet (dX \cdot dY) = (\Phi \bullet dX) \cdot dY = (\Phi \bullet dY) \cdot dX \tag{6.6.14}$$

$$d(\Phi \bullet X) \cdot d(\Psi \bullet Y) = \Phi\Psi \bullet (dX \cdot dY) = d(\Psi \bullet X) \cdot d(\Phi \bullet Y) \tag{6.6.15}$$

而对可料过程 $\Phi_1, \cdots, \Phi_n \in \mathbf{B}(\mathbb{R}_+ \times \Omega)$, 有

$$\Phi_1 \cdots \Phi_n \bullet dX = \Phi_1 \bullet (\cdots (\Phi_{n-1} \bullet (\Phi_n \bullet dX))) \tag{6.6.16}$$

**定理 6.6.11** 对 $\mathbf{dQ}$ 中的乘法运算有

$$\mathbf{dQ} \cdot \mathbf{dQ} \subset \mathbf{dV}^{c,loc} \tag{6.6.17}$$

$$\mathbf{dV}^{c,loc} \cdot \mathbf{dQ} = \{d0\} \tag{6.6.18}$$

$$\mathbf{dQ} \cdot \mathbf{dQ} \cdot \mathbf{dQ} = \{d0\} \tag{6.6.19}$$

**定义 6.6.12** 设 $X \in \mathbf{Q}(\Omega, \mathscr{F}, \{\mathscr{F}_t\}, P)$, 对随机微分 $dX \in \mathbf{dQ}$ 和 $s, t \in \mathbb{R}_+$, $s < t$, 定义

$$\int_{(s,t]} dX(u) = X(t) - X(s) \tag{6.6.20}$$

对 $dX, dY \in \mathbf{dQ}$ 和 $a, b \in \mathbb{R}$, 定义

$$\int_{[0,t]} (a dX + b dY)(u) = a \int_{[0,t]} dX(u) + b \int_{[0,t]} dY(u) \tag{6.6.21}$$

**注释 6.6.13** 设 $X = \left(X^{(1)}, \cdots, X^{(d)}\right)$, 其中 $X^{(1)}, \cdots, X^{(d)} \in \mathbf{Q}\left(\Omega, \mathscr{F}, \{\mathscr{F}_t\}, P\right)$, 设 $F \in C^2\left(\mathbb{R}^d\right)$, 根据定理 6.5.21, 存在概率空间 $(\Omega, \mathscr{F}, P)$ 的一个零集 $\Lambda$, 使得在 $\Lambda^c$ 上对任意的 $s, t \in \mathbb{R}_+$, 当 $s < t$ 时, 有

$$(F \circ X)(t) - (F \circ X)(s) = \sum_{i=1}^d \left\{\left(\left(F_i' \circ X\right) \bullet X^{(i)}\right)(t) - \left(\left(F_i' \circ X\right) \bullet X^{(i)}\right)(s)\right\}$$

$$+ \sum_{i,j=1}^d \frac{1}{2}\left\{\left(\left(F_{ij}'' \circ X\right) \bullet \left[M^{(i)}, M^{(j)}\right]\right)(t) - \left(\left(F_{ij}'' \circ X\right) \bullet \left[M^{(i)}, M^{(j)}\right]\right)(s)\right\}$$

由定义 6.6.3 和定理 6.6.9, 有

$$\mathrm{d}\left(F \circ X\right) = \sum_{i=1}^d \left(F_i' \circ X\right) \bullet \mathrm{d}X^{(i)} + \frac{1}{2}\sum_{i,j=1}^d \left(F_{ij}'' \circ X\right) \bullet \mathrm{d}X^{(i)} \cdot \mathrm{d}X^{(j)}$$

### 6.6.2　Itô 过程

为后文的需要, 我们约定如下记号.

对 $p \geqslant 1$, 用 $\mathcal{L}^p\left(\mathbb{R}_+; \mathbb{R}^d\right)$ 表示所有满足

$$\int_0^T |f(t)|^p \,\mathrm{d}t < \infty \quad \text{a.s.} \quad \text{对每一 } T > 0$$

的可测的 $\mathbb{R}^d$ 值的 $\boldsymbol{F} = \{\mathscr{F}_t : t \in \mathbb{R}_+\}$ 适应的过程 $f = \{f(t)\}_{t \geqslant 0}$ 的族. 用 $\mathcal{M}^p\left(\mathbb{R}_+; \mathbb{R}^d\right)$ 表示 $\mathcal{L}^p\left(\mathbb{R}_+; \mathbb{R}^d\right)$ 中所有满足

$$E\int_0^T |f(t)|^p \,\mathrm{d}t < \infty, \quad \text{对每一 } T > 0$$

的可料过程 $f$ 的族.

显然, $\mathcal{M}^p\left(\mathbb{R}_+; \mathbb{R}^d\right)$ 是 $\mathbf{L}_{p,\infty}\left(\mathbb{R}_+ \times \Omega, m_L \times P\right)$, 而 $\mathcal{L}^2\left(\mathbb{R}_+; \mathbb{R}^d\right)$ 就是 $\mathbf{L}_{2,\infty}^{loc}(\mathbb{R}_+ \times \Omega, m_L, P)$.

设 $\mathcal{L}^p\left(\mathbb{R}_+; \mathbb{R}^{d \times m}\right)$ 为可测的 $d \times m$ 维矩阵值的 $\{\mathscr{F}_t\}$ 适应的满足

$$\int_0^T |f(t)|^p \,\mathrm{d}t < \infty \quad \text{a.s.} \quad \text{对每一 } T > 0$$

的过程 $f = \left\{(f_{ij}(t))_{d \times m}\right\}_{t \geqslant 0}$ 的族. 再设 $\mathcal{M}^p\left(\mathbb{R}_+; \mathbb{R}^{d \times m}\right)$ 为 $\mathcal{L}^p\left(\mathbb{R}_+; \mathbb{R}^{d \times m}\right)$ 中所有满足

$$E\int_0^T |f(t)|^p \,\mathrm{d}t < \infty, \quad \text{对每一 } T > 0$$

的可料过程 $f$ 的族. (说明: $|A|$ 表示矩阵 $A$ 的迹范数, 即 $|A| = \sqrt{\operatorname{trace}(A^{\mathrm{T}}A)}$.)

**定义 6.6.14** 设 $B = \{B_t\}_{t \geqslant 0}$ 是定义在完备概率空间 $(\Omega, \mathscr{F}, P)$ 上的一个适应 $\sigma$ 域流 $\boldsymbol{F} = \{\mathscr{F}_t : t \in \mathbb{R}_+\}$ 的一维 Brownian 运动, $f \in \mathcal{L}^1(\mathbb{R}_+; \mathbb{R})$, $g \in \mathcal{L}^2(\mathbb{R}_+; \mathbb{R})$. 对 $t \geqslant 0$, 称

$$\int_{[0,t]} g(s)\,\mathrm{d}B_s$$

为 $g$ 关于 $B = \{B_t\}_{t \geqslant 0}$ 的 Itô 积分, 以后记作 $\int_0^t g(s)\,\mathrm{d}B_s$. 称具有形式

$$x(t) = x(0) + \int_0^t f(s)\,\mathrm{d}s + \int_0^t g(s)\,\mathrm{d}B_s$$

的连续适应过程 $x(t)$ 为一个一维 Itô 过程. 以后, 我们也说 $x(t)$ 在 $t \geqslant 0$ 上具有随机微分形式

$$\mathrm{d}x(t) = f(t)\,\mathrm{d}t + g(t)\,\mathrm{d}B_t$$

有时, 我们也对 $t \in [a, b]$ 讨论 Itô 过程 $x(t)$ 和它的随机微分形式 $\mathrm{d}x(t)$.

利用推论 6.2.10, 定理 6.2.17, 命题 6.2.20 和定理 6.3.30 可得 Itô 积分的如下性质定理.

**定理 6.6.15** 设 $B = \{B_t\}_{t \geqslant 0}$ 是定义在完备概率空间 $(\Omega, \mathscr{F}, P)$ 上的一个适应 $\sigma$ 域流 $\boldsymbol{F} = \{\mathscr{F}_t : t \in \mathbb{R}_+\}$ 的一维布朗运动, 如果 $f, g \in \mathcal{M}^2(\mathbb{R}_+; \mathbb{R})$, $a, b \in \mathbb{R}_+$, $\alpha, \beta \in \mathbb{R}$, 那么

(1) $\int_a^b f(t)\,\mathrm{d}B_t$ 是 $\mathscr{F}_b$ 可测的;

(2) $E \int_a^b f(t)\,\mathrm{d}B_t = 0$;

(3) $E \left| \int_a^b f(t)\,\mathrm{d}B_t \right|^2 = E \int_a^b |f(t)|^2\,\mathrm{d}t$;

(4) $\int_a^b [\alpha f(t) + \beta g(t)]\,\mathrm{d}B_t = \alpha \int_a^b f(t)\,\mathrm{d}B_t + \beta \int_a^b g(t)\,\mathrm{d}B_t$;

(5) $E \left( \int_a^b f(t)\,\mathrm{d}B_t \,\middle|\, \mathscr{F}_a \right) = 0$;

(6) $E \left( \left| \int_a^b f(t)\,\mathrm{d}B_t \right|^2 \,\middle|\, \mathscr{F}_a \right) = E \left( \int_a^b |f(t)|^2\,\mathrm{d}t \,\middle|\, \mathscr{F}_a \right)$

$$= \int_a^b \left( E |f(t)|^2 \,\middle|\, \mathscr{F}_a \right)\,\mathrm{d}t;$$

(7) 如果 $\rho, \tau$ 是两个停时, 满足 $\rho \leqslant \tau$, 那么

$$E\left(\int_\rho^\tau f(t)\,\mathrm{d}B_t\,|\mathscr{F}_\rho\right)=0, \quad E\left(\left|\int_\rho^\tau f(t)\,\mathrm{d}B_t\right|^2 |\mathscr{F}_\rho\right)=E\left(\int_\rho^\tau |f(t)|^2\,\mathrm{d}t\,|\mathscr{F}_\rho\right).$$

设 $C^{2,1}\left(\mathbb{R}^d \times \mathbb{R}_+; \mathbb{R}\right)$ 为所有定义在 $\mathbb{R}^d \times \mathbb{R}_+$ 上的满足对 $x$ 连续二次可微而对 $t$ 一次可微的实值函数 $V(x,t)$ 的族. 如果 $V \in C^{2,1}\left(\mathbb{R}^d \times \mathbb{R}_+; \mathbb{R}\right)$, 我们设

$$V_t = \frac{\partial V}{\partial t}, \quad V_x = \left(\frac{\partial V}{\partial x_1}, \cdots, \frac{\partial V}{\partial x_d}\right)$$

$$V_{xx} = \left(\frac{\partial^2 V}{\partial x_i \partial x_j}\right)_{d\times d} = \begin{pmatrix} \dfrac{\partial^2 V}{\partial x_1 \partial x_1} & \cdots & \dfrac{\partial^2 V}{\partial x_1 \partial x_d} \\ \vdots & & \vdots \\ \dfrac{\partial^2 V}{\partial x_d \partial x_1} & \cdots & \dfrac{\partial^2 V}{\partial x_d \partial x_d} \end{pmatrix}$$

显然, 当 $V \in C^{2,1}\left(\mathbb{R} \times \mathbb{R}_+; \mathbb{R}\right)$ 时, 我们有 $V_x = \dfrac{\partial V}{\partial x}$, $V_{xx} = \dfrac{\partial^2 V}{\partial x^2}$.

利用 Taylor 公式和定理 6.5.3 可得下面的关于伊藤过程的 Itô 公式, 它是后面要用的一个主要结果.

**定理 6.6.16**(一维 Itô 公式)　设 $B = \{B_t\}_{t\geqslant 0}$ 是定义在完备概率空间 $(\Omega, \mathscr{F}, P)$ 上的一个适应 $\sigma$ 域流 $\boldsymbol{F} = \{\mathscr{F}_t : t \in \mathbb{R}_+\}$ 的一维布朗运动, $f \in \mathcal{L}^1\left(\mathbb{R}_+; \mathbb{R}\right)$, $g \in \mathcal{L}^2\left(\mathbb{R}_+; \mathbb{R}\right)$. $x(t)$ 为 $t \geqslant 0$ 时的满足

$$\mathrm{d}x(t) = f(t)\,\mathrm{d}t + g(t)\,\mathrm{d}B_t$$

的一个一维 Itô 过程, $V \in C^{2,1}\left(\mathbb{R} \times \mathbb{R}_+; \mathbb{R}\right)$, 那么 $V(x(t),t)$ 也是一个 Itô 过程, 并且具有如下的随机微分形式

$$\mathrm{d}V(x(t),t) = \left[V_t(x(t),t) + V_x(x(t),t)f(t) + \frac{1}{2}V_{xx}(x(t),t)g^2(t)\right]\mathrm{d}t$$

$$+ V_x(x(t),t)g(t)\,\mathrm{d}B_t \quad \text{a.s.}$$

现在我们将一维 Itô 公式推广到多维情形.

**定义 6.6.17**　设 $B(t) = (B_1(t), \cdots, B_m(t))^\mathrm{T}$ 是一个定义在完备概率空间 $(\Omega, \mathscr{F}, P)$ 上的适应 $\sigma$ 域流 $\boldsymbol{F} = \{\mathscr{F}_t : t \in \mathbb{R}_+\}$ 的 $m$ 维 Brownian 运动, $f = (f_1, \cdots, f_d)^\mathrm{T} \in \mathcal{L}^1\left(\mathbb{R}_+; \mathbb{R}^d\right)$, $g = (g_{ij})_{d\times m} \in \mathcal{L}^2\left(\mathbb{R}_+; \mathbb{R}^{d\times m}\right)$. 对 $t \geqslant 0$, 称 $\displaystyle\int_0^t g(s)\,\mathrm{d}B(s)$ 为一个 $d$ 维 Itô 积分, 称具有形式

$$x(t) = x(0) + \int_0^t f(s)\,\mathrm{d}s + \int_0^t g(s)\,\mathrm{d}B(s)$$

的连续适应过程 $x(t)$ 为一个 $d$ 维 Itô 过程. 此时, 我们也说 $x(t)$ 在 $t \geqslant 0$ 上具有随机微分形式

$$\mathrm{d}x(t) - f(t)\,\mathrm{d}t + g(t)\,\mathrm{d}B(t)$$

多维 Itô 积分有如下重要性质.

**定理 6.6.18** 设 $B(t) = (B_1(t), \cdots, B_m(t))^{\mathrm{T}}$ 是定义在完备概率空间 $(\Omega, \mathscr{F}, P)$ 上的一个适应 $\sigma$ 域流 $\boldsymbol{F} = \{\mathscr{F}_t : t \in \mathbb{R}_+\}$ 的 $m$ 维 Brownian 运动, $f = (f_{ij})_{d \times m} \in \mathcal{L}^2(\mathbb{R}_+; \mathbb{R}^{d \times m})$, 如果 $\rho, \tau$ 是两个有界停时, 满足 $\rho \leqslant \tau$, 那么

$$E\left(\int_\rho^\tau f(t)\,\mathrm{d}B_t \,|\,\mathscr{F}_\rho\right) = 0, \quad E\left(\left|\int_\rho^\tau f(t)\,\mathrm{d}B_t\right|^2 \,|\,\mathscr{F}_\rho\right) = E\left(\int_\rho^\tau |f(t)|^2\,\mathrm{d}t \,|\,\mathscr{F}_\rho\right)$$

利用 Taylor 公式和定理 6.5.20 可得如下结论.

**定理 6.6.19**(多维 Itô 公式) 设 $B(t) = (B_1(t), \cdots, B_m(t))^{\mathrm{T}}$ 是一个定义在完备概率空间 $(\Omega, \mathscr{F}, P)$ 上的适应 $\sigma$ 域流 $\boldsymbol{F} = \{\mathscr{F}_t : t \in \mathbb{R}_+\}$ 的 $m$ 维 Brownian 运动, $f \in \mathcal{L}^1(\mathbb{R}_+; \mathbb{R}^d)$, $g \in \mathcal{L}^2(\mathbb{R}_+; \mathbb{R}^{d \times m})$. $x(t)$ 为 $t \geqslant 0$ 时的满足

$$\mathrm{d}x(t) = f(t)\,\mathrm{d}t + g(t)\,\mathrm{d}B_t$$

的一个 $d$ 维 Itô 过程, $V \in C^{2,1}(\mathbb{R}^d \times \mathbb{R}_+; \mathbb{R})$, 那么 $V(x(t), t)$ 也是一个 Itô 过程, 并且具有如下的随机微分形式

$$\begin{aligned}
\mathrm{d}V(x(t), t) = &\left[V_t(x(t), t) + V_x(x(t), t)f(t)\right.\\
&\left. + \frac{1}{2}\mathrm{trace}\left(g^{\mathrm{T}}(t)V_{xx}(x(t), t)g(t)\right)\right]\mathrm{d}t\\
&+ V_x(x(t), t)g(t)\,\mathrm{d}B(t) \quad \mathrm{a.s.}
\end{aligned}$$

如果约定如下的乘法表:

$$\mathrm{d}t\mathrm{d}t = 0, \quad \mathrm{d}B_i\mathrm{d}t = 0$$

$$\mathrm{d}B_i\mathrm{d}B_i = \mathrm{d}t, \quad \mathrm{d}B_i\mathrm{d}B_j = 0\,(i \neq j)$$

那么, 可有

$$\mathrm{d}x_i(t)\,\mathrm{d}x_j(t) = \sum_{k=1}^m g_{ik}(t)g_{jk}(t)\,\mathrm{d}t$$

另外, Itô 公式可被写成

$$dV\left(x\left(t\right),t\right) = V_t\left(x\left(t\right),t\right)dt + V_x\left(x\left(t\right),t\right)dx\left(t\right)$$
$$+ \frac{1}{2}dx^{\mathrm{T}}\left(t\right)V_{xx}\left(x\left(t\right),t\right)dx\left(t\right)$$

注意到, 如果 $x\left(t\right)$ 关于 $t$ 连续可微, 那么由经典的全导数公式知上式中的项 $\frac{1}{2}dx^{\mathrm{T}}\left(t\right)V_{xx}\left(x\left(t\right),t\right)dx\left(t\right)$ 将不会出现. 例如, 设 $V\left(x,t\right) = x_1 x_2$, 那么有

$$d\left[x_1\left(t\right)x_2\left(t\right)\right] = x_1\left(t\right)dx_2\left(t\right) + x_2\left(t\right)dx_1\left(t\right) + dx_1 dx_2$$
$$= x_1\left(t\right)dx_2\left(t\right) + x_2\left(t\right)dx_1\left(t\right) + \sum_{k=1}^{m} g_{1k}\left(t\right)g_{2k}\left(t\right)dt$$

如果 $x_1\left(t\right), x_2\left(t\right)$ 都是可微的, 那么上式显然不同于经典的分部积分公式

$$d\left[x_1\left(t\right)x_2\left(t\right)\right] = x_1\left(t\right)dx_2\left(t\right) + x_2\left(t\right)dx_1\left(t\right)$$

尽管如此, 我们确实有类似于经典的分部积分公式的随机版本.

**定理 6.6.20**(分部积分公式)　设 $f \in \mathcal{L}^1\left(\mathbb{R}_+; \mathbb{R}\right)$, $g \in \mathcal{L}^2\left(\mathbb{R}_+; \mathbb{R}^{1 \times m}\right)$. $x\left(t\right)$ 为 $t \geqslant 0$ 时的一个具有随机微分形式

$$dx\left(t\right) = f\left(t\right)dt + g\left(t\right)dB\left(t\right)$$

的一维 Itô 过程. 再设 $y\left(t\right)$ 在 $t \geqslant 0$ 时是一个实值的连续适应的有界变差过程, 那么

$$d\left[x\left(t\right)y\left(t\right)\right] = y\left(t\right)dx\left(t\right) + x\left(t\right)dy\left(t\right)$$

即

$$x\left(t\right)y\left(t\right) - x\left(0\right)y\left(0\right) = \int_0^t y\left(s\right)\left[f\left(s\right)ds + g\left(s\right)dB\left(s\right)\right] + \int_0^t x\left(s\right)dy\left(s\right)$$

其中上式最后的积分是 Lebesgue-Stieltjes 积分.

现在我们用两个例子来说明 Itô 公式在随机积分计算中的应用.

**例 6.6.21**　设 $B\left(t\right)$ 是一个一维 Brownian 运动, 我们来计算随机积分

$$\int_0^t e^{-\frac{s}{2} + B\left(s\right)}dB\left(s\right)$$

为此, 取 $V\left(x,t\right) = e^{-t/2 + B\left(t\right)}$, $x\left(t\right) = B\left(t\right)$, 于是由一维 Itô 公式, 有

$$\mathrm{d}\left[\mathrm{e}^{-t/2+B(t)}\right] = -\frac{1}{2}\mathrm{e}^{-t/2+B(t)}\mathrm{d}t + \mathrm{e}^{-t/2+B(t)}\mathrm{d}B(t) + \frac{1}{2}\mathrm{e}^{-t/2+B(t)}\mathrm{d}t$$

$$= \mathrm{e}^{-t/2+B(t)}\mathrm{d}B(t)$$

因此

$$\int_0^t \mathrm{e}^{-s/2+B(s)}\mathrm{d}B(s) = \mathrm{e}^{-t/2+B(t)} - 1$$

**例 6.6.22**  设 $x(t)$ 是一个形如

$$\mathrm{d}x(t) = f(t)\,\mathrm{d}t + g(t)\,\mathrm{d}B(t)$$

的 $m$ 维 Itô 过程, 如果 $V$ 是一个二次函数, 即 $V(x) = x^{\mathrm{T}}Qx$, 其中 $Q$ 是一个 $m \times m$ 矩阵, 那么

$$x^{\mathrm{T}}(t)Qx(t) - x^{\mathrm{T}}(0)Qx(0)$$
$$= \int_0^t \left( x^{\mathrm{T}}(s)(Q + Q^{\mathrm{T}})f(s) + \frac{1}{2}\mathrm{trace}\left[g^{\mathrm{T}}(s)(Q + Q^{\mathrm{T}})g(s)\right] \right)\mathrm{d}s$$
$$+ \int_0^t x^{\mathrm{T}}(s)(Q + Q^{\mathrm{T}})g(s)\mathrm{d}B(s)$$

### 6.6.3  矩不等式

下面我们用 Itô 公式来建立 Itô 随机积分的几个非常重要的矩不等式和指数鞅不等式.

设 $B(t) = (B_1(t), \cdots, B_m(t))^{\mathrm{T}}$ 是一个定义在完备概率空间 $(\Omega, \mathscr{F}, P)$ 上的适应于 $\sigma$ 域流 $\boldsymbol{F} = \{\mathscr{F}_t : t \in \mathbb{R}_+\}$ 的 $m$ 维布朗运动.

**定理 6.6.23**  设 $p \geqslant 2$, $g \in \mathcal{M}^2\left([0,T];\mathbb{R}^{d \times m}\right)$ 满足

$$E\int_0^T |g(s)|^p\,\mathrm{d}s < \infty$$

那么

$$E\left|\int_0^T g(s)\,\mathrm{d}B(s)\right|^p \leqslant \left(\frac{p(p-1)}{2}\right)^{\frac{p}{2}}T^{\frac{p-2}{2}}E\int_0^T |g(s)|^p\,\mathrm{d}s \qquad (6.6.22)$$

特别地, 当 $p = 2$ 时, 上面不等式的等号成立.

**证明**  因为当 $p = 2$ 时, 由 (6.3.45) 式可得要证的 (6.6.22) 式成立, 所以我们只需要对 $p > 2$ 的情形证明即可.

对 $0 \leqslant t \leqslant T$, 设

$$x(t) = \int_0^t g(s) \, \mathrm{d}B(s)$$

由 Itô 公式和定理 6.6.15, 有

$$E\,|x(t)|^p$$

$$= \frac{p}{2} E \int_0^t \left( |x(s)|^{p-2} |g(s)|^2 + (p-2)|x(s)|^{p-4} \left| x^{\mathrm{T}}(s) g(s) \right|^2 \right) \mathrm{d}s \qquad (6.6.23)$$

$$\leqslant \frac{p(p-1)}{2} E \int_0^t |x(s)|^{p-2} |g(s)|^2 \, \mathrm{d}s \qquad\qquad\qquad\qquad (6.6.24)$$

利用 Hölder 不等式, 我们可以得到

$$E\,|x(t)|^p \leqslant \frac{p(p-1)}{2} \left( E \int_0^t |x(s)|^p \, \mathrm{d}s \right)^{\frac{p-2}{p}} \left( E \int_0^t |g(s)|^p \, \mathrm{d}s \right)^{\frac{2}{p}}$$

$$= \frac{p(p-1)}{2} \left( \int_0^t E\,|x(s)|^p \, \mathrm{d}s \right)^{\frac{p-2}{p}} \left( E \int_0^t |g(s)|^p \, \mathrm{d}s \right)^{\frac{2}{p}}$$

从 (6.6.23) 式注意到 $E\,|x(t)|^p$ 随 $t$ 非降. 从而

$$E\,|x(t)|^p \leqslant \frac{p(p-1)}{2} \left( tE\,|x(t)|^p \right)^{\frac{p-2}{p}} \left( E \int_0^t |g(s)|^p \, \mathrm{d}s \right)^{\frac{2}{p}}$$

因此

$$E\,|x(t)|^p \leqslant \left( \frac{p(p-1)}{2} \right)^{\frac{p}{2}} t^{\frac{p-2}{2}} \left( E \int_0^t |g(s)|^p \, \mathrm{d}s \right)$$

在上式中利用 $T$ 代替 $t$ 即得要证的 (6.6.22) 式.

**定理 6.6.24**　设 $p \geqslant 2$, $g \in \mathcal{M}^2\left([0,T]; \mathbb{R}^{d \times m}\right)$ 满足

$$E \int_0^T |g(s)|^p \, \mathrm{d}s < \infty$$

那么

$$E \left( \sup_{0 \leqslant t \leqslant T} \left| \int_0^t g(s) \, \mathrm{d}B(s) \right|^p \right) \leqslant \left( \frac{p^3}{2(p-1)} \right)^{\frac{p}{2}} T^{\frac{p-2}{2}} E \int_0^T |g(s)|^p \, \mathrm{d}s$$

**证明** 由于伊藤积分

$$\int_0^t g(s)\mathrm{d}B(s), \quad t \geqslant 0$$

是一个 $\mathbb{R}^d$ 值连续鞅, 因此, 利用 Doob 鞅不等式, 我们有

$$E\left(\sup_{0 \leqslant t \leqslant T} \left| \int_0^t g(s)\,\mathrm{d}B(s) \right|^p \right) \leqslant \left( \frac{p}{(p-1)} \right)^p E \left| \int_0^T g(s)\,\mathrm{d}B(s) \right|^p$$

再由定理 6.6.23, 我们即可得要证的不等式.

下面定理的结果给出了著名的 Burkholder-Davis-Gundy 不等式.

**定理 6.6.25** 设 $g \in \mathcal{L}^2\left(\mathbb{R}_+; \mathbb{R}^{d \times m}\right)$. 对 $t \geqslant 0$, 定义

$$x(t) = \int_0^t g(s)\,\mathrm{d}B(s) \quad \text{和} \quad A(t) = \int_0^t |g(s)|^2 \,\mathrm{d}s$$

那么, 对 $p > 0$, 存在唯一的仅依赖于 $p$ 的正常数 $c_p, C_p$, 使得

$$c_p E |A(t)|^{\frac{p}{2}} \leqslant E\left( \sup_{0 \leqslant s \leqslant t} |x(s)|^p \right) \leqslant C_p E |A(t)|^{\frac{p}{2}} \tag{6.6.25}$$

对所有 $t \geqslant 0$ 成立. 特别地, 我们可取

$$\begin{cases} c_p = (p/2)^p, & C_p = (32/p)^{p/2} & \text{如果 } 0 < p < 2, \\ c_p = 1, & C_p = 4 & \text{如果 } p = 2 \\ c_p = (2p)^{-p/2}, & C_p = \left[ p^{p+1}/2\,(p-1)^{p-1} \right]^{p/2} & \text{如果 } p > 2 \end{cases}$$

**证明** 不失一般性, 我们假设 $x(t)$ 和 $A(t)$ 都是有界的, 否则对每一个整数 $n \geqslant 1$, 定义停时

$$\tau_n = \inf\{t \geqslant 0 : |x(t)| \vee A(t) \geqslant n\}$$

如果我们能对停时过程 $x(t \wedge \tau_n)$ 和 $A(t \wedge \tau_n)$ 证明 (6.6.25) 式成立, 那么一般情况可以通过令 $n \to \infty$ 得到. 另外, 为方便, 我们设 $x^*(s) = \sup\limits_{0 \leqslant s \leqslant t} |x(s)|$.

**情形 1** $p = 2$. 我们可以从定理 6.6.15 和 Doob 鞅不等式立即得到要证的 (6.6.25) 式.

**情形 2** $p > 2$. 从 Itô 公式和定理 6.6.15, 可得

$$E |x(t)|^p \leqslant \frac{p(p-1)}{2} E \int_0^t |x(s)|^{p-2} |g(s)|^2 \,\mathrm{d}s$$

再利用 Hölder 不等式, 我们又可以得到

$$E |x(t)|^p \leqslant \frac{p(p-1)}{2} E \left[ |x^*(t)|^{p-2} A(t) \right]$$

$$\leqslant \frac{p(p-1)}{2} [E |x^*(t)|^p]^{\frac{p-2}{p}} \left[ E |A(t)|^{\frac{p}{2}} \right]^{\frac{2}{p}} \qquad (6.6.26)$$

但是由 Doob 鞅不等式, 得

$$E |x^*(t)|^p \leqslant \left( \frac{p}{p-1} \right)^p E |x(t)|^p$$

把它代入 (6.6.26) 式, 得

$$E |x^*(t)|^p \leqslant \left( \frac{p^{p+1}}{2(p-1)^{p-1}} \right)^{\frac{p}{2}} E |A(t)|^{\frac{p}{2}}$$

这正是 (6.6.25) 式的右边.

为证明 (6.6.25) 式的左边, 我们设

$$y(t) = \int_0^t |A(s)|^{\frac{p-2}{4}} g(s) \, \mathrm{d}B(s)$$

那么

$$E |y(t)|^2 = E \int_0^t |A(s)|^{\frac{p-2}{2}} |g(s)|^2 \, \mathrm{d}s$$

$$= E \int_0^t |A(s)|^{\frac{p-2}{2}} \, \mathrm{d}A(s) = \frac{2}{p} E |A(t)|^{\frac{p}{2}} \qquad (6.6.27)$$

另一方面, 由分部积分公式, 得

$$x(t) |A(t)|^{\frac{p-2}{4}} = \int_0^t |A(s)|^{\frac{p-2}{4}} \, \mathrm{d}x(s) + \int_0^t x(s) \, \mathrm{d}\left( |A(s)|^{\frac{p-2}{4}} \right)$$

$$= y(t) + \int_0^t x(s) \, \mathrm{d}\left( |A(s)|^{\frac{p-2}{4}} \right)$$

因此

$$|y(t)| \leqslant |x(t)| |A(t)|^{\frac{p-2}{4}} + \int_0^t |x(s)| \, \mathrm{d}\left( |A(s)|^{\frac{p-2}{4}} \right) \leqslant 2x^*(t) |A(t)|^{\frac{p-2}{4}}$$

将上式代入 (6.6.27) 式, 再由 Hölder 不等式可得

$$\frac{2}{p} E \left| A\left(t\right) \right|^{\frac{p}{2}} \leqslant 4 E \left[ \left| x^*\left(t\right) \right|^2 \left| A\left(t\right) \right|^{\frac{p-2}{2}} \right] \leqslant 4 \left[ E \left| x^*\left(t\right) \right|^p \right]^{\frac{2}{p}} \left[ E \left| A\left(t\right) \right|^{\frac{p}{2}} \right]^{\frac{p-2}{p}}$$

这蕴含

$$\frac{1}{(2p)^{p/2}} E \left| A\left(t\right) \right|^{\frac{p}{2}} \leqslant E \left| x^*\left(t\right) \right|^p$$

**情形 3** $0 < p < 2$. 固定任意的 $\varepsilon > 0$, 定义

$$\eta\left(t\right) = \int_0^t \left[ \varepsilon + A\left(s\right) \right]^{\frac{p-2}{4}} g\left(s\right) \mathrm{d} B\left(s\right) \quad \text{和} \quad \eta^*\left(t\right) = \sup_{0 \leqslant s \leqslant t} \left| \eta\left(t\right) \right|$$

那么

$$E \left| \eta\left(t\right) \right|^2 = E \int_0^t \left[ \varepsilon + A\left(s\right) \right]^{\frac{p-2}{2}} dA\left(s\right) \leqslant \frac{2}{p} E \left[ \varepsilon + A\left(t\right) \right]^{\frac{p}{2}} \tag{6.6.28}$$

另一方面, 由分部积分公式, 可得

$$\eta\left(t\right) \left[ \varepsilon + A\left(t\right) \right]^{\frac{2-p}{4}} = \int_0^t g\left(s\right) \mathrm{d} B\left(s\right) + \int_0^t \eta\left(s\right) \mathrm{d} \left( \left[ \varepsilon + A\left(s\right) \right]^{\frac{2-p}{4}} \right)$$

$$= x\left(t\right) + \int_0^t \eta\left(s\right) \mathrm{d} \left( \left[ \varepsilon + A\left(s\right) \right]^{\frac{2-p}{4}} \right)$$

那么

$$\left| x\left(t\right) \right| \leqslant \left| \eta\left(t\right) \right| \left[ \varepsilon + A\left(t\right) \right]^{\frac{2-p}{4}} + \int_0^t \left| \eta\left(s\right) \right| \mathrm{d} \left( \left[ \varepsilon + A\left(s\right) \right]^{\frac{2-p}{4}} \right)$$

$$= 2\eta^*\left(t\right) \left[ \varepsilon + A\left(t\right) \right]^{\frac{2-p}{4}}$$

因为上式对所有 $t \geqslant 0$ 成立, 而且上式的右边是非降的, 所以我们可得

$$E \left| x^*\left(t\right) \right|^p \leqslant 2^p E \left[ \left| \eta^*\left(t\right) \right|^p \left[ \varepsilon + A\left(t\right) \right]^{\frac{p(2-p)}{4}} \right]$$

$$\leqslant 2^p \left[ E \left| \eta^*\left(t\right) \right|^2 \right]^{\frac{p}{2}} \left[ E \left[ \varepsilon + A\left(t\right) \right]^{\frac{p}{2}} \right]^{\frac{2-p}{2}} \tag{6.6.29}$$

但是, 由 Doob 鞅不等式和 (6.6.28) 式, 得

$$E \left| \eta^*\left(t\right) \right|^2 \leqslant 4 E \left| \eta\left(t\right) \right|^2 \leqslant \frac{8}{p} E \left[ \varepsilon + A\left(t\right) \right]^{\frac{p}{2}}$$

将上式代入 (6.6.29) 式, 可得

$$E\,|x^*(t)|^p \leqslant \left(\frac{32}{p}\right)^{\frac{p}{2}} E\left[\varepsilon + A(t)\right]^{\frac{p}{2}}$$

令 $\varepsilon \to 0$, 我们可以得到 (6.6.25) 式的右边.

　　为了证明 (6.6.25) 式的左边, 对于任何固定的 $\varepsilon > 0$, 我们将 $|A(t)|^{\frac{p}{2}}$ 写成

$$\left(|A(t)|^{\frac{p}{2}} [\varepsilon + x^*(t)]^{\frac{-p(2-p)}{2}}\right) [\varepsilon + x^*(t)]^{\frac{p(2-p)}{2}}$$

然后, 运用 Hölder 不等式, 可得

$$E\,|A(t)|^{\frac{p}{2}} \leqslant \left(E\left(A(t)\,[\varepsilon + x^*(t)]^{p-2}\right)\right)^{\frac{p}{2}} \left(E\,[\varepsilon + x^*(t)]^p\right)^{\frac{2-p}{2}} \qquad (6.6.30)$$

定义

$$\xi(t) = \int_0^t [\varepsilon + x^*(s)]^{\frac{p-2}{2}} g(s)\,\mathrm{d}B(s)$$

那么

$$E\,|\xi(t)|^2 = E\int_0^t [\varepsilon + x^*(s)]^{p-2}\,\mathrm{d}A(s) \geqslant E\left([\varepsilon + x^*(t)]^{p-2} A(t)\right) \qquad (6.6.31)$$

另一方面, 运用分部积分公式, 可得

$$x(t)\,[\varepsilon + x^*(t)]^{\frac{p-2}{2}} = \xi(t) + \int_0^t x(s)\,\mathrm{d}\left([\varepsilon + x^*(s)]^{\frac{p-2}{2}}\right)$$

$$= \xi(t) + \frac{p-2}{2}\int_0^t x(s)\,[\varepsilon + x^*(s)]^{\frac{p-4}{2}}\,\mathrm{d}[\varepsilon + x^*(s)]$$

从而

$$|\xi(t)| \leqslant x^*(t)\,[\varepsilon + x^*(t)]^{\frac{p-2}{2}} + \frac{2-p}{2}\int_0^t x^*(s)\,[\varepsilon + x^*(s)]^{\frac{p-4}{2}}\,\mathrm{d}[\varepsilon + x^*(s)]$$

$$\leqslant [\varepsilon + x^*(t)]^{\frac{p}{2}} + \frac{2-p}{2}\int_0^t [\varepsilon + x^*(s)]^{\frac{p-2}{2}}\,\mathrm{d}[\varepsilon + x^*(s)]$$

$$\leqslant \frac{2}{p}[\varepsilon + x^*(t)]^{\frac{p}{2}}$$

结合 (6.6.31) 式得

$$E\left([\varepsilon + x^*(t)]^{p-2} A(t)\right) \leqslant \left(\frac{2}{p}\right)^2 E\,[\varepsilon + x^*(t)]^p$$

将其代入 (6.6.30) 式, 可得

$$E\left|A\left(t\right)\right|^{\frac{p}{2}} \leqslant \left(\frac{2}{p}\right)^{p} E\left[\varepsilon + x^{*}\left(t\right)\right]^{p}$$

最后, 令 $\varepsilon \to 0$, 我们可得

$$\left(\frac{p}{2}\right)^{p} E\left|A\left(t\right)\right|^{\frac{p}{2}} \leqslant E\left|x^{*}\left(t\right)\right|^{p}$$

定理证毕.

下面的结果是著名的指数鞅不等式, 它在本书中有重要作用.

**定理 6.6.26** 设 $g = (g_{1}, \cdots, g_{m}) \in \mathcal{L}^{2}\left(\mathbb{R}_{+}; \mathbb{R}^{1 \times m}\right)$, $T, \alpha, \beta$ 是任意正数, 那么

$$P\left\{\sup_{0 \leqslant t \leqslant T}\left[\int_{0}^{t} g\left(s\right) \mathrm{d}B\left(s\right) - \frac{\alpha}{2}\int_{0}^{t}\left|g\left(s\right)\right|^{2}\mathrm{d}s\right] > \beta\right\} \leqslant \mathrm{e}^{-\alpha\beta}$$

**证明** 对于每一整数 $n \geqslant 1$, 定义停时

$$\tau_{n} = \inf\left\{t \geqslant 0 : \left|\int_{0}^{t} g\left(s\right) \mathrm{d}B\left(s\right)\right| + \int_{0}^{t}\left|g\left(s\right)\right|^{2}\mathrm{d}s \geqslant n\right\}$$

和 Itô 过程

$$x_{n}\left(t\right) = \alpha\int_{0}^{t} g\left(s\right) I_{[0,\tau_{n}]}\left(s\right) \mathrm{d}B\left(s\right) - \frac{\alpha^{2}}{2}\int_{0}^{t}\left|g\left(s\right)\right|^{2} I_{[0,\tau_{n}]}\left(s\right) \mathrm{d}s$$

显然, $x_{n}\left(t\right) a.s.$ 有界, $\tau_{n} \uparrow \infty$ a.s. 对函数 $\exp\left[x_{n}\left(t\right)\right]$ 利用 Itô 公式, 可得

$$\exp\left[x_{n}\left(t\right)\right] = 1 + \int_{0}^{t} \exp\left[x_{n}\left(s\right)\right] \mathrm{d}x_{n}\left(s\right) + \frac{\alpha^{2}}{2}\int_{0}^{t} \exp\left[x_{n}\left(s\right)\right]\left|g\left(s\right)\right|^{2} I_{[0,\tau_{n}]}\left(s\right) \mathrm{d}s$$

$$= 1 + \alpha\int_{0}^{t} \exp\left[x_{n}\left(s\right)\right] g\left(s\right) I_{[0,\tau_{n}]}\left(s\right) \mathrm{d}B\left(s\right)$$

基于定理 6.6.15, 我们看到当 $t \geqslant 0$ 时, $\exp\left[x_{n}\left(t\right)\right]$ 是一个非负鞅, 且 $E\left(\exp\left[x_{n}\left(t\right)\right]\right)$ $= 1$. 因此, 由 Doob 鞅不等式, 我们可得

$$P\left\{\sup_{0 \leqslant t \leqslant T} \exp\left[x_{n}\left(t\right)\right] \geqslant \mathrm{e}^{\alpha\beta}\right\} \leqslant \mathrm{e}^{-\alpha\beta} E\left(\exp\left[x_{n}\left(T\right)\right]\right) = \mathrm{e}^{-\alpha\beta}$$

即

$$P\left\{\sup_{0 \leqslant t \leqslant T}\left[\int_{0}^{t} g\left(s\right) I_{[0,\tau_{n}]}\left(s\right) \mathrm{d}B\left(s\right) - \frac{\alpha}{2}\int_{0}^{t}\left|g\left(s\right)\right|^{2} I_{[0,\tau_{n}]}\left(s\right) \mathrm{d}s\right] > \beta\right\} \leqslant \mathrm{e}^{-\alpha\beta}$$

令 $n \to \infty$ 即得要证的不等式.

### 6.6.4  Gronwall 型不等式

在常微分方程理论中, Gronwall 型积分不等式起很大的作用, 它们在随机微分方程中也有很多的应用机会. 下面我们将给出这类不等式的一些常见形式.

**定理 6.6.27**(Gronwall 不等式)  设 $T > 0$, $c \geqslant 0$. 再设 $u(\cdot)$ 是 $[0, T]$ 上的一个 Borel 可测的非负有界函数, $v(\cdot)$ 是 $[0, T]$ 上的一个非负可积函数. 如果对所有的 $0 \leqslant t \leqslant T$, 有

$$u(t) \leqslant c + \int_0^t v(s) u(s) \, \mathrm{d}s$$

那么, 对所有的 $0 \leqslant t \leqslant T$, 有

$$u(t) \leqslant c \exp\left(\int_0^t v(s) \, \mathrm{d}s\right)$$

**证明**  不失一般性, 我们设 $c > 0$. 对所有的 $0 \leqslant t \leqslant T$, 令

$$z(t) = c + \int_0^t v(s) u(s) \, \mathrm{d}s$$

则 $u(t) \leqslant z(t)$. 另外, 由经典的链锁规则, 我们有

$$(\log z(t))' = \frac{u(t) v(t)}{z(t)}$$

从而

$$\log z(t) = \log c + \int_0^t \frac{v(s) u(s)}{z(s)} \, \mathrm{d}s \leqslant \log c + \int_0^t v(s) \, \mathrm{d}s$$

因此, 对所有的 $0 \leqslant t \leqslant T$, 有

$$z(t) \leqslant c \exp\left(\int_0^t v(s) \, \mathrm{d}s\right)$$

故要证的不等式成立.

**定理 6.6.28**(Bihari 不等式)  设 $T > 0$, $c > 0$, $K : \mathbb{R}_+ \to \mathbb{R}_+$ 是一个连续非降满足对所有 $t > 0$ 有 $K(t) > 0$ 的函数. 再设 $u(\cdot)$ 是 $[0, T]$ 上的一个 Borel 可测的非负有界函数, $v(\cdot)$ 是 $[0, T]$ 上的一个非负可积函数. 如果对所有的 $0 \leqslant t \leqslant T$, 有

$$u(t) \leqslant c + \int_0^t v(s) K(u(s)) \, \mathrm{d}s$$

那么

$$u(t) \leqslant G^{-1}\left(G(c) + \int_0^t v(s)\,\mathrm{d}s\right)$$

对 $[0,T]$ 中满足 $G(c) + \int_0^t v(s)\,\mathrm{d}s \in G^{-1}$ 的定义域的所有 $t$ 成立, 其中

$$G(r) = \int_1^r \frac{\mathrm{d}s}{K(s)}$$

$r > 0$, 而 $G^{-1}$ 是 $G$ 的反函数.

**证明**  对所有的 $0 \leqslant t \leqslant T$, 令

$$z(t) = c + \int_0^t v(s)K(u(s))\,\mathrm{d}s$$

则 $u(t) \leqslant z(t)$. 另外, 由经典的链锁规则, 得

$$[G(z(t))]_t' = \frac{1}{K(z(t))}v(t)K(u(t))$$

进而, 对所有的 $t \in [0,T]$, 有

$$G(z(t)) = G(c) + \int_0^t \frac{v(s)K(u(s))}{K(z(s))}\,\mathrm{d}s \leqslant G(c) + \int_0^t v(s)\,\mathrm{d}s$$

因此, 对 $[0,T]$ 中满足 $G(c) + \int_0^t v(s)\,\mathrm{d}s \in G^{-1}$ 的定义域的所有 $t$, 我们从上式得

$$z(t) \leqslant G^{-1}\left(G(c) + \int_0^t v(s)\,\mathrm{d}s\right)$$

再结合 $u(t) \leqslant z(t)$, 即得要证的不等式成立.

**定理 6.6.29**  设 $T > 0$, $\alpha \in [0,1)$, $c \geqslant 0$. 再设 $u(\cdot)$ 是 $[0,T]$ 上的一个 Borel 可测的非负有界函数, $v(\cdot)$ 是 $[0,T]$ 上的一个非负可积函数. 如果对所有的 $0 \leqslant t \leqslant T$, 有

$$u(t) \leqslant c + \int_0^t v(s)[u(s)]^\alpha\,\mathrm{d}s$$

那么, 对所有的 $t \in [0,T]$, 有

$$u(t) \leqslant \left(c^{1-\alpha} + (1-\alpha)\int_0^t v(s)\,\mathrm{d}s\right)^{\frac{1}{1-\alpha}}$$

**证明**  不失一般性, 我们设 $c > 0$. 对所有的 $0 \leqslant t \leqslant T$, 令

$$z(t) = c + \int_0^t v(s) [u(s)]^\alpha \, \mathrm{d}s$$

则 $u(t) \leqslant z(t)$, 而且 $z(t) > 0$. 由经典的微分公式, 我们有

$$\left( [z(t)]^{1-\alpha} \right)_t' = (1 - \alpha) \frac{v(t) [u(t)]^\alpha}{[z(t)]^\alpha}$$

从而, 对所有的 $0 \leqslant t \leqslant T$, 有

$$[z(t)]^{1-\alpha} = c^{1-\alpha} + (1 - \alpha) \int_0^t \frac{v(s) [u(s)]^\alpha}{[z(s)]^\alpha} \mathrm{d}s$$

$$\leqslant c^{1-\alpha} + (1 - \alpha) \int_0^t v(s) \, \mathrm{d}s$$

故要证的不等式成立.

# 第四篇
# 随机微分方程理论

# 第 7 章　Itô 型随机微分方程的一般理论

**C**HAPTER

## 7.1　随机微分方程概述

### 7.1.1　问题介绍

从现在开始我们进入本书的另一个主题: 随机微分方程 (SDE). 大家熟知, 常微分方程 (ODE) 的一般形式是

$$\dot{x}(t) = f(x(t), t) \quad \text{或} \quad \mathrm{d}x(t) = f(x(t), t)\,\mathrm{d}t, \quad t \in \mathbf{T} \tag{7.1.1}$$

其中 $f : \mathbb{R}^d \times \mathbf{T} \to \mathbb{R}^d$. 凡是确定的依赖于初始状态的时间系统, 通常都可以表示为某个形如上面的 (7.1.1) 式的常微分方程的形式. 然而, 在现实生活中, 由于随机因素的干扰, 时间系统通常会表现出某种不确定性, 致使形如 (7.1.1) 式的方程不再是能正确描述这类系统的有效工具, 这就需要人们对方程 (7.1.1) 进行适当的改造, 以反映随机干扰的影响. 这其中最简单的办法或许是, 在方程 (7.1.1) 中加入一个能反映随机干扰作用的项, 将其转化为如下的 Itô 型随机微分方程 (SDE)

$$\mathrm{d}x(t) = f(x(t), t)\,\mathrm{d}t + g(x(t), t)\,\mathrm{d}B(t), \quad t \in \mathbf{T} \tag{7.1.2}$$

其中 $f : \mathbb{R}^d \times \mathbf{T} \to \mathbb{R}^d$ 与 $g : \mathbb{R}^d \times \mathbf{T} \to \mathbb{R}^{d \times m}$ 是给定的普通 Borel 可测函数, 而 $B = (B_1, B_2, \cdots, B_m)^{\mathrm{T}}$ 是一个给定的 $m$ 维 Brownian 运动. 参照我们在常微分方程理论中已有的经验, 对随机微分方程 (7.1.2) 我们自然会提出如下的问题:

(1) 方程 (7.1.2) 解的意义是什么?

(2) 在什么条件下方程 (7.1.2) 的解存在且唯一?

(3) 方程 (7.1.2) 的解具有哪些性质 (包括分析性质和统计性质)? 尤其是方程 (7.1.2) 的解是否具有某种稳定性?

(4) 对给定的一个形如 (7.1.2) 的方程, 如何求出它的解 (精确解或近似解)?

下面我们将一个接一个地来讨论这些问题. 另外, 作为随机微分方程的一个重要应用, 我们还将介绍著名的 Feynman-Kac 公式, 它说明某些线性抛物型偏微分方程的解能利用相应的随机微分方程的解表示出来.

### 7.1.2　随机微分方程的解的定义

设 $(\Omega, \mathscr{F}, P)$ 为一个完备概率空间, 其上的 $\sigma$ 域流 $\boldsymbol{F} = \{\mathscr{F}_t : t \in \mathbb{R}_+\}$ 满足通常条件, 即域流 $\boldsymbol{F} = \{\mathscr{F}_t : t \in \mathbb{R}_+\}$ 是右连续的且 $\mathscr{F}_0$ 包含所有的 $P$ 零集. 本

章, 除非特殊说明, 我们都假设 $B(t) = (B_1(t), \cdots, B_m(t))^{\mathrm{T}} (t \geqslant 0)$ 是一个定义在概率空间 $(\Omega, \mathscr{F}, P)$ 上的适应 $\sigma$ 域流 $\boldsymbol{F} = \{\mathscr{F}_t : t \in \mathbb{R}_+\}$ 的 $m$ 维布朗运动. 我们还假设 $T > 0, 0 \leqslant t_0 < T < \infty$, $x_0$ 是一个 $\mathscr{F}_{t_0}$ 可测的 $\mathbb{R}^d$ 值的满足 $E|x_0|^2 < \infty$ 的随机变量, $f : \mathbb{R}^d \times [t_0, T] \to \mathbb{R}^d$ 和 $g : \mathbb{R}^d \times [t_0, T] \to \mathbb{R}^{d \times m}$ 都是 Borel 可测的.

考虑如下的具有初值 $x(t_0) = x_0$ 的 $d$ 维 Itô 型随机微分方程

$$\mathrm{d}x(t) = f(x(t), t)\mathrm{d}t + g(x(t), t)\mathrm{d}B(t), \quad t_0 \leqslant t \leqslant T \tag{7.1.3}$$

由 Itô 型随机微分的定义, 这个方程等价于下面的随机积分方程

$$x(t) = x_0 + \int_{t_0}^t f(x(s), s)\mathrm{d}s + \int_{t_0}^t g(x(s), s)\mathrm{d}B(s), \quad t_0 \leqslant t \leqslant T \tag{7.1.4}$$

我们首先界定随机微分方程 (7.1.3) 的解的概念.

**定义 7.1.1**　如果一个 $\mathbb{R}^d$ 值的随机过程 $\{x(t)\}_{t_0 \leqslant t \leqslant T}$ 满足下面的条件:

(1) $\{x(t)\}$ 是一个连续且 $\{\mathscr{F}_t : t \in \mathbb{R}_+\}$ 适应的过程;

(2) $\{f(x(t), t)\} \in \mathcal{L}^1([t_0, T]; \mathbb{R}^d)$, $\{g(x(t), t)\} \in \mathcal{L}^2([t_0, T]; \mathbb{R}^{d \times m})$;

(3) 对每个 $t \in [t_0, T]$, $x(t)$ 以概率 1 使式

$$x(t) = x_0 + \int_{t_0}^t f(x(s), s)\mathrm{d}s + \int_{t_0}^t g(x(s), s)\mathrm{d}B(s), \quad t_0 \leqslant t \leqslant T$$

成立, 则称随机过程 $\{x(t)\}_{t_0 \leqslant t \leqslant T}$ 为随机微分方程 (7.1.3) 的一个具初值 $x_0$ 的解或解过程. 如果随机过程 $\{x(t)\}_{t_0 \leqslant t \leqslant T}$ 与方程 (7.1.3) 的任何其他的也具初值 $x_0$ 的解 $\{\bar{x}(t)\}_{t_0 \leqslant t \leqslant T}$ 无差别, 即

$$P\{x(t) = \bar{x}(t) : t_0 \leqslant t \leqslant T\} = 1$$

则说随机过程 $\{x(t)\}_{t_0 \leqslant t \leqslant T}$ 是方程 (7.1.3) 的具初值 $x_0$ 的唯一解.

**注释 7.1.2**　(1) 本书后面用 $x(t; t_0, x_0)$ 表示方程 (7.1.3) 的具初值 $x_0$ 的解. 注意到, 对任何 $s \in [t_0, T]$, 从方程 (7.1.4) 知

$$x(t) = x(s) + \int_s^t f(x(r), r)\mathrm{d}r + \int_s^t g(x(r), r)\mathrm{d}B(r), \quad s \leqslant t \leqslant T \tag{7.1.5}$$

成立. 但是, 式 (7.1.5) 是一个在区间 $[s, T]$ 上的具初值 $x(s) = x(s; t_0, x_0)$ 的随机微分方程, 它的解是 $x(t; s, x(s; t_0, x_0))$. 因此, 我们看到方程 (7.1.3) 的解满足下面的所谓半群性质:

$$x(t; t_0, x_0) = x(t; s, x(s; t_0, x_0)), \quad t_0 \leqslant s \leqslant t \leqslant T$$

(2) 对于方程 (7.1.3) 的初值 $x_0$, 下面我们都要求 $x_0 \in L_2(\Omega, \mathscr{F}_t, P)$. 但是, 通常只要 $x_0$ 是一个 $\mathscr{F}_{t_0}$ 可测的随机变量即可.

### 7.1.3 随机微分方程的实例

现在我们来看几个随机微分方程的具体例子.

**例 7.1.3** 设 $B(t)$ $(t \geqslant 0)$ 是一个一维布朗运动, 定义二维随机过程

$$x(t) = (x_1(t), x_2(t))^{\mathrm{T}} = (\cos(B(t)), \sin(B(t)))^{\mathrm{T}}, \quad t \geqslant 0 \qquad (7.1.6)$$

由 Itô 公式有

$$\begin{cases} \mathrm{d}x_1(t) = -\sin(B(t))\,\mathrm{d}B(t) - \dfrac{1}{2}\cos(B(t))\,\mathrm{d}t, \\[2mm] \mathrm{d}x_2(t) = \cos(B(t))\,\mathrm{d}B(t) - \dfrac{1}{2}\sin(B(t))\,\mathrm{d}t \end{cases}$$

因此, 习惯称随机过程 $x(t) = (\cos(B(t)), \sin(B(t)))^{\mathrm{T}}$ 为单位圆周上的布朗运动, 它是下面的 Itô 型随机微分方程组

$$\begin{cases} \mathrm{d}x_1(t) = -\dfrac{1}{2}x_1(t)\,\mathrm{d}t - x_2(t)\,\mathrm{d}B(t), \\[2mm] \mathrm{d}x_2(t) = -\dfrac{1}{2}x_2(t)\,\mathrm{d}t + x_1(t)\,\mathrm{d}B(t) \end{cases}$$

的解, 该随机微分方程组可用矩阵的记号表示为

$$\mathrm{d}x(t) = -\frac{1}{2}x(t)\,\mathrm{d}t + Kx(t)\,\mathrm{d}B(t), \quad \text{其中} \quad K = \begin{pmatrix} 0 & -1 \\ 1 & 0 \end{pmatrix} \qquad (7.1.7)$$

**例 7.1.4** 在一个电路中, 某一个固定点在 $t$ 时刻的电荷 $Q(t)$ 满足二阶微分方程

$$L\ddot{Q}(t) + R\dot{Q}(t) + \frac{1}{C}Q(t) = F(t), \quad Q(0) = Q_0, \quad \dot{Q}(0) = I_0 \qquad (7.1.8)$$

其中 $L$ 是电感, $R$ 是阻抗, $C$ 是电容, 而 $F(t)$ 是 $t$ 时刻的电势. 假设电势受环境噪声的影响, 被描述为

$$F(t) = G(t) + \alpha \dot{B}(t)$$

其中 $\dot{B}(t)$ 是一维白噪声 (即 $B(t)$ 是一维 Brownian 运动), 而 $\alpha$ 是噪声强度. 此时方程 (7.1.8) 变为

$$L\ddot{Q}(t) + R\dot{Q}(t) + \frac{1}{C}Q(t) = G(t) + \alpha \dot{B}(t) \qquad (7.1.9)$$

如果现在引进二维随机过程 $x(t) = (x_1(t), x_2(t))^{\mathrm{T}} = (Q(t), \dot{Q}(t))^{\mathrm{T}}$, 则方程 (7.1.9) 可以被表示为如下的 Itô 型随机微分方程

$$\begin{cases} \mathrm{d}x_1(t) = x_2(t)\mathrm{d}t, \\ \mathrm{d}x_2(t) = \dfrac{1}{L}\left(-\dfrac{1}{C}x_1(t) - Rx_2(t) + G(t)\right)\mathrm{d}t + \dfrac{\alpha}{L}\mathrm{d}B(t) \end{cases}$$

即

$$\mathrm{d}x(t) = [Ax(t) + H(t)]\,\mathrm{d}t + K\mathrm{d}B(t) \tag{7.1.10}$$

其中

$$A = \begin{pmatrix} 0 & 1 \\ -1/CL & -R/L \end{pmatrix}, \quad H(t) = \begin{pmatrix} 0 \\ G(t)/L \end{pmatrix}, \quad K = \begin{pmatrix} 0 \\ \alpha/L \end{pmatrix}$$

**例 7.1.5**　更一般地, 考虑一个具有白噪声的 $d$ 阶微分方程

$$y^{(d)}(t) = F\left(y(t), \cdots, y^{(d-1)}(t), t\right) + G\left(y(t), \cdots, y^{(d-1)}(t), t\right)\dot{B}(t) \tag{7.1.11}$$

其中 $F: \mathbb{R}^d \times \mathbb{R}_+ \to \mathbb{R}$, $G: \mathbb{R}^d \times \mathbb{R}_+ \to \mathbb{R}^{1 \times m}$, $\dot{B}(t)$ 是一个 $m$ 维的白噪声, 即 $B(t)$ 是一个 $m$ 维的 Brownian 运动. 引进一个 $\mathbb{R}^d$ 值的随机过程

$$x(t) = (x_1(t), \cdots, x_d(t))^{\mathrm{T}} = \left(y(t), \cdots, y^{d-1}(t)\right)^{\mathrm{T}}$$

则我们可以把方程 (7.1.11) 转换成一个 $d$ 维 Itô 型随机微分方程

$$\mathrm{d}x(t) = \begin{pmatrix} x_2(t) \\ \vdots \\ x_d(t) \\ F(x(t), t) \end{pmatrix}\mathrm{d}t + \begin{pmatrix} 0 \\ \vdots \\ 0 \\ G(x(t), t) \end{pmatrix}\mathrm{d}B(t) \tag{7.1.12}$$

**例 7.1.6**　在具有初值 $x(t_0) = x_0$ 的一维 Itô 型随机微分方程

$$\mathrm{d}x(t) = f(x(t), t)\,\mathrm{d}t + g(x(t), t)\,\mathrm{d}B(t), \quad t_0 \leqslant t \leqslant T$$

中如果 $g(x, t) \equiv 0$, 那么上面的方程变成具初值 $x(t_0) = x_0$ 的常微分方程

$$\dot{x}(t) = f(x(t), t), \quad t \in [t_0, T] \tag{7.1.13}$$

在这种情况下, 随机影响仅仅出现在初值 $x_0$ 里. 作为方程 (7.1.13) 的一个特例, 考虑具有初值 $x(t_0) = 1_A$ 的一维方程

$$\dot{x}(t) = 3[x(t)]^{2/3}, \quad t \in [t_0, T] \tag{7.1.14}$$

其中 $A \in \mathscr{F}_{t_0}$. 容易证明对任何 $0 < \alpha < T - t_0$, 随机过程

$$x(t) = x(t, \omega) = \begin{cases} (t - t_0 + 1)^3, & t_0 \leqslant t \leqslant T, \omega \in A, \\ 0, & t_0 \leqslant t \leqslant t_0 + \alpha, \omega \notin A, \\ (t - t_0 - \alpha)^3, & t_0 + \alpha < t \leqslant T, \omega \notin A \end{cases}$$

是方程 (7.1.14) 的一个解. 换句话说, 方程 (7.1.14) 有无穷多解. 作为方程 (7.1.13) 的另一个特殊情况, 考虑具初值 $x(t_0) = x_0$ 的一维方程

$$\dot{x}(t) = [x(t)]^2, \quad t \in [t_0, T] \tag{7.1.15}$$

其中的 $x_0$ 是一个取值大于 $1/[T - t_0]$ 的随机变量. 容易证明方程 (7.1.15) 仅在 $t_0 \leqslant t < t_0 + \dfrac{1}{x_0}\, (< T)$ 上有唯一解

$$x(t) = \left[ \frac{1}{x_0} - (t - t_0) \right]^{-1}$$

而此时对所有 $t \in [t_0, T]$, 方程无解.

**例 7.1.7** 设 $B(t)$ 是一个一维 Brownian 运动, 1962 年, Girsanov 证明了一维 Itô 型随机微分方程

$$x(t) = \int_{t_0}^{t} [x(s)]^\alpha \, \mathrm{d}B(s)$$

当 $\alpha \geqslant \dfrac{1}{2}$ 时有唯一解, 但当 $0 < \alpha < \dfrac{1}{2}$ 时有无穷多解.

例 7.1.6 和例 7.1.7 说明了一个 Itô 型随机微分方程可以没有定义在整个区间 $[t_0, T]$ 上的唯一解, 因此我们需要寻找 Itô 型随机微分方程解的存在和唯一性条件.

## 7.2 解的存在和唯一性

### 7.2.1 解的存在和唯一性定理

现在让我们来讨论保证 Itô 型随机微分方程解的存在和唯一性的条件.

尽管方程 (7.1.2) 已明显不同于方程 (7.1.1), 但对于方程 (7.1.2) 仍然可以给出如下的与常微分方程解的存在定理所需要的条件高度类似的基本存在定理.

**定理 7.2.1** 对于具有初值 $x(t_0) = x_0$ 的 $d$ 维 Itô 型随机微分方程

$$\mathrm{d}x(t) = f(x(t), t)\, \mathrm{d}t + g(x(t), t)\, \mathrm{d}B(t), \quad t_0 \leqslant t \leqslant T \tag{7.2.1}$$

的系数 $f(x,t)$ 和 $g(x,t)$, 如果存在两个正常数 $\bar{K}$ 和 $K$, 使得

(1) **一致 Lipschitz 条件**　对所有 $x,y \in \mathbb{R}^d$ 和 $t \in [t_0,T]$, 有

$$|f(x,t) - f(y,t)|^2 \vee |g(x,t) - g(y,t)|^2 \leqslant \bar{K}|x-y|^2 \qquad (7.2.2)$$

(2) **线性增长条件**　对所有 $(x,t) \in \mathbb{R}^d \times [t_0,T]$, 有

$$|f(x,t)|^2 \vee |g(x,t)|^2 \leqslant K\left(1+|x|^2\right) \qquad (7.2.3)$$

那么该方程存在唯一解 $x(t)$, 且 $x(t) \in \mathcal{M}^2\left([t_0,T];\mathbb{R}^d\right)$.

为证明定理 7.2.1, 我们先准备如下引理.

**引理 7.2.2**　假设线性增长条件 (7.2.3) 式成立. 如果 $x(t)$ 是方程 (7.2.1) 的一个解, 那么

$$E\left(\sup_{t_0 \leqslant t \leqslant T} |x(t)|^2\right) \leqslant \left(1+3E|x_0|^2\right) \mathrm{e}^{3K(T-t_0)(T-t_0+4)} \qquad (7.2.4)$$

特别地, $x(t) \in \mathcal{M}^2\left([t_0,T];\mathbb{R}^d\right)$.

**证明**　对每个整数 $n \geqslant 1$, 定义停时

$$\tau_n = T \wedge \inf\{t \in [t_0,T]: |x(t)| \geqslant n\}$$

易见, $\tau_n \uparrow T$ a.s. 对 $t \in [t_0,T]$, 设 $x_n(t) = x(t \wedge \tau_n)$, 那么 $x_n(t)$ 满足方程

$$x_n(t) = x_0 + \int_{t_0}^t f(x_n(s),s) I_{[t_0,\tau_n]}(s)\,\mathrm{d}s + \int_{t_0}^t g(x_n(s),s) I_{[t_0,\tau_n]}(s)\,\mathrm{d}B(s)$$

利用基本不等式 $|a+b+c|^2 \leqslant 3\left(|a|^2+|b|^2+|c|^2\right)$, Hölder 不等式和线性增长条件 (7.2.3), 我们可得

$$|x_n(t)|^2 \leqslant 3|x_0|^2 + 3K(t-t_0)\int_{t_0}^t \left(1+|x_n(s)|^2\right)\mathrm{d}s$$

$$+ 3\left|\int_{t_0}^t g(x_n(s),s) I_{[t_0,\tau_n]}(s)\,\mathrm{d}B(s)\right|^2$$

因此, 由定理 6.6.22 和线性增长条件 (7.2.3), 我们能进一步得到

$$E\left(\sup_{t_0 \leqslant s \leqslant t} |x_n(s)|^2\right) \leqslant 3E|x_0|^2 + 3K(T-t_0)\int_{t_0}^t \left(1+E|x_n(s)|^2\right)\mathrm{d}s$$

$$+ 12E \int_{t_0}^{t} \left| g\left(x_n\left(s\right), s\right) \right|^2 I_{[t_0, \tau_n]}\left(s\right) \mathrm{d}s$$

$$\leqslant 3E \left| x_0 \right|^2 + 3K\left(T - t_0 + 4\right) \int_{t_0}^{t} \left(1 + E \left| x_n\left(s\right) \right|^2\right) \mathrm{d}s$$

因此

$$1 + E \left( \sup_{t_0 \leqslant s \leqslant t} \left| x_n\left(s\right) \right|^2 \right) \leqslant 1 + 3E \left| x_0 \right|^2$$

$$+ 3K\left(T - t_0 + 4\right) \int_{t_0}^{t} \left[ 1 + E \left( \sup_{t_0 \leqslant r \leqslant s} \left| x_n\left(r\right) \right|^2 \right) \right] \mathrm{d}s$$

现在再由 Gronwall 不等式得到

$$1 + E \left( \sup_{t_0 \leqslant t \leqslant T} \left| x_n\left(t\right) \right|^2 \right) \leqslant \left( 1 + 3E \left| x_0 \right|^2 \right) \mathrm{e}^{3K\left(T - t_0\right)\left(T - t_0 + 4\right)}$$

从而

$$E \left( \sup_{t_0 \leqslant t \leqslant \tau_n} \left| x_n\left(t\right) \right|^2 \right) \leqslant \left( 1 + 3E \left| x_0 \right|^2 \right) \mathrm{e}^{3K\left(T - t_0\right)\left(T - t_0 + 4\right)}$$

最后, 令 $n \to \infty$, 即得要证的不等式 (7.2.4).

**定理 7.2.1 的证明** 解的唯一性. 设 $x(t)$ 和 $\bar{x}(t)$ 是方程 (7.2.1) 的两个解. 由引理 7.2.2, 它们都属于 $\mathcal{M}^2\left([t_0, T]; \mathbb{R}^d\right)$. 注意到

$$x\left(t\right) - \bar{x}\left(t\right) = \int_{t_0}^{t} \left[ f\left(x\left(s\right), s\right) - f\left(\bar{x}\left(s\right), s\right) \right] \mathrm{d}s + \int_{t_0}^{t} \left[ g\left(x\left(s\right), s\right) - g\left(\bar{x}\left(s\right), s\right) \right] \mathrm{d}B\left(s\right)$$

利用 Hölder 不等式, 定理 6.6.24 和 Lipschitz 条件 (7.2.2), 我们能用如证明引理 7.2.2 同样的证明方法得到

$$E \left( \sup_{t_0 \leqslant s \leqslant t} \left| x\left(s\right) - \bar{x}\left(s\right) \right|^2 \right) \leqslant 2\bar{K}\left(T + 4\right) \int_{t_0}^{t} E \left( \sup_{t_0 \leqslant r \leqslant s} \left| x\left(r\right) - \bar{x}\left(r\right) \right|^2 \right) \mathrm{d}s.$$

从而由 Gronwall 不等式得

$$E \left( \sup_{t_0 \leqslant t \leqslant T} \left| x(t) - \bar{x}(t) \right|^2 \right) = 0$$

因此, 对于所有 $t_0 \leqslant t \leqslant T$, 几乎必然有 $x\left(t\right) = \bar{x}\left(t\right)$. 从而唯一性得证.

解的存在性. 设 $x_0(t) \equiv x_0$, 对 $n = 1, 2, \cdots, t \in [t_0, T]$, 定义 Picard 迭代

$$x_n(t) = x_0 + \int_{t_0}^t f(x_{n-1}(s), s) \, ds + \int_{t_0}^t g(x_{n-1}(s), s) \, dB(s) \tag{7.2.5}$$

显然, $x_0(\cdot) \in \mathcal{M}^2([t_0, T]; \mathbb{R}^d)$. 另外, 因为从 (7.2.5) 式有

$$E|x_n(t)|^2 \leqslant c_1 + 3K(T+1) \int_{t_0}^t E|x_{n-1}(s)|^2 \, ds \tag{7.2.6}$$

其中 $c_1 = 3E|x_0|^2 + 3KT(T+1)$, 所以由数学归纳法容易得到 $x_n(\cdot) \in \mathcal{M}^2([t_0, T]; \mathbb{R}^d)$. 对任何 $k \geqslant 1$, 从 (7.2.6) 式又可得

$$\max_{1 \leqslant n \leqslant k} E|x_n(t)|^2 \leqslant c_1 + 3K(T+1) \int_{t_0}^t \max_{1 \leqslant n \leqslant k} E|x_{n-1}(s)|^2 \, ds$$

$$\leqslant c_1 + 3K(T+1) \int_{t_0}^t \left( E|x_0|^2 + \max_{1 \leqslant n \leqslant k} E|x_n(s)|^2 \right) ds$$

$$\leqslant c_2 + 3K(T+1) \int_{t_0}^t \left( \max_{1 \leqslant n \leqslant k} E|x_n(s)|^2 \right) ds$$

其中 $c_2 = c_1 + 3KT(T+1)E|x_0|^2$. 再由 Gronwall 不等式得

$$\max_{1 \leqslant n \leqslant k} E|x_n(t)|^2 \leqslant c_2 e^{3KT(T+1)}$$

因为 $k$ 的任意性, 所以我们一定有

$$E|x_n(t)|^2 \leqslant c_2 e^{3KT(T+1)} \tag{7.2.7}$$

对所有 $t_0 \leqslant t \leqslant T, n \geqslant 1$ 成立. 进一步, 我们注意到

$$|x_1(t) - x_0(t)|^2 = |x_1(t) - x_0|^2$$

$$\leqslant 2 \left| \int_{t_0}^t f(x_0, s) \, ds \right|^2 + 2 \left| \int_{t_0}^t g(x_0, s) \, dB(s) \right|^2$$

$$\leqslant 2(t - t_0) \int_{t_0}^t |f(x_0, s)|^2 \, ds + 2 \left| \int_{t_0}^t g(x_0, s) \, dB(s) \right|^2$$

将上式取期望并利用 (7.2.3) 式, 我们得到

$$E|x_1(t) - x_0(t)|^2 \leqslant 2K(t - t_0) \left( 1 + E|x_0|^2 \right) + 2K(t - t_0)^2 \left( 1 + E|x_0|^2 \right) \leqslant C \tag{7.2.8}$$

其中 $C = 2K(T - t_0 + 1)(T - t_0)\left(1 + E|x_0|^2\right)$. 利用数学归纳法可得, 对 $n \geqslant 0$, 有

$$E|x_{n+1}(t) - x_n(t)|^2 \leqslant \frac{C[M(t - t_0)]^n}{n!}, \quad 对 t_0 \leqslant t \leqslant T \tag{7.2.9}$$

其中 $M = 2\bar{K}(T - t_0 + 1)$. 事实上, 由 (7.2.8) 式, 我们看到 (7.2.9) 式当 $n = 0$ 时成立. 如果假设 (7.2.9) 式对某 $n \geqslant 0$ 成立, 为证明 (7.2.9) 式对 $n + 1$ 仍然成立, 注意到

$$|x_{n+2}(t) - x_{n+1}(t)|^2 \leqslant 2\left|\int_{t_0}^t [f(x_{n+1}(s), s) - f(x_n(s), s)]\,\mathrm{d}s\right|^2$$

$$+ 2\left|\int_{t_0}^t [g(x_{n+1}(s), s) - g(x_n(s), s)]\,\mathrm{d}B(s)\right|^2 \tag{7.2.10}$$

对上式取期望并用 (7.2.2) 式和归纳假设, 得到

$$E|x_{n+2}(t) - x_{n+1}(t)|^2 \leqslant 2\bar{K}(t - t_0 + 1)E\int_{t_0}^t |x_{n+1}(s) - x_n(s)|^2\,\mathrm{d}s$$

$$\leqslant M\int_{t_0}^t E|x_{n+1}(s) - x_n(s)|^2\,\mathrm{d}s$$

$$\leqslant M\int_{t_0}^t \frac{C[M(s - t_0)]^n}{n!}\,\mathrm{d}s = \frac{C[M(t - t_0)]^{n+1}}{(n+1)!}$$

从而 (7.2.9) 式对 $n + 1$ 成立. 因此, 由归纳假设, (7.2.9) 式对所有 $n \geqslant 0$ 成立. 此外, 如果在 (7.2.10) 式中用 $n - 1$ 代替 $n$, 得到

$$\sup_{t_0 \leqslant t \leqslant T} |x_{n+1}(t) - x_n(t)|^2 \leqslant 2\bar{K}(T - t_0)\int_{t_0}^t |x_n(s) - x_{n-1}(s)|^2\,\mathrm{d}s$$

$$+ 2\sup_{t_0 \leqslant t \leqslant T}\left|\int_{t_0}^t [g(x_n(s), s) - g(x_{n-1}(s), s)]\,\mathrm{d}B(s)\right|^2$$

将上式取期望并用定理 6.6.24 和 (7.2.9) 式, 有

$$E\left(\sup_{t_0 \leqslant t \leqslant T} |x_{n+1}(t) - x_n(t)|^2\right) \leqslant 2\bar{K}(T - t_0 + 4)\int_{t_0}^t E|x_n(s) - x_{n-1}(s)|^2\,\mathrm{d}s$$

$$\leqslant 4M\int_{t_0}^t \frac{C[M(s - t_0)]^{n-1}}{(n-1)!}\,\mathrm{d}s = \frac{4C[M(T - t_0)]^n}{n!}$$

因此

$$P\left\{\sup_{t_0\leqslant t\leqslant T}|x_{n+1}(t)-x_n(t)|>\frac{1}{2^n}\right\}\leqslant\frac{4C\left[4M\left(T-t_0\right)\right]^n}{n!}$$

因为 $\displaystyle\sum_{n=0}^{\infty}\frac{4C\left[4M\left(T-t_0\right)\right]^n}{n!}<\infty$, 所以由 Borel-Cantelli 引理可得对几乎所有的 $\omega\in\Omega$, 存在一个正整数 $n_0=n_0\left(\omega\right)$, 使得只要 $n\geqslant n_0$ 就有

$$\sup_{t_0\leqslant t\leqslant T}|x_{n+1}(t)-x_n(t)|\leqslant\frac{1}{2^n}$$

成立. 于是, 部分和

$$x_0\left(t\right)+\sum_{i=0}^{n-1}\left[x_{i+1}\left(t\right)-x_i\left(t\right)\right]=x_n\left(t\right)$$

关于 $t\in[0,T]$ 以概率 1 一致收敛. 定义这个极限为 $x(t)$, 显然, $x(t)$ 是连续且 $\mathscr{F}_t$ 适应的. 另一方面, 我们从 (7.2.9) 式可得对每一 $t$, $\{x_n(t)\}_{n\geqslant1}$ 是 $L_2(\Omega,\mathscr{F}_t,P)$ 中的一个 Cauchy 序列. 因此, 在 $L_2$ 中也有 $x_n(t)\to x(t)$. 又因为在 (7.2.7) 式中令 $n\to\infty$, 可得

$$E\left|x\left(t\right)\right|^2\leqslant c_2\mathrm{e}^{3KT(T+1)},\quad\text{对所有}\quad t_0\leqslant t\leqslant T$$

所以, $x\left(\cdot\right)\in\mathcal{M}^2\left([t_0,T];\mathbb{R}^d\right)$. 现在只需证明 $x(t)$ 满足方程 (7.2.1) 即可, 注意到

$$E\left(\left|x_n\left(t\right)-x\left(t\right)\right|^2\right)\leqslant E\left|\int_{t_0}^t f\left(x_n\left(s\right),s\right)\mathrm{d}s-\int_{t_0}^t f\left(x\left(s\right),s\right)\mathrm{d}s\right|^2$$

$$+E\left|\int_{t_0}^t g\left(x_n\left(s\right),s\right)\mathrm{d}B\left(s\right)-\int_{t_0}^t g\left(x\left(s\right),s\right)\mathrm{d}B\left(s\right)\right|^2$$

$$\leqslant\bar{K}\left(T-t_0+1\right)\int_{t_0}^T E\left|x_n\left(s\right)-x\left(s\right)\right|^2\mathrm{d}s\to0\quad\text{当}\quad n\to\infty$$

因此, 在 (7.2.5) 式中令 $n\to\infty$, 可得

$$x\left(t\right)=x_0+\int_{t_0}^t f\left(x\left(s\right),s\right)\mathrm{d}s+\int_{t_0}^t g\left(x\left(s\right),s\right)\mathrm{d}B\left(s\right),\quad t_0\leqslant t\leqslant T$$

证明现在完成.

在上面定理 7.2.1 的证明中, 我们证明了 Picard 迭代 $x_n(t)$ 收敛到方程 (7.2.1) 的唯一解, 而下面的定理给出了 Picard 迭代 $x_n(t)$ 收敛速度的一个估计.

**定理 7.2.3** 设定理 7.2.1 的假定成立, $x(t)$ 是方程 (7.2.1) 的唯一解, $x_n(t)$ 是由 (7.2.5) 式定义的 Picard 迭代, 那么

$$E\left(\sup_{t_0 \leqslant t \leqslant T} |x_n(t) - x(t)|^2\right) \leqslant \frac{8C\left[M(T-t_0)\right]^n}{n!} e^{8M(T-t_0)} \tag{7.2.11}$$

对所有 $n \geqslant 1$ 成立, 其中

$$C = 2K(T - t_0 + 1)(T - t_0)\left(1 + E|x_0|^2\right), \quad M = 2\bar{K}(T - t_0 + 1)$$

**证明** 从

$$x_n(t) - x(t) = \int_{t_0}^t \left[f(x_{n-1}(s), s) - f(x(s), s)\right] ds$$
$$+ \int_{t_0}^t \left[g(x_{n-1}(s), s) - g(x(s), s)\right] dB(s)$$

可得

$$E\left(\sup_{t_0 \leqslant s \leqslant t} |x_n(s) - x(s)|^2\right)$$
$$\leqslant 2\bar{K}(T - t_0 + 4) \int_{t_0}^t E|x_{n-1}(s) - x(s)|^2 ds$$
$$\leqslant 8M \int_{t_0}^t E|x_n(s) - x_{n-1}(s)|^2 ds + 8M \int_{t_0}^t E|x_n(s) - x(s)|^2 ds$$

再将 (7.2.9) 式代入上式得到

$$E\left(\sup_{t_0 \leqslant s \leqslant T} |x_n(s) - x(s)|^2\right)$$
$$\leqslant 8M \int_{t_0}^T \frac{C\left[M(s-t_0)\right]^{n-1}}{(n-1)!} ds + 8M \int_{t_0}^t E|x_n(s) - x(s)|^2 ds$$
$$\leqslant \frac{8C\left[M(T-t_0)\right]^n}{n!} + 8M \int_{t_0}^t E\left(\sup_{t_0 \leqslant r \leqslant s} |x_n(r) - x(r)|^2\right) ds$$

因此, 利用 Gronwall 不等式即可得要证的不等式 (7.2.11).

这个定理说明我们可以运用 Picard 迭代过程获得方程 (7.2.1) 的近似解, 而 (7.2.11) 式给出了近似解的误差估计, 后面我们也将讨论方程 (7.2.1) 解的其他近似过程.

### 7.2.2　解的存在和唯一性定理的推广

对于定理 7.2.1 来说, 作为 Itô 型随机微分方程解的基本存在定理就其与常微分方程解的基本存在定理的高度对应而言, 可以说是令人满意的; 不过其缺陷也是显而易见的. 首先, 一致 Lipschitz 条件 (7.2.2) 式意味着方程 (7.2.1) 的系数 $f(x,t)$ 和 $g(x,t)$ 随 $x$ 的改变不比一个随 $x$ 改变的 $x$ 的线性函数变化快, 这实际上说明对所有的 $t \in [t_0, T]$, 函数 $f(x,t)$ 和 $g(x,t)$ 关于 $x$ 具有连续性. 因此, 关于 $x$ 的不连续函数被排除在方程的系数之外. 其次, 像 $|x|^2$, $\sin x^2$ 这样简单的函数也不满足 Lipschitz 条件, 这些表明一致 Lipschitz 条件太强. 这样的缺陷可以通过适当放宽条件而得到一定的弥补, 但往往需要更加精细的论证.

下面的结果是定理 7.2.1 的推广, 它以局部 Lipschitz 条件代替了一致 Lipschitz 条件.

**定理 7.2.4**　假设线性增长条件 (7.2.3) 成立, 但是一致 Lipschitz 条件 (7.2.2) 被替代为下面的局部 Lipschitz 条件: 对每个整数 $n \geqslant 1$, 都存在一个正常数 $K_n$, 使得对所有 $t \in [t_0, T]$ 和所有 $x, y \in \mathbb{R}^d$, 当 $|x| \vee |y| \leqslant n$ 时, 有

$$|f(x,t) - f(y,t)|^2 \vee |g(x,t) - g(y,t)|^2 \leqslant K_n |x - y|^2 \tag{7.2.12}$$

那么方程 (7.2.1) 在 $\mathcal{M}^2([t_0, T]; \mathbb{R}^d)$ 中存在唯一解 $x(t)$.

**证明**　定理的证明可以通过截尾过程实现, 下面给出一个概述.

对于每一 $n \geqslant 1$, 定义截断函数

$$f_n(x,t) = \begin{cases} f(x,t), & \text{如果 } |x| \leqslant n, \\ f(nx/|x|, t), & \text{如果 } |x| > n \end{cases}$$

类似地定义 $g_n(x,t)$. 那么对于每一 $n \geqslant 1$, $f_n$ 和 $g_n$ 都满足 Lipschitz 条件 (7.2.2) 和线性增长条件 (7.2.3). 因此由定理 7.2.1, 在 $\mathcal{M}^2([t_0, T]; \mathbb{R}^d)$ 中存在方程

$$x_n(t) = x_0 + \int_{t_0}^t f_n(x_n(s), s)\,\mathrm{d}s + \int_{t_0}^t g_n(x_n(s), s)\,\mathrm{d}B(s), \quad t \in [t_0, T] \tag{7.2.13}$$

的唯一解 $x_n(\cdot)$. 定义停时

$$\tau_n = T \wedge \inf\{t \in [t_0, T] : |x_n(t)| \geqslant n\}$$

可以证明

$$x_n(t) = x_{n+1}(t), \quad \text{如果} t_0 \leqslant t \leqslant \tau_n \tag{7.2.14}$$

这说明 $\tau_n$ 是递增的. 再利用线性增长条件可以证明对几乎所有的 $\omega \in \Omega$, 存在一个整数 $n_0 = n_0(\omega)$, 使得只要 $n \geqslant n_0$ 就有 $\tau_n = T$. 现在定义 $x(t)$ 为

$$x(t) = x_{n_0}(t), \quad t \in [t_0, T]$$

由 (7.2.14) 式, 有 $x(t \wedge \tau_n) = x_n(t \wedge \tau_n)$, 因此从 (7.2.13) 式可得

$$x(t \wedge \tau_n) = x_0 + \int_{t_0}^{t \wedge \tau_n} f_n(x(s), s) \, \mathrm{d}s + \int_{t_0}^{t \wedge \tau_n} g_n(x(s), s) \, \mathrm{d}B(s)$$

$$= x_0 + \int_{t_0}^{t \wedge \tau_n} f(x(s), s) \, \mathrm{d}s + \int_{t_0}^{t \wedge \tau_n} g(x(s), s) \, \mathrm{d}B(s)$$

令 $n \to \infty$, 我们看出 $x(t)$ 是方程 (7.2.1) 的解, 而由引理 7.2.2 知 $x(t) \in \mathcal{M}^2([t_0, T]; \mathbb{R}^d)$.

解的唯一性可以通过停时过程证明.

局部 Lipschitz 条件使得我们可以把许多函数作为方程 (7.2.1) 的系数 $f(x, t)$ 和 $g(x, t)$, 例如空间 $\mathbb{R}^d \times [t_0, T]$ 上的关于 $x$ 有一阶连续偏导数的函数 $f(x, t)$ 和 $g(x, t)$. 然而, 线性增长条件仍然把一些像 $|x|^2 x$ 这样重要的函数排除在方程 (7.2.1) 的系数之外. 下面的结果又改善了这样的情况.

**定理 7.2.5** 假设局部 Lipschitz 条件 (7.2.12) 成立, 而线性增长条件 (7.2.3) 被代替为下面的单调性条件: 存在一个正常数 $K$, 使得对所有 $(x, t) \in \mathbb{R}^d \times [t_0, T]$, 有

$$x^T f(x, t) + \frac{1}{2} |g(x, t)|^2 \leqslant K \left(1 + |x|^2\right) \tag{7.2.15}$$

那么方程 (7.2.1) 在 $\mathcal{M}^2([t_0, T]; \mathbb{R}^d)$ 中存在唯一解 $x(t)$.

这个定理可以用和定理 7.2.4 同样的方式证明——局部 Lipschitz 条件保证了方程 (7.2.1) 的解在 $[t_0, \tau_\infty]$ 中的存在性, 其中 $\tau_\infty = \lim\limits_{n \to \infty} \tau_n$, 而单调性条件代替线性增长条件保证了 $\tau_\infty = T$, 即解在整个区间 $[t_0, T]$ 存在.

值得注意的是, 如果线性增长条件 (7.2.3) 成立, 那么单调性条件 (7.2.15) 被满足; 但是反过来不对. 例如, 考虑一维随机微分方程

$$\mathrm{d}x(t) = \left[x(t) - x^3(t)\right] \mathrm{d}t + x^2(t) \, \mathrm{d}B(t), \quad t \in [t_0, T] \tag{7.2.16}$$

其中 $B(t)$ 是一维 Brownian 运动. 显然, 局部 Lipschitz 条件被满足而线性增长条件不满足. 另一方面, 注意到

$$x\left[x - x^3\right] + \frac{1}{2} x^4 \leqslant x^2 < 1 + x^2$$

换言之, 单调性条件被满足. 因此, 定理 7.2.4 保证了方程 (7.2.16) 有唯一解.

我们有时也会在区间 $[t_0, \infty)$ 上讨论随机微分方程, 即

$$\mathrm{d}x(t) = f(x(t), t) \, \mathrm{d}t + g(x(t), t) \, \mathrm{d}B(t), \quad t \in [t_0, \infty) \tag{7.2.17}$$

初值 $x(t_0) = x_0$. 如果此时前面讨论过的随机微分方程解的存在和唯一性定理的假设在 $[t_0, \infty)$ 的每一子区间 $[t_0, T]$ 上都成立, 那么方程 (7.2.17) 在整个区间 $[t_0, \infty)$ 有唯一解 $x(t)$, 我们称这个解为全局解. 下面的定理是这方面的一个结果.

**定理 7.2.6** 假设对每个实数 $T > t_0$ 和整数 $n \geqslant 1$, 存在一个正常数 $K_{T,n}$, 使得对所有 $t \in [t_0, T]$ 和所有满足 $|x| \vee |y| \leqslant n$ 的 $x, y \in \mathbb{R}^d$, 有

$$|f(x,t) - f(y,t)|^2 \vee |g(x,t) - g(y,t)|^2 \leqslant K_{T,n} |x - y|^2$$

此外, 对每个 $T > t_0$, 存在一个正常数 $K_T$, 使得对所有 $(x,t) \in \mathbb{R}^d \times [t_0, T]$, 有

$$x^{\mathrm{T}} f(x,t) + \frac{1}{2} |g(x,t)|^2 \leqslant K_T \left(1 + |x|^2\right)$$

那么方程 (7.2.17) 在 $\mathcal{M}^2 \left([t_0, \infty); \mathbb{R}^d\right)$ 中存在唯一的全局解 $x(t)$.

# 7.3 解 的 估 计

现在我们开始讨论具有初值 $x(t_0) = x_0$ 的 $d$ 维 Itô 型随机微分方程

$$\mathrm{d}x(t) = f(x(t), t) \mathrm{d}t + g(x(t), t) \mathrm{d}B(t), \quad t_0 \leqslant t \leqslant T \qquad (7.3.1)$$

的解的性质, 包括分析性质与统计性质. 这里首要的问题无疑是: 在所考虑的范围内, 方程 (7.3.1) 的具初值 $x(t_0) = x_0$ 的解 $x(t; t_0, x_0)$ 的增长受到什么限制? 要回答这个问题, 就需要对 $x = x(t; t_0, x_0)$ 进行估计. 人们往往对

$$E |x(t)|^p, \quad |x(t)| \quad \text{及} \quad \limsup_{t \to \infty} \frac{1}{t} \log |x(t)|$$

的估计最感兴趣, 这分别涉及对 $x = x(t; t_0, x_0)$ 的矩估计、轨道估计与渐近估计, 每种估计都是必要和有用的, 下面我们将分别进行讨论.

## 7.3.1 解的 $L_p$-估计

我们假设 $x(t)$, $t_0 \leqslant t \leqslant T$, 是方程 (7.3.1) 的具初值 $x(t_0) = x_0$ 的唯一解, 下面我们将研究它的 $p$ 阶矩估计.

**定理 7.3.1** 设 $p \geqslant 2$, $x_0 \in L_p \left(\Omega; \mathbb{R}^d\right)$. 假设存在一个常数 $\alpha > 0$ 使得对所有 $(x, t) \in \mathbb{R}^d \times [t_0, T]$, 有

$$x^{\mathrm{T}} f(x,t) + \frac{p-1}{2} |g(x,t)|^2 \leqslant \alpha \left(1 + |x|^2\right) \qquad (7.3.2)$$

那么, 对所有的 $t \in [t_0, T]$, 有

$$E |x(t)|^p \leqslant 2^{\frac{p-2}{2}} \left(1 + E |x_0|^p\right) \mathrm{e}^{p\alpha(t - t_0)} \qquad (7.3.3)$$

**证明**  由 Itô 公式和条件 (7.3.2), 可得对 $t \in [t_0, T]$ 有

$$\left[1 + |x(t)|^2\right]^{\frac{p}{2}} = \left[1 + |x_0|^2\right]^{\frac{p}{2}} + p \int_{t_0}^{t} \left[1 + |x(s)|^2\right]^{\frac{p-2}{2}} x^{\mathrm{T}}(s) f(x(s), s) \,\mathrm{d}s$$

$$+ \frac{p}{2} \int_{t_0}^{t} \left[1 + |x(s)|^2\right]^{\frac{p-2}{2}} |g(x(s), s)|^2 \,\mathrm{d}s$$

$$+ \frac{p(p-2)}{2} \int_{t_0}^{t} \left[1 + |x(s)|^2\right]^{\frac{p-4}{2}} \left|x^{\mathrm{T}}(s) g(x(s), s)^2\right| \,\mathrm{d}s$$

$$+ p \int_{t_0}^{t} \left[1 + |x(s)|^2\right]^{\frac{p-2}{2}} x^{\mathrm{T}}(s) g(x(s), s) \,\mathrm{d}B(s)$$

$$\leqslant 2^{\frac{p-2}{2}} (1 + |x_0|^p) + p \int_{t_0}^{t} \left[1 + |x(s)|^2\right]^{\frac{p-2}{2}}$$

$$\times \left(x^{\mathrm{T}}(s) f(x(s), s) + \frac{p-1}{2} |g(x(s), s)|^2\right) \mathrm{d}s$$

$$+ p \int_{t_0}^{t} \left[1 + |x(s)|^2\right]^{\frac{p-2}{2}} x^{\mathrm{T}}(s) g(x(s), s) \,\mathrm{d}B(s)$$

$$\leqslant 2^{\frac{p-2}{2}} (1 + |x_0|^p) + p\alpha \int_{t_0}^{t} \left[1 + |x(s)|^2\right]^{\frac{p}{2}} \mathrm{d}s$$

$$+ p \int_{t_0}^{t} \left[1 + |x(s)|^2\right]^{\frac{p-2}{2}} x^{\mathrm{T}}(s) g(x(s), s) \,\mathrm{d}B(s) \tag{7.3.4}$$

对每个整数 $n \geqslant 1$, 定义停时

$$\tau_n = T \wedge \inf\{t \in [t_0, T] : |x(t)| \geqslant n\}$$

易见, $\tau_n \uparrow T$ a.s. 另外, 从 (7.3.4) 式和 Itô 积分的性质定理得

$$E\left(\left[1 + |x(t \wedge \tau_n)|^2\right]^{\frac{p}{2}}\right)$$

$$\leqslant 2^{\frac{p-2}{2}} (1 + E|x_0|^p) + p\alpha E \int_{t_0}^{t \wedge \tau_n} \left[1 + |x(s)|^2\right]^{\frac{p}{2}} \mathrm{d}s$$

$$\leqslant 2^{\frac{p-2}{2}} (1 + E|x_0|^p) + p\alpha \int_{t_0}^{t} E\left(\left[1 + |x(s \wedge \tau_n)|^2\right]^{\frac{p}{2}}\right) \mathrm{d}s$$

因此, 由 Gronwall 不等式可得

$$E\left(\left[1 + |x(t \wedge \tau_n)|^2\right]^{\frac{p}{2}}\right) \leqslant 2^{\frac{p-2}{2}} (1 + E|x_0|^p) \mathrm{e}^{p\alpha(t-t_0)}$$

再令 $n \to \infty$ 得

$$E\left(\left[1 + |x(t)|^2\right]^{\frac{p}{2}}\right) \leqslant 2^{\frac{p-2}{2}}\left(1 + E|x_0|^p\right)e^{p\alpha(t-t_0)} \tag{7.3.5}$$

从而得到要证的不等式 (7.3.3).

下面的推论表明, 如果线性增长条件 (7.2.3) 成立, 那么上述定理中的 (7.3.2) 式能够被满足.

**推论 7.3.2**　设 $p \geqslant 2$, $x_0 \in L_p\left(\Omega; \mathbb{R}^d\right)$. 如果线性增长条件 (7.2.3) 成立, 那么不等式 (7.3.2) 成立, 其中 $\alpha = \sqrt{K} + K(p-1)/2$.

**证明**　事实上, 利用线性增长条件 (7.2.3) 和基本不等式

$$2ab \leqslant a^2 + b^2$$

可以得到, 对任何的 $\varepsilon > 0$, 有

$$2x^{\mathrm{T}}f(x, t) \leqslant 2\left|x^{\mathrm{T}}\right|\left|f(x, t)\right| = 2\left(\sqrt{\varepsilon}|x|\right)\left(|f(x, t)|/\sqrt{\varepsilon}\right)$$

$$\leqslant \varepsilon|x|^2 + \frac{1}{\varepsilon}|f(x, t)|^2 \leqslant \varepsilon|x|^2 + \frac{K}{\varepsilon}\left(1 + |x|^2\right)$$

从而取 $\varepsilon = \sqrt{K}$ 可得

$$x^{\mathrm{T}}f(x, t) \leqslant \sqrt{K}\left(1 + |x|^2\right)$$

所以有

$$x^{\mathrm{T}}f(x, t) + \frac{p-1}{2}|g(x, t)|^2 \leqslant \left[\sqrt{K} + \frac{K(p-1)}{2}\right]\left(1 + |x|^2\right)$$

因此 (7.3.2) 式成立.

我们现在运用这些结果来证明 Itô 型随机微分方程解的一个重要性质.

**定理 7.3.3**　设 $p \geqslant 2$, $x_0 \in L_p\left(\Omega; \mathbb{R}^d\right)$. 如果线性增长条件 (7.2.3) 成立, 那么

$$E|x(t) - x(s)|^p \leqslant C(t-s)^{\frac{p}{2}} \tag{7.3.6}$$

对所有的 $t_0 \leqslant s < t \leqslant T$ 成立, 其中

$$C = 2^{p-2}\left(1 + E|x_0|^p\right)e^{p\alpha(T-t_0)}\left(\left[2(T-t_0)\right]^{\frac{p}{2}} + \left[p(p-1)\right]^{\frac{p}{2}}\right)$$

$\alpha = \sqrt{K} + K(p-1)/2$. 特别地, 解的 $p$ 阶矩在 $[t_0, T]$ 上连续.

**证明** 利用基本不等式

$$|a+b|^p \leqslant 2^{p-1} \left( |a|^p + |b|^p \right)$$

易见

$$E|x(t) - x(s)|^p \leqslant 2^{p-1} E \left| \int_s^t f(x(r), r) \, \mathrm{d}r \right|^p + 2^{p-1} E \left| \int_s^t g(x(r), r) \, \mathrm{d}B(r) \right|^p$$

因此由 Hölder 不等式, 定理 6.6.24 和线性增长条件 (7.2.3), 可以得到

$$E|x(t) - x(s)|^p \leqslant [2(t-s)]^{p-1} E \int_s^t |f(x(r), r)|^p \, \mathrm{d}r$$

$$+ \frac{1}{2} [2p(p-1)]^{\frac{p}{2}} (t-s)^{\frac{p-2}{2}} E \int_s^t |g(x(r), r)|^p \, \mathrm{d}r$$

$$\leqslant c_1 (t-s)^{\frac{p-2}{2}} \int_s^t E \left( 1 + |x(r)|^2 \right)^{\frac{p}{2}} \, \mathrm{d}r$$

其中

$$c_1 = 2^{\frac{p-2}{2}} K^{\frac{p}{2}} \left( [2(T-t_0)]^{\frac{p}{2}} + [p(p-1)]^{\frac{p}{2}} \right)$$

再利用 (7.3.5) 式, 又可得

$$E|x(t) - x(s)|^p \leqslant c_1 (t-s)^{\frac{p-2}{2}} \int_s^t 2^{\frac{p-2}{2}} \left( 1 + E|x_0|^p \right) \mathrm{e}^{p\alpha(r-t_0)} \mathrm{d}r$$

$$\leqslant c_1 2^{\frac{p-2}{2}} \left( 1 + E|x_0|^p \right) \mathrm{e}^{p\alpha(T-t_0)} (t-s)^{\frac{p}{2}}$$

从而可得要证明的不等式 (7.3.6).

**定理 7.3.4** 设 $p \geqslant 2$, $x_0 \in L_p\left( \Omega; \mathbb{R}^d \right)$. 如果线性增长条件 (7.2.3) 成立, 那么

$$E \left( \sup_{t_0 \leqslant s \leqslant t} |x(s)|^p \right) \leqslant \left( 1 + 3^{p-1} E|x_0|^p \right) \mathrm{e}^{\beta(t-t_0)} \tag{7.3.7}$$

对所有 $t_0 \leqslant t \leqslant T$ 成立, 其中

$$\beta = \frac{1}{6} (18K)^{\frac{p}{2}} (T-t_0)^{\frac{p-2}{2}} \left[ (T-t_0)^{\frac{p}{2}} + \left( \frac{p^3}{2(p-1)} \right)^{\frac{p}{2}} \right]$$

**证明** 利用 Hölder 不等式, 定理 6.6.24 和线性增长条件 (7.2.3), 我们可以得到

$$E \left( \sup_{t_0 \leqslant s \leqslant t} |x(s)|^p \right) \leqslant 3^{p-1} E|x_0|^p + 3^{p-1} E \left( \int_{t_0}^t |f(x(s), s)| \, \mathrm{d}s \right)^p$$

$$+ 3^{p-1} E \left( \sup_{t_0 \leqslant s \leqslant t} \left| \int_{t_0}^{s} g\left(x\left(r\right), r\right) \mathrm{d} B\left(r\right) \right| \right)^p$$

$$\leqslant 3^{p-1} E \left| x_0 \right|^p + \left[ 3\left(t - t_0\right) \right]^{p-1} E \int_{t_0}^{t} \left| f\left(x\left(s\right), s\right) \right|^p \mathrm{d} s$$

$$+ 3^{p-1} \left( \frac{p^3}{2\left(p-1\right)} \right)^{\frac{p}{2}} \left(t - t_0\right)^{\frac{p-2}{2}} E \int_{t_0}^{t} \left| g\left(x\left(s\right), s\right) \right|^p \mathrm{d} s$$

$$\leqslant 3^{p-1} E \left| x_0 \right|^p + \beta \int_{t_0}^{t} \left( 1 + E \left| x\left(s\right) \right|^p \right) \mathrm{d} s$$

因此

$$1 + E \left( \sup_{t_0 \leqslant s \leqslant t} \left| x\left(s\right) \right|^p \right) \leqslant 1 + 3^{p-1} E \left| x_0 \right|^p + \beta \int_{t_0}^{t} \left[ 1 + E \left( \sup_{t_0 \leqslant r \leqslant s} \left| x\left(r\right) \right|^p \right) \right] \mathrm{d} s$$

从而利用 Gronwall 不等式, 可得

$$1 + E \left( \sup_{t_0 \leqslant s \leqslant t} \left| x\left(s\right) \right|^p \right) \leqslant \left( 1 + 3^{p-1} E \left| x_0 \right|^p \right) \mathrm{e}^{\beta\left(t - t_0\right)}$$

因此可得要证的不等式 (7.3.7).

下面我们来考虑 $0 < p < 2$ 的情况. 此时, 由于利用 Hölder 不等式可得

$$E \left| x\left(t\right) \right|^p \leqslant \left[ E \left| x\left(t\right) \right|^2 \right]^{\frac{p}{2}} \tag{7.3.8}$$

因此, 当 $0 < p < 2$ 时, 对 $E \left| x\left(t\right) \right|^p$ 的估计可以经由对 $x\left(t\right)$ 的 2 阶矩的估计得到. 从而, 对 $0 < p < 2$ 的情况, 我们有下面的两个结果.

**推论 7.3.5**　设 $0 < p < 2$, $x_0 \in L_2 \left( \Omega; \mathbb{R}^d \right)$. 假设存在常数 $\alpha > 0$, 使得对所有的 $(x, t) \in \mathbb{R}^d \times [t_0, T]$, 有

$$x^{\mathrm{T}} f\left(x, t\right) + \frac{1}{2} \left| g\left(x, t\right) \right|^2 \leqslant \alpha \left( 1 + \left| x \right|^2 \right) \tag{7.3.9}$$

那么对所有 $t \in [t_0, T]$ 有

$$E \left| x\left(t\right) \right|^p \leqslant \left( 1 + E \left| x_0 \right|^2 \right)^{\frac{p}{2}} \mathrm{e}^{p\alpha\left(t - t_0\right)} \tag{7.3.10}$$

**推论 7.3.6**　设 $0 < p < 2$, $x_0 \in L_2 \left( \Omega; \mathbb{R}^d \right)$. 假设线性增长条件 (7.2.3) 成立, 那么

$$E \left| x\left(t\right) - x\left(s\right) \right|^p \leqslant C^{\frac{p}{2}} \left(t - s\right)^{\frac{p}{2}} \tag{7.3.11}$$

对所有 $t_0 \leqslant s < t \leqslant T$ 成立, 其中

$$C = 2\left(1 + E\left|x_0\right|^2\right)(T - t_0 + 1)\exp\left[\left(2\sqrt{K} + K\right)(T - t_0)\right]$$

特别地, 解的 $p$ 阶矩在 $[t_0, T]$ 上连续.

### 7.3.2 解的几乎处处渐近估计

对于具初值 $x(t_0) = x_0 \in L_2(\Omega; \mathbb{R}^d)$ 的 $d$ 维 Itô 型随机微分方程

$$\mathrm{d}x(t) = f(x(t), t)\,\mathrm{d}t + g(x(t), t)\,\mathrm{d}B(t), \quad t \in [t_0, \infty) \tag{7.3.12}$$

如果它在 $[t_0, \infty)$ 上有唯一的全局解 $x(t)$, 我们感兴趣的问题是: 当 $t \to \infty$ 时, $|x(t)|$ 或其 $p$ 阶矩 $|x(t)|^p$ 的增长至多有多快? 这将需要用适当的数量指标来刻画. 为此, 我们称

$$\limsup_{t \to \infty} \frac{1}{t}\log|x(t)| \quad \text{与} \quad \limsup_{t \to \infty} \frac{1}{t}\log(E\left|x(t)\right|^p)$$

分别为 $x(t)$ 的 Lyapunov 指数与 $p$ 阶矩 Lyapunov 指数, 前者也称为轨道 Lyapunov 指数. 于是问题在于: 求出 Lyapunov 指数的某种上界.

下面我们将在附加所谓的单调性条件, 即存在正常数 $\alpha$, 使得对所有 $(x, t) \in \mathbb{R}^d \times [t_0, \infty)$, 有

$$x^{\mathrm{T}}f(x, t) + \frac{1}{2}\left|g(x, t)\right|^2 \leqslant \alpha(1 + |x|^2) \tag{7.3.13}$$

成立的前提下来研究上述问题.

对 $0 < p \leqslant 2$ 的情况, 由定理 7.3.1 和推论 7.3.5, 我们知道方程 (7.3.12) 解的 $p$ 阶矩满足

$$E\left|x(t)\right|^p \leqslant (1 + E\left|x_0\right|^2)^{\frac{p}{2}}\mathrm{e}^{p\alpha(t - t_0)}$$

对所有 $t \geqslant t_0$ 成立, 这意味着方程 (7.3.12) 的解的 $p$ 阶矩将至多以指数为 $p\alpha$ 的指数方式增长, 这也可被表示为

$$\limsup_{t \to \infty} \frac{1}{t}\log(E\left|x(t)\right|^p) \leqslant p\alpha \tag{7.3.14}$$

这表明方程 (7.3.12) 的解 $x(t)$ 的 $p$ 阶矩 Lyapunov 指数不应当大于 $p\alpha$.

下面讨论方程 (7.3.12) 的解 $x(t)$ 的几乎必然渐近估计, 更准确地说, 要给出

$$\limsup_{t \to \infty} \frac{1}{t}\log|x(t)| \tag{7.3.15}$$

的几乎必然估计, 即方程 (7.3.12) 的解 $x(t)$ 的轨道 Lyapunov 指数的几乎必然估计.

**定理 7.3.7** 在单调性条件 (7.3.13) 之下, 方程 (7.3.11) 的解的轨道 Lyapunov 指数不应当大于 $\alpha$, 即

$$\limsup_{t\to\infty}\frac{1}{t}\log|x(t)|\leqslant\alpha\quad\text{a.s.}\tag{7.3.16}$$

**证明**　由 Itô 公式和单调性条件 (7.3.13), 有

$$\begin{aligned}
\log(1+|x(t)|^2)={}&\log(1+|x_0|^2)\\
&+\int_{t_0}^t\frac{1}{1+|x(s)|^2}\left(2x^{\mathrm{T}}(s)f(x(s),s)+|g(x(s),s)|^2\right)\mathrm{d}s\\
&-2\int_{t_0}^t\frac{\left|x^{\mathrm{T}}(s)g(x(s),s)\right|^2}{\left[1+|x(s)|^2\right]^2}\mathrm{d}s+M(t)\\
\leqslant{}&\log(1+|x_0|^2)+2\alpha(t-t_0)-2\int_{t_0}^t\frac{\left|x^{\mathrm{T}}(s)g(x(s),s)\right|^2}{\left[1+|x(s)|^2\right]^2}\mathrm{d}s+M(t)
\end{aligned}$$

$$\tag{7.3.17}$$

其中

$$M(t)=2\int_{t_0}^t\frac{x^{\mathrm{T}}(s)g(x(s),s)}{1+|x(s)|^2}\mathrm{d}B(s)\tag{7.3.18}$$

另一方面, 对每个整数 $n\geqslant t_0$, 利用指数鞅不等式 (即定理 6.6.26) 可得

$$P\left\{\sup_{t_0\leqslant t\leqslant n}\left[M(t)-2\int_{t_0}^t\frac{\left|x^{\mathrm{T}}(s)g(x(s),s)\right|^2}{\left[1+|x(s)|^2\right]^2}\mathrm{d}s\right]>2\log n\right\}\leqslant\frac{1}{n^2}$$

再利用 Borel-Cantelli 引理得到, 对几乎所有的 $\omega\in\Omega$, 存在一个随机整数 $n_0=n_0(\omega)\geqslant t_0+1$, 使得当 $n\geqslant n_0$ 时, 有

$$\sup_{t_0\leqslant t\leqslant n}\left[M(t)-2\int_{t_0}^t\frac{\left|x^{\mathrm{T}}(s)g(x(s),s)\right|^2}{\left[1+|x(s)|^2\right]^2}\mathrm{d}s\right]\leqslant 2\log n$$

即当 $n\geqslant n_0$ 时, 有

$$M(t)\leqslant 2\log n+2\int_{t_0}^t\frac{\left|x^{\mathrm{T}}(s)g(x(s),s)\right|^2}{\left[1+|x(s)|^2\right]^2}\mathrm{d}s\quad\text{a.s.}\tag{7.3.19}$$

对所有 $t_0 \leqslant t \leqslant n$ 成立. 将 (7.3.19) 式代入 (7.3.17) 式得, 当 $n \geqslant n_0$ 时, 有

$$\log(1 + |x(t)|^2) \leqslant \log(1 + |x_0|^2) + 2\alpha(t - t_0) + 2\log n \quad \text{a.s.}$$

对所有 $t_0 \leqslant t \leqslant n$ 成立. 因此, 对几乎所有的 $\omega \in \Omega$, 如果 $n \geqslant n_0, n - 1 \leqslant t \leqslant n$, 则有

$$\frac{1}{t}\log(1 + |x(t)|^2) \leqslant \frac{1}{n-1}\left[\log(1 + |x_0|^2) + 2\alpha(n - t_0) + 2\log n\right]$$

这说明

$$\limsup_{t\to\infty} \frac{1}{t}\log|x(t)| \leqslant \limsup_{t\to\infty} \frac{1}{2t}\log\left(1 + |x(t)|^2\right)$$

$$\leqslant \limsup_{t\to\infty} \frac{1}{2(n-1)}\left[\log(1 + |x_0|^2) + 2\alpha(n - t_0) + 2\log n\right] = \alpha \quad \text{a.s.}$$

定理证毕.

**引理 7.3.8**(局部鞅的强大数定律) 设 $M = \{M_t\}_{t\geqslant 0}$ 是一个在零时刻为 $0$ 连续局部鞅, 那么

(i) 如果 $\lim_{t\to\infty}[M, M]_t = \infty$ a.s. 则 $\lim_{t\to\infty}\dfrac{M_t}{[M, M]_t} = 0$ a.s.;

(ii) 如果 $\lim_{t\to\infty}\dfrac{[M, M]_t}{t} < \infty$ a.s. 则 $\lim_{t\to\infty}\dfrac{M_t}{t} = 0$ a.s.

**推论 7.3.9** 在线性增长条件之下, 方程 (7.3.12) 的解具有性质

$$\limsup_{t\to\infty} \frac{1}{t}\log|x(t)| \leqslant \sqrt{K} + \frac{K}{2} \quad \text{a.s.} \tag{7.3.20}$$

**证明** 利用线性增长条件 (7.2.3) 和基本不等式

$$2ab \leqslant a^2 + b^2$$

可以得到, 对任何的 $\varepsilon > 0$, 有

$$2x^{\mathrm{T}}f(x, t) \leqslant 2|x^{\mathrm{T}}||f(x, t)| = 2\left(\sqrt{\varepsilon}|x|\right)\left(|f(x, t)|/\sqrt{\varepsilon}\right)$$

$$\leqslant \varepsilon|x|^2 + \frac{1}{\varepsilon}|f(x, t)|^2 \leqslant \varepsilon|x|^2 + \frac{K}{\varepsilon}\left(1 + |x|^2\right)$$

从而取 $\varepsilon = \sqrt{K}$ 可得

$$x^{\mathrm{T}}f(x, t) \leqslant \sqrt{K}\left(1 + |x|^2\right)$$

所以有

$$x^{\mathrm{T}} f(x, t) + \frac{1}{2} |g(x, t)|^2 \leqslant \left[ \sqrt{K} + \frac{K}{2} \right] \left( 1 + |x|^2 \right)$$

即单调性条件 (7.3.13) 成立, 因此由定理 7.3.7 即得 (7.3.20) 式成立.

另一方面, 推论 7.3.9 也可以不用定理 7.3.7 而直接被证明. 注意在线性增长条件 (7.2.3) 之下, (7.3.18) 式

$$M(t) = 2 \int_{t_0}^{t} \frac{x^{\mathrm{T}}(s) g(x(s), s)}{1 + |x(s)|^2} \mathrm{d}B(s)$$

定义了一个连续局部鞅 $M(t)$, $t \geqslant t_0$(事实上它还是一个鞅), 它有二次变差

$$[M, M]_t = 4 \int_{t_0}^{t} \frac{|x^{\mathrm{T}}(s) g(x(s), s)|^2}{\left[ 1 + |x(s)|^2 \right]^2} \mathrm{d}s \leqslant 4K \int_{t_0}^{t} \frac{|x^{\mathrm{T}}(s)|^2}{1 + |x(s)|^2} \mathrm{d}s \leqslant 4K(t - t_0)$$

因此

$$\limsup_{t \to \infty} \frac{[M, M]_t}{t} \leqslant 4K \quad \text{a.s.}$$

于是, 由局部鞅的强大数定律, 有

$$\limsup_{t \to \infty} \frac{M_t}{t} = 0 \quad \text{a.s.} \tag{7.3.21}$$

现在从 (7.3.6) 式立即得到 (7.3.19) 式. 然而, 单调条件 (7.3.2) 不一定能保证 (7.3.20) 式成立, 所以进行比在定理 7.3.7 的证明中更加仔细的论证是相当必要的.

下面我们讨论方程 (7.3.12) 的一种特殊情况, 即具初值 $x(t_0) = x_0 \in L_2(\Omega; \mathbb{R}^d)$ 下面形式的方程

$$\mathrm{d}x(t) = f(x(t), t) \mathrm{d}t + \sigma \mathrm{d}B(t), \quad t \in [t_0, \infty) \tag{7.3.22}$$

其中 $\sigma = (\sigma_{ij})_{d \times m}$ 是一个常数矩阵. 当一个被用常微分方程 $x(t) = f(x(t), t)$ 描述的系统受到独立于状态 $x(t)$ 的环境噪声的影响时, 这样的随机微分方程时常出现. 我们将对 $f(x, t)$ 附加一个条件, 即存在一对正常数 $\gamma$ 和 $\rho$ 使得

$$x^{\mathrm{T}} f(x, t) \leqslant \gamma |x|^2 + \rho \quad \text{对所有} \quad (x, t) \in \mathbb{R}^d \times [t_0, \infty) \tag{7.3.23}$$

注意到

$$x^{\mathrm{T}} f(x, t) + \frac{1}{2} |\sigma|^2 \leqslant \left[ \gamma \vee \left( \rho + \frac{|\sigma|^2}{2} \right) \right] \left( 1 + |x|^2 \right)$$

由定理 7.3.7 我们得到方程 (7.3.22) 的解具有性质

$$\limsup_{t\to\infty}\frac{1}{t}\log|x(t)|\leqslant\gamma\vee\left(\rho+\frac{|\sigma|^2}{2}\right)\quad\text{a.s.}\tag{7.3.24}$$

然而, 通过进一步的努力, 我们可以得到更强的结果.

**定理 7.3.10**  设 (7.3.23) 式成立, 那么方程 (7.3.22) 的解具有性质

$$\lim_{t\to\infty}\frac{|x(t)|}{\mathrm{e}^{\gamma t}\sqrt{\log\log t}}=0\quad\text{a.s.}\tag{7.3.25}$$

在证明该结果之前, 让我们强调定理的结论不依赖于 $\rho$ 和 $\sigma$. 此外, (7.3.25) 式蕴含对几乎所有的 $\omega\in\Omega$, 有

$$|x(t)|\leqslant\mathrm{e}^{\gamma t}\sqrt{\log\log t}\quad\text{只要 } t \text{ 足够大}$$

我们因此得到

$$\limsup_{t\to\infty}\frac{1}{t}\log|x(t)|\leqslant\gamma\quad\text{a.s.}$$

这是比 (7.3.24) 式更好的结果.

**证明**  由 Itô 公式和条件 (7.3.23), 我们可以得到

$$\begin{aligned}
\mathrm{e}^{-2\gamma t}|x(t)|^2 &= \mathrm{e}^{-2\gamma t}|x_0|^2 + M(t)\\
&\quad + \int_{t_0}^t \mathrm{e}^{-2\gamma s}\left[-2\gamma|x(s)|^2 + 2x^{\mathrm{T}}(s)f(x(s),s) + |\sigma|^2\right]\mathrm{d}s\\
&\leqslant \mathrm{e}^{-2\gamma t_0}\left[|x_0|^2 + \frac{1}{2\gamma}\left(2\rho+|\sigma|^2\right)\right] + M(t)
\end{aligned}\tag{7.3.26}$$

其中

$$M(t) = 2\int_{t_0}^t \mathrm{e}^{-2\gamma s}x^{\mathrm{T}}(s)\sigma\mathrm{d}B(s)$$

指定任意的 $p>1$. 再设 $\bar{n}$ 是充分大的满足 $2^{\bar{n}^p}>t_0$ 的整数. 对每一个整数 $n\geqslant\bar{n}$, 由定理 6.6.26, 可得

$$P\left\{\sup_{t_0\leqslant t\leqslant 2^{n^p}}\left[M(t)-2\int_{t_0}^t\mathrm{e}^{-4\gamma s}|x^{\mathrm{T}}(s)\sigma|^2\mathrm{d}s\right]>2\log n\right\}\leqslant\frac{1}{n^2}$$

再利用 Borel-Cantelli 引理得到对几乎所有的 $\omega \in \Omega$, 存在一个随机常数 $\hat{n} = \hat{n}(\omega) \geqslant \bar{n} + 1$, 使得

$$M(t) \leqslant 2\log n + 2\,|\sigma|^2 \int_{t_0}^{t} \mathrm{e}^{-4\gamma s}\,|x(s)|^2\,\mathrm{d}s, \quad t_0 \leqslant t \leqslant 2^{n^p}$$

只要 $n \geqslant \hat{n}$. 把上式代入 (7.3.26) 式得到

$$\mathrm{e}^{-2\gamma s}\,|x(t)|^2 \leqslant \mathrm{e}^{-2\gamma t_0}\left[|x_0|^2 + \frac{1}{2\gamma}\left(2\rho + |\sigma|^2\right)\right] + 2\log n + 2\,|\sigma|^2 \int_{t_0}^{t} \mathrm{e}^{-2\gamma s}\,|x(s)|^2\,\mathrm{d}s$$

由 Gronwall 不等式, 可得

$$\mathrm{e}^{-2\gamma s}\,|x(t)|^2 \leqslant \left(\mathrm{e}^{-2\gamma t_0}\left[|x_0|^2 + \frac{1}{2\gamma}\left(2\rho + |\sigma|^2\right)\right] + 2\log n\right)\exp\left(\frac{|\sigma|^2}{\gamma}\right) \quad \text{a.s.}$$

对所有 $t_0 \leqslant t \leqslant 2^{n^p}$, $n \geqslant \hat{n}$. 因此, 对几乎所有的 $\omega \in \Omega$, 如果 $2^{(n-1)^p} \leqslant t \leqslant 2^{n^p}$, $n \geqslant \bar{n}$, 则

$$\frac{|x(t)|^2}{\mathrm{e}^{2\gamma t}\log\log t} \leqslant \left(\mathrm{e}^{-2\gamma t_0}\left[|x_0|^2 + \frac{1}{2\gamma}(2\rho + |\sigma|^2)\right] + 2\log n\right)$$

$$\times \exp\left(\frac{|\sigma|^2}{\gamma}\right)[p\log(n-1) + \log\log 2]^{-1}$$

因此得到

$$\limsup_{t\to\infty}\frac{|x(t)|^2}{\mathrm{e}^{2\gamma t}\log\log t} \leqslant \frac{2}{p}\exp\left(\frac{|\sigma|^2}{\gamma}\right) \quad \text{a.s.}$$

因为 $p > 1$ 任意, 我们必有

$$\lim_{t\to\infty}\frac{|x(t)|}{\mathrm{e}^{\gamma t}\sqrt{\log\log t}} = 0 \quad \text{a.s.}$$

这正是要证的结论.

现在我们通过令 $\gamma = 0$, 加强条件 (7.3.23) 来进一步研究方程 (7.3.22) 解的渐近行为. 在叙述新结果之前, 让我们强调尽管到目前为止我们仅仅利用了矩阵的迹范数, $|A| = \sqrt{\mathrm{trace}(A^{\mathrm{T}}A)}$, 在本书的后面部分我们将利用另一个范数, 即算子范数 $\|A\| = \sup\{|Ax| : |x| = 1\}$. 读者应当区分这两种不同的范数 (尽管二者等价), 而且 $\|A\| \leqslant |A|$.

**定理 7.3.11**　假设存在正常数 $\rho$ 使得

$$x^{\mathrm{T}} f(x,t) \leqslant \rho \tag{7.3.27}$$

对所有 $(x,t) \in \mathbb{R}^d \times [t_0, \infty)$ 成立, 那么方程 (7.3.22) 的解具有性质

$$\limsup_{t \to \infty} \frac{|x(t)|^2}{\sqrt{2t \log \log t}} \leqslant \|\sigma\| \sqrt{\mathrm{e}} \quad \text{a.s.} \tag{7.3.28}$$

**证明**　由 Itô 公式和假设 (7.3.27), 我们可以得到, 对 $t \geqslant t_0$, 有

$$|x(t)|^2 \leqslant |x_0|^2 + (2\rho + |\sigma|^2)(t - t_0) + M(t) \tag{7.3.29}$$

其中

$$M(t) = 2 \int_{t_0}^{T} x^{\mathrm{T}}(s) \sigma \mathrm{d}B(s)$$

指定任意的 $\beta > 0$ 和 $\theta > 1$. 对每个充分大满足 $\theta^n > t_0$ 的整数 $n$, 我们利用定理 6.6.26 得到

$$P \left\{ \sup_{t_0 \leqslant t \leqslant \theta^n} \left[ M(t) - 2\beta\theta^{-n} \int_{t_0}^{t} |x^{\mathrm{T}}(s)\sigma|^2 \mathrm{d}s \right] > \beta^{-1}\theta^{n+1} \log n \right\} \leqslant \frac{1}{n^{\theta}}$$

然后由 Borel-Cantelli 引理得到对几乎所有的 $\omega \in \Omega$, 存在一个充分大的随机整数 $n_0 = n_0(\omega)$ 满足

$$M(t) \leqslant \beta^{-1}\theta^{n+1} \log n + 2\beta \|\sigma\|^2 \theta^{-n} \int_{t_0}^{t} |x(s)|^2 \mathrm{d}s, \quad t_0 \leqslant t \leqslant \theta^n$$

将此式代入 (7.3.29) 式可得, 对几乎所有的 $\omega \in \Omega$, 有

$$|x(t)|^2 \leqslant |x_0|^2 + (2\rho + |\sigma|^2)(t - t_0) + \beta^{-1}\theta^{n+1} \log n$$
$$+ 2\beta \|\sigma\|^2 \theta^{-n} \int_{t_0}^{t} |x(s)|^2 \mathrm{d}s$$

对所有 $t_0 \leqslant t \leqslant \theta^n$, $n \geqslant n_0$, 这说明

$$|x(t)|^2 \leqslant \left[ |x_0|^2 + (2\rho + |\sigma|^2)(\theta^n - t_0) + \beta^{-1}\theta^{n+1} \log n \right] \mathrm{e}^{2\beta\|\sigma\|^2}$$

特别地, 对几乎所有的 $\omega \in \Omega$, 如果 $\theta^{n-1} \leqslant t \leqslant \theta^n$, $n \geqslant n_0$, 则

$$\frac{|x(t)|^2}{2t \log \log} \leqslant \left[ |x_0|^2 + (2\rho + |\sigma|^2)(\theta^n - t_0) + \beta^{-1}\theta^{n+1} \log n \right]$$

$$\times e^{2\beta\|\sigma\|^2} \left(2\theta^{n-1}\left[\log(n-1)+\log\log\theta\right]\right)^{-1}$$

因此

$$\limsup_{t\to\infty}\frac{|x(t)|^2}{2t\log\log t}\leqslant\frac{\theta}{2\beta}e^{2\beta\|\sigma\|^2}\quad\text{a.s.}$$

最后, 令 $\theta\to 1$ 并取 $\beta=\left(2\|\sigma\|^2\right)^{-1}$, 可得

$$\limsup_{t\to\infty}\frac{|x(t)|^2}{2t\log\log t}\leqslant e\|\sigma\|^2\quad\text{a.s.}$$

从而立即可得要证的 (7.3.28) 式. 证毕.

**定理 7.3.12** 假设存在一对正常数 $\gamma$ 和 $\rho$ 使得

$$x^{\mathrm{T}}f(x,t)\leqslant-\gamma|x|^2+\rho\quad\text{对所有}(x,t)\in\mathbb{R}^d\times[t_0,\infty)$$

则方程 (7.3.22) 的解 $x(t)$ 满足

$$\limsup_{t\to\infty}\frac{|x(t)|}{\sqrt{\log t}}\leqslant\|\sigma\|\sqrt{\frac{e}{\gamma}}\quad\text{a.s.}\tag{7.3.30}$$

**证明** 指定任意的 $\delta>0$, $\beta>0$ 和 $\theta>1$. 利用和在定理 7.3.9 的证明中同样的方法, 我们可以得到对几乎所有的 $\omega\in\Omega$, 存在足够大的随机整数 $n_0=n_0(\omega)$ 使得

$$e^{2\gamma t}|x(t)|^2\leqslant e^{2\gamma t_0}|x_0|^2+\frac{e^{2\gamma t}}{2\gamma}\left(2\rho+|\sigma|^2\right)+\beta^{-1}\theta e^{2\gamma n\delta}\log n$$

$$+2\beta|\sigma|^2 e^{-2\gamma n\delta}\int_{t_0}^{t}e^{2\gamma s}\left[e^{2\gamma s}|x(s)|^2\right]ds$$

对所有 $t_0\leqslant t\leqslant n\delta$, $n\geqslant n_0$, 这蕴含

$$e^{2\gamma t}|x(t)|^2\leqslant\left[e^{2\gamma t_0}|x_0|^2+\frac{e^{2\gamma t}}{2\gamma}(2\rho+|\sigma|^2)+\beta^{-1}\theta e^{2\gamma n\delta}\log n\right]\exp\left(\frac{\beta|\sigma|^2}{\gamma}\right)$$

因此, 对几乎所有的 $\omega\in\Omega$, 如果 $(n-1)\delta\leqslant t\leqslant n\delta, n\geqslant n_0$, 那么

$$\frac{|x(t)|^2}{\log t}\leqslant\left[|x_0|^2+\frac{1}{2\gamma}(2\rho+|\sigma|^2)+\beta^{-1}\theta e^{2\gamma n\delta}\log n\right]$$

$$\times \exp\left(\frac{\beta |\sigma|^2}{\gamma}\right) [\log(n-1) + \log \delta]^{-1}$$

所以

$$\limsup_{t \to \infty} \frac{|x(t)|^2}{\log t} \leqslant \beta^{-1} \theta e^{2\gamma\delta} \exp\left(\frac{\beta |\sigma|^2}{\gamma}\right) \quad \text{a.s.}$$

最后, 令 $\theta \to 1$, $\delta \to 0$ 并取 $\beta = \gamma/\|\delta\|^2$, 我们得到

$$\limsup_{t \to \infty} \frac{|x(t)|}{\log t} \leqslant \|\sigma\| \sqrt{\frac{e}{\gamma}} \quad \text{a.s.}$$

即为所求证.

不难看出, 只要方程 (7.3.1) 的系数 $g(x,t)$ 有界, 那么定理 7.3.10∼ 定理 7.3.12 可以被推广到方程 (7.3.1). 更确切地说就是, 如果存在 $K > 0$ 使得

$$\|g(x,t)\| \leqslant K$$

对所有 $(x,t) \in \mathbb{R}^d \times [t_0, \infty)$, 那么对方程 (7.3.1) 的解来说, 定理 7.3.10∼ 定理 7.3.12 仍然成立, 当然相应的 $\|\sigma\|$ 应当被 $K$ 所替代.

作为本节的结束, 为了说明前面获得的方程 (7.3.22) 的解的估计相当的好, 我们来讨论方程 (7.3.22) 的两个特殊情况. 首先, 设 $m = d$, $f(x,t) \equiv 0$, 而 $\sigma$ 是 $d \times d$ 单位矩阵. 由定理 7.3.11, 我们有

$$\limsup_{t \to \infty} \frac{|x(t)|}{\sqrt{2t \log \log t}} \leqslant \sqrt{e} \quad \text{a.s.} \tag{7.3.31}$$

另一方面, 在此种情况下, 方程有显式解

$$x(t) = x_0 + B(t) - B(t_0)$$

运用 $d$ 维 Brownian 运动的重对数律, 我们看到 (7.3.31) 式的左边等于 1. 换言之, 即使在这个很特殊的情况下, 定理 7.3.11 仍然给出了合理的界估计. 下面, 我们设 $d = m = 1$, $t_0 = 0$, $f(x,t) = -\gamma x$, $\sigma$ 和 $\gamma$ 都是正常数. 即我们考虑一维方程

$$dx(t) = -\gamma x(t) dt + \sigma dB(t), \quad t \geqslant 0 \tag{7.3.32}$$

其中 $B(t)$ 是一维 Brownian 运动. 由分部积分公式得到

$$e^{\gamma t} x(t) = x(0) + M(t)$$

其中 $M(t) = \sigma \displaystyle\int_0^t e^{\gamma s} dB(s)$ 是具有二次变差

$$[M,M]_t = \sigma^2(e^{2\gamma t} - 1)/2\gamma \stackrel{\triangle}{=} \mu(t)$$

的连续鞅. 易见 $\mu(t)$ 的反函数 $\mu^{-1}(t) = \dfrac{\log\left(\dfrac{2rt}{\sigma^2 + 1}\right)}{2r}$, 而 $\left\{M\left(\mu^{-1}(t)\right) : t \geqslant 0\right\}$ 是一个 Brownian 运动. 因此, 由 Brownian 运动的叠对数律 (即定理 6.3.24), 有

$$\limsup_{t \to \infty} \frac{|M(\mu^{-1}(t))|}{\sqrt{2t \log\log t}} = 1 \quad \text{a.s.}$$

它蕴含

$$\limsup_{t \to \infty} \frac{|M(t)|}{\sqrt{2\mu(t)\log\log\mu(t)}} = \limsup_{t \to \infty} \frac{|M(t)|}{e^{\gamma t}\sqrt{\left(\dfrac{\sigma^2}{\gamma}\right)\log t}} = 1 \quad \text{a.s.}$$

因此

$$\limsup_{t \to \infty} \frac{|x(t)|}{\sqrt{\log t}} = \limsup_{t \to \infty} \frac{|M(t)|}{e^{\gamma t}\sqrt{\log t}} = \frac{\sigma}{\sqrt{\gamma}} \quad \text{a.s.} \tag{7.3.33}$$

另一方面, 由定理 7.3.12, 我们可以估计出 (7.3.33) 式的左边小于等于 $\sigma\sqrt{\dfrac{e}{\gamma}}$, 它相当接近于上面的精确值 $\dfrac{\sigma}{\sqrt{\gamma}}$.

## 7.4　Itô 型随机微分方程的近似解

在前面的两节我们建立了具有初值 $x(t_0) = x_0 \in L_2(\Omega; \mathbb{R}^d)$ 的 Itô 型随机微分方程

$$dx(t) = f(x(t), t)dt + g(x(t), t)dB(t), \quad t \in [t_0, T] \tag{7.4.1}$$

的解的存在和唯一性定理, 并讨论了其解的性质. 然而, Lipschitz 条件等仅仅保证了解的存在唯一性, 除了下面第 8 章将要讨论的线性方程情况外, 一般而言, 得到的 Itô 型随机微分方程的解没有显式表达式. 因此, 实际上, 我们常常寻找方程的近似解而不是精确解.

在 7.2 节我们运用 Picard 迭代过程建立了 Itô 型随机微分方程 (7.4.1) 的解的存在和唯一性定理. 作为副产品, 我们也获得了它的 Picard 近似解, 定理 7.2.3

还给出了近似解和精确解的偏差 (称为误差) 的估计. 实际上, 对于给定的误差 $\varepsilon > 0$, 我们可以先确定一个 $n$ 使 (7.2.11) 式的左边小于 $\varepsilon$, 然后通过 Picard 迭代 (7.2.5) 式计算 $x_0(t), x_1(t), \cdots, x_n(t)$. 根据定理 7.2.3, 我们有

$$E\left( \sup_{t_0 \leqslant t \leqslant T} |x_n(t) - x(t)|^2 \right) < \varepsilon$$

因此, 我们可以用 $x_n(t)$ 作为方程 (7.4.1) 的近似解. 但是 Picard 近似的缺点是为了计算 $x_n(t)$, 我们需要计算 $x_0(t), x_1(t), \cdots, x_{n-1}(t)$, 这将包含许多涉及随机积分的计算. 在这方面更有效的方法是 Caratheodory 近似过程和 Euler-Maruyama 近似过程, 下面我们将分别讨论它们.

### 7.4.1 Caratheodory 近似解

现在我们就给出 Caratheodory 近似解的定义.

对每个整数 $n \geqslant 1$, 定义

$$x_n(t) = x_0, \quad 对 t_0 - 1 \leqslant t \leqslant t_0$$

和

$$x_n(t) = x_0 + \int_{t_0}^t f\left(x_n\left(s - 1/n\right), s\right) \mathrm{d}s + \int_{t_0}^t g\left(x_n\left(s - 1/n\right), s\right) \mathrm{d}B(s) \quad (7.4.2)$$

对 $t_0 < t \leqslant T$. 注意到, 对 $t_0 \leqslant t \leqslant t_0 + 1/n$, $x_n(t)$ 可以通过

$$x_n(t) = x_0 + \int_{t_0}^t f\left(x_0, s\right) \mathrm{d}s + \int_{t_0}^t g\left(x_0, s\right) \mathrm{d}B(s)$$

计算; 而对于 $t_0 + 1/n < t \leqslant 2/n$, 有

$$x_n(t) = x_n(t_0 + 1/n) + \int_{t_0+1/n}^t f\left(x_n\left(s - 1/n\right), s\right) \mathrm{d}s$$

$$+ \int_{t_0+1/n}^t g\left(x_n\left(s - 1/n\right), s\right) \mathrm{d}B(s)$$

以此类推, 换言之, $x_n(t)$ 可在区间 $[t_0, t_0 + 1/n], [t_0 + 1/n, t_0 + 2/n], \cdots$ 上被按部就班地计算. 为了建立主要结果, 我们需要准备下面两个引理.

**引理 7.4.1** 在线性增长条件 (7.2.3) 之下, 对所有 $n \geqslant 1$, 有

$$\sup_{t_0 \leqslant t \leqslant T} E|x_n(t)|^2 \leqslant C_1 := (1 + 3E|x_0|^2)\mathrm{e}^{3K(T-t_0)(T-t_0+1)} \quad (7.4.3)$$

**证明**　任意固定 $n \geqslant 1$. 从上面 $x_n(t)$ 的定义和线性增长条件 (7.2.3), 易见

$$\{x_n(t)\}_{t_0 \leqslant t \leqslant T} \in \mathcal{M}^2\left([t_0, T]; \mathbb{R}^d\right)$$

从 (7.4.2) 式注意到, 对 $t_0 \leqslant t \leqslant T$, 有

$$|x_n(t)|^2 \leqslant 3|x_0|^2 + 3\left|\int_{t_0}^t f(x_n(s-1/n), s)\mathrm{d}s\right|^2 + 3\left|\int_{t_0}^t g(x_n(s-1/n), s)\mathrm{d}B(s)\right|^2$$

对上式利用 Hölder 不等式和定理 6.6.15, 我们可以得到

$$E|x_n(t)|^2 \leqslant 3E|x_0|^2 + 3(t-t_0)E\int_{t_0}^t |f(x_n(s-1/n), s)|^2\,\mathrm{d}s$$

$$+ 3E\int_{t_0}^t |g(x_n(s-1/n), s)|^2\,\mathrm{d}s$$

$$\leqslant 3E|x_0|^2 + 3K(T-t_0+1)\int_{t_0}^t \left[1 + E|x_n(s-1/n)|^2\right]\mathrm{d}s$$

$$\leqslant 3E|x_0|^2 + 3K(T-t_0+1)\int_{t_0}^t \left[1 + \sup_{t_0 \leqslant r \leqslant s} E|x_n(r)|^2\right]\mathrm{d}s$$

对所有 $t_0 \leqslant t \leqslant T$ 成立. 因此

$$1 + \sup_{t_0 \leqslant r \leqslant t} E|x_n(r)|^2 \leqslant 1 + 3E|x_0|^2 + 3K(T-t_0+1)\int_{t_0}^t \left[1 + \sup_{t_0 \leqslant r \leqslant s} E|x_n(r)|^2\right]\mathrm{d}s$$

再利用 Gronwall 不等式可得

$$1 + \sup_{t_0 \leqslant r \leqslant t} E|x_n(r)|^2 \leqslant (1 + 3E|x_0|^2)e^{3K(t-t_0)(T-t_0+1)}$$

对所有 $t_0 \leqslant t \leqslant T$ 成立. 特别地, 当 $t = T$ 时即可得要证的 (7.4.3) 式.

**引理 7.4.2**　在线性增长条件 (7.2.3) 之下, 对所有 $n \geqslant 1$ 和 $t_0 \leqslant s < t \leqslant T$, 当 $t - s \leqslant 1$ 时, 有

$$E|x_n(t) - x_n(s)|^2 \leqslant C_2(t-s) \tag{7.4.4}$$

其中

$$C_2 = 4K(1 + C_1)$$

而 $C_1 := (1 + 3E|x_0|^2)e^{3K(T-t_0)(T-t_0+1)}$ 如引理 7.4.1 所定义.

**证明**　注意到

$$x_n(t) - x_s(t) = \int_s^t f(x_n(r-1/n),r)\mathrm{d}r + \int_s^t g(x_n(r-1/n),r)\mathrm{d}B(r)$$

从而, 由引理 7.4.1 可得

$$E\left|x_n(t) - x_n(s)\right|^2 \leqslant 2E\left|\int_s^t f(x_n(r-1/n),r)\mathrm{d}r\right|^2$$

$$+ 2E\left|\int_s^t g(x_n(r-1/n),r)\mathrm{d}B(r)\right|^2$$

$$\leqslant 2k(t-s+1)\int_s^t \left(1 + E\left|x_n(r-1/n)\right|^2\right)\mathrm{d}r$$

$$\leqslant 4K(1+C_1)(t-s)$$

即为所求证.

现在我们来叙述主要结果.

**定理 7.4.3**　假设方程 (7.4.1) 的系数 $f(x,t)$ 和 $g(x,t)$ 满足 Lipschitz 条件 (7.2.2) 和线性增长条件 (7.2.3), 而 $x(t)$ 是方程 (7.4.1) 的唯一解, 那么, 对 $n \geqslant 1$, 有

$$E\left(\sup_{t_0 \leqslant t \leqslant T} \left|x_n(t) - x(t)\right|^2\right) \leqslant \frac{C_3}{n} \tag{7.4.5}$$

其中 $C_3 = 4C_2\bar{K}(T-t_0)(T-t_0+4)\exp\left[4\bar{K}(T-t_0)(T-t_0+4)\right]$, 而 $C_2$ 如引理 7.4.2 中所定义.

**证明**　不难证得

$$E\left(\sup_{t_0 \leqslant r \leqslant t} \left|x_n(r) - x(r)\right|^2\right) \leqslant 2\bar{K}(T-t_0+4)\int_{t_0}^t E\left|x_n(s-1/n) - x(s)\right|^2 \mathrm{d}s$$

$$\leqslant 4\bar{K}(T-t_0+4))\int_{t_0}^t \left[E\left|x_n(s) - x_n(s-1/n)\right|^2 + E\left|x_n(s) - x(s)\right|^2\right]\mathrm{d}s$$

但是, 由引理 7.4.2 有

$$E\left|x_n(s) - x_n(s-1/n)\right|^2 \leqslant C_2/n \quad \text{如果} s \geqslant t_0 + 1/n$$

否则, 如果 $t_0 < t_0 + 1/n$, 有

$$E\left|x_n(s) - x_n(s-1/n)\right|^2 = E\left|x_n(s) - x_n(t_0)\right|^2 \leqslant C_2(s-t_0)$$

它小于 $C_2/n$. 因此, 从上面的不等式可得

$$E\left(\sup_{t_0\leqslant r\leqslant t}|x_n(r)-x(r)|^2\right)\leqslant\frac{4}{n}C_2\bar{K}(T-t_0)(T-t_0+4)$$

$$+4\bar{K}(T-t_0+4)\int_{t_0}^t E\left(\sup_{t_0\leqslant r\leqslant s}|x_n(r)-x(r)|^2\right)\mathrm{d}s$$

最后, 利用 Gronwall 不等式即可得要证的不等式 (7.4.5). 证毕.

实际上, 给定误差 $\varepsilon>0$, 我们可以设 $n$ 是一个大于 $C_3/\varepsilon$ 的整数, 然后在区间 $[t_0,t_0+1/n],[t_0+1/n,t_0+2/n],\cdots$ 上按部就班地计算 $x_n(t)$. 定理 7.4.3 保证了 $x_n(t)$ 在

$$E\left(\sup_{t_0\leqslant t\leqslant T}|x_n(t)-x(t)|^2\right)<\varepsilon$$

的意义下足够接近于精确解 $x(t)$.

与 Picard 近似相比, 我们看出 Caratheodory 近似过程的优点是不需要计算 $x_1(t),\cdots,x_{n-1}(t)$, 而可以直接计算 $x_n(t)$.

在定理 7.4.3 的证明中, 我们利用了方程 (7.4.1) 在条件 (7.2.2) 和 (7.2.3) 之下有唯一解的事实, 因此证明变得相对容易. 另一方面, 不用上述事实, 我们也可能证明 Caratheodory 的近似序列 $\{x_n(t)\}$ 是 $L_2(\Omega;\mathbb{R}^d)$ 中的一个 Cauchy 序列, 因此它收敛到极限 $x(t)$; 然后证明 $x(t)$ 是方程 (7.4.1) 的唯一解, 而且能使 (7.4.5) 式成立. 换句话说, 我们完全可以运用 Caratheodory 近似过程建立方程 (7.4.1) 的解的存在唯一性定理.

此外, 在相当一般的条件下, 我们仍然能够证明 Caratheodory 近似解收敛到方程 (7.4.1) 的唯一解. 具体内容如下.

**定理 7.4.4**　设函数 $f(x,t)$ 和 $g(x,t)$ 连续, $x_0$ 是一个有界 $\mathbb{R}^d$ 值的 $\mathscr{F}_{t_0}$ 可测的随机变量, $f(x,t)$ 和 $g(x,t)$ 满足线性增长条件 (7.2.3) 式, 假设方程 (7.4.1) 有唯一解 $x(t)$, 那么在

$$\lim_{n\to\infty}E\left(\sup_{t_0\leqslant t\leqslant T}|x_n(t)-x(t)|^2\right)=0 \tag{7.4.6}$$

的意义下, Caratheodory 近似解 $x_n(t)$ 收敛于 $x(t)$.

利用定理 7.4.4, Jensen 不等式和 Bihari 不等式可得如下结果.

**定理 7.4.5**　设函数 $f(x,t)$ 和 $g(x,t)$ 连续, $x_0$ 是一个有界 $\mathbb{R}^d$ 值的 $\mathscr{F}_{t_0}$ 可测的随机变量. 再假设存在一个连续递增的凹函数 $\kappa:\mathbb{R}_+\to\mathbb{R}_+$, 使得

$$\int_{0+}\frac{\mathrm{d}u}{\kappa(u)}=\infty \tag{7.4.7}$$

并对所有 $x, y \in \mathbb{R}^d$, $t_0 \leqslant t \leqslant T$, 有

$$|f(x, t) - f(y, t)|^2 \vee |g(x, t) - g(y, t)|^2 \leqslant \kappa(|x - y|^2) \tag{7.4.8}$$

那么方程 (7.4.1) 有唯一解 $x(t)$. 而且, Caratheodory 近似解 $x_n(t)$ 在 (7.4.6) 式的意义下收敛到 $x(t)$.

作为本部分的结束, 让我们考虑具有界初值 $x_0(t) = x_0$ 的一维方程

$$\mathrm{d}x(t) = |x(t)|^\alpha \, \mathrm{d}B(t), \quad t_0 \leqslant t \leqslant T \tag{7.4.9}$$

其中 $\dfrac{1}{2} \leqslant \alpha < 1$, 而 $B(t)$ 是一维 Brownian 运动. 正如我们前面所指出的, 方程 (7.4.9) 有唯一解, 因此按照定理 7.4.4, Caratheodory 近似解收敛到那个唯一解. 然而, 在此情况下, Picard 近似解是否收敛到那个唯一解仍然是一个没被解决的公开问题.

### 7.4.2 Euler-Maruyama 近似解

我们现在开始讨论 Euler-Maruyama 近似解, 其定义如下:

对每个整数 $n \geqslant 1$, 首先定义

$$x_n(t_0) = x_0$$

然后对 $t_0 + (k-1)/n < t \leqslant (t_0 + k/n) \wedge T$, $k = 1, 2, \cdots$, 定义

$$x_n(t) = x_n(t_0 + (k-1)/n) + \int_{t_0+(k-1)/n}^{t} f(x_n(t_0 + (k-1)/n, s)\mathrm{d}s$$

$$+ \int_{t_0+(k-1)/n}^{t} g(x_n(t_0 + (k-1)/n, s)\mathrm{d}B(s) \tag{7.4.10}$$

注意到, 如果定义

$$\hat{x}_n(t) = x_0 I_{\{t_0\}}(t) + \sum_{k \geqslant 1} x_n(t_0 + (k-1)/n) I_{[t_0+(k-1)/n, t_0+k/n]}(t) \tag{7.4.11}$$

对 $t_0 \leqslant t \leqslant T$, 那么从 (7.4.10) 式可得

$$x_n(t) = x_0 + \int_{t_0}^{t} f(\hat{x}_n(s), s) \, \mathrm{d}s + \int_{t_0}^{t} g(\hat{x}_n(s), s) \, \mathrm{d}B(s) \tag{7.4.12}$$

利用这个表达式, 我们可以用如在引理 7.4.1 与引理 7.4.2 中所用的方法那样证明下面的引理.

**引理 7.4.6**　在线性增长条件 (7.2.3) 之下, Euler-Maruyama 近似解 $x_n(t)$ 具有性质

$$\sup_{t_0 \leqslant t \leqslant T} E\left|x_n(t)\right|^2 \leqslant C_1 := (1 + 3E\left|x_0\right|^2)e^{3K(T-t_0)(T-t_0+1)}$$

**引理 7.4.7**　在线性增长条件 (7.2.3) 之下, Euler-Maruyama 近似解 $x_n(t)$ 具有性质: 对 $t_0 \leqslant s < t \leqslant T$, 当 $t - s \leqslant 1$ 时, 有

$$E\left|x_n(t) - x_n(s)\right|^2 \leqslant C_2(t - s)$$

其中 $C_2 = 4K(1 + C_1)$, 而 $C_1 := (1 + 3E\left|x_0\right|^2)e^{3K(T-t_0)(T-t_0+1)}$ 如引理 7.4.6 所定义.

我们也可以用如定理 7.4.3 同样的方法证明下面的定理.

**定理 7.4.8**　假设方程 (7.4.1) 的系数 $f(x,t)$ 和 $g(x,t)$ 满足一致 Lipschitz 条件 (7.2.2) 和线性增长条件 (7.2.3) 成立, 再设 $x(t)$ 是方程的唯一解, 而 $x_n(t), n \geqslant 1$ 是方程的 Euler-Maruyama 近似解, 那么

$$E\left(\sup_{t_0 \leqslant t \leqslant T} \left|x_n(t) - x(t)\right|^2\right) \leqslant \frac{C_3}{n}$$

其中 $C_3 = 4C_2\bar{K}(T-t_0)(T-t_0+4)\exp\left[4\bar{K}(T-t_0)(T-t_0+4)\right]$, 而 $C_2$ 如引理 7.4.7 所定义.

此外, 我们也有下边的更一般的结果.

**定理 7.4.9**　设函数 $f(x,t)$ 和 $g(x,t)$ 连续且满足线性增长条件 (7.2.3), $x_0$ 是一个有界 $\mathbb{R}^d$ 值的 $\mathscr{F}_{t_0}$ 可测的随机变量. 假设具初值 $x(t_0) = x_0 \in L_2(\Omega; \mathbb{R}^d)$ 的随机微分方程

$$\mathrm{d}x(t) = f(x(t), t)\mathrm{d}t + g(x(t), t)\mathrm{d}B(t), \quad t \in [t_0, T] \tag{7.4.13}$$

有唯一解 $x(t)$, 那么在

$$\lim_{n \to \infty} E\left(\sup_{t_0 \leqslant t \leqslant T} \left|x_n(t) - x(t)\right|^2\right) = 0 \tag{7.4.14}$$

的意义下, Euler-Maruyama 近似解 $x_n(t)$ 收敛于方程 (7.4.1) 的唯一解 $x(t)$.

定理 7.4.9 和定理 7.4.4 告诉我们, 在定理 7.4.4 所描述的相当一般的条件下, Caratheodory 近似解和 Euler-Maruyama 近似解二者都收敛于方程 (7.4.1) 的唯一解; 然而, 在这些条件下, Picard 近似解是否收敛于方程的唯一解仍然是一个公开问题.

### 7.4.3 强解和弱解

在前面关于 Itô 型随机微分方程

$$\mathrm{d}x(t) = f(x(t),t)\mathrm{d}t + g(x(t),t)\mathrm{d}B(t)$$

的讨论中, 概率空间 $(\Omega, \mathscr{F}, P)$, $\sigma$ 域流 $\{\mathscr{F}_t\}_{t \geqslant 0}$, Brownian 运动 $B(l)$ 和方程的系数 $f(x,t)$, $g(x,t)$ 都预先给定, 然后再来构造方程的解 $x(t)$, 这样的解即定义 7.1.1 界定的方程的解, 习惯上被叫做随机微分方程的强解.

如果仅仅给定方程的系数 $f(x,t)$ 和 $g(x,t)$, 然后允许我们构造一个适当的概率空间、一个 $\sigma$ 域流和一个适应于该域流的 Brownian 运动而获得方程的解, 这样的解被叫做随机微分方程的弱解. 其具体定义如下.

**定义 7.4.10** 如果存在一个具有域流的概率空间, 一个适应于该域流的 Brownian 运动 $\hat{B}(t)$ 和一个随机过程 $\hat{x}(t)$, 使得 $\hat{x}(0)$ 具有给定的分布, 且对所有的 $t$, 积分 $\displaystyle\int_{t_0}^{t} f(\hat{x}(s),s)\,\mathrm{d}s$ 和 $\displaystyle\int_{t_0}^{t} g(\hat{x}(s),s)\,\mathrm{d}\hat{B}(s)$ 都存在, 而 $\hat{x}(t)$ 满足

$$\hat{x}(t) = \hat{x}_0 + \int_{t_0}^{t} f(\hat{x}(s),s)\,\mathrm{d}s + \int_{t_0}^{t} g(\hat{x}(s),s)\,\mathrm{d}\hat{B}(s)$$

那么 $\hat{x}(t)$ 叫做 Itô 型随机微分方程

$$\mathrm{d}x(t) = f(x(t),t)\mathrm{d}t + g(x(t),t)\mathrm{d}B(t)$$

的一个弱解.

随机微分方程的弱解被叫做唯一的, 如果方程的任何两个具有相同分布的弱解 (可能在不同的概率空间上) 都具有相同的有限维分布.

称两个解 (强解或弱解) 是弱唯一的, 如果它们依概率相等, 即它们有相同的有限维概率分布. 如果建立的两个弱解在任何具有一个域流和一个 Brownian 运动的概率空间上都不可辩, 我们就说解对方程轨道唯一.

显然, 强解一定是弱解, 但反之一般不对. 并且轨道唯一也蕴含弱唯一. 另外, 前面给出的所有条件, 例如 Lipschitz 条件保证了解的轨道唯一性, 因此, 唯一性可以被在任意给定的概率空间证明等等.

下面的 Tanka(田中) 随机微分方程就是一个强解不存在, 但弱解存在且唯一的例子.

**例 7.4.11** 考察如下的 Tanka 随机微分方程

$$\mathrm{d}x(t) = \mathrm{sign}(x(t))\,\mathrm{d}B(t), \quad \text{其中} \mathrm{sign}(x) = \begin{cases} 1, & \text{如果} x \geqslant 0, \\ -1, & \text{如果} x < 0 \end{cases}$$

因为函数 $f(x) = \text{sign}(x)$ 不连续, 所以方程的系数不是 Lipschitz 的, 故强解的存在条件不满足, 而 Gihman 和 Skorohod 在 1972 年与 Rogers 和 Williams 在 1990 年也都证明了 Tanka 随机微分方程的强解不存在.

但可以证明布朗运动是 Tanka 随机微分方程的唯一弱解. 事实上, 如果 $X(t)$ 是某一个布朗运动, 我们来考察随机过程

$$Y(t) = \int_0^t \frac{1}{\text{sign}(x(s))} dX(s) = \int_0^t \text{sign}(x(s)) dX(s)$$

因为 $\text{sign}(x(t))$ 是一个适应的随机过程, 而 $\displaystyle\int_0^T (\text{sign}(x(t)))^2 dt = T < \infty$, 故 $Y(t)$ 的定义适当且是一个连续鞅. 又

$$[Y, Y](t) = \int_0^t \text{sign}^2(x(s)) d[X, X](s) = \int_0^t ds = t$$

从而由布朗运动的 Lévy 特征定理知 $Y(t)$ 是一个布朗运动, 记其为 $\hat{B}(t)$, 即

$$\hat{B}(t) = \int_0^t \frac{1}{\text{sign}(x(s))} dX(s)$$

将上式写成微分形式即可得到 Tanka 随机微分方程. 而布朗运动的 Lévy 特征定理也说明 Tanka 随机微分方程的任何弱解都是一个布朗运动.

为进一步说明随机微分方程强弱解的关系, 现引入如下结果.

**定理 7.4.12**(Yamada-Watanabe) 设 $f(x,t)$ 满足 Lipschitz 条件, $g(x,t)$ 满足 $\alpha$ 阶 Hölder 条件, 其中 $\alpha \geqslant \dfrac{1}{2}$, 即存在一个常数 $k$ 使得

$$|g(x,t) - g(y,t)| < k|x - y|^\alpha$$

那么如果方程

$$dx(t) = f(x(t), t)dt + g(x(t), t)dB(t)$$

有强解, 则它是惟一的.

**例 7.4.13** 考察 Girsaov 随机微分方程

$$dx(t) = |x(t)|^r dB(t)$$

我们已知当 $r > 0, t \geqslant 0$ 时, 方程有一个强解 $x(t) \equiv 0$. 根据 Yamada 和 Watanabe 给出的关于随机微分方程强解的存在定理可知, 对 $r \geqslant \dfrac{1}{2}$, $x(t) \equiv 0$ 是方程唯

一的强解, 因此此时方程没有不同于 $x(t) = 0$ 的弱解; 而 Rogers 和 Williams 在 1990 年证明了对 $0 < r < \dfrac{1}{2}$, 方程有无穷多弱解, 因此此时方程没有强唯一解, 否则方程只能有一个弱解.

关于随机微分方程弱解的存在唯一性有如下结果.

**定理 7.4.14** 如果对每一 $t > 0$, 函数 $f(x, t)$ 和 $g(x, t)$ 有界连续, 那么随机微分方程

$$\mathrm{d}x(t) = f(x(t), t)\,\mathrm{d}t + g(x(t), t)\,\mathrm{d}B(t)$$

有至少一个在时刻 $s$ 点位于点 $x$ 的弱解. 进一步, 如果函数 $f(x, t)$ 和 $g(x, t)$ 关于变量 $x$ 的直到二阶偏导数存在且有界连续, 那么随机微分方程有唯一的在时刻 $s$ 点位于点 $x$ 的弱解, 而且该解具有强马氏性.

**定理 7.4.15** 如果函数 $g(x, t)$ 是正的且连续, 而且对任何 $T > 0$, 存在 $K_T$ 使得对所有 $x \in \mathbb{R}$, 有

$$|f(x, t)| + |g(x, t)| \leqslant K_T(1 + |x|)$$

那么随机微分方程

$$\mathrm{d}x(t) = f(x(t), t)\,\mathrm{d}t + g(x(t), t)\,\mathrm{d}B(t)$$

有唯一的在任何时刻 $s \geqslant 0$ 点位于任何点 $x \in \mathbb{R}$ 的弱解, 而且该解具有强马氏性.

由于随机微分方程弱解的构造往往需要更多的高深的数学知识, 所以在本书的后续内容中, 除非另有说明, 我们总是关心强解.

## 7.5 SDE 和 PDE: Feynman-Kac 公式

随机微分方程 (SDE) 在其发展过程中展示出与某些经典数学问题之间存在着出人意料的深刻联系, 最著名的例子就是 Feynman-Kac 公式, 它将一定偏微分方程 (PDE) 问题的解表为适当的随机微分方程的解, 从而为在偏微分方程的研究中使用随机分析方法开辟了道路, 在随机微分方程和偏微分方程这两个相距甚远的领域之间建立起了明确的联系. 在 Feynman-Kac 公式这类成果面前, 随机数学与非随机数学之间看来难以逾越的鸿沟最终消失了.

对偏微分方程与随机微分方程这样两个相距甚远的领域之间的联系的建立, 可作如下直观分析.

我们已熟知如果设 $B(t) = (B_1(t), \cdots, B_m(t))^{\mathrm{T}}$ 是一个定义在完备概率空间 $(\Omega, \mathscr{F}, P)$ 上的适应 $\sigma$ 域流 $\boldsymbol{F} = \{\mathscr{F}_t : t \in \mathbb{R}_+\}$ 的 $m$ 维 Brownian 运动, $f \in \mathcal{L}^1(\mathbb{R}_+; \mathbb{R}^d)$, $g \in \mathcal{L}^2(\mathbb{R}_+; \mathbb{R}^{d \times m})$, 而 $x(t)$ 为 $t \geqslant 0$ 时的满足

$$\mathrm{d}x(t) = f(t)\,\mathrm{d}t + g(t)\,\mathrm{d}B_t$$

的一个 $d$ 维 Itô 过程, 又 $V \in C^{2,1}\left(\mathbb{R}^d \times \mathbb{R}_+; \mathbb{R}\right)$, 那么 $V\left(x\left(t\right), t\right)$ 具有如下的随机微分形式

$$
\begin{aligned}
\mathrm{d}V\left(x\left(t\right), t\right) = {} & \left[V_t\left(x\left(t\right), t\right) + V_x\left(x\left(t\right), t\right)f\left(t\right) + \frac{1}{2}\mathrm{trace}\left(g^{\mathrm{T}}\left(t\right)V_{xx}\left(x\left(t\right), t\right)g\left(t\right)\right)\right]\mathrm{d}t \\
& + V_x\left(x\left(t\right), t\right)g\left(t\right)\mathrm{d}B\left(t\right) \qquad \text{a.s.}
\end{aligned}
$$

现在如引进记号

$$
\mathscr{L}V\left(x, t\right) = V_t\left(x, t\right) + V_x\left(x, t\right)f\left(x, t\right) + \frac{1}{2}\mathrm{trace}\left[g^{\mathrm{T}}\left(x, t\right)V_{xx}\left(x, t\right)g\left(x, t\right)\right]
$$

则上式就相当于用如下的线性微分算子

$$
\mathscr{L} = \frac{\partial}{\partial t} + \sum_i f_i\left(x, t\right)\frac{\partial}{\partial x_i} + \frac{1}{2}\sum_{i,j}\left[g\left(x, t\right)g^{\mathrm{T}}\left(x, t\right)\right]\frac{\partial^2}{\partial x_i \partial x_j} \tag{7.5.1}
$$

作用于 $V\left(x, t\right)$.

又如果矩阵 $a\left(x, t\right) = \left(a_{ij}\left(x, t\right)\right)_{d \times d}$ 是一致正定的, 即 $a\left(x, t\right)$ 为一个对称矩阵, 且 $\mu \triangleq \inf\limits_{t, x}\lambda_{\min}\left(a\left(x, t\right)\right) > 0$, 其中 $\lambda_{\min}\left(a\left(x, t\right)\right)$ 为矩阵 $a\left(x, t\right)$ 的最小特征值, 那么偏微分算子

$$
L = \sum_i f_i\left(x, t\right)\frac{\partial}{\partial x_i} + \frac{1}{2}\sum_{i,j}a_{ij}\left(x, t\right)\frac{\partial^2}{\partial x_i \partial x_j} \tag{7.5.2}
$$

是一致椭圆的.

对比 (7.5.1) 式和 (7.5.2) 式可以看到, $\mathscr{L} \triangleq \dfrac{\partial}{\partial t} + L$ 恰好是我们上面引入的结合随机微分方程

$$
\begin{cases}
\mathrm{d}x\left(t\right) = f\left(x, t\right)\mathrm{d}t + g\left(x, t\right)\mathrm{d}B\left(t\right), & t_0 \leqslant t \leqslant T, \\
x\left(t_0\right) = x_0
\end{cases} \tag{7.5.3}
$$

的微分算子. 现在如果用 $x_{t_0, x_0}\left(t\right)$ 记方程 (7.5.3) 的解, 而设 $u\left(x, t\right)$ 满足如下的偏微分方程

$$
u_t + Lu + c\left(x, t\right)u = \varphi\left(x\right) \tag{7.5.4}
$$

则有

$$
u\left(x, t\right) = Eu\left(x_{t_0, x_0}\left(s\right), s\right) - Eu\left(x_{t_0, x_0}\left(r\right), r\right)\Big|_t^s
$$

$$= Eu\left(x_{t_0,x_0}(s),s\right) - E\int_t^s \mathscr{L}u\left(x_{t_0,x_0}(r),r\right)\mathrm{d}r$$

$$= Eu\left(x_{t_0,x_0}(s),s\right) + E\int_t^s \left[c\left(x_{t_0,x_0}(r),r\right)u\left(x_{t_0,x_0}(r),r\right) - \varphi\left(x_{t_0,x_0}(r)\right)\right]\mathrm{d}r$$

从而随机微分方程 (7.5.3) 与偏微分方程 (7.5.4) 的解互相有联系就很显然了.

当然要建立随机微分方程与偏微分方程联系的准确的结果需要严格的分析, 下面是这方面的结果.

### 7.5.1  Dirichlet 问题

首先, 让我们考虑 Dirichlet 问题或边界值问题

$$\begin{cases} Lu\left(x\right) = \varphi\left(x\right), & x \in D, \\ u\left(x\right) = \phi\left(x\right), & x \in \partial D \end{cases} \tag{7.5.5}$$

其中的

$$L = \frac{1}{2}\sum_{i,j=1}^d a_{ij}\left(x\right)\frac{\partial^2}{\partial x_i \partial x_j} + \sum_{i=1}^d f_i\left(x\right)\frac{\partial}{\partial x_i} + c\left(x\right) \tag{7.5.6}$$

是具有定义在 $d$ 维区域 $D \subset \mathbb{R}^d$ 的实值系数的偏微分算子. 一般地, 我们要求 $a_{ij}$ 满足对称性, 即 $a_{ij} = a_{ji}$. 假设 $D$ 是开的和有界的, 而它的边界 $\partial D$ 是 $C^2$ 的. 我们用 $\bar{D}$ 表示 $D$ 的闭包. 假设 $L$ 在 $D$ 里是一致椭圆的, 即对某 $\mu > 0$, 有

$$y^{\mathrm{T}}a\left(x\right)y \geqslant \mu\left|y\right|^2, \quad \text{如果} x \in D, \quad y \in \mathbb{R}^d \tag{7.5.7}$$

其中 $a\left(x\right) = \left(a_{ij}\left(x\right)\right)_{d\times d}$. 也假设

$$a_{ij}, f_i \text{ 在 } \bar{D} \text{ 上一致 Lipschitz 连续} \tag{7.5.8}$$

$$c(x) \leqslant 0 \text{ 并且它在 } \bar{D} \text{ 上一致 Hölder 连续} \tag{7.5.9}$$

在这些假设下, 众所周知, 由偏微分方程理论, Dirichlet 问题 (7.5.5) 对任何给定的满足

$$\varphi \text{ 在 } \bar{D} \text{ 上一致 Hölder 连续} \tag{7.5.10}$$

$$\phi \text{ 在 } \partial D \text{ 上连续} \tag{7.5.11}$$

的函数 $\varphi$、$\phi$ 有唯一解 $u$. 我们现在将利用一个随机微分方程的解表示 $u(x)$.

从 (7.5.7) 式注意到, 对每一 $x \in D$, $a\left(x\right)$ 是一个 $d \times d$ 对称正定矩阵. 众所周知, 此时存在唯一的 $d \times d$ 对称正定矩阵 $g\left(x\right) = \left(g_{ij}\left(x\right)\right)_{d\times d}$, 使得 $g\left(x\right)g^{\mathrm{T}}\left(x\right) =$

$a(x)$, 称 $g(x)$ 为 $a(x)$ 的平方根. 此外, 条件 (7.5.8) 保证了 $g(x)$ 在 $\bar{D}$ 上一致 Lipschitz 连续. 扩充 $g(x)$ 和 $f(x) = (f_1(x), \cdots, f_d(x))^{\mathrm{T}}$ 到整个空间 $\mathbb{R}^d$ 使得它们保持一致 Lipschitz 连续性, 即对某 $\bar{K} > 0$, 有

$$|f(x) - f(y)| \vee |g(x) - g(y)| \leqslant \bar{K} |x - y| \tag{7.5.12}$$

对 $x, y \in \mathbb{R}^d$ 成立. 易见, (7.5.12) 蕴含 $f$ 和 $g$ 满足线性增长条件.

现在, 设 $B(t) = (B_1(t), \cdots, B_d(t))^{\mathrm{T}}$, $t \geqslant 0$ 是一个定义在具有满足通常条件的域流 $\{\mathscr{F}_t : t \in \mathbb{R}_+\}$ 的完备概率空间 $(\Omega, \mathscr{F}, P)$ 上的 $d$ 维 Brownian 运动. 考虑具有初值 $\xi(0) = x \in D$ 的 $d$ 维随机微分方程

$$\mathrm{d}\xi(t) = f(\xi(t), t)\,\mathrm{d}t + g(\xi(t), t)\,\mathrm{d}B(t), \quad t \geqslant 0 \tag{7.5.13}$$

由定理 7.2.6, 方程 (7.5.13) 有唯一的全局解 $\xi_x(t)$.

**定理 7.5.1**  假设 $D$ 是 $\mathbb{R}^d$ 的一个有界开子集, 且它的边界 $\partial D$ 是 $C^2$ 的. 设条件 (7.5.7) 式至 (7.5.11) 式被满足, 那么 Dirichlet 问题 (7.5.5) 式的唯一解 $u(x)$ 为

$$u(x) = E\left[\phi(\xi_x(\tau)) \exp\left(\int_0^\tau c(\xi_x(s))\,\mathrm{d}s\right)\right]$$
$$- E\left[\int_0^\tau \varphi(\xi_x(t)) \exp\left(\int_0^t c(\xi_x(s))\,\mathrm{d}s\right)\mathrm{d}t\right] \tag{7.5.14}$$

其中 $\tau$ 是随机过程 $\xi_x(t)$ 从 $D$ 的首次逃逸时间, 即 $\tau = \inf\{t \geqslant 0 : \xi_x(t) \notin D\}$.

**证明**  设 $\varepsilon > 0$, 用 $U_\varepsilon$ 表示 $\partial D$ 的闭 $\varepsilon$ 邻域. 设 $D_\varepsilon = D - U_\varepsilon$, $\tau_\varepsilon$ 为随机过程 $\xi_x(t)$ 从 $D_\varepsilon$ 的首次逃逸时间. 由 Itô 公式, 对任何 $T > 0$, 有

$$E\left[u(\xi_x(\tau_\varepsilon \wedge T)) \exp\left(\int_0^{\tau_\varepsilon \wedge T} c(\xi_x(s))\,\mathrm{d}s\right)\right] - u(x)$$
$$= E\left[\int_0^{\tau_\varepsilon \wedge T} Lu(\xi_x(t)) \exp\left(\int_0^t c(\xi_x(s))\,\mathrm{d}s\right)\mathrm{d}t\right]$$
$$= E\left[\int_0^{\tau_\varepsilon \wedge T} \varphi(\xi_x(t)) \exp\left(\int_0^t c(\xi_x(s))\,\mathrm{d}s\right)\mathrm{d}t\right] \tag{7.5.15}$$

令 $\varepsilon \to 0$, 应用有界收敛定理, 我们可得

$$u(x) = E\left[u(\xi_x(\tau \wedge T)) \exp\left(\int_0^{\tau \wedge T} c(\xi_x(s))\,\mathrm{d}s\right)\right]$$

$$- E\left[\int_0^{\tau \wedge T} \varphi\left(\xi_x\left(t\right)\right) \exp\left(\int_0^t c\left(\xi_x\left(s\right)\right) \mathrm{d}s\right) \mathrm{d}t\right] \tag{7.5.16}$$

如果我们能证明 $\tau < \infty$ a.s., 那么, 通过令 $T \to \infty$ 并利用有界收敛定理, 我们可得到论断 (7.5.14) 式. 为证明 $\tau < \infty$ a.s., 考虑函数

$$V\left(x\right) - -\mathrm{e}^{-\lambda x_1}, \quad x \in \mathbb{R}^d$$

从 (7.5.7) 式注意到在 $D$ 中有 $a_{11}\left(x\right) \geqslant \mu > 0$, 我们可以选择 $\lambda > 0$ 充分大使得在 $D$ 中有

$$f_1\left(x\right) V_{x_1}\left(x\right) + \frac{1}{2} a_{11}\left(x\right) V_{x_1 x_1}\left(x\right) = \lambda \mathrm{e}^{-\lambda x_1}\left[f_1\left(x\right) - \frac{\lambda}{2} a_{11}\left(x\right)\right] \leqslant -1$$

再由 Itô 公式, 有

$$EV\left(\xi_x\left(\tau \wedge T\right)\right) - V\left(x\right)$$

$$= E\int_0^{\tau \wedge T}\left[f_1\left(\xi_x\left(s\right)\right) V_{x_1}\left(\xi_x\left(s\right)\right) + \frac{1}{2} a_{11}\left(\xi_x\left(s\right)\right) V_{x_1 x_1}\left(\xi_x\left(s\right)\right)\right] \mathrm{d}s$$

$$\leqslant -E\left(\tau \wedge T\right)$$

因为对某个 $C > 0$ 在 $D$ 中有 $|V\left(x\right)| \leqslant C$, 所以我们有 $E\left(\tau \wedge T\right) \leqslant 2C$. 令 $T \to \infty$ 并用有界收敛定理, 我们得到 $E\tau \leqslant 2C$, 这蕴含 $\tau < \infty$ a.s. 证毕.

作为上面定理一个应用的例子, 设 $L$ 是 Laplace 算子 $\Delta = \sum_{i=1}^d \frac{\partial^2}{\partial x_i^2}$, 那么边界值问题 (7.5.5) 简化为

$$\begin{cases} \Delta u\left(x\right) = \varphi\left(x\right), & x \in D, \\ u\left(x\right) = \phi\left(x\right), & x \in \partial D \end{cases} \tag{7.5.17}$$

而此时相应的随机微分方程 (7.5.13) 为一个简单的形式

$$\mathrm{d}\xi\left(t\right) = \mathrm{d}B\left(t\right)$$

它有解 $\xi_x\left(t\right) = x + B\left(t\right)$. 根据定理 7.5.1, 如果 (7.5.10) 式和 (7.5.11) 式成立, 那么方程 (7.5.17) 式的唯一解由

$$u\left(x\right) = E\left[\phi\left(x + B\left(\tau\right)\right) \exp\left(\int_0^\tau c\left(x + B\left(s\right)\right) \mathrm{d}s\right)\right]$$

$$- E\left[\int_0^\tau \varphi\left(x + B\left(t\right)\right) \exp\left(\int_0^t c\left(x + B\left(s\right)\right) \mathrm{d}s\right) \mathrm{d}t\right] \tag{7.5.18}$$

给出, 其中 $\tau = \inf\{t \geqslant 0 : x + B\left(t\right) \notin D\}$.

### 7.5.2 初始边界值问题

考虑下面的初始边界值问题

$$
\begin{cases}
\dfrac{\partial}{\partial t} u(x,t) + Lu(x,t) = \varphi(x), & (x,t) \in D \times [0,T), \\
u(x,T) = \phi(x), & x \in D, \\
u(x,t) = b(x,t), & (x,t) \in \partial D \times [0,T]
\end{cases}
\tag{7.5.19}
$$

其中 $T > 0$, $D$ 是开的和有界的, 而它的边界 $\partial D$ 是 $C^2$ 的. 我们用 $\bar{D}$ 表示 $D$ 的闭包. 而

$$
L = \frac{1}{2} \sum_{i,j=1}^{d} a_{ij}(x,t) \frac{\partial^2}{\partial x_i \partial x_j} + \sum_{i=1}^{d} f_i(x,t) \frac{\partial}{\partial x_i} + c(x,t)
\tag{7.5.20}
$$

是具有定义在 $\bar{D} \times [0,T]$ 上的实值系数的偏微分算子. 设 $a(x,t) = (a_{ij}(x,t))_{d \times d}$. 我们增加下面的假设

$$
y^{\mathrm{T}} a(x,t) y \geqslant \mu |y|^2 \quad \text{如果}\ (x,t) \in D \times [0,T), \quad y \in \mathbb{R}^d
$$

$$
a_{ij}, f_i \text{一致 Lipschitz 连续} \quad \text{如果}\ (x,t) \in \bar{D} \times [0,T]
$$

$$
c(x,t), \varphi(x) \text{ 一致 Hölder 连续} \quad \text{如果}\ (x,t) \in \bar{D} \times [0,T]
\tag{7.5.21}
$$

$$
\phi(x) \text{在 } \bar{D} \text{上连续}, b(x,t) \text{ 在 } \partial D \times [0,T] \text{ 上连续}
$$

$$
\phi(x) = b(x,T) \quad \text{如果} x \in \partial D
$$

众所周知, 如果 (7.5.21) 式被满足, 那么初始边界值问题 (7.5.19) 式有唯一解 $u(x,t)$.

为利用一个随机微分方程的解表示 $u(x,t)$, 设 $f(x,t) = (f_1(x), \cdots, f_d(x))^{\mathrm{T}}$, $g(x,t) = (g_{ij}(x,t))_{d \times d}$ 是 $a(x,t)$ 在 $\bar{D} \times [0,T]$ 中的平方根, 亦即

$$
g(x,t) g^{\mathrm{T}}(x,t) = a(x,t)
$$

扩充 $g(x,t)$ 和 $f(x,t)$ 到 $\mathbb{R}^d \times [0,T]$ 使得他们保持一致 Lipschitz 连续性, 即

$$
|f(x,t) - f(y,s)| \vee |g(x,t) - g(y,s)| \leqslant K(|x-y| + |t-s|) \quad (K > 0)
$$

对每一 $(x,t) \in D \times [0,T)$ 成立, 考虑具有初值 $\xi(t) = x$ 的随机微分方程

$$
\mathrm{d}\xi(s) = f(\xi(s), s)\,\mathrm{d}s + g(\xi(s), s)\,\mathrm{d}B(s), \quad s \in [t,T]
\tag{7.5.22}
$$

由定理 7.2.1, 方程 (7.5.22) 式对 $s \in [t, T]$ 有唯一解 $\xi_{x,t}(s)$.

**定理 7.5.2** 假设 $D$ 是 $\mathbb{R}^d$ 的一个有界开子集, 且它的边界 $\partial D$ 是 $C^2$ 的. 设条件 (7.5.21) 式被满足, 那么初始边界值问题 (7.5.19) 式的唯一解 $u(x,t)$ 为

$$
u(x,t) = E\left[ I_{(\tau < T)} b(\xi_{x,t}(\tau), \tau) \exp\left( \int_t^\tau c(\xi_{x,t}(s), s)\, ds \right) \right]
$$

$$
+ E\left[ I_{(\tau = T)} \phi(\xi_{x,t}(T)) \exp\left( \int_t^\tau c(\xi_{x,t}(s), s)\, ds \right) \right]
$$

$$
- E\left[ \int_t^\tau \varphi(\xi_{x,t}(s), s) \exp\left( \int_t^s c(\xi_{x,t}(r), r)\, dr \right) ds \right] \tag{7.5.23}
$$

其中 $\tau = T \wedge \inf\{s \in [t, T] : \xi_{x,t}(s) \notin D\}$.

定理 7.5.2 的证明类似于定理 7.5.1, 但这里我们是对

$$
u(\xi_{x,t}(s), s) \exp\left( \int_t^s c(\xi_{x,t}(r), r)\, dr \right) \tag{7.5.24}
$$

利用 Itô 公式.

### 7.5.3 Cauchy 问题

在初始边界值问题 (7.5.19) 式中当 $D = \mathbb{R}^d$ 时, 我们得到下面的 Cauchy 问题

$$
\begin{cases}
\dfrac{\partial}{\partial t} u(x,t) + Lu(x,t) = \varphi(x), & (x,t) \in \mathbb{R}^d \times [0, T), \\
u(x, T) = \phi(x), & x \in \mathbb{R}^d
\end{cases} \tag{7.5.25}
$$

其中

$$
L = \frac{1}{2} \sum_{i,j=1}^d a_{ij}(x,t) \frac{\partial^2}{\partial x_i \partial x_j} + \sum_{i=1}^d f_i(x,t) \frac{\partial}{\partial x_i} + c(x,t)
$$

如 (7.5.20) 式. 我们将假设

(H1) 函数 $a_{ij}, f_i$ 在 $\mathbb{R}^d \times [0, T]$ 中有界, 并在 $\mathbb{R}^d \times [0, T]$ 的任何紧子集内关于 $(x,t)$ 一致 Lipschitz 连续; 函数 $a_{ij}$ 关于 $x$ 为 Hölder 连续, 在 $\mathbb{R}^d \times [0, T]$ 中关于 $(x,t)$ 一致 Hölder 连续; 此外, 对某 $\mu > 0$, 有

$$
y^{\mathrm{T}} a(x,t) y \geqslant \mu |y|^2 \quad \text{如果 } (x,t) \in D \times [0, T), \quad y \in \mathbb{R}^d
$$

(H2) 函数 $c(x,t)$ 在 $\mathbb{R}^d \times [0, T]$ 上有界, 并在 $\mathbb{R}^d \times [0, T]$ 的任何紧子集内关于 $(x,t)$ 一致 Hölder 连续.

(H3) 函数 $f$ 在 $\mathbb{R}^d \times [0,T]$ 中连续, 在 $\mathbb{R}^d \times [0,T]$ 中关于 $(x,t)$ 一致地对 $x$ 为 Hölder 连续; 函数 $\phi$ 在 $\mathbb{R}^d$ 上连续. 而且, 对某 $\alpha > 0$, $\beta > 0$, 有

$$|f(x,t)| \vee |\phi(x)| \leqslant \beta(1 + |x|^\alpha) \quad \text{如果} x \in \mathbb{R}^d, \quad t \in [0,T]$$

在这些假设下, Cauchy 问题 (7.5.25) 式有唯一的解 $u(x,t)$. 而且由定理 7.2.4, 随机微分方程 (7.5.22) 式也有唯一解 $\xi_{x,t}(s)$.

**定理 7.5.3**　设条件 (H1)、(H2)、(H3) 成立, 那么 Cauchy 问题 (7.5.25) 式有唯一的解 $u(x,t)$ 为

$$u(x,t) = E\left[\phi(\xi_{x,t}(T)) \exp\left(\int_t^\tau c(\xi_{x,t}(s),s)\,\mathrm{d}s\right)\right]$$
$$- E\left[\int_t^T \varphi(\xi_{x,t}(s),s) \exp\left(\int_t^s c(\xi_{x,t}(r),r)\,\mathrm{d}r\right)\mathrm{d}s\right] \tag{7.5.26}$$

对 (7.5.24) 式定义的函数应用 Itô 公式即可得定理的证明.

现在我们考虑方程 (7.5.25) 的一些特殊情况. 首先, 当 $\varphi = 0$ 和 $c = 0$ 时, 方程 (7.5.25) 变成了 Kolmogorov 倒向方程

$$\begin{cases} \dfrac{\partial}{\partial t}u(x,t) + \mathcal{L}u(x,t) = 0, & (x,t) \in \mathbb{R}^d \times [0,T), \\ u(x,T) = \phi(x), & x \in \mathbb{R}^d \end{cases} \tag{7.5.27}$$

其中

$$\mathcal{L} = \frac{1}{2}\sum_{i,j=1}^d a_{ij}(x,t)\frac{\partial^2}{\partial x_i \partial x_j} + \sum_{i=1}^d f_i(x,t)\frac{\partial}{\partial x_i}$$

在此情况下, 公式 (7.5.26) 式简化为

$$u(x,t) = E\phi(\xi_{x,t}(T)) \tag{7.5.28}$$

其次, 如果设 $L = \Delta = \sum_{i=1}^d \dfrac{\partial^2}{\partial x_i^2}$ 和 $\varphi = 0$, 方程 (7.5.25) 变成了热传导方程

$$\begin{cases} \dfrac{\partial}{\partial t}u(x,t) + \Delta u(x,t) = 0, & (x,t) \in \mathbb{R}^d \times [0,T), \\ u(x,T) = \phi(x), & x \in \mathbb{R}^d \end{cases} \tag{7.5.29}$$

在此情况下, 相应的随机微分方程 (7.5.22) 式简化为

$$\mathrm{d}\xi(s) = \mathrm{d}B(s), \quad s \in [t,T]$$

具有初值 $\xi(t) = x$. 易见, 这个随机微分方程有显式解 $\xi_{x,t}(s) = x + B(s) - B(t)$. 因此, 由定理 7.5.3, 热传导方程 (7.5.29) 式的解为

$$u(x,t) = E\phi(x + B(T) - B(t)) \tag{7.5.30}$$

作为本节的结束, 让我们指出 Feynman-Kac 公式也可被用于拟线性抛物型偏微分方程. 为说明这一点, 让我们考虑下面的拟线性方程

$$\begin{cases} \dfrac{\partial}{\partial t}u(x,t) + Lu(x,t) + c(x,u)u(x,t) = 0, & (x,t) \in \mathbb{R}^d \times [0,T), \\ u(x,T) = \phi(x), & x \in \mathbb{R}^d \end{cases} \tag{7.5.31}$$

其中 $c(x,u)$ 是定义在 $\mathbb{R}^d \times \mathbb{R}$ 上的连续函数. 在此情况下, Feynman-Kac 公式具有

$$u(x,t) = E\left[\phi(\xi_{x,t}(T))\exp\left(\int_t^T c(\xi_{x,t}(s), u(\xi_{x,t}(s), s))\,\mathrm{d}s\right)\right] \tag{7.5.32}$$

的形式. 当然, 这不再是显式解. 不过, 它仍然很有用.

例如, 假设 $\phi(x) \geqslant 0$, 而 $\underline{c}(x) \leqslant c(x,u) \leqslant \bar{c}(x)$, 则从 (7.5.32) 式可得

$$\begin{aligned} & E\left[\phi(\xi_{x,t}(T))\exp\left(\int_t^T \underline{c}(\xi_{x,t}(s))\,\mathrm{d}s\right)\right] \\ & \leqslant u(x,t) \leqslant E\left[\phi(\xi_{x,t}(T))\exp\left(\int_t^T \bar{c}(\xi_{x,t}(s))\,\mathrm{d}s\right)\right] \end{aligned} \tag{7.5.33}$$

如果用 $\bar{u}(x,t)$ 和 $\underline{u}(x,t)$ 表示将方程 (7.5.31) 中的 $c(x,u)$ 分别用 $\bar{c}(x)$ 或 $\underline{c}(x)$ 代替时所得的相应方程的解, 相应地, 我们可重写 (7.5.33) 为

$$\underline{u}(x,t) \leqslant u(x,t) \leqslant \bar{u}(x,t) \tag{7.5.34}$$

这是一个比照结果.

## 7.6 随机微分方程解的 Markov 性

我们已经讨论过 Itô 型随机微分方程解的增长界限与矩连续性等, 这些都主要带有分析特征, 现在让我们转而考虑解过程的统计特性——Markov 性. 为了方便读者, 我们先来回顾关于 Markov 过程的一些基本事实. 在前面, 我们给出了随机变量 $X$ 关于某 $\sigma$ 代数 $\mathscr{G}$ 的条件期望的定义 $E(X|\mathscr{G})$. 如果 $\mathscr{G}$ 是由某个随机变量 $Y$ 所产生的 $\sigma$ 代数, 即 $\mathscr{G} = \sigma(Y)$, 此时我们记 $E(X|\mathscr{G}) = E(X|Y)$; 如果 $X$ 是某个集合 $A$ 的示性函数, 我们写 $E(I_A|\mathscr{G}) = E(A|\mathscr{G})$.

称一个 $d$ 维 $\boldsymbol{F} = \{\mathscr{F}_t : t \in \mathbb{R}_+\}$ 适应随机过程 $\{\xi(t)\}_{t \geqslant 0}$ 为一个 Markov 过程, 如果下边的 Markov 性质被满足: 对所有 $0 \leqslant s \leqslant t < \infty$ 和 $A \in \mathscr{B}^d$, 有

$$P(\xi(t) \in A \,|\, \mathscr{F}_s) = P(\xi(t) \in A \,|\, \xi(s)) \tag{7.6.1}$$

在 Markov 过程通常的定义中, $\sigma$ 代数 $\mathscr{F}_s$ 被取为 $\sigma\{\xi(r) : 0 \leqslant r \leqslant s\}$, 但这里我们愿意给出这个更一般一点的定义. Markov 性意味着对给定的一个 Markov 过程, 当现在已知时, 那么过去和将来独立. Markov 性有几个等价形式, 例如性质 (7.6.1) 式等价于: 对任何有界 Borel 可测函数 $\varphi : \mathbb{R}^d \to \mathbb{R}$ 和 $0 \leqslant s \leqslant t < \infty$, 有

$$E(\varphi(\xi(t)) \,|\, \mathscr{F}_s) = E(\varphi(\xi(t)) \,|\, \xi(s)) \tag{7.6.2}$$

Markov 过程的转移概率是一个定义在 $0 \leqslant s \leqslant t < \infty$ 上的函数 $P(x, s; A, t)$, 其中 $x \in \mathbb{R}^d$, $A \in \mathscr{B}^d$, 且满足性质

(1) 对每一 $0 \leqslant s \leqslant t < \infty$ 和 $A \in \mathscr{B}^d$, 有

$$P(\xi(s), s; A, t) = P(\xi(t) \in A \,|\, \xi(s))$$

(2) 对每一 $0 \leqslant s \leqslant t < \infty$ 和 $x \in \mathbb{R}^d$, $P(x, s; \cdot, t)$ 是 $\mathscr{B}^d$ 上的一个概率测度;

(3) 对每一 $0 \leqslant s \leqslant t < \infty$ 和 $A \in \mathscr{B}^d$, $P(\cdot, s; A, t)$ 是 Borel 可测的;

(4) 对任何 $0 \leqslant s \leqslant r \leqslant t < \infty$, $x \in \mathbb{R}^d$, 和 $A \in \mathscr{B}^d$, Chapman-Kolmogorov 方程

$$P(x, s; A, t) = \int_{R^d} P(y, r; A, t) P(x, s; \mathrm{d}y, r)$$

成立.

很明显, 依据转移概率, Markov 性质 (7.6.1) 式变为

$$P(\xi(t) \in A \,|\, \mathscr{F}_s) = P(\xi(s), s; A, t) \tag{7.6.3}$$

下面将使用记号

$$P(\xi(t) \in A \,|\, \xi(s) = x) \,\hat{=}\, P(x, s; A, t)$$

它正是给定随机过程在时刻 $s$ $(s \leqslant t)$ 时状态位于 $x$ 的条件下, 过程的状态在时刻 $t$ 时将属于集合 $A$ 的概率. 应该强调的是数 $P(\xi(t) \in A \,|\, \xi(s) = x)$ 仅仅由前面的方程

$$P(x, s; A, t) = \int_{R^d} P(y, r; A, t) P(x, s; \mathrm{d}y, r)$$

所确定, 即使条件 $\{\xi(s) = x\}$ 可能有零概率. 我们也将使用记号

$$E_{x,s} \varphi(\xi(t)) \,\hat{=}\, \int_{R^d} \varphi(y) P(x, s; \mathrm{d}y, t) \tag{7.6.4}$$

运用这个记号, Markov 性 (7.6.2) 式可被写成

$$E\left(\varphi\left(\xi\left(t\right)\right)|\mathscr{F}_{s}\right)=E_{\xi(s),s}\varphi\left(\xi\left(t\right)\right) \tag{7.6.5}$$

其中上式的右边是函数 $E_{x,s}\varphi\left(\xi\left(t\right)\right)$ 在 $x=\xi\left(s\right)$ 的值.

称一个 Markov 过程 $\{\xi\left(t\right)\}_{t\geqslant0}$ 是时齐的, 如果转移概率 $P\left(x,s;A,t\right)$ 是平稳的, 即

$$P\left(x,s+u;A,t+u\right)=P\left(x,s;A,t\right)$$

对所有 $0\leqslant s\leqslant t<\infty, u\geqslant0, x\in\mathbb{R}^{d}$, 和 $A\in\mathscr{B}^{d}$. 在此情况下, 转移概率

$$P\left(x,s;A,t\right)=P\left(x,0;A,t-s\right)$$

仅仅是 $x, A$ 和 $t-s$ 的函数. 因此, 我们可以只写 $P\left(x,0;A,t\right)=P\left(x;A,t\right)$. 易见, 无论在时间轴上的长度为 $t$ 的区间的实际位置在哪, $P\left(x;A,t\right)$ 都是在时间 $t$ 从 $x$ 到 $A$ 的转移概率. 而且, Chapman-Kolmogorov 方程变为

$$P\left(x;A,t+s\right)=\int_{R^{d}}P\left(y;A,s\right)P\left(x;\mathrm{d}y,t\right)$$

进一步, 使用记号

$$E_{x}\varphi\left(\xi\left(t\right)\right)\widehat{=}\int_{R^{d}}\varphi\left(y\right)P\left(x;\mathrm{d}y,t\right)$$

Markov 性就变成了

$$E\left(\varphi\left(\xi\left(t\right)\right)|\mathscr{F}_{s}\right)=E_{\xi(s)}\varphi\left(\xi\left(t-s\right)\right)$$

称一个 $d$ 维 $\boldsymbol{F}=\{\mathscr{F}_{t}:t\in\mathbb{R}_{+}\}$ 适应过程 $\{\xi\left(t\right)\}_{t\geqslant0}$ 为一个强 Markov 过程, 如果下边的强 Markov 性质被满足: 对任何有界 Borel 可测函数 $\varphi:\mathbb{R}^{d}\to\mathbb{R}$, 任何有限 $\mathscr{F}_{t}$ 停时 $\tau$ 和 $t\geqslant0$, 有

$$E\left(\varphi\left(\xi\left(\tau+t\right)\right)|\mathscr{F}_{\tau}\right)=E\left(\varphi\left(\xi\left(\tau+t\right)\right)|\xi\left(\tau\right)\right) \tag{7.6.6}$$

易见, 强 Markov 过程是一个 Markov 过程. 利用转移概率, 强 Markov 性变为

$$P\left(\xi\left(\tau+t\right)\in A|\mathscr{F}_{\tau}\right)=P\left(\xi\left(\tau\right),\tau;A,\tau+t\right)$$

利用前面定义的记号 $E_{x,s}$, 强 Markov 性也可被写成

$$E\left(\varphi\left(\xi\left(\tau+t\right)\right)|\mathscr{F}_{\tau}\right)=E_{\xi(\tau),\tau}\varphi\left(\xi\left(\tau+t\right)\right)$$

特别地, 对于时齐的情形, 就变成了

$$E\left(\varphi\left(\xi\left(\tau+t\right)\right)|\mathscr{F}_\tau\right)=E_{\xi(\tau)}\varphi\left(\xi\left(t\right)\right)$$

一般地, Markov 过程不是一个强 Markov 过程. 保证 Markov 过程有强 Markov 性的条件是样本轨道的右连续性加上所谓的 Feller 性. 如果对任何有界连续函数 $\varphi:\mathbb{R}^d\to\mathbb{R}$, 映射

$$(x,s)\to\int_{R^d}\varphi\left(y\right)P\left(x,s;\mathrm{d}y,s+\lambda\right)$$

对任何固定的 $\lambda>0$ 都是连续的, 我们就说转移概率或者相应的 Markov 过程满足 Feller 性.

现在我们就开始讨论 Itô 型随机微分方程解的 Markov 性.

**定理 7.6.1**　设 Itô 型随机微分方程

$$\mathrm{d}\xi\left(t\right)=f\left(\xi\left(t\right),t\right)\mathrm{d}t+g\left(\xi\left(t\right),t\right)\mathrm{d}B\left(t\right),\quad t\geqslant0 \tag{7.6.7}$$

的系数满足解存在和唯一性定理的条件, 如果 $\xi(t)$ 是它的解, 那么 $\xi(t)$ 是一个转移概率为

$$P\left(x,s;A,t\right)=P\left\{\xi_{x,s}\left(t\right)\in A\right\} \tag{7.6.8}$$

的 Markov 过程, 其中 $\xi_{x,s}(t)$ 是方程

$$\xi_{x,s}\left(t\right)=x+\int_s^t f\left(\xi_{x,s}\left(r\right),r\right)\mathrm{d}r+\int_s^t g\left(\xi_{x,s}\left(r\right),r\right)\mathrm{d}B\left(r\right),\quad t\geqslant s \tag{7.6.9}$$

的解.

为证明定理 7.6.1, 我们需要如下引理.

**引理 7.6.2**　设 $h(x,\omega)$ 是 $x$ 的一个与 $\mathscr{F}_s$ 独立的标量有界可测随机函数, $\varsigma$ 是一个 $\mathscr{F}_s$ 可测随机变量, 那么

$$E\left(h\left(\varsigma,\omega\right)|\mathscr{F}_s\right)=H\left(\varsigma\right) \tag{7.6.10}$$

其中 $H\left(x\right)=Eh\left(x,\omega\right)$.

**证明**　首先, 假设 $h(x,\omega)$ 具有形式

$$h\left(x,\omega\right)=\sum_{i=1}^k u_i\left(x\right)v_i\left(\omega\right) \tag{7.6.11}$$

其中 $u_i(x)$ 是 $x$ 的有界确定函数, 而 $v_i(\omega)$ 是与 $\mathscr{F}_s$ 独立的有界随机变量. 易见

$$H(x) = \sum_{i=1}^{k} u_i(x) E v_i(\omega)$$

而且, 对任何 $G \in \mathscr{F}_s$, 计算得

$$E[h(\varsigma, \omega) I_G] = E\left(\sum_{i=1}^{k} u_i(\varsigma) v_i(\omega) I_G\right) = \sum_{i=1}^{k} E[u_i(\varsigma) I_G] E v_i(\omega)$$

$$= E\left(\sum_{i=1}^{k} u_i(\varsigma) E v_i(\omega) I_G\right) = E[H(\varsigma) I_G]$$

由条件期望的定义, 这说明如果 $h(x, \omega)$ 具有 (7.6.11) 的形式, 那么 (7.6.10) 式成立. 因为任何有界可测随机函数 $h(x, \omega)$ 都可以被用 (7.6.11) 形式的函数逼近, 所以引理在一般情况下也成立.

**定理 7.6.1 的证明**   设 $\mathscr{G}_s = \sigma\{B(r) - B(s) : r \geqslant s\}$. 易见, $\mathscr{G}_s$ 与 $\mathscr{F}_s$ 独立. 而且, 对 $r \geqslant s$, 因 $\xi_{x,s}(t)$ 的值完全依赖于增量 $B(r) - B(s)$, 故 $\xi_{x,s}(t)$ 是 $\mathscr{G}_s$ 可测的. 因此, $\xi_{x,s}(t)$ 与 $\mathscr{F}_s$ 独立. 另一方面, 注意到对 $t \geqslant s$ 有 $\xi(t) = \xi_{\xi(s),s}(t)$, 既然 $\xi(t)$ 和 $\xi_{\xi(s),s}(t)$ 都满足方程

$$\xi(t) = \xi(s) + \int_s^t f(\xi(r), r)\,\mathrm{d}r + \int_s^t g(\xi(r), r)\,\mathrm{d}B(r)$$

所以解是唯一的. 对任何 $A \in \mathscr{B}^d$, 如果 $P(x, s; A, t)$ 由 (7.6.8) 式定义, 我们现在对 $h(x, \omega) = I_A(\xi_{x,s}(t))$ 运用引理 7.6.2 计算得

$$P(\xi(t) \in A \,|\, \mathscr{F}_s) = E(I_A(\xi(t)) \,|\, \mathscr{F}_s) = E(I_A(\xi_{\xi(s),s}(t)) \,|\, \mathscr{F}_s)$$

$$= E(I_A(\xi_{x,s}(t)))|_{x=\xi(s)} = P(x, s; A, t)|_{x=\xi(s)} = P(\xi(s), s; A, t)$$

证毕.

为了讨论 Itô 型随机微分方程解的强 Markov 性, 我们需要稍微加强条件.

**定理 7.6.3**   设 Itô 型随机微分方程

$$\mathrm{d}\xi(t) = f(\xi(t), t)\,\mathrm{d}t + g(\xi(t), t)\,\mathrm{d}B(t), \quad t \geqslant 0$$

的系数 $f(x, t)$ 和 $g(x, t)$ 是一致 Lipschitz 连续且满足线性增长条件, 即存在两个正常数 $\bar{K}$ 和 $K$, 使得

$$|f(x, t) - f(y, t)|^2 \vee |g(x, t) - g(y, t)|^2 \leqslant \bar{K} |x - y|^2 \tag{7.6.12}$$

和

$$|f(x,t)|^2 \vee |g(x,t)|^2 \leqslant K \left(1 + |x|^2\right) \tag{7.6.13}$$

对所有 $x, y \in \mathbb{R}^d$, $t \geqslant 0$, 那么它的解 $\xi(t)$ 是一个强 Markov 过程.

为了证明定理 7.6.3, 我们也需要准备一个引理.

**引理 7.6.4** 设 (7.6.12) 和 (7.6.13) 成立. 对每对 $(x, s) \in \mathbb{R}^d \times \mathbb{R}_+$, 设 $\xi_{x,s}(t)$ 是方程

$$\xi_{x,s}(t) = x + \int_s^t f\left(\xi_{x,s}(r), r\right) \mathrm{d}r + \int_s^t g\left(\xi_{x,s}(r), r\right) \mathrm{d}B(r), \quad t \geqslant s$$

的解, 那么对任何 $T > 0$ 和 $\delta > 0$, 如果 $0 \leqslant s, u \leqslant T$ 且 $|x| \vee |y| \leqslant \delta$, 则有

$$E\left(\sup_{u \leqslant t \leqslant T} |\xi_{x,s}(t) - \xi_{y,u}(t)|^2\right) \leqslant C\left(|x-y|^2 + |u-s|\right) \tag{7.6.14}$$

其中 $C$ 是依赖于 $T, \delta, K$ 和 $\bar{K}$ 的正常数.

**证明** 不失一般性, 我们可以假设 $s < u$. 易见, 对 $u \leqslant t \leqslant T$, 有

$$\xi_{x,s}(t) - \xi_{y,u}(t) = \xi_{x,s}(u) - y + \int_u^t [f\left(\xi_{x,s}(r), r\right) - f\left(\xi_{y,u}(r), r\right)] \mathrm{d}r$$

$$+ \int_u^t [g\left(\xi_{x,s}(r), r\right) - g\left(\xi_{y,u}(r), r\right)] \mathrm{d}B(r) \tag{7.6.15}$$

利用条件 (7.6.13), 由定理 7.3.3 有

$$E\left|\xi_{x,s}(u) - y\right|^2 \leqslant 2E\left|\xi_{x,s}(u) - x\right|^2 + 2\left|x-y\right|^2 \leqslant C_1 |u-s| + 2|x-y|^2 \tag{7.6.16}$$

其中 $C_1$ 是依赖于 $T, \delta$ 和 $K$ 的正常数. 现在从 (7.6.15)、(7.6.16) 和 (7.6.12) 容易得到, 如果 $u \leqslant v \leqslant T$, 则有

$$E\left(\sup_{u \leqslant t \leqslant v} |\xi_{x,s}(t) - \xi_{y,u}(t)|^2\right)$$

$$\leqslant 3C_1 |u-s| + 6|x-y|^2$$

$$+ 3\bar{K}(T+4) \int_u^v E\left(\sup_{u \leqslant t \leqslant r} |\xi_{x,s}(t) - \xi_{y,u}(t)|^2\right) \mathrm{d}r$$

由此易得 (7.6.14) 式.

现在我们就可以证明随机微分方程解的强 Markov 性了.

**定理 7.6.3 的证明**  从定理 7.6.1 得到方程 (7.6.7) 的解具有 Markov 性, 这说明解的样本轨道是连续的, 因此为证明解具有强 Markov 性, 我们仅需证明解具有 Feller 性, 即说明对任何有界连续函数 $\varphi : \mathbb{R}^d \to \mathbb{R}$ 和任何固定的 $\lambda > 0$, 映射

$$(x, s) \to \int_{R^d} \varphi(y) P(x, s; \mathrm{d}y, s + \lambda) = E\varphi(\xi_{x,s}(s + \lambda))$$

都是连续的. 注意到

$$E\varphi(\xi_{x,s}(s + \lambda)) - E\varphi(\xi_{y,u}(u + \lambda))$$
$$= E\varphi(\xi_{x,s}(s + \lambda)) - E\varphi(\xi_{x,s}(u + \lambda)) + E\varphi(\xi_{x,s}(u + \lambda)) - E\varphi(\xi_{y,u}(u + \lambda))$$

但是, 由引理 7.6.4 和有界收敛定理得, 当 $(y, u) \to (x, s)$ 时有

$$E\varphi(\xi_{x,s}(u + \lambda)) - E\varphi(\xi_{y,u}(u + \lambda)) \to 0$$

同样

$$E\varphi(\xi_{x,s}(s + \lambda)) - E\varphi(\xi_{x,s}(u + \lambda)) \to 0 \quad \text{当} u \to s \text{时}$$

因此, 当 $(y, u) \to (x, s)$ 时有

$$E\varphi(\xi_{x,s}(s + \lambda)) - E\varphi(\xi_{y,u}(u + \lambda)) \to 0$$

换言之, $E\varphi(\xi_{x,s}(s + \lambda))$ 作为 $(x, s)$ 的函数是连续的, 这正是 Feller 性, 从而定理得证.

最后让我们考虑时齐的随机微分方程的解的 Markov 性. 所谓时齐的随机微分方程, 是指随机微分方程的系数 $f$ 和 $g$ 不显式地依赖于时间, 即方程的形式为

$$\mathrm{d}\xi(t) = f(\xi(t))\,\mathrm{d}t + g(\xi(t))\,\mathrm{d}B(t), \quad t \geqslant 0 \tag{7.6.17}$$

我们仍假设方程的系数 $f : \mathbb{R}^d \to \mathbb{R}^d$ 和 $g : \mathbb{R}^d \to \mathbb{R}^{d \times m}$ 满足解存在和唯一性定理的条件.

**定理 7.6.5**  设 $\xi(t)$ 是随机微分方程

$$\mathrm{d}\xi(t) = f(\xi(t))\,\mathrm{d}t + g(\xi(t))\,\mathrm{d}B(t), \quad t \geqslant 0 \tag{7.6.18}$$

的解, 则 $\xi(t)$ 是一个时齐的 Markov 过程. 如果 $f : \mathbb{R}^d \to \mathbb{R}^d$ 和 $g : \mathbb{R}^d \to \mathbb{R}^{d \times m}$ 是一致 Lipschitz 连续的 (因此此时满足线性增长条件), 那么解 $\xi(t)$ 是一个时齐的强 Markov 过程.

**证明**  易见, 我们仅需要证明时齐性. 由定理 7.6.1, 转移概率为

$$P(x, s; A, s + t) = P\{\xi_{x,s}(s + t) \in A\} \tag{7.6.19}$$

其中 $\xi_{x,s}(s+t)$ 是方程

$$\xi_{x,s}(s+t) = x + \int_s^{s+t} f(\xi_{x,s}(r))\,\mathrm{d}r + \int_s^{s+t} g(\xi_{x,s}(r))\,\mathrm{d}B(r), \quad t \geqslant 0 \quad (7.6.20)$$

的解. 把上面的方程写做

$$\xi_{x,s}(s+t) = x + \int_0^t f(\xi_{x,s}(s+r))\,\mathrm{d}r + \int_s^t g(\xi_{x,s}(s+r))\,\mathrm{d}\tilde{B}(r), \quad t \geqslant 0$$

$$(7.6.21)$$

其中 $\tilde{B}(r) = B(s+r) - B(s)$ 当 $r \geqslant 0$ 时也是 Brownian 运动. 另一方面, 我们显然有

$$\xi_{x,0}(t) = x + \int_0^t f(\xi_{x,0}(r))\,\mathrm{d}r + \int_0^t g(\xi_{x,0}(r))\,\mathrm{d}B(r), \quad t \geqslant 0 \qquad (7.6.22)$$

比较方程 (7.6.21) 和 (7.6.22), 由方程解的弱唯一性 (定义 7.4.10), 我们看到 $\{\xi_{x,s}(s+t)\}_{t \geqslant 0}$ 和 $\{\xi_{x,0}(t)\}_{t \geqslant 0}$ 依概率相等. 因此

$$P\{\xi_{x,s}(s+t) \in A\} = P\{\xi_{x,0}(t) \in A\}$$

即

$$P(x,s;A,s+t) = P(x,0;A,t)$$

从而定理证毕.

# 第 8 章 线性随机微分方程

**C**HAPTER

## 8.1 线性随机微分方程简介

在前一章中, 我们讨论了 Itô 型随机微分方程的解. 一般说来, 非线性 Itô 型随机微分方程没有显式解, 在实际应用中, 我们可以使用近似解. 不过, 如同在常微分方程理论中一样, 至少我们应试着去求出线性 Itô 型随机微分方程的解. 实际上, 我们有可能找到线性 Itô 型随机微分方程的显式解. 例如, 对于具有初值 $N(0) = N_0 > 0$ 的简单随机人口增长模型

$$dN(t) = r(t)N(t)dt + \sigma(t)N(t)dB(t), \quad t \geqslant 0 \tag{8.1.1}$$

利用 Itô 公式, 显然有

$$\log N(t) = \log N_0 + \int_0^t \left(r(s) - \frac{\sigma^2(s)}{2}\right)ds + \int_0^t \sigma(s)dB(s)$$

这说明方程 (8.1.1) 有显式解

$$N(t) = N_0 \exp\left[\int_0^t \left(r(s) - \frac{\sigma^2(s)}{2}\right)ds + \int_0^t \sigma(s)dB(s)\right] \tag{8.1.2}$$

线性方程的主要优势之一就在于在很一般的条件下, 任何线性 Itô 型随机微分方程的解都可表示为某个公式, 这一点部分地决定了线性方程在应用中被优先考虑. 在本章中, 如果可能的话, 我们希望能得到一般的 $d$ 维线性随机微分方程

$$dx(t) = (F(t)x(t) + f(t))dt + \sum_{k=1}^{m}(G_k(t)x(t) + g_k(t))dB_k(t) \tag{8.1.3}$$

在 $[t_0, T]$ 上的显式解, 其中 $F(\cdot)$ 与 $G_k(\cdot)$ 是 $d \times d$ 维的矩阵值函数, $f(\cdot)$ 与 $g_k(\cdot)$ 是 $\mathbb{R}^d$ 值的函数, $k = 1, 2, \cdots, m$, 而 $B(t) = (B_1(t), \cdots, B_m(t))^{\mathrm{T}}$ 是一个 $m$ 维的布朗运动.

称线性方程 (8.1.3) 为齐次的, 如果 $f(t) = g_1(t) = \cdots = g_m(t) \equiv 0$. 称线性方程 (8.1.3) 为狭义线性的, 如果 $G_1(t) = \cdots = G_m(t) \equiv 0$. 称线性方程 (8.1.3) 为自治的, 如果方程 (8.1.3) 的系数 $F, f, G_k, g_k$ 都不依赖于 $t$, $k = 1, 2, \cdots, m$.

在本章中我们始终假定 $F, f, G_k, g_k$ 都是 Borel 可测函数, 且在闭区间 $[t_0, T]$ 上有界, $k = 1, 2, \cdots, m$. 因此, 由随机微分方程解的存在和唯一性定理即定理 7.2.1 知, 对每个初始值 $x(t_0) = x_0$, 线性方程 (8.1.3) 在 $\mathcal{M}^2([t_0, T]; \mathbb{R}^d)$ 上都有唯一的连续解, 并且这个解 $\mathscr{F}_{t_0}$ 可测且属于 $L_2(\Omega; \mathbb{R}^d)$. 如果可能的话, 本章的目的就是获得这个解的显式表达式.

## 8.2  随机 Liouville 公式

现在在区间 $[t_0, T]$ 上考察如下的线性随机微分方程

$$\mathrm{d}x(t) = F(t)x(t)\mathrm{d}t + \sum_{k=1}^{m} G_k(t)x(t)\mathrm{d}B_k(t) \tag{8.2.1}$$

的解, 其中 $F(t) = (F_{ij}(t))_{d\times d}$, $G_k = (G_{ij}^k(t))_{d\times d}$ 都是 Borel 可测且有界的, $k = 1, 2, \cdots, m$. 为此, 对每一 $j, j = 1, 2, \cdots, d$, 令 $e_j$ 是 $d$ 维向量 $(x_1, \cdots, x_j, \cdots, x_d)$ 在 $x_j$ 方向上的单位列向量, 即

$$e_j = (\underbrace{0, \cdots, 0, 1}_{j}, 0, \cdots, 0)^{\mathrm{T}}$$

设 $\Phi_j(t) = (\Phi_{1j}(t), \cdots, \Phi_{dj}(t))^{\mathrm{T}}$ 是方程 (8.2.1) 的具初始值 $x(t_0) = e_j$ 的解, 定义 $d \times d$ 维矩阵

$$\Phi(t) = (\Phi_1(t), \cdots, \Phi_d(t)) = (\Phi_{ij}(t))_{d\times d}$$

我们称 $\Phi(t)$ 为方程 (8.2.1) 的基本矩阵. 显然, $\Phi(t_0)$ 是 $d \times d$ 单位矩阵, 且

$$\mathrm{d}\Phi(t) = F(t)\Phi(t)\mathrm{d}t + \sum_{k=1}^{m} G_k(t)\Phi(t)\mathrm{d}B_k(t) \tag{8.2.2}$$

方程 (8.2.2) 也可被表示为如下的形式: 对 $1 \leqslant i, j \leqslant d$, 有

$$\mathrm{d}\Phi_{ij}(t) = \sum_{l=1}^{d} F_{il}(t)\Phi_{lj}(t)\mathrm{d}t + \sum_{k=1}^{m}\sum_{l=1}^{d} G_{il}^k(t)\Phi_{lj}(t)\mathrm{d}B_k(t) \tag{8.2.3}$$

**定理 8.2.1**  给定初始值 $x(t_0) = x_0$, 方程 (8.2.1) 的唯一解是

$$x(t) = \Phi(t)x_0$$

**证明**  显然, $x(t_0) = \Phi(t_0)x_0 = x_0$. 此外, 由 (8.2.2) 有

$$dx(t) = d\Phi(t)x_0 = F(t)\Phi(t)x_0 dt + \sum_{k=1}^{m} G_k(t)\Phi(t)x_0 dB_k(t)$$

$$= F(t)x(t)dt + \sum_{k=1}^{m} G_k(t)x(t)dB_k(t)$$

所以, $x(t) = \Phi(t)x_0$ 是方程 (8.2.1) 的一个解. 但是由方程解的存在和唯一性定理知, 方程 (8.2.1) 有唯一解. 因此, $x(t)$ 必是这个唯一解.

定理 8.2.1 表明了方程 (8.2.1) 的任何解都可以用 $\Phi(t)$ 表示出来, 这也正是我们称 $\Phi(t)$ 为方程 (8.2.1) 的基本矩阵的原因.

现在, 我们用 $W(t)$ 表示基本矩阵 $\Phi(t)$ 的行列式, 即

$$W(t) = \det \Phi(t)$$

我们称 $W(t)$ 为随机朗斯基 (Wronskian) 行列式.

显然, $W(t_0) = 1$. 此外, 我们有下面的结果.

**定理 8.2.2** 随机朗斯基行列式 $W(t)$ 满足下面的随机刘维尔 (Liouville) 公式

$$W(t) = \exp\left[ \int_{t_0}^{t} \left( \text{trace} F(s) - \frac{1}{2} \sum_{k=1}^{m} \text{trace}\left[ G_k(s)G_k(s) \right] \right) ds \right.$$

$$\left. + \sum_{k=1}^{m} \int_{t_0}^{t} \text{trace} G_k(s)dB_k(s) \right] \tag{8.2.4}$$

其中 $t \in [t_0, T]$, 而 $\text{trace} F(s)$ 表示矩阵 $F(s)$ 的迹.

为证明定理 8.2.2, 我们准备如下的一个引理.

**引理 8.2.3** 如果 $a(\cdot)$, $b_k(\cdot)$ 是 $[t_0, T]$ 上的实值 Borel 可测有界函数, 那么

$$y(t) = y_0 \exp\left[ \int_{t_0}^{t} \left( a(s) - \frac{1}{2} \sum_{k=1}^{m} b_k^2(s) \right) ds + \sum_{k=1}^{m} \int_{t_0}^{t} b_k(s)dB_k(s) \right] \tag{8.2.5}$$

是在 $[t_0, T]$ 上的具初始值 $y(t_0) = y_0$ 的标量线性随机微分方程

$$dy(t) = a(t)y(t)dt + \sum_{k=1}^{m} b_k(t)y(t)dB_k(t) \tag{8.2.6}$$

的唯一解.

**证明** 令

$$\xi(t) = \int_{t_0}^t \left( a(s) - \frac{1}{2} \sum_{k=1}^m b_k^2(s) \right) \mathrm{d}s + \sum_{k=1}^m \int_{t_0}^t b_k(s) \mathrm{d}B_k(s)$$

则我们可以把 $y(t)$ 可以写成

$$y(t) = y_0^{e^{\xi(t)}}$$

显然, $y(t_0) = y_0$. 此外, 由 Itô 公式有

$$\mathrm{d}y(t) = y(t) \left[ \left( a(t) - \frac{1}{2} \sum_{k=1}^m b_k^2(t) \right) \mathrm{d}t + \sum_{k=1}^m b_k(t) \mathrm{d}B_k(t) \right] + \frac{1}{2} y(t) \sum_{k=1}^m b_k^2(t) \mathrm{d}t$$

$$= a(t) y(t) \mathrm{d}t + \sum_{k=1}^m b_k(t) y(t) \mathrm{d}B_k(t)$$

因此, $y(t)$ 是随机微分方程 (8.2.6) 的满足初始条件 $y(t_0) = y_0$ 的一个解. 但是根据定理 7.2.1, 方程 (8.2.6) 有唯一解, 所以 (8.2.5) 式的 $y(t)$ 一定是这个唯一的解. 引理得证.

**定理 8.2.2 的证明** 由 Itô 公式有

$$\mathrm{d}W(t) = \sum_{i=1}^d \varphi_i + \sum_{1 \leqslant i < j \leqslant d} \phi_{ij} \tag{8.2.7}$$

其中

$$\varphi_i = \begin{vmatrix} \Phi_{11}(t) & \cdots & \Phi_{1d}(t) \\ \vdots & \ddots & \vdots \\ \mathrm{d}\Phi_{i1}(t) & \cdots & \mathrm{d}\Phi_{id}(t) \\ \vdots & \ddots & \vdots \\ \Phi_{d1}(t) & \cdots & \Phi_{dd}(t) \end{vmatrix}$$

而

$$\phi_{ij} = \begin{vmatrix} \Phi_{11}(t) & \cdots & \Phi_{1d}(t) \\ \vdots & \ddots & \vdots \\ \mathrm{d}\Phi_{i1}(t) & \cdots & \mathrm{d}\Phi_{id}(t) \\ \vdots & \ddots & \vdots \\ \mathrm{d}\Phi_{j1}(t) & \cdots & \mathrm{d}\Phi_{jd}(t) \\ \vdots & \ddots & \vdots \\ \Phi_{d1}(t) & \cdots & \Phi_{dd}(t) \end{vmatrix}$$

因此由 (8.2.3) 式和 343 页定义的标准乘法表可得

$$\varphi_i = F_{ii}(t)W(t)\mathrm{d}t + \sum_{k=1}^{m} G_{ii}^{k}(t)W(t)\mathrm{d}B_k(t) \tag{8.2.8}$$

和

$$\phi_{ij} = \sum_{k=1}^{m} \left[ G_{ii}^{k}(t)G_{jj}^{k}(t) - G_{ij}^{k}(t)G_{ji}^{k}(t) \right] W(t)\mathrm{d}t \tag{8.2.9}$$

从而把 (8.2.8) 式和 (8.2.9) 式代入 (8.2.7) 式, 可得

$$\mathrm{d}W(t) = \left( \sum_{i=1}^{d} F_{ii}(t) + \sum_{k=1}^{m} \sum_{1 \leqslant i < j \leqslant d} \left[ G_{ii}^{k}(t)G_{jj}^{k}(t) - G_{ij}^{k}(t)G_{ji}^{k}(t) \right] \right) W(t)\mathrm{d}t$$

$$+ \sum_{k=1}^{m} \sum_{i=1}^{d} G_{ii}^{k}(t)W(t)\mathrm{d}B_k(t) \tag{8.2.10}$$

再利用引理 8.2.3, 可得

$$W(t) = \exp\left[ \int_{t_0}^{t} \left( \sum_{i=1}^{d} F_{ii}(s) + \sum_{k=1}^{m} \sum_{1 \leqslant i < j \leqslant d} \left[ G_{ii}^{k}(s)G_{jj}^{k}(s) - G_{ij}^{k}(s)G_{ji}^{k}(s) \right] \right) \mathrm{d}s \right.$$

$$\left. - \frac{1}{2} \sum_{k=1}^{m} \int_{t_0}^{t} \left( \sum_{i=1}^{d} G_{ii}^{k}(s) \right)^2 \mathrm{d}s + \sum_{k=1}^{m} \int_{t_0}^{t} \sum_{i=1}^{d} G_{ii}^{k}(s)\mathrm{d}B_k(s) \right] \tag{8.2.11}$$

注意到

$$\left( \sum_{i=1}^{d} G_{ii}^{k}(s) \right)^2 = \sum_{i=1}^{d} \left[ G_{ii}^{k}(s) \right]^2 + 2 \sum_{1 \leqslant i < j \leqslant d} G_{ii}^{k}(s)G_{jj}^{k}(s)$$

最后从 (8.2.11) 式立即可得

$$W(t) = \exp\left[ \int_{t_0}^{t} \sum_{i=1}^{d} F_{ii}(s)\mathrm{d}s + \sum_{k=1}^{m} \int_{t_0}^{t} \sum_{i=1}^{d} G_{ii}^{k}(s)\mathrm{d}B_k(s) \right.$$

$$\left. - \sum_{k=1}^{m} \int_{t_0}^{t} \left( \frac{1}{2} \sum_{i=1}^{d} \left[ G_{ij}^{k}(s) \right]^2 + \sum_{1 \leqslant i < j \leqslant d} G_{ij}^{k}(s)G_{ji}^{k}(s) \right) \mathrm{d}s \right]$$

这正是要证的 (8.2.4) 式.

由随机 Liouville 公式立即可得, 对所有的 $t \in [t_0, T]$, 有随机朗斯基行列式 $W(t) > 0$ a.s. 这也反过来说明基本矩阵 $\Phi(t)$ 是可逆的. 因此, 我们得到以下重要的结果.

**定理 8.2.4**    对所有的 $t \in [t_0, T]$, 方程 (8.2.1) 的基本矩阵 $\Phi(t)$ 以概率 1 是可逆的.

下面我们用 $\Phi^{-1}(t)$ 表示线性随机微分方程 (8.2.1) 的基本矩阵 $\Phi(t)$ 的逆矩阵.

## 8.3    常数变易公式

现在, 让我们转向考虑 $[t_0, T]$ 上的具初值 $x(t_0) = x_0$ 的一般的 $d$ 维线性随机微分方程

$$\mathrm{d}x(t) = (F(t)x(t) + f(t))\,\mathrm{d}t + \sum_{k=1}^{m}(G_k(t)x(t) + g_k(t))\,\mathrm{d}B_k(t) \tag{8.3.1}$$

的解. 称方程 (8.2.1) 为方程 (8.3.1) 相应的齐次方程. 在这一节, 我们将建立一个有用的公式, 叫做常数变易公式, 它利用相应的齐次方程 (8.2.1) 的基本矩阵 $\Phi(t)$ 来表示方程 (8.3.1) 的唯一解.

**定理 8.3.1**    方程 (8.3.1) 的唯一解可被表示为

$$x(t) = \Phi(t)\left(x_0 + \int_{t_0}^{t}\Phi^{-1}(s)\left[f(s) - \sum_{k=1}^{m}G_k(s)g_k(s)\right]\mathrm{d}s\right.$$

$$\left. + \sum_{k=1}^{m}\int_{t_0}^{t}\Phi^{-1}(s)g_k(s)\mathrm{d}B_k(s)\right) \tag{8.3.2}$$

其中 $\Phi(t)$ 是方程 (8.3.1) 相应的齐次方程 (8.2.1) 的基本矩阵.

**证明**    令

$$\xi(t) = x_0 + \int_{t_0}^{t}\Phi^{-1}(s)\left[f(s) - \sum_{k=1}^{m}G_k(s)g_k(s)\right]\mathrm{d}s$$

$$+ \sum_{k=1}^{m}\int_{t_0}^{t}\Phi^{-1}(s)g_k(s)\mathrm{d}B_k(s)$$

则 $\xi(t)$ 的微分

$$\mathrm{d}\xi(t) = \Phi^{-1}(t)\left[f(t) - \sum_{k=1}^{m}G_k(t)g_k(t)\right]\mathrm{d}t$$

$$+ \sum_{k=1}^{m} \Phi^{-1}(t) g_k(t) \mathrm{d}B_k(t) \tag{8.3.3}$$

令

$$\eta(t) = \Phi(t)\xi(t) \tag{8.3.4}$$

显然, $\eta(t_0) - \Phi(t_0)\xi(t_0) = x_0$. 此外, 由 Itô 公式有

$$\mathrm{d}\eta(t) = \mathrm{d}\Phi(t)\xi(t) + \Phi(t)\mathrm{d}\xi(t) + \mathrm{d}\Phi(t)\mathrm{d}\xi(t)$$

将 (8.2.2) 和 (8.3.3) 代入上式并利用 343 页定义的标准乘法表, 我们得出

$$\begin{aligned}
\mathrm{d}\eta(t) = {} & F(t)\eta(t)\mathrm{d}t + \sum_{k=1}^{m} G_k(t)\eta(t)\mathrm{d}B_k(t) \\
& + \left[ f(t) - \sum_{k=1}^{m} G_k(t)g_k(t) \right] \mathrm{d}t + \sum_{k=1}^{m} g_k(t)\mathrm{d}B_k(t) \\
& + \left( F(t)\Phi(t)\mathrm{d}t + \sum_{k=1}^{m} G_k(t)\Phi(t)\mathrm{d}B_k(t) \right) \\
& \times \left( \Phi^{-1}(t)f(t)\mathrm{d}t + \sum_{k=1}^{m} \Phi^{-1}(t)g_k(t)\mathrm{d}B_k(t) - \sum_{k=1}^{m} \Phi^{-1}(t)G_k(t)g_k(t)\mathrm{d}t \right) \\
= {} & (F(t)\eta(t) + f(t))\,\mathrm{d}t + \sum_{k=1}^{m} (G_k(t)\eta(t) + g_k(t))\,\mathrm{d}B_k(t)
\end{aligned}$$

换言之, 我们已经证明了 $\eta(t)$ 是方程 (8.3.1) 的满足初始条件 $\eta(t_0) = x_0$ 的一个解. 另一方面, 根据定理 7.2.1, 方程 (8.3.1) 仅有一个解 $x(t)$, 所以我们必有 $x(t) = \eta(t)$, 从而要证的 (8.3.2) 式成立. 证毕.

定理 8.3.1 告诉我们, 只要我们知道线性方程 (8.3.1) 相应的齐次方程的基本矩阵 $\Phi(t)$, 我们就可以得到线性方程 (8.3.1) 的显式解.

因为我们假设了方程的初始值 $x_0 \in L_2\left(\Omega; \mathbb{R}^d\right)$, 所以方程 (8.3.1) 的解的一阶矩和二阶矩都存在且有限. 下面的定理说明了我们可以通过解相应的线性常微分方程来得到方程 (8.3.1) 的解的一阶矩和二阶矩.

**定理 8.3.2** 对于方程 (8.3.1) 的解 $x(t)$, 我们有

(1) $m(t) := Ex(t)$ 是具初值 $m(t_0) = Ex_0$ 的方程

$$\dot{m}(t) = F(t)m(t) + f(t) \tag{8.3.5}$$

在 $[t_0, T]$ 上的唯一解.

(2) $P(t) := E\left(x(t)x^{\mathrm{T}}(t)\right)$ 是具初值 $P\left(t_0\right) = E\left(x_0 x_0^{\mathrm{T}}\right)$ 的方程

$$\dot{P}(t) = F(t)P(t) + P(t)F^{\mathrm{T}}(t) + f(t)m^{\mathrm{T}}(t) + m(t)f^{\mathrm{T}}(t)$$
$$+ \sum_{k=1}^{m}\left[G_k(t)P(t)G_k^{\mathrm{T}}(t) + G_k(t)m(t)g_k^{\mathrm{T}}(t)\right.$$
$$\left. + g_k(t)m^{\mathrm{T}}(t)G_k^{\mathrm{T}}(t) + g_k(t)g_k^{\mathrm{T}}(t)\right] \tag{8.3.6}$$

在 $[t_0, T]$ 上的唯一非负定对称解. 注意到 (8.3.6) 式是表示包含 $d(d+1)/2$ 个线性方程的一个系统.

**证明** (1) 由 $x(t)$ 是方程 (8.3.1) 的解, 有

$$x(t) = x(t_0) + \int_{t_0}^{t}\left(F(s)x(s) + f(s)\right)\mathrm{d}s + \sum_{k=1}^{m}\int_{t_0}^{t}\left(G_k(s)x(s) + g_k(s)\right)\mathrm{d}B_k(s)$$

对上式两边取期望, 利用 Itô 积分的性质可得

$$m(t) = m(t_0) + \int_{t_0}^{t}\left(F(s)m(s) + f(s)\right)\mathrm{d}s$$

这正是方程 (8.3.5) 的积分形式, 所以 (1) 成立.

(2) 由 Itô 公式, 有

$$\mathrm{d}\left[x(t)x^{\mathrm{T}}(t)\right] = \mathrm{d}x(t)x^{\mathrm{T}}(t) + x(t)\mathrm{d}x^{\mathrm{T}}(t)$$
$$+ \sum_{k=1}^{m}\left[G_k(t)x(t) + g_k(t)\right]\left[G_k(t)x(t) + g_k(t)\right]^{\mathrm{T}}\mathrm{d}t$$
$$= \left(F(t)x(t)x^{\mathrm{T}}(t) + f(t)x^{\mathrm{T}}(t) + x(t)x^{\mathrm{T}}(t)F^{\mathrm{T}}(t) + x(t)F^{\mathrm{T}}(t)\right.$$
$$+ \sum_{k=1}^{m}\left[G_k(t)x(t)x^{\mathrm{T}}(t)G_k^{\mathrm{T}}(t) + g_k(t)x^{\mathrm{T}}(t)G_k^{\mathrm{T}}(t)\right.$$
$$\left.\left. + G_k(t)x(t)g_k^{\mathrm{T}}(t) + g_k(t)g_k^{\mathrm{T}}(t)\right]\right)\mathrm{d}t$$
$$+ \sum_{k=1}^{m}\left[\left(G_k(t)x(t) + g_k(t)\right)x^{\mathrm{T}}(t) + x(t)\left(G_k(t)x(t) + g_k(t)\right)^{\mathrm{T}}\right]\mathrm{d}B_k(t)$$

对上面等式的积分形式的两端取期望, 就得到方程 (8.3.6). 又因为 $P(t)$ 是 $x(t)$ 的协方差阵, 所以它当然是非负定且对称的.

## 8.4 几种特殊情形的研究

线性方程 (8.3.1) 的一般解公式 (8.3.2) 当然是令人鼓舞的结果, 但对于公式 (8.3.2) 的实际运用确并不被特别看好. 且不说公式 (8.3.2) 中包含了一个尚不知如何求出的基本矩阵 $\Phi(t)$, 即使 $\Phi(t)$ 是已知的, 公式 (8.3.2) 也可能会因其过于复杂而并不便于实际运用. 这就促使我们去考虑那些能使公式 (8.3.2) 有所简化的特殊情况. 齐次方程 (8.2.1) 当然是这类特殊情况之一. 下面我们针对其他几种重要的特殊情形来研究解的获得.

### 8.4.1 标量线性方程

首先, 我们考虑 $[t_0, T]$ 上的具初值 $x(t_0) = x_0$ 的一般标量线性随机微分方程

$$
\mathrm{d}x(t) = (a(t)x(t) + \bar{a}(t))\,\mathrm{d}t + \sum_{k=1}^{m}\left(b_k(t)x(t) + \bar{b}_k(t)\right)\mathrm{d}B_k(t) \tag{8.4.1}
$$

其中的 $x_0 \in L_2(\Omega; \mathbb{R}^d)$ 是 $\mathscr{F}_{t_0}$ 可测的, $a(t), \bar{a}(t), b_k(t), \bar{b}_k(t)$ 是 Borel 可测的有界标量函数, $k = 1, 2, \cdots, m$. 方程 (8.4.1) 相应的齐次线性方程是

$$
\mathrm{d}x(t) = a(t)x(t)\,\mathrm{d}t + \sum_{k=1}^{m} b_k(t)x(t)\,\mathrm{d}B_k(t) \tag{8.4.2}
$$

由引理 8.2.3, 方程 (8.4.2) 的基本解可由

$$
\Phi(t) = \exp\left[\int_{t_0}^{t}\left(a(s) - \frac{1}{2}\sum_{k=1}^{m} b_k^2(s)\right)\mathrm{d}s + \sum_{k=1}^{m}\int_{t_0}^{t} b_k(s)\mathrm{d}B_k(s)\right]
$$

给出. 再利用定理 8.3.1, 我们可获得方程 (8.4.1) 的显式解为

$$
x(t) = \Phi(t)\left(x_0 + \int_{t_0}^{t}\Phi^{-1}(s)\left[\bar{a}(s) - \sum_{k=1}^{m} b_k(s)\bar{b}_k(s)\right]\mathrm{d}s\right.
$$
$$
\left. + \sum_{k=1}^{m}\int_{t_0}^{t}\Phi^{-1}(s)\bar{b}_k(s)\,\mathrm{d}B_k(s)\right) \tag{8.4.3}
$$

### 8.4.2 狭义线性方程

下面, 我们考虑 $[t_0, T]$ 上具初值 $x(t_0) = x_0$ 的 $d$ 维狭义线性随机微分方程

$$
\mathrm{d}x(t) = (F(t)x(t) + f(t))\,\mathrm{d}t + \sum_{k=1}^{m} g_k(t)\,\mathrm{d}B_k(t) \tag{8.4.4}
$$

其中 $F(\cdot)$ 是 $d \times d$ 维的矩阵值函数, $f(\cdot)$ 与 $g_k(\cdot)$ 是 $\mathbb{R}^d$ 值的函数, $k = 1, 2, \cdots, m$, $x_0 \in L_2(\Omega; \mathbb{R}^d)$. 现在, 方程 (8.4.4) 相应的齐次线性方程是常微分方程

$$\dot{x}(t) = F(t) x(t) \tag{8.4.5}$$

再一次, 令 $\Phi(t)$ 是方程 (8.4.5) 的基本矩阵, 则方程 (8.4.4) 的解有下述形式

$$x(t) = \Phi(t) \left( x_0 + \int_{t_0}^{t} \Phi^{-1}(s) f(s) \mathrm{d}s + \sum_{k=1}^{m} \int_{t_0}^{t} \Phi^{-1}(s) g_k(s) \mathrm{d}B_k(s) \right) \tag{8.4.6}$$

特别地, 当 $F(t)$ 不依赖于 $t$, 即 $F(t) = F$ 是 $d \times d$ 维常数矩阵时, 基本矩阵 $\Phi(t)$ 有简单形式 $\Phi(t) = \mathrm{e}^{F(t-t_0)}$, 而它的逆矩阵为 $\Phi^{-1}(t) = \mathrm{e}^{-F(t-t_0)}$. 因此, 在 $F(t) = F$ 的情况下, 方程 (8.4.4) 有显式解

$$\Phi(t) = \mathrm{e}^{F(t-t_0)} \left( x_0 + \int_{t_0}^{t} \mathrm{e}^{-F(s-t_0)} f(s) \mathrm{d}s + \sum_{k=1}^{m} \int_{t_0}^{t} \mathrm{e}^{-F(s-t_0)} g_k(s) \mathrm{d}B_k(s) \right)$$

$$= \mathrm{e}^{F(t-t_0)} x_0 + \int_{t_0}^{t} \mathrm{e}^{F(t-s)} f(s) \mathrm{d}s + \sum_{k=1}^{m} \int_{t_0}^{t} \mathrm{e}^{F(t-s)} g_k(s) \mathrm{d}B_k(s) \tag{8.4.7}$$

### 8.4.3　自治线性方程

现在, 我们考虑 $[t_0, T]$ 上的具有初值 $x(t_0) = x_0$ 的 $d$ 维自治线性随机微分方程

$$\mathrm{d}x(t) = (Fx(t) + f)\mathrm{d}t + \sum_{k=1}^{m} (G_k x(t) + g_k)\mathrm{d}B_k(t) \tag{8.4.8}$$

其中的 $F, G_k \in \mathbb{R}^{d \times d}$, $f, g_k \in \mathbb{R}^d$, $k = 1, 2, \cdots, m$, 其相应的齐次方程是

$$\mathrm{d}x(t) = Fx(t)\mathrm{d}t + \sum_{k=1}^{m} G_k x(t)\mathrm{d}B_k(t) \tag{8.4.9}$$

一般地说, 齐次方程 (8.4.9) 的基本矩阵 $\Phi(t)$ 不能被显式给出. 然而, 如果矩阵 $F, G_1, \cdots, G_m$ 可交换时, 即如果对所有的 $1 \leqslant k, j \leqslant m$, 有

$$FG_k = G_k F, \quad G_k G_j = G_j G_k \tag{8.4.10}$$

成立, 那么齐次方程 (8.4.9) 的基本矩阵有显式形式

$$\Phi(t) = \exp \left[ \left( F - \frac{1}{2} \sum_{k=1}^{m} G_k^2 \right)(t - t_0) + \sum_{k=1}^{m} G_k (B_k(t) - B_k(t_0)) \right] \tag{8.4.11}$$

为了证明这一点, 令

$$Y(t) = \exp\left[\left(F - \frac{1}{2}\sum_{k=1}^{m} G_k^2\right)(t - t_0) + \sum_{k=1}^{m} G_k\left(B_k(t) - B_k(t_0)\right)\right]$$

则我们可以写出

$$\Phi(t) = \exp(Y(t)).$$

由条件 (8.4.10), 我们计算随机微分

$$\begin{aligned}
\mathrm{d}\Phi(t) &= \exp(Y(t))\mathrm{d}Y(t) + \frac{1}{2}\exp(Y(t))(\mathrm{d}Y(t))^2 \\
&= \Phi(t)\mathrm{d}Y(t) + \frac{1}{2}\Phi(t)\left(\sum_{k=1}^{m} G_k^2\right)\mathrm{d}t \\
&= F\Phi(t)\mathrm{d}t + \sum_{k=1}^{m} G_k\Phi(t)\mathrm{d}B_k(t)
\end{aligned}$$

即 $\Phi(t)$ 满足齐次方程 (8.4.9), 因此它是齐次方程 (8.4.9) 的基本矩阵. 最后, 我们应用定理 8.3.1 推断出在条件 (8.4.10) 之下, 自治线性方程 (8.4.8) 有显式解

$$\begin{aligned}
x(t) = \Phi(t)\Bigg[&x_0 + \left(\int_{t_0}^{t} \Phi^{-1}(s)\mathrm{d}s\right)\left(f - \sum_{k=1}^{m} G_k g_k\right) \\
&+ \sum_{k=1}^{m}\left(\int_{t_0}^{t} \Phi^{-1}(s)\mathrm{d}B_k(s)\right)g_k\Bigg]
\end{aligned} \tag{8.4.12}$$

## 8.5 某些特殊的线性随机微分方程

下面考虑的线性随机微分方程虽然很简单, 但在历史上都曾受到充分关注, 它们的解还是一些著名的随机过程. 整个这一节, 我们始终设 $B(t)$ 是一维布朗运动.

**例 8.5.1** 奥恩斯坦-乌伦贝克 (Ornstein-Uhlenbeck) 过程.

我们首先讨论一个历史上最古老的随机微分方程的例子. 郎之万 (Langevin) 方程

$$\dot{x}(t) = -\alpha x(t) + \sigma \dot{B}(t), \quad t \geqslant 0 \tag{8.5.1}$$

其中 $\alpha > 0$ 和 $\sigma$ 是常数, $x(t)$ 是质点的三个速度分量之一, $\dot{B}(t)$ 是一个白噪声. 它曾被用于描述质点在仅有摩擦力而无其他外力作用下的运动, 其相应的 Itô

方程

$$dx(t) = -\alpha x(t)dt + \sigma dB(t), \quad t \geqslant 0 \tag{8.5.2}$$

是一个狭义自治线性方程. 假设初始值 $x(0) = x_0$ 是 $\mathscr{F}_0$ 可测且属于 $L_2(\Omega; \mathbb{R})$ 的. 由 (8.4.7) 式, 可知方程 (8.5.2) 的唯一解是

$$x(t) = e^{-\alpha t}x_0 + \sigma \int_0^t e^{-\alpha(t-s)}dB(s) \tag{8.5.3}$$

其均值为

$$Ex(t) = e^{-\alpha t}Ex_0$$

方差为

$$\begin{aligned}
\mathrm{Var}(x(t)) &= E\left|x(t) - Ex(t)\right|^2 \\
&= e^{-2\alpha t}E\left|x_0 - Ex_0\right|^2 + \sigma^2 e^{-2\alpha t}E\left|\int_0^t e^{\alpha s}dB(s)\right|^2 \\
&= e^{-2\alpha t}\mathrm{Var}(x_0) + \sigma^2 e^{-2\alpha t}E\int_0^t e^{2\alpha s}ds \\
&= e^{-2\alpha t}\mathrm{Var}(x_0) + \frac{\sigma^2}{2\alpha}\left(1 - e^{-2\alpha t}\right)
\end{aligned}$$

注意到, 对任意的 $x_0$, 有

$$\lim_{t\to\infty} e^{-\alpha t}x_0 = 0 \quad \text{a.s.}$$

并且 $\sigma \int_0^t e^{-\alpha(t-s)}dB(s)$ 服从正态分布 $N\left(0, \sigma^2(1 - e^{-2\alpha t})/2\alpha\right)$. 所以, 对任意的 $x_0$, 当 $t \to \infty$ 时, 方程 (8.5.2) 的解 $x(t)$ 趋近正态分布 $N\left(0, \sigma^2/2\alpha\right)$. 如果 $x_0$ 是正态分布或常数, 那么方程 (8.5.2) 的解 $x(t)$ 是高斯过程 (即正态分布过程), 它被称为奥恩斯坦-乌伦贝克速度过程. 如果初始 $x_0$ 从正态分布 $N\left(0, \sigma^2/2\alpha\right)$ 开始, 那么方程 (8.5.2) 的解 $x(t)$ 服从相同的正态分布 $N\left(0, \sigma^2/2\alpha\right)$, 所以此时方程 (8.5.2) 的解是一个平稳的高斯过程, 有时称其为有色噪声.

现在假定质点从初始位置 $y_0$ 开始, 它是 $\mathscr{F}_0$ 可测的并且也属于 $L_2(\Omega; \mathbb{R})$, 则通过对速度 $x(t)$ 的积分, 我们得到质点在 $t$ 时刻的位置

$$y(t) = y_0 + \int_0^t x(s)ds \tag{8.5.4}$$

如果 $y_0$ 和 $x_0$ 是正态分布或常数, 那么 $y(t)$ 是一个高斯过程, 即所谓的奥恩斯坦-乌伦贝克位置过程. 当然, 如果我们通过将方程 (8.5.2) 和 (8.5.4) 组合成二维线性随机微分方程

$$\mathrm{d} \begin{pmatrix} x(t) \\ y(t) \end{pmatrix} = \begin{pmatrix} -\alpha & 0 \\ 1 & 0 \end{pmatrix} \begin{pmatrix} x(t) \\ y(t) \end{pmatrix} \mathrm{d}t + \begin{pmatrix} \sigma \\ 0 \end{pmatrix} \mathrm{d}B(t) \tag{8.5.5}$$

那么就可以同时考虑 $x(t)$ 和 $y(t)$. 此时容易得到方程 (8.5.5) 相应的基本矩阵

$$\Phi(t) = \begin{pmatrix} \mathrm{e}^{-\alpha t} & 0 \\ (1 - \mathrm{e}^{-\alpha t})/\alpha & 1 \end{pmatrix}$$

它具有性质 $\Phi(t)\Phi^{-1}(t) = \Phi(t - s)$. 因此, 根据 (8.4.7) 式, 方程 (8.5.5) 的解是

$$\begin{pmatrix} x(t) \\ y(t) \end{pmatrix} = \Phi(t) \begin{pmatrix} x_0 \\ y_0 \end{pmatrix} + \int_0^t \Phi(t - s) \begin{pmatrix} \sigma \\ 0 \end{pmatrix} \mathrm{d}B(t)$$

这意味着

$$x(t) = \mathrm{e}^{-\alpha t} x_0 + \sigma \int_0^t \mathrm{e}^{-\alpha(t-s)} \mathrm{d}B(s)$$

与 (8.5.3) 式相同, 而

$$y(t) = \frac{1}{\alpha}(1 - \mathrm{e}^{-\alpha t}) x_0 + y_0 + \frac{\sigma}{\alpha} \int_0^t \left[1 - \mathrm{e}^{-\alpha(t-s)}\right] \mathrm{d}B(s) \tag{8.5.6}$$

事实上和 (8.5.4) 式相同.

从 (8.5.6) 式可得 $y(t)$ 的均值为

$$Ey(t) = \frac{1}{\alpha}(1 - \mathrm{e}^{-\alpha t}) Ex_0 + Ey_0$$

而方差为

$$\mathrm{Var}(y(t)) = \frac{1}{\alpha^2}(1 - \mathrm{e}^{-\alpha t})^2 \mathrm{Var}(x_0) + \frac{2}{\alpha}(1 - \mathrm{e}^{-\alpha t})\mathrm{Cov}(x_0, y_0) + \mathrm{Var}(y_0)$$
$$+ \frac{\sigma^2}{\alpha^2} \left[ t - \frac{2}{\alpha}(1 - \mathrm{e}^{-\alpha t}) + \frac{1}{2\alpha}(1 - \mathrm{e}^{-2\alpha t}) \right]$$

**例 8.5.2** 均值回归奥恩斯坦-乌伦贝克过程.

如果我们用均值对 Langevin 方程 (8.5.2) 做回归, 则可以得到下面的具初值 $x(0) = x_0$ 的方程

$$\mathrm{d}x(t) = -\alpha(x(t) - \mu)\mathrm{d}t + \sigma \mathrm{d}B(t), \quad t \geqslant 0 \tag{8.5.7}$$

其中的 $\mu$ 是一个常数. 它的解被叫做均值回归奥恩斯坦-乌伦贝克过程, 具有形式

$$x(t) = \mathrm{e}^{-\alpha t}\left(x_0 + \alpha\mu\int_0^t \mathrm{e}^{\alpha s}\mathrm{d}s + \sigma\int_0^t \mathrm{e}^{\alpha s}\mathrm{d}B(s)\right)$$

$$= \mathrm{e}^{-\alpha t}x_0 + \mu(1 - \mathrm{e}^{-\alpha t}) + \sigma\int_0^t \mathrm{e}^{-\alpha(t-s)}\mathrm{d}B(s) \qquad (8.5.8)$$

因此, 我们得到均值

$$Ex(t) = \mathrm{e}^{-\alpha t}Ex_0 + \mu(1 - \mathrm{e}^{-\alpha t}) \to \mu, \quad \text{当 } t \to \infty \text{ 时}$$

和方差

$$\mathrm{Var}(x(t)) = \mathrm{e}^{-2\alpha t}\mathrm{Var}x_0 + \frac{\sigma^2}{2\alpha}(1 - \mathrm{e}^{-2\alpha t}) \to \frac{\sigma^2}{2\alpha}, \quad \text{当 } t \to \infty \text{ 时}$$

从 (8.5.8) 式也可推得, 对任意的 $x_0$, 当 $t \to \infty$ 时, 方程 (8.5.7) 的解 $x(t)$ 的分布趋近正态分布 $N\left(\mu, \dfrac{\sigma^2}{2\alpha}\right)$. 如果 $x_0$ 是一个正态分布或常数, 那么方程 (8.5.7) 的解 $x(t)$ 是一个高斯过程. 如果初始 $x_0$ 服从正态分布 $N\left(\mu, \dfrac{\sigma^2}{2\alpha}\right)$, 那么对所有 $t \geqslant 0$, 方程 (8.5.7) 的解 $x(t)$ 服从相同的正态分布 $N\left(\mu, \dfrac{\sigma^2}{2\alpha}\right)$.

**例 8.5.3**　单位圆周上的 Brownian 运动.

考虑具初值 $x(0) = (1, 0)^{\mathrm{T}}$ 的二元线性随机微分方程

$$\mathrm{d}x(t) = -\frac{1}{2}x(t)\mathrm{d}t + Kx(t)\mathrm{d}B(t), \quad \text{当 } t \geqslant 0 \text{ 时} \qquad (8.5.9)$$

其中的

$$K = \begin{pmatrix} 0 & -1 \\ 1 & 0 \end{pmatrix}.$$

根据 (8.4.11) 式, 方程 (8.5.9) 相应的基本矩阵是

$$\Phi(t) = \exp\left[\left(-\frac{1}{2}I - \frac{1}{2}K^2\right)t + KB(t)\right]$$

其中的 $I$ 是 $2 \times 2$ 单位矩阵. 注意到 $K^2 = -I$, 我们得到

$$\Phi(t) = \exp[KB(t)] = \sum_{n=0}^{\infty}\frac{K^n B^n(t)}{n!}$$

但是

$$K^{2n} = (-1)^n I \quad \text{和} \quad K^{2n+1} = (-1)^n K$$

对 $n = 0, 1, \cdots$ 成立. 因此

$$\Phi(t) = \sum_{n=0}^{\infty} \left[ \frac{K^{2n} B^{2n}(t)}{2n!} + \frac{K^{2n+1} B^{2n+1}(t)}{(2n+1)!} \right]$$

$$= \sum_{n=0}^{\infty} \left[ \frac{(-1)^n B^{2n}(t) I}{(2n)!} + \frac{(-1)^n B^{2n+1}(t) K}{(2n+1)!} \right]$$

从而, 再由 (8.4.12) 式得方程 (8.5.9) 的唯一解是

$$x(t) = \Phi(t) \begin{pmatrix} 1 \\ 0 \end{pmatrix} = \begin{pmatrix} \displaystyle\sum_{n=0}^{\infty} \frac{(-1)^n B^{2n}(t)}{(2n)!} \\ \displaystyle\sum_{n=0}^{\infty} \frac{(-1)^n B^{2n+1}(t)}{(2n+1)!} \end{pmatrix} = \begin{pmatrix} \cos B(t) \\ \sin B(t) \end{pmatrix}$$

这正好是单位圆周上的 Brownian 运动.

**例 8.5.4** Brownian 桥.

设 $a, b$ 是两个常数. 考虑具初值 $x(0) = a$ 的一维线性方程

$$\mathrm{d}x(t) = \frac{b - x(t)}{1 - t} \mathrm{d}t + \mathrm{d}B(t), \quad t \in [0, 1) \tag{8.5.10}$$

它相应的基本解是

$$\Phi(t) = \exp\left[ -\int_0^t \frac{\mathrm{d}s}{1-s} \right] = \exp\left[ \log(1-t) \right] = 1 - t$$

因此, 利用 (8.4.3) 式, 可得方程 (8.5.10) 的解是

$$x(t) = (1-t)\left( a + b \int_0^t \frac{\mathrm{d}s}{(1-s)^2} + \int_0^t \frac{\mathrm{d}B(s)}{1-s} \right)$$

$$= (1-t)a + bt + (1-t) \int_0^t \frac{\mathrm{d}B(s)}{1-s} \tag{8.5.11}$$

这个解被叫做由 $a$ 到 $b$ 的 Brownian 桥. 它是一个均值为

$$Ex(t) = (1-t)a + bt$$

而方差为

$$\mathrm{Var}\,(x\,(t)) = t\,(1 - t)$$

的高斯过程.

**例 8.5.5**　有色噪声驱动的方程.

取代白噪声, 我们也经常用有色噪声来描述随机扰动. 例如, 考虑具初值 $x\,(0) = x_0$ 的被有色噪声驱动的线性方程

$$\mathrm{d}x(t) = ax(t)\mathrm{d}t + by(t)\mathrm{d}t \tag{8.5.12}$$

其中的 $y\,(t)$ 是有色噪声, 即 $y\,(t)$ 为具初值 $y(0) = y_0 \sim N\,(0, \sigma^2/2\alpha)$ 的方程

$$\mathrm{d}y(t) = -ay(t) + \sigma\mathrm{d}B(t), \quad t \geqslant 0 \tag{8.5.13}$$

的解. 现在我们通过将方程 (8.5.12) 和 (8.5.13) 组合成二元线性随机微分方程

$$\mathrm{d}\left(\begin{array}{c} x(t) \\ y(t) \end{array}\right) = F\left(\begin{array}{c} x(t) \\ y(t) \end{array}\right)\mathrm{d}t + \left(\begin{array}{c} 0 \\ \sigma \end{array}\right)\mathrm{d}B(t) \tag{8.5.14}$$

来同时考虑 $x\,(t)$ 和 $y\,(t)$, 其中的

$$F = \left(\begin{array}{cc} a & b \\ 0 & -\alpha \end{array}\right)$$

因此方程 (8.5.14) 的解是

$$\left(\begin{array}{c} x(t) \\ y(t) \end{array}\right) = e^{Ft}\left(\begin{array}{c} x_0 \\ y_0 \end{array}\right) + \int_0^t e^{F(t-s)}\left(\begin{array}{c} 0 \\ \sigma \end{array}\right)\mathrm{d}B(s).$$

**例 8.5.6**　几何 Brownian 运动.

考虑一维线性方程

$$\mathrm{d}x(t) = \alpha x(t)\mathrm{d}t + \sigma x(t)\mathrm{d}B(t), \quad t \geqslant 0 \tag{8.5.15}$$

其中 $\alpha, \sigma$ 是常数. 给定初值条件 $x\,(0) = x_0$, 其解是

$$x(t) = x_0 \exp\left[\left(\alpha - \frac{\sigma^2}{2}\right)t + \sigma B(t)\right], \quad t \geqslant 0 \tag{8.5.16}$$

这个解对应的随机过程被称为几何 Brownian 运动.

如果 $x_0 \neq 0$ a.s., 那么由 Brownian 运动的重对数定律即定理 6.3.23, 我们从 (8.5.16) 式可知

$$
\begin{cases}
\alpha < \dfrac{\sigma^2}{2} \Leftrightarrow \lim_{t\to\infty} x(t) = 0 \ \text{a.s.} \\[2mm]
\alpha = \dfrac{\sigma^2}{2} \Leftrightarrow \limsup_{t\to\infty} |x(t)| = \infty, \liminf_{t\to\infty} |x(t)| = 0 \quad \text{a.s.} \\[2mm]
\alpha > \dfrac{\sigma^2}{2} \Leftrightarrow \lim_{t\to\infty} |x(t)| = \infty \ \text{a.s.}
\end{cases}
\tag{8.5.17}
$$

而如果我们设 $p > 0$ 和 $x_0 \in L_p$, 那么从 (8.5.16) 式可知

$$
E\,|x(t)|^p = E\left( |x_0|^p \exp\left[ p\left( \alpha - \frac{\sigma^2}{2} \right) t + p\sigma B(t) \right] \right)
$$

$$
= \exp\left[ pt\left( \alpha - \frac{(1-p)\sigma^2}{2} \right) \right] E\left( |x_0|^p \exp\left[ -\frac{p^2\sigma^2}{2} t + p\sigma B(t) \right] \right) \tag{8.5.18}
$$

令

$$
\xi(t) = |x_0|^p \exp\left[ -\frac{p^2\sigma^2}{2} t + p\sigma B(t) \right]
$$

它就是具初值 $\xi(0) = |x_0|^p$ 的方程

$$
\mathrm{d}\xi(t) = p\sigma\xi(t)\mathrm{d}B(t)
$$

的唯一解. 因此

$$
\xi(t) = |x_0|^p + p\sigma \int_0^t \xi(s)\mathrm{d}B(s)
$$

从而 $E\xi(t) = E\,|x_0|^p$. 将它代入 (8.5.18) 式得到

$$
E\,|x(t)|^p = \exp\left[ pt\left( \alpha - \frac{(1-p)\sigma^2}{2} \right) \right] E\,|x_0|^p
$$

所以

$$
\begin{cases}
\alpha < \dfrac{(1-p)\sigma^2}{2} \Leftrightarrow \lim_{t\to\infty} E\,|x(t)|^p = 0 \\[2mm]
\alpha = \dfrac{(1-p)\sigma^2}{2} \Leftrightarrow E\,|x(t)|^p = E\,|x_0|^p \quad t \geqslant 0 \\[2mm]
\alpha > \dfrac{(1-p)\sigma^2}{2} \Leftrightarrow \lim_{t\to\infty} E\,|x(t)|^p = \infty
\end{cases}
\tag{8.5.19}
$$

# 第 9 章　随机微分方程的稳定性

## C HAPTER

## 9.1　稳定性的一般概念

在常微分方程的理论研究中, 人们发现当自变量在有限区间内取值时, 方程的解对初值具有连续依赖性, 而当自变量扩展到无穷区间上时, 方程的解对初值不一定具有连续依赖性, 这种连续依赖性的破坏可以导致解对初值的敏感依赖. 法国数学家庞加莱 (Poincaré, 1854—1912) 最早提出了这个问题, 而俄国数学家李雅普诺夫 (A. M. Lyapunov, 1857—1918) 对此问题进行了研究, 他于 1892 年引进了一个动态系统稳定性的概念, 并最终导致了微分方程稳定性理论的产生.

由于微分方程稳定性理论讨论的是一个初始值为 $x(t_0) = x_0$ 的微分方程的解 $x(t; t_0, x_0)$ 在 $t \to \infty$ 时具有什么样的极限状态, 以及极限状态如何依赖于初始值 $x(t_0) = x_0$ 等这样关联着方程所描述的发展系统的长期行为的问题, 所以自然为各个领域的研究者们所关心, 因此无论是在常微分方程理论中还是在现在的随机微分方程理论中, 稳定性都成为了备受关注的中心课题. 本章我们要阐明, 在常微分方程稳定性理论中那些行之有效的稳定性概念与判断方法, 在适当改造之后可以用于随机微分方程.

为了使将要介绍的随机稳定性理论更容易理解, 让我们首先来回忆几个关于由常微分方程所描述的确定性系统的稳定性理论的基本事实.

考虑一个 $d$ 维的常微分方程

$$\dot{x}(t) = f(x(t), t), \quad t \geqslant t_0 \tag{9.1.1}$$

假设对每个初值 $x(t_0) = x_0 \in \mathbb{R}^d$ 方程 (9.1.1) 存在唯一的全局解, 用 $x(t; t_0, x_0)$ 表示. 进一步假设对所有的 $t \geqslant t_0$, 有

$$f(0, t) = 0$$

所以方程 (9.1.1) 相应于初值条件 $x(t_0) = 0$ 有解 $x(t) \equiv 0$, 我们称这个解为平凡解或平衡解, 有时也称其为零解.

称方程 (9.1.1) 的平凡解是稳定的, 如果对每一 $\varepsilon > 0$, 都存在一个 $\delta = \delta(\varepsilon, t_0) > 0$, 使得只要 $|x_0| < \delta$, 就有

$$|x(t; t_0, x_0)| < \varepsilon$$

对所有的 $t \geqslant t_0$ 成立; 否则, 就称平凡解为不稳定的.

称方程 (9.1.1) 的平凡解是渐近稳定的, 如果它是稳定的且存在一个 $\delta_0 = \delta_0(t_0) > 0$, 使得只要 $|x_0| < \delta_0$, 就有

$$\lim_{t \to \infty} x(t; t_0, x_0) = 0$$

如果方程 (9.1.1) 可以被显式地解出来, 那么确定它的平凡解是否稳定应当是相当容易的. 然而, 方程 (9.1.1) 只有在某些特殊情况下才能被显式地解出, 因此确定方程 (9.1.1) 的平凡解是否稳定并不容易. 幸运的是, 1892 年, Lyapunov 发展了一套不用解方程就可以确定方程解稳定性的方法, 这种方法就是现在人们所熟知的 Lyapunov 直接法或第二方法.

为了解释 Lyapunov 第二方法, 让我们介绍一些必要的符号.

用 $\mathcal{K}$ 表示 $\mathbb{R}_+ \to \mathbb{R}_+$ 的所有连续非减的满足 $\mu(0) = 0$ 和当 $r > 0$ 时有 $\mu(r) > 0$ 成立的函数 $\mu$ 的集合. 例如, $r^p (p > 0)$, $\log(1 + r)$, $r \wedge 1$ 等都属于函数集合 $\mathcal{K}$.

对 $h > 0$, 令

$$S_h = \{x \in \mathbb{R}^d : |x| < h\}$$

称一个定义在 $S_h \times [t_0, \infty)$ 上的连续函数 $V(x, t)$ 是 (在 Lyapunov 意义下) 正定的, 如果 $V(0, t) \equiv 0$ 且对某 $\mu \in \mathcal{K}$, 有

$$V(x, t) \geqslant \mu(|x|) \tag{9.1.2}$$

对所有的 $(x, t) \in S_h \times [t_0, \infty)$ 成立. 称一个函数 $V$ 是负定的, 如果 $-V$ 是正定的.

称一个连续非负函数 $V(x, t)$ 有任意小的上界, 如果对某 $\mu \in \mathcal{K}$, 有

$$V(x, t) \leqslant \mu(|x|) \tag{9.1.3}$$

对所有的 $(x, t) \in S_h \times [t_0, \infty)$.

称一个定义在 $\mathbb{R}^d \times [t_0, \infty)$ 上的函数 $V(x, t)$ 是径向无界的, 如果

$$\lim_{|x| \to \infty} \inf_{t \geqslant t_0} V(x, t) = \infty \tag{9.1.4}$$

满足条件 (9.1.2)—(9.1.4) 的函数很多, 但恰好适应于所考虑的稳定性问题的函数却往往并不容易找到, 需要用相当的经验和技巧去构造. 值得特别注意的一种简单的选取是

$$V(x, t) = (x^{\mathrm{T}} Q x)^{p/2}, \quad x \in \mathbb{R}^d \tag{9.1.5}$$

其中 $Q \in \mathbb{R}^{d \times d}$ 是一个正定矩阵, $p > 0$. 由于

$$\lambda_{\min}(Q)\,|x|^2 \leqslant x^{\mathrm{T}}Qx \leqslant \lambda_{\max}(Q)\,|x|^2 \tag{9.1.6}$$

因而 (9.1.5) 式定义的函数满足条件 (9.1.2)—(9.1.4). 如果分别取 $Q = I$ 和 $p = 2$, 则可以得到 (9.1.5) 式的两个常用的特例: $V(x,t) = |x|^p$ 与 $V(x,t) = x^{\mathrm{T}}Qx$. 这类不显含 $t$ 的函数因其较为简单而常常被优先考虑, 对于自治方程尤其如此.

用 $C^{1,1}(S_h \times [t_0, \infty); \mathbb{R}_+)$ 表示所有的从 $S_h \times [t_0, \infty)$ 到 $\mathbb{R}_+$ 的对向量 $(x,t)$ 的分量 $x$ 和 $t$ 都具有连续的一阶偏导数的函数 $V(x,t)$ 的集合.

设 $x(t)$ 是常微分方程 (9.1.1) 的一个解, 且 $V(x,t) \in C^{1,1}(S_h \times [t_0, \infty); \mathbb{R}_+)$, 则 $v(t) = V(x(t),t)$ 作为 $t$ 的函数, 其导数为

$$\dot{v}(t) = V_t(x(t),t) + V_x(x(t),t)f(x(t),t)$$

$$= \frac{\partial V}{\partial t}(x(t),t) + \sum_{i=1}^{d} \frac{\partial V}{\partial x_i}(x(t),t)f_i(x(t),t)$$

如果 $\dot{v}(t) \leqslant 0$, 那么 $v(t)$ 将不会增加, 所以由 $V(x(t),t)$ 度量的由 $x(t)$ 到平衡点的距离不会增加. 如果 $\dot{v}(t) < 0$, 那么 $v(t)$ 会减少到 0, 所以由 $V(x(t),t)$ 度量的由 $x(t)$ 到平衡点的距离也会减少到 0, 即 $x(t) \to 0$. 这就是 Lyapunov 直接法的基本思想, 它导致了下面著名的 Lyapunov 定理.

**定理 9.1.1**　(1) 如果存在一个正定函数 $V(x,t) \in C^{1,1}(S_h \times [t_0, \infty); \mathbb{R}_+)$, 使得对所有的 $(x,t) \in S_h \times [t_0, \infty)$, 有

$$\dot{V}(t) := V_t(x(t),t) + V_x(x(t),t)f(x(t),t) \leqslant 0$$

那么方程 (9.1.1) 的平凡解是稳定的.

(2) 如果存在一个正定递减函数 $V(x,t) \in C^{1,1}(S_h \times [t_0, \infty); \mathbb{R}_+)$, 使得 $\dot{V}(x,t)$ 是负定的, 那么方程 (9.1.1) 的平凡解是渐近稳定的.

称满足定理 9.1.1 中稳定性条件的函数 $V(x,t)$ 为相应的常微分方程 (9.1.1) 的 Lyapunov 函数.

当我们试图将上面确定性系统的 Lyapunov 稳定性理论推广到随机系统的时候, 我们面临着以下的问题:

(1) 随机稳定性的适当定义是什么?

(2) 随机 Lyapunov 函数应当满足什么条件?

(3) 为了得到稳定性的论断, 不等式 $\dot{V}(x,t) \leqslant 0$ 应当被什么条件替代?

实际上随机稳定性至少有三种不同的类型, 分别是依概率稳定、矩稳定和几乎必然稳定. 随机稳定性是随机分析最活跃的领域之一, 许多数学家都曾致力于对它的研究, 如 Bucy 于 1965 年认识到随机 Lyapunov 函数应该具有上鞅性质,

并且他还对依概率稳定和几乎必然稳定给出了令人惊奇的简单的充分条件; Hasminskii 于 1967 年研究了线性随机微分方程的几乎必然稳定性等.

在本章中, 我们将研究 $d$ 维 Itô 型随机微分方程

$$\mathrm{d}x(t) = f(x(t),t)\mathrm{d}t + g(x(t),t)\mathrm{d}B(t), \quad t \geqslant t_0 \tag{9.1.7}$$

稳定性的各种不同类型.

为了研究 Itô 型随机微分方程解的稳定性目的, 代替前面对初始值是一个 $\mathscr{F}_{t_0}$ 可测的随机变量 $x_0 \in L_2\left(\Omega; \mathbb{R}^d\right)$ 的假设, 我们仅仅考虑常数初始值 $x_0 \in \mathbb{R}^d$. 在本章中我们始终假定定理 7.2.6 的解的存在唯一性假设条件被满足. 因此, 对任意给定的初值 $x(t_0) = x_0 \in \mathbb{R}^d$, 方程 (9.1.7) 有唯一的全局解, 用 $x(t; t_0, x_0)$ 表示, 我们知道这个解具有连续的样本轨道且它的任何阶矩都是有限的. 此外, 我们还假设

$$f(0,t) = 0, \quad g(0,t) = 0, \quad \text{对所有的} t \geqslant t_0$$

所以, 相应于初值条件为 $x(t_0) = 0$ 方程 (9.1.7) 有解 $x(t) \equiv 0$, 我们称这个解是 Itô 型随机微分方程 (9.1.7) 的平凡解或平衡解.

此外, 我们还需要以下一些符号.

设 $0 < h \leqslant \infty$, 用 $C^{2,1}(S_h \times \mathbb{R}_+; \mathbb{R}_+)$ 表示定义在 $S_h \times \mathbb{R}_+$ 上的关于 $(x,t)$ 的 $x$ 具有连续二阶偏导数而关于 $t$ 具有连续一阶偏导数的非负函数 $V(x,t)$ 的集合. 定义相应于方程 (9.1.7) 的微分算子 $L$ 为

$$L = \frac{\partial}{\partial t} + \sum_{i=1}^{d} f_i(x,t)\frac{\partial}{\partial x_i} + \frac{1}{2}\sum_{i,j=1}^{d} \left[g(x,t)g^{\mathrm{T}}(x,t)\right]_{ij}\frac{\partial^2}{\partial x_i \partial x_j}$$

如果用 $L$ 作用于函数 $V \in C^{2,1}(S_h \times \mathbb{R}_+; \mathbb{R}_+)$ 上, 那么有

$$LV(x,t) = V_t(x,t) + V_x(x,t)f(x,t) + \frac{1}{2}\mathrm{trace}\left[g^{\mathrm{T}}(x,t)V_{xx}(x,t)g(x,t)\right]$$

其中 $V_t, V_x, V_{xx}$ 表示相应的偏导数. 由 Itô 公式可知, 如果 $x(t) \in S_h$, 那么

$$\mathrm{d}V(x(t),t) = LV(x(t),t)\mathrm{d}t + V_x(x(t),t)g(x(t),t)\mathrm{d}B(t)$$

这正是我们称 $L$ 为微分算子的原因. 在下面关于随机微分方程解的稳定性判据的讨论中, 我们将会看到常微分方程解的稳定性判据中的不等式 $\dot{V}(x,t) \leqslant 0$ 会被 $LV(x,t) \leqslant 0$ 所替代.

## 9.2　解的依概率稳定性

本节我们讨论随机微分方程解的依概率稳定性.

**定义 9.2.1**　(1) 称具有初始值 $x(t_0) = x_0$ 的方程 (9.1.7) 的平凡解为随机稳定的, 如果对每对 $\varepsilon \in (0,1)$ 和 $\gamma > 0$, 都存在一个 $\delta = \delta(\varepsilon, \gamma, t_0) > 0$, 使得

$$P\{|x(t; t_0, x_0)| < \gamma \text{ 对所有的 } t \geqslant t_0\} \geqslant 1 - \varepsilon \tag{9.2.1}$$

只要 $|x_0| < \delta$; 否则, 称平凡解是随机不稳定的.

(2) 称具有初始值 $x(t_0) = x_0$ 的方程 (9.1.7) 的平凡解为随机渐近稳定的, 如果它的平凡解是随机稳定的且对每一 $\varepsilon \in (0,1)$, 都存在一个 $\delta_0 = \delta_0(\varepsilon, t_0) > 0$, 使得

$$P\left\{\lim_{t\to\infty} x(t; t_0, x_0) = 0\right\} \geqslant 1 - \varepsilon \tag{9.2.2}$$

只要 $|x_0| < \delta$.

(3) 称具有初始值 $x(t_0) = x_0$ 的方程 (9.1.7) 的平凡解为大范围或全局随机渐近稳定的, 如果它的平凡解是随机稳定的且对所有的 $x_0 \in \mathbb{R}^d$, 有

$$P\left\{\lim_{t\to\infty} x(t; t_0, x_0) = 0\right\} = 1. \tag{9.2.3}$$

定义 9.2.1 中的 (1) 和 (3) 所说的稳定性合称为依概率稳定.

直观上来说, 定义 9.2.1 中的条件 (9.2.1) 意味着, 始于原点邻近的解, 以充分大的概率保持在原点邻近; 条件 (9.2.2) 意味着, 始于原点邻近的解, 以充分大的概率趋于原点; 条件 (9.2.3) 意味着, 始于任何点的解都几乎必然趋于原点.

现在我们来解释在随机微分方程解的稳定性的讨论中只考虑常初始值情形的原因. 假设有人愿意假设初始值 $x_0$ 是一个随机变量, 那么在相应的定义中他就应当用 "$|x_0| < \delta$ a.s." 来代替 "$|x_0| < \delta$". 但这样似乎更一般的假定实际上与常初始值的假设等价. 例如, 相应于定义 9.2.1 中的 (1), 此时应为对任何满足 $|x_0| < \delta$ a.s. 的随机变量 $x_0$ 及所有的 $t \geqslant t_0$, 有

$$P\{|x(t; t_0, x_0)| < \gamma \text{ 对所有的 } t \geqslant t_0\}$$

$$= \int_{S_\delta} P\{|x(t; t_0, y)| < \gamma \text{对所有的} t \geqslant t_0\} P\{x_0 \in \mathrm{d}y\}$$

$$\geqslant \int_{S_\delta} (1-\varepsilon) P\{x_0 \in \mathrm{d}y\}$$

$$= 1 - \varepsilon$$

还有必要指出的是, 当方程 (9.1.7) 中的 $g(x,t) \equiv 0$ 时, 上面的定义 9.2.1 退化到相应的确定性的情形. 现在, 我们就将 Lyapunov 定理 9.1.1 推广到随机情形.

**定理 9.2.2** 如果存在一个正定函数 $V(x,t) \in C^{2,1}(S_h \times [t_0, \infty); \mathbb{R}_+)$, 使得对所有的 $(x,t) \in S_h \times [t_0, \infty)$, 有

$$LV(x,t) \leqslant 0$$

成立, 那么方程 (9.1.7) 的平凡解是随机稳定的.

**证明** 由正定函数的定义, 我们知道 $V(0,t) \equiv 0$ 且存在函数 $\mu \in \mathcal{K}$ 使得对所有的 $(x,t) \in S_h \times [t_0, \infty)$, 有

$$V(x,t) \geqslant \mu(|x|) \tag{9.2.4}$$

成立. 设 $\varepsilon \in (0,1)$, $\gamma > 0$ 任意. 不失一般性, 我们假定 $\gamma < h$. 由 $V(x,t)$ 的连续性以及 $V(0,t_0) = 0$ 的事实, 我们可以找到一个 $\delta = \delta(\varepsilon, \gamma, t_0) > 0$ 使得

$$\frac{1}{\varepsilon} \sup_{x \in S_\delta} V(x, t_0) \leqslant \mu(\gamma) \tag{9.2.5}$$

易知 $\delta < \gamma$. 现在任意固定一个初始值 $x_0 \in S_\delta$, 简记 $x(t; t_0, x_0) = x(t)$. 设 $\tau$ 是 $x(t)$ 首次离开 $S_\gamma$ 的时刻, 即

$$\tau = \inf\{t \geqslant t_0 : x(t) \notin S_\gamma\}$$

由 Itô 公式知, 对任何的 $t \geqslant t_0$, 有

$$V(x(\tau \wedge t), \tau \wedge t) = V(x_0, t_0) + \int_{t_0}^{\tau \wedge t} LV(x(s), s)\mathrm{d}s$$
$$+ \int_{t_0}^{\tau \wedge t} V_x(x(s), s)g(x(s), s)\mathrm{d}B(s)$$

对上式两边取期望并利用条件 $LV \leqslant 0$, 可得

$$EV(x(\tau \wedge t), \tau \wedge t) \leqslant V(x_0, t_0) \tag{9.2.6}$$

注意到, 如果 $\tau \leqslant t$, 则有 $|x(\tau \wedge t)| = |x(\tau)| = \gamma$. 因此, 由 (9.2.4) 式有

$$EV(x(\tau \wedge t), \tau \wedge t) \geqslant E\left[I_{\{\tau \leqslant t\}} V(x(\tau), \tau)\right] \geqslant \mu(r)P\{\tau \leqslant t\}$$

再结合 (9.2.6) 式和 (9.2.5) 式, 可得

$$P\{\tau \leqslant t\} \leqslant \varepsilon$$

令 $t \to \infty$, 我们得到 $P\{\tau < \infty\} \leqslant \varepsilon$, 即

$$P\{|x(t)| < \gamma \text{ 对所有的 } t \geqslant t_0\} \geqslant 1 - \varepsilon$$

**定理 9.2.3**   如果存在一个正定递减函数 $V(x,t) \in C^{2,1}(S_h \times [t_0, \infty); \mathbb{R}_+)$ 使得 $LV(x,t)$ 是负定的, 那么方程 (9.1.7) 的平凡解是随机渐近稳定的.

**证明**   从定理 9.2.2 我们知道方程 (9.1.7) 的平凡解是随机稳定的, 所以我们仅需要证明对于任何 $\varepsilon \in (0,1)$, 存在一个 $\delta_0 = \delta_0(\varepsilon, t_0)$ 使得只要 $|x_0| < \delta_0$, 就有

$$P\left\{\lim_{t \to \infty} x(t; t_0, x_0) = 0\right\} \geqslant 1 - \varepsilon \tag{9.2.7}$$

成立. 注意到对函数 $V(x,t)$ 的假设意味着 $V(0,t) \equiv 0$; 此外, 存在三个函数 $\mu_1, \mu_2, \mu_3 \in \mathcal{K}$, 使得对所有的 $(x,t) \in S_h \times [t_0, \infty)$, 有

$$\mu_1(|x|) \leqslant V(x,t) \leqslant \mu_2(|x|) \quad \text{和} \quad LV(x,t) \leqslant -\mu_3(|x|) \tag{9.2.8}$$

成立. 任意固定 $\varepsilon \in (0,1)$, 由定理 9.2.2 知存在 $\delta_0 = \delta_0(\varepsilon, t_0) > 0$, 使得当 $x_0 \in S_{\delta_0}$ 时, 就有

$$P\{|x(t; t_0, x_0)| < h/2\} \geqslant 1 - \frac{\varepsilon}{4} \tag{9.2.9}$$

成立. 任意固定 $x_0 \in S_{\delta_0}$, 简记 $x(t; t_0, x_0) = x(t)$. 设 $0 < \beta < |x_0|$ 是任意的, 选择 $0 < \alpha < \beta$ 充分小使得

$$\frac{\mu_2(\alpha)}{\mu_1(\beta)} \leqslant \frac{\varepsilon}{4} \tag{9.2.10}$$

成立.

定义停时

$$\tau_\alpha = \inf\{t \geqslant t_0 : |x(t)| \leqslant \alpha\}$$

和

$$\tau_h = \inf\{t \geqslant t_0 : |x(t)| \geqslant h/2\}$$

由 Itô 公式和 (9.2.8) 式可得, 对任意的 $t \geqslant t_0$, 有

$$0 \leqslant EV\left(x\left(\tau_\alpha \wedge \tau_h \wedge t\right), \tau_\alpha \wedge \tau_h \wedge t\right)$$

$$= V(x_0, t_0) + E \int_{t_0}^{\tau_\alpha \wedge \tau_h \wedge t} LV(x(s), s) \, \mathrm{d}s$$

$$\leqslant V(x_0, t_0) - \mu_3(\alpha) E(\tau_\alpha \wedge \tau_h \wedge t - t_0)$$

因此

$$(t - t_0)P\{\tau_\alpha \wedge \tau_h \geqslant t\} \leqslant E(\tau_\alpha \wedge \tau_h \wedge t - t_0) \leqslant \frac{V(x_0, t_0)}{\mu_3(\alpha)}$$

这意味着

$$P\{\tau_\alpha \wedge \tau_h < \infty\} = 1$$

但是, 由 (9.2.9) 式, 有 $P\{\tau_h < \infty\} \leqslant \dfrac{\varepsilon}{4}$. 因此

$$1 = P\{\tau_\alpha \wedge \tau_h < \infty\} \leqslant P\{\tau_\alpha < \infty\} + P\{\tau_h < \infty\} \leqslant P\{\tau_\alpha < \infty\} + \frac{\varepsilon}{4}$$

从而

$$P\{\tau_\alpha < \infty\} \geqslant 1 - \frac{\varepsilon}{4} \tag{9.2.11}$$

选择 $\theta$ 足够大使得

$$P\{\tau_\alpha < \theta\} \geqslant 1 - \frac{\varepsilon}{2}$$

成立, 则有

$$P\{\tau_\alpha < \tau_h \wedge \theta\} \geqslant P(\{\tau_\alpha < \theta\} \cap \{\tau_h = \infty\})$$
$$\geqslant P\{\tau_\alpha < \theta\} - P\{\tau_h < \infty\} \geqslant 1 - \frac{3\varepsilon}{4} \tag{9.2.12}$$

现在, 再定义两个停时

$$\sigma = \begin{cases} \tau_\alpha, & \tau_\alpha \wedge \tau_h \wedge \theta, \\ \infty, & \text{其他} \end{cases}$$

和

$$\tau_\beta = \inf\{t > \sigma : |x(t)| \geqslant \beta\}$$

则利用 Itô 公式又可得对任意的 $t \geqslant \theta$, 有

$$EV(x(\tau_\beta \wedge t), \tau_\beta \wedge t) \leqslant EV(x(\sigma \wedge t), \sigma \wedge t)$$

再注意到对 $\omega \in \{\tau_\alpha \geqslant \tau_h \wedge \theta\}$, 有

$$V(x(\tau_\beta \wedge t), \tau_\beta \wedge t) = V(x(\sigma \wedge t), \sigma \wedge t) = V(x(t), t)$$

因此

$$E\left[I_{\{\tau_\alpha < \tau_h \wedge \theta\}} V(x(\tau_\beta \wedge t), \tau_\beta \wedge t)\right] \leqslant E\left[I_{\{\tau_\alpha < \tau_h \wedge \theta\}} V(x(\sigma \wedge t), \sigma \wedge t)\right]$$

利用 (9.2.9) 式和事实 $\{\tau_\beta \leqslant t\} \subset \{\tau_\alpha < \tau_h \wedge \theta\}$, 进一步可得

$$\mu_1(\beta) P\{\tau_\beta \leqslant t\} \leqslant \mu_2(\alpha)$$

由此及 (9.2.10) 式, 可得

$$P\{\tau_\beta \leqslant t\} \leqslant \frac{\varepsilon}{4}$$

令 $t \to \infty$, 我们有

$$P\{\tau_\beta < \infty\} \leqslant \frac{\varepsilon}{4}$$

从而, 再利用 (9.2.12) 式得到

$$P(\{\sigma < \infty\} \cap \{\tau_\beta = \infty\}) \geqslant P\{\tau_\alpha < \tau_h \wedge \theta\} - P\{\tau_\beta < \infty\} \geqslant 1 - \varepsilon$$

但是这意味着

$$P\left\{w : \limsup_{t \to \infty} |x(t)| \leqslant \beta\right\} \geqslant 1 - \varepsilon$$

因为 $\beta$ 是任意的, 所以我们必有

$$P\left\{w : \limsup_{t \to \infty} x(t) = 0\right\} \geqslant 1 - \varepsilon$$

成立. 证毕.

**定理 9.2.4**   如果存在一个正定递减的径向无界函数

$$V(x,t) \in C^{2.1}(\mathbb{R}^d \times [t_0, \infty); \mathbb{R}_+)$$

使得 $LV(x,t)$ 是负定的, 那么方程 (9.1.7) 的平凡解是随机全局渐近稳定的.

**证明**   由定理 9.2.2 知方程 (9.1.7) 的平凡解是随机稳定的, 所以我们仅需要证明对所有的 $x_0 \in \mathbb{R}^d$ 有

$$P\left\{\lim_{T \to \infty} x(t; t_0, x_0) = 0\right\} = 1 \tag{9.2.13}$$

成立. 任意固定 $x_0$, 简记 $x(t; t_0, x_0) = x(t)$. 设 $\varepsilon \in (0,1)$ 任意. 因为函数 $V(x,t)$ 径向无界, 所以我们可以找到一个 $h > |x_0|$ 足够大使得

$$\inf_{|x| \geqslant h, t \geqslant t_0} V(x,t) \geqslant \frac{4V(x_0, t_0)}{\varepsilon} \tag{9.2.14}$$

成立. 定义停时

$$\tau_h = \inf\{t \geqslant t_0; |x(t)| \geqslant h\}$$

由 Itô 公式可得对任意的 $t \geqslant t_0$, 有

$$EV\left(x\left(\tau_h \vee t\right), \tau_h \vee t\right) \leqslant V(x_0, t_0) \tag{9.2.15}$$

成立. 但是, 由 (9.2.14) 式可得

$$EV\left(x\left(\tau_h \vee t\right), \tau_h \vee t\right) \geqslant \frac{4V(x_0, t_0)}{\varepsilon} P\left\{\tau_h \leqslant t\right\}$$

因此, 从 (9.2.15) 式得

$$P\left\{\tau_h < t\right\} \leqslant \frac{\varepsilon}{4}$$

令 $t \to \infty$, 得 $P\left\{\tau_h < \infty\right\} \leqslant \dfrac{\varepsilon}{4}$, 即

$$P\left\{|x(t)| \leqslant h \text{ 对于所有的 } t \geqslant t_0\right\} \geqslant 1 - \frac{\varepsilon}{4} \tag{9.2.16}$$

由此, 我们可以用和在定理 9.2.3 的证明中所用的相同的方法证得

$$P\left\{\lim_{t \to \infty} x(t) = 0\right\} \geqslant 1 - \varepsilon$$

由 $\varepsilon$ 的任意性, 可得要证的 (9.2.13) 式成立. 证毕.

称在定理 9.2.2 到定理 9.2.4 中所使用的函数 $V(x, t)$ 为随机 Lyapunov 函数, 而这些定理的使用依赖于函数 $V(x, t)$ 的构造. 像在确定性的情形中一样, 有许多技巧可以用于寻找合适的函数. 例如, 二次函数

$$V(x, t) = x^{\mathrm{T}} Q x$$

其中 $Q$ 是一个对称正定矩阵, 需要满足

$$LV(x, t) = 2x^{\mathrm{T}} Q f(x, t) + \text{trace}\left[g^{\mathrm{T}}(x, t) Q g(x, t)\right] \leqslant 0$$

对 $t \geqslant t_0$ 成立, 或者在 $x = 0$ 的某邻域内 $LV(x, t)$ 是负定的. 另外, 我们可以寻找方程 $LV(x, t) = 0$ 的一个正定解或者不等式 $LV(x, t) \leqslant 0$ 的解. 下面我们通过讨论一些例子来对此进行说明.

**例 9.2.5** 在 $t \geqslant t_0$ 上考虑具初值 $x(t_0) = x_0 \in \mathbb{R}$ 的一维随机微分方程

$$\mathrm{d}x(t) = f\left(x(t), t\right) \mathrm{d}t + g\left(x(t), t\right) \mathrm{d}B(t) \tag{9.2.17}$$

假定 $f: \mathbb{R} \times \mathbb{R}_+ \to \mathbb{R}$ 和 $g: \mathbb{R} \times \mathbb{R}_+ \to \mathbb{R}^m$ 在 $x = 0$ 的邻域内关于 $t \geqslant t_0$ 有展开式

$$f(x, t) = a(t)x + o(|x|), \quad g(x, t) = (b_1(t)x, \cdots, b_m(t)x)^{\mathrm{T}} + o(|x|) \tag{9.2.18}$$

其中的 $a(t), b_i(t)$ 都是有界 Borel 可测实值函数. 我们再附加一个条件: 存在一对正常数 $\theta$ 和 $K$, 使得

$$-K \leqslant \int_{t_0}^{t} \left( a(s) - \frac{1}{2} \sum_{i=1}^{m} b_t^2(s) + \theta \right) \mathrm{d}s \leqslant K \tag{9.2.19}$$

对于所有的 $t \geqslant t_0$ 成立. 设

$$0 < \varepsilon < \frac{\theta}{\sup_{t \geqslant t_0} \sum_{i=1}^{m} b_i^2(t)}$$

并定义随机 Lyapunov 函数

$$V(x,t) = |x|^{\varepsilon} \exp \left[ -\varepsilon \int_{t_0}^{t} \left( a(s) - \frac{1}{2} \sum_{i=1}^{m} b_i^2(s) + \theta \right) \mathrm{d}s \right]$$

由条件 (9.2.19), 有

$$|x|^{\varepsilon} e^{-\varepsilon K} \leqslant V(x,t) \leqslant |x|^{\varepsilon} e^{\varepsilon K}.$$

因此, 函数 $V(x,t)$ 是正定且递减的. 另一方面, 根据条件 (9.2.18) 有

$$LV(x,t) = \varepsilon |x|^{\varepsilon} \exp \left[ -\varepsilon \int_{t_0}^{t} \left( a(s) - \frac{1}{2} \sum_{i=1}^{m} b_i^2(s) + \theta \right) \mathrm{d}s \right]$$

$$\times \left( \frac{\varepsilon}{2} \sum_{i=1}^{m} b_i^2(t) - \theta \right) + o(|x|^{\varepsilon})$$

$$\leqslant -\frac{1}{2} \varepsilon \theta e^{-\varepsilon K} |x|^{\varepsilon} + o(|x|^{\varepsilon})$$

所以我们看出, 对 $t \geqslant t_0$ 来说在 $x = 0$ 的足够小的邻域内 $LV(x,t)$ 是负定的. 由定理 9.2.4, 我们可以推断出, 在条件 (9.2.18) 和条件 (9.2.19) 下, 方程 (9.2.17) 的平凡解是随机渐近稳定的.

**例 9.2.6** 假设方程 (9.1.7) 的系数 $f$ 和 $g$ 在 $x = 0$ 的邻域内关于 $t \geqslant t_0$ 有展开式

$$f(x,t) = F(t)x + o(|x|), \quad g(x,t) = (G_1(t)x, \cdots, G_m(t)x) + o(|x|) \tag{9.2.20}$$

其中的 $F(t), G_i(t)$ 都是有界 Borel 可测的 $d \times d$ 矩阵值函数. 假设存在一个对称正定矩阵 $Q$, 使得对称矩阵

$$QF(t) + F^{\mathrm{T}}(t)Q + \sum_{i=1}^{m} G_i^{\mathrm{T}}(t)QG_i(t)$$

关于 $t \geqslant t_0$ 是一致负定的, 即对所有的 $t \geqslant t_0$ 有

$$\lambda_{\max}\left(QF(t) + F^{\mathrm{T}}(t)Q + \sum_{i=1}^m G_i^{\mathrm{T}}(t)QG_i(t)\right) \leqslant -\lambda < 0 \qquad (9.2.21)$$

其中的 $\lambda_{\max}(A)$ 表示矩阵 $A$ 的最大特征值. 现在, 我们定义随机 Lyapunov 函数

$$V(x,t) = x^{\mathrm{T}}Qx,$$

显然它是正定且递减的. 此外, 还有

$$LV(x,t) = x^{\mathrm{T}}\left(QF(t) + F^{\mathrm{T}}(t)Q + \sum_{i=1}^m G_i^{\mathrm{T}}(t)QG_i(t)\right)x + o(|x|^2)$$

$$\leqslant -\lambda|x|^2 + o(|x|^2)$$

因此, 对 $t \geqslant t_0$ 来说, 在 $x = 0$ 的足够小的邻域内 $LV(x,t)$ 是负定的. 从而由定理 9.2.4, 我们可以推断出, 在条件 (9.2.20) 和 (9.2.21) 之下, 方程 (9.1.7) 的平凡解是随机渐近稳定的.

在线性随机微分方程的情形下, 我们可以利用显式解去确定方程的解是否是随机稳定的, 下面的例子阐明了这一思想.

**例 9.2.7** 在 $t \geqslant t_0$ 上考虑具初值 $x(t_0) = x_0$ 的一维线性随机微分方程

$$\mathrm{d}x(t) = a(t)x(t)\mathrm{d}t + \sum_{i=1}^m b_i(t)x(t)\mathrm{d}B_i(t) \qquad (9.2.22)$$

其中的 $a(t), b_i(t)$ 是 $[t_0, \infty)$ 上的连续实值函数. 由引理 8.2.3, 方程 (9.2.22) 的唯一解是

$$x(t) = x_0 \exp\left[\int_{t_0}^t \left(a(s) - \frac{1}{2}\sum_{i=1}^m b_i^2(s)\right)\mathrm{d}s + \sum_{i=1}^m \int_{t_0}^t b_i(s)\mathrm{d}B_i(s)\right] \qquad (9.2.23)$$

对 $t_0 \leqslant t \leqslant \infty$, 令 $\sigma(t) = \sum_{i=1}^m \int_{t_0}^t b_i^2(s)\mathrm{d}s$. 下面我们分两种情况来讨论解的稳定性.

情况一: $\sigma(\infty) < \infty$. 在这种情况下, $\sum_{i=1}^m \int_{t_0}^t b_i(s)\mathrm{d}B_i(s)$ 趋近正态分布 $N(0, \sigma(\infty))$. 因此, 由 (9.2.23) 式可知, 方程 (9.2.22) 的平凡解是随机稳定的当且仅当

$$\limsup_{t\to\infty}\int_{t_0}^t a(s)\mathrm{d}s < \infty$$

而平凡解是随机全局渐近稳定的当且仅当

$$\lim_{t\to\infty}\int_{t_0}^{t}a(s)\mathrm{d}s=-\infty$$

情况二: $\sigma(\infty)=\infty$. 对 $s\geqslant 0$, 设 $\tau(s)$ 是 $\sigma(t)$ 的反函数, 即

$$\tau(s)=\inf\{t\geqslant t_0:\sigma(t)=s\}$$

显然, 如果 $s\geqslant 0$, 那么有 $\sigma(\tau(s))=s$; 而如果 $t\geqslant t_0$, 则有 $\tau(\sigma(t))=t$. 在 $s\geqslant 0$ 上, 定义

$$\bar{B}(s)=\sum_{i=1}^{m}\int_{t_0}^{\tau(s)}b_i(t)\mathrm{d}B_i(t)$$

则 $\bar{B}(s)$ 是满足 $\bar{B}(0)=0$ 的连续鞅, 其二次变差

$$\left[\bar{B},\bar{B}\right]_s=\sum_{i=1}^{m}\int_{t_0}^{\tau(s)}b_i^2(t)\mathrm{d}t=\sigma(\tau(s))=s$$

由 Lévy 定理知 $\bar{B}(s)$ 是一个 Brownian 运动. 所以, 根据 Brownian 运动的重对数定律, 有

$$\limsup_{s\to\infty}\frac{\bar{B}(s)}{\sqrt{2s\log\log s}}=1\quad\text{a.s.}$$

因此,

$$\limsup_{t\to\infty}\frac{\sum_{i=1}^{m}\int_{t_0}^{t}b_i(s)dB_i(s)}{\sqrt{2\sigma(t)\log\log\sigma(t)}}=\limsup_{t\to\infty}\frac{\bar{B}(\sigma(t))}{\sqrt{2\sigma(t)\log\log\sigma(t)}}=1\quad\text{a.s.}$$

对 (9.2.23) 式利用上面结果可得, 如果

$$\limsup_{t\to\infty}\frac{\int_{t_a}^{t}a(s)\mathrm{d}s-\frac{1}{2}\sigma(t)}{\sqrt{2\sigma(t)\log\log\sigma(t)}}<-1\quad\text{a.s.}\tag{9.2.24}$$

那么方程 (9.2.22) 的平凡解是随机全局渐近稳定的.

作为方程 (9.2.22) 的一种特殊情形, 设

$$a(t)=a,\quad b_i(t)=b_i\tag{9.2.25}$$

都是常数. 在这种情况下, (9.2.24) 式成立当且仅当

$$a < \frac{1}{2} \sum_{i=1}^{m} b_t^2 \qquad (9.2.26)$$

成立. 因此, 在 (9.2.25) 式和 (9.2.26) 式成立的条件下, 方程 (9.2.22) 的解将趋向于平衡位置 $x = 0$. 另一方面, 我们还可以更精确地计算出解趋近于零的速度. 事实上, 在 (9.2.25) 式的情形下, 方程 (9.2.22) 的唯一解为

$$x(t; t_0, x_0) = x_0 \exp\left[\left(a - \frac{1}{2}\sum_{i=1}^{m} b_i^2\right)(t - t_0) + \sum_{i=1}^{m} b_i\left(B_i(t) - B_i(t_0)\right)\right].$$

因此

$$\log|x(t; t_0, x_0)| = \log|x_0| + \left(a - \frac{1}{2}\sum_{i=1}^{m} b_i^2\right)(t - t_0) + \sum_{i=1}^{m} b_i\left(B_i(t) - B_i(t_0)\right).$$

根据重对数律有

$$\lim_{t \to \infty} \frac{B_i(t) - B_i(t_0)}{t} = 0 \quad \text{a.s.}$$

从而如果 (9.2.26) 式成立, 我们可以得到

$$\lim_{t \to \infty} \frac{1}{t}\log|x(t; t_0, x_0)| = a - \frac{1}{2}\sum_{i=1}^{m} b_i^2 < 0 \quad \text{a.s.} \qquad (9.2.27)$$

即解的轨道 Lyapunov 指数是一个负数. 因此, 对于任意的 $0 < \varepsilon < \frac{1}{2}\sum_{i=1}^{m} b_i^2 - a$, 我们可以找到一个正的随机变量 $\xi = \xi(t_0, x_0, \varepsilon)$, 使得对所有的 $t \geqslant t_0$, 有

$$|x(t; t_0, x_0)| \leqslant \xi \exp\left[-\left(\frac{1}{2}\sum_{i=1}^{m} b_i^2 - a - \varepsilon\right)(t - t_0)\right]$$

换句话说, 解的几乎所有样本轨道都指数阶快的趋向于平衡位置 $x = 0$. 以后称这样的属性为解的几乎必然指数稳定性. 下面我们就转向解的这种类型的稳定性的详细讨论.

## 9.3　解的几乎必然指数稳定性

首先我们给出解的几乎必然指数稳定性的正式定义.

**定义 9.3.1**　称方程 (9.1.7) 的平凡解是几乎必然指数稳定的, 如果对于所有的 $x_0 \in \mathbb{R}^d$, 有

$$\limsup_{t \to \infty} \frac{1}{t} \log |x(t; t_0, x_0)| < 0 \quad \text{a.s.} \tag{9.3.1}$$

如 7.3 节中的定义的一样, (9.3.1) 式的左边部分叫做方程 (9.1.7) 的解的轨道 Lyapunov 指数. 因此, 我们看出方程的平凡解是几乎必然指数稳定的当且仅当它的轨道 Lyapunov 指数为负数. 正如前一节末尾例子中的解释, 解的几乎必然指数稳定性意味着解的几乎所有样本轨道将指数快的趋向于平衡位置 $x = 0$. 此外, 我们只讨论常量初始值的情况是因为对于一般的初始值 $x_0$(即 $x_0$ 是 $\mathscr{F}_{t_0}$ 可测的且 $x_0$ 属于 $L_2\left(\Omega; \mathbb{R}^d\right)$), 我们从 (9.3.1) 式可得

$$P\left\{ \limsup_{t \to \infty} \frac{1}{t} \log |x(t; t_0, x_0)| < 0 \right\}$$
$$= \int_{R^d} P\left\{ \limsup_{t \to \infty} \frac{1}{t} \log |x(t; t_0, y)| < 0 \right\} P\left\{ x_0 \in \mathrm{d}y \right\}$$
$$= \int_{R^d} P\left\{ x_0 \in \mathrm{d}y \right\} = 1$$

即

$$\limsup_{t \to \infty} \frac{1}{t} \log |x(t; t_0, x_0)| < 0 \quad \text{a.s.}$$

为了建立解的几乎必然指数稳定性的结果, 我们需要准备一个有用的引理. 回顾在整个这一章中我们的假定: 存在和唯一性定理 7.2.6 的假设被满足, 此外, $f(0, t) \equiv 0$, $g(0, t) \equiv 0$. 在这些惯例的假设下, 我们有以下有用的引理.

**引理 9.3.2**　对于所有 $x_0 (\neq 0) \in \mathbb{R}^d$, 有

$$P\left\{ x(t; t_0, x_0) \neq 0 : t \geqslant t_0 \right\} = 1 \tag{9.3.2}$$

也就是说, 任何从一个非零状态开始的解的几乎所有样本轨道永远不会达到原点.

**证明**　如果 (9.3.2) 式不成立, 那么存在某 $x_0 \neq 0$ 使得 $P\{\tau < \infty\} > 0$, 这里 $\tau$ 是相应解的第一次为 0 的时刻, 即

$$\tau = \inf\{t \geqslant t_0 : x(t) = 0\}$$

这里我们简记 $x(t) = x(t; t_0, x_0)$. 于是, 我们可以找到一对足够大的常数 $T > t_0$ 和一个 $\theta > 1$, 使得 $P(A) > 0$, 其中

$$A = \{\tau \leqslant T \text{且} |x(t)| \leqslant \theta - 1 \text{对所有} t_0 \leqslant t \leqslant \tau\}$$

但是, 由惯例假设可知存在一个正的常数 $K_\theta$ 使得

$$|f(x,t)| \vee |g(x,t)| \leqslant K_\theta |x|$$

对所有 $|x| \leqslant \theta$ 及 $t_0 \leqslant t \leqslant T$ 成立.

令 $V(x,t) = |x|^{-1}$, 则对于 $0 < |x| \leqslant \theta$ 和 $t_0 \leqslant t \leqslant T$, 有

$$
\begin{aligned}
LV(x,t) &= -|x|^{-3} x^{\mathrm{T}} f(x,t) + \frac{1}{2}\left(-|x|^{-3} |g(x,t)|^2 + 3|x|^{-5} \left|x^{\mathrm{T}} g(x,t)\right|^2\right) \\
&\leqslant |x|^{-2} |f(x,t)| + |x|^{-3} |g(x,t)|^2 \\
&\leqslant K_\theta |x|^{-1} + K_\theta^2 |x|^{-1} = K_\theta(1 + K_\theta) V(x,t)
\end{aligned}
$$

现在, 对任意的 $\varepsilon \in (0, |x_0|)$, 定义停时

$$\tau_\varepsilon = \inf\{t \geqslant t_0 : |x(t)| \notin (\varepsilon, \theta)\}$$

由 Itô 公式, 可得

$$
\begin{aligned}
&E\left[e^{-K_\theta(1+K_\theta)(\tau_\varepsilon \wedge T - t_0)} V\left(x(\tau_\varepsilon \wedge T), \tau_\varepsilon \wedge T\right)\right] \\
&= V(x_0, t_0) + E \int_{t_0}^{\tau_\varepsilon \wedge T} e^{-K_\theta(1+K_\theta)(s - t_0)} \\
&\quad \left[-(K_\theta(1 + K_\theta)) V(x(s), s) + LV(x(s), s)\right] \mathrm{d}s \\
&\leqslant |x_0|^{-1}
\end{aligned}
$$

注意到对 $\omega \in A$, 有 $\tau_\varepsilon \leqslant T$ 和 $|x(\tau_\varepsilon)| = \varepsilon$. 因此, 上面的不等式意味着

$$E\left[e^{-K_\theta(1+K_\theta)(T - t_0)} \varepsilon^{-1} I_A\right] \leqslant |x_0|^{-1}$$

所以

$$P(A) \leqslant \varepsilon |x_0|^{-1} e^{K_\theta(1+K_\theta)(T - t_0)}$$

令 $\varepsilon \to 0$, 得 $P(A) = 0$, 但这与集合 $A$ 的定义产生了矛盾. 定理证毕

**定理 9.3.3** 如果存在一个函数 $V \in C^{2,1}\left(\mathbb{R}^d \times [t_0, \infty); \mathbb{R}_+\right)$ 和常数 $p > 0$, $c_1 > 0$, $c_2 \in \mathbb{R}$ 和 $c_3 \geqslant 0$, 使得对所有的 $x \neq 0$ 和 $t \geqslant t_0$ 有

(1) $c_1|x|^p \leqslant V(x,t)$;

(2) $LV(x,t) \leqslant c_2 V(x,t)$;

(3) $|V_x(x,t)g(x,t)|^2 \geqslant c_3 V^2(x,t)$.

那么对所有 $x_0 \in \mathbb{R}^d$, 有

$$\limsup_{t\to\infty} \frac{1}{t} \log|x(t;t_0,x_0)| \leqslant -\frac{c_3 - 2c_2}{2p} \quad \text{a.s.} \tag{9.3.3}$$

特别地, 如果 $c_3 > 2c_2$, 那么方程 (9.1.7) 的平凡解是几乎必然指数稳定的.

**证明**　显然, 因为 $x(t;t_0,0) \equiv 0$, 所以对 $x_0 = 0$ 有 (9.3.3) 式一定成立. 因此我们只需要考虑当 $x_0 \neq 0$ 时 (9.3.3) 式是否成立. 为此, 任意固定 $x_0 \neq 0$, 记 $x(t;t_0,x_0) = x(t)$, 由引理 9.3.2 知, $x_0 \neq 0$ 对所有 $t \geqslant t_0$ 几乎必然成立. 从而, 我们可以运用 Itô 公式和条件 (2) 证明, 对 $t \geqslant t_0$ 有

$$\log V(x(t),t) \leqslant \log V(x_0,t_0) + c_2(t-t_0) + M(t)$$
$$- \frac{1}{2}\int_{t_0}^t \frac{|V_x(x(s),s)g(x(s),s)|^2}{V^2(x(s),s)}\mathrm{d}s \tag{9.3.4}$$

其中

$$M(t) = \int_{t_0}^t \frac{V_x(x(s),s)g(x(s),s)}{V(x(s),s)}\mathrm{d}B(s)$$

是一个初始值为 $M(t_0) = 0$ 的连续鞅. 任意指定一个 $\varepsilon \in (0,1)$, 设 $n = 1,2,\cdots$, 由指数鞅不等式可得

$$P\left\{\sup_{t_0 \leqslant t \leqslant t_0+n}\left[M(t) - \frac{\varepsilon}{2}\int_{t_0}^t \frac{|V_x(x(s),s)g(x(s),s)|^2}{V^2(x(s),s)}\mathrm{d}s\right] > \frac{2}{\varepsilon}\log n\right\} \leqslant \frac{1}{n^2}$$

再利用 Borel-Cantelli 引理, 可得对于几乎所有的 $\omega \in \Omega$, 存在一个整数 $n_0 = n_0(\omega)$, 使得如果 $n \geqslant n_0$, 则对所有 $t_0 \leqslant t \leqslant t_0 + n$, 有

$$M(t) \leqslant \frac{\varepsilon}{2}\int_{t_0}^t \frac{|V_x(x(s),s)g(x(s),s)|^2}{V^2(x(s),s)}\mathrm{d}s + \frac{2}{\varepsilon}\log n \quad \text{a.s.}$$

成立. 将其代入 (9.3.4) 式, 然后利用条件 (3), 可得

$$\log V(x(t),t) \leqslant \log V(x_0,t_0) - \frac{1}{2}[(1-\varepsilon)c_3 - 2c_2](t-t_0) + \frac{2}{\varepsilon}\log n$$

对所有 $t_0 \leqslant t \leqslant t_0 + n$ 而 $n \geqslant n_0$ 几乎必然成立. 从而, 对几乎所有的 $\omega \in \Omega$, 如果 $t_0 + n - 1 \leqslant t \leqslant t_0 + n$ 而 $n \geqslant n_0$, 则有

$$\frac{1}{t} \log V(x(t), t) \leqslant -\frac{t - t_0}{2t} [(1 - \varepsilon)c_3 - 2c_2] + \frac{\log V(x_0, t_0) + \frac{2}{\varepsilon} \log n}{t_0 + n - 1}$$

成立, 这说明

$$\limsup_{t \to \infty} \frac{1}{t} \log V(x(t), t) \leqslant -\frac{1}{2} [(1 - \varepsilon)c_3 - 2c_2] \quad \text{a.s.}$$

最后, 由条件 (1), 我们得到

$$\limsup_{t \to \infty} \frac{1}{t} \log |x(t)| \leqslant -\frac{(1 - \varepsilon)c_3 - 2c_2}{2p} \quad \text{a.s.}$$

再由 $\varepsilon > 0$ 的任意性, 即可得要证的论断 (9.3.3). 证毕.

如果在定理 9.3.3 中令 $c_1 = \alpha$, $c_2 = -\lambda$ 和 $c_3 = 0$, 那么立刻可从定理 9.3.3 得出如下的

**推论 9.3.4** 如果存在一个函数 $V \in C^{2,1} (\mathbb{R}^d \times [t_0, \infty); \mathbb{R}_+)$ 和正常数 $p, \alpha, \lambda$, 使得对所有的 $x \neq 0$ 和 $t \geqslant t_0$, 有

$$\alpha |x|^p \leqslant V(x, t) \quad \text{和} \quad LV(x, t) \leqslant -\lambda V(x, t).$$

那么, 对所有 $x_0 \in \mathbb{R}^d$ 时, 有

$$\limsup_{t \to \infty} \frac{1}{t} \log |x(t; t_0, x_0)| \leqslant -\frac{\lambda}{p} \quad \text{a.s.}$$

换句话说, 方程 (9.1.7) 的平凡解是几乎必然指数稳定的.

上面的这些结果都给出了解的轨道 Lyapunov 指数的上界, 现在让我们转向对解的轨道 Lyapunov 指数下界的讨论.

**定理 9.3.5** 如果存在一个函数 $V \in C^{2,1} (\mathbb{R}^d \times [t_0, \infty); \mathbb{R}_+)$ 和常数 $p > 0$, $c_1 > 0$, $c_2 \in \mathbb{R}$ 和 $c_3 > 0$, 使得对所有的 $x \neq 0$ 和 $t \geqslant t_0$ 有

(1) $c_1 |x|^p \geqslant V(x, t) > 0$;

(2) $LV(x, t) \geqslant c_2 V(x, t)$;

(3) $|V_x(x, t) g(x, t)|^2 \leqslant c_3 V^2(x, t)$.

那么对所有 $x_0 \in \mathbb{R}^d$ 且 $x_0 \neq 0$, 有

$$\liminf_{t \to \infty} \frac{1}{t} \log |x(t; t_0, x_0)| \geqslant \frac{2c_2 - c_3}{2p} \quad \text{a.s.} \tag{9.3.5}$$

特别地, 如果 $2c_2 > c_3$, 那么 $|x(t; t_0, x_0)|$ 的几乎所有的样本轨道将趋向于无穷大, 并且在此种情况下我们说方程 (9.1.7) 的平凡解是几乎必然指数不稳定的.

**证明**　任意固定 $x_0 \neq 0$, 记 $x(t; t_0, x_0) = x(t)$. 运用 Itô 公式和条件 (2) 和 (3), 我们可以得到对所有的 $t \geqslant t_0$, 有

$$\log V(x(t), t) \geqslant \log V(x_0, t_0) + \frac{1}{2}(2c_2 - c_3)(t - t_0) + M(t) \tag{9.3.6}$$

其中

$$M(t) = \int_{t_0}^{t} \frac{V_x(x(s), s)g(x(s), s)}{V(x(s), s)} \mathrm{d}B(s)$$

是一个具有二次变差

$$[M(t), M(t)] = \int_{t_0}^{t} \frac{|V_x(x(s), s)g(x(s), s)|^2}{V^2(x(s), s)} \mathrm{d}s \leqslant c_3(t - t_0)$$

的连续鞅. 由强大数定律有, $\lim\limits_{t \to \infty} \dfrac{M(t)}{t} = 0$ a.s.. 因此, 再从 (9.3.6) 式得到

$$\liminf_{t \to \infty} \frac{1}{t} \log V(x, t) \geqslant \frac{1}{2}(2c_2 - c_3) \quad \text{a.s.}$$

所以运用条件 (1) 可得要证的论断 (9.3.5).

我们已经知道, 例 9.2.7 中的标量线性随机微分方程

$$\mathrm{d}x(t) = ax(t)\mathrm{d}t + \sum_{i=1}^{m} b_i x(t)\mathrm{d}B_i(t), \quad t \geqslant t_0 \tag{9.3.7}$$

的轨道 Lyapunov 指数是

$$\lim_{t \to \infty} \frac{1}{t} \log |x(t; t_0, x_0)| = a - \frac{1}{2} \sum_{i=1}^{m} b_i^2 \quad \text{a.s.} \tag{9.3.8}$$

现在, 我们利用定理 9.3.3 和定理 9.3.5 可以得到相同的结果. 设 $V(x, t) = x^2$, 则

$$LV(x, t) = \left(2a + \sum_{i=1}^{m} b_i^2\right) |x|^2$$

记 $g(x, t) = (b_1 x, \cdots, b_m x)$, 于是

$$|V_x(x, t)g(x, t)|^2 = 4 \sum_{i=1}^{m} b_i^2 |x|^4$$

因此, 对 $p = 2$, $c_1 = 1$, $c_2 = 2a + \sum\limits_{i=1}^{m} b_i^2$ 和 $c_3 = 4 \sum\limits_{i=1}^{m} b_i^2$ 应用定理 9.3.3, 我们有

$$\limsup_{t \to \infty} \frac{1}{t} \log |x(t; t_0, x_0)| \leqslant a - \frac{1}{2} \sum_{i=1}^{m} b_i^2 \quad \text{a.s.} \tag{9.3.9}$$

但是, 由定理 9.3.5 知

$$\liminf_{t \to \infty} \frac{1}{t} \log |x(t; t_0, x_0)| \geqslant a - \frac{1}{2} \sum_{i=1}^{m} b_i^2 \quad \text{a.s.} \tag{9.3.10}$$

结合 (9.3.9) 式和 (9.3.10) 式即得到 (9.3.8) 式. 这也表明, 定理 9.3.3 和定理 9.3.5 中所给出的结果是相当精确的 (不能被改进的) 结果, 下面让我们讨论更多的例子.

**例 9.3.6** 考虑一个初值为 $x(t_0) = x_0 \in \mathbb{R}^2$ 的二维随机微分方程

$$\mathrm{d}x(t) = f(x(t))\mathrm{d}t + Gx(t)\mathrm{d}B(t), \quad t \geqslant t_0 \tag{9.3.11}$$

其中 $B(t)$ 是一个一维 Brownian 运动, 而

$$f(x) = \begin{pmatrix} x_2 \cos x_1 \\ 2x_1 \sin x_2 \end{pmatrix}, \quad G = \begin{pmatrix} 3 & -0.3 \\ -0.3 & 3 \end{pmatrix}$$

令 $V(x, t) = |x|^2$, 容易证得

$$4.29 |x|^2 \leqslant LV(x, t) = 2x_1 x_2 \cos x_1 + 4x_1 x_2 \sin x_2 + |Gx|^2 \leqslant 13.89 |x|^2$$

和

$$29.16 |x|^2 \leqslant |V_x(x, t)Gx|^2 = \left| 2x^\mathrm{T} Gx \right|^2 \leqslant 43.56 |x|^4$$

再运用定理 9.3.3 和定理 9.3.5, 我们得到方程 (9.3.11) 的解的轨道 Lyapunov 指数的下上界为

$$-8.745 \leqslant \liminf_{t \to \infty} \frac{1}{t} \log |x(t; t_0, x_0)| \leqslant \limsup_{t \to \infty} \frac{1}{t} \log |x(t; t_0, x_0)| \leqslant -0.345$$

几乎必然成立. 因此, 方程 (9.3.11) 的平凡解几乎必然指数稳定.

**例 9.3.7** 我们都知道线性振荡器

$$\ddot{y}(t) + a\dot{y} + by(t) = 0$$

当 $a > 0$, $b > 0$ 时是指数稳定的. 现假设该振荡器受到由 $(cy(t) + h(y)) \dot{B}(t)$ 所描述的白噪声的外部干扰驱动. 换句话说, 此时我们得到了 $t \geqslant 0$ 上的一个初始值为 $(y(0), \dot{y}(0)) = (y_1, y_2) \in R^2$ 的标量线性随机振荡器

$$\ddot{y}(t) + a\dot{y} + by(t) = (c\dot{y}(t) + hy(t))\,\dot{B}(t) \tag{9.3.12}$$

这里 $\dot{B}(t)$ 是一个标准白噪声 (即 $B(t)$ 是一个 Brownian 运动), $c, h$ 是代表随机扰动的强度的常数. 引入向量 $x = (x_1, x_2)^{\mathrm{T}} = (y, \dot{y})^{\mathrm{T}}$, 则方程 (3.12) 可以写成二维的 Itô 型随机微分方程方程

$$\begin{cases} \mathrm{d}x_1(t) = x_2(t)\mathrm{d}t, \\ \mathrm{d}x_2(t) = (-bx_1(t) - ax_2(t))\mathrm{d}t + (cx_2(t) + hx_1(t))\mathrm{d}B(t), \end{cases} \tag{9.3.13}$$

至于 Lyapunov 函数, 我们尝试二次函数

$$V(x,t) = \alpha x_1^2 + \beta x_1 x_2 + x_2^2$$

计算得

$$LV(x,t) = -(\beta b - h^2)x_1^2 - (2a - \beta - c^2)x_2^2 + (2\alpha - \beta a - 2b + 2ch)x_1 x_2$$

为了将 $LV(x,t)$ 转变成一个负定的函数 (亦即 $LV(x,t) \leqslant -\varepsilon |x|^2$, 对某 $\varepsilon > 0$), 我们令

$$2\alpha - \beta a - 2b + 2ch = 0$$

即令 $\alpha = \dfrac{1}{2}(\beta a + 2b - 2ch)$. 于是 $V$ 和 $LV$ 变成

$$V(x,t) = \frac{1}{2}(\beta a + 2b - 2ch)x_1^2 + \beta x_1 x_2 + x_2^2$$

$$LV(x,t) = -(\beta b - h^2)x_1^2 - (2a - \beta - c^2)x_2^2$$

为了使 $LV(x,t)$ 为负定的, 需要让 $\beta b - h^2 > 0$ 和 $2a - \beta - c^2 > 0$, 即

$$\frac{h^2}{b} < \beta < 2a - c^2 \tag{9.3.14}$$

为了使 $V$ 是正定的 (亦即 $V(x,t) \geqslant \varepsilon |x|^2$, 对某 $\varepsilon > 0$), 我们必须要求

$$2(\beta a + 2b - 2ch) > \beta^2$$

这等价于要求

$$a - \sqrt{a^2 + 4(b - ch)} < \beta < a + \sqrt{a^2 + 4(b - ch)} \tag{9.3.15}$$

结合 (9.3.14) 式和 (9.3.15) 式我们可以看出, 如果

$$\max\left\{\frac{h^2}{b},a-\sqrt{a^2+4(b-ch)}\right\}<\beta<\min\left\{2a-c^2,a+\sqrt{a^2+4(b-ch)}\right\}$$

那么 $V$ 是正定的, 而 $LV$ 是负定的. 因此, 由推论 9.3.4 得出, 如果

$$\max\left\{\frac{h^2}{b},a-\sqrt{a^2+4(b-ch)}\right\}<\min\left\{2a-c^2,a+\sqrt{a^2+4(b-ch)}\right\}$$
$$(9.3.16)$$

那么

$$\limsup_{t\to\infty}\frac{1}{t}\log\left(|y(t)|+|\dot{y}(t)|\right)<0\quad\text{a.s.}$$

即随机振荡器 (9.3.12) 的平凡解 $(y(t),\dot{y}(t))=0$ 是几乎必然指数稳定的.

**例 9.3.8** 考虑初始值为 $x(t_0)=x_0\in\mathbb{R}^d$ 的线性齐次 Itô 方程

$$\mathrm{d}x(t)=Fx(t)\mathrm{d}t+\sum_{i=1}^{m}G_ix(t)\mathrm{d}B_i(t),\quad t\geqslant t_0 \qquad (9.3.17)$$

假设所有的 $d\times d$ 阶矩阵 $F,G_1,G_2,\cdots,G_m$ 都是可交换的, 即对全体 $1\leqslant i,j\leqslant m$ 有

$$FG_i=G_iF,\quad G_iG_j=G_jG_i \qquad (9.3.18)$$

在 8.3.4 节中我们已经知道方程 (9.3.18) 有精确解

$$x(t;t_0,x_0)=\exp\left[\left(F-\frac{1}{2}\sum_{i=1}^{m}G_i^2\right)(t-t_0)+\sum_{i=1}^{m}G_i(B_i(t)-B_i(t_0))\right]x_0 \qquad (9.3.19)$$

现在, 我们假设矩阵 $F-\dfrac{1}{2}\sum_{i=1}^{m}G_i^2$ 的所有特征值都有负的实部, 这等价于存在一对正常数 $C$ 和 $\lambda$ 使得

$$\left\|\exp\left[\left(F-\frac{1}{2}\sum_{i=1}^{m}G_i^2\right)(t-t_0)\right]\right\|\leqslant C\mathrm{e}^{-\lambda(t-t_0)} \qquad (9.3.20)$$

则由 (9.3.20) 式得

$$|x(t;t_0,x_0)|\leqslant C\,|x_0|\exp\left[-\lambda(t-t_0)+\sum_{i=1}^{m}\|G_i\|\,|B_i(t)-B_i(t_0)|\right]$$

再运用 Brownian 运动的性质 $\lim\limits_{t\to\infty} |B_i(t) - B_i(t_0)|/t = 0$ a.s. 我们立即有

$$\limsup_{t\to\infty} \frac{1}{t} \log |x(t; t_0, x_0)| \leqslant -\lambda \quad \text{a.s.} \tag{9.3.21}$$

换句话说, 我们已经证明了在条件 (9.3.18) 和条件 (9.3.20) 之下, 方程 (9.3.17) 的平凡解是几乎必然指数稳定的.

## 9.4   解的矩指数稳定性

在本节中, 总是设 $p > 0$, 我们将讨论方程 (9.1.7) 的解的 $p$ 阶矩指数稳定性. 首先让我们给出解的 $p$ 阶矩指数稳定的定义.

**定义 9.4.1**   称方程 (9.1.7) 的平凡解是 $p$ 阶矩指数稳定的, 如果存在一对正常数 $C$ 和 $\lambda$, 使得对所有的 $x_0 \in \mathbb{R}^d$, 有

$$E|x(t; t_0, x_0)|^p \leqslant C |x_0|^p e^{-\lambda(t-t_0)}, \quad t \geqslant t_0 \tag{9.4.1}$$

当 $p = 2$ 时, $p$ 阶矩指数稳定常称为是均方指数稳定.

显然, $p$ 阶矩指数稳定意味着解的 $p$ 阶矩将以指数形式趋于 0, 因此从 (9.4.1) 可得

$$\limsup_{t\to\infty} \frac{1}{t} \log \left( E |x(t; t_0, x_0)|^p \right) < 0 \tag{9.4.2}$$

与 7.3 节中的定义一样, (9.4.2) 式左边的部分叫做方程 (9.1.7) 的解的 $p$ 阶矩 Lyapunov 指数. 所以, 在这种情况下, $p$ 阶矩 Lyapunov 指数是负的. 而且, 如果我们考虑一个 $\mathscr{F}_{t_0}$ 可测的随机变量的初始值 $x_0 \in L_p(\Omega; \mathbb{R}^d)$, 则由 (9.4.1) 式有

$$E |x(t; t_0, x_0)|^p = \int_{R^d} |x(t; t_0, y)|^p P\{x_0 \in \mathrm{d}y\}$$

$$\leqslant \int_{R^d} C |y|^p e^{-\lambda(t-t_0)} P\{x_0 \in \mathrm{d}y\} = CE |x_0|^p e^{-\lambda(t-t_0)}$$

此外, 注意到当 $0 < \hat{p} < p$ 时, 有 $\left( E |x(t)|^{\hat{p}} \right)^{1/\hat{p}} \leqslant (E |x(t)|^p)^{1/p}$, 因此我们看到方程 (9.1.7) 的平凡解 $p$ 阶矩指数稳定意味着它也是 $\hat{p}$ 阶矩指数稳定的.

一般来说, $p$ 阶矩指数稳定和几乎必然指数稳定并不互相蕴含, 为了从一个推断到另一个需要附加条件, 下面的定理给出了 $p$ 阶矩指数稳定蕴含几乎必然指数稳定的条件.

**定理 9.4.2**   如果有一正常数 $K$, 使得对所有 $(x, t) \in \mathbb{R}^d \times [t_0, \infty)$, 有

$$x^{\mathrm{T}} f(x,t) \vee |g(x,t)|^2 \leqslant K |x|^2 \tag{9.4.3}$$

那么方程 (9.1.7) 的平凡解的 $p$ 阶矩指数稳定意味着几乎必然指数稳定.

**证明** 在 $\mathbb{R}^d$ 中任意固定 $x_0 \neq 0$, 简记 $x(t; t_0, x_0) = x(t)$. 由 $p$ 阶矩指数稳定的定义可知, 存在一对正常数 $C$ 和 $\lambda$, 使得对 $t \geqslant t_0$, 有

$$E |x(t)|^p \leqslant C |x_0|^p \, \mathrm{e}^{-\lambda(t-t_0)} \tag{9.4.4}$$

设 $n = 1, 2, \cdots$, 由 Itô 公式和条件 (9.4.3), 我们可以证得对 $t_0 + n - 1 \leqslant t \leqslant t_0 + n$ 有

$$
\begin{aligned}
|x(t)|^p &= |x(t_0 + n - 1)|^p + \int_{t_0+n-1}^{t} p |x(s)|^{p-2} x^{\mathrm{T}}(s) f(x(s), s) \mathrm{d}s \\
&\quad + \frac{1}{2} \int_{t_0+n-1}^{t} \left[ p |x(s)|^{p-2} |g(x(s), s)|^2 + p(p-2) |x|^{p-4} \left| x^{\mathrm{T}}(s) g(x(s), s) \right| \right] \mathrm{d}s \\
&\quad + \int_{t_0+n-1}^{t} p |x(s)|^{p-2} x^{\mathrm{T}}(s) g(x(s), s) \mathrm{d}B(s) \\
&\leqslant |x(t_0 + n - 1)|^p + c_1 \int_{t_0+n-1}^{t} |x(s)|^p \, \mathrm{d}s \\
&\quad + \int_{t_0+n-1}^{t} p |x(s)|^{p-2} x^{\mathrm{T}}(s) g(x(s), s) \mathrm{d}B(s)
\end{aligned}
$$

其中 $c_1 = pK + p(1 + |p - 2|) K / 2$. 因此

$$
\begin{aligned}
E &\left( \sup_{t_0+n-1 \leqslant t \leqslant t_0+n} |x(t)|^p \right) \\
&\leqslant E |x(t_0 + n - 1)|^p + c_1 \int_{t_0+n-1}^{t_0+n} E |x(s)|^p \, \mathrm{d}s \\
&\quad + E \left( \sup_{t_0+n-1 \leqslant t \leqslant t_0+n} \int_{t_0+n-1}^{t} p|x(s)|^{p-2} x^{\mathrm{T}}(s) g(x(s), s) \mathrm{d}B(s) \right) \tag{9.4.5}
\end{aligned}
$$

另一方面, 由 Burkholder-Davis-Gundy 不等式, 我们有

$$
\begin{aligned}
E &\left( \sup_{t_0+n-1 \leqslant t \leqslant t_0+n} \int_{t_0+n-1}^{t} p|x(s)|^{p-2} x^{\mathrm{T}}(s) g(x(s), s) \mathrm{d}B(s) \right) \\
&\leqslant 4\sqrt{2} E \left( \int_{t_0+n-1}^{t_0+n} p^2 |x(s)|^{2(p-2)} \left| x^{\mathrm{T}}(s) g(x(s), s) \right|^2 \mathrm{d}s \right)^{\frac{1}{2}}
\end{aligned}
$$

$$\leqslant 4\sqrt{2}E\left(\sup_{t_0+n-1\leqslant s\leqslant t_0+n}|x(s)|^p\int_{t_0+n-1}^{t_0+n}p^2K\,|x(s)|^p\,\mathrm{d}s\right)^{\frac{1}{2}}$$

$$\leqslant \frac{1}{2}E\left(\sup_{t_0+n-1\leqslant s\leqslant t_0+n}|x(s)|^p\right)+16p^2K\int_{t_0+n-1}^{t_0+n}E\,|x(s)|^p\,\mathrm{d}s$$

其中我们使用了初等不等式 $\sqrt{ab}\leqslant(a+b)/2$, 并将其代入 (9.4.5) 式可以得到

$$E\left(\sup_{t_0+n-1\leqslant t\leqslant t_0+n}|x(t)|^p\right)\leqslant 2E\,|x(t_0+n-1)|^p+c_2\int_{t_0+n-1}^{t_0+n}E\,|x(s)|^p\,\mathrm{d}s$$

其中 $c_2=2c_1+32p^2K$. 再运用 (9.4.4) 式有

$$E\left(\sup_{t_0+n-1\leqslant t\leqslant t_0+n}|x(t)|^p\right)\leqslant c_3\mathrm{e}^{-\lambda(n-1)} \tag{9.4.6}$$

其中 $c_3=C\,|x_0|^p\,(2+c_2)$. 现在, 设 $\varepsilon\in(0,\lambda)$ 任意. 利用 Markov 不等式及 (9.4.6) 式可得

$$P\left\{\sup_{t_0+n-1\leqslant t\leqslant t_0+n}|x(t)|^p>\mathrm{e}^{-(\lambda-\varepsilon)(n-1)}\right\}$$

$$\leqslant \mathrm{e}^{(\lambda-\varepsilon)(n-1)}E\left(\sup_{t_0+n-1\leqslant t\leqslant t_0+n}|x(t)|^p\right)\leqslant c_3\mathrm{e}^{-\varepsilon(n-1)}$$

再利用 Borel-Cantelli 引理, 我们得到对几乎所有的 $\omega\in\Omega$, 有

$$\sup_{t_0+n-1\leqslant t\leqslant t_0+n}|x(t)|^p\leqslant \mathrm{e}^{-(\lambda-\varepsilon)(n-1)} \tag{9.4.7}$$

对除了有限多个外所有的 $n$ 成立. 因此, 存在一个 $n_0=n_0(w)$, 使对除去一个 $P$ 零集外所有的 $\omega\in\Omega$, 只要 $n\geqslant n_0$ 就有 (9.4.7) 式成立. 从而, 对几乎所有的 $\omega\in\Omega$, 如果 $t_0+n-1\leqslant t\leqslant t_0+n$ 及 $n\geqslant n_0$, 就有

$$\frac{1}{t}\log|x(t)|\leqslant\frac{1}{pt}\log\left(|x(t)|^p\right)\leqslant-\frac{(\lambda-\varepsilon)(n-1)}{p(t_0+n-1)}$$

故

$$\limsup_{t\to\infty}\frac{1}{t}\log|x(t)|\leqslant-\frac{(\lambda-\varepsilon)}{p}\qquad\text{a.s.}$$

因为 $\varepsilon>0$ 是任意的, 所以我们必有

$$\limsup_{t\to\infty}\frac{1}{t}\log|x(t)|\leqslant-\frac{\lambda}{p}\qquad\text{a.s.}$$

于是根据定义 9.4.1, 方程 (9.1.7) 的平凡解是几乎必然指数稳定的. 证毕.

尽管条件 (9.4.3) 不能被解的存在唯一性定理 7.2.6 所保证, 但它是整个这一章的假设, 这适合于很多重要的情况. 例如, 如果系数 $f(x,t)$ 和 $g(x,t)$ 是一致 Lipschitz 连续的, 考虑到本章总是假设 $f(0,t) \equiv 0$ 和 $g(0,t) \equiv 0$, 那么条件 (9.4.3) 被满足. 此外, 对于 $d$ 维线性随机微分方程

$$dx(t) = F(t)x(t)\mathrm{d}t + \sum_{i=1}^{m} G_i(t)x(t)\mathrm{d}B_i(t) \tag{9.4.8}$$

如果 $F$, $G_i$ 都是有界 $d \times d$ 矩阵值函数, 那么条件 (9.4.3) 也成立. 于是, 我们得到一个有用的推论.

**推论 9.4.3** 如果 $F$, $G_i$ 都是有界 $d \times d$ 矩阵值函数, 那么线性方程 (9.4.8) 的平凡解的 $p$ 阶矩指数稳定性蕴含着几乎必然指数稳定性.

现在, 我们通过 Lyapunov 函数来建立判定方程 (9.1.7) 的平凡解 $p$ 阶矩指数稳定性的一个充分准则.

**定理 9.4.4** 如果存在函数 $V(x,t) \in C^{2,1}(\mathbb{R}^d \times [t_0,\infty); \mathbb{R}_+)$ 和正数 $c_1 - c_3$, 使得对所有的 $(x,t) \in \mathbb{R}^d \times [t_0,\infty)$, 有

$$c_1|x|^p \leqslant V(x,t) \leqslant c_2|x|^p \quad \text{和} \quad LV(x,t) \leqslant -c_3 V(x,t) \tag{9.4.9}$$

那么对 $t \geqslant t_0$ 有

$$E|x(t;t_0,x_0)|^p \leqslant \frac{c_2}{c_1}|x_0|^p \, \mathrm{e}^{-c_3(t-t_0)} \tag{9.4.10}$$

换句话说, 方程 (9.1.7) 的平凡解是 $p$ 阶矩指数稳定的, 而这个解的 $p$ 阶矩 Lyapunov 指数不应该大于 $-c_3$.

**证明** 在 $\mathbb{R}^d$ 中任意固定 $x_0 \neq 0$, 记 $x(t;t_0,x_0) = x(t)$. 对每一个 $n \geqslant |x_0|$, 定义停时

$$\tau_n = \inf\{t \geqslant t_0 : |x(t)| \geqslant n\}$$

显然, 当 $n \to \infty$ 时有 $\tau_n \to \infty$ a.s. 由 Itô 公式可得, 对 $t \geqslant t_0$, 有

$$E\left[\mathrm{e}^{c_3(t\wedge\tau_n-t_0)} V(x(t\wedge\tau_n), t\wedge\tau_n)\right]$$

$$= V(x_0,t_0) + E\int_{t_0}^{t\wedge\tau_n} \mathrm{e}^{c_3(s-t_0)}\left[c_3 V(x(s),s) + LV(x(s),s)\right]\mathrm{d}s$$

再利用条件 (9.4.9), 我们可得

$$c_1\mathrm{e}^{c_3(t\wedge\tau_n-t_0)}E|x(t\wedge\tau_n)|^p \leqslant E\left[\mathrm{e}^{c_3(t\wedge\tau_n-t_0)}V\left(x(t\wedge\tau_n), t\wedge\tau_n\right)\right]$$

$$\leqslant V(x_0, t_0) \leqslant c_2 \left|x_0\right|^p$$

令 $n \to \infty$ 得

$$c_1 \mathrm{e}^{c_3(t-t_0)} E \left|x(t)\right|^p \leqslant c_2 \left|x_0\right|^p$$

这说明要证的论断 (9.4.10) 成立.

类似地, 我们可以证明下面的这个给出判定方程 (9.1.7) 的平凡解 $q$ 阶矩指数不稳定的充分准则的定理.

**定理 9.4.5**　设 $q > 0$. 如果存在函数 $V(x, t) \in C^{2,1}(\mathbb{R}^d \times [t_0, \infty); \mathbb{R}_+)$ 和正数 $c_1 - c_3$, 使得对所有 $(x, t) \in \mathbb{R}^d \times [t_0, \infty)$ 有

$$c_1 \left|x\right|^q \leqslant V(x, t) \leqslant c_2 \left|x\right|^q \quad \text{和} \quad LV(x, t) \geqslant c_3 V(x, t)$$

那么, 在 $t \geqslant t_0$ 上对所有 $x_0 \in \mathbb{R}^d$, 有

$$E \left|x(t; t_0, x_0)\right|^q \geqslant \frac{c_1}{c_2} \left|x_0\right|^q \mathrm{e}^{c_3(t-t_0)}$$

在这种情况下, 我们说方程 (9.1.7) 的平凡解是 $q$ 阶矩指数不稳定的.

因为, 对 $\hat{q} > q$, 有 $\left(E \left|x(t)\right|^{\hat{q}}\right)^{1/\hat{q}} \geqslant \left(E \left|x(t)\right|^q\right)^{1/q}$, 所以方程 (9.1.7) 的平凡解 $q$ 阶矩指数不稳定意味着它的 $\hat{q}$ 阶矩指数不稳定. 现在, 我们再利用定理 9.4.4 建立一个判定方程 (9.1.7) 的解 $p$ 阶矩指数稳定的有用的推论.

**推论 9.4.6**　假设存在一个 $d \times d$ 阶对称正定矩阵 $Q$ 和常数 $\alpha_1 - \alpha_3$, 使得对所有的 $(x, t) \in \mathbb{R}^d \times [t_0, \infty)$, 有

$$x^{\mathrm{T}} Q f(x, t) + \frac{1}{2} \mathrm{trace} \left[g^{\mathrm{T}}(x, t) Q g(x, t)\right] \leqslant \alpha_1 x^{\mathrm{T}} Q x \tag{9.4.11}$$

和

$$\alpha_2 x^{\mathrm{T}} Q x \leqslant \left|x^{\mathrm{T}} Q g(x, t)\right| \leqslant \alpha_3 x^{\mathrm{T}} Q x \tag{9.4.12}$$

(i) 如果 $\alpha_1 < 0$, 只要 $p < 2 + 2\dfrac{\left|\alpha_1\right|}{\alpha_3^2}$, 那么方程 (9.1.7) 的平凡解 $p$ 阶矩指数稳定;

(ii) 如果 $0 \leqslant \alpha_1 < a_2^2$, 只要 $p < 2 - 2\dfrac{\alpha_1}{\alpha_2^2}$, 那么方程 (9.1.7) 的平凡解 $p$ 阶矩指数稳定.

**证明**　令 $V(x, t) = \left(x^{\mathrm{T}} Q x\right)^{\frac{p}{2}}$, 则

$$\lambda_{\min}^{\frac{p}{2}}(Q) \left|x\right|^p \leqslant V(x, t) \leqslant \lambda_{\max}^{\frac{p}{2}}(Q) \left|x\right|^p$$

这里 $\lambda_{\min}(Q)$ 和 $\lambda_{\max}(Q)$ 分别表示矩阵 $Q$ 的最小和最大特征值. 容易证明

$$LV(x,t) = p\left(x^{\mathrm{T}}Qx\right)^{\frac{p}{2}-1}\left(x^{\mathrm{T}}Qf(x,t) + \frac{1}{2}\mathrm{trace}\left[g^{\mathrm{T}}(x,t)Qg(x,t)\right]\right)$$
$$+ p\left(\frac{p}{2}-1\right)\left(x^{\mathrm{T}}Qx\right)^{\frac{p}{2}-2}\left|x^{\mathrm{T}}Qq(x,t)\right|^2 \tag{9.4.13}$$

(i) 假设 $\alpha_1 < 0$ 和 $p < 2 + 2|\alpha_1|/\alpha_3^2$, 不失一般性, 我们可以令 $p \geqslant 2$. 利用条件 (9.4.11) 和 (9.4.12), 我们可以从 (9.4.13) 得到

$$LV(x,t) \leqslant -p\left[|\alpha_1| - \left(\frac{p}{2}-1\right)\alpha_3^2\right]V(x,t)$$

因此利用定理 9.4.4, 可知方程 (9.1.7) 的平凡解是 $p$ 阶矩指数稳定的.

(ii) 假设 $0 \leqslant \alpha_1 < a_2^2$ 及 $p < 2 - 2\alpha_1/\alpha_2^2$. 在这种情况下, 我们有

$$LV(x,t) \leqslant -p\left[\left(\frac{p}{2}-1\right)\alpha_2^2 - \alpha_1\right]V(x,t)$$

所以从定理 9.4.4 可得方程 (9.1.7) 的平凡解是 $p$ 阶矩指数稳定的. 证毕.

类似地, 我们可以利用定理 9.4.5 来得到关于方程 (9.1.7) 的解矩指数不稳定的下面结果.

**推论 9.4.7** 如果存在一个 $d \times d$ 阶的对称正定矩阵 $Q$ 和正常数 $\beta_1, \beta_2$, 使得对所有 $(x,t) \in \mathbb{R}^d \times [t_0, \infty)$, 有

$$x^{\mathrm{T}}Qf(x,t) + \frac{1}{2}\mathrm{trace}\left[g^{\mathrm{T}}(x,t)Qg(x,t)\right] \geqslant \beta_1 x^{\mathrm{T}}Qx \tag{9.4.14}$$

和

$$\left|x^{\mathrm{T}}Qg(x,t)\right| \leqslant \beta_2 x^{\mathrm{T}}Qx \tag{9.4.15}$$

只要 $q > 0 \vee \left(2 - 2\beta_1/\beta_2^2\right)$, 那么方程 (9.1.7) 的平凡解 $q$ 阶指数不稳定.

现在, 让我们通过例子来说明上面的结果.

**例 9.4.8** 考虑 $t \geqslant t_0$ 上的标量线性 Itô 方程

$$\mathrm{d}x(t) = ax(t)\mathrm{d}t + \sum_{i=1}^{m} b_i x(t)\mathrm{d}B_i(t) \tag{9.4.16}$$

其中 $a$, $b_i$ 都是常数, $i = 1, 2, \cdots, m$. 我们假设

$$0 < a < \frac{1}{2}\sum_{i=0}^{m} b_i^2 \tag{9.4.17}$$

令 $f(x,t) = ax$ 和 $g(x,t) = (b_1 x, \cdots, b_m x)$, 我们得到

$$xf(x,t) + \frac{1}{2}\text{trace}\left[g^{\mathrm{T}}(x,t)g(x,t)\right] = \left(a + \frac{1}{2}\sum_{i=1}^{m} b_i^2\right)x^2$$

和

$$|xg(x,t)| = \sqrt{\sum_{i=1}^{m} b_i^2\, |x|^2}$$

因此, 由推论 9.4.6, 如果 $p < 1 - \dfrac{a}{\frac{1}{2}\sum\limits_{i=1}^{m} b_i^2}$, 则方程 (9.4.16) 的平凡解是 $p$ 阶矩指

数稳定的. 而由推论 9.4.7, 如果 $q > 1 - \dfrac{a}{\frac{1}{2}\sum\limits_{i=1}^{m} b_i^2}$, 则它是 $q$ 阶矩指数不稳定的.

**例 9.4.9**　考虑来自卫星动力学系统的如下方程

$$\ddot{y}(t) + \beta\left(1 + \alpha\dot{B}(t)\right)\dot{y}(t) + \left(1 + \alpha\dot{B}(t)\right)y(t) - \gamma\sin\left(2y(t)\right) = 0 \qquad (9.4.18)$$

其中 $\dot{B}(t)$ 是一个标量的白噪声, $\alpha$ 是表示干扰强度的常数, $\beta, \gamma$ 是两个正常数. 引入向量 $x = (x_1, x_2)^{\mathrm{T}} = (y, \dot{y})^{\mathrm{T}}$, 我们可以将方程 (9.4.18) 写成二维 Itô 方程

$$\begin{cases} \mathrm{d}x_1 = x_2(t)\mathrm{d}t \\ \mathrm{d}x_2 = [-x_1(t) + \gamma\sin\left(2x_1(t)\right) - \beta x_2(t)]\,\mathrm{d}t - \alpha\left[x_1(t) + \beta x_2(t)\right]\mathrm{d}B(t) \end{cases}$$

至于 Lyapunov 函数, 我们尝试如下的一个由一个二次型和一个非线性积分成分构成的表达式, 即

$$V(x,t) = ax_1^2 + bx_1 x_2 + x_2^2 + c\int_0^{x_1} \sin(2y)\mathrm{d}y$$

$$= ax_1^2 + bx_1 x_2 + x_2^2 + c\sin^2 x_1$$

由此得到

$$LV(x,t) = -(b - \alpha^2)x_1^2 + b\gamma x_1 \sin(2x_1) - (2\beta - b - \alpha^2\beta^2)x_2^2$$

$$+ (2a - b\beta - 2 + 2\alpha^2\beta)x_1 x_2 + (c + 2\gamma)x_2 \sin(2x_1)$$

令 $2a - b\beta - 2 + 2\alpha^2\beta = 0$ 和 $c + 2\gamma = 0$, 可得

$$V(x,t) = \frac{1}{2}(b\beta + 2 - 2\alpha^2\beta)x_1^2 + bx_1x_2 + x_2^2 - 2\gamma\sin^2 x_1$$

和

$$LV(x,t) = -(b - \alpha^2)x_1^2 + b\gamma x_1\sin(2x_1) - (2\beta - b - \alpha^2\beta)x_2^2$$

注意到

$$V(x,t) \geqslant \frac{1}{2}(b\beta + 2 - 2\alpha^2\beta - 4\gamma)x_1^2 + bx_1x_2 + x_2^2$$

所以, 对某 $\varepsilon > 0$, 如果有

$$2(b\beta + 2 - 2\alpha^2\beta - 4\gamma) \geqslant b^2$$

或者等价地有

$$\beta - \sqrt{\beta^2 + 4 - 8\gamma - 4\alpha^2\beta} < b < \beta + \sqrt{\beta^2 + 4 - 8\gamma - 4\alpha^2\beta} \tag{9.4.19}$$

那么有 $V(x,t) \geqslant \varepsilon|x|^2$ 成立. 又注意到

$$LV(x,t) \leqslant -(b - \alpha^2 - 2b\gamma)x_1^2 - (2\beta - b - \alpha^2\beta^2)x_2^2$$

所以, 对某 $\bar{\varepsilon} > 0$, 只要有 $b - \alpha^2 - 2b\gamma > 0$ 和 $2\beta - b - \alpha^2\beta^2 > 0$, 即

$$2\gamma < 1 \quad \text{和} \quad \alpha^2/(1 - 2\gamma) < b < 2\beta - \alpha^2\beta^2 \tag{9.4.20}$$

那么就有 $LV(x,t) \leqslant -\bar{\varepsilon}|x|^2$ 成立. 因此, 我们可由定理 9.4.4 推断出如果 $\gamma < \frac{1}{2}$ 且

$$\max\left\{\alpha^2/(1 - 2\gamma), \beta - \sqrt{\beta^2 + 4 - 8\gamma - 4\alpha^2\beta}\right\}$$
$$< \min\left\{2\beta - \alpha^2\beta^2, \beta + \sqrt{\beta^2 + 4 - 8\gamma - 4\alpha^2\beta}\right\} \tag{9.4.21}$$

那么, 方程 (9.4.18) 的平凡解是均方指数稳定的.

在线性随机微分方程的情形下, 显式解在确定其 $p$ 阶矩指数稳定性时当然是非常有用的. 现在, 我们通过例子来说明这一点.

**例 9.4.10** 考虑一个初始值为 $x(t_0) = x_0 \in \mathbb{R}^d$ 的标量线性 Itô 方程

$$dx(t) = a(t)x(t)dt + \sum_{i=1}^{m} b_i(s)x(s)dB_i(s), \quad t \geqslant t_0 \tag{9.4.22}$$

其中 $a(t)$, $b_i(t)$ 都是 $[t_0, \infty)$ 上的连续函数. 我们已经知道方程 (9.4.22) 有显示解

$$x(t) = x_0 \exp\left[\int_{t_0}^t \left(a(s) - \frac{1}{2}\sum_{i=1}^m b_i^2(s)\right) \mathrm{d}s + \sum_{i=1}^m \int_{t_0}^t b_i(s)\mathrm{d}B_i(s)\right]$$

于是

$$E\,|x(t)|^p = |x_0|^p\, E \exp\left[p\int_{t_0}^t \left(a(s) - \frac{1}{2}\sum_{i=1}^m b_i^2(s)\right) \mathrm{d}s + p\sum_{i=1}^m \int_{t_0}^t b_i(s)\mathrm{d}B_i(s)\right]$$

我们可以证明

$$E \exp\left[-\frac{p^2}{2}\sum_{i=1}^m \int_{t_0}^t b_i^2(s)\mathrm{d}s + p\sum_{i=1}^m \int_{t_0}^t b_i(s)\mathrm{d}B_i(s)\right] = 1$$

从而有

$$E\,|x(t)|^p = |x_0|^p \exp\left[p\int_{t_0}^t \left(a(s) - \frac{1-p}{2}\sum_{i=1}^m b_i^2(s)\right) \mathrm{d}s\right] \tag{9.4.23}$$

因此, 可得方程 (9.4.22) 的平凡解是 $p$ 阶矩指数稳定的当且仅当

$$\limsup_{t\to\infty} \frac{1}{t}\int_{t_0}^t \left(a(s) - \frac{1-p}{2}\sum_{i=1}^m b_i^2(s)\right) \mathrm{d}s < 0 \tag{9.4.24}$$

而解是 $q$ 阶矩指数不稳定的当且仅当

$$\liminf_{t\to\infty} \frac{1}{t}\int_{t_0}^t \left(a(s) - \frac{1-q}{2}\sum_{i=1}^m b_i^2(s)\right) \mathrm{d}s > 0 \tag{9.4.25}$$

如果 $a(t) = a$, $b_i(t) = b_i$ 都是常数, 则方程 (9.4.22) 式简化为方程 (9.4.16). 在这种情形下, (9.4.24) 式成立当且仅当

$$a - \frac{1-p}{2}\sum_{i=1}^m b_i^2 < 0, \quad \text{即} \quad p < 1 - \frac{a}{\frac{1}{2}\sum_{i=1}^m b_i^2} \tag{9.4.26}$$

而 (9.4.25) 式成立当且仅当

$$a - \frac{1-q}{2}\sum_{i=1}^m b_i^2 > 0, \quad \text{即} \quad q > 1 - \frac{a}{\frac{1}{2}\sum_{i=1}^m b_i^2} \tag{9.4.27}$$

显然, 这些结果与例 9.4.8 的结论相同.

## 9.5 随机稳定化与不稳定化

噪声可以破坏一个稳定系统并不奇怪. 例如对于由给定的 2 维指数稳定系统

$$\dot{y}(t) = -y(t), \quad y(t_0) = x_0 \in \mathbb{R}^2, \quad t \geqslant t_0 \tag{9.5.1}$$

被噪声干扰而得到的由初值为 $x(t_0) = x_0 \in \mathbb{R}^2$ 的 Itô 方程

$$\mathrm{d}x(t) = -x(t)\mathrm{d}t + Gx(t)\mathrm{d}B(t), \quad t \geqslant t_0 \tag{9.5.2}$$

所描述的随机扰动系统, 其中 $B(t)$ 是一个一维 Brownian 运动, 而 $G = \begin{pmatrix} 0 & -2 \\ 2 & 0 \end{pmatrix}$.

我们已经知道方程 (9.5.2) 有显示解

$$x(t) = \exp\left[(t - t_0)\left(-I - \frac{1}{2}G^2\right) + G\left(B(t) - B(t_0)\right)\right]x_0$$

$$= \exp\left[(t - t_0)I + G\left(B(t) - B(t_0)\right)\right]$$

其中 $I$ 是 $2 \times 2$ 的单位矩阵, 因此

$$\lim_{t \to \infty} \frac{1}{t}\log|x(t)| = 1 \quad \text{a.s.}$$

即指数稳定系统 (9.5.1) 的随机扰动系统 (9.5.2) 成了几乎必然指数不稳定的系统.

另一方面, 人们也已经注意到噪声也可以具有稳定作用. 例如考虑初值为 $x(t_0) = x_0 \in \mathbb{R}^2$ 的标量不稳定系统

$$\dot{x}(t) = x(t), \quad t \geqslant t_0 \tag{9.5.3}$$

被噪声干扰得到的初值为 $x(t_0) = x_0 \in \mathbb{R}^2$ 的随机扰动系统

$$\mathrm{d}x(t) = x(t)\mathrm{d}t + 2x(t)\mathrm{d}B(t), \quad t \geqslant t_0 \tag{9.5.4}$$

其中 $B(t)$ 是一个一维的 Brownian 运动. 因为方程 (9.5.4) 有显式解

$$x(t) = x_0\exp\left[-(t - t_0) + 2\left(B(t) - B(t_0)\right)\right]$$

所以我们立刻可得

$$\lim_{t \to \infty} \frac{1}{t}\log|x(t)| = -1 \quad \text{a.s.}$$

即不稳定系统 (9.5.3) 的扰动系统 (9.5.4) 变成了稳定的系统. 换句话说, 噪声稳定了不稳定的系统 (9.5.3).

本节的下面我们将建立非线性系统随机稳定化和不稳定化的一般理论.

假设有一个被初值为 $x(t_0) = x_0 \in \mathbb{R}^d$ 的非线性常微分方程

$$\dot{x}(t) = f(x(t), t), \quad t \geqslant t_0 \tag{9.5.5}$$

所描述的系统, 其中 $f : \mathbb{R}^d \times \mathbb{R}_+ \to \mathbb{R}^d$ 是一个局部 Lipschitz 连续函数, 而且特别地对某 $K > 0$ 和所有的 $(x, t) \in \mathbb{R}^d \times \mathbb{R}_+$ 有

$$|f(x, t)| \leqslant K |x| \tag{9.5.6}$$

现在, 我们用一个 $m$ 维 Brownian 运动 $B(t) = (B_1(t), \cdots, B_m(t))^{\mathrm{T}}$ 作为噪声源去干扰给定的系统. 为简单起见, 假设随机扰动是线性的形式, 即得到的随机扰动系统被初值为 $x(t_0) = x_0 \in \mathbb{R}^2$ 的半线性 Itô 方程

$$\mathrm{d}x(t) = f(x(t), t)\mathrm{d}t + \sum_{i=1}^{m} G_i x(t) \mathrm{d}B_i(t), \quad t \geqslant t_0 \tag{9.5.7}$$

所描述, 其中 $G_i (1 \leqslant i \leqslant m)$ 都是 $d \times d$ 阶矩阵. 显然, 方程 (9.5.7) 有唯一解, 记其为 $x(t; t_0, x_0)$, 而且, 它有平凡解 $x(t) \equiv 0$.

现在我们开始讨论随机扰动如何影响给定的系统 (9.5.5) 的稳定性或不稳定性, 而且可以看出对 $G_i (1 \leqslant i \leqslant m)$ 的不同选择会使得结果不同.

**定理 9.5.1**　设 (9.5.6) 式成立, 如果存在两个常数 $\lambda > 0$ 和 $\rho \geqslant 0$, 使得对所有的 $x \in \mathbb{R}^d$, 有

$$\sum_{i=1}^{m} |G_i x|^2 \leqslant \lambda |x|^2 \quad \text{和} \quad \sum_{i=1}^{m} \left|x^{\mathrm{T}} G_i x\right|^2 \geqslant \rho |x|^4 \tag{9.5.8}$$

成立, 那么对所有 $x_0 \in \mathbb{R}^d$ 有

$$\limsup_{t \to \infty} \frac{1}{t} \log |x(t; t_0, x_0)| \leqslant -\left(\rho - K - \frac{\lambda}{2}\right) \quad \text{a.s.} \tag{9.5.9}$$

特别地, 如果 $\rho > K + \dfrac{1}{2}\lambda$, 那么方程 (9.5.7) 的平凡解是几乎必然指数稳定的.

**证明**　令 $V(x, t) = |x|^2$, 则

$$LV(x, t) = 2x^{\mathrm{T}} f(x, t) + \sum_{i=1}^{m} |G_i x|^2 \leqslant (2K + \lambda) |x|^2$$

此外, 当 $g(x,t) = (G_1 x, \cdots, G_m x)$ 时, 有

$$|V_x(x,t)g(x,t)|^2 = 4 \sum_{i=1}^{m} \left| x^{\mathrm{T}} G_i x \right|^2 \geqslant 4\rho \, |x|^4,$$

从而应用定理 9.3.3 可得所要证的结论 (9.5.9).

现在, 让我们考虑方程 (9.5.7) 的一些特殊情况. 首先, 对 $1 \leqslant i \leqslant m$, 令 $G_i = \sigma_i I$, 其中 $I$ 是 $d \times d$ 阶单位矩阵; $\sigma_i$ 是一个常数, 它代表随机扰动的强度. 此时, 方程 (9.5.7) 变为

$$\mathrm{d}x(x) = f\left(x(t), t\right) \mathrm{d}t + \sum_{i=1}^{m} \sigma_i x(t) \mathrm{d}B_i(t) \tag{9.5.10}$$

而

$$\sum_{i=1}^{m} |G_i x|^2 = \sum_{i=1}^{m} \sigma_i^2 \, |x|^2 \quad \text{和} \quad \sum_{i=1}^{m} \left| x^{\mathrm{T}} G_i x \right|^2 = \sum_{i=1}^{m} \sigma_i^2 \, |x|^4$$

由定理 9.5.1 知方程 (9.5.10) 的解具有性质

$$\limsup_{t \to \infty} \frac{1}{t} \log |x(t; t_0, x_0)| \leqslant -\left( \frac{1}{2} \sum_{i=1}^{m} \sigma_i^2 - K \right) \quad \text{a.s.}$$

因此, 只要 $\dfrac{1}{2} \displaystyle\sum_{i=1}^{m} \sigma_i^2 > K$, 那么方程 (9.5.10) 的平凡解就是几乎必然指数稳定的. 一个更简单的情况是如果当 $2 \leqslant i \leqslant m$ 时, 有 $\sigma_i = 0$, 此时方程 (9.5.10) 变成了

$$\mathrm{d}x(t) = f\left(x(t), t\right) \mathrm{d}t + \sigma_1 x(t) \mathrm{d}B_1(t)$$

因此只要 $\dfrac{1}{2} \sigma_1^2 > K$, 方程的平凡解就是几乎必然指数稳定的. 这些说明如果我们对给定的系统 (9.5.5) 施加一个足够强的随机扰动, 那么原本的系统就被稳定了. 我们把上面所述用一个定理来总结.

**定理 9.5.2** 如果条件 (9.5.6) 被满足, 那么任何非线性系统 $\dot{y}(t) = f(y(t), t)$ 都可以被 Brownian 运动稳定化. 而且, 我们甚至可以用一个标量的 Brownian 运动来稳定那个系统.

定理 9.5.1 保证了要稳定一个给定的系统 (9.5.5), 对矩阵 $G_i$ 可以有很多种不同的选择, 当然上面的选择只是最简单的一些. 为了说明这点, 在这里我们再给出一个例子. 对每一个 $1 \leqslant i \leqslant m$ 的 $i$, 选择一个正定阵 $D_i$, 使得

$$x^{\mathrm{T}} D_i x \geqslant \frac{\sqrt{3}}{2} \|D_i\| \, |x|^2$$

显然, 有很多这样的矩阵. 设 $\sigma$ 是一常数, $G_i = \sigma D_i$, $1 \leqslant i \leqslant m$, 于是有

$$\sum_{i=1}^{m} |G_i x|^2 \leqslant \sigma^2 \sum_{i=1}^{m} \|D_i\| |x|^2$$

及

$$\sum_{i=1}^{m} |x^{\mathrm{T}} G_i x|^2 \geqslant \frac{3\sigma^2}{4} \sum_{i=1}^{m} \|D_i\|^2 |x|^4$$

由定理 9.5.1 知, 方程 (9.5.7) 的解满足

$$\limsup_{t \to \infty} \frac{1}{t} \log |x(t; t_0, x_0)| \leqslant - \left( \frac{\sigma^2}{4} \sum_{i=1}^{m} \|D_i\|^2 - K \right) \qquad \text{a.s.}$$

因此, 只要 $\sigma^2 > \dfrac{4K}{\displaystyle\sum_{i=1}^{m} \|D_i\|^2}$, 那么方程 (9.5.7) 的平凡解就是几乎必然稳定的.

现在让我们考虑相反的问题——随机不稳定化. 我们可以利用定理 9.3.5 证明下面的定理.

**定理 9.5.3**　设条件 (9.5.6) 成立, 如果有两个正常数 $\lambda, \rho$, 使得对所有 $x \in \mathbb{R}^d$ 有

$$\sum_{i=1}^{m} |G_i x|^2 \geqslant \lambda |x|^2 \quad \text{和} \quad \sum_{i=1}^{m} |x^{\mathrm{T}} G_i x|^2 \leqslant \rho |x|^4$$

那么对所有 $x_0 \neq 0$ 有

$$\liminf_{t \to \infty} \frac{1}{t} \log |x(t; t_0, x_0)| \geqslant \left( \frac{\lambda}{2} - K - \rho \right) \qquad \text{a.s.}$$

成立. 特别地, 如果 $\lambda > 2(K + \rho)$, 那么方程 (9.5.7) 的平凡解是几乎必然指数不稳定的.

现在, 我们使用定理 9.5.3 来说明如何利用随机扰动来使一个给定的稳定系统变成不稳定的系统. 首先, 设状态空间的维数 $d \geqslant 3$, 并且选择同维数的 Brownian 运动, 即 $m = d$. 设 $\sigma$ 是一常数, 对每个 $i = 1, 2, \cdots, d-1$, 如果 $u = i$, $v = i+1$, 令 $g_{uv}^i = \sigma$, 否则令 $g_{uv}^i = 0$, 以此来定义一个 $d \times d$ 阶矩阵 $G_i = (g_{uv}^i)$. 此外, 如果 $u = d$, $v = 1$, 令 $g_{uv}^d = \sigma$; 否则 $g_{uv}^d = 0$, 以此定义 $G_d = (g_{uv}^d)$. 于是方程 (9.5.7) 变成了

$$dx(t) = f(x(t),t)\,dt + \sigma \begin{bmatrix} x_2(t)\,dB_1(t) \\ \vdots \\ x_d(t)\,dB_{d-1}(t) \\ x_1(t)\,dB_d(t) \end{bmatrix} \tag{9.5.11}$$

计算得

$$\sum_{i=1}^m |G_i x|^2 = \sum_{i=1}^m (\sigma x_{i+1})^2 = \sigma^2 |x|^2$$

和

$$\sum_{i=1}^m \left| x^{\mathrm{T}} G_i x \right|^2 = \sigma^2 \sum_{i=1}^m x_i^2 x_{i+1}^2,$$

其中我们使用了 $x_{d+1} = x_1$. 注意到

$$\sum_{i=1}^m x_i^2 x_{i+1}^2 \leqslant \frac{1}{2} \sum_{i=1}^m \left( x_i^4 + x_{i+1}^4 \right) = \sum_{i=1}^m x_i^4$$

于是有

$$3 \sum_{i=1}^m x_i^2 x_{i+1}^2 \leqslant 2 \sum_{i=1}^m x_i^2 x_{i+1}^2 + \sum_{i=1}^m x_i^4 \leqslant |x|^4$$

因此

$$\sum_{i=1}^m \left| x^{\mathrm{T}} G_i x \right|^2 \leqslant \frac{\sigma^2}{3} |x|^4$$

再由定理 9.5.3 知, 对任何 $x_0 \neq 0$, 方程 (9.5.11) 的解具有性质

$$\liminf_{t \to \infty} \frac{1}{t} \log |x(t; t_0, x_0)| \geqslant \left( \frac{\sigma^2}{2} - K - \frac{\sigma^3}{3} \right) = \frac{\sigma^2}{6} - K \qquad \text{a.s.}$$

因而如果 $\sigma^2 > 6K$, 那么方程 (9.5.11) 的平凡解将会是几乎必然指数不稳定的.

其次, 设状态空间的维数 $d$ 是一个偶函数, 即 $d = 2k(k \geqslant 1)$, 设 $\sigma$ 是一常数. 定义

$$G_1 = \begin{bmatrix} 0 & \sigma & & & & 0 \\ -\sigma & 0 & & & & \\ & & \ddots & & & \\ & & & & 0 & \sigma \\ 0 & & & & -\sigma & 0 \end{bmatrix}$$

但对 $2 \leqslant i \leqslant m$, 设矩阵 $G_i = 0$. 所以方程 (9.5.7) 变成了

$$\mathrm{d}x(t) = f(x(t), t)\,\mathrm{d}t + \sigma \begin{bmatrix} x_2(t) \\ -x_1(t) \\ \vdots \\ x_{2k}(t) \\ -x_{2k-1}(t) \end{bmatrix} \mathrm{d}B_1(t) \tag{9.5.12}$$

在这种情形下, 我们有

$$\sum_{i=1}^{m} |G_i x|^2 = \sigma^2 |x|^2 \quad \text{和} \quad \sum_{i=1}^{m} |x^\mathrm{T} G_i x|^2 = 0$$

因此, 由定理 9.5.3 可得, 对任何 $x_0 \neq 0$, 方程 (9.5.12) 的解具有性质

$$\liminf_{t \to \infty} \frac{1}{t} \log |x(t; t_0, x_0)| \geqslant \frac{\sigma^2}{2} - K \quad \text{a.s.}$$

从而如果 $\sigma^2 > 2K$, 那么方程 (9.5.12) 的平凡解将会是几乎必然指数不稳定的.

总结以上结果我们得到下面的结论.

**定理 9.5.4**　只要维数 $d \geqslant 2$ 及条件 (9.5.6) 满足, 那么任何一个 $d$ 维非线性系统 $\dot{y}(t) = f(y(t), t)$ 都可以通过加入 Brownian 运动的干扰变为不稳定的.

自然, 有人会问对一维系统加入 Brownian 运动干扰会发生什么情况. 为了回答这个问题, 让我们考察初值为 $x(t_0) = x_0$ 的标量线性 Itô 方程

$$\mathrm{d}x(t) = -ax(t) + \sum_{i=1}^{m} b_i x(t)\mathrm{d}B_i(t), \quad t \geqslant t_0 \tag{9.5.13}$$

该方程是指数稳定系统

$$\dot{x}(t) = -ax(t)(a > 0)$$

的随机扰动系统, 已知知道该方程解的轨道 Lyapunov 指数

$$\lim_{t \to \infty} \frac{1}{t} \log |x(t; t_0, x_0)| = -a - \frac{1}{2} \sum_{i=1}^{m} b_i^2 < 0 \quad \text{a.s.}$$

即扰动系统 (9.5.13) 仍是稳定的. 因此, 我们看出如果我们限定随机扰动是像 $\sum_{i=1}^{m} b_i x(t)\mathrm{d}B_i(t)$ 这样的线性形式, 那么指数稳定系统 $\dot{x}(t) = ax(t)(a < 0)$ 不会被 Brownian 运动不稳定化.

## 9.6 解稳定性的进一步论题

如果方程 (9.1.7) 的系数 $f$ 和 $g$ 满足 $f(0,t) \equiv 0$, $g(0,t) \equiv 0$, 而 $f$ 还具有分解式 $f(x,t) = f_1(x,t) + f_2(x,t)$ 且 $f_1(0,t) \equiv 0$, 那么我们可以将方程

$$\mathrm{d}x(t) = [f_1(x(t),t) + f_2(x(t),t)]\,\mathrm{d}t + g(x(t),t)\mathrm{d}B(t) \tag{9.6.1}$$

看成是常微分方程

$$\dot{x}(t) = f_1(x(t),t) \tag{9.6.2}$$

的随机扰动系统. 此时, 平衡位置是非扰动系统 (9.6.2) 的一个解但不再是扰动系统 (9.6.1) 的解. 尽管如此, 原则上我们也可以应用前面的稳定性定义.

例如, 考虑一个初值为 $x(t_0) = x_0 \in \mathbb{R}^d$ 的狭义 $d$ 维线性随机微分方程

$$\mathrm{d}x(t) = [Ax(t) + F(t)]\,\mathrm{d}t + G(t)\mathrm{d}B(t), \quad t \geqslant t_0 \tag{9.6.3}$$

其中 $A \in \mathbb{R}^{d \times d}$, $F : \mathbb{R}_+ \to \mathbb{R}^d$, $G : \mathbb{R}_+ \to \mathbb{R}^{d \times m}$. 另外附加两个假设.

(1) $A$ 的特征值具有负实部, 这等价于有一对正常数 $\beta_1, \lambda_1$ 使得

$$\left\|\mathrm{e}^{At}\right\|^2 \leqslant \beta_1 \mathrm{e}^{-\lambda_1 t}, \quad t \geqslant t_0 \tag{9.6.4}$$

(2) 有一对正常数 $\beta_2, \lambda_2$ 使得

$$|F(t)|^2 \vee |G(t)|^2 \leqslant \beta_2 \mathrm{e}^{-\lambda_2 t}, \quad t \geqslant t_0 \tag{9.6.5}$$

在第 8 章中我们已经知道了方程 (9.6.3) 的解是

$$x(t) = \mathrm{e}^{A(t-t_0)}x_0 + \int_{t_0}^{t} \mathrm{e}^{A(t-s)}F(s)\mathrm{d}s + \int_{t_0}^{t} \mathrm{e}^{A(t-s)}G(s)\mathrm{d}B(s) \tag{9.6.6}$$

于是

$$E|x(t)|^2$$

$$\leqslant 3|\mathrm{e}^{A(t-t_0)}x_0|^2 + 3(t-t_0)\int_{t_0}^{t} |\mathrm{e}^{A(t-s)}F(s)|^2\mathrm{d}s + 3\int_{t_0}^{t} |\mathrm{e}^{A(t-s)}G(s)|^2\mathrm{d}s$$

$$\leqslant 3\beta_1|x_0|^2\mathrm{e}^{-\lambda_1(t-t_0)} + 3\beta_1\beta_2(t-t_0+1)\int_{t_0}^{t} \mathrm{e}^{-\lambda_1(t-s)-\lambda_2 s}\mathrm{d}s$$

$$\leqslant 3\beta_1|x_0|^2\mathrm{e}^{-\lambda_1(t-t_0)} + 3\beta_1\beta_2(t-t_0+1)\int_{t_0}^{t} \mathrm{e}^{-(\lambda_1 \wedge \lambda_2)(t-s)-(\lambda_1 \wedge \lambda_2)s}\mathrm{d}s$$

$$\leqslant 3\beta_1 |x_0|^2 e^{-\lambda_1(t-t_0)} + 3\beta_1\beta_2 (t - t_0 + 1)(t - t_0) e^{-(\lambda_1 \wedge \lambda_2)t} \tag{9.6.7}$$

这意味着

$$\limsup_{t\to\infty} \frac{1}{t} \log \left( E|x(t)|^2 \right) \leqslant -(\lambda_1 \wedge \lambda_2) \tag{9.6.8}$$

现在, 对任意的 $0 < \varepsilon < (\lambda_1 \wedge \lambda_2)/2$, 令

$$c_1 = 3\beta_1 |x_0|^2 + 3\beta_1\beta_2 \sup_{t \geqslant t_0} \left[ (t - t_0 + 1)(t - t_0) e^{-\varepsilon t} \right]$$

则从 (9.6.7) 可得

$$E|x(t)|^2 \leqslant c_1 e^{-(\lambda_1 \wedge \lambda_2 - \varepsilon)(t - t_0)}, \quad t \geqslant t_0$$

设 $n = 1, 2, \cdots$. 注意到, 对 $t_0 + n - 1 \leqslant t \leqslant t_0 + n$, 有

$$x(t) = x(t_0 + n - 1) + \int_{t_0+n-1}^t [Ax(t) + F(s)]\,\mathrm{d}s + \int_{t_0+n-1}^t G(s)\,\mathrm{d}B(s)$$

利用 Hölder 不等式及 Doob 鞅不等式, 我们可以推出

$$\begin{aligned}
E \left( \sup_{t_0+n-1 \leqslant t \leqslant t_0+n} |x(t)|^2 \right) &\leqslant 3E|x(t - t_0 + 1)|^2 + 3E \int_{t_0+n-1}^{t_0+n} |Ax(s) + F(s)|^2 \,\mathrm{d}s \\
&\quad + 12 \int_{t_0+n-1}^{t_0+n} |G(s)|^2 \mathrm{d}s \leqslant 3c_1 e^{-(\lambda_1 \wedge \lambda_2 - \varepsilon)(n-1)} \\
&\quad + 6 \int_{t_0+n-1}^{t_0+n} \left( c_1 \|A\|^2 e^{-(\lambda_1 \wedge \lambda_2 - \varepsilon)(s - t_0)} + 3\beta_2 e^{-\lambda_2 s} \right) \mathrm{d}s \\
&\leqslant c_2 e^{-(\lambda_1 \wedge \lambda_2 - \varepsilon)(n-1)}
\end{aligned}$$

其中 $c_2$ 是一个常数. 由此我们可以用和在定理 9.4.2 的证明中一样的方法得到

$$\limsup_{t\to\infty} \frac{1}{t} \log |x(t)| \leqslant -\frac{\lambda_1 \wedge \lambda_2 - 2\varepsilon}{2} \quad \text{a.s.}$$

再由 $\varepsilon$ 的任意性, 我们可以得到

$$\limsup_{t\to\infty} \frac{1}{t} \log |x(t)| \leqslant -\frac{\lambda_1 \wedge \lambda_2}{2} \quad \text{a.s.} \tag{9.6.9}$$

换句话说, 我们已经证明了在假设 (1) 和 (2) 之下, 方程 (9.6.3) 的解在均方意义和几乎必然的意义下都指数阶趋于 0.

现在让我们转向另一个论题. 在大范围随机渐近稳定的情况下, 我们知道所有解都几乎必然趋于 0, 但不知道解趋于 0 速度的快慢. 为改善这一情况, 我们引进了几乎必然指数稳定, 对于这样的情况我们知道解几乎必然指数阶快地趋于 0. 尽管如此, 有时我们可能找到方程的趋于 0 但并不是指数阶快的或更快地趋于 0 的解. 为了说明这个问题, 让我们考虑一个初始值为 $x(t_0) = x_0 \in \mathbb{R}$ 的标量线性随机微分方程

$$\mathrm{d}x(t) = -\frac{p}{1+t}x(t)\mathrm{d}t + (1+t)^{-p}\mathrm{d}B(t), \quad t \geqslant t_0 \tag{9.6.10}$$

其中 $p > \dfrac{1}{2}$, $B(t)$ 是标量的 Brownian 运动. 方程 (9.6.10) 的解是

$$
\begin{aligned}
x(t) &= x_0 \exp\left(-\int_{t_0}^t \frac{p}{1+r}\mathrm{d}r\right) + \int_{t_0}^t \exp\left(-\int_s^t \frac{p}{1+r}\mathrm{d}r\right)(1+s)^{-p}\mathrm{d}B(s) \\
&= x_0 \left(\frac{1+t}{1+t_0}\right)^{-p} + \int_{t_0}^t \left(\frac{1+t}{1+s}\right)^{-p}(1+s)^{-p}\mathrm{d}B(s) \\
&= \left[x_0(1+t_0)^p + B(t) - B(t_0)\right](1+t)^{-p}
\end{aligned}
\tag{9.6.11}
$$

因此, 解的轨道 Lyapunov 指数

$$\lim_{t\to\infty} \frac{1}{t}\log|x(t)| = 0 \quad \text{a.s.}$$

这表明解的几乎所有样本轨道都不会以指数阶趋于 0. 另一方面, 由重对数定律, 我们注意到对几乎所有的 $\omega \in \Omega$ 都存在一个足够大的 $T = T(\omega)$, 使得对 $t \geqslant T$ 有

$$|B(t) - B(t_0)| \leqslant 2\sqrt{2(t-t_0)\log\log(t-t_0)}$$

因此, 从 (9.6.11) 可知, 只要 $t \geqslant T$ 就有

$$|x(t)| \leqslant \left[|x_0|(1+t_0)^p + 2\sqrt{2(t-t_0)\log\log(t-t_0)}\right](1+t)^{-p}$$

几乎必然成立. 从而, 对于任何 $0 < \varepsilon < p - \dfrac{1}{2}$ 的 $\varepsilon$, 都存在一个有限随机变量 $\xi$ 使得

$$|x(t)| \leqslant \xi t^{-(p-\frac{1}{2}-\varepsilon)} \tag{9.6.12}$$

对所有 $t \geqslant t_0$ 几乎必然成立, 这表明方程 (9.6.10) 的解以多项式阶的速度几乎必然趋于零. 一个表达 (9.6.12) 的更好的方式是

$$\limsup_{t\to\infty} \frac{\log|x(t)|}{\log t} \leqslant -\left(p - \frac{1}{2}\right) \quad \text{a.s.} \tag{9.6.13}$$

这是因为 (9.6.12) 式意味着

$$\limsup_{t \to \infty} \frac{\log |x(t)|}{\log t} \leqslant -\left(p - \frac{1}{2} - \varepsilon\right) \quad \text{a.s.}$$

而 $\varepsilon$ 是任意的. 由这个例子的启发, Mao 在 1991 年提出了随机微分方程的解几乎必然多项式稳定的概念.

现在我们进一步介绍随机微分方程解稳定性的一个更一般的类型.

我们已经知道随机微分方程的解几乎必然指数稳定意味着 $|x(t)| \leqslant \xi e^{-\lambda t}$a.s., 而解几乎必然多项式稳定意味着 $|x(t)| \leqslant \xi t^{-\lambda}$a.s.. 如果用更一般的函数 $\lambda(t)$ 替换函数 $e^{-\lambda t}$ 或 $t^{-\lambda}$ 则导致了下面的定义.

**定义 9.6.1**　设 $\lambda : \mathbb{R}_+ \to (0, \infty]$ 是一个连续非增且满足当 $t \to \infty$ 时有 $\lambda(t) \to 0$ 成立的函数. 称方程 (9.1.7) 的平凡解是以速率函数 $\lambda(t)$ 的形式几乎必然渐近稳定的, 如果

$$|x(t; t_0, x_0)| \leqslant \xi \lambda(t), \quad t \geqslant t_0 \tag{9.6.14}$$

几乎必然成立, 其中 $\xi$ 是一个依赖于 $x_0$ 和 $t_0$ 的有限随机变量.

为了给出由定义 9.6.1 界定的随机微分方程解稳定性的判别准则, 我们需要如下引理.

**引理 9.6.2**　设 $\{A_t\}_{t \geqslant 0}$ 和 $\{U_t\}_{t \geqslant 0}$ 是两个满足 $A_0 = U_0 = 0$ a.s. 的连续适应递增过程, $\{M_t\}_{t \geqslant 0}$ 是一个满足 $M_0 = 0$ a.s. 的实值连续局部鞅, $\xi$ 是一个非负 $\mathscr{F}_0$ 可测随机变量. 对 $t \geqslant 0$, 令

$$X_t = \xi + A_t - U_t + M_t$$

如果 $X_t$ 是非负的, 那么

$$\left\{\lim_{t \to \infty} A_t < \infty\right\} \subset \left\{\lim_{t \to \infty} X_t \text{存在且有限}\right\} \cap \left\{\lim_{t \to \infty} U_t < \infty\right\} \quad \text{a.s.}$$

其中 $B \subset D$ a.s. 的意思是 $P(B \cap D^c) = 0$. 特别地, 如果 $\lim_{t \to \infty} A_t < \infty$ a.s., 那么对几乎所有的 $\omega \in \Omega$ 有

$$\lim_{t \to \infty} X_t(\omega) \text{ 存在且有限, 且} \lim_{t \to \infty} U_t(\omega) < \infty$$

下面就是关于定义 9.6.1 给出的那种随机微分方程解稳定性的一个简单的判别准则.

**定理 9.6.3**　设 $p > 0$, $V(x, t) \in C^{2,1}(\mathbb{R}^d \times [t_0, \infty); \mathbb{R}_+)$; $\gamma : \mathbb{R}_+ \to \mathbb{R}_+$ 是一个连续非减函数, 满足当 $t \to \infty$ 时, $\gamma(t) \to \infty$. 再设 $\eta : \mathbb{R}_+ \to \mathbb{R}_+$ 是一个连续函

数, 满足 $\int_0^\infty \eta(t)\mathrm{d}t < \infty$. 如果对所有的 $(x,t) \in \mathbb{R}^d \times [t_0, \infty)$, 有

$$\gamma(t)|x|^p \leqslant V(x,t) \quad \text{和} \quad LV(x,t) \leqslant \eta(t) \tag{9.6.15}$$

那么方程 (9.1.7) 的平凡解以速率函数 $\lambda(t) - (\gamma(t))^{-1/p}$ 的形式几乎必然渐近稳定.

**证明** 任意固定一个初始值 $x_0$, 记 $x(t; t_0, x_0) = x(t)$. 由 Itô 公式, 有

$$V(x,t) = V(x_0, t_0) + \int_{t_0}^t LV(x(s), s)\mathrm{d}s + M(t)$$

其中

$$M(t) = \int_{t_0}^t V_x(x(s), s)g(x(s), s)\mathrm{d}B(s)$$

是一个在 $[t_0, \infty)$ 上满足 $M(t_0) = 0$ 的连续局部鞅. 利用条件 (9.6.15), 我们得到

$$0 \leqslant \gamma(t)|x(t)|^p \leqslant V(x_0, t_0) + \int_{t_0}^t \eta(s)\mathrm{d}s + M(t)$$

由引理 9.6.2 知, $\lim\limits_{t\to\infty} M(t)$ 存在而且是几乎必然有限的, 因此, 存在一个有限随机变量 $\xi$, 使得

$$\gamma(t)|x(t)|^p \leqslant \xi, \quad \text{即} \quad |x(t)| \leqslant \left(\frac{\xi}{\gamma(t)}\right)^{\frac{1}{p}} \quad \text{a.s.}$$

证毕.

为了说明定理 9.6.3, 我们首先对方程 (9.6.10) 利用这个定理. 对任意的 $0 < \varepsilon < p - \dfrac{1}{2}$ 及

$$V(x,t) = (t+1)^{2p-1-2\varepsilon}x^2$$

计算得

$$LV(x,t) = (2p - 1 - 2\varepsilon)(t+1)^{2p-1-2\varepsilon}x^2 - 2p(t+1)^{2p-1-2\varepsilon}x^2 + (t+1)^{-(1+2\varepsilon)}$$

$$\leqslant (t+1)^{-(1+2\varepsilon)}$$

注意到

$$\int_0^\infty (t+1)^{-(1+2\varepsilon)}\mathrm{d}t = \frac{1}{2\varepsilon} < \infty$$

对 $p = 2$, $\gamma(t) = (t+1)^{2p-1-2\varepsilon}$ 和 $\eta(t) = (t+1)^{-(1+2\varepsilon)}$, 由定理 9.6.3 可得方程 (9.6.10) 的平凡解以速率函数 $\lambda(t) = (t+1)^{-(p-\frac{1}{2}-\varepsilon)}$ 几乎必然渐近稳定. 换句话说, 对所有 $t \geqslant t_0$, 方程 (9.6.10) 的解

$$|x(t; t_0, x_0)| \leqslant \xi(t+1)^{-(p-\frac{1}{2}-\varepsilon)}$$

几乎必然成立, 其中 $\xi$ 是一个有限随机变量. 而 $\varepsilon$ 的任意性意味着

$$\limsup_{t \to \infty} \frac{\log|x(t; t_0, x_0)|}{\log t} \leqslant -\left(p - \frac{1}{2}\right) \quad \text{a.s.}$$

而这恰与 (9.6.13) 式一致.

  作为本章的结束, 让我们再来看一个例子. 考虑 $\mathbb{R}^d$ 中的一个初始值为 $x(t_0) = x_0$ 的形如

$$\mathrm{d}x(t) = f(x(t), t)\mathrm{d}t + \sigma(t)\mathrm{d}B(t), \quad t \geqslant t_0 \tag{9.6.16}$$

的随机微分方程, 其中 $f$ 和前面要求的一样, 但是 $\sigma : \mathbb{R}_+ \to \mathbb{R}^{d \times m}$. 对某 $p > 0$, 假设有

$$2x^{\mathrm{T}} f(x, t) \leqslant -\frac{p|x|^2}{(t+1)\log(t+1)} \quad \text{和} \quad \int_0^\infty \log(t+1)|\sigma(t)|^2 \mathrm{d}t < \infty$$

成立. 令 $V(x, t) = \log^p(t+1)|x|^2$, 则

$$\begin{aligned}LV(x, t) &= \frac{p\log^{p-1}(t+1)}{t+1}|x|^2 + 2\log^p(t+1)x^{\mathrm{T}}f(x, t) + \log^p(t+1)|\sigma(t)|^2 \\ &\leqslant \log^p(t+1)|\sigma(t)|^2\end{aligned}$$

对 $p = 2$, $\gamma(t) = \log^p(t+1)$ 及 $\eta(t) = \log^p(t+1)|\sigma(t)|^2$ 利用定理 9.6.3, 我们可以看到方程 (9.6.16) 的平凡解以速率函数 $\lambda(t) = \log^{-p/2}(t+1)$ 是几乎必然渐近稳定的.

# R 参 考 文 献
## REFERENCES

龚光鲁. 1995. 随机微分方程引论. 2 版. 北京: 北京大学出版社.

何声武, 汪嘉冈, 严加安. 1995. 半鞅与随机分析. 北京: 科学出版社.

胡迪鹤. 2000. 随机过程论: 基础·理论·应用. 武汉: 武汉大学出版社.

胡迪鹤, 甘师信. 1993. 近代鞅论. 武汉: 武汉大学出版社.

胡适耕, 黄乘明, 吴付科. 2008. 随机微分方程. 北京: 科学出版社.

李龙锁. 2011. 随机过程. 北京: 科学出版社.

蒲兴成, 张毅. 2010. 随机微分方程及其在数理金融中的应用. 北京: 科学出版社.

汪嘉冈. 2005. 现代概率论基础·2 版. 上海: 复旦大学出版社.

王寿仁. 1986. 概率论基础和随机过程. 北京: 科学出版社.

王梓坤. 1978. 随机过程论. 北京: 科学出版社.

严士健, 王隽骧, 刘秀芳. 1982. 概率论基础. 北京: 科学出版社.

袁震东. 1991. 近代概率引论——测度、鞅和随机微分方程. 北京: 科学出版社.

Øksendal B. 2006. Stochastic Differential Equations: An Introduction with Applications. 6th ed. Berlin and Heidelberg: Springer-Verlag.

Ash R B, Doléans-Dade C A. 1999. Probability & Measure Theory. New York: Academic Press.

Malliavin P. 2003. Stochastic Analysis. Beijing: World Scientific Publishing Corporation.

Mao X R. 2007. Stochastic Differential Equations and Applications. Chichester: Horwood Publishing.

Mikosch T. 2009. Elementary Stochastic calculus with finance in view. Beijing:World Scientific Publishing Corporation.

Protter P E. 2005. Stochastic Integration and Differential Equations.2nd ed. New York: Springer.

Williams D. 1991. Probability with Martingales. Cambridge: Cambridge University Press.

Yeh J. 1995. Martingales and Stochastic Analysis. 北京: 世界图书出版公司北京公司.

# N 名词索引
## NOUN INDEX